EINFÜHRUNG IN DIE MATHEMATISCHE STATISTIK

VON

DR. LEOPOLD SCHMETTERER
PROFESSOR AN DER UNIVERSITÄT WIEN

ZWEITE, VERBESSERTE UND WESENTLICH ERWEITERTE AUFLAGE

MIT 11 TEXTABBILDUNGEN

1966
Springer-Verlag Wien GmbH

ISBN 978-3-662-23830-1 ISBN 978-3-662-25933-7 (eBook)
DOI 10.1007/978-3-662-25933-7

Ursprünglich erschienen bei Springer Vienna 1966.
Softcover reprint of the hardcover 2nd edition 1966
Library of Congress Catalog Card Number 66–27 671

Titel-Nr. 8862

Vorwort zur ersten Auflage

Die mathematische Statistik hat in den letzten 25 Jahren in Verbindung mit der modernen Wahrscheinlichkeitsrechnung einen enormen Aufschwung genommen, der allerdings fast ausschließlich von Gelehrten außerhalb des deutschsprachigen Raumes getragen wurde. Die Ungunst der Zeit brachte es mit sich, daß die deutschsprachigen Länder von dieser Entwicklung ziemlich unberührt blieben. Die Folge davon ist, daß es wohl eine große Anzahl fremdsprachiger und vielfach ausgezeichneter Werke über den Gegenstand der mathematischen Statistik gibt, jedoch kein einziges modernes Lehrbuch in deutscher Sprache, wenn man von der Monographie von A. LINDER absieht, welche sich vor allen Dingen an den statistisch arbeitenden Naturwissenschaftler und nur in geringem Ausmaße an den Mathematiker wendet. Besonders deutlich machte sich der Mangel eines Lehrbuches während meiner mehrjährigen Lehrtätigkeit an der Wiener Universität und Technischen Hochschule fühlbar. Ich glaubte daher einer Aufforderung meiner Fachkollegen nachkommen zu sollen, meine Vorlesungen aus diesem Gegenstand, die für Mathematiker und Statistiker abgehalten werden, zu veröffentlichen. Natürlich mußten Änderungen vorgenommen werden, wie es der Charakter und die Zielsetzung eines einführenden Lehrbuches erfordern. Die Darstellung umfaßt hauptsächlich jenen Bestand der mathematischen Statistik, den man heute bereits als klassisch bezeichnen könnte und der mit den Namen FISHER, PEARSON und insbesondere NEYMAN verknüpft ist. Darüber hinaus werden auch neuere Ergebnisse gebracht, wie etwa die Theorie der parameterfreien Verfahren im siebenten Kapitel. Dagegen wurde, um den Charakter einer Einführung zu wahren, auf die Fragen der modernen Spieltheorie und der Theorie der Entscheidungsfunktionen nicht eingegangen. Selbstverständlich mußte aus dem immensen Stoffgebiet eine engere Auswahl getroffen werden. Vielfach war sie ja von selbst gegeben, doch in manchen Fällen mußte der persönliche Geschmack entscheiden.

Das Lehrbuch soll dem mathematisch interessierten Statistiker oder auch dem statistisch interessierten Mathematiker die Möglichkeit geben, die Grundlagen zu beherrschen, so daß er in die moderne Literatur der mathematischen Statistik eindringen kann. Es soll dem Studierenden helfen, die Scheu vor jener eigentümlichen Atmosphäre zu überwinden, welche die Begriffsbildungen der mathematischen Statistik umgibt und welche nach meinen Erfahrungen die Ursache dafür ist, daß unsere Studierenden fast niemals zu vertieften Kenntnissen in diesem Fach vorstoßen. Um über die terminologischen Schwierigkeiten der fremdsprachigen Literatur hinwegzuhelfen, findet sich im Anhang ein Vergleich der hier benützten Ausdrücke mit denen in der englischen Literatur.

Die Hörer meiner Vorlesungen über mathematische Statistik verfügen meist über eine viersemestrige mathematische Ausbildung. Man kann also eine vollständige Kenntnis der Differential- und Integralrechnung, der allereinfachsten mengentheoretischen Begriffe sowie der elementaren Matrizentheorie und analytischen Geometrie voraussetzen. Von diesen Vorkenntnissen geht auch das Buch aus. Allerdings ist dies ohne Konzessionen an die Allgemeinheit und Eleganz der Darstellung kaum möglich. So habe ich grundsätzlich auf den Gebrauch des STIELTJESschen Integrals verzichtet. Insbesondere für das dritte bis fünfte Kapitel ist zusätzlich die Kenntnis der Begriffe „LEBESGUEsches Integral, BOREL meßbare Funktion und BORELsche Menge“ wünschenswert. Doch habe ich mich fast immer bemüht, alles so zu formulieren, daß man bei geringfügigem Verzicht auf mathematische Strenge das LEBESGUEsche durch das RIEMANNsche Integral, die BOREL meßbaren Funktionen etwa durch stetige Funktionen und die BORELschen Mengen durch einen nicht scharf umrissenen anschaulichen Begriff des „Bereiches“ ersetzen kann. Eine gewisse Höhe des mathematischen Denkens ist allerdings unerläßlich für das Verständnis. An einer Stelle wurde der Begriff der DUPINschen Indikatrix, an einer anderen der Begriff der geodätischen Linien im RIEMANNschen Raum verwendet. Diese Absätze können ohne Schaden für das Weitere überschlagen werden.

Das erste Kapitel, welches stellenweise referierenden Charakter trägt, hat eine zweifache Aufgabe: Es soll einerseits für den der

Wahrscheinlichkeitsrechnung unkundigen Leser einen tragfähigen Untergrund für das Nachfolgende schaffen, andererseits aber den vornehmlich mathematisch interessierten Leser darauf aufmerksam machen, in welchem Umfange es wünschenswert wäre, sich mit den Grundlagen der modernen Wahrscheinlichkeitstheorie vertraut zu machen. Es wurde hier nach längerem Zögern jede Bezugnahme auf die Maßtheorie und die totaladditiven Mengenfunktionen unterlassen. Ich habe daher auch stets von der Wahrscheinlichkeit von Ereignissen und nicht von der Wahrscheinlichkeit von Mengen gesprochen. Dieser Vorgang hat sich auch in meinen Grundvorlesungen für mathematische Statistik in didaktischer Hinsicht bewährt. Ich bin mir darüber im klaren, daß die hier gegebene Einführung des Wahrscheinlichkeitsbegriffes der Kritik zugänglich ist. Es scheint überhaupt so zu sein, daß jeder Versuch, den Begriff des Wahrscheinlichkeitsfeldes zu übergehen, im Lichte einer streng exakten Auffassung Lücken aufweist. Die zahlreichen ergänzenden Hinweise, vor allen Dingen auf die hervorragende Darstellung von KOLMOGOROFF in den „Ergebnissen" der Springer-Sammlung, dürften jedoch diese Lücken überbrücken.

Ich habe mich stets bemüht, auch in der Bezeichnung zwischen einer zufälligen Variabeln und ihren Realisationen zu unterscheiden. Im Lichte einer strengen Auffassung handelt es sich einfach um den Unterschied zwischen der durch eine Funktion vermittelten Abbildung und einem speziellen Funktionswert.

Ich hoffe, daß die folgenden Kapitel durch vielfältige Verwendung der neueren Literatur und einige vielleicht nicht allgemein bekannte Bemerkungen und Beweisanordnungen auch dem fortgeschrittenen Leser etwas Neues bieten. Ein gewisses Interesse dürfte vielleicht auch das Kapitel über nicht-parametrische Verfahren beanspruchen. Ich habe mich sehr bemüht, stets eine lückenlose Aufzählung der Voraussetzungen zu geben, welche für den Beweis eines Satzes nötig sind. Dieser Vorgang wird ja in der statistischen Literatur nicht immer eingehalten. Soweit als möglich habe ich die Literatur bis zum Jahre 1954 berücksichtigt, jedoch keinesfalls angestrebt, die Literatur vollständig zu zitieren.

Für die Möglichkeit, in einen großen Teil der Nachkriegsliteratur Einsicht nehmen zu können, bin ich insbesondere Herrn Prof. W. WINKLER, Wien, zu großem Dank verpflichtet. Für wertvolle Bemerkungen, Hinweise auf Fehler und Verbesserung von

Beweisen habe ich den Herrn Prof. H. HORNICH, Graz, Dr. ST. VAJDA, Epsom und dem mathematischen Centrum Amsterdam, insbesondere den Herren Dr. G. ZOUTENDIJK, Dr. J. KRIENS und Dr. PH. VAN ELTEREN sehr zu danken. Zu meinem großen Bedauern habe ich die ausgezeichneten Vorlesungen von Prof. D. VAN DANTZIG erst zu einem Zeitpunkt erhalten, zu dem es mir aus drucktechnischen Gründen nur mehr in beschränktem Umfang möglich war, diese zur Verbesserung der Darstellung heranzuziehen. Ferner bin ich den Herren Prof. H. KNESER, Tübingen, Dr. J. PFANZAGL, Wien und Doz. K. PRACHAR, Wien, zu Dank verpflichtet. Für besonders sorgfältiges Lesen der Korrekturen danke ich Herrn Dr. W. EBERL, Wien. Die Zeichnungen hat mit großem Geschick Herr G. BRUCKMANN, Wien gemacht. Mein besonderer Dank gebührt meiner Frau, ohne deren Hilfe die Herstellung des Manuskriptes nicht möglich gewesen wäre. Der Springer-Verlag war stets in dankenswerter Weise bemüht, meinen vielfachen Wünschen hinsichtlich des Druckes entgegenzukommen.

So übergebe ich dieses Buch der Öffentlichkeit mit der Bitte, es wohlwollend aufzunehmen. Für alle Verbesserungsvorschläge und Hinweise auf Fehler werde ich stets dankbar sein.

Wien, im Februar 1956.

L. Schmetterer

Vorwort zur zweiten Auflage

Der Text der ersten Auflage wurde insbesondere in den Kapiteln III.—VII. einer gründlichen Revision unterzogen, wenn auch die ursprüngliche Anlage weitgehend beibehalten wurde. Allerdings wurde die in der ersten Auflage gebotene Anordnung eines Teiles des Stoffes geändert.

Im III. Kapitel wird jetzt die Testtheorie, im IV. die Theorie der Konfidenzbereiche und im V. Kapitel die Theorie der Schätzungen dargestellt. Die Vorbemerkungen sind wesentlich erweitert worden. Eine Reihe von Begriffen und Resultaten der Maß- und Integrationstheorie finden sich hier, welche später öfters benützt werden. Ausschließlich diesem Gesichtspunkt wurde auch ihre

Auswahl untergeordnet. Gelegentlich werden auch Ergebnisse der Analysis – meist in Fußnoten – an der Stelle erwähnt, wo sie gebraucht werden.

Das I. Kapitel führt in die Wahrscheinlichkeitstheorie ein. Es ist zwar ebenfalls auf die folgenden Anwendungen in der Mathematischen Statistik ausgerichtet, doch reicht vielleicht die weitgehend systematische Darstellung auch dazu aus, um dem der Wahrscheinlichkeitsrechnung unkundigen Leser einen ersten Eindruck von dieser Disziplin zu vermitteln.

Das II. und VI. Kapitel stellen Beispielsammlungen dar und sollen auch dazu dienen, die im III.–V. Kapitel entwickelten Theorien an konkretem Material zu motivieren.

Während das III., V. und VII. Kapitel eine starke Erweiterung erfahren haben, wurde das IV. Kapitel, die Theorie der Konfidenzbereiche, erheblich gekürzt. Die ausdrückliche Formulierung der Dualität zwischen der Theorie des Tests und der Konfidenzbereiche lassen, wie ich hoffe, diese Kürzung vertretbar erscheinen.

Im Anhang wird jetzt kurz die Waldsche Entscheidungstheorie dargestellt.

Es ist nach wie vor Aufgabe dieser Einführung die klassischen Theorien der Mathematischen Statistik darzustellen, doch wurden nunmehr auch Resultate aufgenommen, die im Umkreis der Bayes'schen Auffassung liegen. Viele im Text hergeleitete Resultate ließen sich weit allgemeiner formulieren oder auf andere Optimalitätprinzipien übertragen, doch wurde nur gelegentlich auf diese Möglichkeit hingewiesen. Sehr bedauert habe ich es, daß es nicht möglich war, die Sequentialanalysis auszubauen und daß besonders im V. Kapitel auf das Hilfsmittel der Martingaltheorie verzichtet werden mußte.

Die Zusammenstellung englischsprachlicher Fachausdrücke und ihre deutsche Übersetzung, wie sie in der ersten Auflage gegeben wurden, konnte jetzt wegbleiben. Die damals eingeführten Übersetzungen sind heute allgemein verständlich.

Die Zitate innerhalb des Textes bedürfen wohl keiner Erläuterung. Die in den Vorbemerkungen angeführten Sätze und nur diese sind mit römischen Ziffern fortlaufend nummeriert.

Wieder hat mich eine Reihe von Fachgenossen unterstützt. Wichtige Hinweise haben mir vor allem die Herren Prof. Dr. K. Krickeberg, Heidelberg, und Privatdozent Dr. R. Borges,

Köln, gegeben. Die Darstellung verdankt diesen Herren viel mehr als in den gelegentlichen diesbezüglichen Anmerkungen zum Ausdruck kommt. Weiter muß ich die wertvolle Hilfe betonen, welche mir die Herren Prof. Dr. J. CIGLER, Groningen, und Prof. Dr. J. PFANZAGL, Köln, zukommen ließen. Mein ganz besonderer Dank gebührt Herrn Dr. H. HEYER, Hamburg, der sich ebenso wie Herr Prof. KRICKEBERG der mühevollen Arbeit des Korrekturlesens unterzogen hat.

Schließlich habe ich dem Direktor des Statistical Laboratory der Catholic University, Washington D. C., Professor E. LUKACS, herzlich zu danken. Seiner verständnisvollen Haltung ist es zuzuschreiben, daß ich im Jahre 1963 während eines Aufenthaltes an der Catholic University einen erheblichen Teil des umfangreichen Manuskriptes fertigstellen konnte. In diesem Zusammenhang danke ich auch der National Science Foundation (Grant G.P—96) für die Unterstützung.

Meiner Frau habe ich für die Herstellung eines druckreifen Manuskriptes zu danken, welches ohne ihre Hilfe nicht zustande gekommen wäre.

Dem Springer-Verlag sage ich meinen besten Dank. Der schwierige Satz und meine vielfachen Wünsche haben die Herstellungsabteilung vor zahlreiche Probleme gestellt, welche jedoch mit der traditionellen Großzügigkeit des Verlages gemeistert wurden.

So übergebe ich die zweite Auflage der Öffentlichkeit und spreche wieder die Bitte um wohlwollende Aufnahme aus.

Wien, im April 1966.

L. Schmetterer

Inhaltsverzeichnis

Bezeichnungen und Vorbemerkungen

1. Der euklidische R_n. Die Gesamtheit der geordneten n-Tupel reeller Zahlen $(x_1, \ldots, x_n)$ bezeichnen wir als den R_n. Wir nennen den R_n auch den n-dimensionalen Raum, wobei wir die n-Tupel als Koordinaten eines Punktes auffassen. Für $n = 1$ stimmt der R_1 mit der Gesamtheit der reellen Zahlen überein.

2. Der Abstand im R_n. Im folgenden benützen wir oft die Vektorschreibweise und bezeichnen ein geordnetes n-Tupel reeller Zahlen $(x_1, \ldots, x_n)$ mit x. Wir nennen dann $x_1, \ldots, x_n$ die *Komponenten* des Vektors x. Für die Vektoren ist wie üblich ein Gleichheitsbegriff, eine Addition und eine Multiplikation mit einer reellen Zahl erklärt: Es ist genau dann $a = b$, wenn $a_i = b_i$ für $i = 1, \ldots, n$ ist. Unter $a + b$ versteht man das n-Tupel $(a_1 + b_1, \ldots, a_n + b_n)$. Wenn γ eine reelle Zahl ist, dann bedeutet γa das n-Tupel $(\gamma a_1, \ldots, \gamma a_n)$. Weiter ordnen wir wie üblich jedem a einen Betrag (auch Norm genannt) zu, den wir stets mit $|a|$ bezeichnen, und es ist $|a| = \sqrt{a_1^2 + \cdots + a_n^2}$. Es gilt die wichtige Dreiecksungleichung

$$|a + b| \leq |a| + |b|.$$

Außerdem gilt die Ungleichung $|a| \leq |a_1| + \cdots + |a_n| \leq \sqrt{n}\,|a|$. Ist $x = (x_1, \ldots, x_n)$ ein n-Tupel und $y = (y_1, \ldots, y_m)$ ein m-Tupel, dann verstehen wir unter (x, y) das $n + m$-Tupel $(x_1, \ldots, x_n, y_1, \ldots, y_m)$. Wir führen in der Menge aller n-Tupel eine Ordnung ein, und zwar sei $a < b$ genau dann, wenn $a_1 < b_1, \ldots, a_n < b_n$ ist. Aus $a < b$, $b < c$ folgt $a < c$, aber natürlich braucht für beliebige $a, b \in R_n$ weder $a < b$, noch $b < a$, noch $a = b$ zu gelten. Wir schreiben auch kurz $a < \infty$ für $a_1 < \infty, \ldots, a_n < \infty$ und entsprechend $-\infty < a$.

3. Operationen mit Mengen. Es sei M irgendeine Menge. Wenn m ein Element derselben ist, schreiben wir $m \in M$. Wir schreiben

$M_1 = M_2$, wenn die beiden Mengen gleich sind, d. h. wenn sie genau dieselben Elemente enthalten. Wenn M_1 Teilmenge von M_2 ist (d.h. alle Elemente von M_1 auch Elemente von M_2 sind), schreiben wir $M_1 \subseteq M_2$[3.1]. Aus $M_1 \subseteq M_2$ und $M_2 \subseteq M_1$ folgt $M_1 = M_2$.

Es ist zweckmäßig, eine Menge einzuführen, welche kein Element enthält. Sie heißt die leere Menge und wird mit $\emptyset$ bezeichnet.

Den *Durchschnitt* von M_1 und M_2 bezeichnen wir mit $M_1 \cap M_2$. Für den Durchschnitt von endlich vielen Mengen $M_1, \ldots, M_n$ schreiben wir auch $\bigcap_{i=1}^{n} M_i$, und ähnlich für unendlich viele Mengen.

Endlich oder unendlich viele Mengen M_i heißen *paarweise fremd*, wenn stets $M_i \cap M_j = \emptyset$ für $i \neq j$ gilt.

Die *Vereinigungsmenge* von M_1 und M_2 bezeichnen wir mit $M_1 \cup M_2$. Die Ausdehnung der Schreibweise auf endlich oder unendlich viele Mengen ist selbstverständlich.

Der Durchschnitt und die Vereinigung von Mengen sind kommutativ, assoziativ und distributiv.

Wir erinnern noch an die Rechenregeln $A \cap \bigcup_{i=1}^{\infty} B_i = \bigcup_{i=1}^{\infty} (A \cap B_i)$ und $A \cup \bigcap_{i=1}^{\infty} B_i = \bigcap_{i=1}^{\infty} (A \cup B_i)$.

Mit $M_1 - M_2$ bezeichnen wir die *Differenz* von M_1 und M_2, das ist die Gesamtheit aller Elemente von M_1, die nicht zu M_2 gehören. Sind M und N irgendwelche Mengen, dann bezeichnet man die Gesamtheit aller geordneten Paare (m, n) mit $m \in M$ und $n \in N$ als das *kartesische Produkt* $M \times N$ dieser beiden Mengen. Ist eine dieser Mengen die leere Menge, dann soll auch das kartesische Produkt leer sein. Die Ausdehnung dieser Begriffsbildung auf endlich oder unendlich viele Mengen ist selbstverständlich. Für das kartesische Produkt von $M_1, \ldots, M_n$ schreiben wir auch $\prod_{i=1}^{n} M_i$.

Es sei M irgendeine Menge und E irgendeine Eigenschaft, so daß für jedes Element $m \in M$ feststeht, ob m die Eigenschaft E besitzt oder nicht. Für die eindeutig definierte Menge aller m mit der Eigenschaft E schreiben wir dann $\{m : E(m)\}$.

Wichtige Beispiele von Mengen sind die Teilmengen des R_n. Der R_n ist offenbar das n-fache kartesische Produkt des R_1 mit sich.

Es seien a, b reelle Zahlen mit $a < b$, doch lassen wir auch

---

[3.1] Ist $M_1 \subseteq M_2$, aber $M_1 \neq M_2$, schreiben wir auch $M_1 \subset M_2$.

$a = -\infty$ oder $b = +\infty$ zu. Die Menge der Punkte x des R_1, welche der Ungleichung $a < x < b$ genügen, nennt man ein offenes Intervall und schreibt hierfür (a, b). Die Menge $\{x : a \leq x \leq b\}$ bezeichnet man als abgeschlossenes Intervall und schreibt $[a, b]$. Die Bedeutung von $(a, b]$ bzw. $[a, b)$ versteht sich nun von selbst.

Jedes kartesische Produkt von Intervallen des R_1 bezeichnet man als Intervall des R_n. Ist insbesondere $a_i < b_i$, $1 \leq i \leq n$, dann bezeichnet man die Menge $(a_1, b_1) \times (a_2, b_2) \times \cdots \times (a_n, b_n)$ als offenes Intervall des R_n. Das ist also die Menge der n-Tupel $(x_1, \ldots, x_n) \in R_n$, welche für $1 \leq i \leq n$ den Ungleichungen $a_i < x_i < b_i$ genügen. Das kartesische Produkt $[a_1, b_1] \times \cdots \times [a_n, b_n]$ bezeichnet man als abgeschlossenes Intervall. Für $n = 2$ sprechen wir statt von Intervallen auch von Rechtecken, für $n \geq 3$ auch von Quadern.

$M \subseteq R_n$ heißt *offen*, wenn es zu jedem $x_0 \in M$ eine offene Kugel $K_{x_0} = \{x : |x - x_0| < r_0\}$, $r_0 > 0$, gibt mit $K_{x_0} \subset M$. Jede offene Menge, welche x enthält, heißt eine Umgebung von x. M heißt *abgeschlossen*, wenn $R_n - M$ offen ist; M heißt *kompakt*, wenn M abgeschlossen und beschränkt ist. Für kompakte Mengen M gilt der

Borelsche Überdeckungssatz: Zu jedem System von offenen Mengen, die M überdecken, gibt es ein endliches Teilsystem, das ebenfalls M überdeckt.

M heißt *konvex*, wenn mit $x, y \in M$ auch die Strecke $tx + (1-t)y$ für $0 \leq t \leq 1$ zu M gehört.

4. Mengenring und Mengenalgebra. Es sei R eine nichtleere Menge und $\mathfrak{H}$ eine Menge von Teilmengen von R. Wir notieren die

Definition: *$\mathfrak{H}$ heißt Halbring, wenn der Durchschnitt je zweier Mengen aus $\mathfrak{H}$ wieder zu $\mathfrak{H}$ gehört und wenn folgende „Kettenbedingung" erfüllt ist: Es seien M_1, $M_2 \in \mathfrak{H}$ und $M_1 \subset M_2$. Es sollen stets eine natürliche Zahl k und Mengen $N_0, N_1, \ldots, N_k$ in $\mathfrak{H}$ existieren mit $M_1 = N_0 \subset N_1 \subset \cdots \subset N_k = M_2$, so daß $N_i - N_{i-1} \in \mathfrak{H}$ für $1 \leq i \leq k$ gilt.*

Wir geben weiter die Definition eines Ringes:

Definition: *Eine Menge $\mathfrak{R}$ von Teilmengen von $\mathfrak{R}$ heißt ein Ring, wenn die Vereinigung endlich vieler Mengen aus $\mathfrak{R}$ und die Differenz je zweier Mengen aus $\mathfrak{R}$ wieder zu $\mathfrak{R}$ gehören. $\mathfrak{R}$ heißt σ-Ring, wenn $\mathfrak{R}$ ein Ring ist und die Vereinigung abzählbar unendlich vieler Mengen aus $\mathfrak{R}$ wieder zu $\mathfrak{R}$ gehört. Ein Halbring (Ring, σ-Ring) heißt eine*

Halbalgebra (Algebra, σ-Algebra), wenn in diesem eine Menge liegt, die alle anderen als Teilmengen enthält. Wir wollen in einem solchen Fall immer annehmen, daß diese größte Menge R ist.

Jeder Halbring (Ring, σ-Ring) enthält die leere Menge. Jeder Ring enthält mit endlich vielen Mengen auch deren Durchschnitt, jeder σ-Ring mit abzählbar unendlich vielen Mengen ebenfalls deren Durchschnitt.

Jeder σ-Ring ist ein Ring, jeder Ring ein Halbring. Entsprechendes gilt für die Algebren.

Da der Durchschnitt von Ringen (σ-Ringen) wieder ein Ring (σ-Ring) ist und die Menge aller Teilmengen einer Menge R ein σ-Ring ist, zeigt man leicht: Es sei $\mathfrak{M}$ eine nicht leere Menge von Teilmengen aus R. Dann gibt es einen kleinsten Ring und ebenso einen kleinsten σ-Ring von Teilmengen aus R, der alle Mengen von $\mathfrak{M}$ enthält. Dieser Ring (σ-Ring) heißt der von $\mathfrak{M}$ erzeugte Ring (σ-Ring).

Ein wichtiges Beispiel für einen Halbring stellt die Menge aller Intervalle $(a, b]$ des R_1 dar. Fügt man den R_1 hinzu, erhält man eine Halbalgebra $\mathfrak{H}_1$.

Die Gesamtheit der Quader der Gestalt $(a_1, b_1] \times \cdots \times (a_n, b_n]$ des R_n bildet ebenfalls einen Halbring. Fügt man den R_n hinzu, erhält man eine Halbalgebra $\mathfrak{H}_n$.

Die von $\mathfrak{H}_1$ erzeugte σ-Algebra wird die σ-Algebra der *Borelschen Mengen* $\mathfrak{B}_1$ des R_1 genannt. $\mathfrak{B}_1$ wird ebenso durch die Menge aller offenen Intervalle oder durch die Menge aller abgeschlossenen Intervalle erzeugt. Zu den Borelschen Mengen gehören insbesondere alle offenen und alle abgeschlossenen Mengen des R_1.

Die Definition der Borelschen Mengen überträgt sich in völlig analoger Weise auf den R_n. Wir bezeichnen die Gesamtheit der Borelschen Mengen des R_n mit $\mathfrak{B}_n$.

5. Abbildungen und Funktionen. Es seien M und N irgendwelche nicht leere Mengen. Wir sagen dann, daß φ eine Abbildung von M in N ist, wenn φ jedem $m \in M$ genau ein Element $n \in N$ zuordnet, $\varphi(m) = n$. Wir sagen auch, φ sei über M definiert. Manchmal ist es zweckmäßig, für eine solche Abbildung auch $m \to \varphi(m)$ zu schreiben. Wichtige Beispiele von Abbildungen erhält man, wenn N der R_1 ist. Für diese Abbildungen, die man reellwertige Funktionen oder kurz Funktionen nennt, ist in der üblichen Weise eine Addition,

Multiplikation und für nicht verschwindenden Nenner eine Division erklärt. Wenn φ, ψ zwei über M definierte Funktionen sind, dann schreiben wir für die Summe $\varphi + \psi$, für das Produkt $\varphi\psi$ und für den Quotienten $\frac{\varphi}{\psi}$. $\varphi + \psi$ ist also die Abbildung, welche jedem $m \in M$ den Funktionswert $\varphi(m) + \psi(m)$ zuordnet usw. Weiter schreiben wir $\varphi \geq \psi$, wenn $\varphi(x) \geq \psi(x)$ für alle $x \in M$ gilt. Die oben eingeführte Schreibweise mit dem Pfeil bewährt sich besonders dann, wenn wir z. B. Abbildungen φ vom R_n in den R_1 betrachten und diese z. B. als Funktion einer reellen Veränderlichen ansehen wollen, wobei wir alle anderen Argumente festhalten:

$$x_i \to \varphi(x_1, \ldots, x_i, \ldots, x_n).$$

Für jede Teilmenge $P \subseteq M$ bezeichnen wir die Menge $\{n : \varphi(m) = n, m \in P\}$ mit $\varphi(P)$. $\varphi(M)$ bezeichnet man als das Bild von M in N unter φ. Wenn φ die Menge M in N abbildet und ψ über $\varphi(M)$ definiert ist und etwa in eine Menge Q abbildet, dann bezeichnet man die zusammengesetzte Abbildung mit $\psi \circ \varphi$. Diese ordnet also jedem $m \in M$ das Bild $\psi(\varphi(m))$ in Q zu. Die Menge $\{m : \varphi(m) \in N_1\}$, wobei N_1 eine Teilmenge von N ist, bezeichnet man als das Urbild von N_1 unter φ und schreibt hierfür $\varphi^{-1}(N_1)$. Für die Urbilder gilt der wichtige

Satz I: *Es ist* $\varphi^{-1}(N_1 - N_2) = \varphi^{-1}(N_1) - \varphi^{-1}(N_2)$,
$\varphi^{-1}\left(\bigcup_{i=1}^{\infty} N_i\right) = \bigcup_{i=1}^{\infty} \varphi^{-1}(N_i)$ *und* $\varphi^{-1}\left(\bigcap_{i=1}^{\infty} N_i\right) = \bigcap_{i=1}^{\infty} \varphi^{-1}(N_i)$.

Wichtige Beispiele für Funktionen stellen die *Indikatorfunktionen* dar. Es sei R irgendeine nicht leere Menge und $M \subseteq R$. Eine Funktion c_M heißt Indikatorfunktion[5.1] von M, wenn

$$c_M(x) = 1 \quad \text{für} \quad x \in M$$
$$c_M(x) = 0 \quad \text{für} \quad x \in R - M$$

6. Maße[6.1]. Es sei R irgendeine Menge und $\boldsymbol{S}$ eine σ-Algebra von Mengen aus R. Man bezeichnet das Paar $(R, \boldsymbol{S})$ auch als *Meß-raum*. Jede Abbildung μ von $\boldsymbol{S}$ in die Menge der nichtnegativen

---

[5.1] Man bezeichnet c_M auch als charakteristische Funktion von M.

[6.1] Für eine genauere Orientierung sei auf P. Halmos, Measure Theory, D. Van Nostrand, Toronto-New York-London 1950, und H. Richter, Wahrscheinlichkeitstheorie, Springer-Verlag, Berlin 1956, verwiesen.

reellen Zahlen bezeichnet man als *Maß*, genauer als Maß über dem Meßraum $(R, \boldsymbol{S})$, wenn sie die Eigenschaft der Totaladditivität hat, d. h. wenn für paarweise fremde $A_i \in \boldsymbol{S}$, $i = 1, 2, 3, \ldots$, $\mu\left(\bigcup_{i=1}^{\infty} A_i\right) = \sum_{i=1}^{\infty} \mu(A_i)$ gilt. Sind die $A_i \in \boldsymbol{S}$ nicht notwendig paarweise fremde Mengen, dann folgt $\mu\left(\bigcup_{i=1}^{\infty} A_i\right) \leq \sum_{i=1}^{\infty} \mu(A_i)$. Es ist zugelassen, daß $\mu(A) = \infty$ für $A \in \boldsymbol{S}$ gilt, doch soll dies niemals für alle $A \in \boldsymbol{S}$ gelten.

Für $A, B \in \boldsymbol{S}$ und $A \subseteq B$ gilt $\mu(A) \leq \mu(B)$.

Man weist leicht nach, daß $\mu(\emptyset) = 0$ für jedes Maß.

Zwei Maße μ_1, μ_2 auf $\boldsymbol{S}$ sollen natürlich gleich heißen, wenn $\mu_1(B) = \mu_2(B)$ für alle $B \in \boldsymbol{S}$.

Wenn für ein Maß $\mu(R)$ endlich ist, heißt μ beschränkt.

Ein Maß, welches die Bedingung $\mu(R) = 1$ erfüllt, heißt ein Wahrscheinlichkeitsmaß.

Aus der Totaladditivität folgt die wichtige Stetigkeitseigenschaft: $A_1 \subseteq A_2 \subseteq \cdots$ impliziert $\lim_{i\to\infty} \mu(A_i) = \mu\left(\bigcup_{i=1}^{\infty} A_i\right)$. Aus $A_1 \supseteq A_2 \supseteq \cdots$ und $\mu(A_j) < \infty$ für ein j folgt $\lim_{i\to\infty} \mu(A_i) = \mu\left(\bigcap_{i=1}^{\infty} A_i\right)$.

Wenn es zu jedem $A \in \boldsymbol{S}$ mit $\mu(A) = \infty$ eine Folge $\{A_i\}$ mit $A_i \in \boldsymbol{S}$ und $\bigcup_{i=1}^{\infty} A_i \supseteq A$ gibt, wobei $\mu(A_i)$ für alle $i = 1, 2, \ldots$ endlich ist, dann heißt μ σ-endlich.

Wichtige Beispiele für Meßräume sind $(R_1, \mathfrak{B}_1)$ und $(R_n, \mathfrak{B}_n)$. Das wichtigste Beispiel für ein Maß über dem Meßraum $(R_1, \mathfrak{B}_1)$ ist das Lebesguesche Maß. Dieses ist ein σ-endliches Maß. Jedem Intervall der Länge 1 ordnet es das Maß 1 zu. Genau die analogen Eigenschaften hat das n-dimensionale Lebesguesche Maß, welches über $(R_n, \mathfrak{B}_n)$ definiert ist. Jeder n-dimensionale Einheitswürfel hat das n-dimensionale Lebesguesche Maß 1.

Sei μ ein Maß über $(R, \boldsymbol{S})$. Jede Menge $A \in \boldsymbol{S}$, für die $\mu(A) = 0$ gilt, heißt μ-Nullmenge. Ist μ das Lebesguesche Maß, dann sprechen wir kurz von Nullmengen. Die Vereinigung höchstens abzählbar unendlich vieler μ-Nullmengen ist wieder eine μ-Nullmenge.

Ist E eine Eigenschaft, die für alle $x \in R$ mit Ausnahme einer μ-Nullmenge gilt, dann sagen wir auch: E gilt μ-fast überall (μ-f. ü.), oder fast überall (f. ü.), wenn μ das Lebesguesche Maß ist.

Eine Menge $B \in \mathbf{S}$ heißt *Atom* eines Maßes μ, wenn $0 < \mu(B)$ gilt und wenn aus $A \subset B$, $A \in \mathbf{S}$, stets $\mu(A) = 0$ oder $\mu(A) = \mu(B)$ folgt. Wenn für ein Maß μ Atome existieren, nennen wir μ atomar, im gegenteiligen Fall atomfrei. Es gilt der folgende wichtige Satz von LJAPUNOV.

Satz II: $\mu_1, \ldots, \mu_k$, $k \geq 1$, *seien endlich viele atomfreie beschränkte Maße über einem Meßraum* $(R, \mathbf{S})$. *Dann ist die durch* $(\mu_1(B), \ldots, \mu_k(B))$, $B \in \mathbf{S}$, *definierte Teilmenge des* R_k *kompakt und konvex*[6.2].

Sehr wichtig für den Aufbau der Wahrscheinlichkeitstheorie ist der sogenannte Erweiterungssatz für Maße.

Satz III[6.3]: *Es sei* $\mathfrak{H}$ *eine Halbalgebra von Teilmengen von* R *und* μ *eine Abbildung von* $\mathfrak{H}$ *in die nichtnegativen reellen Zahlen, welche für paarweise fremde* $A_i \in \mathfrak{H}$, $i = 1, 2, \ldots$, *mit* $\bigcup_{i=1}^{\infty} A_i \in \mathfrak{H}$ *die Forderung der Totaladditivität erfüllt. Überdies existiere eine Folge* $\{M_i\}$ *mit* $M_i \in \mathfrak{H}$, $\bigcup_{i=1}^{\infty} M_i = R$ *und* $\mu(M_i) < \infty$ *für alle* $i = 1, 2, \ldots$. *Dann läßt sich* μ *zu einem Maß* μ^* *auf der durch* $\mathfrak{H}$ *erzeugten* σ*-Algebra erweitern, und diese Erweiterung ist eindeutig bestimmt. Für alle* $A \in \mathfrak{H}$ *gilt also* $\mu(A) = \mu^*(A)$.

Insbesondere läßt sich also jede solche über $\mathfrak{H}_1$ *erklärte Abbildung* μ *zu einem Maß auf* $\mathfrak{B}_1$ *erweitern, und Entsprechendes gilt für solche Maße im* R_n.

Wir kommen zur Konstruktion von Produktmaßen: Es seien

$$(R^{(i)}, \mathbf{S}^{(i)}), \qquad i = 1, \ldots, n, \qquad n \geq 2$$

Meßräume und μ_i Maße über $(R^{(i)}, \mathbf{S}^{(i)})$. Wir betrachten die Gesamtheit $\mathfrak{M}$ aller Mengen $\prod_{i=1}^{n} M_i$, mit $M_i \in \mathbf{S}^{(i)}$. Die von $\mathfrak{M}$ erzeugte σ-Algebra wird die von den $\mathbf{S}^{(i)}$ erzeugte Produkt σ-Algebra genannt und mit $\bigotimes_{i=1}^{n} \mathbf{S}^{(i)}$ bezeichnet. Man konstruiert nun über dem

[6.2] Vgl. A. LJAPUNOV, Bull. Acad. Sci. URSS, Sér. Math. 4, 465–478, (1940).

[6.3] Im wesentlichen steht dieser Satz z. B. bei K. KRICKEBERG, Wahrscheinlichkeitstheorie, B. G. Teubner, Stuttgart 1963, 48.

Meßraum $\left(\prod_{i=1}^{n} R^{(i)}, \bigotimes_{i=1}^{n} S^{(i)}\right)$ ein Maß μ auf folgende Weise: Für jedes $M = \prod_{i=1}^{n} M_i$ wird $\mu(M)$ durch $\mu_1(M_1)\mu_2(M_2)\ldots\mu_n(M_n)$ erklärt, und nun wendet man den Erweiterungssatz an, um μ für ganz $\bigotimes_{i=1}^{n} S^{(i)}$ zu definieren. μ wird das Produkt der Maße $\mu_1, \ldots, \mu_n$ genannt, und man bedient sich der Schreibweise $\mu = \mu_1 \times \mu_2 \cdots \times \mu_n$.

Nebenbei erwähnen wir noch: Wenn $\mathfrak{H}_i$, $1 \leq i \leq n$, Halbalgebren sind, welche die σ-Algebren $S^{(i)}$ erzeugen, dann ist $\prod_{i=1}^{n} \mathfrak{H}_i$, d. h. die Menge aller $\prod_{i=1}^{n} M_i$ mit $M_i \in \mathfrak{H}_i$ ebenfalls eine Halbalgebra, welche $\bigotimes_{i=1}^{n} S^{(i)}$ erzeugt.

Diese Konstruktion kann man auf unendlich viele Meßräume $(R^{(i)}, S^{(i)})$, $i \in I$, ausdehnen, wenn die zugehörigen Maße Wahrscheinlichkeitsmaße μ_i sind. Man betrachtet dann über $\prod_{i \in I} R^{(i)}$ die kleinste σ-Algebra, welche von allen Mengen der Gestalt $\mathfrak{M} = \{\prod_{i \in I} M^{(i)}: M^{(i)} \in S^{(i)}$, nur endlich viele $M^{(i)} \neq R^{(i)}\}$ erzeugt werden. Diese σ-Algebra bezeichnet man mit $\bigotimes_{i \in I} S^{(i)}$. Wenn $\prod_{i \in I} M^{(i)} \in \mathfrak{M}$ ist und genau $M^{(i_j)} \neq R^{(i_j)}$, $i_j \in I$, $j = 1, \ldots, r$, gilt, wird $\mu = \prod_{i \in I} \mu_i$ durch $\mu(\prod_{i \in I} M^{(i)}) = \prod_{j=1}^{r} \mu_{i_j}(M^{(i_j)})$ definiert und dann wieder der Erweiterungssatz angewendet.

Das n-dimensionsale Lebesguesche Maß ist das Produkt von n eindimensionalen Lebesgueschen Maßen.

7. Meßbare Funktionen. Es sei (R, S) ein Meßraum und φ eine über R definierte Funktion. φ heißt S-meßbar, wenn $\varphi^{-1}((-\infty, \alpha))$ für alle reellen α mit zu S gehört. Nach Satz I kann man in dieser Definition ebenso von den beschränkten, offenen, abgeschlossenen oder halboffenen Intervallen ausgehen. Da aus Satz I auch folgt, daß die Gesamtheit der Mengen, deren Urbilder unter φ zu S gehören, eine σ-Algebra bildet, gehören auch insbesondere die Urbilder aller Mengen aus $\mathfrak{B}_1$ zu S. Ist $R = R_n$, $n \geq 1$, und $S = \mathfrak{B}_n$, dann nennt man die $\mathfrak{B}_n$-meßbaren Funktionen Borel-meßbar. Summe, Produkt und Quotient zweier S-meßbarer Abbildungen sind wieder S-meßbar. Ist φ eine S-meßbare Abbildung von R in den R_1 und ψ eine Borel-meßbare Funktion von R_1 in den R_1, dann ist auch $\psi \circ \varphi$ **S**-meßbar. (Vgl. S. 48ff.)

Supremum und Infimum einer Folge f_i, $i = 1, 2, \ldots$, **S**-meßbarer Funktionen sind wieder **S**-meßbar. Existiert für jedes $x \in R$ $\lim\limits_{i\to\infty} f_i(x) = f(x)$, dann ist also auch f **S**-meßbar.

Ist φ eine Abbildung von R in den R_n, $n \geq 2$, dann heißt φ meßbar, wenn die Urbilder unter φ aller Intervalle — oder gleichbedeutend die Urbilder aller Intervalle $(-\infty, \alpha_1) \times \cdots \times (-\infty, \alpha_n)$, α_i reell, $1 \leq i \leq n$ — wieder zu **S** gehören. Es gehören dann auch die Urbilder aller Mengen aus $\mathfrak{B}_n$ zu **S**.

8. Das zu einem Maß gehörige Integral. Es sei μ ein beliebiges Maß über $(R, \mathbf{S})$. Für eine Teilklasse L_μ der **S**-meßbaren Funktionen f ist dann ein Integral $\int\limits_R f\,d\mu$ erklärt, für das wir auch $\int\limits_R f(x)\,d\mu(x)$ schreiben. L_μ heißt die Menge der μ-integrierbaren Funktionen oder genauer der über R μ-integrierbaren Funktionen.

Die Einführung des Integrals geschieht so, daß man für alle Indikatorfunktionen c_E mit $\mu(E) < \infty$ definiert: $\int\limits_R c_E\,d\mu = \mu(E)$. Für alle Abbildungen φ (sogenannte Treppenfunktionen), welche von der Gestalt

$$\sum_{i=1}^{n} \alpha_i c_{E_i} \tag{I}$$

$n \geq 1$, α_i bel. reell, $E_i \cap E_j = \emptyset$, $i \neq j$, $\mu(E_i) < \infty$, $1 \leq i \leq n$, sind, erklärt man

$$\int\limits_R \varphi\,d\mu = \sum_{i=1}^{n} \alpha_i \mu(E_i).$$

Es ist leicht zu zeigen, daß diese Definition von der Darstellung von φ in der Gestalt (I) unabhängig ist. Schließlich sei $\{\varphi_i\}$ eine Folge von Abbildungen der Gestalt (I) mit $0 \leq \varphi_i \leq \varphi_{i+1}$, $i = 1, 2, \ldots$. Es gilt also, daß $\lim\limits_{i\to\infty} \varphi_i(x) = f(x)$ für jedes $x \in R$ als endlicher oder unendlicher Limes existiert. Falls der stets existierende Grenzwert $\lim\limits_{i\to\infty} \int\limits_R \varphi_i\,d\mu$ endlich ist, erklärt man $\int\limits_R f\,d\mu = \lim\limits_{i\to\infty} \int\limits_R \varphi_i\,d\mu$. Auch hier läßt sich wieder die Eindeutigkeit der Definition zeigen.

Die Menge L_μ ist dann die Menge aller f mit $f = f_1 - f_2$, $f_i \geq 0$, $i = 1, 2$, für die $\int\limits_R f_i \, d\mu$ existiert.

Man zeigt leicht, daß für beliebige reelle Zahlen γ_1, γ_2 und $f_1, f_2 \in L_\mu$
$\gamma_1 f_1 + \gamma_2 f_2 \in L_\mu$ und $\int\limits_R (\gamma_1 f_1 + \gamma_2 f_2) d\mu = \gamma_1 \int\limits_R f_1 d\mu + \gamma_2 \int\limits_R f_2 d\mu$
gelten. Mit $f \in L_\mu$ ist auch immer $|f| \in L_\mu$, und es gilt die wichtige Ungleichung: $\left|\int\limits_R f d\mu\right| \leq \int\limits_R |f| \, d\mu$.

Ist g eine beschränkte und $\boldsymbol{S}$-meßbare Abbildung von R in den R_1, dann ist mit f auch $gf \in L_\mu$. Für jedes $f \in L_\mu$ und $E \in \boldsymbol{S}$ wird $\int\limits_E f d\mu$ durch $\int\limits_R f c_E d\mu$ definiert. Da c_E beschränkt ist, hat diese Definition stets einen Sinn. Etwas allgemeiner definiert man auch $\int\limits_E f d\mu = \int\limits_R f c_E \, d\mu$ für jedes $\boldsymbol{S}$-meßbare f mit $f c_E \in L_\mu$. f heißt dann μ-integrierbar über E. Ist $f \in L_\mu$ und $f(x) = g(x)$ für alle $x \in R$ bis auf eine μ-Nullmenge, dann ist auch $g \in L_\mu$ und $\int\limits_R f d\mu = \int\limits_R g d\mu$ sowie natürlich auch $\int\limits_E f d\mu = \int\limits_E g d\mu$ für alle $E \in \boldsymbol{S}$. Die Definition einer Funktion f in einer μ-Nullmenge ist also für ihre Zugehörigkeit zu L_μ und den Wert ihrer Integrale ohne Belang. Ist $\mu(N) = 0$ und f μ-integrierbar, dann gilt $\int\limits_N f d\mu = 0$. Jedes $f \in L_\mu$ ist endlich, höchstens mit Ausnahme einer μ-Nullmenge. Ist $f \geq 0$ und $\int\limits_R f d\mu = 0$, dann folgt $f(x) = 0$ für alle $x \in R$ μ-f.ü.

Wir machen noch folgende **Bemerkung**: Es sei h eine über R definierte $\boldsymbol{S}$-meßbare Funktion. Wenn für jede Folge μ-integrierbarer Treppenfunktionen g_i (vgl. S. 9), welche in R gegen h konvergieren, $\lim\limits_{i \to \infty} \int\limits_R g_i d\mu = \infty$ bzw. $= -\infty$ gilt, dann sagt man auch oft, daß $\int\limits_R h d\mu = \infty$ bzw. $= -\infty$ ist. Wenn wir jedoch sagen, daß $\int\limits_R h d\mu$ existiert, dann wollen wir weiterhin stets darunter verstehen, daß dieser Wert endlich ist. Ist $\int\limits_R h d\mu = \infty$ und ist M eine beliebige positive Zahl sowie $A_M = \{x : -\infty < h(x) \leq M\}$, dann existiert stets $\int\limits_{A_M} h \, d\mu$, falls $\mu(A_M) < \infty$ ist.

Oft werden wir auch folgenden Satz verwenden:

Satz IV: *Wenn f $\mathbf{S}$-meßbar ist und $|f| \leq g$, wobei g bezüglich μ integrierbar ist, dann ist auch f bezüglich μ integrierbar.*

Sind also f, g $\mathbf{S}$-meßbar und f^2 und g^2 μ-integrierbar, dann ist auch fg μ-integrierbar.

Weiter gilt die *Ungleichung von* SCHWARZ[8.1]:

$$\left(\int_R |fg| \, d\mu\right)^2 \leq \int_R f^2 d\mu \int_R g^2 \, d\mu .$$

Das Gleichheitszeichen gilt genau dann, wenn für ein reelles λ $f = \lambda g$ μ-f. ü. ist[8.2].

Es seien $A_1, A_2, \ldots$ endlich oder abzählbar unendlich viele paarweise fremde Mengen aus $\mathbf{S}$. Dann gilt für $f \in L_\mu$

$$\int_{\bigcup_i A_i} f d\mu = \sum_i \int_{A_i} f d\mu . \tag{II}$$

Man erhält ein besonders wichtiges Beispiel für ein Integral, wenn μ das Lebesguesche Maß über dem R_n, $n \geq 1$, ist. Das zugehörige Integral heißt das Lebesguesche Integral. Die Funktionen aus L_μ nennen wir dann kurz integrierbar. Wenn f die über dem R_n definierte Funktion ist, dann schreiben wir für das Lebesguesche Integral $\int_{R_n} f dx$ oder auch $\int_{R_n} f(x) dx$ bzw.

$$\int_{-\infty}^{+\infty} \ldots \int_{-\infty}^{+\infty} f(x_1, \ldots, x_n) \, dx_1 \ldots dx_n .$$

Ebenso kürzen wir

$$\int_{y_1}^{z_1} \ldots \int_{y_m}^{z_m} f(x_1, \ldots, x_n) \, dx_1 \ldots dx_n$$

durch $\int_y^z f(x) dx$ ab, und ähnlich sind auch analoge Schreibweisen zu verstehen.

[8.1] Die Ungleichung wird auch manches Mal nach BUNJAKOWSKI benannt.

[8.2] Allgemeiner gilt die Höldersche Ungleichung:

$$\int_R |fg| \, d\mu \leq \left(\int_R |f|^p \, d\mu\right)^{1/p} \left(\int_R |g|^q \, d\mu\right)^{1/q} \quad \text{mit} \quad p, q > 1 \quad \text{und} \quad 1/p + 1/q = 1 .$$

Der Lebesguesche Integralbegriff kann als Erweiterung des Riemannschen Integralbegriffes angesehen werden. Jede eigentlich Riemann-integrierbare Funktion ist Lebesgue-integrierbar, aber nicht umgekehrt. Das Lebesguesche Integral läßt sich zum Radon-Stieltjesschen Integral verallgemeinern. Dieses Integral stellt seinerseits wieder nur einen Spezialfall des hier erwähnten allgemeinen Integralbegriffes dar. Im einfachsten Fall sei G eine über dem R_1 erklärte beschränkte, nicht fallende Funktion. Es sei $G(-\infty) = \lim_{x\to-\infty} G(x)$. Ordnet man für jedes reelle α dem Intervall $(-\infty, \alpha]$ als „Maß" die nichtnegative Zahl $G(\alpha+0) - G(-\infty)$ zu, dann sieht man unschwer, daß durch diese Zuordnung über der Halbalgebra $\mathfrak{H}_1$ (vgl. S. 4) ein totaladditives Maß erklärt wird, welches gemäß Satz III zu einem totaladditiven Maß μ_G auf $\mathfrak{B}_1$ ausgedehnt werden kann. Ist $f \in L_{\mu_G}$, dann schreibt man statt $\int_{R_1} f\,d\mu_G$ auch $\int_{R_1} f(x)\,dG(x)$. Diese Schreibweise wird durch die Definition des Riemann-Stieltjes-Integrales nahegelegt. Wenn G' existiert, Lebesgue-integrierbar ist und $G(x) = \int_{-\infty}^{x} G'(y)\,dy$ für alle $x \in R_1$ gilt, dann hat man

$$\int_{R_1} f(x)\,dG(x) = \int_{R_1} f(x)\,G'(x)\,dx, \tag{III}$$

wobei das rechtsstehende Integral ein Lebesguesches Integral ist.

Diese Betrachtungen lassen sich auch auf den R_n, $n \geq 2$, ausdehnen[8.3].

Das Radon-Stieltjessche Integral ist (mindestens für stetiges G) eine Erweiterung des Riemann-Stieltjesschen Integralbegriffes, der bekanntlich so definiert wird:

Es sei in einem Intervall $[a, b]$ eine stetige Funktion f und eine monotone, z. B. wachsende Funktion G gegeben, die jedoch nicht stetig zu sein braucht. Wir bilden die verallgemeinerten Riemannschen Summen

$$\sum_{i=1}^{n} f(\xi_i)\big(G(x_i) - G(x_{i-1})\big) \tag{IV}$$

[8.3] Dies wurde zuerst von J. Radon durchgeführt: J. Radon, Österreich. Akad. Wiss., math.-naturw. Kl., S.-Ber., Abt. IIa, 1295—1438 (1913).

$x_0 = a < x_1 < \cdots < x_n = b$, $x_{i-1} \leq \xi_i \leq x_i$. Man zeigt, daß die Summen (IV) für jede Einteilung und jede Wahl der Zwischenstellen ξ_i, für $n \to \infty$ gegen einen Grenzwert streben, wenn nur $\max_i |x_i - x_{i-1}|$ für $n \to \infty$ beliebig klein wird. Dieser Grenzwert ist eindeutig und wird als Riemann-Stieltjessches Integral bezeichnet $\left(\text{Symbol: } \int_a^b f(x)\,dG(x) \text{ oder } \int_a^b f\,dG\right)$. Das Integral besitzt die ,,üblichen" Eigenschaften. Insbesondere gilt die Formel der partiellen Integration. Wenn G endlich oder unendlich viele Sprungstellen $x_1, x_2, \ldots$ besitzt und zwischen je zwei solchen Stellen konstant ist, dann gilt $\int_a^b f\,dG = \sum_i f(x_i)c_i$, wobei c_i die Sprunghöhe an der Stelle x_i ist.

Man kann weiter zeigen, daß statt (III) folgendes gilt: Wenn G eine eigentlich Riemann-integrierbare Ableitung G' besitzt, dann ist

$$\int_a^b f(x)\,dG(x) = \int_a^b f(x)G'(x)\,dx. \tag{V}$$

Die Ausdehnung des Riemann-Stieltjesschen Integralbegriffes auf unendliche Intervalle erfolgt in üblicher Weise. Wenn G Differenz zweier gleichsinnig monotoner beschränkter Funktionen, also von beschränkter Variation ist, dann ist $\int_a^b f\,dG$ für stetiges f als Differenz zweier Riemann-Stieltjes-Integrale erklärt. Die Eigenschaften des Riemann-Stieltjes-Integrales lassen sich leicht auf dieses Integral übertragen.

Wir notieren den wichtigen Satz von LEBESGUE:

Satz V: *Es sei $\{f_i\}$ eine Folge von Funktionen aus L_μ. $f_i(x)$ konvergiere μ-f.ü. gegen einen Limes $f(x)$. Es sei $g \in L_\mu$ und $|f_i(x)| \leq g(x)$ für $i = 1, 2, \ldots$ und für alle $x \in R$, eventuell mit Ausnahme einer μ-Nullmenge. Dann ist auch $f \in L_\mu$ und* $\lim_{i\to\infty} \int_R f_i\,d\mu = \int_R f\,d\mu$.

Wir führen nun zwei wichtige Folgerungen aus dem Satz von LEBESGUE an.

Satz VI: *Es sei $(R, \mathbf{S})$ ein Meßraum, $A \subseteq R_n$ eine offene Menge. $(t, x) \to g(t, x)$ eine Abbildung von $A \times R$ in den R_1. Die Abbildung $t \to g(t, x)$ sei stetig.*

Für jedes $x \in R$ *und für jedes* $t \in A$ *sei* $|g(t,x)| \leq f(x)$, *wobei* f *eine über* R μ*-integrierbare Funktion ist. Dann ist die Abbildung* $t \to \int_R g(t,x)\,d\mu(x)$ *stetig.*

Satz VII: *Es sei* $A \subseteq R_n$ *offen und* g *wie im Satz* VI *über* $A \times R$ *erklärt. Es sei* $\frac{\partial}{\partial t_1} g(t,x)$ *für* $t \in A$ *und jedes* $x \in R$ *vorhanden. Sei weiter* $\left|\frac{\partial}{\partial t_1} g(t,x)\right| \leq f(x)$ *für jedes* $t \in A$ *und alle* $x \in R$, *wobei* f *eine über* R μ*-integrierbare Funktion ist. Dann ist die Abbildung* $t \to \int_R g(t,x)\,d\mu(x)$ *nach* t_1 *differenzierbar und*

$$\frac{\partial}{\partial t_1} \int_R g(t,x)\,d\mu(x) = \int_R \frac{\partial}{\partial t_1} g(t,x)\,d\mu(x) \quad \text{für alle} \quad t \in A.$$ [8.4]

Wir erwähnen weiter einen Satz über die Transformation des Lebesgueschen Integrals.

Satz VIII: *Es seien* $g_1, \ldots, g_n$ *Abbildungen von einer offenen Menge* $A_n \subseteq R_n$ *in den* R_1. *Alle* g_i *sollen stetige partielle Ableitungen erster Ordnung nach allen Variablen besitzen. Überdies sei die Funktionaldeterminante* $\frac{\partial(g_1 \cdots g_n)}{\partial(y_1 \cdots y_n)}$ *in* A_n *von Null verschieden. Die durch* $g = (g_1, \ldots, g_n)$ *vermittelte Abbildung von* A_n *in* $g(A_n) = B_n$ *sei umkehrbar eindeutig. Dann ist auch* B_n *offen. Es sei* f *eine über* B_n *definierte integrierbare Funktion. Dann ist mit* $f \circ g = k$ *auch* $k\left|\frac{\partial(g_1 \cdots g_n)}{\partial(y_1 \cdots y_n)}\right|$ *integrierbar, und es gilt*

$$\int_{B_n} f(x_1, \ldots, x_n)\,dx_1 \ldots dx_n = \int_{A_n} k(y_1, \ldots, y_n) \left|\frac{\partial(g_1 \cdots g_n)}{\partial(y_1 \cdots y_n)}\right| dy_1 \ldots dy_n.$$

Für das zu einem Produktmaß gehörige Integral gilt der Satz von FUBINI:

Satz IX: *Es sei* $\mu = \mu_1 \times \mu_2$ *ein über* $\left(R^{(1)} \times R^{(2)}, \bigotimes_{i=1}^{2} \mathbf{S}^{(i)}\right)$

[8.4] Selbstverständlich gilt ein ganz analoger Satz für jede beliebige Komponente t_i, $2 \leq i \leq n$, von t.

definiertes Produktmaß und f *eine über* $R^{(1)} \times R^{(2)}$ *erklärte* $\bigotimes_{i=1}^{2} \mathbf{S}^{(i)}$*-meßbare Funktion, die bezüglich* μ *integrierbar sei. Überdies seien* μ_1 *und* μ_2 σ*-endlich. Dann ist die über* $R^{(1)}$ *erklärte Abbildung* $x^{(1)} \to f(x^{(1)}, x^{(2)})$ *für alle* $x^{(2)} \in R^{(2)}$ *höchstens mit Ausnahme einer* μ_2*-Nullmenge bezüglich* μ_1 *integrierbar und die Abbildung* $x^{(2)} \to \int\limits_{R^{(1)}} f(x^{(1)}, x^{(2)}) d\mu_1(x^{(1)})$ *(die für alle* $x^{(2)} \in R^{(2)}$ *definiert ist bis auf eine* μ_2*-Nullmenge) bezüglich* μ_2 *integrierbar und*

$$\int\limits_{R^{(1)} \times R^{(2)}} f d\mu = \int\limits_{R^{(2)}} \int\limits_{R^{(1)}} f(x^{(1)}, x^{(2)}) d\mu_1(x^{(1)}) \, d\mu_2(x^{(2)}) . \tag{VI}$$

Ist umgekehrt f $\bigotimes_{i=1}^{2} \mathbf{S}^{(i)}$*-meßbar und existiert das Integral* $\int\limits_{R^{(2)}} \int\limits_{R^{(1)}} |f(x^{(1)}, x^{(2)})| \, d\mu_1(x^{(1)}) \, d\mu_2(x^{(2)})$, *dann ist* f *auch bezüglich* μ *integrierbar, und es gilt wieder die Gleichung* (VI).

Selbstverständlich gilt dieser Satz auch, wenn μ_1 und μ_2 die Rollen vertauschen. Ein Integral der Form $\int\limits_{R^{(2)}} \int\limits_{R^{(1)}} f(x^{(1)}, x^{(2)}) d\mu_1(x^{(1)}) \, d\mu_2(x^{(2)})$ heißt iteriertes Integral. Wenden wir diesen Satz auf ein n-dimensionales Lebesguesches Integral der Form $\int\limits_{-\infty}^{+\infty} \cdots \int\limits_{-\infty}^{+\infty} f(x_1, \ldots, x_n) \cdot dx_1 \ldots dx_n$ an, dann besagt der Satz von FUBINI, daß dieses Integral auch als iteriertes Integral aufgefaßt werden kann, bei dem es auf die Reihenfolge der Ausführung der einzelnen eindimensionalen Integrationen nicht ankommt. Dies rechtfertigt auch diese Schreibweise für ein n-dimensionales Lebesguesches Integral.

Gelegentlich benötigen wir auch den

Satz X [8.5]: *Es sei* μ *ein* σ*-endliches Maß über* $(R_n, \mathfrak{B}_n)$, L_μ *die Menge der* μ*-integrierbaren Funktionen und* Φ *eine nicht leere Menge gleichmäßig beschränkter* $\mathfrak{B}_n$*-meßbarer Funktionen* φ *über dem* R_n *mit* $\sup\limits_{x \in R_n} |\varphi(x)| \leq M$ *für alle* $\varphi \in \Phi$. *Dann läßt sich aus jeder Folge* $\{\varphi_n\}$ *von Elementen* $\varphi_n \in \Phi$ *eine Teilfolge* φ_{n_i} *auswählen, so daß es ein*

[8.5] Vgl. z. B. E. L. LEHMANN, Testing Statistical Hypothesis, John Wiley, New York 1959, 354.

$\mathfrak{B}_n$-meßbares ψ gibt, für welches $\int\limits_{R_n} \varphi_{n_i} f\, d\mu \to \int\limits_{R_n} \psi f\, d\mu$ *für alle* $f \in L_\mu$ *gilt und* $\sup\limits_{x \in R_n} |\psi(x)| \leq M$ *ist.*

9. Totalstetige Mengenfunktionen. Es sei μ ein Maß über $(R, \mathbf{S})$ und ν eine totaladditive Mengenfunktion über $\mathbf{S}$, d. h. eine Abbildung $B \to \nu(B)$ von $\mathbf{S}$ in den R_1, welche die Bedingung erfüllt: $\nu\left(\bigcup\limits_{i=1}^{\infty} A_i\right) = \sum\limits_{i=1}^{\infty} \nu(A_i)$ für $A_i \in \mathbf{S}$ und $A_i \cap A_j = \emptyset$ für $i \neq j$. ν heißt *totalstetig* bezüglich μ, wenn aus $\mu(A) = 0$ stets $\nu(A) = 0$ folgt. Falls ν beschränkt ist, also $|\nu(B)| < \infty$ für jedes $B \in \mathbf{S}$ gilt, ist damit gleichbedeutend: Zu jedem $\varepsilon > 0$ gibt es ein $\delta(\varepsilon) > 0$, so daß aus $\mu(A) < \delta(\varepsilon)$, $A \in \mathbf{S}$, stets $|\nu(A)| < \varepsilon$ folgt. Es gilt der

Satz XI: *Es sei μ ein Maß über $(R, \mathbf{S})$ und f μ-integrierbar. Dann ist die für jedes $B \in \mathbf{S}$ durch $\nu(B) = \int\limits_B f\, d\mu$ definierte Mengenfunktion totalstetig bezüglich μ.*

Für eine Umkehrung dieses Satzes vgl. man I., Satz 6.1.

Wenn ν totalstetig bzgl. eines Maßes μ ist, schreibt man auch $\nu \ll \mu$. Nun geben wir folgende

Definition: *Es sei V eine nichtleere Menge von Maßen ν. Man sagt, daß ein Maß μ die Menge V dominiert, wenn $\nu \ll \mu$ für alle $\nu \in V$ gilt.*

Ohne Schwierigkeiten zeigt man den

Satz XII: *Es seien endlich oder abzählbar unendlich viele Wahrscheinlichkeitsmaße ν_i gegeben. Dann gibt es stets ein Wahrscheinlichkeitsmaß μ, so daß μ die Menge $\{\nu_i\}$ dominiert.*

Es genügt z. B. für den Fall unendlich vieler ν_i das Maß $\mu = \sum\limits_{i=1}^{\infty} p_i \nu_i$ zu wählen mit $p_i > 0, 1 \leq i$:

$$\sum_{i=1}^{\infty} p_i = 1\,. \tag{VII}$$

Dabei versteht man unter $\sum\limits_{i=1}^{\infty} p_i \nu_i$ das Maß, welches durch $\lim\limits_{n\to\infty} \sum\limits_{i=1}^{n} p_i \nu_i(A)$ für jedes $A \in \mathbf{S}$ gegeben ist. Aus der absoluten Konvergenz von $\sum\limits_{i=1}^{\infty} p_i \nu_i(A)$ für jedes $A \in \mathbf{S}$ folgt sofort, daß μ ein Maß ist, und wegen (VII), daß μ ein Wahrscheinlichkeitsmaß ist.

10. Komplexwertige Funktionen. Jede Abbildung von einer Menge R in die komplexe Zahlenebene bezeichnet man als komplexwertige Funktion. Irgendeine solche Abbildung k läßt sich stets in der Gestalt

$$k = k_1 + i k_2 \tag{VIII}$$

darstellen, wobei k_1 und k_2 reelle Funktionen sind. $k_1 = \Re(k)$ ist der Realteil, $k_2 = \Im(k)$ der Imaginärteil von k. Die Darstellung (VIII) ermöglicht es, in naheliegender Weise Eigenschaften reeller Funktionen und Rechenoperationen mit solchen Funktionen auf komplexwertige Funktionen zu übertragen.

Eine über dem R_n definierte komplexwertige Funktion k heißt z. B. genau dann stetig, wenn $\Re(k)$ und $\Im(k)$ stetig sind, genau dann differenzierbar, wenn $k_1 = \Re(k)$ und $k_2 = \Im(k)$ differenzierbar sind, und definitionsgemäß ist etwa

$$\frac{\partial k(x_1, \ldots, x_n)}{\partial x_1} = \frac{\partial k_1(x_1, \ldots, x_n)}{\partial x_1} + i \frac{\partial k_2(x_1, \ldots, x_n)}{\partial x_1}.$$

Ähnlich heißt k genau dann integrierbar, wenn k_1 und k_2 es sind, und man definiert

$$\underbrace{\int \cdots \int}_{n} k \, dx_1 \cdots dx_n = \underbrace{\int \cdots \int}_{n} k_1 \, dx_1 \cdots dx_n + i \underbrace{\int \cdots \int}_{n} k_2 \, dx_1 \ldots dx_n.$$

Unter dem Betrag von k versteht man $|k| = \sqrt{k_1^2 + k_2^2}$. Auf Grund dieser Definition ergibt sich, daß man mit komplexwertigen Funktionen genau so rechnen kann wie mit reellen Funktionen, wobei man $i^2 = -1$ zu berücksichtigen hat. Eine kleine Schwierigkeit bereitet nur der Nachweis, daß auch für komplexwertige Funktionen die Ungleichung $\left|\int_M k(x)\,dx\right| \leq \int_M |k(x)|\,dx$ für irgendein $M \in \mathfrak{B}_n$ richtig ist[10.1].

[10.1] Der Beweis gestaltet sich so: Zunächst sieht man unmittelbar, daß $c \int_M k(x)\,dx = \int_M c k(x)\,dx$ für irgendeine komplexe Konstante c gilt. Nun ist mit $\varphi = \arctan\left(\Im\left(\int_M k(x)\,dx\right) \Big/ \Re\left(\int_M k(x)\,dx\right)\right)$

$$\left|\int_M k(x)\,dx\right| = \Re\left(e^{-i\varphi} \int_M k(x)\,dx\right) = \int_M \Re(e^{-i\varphi} k(x))\,dx \leq \int_M |k(x)|\,dx.$$

11. Matrizen. Matrizen bezeichnen wir im allgemeinen mit lateinischen Großbuchstaben. Ist A eine n-zeilige und m-spaltige Matrix, kurz eine $n \times m$-Matrix der Gestalt

$$A = \begin{pmatrix} a_{11} \dots a_{1m} \\ . \quad . \quad . \quad . \\ a_{n1} \dots a_{nm} \end{pmatrix},$$

dann verwenden wir für sie auch das Symbol $(a_{ij})_{1n}^{1m}$. Mit A' bezeichnen wir wie üblich die transponierte Matrix von A:

$$A' = \begin{pmatrix} a_{11} \dots a_{n1} \\ . \quad . \quad . \quad . \\ a_{1m} \dots a_{nm} \end{pmatrix},$$

mit A^{-1} die zu A inverse Matrix, falls sie vorhanden ist.

Ist $x = (x_1, \dots, x_n)$ ein n-Tupel reeller Zahlen, dann wird es oft zweckmäßig sein, x auch als $n \times 1$-Matrix aufzufassen, ohne daß wir immer darauf ausdrücklich verweisen werden. Ist $A = (a_{ij})_{1m}^{1n}$, dann verstehen wir also unter Ax die Matrix

$$\begin{pmatrix} a_{11}x_1 + \dots + a_{1n}x_n \\ . \quad . \quad . \quad . \quad . \quad . \quad . \\ a_{m1}x_1 + \dots + a_{mn}x_n \end{pmatrix}$$

Insbesondere werden wir im Sinne dieser Vereinbarung für $x = (x_1, \dots, x_n)$ und $y = (y_1, \dots, y_n)$ unter $x'y$ stets $\sum_{i=1}^{n} x_i . y_i$ verstehen.

Ist $A = (a_{ij})_{1n}^{1n}$ eine $n \times n$-Matrix, dann bezeichnen wir die Determinante von A mit $|A|$ oder mit $|a_{ij}|_{1n}^{1n}$.

Wir erwähnen noch den folgenden

Satz XIII: *Es sei* $0 < r < n$ *und* $(c_{ij})_{1r}^{1n}$ *eine* $r \times n$-*Matrix, so daß*

$$\sum_{j=1}^{n} c_{ij} c_{kj} = \begin{cases} 1 & i = k \\ 0 & i \neq k \end{cases}, \quad 1 \leq i,\ k \leq r.$$

Dann gibt es stets eine $(n - r) \times n$-*Matrix* $(c_{ij})_{(r+1)n}^{1n}$, *so daß* $(c_{ij})_{1n}^{1n}$ *eine orthogonale Matrix ist, welche übrigens im allgemeinen nicht eindeutig festgelegt ist.*

12. Definition der Gammafunktion für positive Argumente. Wir betrachten $\int\limits_0^\infty e^{-t} t^{x-1} dt$. Dieses Integral hat für alle $x > 0$ einen Sinn und definiert die Gammafunktion $\Gamma(x)$. Es ist also für $x > 0$

$$\int\limits_0^\infty e^{-t} t^{x-1} dt = \Gamma(x).$$

Durch partielle Integration erhält man sofort

$$\Gamma(x+1) = x\Gamma(x) \quad \text{für} \quad x > 0.$$

Daraus folgt für ganzes $n > 0$

$$\Gamma(n+1) = n!.$$

In I., S. 89 wird gezeigt, daß $\int\limits_0^\infty e^{-t^2/2} dt = \sqrt{\pi/2}$. Daraus folgt leicht

$$\Gamma\left(\frac{1}{2}\right) = \sqrt{\pi}.$$

Schließlich merken wir noch folgende wichtige Formel an: Für $a > 0$ und $b > 0$ gilt

$$\int\limits_0^1 (1-x)^{a-1} x^{b-1} dx = \frac{\Gamma(a)\Gamma(b)}{\Gamma(a+b)}. \tag{IX}$$

13. Die Landau-Symbole. Es seien $\{a_n\}$ und $\{b_n\}$ Folgen reeller Zahlen. Man schreibt $a_n = o(b_n)$, wenn für ein reelles $K > 0$ $\left|\frac{a_n}{b_n}\right| < K$ für alle hinreichend großen n gilt. Man schreibt $a_n = o(b_n)$, wenn $a_n/b_n \to 0$ für $n \to \infty$ gilt.

Sinngemäß verwendet man diese Schreibweise auch für Funktionen: z. B. ist $f(x) = O(g(x))$ für $x \to \infty$, wenn $\left|\frac{f(x)}{g(x)}\right| < K$ für alle hinreichend großen x gilt usw.

Einleitung

Die Frage nach dem Aufgabenkreis der Statistik im allgemeinen kann nicht mit wenigen Worten umrissen werden. Wenn man etwas näher auf die geschichtliche Entwicklung des Begriffes Statistik eingeht[1], so findet man, daß lange Zeit darunter nur die Beschreibung von „Staatsmerkwürdigkeiten" (wie Bevölkerungszahl, Bodenbeschaffenheit, Sammlung wirtschaftlicher Daten) verstanden wurde. Erst in neuerer Zeit drang die statistische Betrachtungsweise auch in die Naturwissenschaften ein (BOLTZMANN, GIBBS, MAXWELL). Fußend auf dem Boden der seit Beginn dieses Jahrhunderts sich rasch entwickelnden Wahrscheinlichkeitstheorie hat dann insbesondere in den letzten dreißig Jahren auch die mathematische Statistik einen unerhörten Aufschwung genommen und die Methoden der statistischen Analyse mit einer kaum zu übersehenden Fülle von Gedanken bereichert. Statistische Überlegungen treten heute in den verschiedensten Wissensgebieten auf. Es genügt, wenn wir neben den Wirtschaftswissenschaften als Beispiele die Astronomie, die Biologie, die Medizin, die Psychologie, die Physik und die Soziologie anführen.

Wenn es also, wie gesagt, nicht leicht ist, den allgemeinen Begriff der Statistik kurz zu charakterisieren, so geht man doch wohl nicht fehl, wenn man feststellt, daß sich die Statistik mit dem Studium von Erscheinungen befaßt, die entweder eine große Zahl von Individuen betreffen, oder sonst in irgendeiner Weise eine Vielfalt von Einzelerscheinungen zusammenfassen. Man kann somit als ein Charakteristikum der Statistik das Studium der Massenerscheinungen betrachten. Es ist eine Erfahrungstatsache, daß bei Massenerscheinungen Gesetzmäßigkeiten nachgewiesen werden können, die bei Einzelerscheinungen kein Gegenstück haben. Das

[1] Vgl. W. WINKLER, Grundriß der Statistik I, 2. Auflage: Manzsche Verlagsbuchhandlung, Wien 1947, 1ff., wo sich auch eine Reihe geschichtlicher Bemerkungen über die Statistik im allgemeinen vorfinden.

Studium dieser empirischen Gesetze, die man bei Massenerscheinungen beobachten kann, ist die Aufgabe der formalen Statistik[2]. Als Aufgabe der mathematischen Statistik, die uns hier ausschließlich beschäftigen wird, könnte man die Aufstellung eines Kalküls bezeichnen, dessen Sätze bei geeigneter Interpretation in Übereinstimmung mit den Feststellungen der formalen Statistik stehen.

Ein Beispiel möge zeigen, wie die empirischen Gesetze der Statistik in roher Fassung zu fast selbstverständlichen Denkgewohnheiten geworden sind. Die Tatsache, daß das Geschlechtsverhältnis bei Neugeborenen immer ungefähr 1 : 1 beträgt, ist für alle Gebiete des menschlichen Lebens von größter Bedeutung, und eine ernste Störung dieses Zustandes hätte für unser Dasein gewichtige Folgen. Es wird aber niemandem einfallen, sich diesbezüglich Befürchtungen hinzugeben, nur, weil er vielleicht soeben eine Familie kennengelernt hat, wo sämtliche (z. B. 5) Kinder Knaben sind. Man weiß eben aus Erfahrung, daß bei Betrachtung nur eines Falles auch große Abweichungen von den Verhältnissen, wie sie in der Masse herrschen, vorkommen können, ohne daß dies im einzelnen begründet werden kann. Man spricht in diesem Zusammenhang von zufälligen Abweichungen von den Verhältnissen in der Gesamtheit und meint damit, daß keine Veranlassung bestehe, anzunehmen, daß diese Abweichungen von einer bestimmten gemeinsamen Ursache hervorgerufen sind. So hat man etwa keine zufälligen Abweichungen vor sich, wenn man auf der Straße das Geschlechtsverhältnis der Passanten beobachtet und feststellt, daß es in der Nähe einer Knabenschule vor 8 Uhr morgens stark gestört ist. Die Ausschaltung solcher systematischer Abweichungen sowie die Beurteilung von Abweichungen als zufällig oder systematisch gehören zu den wichtigsten Aufgaben des Statistikers.

In dem angegebenen krassen Beispiel wird man nicht zögern, das Geschlechtsverhältnis vor der Knabenschule als systematische Abweichung von den Verhältnissen in der Gesamtheit zu bezeichnen. In weniger extrem gelagerten Fällen wird man ohne feinere Hilfsmittel der statistischen Methode nicht in der Lage sein, über die Aussagekraft einer Beobachtung zu entscheiden. Wenn man z. B. die Annahme macht, daß die Durchschnittsgröße eines erwachsenen männlichen Österreichers 170 cm sei, so kann man

---

[2] l. c. [1], 96–97.

wohl im allgemeinen nicht auf den ersten Blick ausmachen, ob ein diesbezügliches Beobachtungsmaterial diese Hypothese stützt. Wir werden später statistische Methoden entwickeln, welche solche Fragen in bestimmtem Sinne beantworten. Empirisch gesehen beruhen diese auf einer Tatsache, die wir zunächst an dem eben erläuterten Beispiel erörtern wollen. Es sei angenommen, daß ein größeres Beobachtungsmaterial von Männern vorliege, bei dessen Auswahl nur der Zufall eine Rolle gespielt hat. Damit ist etwa gesagt, daß ersichtliche Bevorzugungen bei der Auswahl nach Möglichkeit vermieden worden sind. Wir bezeichnen die Größen der österreichischen Männer in Zentimeter gemessen (Bruchteile eines Zentimeters werden auf- oder abgerundet) als die unter Beobachtung stehenden Merkmale. Wenn wir einen Mann ausgewählt haben, dessen Größe g z. B. 168 cm beträgt, dann werden wir sagen, daß das Ereignis $\{g = 168 \text{ cm}\}$ realisiert ist. Da die Realisation dieses Ereignisses nicht determiniert, sondern zufallsgesteuert ist, so müssen wir etwas genauer von einem Zufallsereignis sprechen. Wir interessieren uns zunächst für die (absolute) Häufigkeit des Auftretens der verschiedenen Ereignisse dieser Art innerhalb der vorliegenden Beobachtungsreihe von österreichischen Männern. Diese Häufigkeiten beziehen wir dann auf die Gesamtzahl der Beobachtungen und erhalten damit die relativen Häufigkeiten. Dies ermöglicht einen Vergleich zweier auf dieselben Merkmale bezüglichen Beobachtungsreihen: Treten nämlich z. B. 100 Männer der Größe 170 cm in einer ersten Beobachtungsreihe auf und 400 derselben Größe in einer zweiten und fügen wir noch die Angabe hinzu, daß die erste Reihe 1500 und die zweite 6200 Beobachtungen umfaßt, dann wird erst nach Beziehung der angegebenen absoluten Häufigkeiten auf die jeweilige Anzahl der Gesamtbeobachtungen die Feststellung gemacht werden können, daß sich die beiden Beobachtungsreihen hinsichtlich der Häufigkeit des Auftretens des Ereignisses $\{g = 170 \text{ cm}\}$ im wesentlichen gleich verhalten. Es sind ja $\frac{100}{1500}$ und $\frac{400}{6200}$, die relativen Häufigkeiten des Merkmales 170 cm in der ersten bzw. zweiten Beobachtungsreihe, nicht wesentlich voneinander verschieden. Erfahrungsgemäß kann man nun feststellen, daß die relative Häufigkeit des Auftretens eines Ereignisses innerhalb einer Beobachtungsreihe bei Fortsetzung derselben oder Wiederholung der Beobachtungen unter gleichbleibenden Bedingungen um einen konstanten Wert schwankt, und zwar im allgemeinen in um so engeren Grenzen, je größer die Anzahl der Versuche innerhalb der Beobachtungsreihe ist. Wir nennen diese Anzahl der Beobachtungen auch den Umfang der Beobachtungsreihe. Wir bezeichnen diesen konstanten Wert als die empirische Wahrscheinlichkeit des in Rede stehenden (Zufalls-) Ereignisses. Praktisch wird man unbedenklich die empirische Wahrscheinlichkeit eines Ereignisses mit der relativen Häufigkeit seines Auftretens in einer Beobachtungsreihe von hinreichend großem Umfange identifizieren dürfen. Besonders klar zeigen sich diese Verhältnisse bei der Betrachtung der Ergebnisse von Glücksspielen. Wir ziehen das Roulette als Beispiel heran. Die Merkmale sind hier die Zahlen 1—36, Beobachtungen, welche 0 (Zéro) ergeben, lassen wir beiseite. Wir interessieren uns für die relativen Häufigkeiten der Ereignisse: „Es tritt eine gerade Zahl auf" oder „es tritt eine ungerade Zahl auf". Wir geben hierzu Spielergebnisse vom Roulette-Tisch Nr. 1 im Casino Salzburg (1. bis 6. Dezember 1952) in der Tabelle auf Seite 24 wieder[3].

Auf Grund dieser Ergebnisse wird man geneigt sein, die empirische Wahrscheinlichkeit des Ereignisses „Gerade" ebenso wie die des Ereignisses „Ungerade" mit 0,5000... anzugeben. Das Kleinerwerden der Schwankungen der relativen Häufigkeiten um den Wert $^1/_2$ wird besonders deutlich an der nachstehenden Abb. 1 veranschaulicht:

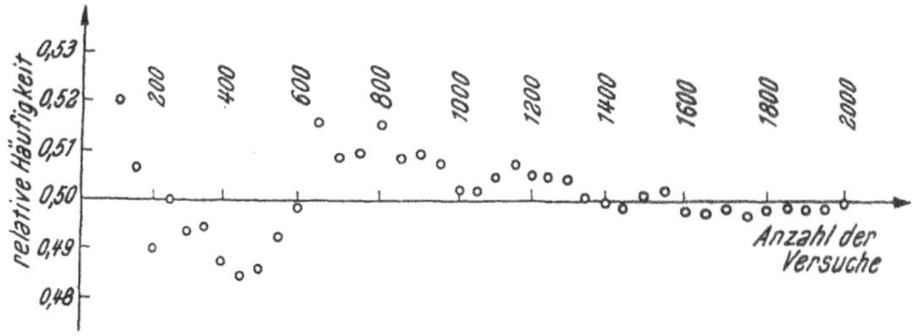

Abb. 1

Wir machen darauf aufmerksam, daß wir uns in diesen Feststellungen und Überlegungen keinesfalls auf den Fall beschränken müssen, daß die Merkmale stets durch eine einzige Maßzahl oder Angabe festlegbar sind, wie das in den bisher behandelten Beispielen

[3] Permanenzen der Österreichischen Casino A. G. Dezember 1952.

Anzahl der Beobachtungen	Absolute Häufigkeit Gerade	Absolute Häufigkeit Ungerade	Relative Häufigkeit Gerade	Relative Häufigkeit Ungerade
50	29	21	0,5800	0,4200
100	52	48	5200	4800
150	76	74	5067	4933
200	98	102	4900	5100
250	125	125	5000	5000
300	148	152	4933	5067
350	173	177	4943	5057
400	195	205	4875	5125
450	218	232	4844	5156
500	243	257	4860	5140
550	271	279	4927	5073
600	299	301	4983	5017
650	335	315	5154	4846
700	356	344	5086	4914
750	382	368	5093	4907
800	412	388	5150	4850
850	432	418	5082	4918
900	458	442	5089	4911
950	482	468	5074	4926
1000	502	498	5020	4980
1050	527	523	5019	4981
1100	555	545	5045	4955
1150	583	567	5070	4930
1200	606	594	5050	4950
1250	631	619	5048	4952
1300	655	645	5038	4962
1350	676	674	5007	4993
1400	699	701	4993	5007
1450	723	727	4986	5014
1500	751	749	5007	4993
1550	778	772	5019	4981
1600	796	804	4975	5025
1650	820	830	4970	5030
1700	847	853	4982	5018
1750	869	881	4966	5034
1800	897	903	4983	5017
1850	922	928	4984	5016
1900	946	954	4979	5021
1950	972	978	4985	5015
2000	998	1002	4990	5010

der Fall war. So wird man etwa die Ergebnisse einer Reihe von Experimenten mit 2 Würfeln zweckmäßig durch die beiden Anzahlen der jeweils gewürfelten Punkte charakterisieren. Die Merkmale sind also hier durch zwei Zahlenangaben gekennzeichnet. Bezeichnen wir das Ereignis irgendeines solchen Wurfes mit w_1, w_2, dann interessieren wir uns z. B. für die Realisation des Ereignisses $\{w_1 = 2,\ w_2 = 5\}$. Durch logische oder mathematische Operationen können aus gegebenen Ereignissen neue Ereignisse hergeleitet werden. So ist z. B. beim Roulette eine Realisation des Ereignisses „Gerade" dadurch gekennzeichnet, daß entweder das Merkmal 2 oder 4 oder 6 oder usw. oder 36 auftritt. Für das Spiel mit zwei Würfeln kann es z. B. von Interesse sein, jeweils die Summe der geworfenen Punkte zu betrachten. Als mögliche Summenwerte kommen dann 2—12 in Frage. Wir fragen etwa nach der relativen Häufigkeit von Ereignissen, die durch $\{w_1 + w_2 = 6\}$ typisiert sind usw.

Die Grundgedanken der hier skizzierten Auffassung stammen von R. v. Mises[4], welcher zum ersten Mal in voller Klarheit die Bedeutung der Häufigkeitsdefinition der Wahrscheinlichkeit für alle Fragen der Anwendung der Theorie hervorgehoben hat. v. Mises definiert genauer als es hier geschehen ist, was man unter einer Beobachtungsreihe, die im Prinzip beliebig weit fortsetzbar ist, d. h. unter einem sogenannten Kollektiv, zu verstehen hat. Eine ganz wesentliche Rolle spielt hierbei das sogenannte Regellosigkeitsaxiom. Dieses besagt, daß sich die empirische Wahrscheinlichkeit eines Ereignisses nicht ändert, wenn man aus der vorliegenden potentiell unendlichen Beobachtungsreihe wahllos Beobachtungen fortläßt. Er erklärt dann die mathematische Wahrscheinlichkeit als den Limes der relativen Häufigkeit eines Ereignisses, wenn die Zahl der Beobachtungen über alle Grenzen wächst. Damit hat v. Mises den Anstoß zur modernen Entwicklung der Wahrscheinlichkeitstheorie gegeben, obwohl er den Begriff einer mathematischen Wahrscheinlichkeitstheorie abgelehnt hat. Man beachte jedoch, daß bei unserer Darstellung der Begriff der relativen Häufigkeit eines Ereignisses nur zu dem Zwecke herangezogen

[4] R. v. Mises, Math. Z. 4, 1—97, (1919) oder Wahrscheinlichkeitsrechnung und ihre Anwendungen in der Statistik und theoretischen Physik. (Vorlesungen aus dem Gebiet der angewandten Mathematik, Band I), Franz Deuticke, Leipzig—Wien 1931.

wurde, um einen empirischen Sachverhalt zu beschreiben. Wie wir im Kapitel I sehen werden, wird das Verhalten der relativen Häufigkeit von Ereignissen nicht unmittelbar zur mathematischen Definition der Wahrscheinlichkeit herangezogen werden. Der Grund für dieses Vorgehen liegt darin, daß die Definition der mathematischen Wahrscheinlichkeit nach v. MISES auf Schwierigkeiten logischer Natur stößt[5]. Es mag zunächst überraschen, daß es nicht ohne weiteres möglich ist, eine mathematische Definition der Wahrscheinlichkeit auf die Beschreibung eines empirischen Sachverhaltes zu gründen. Aber ein Besinnen auf den deduktiv-abstrakten Charakter der Mathematik macht es klar, daß man nicht unmittelbar von der Erfahrungswelt auf den mathematischen Begriff übergehen kann. Es sei in diesem Zusammenhange erwähnt, daß allein schon die Heranziehung des Limesbegriffes in der Definition von MISES eine mathematischen Bedürfnissen entspringende Idealisierung des Erfahrungsinhaltes darstellt.

Wir werden im Nachfolgenden eine Definition der Wahrscheinlichkeit geben, welche im wesentlichen auf A. N. KOLMOGOROV[6] zurückgeht. KOLMOGOROV hat einen Weg beschritten, welcher einerseits den modernen Erfordernissen der Mathematik an Strenge angepaßt erscheint, anderseits aber doch nach der empirischen Struktur der Häufigkeitsauffassung modelliert ist. Dies geschieht in der Weise, daß die Grundsätze oder Axiome, auf denen die Wahrscheinlichkeitstheorie aufgebaut wird, Abstraktionen aus Eigenschaften der relativen Häufigkeiten von Ereignissen in Versuchsserien darstellen. Daher wollen wir noch kurz gewisse Eigenschaften relativer Häufigkeiten von Ereignissen in einer Beobachtungsreihe studieren. Vorher machen wir noch eine Bemerkung: Mit $A \cap B$ bezeichnet man das Ereignis, das genau dann realisiert ist, wenn sowohl A als auch B realisiert sind, während $A \cup B$ jenes Ereignis bezeichnet, welches genau dann realisiert ist, wenn mindestens eines der Ereignisse A oder B zutrifft. Verschiedenen Ergebnissen von Experimenten können gleiche Ereignisse entsprechen. Bezeichnet

---

[5] Für Untersuchungen in dieser Richtung vgl. man: P. CANTELLI, W. FELLER, M. FRÉCHET, R. v. MISES, J. F. STEFFENSEN und A. WALD: Les Fondements du Calcul des Probabilités (Actualités scientifiques et industrielles 735). Hermann & Cie, Paris 1938.

[6] A. N. KOLMOGOROV, Grundbegriffe der Wahrscheinlichkeitsrechnung (Ergebnisse der Mathematik und ihrer Grenzgebiete), Springer-Verlag, Berlin 1933.

man mit $\mathfrak{A}$ die Menge aller Ergebnisse, welches das Ereignis A zur Folge haben und hat $\mathfrak{B}$ eine ähnliche Bedeutung, wobei $\mathfrak{A}$ und $\mathfrak{B}$ Teilmengen einer Menge $\mathfrak{R}$ möglicher Ergebnisse sind, dann entspricht dem Ereignis $A \cup B$ die Menge $\mathfrak{A} \cup \mathfrak{B}$, und dem Ereignis $A \cap B$ die Menge $\mathfrak{A} \cap \mathfrak{B}$. Man kann also in diesem Sinne Ereignisse mit Teilmengen einer Menge identifizieren. Dies veranschaulicht das Konzept der mathematischen Wahrscheinlichkeitstheorie, in der man von der Wahrscheinlichkeit von Mengen spricht. Man kann diese Überlegungen viel schärfer fassen, wenn man sich auf den Begriff der Booleschen Ereignis-Algebra stützt[7].

Es seien nun A und B zwei einander ausschließende Ereignisse innerhalb einer Versuchsreihe vom Umfange n; wenn also A bei einem Versuch zutrifft, dann ist niemals zugleich B realisiert und umgekehrt. Die absolute Häufigkeit von A sei n_1.

Die relative Häufigkeit für das Auftreten von A ist also $\frac{n_1}{n}$. Da stets $n_1 \leq n$ ist, so gilt für die relative Häufigkeit irgendeines Ereignisses A stets

1. $0 \leq \frac{n_1}{n} \leq 1$. Tritt A stets auf, dann ist die relative Häufigkeit $\frac{n}{n} = 1$.

Die absolute Häufigkeit von B sei n_2, somit die relative Häufigkeit $\frac{n_2}{n}$.

Da A und B einander ausschließen sollen, ist die Häufigkeit des Ereignisses $A \cup B$ durch $n_1 + n_2$ gegeben, also die relative Häufigkeit durch $\frac{n_1 + n_2}{n}$. Es ist aber $\frac{n_1 + n_2}{n} = \frac{n_1}{n} + \frac{n_2}{n}$.

Diesen einfachen Sachverhalt kann man auch so aussprechen:

2. Die relative Häufigkeit für das Ereignis $A \cup B$ ist gleich der Summe der relativen Häufigkeiten für die einander ausschließenden Ereignisse A und B.

Da wir für hinreichend großes n die relative Häufigkeit eines Ereignisses mit der empirischen Wahrscheinlichkeit desselben identifizieren können, sehen wir die Eigenschaften 1. und 2. auch für die empirischen Wahrscheinlichkeiten als erfüllt an.

---

[7] Vgl. hierzu A. Rényi, Wahrscheinlichkeitsrechnung. Mit einem Anhang über Informationstheorie (Hochschulbücher für Mathematik, Band 54), VEB Deutscher Verlag der Wissenschaften, Berlin 1962, 1ff.

Erstes Kapitel

Einführung in die Wahrscheinlichkeitstheorie

1. Die Axiome der Wahrscheinlichkeitstheorie. Es wurde schon in der Einleitung gesagt, daß die Axiome der mathematischen Wahrscheinlichkeitstheorie so gewählt werden sollen, daß sie bei geeigneter Interpretation empirische Sachverhalte wiedergeben. Wir haben gesehen, daß eine Charakterisierung von Massenerscheinungen in bestimmten Sinne durch die empirischen Wahrscheinlichkeiten der auftretenden Ereignisse gegeben werden kann. Es ist also wünschenswert, den Begriff der mathematischen Wahrscheinlichkeit so zu wählen, daß die Sätze der mathematischen Theorie empirisch verifizierbare Tatsachen ergeben, wenn man die mathematische Wahrscheinlichkeit durch die empirische Wahrscheinlichkeit ersetzt. Wir sprechen dann kurz von der Häufigkeitsinterpretation der mathematischen Theorie. Die einfachsten kalkülmäßigen Eigenschaften der empirischen Wahrscheinlichkeit werden durch 1. und 2. (S. 27) ausgedrückt. Diese dienen uns als Vorbild für die Axiome der mathematischen Wahrscheinlichkeit. Wir werden in diesem Kapitel die wichtigsten Tatsachen der Wahrscheinlichkeitstheorie besprechen. Es sei jedoch gleich hier darauf hingewiesen, daß ein lückenloser Aufbau der Theorie nicht zum Programm dieser Einführung gehört. Da das Schwergewicht unserer Darstellung auf der Anwendung der Wahrscheinlichkeitsrechnung in der mathematischen Statistik liegt, werden in diesem Kapitel eine Reihe von wichtigen Sätzen auch ohne Beweis angeführt werden[1.1].

[1.1] Wir geben hier eine Zusammenstellung der wichtigsten Lehrbücher der Wahrscheinlichkeitstheorie, so daß der Leser mühelos diese Lücken ausfüllen und seine Kenntnisse vertiefen kann. A. Deutschsprachige Werke: H. Bauer, Wahrscheinlichkeitstheorie und Grundzüge der Maßtheorie, Band 1, Sammlung Göschen 1216/1216a, Walter de Gruyter, Berlin 1964. B. V. Gnedenko, Lehrbuch der Wahrscheinlichkeitstheorie, 4. Auflage, Akademie-Verlag, Berlin 1961. K. Kricke-

Wir gehen bei der mathematischen Grundlegung der Wahrscheinlichkeitstheorie von einer Klasse $\boldsymbol{S}$ von Mengen aus und setzen voraus, daß diese Klasse eine σ-Algebra $\boldsymbol{S}$ von Teilmengen einer Menge R ist.

Die Mengen aus $\boldsymbol{S}$ interpretieren wir im folgenden oft als „Ereignisse".

Axiom I: Jeder Menge $A \in \boldsymbol{S}$ ist eine eindeutig bestimmte reelle Zahl $W(A)$ zugeordnet, welche der Bedingung $0 \leq W(A) \leq 1$ genügt. $W(A)$ heißt die Wahrscheinlichkeit von A. Für die Wahrscheinlichkeit von R gelte $W(R) = 1$.

Der umfassendsten Menge R, also anschaulich ausgedrückt dem umfassendsten Ergebnis, entspricht ein sicheres Ereignis und diesem wird die mathematische Wahrscheinlichkeit 1 zugeschrieben im Einklang mit 1. (S. 27).

Axiom II: $A_1, A_2, \ldots$ seien abzählbar unendlich viele paarweise fremde Mengen aus $\boldsymbol{S}$. Dann sei

$$W\left(\bigcup_{i=1}^{\infty} A_i\right) = \sum_{i=1}^{\infty} W(A_i). \tag{1.1}$$

BERG, l. c. [6.3], S. 7. H. A. RÉNYI, l. c. E. [7]. H. RICHTER, l. c. [6.1], S. 5. B. Fremdsprachige Werke: W. FELLER, Intoduction to Probability Theory and its applications, 2. Auflage, John Wiley & Sons, New York 1957. M. FISZ, Probability theory and mathematical statistics, 3. Auflage, John Wiley & Sons, New York — London 1963. M. FRÉCHET, Recherches Théoriques Modernes sur le Calcul des Probabilités, Band I und II (Traité du Calcul des Probabilités et des ses Applications) Gauthier Villars, Paris 1937. J. NEVEU, Bases mathématiques du calcul des probabilités, Masson & Cic, Paris 1964. E. PARZEN, Modern Probability Theory and its Applications, John Wiley & Sons, New York — London 1960.

Die Grundlagen der Wahrscheinlichkeitstheorie finden sich auch in einem Kapitel des l. c. [6.1], S. 5 angegebenen Werkes von P. HALMOS, sowie in einem von L. SCHMETTERER und R. STENDER verfaßten Kapitel in „Grundzüge der Mathematik", Band 3 (Analysis) Vandenhoeck & Ruprecht, Göttingen 1962. Zum Wahrscheinlichkeitsmaß über Booleschen Algebren vgl. man D. A. KAPPOS, Strukturtheorie der Wahrscheinlichkeitsfelder (Ergebnisse der Mathematik und ihrer Grenzgebiete), Springer-Verlag, Berlin 1960.

Für die Theorie der Markovschen Ketten und allgemeinerer stochastischer Prozesse verweisen wir auf: A. BLANC-LAPIERRE et R. FORTET, Théorie des fonctions aléatoires, Masson et Cie, Paris 1953. K. L. CHUNG, Markov Chains with Stationary Transition Probabilities, Springer-Verlag, Berlin 1960. J. L. DOOB, Stochastic Processes, John Wiley-Chapman & Hall, New York — London 1953. E. B. DYNKIN, Die Grundlagen der Theorie der Markoffschen Prozesse, Springer-Verlag, Berlin 1961. M. LOÈVE, Probability Theory, 3. Auflage, D. van Nostrand, Princeton — Toronto — New York — London 1963.

W definiert also ein Wahrscheinlichkeitsmaß über dem Meßraum (R, S). Das Tripel (R, S, W) nennt man *Wahrscheinlichkeitsfeld.*

Als wichtiges Beispiel für ein Wahrscheinlichkeitsfeld in dem R eine endliche Menge ist, betrachten wir die Laplacesche Definition der Wahrscheinlichkeit. Diese Definition lautet bekanntlich so: Die Wahrscheinlichkeit eines Ereignisses E ist gegeben durch

$$W(E) = \frac{\text{Anzahl der dem Eintreten von } E \text{ günstigen Fälle}}{\text{Anzahl der möglichen Fälle}}.$$

Wir kommen auf diese Definition, wenn wir im Sinn unserer Auffassung von einer endlichen Menge R mit $n \geq 1$ Elementen ausgehen und mit S die Menge aller Teilmengen von R bezeichnen. Jedem Element $x_i \in R$ $(i = 1, \ldots, n)$ sei dieselbe Wahrscheinlichkeit zugeordnet. E sei eine Teilmenge von R mit $k \leq n$ Elementen. Nun ist nach Satz 1.1 (siehe S. 31)

$$\sum_{i=1}^{n} W(\{x_i\}) = 1 \quad \text{und daher} \quad W(\{x_i\}) = 1/n, \quad 1 \leq i \leq n.$$

Also ist wieder nach Satz 1.1 $W(E) = k/n$. Hinter der Laplaceschen Definition, die sich jetzt als Satz ergibt, steht also die Voraussetzung, daß jeder Menge $\{x_i\}$ dieselbe Wahrscheinlichkeit zugeordnet ist. Ähnliches ist auch zu den sogenannten Urnenmodellen der Laplaceschen Wahrscheinlichkeitsrechnung zu sagen, denen stets ein endliches Wahrscheinlichkeitsfeld zugrunde liegt, so daß jedem Element die gleiche Wahrscheinlichkeit zukommt.

Aus den Axiomen I und II folgt sofort, wie bereits auf S. 6 erwähnt, $W(\emptyset) = 0$. Der leeren Menge $\emptyset$ entspricht ein unmögliches Ereignis. Unmöglichen Ereignissen muß also im Einklang mit der Häufigkeitsinterpretation die Wahrscheinlichkeit 0 zugeschrieben werden. Es sei schon jetzt darauf hingewiesen, daß dieser Sachverhalt nicht umkehrbar ist, d. h. aus $W(A) = 0$ folgt nicht notwendig, daß A die leere Menge ist, also ein unmögliches Ereignis ist. (Vgl. z. B. Satz 5.1.)

In diesem Zusammenhang können wir kurz erörtern, welche Bedeutung „sehr kleinen" und ebenso „sehr nahe" an 1 gelegenen Wahrscheinlichkeiten vermöge der Häufigkeitsinterpretation zukommt: Ereignisse, deren relative Häufigkeit innerhalb einer ausgedehnten Versuchsreihe sehr klein ist, treten im Verhältnis zur Versuchszahl höchst selten auf. Sehr kleine Wahrscheinlichkeiten kann man also dahingehend interpretieren, daß man das zugehörige Ereignis auch innerhalb einer ausgedehnten Beobachtungsreihe kaum zu erwarten hat. Das ist im wesentlichen der Inhalt des Prinzips von D'ALEMBERT–BOREL. Dementsprechend sind natürlich hinreichend nahe an 1 gelegene Wahrscheinlichkeiten in dem Sinne aufzufassen, daß das zugehörige Ereignis fast jedesmal innerhalb einer Versuchsreihe auftritt.

Die später zu beschreibenden Verfahrensweisen der mathematischen Statistik verdanken ihre praktische Anwendbarkeit diesem Sachverhalt. Wählt man im Axiom II $A_{n+1} = A_{n+2} = \cdots = \emptyset$, dann erhält man wegen $W(\emptyset) = 0$ den

Satz 1.1: *$A_1, \ldots, A_n$ seien paarweise fremde Mengen aus* **S**. *Dann gilt*

$$W(A_1 \cup \cdots \cup A_n) = \sum_{i=1}^{n} W(A_i).$$

Man bezeichnet Satz 1.1 als *Additionsgesetz* der Wahrscheinlichkeitsrechnung. Es ist evident, daß eine unmittelbare Übertragung der Eigenschaft 2. der relativen Häufigkeiten (S. 27) auf mathematische Wahrscheinlichkeiten auf Satz 1.1 und nicht auf das Axiom II führt. Das Axiom II fordert die Totaladditivität der Wahrscheinlichkeiten, also die Gültigkeit des Additionssatzes für abzählbar unendlich viele Mengen. Aber gerade diese erweiterte Fassung des Additionsgesetzes, welcher nicht unmittelbar ein empirisches Faktum entspricht, stellt die Theorie erst auf eine genügend breite Basis. Für viele elementare Fragen der Wahrscheinlichkeitsrechnung genügt es jedoch, das Axiom II durch den Satz 1.1 zu ersetzen. Trivialerweise kommt man immer mit dem Satz 1.1 aus, wenn R eine endliche Menge ist.

2. Unabhängige Mengen und Definition der bedingten Wahrscheinlichkeit. Es kommt in der Praxis sehr häufig vor, daß zwei Ereignisse A und B im folgenden Sinne voneinander unabhängig sind: Die Kenntnis des Ausganges von A hat keinen Einfluß auf eine Voraussage über das Ergebnis von B. Dieser Fall liegt etwa vor, wenn A und B Resultate beim Wurf mit je einem Würfel bedeuten. Wenn A 6 Augen ergeben hat, haben sich die Chancen beim Ereignis B eine bestimmte Augenzahl anzutreffen in keiner Weise geändert.

Betrachtet man eine Versuchsreihe vom Umfang n, innerhalb deren ein Ereignis E_1 n_1-mal aufgetreten ist, und eine Versuchsreihe vom Umfang m, innerhalb deren ein Ereignis E_2 n_2-mal aufgetreten ist, dann kann man diese beiden Versuchsreihen derart miteinander kombinieren, daß man jedes Versuchsergebnis der ersten Reihe mit jedem Ergebnis der zweiten Reihe zu einem Paar zusammenfaßt. Man erhält dadurch nm Paare. Falls E_1 und E_2 im angegebenen Sinn unabhängig sind, wird man diese nm Paare als Versuchsreihe für das Auftreten gepaarter Ereignisse ansehen dürfen. Interessiert man sich nun für das Ereignis $E_1 \cap E_2$, dann wird man die Paare der Gestalt (E_1, E_2) aufsuchen müssen. Für deren relative Häufigkeit erhält man offenbar $n_1 n_2/nm$. Dieser Ausdruck ist auch gleich dem Produkt der relativen Häufigkeiten von E_1 bzw. E_2 in der ersten bzw. zweiten Versuchsreihe.

Diese Bemerkungen dienen als Richtschnur für die folgende

Definition: *Zwei Mengen A und $B \in \mathbf{S}$ heißen voneinander unabhängig, wenn* $W(A \cap B) = W(A) \cdot W(B)$.

Für $n \geq 2$ Mengen hat man folgende

Definition: $A_1, \ldots, A_n$[2.1] *heißen voneinander unabhängig, wenn für jede nicht leere Menge von Indizes* $i_1, \ldots, i_l$, $i_j \neq i_k$ *für* $j \neq k$, $1 \leq i_j \leq n$

$$W(A_{i_1} \cap \cdots \cap A_{i_l}) = \prod_{j=1}^{l} W(A_{i_j}) \tag{2.1}$$

gilt.

Diese Definition läßt sich sofort auf beliebig viele Mengen übertragen. Man hat nur (2.1) für alle möglichen endlichen Teilklassen von Mengen zu fordern.

Nun führen wir den Begriff der *bedingten Wahrscheinlichkeit* ein. Es seien A und B irgendwelche Mengen, jedoch sei die Bedingung $W(A) \neq 0$ erfüllt. Unter der Wahrscheinlichkeit von B unter der Hypothese A oder unter der bedingten Wahrscheinlichkeit von B bei gegebenem A verstehen wir den Quotienten $W(A \cap B)/W(A)$, den wir mit $W(B \mid A)$ bezeichnen. Es gilt also

$$W(B \mid A) \doteq W(A \cap B)/W(A). \tag{2.2}$$

Ist auch $W(B) \neq 0$, dann kann man genauso $W(A \mid B)$ definieren, und da aus (2.2) $W(A \cap B) = W(B \mid A)\, W(A)$ folgt, so erhält man

$$W(A \mid B) = \frac{W(B \mid A)\, W(A)}{W(B)}. \tag{2.3}$$

(2.3) kann man als den einfachsten Fall des Bayesschen Theorems[2.2] bezeichnen. Dieses läßt sich auf unendlich viele paarweise fremde A_i mit

$$\bigcup_{i=1}^{\infty} A_i = R \tag{2.4}$$

[2.1] Alle Mengen gehören zu $\mathbf{S}$, auch wenn wir das nicht mehr ausdrücklich betonen.

[2.2] Th. Bayes, Phil. Trans. Roy. Soc. **53**, 370—418 (1763).

und $W(A_i) \neq 0$ für alle $i = 1, 2, \ldots$ ausdehnen. Ist nämlich B irgendeine Menge, dann folgt aus (2.4) $B = B \cap R = B \cap \bigcup_{i=1}^{\infty} A_i = \bigcup_{i=1}^{\infty} (B \cap A_i)$. Somit ist $W(B) = W\left(\bigcup_{i=1}^{\infty} (B \cap A_i)\right) = \sum_{i=1}^{\infty} W(B \cap A_i)$, da auch die Mengen $B \cap A_i$ paarweise fremd sind. Also ist für $A = A_i$ nach (2.2) $W(B) = \sum_{i=1}^{\infty} W(B \mid A_i) W(A_i)$. Ist $W(B) \neq 0$, dann folgt das allgemeine

Bayessche Theorem: Unter den angegebenen Voraussetzungen ist für $i = 1, 2, \ldots$

$$W(A_i \mid B) = \frac{W(B \mid A_i)\, W(A_i)}{\sum_{j=1}^{\infty} W(B \mid A_j)\, W(A_j)}. \tag{2.5}$$

Es ist leicht zu zeigen, daß $W(B \mid A)$ bei festem A in Abhängigkeit von B den Forderungen der Axiome I und II genügt und somit tatsächlich ein Wahrscheinlichkeitsmaß darstellt. Zunächst folgt aus (2.2) unmittelbar, daß $W(R \mid A) = 1$ ist. Wegen $A \cap B \subseteq A$ folgt $W(A) \geq W(A \cap B)$[2.3], und da voraussetzungsgemäß $W(A) \neq 0$ ist, ergibt sich $0 \leq W(A \cap B)/W(A) \leq 1$.

Genauso einfach folgt aus Axiom II die Gültigkeit von $W\left(\bigcup_{i=1}^{\infty} B_i \mid A\right) = \sum_{i=1}^{\infty} W(B_i \mid A)$, wenn die B_i paarweise fremd sind.

Wenn A und B unabhängig sind (und z. B. $W(A) \neq 0$ ist), dann wird $W(B \mid A) = W(A \cap B)/W(A)$, und dies ist nach Definition der Unabhängigkeit $= W(A)\, W(B)/W(A) = W(B)$. Die Wahrscheinlichkeit von B hängt also in diesem Fall von der Hypothese A nicht ab. Vgl. hierzu das am Anfang von **2.** Gesagte.

Die Definition (2.2) erhält im Rahmen der Häufigkeitsauffassung einen intuitiv erfaßbaren Sinn. Es liege nämlich eine Beobachtungsreihe vom Umfang n vor. Innerhalb derselben möge das Ereignis A n_1-mal auftreten, die absolute Häufigkeit von B sei n_2 und die von $A \cap B$ sei m. Natürlich ist $m \leq n_1$ und $m \leq n_2$. Die relative Häufigkeit für das Ereignis A ist n_1/n, die für B n_2/n und die von $A \cap B$ m/n. Bildet man nun für die relativen Häufigkeiten den Ausdruck, der dem Quotienten auf der rechten Seite von (2.2) entspricht, dann erhält man $\frac{m}{n} \Big/ \frac{n_1}{n} = \frac{m}{n_1}$.

m/n_1 kann als die relative Häufigkeit des Ereignisses $A \cap B$ angesehen werden, wenn man nur jene n_1 Versuche zugrunde legt, welche das Ereignis A ergeben haben.

[2.3] Vgl. S. 6.

Man kann also m/n_1 als „relative Häufigkeit des Ereignisses B unter der Hypothese A" ansprechen. Dies steht im Einklang mit der Definition der Wahrscheinlichkeit von B unter der Hypothese A. Analog kann man die relative Häufigkeit m/n_2 interpretieren.

3. Der Begriff der zufälligen Variablen. In den praktischen Anwendungen sind die Ergebnisse von Experimenten häufig durch Zahlenangaben beschrieben, welche den zufallsartigen Charakter der Experimente widerspiegeln. Diese Zahlenangaben hängen oft von anderen (nicht unmittelbar beobachtbaren) zufallsbedingten Ereignissen funktionell ab. So registriert man die mehr oder minder zufallsbedingten Abwehrreaktionen gegen eine Infektion des menschlichen Organismus, des Fiebers, durch die Schwankungen einer Skala reeller Zahlen, der Thermometersäule. Solche zufallsbedingte Zahlen bezeichnet man als zufällige Variable, deren exakte mathematische Definition wir nun geben wollen.

Wir betrachten Abbildungen ξ von R in die reellen Zahlen, also Funktionen, die jedem Element ω von R eine Zahl $\xi(\omega)$ aus dem R_1 zuordnen. Eine solche Abbildung ξ heißt $\mathbf{S}$-meßbar (vgl. S. 8ff.), wenn für jede reelle Zahl α die Menge $\{\omega : \xi(\omega) \leq \alpha\}$ zu $\mathbf{S}$ gehört. Es müssen also die Urbilder der Intervalle $(-\infty, \alpha]$ bezüglich ξ zu $\mathbf{S}$ gehören. Wir geben nun die folgende

Definition: *Es sei $(R, \mathbf{S}, W)$ ein Wahrscheinlichkeitsfeld. Dann heißt jede $\mathbf{S}$-meßbare Abbildung von R in den R_1 eine (eindimensionale) zufällige Variable. Wir werden auch manches Mal sagen: ξ definiert eine zufällige Variable über dem Wahrscheinlichkeitsfeld $(R, \mathbf{S}, W)$.*

Mit jeder zufälligen Variablen ist ihre Wahrscheinlichkeitsverteilung verknüpft: Sei ξ eine zufällige Variable. Wir betrachten die Klasse K aller Mengen des R_1, deren Urbilder bezüglich ξ in $\mathbf{S}$ liegen. Dann ist K eine σ-Algebra von Mengen des R_1 (vgl. Satz 1), welche gemäß der oben gegebenen Definition der zufälligen Variablen alle Borelschen Mengen des R_1 enthält.

Ist also $B \in \mathfrak{B}_1$, dann ist stets $W(\xi^{-1}(B))$ definiert. Dies wird zum Anlaß genommen, um über $\mathfrak{B}_1$ ein Wahrscheinlichkeitsmaß W_ξ im R_1, die *Wahrscheinlichkeitsverteilung von ξ*, zu definieren: Für jedes $B \in \mathfrak{B}_1$ sei

$$W_\xi(B) = W(\xi^{-1}(B)). \tag{3.1}$$

W_ξ ist tatsächlich ein Wahrscheinlichkeitsmaß, welches über den Borelschen Mengen $\mathfrak{B}_1$ des R_1 definiert ist, denn es ist $0 \leq W_\xi(B) \leq 1$ für jedes $B \in \mathfrak{B}_1$ und $W_\xi(R_1) = 1$ wie sofort aus (3.1) folgt. Ebenso ist aber $W_\xi\left(\bigcup_{i=1}^{\infty} B_i\right) = \sum_{i=1}^{\infty} W_\xi(B_i)$ für paarweise fremde Borelsche Mengen $B_i \in \mathfrak{B}_1$ $(i = 1, 2, \ldots)$. (Vgl. Satz I).

W_ξ läßt sich leicht anschaulich deuten: man faßt die zufällige Variable ξ als „kontinuierliches" Merkmal eines Versuches auf. $W_\xi(B)$ mit $B \in \mathfrak{B}_1$ ist dann die Wahrscheinlichkeit, daß das Merkmal ξ bei einem Experiment in B liegt. In diesem Sinne läßt sich auch die von uns häufig benützte Schreibweise $W(\xi \in B)$ an Stelle von $W_\xi(B)$ verstehen. Ist B insbesondere ein Intervall (a, b), dann gibt also — könnte man sagen — $W_\xi(a, b)$ die Wahrscheinlichkeit an, daß das Merkmal ξ bei einem Experiment zwischen a und b liegt. Wir schreiben für diese Wahrscheinlichkeit auch $W(a < \xi < b)$. Ähnlich sind analoge Schreibweisen zu verstehen.

4. Die Verteilungsfunktion einer zufälligen Variablen. Es sei ξ eine zufällige Variable und W_ξ ihre Wahrscheinlichkeitsverteilung. Es sei x eine beliebige reelle Zahl. $W(-\infty < \xi \leq x)$ hängt offenbar nur von x ab, und dies gibt Anlaß zur folgenden Definition: Die für alle reellen x gemäß

$$F(x) = W(-\infty < \xi \leq x) \tag{4.1}$$

erklärte Funktion F heißt die *Verteilungsfunktion* oder auch Summenfunktion der zufälligen Variablen ξ[4.1].

Die Verteilungsfunktion (kurz Vf.)[4.2] ist eine der wichtigsten Begriffsbildungen der Wahrscheinlichkeitsrechnung. Wenn wir die zufällige Variable ξ wieder als Merkmal eines Versuches interpretieren, dann kann man die Vf. als die Wahrscheinlichkeit dafür auffassen, daß das Merkmal ξ im Versuchsergebnis die reelle Zahl x nicht übertrifft. Wir erhalten sofort den

Satz 4.1: *F sei die Vf. einer zufälligen Variablen ξ, dann gilt für $a < b$*

$$W(a < \xi \leq b) = F(b) - F(a).$$

[4.1] Vielfach wird $W(-\infty < \xi < x)$ als Verteilungsfunktion definiert, z. B. bei Kolmogorov, l. c. E.[6].

[4.2] Für die Mehrzahl verwenden wir die Abkürzung Vfen..

Beweis: Das Intervall $(-\infty, b]$ ist Vereinigungsmenge der beiden zueinander fremden Intervalle $(-\infty, a]$ und $(a, b]$. Also folgt aus Satz 1.1 $W(-\infty < \xi \leq b) = W(-\infty < \xi \leq a) + W(a < < \xi \leq b)$. Damit folgt aber aus (4.1) die Behauptung.

5. Die wichtigsten Eigenschaften der Vf. einer zufälligen Variablen. Es sei F die Vf. einer zufälligen Variablen. Dann gilt:

1. F ist monoton nicht abnehmend, d. h. aus

$$x_1 < x_2 \tag{5.1}$$

folgt stets

$$F(x_1) \leq F(x_2). \tag{5.2}$$

2. F ist rechtsseitig stetig. Das bedeutet also, daß für jedes reelle x

$$F(x+h) - F(x) \to 0 \tag{5.3}$$

für $h \to 0$ und $h > 0$ ist.

3. Es ist

$$\lim_{x \to -\infty} F(x) = 0 \tag{5.4}$$

und

4. Es ist

$$\lim_{x \to \infty} F(x) = 1. \tag{5.5}$$

Beweis von 1.: Nach Satz 4.1 ist $F(x_2) - F(x_1) = W(x_1 < < \xi \leq x_2)$. Dies ist aber ≥ 0 nach Axiom I und daraus folgt (5.2).

Beweis von 2.: Es genügt nach Satz 4.1

$$\lim_{h \to 0,\, h > 0} W(x < \xi \leq x + h) = 0 \tag{5.6}$$

nachzuweisen. Es sei zunächst $\{h_n\}$ eine Folge, die monoton gegen 0 strebt, wobei ohne Beschränkung der Allgemeinheit $0 < h_{n+1} < h_n$ für $n = 1, 2, \ldots$ vorausgesetzt werden kann. Das Intervall $(x + h_{i+1}, x + h_i]$, $i = 1, 2, \ldots$, werde mit E_i bezeichnet. Offenbar ist $(x, x + h_1] = \bigcup_{i=1}^{\infty} E_i$. Da die E_i wegen der Monotonie der Folge $\{h_n\}$ paarweise fremd sind, gilt nach Axiom I und II

$$1 \geq W(x < \xi \leq x + h_1) = W_\xi\left(\bigcup_{i=1}^{\infty} E_i\right) = \sum_{i=1}^{\infty} W_\xi(E_i).$$

Daraus folgt aber

$$\sum_{i=n}^{\infty} W_\xi(E_i) \to 0 \qquad \text{für} \qquad n \to \infty. \tag{5.7}$$

Nach Axiom II ist (5.7) gleichbedeutend mit $W_\xi\left(\bigcup_{i=n}^{\infty} E_i\right) \to 0$. Nach Definition der E_i ist also $W(x < \xi \leq x + h_n) \to 0$ für $h_n \to 0$, und das war zu zeigen. Ist nun $h_n > 0$ eine beliebige Nullfolge mit $h_n \to 0$, dann betrachte man $\sup_{k \geq n} h_k = l_n > 0$. l_n ist offenbar eine monotone Nullfolge, und daher gilt

$$0 \leq W(x < \xi \leq x + h_n) \leq W(x < \xi \leq x + l_n) \to 0 \quad \text{für} \quad n \to \infty$$

und damit ist (5.6) vollkommen bewiesen.

Dieser Beweis beruht auf der Stetigkeitseigenschaft des Wahrscheinlichkeitsmaßes (vgl. S. 6), die wir für diesen speziellen Fall gleich mitbewiesen haben.

Der Beweis zeigt, daß das Axiom II den folgenden beiläufigen Gedankengang streng durchzuführen gestattet:

Das Ereignis $x < \xi \leq x + h_n$ „strebt" für $h_n \to 0$, $h_n > 0$ gegen das unmögliche Ereignis $x < \xi \leq x$, und daher $W(x < \xi \leq x + h_n) \to 0$.

Den Beweis von 3. und 4. kann man nach dem Muster des Beweises von 2. führen. Unter Benützung des Beweisgedankens von 2. zeigt man noch die Beziehung

$$\lim_{h \to 0,\, h > 0} \big(F(x) - F(x - h)\big) = W(\xi = x). \tag{5.8}$$

(5.8) und die Eigenschaft 2. der Vf. einer zufälligen Variablen kann man vermöge der üblichen Schreibweise für den rechts- und linksseitigen Limes auch so formulieren:

$$F(x + 0) = F(x); \quad F(x - 0) = F(x) - W(\xi = x).$$

Daraus folgt ganz leicht der

Satz 5.1.: *F ist genau dann an der Stelle x stetig, wenn* $W(\xi = x) = 0$ *ist.*

Beweis: Ist nämlich $W(\xi = x) = 0$, dann ist an der Stelle x $F(x + 0) = F(x - 0) = F(x)$, und F ist stetig in x. Ist aber F

stetig in x, dann ist insbesondere $F(x-0) = F(x)$, also $W(\xi = x) = 0$.

Bekanntlich folgt aus 1., daß F mit Ausnahme von höchstens abzählbar unendlich vielen Stellen stetig ist. Die Unstetigkeitsstellen sind Sprungstellen.

Es gilt nun der folgende wichtige Satz, der die Bedeutung der Eigenschaften 1. bis 4. einer Vf. ins richtige Licht stellt:

Satz 5.2: *Jede über dem R_1 definierte reelle Funktion F, welche den Bedingungen 1. bis 4. genügt, definiert ein Wahrscheinlichkeitsmaß W_F über dem Maßraum $(R_1, \mathfrak{B}_1)$, so daß F als Vf. einer eindimensionalen zufälligen Variablen angesehen werden kann.*

Wir deuten den Beweis dieses Satzes an. Man ordne zunächst allen Intervallen der Gestalt $(a, b]$ als Wahrscheinlichkeitsmaß $W_F\big((a, b]\big)$ die reelle Zahl $F(b) - F(a)$ zu, die nach 1. stets nicht negativ ist. Man zeigt nun leicht, daß bei dieser Festsetzung das über allen Intervallen der angegebenen Gestalt definierte Wahrscheinlichkeitsmaß total additiv ist. Damit läßt sich aber W_F nach dem allgemeinen Erweiterungssatz für Maße (vgl. Satz III) auf alle Borelschen Mengen des R_1 ausdehnen, und zwar nur auf eine Weise. Die identische Abbildung, welche jedem $x \varepsilon R_1$ als Funktionswert x zuordnet, definiert natürlich eine zufällige Variable ξ über dem Wahrscheinlichkeitsfeld $(R_1, \mathfrak{B}_1, W_F)$. Für diese zufällige Variable ist $W(\xi \leq y) = W_F\big(\xi^{-1}(-\infty, y]\big) = W_F\big((-\infty, y]\big)$ für jedes reelle y, und damit ist aber $W(\xi \leq y) = F(y)$, so daß also die zufällige Variable ξ die Vf. F besitzt.

Wir fassen das für uns Wesentliche zusammen: Wenn die Vf. einer zufälligen Variablen ξ gegeben ist, dann kann man auch stets annehmen, daß die Wahrscheinlichkeit $W(\xi \in B)$ für alle B aus $\mathfrak{B}_1$ definiert ist.

6. Die Verteilungsdichte einer eindimensionalen zufälligen Variablen. Wir betrachten eine Vf. F, welche an der Stelle x differenzierbar ist. Es sei $F'(x) \doteq f(x)$. Wir wollen $f(x)$ als Verteilungsdichte oder kurz als Dichte der zufälligen eindimensionalen Variablen im Punkte x bezeichnen.

In vielen wichtigen Fällen existiert $f(x)$ für jedes reelle x, und außerdem gilt noch für alle x im R_1

$$F(x) = \int_{-\infty}^{x} f(t)\, dt. \tag{6.1}$$

Ist ξ eine zufällige Variable mit der Vf. F und gilt für F eine Darstellung (6.1), dann folgt offenbar

$$W(\xi \in B) = \int_B f(x)\, dx \tag{6.2}$$

für jedes $B \in \mathfrak{B}$.

Von einer *Verteilungsdichte* schlechthin wollen wir nur sprechen, wenn F überall oder fast überall eine Ableitung f besitzt und die Darstellung (6.1) für alle x gültig ist[6.1]. Dann besitzt die Verteilungsdichte f folgende Eigenschaften:

1. $$\int_{-\infty}^{+\infty} f(x)\, dx = 1 \tag{6.3}$$

2. Es ist stets
$$f \geq 0. \tag{6.4}$$

(6.3) ist unmittelbare Folgerung aus (6.1) und (5.5). (6.4) folgt aus der Monotonie von F. Ist umgekehrt für eine über dem R_1 integrierbare Funktion f (6.3) erfüllt und gilt (6.4) wenigstens bis auf eine Menge vom Lebesgueschen Maß Null, dann wird gemäß (6.1) eine Funktion F definiert, welche die Eigenschaften 1. bis 4. besitzt, wie man sofort verifiziert. F kann also als Vf. einer zufälligen Variablen aufgefaßt werden. Jede in der Gestalt (6.1) darstellbare Vf. ist stetig, so daß also nach Satz 5.1 $W(\xi = x) = 0$ für alle $x \in R_1$ gilt.

Der auf diese Weise eingeführte Begriff der Dichte ist nur ein Spezialfall eines viel allgemeineren Dichtebegriffes. Wenn μ ein über dem Meßraum $(R, \mathbf{S})$ definiertes Maß ist und f eine bezüglich μ integrierbare reellwertige Funktion von R in den R_1 ist, dann ist die durch $\nu(A) = \int_A f d\mu$, $A \in \mathbf{S}$, über $\mathbf{S}$ definierte Mengenfunktion totalstetig bezüglich μ. (Vgl. **9.**, S. 16.) Wenn $f \geq 0$ ist, ist ν nicht negativ und daher ein Maß. f heißt dann die Dichte von ν bezüglich μ. Besonders wichtig ist, daß sich dieser Satz weitgehend umkehren läßt. Es gilt der

---

[6.1] Das ist genau dann der Fall, wenn F absolut stetig ist, d. h. zu jedem $\varepsilon > 0$ gibt es ein $\delta > 0$, so daß für jede endliche oder abzählbar unendliche Menge paarweise fremder Intervalle (x_i, y_i) aus $\Sigma\, |y_i - x_i| < \delta$ auch $\Sigma\, |F(y_i) - F(x_i)| < \varepsilon$ folgt.

Satz 6.1: *Wenn ν und μ σ-endliche Maße sind und ν totalstetig bezüglich μ ist, dann existiert eine über R definierte bezüglich μ integrierbare reellwertige Funktion $f \geq 0$, welche bis auf μ-Nullmengen eindeutig festgelegt ist, und für alle $A \in \mathbf{S}$ gilt*

$$\nu(A) = \int_A f\,d\mu. \tag{6.5}$$

Dies ist der Satz von RADON-NIKODYM. Man bezeichnet wohl f auch mit $\frac{d\nu}{d\mu}$. Die Schreibweise wird gerechtfertigt durch den

Satz 6.2: *Es seien ϱ, ν und μ σ-endliche Maße, ν totalstetig bezüglich μ und ϱ totalstetig bezüglich ν. Dann ist auch ϱ totalstetig bezüglich μ. Wenn f die[6.2] Dichte von ν bezüglich μ und g die Dichte von ϱ bezüglich ν ist, dann gilt für die Dichte h von ϱ bezüglich μ $h = fg$, μ-f.ü. oder $\frac{d\varrho}{d\mu} = \frac{d\varrho}{d\nu}\frac{d\nu}{d\mu}$.*

Die auf S. 39 definierte Verteilungsdichte kann man in diesem Zusammenhang als Radon-Nikodymsche Dichte[6.3] bezüglich des Lebesgueschen Maßes bezeichnen. Immer wenn wir von einer Dichte schlechthin sprechen werden, meinen wir die Dichte bezüglich des Lebesgueschen Maßes.

Wir wollen nun noch die wahrscheinlichkeitstheoretische Bedeutung der Dichte $f(x)$ einer zufälligen Variablen ξ im Punkte x klarmachen. Nach Definition der Ableitung ist für die zugehörige Vf. F

$$\frac{F(x+h) - F(x)}{h} = f(x) + \varepsilon(h) \tag{6.6}$$

mit $\varepsilon(h) \to 0$ für $h \to 0$. Nun folgt, etwa für $h > 0$ aus (6.6) und Satz 4.1

$$\frac{1}{h}\, W(x < \xi \leq x + h) = f(x) + \varepsilon(h). \tag{6.7}$$

Die linke Seite von (6.7) kann man als „mittlere Wahrscheinlichkeit“ dafür auffassen, daß ξ im Intervall $(x, x+h]$ liegt. Diese mittlere Wahrscheinlichkeit wird um so genauer durch $f(x)$ approximiert, je kleiner h ist. Eine analoge Betrachtung

---

[6.2] Eigentlich sollte es heißen: „eine“ Dichte, doch wenn keine Mißverständnisse zu befürchten sind, verwenden wir — auch in analogen Fällen — den bestimmten Artikel.

[6.3] Meist schreiben wir kürzer R.N.-Dichte.

kann man natürlich für $h < 0$ machen. Man pflegt daher auch weniger genau zu sagen, daß die Wahrscheinlichkeit, daß „ξ bei x oder in einem Intervall der Länge dx um den Punkt x liege" durch $f(x)\,|dx|$ gegeben sei. Der präzise Sinn dieser Redeweise ist einfach die Beziehung (6.7).

7. Der diskrete und der stetige Typ von Vfen.. Für die meisten Anwendungen auf Fragen der mathematischen Statistik kann man sich auf zwei Typen von Vfen. beschränken.

I. Der diskrete Typ: Es seien endlich[7.1] oder abzählbar unendlich viele Punkte des R_1 gegeben, die wir etwa mit $\ldots, x_{-n}, \ldots, x_0, \ldots, x_n, \ldots$ bezeichnen. Weiter seien p_i für $i = \ldots, -n, \ldots, 0, \ldots, n, \ldots$ positive reelle Zahlen mit

$$\sum_{i=-\infty}^{+\infty} p_i = 1. \tag{7.1}$$

Dann ist durch $F = \sum_{i=-\infty}^{+\infty} p_i c_{[x_i,\infty)}$ eine Vf. erklärt, wobei $c_{[x_i,\infty)}$ die Indikatorfunktion des Intervalles $[x_i, \infty)$ ist (vgl. S. 5). F ist natürlich monoton nicht abnehmend: Ist $x' < x''$, dann ist $F(x') = \sum_{x_l \leq x'} p_l c_{[x_l,\infty)}$ und $F(x'') = \sum_{x_l \leq x''} p_l c_{[x_l,\infty)}$ und somit $F(x'') - F(x') = \sum_{x' < x_l \leq x''} p_l c_{[x_l,\infty)} \geq 0$. F ist rechtsseitig stetig, denn offenbar ist $F(x_i) = F(x_i + 0)$ für $i = 0, \pm 1, \ldots$. Weiter ist $\lim_{x\to\infty} F(x) = \lim_{x\to\infty} \sum_{i=-\infty}^{+\infty} p_i c_{[x_i,\infty)}(x) = \lim_{l\to\infty} \sum_{-l}^{l} p_l = 1$ und ebenso $\lim_{x\to-\infty} F(x) = 0$.

Um die Begriffe des Wahrscheinlichkeitsfeldes und der zufälligen Variablen zu illustrieren, wollen wir diese Vf. noch auf einem anderen Wege erhalten: Die x_i seien wie vorher definiert, die Menge aller x_i bezeichne man mit R. Die Menge aller Teilmengen von R heiße $\mathbf{S}$ (vgl. S. 4). Die p_i mögen dieselbe Bedeutung haben wie vorhin und wir definieren nun ein Wahrscheinlichkeitsmaß über der σ-Algebra $\mathbf{S}$ durch $W(\{x_i\}) = p_i$. Für mehrpunktige Mengen aus $\mathbf{S}$ ist W im Einklang mit Axiom II zu erklären. Wir betrachten nun die Abbildung ξ von R in den R_1, welche jedem $x_i \in R$, $x_i \in R_1$ als Funktionswert zuordnet. Natürlich ist ξ $\mathbf{S}$-meßbar, da jede Teilmenge von R zu $\mathbf{S}$ gehört. Die Vf. von ξ ist dann definitions-

---

[7.1] In diesem Falle sind triviale Änderungen der Bezeichnung vorzunehmen.

gemäß für jedes x durch $W(\xi \leq x) = W(\{x_i : x_i \leq x\})$ gegeben. Es ist aber $W(\{x_i : x_i \leq x\})$ durch $\sum_{-\infty}^{+\infty} p_i c_{[x_i, \infty)}(x)$ gegeben und somit erhalten wir die früher definierte Vf. Offenbar ist $W(\xi = x_i) = p_i$ für alle i und $W(\xi \in B) = 0$ für jene $B \in \mathfrak{B}_1$, welche keines der Elemente x_i enthalten. Wir werden sagen, daß eine solche zufällige Variable ξ und ihre zugehörige Vf. vom diskreten Typ sind, oder auch daß ξ eine diskrete Verteilung besitzt. Wir wollen diese Definition noch an dem besonders einfachen Fall illustrieren, daß es genau n Punkte gibt, so daß $W(\xi = x_i) = p_i \neq 0$ und $\sum_{i=1}^{n} p_i = 1$ ist. Die x_i seien jetzt der Größe nach geordnet: $x_1 < x_2 < \cdots < x_n$. Die Funktion $F = \sum_{i=1}^{n} p_i c_{[x_i, \infty)}$ ist dann eine Treppenfunktion, welche für $1 \leq i \leq n$ an den Stellen x_i Sprungstellen der Höhe p_i besitzt und sonst konstant ist. Es ist also

$$
\begin{array}{lll}
F(x) = 0 & \text{für} & x < x_1 \\
F(x) = p_1 & \text{für} & x_1 \leq x < x_2 \\
F(x) = p_1 + p_2 & \text{für} & x_2 \leq x < x_3 \\
\dots & & \\
F(x) = p_1 + \cdots + p_{n-1} & \text{für} & x_{n-1} \leq x < x_n \\
F(x) = p_1 + \cdots + p_n = 1 & \text{für} & x_n \leq x.
\end{array}
$$

Vgl. Abb. 2.

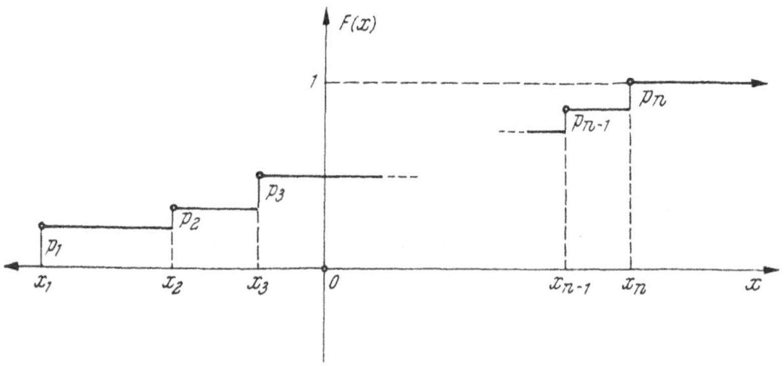

Abb. 2

Ist insbesondere $p_1 = \cdots = p_n = \frac{1}{n}$, dann erhält man die sogenannte diskrete *Gleichverteilung*. In diesem Spezialfall trifft also die Laplacesche Definition zu und ist das Urnenmodell sinnvoll (vgl. S. 30). Für $n = 1$ erhält man eine Verteilung, für die $W(\xi = x_1) = 1$ ist. In diesem Falle ist die „gesamte Wahrscheinlichkeitsverteilung in x_1 konzentriert". Wir nennen diese Verteilung die ***degenerierte Verteilung in*** x_1.

Wichtige Beispiele für diskrete Wahrscheinlichkeitsverteilungen werden auch in **32.**, **33.** und **34.** behandelt.

II. Der stetige Typ. Die Verteilung einer zufälligen Variablen ξ heißt vom stetigen Typ, wenn die Vf. F eine Verteilungsdichte f besitzt. Für F hat man dann eine Darstellung der Gestalt (6.1).

Ein besonders einfaches, aber wichtiges Beispiel stellt die (stetige) *Gleichverteilung* dar: Es seien a und b reell mit $a < b$ und

$$f(x) = \begin{cases} 1/(b-a) & a < x < b \\ 0 & \text{sonst} \end{cases}.$$

Man sieht sofort, daß f eine Dichte ist und eine Verteilung vom stetigen Typ definiert.

Die Forderung, daß F vom stetigen Typ ist, ist wohl zu unterscheiden von der Annahme, daß F stetig ist. Wohl besitzt jede Verteilung vom stetigen Typ eine stetige Vf., aber nicht umgekehrt. Viele wichtige in der Praxis auftretende Verteilungsdichten f einer Verteilung vom stetigen Typ sind differenzierbar mit Ausnahme von höchstens endlich vielen Stellen. Man vgl. hierzu: **25.**, **28.**, **29.** und **30.**

8. Der Begriff der mehrdimensionalen zufälligen Variablen. In naheliegender Verallgemeinerung des in **3.** definierten Begriffes der eindimensionalen zufälligen Variablen erklärt man: Ist $(R, \mathbf{S}, W)$ ein Wahrscheinlichkeitsfeld, dann heißt jede $\mathbf{S}$-meßbare Abbildung $\xi = (\xi_1, \ldots, \xi_n)$ von R in den R_n *n-dimensionale zufällige Variable.* Es gehören also nach Definition der $\mathbf{S}$-Meßbarkeit für alle n-Tupel $\alpha_1, \ldots, \alpha_n$ reeller Zahlen die Teilmengen $\{\omega : \xi_1(\omega) \leq \alpha_1, \ldots, \xi_n(\omega) \leq \alpha_n\}$ zu $\mathbf{S}$. Damit sind auch alle Urbilder n-dimensionaler Intervalle unter ξ $\mathbf{S}$-meßbar und daher auch die Urbilder aller Borelschen Mengen $B \in \mathfrak{B}_n$. Jedes n-Tupel eindimensionaler zufälliger Variabler kann also als n-dimensionale zufällige Variable aufgefaßt werden. Es läßt sich in völliger Analogie zu (3.1) eine Wahrscheinlichkeitsverteilung W_ξ für die n-dimensionale zufällige Variable ξ definieren, welche über $\mathfrak{B}_n$ erklärt ist. Es ist also

$$W_\xi(B) = W(\xi^{-1}(B)) \tag{8.1}$$

für alle $B \in \mathfrak{B}_n$.

Man zeigt wieder ohne jede Schwierigkeit, daß W_ξ tatsächlich ein Wahrscheinlichkeitsmaß über $(R_n, \mathfrak{B}_n)$ ist, somit also die Axiome I und II befriedigt. W_ξ bezeichnet man auch als *gemeinsame Verteilung* von $\xi_1, \xi_2, \ldots, \xi_n$. Wir schreiben natürlich wieder $W(\xi \in B)$ statt $W_\xi(B)$ oder $W(-\infty < \xi_1 \leq x_1, \ldots, -\infty < < \xi_n \leq x_n)$ statt $W_\xi((-\infty, x_1] \times \cdots \times (-\infty, x_n])$ usw.

9. Die Vf. einer mehrdimensionalen zufälligen Variablen. Es sei $\xi = (\xi_1, \ldots, \xi_n)$ eine n-dimensionale zufällige Variable. Es seien $x_1, \ldots; x_n$ irgendwelche reelle Zahlen. Die Vf. F der zufälligen Variablen ξ wird dann durch

$$F(x_1, x_2, \ldots, x_n)$$
$$= W(-\infty < \xi_1 \leq x_1, -\infty < \xi_2 \leq x_2, \ldots, -\infty < \xi_n \leq x_n) \tag{9.1}$$

gegeben.

Der Funktionswert $F(x_1, x_2, \ldots, x_n)$ gibt also anschaulich gesprochen die Wahrscheinlichkeit dafür an, daß sowohl das Merkmal ξ_1 unterhalb x_1, als auch ξ_2 unterhalb x_2 usw. als auch ξ_n unterhalb x_n liegen. Die Vf. einer mehrdimensionalen zufälligen Variablen ist wieder durch eine Reihe von Eigenschaften gekennzeichnet. Diese verallgemeinern die Eigenschaften 1. bis 4. der eindimensionalen Vf. (S. 36).

Es sei

$$\Delta_i F(x_1, \ldots, x_i, \ldots, x_n) = F(x_1, \ldots, x_i + h_i, \ldots, x_n) -$$
$$- F(x_1, \ldots, x_i, \ldots, x_n), \tag{9.2}$$

wobei h_i irgendeine reelle Zahl ist, $1 \leq i \leq n$.

Diese Definition wollen wir auch so beschreiben: wendet man den Δ-Operator auf das i-te Argument von F an, dann ist das Ergebnis die rechte Seite von (9.2).

Es sei weiter $\{i_1, \ldots, i_k\}$, $k \geq 1$, eine Teilmenge von $\{1, \ldots, n\}$. Dann gilt

1m. $$\Delta_{i_1} \ldots \Delta_{i_k} F(x_1, \ldots, x_n) \geq 0, \tag{9.3}$$

wenn die gemäß (9.2) und (9.3) auftretenden reellen Zahlen $h_{i_1}, \ldots, h_{i_k}$ alle als positiv vorausgesetzt werden.

2m. F ist in jeder Variablen rechtsseitig stetig, wenn die anderen Variablen festgehalten werden. Das heißt also, daß für jedes i mit $1 \leq i \leq n$ die Abbildung $x_i \to F(x_1, \ldots, x_i, \ldots, x_n)$ vom R_1 in den R_1 rechtsseitig stetig ist.

3m. Läßt man wenigstens eine der Variablen gegen $-\infty$ streben, dann strebt $F(x_1, \ldots, x_n)$ gegen 0, sogar gleichmäßig in den anderen Variablen.

4m. $$\lim_{x_1 \to \infty, \ldots, x_n \to \infty} F(x_1, \ldots, x_n) = 1.$$

Beweis von 1m.: Um (9.3) nachzuweisen, zeigen wir zunächst: Wendet man den Δ-Operator zuerst auf das i-te Argument und dann auf das k-te Argument von F, $i \neq k$, an, dann erhält man dasselbe Ergebnis, als wenn man den Operator zuerst auf das k-te und dann auf das i-te Argument anwendet. Das ergibt sich mittels (9.2) sofort aus $\Delta_k \Delta_i F(x_1, \ldots, x_i, \ldots, x_k, \ldots, x_n) = F(x_1, \ldots, x_i + h_i, \ldots, x_k + h_k, \ldots, x_n) - F(x_1, \ldots, x_i + h_i, \ldots, x_k, \ldots, x_n) - F(x_1, \ldots, x_i, \ldots, x_k + h_k, \ldots, x_n) + F(x_1, \ldots, x_i, \ldots, x_k, \ldots, x_n) = \Delta_i \Delta_k F(x_1, \ldots, x_i, \ldots, x_k, \ldots, x_n)$.

Die Δ-Operationen sind also miteinander vertauschbar, was man leicht durch Induktion für eine beliebige endliche Anzahl von Δ-Operatoren beweist, wobei uns hier nur der Fall interessiert, daß auf jede Variable x_i der Δ-Operator höchstens einmal angewendet wird. (9.3) wird bewiesen sein, wenn

$$\left.\begin{aligned} &\Delta_{i_1} \ldots \Delta_{i_k} F(x_1, \ldots, x_n) = W(-\infty < \xi_1 \leq x_1, \ldots, x_{i_1} < \xi_{i_1} \leq \\ &\leq x_{i_1} + h_{i_1}, \ldots, x_{i_k} < \xi_{i_k} \leq x_{i_k} + h_{i_k}, \ldots, -\infty < \xi_n \leq x_n) \\ &\qquad h_{i_j} > 0, \quad j = 1, \ldots, k \end{aligned}\right\} \tag{9.4}$$

gezeigt ist. Die rechte Seite von (9.4) ist ja ≥ 0 nach Axiom I. Die Gültigkeit von (9.4) zeigt man sofort durch Induktion. Für $k = 1$ ist $\Delta_{i_1} F(x_1, \ldots, x_{i_1}, \ldots, x_n) = F(x_1, \ldots, x_{i_1} + h_{i_1}, \ldots, x_n) -$

$-F(x_1, \ldots, x_{i_1}, \ldots, x_n)$. Aus der Definition (9.1) folgt, daß die rechte Seite dieser Gleichung auch gleich ist:

$$\left.\begin{aligned} W(\xi_1 \leq x_1, \ldots, \xi_{i_1} \leq x_{i_1} + h_{i_1}, \ldots, \xi_n \leq x_n) - \\ - W(\xi_1 \leq x_1, \ldots, \xi_{i_1} \leq x_{i_1}, \ldots, \xi_n \leq x_n) \end{aligned}\right\}. \tag{9.5}$$

Das Intervall $(-\infty, x_1] \times \cdots \times (-\infty, x_{i_1} + h_{i_1}] \times \cdots \times (-\infty, x_n]$ werde mit I_1 bezeichnet. Offenbar ist $I_1 = I_2 \cup I_3$, wobei $I_2 = (-\infty, x_1] \times \cdots \times (-\infty, x_{i_1}] \times \cdots \times (-\infty, x_n]$ und $I_3 = (-\infty, x_1] \times \cdots \times (x_{i_1}, x_{i_1} + h_{i_1}] \times \cdots \times (-\infty, x_n]$. Die Intervalle I_2 und I_3 sind zueinander fremd. Nach Satz 1.1 ist also der Ausdruck (9.5) $= W(I_3)$, womit (9.4) für $k = 1$ gezeigt ist.

(9.4) sei bereits für $k-1$ Operatoren gezeigt. Dann gilt also

$$\begin{aligned} &\Delta_{i_1} \ldots \Delta_{i_{k-1}} F(x_1, \ldots, x_n) \\ &= W(x_{i_1} < \xi_{i_1} \leq x_{i_1} + h_{i_1}, \ldots, x_{i_{k-1}} < \xi_{i_{k-1}} \leq x_{i_{k-1}} + h_{i_{k-1}}), \end{aligned} \tag{9.6}$$

wobei wir die zufälligen Variablen ξ_i für die $\xi_i \leq x_i$ gilt, nicht angeschrieben haben. Dies wollen wir auch für die folgende Gleichungskette vereinbaren. Wenden wir nämlich Δ_{i_k} auf (9.6) an, dann ergibt sich

$$\begin{aligned} &\Delta_{i_k} \Delta_{i_1} \ldots \Delta_{i_{k-1}} F(x_1, \ldots, x_n) = \Delta_{i_k} W(x_{i_1} < \xi_{i_1} \leq x_{i_1} + h_{i_1}, \ldots \\ &\ldots, x_{i_{k-1}} < \xi_{i_{k-1}} \leq x_{i_{k-1}} + h_{i_{k-1}}) = W(x_{i_1} < \xi_{i_1} \leq x_{i_1} + h_{i_1}, \ldots \\ &\ldots, x_{i_{k-1}} < \xi_{i_{k-1}} \leq x_{i_{k-1}} + h_{i_{k-1}}, \ldots, -\infty < \xi_{i_k} \leq x_{i_k} + h_{i_k}) - \\ &\qquad - W(x_{i_1} < \xi_{i_1} \leq x_{i_1} + h_{i_1}, \ldots, x_{i_{k-1}} < \xi_{i_{k-1}} \leq x_{i_{k-1}} + h_{i_{k-1}}) \\ &= W(x_{i_1} < \xi_{i_1} \leq x_{i_1} + h_{i_1}, \ldots, x_{i_{k-1}} < \xi_{i_{k-1}} \leq x_{i_{k-1}} + h_{i_{k-1}}, \ldots, x_{i_k} < \xi_{i_k} \leq x_{i_k} + h_{i_k}). \end{aligned}$$

Da aber die Δ-Operatoren vertauschbar sind, ist (9.4) vollständig bewiesen.

Aus 1m. folgt noch, daß die Abbildung $x_i \to F(x_1, \ldots, x_i, \ldots, x_n)$ für alle i monoton nicht fallend ist.

Der Beweis von 2m. kann genau so geführt werden wie der Beweis von 2., S. 36.

Den Beweis von 3m. führt man am einfachsten, indem man $W(\xi_1 \in R_1, \ldots, \xi_i \leq x_i^{(k)}, \ldots, \xi_n \in R_1) \to 0$ für $x_i^{(k)} \to -\infty$ für $k \to \infty$ zeigt und $W(\xi_1 \leq x_1, \ldots, \xi_i \leq x_i, \ldots, \xi_n \leq x_n) \leq$ $\leq W(\xi_1 \in R_1, \ldots, \xi_i \leq x_i, \ldots, \xi_n \in R_1)$ für alle $(x_1, \ldots, x_i, \ldots, x_n) \in R_n$ beachtet.

Auf den einfachen Beweis von 4m., der im wesentlichen auf Axiom II beruht, verzichten wir hier.

Es gilt wie im eindimensionalen Fall: Wenn F stetig ist, dann ist $W(\xi = x) = 0$ für $x \in R_n$. Die Umkehrung ist nicht richtig, falls $n \geq 2$ ist. Es gilt das genaue Analogon zu Satz 5.2:

Satz 9.1: *Jede über dem R_n definierte reelle Funktion F, welche den Bedingungen* 1m. *bis* 4m. *genügt, kann als Vf. einer n-dimensionalen zufälligen Variablen angesehen werden.*

Wenn eine n-dimensionale Vf. F eine gemischte Ableitung $\frac{\partial^{(n)} F}{\partial x_1 \ldots \partial x_n}$ an einer Stelle x besitzt, dann bezeichnen wir diese wieder als Verteilungsdichte in x. Falls diese Ableitung, die wir dann mit f bezeichnen, überall oder f.ü. im R_n existiert und falls f integrierbar ist und für alle $(x_1, \ldots, x_n)$ die Beziehung

$$\int_{-\infty}^{x_1} \cdots \int_{-\infty}^{x_n} f(t_1, \ldots, t_n)\, dt_1 \ldots dt_n = F(x_1, \ldots, x_n)^{9.1} \tag{9.7}$$

gilt, dann hat man insbesondere

$$\int_{R_n} f(x)\, dx = 1 \tag{9.8}$$

und

$$f(x) \geq 0 \qquad \text{für alle} \qquad x \in R_n \tag{9.9}$$

(bis auf eine Menge vom Maß Null). Wieder wollen wir nur in diesem Fall von einer *Dichte* schlechthin sprechen. (9.9) folgt aus (9.4) für $k = n$, und (9.8) ergibt sich aus 4m., S. 45.

10. Der diskrete und stetige Typ von mehrdimensionalen Vfen.. Auch im mehrdimensionalen Falle sind 2 Typen von Vfen. besonders wichtig.

I. Der diskrete Typ: Die Verteilung einer n-dimensionalen zufälligen Variablen ξ heiße vom diskreten Typ, wenn es endlich oder abzählbar unendlich viele n-Tupel $x^{(1)}, x^{(2)}, \ldots$ gibt, so daß $W(\xi = x^{(i)}) = p_i > 0$ mit $\sum_{i=1}^{\infty} p_i = 1$ gilt und daher für jede Borel-

[9.1] Das ist wieder genau dann der Fall, wenn F absolut stetig ist. f ist die Radon-Nikodym Dichte bezüglich des n-dimensionalen Lebesgueschen Maßes.

sche Menge $B \in \mathfrak{B}_n$, welche keines der n-Tupel $x^{(1)}, x^{(2)}, \ldots$ enthält, $W(\xi \in B) = 0$ ist. Ist $x^{(i)} = (x_1^{(i)}, \ldots, x_n^{(i)})$ und bezeichnet man mit I_i das Intervall $[x_1^{(i)}, \infty) \times \cdots \times [x_n^{(i)}, \infty)$, dann ist die zugehörige Vf. durch $F = \sum_{i=1}^{\infty} c_{I_i} p_i$ gegeben.

Ein wichtiges Beispiel für eine mehrdimensionale diskrete Verteilung findet sich in **37.**

II. Der stetige Typ. Wir setzen voraus, daß die Vf. F einer n-dimensionalen zufälligen Variablen ξ im ganzen R_n eine Dichte $\frac{\partial^n F}{\partial x_1 \ldots \partial x_n} = f$ besitzt. Daraus ergibt sich, daß für alle $x_1, \ldots, x_n$ die Beziehung (9.7) gilt. Ein wichtiges Beispiel wird durch die *allgemeine Gleichverteilung* geliefert. Es sei $B \in \mathfrak{B}_n$ und das Maß von B $L(B) \neq 0$ [10.1]. Dann wird durch

$$f(x) = \begin{cases} 1/L(B) & x \in B \\ 0 & x \in R_n - B \end{cases}$$

die Dichte der allgemeinen Gleichverteilung erklärt.

Weitere wichtige Beispiele mehrdimensionaler Verteilungen vom stetigen Typ finden sich auf in **35.** und in VI.

11. Funktionen zufälliger Variabler. Es sei g eine im R_n definierte reellwertige Borel-meßbare Funktion, und durch $\omega \to \xi(\omega) = (\xi_1(\omega), \ldots, \xi_n(\omega))$, $\omega \in R$, sei eine n-dimensionale zufällige Variable im Sinne von **8.** gegeben.

Wir behaupten, daß dann die Abbildung $g \circ \xi$ [11.1], d. h. die Abbildung, welche jedem $\omega \in R$ die reelle Zahl $g(\xi_1(\omega), \ldots, \xi_n(\omega))$ zuordnet, wieder eine zufällige Variable ist. Dazu genügt es zu zeigen, daß $g \circ \xi$ $\mathbf{S}$-meßbar ist. Nun ist für beliebiges $B \in \mathfrak{B}_1$

$$\{\omega : g(\xi_1(\omega), \ldots, \xi_n(\omega)) \in B\} = \{\omega : (\xi_1(\omega), \ldots, \xi_n(\omega)) \in g^{-1}(B)\}.$$

Da aber g Borel-meßbar ist, ist $g^{-1}(B)$ eine Borelsche Menge des R_n. Somit liegt die Menge $\{\omega : (\xi_1(\omega), \ldots, \xi_n(\omega)) \in g^{-1}(B)\}$ in $\mathbf{S}$, da ξ eine zufällige Variable ist. Die Vf. G von $\eta = g \circ \xi$ ist nach (4.1)

[10.1] $L(B)$ bedeutet natürlich das Lebesguesche Maß von B.

[11.1] Es ist die Vereinbarung zweckmäßig, hierfür auch $g(\xi)$ oder $g(\xi_1, \ldots, \xi_n)$ zu schreiben.

für jedes reelle x durch $G(x) = W(\eta \leq x)$ gegeben. Bezeichnet man $g^{-1}((-\infty, y])$ mit M_y, dann ist offenbar auch

$$G(y) = W(\xi \in M_y). \tag{11.1}$$

Dies gestattet also, die Vf. G und damit auch nach Satz 5.2 die Wahrscheinlichkeitsverteilung von η zu berechnen, wenn die Wahrscheinlichkeitsverteilung von ξ gegeben ist. Man kann für (11.1) auch schreiben: $G(y) = \int\limits_{M_y} dW$.

Ein Beispiel für die Bestimmung einer solchen Menge M_y, wenn ξ eine eindimensionale zufällige Variable ist, zeigt die nachstehende Abb. 3. In diesem Fall besteht M_y aus vier Intervallen, die in der Abbildung stark ausgezogen sind.

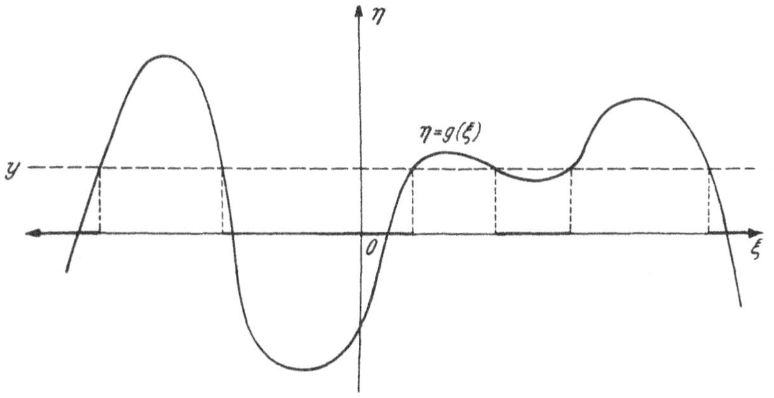

Abb. 3

Wichtige Beispiele Borel-meßbarer Funktionen sind die stetigen Funktionen oder Funktionen, die bis auf endlich viele Punkte stetig sind. Alle Funktionen, welche die Bedingung (9.3) erfüllen, also im eindimensionalen Fall alle monotonen Funktionen, sind ebenfalls wichtige Beispiele für Borel-meßbare Funktionen.

Vereinbarung: Wenn wir im folgenden von einer Funktion über dem R_n schlechthin sprechen, dann handelt es sich stets um Borel-meßbare Funktionen, ohne daß wir dies ausdrücklich betonen.

Wir illustrieren nun das Gesagte an einigen einfachen, aber wichtigen Fällen. Es sei g eine im R_1 definierte, dort stetige und streng monoton wachsende Funktion. Aus $x' < x''$ folgt also stets $g(x') < g(x'')$. Überdies sei

$$\inf_{-\infty<x<\infty} g(x) = m, \qquad \sup_{-\infty<x<\infty} g(x) = M. \tag{11.2}$$

ξ sei eine eindimensionale zufällige Variable mit Vf. F. Wir definieren die zufällige Variable $\eta = g \circ \xi$. Gemäß (11.1) haben wir zur Bestimmung der Vf. G von η die Menge M_y zu betrachten, welche aus der Gesamtheit aller reellen Zahlen x besteht, für die die Ungleichung $g(x) \leq y$ erfüllt ist. Ist nun $y \leq m$, dann ist M_y gleich der leeren Menge; es gibt in diesem Fall keine Werte x, welche die Ungleichung $g(x) \leq y$ erfüllen. Ist aber $y \geq M$, was nur möglich ist, wenn $M < \infty$ ist, dann stimmt die Menge M_y mit dem R_1 überein. Ist schließlich $m < y < M$, dann betrachte man zunächst die Gleichung $g(x) = y$. Wegen der Stetigkeit von g hat jede solche Gleichung eine Lösung und wegen der vorausgesetzten Monotonie auch nur eine. Wir bezeichnen sie mit x_y. Die Monotonie hat zur Folge, daß die Mengen $M_y = \{x : g(x) \leq y\}$ und $\{x : x \leq x_y\}$ gleich sind. Ist also z. B. $m > -\infty$ und $M < +\infty$, dann erhalten wir

$$G(y) = \begin{cases} 0 & y \leq m \\ F(x_y) & m < y < M. \\ 1 & y \geq M \end{cases}$$

Dies kann man auch so ausdrücken: Die Umkehrabbildung g^{-1} von g existiert nach Voraussetzung, ist stetig und streng monoton und bildet (m, M) in $(-\infty, \infty)$ ab. Also ist $G = F \circ g^{-1}$ für $m < y < M$.

Im wesentlichen analoge Ergebnisse erhält man, wenn man g als streng monoton fallend annimmt.

Beispiel: Es sei $a > 0$ und $g(x) = ax + b$ für jedes x. Wir betrachten die zufällige Variable $\eta = a\xi + b$. Die Gleichung $y = ax + b$ hat für alle $y \in R_1$ die Lösung $x_y = (y - b)/a$. Für die Vf. G ergibt sich somit: $G(y) = F(x_y) = F\big((y-b)/a\big)$ für alle $y \in R_1$.

Ist aber $a < 0$, dann sind für jedes $y \in R_1$ die Mengen $\{x : ax + b \leq y\}$ und $\{x : (y-b)/a \geq x)\}$ gleich. Somit folgt aus Satz 1.1

$$W(a\xi + b \leq y) = W\big((y-b)/a \leq \xi\big) = W(\xi \in R_1) - W\big(\xi \leq (y-b)/a\big) + \\ + W\big(\xi = (y-b)/a\big).$$

Also ergibt sich aus (4.1) und (5.8) $W(\xi \in M_y) = 1 - F\left(\frac{y-b}{a} - 0\right)$. Es gilt damit $G(y) = 1 - F\left(\frac{y-b}{a} - 0\right)$ für jedes $y \in R_1$.

Zur weiteren Illustration wählen wir $g(x) = x^2$ für jedes $x \in R_1$. g ist natürlich nicht monoton. Die Vf. von ξ sei wieder mit F, die von $\eta = \xi^2$ mit G bezeichnet. Falls $y < 0$ ist, ist $\{x : x^2 \leq y\}$ die leere Menge, also ist $G(y) = 0$ für $y < 0$. Für $y \geq 0$ sind die Mengen $\{x : x^2 \leq y\}$ und $\{x : -\sqrt{y} \leq x \leq \sqrt{y}\}$ gleich. Für $y \geq 0$ folgt also $G(y) = W\left(-\sqrt{y} \leq \xi \leq \sqrt{y}\right) = F\left(\sqrt{y}\right) - F\left(-\sqrt{y} - 0\right)$. Ist F insbesondere stetig, dann ergibt sich

$$G(y) = \begin{cases} 0 & y \leq 0 \\ F\left(\sqrt{y}\right) - F\left(-\sqrt{y}\right) & y > 0 \end{cases}. \tag{11.3}$$

Als weiteres Beispiel betrachten wir $g = F$, wobei F eine stetige und streng monotone Vf. ist. ξ sei eine zufällige Variable mit derselben Vf. F. Es existiert F^{-1} und bildet $(0, 1)$ in $(-\infty, \infty)$ ab. Die Vf. von $\eta = F \circ \xi$ ist daher gegeben durch $G(y) = F\left(F^{-1}(y)\right) = y$ für $0 < y < 1$. η besitzt also eine Gleichverteilung. Eine ganz analoge Überlegung liefert dasselbe Resultat, wenn F in einem endlichen Intervall $[a, b]$ stetig und streng monoton ist und $F(a) = 0$ sowie $F(b) = 1$ gelten. Es gilt also

Satz 11.1: *Wenn ξ eine zufällige Variable ist, deren Vf. F den o. a. Voraussetzungen genügt, dann ist $\eta = F \circ \xi$ nach einer Gleichverteilung verteilt.*

Wir haben bisher nur Abbildungen des R_n in den R_1 betrachtet Häufig muß man aber einen allgemeineren Sachverhalt ins Auge fassen. Es seien g_i, $i = 1, \ldots, m$, m Borel-meßbare Abbildungen des R_n in den R_1. Wenn $\xi = (\xi_1, \ldots, \xi_n)$ eine n-dimensionale zufällige Variable ist, dann wissen wir schon, daß $\eta_i = g_i \circ \xi$ für jedes i zufällige Variable sind. Wir fassen diese zu einer m-dimensionalen zufälligen Variablen $\eta = (\eta_1, \ldots, \eta_m)$ zusammen und interessieren uns für ihre gemeinsame Verteilung. Diese kann man formal auf folgende Weise erhalten: Es seien $B_1, \ldots, B_m$ Mengen aus $\mathfrak{B}_1$, dann ist $W(\eta_1 \in B_1, \ldots, \eta_m \in B_m)$ durch $W(g_1 \circ \xi \in B_1, \ldots, g_m \circ \xi \in B_m)$ gegeben, und dieser letzte Ausdruck ist nichts anderes als $W(\xi \in g_1^{-1}(B_1), \ldots, \xi \in g_m^{-1}(B_m))$, so daß also

$$W(\eta_1 \in B_1, \ldots, \eta_m \in B_m) \quad \text{durch} \quad W(\xi \in g_1^{-1}(B_1) \cap \ldots \cap g_m^{-1}(B_m))$$

gegeben ist. Wichtige Sonderfälle dieser allgemeinen Überlegungen behandeln wir im folgenden Paragraphen.

12. Die Verteilung differenzierbarer Funktionen zufälliger Variabler vom stetigen Typ. ξ sei eine zufällige Variable mit Vf. F. F sei vom stetigen Typ und besitze also überall eine Dichte f. g sei eine im R_1 definierte stetig differenzierbare Funktion, von der wir noch voraussetzen, daß sie eindeutig umkehrbar ist. Außerdem sei $\inf\limits_{-\infty<x<\infty} g(x) = m$, $\sup\limits_{-\infty<x<\infty} g(x) = M$, wobei auch $m = -\infty$ oder $M = +\infty$ sein können. Die über (m, M) definierte Umkehrfunktion g^{-1} von g bezeichnen wir mit h. Mittels g wird eine zufällige Variable $\eta = g \circ \xi$ definiert. Es gilt der wichtige

Satz 12.1: *Die zufällige Variable η besitzt f.ü. eine Wahrscheinlichkeitsdichte, die in $m < y < M$ durch*

$$f(h(y))\,|h'(y)| \tag{12.1}$$

gegeben ist. Für $y < m$ oder $y > M$ verschwindet die Dichte von η.

Beweis: Nach (11.1) ist die Vf. G von η durch $W(\xi \in M_y)$ mit $M_y = g^{-1}((-\infty, y])$ für alle reellen y gegeben. Nach (6.2) ist diese Wahrscheinlichkeit gleich

$$\int\limits_{M_y} f(x)\,dx. \tag{12.2}$$

Es sei $m < y < M$. Machen wir in diesem Integral die Variablentransformation $x = h(t)$, dann wird die Menge M_y umkehrbar eindeutig auf das Intervall $(m, y]$ abgebildet. Wir erhalten somit für (12.2) $\int\limits_m^y f(h(t))\,|h'(t)|\,dt$. Damit ist aber der nichttriviale Teil des Satzes bewiesen, denn die Aussage über die Dichte von η für $y < m$ oder $y > M$ ist selbstverständlich.

Satz 12.1 läßt sich in folgender Weise auf mehrdimensionale zufällige Variable übertragen:

Satz 12.2: *Es sei* $\xi = (\xi_1, \ldots, \xi_n)$ *eine n-dimensionale zufällige Variable, welche eine Verteilung vom stetigen Typ besitze. Die Verteilungsdichte werde mit* f *bezeichnet und verschwinde außerhalb einer offenen Menge* $M_1 \subseteq R_n$. *Es seien n Funktionen* g_i *über* M_1 *definiert, und diese mögen dort stetige partielle Ableitungen nach allen Variablen besitzen. Überdies sei die Funktionaldeterminante auf* M_1 *von 0 verschieden. Die Abbildung* $g = (g_1, \ldots, g_n)$ *bilde* M_1 *umkehrbar eindeutig auf eine Menge* M_2 *des* R_n *ab, welche notwendig offen ist. Die Umkehrabbildung sei durch* $(h_1, \ldots, h_n)$ *gegeben. Durch* $\eta_i = g_i \circ \xi$ *seien n zufällige Variable definiert. Dann ist die Dichte der n-dimensionalen zufälligen Variablen* $\eta = (\eta_1, \ldots, \eta_n)$ *für alle* $y = (y_1, \ldots, y_n) \in M_2$ *durch*

$$f(h_1(y), \ldots, h_n(y)) \left| \frac{\partial(h_1, \ldots, h_n)}{\partial(y_1, \ldots, y_n)} \right| \tag{12.3}$$

gegeben. Außerhalb M_2 *ist die Dichte identisch Null.*

Der Beweis folgt aus der Transformationstheorie des mehrfachen Integrales (vgl. Satz VIII) in Analogie zum Satz 12.1.

Diese Sätze werden wir sehr oft anwenden. Den Inhalt des Satzes 12.2 kann man kurz so aussprechen: Um aus der Dichte $(x_1, \ldots, x_n) \to f(x_1 \ldots x_n)$ von $(\xi_1, \ldots, \xi_n)$ die Dichte von $(\eta_1, \ldots, \eta_n)$ zu gewinnen, wende man die Transformation $y_i = g_i(x_1, \ldots, x_k)$, $1 \leq i \leq n$, auf f an. Das Ergebnis (12.3) dieser Transformation ergibt die Dichte von $(\eta_1, \ldots, \eta_n)$, sofern sie nicht identisch verschwindet.

13. Unabhängige zufällige Variable. $\xi^{(1)}, \ldots, \xi^{(k)}$ seien irgendwelche nicht notwendig eindimensionale zufällige Variable. Ihre Vf. seien der Reihe nach mit $F^{(1)}, \ldots, F^{(k)}$ bezeichnet. Weiter betrachte man die zufällige Variable $\xi = (\xi^{(1)}, \ldots, \xi^{(k)})$ und bezeichne ihre Vf. mit F.

Wir geben folgende

Definition: $\xi^{(1)}, \ldots, \xi^{(k)}$ *heißen genau dann stochastisch unabhängig oder kurz unabhängig, wenn für alle* $x = (x^{(1)}, \ldots, x^{(k)})$

$$F(x) = \prod_{i=1}^{k} F^{(i)}(x^{(i)}) \tag{13.1}$$

gilt.

Im Falle der Unabhängigkeit der $\xi^{(1)}, \ldots, \xi^{(k)}$ ist also

$$W(\xi \leq x) = W(\xi^{(1)} \leq x^{(1)}) \cdots W(\xi^{(k)} \leq x^{(k)}) \tag{13.2}$$

für alle x. Man prüft sofort nach, daß die durch die rechte Seite von (13.1) definierte Funktion F eine Vf. ist. Das Produkt endlich vieler Vf. genügt den Bedingungen 1m.–4m., S. 45, und stellt daher eine Vf. dar. Aus dem Erweiterungssatz für Maße ergibt sich, daß (13.2) die Gleichung

$$W(\xi \in B) = W(\xi^{(1)} \in B^{(1)}) \cdots W(\xi^{(k)} \in B^{(k)}) \tag{13.3}$$

für alle Borelschen Mengen der Gestalt $B = B^{(1)} \times \cdots \times B^{(k)}$ zur Folge hat. $B^{(i)}$ ist dabei eine Borelsche Menge, welche dieselbe Dimension hat wie die zufällige Variable $\xi^{(i)}$, $1 \leq i \leq k$.

Umgekehrt folgt aus (13.3) natürlich (13.2) und somit (13.1). Wenn die Vfen. $F^{(1)}, \ldots, F^{(k)}$ vom stetigen Typ sind, folgt durch Differentiation von (13.1) in leicht verständlicher Bezeichnung für die Verteilungsdichten f. ü. die Beziehung

$$f(x) = f^{(1)}(x^{(1)}) f^{(2)}(x^{(2)}) \cdots f^{(k)}(x^{(k)}). \tag{13.4}$$

Besteht andererseits für die Dichten von Vfen. vom stetigen Typ die Beziehung (13.4), dann folgt durch Integration und Anwendung des Satzes von Fubini

$$\int_{-\infty}^{x} f(x)\, dx = \int_{-\infty}^{x} f^{(1)}(x^{(1)})\, dx^{(1)} \int_{-\infty}^{x} f^{(2)}(x^{(2)})\, dx^{(2)} \cdots \int_{-\infty}^{x} f^{(k)}(x^{(k)})\, dx^{(k)}$$

also für die zugehörige Vf. die Beziehung (13.1). Die zufälligen Variablen $\xi^{(1)}, \ldots, \xi^{(k)}$ sind also, falls sie alle vom stetigen Typ sind, genau dann unabhängig, wenn (13.4) gilt. Wir werden im folgenden sehr häufig unabhängige zufällige Variable betrachten. Die Vf. ihrer gemeinsamen Verteilung ist dann stets durch ein Produkt der Gestalt (13.1) gegeben. (13.3) macht es klar, daß der Begriff der Unabhängigkeit im engsten Zusammenhang mit dem Begriff des Produktmaßes steht. Wir wollen kurz darauf eingehen. Es seien $F_1, \ldots, F_n$ etwa eindimensionale Vfen.. $F_i, 1 \leq i \leq n$, kann man gemäß Satz 5.2 als Vf. einer zufälligen Variablen auffassen. Es erhebt sich nun die Frage, ob man ein Wahrscheinlichkeitsfeld konstruieren und über diesem zufällige Variable $\xi_1, \ldots, \xi_n$ definieren kann, so daß diese als unabhängige zufällige Variable im Sinne der Definition (13.2) aufgefaßt werden können und ξ_i die Vf. F_i für $1 \leq i \leq n$ besitzt. Das ist in der Tat der Fall. Es sei W_i für $i = 1, \ldots, n$ das zu F_i

gehörige Wahrscheinlichkeitsmaß. Man betrachte das Wahrscheinlichkeitsfeld $(R_n, \mathfrak{B}_n, W_1 \times \cdots \times W_n)$. Weiter definiere man für jedes i, $1 \leq i \leq n$, die Abbildung ξ_i vom R_n in den R_1, welche durch $(x_1, \ldots, x_i, \ldots, x_n) \to x_i$ gegeben ist. Diese Abbildung ist Borel-meßbar, d. h. also eine zufällige Variable. Die Vf. von ξ_i ist durch $\{(x_1, \ldots, x_n) : \xi_i(x_1, \ldots, x_n) \leq y\}$ für jedes $y \in R_1$ gegeben. Somit ist $\xi_i^{-1}((-\infty, y])$ von der Gestalt $R_1 \times \cdots \times (-\infty, y] \times \cdots \times R_n$. Das $W_1 \times \cdots \times W_n$-Maß dieser Menge ist aber gerade $F_i(y)$. Die zufällige Variable $\xi = (\xi_1, \ldots, \xi_n)$ hat die Wahrscheinlichkeitsverteilung $W_1 \times \cdots \times W_n$, so daß also nach (13.3) $\xi_1, \ldots, \xi_n$ über dem Wahrscheinlichkeitsfeld $(R_n, \mathfrak{B}_n, W_1 \times \cdots \times W_n)$ unabhängig sind. Diese Konstruktion läßt sich auf unendlich viele zufällige Variable ausdehnen. Falls etwa eine Folge $\xi_1, \xi_2, \ldots$ unabhängiger zufälliger Variabler gegeben ist, dann erhält man ein Wahrscheinlichkeitsfeld, bestehend aus dem R_∞, das ist die Menge aller Folgen $x_1, x_2, \ldots$ reeller Zahlen, der σ-Algebra $\mathfrak{B}_\infty = \bigotimes_{i=1}^{\infty} \mathfrak{B}^{(i)}$ mit $\mathfrak{B}^{(i)} = \mathfrak{B}_1$ für $i = 1, 2, \ldots$ und dem Wahrscheinlichkeitsmaß $\prod_{i=1}^{\infty} W_{\xi_i} = W_{\xi_1} \times W_{\xi_2} \times \cdots$ über dieser σ-Algebra. Leicht ergibt sich noch eine Verallgemeinerung von (13.4): Wenn W_{ξ_i}, $1 \leq i \leq n$, eine R.N.-Dichte f_i bezüglich eines Maßes μ_i besitzt, dann ist die R.N.-Dichte von $W_{\xi_1} \times \cdots \times W_{\xi_n}$ bezüglich $\mu_1 \times \cdots \times \mu_n$ für $(x_1, \ldots, x_n) \in R_n$ bis auf eine $\mu_1 \times \cdots \times \mu_k$-Nullmenge durch $\prod_{i=1}^{n} f_i(x_i)$ gegeben.

Für die Rechenoperationen mit unabhängigen zufälligen Variablen ist folgender Sachverhalt sehr wichtig:

Satz 13.1: *Es seien $\xi^{(i)}$ für $i = 1, \ldots, k$ unabhängige zufällige Variable der Dimension n_i und g_i Funktionen vom R_{n_i} in den R_1. Dann sind auch die k zufälligen Variablen $g_i \circ \xi^{(i)}$ voneinander unabhängig.*

Zum Beweis ist nach (13.3) nur folgendes zu zeigen: Es sei $B_i \in \mathfrak{B}_1$, $1 \leq i \leq k$. Dann ist $W(g_1(\xi^{(1)}) \in B_1, \ldots, g_k(\xi^{(k)}) \in B_k) = \prod_{i=1}^{k} W(g_i(\xi^{(i)}) \in B_i)$. Nun ist aber diese Gleichung gleichbedeutend mit $W(\xi^{(1)} \in g_1^{-1}(B_1), \ldots, \xi^{(k)} \in g_k^{-1}(B_k)) = \prod_{i=1}^{k} W(\xi^{(i)} \in g_i^{-1}(B_i))$. Diese letzte Gleichung ist aber nach (13.3) richtig, da die $\xi^{(i)}$ unabhängig sind und die Urbilder $g_i^{-1}(B_i)$ in $\mathfrak{B}_{n_i}$ liegen.

14. Der Begriff der Randverteilung. Es sei $\xi = (\xi_1, \ldots, \xi_n)$ eine n-dimensionale zufällige Variable über dem Wahrscheinlichkeitsfeld $(R, \mathbf{S}, W)$. Die Vf. von ξ sei F. Wir fragen nun nach der gemeinsamen Verteilung irgendeiner Teilmenge von $\{\xi_1, \ldots, \xi_n\}$, also z. B. nach der Verteilung von $(\xi_1, \ldots, \xi_k)$, $1 \leq k \leq n$. Die Mengen

$$M_k = \{\omega : (\xi_1(\omega), \ldots, \xi_k(\omega)) \in B\}$$

und

$$N_{k,n} = \{\omega : (\xi_1(\omega), \ldots, \xi_k(\omega)) \in B, \ (\xi_{k+1}(\omega), \ldots, \xi_n(\omega)) \in R_{n-k}\}$$

mit $B \in \mathfrak{B}_k$ sind offenbar gleich und daher auch ihre Wahrscheinlichkeiten. Gemäß (8.1) ist aber $W_{(\xi_1, \ldots, \xi_k)}(B) = W(M_k)$ und $W_\xi(B \times R_{n-k}) = W(N_{k,n})$, und somit ist für alle $B \in \mathfrak{B}_k$

$$W_{(\xi_1, \ldots, \xi_k)}(B) = W_\xi(B \times R_{n-k}). \tag{14.1}$$

Ordnet man daher jedem $B \in \mathfrak{B}_k$ die reelle Zahl $W_\xi(B \times R_{n-k})$ zu, dann erhält man wieder eine Wahrscheinlichkeitsverteilung, welche man als die Projektion von W_ξ auf den R_k oder als die Randverteilung von $(\xi_1, \ldots, \xi_k)$ bezeichnet[14.1]. Ist insbesondere B von der Gestalt $(-\infty, x_1] \times \cdots \times (-\infty, x_k] = I_{x_1, \ldots, x_k}$ und bezeichnet man mit G die Vf. von $(\xi_1, \ldots, \xi_k)$, dann ist für alle $(x_1, \ldots, x_k) \in R_k$

$$G(x_1, \ldots, x_k) = W_\xi(I_{x_1, \ldots, x_k} \times R_{n-k}). \tag{14.2}$$

wie aus (14.1) folgt.

Es gilt nun der

Satz 14.1: *Für jedes* $(x_1, \ldots, x_k) \in R_k$ *ist*

$$G(x_1, \ldots, x_k) = \lim_{x_{k+1} \to \infty, \ldots, x_n \to \infty} F(x_1, \ldots, x_k, x_{k+1}, \ldots, x_n) \tag{14.3}$$

Besitzt F insbesondere eine Dichte f, dann besitzt G im R_k fast überall eine Dichte g, und es ist für alle diese $(x_1, \ldots, x_k)$

$$g(x_1, \ldots, x_k) = \int_{-\infty}^{+\infty} \cdots \int_{-\infty}^{+\infty} f(x_1, \ldots, x_k, t_{k+1}, \ldots, t_n) \, dt_{k+1} \ldots dt_n. \tag{14.4}$$

[14.1] Besser wäre es, von einer Randverteilung von $(\xi_1, \ldots, \xi_n)$ bezüglich $(\xi_1, \ldots, \xi_k)$ zu sprechen, aber die hier verwendete Sprechweise hat sich vielfach eingebürgert.

Zum Beweis genügt es zu zeigen, daß die rechte Seite von (14.2) mit der rechten Seite von (14.3) übereinstimmt. Das folgt genauso wie die Eigenschaft 4m. einer Vf. Auf den Beweis von (14.4) verzichten wir.

Für die rechte Seite von (14.2) schreibt man auch $F(x_1, \ldots, x_k, \infty, \ldots, \infty)$. Die linke Seite von (14.3) bzw. (14.4) bezeichnet man in diesem Zusammenhang als Randvf. bzw. Randverteilungsdichte. Sind $G_1, \ldots, G_k$ die Vfen. von $\xi_1, \ldots, \xi_k$, dann ist $G_1 \cdots G_k$ wieder eine Vf., wie man sofort sieht, aber im allgemeinen ist $G \neq G_1 \cdots G_k$. Sind aber $\xi_1, \ldots, \xi_n$ unabhängige zufällige Variable mit den Vfen $F_1, \ldots, F_n$, so daß die gemeinsame Verteilung durch $F = F_1 \cdots F_n$ gegeben ist, dann folgt für die Randvf. G von $(\xi_1, \ldots, \xi_k)$:

$$G(x_1, \ldots, x_k) = F(x_1, \ldots, x_k, \infty, \ldots, \infty) = \prod_{i=1}^{k} F(x_i)$$

für alle $(x_1, \ldots, x_k) \in R_k$.

Analoges gilt für die Randverteilungsdichten.

15. Interpretation einer Wahrscheinlichkeitsverteilung als Massenbelegung. Viele Definitionen und Sätze der Wahrscheinlichkeitstheorie gewinnen an Anschaulichkeit, wenn man eine Wahrscheinlichkeitsverteilung W im R_n als Massenbelegung interpretiert. Dies geschieht in der Weise, daß man jedem $B \in \mathfrak{B}_n$ die Masse $W(B)$ zuordnet. Die Gesamtmasse im R_n ist also dann 1. Wenn eine Verteilungsdichte f vorhanden ist, entspricht sie der Massendichte. Einer diskreten Wahrscheinlichkeitsverteilung entspricht eine diskrete Massenverteilung. Betrachtet man die in **14.** definierten Vfen. G und F, welche durch (14.3) miteinander verknüpft sind, dann kann man im Sinne der Masseninterpretation sagen, daß man $G(x_1, \ldots, x_k)$ für jedes $(x_1, \ldots, x_k) \in R_k$ dadurch erhält, daß man die Masse $F(x_1, \ldots, x_k, \infty, \ldots, \infty)$ auf den k-dimensionalen „Randbereich" $I_{x_1 \ldots x_k}$ projiziert. Dies rechtfertigt in diesem Sinne die Bezeichnung Randverteilung. Man vergleiche hierzu noch die Illustration für den Fall $n = 3$, $k = 2$ (Abb. 4).

16. Der Erwartungswert. Es sei ξ eine zufällige Variable zum Wahrscheinlichkeitsfeld $(R, \mathbf{S}, W)$. Wir setzen nun voraus, daß ξ bezüglich W integrierbar ist, und geben dann die folgende

Definition: $\int\limits_R \xi(\omega)\, d\, W(\omega)$ *heißt der Erwartungswert der zufälligen Variablen* ξ, *welcher mit* $E(\xi)$ *oder, wenn auch das Wahrscheinlichkeitsmaß in Evidenz gesetzt werden soll, mit* $E(\xi; W)$ *bezeichnet wird.*

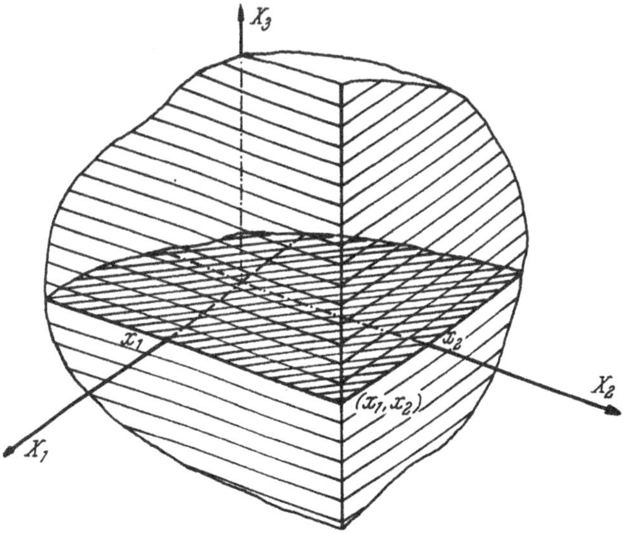

Abb. 4

Bevor wir einige wichtige Eigenschaften des Erwartungswertes betrachten, wollen wir einen wichtigen Satz erwähnen, der zeigt, daß man den Erwartungswert von ξ auch mittels der Wahrscheinlichkeitsverteilung W_ξ der zufälligen Variablen ξ gewinnen kann, wie die untenstehende Gleichung (16.2) zeigt.

Satz 16.1: *Es sei* g *eine über dem* R_n *definierte Funktion und* ξ *eine n-dimensionale zufällige Variable. Dann gilt*

$$\int\limits_R (g \circ \xi)\, d\, W = \int\limits_{R_n} g\, d\, W_\xi \tag{16.1}$$

und zwar in dem Sinne, daß die Existenz eines der beiden Integrale die Existenz des anderen impliziert.

Ist insbesondere ξ *eine eindimensionale zufällige Variable und* g *die identische Abbildung, welche jedem* $x \in R_1$ *als Funktionswert* x *zuordnet, dann ist*

$$\int\limits_R \xi\, d\, W = \int\limits_{-\infty}^{+\infty} x\, d\, W_\xi(x)\,. \tag{16.2}$$

Dieser Satz folgt unschwer aus der Definition des Integrals, indem man ihn zunächst für Indikatorfunktionen beweist, dann für Linearkombinationen solcher Funktionen und schließlich für allgemeines g. Satz 16.1 besagt also: Wenn man den Erwartungswert einer Funktion g einer n-dimensionalen zufälligen Variablen ξ berechnen will, dann genügt es, dazu $\int_{-\infty}^{+\infty} g\,dW_\xi$ zu betrachten.

Wenn F die Vf. von ξ ist, schreibt man statt $\int_{R_n} g\,dW$ auch $\int_{R_n} g\,dF$ (vgl. S. 12).

Satz 16.2: *Wenn die Wahrscheinlichkeitsverteilung der zufälligen Variablen ξ eine Dichte f besitzt, dann ist*

$$E(\xi) = \int_{-\infty}^{+\infty} x f(x)\,dx. \tag{16.3}$$

Ist ξ eine n-dimensionale zufällige Variable und g eine Funktion vom R_n in den R_1 und existiert für ξ eine Dichte f, dann ist der Erwartungswert von $g(\xi)$ auch durch $\int_{R_n} g(x) f(x)\,dx$ gegeben (falls er existiert).

Unmittelbar aus der Definition des Erwartungswertes folgt

$$E(1) = 1 \tag{16.4}$$

d. h. der Erwartungswert der zufälligen Variablen ξ, die konstant gleich 1 ist, ist stets vorhanden und hat den Wert Eins.

Aus den Eigenschaften des Integrals folgt der

Satz 16.3: *g und h seien Funktionen über einem R_n und ξ eine n-dimensionale zufällige Variable, $n \geq 1$. Die Erwartungswerte von $g \circ \xi$ und $h \circ \xi$ mögen existieren. Dann gilt für beliebige reelle Zahlen γ_1, γ_2*

$$E(\gamma_1 g \circ \xi + \gamma_2 h \circ \xi) = \gamma_1 E(g \circ \xi) + \gamma_2 E(h \circ \xi)$$

Wichtig ist der folgende Satz, der sich auf unabhängige zufällige Variable bezieht:

Satz 16.4: *ξ_1, ξ_2 seien unabhängige zufällige Variable beliebiger Dimension und $g \circ \xi_1$ und $h \circ \xi_2$ Funktionen derselben. Es gilt dann*

$$E\big((g \circ \xi_1) \cdot (h \circ \xi_2)\big) = E(g \circ \xi_1) E(h \circ \xi_2) \tag{16.5}$$

und zwar impliziert die Existenz der rechten Seite die der linken.

Zum Beweis hat man nur auf die Definition der Unabhängigkeit und auf die Eigenschaften des Produktmaßes zurückzugehen. Wenn also W_i das zu ξ_i gehörige Wahrscheinlichkeitsmaß ist, $i = 1, 2$, dann ist nach **13.** das Wahrscheinlichkeitsmaß von (ξ_1, ξ_2) durch $W_1 \times W_2$ gegeben. Mit $E(g \circ \xi_1) E(h \circ \xi_2) = \int_{-\infty}^{+\infty} g(x_1)\, dW_1(x_1) \int_{-\infty}^{+\infty} h(x_2)\, dW_2(x_2)$ existiert auch $\int_{-\infty}^{+\infty} |g(x_1)|\, dW_1(x_1) \int_{-\infty}^{+\infty} |h(x_2)|\, dW_2(x_2)$. Man kann also den Satz von Fubini anwenden und erhält mit $x = (x_1, x_2)$ $E(g \circ \xi_1) E(h \circ \xi_2) = \int_{-\infty}^{+\infty} g(x_1)\, h(x_2)\, d\, W_1 \times W_2(x)$. Dieser Ausdruck ist aber gerade die linke Seite von (16.5).

17. Mittelwert, Streuung, Momente. Wir betrachten n-dimensionale zufällige Variable $\xi = (\xi_1, \ldots, \xi_n)$. Wir setzen im folgenden immer voraus, daß die in den Definitionen auftretenden Erwartungswerte existieren.

Definition: $E(\xi_i) = a_i$ *heißt der Mittelwert von* ξ_i, $i = 1, \ldots, n$. *Allgemeiner heißt* $E(\xi_i^k)$ *für* $k = 1, 2, \ldots$ *das k-te Moment von* ξ_i, *genauer das k-te Moment bezüglich des Nullpunktes.*

Auch für $k = 0$ kann man das k-te Moment erklären. Es ist dann $E(\xi_i^0) = E(1) = 1$ nach (16.4). Für $k = 1$ stimmt das k-te Moment mit dem Mittelwert überein. Wenn γ eine beliebige reelle Zahl ist, dann heißt $E[(\xi_i - \gamma)^k]$ das k-te Moment von ξ_i bezüglich γ.

Von besonderer Bedeutung ist das zweite Moment bezüglich des Mittelwertes a_i von ξ_i. Es gilt die

Definition: $E[(\xi_i - a_i)^2] = \sigma_i^2$ *heißt die Streuung von* ξ_i, *welche von manchen Autoren auch Varianz genannt wird.*

Die Streuung hat eine wichtige Minimumseigenschaft.

Satz 17.1: *Für jede reelle Zahl* γ *gilt* $E[(\xi_i - \gamma)^2] \geq E[(\xi_i - a_i)^2]$, *und das Gleichheitszeichen gilt nur für* $\gamma = a_i$.

Zum Beweis schreiben wir $E[(\xi_i - \gamma)^2] = E[(\xi_i - a_i - \gamma + a_i)^2]$, und daraus ergibt sich durch Anwendung von Satz 16.3 und unter Berücksichtigung von $E(\xi_i - a_i) = 0$

$$E[(\xi_i - \gamma)^2] = E[(\xi_i - a_i)^2] + (\gamma - a_i)^2. \tag{17.1}$$

Daraus folgt die Behauptung.

Der Zusammenhang zwischen der Streuung σ_i^2 und dem zweiten Moment wird durch folgenden Satz gegeben, der auch *Verschiebungssatz* heißt:

Satz 17.2: $\sigma_i^2 = E(\xi_i^2) - a_i^2$.

Für den Beweis genügt es, in (17.1) $\gamma = 0$ zu setzen.

Wir betrachten noch speziell den Fall einer eindimensionalen zufälligen Variablen ξ mit Mittelwert $E(\xi) = a$ und Streuung $E\left[(\xi - a)^2\right] = \sigma^2$.

Zieht man für die Verteilung von ξ die Masseninterpretation heran (vgl. **15.**), dann ist a nach (16.2) der Schwerpunkt und σ^2 das Trägheitsmoment der durch W_ξ gegebenen Massenbelegung bezüglich einer Schwerpunktsachse. Satz 17.2 ist in dieser Interpretation der bekannte Steinersche Verschiebungssatz (bei dimensionsloser Masse), welcher besagt, daß das Trägheitsmoment bezüglich einer Achse durch den Nullpunkt gleich dem Trägheitsmoment bezüglich einer parallelen Schwerpunktsachse ist, vermehrt um das Trägheitsmoment des Schwerpunktes bezüglich des Nullpunktes, wobei im Schwerpunkt die Gesamtmasse 1 vereint ist.

Definition: *Unter der Kovarianz der beiden zufälligen Variablen* ξ_i, ξ_j, $i \neq j$, *versteht man* $\sigma_{ij} = E[(\xi_i - a_i)(\xi_j - a_j)]$.

Offenbar ist $\sigma_{ij} = \sigma_{ji}$. Manchmal ist es praktisch, diese Bezeichnung auch für die Streuung von ξ_i zu übernehmen und sie mit σ_{ii} zu bezeichnen. Es gilt der

Satz 17.3: *Aus der Existenz der Streuungen* σ_{ii} *und* σ_{jj}, $i \neq j$, *folgt die Existenz der Kovarianz von* ξ_i *und* ξ_j.

Für den Beweis benütze man die Schwarzsche Ungleichung. (Vgl. S. 11.) Wir geben nun die Definition des *Korrelationskoeffizienten* ϱ_{ij}: Es sei $\sigma_{ii}, \sigma_{jj} > 0$, dann heißt $\varrho_{ij} = \frac{\sigma_{ij}}{\sqrt{\sigma_{ii}\sigma_{jj}}}$, $i \neq j$, der Korrelationskoeffizient von ξ_i, ξ_j. Selbstverständlich ist $\varrho_{ij} = \varrho_{ji}$. ξ_i und ξ_j heißen *unkorreliert*, wenn $\varrho_{ij} = 0$ ist.

Satz 17.4: ξ_1 *und* ξ_2 *seien unabhängige zufällige Variable, deren Streuungen existieren. Dann sind sie unkorreliert.*

Der Beweis ist eine leichte Anwendung von (16.5). Man hat nämlich

$$E\left[(\xi_1 - a_1)\cdot(\xi_2 - a_2)\right] = E(\xi_1 - a_1)\cdot E(\xi_2 - a_2) = 0.$$

Man kann ohne Schwierigkeit Beispiele konstruieren, welche zeigen, daß die Umkehrung dieses Satzes nicht gilt.

Es ist leicht zu zeigen, daß die Matrix aller Kovarianzen und Streuungen einer zufälligen Variablen $\xi = (\xi_1, \ldots, \xi_n)$, $n \geq 2$, die man kurz die *Kovarianzmatrix* nennt, positiv semidefinit ist. Es gilt genauer der

Satz 17.5: *Sei $\xi = (\xi_1, \ldots, \xi_n)$ eine zufällige Variable, deren Kovarianzmatrix $(\sigma_{ij})_{1n}^{1n}$ erklärt sei. Diese Matrix ist positiv semidefinit.*

Beweis: Für beliebige reelle $u_1, \ldots, u_n$ ist

$$E\left[\left[u_1(\xi_1 - E(\xi_1)) + \cdots + u_n\left(\xi_n - E(\xi_n)\right)\right]^2\right] \geq 0 .$$

Das ist aber gleichbedeutend mit $\sum_{i,j=1}^{n} u_i u_j \sigma_{ij} \geq 0$, und das war zu beweisen.

Wir beweisen nun den

Satz 17.6: *$\xi = (\xi_1, \ldots, \xi_n)$ sei eine zufällige Variable mit irgendeiner Verteilung, für welche alle Mittelwerte und die Kovarianzmatrix existieren. Wenn die Matrix $(\sigma_{ij})_{1n}^{1n}$ der Kovarianzen eine verschwindende Determinante besitzt, dann besteht zwischen den Variablen mindestens eine lineare Beziehung mit Wahrscheinlichkeit 1, d. h. es gibt mindestens ein n-Tupel $u_1^{(0)}, \ldots, u_1^{(0)}$ reeller Zahlen, so daß*

$$W\left(u_1^{(0)}\xi_1 + \cdots + u_n^{(0)}\xi_n = \text{const}\right) = 1 \tag{17.2}$$

ist.

Beweis: $a = (a_1, \ldots, a_n)$ sei der Mittelwertsvektor von ξ. Da nach Satz 17.5 die Kovarianzmatrix positiv semidefinit ist, folgt aus dem Verschwinden von $|\sigma_{ij}|_{1n}^{1n}$ die Existenz mindestens eines Vektors $u^{(0)} = (u_1^{(0)}, \ldots, u_n^{(0)})$ mit $u^{(0)\prime} \cdot u^{(0)} \neq 0$, so daß $\sum_{i,j=1}^{n} \sigma_{ij} u_i^{(0)} u_j^{(0)} = 0$. Eine leichte Rechnung ergibt $E\left[\left(\sum_{i=1}^{n} u_i^{(0)}(\xi_i - a_i)\right)^2\right] = 0$. Daraus folgt aber $\sum_{i=1}^{n} u_i^{(0)}(\xi_i - a_i) = 0$ W-f.ü. (vgl. S. 10), und das ist die Behauptung in etwas anderer Gestalt.

Für die Kovarianzen gibt es ein zum Verschiebungssatz analoges Ergebnis:

$$\sigma_{ij} = E(\xi_i \xi_j) - a_i a_j, \tag{17.3}$$

das man leicht nachrechnet.

Wenn die Kovarianzmatrix $(\sigma_{ij})_{1n}^{1n}$ einer n-dimensionalen zufälligen Variablen ξ [17.1] eine nicht verschwindende Determinante besitzt, dann existiert die inverse Matrix $(\tau_{ij})_{1n}^{1n}$. Die Menge aller reellen n-Tupel $\lambda_1, \ldots, \lambda_n$ mit $\sum_{i,j=1}^{n} \lambda_i \lambda_j \tau_{ij} = n + 2$ heißt das *Konzentrationsellipsoid* der durch ξ induzierten Wahrscheinlichkeitsverteilung W_ξ. Das Volumen dieses Ellipsoides ist

$$\left(\Gamma\left(\frac{n}{2}+1\right)\right)^{-1} (n+2)^{n/2} \pi^{n/2} \sqrt{|\sigma_{ij}|_{1n}^{1n}}.$$

Betrachtet man nun über diesem Ellipsoid eine allgemeine Gleichverteilung, dann ergibt sich, daß diese dieselbe Kovarianzmatrix wie W_ξ besitzt.

$E(\xi_i \xi_j)$ soll als zweites gemischtes Moment von ξ_i und ξ_j bezeichnet werden. Eine naheliegende Ausdehnung dieses Begriffes auf mehrere Variable und Momente höherer Ordnung ergibt sich durch die Betrachtung von $E(\xi_{i_1}^{r_1} \ldots \xi_{i_l}^{r_l})$, $r_1, \ldots, r_l$ ganze positive Zahlen, wobei die Variablen $\xi_{i_1}, \ldots, \xi_{i_l}$ irgendeine Auswahl aus den Variablen $\xi_1, \ldots, \xi_n$ darstellen. Wir bemerken noch, daß mit $E(\xi_{r_1}^{i_1} \cdots \xi_{i_l}^{r_l})$ auch $E(|\xi_{i_1}|^{r_1} \cdots |\xi_{i_l}|^{r_l})$ existiert, und diesen Ausdruck bezeichnet man als *absolutes Moment*. Für die Definition der absoluten Momente ist es nicht mehr erforderlich, daß $r_1, \ldots, r_l$ ganz sind, sondern es können beliebige reelle positive Zahlen zugelassen werden.

Wir wollen nun einiges über die Momente eindimensionaler zufälliger Variabler sagen. Wir zeigen zunächst den

Satz 17.7: *Aus der Existenz des k-ten Momentes, $k > 0$ ganz, einer zufälligen Variablen ξ folgt die Existenz aller j-ten Momente für $0 \leq j \leq k$.*

Beweis: Es existiert $\int_{-\infty}^{+\infty} |x|^k d W_\xi(x)$. Nun ist für $|x| \leq 1$, $|x^j| \leq 1$ und für $|x| > 1$, $|x^j| < |x^k|$, womit auch die Funktion $x \to x^j$, $0 \leq j \leq k-1$, als W_ξ-integrierbar nachgewiesen ist (vgl. Satz IV).

Aus Satz 17.7 folgt, daß die Existenz des k-ten Momentes für irgendein ganzes $k > 0$ die Existenz von $E[(\xi + \gamma)^k]$ für jedes

---

[17.1] $(\sigma_{ij})_{1n}^{1n}$ bezeichnen wir auch als Kovarianzmatrix von W_ξ.

reelle γ zur Folge hat. Es ist nämlich

$$E[(\xi+\gamma)^k] = \sum_{l=0}^{k} \binom{k}{l} E(\xi^l)\,\gamma^{k-l}. \tag{17.4}$$

Wir definieren nun einige mit dem 3. bzw. 4. Moment verknüpfte Größen, welche heute allerdings nicht mehr dieselbe Bedeutung für die mathematische Statistik haben wie früher.

Definition: *Es sei a der Mittelwert und σ^2 die Streuung einer zufälligen Variablen ξ. Unter der Schiefe ν der Verteilung von ξ versteht man den Ausdruck*

$$\nu = E[(\xi - a)^3]/\sigma^3, \qquad \sigma > 0.$$

Es ist sehr leicht zu zeigen, daß ν gegenüber Nullpunktsverschiebungen und Maßstabsänderungen der zufälligen Variablen ξ invariant ist. Betrachtet man also für beliebige reelle b, c mit $c \neq 0$ die zufällige Variable $\eta = (\xi - b)/c$, dann ist zu zeigen, daß die Schiefe der Verteilung von η mit ν übereinstimmt. Das folgt aber durch wiederholte Anwendung von Satz 16.3.

Wir geben eine weitere

Definition: *Die Verteilung einer zufälligen Variablen ξ mit der Vf. F heißt hinsichtlich der reellen Zahl γ symmetrisch, wenn $F(\gamma - x) = 1 - F(\gamma + x - 0)$ für jedes reelle x gilt.*

Dies bedeutet, daß je zwei Intervalle, die symmetrisch zu γ liegen, dasselbe W_ξ-Maß haben. Daraus folgt auch etwas allgemeiner:

Sei $B \in \mathfrak{B}_1$ und $B_s = \{y : y = 2\gamma - x, x \in B\}$, dann ist $W_\xi(B) = W_\xi(B_s)$.

Besitzt F eine Dichte f, dann gilt für eine symmetrische Verteilung

$$f(\gamma - x) = f(\gamma + x) \tag{17.5}$$

für alle $x \in R_1$ (oder genauer f. ü.).

Wenn F eine beliebige Vf. ist, bezeichnet man jede Lösung der Gleichung $F(x) = {}^1/_2$ als *Median*, jede Lösung der Gleichung $F(x) = p$, $0 < p < 1$, als *p-Quantil*. Natürlich braucht ein solches nicht zu existieren. Ist F symmetrisch bezüglich γ und stetig in γ, dann ist γ Median von F.

Aus der Definition der Schiefe folgt, daß sie für jede hinsichtlich des Mittelwertes a symmetrische Verteilung verschwindet. Hierzu hat man nur zu beachten, daß

$$E\left[(\xi - a)^3\right] = \int_{-\infty}^{+\infty} (x-a)^3 dF(x) =$$
$$= \int_{\{x:x<a\}} (x-a)^3 dF + \int_{\{x:x>a\}} (x-a)^3 dF + \int_{\{x:x=a\}} 0\, dF = 0.$$ [17.2]

Wir erklären weiter, was man unter dem *Exzeß* einer Verteilung einer zufälligen Variablen ξ versteht.

Definition: *Als Exzeß einer Verteilung mit Mittelwert a und Streuung σ^2 bezeichnet man die Größe*

$$\varepsilon = \frac{1}{\sigma^4} E[(\xi - a)^4] - 3. \tag{17.6}$$

Man zeigt wieder leicht, daß ε gegenüber Nullpunktsverschiebungen und Maßstabstransformationen der zufälligen Variablen ξ invariant ist. Vgl. auch S. 91.

18. Bedingte Wahrscheinlichkeitsverteilungen. Gemäß (2.2) haben wir bedingte Wahrscheinlichkeiten eingeführt. Hierbei war es wesentlich, daß $W(A) \neq 0$ war. In vielen praktischen Fragestellungen (vgl. **21.** und VI.) betrachtet man Hypothesen A, welche von der Form $\{\omega : \xi(\omega) = x\}$ sind, wobei x eine reelle Zahl und ξ eine zufällige Variable ist. Anschaulich gesprochen handelt es sich darum, daß man einen Wert x eines Merkmales beobachtet hat und unter Zugrundelegung dieser Hypothese eine Wahrscheinlichkeitsaussage machen möchte. Falls die Menge $\{\omega : \xi(\omega) = x\}$ eine von Null verschiedene Wahrscheinlichkeit hat, treten keine Schwierigkeiten auf. Im allgemeinen wird aber diese Wahrscheinlichkeit Null sein. (Vgl. Satz 5.1.) Trotzdem wird man gefühlsmäßig geneigt sein, auch dann der bedingten Wahrscheinlichkeit einen Sinn zuzuordnen. Wir wollen nun kurz darauf eingehen, inwiefern dies im Rahmen der mathematischen Wahrscheinlichkeitstheorie gerechtfertigt werden kann.

[17.2] Offensichtlich gilt allgemeiner, daß jedes Moment ungerader Ordnung $E[(\xi - a)^{2n+1}]$, $n \geq 0$, für eine hinsichtlich a symmetrische Verteilung verschwindet, falls es existiert.

Es sei $A \in \boldsymbol{S}$ und $B \in \boldsymbol{S}$ mit $W(B) \neq 0$ und $W(R - B) \neq 0$. Wir betrachten die von B erzeugte σ-Algebra $\mathfrak{S}$. Diese besteht aus den Mengen $\emptyset$, B, $R - B$, R. Die Mengen $\emptyset$ und R lassen wir beiseite und definieren

$$W(A \mid \mathfrak{S}) = W(A \mid B) c_B + W(A \mid R - B) c_{R-B}. \qquad (18.1)$$

$W(A \mid \mathfrak{S})$ bezeichnet man als *bedingte Wahrscheinlichkeit von A bezüglich der σ-Algebra $\mathfrak{S}$*. $W(A \mid \mathfrak{S})$ ist somit als Funktion über R (und nicht, wie man vielleicht glauben könnte, als Funktion über $\mathfrak{S}$) erklärt und trivialerweise $\mathfrak{S}$-meßbar und daher auch $\boldsymbol{S}$-meßbar.

Aus (18.1) folgt, da $\int\limits_B c_B \, dW = W(B)$ und $\int\limits_B c_{R-B} \, dW = 0$ ist, $\int\limits_B W(A \mid \mathfrak{S}) \, dW = W(A \mid B) W(B)$. Also ist auch

$$W(A \cap B) = \int\limits_B W(A \mid \mathfrak{S}) \, dW \qquad (18.2)$$

und ebenso

$$W\big(A \cap (R - B)\big) = \int\limits_{R-B} W(A \mid \mathfrak{S}) \, dW. \qquad (18.3)$$

Diese Überlegungen kann man sofort auf abzählbar unendlich viele paarweise fremde Mengen $B_i \in \boldsymbol{S}$, $i = 1, 2, \ldots$, mit Vereinigungsmenge $\bigcup\limits_{i=1}^{\infty} B_i = R$ übertragen, wobei man zunächst noch annehmen muß, daß $W(B_i) \neq 0$ für alle i ist. Bezeichnet man die von den B_i erzeugte σ-Algebra wieder mit $\mathfrak{S}$, dann definiere man eine Abbildung $W(A \mid \mathfrak{S})$ von R in die reellen Zahlen durch

$$W(A \mid \mathfrak{S}) = \sum_{i=1}^{\infty} W(A \mid B_i) c_{B_i}. \qquad (18.4)$$

Für jede Menge $B \in \mathfrak{S}$, die ja Vereinigung passender B_i ist, gilt wieder

$$W(A \cap B) = \int\limits_B W(A \mid \mathfrak{S}) \, dW \qquad (18.5)$$

in Verallgemeinerung von (18.2) und (18.3). $W(A \mid \mathfrak{S})$ ist natürlich wieder $\mathfrak{S}$-meßbar.

Nun kommt ein entscheidender Schritt. Läßt man nämlich die Bedingung $W(B_i) \neq 0$ für alle i beiseite, dann sind in der Definition (18.4) gewisse $W(A \mid B_i)$ sinnlos. Die Vereinigungsmenge N aller B_i mit $W(B_i) = 0$ ist aber selbst eine W-Nullmenge, da sie Vereinigung höchstens abzählbar unendlich vieler W-Nullmengen ist. Das heißt aber, daß (18.4) noch immer als Erklärung von $W(A \mid \mathfrak{S})$ brauchbar ist, wenn man auf die Definition von $W(A \mid \mathfrak{S})$ in einer W-Nullmenge verzichtet. (18.5) bleibt ungeändert richtig, da es für den Wert des Integrales auf die Definition von $W(A \mid \mathfrak{S})$ in einer Nullmenge N nicht ankommt. Ebenso ist $W(A \mid \mathfrak{S})$ $\mathfrak{S}$-meßbar, wenn man bei der Definition von $W(A \mid \mathfrak{S})$ von der Ausnahme-Nullmenge N absieht.

Für eine beliebige σ-Algebra $\mathfrak{S}$, die eine Teilalgebra von $\boldsymbol{S}$ ist, kann man jedoch nicht mehr von (18.4) ausgehen, um $W(A \mid \mathfrak{S})$ für jedes $A \in \boldsymbol{S}$ über R zu erklären. Dagegen kann man mittels des Theorems von RADON-NIKODYM die Existenz einer $\mathfrak{S}$-meßbaren Funktion $W(A \mid \mathfrak{S})$ nachweisen, welche (18.5) für alle $B \in \mathfrak{S}$ erfüllt. Man hat hier nur zu beachten, daß $W(B) = 0$ stets $W(A \cap B) = 0$ zur Folge hat, so daß also die Mengenfunktion $B \to W(A \cap B)$ bezüglich W über $\mathfrak{S}$ totalstetig ist. $W(A \mid \mathfrak{S})$ ist allerdings nur bis auf W-Nullmengen aus $\mathfrak{S}$ eindeutig festgelegt[18.1]. Diese Nullmengen hängen im allgemeinen von dem gewählten $A \in \boldsymbol{S}$ ab. Dieser Umstand verursacht gewisse Schwierigkeiten[18.2], insbesondere wenn man sich die Frage vorlegt, ob die Abbildung $A \to W(A \mid \mathfrak{S})(\omega)$ für jedes $\omega \in R$ eine Wahrscheinlichkeit über $\boldsymbol{S}$ ist. Im allgemeinen ist dies zu verneinen (vgl. dagegen S. 33, wo gezeigt wurde, daß $A \to W(A \mid B)$ mit $W(B) \neq 0$ stets ein Wahrscheinlichkeitsmaß über $\boldsymbol{S}$ ist). Man kann aber mittels (18.5) beweisen, daß $0 \leq W(A \mid \mathfrak{S}) \leq 1$ und $W(R \mid \mathfrak{S}) = 1$ für jedes $A \in \boldsymbol{S}$ W-fast überall gelten. Weiter hat man für abzählbar unendlich viele paarweise fremde A_i $W\left(\bigcup_{i=1}^{\infty} A_i \mid \mathfrak{S}\right) = \sum_{i=1}^{\infty} W(A_i \mid \mathfrak{S})$ bis auf W-Nullmengen. Bei dieser Beziehung kommen eben nur abzählbar unendlich viele Ausnahme-W-Nullmengen ins Spiel, deren Vereinigung wieder eine W-Nullmenge ist.

[18.1] Wir sagen auch: Alle Versionen von $W(A \mid \mathfrak{S})$ unterscheiden sich nur um W-Nullmengen.

[18.2] Man vergleiche hierzu und zu verwandten Problemen: D. BLACKWELL, Proc. Third Berkeley Sympos. math. Statist. Probability 2, 1—6 (1955) und D. BLACKWELL and C. RYLL-NARDZEWSKY, Ann. math. Statistics. 34, 223—225 (1963).

Um nun von diesen allgemeinen Überlegungen zu unserer Ausgangsfragestellung zu gelangen, wollen wir annehmen, daß ξ eine eindimensionale zufällige Variable ist. Nach Definition besitzt jedes $B \in \mathfrak{B}_1$ ein meßbares Urbild unter ξ, und die Gesamtheit der meßbaren Urbilder ist wieder eine σ-Algebra, die wir mit $\xi^{-1}(\mathfrak{B}_1)$ bezeichnen. $\xi^{-1}(\mathfrak{B}_1)$ ist natürlich eine Teilalgebra von $\boldsymbol{S}$. Somit ist für jedes $A \in \boldsymbol{S}$ die bedingte Wahrscheinlichkeit $W(A \mid \xi^{-1}(\mathfrak{B}_1))$ erklärt. Man schreibt für diese Abbildung auch $W(A \mid \xi)$. $W(A \mid \xi)$ wird auch als *Wahrscheinlichkeit von A unter der Hypothese, daß ξ gegeben ist,* bezeichnet. Sowohl die Schreibweise als auch diese Bezeichnung haben eine gewisse Berechtigung. Diese Abbildung hat nämlich für alle ω mit $\xi(\omega) = x$, x reell, denselben Wert, und man schreibt für diesen Wert auch $W(A \mid \xi = x)$. Bezeichnet nämlich W_ξ die Wahrscheinlichkeitsverteilung von ξ, dann erkennt man sofort, daß die über $\mathfrak{B}_1$ definierte Mengenfunktion $B_1 \to W(A \cap \xi^{-1}(B_1))$ bezüglich W_ξ absolut stetig ist. Aus $W_\xi(B_1) \leq \varepsilon$, d. h. $W(\xi^{-1}(B_1)) \leq \varepsilon$ folgt ja $W(A \cap \xi^{-1}(B_1)) \leq \varepsilon$. Somit läßt sich aber wieder der Satz von RADON-NIKODYM anwenden: Es existiert eine bis auf W_ξ-Nullmengen eindeutig definierte Borel-meßbare Abbildung $W_{R_1}(A \mid \xi)$ vom R_1 in den R_1, welche für alle $B_1 \in \mathfrak{B}_1$ die Gleichung

$$W(A \cap \xi^{-1}(B_1)) = \int_{B_1} W_{R_1}(A \mid \xi)\, d\, W_\xi \tag{18.6}$$

erfüllt. Mit Hilfe von (16.1) macht man sich leicht den Zusammenhang zwischen $W(A \mid \xi)$ und $W_{R_1}(A \mid \xi)$ klar: Die Abbildungen $W(A \mid \xi)$ und $W_{R_1}(A \mid \xi) \circ \xi$ sind (bis auf Nullmengen) identisch. Die Werte von $W(A \mid \xi)$ hängen also tatsächlich nur von den reellen Werten x ab, die ξ annimmt.

Es sei η eine zufällige Variable und $A_y = \eta^{-1}((-\infty, y])$ für jedes reelle y. Dann ist gemäß (2.2) $W(A_y \mid B)$ für jedes y und jedes $B \in \boldsymbol{S}$ mit $W(B) \neq 0$ definiert. Die für jedes reelle y durch

$$F_B(y) = W(A_y \mid B) \tag{18.7}$$

erklärte Funktion F_B bezeichnet man als die bedingte Vf. von η unter der Hypothese B. Es ist leicht zu sehen, daß F_B den Bedingungen 1.—4., S. 36, für jedes feste B genügt. Ist nun ξ eine weitere zufällige Variable, dann kann man, wie die vorhergehenden Überlegungen lehren, zu jedem festen $y \in R_1$ die Abbildung $W_{R_1}(A_y \mid \xi)$

definieren, welche (18.6) für $A = A_y$ erfüllt. Dies legt es nahe, „eine bedingte Vf. von η unter der Hypothese $\xi = z$" einzuführen. Die Idee ist hierbei, eine über dem R_2 definierte Funktion zu definieren, welche (y, z) etwa in $F(y|z)$ abbildet, so daß $y \to F(y|z)$ eine Vf. und $z \to F(y|z)$ eine Borel-meßbare Funktion ist, welche die Bedingung $W(A_y \cap \xi^{-1}(B_1)) = \int\limits_{B_1} F(y|z)\,d W_\xi(z)$ für alle $y \in R_1$ und alle $B_1 \in \mathfrak{B}_1$ erfüllt. Natürlich bietet sich hierfür die Definition $W_{R_1}(A_y|\xi)(z) = F(y|z)$ für alle $(y, z) \in R_2$ an[18.3].

Dabei treten aber die vorhin (S. 67) erwähnten Schwierigkeiten auf, da die Abbildung $W_{R_1}(A_y|\xi)$ für jedes feste y nur bis auf W_ξ-Nullmengen festgelegt ist, und es ist keineswegs von vornherein klar, daß man die Definition in den von y abhängigen W_ξ-Nullmengen stets so ergänzen kann, daß durch $y \to W(A_y|\xi)(z)$ für jedes z (eventuell bis auf eine feste Nullmenge) eine Vf. definiert wird. Dies ist aber tatsächlich der Fall. Zum Beweis geht man davon aus, daß z. B. für die Gesamtheit der rationalen Zahlen y_i im R_1, die eine abzählbare Menge ist, dies bis auf eine feste Nullmenge N richtig ist. Jedem y_i entspricht eine Ausnahmenullmenge von Elementen z, und die Vereinigung N aller dieser Nullmengen ist wieder eine Nullmenge. Für irrationale y benützt man die Tatsache, daß die rationalen Zahlen dicht sind im R_1, d. h. daß jedes irrationale y der Grenzwert einer Folge rationaler $y_i > y$ ist und definiert

$$F(y|z) = \inf_{y_i > y} W(A_y|\xi)(z)$$

für alle $z \in R_1 - N$. Es ist leicht zu sehen, daß die Abbildung $(y, z) \to F(y|z)$ die gewünschten Eigenschaften hat. $z \to F(y|z)$ ist aber eine geeignete Version von $W_{R_1}(A_y|\xi)$.

Im wesentlichen haben wir damit den Satz bewiesen:

Satz 18.1: *Für W_ξ-fast alle z ist die Abbildung $A \to W_{R_1}(A|\xi = z)$ ein Maß über (R, S), wenn man geeignete Versionen von $W_{R_1}(A|\xi)$ wählt*[18.4].

Für die Anwendung ist natürlich die Frage besonders wichtig, wie man $F(y|z)$ berechnen kann. Es gilt der folgende wichtige Satz:

[18.3] Statt $W_{R_1}(A_y \mid \xi)(z)$ schreiben wir auch $W_{R_1}(A_y \mid \xi = z)$. Vgl. S. 68.

[18.4] Für allgemeinere Untersuchungen vgl. man etwa M. Jiřina, Czechosl. math. J. 4, 372—380 (1954) und Czechosl. math. J. 9, 445—450 (1959).

Satz 18.2: *Wenn die Wahrscheinlichkeitsverteilung der zufälligen Variablen* (ξ, η) *eine Dichte* f *besitzt, dann ist für alle reellen* y *und alle* z

$$F(y \mid z) = \int_{-\infty}^{y} f(v, z)\,dv \Big/ \int_{-\infty}^{+\infty} f(v, z)\,dv \tag{18.8}$$

sofern der Nenner nicht verschwindet.

Die durch

$$f(y \mid z) = \frac{f(y, z)}{\int_{-\infty}^{+\infty} f(v, z)\,dv} \tag{18.9}$$

für alle y und alle z mit nicht verschwindendem Nenner definierte Funktion heißt die *bedingte Dichte* von η unter der Hypothese $\xi = z$. Es ist natürlich wegen (18.8) $F(y \mid z) = \int_{-\infty}^{y} f(v \mid z)\,dv$ für alle $y \in R_1$ und alle $z \in R_1$ bis auf eine W_ξ-Nullmenge.

Die Sätze 18.1 und 18.2 lassen sich wortwörtlich auf mehrdimensionale zufällige Variable ξ und η übertragen. Beispiele für die Berechnung bedingter Vf. und bedingter Dichten finden sich in **19.** und S. 117.

Eine Mittelstellung zwischen dem Konzept der bedingten Wahrscheinlichkeit „gegeben eine σ-Algebra" und der bedingten Wahrscheinlichkeit „gegeben eine zufällige Variable" nimmt eine Begriffsbildung ein, die wir jetzt erläutern wollen. Es sei $(R, \mathbf{S}, W)$ ein Wahrscheinlichkeitsfeld und $(Q, \mathfrak{Q})$ ein Meßraum. Es sei T eine Abbildung von R in Q. T heißt $(\mathbf{S}, \mathfrak{Q})$-meßbar, wenn $T^{-1}(M) \in \mathbf{S}$ für jedes $M \in \mathfrak{Q}$ gilt. Zufällige Variable sind in diesem Sinne stets $(\mathbf{S}, \mathfrak{B}_1)$-meßbar. Nebenbei sei bemerkt: Wenn Q eine beliebige Menge ist und T eine beliebige Abbildung von R in Q, kann man immer eine σ-Algebra $\mathfrak{Q}$ von Teilmengen von Q konstruieren, so daß T $(\mathbf{S}, \mathfrak{Q})$-meßbar ist. Es genügt nämlich, die Menge $\mathfrak{Q}$ aller Teilmengen $M \subseteq Q$ zu betrachten, so daß $T^{-1}(M) \in \mathbf{S}$ gilt. Dann ist $\mathfrak{Q}$ ebenso wie $\{T^{-1}(M) : M \in \mathfrak{Q}\}$ eine σ-Algebra, und T ist trivialerweise $(\mathbf{S}, \mathfrak{Q})$-meßbar.

Wenn T eine $(\mathbf{S}, \mathfrak{Q})$-meßbare Abbildung ist, läßt sich genauso wie in (3.1) ein durch T induziertes Wahrscheinlichkeitsmaß W_T über $(Q, \mathfrak{Q})$ erklären: Es sei nämlich für jedes $M \in \mathfrak{Q}$

$$W_T(M) = W\big(T^{-1}(M)\big). \tag{18.10}$$

Man sieht mühelos, daß W_T den Axiomen I und II genügt. Nun läßt sich auch die wichtige Formel (16.1) verallgemeinern:

Ist g eine über Q definierte $\mathfrak{Q}$-meßbare Funktion, dann gilt

$$\int_R g \circ T \, dW = \int_Q g \, dW_T \tag{18.11}$$

und zwar wieder in dem Sinne, daß die Existenz eines der beiden Integrale die Existenz des anderen impliziert.

Wir betrachten nun die Menge $\boldsymbol{S}_0$ aller $T^{-1}(M)$ mit $M \in \mathfrak{Q}$. $\boldsymbol{S}_0$ ist eine Teilalgebra von $\boldsymbol{S}$ (vgl. Satz I). $\boldsymbol{S}_0$ ist der natürliche Ausgangspunkt für folgende

Definition: *Es sei T eine $(\boldsymbol{S}, \mathfrak{Q})$-meßbare Abbildung von R in Q. Es sei $A \in \boldsymbol{S}$, und $\boldsymbol{S}_0$ habe die oben angegebene Bedeutung. Dann versteht man unter der bedingten Wahrscheinlichkeit $W(A \mid T)$ von A unter der Hypothese T die bedingte Wahrscheinlichkeit $W(A \mid \boldsymbol{S}_0)$*[18.5].

$W(A \mid T)$ ist also eine (bis auf W-Nullmengen) erklärte $\boldsymbol{S}_0$-meßbare Abbildung von R in den R_1. Oft ist es zweckmäßig — und das rechtfertigt wie im Falle einer zufälligen Variablen die Bezeichnung —, die bedingte Wahrscheinlichkeit von A unter der Hypothese T als $\mathfrak{Q}$-meßbare Funktion über Q aufzufassen. In diesem Falle schreiben wir für die bedingte Wahrscheinlichkeit $W_T(A \mid T)$. Der Zusammenhang zwischen beiden Definitionen wird durch (18.11) hergestellt: Es ist $W_T(A \mid T) \circ T = W(A \mid T)$ bis auf W-Nullmengen. Meist geht aus dem Zusammenhang klar hervor, ob man die bedingte Wahrscheinlichkeit unter der Hypothese T als Funktion über R oder über Q auffassen will. Wir werden daher meist den Index T in $W_T(A \mid T)$ unterdrücken. In engem Zusammenhang mit (18.11) steht der folgende

Satz 18.3: *Es sei T eine $(\boldsymbol{S}, \mathfrak{Q})$-meßbare Abbildung von R in Q und $T(R) = Q$*[18.6]*. Es sei in leicht verständlicher Bezeichnung $\boldsymbol{S}_0 = T^{-1}(\mathfrak{Q})$. Es sei f eine über R definierte Funktion. Es existiert genau dann eine über Q definierte $\mathfrak{Q}$-meßbare Funktion g mit $f = g \circ T$, wenn f $\boldsymbol{S}_0$-meßbar ist.*

[18.5] Die naheliegende Frage, ob dieses Konzept mit dem Konzept der bedingten Wahrscheinlichkeit „gegeben eine σ-Algebra" äquivalent ist, muß verneint werden. Vgl. R. R. Bahadur und E. Lehmann, Ann. math. Statistics 26, 139—142 (1955).

[18.6] Diese Bedingung kann man entbehren. Vgl. E. L. Lehmann, l. c. [8.5], S. 15, 37—38.

Beweis: Es sei A eine beliebige Menge des R_1. Dann ist $\{x:g(T(x))\in A\}=T^{-1}\{y:g(y)\in A\}$. Ist nämlich $x_0\in\{x:g(T(x))\in A\}$, dann ist mit $y_0=T(x_0)$ $g(y_0)\in A$ oder $T(x_0)\in\{y:g(y)\in A\}$ oder schließlich $x_0\in T^{-1}\{y:g(y)\in A\}$. Die Umkehrung ist klar. Es sei nun f $\mathbf{S}_0$-meßbar. Ist $f=g\circ T$, dann ist $\{x:g(T(x))\in B\}\in\mathbf{S}_0$ für $B\in\mathfrak{B}_1$, also auch $T^{-1}\{y:g(y)\in B\}\in\mathbf{S}_0$. Nach Definition von $\mathbf{S}_0$ folgt wegen $T(R)=Q$ auch $\{y:g(y)\in B\}\in\mathfrak{Q}$, d. h. g ist $\mathfrak{Q}$-meßbar. Wir zeigen nun, daß es unter der Voraussetzung der $\mathbf{S}_0$-Meßbarkeit von f tatsächlich ein über Q definiertes g mit $f=g\circ T$ gibt. Es sei $y_0\in Q$ und $M_{y_0}=T^{-1}(\{y_0\})$. Es sei $x_0\in M_{y_0}$ und $B_{x_0}=\{x:f(x)=f(x_0)\}$. Natürlich ist $B_{x_0}\in\mathbf{S}_0$, und somit existiert ein $M\in\mathfrak{Q}$ mit $B_{x_0}=T^{-1}(M)$. Da $x_0\in B_{x_0}\cap M_{y_0}$ ist, folgt $y_0\in M$ und damit $M_{y_0}\subset B_{x_0}$. f ist also konstant auf M_{y_0}. Definiert man nun $g(y_0)=f(x_0)$, dann ist g eindeutig erklärt, und es ist $g(T(x))=f(x)$ für jedes $x\in R$. Ist umgekehrt $f=g\circ T$ und g $\mathfrak{Q}$-meßbar, dann ist f $\mathbf{S}_0$-meßbar, wie leicht folgt.

19. Ein Beispiel[19.1]. Wir illustrieren noch die Begriffe der Randverteilung und der bedingten Verteilung am Beispiel einer diskreten Verteilung. Es seien $x_1,\ldots,x_N$, $N\geq 2$, reelle Zahlen. Wir nehmen an, daß $x_1<x_2<\cdots<x_N$ gilt. Wir definieren eine n-dimensionale zufällige Variable $\xi=(\xi_1,\ldots,\xi_n)$, $n\leq N$, mit diskreter Verteilung. Die Massenpunkte seien von der Gestalt $(x_{i_1},\ldots,x_{i_n})$, wobei $(i_1,\ldots,i_n)$ irgendwelche voneinander verschiedene Elemente der Menge $\{1,\ldots,N\}$ sind. Jedem dieser Massenpunkte soll dieselbe Wahrscheinlichkeit zukommen, so daß also eine mehrdimensionale (diskrete) Gleichverteilung vorliegt. Da man sofort sieht, daß es $N!/(N-n)!$ verschiedene Massenpunkte gibt, ergibt sich

$$W(\xi_1=x_{i_1},\xi_2=x_{i_2},\ldots,\xi_n=x_{i_n})=$$
$$=[N(N-1)\cdots(N-n+1)]^{-1}. \tag{19.1}$$

Somit erhält man mit der Bezeichnung $I_{(i_1,\ldots,i_n)}=[x_{i_1},\infty)\times\cdots\times[x_{i_n},\infty)$ für die Vf. von $\xi=(\xi_1,\ldots,\xi_n)$

$$F=\frac{1}{N(N-1)\cdots(N-n+1)}\sum_{(i_1,\ldots,i_n)}c_{I_{(i_1,\ldots,i_n)}}.$$

19.1 Vgl. II. 12.

Wir interessieren uns für die Randverteilung von ξ_i, $1 \leq i \leq n$. Hierzu betrachten wir für ein reelles x die Teilmenge M_x des R_n welche durch

$$\{y: -\infty < y_1 < \infty, \ldots, -\infty < y_{i-1} < \infty, y_i \leq x,$$
$$-\infty < y_{i+1} < \infty, \ldots, -\infty < y_n < \infty\}$$

gegeben ist. Wendet man (14.2) sinngemäß an, dann wird für die Vf. G_i von ξ_i $G_i(x) = W_\xi(M_x)$. Für festes x_j enthält aber die Menge $R_1 \times \cdots \times R_1 \times \{x_j\} \times R_1 \times \cdots \times R_1$ genau $(N-1)(N-2)\cdots$ $\cdots(N-n+1)$ Massenpunkte von ξ. Also erhält man unter Berücksichtigung von (19.1) $G_i = \frac{1}{N}\sum_{j=1}^{N} c_{I_j}$ mit $I_j = [x_j, \infty)$. Die rechte Seite ist unabhängig von i und die ξ_i haben für $1 \leq i \leq n$ dieselbe Randverteilung mit

$$W(\xi_i = x_j) = 1/N, \qquad j = 1, \ldots, N. \tag{19.2}$$

Wir bestimmen noch die Randverteilung der zweidimensionalen zufälligen Variablen (ξ_i, ξ_j), $i \neq j$. Man hat dazu ganz analog wie vorhin vorzugehen und zu beachten, daß die Mengen $R_1 \times \cdots \times \{x_{i_1}\} \times \cdots \times \{x_{i_2}\} \times \cdots \times R_1$ für festes $i_1 \neq i_2$ $(N-2)\cdots(N-n+1)$ Massenpunkte der Wahrscheinlichkeitsverteilung von ξ enthalten.

(ξ_i, ξ_j) hat also unabhängig von i, j mit $i \neq j$ eine diskrete Randverteilung, welche durch

$$W(\xi_i = x_k, \xi_j = x_l) = [N(N-1)]^{-1}, \; k, l = 1, \ldots, N, \; k \neq l \tag{19.3}$$

gegeben ist.

Wir interessieren uns nun für die bedingte Vf. von ξ_i unter der Hypothese ξ_j. Wir betrachten also für beliebiges reelles x und y $W(\xi_i \leq x \mid \xi_j = y) = F(x \mid y)$. Aus (19.2) folgt, daß $F(x \mid y)$ nur definiert ist, wenn $y = x_j$, $1 \leq j \leq N$ gilt. Es sei $x_i \leq x < x_{i+1}$ und $y = x_l$. Dann folgert man aus (19.3) und (19.2)

$$F(x \mid x_l) = \sum_{\substack{1 \leq k \leq i \\ k \neq l}} \frac{1}{N(N-1)} \Big/ \frac{1}{N}, \quad \text{also}$$

$$F(x \mid x_l) = \begin{cases} (i-1)/(N-1) & l \leq i \\ i/(N-1) & l > i \end{cases}.$$

20. Der bedingte Erwartungswert. Es sei ξ eine zufällige Variable, deren Erwartungswert existiert. Es sei $B \in \mathbf{S}$ und $W(B) \neq 0$. Es liegt nahe, den bedingten Erwartungswert von ξ unter der Hypothese B durch

$$E(\xi \mid B) = \frac{1}{W(B)} \int_B \xi \, dW \tag{20.1}$$

zu definieren. (20.1) ist natürlich gleichbedeutend mit

$$\int_B E(\xi \mid B)\, dW = \int_B \xi \, dW. \tag{20.2}$$

Wir gehen nun ähnlich vor, wie bei der Einführung der bedingten Wahrscheinlichkeit in **18.** Es wird sich später herausstellen, daß der Begriff der bedingten Wahrscheinlichkeit nur ein Sonderfall des bedingten Erwartungswertes ist. Wir betrachten abzählbar unendlich viele paarweise fremde $B_i \in \mathbf{S}$ mit $\bigcup_{i=1}^{\infty} B_i = R$. Weiter habe $\mathfrak{S}$ dieselbe Bedeutung wie in **18.** Wir definieren $E(\xi \mid \mathfrak{S})$ als reellwertige Funktion über R (wobei die Definition wieder nur bis auf W-Nullmengen eindeutig ist) durch

$$E(\xi \mid \mathfrak{S}) = \sum_{i=1}^{\infty} c_{B_i} E(\xi \mid B_i). \tag{20.3}$$

$E(\xi \mid \mathfrak{S})$ nennt man den *bedingten Erwartungswert von ξ unter der Hypothese* $\mathfrak{S}$. Dieser ist offenbar eine $\mathfrak{S}$-meßbare und daher auch eine $\mathbf{S}$-meßbare Funktion über R (wenn man von einer W-Nullmenge absieht). Für jede Menge $B \in \mathfrak{S}$ folgt aus (20.3)

$$\int_B E(\xi \mid \mathfrak{S})\, dW = \int_B \xi \, dW. \tag{20.4}$$

(20.4) ist das Analogon zu (20.2). (20.4) kann man nun wieder als Ausgangspunkt für die Definition von $E(\xi \mid \mathfrak{S})$ für beliebige Teilalgebren $\mathfrak{S}$ von $\mathbf{S}$ benützen. Man hat wieder den Satz von Radon-Nikodym[20.1] anzuwenden und erhält eine bis auf W-Nullmengen ein-

[20.1] Allerdings kommt man jetzt mit Satz 6.1 nicht aus, sondern man braucht eine Verallgemeinerung auf nicht notwendig nichtnegative Mengenfunktionen, die man aber leicht auf Satz 6.1 zurückführen kann.

deutige $\mathfrak{S}$-meßbare Funktion $E(\xi \mid \mathfrak{S})$, welche für alle $B \in \mathfrak{S}$ die Gleichung (20.4) erfüllt. Wählt man nun insbesondere $\xi = c_A$ mit $A \in \boldsymbol{S}$, dann erhält man $E(c_A \mid \mathfrak{S}) = W(A \mid \mathfrak{S})$, wobei die Gleichheit genau genommen nur bis auf W-Nullmengen gilt.

Mit $B = R$ folgt aus (20.4) die wichtige Gleichung

$$E\big(E(\xi \mid \mathfrak{S})\big) = E(\xi). \tag{20.5}$$

Genauso wie sich die bedingte Wahrscheinlichkeit für jedes $\omega \in R$ „im Wesentlichen" wie eine Wahrscheinlichkeit verhält, verhält sich auch der bedingte Erwartungswert „im Wesentlichen" wie ein Erwartungswert. Wie unschwer aus (20.4) folgt, gilt der folgende

Satz 20.1: *Es seien ξ und η zwei zufällige Variable, deren Erwartungswerte existieren. Dann ist $E(\xi + \eta \mid \mathfrak{S}) = E(\xi \mid \mathfrak{S}) + E(\eta \mid \mathfrak{S})$ W-fast überall. Für jede reelle Zahl γ ist $E(\gamma\xi \mid \mathfrak{S}) = \gamma E(\xi \mid \mathfrak{S})$ fast überall. Aus $\xi \leq \eta$ folgt $E(\xi \mid \mathfrak{S}) \leq E(\eta \mid \mathfrak{S})$ W-fast überall und daher gilt auch $|E(\xi \mid \mathfrak{S})| \leq E(|\xi| \mid \mathfrak{S})$ W-fast überall.*

Eine weitere wichtige Eigenschaft wird ausgedrückt durch den

Satz 20.2: *ξ habe dieselbe Eigenschaft wie in Satz 20.1, und η sei eine beschränkte $\mathfrak{S}$-meßbare Funktion. Dann ist $E(\xi\eta \mid \mathfrak{S}) = \eta E(\xi \mid \mathfrak{S})$ W-fast-überall.*

Falls $\mathfrak{S}$ durch die meßbaren Urbilder einer zufälligen Variablen ξ erzeugt wird (vgl. Satz I), schreibt man wieder $E(\eta \mid \xi)$. Auch hier kann man diese Schreibweise dadurch rechtfertigen, daß man zu einer Borel-meßbaren Abbildung des R_1 in den R_1 übergeht, die wir mit $E_{R_1}(\eta \mid \xi)$ bezeichnen und die durch $\int\limits_{\xi^{-1}(B)} \eta \, dW = \int\limits_B E_{R_1}(\eta \mid \xi)\, dW_\xi$ für alle $B \in \mathfrak{B}_1$ (bis auf Nullmengen) nach dem Satz von Radon-Nikodym definiert ist. Es ist wieder $E(\eta \mid \xi) = E_{R_1}(\eta \mid \xi) \circ \xi$, W_ξ-f.ü.

In diesem Fall ist auch eine direkte Berechnung der bedingten Erwartungswerte mittels der bedingten Wahrscheinlichkeit möglich, wie leicht aus Satz 18.1 folgt. Es gilt aber sogar der

Satz 20.3: *Es seien ξ bzw. η zufällige Variable der Dimension n bzw. m und f ihre gemeinsame Dichte. Es sei h eine Funktion vom R_n in den R_1, und es existiere $E(h \circ \xi)$. Dann ist*

$$E(h \circ \xi \mid \eta = y) = \int\limits_{R_n} h(x) f(x \mid y)\, dx$$

für alle y bis auf eine W_η-Nullmenge, wobei $f(x|y)$ die bedingte Dichte von ξ an der Stelle x unter der Hypothese $\eta = y$ bedeutet.

Wenn T eine $(\mathbf{S}, \mathfrak{Q})$-meßbare Abbildung von R in eine Menge Q ist, dann läßt sich für jede zufällige Variable η, deren Erwartungswert existiert, der bedingte Erwartungswert $E(\eta|T)$ definieren. Ein Vergleich mit dem entsprechenden Begriff der bedingten Wahrscheinlichkeit „unter der Hypothese T" und den vorhergehenden Ausführungen dieses Paragraphen machen es völlig klar, wie die Definition von $E(\eta|T)$ zu geschehen hat. $E(\eta|T)$ ist z. B. eine Funktion von T und hat in sinngemäßer Übertragung alle Eigenschaften, welche durch die Sätze 20.1 und 20.2 ausgedrückt werden.

21. Regressionsflächen. Es sei F die Verteilungsfunktion einer n-dimensionalen zufälligen Variablen $(\xi_1, \ldots, \xi_n)$. Es existiere $E(\xi_1)$. Dann existiert auch $E(\xi_1|\xi_2 = x_2, \ldots, \xi_n = x_n)$ bis auf eine Nullmenge, wofür wir kürzer $E(\xi_1|x_2, \ldots, x_n)$ schreiben. Sehen wir von der Ausnahmemenge ab, der ja nur das $W_{(\xi_2, \ldots, \xi_n)}$-Maß 0 zukommt, dann wird durch $(x_2, \ldots, x_n) \to E(\xi_1|x_2, \ldots, x_n)$ im R_{n-1} eine Funktion ϱ definiert. ϱ bezeichnet man als *Regressionsfunktion* oder als Regressionsfläche (im R_n) von ξ_1 bez. $\xi_2, \ldots, \xi_n$. Diese Regressionsfunktion hat eine zu Satz 17.1 analoge Minimumseigenschaft, wie der folgende Satz zeigt.

Dazu bemerken wir noch, daß aus der Existenz von $E(\xi_1^2)$ die Existenz von $E(\varrho^2(\xi_2, \ldots, \xi_n))$ folgt. Denn es ist $E(\varrho^2(\xi_2, \ldots, \xi_n)) = E((E(\xi_1|\xi_2, \ldots, \xi_n))^2) \leq E(E(\xi_1^2|\xi_2, \ldots, \xi_n))$, da nach Satz 20.1 auch für den bedingten Erwartungswert die Schwarzsche Ungleichung gilt[21.1]. Damit folgt aber aus (20.5) $E(\varrho^2(\xi_2, \ldots, \xi_n)) \leq E(\xi_1^2)$, d. h. die Existenz von $E(\varrho^2(\xi_2, \ldots, \xi_n))$ ist gesichert.

Satz 21.1: *Es sei F die Vf. einer n-dimensionalen zufälligen Variablen $(\xi_1, \ldots, \xi_n)$ und ϱ die eben definierte Regressionsfunktion. Überdies existiere $E(\xi_1^2)$. Dann gilt für alle im R_{n-1} definierten Funktionen $(x_2, \ldots, x_n) \to h(x_2, \ldots, x_n)$, für welche $E(h^2(\xi_2, \ldots, \xi_n))$ existiert,*

$$E((\xi_1 - h(\xi_2, \ldots, \xi_n))^2) \geq E((\xi_1 - \varrho(\xi_2, \ldots, \xi_n))^2). \qquad (21.1)$$

21.1 Genauer gilt: Wenn ξ und η zufällige Variable sind, so daß $E(\xi^2)$ und $E(\eta^2)$ existieren, dann ist (in der Bezeichnung von **20.**) $(E(|\xi\eta||\mathfrak{S}))^2 \leq E(\xi^2|\mathfrak{S})E(\eta^2|\mathfrak{S})$, W-f.ü.

Das Gleichheitszeichen gilt genau dann, wenn $h(x_2, \ldots, x_n) = \varrho(x_2, \ldots, x_n)$ $W_{(\xi_2,\ldots,\xi_n)}$*-f.ü. ist*[21.2].

Beweis: Die in (21.1) angeschriebenen Erwartungswerte haben auf Grund der gemachten Voraussetzungen einen Sinn, wie aus der Vorbemerkung bzw. Satz 17.3 angewandt auf ξ_1 und $h \circ (\xi_2, \ldots, \xi_n)$ folgt.

Wir erhalten weiter

$$E\big((\xi_1 - h(\xi_2, \ldots, \xi_n))^2 \mid \xi_2, \ldots, \xi_n\big) =$$
$$= E\big((\xi_1 - \varrho(\xi_2, \ldots, \xi_n) + \varrho(\xi_2, \ldots, \xi_n) - h(\xi_2, \ldots, \xi_n))^2 \mid \xi_2, \ldots, \xi_n\big) =$$
$$= E\big((\xi_1 - \varrho(\xi_2, \ldots, \xi_n))^2 \mid \xi_2, \ldots, \xi_n\big) + \big(\varrho(\xi_2, \ldots, \xi_n) - h(\xi_2, \ldots, \xi_n)\big)^2$$

wobei wir von Satz 20.1 und 20.2 und (20.5) Gebrauch gemacht haben. Wenden wir aber nochmals (20.5) an, dann folgt

$$E\big(\xi_1 - h(\xi_2, \ldots, \xi_n)\big)^2 = E\big(E(\xi_1 - h(\xi_2, \ldots, \xi_n))^2 \mid (\xi_2, \ldots, \xi_n)\big) =$$
$$= E\big(\xi_1 - \varrho(\xi_2, \ldots, \xi_n)\big)^2 + E\big(\varrho(\xi_2, \ldots, \xi_n) - h(\xi_2, \ldots, \xi_n)\big)^2.$$

Damit sind aber alle Behauptungen des Satzes bewiesen.

Besitzt die Vf. F eine Dichte f, so läßt sich die Regressionsfunktion gemäß Satz 20.3 berechnen:

$$\varrho(x_2, \ldots, x_n) = \int_{-\infty}^{+\infty} x_1 f(x_1 | x_2, \ldots, x_n)\, dx_1\,. \tag{21.2}$$

wobei $f(x_1|x_2, \ldots, x_n)$ die gemäß (18.9) definierte bedingte Dichte von ξ_1 unter der Hypothese $\xi_2 = x_2, \ldots, \xi_n = x_n$ ist. Ferner kann man in diesem Fall (21.1) in der Form

$$\int_{R_n} (x_1 - h(x_2, \ldots, x_n))^2 f(x)\, dx \geq \int_{R_n} (x_1 - \varrho(x_2, \ldots, x_n))^2 f(x)\, dx \tag{21.3}$$

schreiben.

Die Regressionstheorie für mehrdimensionale Normalverteilungen wird in VI. weitergeführt.

[21.2] Satz 21.1 sagt also aus, wenn wir ihn etwas allgemeiner formulieren: Wenn ξ eine zufällige Variable ist, so daß $E(\xi^2)$ existiert, dann ist $E(\xi \mid \mathfrak{S})$ die orthogonale Projektion von ξ auf die Menge der $\mathfrak{S}$-meßbaren Funktionen.

22. Die Čebyševsche Ungleichung. Wir beweisen zunächst den folgenden Satz:

Satz 22.1: *Es sei ξ eine zufällige Variable und h eine nichtnegative Funktion. Es sei für* $c \geq 0$ $\inf_{|y| \geq c} h(y) = b(c)$. *Wenn* $E(h \circ \xi)$ *existiert und* $b(c) > 0$ *ist, dann ist*

$$W(|\xi| \geq c) \leq E(h \circ \xi)/b(c). \tag{22.1}$$

Beweis: $E(h \circ \xi) = \int_{-\infty}^{+\infty} h(x) dW_\xi(x) \geq \int_{\{x:|x| \geq c\}} h(x) dW_\xi(x) \geq b(c) W(|\xi| \geq c)$.

Ist insbesondere $h(y) = y^2$, für $y \in R_1$, dann folgt daraus die *Čebyševsche Ungleichung:* Wenn die zufällige Variable η eine Streuung $\sigma^2 \neq 0$ besitzt und ihr Mittelwert mit a bezeichnet ist, dann ist für jedes reelle $t > 0$

$$W(|\eta - a| \geq t\sigma) \leq 1/t^2. \tag{22.2}$$

Für $0 < t \leq 1$ ist die Ungleichung wegen Axiom I (S. 29) trivial. Für $t > 1$ setze man $c = t\sigma$. Dann ist also $b(c) = t^2\sigma^2$. Nun wende man (22.1) auf die zufällige Variable $\xi = \eta - a$ an.

Ist $\sigma = 0$, dann gilt (22.2) trivialer Weise nicht. Die besondere Bedeutung von (22.2) liegt darin, daß die Ungleichung sonst für alle Verteilungen gilt, deren zweites Moment existiert. Aus dem Beweis von (22.1) ersieht man unmittelbar, daß es Vfen. gibt, für die man (22.2) nicht mehr verschärfen kann: Man darf also das rechte Gleichheitszeichen in (22.2) nicht weglassen, ohne im allgemeinen die Richtigkeit der Ungleichung in Frage zu stellen.

23. Die charakteristische Funktion. ξ sei eine n-dimensionale zufällige Variable, die wir uns als $n \times 1$ Matrix geschrieben denken. Wir geben folgende

Definition: *Der Erwartungswert* $E(e^{it'\xi}) = \varphi(t)$ *(vgl. S. 17) ist eine für alle* $t \in R_n$ *erklärte Funktion, die man als charakteristische Funktion der zufälligen Variablen* ξ *bezeichnet.*

Diese Definition benützt die noch unbewiesene Tatsache, daß $\varphi(t)$ für alle $t \in R_n$ erklärt ist. Wir bestätigen dies in

Satz 23.1: *Die charakteristische Funktion* $\varphi(t) = E(e^{it'\xi})$ *einer zufälligen Variablen* ξ *ist eine für alle* $t \in R_n$ *erklärte und überdies im ganzen* R_n *gleichmäßig stetige Funktion.*

Beweis: Es ist

$$|e^{it'x}| = 1 \tag{23.1}$$

für alle t, $x \in R_n$. Damit ist aber die Existenz der charakteristischen Funktion für alle t bewiesen. Die Stetigkeit folgt aus (23.1), der Stetigkeit von $t \to e^{it'x}$ und Satz VI. Die gleichmäßige Stetigkeit folgt aus $|e^{it_1'x} - e^{it_2'x}| \leq |1 - e^{i(t_1-t_2)'x}|$ für alle t_1, $t_2 \in R_n$ und $x \in R_n$.

Offenbar ist für alle $t \in R_n$

$$|\varphi(t)| \leq 1. \tag{23.2}$$

Die charakteristische Funktion ist von fundamentaler Bedeutung für die Wahrscheinlichkeitstheorie, die zum Teil in den nächsten Sätzen zum Ausdruck kommt. Zunächst behaupten wir den

Satz 23.2: $\xi = (\xi_1, \ldots, \xi_n)$ *sei eine n-dimensionale zufällige Variable. Es sei* $E(\xi_1^{r_1} \ldots \xi_n^{r_n})$ *vorhanden,* $\sum_{i=1}^{n} r_i = r$, $r_i \geq 0$ *und ganz,* $r \geq 0$. φ *bezeichne die charakteristische Funktion von* ξ. *Dann existiert für alle* $t = (t_1, \ldots, t_n)$ *die Ableitung* $\frac{\partial^r \varphi(t)}{\partial t_1^{r_1} \ldots \partial t_n^{r_n}} = \psi(t)$ *und* ψ *ist eine stetige Funktion von t. Ist* $r_i = 0$, *dann soll nach der Variablen* t_i *nicht differenziert werden, so daß* $\varphi = \psi$ *für* $r = 0$ *ist. Weiter gilt für jedes t*

$$\psi(t) = i^r \int_{R_n} x_1^{r_1} \ldots x_n^{r_n} e^{it'x} \, d W_\xi(x) \tag{23.3}$$

und insbesondere ist

$$i^r E(\xi_1^{r_1} \ldots \xi_n^{r_n}) = \left. \frac{\partial^r \varphi(t)}{\partial t_1^{r_1} \ldots \partial t_n^{r_n}} \right|_{t=(0,\ldots,0)} . \tag{23.4}$$

Beweis: Für $r = 0$ ist die Behauptung mit Satz 23.1 identisch, falls man dort „gleichmäßig" streicht.

Sei nun $r > 0$. Es ist $|x_1^{r_1} \ldots x_n^{r_n} e^{it'x}| = |x_1^{r_1} \ldots x_n^{r_n}|$ und voraussetzungsgemäß W_ξ-integrierbar. Wendet man nun wiederholt Satz VII an, dann folgen die Existenz von ψ und die Formel (23.3). Die Stetigkeit von ψ folgt ebenso wie die Stetigkeit von φ im Satz 23.1. Aus (23.3) ergibt sich insbesondere die Beziehung (23.4).

Wir sprechen nun einen Satz aus, der die fundamentale Tatsache in Evidenz setzt, daß die Wahrscheinlichkeitsverteilung einer zufälligen Variablen durch ihre charakteristische Funktion eindeutig bestimmt ist. Es gilt der

Satz 23.3[23.1]**:** *(Eindeutigkeitssatz): φ sei die charakteristische Funktion einer zufälligen Variablen ξ mit der Vf. F. Dann ist diese durch φ eindeutig bestimmt und umgekehrt.*

Wir begnügen uns damit, den Beweis für eine eindimensionale zufällige Variable zu skizzieren. Es sei also $\varphi(t) = \int_{-\infty}^{+\infty} e^{itx} dF(x)$ ür $t \in R_1$. Es sei $a < b$ $(a, b \in R_1)$ und F für a und b stetig. Dann ist

$$F(b) - F(a) = \lim_{N \to \infty} \frac{1}{2\pi} \int_{-N}^{+N} \frac{e^{-ita} - e^{-itb}}{it} \varphi(t) dt. \qquad (23.5)$$

Es ist nämlich

$$\int_{-N}^{+N} \frac{e^{-ita} - e^{-itb}}{it} \varphi(t) dt = 2 \int_{R_1} \int_{N(y-b)}^{N(y-a)} \frac{\sin t}{t} dt dF(y)$$

nach Fubinis Satz. Nun konvergiert $\int_{N(y-b)}^{N(y-a)} \frac{\sin t}{t} dt$ für $N \to \infty$ gegen einen Limes, und zwar gegen π für alle $a < y < b$, gegen $\frac{\pi}{2}$ für $y = a, y = b$ und gegen 0 für $y < a, y > b$. Außerdem ist $\left| \int_{y'}^{y''} \frac{\sin t}{t} dt \right|$ gleichmäßig für $y', y'' \in R_1$ beschränkt, und man kann nach dem Satz von Lebesgue den Grenzübergang für $N \to \infty$ unter dem ersten Integralzeichen durchführen. Zusammen mit der vorausgesetzten Stetigkeit von F in a und b ergibt dies die Behauptung.

Nach Eigenschaft 2. (S. 36) ist somit F für alle $x \in R_1$ eindeutig festgelegt. Somit ist also die Kenntnis der charakteristischen Funktion gleichbedeutend mit der Kenntnis der Wahrscheinlichkeitsverteilung W_ξ auf $\mathfrak{B}_1$. Eine andere außerordentlich wichtige

---

[23.1] Dieser Satz geht wohl auf P. Lévy zurück: P. Lévy, Calcul des Probabilités, Gauthier-Villars, Paris 1925, 166ff.

Eigenschaft der charakteristischen Funktionen wird durch den *Stetigkeitssatz* ausgedrückt. Wir geben dazu folgende

Definition: *Eine Folge von Vfen.* $\{F_n\}$ *heißt schwach konvergent gegen eine Vf.* F, *wenn* $F_n(x)$ *gegen* $F(x)$ *an jeder Stetigkeitsstelle* x *von* F *konvergiert.*

Da stets $0 \leq F_n \leq 1$ gilt, könnte man vielleicht vermuten, daß jede konvergente Folge von Vfen. wieder gegen eine Vf. konvergiert. Dieser Schluß ist aber falsch, wie man schon an folgendem einfachen Beispiel erkennt:

Es sei F_k für $k = 1, 2, \ldots$ die Vf. der degenerierten Verteilung in k. Die Konvergenz dieser Folge $\{F_k\}$, und zwar für jedes x gegen 0 ergibt sich unmittelbar. Ist nämlich x eine beliebige Stelle aus dem R_1, dann hat man $F_k(x) = 0$ für alle $k > k(x)$, wenn man z. B. $k(x) = x$ wählt. Unter gewissen Voraussetzungen kann man jedoch tatsächlich aus der Konvergenz einer Folge von Vfen. in jedem Stetigkeitspunkt der (notwendig nicht abnehmenden) Grenzfunktion schließen, daß diese wieder eine Vf. ist. Zu diesem Zweck formulieren wir zunächst ein Lemma, das wir hier ohne Beweis anführen:

Lemma 23.1[23.2]: *Aus der schwachen Konvergenz einer Folge von Vfen.* $\{F_n\}$ *gegen eine Vf.* F *folgt* $\int\limits_{R_1} f\,dF_n \to \int\limits_{R_1} f\,dF$ *für jede über dem* R_1 *definierte stetige und beschränkte Funktion* f.

Es gilt nun der

Satz 23.4[23.3]: *Eine Folge von k-dimensionalen Vfen.* $\{F_n\}$ *konvergiere schwach gegen eine Vf.* F. *Dann konvergiert die Folge der zugehörigen charakteristischen Funktionen* φ_n *für jedes* t *gegen die charakteristische Funktion* φ *von* F. *Wenn umgekehrt eine Folge charakteristischer Funktionen* $\{\varphi_n\}$ *für jedes* t *gegen eine stetige (oder nur gegen eine an der Stelle* $t = 0$ *stetige) Funktion* φ *konvergiert, dann konvergiert die zugehörige Folge von Vfen.* $\{F_n\}$ *schwach gegen eine Vf.* F, *und* φ *ist die charakteristische Funktion von* F.

[23.2] Diese Aussage läßt sich umkehren: Aus $\int\limits_{R_1} f\,dF_n \to \int\limits_{R_1} f\,dF$ für jede stetige und beschränkte Funktion f folgt, daß F eine Vf. ist und daß F_n schwach gegen F konvergiert. Daraus und aus dem Lemma 23.2 kann man leicht den Satz 23.4 erschließen.

[23.3] P. Lévy, l. c.[23.1] 195ff.

Für eine Beweisskizze begnügen wir uns wieder mit dem eindimensionalen Fall. Eine Anwendung des Lemmas 23.1 auf die für jedes t und x stetige Funktion $x \to e^{itx}$ liefert den ersten Teil des Satzes. Für die Umkehrung stützen wir uns auf den Satz von HELLY:

Lemma 23.2: *Jede Folge von Vfen. enthält eine Teilfolge, die gegen eine nicht abnehmende Funktion an jeder ihrer Stetigkeitsstellen konvergiert*[23.4].

Dies wollen wir hier ebenfalls nicht beweisen.

Zu jeder charakteristischen Funktion φ_n gehört eine Vf. F_n. Wir können aus der Folge $\{F_n\}$ eine Teilfolge $\{F_{n_k}\}$ auswählen, welche gegen eine Grenzfunktion F an jeder ihrer Stetigkeitsstellen konvergiert. Für diese gilt natürlich $0 \leq F \leq 1$. Angenommen es wäre $\lim\limits_{x\to\infty} F(x) - \lim\limits_{x\to-\infty} F(x) = d < 1$. Wir geben ein ε mit $0 < 4\varepsilon < 1 - d$ vor. Weil φ stetig und $\varphi(0) = 1$ ist, gibt es ein $u > 0$ mit

$$\frac{1}{u}\left|\int_0^u \varphi(t)\,dt\right| > d + 4\varepsilon. \tag{23.6}$$

Wir wählen nun ein $y_1 \geq 1/u\varepsilon$ so, daß F in y_1 und in $-y_1$ stetig ist. Es ist $|F(y_1) - F(-y_1)| \leq d$, also auch

$$|F_{n_k}(y_1) - F_{n_k}(-y_1)| \leq d + \varepsilon \tag{23.7}$$

für alle $n_k \geq N(\varepsilon)$. Nun ist für $y \geq y_1$ und alle $u \in R_1$

$$\left|\int_0^u e^{ity}\,dt\right| \leq 2/y_1 \tag{23.8}$$

und für alle reellen y und $u \in R_1$ natürlich

$$\left|\int_0^u e^{ity}\,dt\right| \leq u. \tag{23.9}$$

[23.4] Man kann überdies stets annehmen, daß diese Funktion rechtsseitig stetig ist.

Damit erhält man $\frac{1}{u}\left|\int\limits_0^u \varphi_{n_k}(t)\,dt\right| = \frac{1}{u}\left|\int\limits_{R_1}\int\limits_0^u e^{ity}\,dt\,dF_{n_k}(y)\right|$, wie aus dem Satz von Fubini folgt. Dieser Ausdruck ist

$$\leq \frac{1}{u}\left|\int\limits_{|y|\leq y_1}\int\limits_0^u e^{ity}\,dt\,dF_{n_k}(y)\right| + \frac{1}{u}\left|\int\limits_{|y|\geq y_1}\int\limits_0^u e^{ity}\,dt\,dF_{n_k}(y)\right|.$$

Für den ersten Summanden erhält man nach (23.7) und (23.9) die obere Schranke $d + \varepsilon$ und für den zweiten Summanden nach (23.8) 2ε. Also ist $\frac{1}{u}\left|\int\limits_0^u \varphi_{n_k}(t)\,dt\right| \leq d + 3\varepsilon$ für $n_k \geq N(\varepsilon)$. Da aber φ_{n_k} gegen φ konvergiert und nach (23.2) $|\varphi_{n_k}| \leq 1$ ist, folgt nach dem Satz von Lebesgue $\int\limits_0^u \varphi_{n_k}(t)\,dt \to \int\limits_0^u \varphi(t)\,dt$. Somit ist $\frac{1}{u}\left|\int\limits_0^u \varphi(t)\,dt\right| \leq d + 3\varepsilon$ im Widerspruch zu (23.6). Es muß also $\lim\limits_{x\to\infty} F(x) - \lim\limits_{x\to-\infty} F(x) = 1$ sein, und der erste Teil des Stetigkeitssatzes liefert die Behauptung, daß φ die charakteristische Funktion von F ist. Wäre aber nun die Folge $\{F_n\}$ selbst nicht schwach konvergent gegen F, dann existierte eine Teilfolge $\{F_{m_j}\}$, die gegen eine von F verschiedene Vf. schwach konvergierte, jedoch dieselbe charakteristische Funktion φ besäße. Das wäre ein Widerspruch zu Satz 23.3.

Aus Satz 23.4 folgt sofort der

Satz 23.5: *Es sei $(\xi_1^{(n)}, \ldots, \xi_k^{(n)})$ eine Folge k-dimensionaler zufälliger Variabler und $\{F_n\}$ die Folge der zugehörigen Vfen., welche schwach gegen eine Vf. F konvergiert. Sei $(r_1, \ldots, r_l)$, $l \leq k$, Teilmenge von $\{1, \ldots, k\}$ und G_n für jedes $n \geq 1$ die Randvf. von $(\xi_{r_1}^{(n)}, \ldots, \xi_{r_l}^{(n)})$. Dann konvergiert $\{G_n\}$ schwach gegen die entsprechende Randvf. G, welche man aus F durch (sinngemäße) Anwendung von (14.3) erhält.*

Beweis: Es sei der Einfachheit halber $r_j = j$, $j = 1, \ldots, l$. Für die charakteristischen Funktionen φ_n von F_n und φ von F gilt $\varphi_n(t) \to \varphi(t)$ für alle $t \in R_k$. Wählt man nun $t_{l+1} = \cdots = t_k = 0$, dann ist also für $n \to \infty$

$$E\left(e^{i(t_1\xi_1^{(n)}+\cdots+t_l\xi_l^{(n)})}\right) \to \int\limits_{-\infty}^{+\infty}\cdots\int\limits_{-\infty}^{+\infty} e^{i(t_1y_1+\cdots+t_ly_l)}\,dG(y_1, \ldots, y_l)$$

für alle $t_i \in R_1$, $1 \leq i \leq l$. Daraus folgt aber wieder aus Satz 23.4 $G_n \to G$ in allen Stetigkeitspunkten von G.

Es sei ξ eine zufällige Variable mit der charakteristischen Funktion φ. Man definiere die zufällige Variable $\eta = \frac{\xi - b}{c}$, wobei b und c reelle Zahlen sind mit $c \neq 0$. Dann wird

$$E(e^{i\eta t}) = E\left(e^{it\frac{\xi-b}{c}}\right) = E\left(e^{i\frac{t}{c}\cdot\xi}\cdot e^{-\frac{itb}{c}}\right) = e^{-\frac{itb}{c}} E\left(e^{i\frac{t}{c}\xi}\right).$$

Die charakteristische Funktion von η ist also für jedes t durch

$$\varphi\left(\frac{t}{c}\right)e^{-\frac{itb}{c}} \tag{23.10}$$

gegeben.

Beispiele für die Berechnung charakteristischer Funktionen findet man auf S. 91, 96, 105, 109 und 116.

24. Summen zufälliger Variabler. Es seien $\xi_1, \ldots, \xi_n$ zufällige Variable, dann ist auch $\zeta_n = \xi_1 + \cdots + \xi_n$ nach **11.** (S. 48) eine zufällige Variable. Es gilt der

Satz 24.1: *Es seien für $i = 1, \ldots, n$ die Mittelwerte a_i und die Streuungen σ_{ii} von ξ_i vorhanden. Dann existieren auch Mittelwert und Streuung von ζ_n, und zwar ist $E(\zeta_n) = \sum_{i=1}^{n} a_i$ und $E\left[\left(\zeta_n - \sum_{i=1}^{n} a_i\right)^2\right] = \sum_{i,j=1}^{n} \sigma_{ij}$, wobei σ_{ij} die Kovarianz*[24.1] *von ξ_i und ξ_j ist.*

Beweis: Die Behauptung über den Mittelwert von ζ_n folgt sofort aus Satz 16.3, und die Behauptung über die Streuung ergibt sich aus

$$E\left[\left(\zeta_n - \sum_{i=1}^{n} a_i\right)^2\right] = E\left[\sum_{i,j=1}^{n} (\xi_i - a_i)(\xi_j - a_j)\right] =$$

$$= \sum_{i,j=1}^{n} E[(\xi_i - a_i)(\xi_j - a_j)] = \sum_{i,j=1}^{n} \sigma_{ij}.$$

Wenn man die gemeinsame Verteilung von $(\xi_1, \ldots, \xi_n)$ kennt, dann kann man nach **11.** (S. 49) auch die Wahrscheinlichkeitsverteilung

[24.1] Diese existiert für alle i, j nach Satz 17.3.

von ζ_n bestimmen. Besonders wichtig ist der Fall, daß $\xi_1, \ldots, \xi_n$ voneinander unabhängig sind. Es gilt dann der folgende Satz, den wir für $n = 2$ aussprechen:

Satz 24.2: *Es seien ξ_1 und ξ_2 unabhängige zufällige Variable, und die Vf. von ξ_i sei F_i, $i = 1, 2$. Es sei weiter $\zeta = \xi_1 + \xi_2$. Für die Vf. F von ζ gilt dann*

$$F(x) = \int_{-\infty}^{+\infty} F_1(x-y)\,dF_2(y) = \int_{-\infty}^{+\infty} F_2(x-y)\,dF_1(y) \quad \textit{für jedes } x \in R_1.$$

Wenn insbesondere ξ_i die Dichte f_i für $i = 1, 2$ besitzt, dann besitzt auch ζ eine Dichte f, und es gilt für alle $x \in R_1$

$$f(x) = \int_{-\infty}^{+\infty} f_1(x-y) f_2(y)\,dy. \tag{24.1}$$

Für den Beweis begnügen wir uns mit dem Fall, daß ξ_1 und ξ_2 vom stetigen Typ sind. Dann läßt sich (24.1) mittels Satz 12.2 beweisen. Hierzu betrachten wir die zweidimensionale zufällige Variable (ξ_1, ξ_2), deren Dichte nach (13.4) für alle $(x_1, x_2) \in R_2$ durch $f_1(x_1) f_2(x_2)$ gegeben ist. Nun betrachten wir für alle $(x_1, x_2) \in R_2$ die beiden Abbildungen $g_1(x_1, x_2) = x_1 + x_2$ und $g_2(x_1, x_2) = x_2$. Durch (g_1, g_2) wird der R_2 umkehrbar eindeutig auf den R_2 abgebildet. Die Umkehrabbildung (h_1, h_2) ist für alle $(y_1, y_2) \in R_2$ durch $h_1(y_1, y_2) = y_1 - y_2$ und $h_2(y_1, y_2) = y_2$ gegeben. Es ist $\left|\frac{\partial(h_1, h_2)}{\partial(y_1, y_2)}\right| = 1$. Also erhalten wir mit $\eta_1 = g_1(\xi_1, \xi_2)$, $\eta_2 = \xi_2$ für die Dichte von (η_1, η_2) für alle $y_1, y_2 \in R_2$, $f_1(y_1 - y_2) f_2(y_2)$. Um daraus die Dichte von η_1 zu erhalten, müssen wir zur Randverteilung übergehen und erhalten durch sinngemäße Anwendung von (14.4) gerade (24.1).

Man pflegt die durch (24.1) definierte Funktion f als Faltung von f_1 und f_2 zu bezeichnen. Somit gilt der

Satz 24.3: *Die Verteilung einer Summe von unabhängigen zufälligen Variablen, die alle eine Wahrscheinlichkeitsdichte besitzen, erhält man durch sukzessive Faltung dieser Dichten. Auf die Reihenfolge dieser Faltung kommt es dabei nicht an.*

Die letzte Behauptung des Satzes folgt aus Satz 24.2.

Selbstverständlich ist die Definition der Summe zufälliger Variabler nicht an die Voraussetzung gebunden, daß die Variablen eindimensional sind. Es seien ξ_1, ξ_2 zwei unabhängige n-dimensionale zufällige Variable. Sie mögen beziehungsweise die Dichten f_1 und f_2 haben. Wir interessieren uns für die charakteristische Funktion ψ der Summe $\zeta = \xi_1 + \xi_2$. Nun ist für jedes $t \in R_n$

$$\psi(t) = E(e^{it'\zeta}) = E(e^{it'(\xi_1+\xi_2)}) = \int\limits_{R_{2n}} e^{it'(x_1+x_2)} f_1(x_1) f_2(x_2)\, dx_1\, dx_2 .$$

Dabei haben wir die Tatsache benützt, daß die Dichte von (ξ_1, ξ_2) für alle $(x_1, x_2) \in R_{2n}$ durch $f_1(x_1) f_2(x_2)$ gegeben ist, und haben (16.1) sinngemäß angewendet. Aus dem Satz von Fubini folgt aber $\psi(t) = \prod_{j=1}^{2} \int\limits_{R_n} e^{it'x_j} f_j(x_j)\, dx_j$. Somit ist die charakteristische Funktion ψ gleich dem Produkt der charakteristischen Funktionen von ξ_1 und ξ_2. Das gilt natürlich ganz allgemein; wir fassen es in einem Satz zusammen:

Satz 24.4: *Die charakteristische Funktion einer endlichen Summe unabhängiger zufälliger Variabler ist gleich dem Produkt der charakteristischen Funktionen der Summanden.*

Wir betrachten noch ein Beispiel[24.2] für die Verteilung einer Summe unabhängiger diskreter zufälliger Variabler. Es sei r ganz und ≥ 0 und es seien n unabhängige Variable ξ_i gegeben, welche jede dieselbe Gleichverteilung mit den diskreten Massenpunkten $0, 1, \ldots, r$ besitzen. Es sei $\zeta_n = \xi_1 + \cdots + \xi_n$. Die charakteristische Funktion von ξ_i ist für jedes reelle t bis auf den Faktor $1/(r+1)$ durch $1 + e^{it} + \cdots + e^{itr}$ gegeben. Somit erhält man für die charakteristische Funktion von ζ_n nach Satz 24.4 $(1+r)^{-n}(1 + e^{it} + \cdots + e^{itr})^n$ für jedes reelle t. Führt man die Potenzierung aus, dann erhält man einen Ausdruck der Gestalt $(1+r)^{-n} \sum_{j=0}^{nr} q_j e^{itj}$. Es folgt aus Satz 23.3, daß ζ_n eine diskrete zufällige Variable ist mit den Massenpunkten $0, 1, \ldots, nr$, wobei $W(\zeta_n = j) = q_j/(r+1)^n$, $1 \leq j \leq nr$. Um die Auffindung der Größen q_j zu erleichtern, ersetzen wir e^{it} durch x, d. h. wir benutzen die Methode der *momenterzeugenden Funktionen*: Für $|x| < 1$ gilt die Identität

$$(1 + x + \cdots + x^r)^n = (1 - x^{r+1})^n/(1-x)^n = \sum_{k=0}^{n} (-1)^k \binom{n}{k} x^{(r+1)k} \sum_{l=0}^{\infty} \binom{-n}{l} (-1)^l x^l .$$

[24.2] Für ein weiteres Beispiel siehe etwa S. 94.

Es ist $(-1)^l\binom{-n}{l} = \binom{n+l-1}{l}$. Somit ergibt sich folgender Ausdruck für den Koeffizienten q_j: Sei $j = (r+1)m + p$; m, p ganz, $0 \leq m \leq (n-1)$, $0 \leq p < r+1$, $j \leq rn$. Dann ist

$$q_j = \sum_{k=0}^{m} (-1)^k \binom{n}{k} \binom{n + (m-k)(r+1) + p - 1}{(m-k)(r+1) + p}.$$

25. Die Normalverteilung. Eine der wichtigsten Verteilungen ist die sogenannte Normalverteilung oder Gaußsche Verteilung. Sie ist vom stetigen Typ, und ihre Dichte ist für jedes $x \in R_1$ durch

$$\frac{1}{\sqrt{2\pi}\,\sigma} e^{-\frac{(x-a)^2}{2\sigma^2}} \tag{25.1}$$

gegeben, wobei a eine beliebige reelle Zahl und σ eine positive reelle Zahl ist. Man bezeichnet a und σ^2 als Parameter der Normalverteilung. Ihre Bedeutung wird in Kürze klar werden. Zunächst wollen wir zeigen, daß (25.1) die Bedingungen 1. und 2., S. 39, erfüllt. Natürlich ist der Ausdruck (25.1) > 0 für alle $x \in R_1$. Wir zeigen, daß die Beziehung (6.3) erfüllt ist. Wir betrachten also

$$\frac{1}{\sqrt{2\pi}\,\sigma} \int_{-\infty}^{+\infty} e^{-\frac{(x-a)^2}{2\sigma^2}} dx. \tag{25.2}$$

Durch die Substitution $u = \frac{x-a}{\sigma}$ kommen wir auf das Integral

$$J = \frac{1}{\sqrt{2\pi}} \int_{-\infty}^{+\infty} e^{-u^2/2} du. \tag{25.3}$$

(25.3) soll nach einer Methode berechnet werden, die von Stieltjes[25.1] stammt und außer dem Wert von J auch alle Momente der Normalverteilung liefert. Wir merken zunächst an, daß für das sogenannte Wallische Produkt $W_k = \frac{(2\cdot 4\cdot \ldots \cdot 2k)^2}{(1\cdot 3\cdot \ldots \cdot (2k-1))^2\,(2k+1)}$

$$\lim_{k\to\infty} W_k = \frac{\pi}{2} \tag{25.4}$$

[25.1] T. J. Stieltjes, Nouv. Ann. Math., ser. 3, 9, 480—497 (1890).

gilt. Es sei $I_n = \int\limits_0^\infty u^n e^{-u^2/2} du$ für jedes ganzzahlige $n \geq 0$. Diese Integrale konvergieren natürlich, und durch partielle Integration erhält man

$$I_n = \frac{1}{n+1} I_{n+2}. \tag{25.5}$$

Wendet man dies für $n = 0, 2, \ldots, 2k-2$, $k \geq 1$ an, dann folgt

$$I_{2k} = 1\cdot 3 \cdot \ldots \cdot (2k-1) I_0. \tag{25.6}$$

Ähnlich erhält man für ungerades n

$$I_{2k+1} = 2\cdot 4 \cdot \ldots \cdot 2k I_1, \quad k \geq 1. \tag{25.7}$$

Aber $I_1 = \int\limits_0^\infty u e^{-u^2/2} du = \int\limits_0^\infty e^{-u^2/2} d\left(\frac{u^2}{2}\right) = 1$ und somit folgt aus (25.7)

$$I_{2k+1} = 2\cdot 4 \cdot \ldots \cdot 2k. \tag{25.8}$$

Für alle reellen z ist

$$I_{n+1} + 2zI_n + z^2 I_{n-1} = \int\limits_0^\infty u^{n-1}(u+z)^2 e^{-u^2/2} du > 0.$$

Daher ist die Diskriminante dieses in z quadratischen Ausdrucks < 0, d. h.

$$I_n^2 < I_{n-1} \cdot I_{n+1}. \tag{25.9}$$

Aus (25.9) und (25.5) (für $n-1$ statt n) ergibt sich

$$I_n^2 < n I_{n-1}^2. \tag{25.10}$$

Nun vereinen wir (25.9) für $n = 2k$ mit (25.10) für $n = 2k+1$ und erhalten $I_{2k+1}^2 \cdot \frac{1}{2k+1} < I_{2k}^2 < I_{2k-1} I_{2k+1}$, $k \geq 1$. Mittels (25.8) und (25.6) wird daraus

$$(2\cdot 4 \cdot \ldots \cdot 2k)^2 \frac{1}{2k+1} < (1\cdot 3 \cdot \ldots \cdot 2k-1)^2 \cdot I_0^2 <$$

$$< \big(2\cdot 4 \cdot \ldots \cdot (2k-2)\big) \cdot 2\cdot 4 \cdot \ldots \cdot 2k$$

oder

$$\frac{(2\cdot 4 \cdot \ldots \cdot 2k)^2}{(1\cdot 3 \cdot \ldots \cdot (2k-1))^2 (2k+1)} < I_0^2 < \frac{(2\cdot 4 \cdot \ldots 2\cdot k)^2}{(1\cdot 3 \cdot \ldots \cdot (2k-1))^2 (2k+1)} \cdot \frac{2k+1}{2k}$$

d. h. also $W_k < I_0^2 < W_k \frac{2k+1}{2k}$, und damit erhalten wir für $k \to \infty$ nach (25.4) $I_0^2 = \frac{\pi}{2}$. Da aber $I_0 > 0$ ist, folgt $I_0 = \sqrt{\pi/2}$ und dies ergibt $J = 1$. Also gilt das auch für das Integral (25.2).

Ist nun ξ eine zufällige Variable, deren Dichte für alle $x \in R_1$ durch $\frac{1}{\sqrt{2\pi}} e^{-x^2/2}$ gegeben ist, dann erhalten wir für die Momente ungerader Ordnung, die alle existieren, folgende Werte

$$E(\xi^{2k+1}) = 0, \quad k \geq 0 \tag{25.11}$$

denn die Normalverteilung mit dieser Dichte ist symmetrisch bezüglich des Nullpunktes. Insbesondere ist also $E(\xi) = 0$. Für die Berechnung der Momente gerader Ordnung benützen wir (25.6) und erhalten unter Berücksichtigung von $I_0 = \sqrt{\pi/2}$

$$E(\xi^{2k}) = 1 \cdot 3 \cdot \ldots \cdot (2k-1), \quad k \geq 1. \tag{25.12}$$

Aus (25.12) folgt für $k = 1$ insbesondere

$$E(\xi^2) = 1, \tag{25.13}$$

und damit haben wir wegen $E(\xi) = 0$ auch den Wert der Streuung der zufälligen Variablen ξ erhalten. Es gilt nun ganz allgemein der

Satz 25.1: *Die zufällige Variable ξ besitze die Verteilung, deren Dichte für jedes $x \in R_1$ durch* (25.1) *gegeben ist. Dann ist*

$$E(\xi) = a \tag{25.14}$$

und

$$E[(\xi - a)^2] = \sigma^2. \tag{25.15}$$

Zum Beweis beachte man

$$E(\xi) = \frac{1}{\sqrt{2\pi}\,\sigma} \int_{-\infty}^{+\infty} x \, . \, e^{-(x-a)^2/2\sigma^2} \, dx = \frac{1}{\sqrt{2\pi}\,\sigma} \int_{-\infty}^{+\infty} (x - a) \, e^{-(x-a)^2/2\sigma^2} \, dx \, +$$

$$+ \, a \frac{1}{\sqrt{2\pi}\,\sigma} \int_{-\infty}^{+\infty} e^{-(x-a)^2/2\sigma^2} \, dx = \frac{\sigma}{\sqrt{2\pi}} \int_{-\infty}^{+\infty} u \, . \, e^{-u^2/2} \, du + a$$

und das ist gleich a, da das letzte Integral verschwindet. Weiter ist

$$E[(\xi-a)^2]=\frac{1}{\sqrt{2\pi}\,\sigma}\int_{-\infty}^{+\infty}(x-a)^2e^{-(x-a)^2/2\sigma^2}\,dx=\frac{\sigma^2}{\sqrt{2\pi}}\int_{-\infty}^{+\infty}u^2e^{-u^2/2}\,du=\sigma^2$$

unter Berücksichtigung von (25.13).

Damit ist die Bedeutung der Parameter in (25.1) klargestellt: a ist der Mittelwert, σ^2 die Streuung der Normalverteilung. Durch Angabe dieser beiden Parameter ist eine Normalverteilung eindeutig festgelegt. Wir werden von nun an eine Normalverteilung mit dem Mittelwert a und der Streuung σ^2 mit dem Symbol $N(a, \sigma^2)$ bezeichnen.

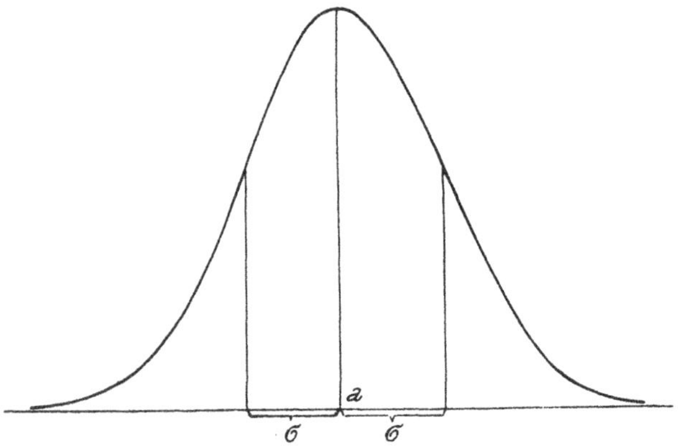

Abb. 5

Wir geben noch die Momente für eine $N(a, \sigma^2)$ bezüglich des Mittelwertes a an. Es ist, wie man aus (25.11) und (25.12) abliest,

$$E[(\xi-a)^{2k+1}]=0,\quad k\geq 0 \tag{25.16}$$

und

$$E[(\xi-a)^{2k}]=1\cdot 3\cdot\ldots\cdot(2k-1)\sigma^{2k},\quad k\geq 1. \tag{25.17}$$

Mittelwert und Streuung einer Normalverteilung haben für die gestaltlichen Verhältnisse der Dichte (25.1) eine ausgezeichnete Bedeutung. Der Mittelwert a ist die Stelle des einzigen Maximums der Dichte und an den Stellen $a\pm\sigma$ liegen die Wendepunkte. (Vgl. Abb. 5.)

Für die Schiefe einer Normalverteilung ergibt sich 0, da die Normalverteilung symmetrisch bezüglich des Mittelwertes a ist, für den Exzess erhält man $1.3.\ \sigma^4/\sigma^4 - 3 = 0$.

Betrachtet man eine beliebige Wahrscheinlichkeitsdichte, welche denselben Mittelwert a und dieselbe Streuung wie eine $N(a, \sigma^2)$ besitzt, dann bedeutet ein positiver Exzeß, grob gesprochen, eine Überhöhung des Bildes dieser Dichte verglichen mit dem Bild der Dichte der $N(a, \sigma^2)$ in der Umgebung von a, und ein negativer Exzeß bedeutet eine entsprechende Verflachung.

26. Die charakteristische Funktion einer Normalverteilung. Wir zeigen den

Satz 26.1: *Die charakteristische Funktion einer $N(0, 1)$ ist für alle reellen t durch $e^{-t^2/2}$ gegeben.*

Beweis: Wir müssen also $E(e^{i\xi t}) = \frac{1}{\sqrt{2\pi}} \int_{-\infty}^{+\infty} e^{-x^2/2} e^{itx}\, dx$ berechnen. Nun läßt sich bekanntlich e^{itx} für jedes reelle t und alle $x \in R_1$ durch $\sum_{k=0}^{\infty} \frac{(itx)^k}{k!}$ darstellen. Setzt man dies in das Integral ein und nimmt man einmal an, daß man Summations- und Integrationszeichen ohne weiteres vertauschen kann, dann folgt unter Berücksichtigung von (25.11) und (25.12)

$$E(e^{i\xi t}) = \sum_{k=0}^{\infty} (-1)^k \frac{1\cdot 3\cdot \ldots \cdot(2k-1)}{(2k)!} t^{2k} = \sum_{k=0}^{\infty} (-1)^k \frac{t^{2k}}{k!\,2^k} = e^{-t^2/2}.$$

Wir müssen also nur den Nachweis erbringen, daß die Vertauschung der angegebenen Operationen auch wirklich zulässig ist. Hierzu genügt es sich zu überlegen, daß für jedes $t \in R_1$ und jede natürliche Zahl $n \geq 1$ und alle $x \in R_1$

$$\sum_{k=0}^{\infty} \left| \frac{(itx)^k}{k!} \right| e^{-x^2/2} \leq \sum_{k=0}^{\infty} \frac{(|tx|)^k}{k!} e^{-x^2/2} \leq e^{|tx| - (x^2/2)}.$$

Die Funktion $x \to e^{|tx| - (x^2/2)}$ ist natürlich integrierbar und daher kann man den Satz von Lebesgue anwenden.

Unter Benützung des Satzes 26.1 folgt durch sinngemäße Anwendung von (23.10): Die charakteristische Funktion einer $N(a, \sigma^2)$ ist für jedes t durch

$$\varphi(t) = e^{iat - t^2\sigma^2/2} \tag{26.1}$$

gegeben.

Benützen wir den Satz 23.2, dann finden wir ausgehend von (26.1) nochmals die Momente einer nach $N(a, \sigma^2)$ verteilten zufälligen Variablen ξ. Zum Beispiel ist für alle $t \in R_1$

$$\varphi'(t) = (ia - t\sigma^2)e^{iat - t\sigma^2/2}, \text{ also } \varphi'(0) = ia \text{ und somit } E(\xi) = a.$$

Da weiter $\varphi''(t) = [-\sigma^2 + (ia - t\sigma^2)^2]e^{iat - t^2\sigma^2/2}$ für jedes $t \in R_1$ und somit $\varphi''(0) = -\sigma^2 - a^2$ ist, folgt $E(\xi^2) = \sigma^2 + a^2$ und durch Anwendung von Satz 17.2 $E[(\xi - a)^2] = \sigma^2$.

27. Die Reproduktionseigenschaft der Normalverteilung. ξ_1, ξ_2 seien unabhängig nach $N(a_i, \sigma_i^2)$, $i = 1, 2$, verteilte zufällige Variable. Wir betrachten die Summenvariable $\zeta_2 = \xi_1 + \xi_2$ und behaupten die folgende Reproduktionseigenschaft der Normalverteilung:

Satz 27.1: *Die Summe zweier (und daher auch endlich vieler) unabhängiger normalverteilter Variabler ist wieder normalverteilt.*

Beweis: Wendet man Satz 24.2 sinngemäß auf die Dichte g von ζ_2 an, dann erhält man für jedes $z \in R_1$

$$g(z) = \frac{1}{2\pi\sigma_1\sigma_2} \int_{-\infty}^{\infty} e^{-(z-y-a_1)^2/2\sigma_1^2} e^{-(y-a_2)^2/2\sigma_2^2} \, dy.$$

Nach leichter Rechnung erhält man daraus

$$g(z) = \frac{1}{\sqrt{2\pi(\sigma_1^2 + \sigma_2^2)}} e^{-(z-a_1-a_2)^2/2(\sigma_1^2+\sigma_2^2)}.$$

g ist also die Dichte einer nach $N(a_1 + a_2, \sigma_1^2 + \sigma_2^2)$ verteilten zufälligen Variablen. Die darin enthaltene Aussage über den Mittelwert und die Streuung der zufälligen Variablen ζ_2 illustriert die Aussage des Satzes 24.1 für den Fall unabhängiger zufälliger Variabler. Es sei noch bemerkt, daß man den Satz 27.1 mittels der Eigenschaften der charakteristischen Funktionen beweisen kann. Sind nämlich m unabhängige zufällige Variable ξ_i gegeben, die nach $N(a_i, \sigma_i^2)$, $1 \leq i \leq m$, verteilt sind, dann folgt aus Satz 24.4 und unter Berücksichtigung von (26.1), daß die charakteristische Funktion von $\sum_{i=1}^{m} \xi_i$ für jedes $t \in R_1$ durch $\prod_{k=1}^{m} e^{ia_k t - t^2\sigma_k^2/2}$ gegeben ist. Nach Satz 23.3 ist die zugehörige Wahrscheinlichkeitsverteilung eindeutig festgelegt und ist daher eine $N\left(\sum_{i=1}^{m} a_i, \sum_{i=1}^{m} \sigma_i^2\right)$.

Wir wollen in diesem Paragraphen noch den folgenden Satz beweisen:

Satz 27.2: $\xi_1, \ldots, \xi_n$ *seien unabhängig nach* $N(0, 1)$ *verteilt. Durch* $(o_{ij})_{1n}^{1n}$ *sei eine orthogonale Matrix gegeben. Wir definieren für* $i = 1, \ldots, n$ *die zufälligen Variablen* $\eta_i = \sum_{l=1}^{n} o_{il}\, \xi_l$ *und behaupten, daß auch die zufälligen Variablen* $\eta_1, \ldots, \eta_n$ *unabhängig nach* $N(0, 1)$ *verteilt sind.*

Beweis: Nach Voraussetzung ist die Dichte der gemeinsamen Verteilung von $(\xi_1, \ldots, \xi_n)$ für jedes $(x_1, \ldots, x_n)$ durch

$$\frac{1}{\left(\sqrt{2\pi}\right)^n}\, e^{-\frac{1}{2} \sum_{i=1}^{n} x_i^2} \tag{27.1}$$

gegeben. Wir wenden jetzt Satz 12.2 an. Ist $g_i(x_1, \ldots, x_n) = o_{i1}x_1 + \cdots + o_{in}x_n$ für jedes $(x_1, \ldots, x_n) \in R_n$, dann bildet $g = (g_1, \ldots, g_n)$ den R_n umkehrbar eindeutig auf sich ab. Die Umkehrabbildung ist ebenfalls linear und durch die zu $(o_{ij})_{1n}^{1n}$ inverse Matrix gegeben. Der Betrag der Determinante dieser inversen Matrix ist 1. Und dies ist auch der Betrag der Funktionaldeterminante. Somit ist die Dichte der gemeinsamen Verteilung von $\eta_1, \ldots, \eta_n$ durch $\frac{1}{\left(\sqrt{2\pi}\right)^n}\, e^{-\frac{1}{2} \sum_{i=1}^{n} y_i^2}$ für jedes $(y_1, \ldots, y_n) \in R_n$ gegeben. Daraus folgt die Behauptung (vgl. S. 54).

Es sei c eine reelle Zahl $\neq 0$. Man rechnet dann sofort nach, daß mit ξ auch $c\xi$ normalverteilt ist. Somit folgt aus Satz 27.1 unmittelbar, daß jede endliche Linearkombination[27.1] unabhängiger normalverteilter zufälliger Variabler wieder normalverteilt ist. (Vgl. auch Satz 36.2.)

Mit der Normalverteilung sind eine Reihe wichtiger Verteilungen verknüpft, die wir in den folgenden Paragraphen etwas näher betrachten wollen.

28. Die Chiquadrat-Verteilung von Helmert-Pearson[28.1]. $\xi_1, \ldots, \xi_n$ seien n unabhängige nach $N(0, 1)$ verteilte zufällige Variable,

---

[27.1] Es sollen nicht alle Koeffizienten dieser Linearkombination verschwinden.

[28.1] F. R. Helmert, Zeitschrift für Math. und Physik 21, 102—219 (1875). K. Pearson, Philos. Mag. V. Ser. 1, 157—175 (1900).

$n \geq 1$. Wir fragen nach der Verteilung der zufälligen Variablen η_n, die durch

$$\eta_n = \xi_1^2 + \cdots + \xi_n^2 \tag{28.1}$$

definiert ist. Wir behaupten, daß die zufällige Variable η_n folgende Verteilungsdichte besitzt:

$$g_n(y) = \begin{cases} \dfrac{1}{2^{n/2}\Gamma(n/2)} y^{\frac{n}{2}-1} e^{-y/2} & y > 0 \\ 0 & y \leq 0 \end{cases}. \tag{28.2}$$

(Vgl. Abb. 6.)

Man verwendet für diese Verteilung auch häufig das Symbol χ_n^2 um darzutun, daß die zufällige Variable η_n mit positiver Wahrscheinlichkeit nur positiver Werte fähig ist. Durch sinngemäße Anwendung von (11.3) folgt sofort, daß $g_n(y) = 0$ für $y \leq 0$ ist. Um (28.2) für $y > 0$ zu beweisen, bedienen wir uns der vollständigen Induktion. Für $n = 1$ ergibt sich nach (11.3)

$$\int_0^y g_1(y)\,dy = \frac{1}{\sqrt{2\pi}}\left[\int_{-\infty}^{\sqrt{y}} e^{-x^2/2}\,dx - \int_{-\infty}^{-\sqrt{y}} e^{-x^2/2}\,dx\right] = \sqrt{\frac{2}{\pi}}\int_0^{\sqrt{y}} e^{-x^2/2}\,dx\,.$$

Somit erhalten wir (28.2) durch Differentiation unter Berücksichtigung von $\sqrt{\pi} = \Gamma(1/2)$ für $y > 0$, falls $n = 1$ ist. Nun nehmen wir als Induktionsvoraussetzung an, daß die Behauptung für $n - 1$ richtig ist. Es ist zu zeigen, daß unter dieser Voraussetzung die Dichte der in (28.1) erklärten zufälligen Variablen η_n für $y > 0$ durch (28.2) gegeben ist. Es ist aber

$$\eta_n = \xi_1^2 + \cdots + \xi_{n-1}^2 + \xi_n^2 = \eta_{n-1} + \xi_n^2.$$

Da die ξ_i, $1 \leq i \leq n$, unabhängig sind, ergibt eine sinngemäße Anwendung des Satzes 13.1, daß η_{n-1} und ξ_n^2 voneinander unabhängig sind. Die Dichte von η_n kann also durch Anwendung von (24.1) erhalten werden. Wir erhalten für $y > 0$

$$g_n(y) = \int_0^y g_{n-1}(z)\, g_1(y - z)\,dz =$$

$$= 2^{-n/2}\big(\Gamma((n-1)/2)\Gamma(1/2)\big)^{-1} e^{-y/2} \int_0^y z^{\frac{n-3}{2}} (y - z)^{-\frac{1}{2}}\,dz$$

und wenn man hier die Substitution $z = yx$ macht und (IX) für $a = 1/2$ und $b = (n - 1)/2$ anwendet, dann erhält man die Behauptung.

Man pflegt die durch (28.2) definierte Verteilung die χ^2-Verteilung (Chiquadrat-Verteilung) von HELMERT-PEARSON mit n Freiheitsgraden zu nennen.

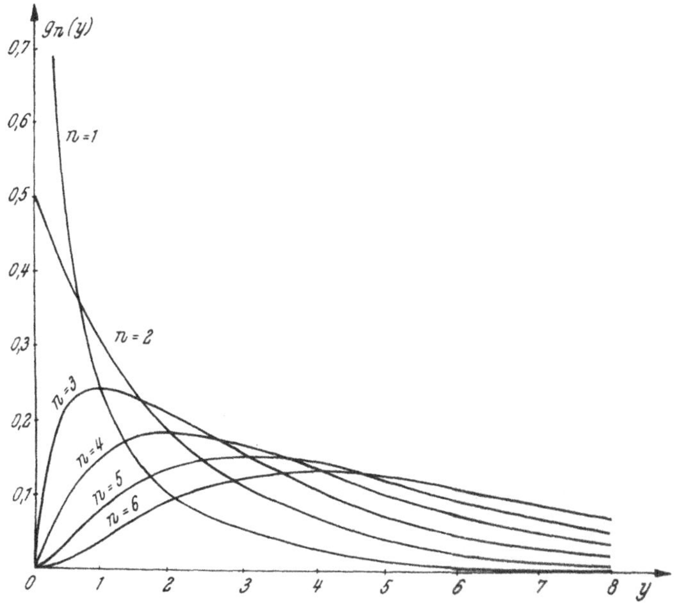

Abb. 6. Dichte der Chiquadratverteilung $g_n(y)$ für $y \geq 0$ und $n = 1, \ldots, 6$.

Man sieht unmittelbar, daß g_n für $n = 1, 2$ an der Stelle $y = 0$ unstetig ist, jedoch für $n \geq 3$ im ganzen R_1 stetig und für $n \geq 5$ im ganzen R_1 differenzierbar ist. Für den Mittelwert von η_n erhalten wir

$$E(\eta_n) = \int_0^\infty y g_n(y) dy = 2[\Gamma(n/2)]^{-1}\Gamma\big((n/2) + 1\big) = 2\,\frac{n}{2}$$

und somit ist

$$E(\eta_n) = n, \quad n \geq 1. \tag{28.3}$$

Für das zweite Moment erhält man nach leichter Rechnung $E(\eta_n^2) = (2 + n)n$ und daher für die Streuung

$$E[(\eta_n - n)^2] = 2n. \tag{28.4}$$

Allgemein erhält man für das k-te Moment, $k \geq 1$, aus der Definition der Γ-Funktion

$$E(\eta_n^k) = 2^k \Gamma\left(k + \frac{n}{2}\right) [\Gamma(n/2)]^{-1}. \tag{28.5}$$

Wir wollen noch die charakteristische Funktion der χ^2-Verteilung mit n Freiheitsgraden berechnen. In Analogie zu den Überlegungen zum Satz 26.1 erhält man zunächst für $|t| < 1/2$

$$E(e^{i\eta_n t}) = \left(2^{n/2}\Gamma(n/2)\right)^{-1} \int\limits_0^\infty e^{iyt}\, e^{-y/2}\, y^{\frac{n}{2}-1}\, dy =$$

$$= \left(2^{n/2}\Gamma\left(\frac{n}{2}\right)\right)^{-1} \sum_{k=0}^\infty \int\limits_0^\infty \frac{(iyt)^k}{k!}\, y^{\frac{n}{2}-1} e^{-y/2} dy =$$

$$= \left(\Gamma\left(\frac{n}{2}\right)\right)^{-1} \sum_{k=0}^\infty \frac{(it)^k}{k!}\, 2^k\, \Gamma\left(k + \frac{n}{2}\right) = (1 - 2it)^{-n/2}.$$

Betrachten wir für den Augenblick das Integral $\int\limits_0^\infty e^{iyt}\, e^{-y/2}\, y^{\frac{n}{2}-1}\, dy$ auch für komplexe Werte von t, dann erkennt man, daß dieses für alle t mit $|\mathfrak{J}(t)| < 1/2$ eine analytische Funktion von t darstellt. Für diese t ist aber auch $(1 - 2it)^{-n/2}$ eine analytische Funktion. Da die Menge $\{t : |\mathfrak{J}(t)| < 1/2\}$ die Menge der reellen Zahlen enthält, folgt aus dem Eindeutigkeitssatz für analytische Funktionen

$$E(e^{i\eta_n t}) = (1 - 2it)^{-n/2} \tag{28.6}$$

für alle reellen t.

Aus der Definition der Helmert-Pearsonverteilung oder auch aus (28.6) in Verbindung mit Satz 23.3 folgt die Reproduktionseigenschaft der Chiquadratverteilung:

Satz 28.1: *Addiert man eine nach Chiquadrat mit n Freiheitsgraden verteilte zufällige Variable und eine davon unabhängige zufällige Variable, welche nach Chiquadrat mit m Freiheitsgraden verteilt ist, dann ist die Summe nach Chiquadrat mit $m + n$ Freiheitsgraden verteilt.*

Wir bemerken noch, daß die Chiquadratverteilung ein Spezialfall einer allgemeineren Klasse von Verteilungen ist, der sogenannten

Gammaverteilungen. Es sei $0 < \beta < \infty$ und $\gamma > 0$. Dann wird durch

$$\begin{cases} \dfrac{\gamma^\beta}{\Gamma(\beta)}\, x^{\beta-1}\, e^{-\gamma x} & x > 0 \\ 0 & x \leq 0 \end{cases} \tag{28.7}$$

die Dichte einer Verteilung definiert, die man als *Gammaverteilung* mit den Parametern β und γ bezeichnet. Für $\gamma = 1/2$, $\beta = n/2$ erhält man die Chiquadratverteilung mit n Freiheitsgraden.

29. Die *t*-Verteilung oder Studentverteilung[29.1]. Es sei ξ eine nach $N(0, 1)$ verteilte zufällige Variable und η_n davon unabhängig nach Chiquadrat mit n Freiheitsgraden, $n \geq 1$, verteilt.

Wir definieren die zufällige Variable

$$\boldsymbol{t} = \xi \Big/ \sqrt{\eta_n/n}. \tag{29.1}$$

Sie ist nur für $\eta_n > 0$ erklärt, aber nach (28.2) gilt $W(\eta_n \leq 0) = 0$, so daß jener Umstand für das Weitere keine Rolle spielt. Wegen der Unabhängigkeit von ξ und η_n erhalten wir für die Dichte der gemeinsamen Verteilung von (ξ, η_n)

$$\begin{matrix} \left(2^{\frac{n}{2}}\, \Gamma\!\left(\frac{n}{2}\right)\right)^{-1} e^{-x_2/2}\, x_2^{\frac{n}{2}-1}\, \dfrac{1}{\sqrt{2\pi}}\, e^{-x_1^2/2} & -\infty < x_1 < \infty,\ x_2 > 0 \\ 0 & -\infty < x_1 < \infty,\ x_2 \leq 0\,. \end{matrix} \tag{29.2}$$

Machen wir nun kurz gesagt die eineindeutige Transformation

$$\begin{aligned} y_1 &= x_1 \Big/ \sqrt{x_2/n} \qquad -\infty < x_1 < \infty,\ x_2 > 0 \\ y_2 &= x_2 \end{aligned}$$

dann finden wir für den Betrag der Funktionaldeterminante $\sqrt{y_2/n}$. Somit finden wir eine neue zweidimensionale Dichte

$$\begin{cases} \left[2^{\frac{n}{2}}\, \Gamma(n/2)\right]^{-1} (2\pi n)^{-\frac{1}{2}}\, e^{-\frac{1}{2}\left(y_1^2 \frac{y_2}{n} + y_2\right)}\, y_2^{\frac{n}{2}-1} \sqrt{y_2} & \\ & -\infty < y_1 < \infty, y_2 > 0 \\ 0 & -\infty < y_1 < \infty, y_2 \leq 0\,. \end{cases}$$

29.1 „Student", Biometrika 6, 1–25 (1908), (Student ist ein Pseudonym für W. S. Gosset). R. A. Fisher, Biometrika 10, 507–521 (1915).

Um daraus die Dichte h_n von t zu finden, gehen wir zur Randverteilung über und erhalten für jedes reelle t:

$$h_n(t) = \frac{1}{\sqrt{\pi n}\,\Gamma(n/2)} \int_0^\infty e^{-\frac{u}{2}\left(1+\frac{t^2}{n}\right)} \left(\frac{u}{2}\right)^{(n-1)/2} \frac{du}{2}$$

und daraus nach leichter Rechnung

$$h_n(t) = \frac{\Gamma\big((n+1)/2\big)\,(1+t^2/n)^{-\frac{n+1}{2}}}{\Gamma(1/2)\,\Gamma(n/2)\sqrt{n}} \qquad -\infty < t < \infty,\ n \geq 1. \qquad (29.3)$$

Man bezeichnet den Ausdruck (29.3) als die Dichte der t-Verteilung mit n Freiheitsgraden oder auch als die Dichte der *Studentverteilung*. Die Verteilung wird auch manchesmal nach Fisher benannt. Die Zahl der Freiheitsgrade stimmt überein mit der Zahl der Freiheitsgrade der Chiquadratverteilung, welche in die Definition der t-Verteilung eingeht. Man sieht unmittelbar, daß die t-Verteilung symmetrisch bezüglich des Nullpunktes ist. (Vgl. Abb. 7.)

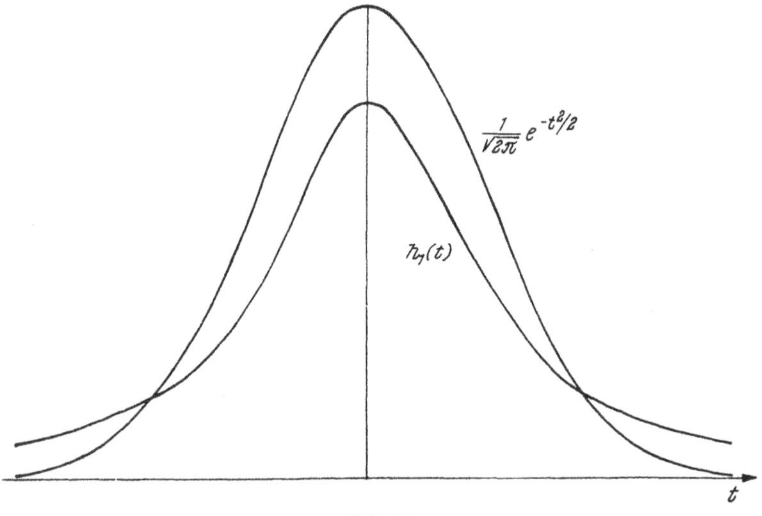

Abb. 7

Wir betrachten kurz den Fall $n = 1$. Es wird $h_1(t) = \dfrac{1}{\pi} \cdot \dfrac{1}{1+t^2}$ für alle reellen t. Diese Dichte ist ein Sonderfall einer allgemeineren

Klasse von Dichten, deren zugehörige Verteilungen als *Cauchy-Verteilungen* bezeichnet werden. Die Dichte derselben ist für jedes reelle t durch $\frac{a}{\pi} \cdot \frac{1}{(t-b)^2 + a^2}$, $a > 0$, $-\infty < b < \infty$ gegeben. Für diese Verteilungen, also insbesondere für die t-Verteilung mit einem Freiheitsgrad existieren der Mittelwert und daher auch die höheren Momente nicht.

Allgemeiner gilt für die durch (29.3) definierten Verteilungen, daß die Momente bis zur Ordnung $n-1$, aber nicht mehr das n-te Moment, vorhanden sind. Es konvergiert nämlich

$$\int_0^\infty t^k (1 + t^2/n)^{-(n+1)/2} dt$$

für (alle reellen) k mit $-1 < k < n$, aber nicht für $k = n$.

Da die t-Verteilung symmetrisch ist, verschwinden die Momente ungerader Ordnung, soweit sie existieren. Zwecks Berechnung der Momente gerader Ordnung betrachten wir das Integral

$$\int_0^\infty y^{2m} (1 + y^2/n)^{-k} dy, \quad 0 \leq m < \left(k - \frac{1}{2}\right), \quad k > \frac{1}{2}, \ n \geq 1.$$

Die Substitution $1 + t^2/n = 1/z$ liefert unter Beachtung von (IX) für dieses Integral $\frac{n^{m+1/2}}{2} \frac{\Gamma\left(m + \frac{1}{2}\right) \Gamma\left(k - m - \frac{1}{2}\right)}{\Gamma(k)}$. Wählt man $k = (n+1)/2$, dann folgt daraus

$$E(\boldsymbol{t}^{2m}) = \frac{(2m-1) \cdots 3.\,1.\, n^m}{(n-2) \cdots (n-2m)} \tag{29.4}$$

für $2m < n$.

30. Die $\boldsymbol{F}$-Verteilung[30.1]. η_n sei eine nach Chiquadrat mit n Freiheitsgraden, $n \geq 1$, verteilte zufällige Variable und η_m eine zufällige Variable, die unabhängig von η_n mit m Freiheitsgraden, $m \geq 1$, verteilt ist. Wir definieren eine neue zufällige Variable

$$\boldsymbol{F} = \frac{\eta_n}{n} \Big/ \frac{\eta_m}{m}. \tag{30.1}$$

[30.1] Die Verteilung wird auch nach SNEDECOR benannt.

Wie im Falle der t-Verteilung bereitet das Verschwinden des Nenners keine Schwierigkeiten in der Definition. Um die Dichte von $\boldsymbol{F}$ abzuleiten gehen wir wieder von der gemeinsamen Dichte der zufälligen Variablen (η_n, η_m) aus, welche wegen der Unabhängigkeitsvoraussetzung durch

$$\begin{matrix} 2^{-(n+m)/2}\left(\Gamma\left(\frac{n}{2}\right)\Gamma\left(\frac{m}{2}\right)\right)^{-1} x_1^{\frac{n}{2}-1}\, e^{-x_1/2}\, x_2^{\frac{m}{2}-1}\, e^{-x_2/2} & x_1 > 0,\ x_2 > 0 \\ 0 & \text{sonst} \end{matrix}$$

gegeben ist. Man macht nun die Transformation $x_1/n(x_2/m)^{-1} = y_1$, $x_2 = y_2$, $x_1 > 0$, $x_2 > 0$, dann ergibt sich für den Betrag der Funktionaldeterminante $\frac{n}{m}\, y_2$. Man erhält daraus eine neue zweidimensionale Dichte, und wenn man zur Randverteilung übergeht, erhält man für die Dichte von $\boldsymbol{F}$ nach leichter Rechnung

$$k_{n,m}(F) = \begin{cases} \dfrac{\Gamma\big((n+m)/2\big)\,(n/m)^{n/2}}{\Gamma(n/2)\,\Gamma(m/2)}\, F^{(n/2)-1}\left(1+\dfrac{nF}{m}\right)^{-(m+n)/2} & F > 0 \\ 0 & F < 0 \end{cases}. \quad (30.2)$$

Man nennt (30.2) die Dichte der F-Verteilung mit (n, m) Freiheitsgraden. Aus der Definition der F-Verteilung folgt sofort der

Satz 30.1: *Wenn $\boldsymbol{F}$ eine F-Verteilung mit (n, m) Freiheitsgraden besitzt, dann besitzt die zufällige Variable $1/\boldsymbol{F}$ eine F-Verteilung mit (m, n) Freiheitsgraden.*

Es ist vielfach nützlich durch einfache Transformationen von (30.2) zu anderen Verteilungen überzugehen. Wir betrachten zunächst die zufällige Variable[30.2]

$$\zeta = \frac{1}{2}\log \boldsymbol{F},$$

wobei $\boldsymbol{F}$ mit der Dichte (30.2) verteilt ist. Man erhält leicht, daß die Verteilung von ζ folgende Dichte besitzt:

$$2\,\frac{\Gamma\big((n+m)/2\big)\,(n/m)^{\frac{n}{2}}}{\Gamma(n/2)\,\Gamma(m/2)}\, e^{nz}\left(1+\frac{n}{m}\,e^{2z}\right)^{-(m+n)/2} \qquad -\infty < z < \infty.$$

Man nennt diese Verteilung auch die *z-Verteilung von Fisher*.

[30.2] R. A. Fisher, Metron 1, 1—32 (1921).

Betrachtet man aber die zufällige Variable $\xi = \dfrac{\frac{n}{m} F}{1 + \frac{n}{m} F}$, dann erhält man für diese eine sogenannte *Betaverteilung*, deren Dichte durch

$$\begin{cases} \dfrac{\Gamma((n+m)/2)}{\Gamma(n/2)\,\Gamma(m/2)}\, x^{\frac{n}{2}-1}\,(1-x)^{\frac{m}{2}-1} & 0 < x < 1 \\ 0 & \text{sonst} \end{cases} \tag{30.3}$$

gegeben ist. Wir bezeichnen diese Verteilung kurz mit $B\left(\frac{n}{2}, \frac{m}{2}\right)$. Allgemeiner ist die *Betaverteilung* $B(\alpha, \beta)$, $\alpha > 0$, $\beta > 0$ durch die Dichte

$$\begin{cases} \dfrac{\Gamma(\alpha+\beta)}{\Gamma(\alpha)\Gamma(\beta)}\, x^{\alpha-1}\,(1-x)^{\beta-1} & 0 < x < 1 \\ 0 & \text{sonst} \end{cases} \tag{30.4}$$

gegeben.

Wir merken an, daß wir für $n = 1$ in (30.2) eine Verteilung erhalten, welche mit der t-Verteilung mit m Freiheitsgraden in enger Beziehung steht. Die zufällige Variable $\eta_1 \Big/ \frac{\eta_m}{m}$ ist offenbar das Quadrat einer zufälligen Variablen mit der Dichte h_m. Man kann das auch durch sinngemäße Anwendung von (11.3) sofort nachprüfen. Man hat für jedes $y > 0$ den Ausdruck

$$m^{-\frac{1}{2}}\,\Gamma((m+1)/2)\left[\Gamma\left(\frac{1}{2}\right)\Gamma(m/2)\right]^{-1}\left\{\int_{-\infty}^{\sqrt{y}}(1+t^2/m)^{-(m+1)/2}\,dt - \right.$$
$$\left. - \int_{-\infty}^{-\sqrt{y}}(1+t^2/m)^{-(m+1)/2}\,dt\right\}$$

zu betrachten und daraus erhält man durch Differentiation nach y

$$m^{-\frac{1}{2}}\,\Gamma((m+1)/2)\left[\Gamma\left(\frac{1}{2}\right)\Gamma(m/2)\right]^{-1}(1+y/m)^{-(m+1)/2}\,y^{-1/2}.$$

Das ist aber gerade $k_{1,m}(y)$ für $y > 0$.

31. Die Verteilungstypen von K. Pearson. Alle bisher in **28.**, **29.** und **30.** betrachteten speziellen Verteilungen und eine Anzahl weiterer praktisch wichtiger Verteilungen kann man formal aus einem einheitlichen Gesichtspunkt gewinnen. Wir gehen hierzu von folgender Tatsache aus: Die Dichte einer $N(a, \sigma^2)$ genügt, wie man sich sofort überzeugt, der folgenden linearen und homogenen Differentialgleichung erster Ordnung

$$y' = -\frac{(x-a)}{\sigma^2}\,y, \qquad -\infty < x < \infty, \quad -\infty < y < \infty. \tag{31.1}$$

Wir verallgemeinern nun (31.1) etwas und betrachten die Differentialgleichung

$$y' = \frac{(x+a_1)\,y}{b_1 + b_2 x + b_3 x^2}, \tag{31.2}$$

wobei die rechte Seite für alle reellen x, y erklärt ist, soweit der Nenner nicht verschwindet. a_1, b_1, b_2, b_3 sind vier beliebige reelle Zahlen, durch deren Variation eine Fülle von typischen Lösungen von (31.2) gewonnen werden kann. Durch geeignete Normierung und Beschränkung auf passende Intervalle erhält man hieraus eine große Anzahl von Verteilungsdichten, die sogenannten Pearsonschen[31.1] Verteilungstypen. Ihre Entstehung verdanken sie vor allen Dingen dem Wunsche, empirisch gewonnene Häufigkeitsverteilungen durch Verteilungen vom stetigen Typ zu approximieren. Durch Wahl der vier Parameter a_1, b_1, b_2, b_3 ist es, von Ausnahmefällen abgesehen, stets möglich, Verteilungsdichten zu gewinnen, deren erste vier Momente vorgegeben sind. Wir gehen darauf nicht ein und wollen nur kurz die Aufspaltung der durch (31.2) definierten Dichten in sieben Typen geben. Die Kennzeichnung der Pearsonschen Kurventypen erfolgt vom Verhalten des Nenners $b_1 + b_2 x + b_3 x^2$ der rechten Seite von (31.2) her.

Typ I: Sei $b_3 \neq 0$, dann kann man schreiben:

$$b_1 + b_2 x + b_3 x^2 = b_3 (c_1 + c_2 x + x^2).$$

Nun wird angenommen, daß $c_1 + c_2 x + x^2 = 0$ reelle Wurzeln α_1, α_2 besitzt, wobei etwa $\alpha_1 < \alpha_2$ sei. Statt (31.2) erhält man für $y \neq 0$

$$\frac{d \log y}{dx} = \frac{x + a_1}{b_1 + b_2\, x + b_3 x^2}. \tag{31.3}$$

Durch Partialbruchzerlegung erhält man eine partikuläre Lösung y von (31.2) in der Gestalt $\log y(x) = \frac{A}{b_3} \log |x - \alpha_1| + \frac{B}{b_3} \log |x - \alpha_2|$ für $x \neq \alpha_1, \alpha_2$ mit geeigneten Konstanten A und B. Die allgemeine Lösung ist also von der Form

$$y(x) = C\,|x - \alpha_1|^{\beta_1}\, |x - \alpha_2|^{\beta_2}, \quad x \neq \alpha_1, \alpha_2,$$

31.1 K. Pearson, Philos. Trans. roy. Soc. London, Ser. A 185, 71—110 (1894).

wobei C eine beliebige reelle Zahl ist. Wir gewinnen hieraus Verteilungsdichten der folgenden Art:

$$\begin{cases} 0 & x \leq \alpha_1 \\ C(x-\alpha_1)^{\beta_1}(\alpha_2-x)^{\beta_2} & \alpha_1 < x < \alpha_2,\ \beta_1 > -1,\ \beta_2 > -1. \\ 0 & x \geq \alpha_2 \end{cases} \qquad (31.4)$$

C ist natürlich so zu wählen, daß $C\int\limits_{\alpha_1}^{\alpha_2}(x-\alpha_1)^{\beta_1}(\alpha_2-x)^{\beta_2}\,dx = 1$ ist. Für $\alpha_1 = 0$, $\alpha_2 = 1$ gewinnt man aus (31.4) die Betaverteilung (30.4).

Typ II: Die so benannten Verteilungsdichten stellen nur einen Spezialfall der Dichten von der Gestalt (31.4) dar. Es ist also nicht konsequent, sie als eigenen Typ zu bezeichnen, doch hat es sich eingebürgert, den Fall $\alpha_1 = -\alpha_2 = \alpha$, also die Dichte von der Gestalt

$$C(\alpha^2 - x^2)^{\beta}, \qquad -\alpha < x < \alpha, \quad \beta > -\frac{1}{2} \qquad (31.5)$$

als Typ II zu bezeichnen[31.2].

Typ III: Sei $b_3 = 0$, $b_2 \neq 0$. Dann erhält man die Verteilungsdichten vom Typ III in der Gestalt

$$Ce^{-\gamma x}(b_1 + b_2 x)^{\beta}, \qquad x > -b_1/b_2,\ \beta > -1, \quad \gamma > 0.$$

Für $b_1 = 0$, $b_2 = 1$ erhält man als Spezialfall die Dichte der Gammaverteilung (28.7).

Typ IV: Es sei wieder $b_3 \neq 0$. Jedoch sei jetzt im Gegensatz zum Typ I das Polynom $c_1 + c_2 x + x^2$ in $-\infty < x < \infty$ stets positiv, also $c_2^2 - 4c_1 < 0$. Dann ist also $c_1 > 0$. Die einfache Integration von (31.1) ergibt für die Verteilungsdichten vom Typ IV

$$C(x^2 + c_2 x + c_1)^{\beta} e^{\gamma \arctan\left[(x + c_2/2)\sqrt{c_1 - c_2^2/4}\right]}, \qquad -\infty < x < \infty, \quad \beta < -\frac{1}{2}.$$

Typ V: Sei $b_3 \neq 0$. Es wird angenommen, daß das Polynom $c_1 + c_2 x + x^2$ eine (reelle) doppelte Nullstelle α besitzt: $c_1 + c_2 x + x^2 = (x - \alpha)^2$. Die Verteilungsdichten erhalten die Form

$$C(x-\alpha)^{\beta} e^{\frac{-\gamma}{(x-\alpha)}}, \qquad x > \alpha, \qquad \beta < -1, \qquad \gamma > 0.$$

Typ VI: Dieser Typ steht in engem Zusammenhang mit Typ I. Es seien alle Voraussetzungen erfüllt, die wir bei der Betrachtung des Typ I gemacht haben.

[31.2] Die Intervalle, in denen die Dichten verschwinden, geben wir von nun an nicht mehr an. C ist stets so zu wählen, daß (6.3) sinngemäß erfüllt ist.

Mittels der dort eingeführten Bezeichnung erhält man Verteilungsdichten der Gestalt

$$C(x-\alpha_1)^{\beta_1}(x-\alpha_2)^{\beta_2}, \qquad x>\alpha_2, \qquad \beta_2>-1, \qquad \beta_1+\beta_2<-1.$$

Typ VII: Dieser Typ ist ein Spezialfall des Typ IV. Es wird nämlich jetzt vorausgesetzt, daß das Polynom $c_1+c_2x+x^2$ zwei rein imaginäre Nullstellen besitzt, also $c_2=0$ ist. Wir schreiben nur den Spezialfall $b_2=0$, $b_1=1$, $b_3=1/n$, $\beta=-(n+1)/2$, $\gamma=0$ auf, welcher die Dichte h_n der t-Verteilung liefert.

Wir wollen noch erwähnen, daß die Normalverteilung oft als Grenzfall des Typ VII angesehen wird (vgl. auch S. 139). Tatsächlich kann man aber durch geeignete Wahl der Konstanten und nachfolgende Grenzübergänge aus jedem Typ die Normalverteilung gewinnen. Man gehe z. B. von den Dichten des Typ I bzw. II aus, wähle die Schreibweise $C\left(1-\frac{x^2}{\alpha^2}\right)^\beta$, setze $\alpha^2=2n$, $\beta=n$ und lasse $n\to\infty$ gehen.

Ausgehend vom Typ IV bzw. VII schreibe man die Dichten in der Gestalt $C\left(1+\frac{x^2}{\alpha^2}\right)^\beta$, wähle $\alpha^2=2n$, $\beta=-n$ und lasse wieder $n\to\infty$ gehen. Ähnliches gilt für die fehlenden Typen.

32. Die Binomialverteilung. Wir haben bis jetzt nur besonders wichtige Beispiele von Verteilungen vom stetigen Typ kennengelernt. Wir wenden uns nun einigen bedeutsamen diskreten Verteilungen zu. In erster Linie ist hier die Bernoullische oder Binomial-Verteilung zu erwähnen. Zu dieser kann man auf folgende Weise gelangen:

$\xi_1,\ldots,\xi_n$ seien n $(n\geq 1)$ unabhängige zufällige Variable mit derselben diskreten Verteilung, welche durch

$$W(\xi_i=0)=q,\quad W(\xi_i=1)=p, \qquad p,q>0,\ p+q=1 \tag{32.1}$$

gegeben ist. Wir betrachten die Summenvariable

$$\zeta_n=\xi_1+\cdots+\xi_n, \qquad n\geq 1. \tag{32.2}$$

Wir behaupten, daß ζ_n folgende diskrete Verteilung besitzt:

Für ganzes k mit $0\leq k\leq n$ ist

$$W(\zeta_n=k)=\tbinom{n}{k}p^kq^{n-k}. \tag{32.3}$$

Diese Verteilung bezeichnen wir als Binomialverteilung und schreiben für sie kurz $B_n(p)$. Um (32.3) zu beweisen, wenden wir vollständige Induktion an und sehen sofort, daß die Behauptung für $n = 1$ richtig ist. Nach Induktionsvoraussetzung sei jetzt ζ_{n-1} nach $B_{n-1}(p)$ verteilt. Da die ξ_i voneinander unabhängig sind, sind auch ξ_n und ζ_{n-1} unabhängig. Somit folgt für ganzes k mit $0 \leq k \leq n$

$$W(\zeta_n = k) = W(\zeta_{n-1} = k)\, W(\xi_n = 0) + W\big(\zeta_{n-1} = (k-1)\big) W(\xi_n = 1) =$$
$$= \tbinom{n-1}{k} p^k q^{n-k-1}\, q + \tbinom{n-1}{k-1} p^{k-1} q^{n-k}\, p = \tbinom{n}{k} p^k q^{n-k}$$

und das ist die rechte Seite von (32.3). Diese Schlußweise ist zunächst nur für $1 \leq k \leq n-1$ richtig; wegen $\binom{n-1}{n} = \binom{n-1}{-1} = 0$ bleibt sie formal auch noch für $k = 0$ und $k = n$ richtig.

Das Resultat kann auch auf folgende anschaulichere Weise gewonnen werden: Die Wahrscheinlichkeit, daß $\zeta_n = k$, ist gleichbedeutend mit der Wahrscheinlichkeit, daß irgendwelche k der ξ_i den Wert 1 und die restlichen ξ_i den Wert 0 annehmen. Dies kann auf $\binom{n}{k}$ Arten geschehen. Aber die Wahrscheinlichkeit, daß k vorgegebene zufällige Variable den Wert 1 und die restlichen den Wert 0 annehmen, ist wegen der vorausgesetzten Unabhängigkeit durch $p^k q^{n-k}$ gegeben. Satz 1.1 führt dann auf das Resultat (32.3).

Eine Anwendung des Satzes 24.1 und des Satzes 17.4 erlaubt es, sofort Mittelwert und Streuung einer $B_n(p)$ anzugeben. Für die zufällige Variable ξ_i gilt nach (32.1)

$$E(\xi_i) = 0 \cdot q + 1 \cdot p = p \quad \text{und} \quad E(\xi_i^2) = p, \quad \text{also} \quad E[(\xi_i - p)^2] = pq$$

und somit

$$E(\zeta_n) = np \tag{32.4}$$

und

$$E[(\zeta_n - np)^2] = npq. \tag{32.5}$$

Für die charakteristische Funktion einer $B_n(p)$ erhält man für jedes reelle t

$$\varphi(t) = \sum_{k=0}^{n} e^{ikt} \tbinom{n}{k} p^k q^{n-k} = \sum_{k=0}^{n} (e^{it} p)^k q^{n-k} \tbinom{n}{k},$$

also

$$\varphi(t) = (p e^{it} + q)^n, \qquad -\infty < t < \infty. \tag{32.6}$$

Entweder unmittelbar aus der Definition oder unter Verwendung der charakteristischen Funktion folgt sofort die Reproduktionseigenschaft der Binomialverteilung:

Satz 32.1: *Die Summe zweier unabhängiger nach $B_n(p)$ bzw. $B_m(p)$ verteilter zufälliger Variabler ist nach $B_{n+m}(p)$ verteilt.*

Wendet man die ČEBYŠEVsche Ungleichung (22.2) auf eine $B_n(p)$ an, dann erhält man das sogenannte Theorem von BERNOULLI:

Satz 32.2: *ζ_n sei eine nach $B_n(p)$ verteilte zufällige Variable. Die Wahrscheinlichkeit, daß die zufällige Variable ζ_n/n beliebig wenig von p abweicht, kann beliebig nahe an 1 herangebracht werden, wenn man n groß genug wählt.*

Beweis: Aus (32.4) und (32.5) folgt unter Anwendung der ČEBYŠEVschen Ungleichung

$$W\left(|\zeta_n - np| \leq t\sqrt{npq}\right) \geq 1 - 1/t^2,\ t > 0,$$

oder auch

$$W\left(\left|\frac{\zeta_n}{n} - p\right| \leq t\sqrt{pq/n}\right) \geq 1 - 1/t^2.$$

Es sei nun $\varepsilon > 0$ vorgegeben. Man setze $t\sqrt{pq/n} = \varepsilon$, also $t^2 = \varepsilon^2 n/pq$. Dann wird für beliebig vorgegebenes $\delta > 0$

$$W\left(\left|\frac{\zeta_n}{n} - p\right| \leq \varepsilon\right) \geq 1 - \delta$$

sofern man nur n so groß wählt, daß

$$pq/\varepsilon^2 n \leq \delta\,.$$

Die auf S. 104 gegebene Herleitung der Binomialverteilung kann man offenbar so interpretieren: ζ_n ist die absolute Häufigkeit des Ereignisses „1" in einer Reihe n gleichartiger unabhängiger Alternativversuche. Dementsprechend stellt ζ_n/n die relative Häufigkeit dieses Ereignisses dar. Die Aussage des Satzes 32.2 kann daher im Sinne dieser Auffassung als „Bestätigung" der Häufigkeitsinterpretation des Kalküls der Wahrscheinlichkeitstheorie angesehen werden. Im Sinne der auf Seite 30 gegebenen Interpretation von Wahrscheinlichkeiten, die beliebig nahe an 1 herankommen, kann man also die Aussage des Satzes 32.2 so formulieren: Die relative Häufigkeit für das Auftreten des Ereignisses „1" stimmt „praktisch" immer mit p überein, wenn nur die Versuchsreihe lang genug ist. (Vgl. auch S. 22 bis 23.)

Wir wollen noch einen Satz beweisen, den wir später benötigen werden (vgl. **II**, 177, **IV**, 315), welcher die Werte der Vfen. zweier Binomialverteilungen vergleicht.

Satz 32.3: *Sei* $0 \leq k < n$ *und* $0 < p < p_1 < 1$, $q = 1 - p$, $q_1 = 1 - p_1$. *Dann ist*

$$\sum_{r=0}^{k} \binom{n}{r} p^r q^{n-r} > \sum_{r=0}^{k} \binom{n}{r} p_1^r q_1^{n-r}. \tag{32.7}$$

Beweis: Es sei für

$$0 \leq p \leq 1,\ 0 \leq k < n,\ S_k(p) = \sum_{r=0}^{k} \binom{n}{r} p^r q^{n-r}.$$

Dann gilt in $0 < p < 1$

$$S_k'(p) = \sum_{r=1}^{k} r \binom{n}{r} p^{r-1} q^{n-r} - \sum_{r=0}^{k} (n - r) \binom{n}{r} p^r q^{n-r-1}.$$

Weiter ist

$$S_k'(p) = n \sum_{r=1}^{k} \binom{n-1}{r-1} p^{r-1} q^{n-r} - n \sum_{r=0}^{k} \binom{n-1}{n-r-1} p^r q^{n-r-1}$$

oder

$$S_k'(p) = -n \binom{n-1}{k} p^k q^{n-k-1}. \tag{32.8}$$

Somit ist aber $S_k'(p) < 0$ in $0 < p < 1$, und damit ist (32.7) bewiesen[32.1].

Nun ist $S_k(0) = 1$, und daher erhält man aus (32.8) auch

$$S_k(p) = 1 - n \binom{n-1}{k} \int_0^p x^k (1 - x)^{n-k-1} dx \tag{32.9}$$

oder

$$S_k(p) = 1 - \int_0^p x^k (1 - x)^{n-k-1} dx \Big/ \int_0^1 x^k (1 - x)^{n-k-1} dx$$ [32.2].

[32.1] Man kann dies auch ohne Rechnung zeigen: Es seien ξ_i bzw. $\xi_i^{(1)}$ für $i = 1, \ldots, n$ zufällige Variable über demselben Wahrscheinlichkeitsfeld, welche nach $B_1(p)$ bzw. $B_1(p_1)$ verteilt seien. Es sei $p_1 > p$, also $\{\omega: \xi_i(\omega) = 1\} \subset \{\omega: \xi_i^{(1)}(\omega) = 1\}$. Dann ist mit $\zeta_n = \sum_{i=1}^{n} \xi_i$ und $\zeta_n^{(1)} = \sum_{i=1}^{n} \xi_i^{(1)}$ natürlich $W(\zeta_n^{(1)} > k) > W(\zeta_n > k)$, falls $0 \leq k < n$ ist. Es folgt (32.7).

[32.2] Diese Formel steht schon bei A. Meyer, Vorlesungen über Wahrscheinlichkeitsrechnung (deutsch bearbeitet von E. Czuber), B. G. Teubner, Leipzig 1879. Das Integral im Zähler bezeichnet man als unvollständige Beta-Funktion. Diese ist vielfach tabelliert, z. B. K. Pearson, Tables of the incomplete B-function, Cambridge University Press, London 1934.

Daraus liest man nochmals direkt die Richtigkeit der Behauptung des Satzes 32.3 ab.

33. Die Poissonverteilung. Es sei $a > 0$. Wir definieren eine zufällige Variable ξ durch folgende Festsetzung.

$$W(\xi = r) = e^{-a} a^r / r!\,, \qquad r = 0, 1, \ldots . \tag{33.1}$$

Man sieht sofort, daß $\sum_{r=0}^{\infty} e^{-a} a^r / r! = 1$, so daß durch (33.1) tatsächlich eine Verteilung definiert wird, welche als Poissonverteilung bezeichnet wird. Die Entwicklung der Wahrscheinlichkeitstheorie hat gezeigt, daß die Poissonverteilung eine überragende Rolle in dieser Theorie spielt. Dies kommt insbesondere bei den Grenzwertsätzen klar zum Ausdruck[33.1]. Wir können jedoch hier darauf nicht eingehen. Wir wollen hier nur zeigen, wie man die Poissonverteilung durch einen Grenzübergang aus der Bernoulliverteilung gewinnen kann. Wir betrachten für $a > 0$ und $n = 1, 2, \ldots$ eine $B_n(a/n)$. Dann wird für jedes feste nicht negative ganzzahlige r, wenn man n groß genug wählt:

$$\binom{n}{r} (a/n)^r \left(1 - \frac{a}{n}\right)^{n-r} = \frac{a^r}{r!} \left(1 - \frac{a}{n}\right)^n \left(1 - \frac{a}{n}\right)^{-r} \frac{n(n-1)\cdots(n-r+1)}{n^r}$$

und dies strebt gegen $e^{-a} a^r / r!$ für $n \to \infty$, wegen $\frac{n-i}{n} \to 1$ für $i = 0, \ldots, r-1$.

Für den Mittelwert einer nach Poisson verteilten zufälligen Variablen ξ ergibt sich

$$E(\xi) = \sum_{r=0}^{\infty} r e^{-a} \frac{a^r}{r!} = a e^{-a} \sum_{r=1}^{\infty} \frac{a^{r-1}}{(r-1)!}$$

also

$$E(\xi) = a. \tag{33.2}$$

Für die Streuung erhält man ebenso leicht

$$E[(\xi - a)^2] = a. \tag{33.3}$$

[33.1] Für ein vertieftes Studium der Grenzwertsätze sei besonders auf B. V. Gnedenko und A. N. Kolmogorov, Grenzverteilungen von Summen unabhängiger Zufallsgrößen, Akademie-Verlag, Berlin 1960 hingewiesen.

Leicht ist auch die charakteristische Funktion zu berechnen: Es ist für jedes $t \in R_1$

$$E(e^{i\xi t}) = \sum_{r=0}^{\infty} e^{irt} e^{-a} \frac{a^r}{r!} = \sum_{r=0}^{\infty} e^{-a} \frac{(a e^{it})^r}{r!}$$

also

$$E(e^{i\xi t}) = e^{-a} e^{a e^{it}}. \tag{33.4}$$

Die Poissonverteilung besitzt die Reproduktionseigenschaft:

Satz 33.1: *Die Summe zweier unabhängiger, nach Poisson verteilter zufälliger Variabler ist wieder nach Poisson verteilt.*

Beweis: Man zeigt dies entweder mittels (33.4) und Satz 24.4 oder durch direkte Rechnung. Wir wollen diese hier durchführen. ξ_i, $i = 1, 2$, seien unabhängige nach POISSON verteilte zufällige Variable mit Mittelwert a_i. Sei $\zeta_2 = \xi_1 + \xi_2$. Es ist für $k \geq 0$

$$W(\zeta_2 = k) = \sum_{r=0}^{k} e^{-a_1} \frac{a_1^{k-r}}{(k-r)!} e^{-a_2} a_2^r/r! = e^{-(a_1+a_2)} \frac{1}{k!} \sum_{r=0}^{k} \frac{a_1^{k-r} a_2^r}{r!(k-r)!} k! =$$

$$= e^{-(a_1+a_2)} (a_1 + a_2)^k/k!.$$

Es existiert ein zum Satz 32.3 analoger Satz, den wir jetzt beweisen wollen:

Satz 33.2: *Es sei für* $0 < a < \infty$, $0 \leq k < \infty$:

$$S(a) = \sum_{r=0}^{k} e^{-a} a^r/r!.$$

Für jedes k ist die Abbildung $a \to S(a)$ *streng monoton fallend.*

Beweis: Sei $0 < a < \infty$. Dann ist $S'(a) = -e^{-a} a^k/k!$, also stets < 0, woraus die Behauptung folgt. Darüber hinaus gewinnt man noch die Formel

$$S(a) = 1 - \int_0^a e^{-x} (x^k/k!)\, dx.$$

34. Die hypergeometrische Verteilung. Wir knüpfen an das in **19.** betrachtete Beispiel an und bedienen uns auch der dort eingeführten

Schreibweise. Es sei M ganz mit $1 \leq M < N$. Wir definieren zufällige Variable η_i, $1 \leq i \leq n$, in folgender Weise:

$$\eta_i = \begin{cases} 0, & \text{wenn} \quad \xi_i > x_M \quad \text{ist} \\ 1, & \text{wenn} \quad \xi_i \leq x_M \quad \text{ist} \end{cases}.$$

Wir schreiben $n_1 = \max(0, n + M - N)$ und $n_2 = \min(n, M)$. Aus (19.1) und der Definition der η_i folgt leicht: Es sei

$$n_1 \leq m \leq n_2 \tag{34.1}$$

und $\{i_1, \ldots, i_m\}$ eine Teilmenge von $\{1, \ldots, n\}$. Die Wahrscheinlichkeit dafür, daß die zufälligen Variablen $\eta_{i_1}, \ldots, \eta_{i_m}$ alle den Wert 1 und alle $n - m$ übrigen den Wert 0 annehmen, ist durch

$$\frac{M(M-1)\cdots(M-m+1)(N-M)(N-M-1)\cdots(N-M-(n-m)+1)}{N(N-1)\cdots(N-n+1)} =$$

$$= \frac{M!\,(N-M)!}{(M-m)!} \, \frac{(N-n)!}{(N-M-(n-m)!\,N!}$$

gegeben. Betrachtet man jetzt die zufällige Variable $\eta = \eta_1 + \cdots \cdots + \eta_n$, dann gilt für alle m, welche (34.1) genügen,

$$W(\eta = m) = \binom{n}{m} \frac{M!\,(N-M)!\,(N-n)!}{(M-n)!\,(N-m-(n-m))!\,N!}$$

↑M ?

also

$$W(\eta = m) = \binom{M}{m}\binom{N-M}{n-m}\Big/\binom{N}{n}. \tag{34.2}$$

Man kann nun sofort überprüfen, daß durch (34.2) eine Verteilung definiert ist. Vergleicht man nämlich den Koeffizienten von x^n in der Binomialentwicklung von $(1 + x)^N$ mit dem in der Entwicklung von $(1 + x)^M (1 + x)^{N-M}$, dann folgt

$$\binom{N}{n} = \sum_{n_1 \leq m \leq n_2} \binom{M}{m}\binom{N-M}{n-m}. \tag{34.3}$$

Man bezeichnet die durch (34.2) definierte Wahrscheinlichkeitsverteilung als hypergeometrische Verteilung.

Für den Erwartungswert von η ergibt sich:

$$E(\eta) = \sum_{n_1 \leq m \leq n_2} m \binom{M}{m}\binom{N-M}{n-m} \Big/ \binom{N}{n} = M \sum \frac{\binom{M-1}{N-1}\binom{(N-1)-(M-1)}{(n-1)-(m-1)}}{\binom{N}{n}},$$

wobei die Summationsvorschrift in der letzten Summe

$$\max\big(0, (n-1) + (M-N)\big) \leq m - 1 \leq \min(n-1, M-1)$$

lautet. Sinngemäße Anwendung von (34.3) ergibt dann $E(\eta) = \frac{M}{N} n$ oder mit der Bezeichnung $M/N = p$

$$E(\eta) = np. \tag{34.4}$$

Eine ähnlich einfache Rechnung ergibt mit der Bezeichnung $1 - p = q$

$$E[(\eta - np)^2] = \frac{N-n}{N-1} npq. \tag{34.5}$$

Die Herleitung der hypergeometrischen Verteilung und die Formeln (34.2), (34.4) und (34.5) die Analogie zur Binomialverteilung erkennen.

Tatsächlich kann ja auch die Fragestellung, welche zur hypergeometrischen Verteilung geführt hat, so interpretiert werden: Es liege eine endliche Menge von N Elementen vor. M Elemente derselben gehören einer Klasse an, die restlichen $N - M$ Elemente einer anderen. Man greift aus der Gesamtheit eine Stichprobe vom Umfang n heraus (ohne jedoch einmal gezogene Elemente zurückzulegen) und stellt sich die Frage nach der Wahrscheinlichkeit, daß in dieser Stichprobe genau $m \leq n$ Elemente aus der ersten und $n - m$ Elemente aus der zweiten Klasse enthalten sind. Die Antwort wird durch die rechte Seite von (34.2) gegeben. Die Verwandtschaft dieser Fragestellung mit der auf S. 105 gegebenen Interpretation der Binomialverteilung ist offensichtlich. Man kann in diesem Zusammenhang kurz sagen: Man erhält die hypergeometrische Verteilung, wenn man eine Stichprobe aus einer endlichen Gesamtheit entnimmt, ohne die gezogenen Elemente zurückzulegen, die Binomialverteilung jedoch, wenn man jedes gezogene Element wieder zurücklegt.

Die Binomialverteilung läßt sich auch leicht als Grenzfall der hypergeometrischen Verteilung erkennen. Es gilt der

Satz 34.1: *Betrachtet man die durch* (34.2) *definierten Wahrscheinlichkeiten und macht den Grenzübergang für* $M, N \to \infty$, *jedoch so, daß*

$$\frac{M}{N} \to p, \qquad 0 < p < 1 \tag{34.6}$$

und m *und* n *fest bleiben, dann erhält man die Wahrscheinlichkeiten einer* $B_n(p)$, *wobei* p *durch* (34.6) *definiert ist.*

Zum Beweis beachte man, daß aus (34.6) folgt, daß mit M und N auch $N - M$ gegen ∞ strebt. Nun wende man auf die rechte Seite von (34.2) die Stirlingsche Formel (vgl. S. 132) an. Man erhält nach leichter Umformung

$$\binom{n}{m} A_{M,N} \frac{M^M (N-M)^{N-M} (N-n)^{N-n}}{(M-m)^{M-m} (N-M-n+m)^{N-M-n+m} N^N}.$$

In $A_{M,N}$ sind eine Reihe von Faktoren zusammengefaßt, von denen man leicht erkennt, daß sie gegen 1 streben. Durch geeignete Zusammenfassung ergibt sich weiter:

$$\binom{n}{m} A_{M,N} \left(\frac{N-n}{N}\right)^N \left(\frac{M}{M-m}\right)^{M-m} \left(\frac{N-M}{N-M-n+m}\right)^{N-M-n+m} \times$$
$$\times \left(\frac{M}{N}\right)^m \left(1 - \frac{M}{N}\right)^{n-m} \left(1 - \frac{n}{N}\right)^{-n}.$$

Die angeschriebenen Faktoren streben der Reihe nach für $M, N \to \infty$ und $\frac{M}{N} \to p$ gegen

$$\binom{n}{m},\ 1,\ e^{-n},\ e^m,\ e^{n-m},\ p^m,\ q^{n-m},\ 1,$$

wobei $q = 1 - p$. Also gilt

$$\frac{\binom{M}{m}\binom{N-M}{n-m}}{\binom{N}{n}} \to \binom{n}{m} p^m q^{n-m}$$

für den angegebenen Grenzübergang.

Wir zeigen noch ein Analogon zum Satz 32.3, das wir später verwenden werden. Es gilt der

Satz 34.2: *Es seien k, n, M, M' und N nicht negative ganze Zahlen, welche die Bedingungen* $0 \leq k \leq \min(n, M)$, $\max(n, M) \leq N$, $M' > M$, $n \leq N - M'$ *erfüllen. Dann ist*

$$\sum_{0 \leq r \leq k} \binom{M'}{r} \binom{N-M'}{n-r} \leq \sum_{0 \leq r \leq k} \binom{M}{r} \binom{N-M}{n-r} \tag{34.7}$$

und das Gleichheitszeichen gilt höchstens für $k = \min(n, M)$.

Zum Beweis sei bemerkt, daß sinngemäße Anwendung von (34.3) zu

$$\binom{M'}{r} = \sum_{0 \leq l \leq r} \binom{M}{l} \binom{M'-M}{r-l}^{34.1} \tag{34.8}$$

und

$$\binom{N-M}{n-r} = \sum_{0 \leq t \leq n-r} \binom{N-M'}{n-r-t} \binom{M'-M}{t} \tag{34.9}$$

für $0 \leq r \leq n$ führt.

Daher wird nach (34.8)

$$\sum_{0 \leq r \leq k} \binom{M'}{r} \binom{N-M'}{n-r} = \sum_{0 \leq r \leq k} \sum_{0 \leq l \leq r} \binom{M}{l} \binom{M'-M}{r-l} \binom{N-M'}{n-r} =$$
$$= \sum_{0 \leq l \leq k} \binom{M}{l} \sum_{l \leq r \leq k} \binom{M'-M}{r-l} \binom{N-M'}{n-r}$$

durch Vertauschung der Summationsfolge. Ersetzt man hier $r - l$ durch t, so wird dies:

$$\sum_{0 \leq l \leq k} \binom{M}{l} \sum_{0 \leq t \leq k-l} \binom{M'-M}{t} \binom{N-M'}{n-l-t}.$$

Andererseits ist nach (34.9)

$$\sum_{0 \leq r \leq k} \binom{M}{r} \binom{N-M}{n-r} = \sum_{0 \leq l \leq k} \binom{M}{l} \sum_{0 \leq t \leq n-l} \binom{M'-M}{t} \binom{N-M'}{n-l-t}.$$

34.1 Falls $r - l > M' - M$ gilt, ist $\binom{M'-M}{r-l} = 0$.

Da aber unter den gemachten Voraussetzungen sowohl $\binom{M}{l}$ als auch $\sum_{0 \leq t \leq n-l} \binom{N-M'}{n-l-t}\binom{M'-M}{t}$ stets > 0 sind, so gilt (34.7) und Gleichheit tritt höchtens ein für $k = \min(n, M)$.

35. Die mehrdimensionale Normalverteilung. Es sei $\sum_{i,j=1}^{n} a_{ij} x_i x_j$, $n \geq 1$, eine positiv definite quadratische Form, welche wir mit der Bezeichnung $A = (a_{ij})_{1n}^{1n}$ auch in der Gestalt $x' A x$ schreiben. Nach Voraussetzung gilt $|A| > 0$. Wir behaupten nun, daß mit $a \in R_n$ und $x \in R_n$ durch

$$x \to |A|^{\frac{1}{2}} (2\pi)^{-\frac{n}{2}} e^{-\frac{1}{2}(x-a)' A (x-a)} \tag{35.1}$$

die Dichte einer stetigen Verteilung definiert wird, die man die n-dimensionale Normalverteilung nennt. Die Nichtnegativität von (35.1) ist trivial. Wir haben noch nachzuweisen, daß

$$|A|^{\frac{1}{2}} (2\pi)^{-\frac{n}{2}} \int_{R_n} e^{-\frac{1}{2}(x-a)' A (x-a)}\, dx = 1 \tag{35.2}$$

gilt. Hierzu mache man zunächst die Transformation $x - a = y$ mit der Funktionaldeterminante 1. Dann genügt es also zu zeigen, daß

$$\int_{R_n} e^{-\frac{1}{2} y' A y}\, dy = (2\pi)^{\frac{n}{2}} |A|^{-\frac{1}{2}}. \tag{35.3}$$

Nun wende man eine orthogonale Transformation mit der Matrix $\mathfrak{D}$ an, welche $y' A y$ in $z' \Lambda z$ überführt, wobei

$$\mathfrak{D}' A \mathfrak{D} = \Lambda = \begin{pmatrix} \lambda_1 & 0 & \dots & 0 \\ 0 & \lambda_2 & \dots & 0 \\ \cdot & \cdot & \cdot & \cdot \\ 0 & 0 & \dots & \lambda_n \end{pmatrix}$$

mit $\lambda_i > 0$, $i = 1, \dots, n$, gilt. Eine solche orthogonale Transformation existiert, weil A symmetrisch und $|A| > 0$ ist. Da der Betrag der Funktionaldeterminante der Transformation $z = \mathfrak{D}^{-1} y$

gleich 1 ist, erhält man

$$\int_{R_n} e^{-\frac{1}{2}y'Ay}\,dy = \int_{R_n} e^{-\frac{1}{2}z'Az}\,dz = \prod_{j=1}^{n}\int_{R_1} e^{-\frac{1}{2}\lambda_j z_j^2}\,dz_j = \prod_{j=1}^{n}(2\pi/\lambda_j)^{\frac{1}{2}}.$$

Für das letzte Gleichheitszeichen vgl. man S. 89. Nun ist aber $\prod_{j=1}^{n}\lambda_j = |A|$, und daraus folgt (35.3) und daher auch (35.2).

Es sei $\xi = (\xi_1, \ldots, \xi_n)$ eine mit der Dichte (35.1) verteilte zufällige Variable. Dann gilt

$$E(\xi_i) = a_i,\; i = 1, \ldots, n. \tag{35.4}$$

Aus (35.2) folgt nämlich

$$\int_{R_n} e^{-\frac{1}{2}(x-a)'A(x-a)}\,dx = (2\pi)^{\frac{n}{2}}|A|^{-\frac{1}{2}}. \tag{35.5}$$

(35.5) ist eine Identität, welche für alle $a \in R_n$ gilt. Differenziert man beide Seiten dieser Identität nach a_j, $j = 1, \ldots, n$, dann erhält man

$$\int_{R_n} e^{-\frac{1}{2}(x-a)'A(x-a)}\sum_{k=1}^{n} a_{jk}(x_k - a_k)\,dx = 0, \qquad j = 1, \ldots, n. \tag{35.6}$$

Die Differentiation unter dem Integralzeichen ist in jedem kompakten Quader $\{a : |a_i| \leq M, M > 0\}$ erlaubt, da dort die Integrale auf der linken Seite von (35.6) gleichmäßig in den a_i konvergieren. Nach leichter Umformung erhält man aus (35.6)

$$\sum_{k=1}^{n} a_{jk}E(\xi_k - a_k) = 0, \qquad j = 1, \ldots, n.$$

Das sind n homogene lineare Gleichungen mit den Unbekannten $E(\xi_k - a_k)$. Wegen $|A| > 0$ haben sie die eindeutig bestimmte Lösung $E(\xi_k - a_k) = 0$, $k = 1, \ldots, n$, und dies beweist (35.4). Um die Bedeutung der a_{ik} zu erkennen, gehen wir ganz ähnlich vor. Wir fassen nun (35.5) bei festem a als Identität in den a_{ik}, $i, k = 1, \ldots, n$ auf. Da $a_{ik} = a_{ki}$ für $i \neq k$, $i, k = 1, \ldots, n$ gilt, kann man jedes A als Element eines $R_{n(n+1)/2}$ auffassen, das der Bedingung $|a_{ij}|_{1n}^{1n} > 0$ genügt. Da eine Determinante eine stetige

Funktion ihrer Elemente ist, sieht man sofort, daß $\{a_{jk}: a_{jk} = a_{kj}, k, j = 1, \ldots, n, |a_{jk}|_{1n}^{1n} > 0\}$ eine offene Teilmenge des $R_{n(n+1)/2}$ ist. Man kann also die Identität (35.5) nach den a_{ij} differenzieren und erhält für $i, j = 1, \ldots, n$

$$\int_{R_n} e^{-\frac{1}{2}(x-a)'A(x-a)} (x_i - a_i)(x_j - a_j)dx = (2\pi)^{\frac{n}{2}} |A|^{-\frac{3}{2}} |A^{ij}|. \quad (35.7)$$

Hier ist $|A^{ij}|$ jene Determinante, die aus den A dadurch entsteht, daß man die i-te Zeile und j-te Spalte streicht und die entstehende Determinante mit $(-1)^{i+j}$ multipliziert. $|A^{ij}|$ ist also das algebraische Komplement von a_{ij}. Wegen der Symmetrie von A gilt $|A^{ij}| = |A^{ji}|$. Die Differentiation unter dem Integralzeichen läßt sich wieder leicht rechtfertigen. (35.7) ist gleichbedeutend mit

$$E[(\xi_i - a_i)(\xi_j - a_j)] = |A^{ij}|/|A|. \quad (35.8)$$

Die Matrix $(|A^{ij}|/|A|)_{1n}^{1n}$ ist die zu A inverse Matrix A^{-1}.

A^{-1} ist also die Kovarianzmatrix der n-dimensionalen Normalverteilung. A^{-1} ist positiv definit, womit auch der Satz 17.5 illustriert ist. Wir wollen noch die charakteristische Funktion einer Normalverteilung mit der Dichte (35.1) berechnen. Für jedes $t \in R_n$ ist die charakteristische Funktion durch

$$\varphi(t) = |A|^{-\frac{1}{2}} (2\pi)^{-\frac{n}{2}} \int_{R_n} e^{it'x - \frac{1}{2}(x-a)'A(x-a)} dx \quad (35.9)$$

gegeben. Machen wir nun wieder die Transformation $x - a = y$ und dann die auf S. 114 angegebene Transformation $y = \mathfrak{O}z$, dann wird mit $\mathfrak{O}'t = u$

$$\varphi(t) = |A|^{-\frac{1}{2}} (2\pi)^{-\frac{n}{2}} e^{it'a} \int_{R_n} e^{iu'z - \frac{1}{2}z'\Lambda z} dz. \quad (35.10)$$

Nun ist aber

$$\int_{R_n} e^{iu'z - \frac{1}{2}z'\Lambda z} dz = \prod_{j=1}^{n} \int_{R_n} e^{iu_j z_j - \frac{1}{2}\lambda_j z_j^2} dz_j = (2\pi)^{\frac{n}{2}} \prod_{j=1}^{n} \lambda_j^{-\frac{1}{2}} e^{-\frac{1}{2}u_j^2/\lambda_j}$$

wie man leicht sieht. Weiter ist

$$e^{-\frac{1}{2}\sum_{j=1}^{n} u_j^2/\lambda_j} = e^{-\frac{1}{2}u'\Lambda^{-1}u}.$$

Zusammen mit $\mathfrak{O}' A^{-1} \mathfrak{O} = A^{-1}$ und (35.10) folgt also aus (35.9)

$$\varphi(t) = e^{it'a - \frac{1}{2} t' A^{-1} t}. \qquad (35.11)$$

Die n-dimensionale Normalverteilung für $n \geq 1$ ist leicht als Verallgemeinerung der eindimensionalen Normalverteilung, deren Dichte für jedes $x \in R_1$ durch (25.1) gegeben ist, zu erkennen. Im Falle $n = 1$ ist der Vektor a der Mittelwerte mit dem Mittelwert a zu identifizieren und die Matrix A mit $1/\sigma^2$. Dementsprechend stimmt (35.11) mit (26.1) überein, wenn man A^{-1} mit σ^2 identifiziert.

Es sei $p \geq 1$ und die Dichte der gemeinsamen Verteilung der zufälligen Variablen $(\xi_1, \ldots, \xi_{p+1})$ für jedes $x \in R_{p+1}$ durch $|D|^{\frac{1}{2}} (2\pi)^{-\frac{(p+1)}{2}} e^{-\frac{1}{2}(x-a)' D (x-a)}$ gegeben. Dabei sei $a \in R_{p+1}$ und $D = (d_{ij})_{1\,p+1}^{1\,p+1}$ positiv definit.

Wie die Hinweise auf S. 70 lehren, ist für jedes reelle x_{p+1} und $(x_1, \ldots, x_p) \in R_p$ die bedingte Dichte $f(x_{p+1} | x_1, \ldots, x_p)$ von ξ_{p+1} unter der Hypothese $(\xi_1, \ldots, \xi_p)$ durch

$$e^{-\frac{1}{2}(x-a)' D (x-a)} \left(\int_{-\infty}^{+\infty} e^{-\frac{1}{2} \sum_{i,j=1}^{p+1} d_{ij}(x_i - a_i)(x_j - a_j)} \, d x_{p+1} \right)^{-1}$$

gegeben. Für das im Nenner stehende Integral erhält man nach leichter Umformung

$$(2\pi)^{\frac{1}{2}} (d_{p+1\,p+1})^{-\frac{1}{2}} \exp\left(\frac{1}{2 d_{p+1\,p+1}} \left(\sum_{i=1}^{p} d_{i\,p+1}(x_i - a_i) \right)^2 \right) \times$$
$$\times \exp\left(-\frac{1}{2} \sum_{i,j=1}^{p} d_{ij}(x_i - a_i)(x_j - a_j) \right).$$

Damit erhält man

$$\left. \begin{aligned} & f(x_{p+1} | x_1, \ldots, x_p) = \sqrt{d_{p+1\,p+1}}\, (2\pi)^{-\frac{1}{2}} \times \\ & \times \exp\left\{ -\frac{1}{2} d_{p+1\,p+1} \left[(x_{p+1} - a_{p+1}) + \frac{d_{1\,p+1}}{d_{p+1\,p+1}} (x_1 - a_1) + \right. \right. \\ & \left. \left. + \cdots + \frac{d_{p\,p+1}}{d_{p+1\,p+1}} (x_p - a_p) \right]^2 \right\} \end{aligned} \right\}. \qquad (35.12)$$

36. Linearkombinationen normalverteilter zufälliger Variabler. Unter Verwendung von (35.11), Satz 23.3 und Satz 24.4 beweist man unschwer die Reproduktionseigenschaft der mehrdimensionalen Normalverteilung:

Satz 36.1: *Es seien ξ_1 und ξ_2 zwei unabhängige zufällige Variable derselben Dimension, welche beide nach einer Normalverteilung verteilt sind. Dann ist auch die Summe $\xi_1 + \xi_2$ nach einer Normalverteilung verteilt.*

Es gilt aber ein viel allgemeinerer Satz, nämlich der

Satz 36.2: *Es sei $\xi = (\xi_1, \ldots, \xi_n)$ eine mit der Dichte (35.1) verteilte zufällige Variable. Es sei $C = (c_{ij})_{1m}^{1n}$ eine Matrix reeller Zahlen und $|CA^{-1}C'| \neq 0$. Vermöge der Transformation*

$$\begin{aligned} \eta_1 &= c_{11}\xi_1 + \cdots + c_{1n}\xi_n \\ &\ldots\ldots\ldots\ldots \\ \eta_m &= c_{m1}\xi_1 + \cdots + c_{mn}\xi_n \end{aligned}$$

seien m zufällige Variable $\eta_1, \ldots, \eta_m$ definiert. Dann ist die Verteilung von $\eta = (\eta_1, \ldots, \eta_m)$ wieder eine Normalverteilung.

Beweis: Es ist $\eta = C\xi$. Es sei $u \in R_m$. Wir erhalten dann nach (35.11)

$$E(e^{iu'\eta}) = E(e^{iu'C\xi}) = e^{iu'Ca - \frac{1}{2}u'CA^{-1}C'u}.$$

Somit ist η wieder normalverteilt mit Mittelwertsvektor Ca und Kovarianzmatrix $CA^{-1}C'$.

Ist $CA^{-1}C' = 0$, dann erhält man formal dasselbe Resultat. Es liegt allerdings dann keine Normalverteilung im eigentlichen Sinne mehr vor, sondern η ist nach einer sogenannten degenerierten Normalverteilung verteilt. Wir wissen ja aus Satz 17.6, daß in diesem Fall die zufälligen Variablen $\eta_1, \ldots, \eta_m$ mindestens einer linearen Beziehung mit Wahrscheinlichkeit 1 genügen müssen. Ist der Rang von $CA^{-1}C'$ größer als 1, gibt es mindestens eine zufällige Variable η_i, welche nicht eine lineare Funktion der übrigen zufälligen Variablen η_j, $i \neq j$, ist und diese ist dann nach einer Normalverteilung verteilt.

37. Die Multinomialverteilung. Eine k-dimensionale zufällige Variable $\eta = (\eta_1, \ldots, \eta_k)$, $k \geq 2$, heißt multinomial verteilt, wenn sie eine diskrete Verteilung der folgenden Art besitzt:

Es seien n und r_i für $i = 1, \ldots, k$, ganze Zahlen mit

$$0 \leq r_i \leq n, \qquad r_1 + \cdots + r_k = n. \tag{37.1}$$

Es sei $p_i > 0$, $i = 1, \ldots, k$, mit $\sum\limits_{i=1}^{k} p_i = 1$. Dann sei

$$W(\eta_1 = r_1, \eta_2 = r_2, \ldots, \eta_k = r_k) = \frac{n!}{r_1!\, r_2! \ldots r_k!} p_1^{r_1} p_2^{r_2} \cdots p_k^{r_k}. \tag{37.2}$$

Wie man sich sofort überlegt, erhält man für $k = 2$ die Binomialverteilung in etwas anderer Bezeichnung. Man kann auch die Multinomialverteilung in analoger Weise wie die Binomialverteilung gewinnen. Hierzu gehe man von n unabhängigen k-dimensionalen zufälligen Variablen ξ_l, mit derselben diskreten Verteilung aus, welche durch

$$W(\xi_l = (1, 0, \ldots, 0)) = p_1, \; W(\xi_l = (0, 1, \ldots, 0)) = p_2, \ldots,$$
$$W(\xi_l = (0, 0, \ldots, 1)) = p_k$$

gegeben ist. Nun betrachte man die zufällige Variable $\eta = \xi_1 + \cdots + \xi_n$. Man zeigt leicht, daß wegen der Unabhängigkeit der ξ_l die Verteilung der k-dimensionalen zufälligen Variablen η durch (37.2) gegeben ist.

Wie im Falle der Bernoulliverteilung erlaubt auch die Multinomialverteilung folgende Interpretation: Man mache n voneinander unabhängige Versuche, die alle durch denselben Zufallsmechanismus bestimmt werden. Das Ergebnis jedes Versuches besteht in k Alternativen, welche durch die Zahlen $1, \ldots, k$ symbolisiert werden und denen bzw. die Wahrscheinlichkeiten p_i, $i = 1, \ldots, k$ zukommen. Die linke Seite von (37.2) gibt dann die Antwort auf die Frage nach der Wahrscheinlichkeit im Laufe dieser n Versuche genau r_1-mal das Ereignis „1", r_2-mal das Ereignis „2" usw., schließlich r_k-mal das Ereignis „k" vorzufinden.

Wir wollen noch die Mittelwerte und die Kovarianzmatrix einer multinomial verteilten zufälligen Variablen η berechnen: Es ist

$$E(\eta_j) = n p_j, \qquad 1 \leq j \leq k. \tag{37.3}$$

Dies folgt sofort aus

$$\sum_{\substack{0 \leq r_i \leq n \\ r_1 + \cdots + r_k = n}} r_j \frac{n!}{r_1! \cdots r_j! \cdots r_k!} p_1^{r_1} \cdots p_j^{r_j} \cdots p_k^{r_k} =$$

$$= p_j \sum \frac{n!}{r_1! \ldots (r_j - 1)! \ldots r_k!} p_1^{r_1} \cdots p_j^{r_j - 1} \cdots p_k^{r_k},$$

wobei die Summationsvorschrift jetzt lautet: $0 \leq r_i \leq n$, $i \neq j$, $1 \leq r_j \leq n$, $\sum_{i=1}^{k} r_i = n$. Schreibt man jetzt an Stelle von $r_j - 1$ wieder r_j, dann wird dies weiter

$$n p_j \sum_{\substack{0 \leq r_i \leq n-1 \\ r_1 + \cdots + r_k = n-1}} \frac{(n-1)!}{r_1! \ldots r_j! \ldots r_k!} p_1^{r_1} \cdots p_j^{r_j} \cdots p_k^{r_k} = n p_j .$$

Analog findet man mit $q_j = 1 - p_j$, $\quad 1 \leq j \leq k$:

$$E[(\eta_j - n p_j)^2] = n p_j q_j \tag{37.4}$$

und

$$E[(\eta_i - n p_i)(\eta_j - n p_j)] = -n p_i p_j, \quad i \neq j, \quad i, j = 1, \ldots, k. \tag{37.5}$$

Wir wollen die Determinante

$$\begin{vmatrix} n p_1 q_1 & -n p_1 p_2 \cdots & -n p_1 p_k \\ -n p_2 p_1 & n p_2 q_2 \cdots & -n p_2 p_k \\ \cdot \quad \cdot \quad \cdot & \cdot \quad \cdot \quad \cdot & \cdot \quad \cdot \quad \cdot \\ -n p_k p_1 & -n p_k p_2 \cdots & n p_k q_k \end{vmatrix} \tag{37.6}$$

der Kovarianzmatrix berechnen. Wir addieren die zweite bis k-te Zeile zur ersten und erhalten, wenn wir nur die erste so abgeänderte Zeile dieser Determinante anschreiben

$$n p_1 - n p_1 \sum_{i=1}^{k} p_i \quad n p_2 - n p_2 \sum_{i=1}^{k} p_1 \quad \cdots \quad n p_k - n p_k \sum_{i=1}^{k} p_i .$$

Wegen $\sum_{i=1}^{k} p_i = 1$ verschwinden alle diese Elemente, so daß (37.6) den Wert 0 hat. Nach Satz 17.6 besteht also mindestens eine lineare Beziehung zwischen den zufälligen Variablen η_i, $1 \leq i \leq k$. Das ist aber in diesem Falle trivial, da ja aus (37.1) $\eta_1 + \cdots + \eta_k = n$ mit Wahrscheinlichkeit 1 folgt.

38. Konvergenz in Wahrscheinlichkeit und Konvergenz mit Wahrscheinlichkeit 1. Es seien $\xi_1, \xi_2, \ldots$ irgendwelche zufällige Variable über einem Wahrscheinlichkeitsfeld $(R, \mathbf{S}, W)$. Wir geben im Folgenden eine Definition, welche eine erste Möglichkeit darstellt einen Konvergenzbegriff für eine Folge zufälliger Variabler zu erklären. Wir werden bald sehen, daß dieser Konvergenzbegriff eng mit dem Begriff der schwachen Konvergenz einer Folge von Vfen. zusammenhängt (vgl. S. 81).

Definition: *Die Folge* $\{\xi_n\}$ *heißt stochastisch konvergent oder konvergent in Wahrscheinlichkeit gegen eine zufällige Variable* η, *wenn es zu jedem* $\varepsilon > 0$ *und* $\delta > 0$ *eine positive Zahl* $n(\varepsilon, \delta)$ *gibt, so daß*

$$W(|\xi_n - \eta| > \varepsilon) < \delta \tag{38.1}$$

für $n \geq n(\varepsilon, \delta)$.

Man kann dies auch so ausdrücken: Für jedes $\varepsilon > 0$ ist

$$\lim_{n\to\infty} W(|\xi_n - \eta| > \varepsilon) = 0 \text{ [38.1]}. \tag{38.2}$$

Wenn $\{\xi_i\}$ gegen η stochastisch konvergiert, dann ist die zufällige Variable η mit Wahrscheinlichkeit 1 eindeutig bestimmt. Gilt also für eine von η verschiedene zufällige Variable η^*, daß $\{\xi_i\}$ auch gegen η^* in Wahrscheinlichkeit konvergiert, dann ist

$$W(\eta - \eta^* = 0) = 1. \tag{38.3}$$

Es mögen nämlich für $\varepsilon > 0$ und $\delta > 0$ (38.1) und

$$W(|\xi_n - \eta^*| > \varepsilon) < \delta \tag{38.4}$$

für $n \geq n'(\varepsilon, \delta)$ gelten. Dann folgt für $n \geq \max\big(n(\varepsilon, \delta), n'(\varepsilon, \delta)\big)$ mit

$$A_n = \{\omega \in R : |\xi_n(\omega) - \eta(\omega)| \leq \varepsilon\}$$

$$A_n^* = \{\omega \in R : |\xi_n(\omega) - \eta^*(\omega)| \leq \varepsilon\}$$

wegen $A_n \cap A_n^* = R - \big((R - A_n) \cup (R - A_n^*)\big)$ aus (38.1) und (38.4) $W(A_n \cap A_n^*) \geq 1 - 2\delta$. Für $\omega \in A_n \cap A_n^*$ gilt aber $|\eta(\omega) - \eta^*(\omega)| \leq 2\varepsilon$ und somit ist $W(|\eta - \eta^*| \leq 2\varepsilon) \geq 1 - 2\delta$, und weil dies für jedes ε und $\delta > 0$ richtig ist, folgt (38.3).

Wenn für eine reelle Zahl c, $\eta(\omega) = c$ für alle $\omega \in R$ gilt, dann sagt man, daß die Folge stochastisch gegen c konvergiert. Wir zeigen den

---

[38.1] Wir schreiben auch $\xi_n \to \eta$ in Wahrscheinlichkeit.

Satz 38.1: *Es sei F_i die Vf. von ξ_i, $i = 1, 2, \ldots$. Die Folge der ξ_i konvergiert genau dann stochastisch gegen c, wenn die Folge der F_i schwach gegen die Vf. der in c degenerierten Verteilung*[38.2] *konvergiert.*

Beweis: Wir bezeichnen die Vf. der in c degenerierten Verteilung mit G_c. Es sei y eine reelle Zahl, welche der Bedingung $y < c$ genügt. Dann gilt für jedes hinreichend kleine $\varepsilon > 0$ auch

$$y + \varepsilon < c. \tag{38.5}$$

Nach Voraussetzung gilt gemäß (38.2) $\lim\limits_{n\to\infty} W(|\xi_n - c| > \varepsilon) = 0$. Ist $\varepsilon > 0$ gemäß (38.5) gewählt, dann folgt aus $\xi_n \leq y$ stets $\xi_n < c - \varepsilon$ und somit auch $|\xi_n - c| > \varepsilon$. Also ist $0 \leq W(\xi_n \leq y) \leq$ $\leq W(|\xi_n - c| > \varepsilon) \to 0$. Für jedes reelle $y < c$ gilt also $F_n(y) \to G_c(y)$. Ist aber $y > c$, dann findet man ganz analog $F_n(y) \to 1$, d. h. $F_n(y) \to G_c(y)$.

Es sei nun umgekehrt $F_n(y) \to G_c(y)$ für jedes reelle $y \neq c$. Dann gilt also insbesondere für $\varepsilon > 0$ $F_n(c + \varepsilon) -$ $- F_n(c - \varepsilon) \to 1$, also $W(c - \varepsilon < \xi_n \leq c + \varepsilon) \to 1$ und damit auch $W(c - \varepsilon \leq \xi_n \leq c + \varepsilon) \to 1$, also $W(|\xi_n - c| > \varepsilon) \to 0$.

Das Theorem von Bernoulli liefert ein Beipiel für eine Folge zufälliger Variabler, die stochastisch gegen eine reelle Zahl konvergieren. Der Wortlaut des Satzes 32.2 bedeutet gerade, daß ζ_n/n stochastisch gegen p konvergiert. Das Theorem von Bernoulli ist aber nur ein Sonderfall einer allgemeineren Aussage, die man als *schwaches Gesetz der großen Zahlen* bezeichnet.

Satz 38.2:[38.3] *Es sei $\{\xi_i\}$ eine Folge unabhängiger zufälliger Variabler, jedes ξ_i, $i = 1, 2, \ldots$ besitze dieselbe Wahrscheinlichkeitsverteilung, und es werde angenommen, daß $E(\xi_i)$ existiere und gleich einer reellen Zahl a sei. Dann konvergiert $(\xi_1 + \cdots + \xi_n)/n$ stochastisch gegen a.*

Beweis: Wenn man $\xi_i - a$ betrachtet, dann sieht man, daß es genügt, $a = 0$ vorauszusetzen. Nach Satz 38.1 haben wir zu zeigen, daß die Folge der Vfen von $(\xi_1 + \cdots + \xi_n)/n$, $n = 1, 2, \ldots$ gegen die Vf. der in 0 degenerierten Wahrscheinlichkeitsverteilung schwach konvergiert. Ist aber φ die charakteristische Funktion von

---

[38.2] Siehe S. 43.

[38.3] A. J. Chinčin, C. r. Acad. Sci., Paris 188, 477—479 (1929).

ξ_i, dann besitzt $\xi_1 + \cdots + \xi_n$ nach Satz 24.4 die charakteristische Funktion φ^n. Die charakteristische Funktion ψ von $(\xi_1 + \cdots + \xi_n)/n$ ist dann für jedes reelle t durch $\psi(t) = \varphi^n(t/n)$ gegeben. Die charakteristische Funktion χ der in 0 trivialen Verteilung ist für jedes reelle t durch $\chi(t) = 1$ gegeben. Also genügt es nach Satz 23.4, $\varphi^n(t/n) \to 1$ für jedes reelle t zu zeigen. Nach Satz 23.2 existiert φ', ist stetig, und es ist $\varphi'(0) = 0$. Also liefert der Taylorsche Satz: $\varphi(t/n) = 1 + \varepsilon(t/n)\frac{t}{n}$, wobei für jedes reelle t, $\varepsilon(t/n) \to 0$ für $n \to \infty$ folgt. Das liefert aber $\varphi^n(t/n) = \left(1 + \varepsilon(t/n)\frac{t}{n}\right)^n \to 1$ für jedes reelle t, und das war zu beweisen.

Wenn man noch voraussetzt, daß die Streuung $E[(\xi_i - a)^2]$ existiert, dann kann man dén Satz 38.2 auch leicht mittels der Čebyševschen Ungleichung beweisen, wie wir dies beim Beweis des Satzes von BERNOULLI illustriert haben.

Man kann die folgende Ergänzung zum Satz 38.2 beweisen:

Zusatz zu Satz 38.2: *Es sei $\{\xi_i\}$ eine Folge unabhängiger zufälliger Variabler. Jedes ξ_i, $i = 1, 2, \ldots$, besitze dieselbe Wahrscheinlichkeitsverteilung, und es sei $E(\xi_i) = \infty$ im Sinne der auf S. 10 gegebenen Erklärung. Dann gilt: Für jedes beliebig große $G > 0$ ist*

$$\lim_{n\to\infty} W\big((\xi_1 + \cdots + \xi_n)/n > G\big) = 1. \tag{38.6}$$

Den Beweis kann man mittels der wichtigen Methode der „Stutzung" führen. Man definiere nämlich für jedes $k = 1, 2, \ldots$ eine Folge zufälliger Variabler $\{\eta_i^{(k)}\}$ durch

$$\eta_i^{(k)} = \begin{cases} k & \xi_i > k \\ \xi_i & -\infty < \xi_i \leq k \end{cases} \qquad i = 1, 2, \ldots.$$

Für jedes k sind die zufälligen Variablen $\eta_i^{(k)}$, $i = 1, 2, \ldots$ unabhängig und haben dieselbe Verteilung. Überdies existiert natürlich $E(\eta_i^{(k)})$, und es ist

$$\lim_{k\to\infty} E(\eta_i^{(k)}) = \infty. \tag{38.7}$$

Wendet man nun auf die Folge $\{\eta_i^{(k)}\}$ den Satz 38.2 an, dann folgt für jedes $\varepsilon > 0$ und $k = 1, 2, \ldots$

$$\lim_{n\to\infty} W\big((\eta_1^{(k)} + \cdots + \eta_n^{(k)})/n > E(\eta_i^{(k)}) - \varepsilon\big) = 1.$$

Nun gilt aber für jedes k und $n = 1, 2, \ldots$

$$(\xi_1 + \cdots + \xi_n)/n \geq (\eta_1^{(k)} + \cdots + \eta_n^{(k)})/n$$

und somit auch

$$\lim_{n\to\infty} W\big((\xi_1 + \cdots + \xi_n)/n > E(\eta_i^{(k)}) - \varepsilon\big) = 1\,.$$

Wegen (38.7) haben wir damit (38.6) bewiesen.

Ein analoges Ergebnis gilt für $E(\xi_i) = -\infty$.

Der übliche Konvergenzbegriff erlaubt Aussagen der Art, daß mit zwei konvergenten Folgen auch deren Summe oder deren Produkt usw. konvergieren. Wir werden gleich sehen, daß Analoges auch für die stochastische Konvergenz gilt. Vorher wollen wir jedoch noch eine Bemerkung über eine triviale Verallgemeinerung des Begriffes der stochastischen Konvergenz machen. Wenn nämlich $\xi_1, \xi_2, \ldots$ eine Folge zufälliger k-dimensionaler ($k \geq 2$), Variabler ist, dann bleibt die Definition der stochastischen Konvergenz gemäß (38.1) oder (38.2) völlig ungeändert, wenn man unter dem Betrag den Betrag im R_k versteht.

Wir beweisen nun den

Satz 38.3: *Es sei $\{\xi_i\}$ eine Folge k-dimensionaler zufälliger Variabler, $a \in R_k$ und $\gamma \in R_1$. Aus $\xi_i \to a$ in Wahrscheinlichkeit folgt $\gamma\xi_i \to \gamma a$ in Wahrscheinlichkeit. Ist $\{\eta_i\}$ eine weitere Folge k-dimensionaler zufälliger Variabler und $b \in R_k$, dann folgt aus $\xi_i \to a$ und $\eta_i \to b$ in Wahrscheinlichkeit auch $\xi_i + \eta_i \to a + b$ in Wahrscheinlichkeit und $\xi_i\eta_i \to ab$ in Wahrscheinlichkeit, falls $k = 1$ ist.*

Beweis: Die erste Behauptung kann man mittels Satz 38.1 beweisen, der auch für mehrdimensionale zufällige Variable gilt, wie man leicht sieht. Es ist nämlich nach Voraussetzung für jedes $t \in R_k$ $\lim_{j\to\infty} E(e^{it'\xi_j}) = e^{it'a}$, also auch $\lim_{j\to\infty} E(e^{i\gamma t'\xi_j}) = e^{i\gamma t'a}$.

Nun zur zweiten Behauptung. Es ist für jedes ε und $\delta > 0$ $W(|\xi_n - a| \leq \varepsilon) \geq 1 - \delta$ und $W(|\eta_n - b| \leq \varepsilon) \geq 1 - \delta$ für hinreichend großes n. Anderseits gilt stets $|\xi_n + \eta_n - (a + b)| \leq$ $\leq |\xi_n - a| + |\eta_n - b|$, und damit folgt mit derselben Schlußweise wie auf S. 121 $W(|\xi_n + \eta_n - (a + b)| \leq 2\varepsilon) \geq 1 - 2\delta$ für alle hinreichend großen n. Weiter ist

$$\xi_n\eta_n - ab = (\xi_n - a)\eta_n - a(b - \eta_n)\,.$$

Für jedes $\varepsilon > 0$ gilt aber

$$\{\omega: |\eta_n(\omega) - b| \leq \varepsilon\} \subseteq \{\omega: |\eta_n(\omega)| \leq |b| + \varepsilon\}$$

und daher gilt für alle ω aus der Menge

$$\{\omega: |\xi_n(\omega) - a| \leq \varepsilon\} \cap \{\omega: |\eta_n(\omega) - b| \leq \varepsilon\}$$

$$|\xi_n \eta_n - ab| \leq \varepsilon(|b| + \varepsilon) + |a|\,\varepsilon, \qquad \text{d. h.}$$

$$\lim_{n\to\infty} W(|\xi_n \eta_n - ab| \leq \varepsilon) = 1 \qquad \text{für jedes} \qquad \varepsilon > 0.$$

Man kann einen recht allgemeinen Satz beweisen, den wir jedoch nur für (eindimensionale) zufällige Variable zeigen, obwohl er sich leicht auf mehrdimensionale zufällige Variable übertragen läßt.

Satz 38.4: *Es sei* $\xi_n \to a$ *in Wahrscheinlichkeit und* f *eine über dem* R_1 *definierte Funktion, welche in* a *stetig ist. Dann ist auch* $f \circ \xi_n \to f(a)$ *in Wahrscheinlichkeit.*

Beweis[38.4]: Es ist zu zeigen, daß es zu jedem $\varepsilon, \eta > 0$ ein $n(\varepsilon, \eta)$ gibt, so daß für alle $n \geq n(\varepsilon, \eta)$ gilt:

$$W(|f(\xi_n) - f(a)| < \varepsilon) > 1 - \eta. \tag{38.8}$$

Da f an der Stelle a stetig ist, gibt es ein $\delta_\varepsilon > 0$, so daß für alle ω mit $|\xi_n(\omega) - a| < \delta_\varepsilon$ auch $|f(\xi_n(\omega) - f(a))| < \varepsilon$ gilt. Also ist

$$W(|f(\xi_n) - f(a)| < \varepsilon) \geq W(|\xi_n - a| < \delta_\varepsilon). \tag{38.9}$$

Da $\xi_n \to a$ in Wahrscheinlichkeit, gibt es ein $n'(\delta_\varepsilon, \eta)$ so daß für alle $n \geq n'(\delta_\varepsilon, \eta)$

$$W(|\xi_n - a| < \delta_\varepsilon) > 1 - \eta. \tag{38.10}$$

Setzen wir $n(\varepsilon, \eta) = n'(\delta_\varepsilon, \eta)$ so folgt aus (38.9) und (38.10) die gesuchte Ungleichung (38.8).

[38.4] Den folgenden kurzen Beweis verdanke ich Herrn Borges. Sowohl Satz 38.3 als auch Satz 38.4 bleiben richtig, wenn man in der Voraussetzung und Behauptung die stochastische Konvergenz gegen eine reelle Zahl (oder ein k-Tupel reeller Zahlen) durch die stochastische Konvergenz gegen eine zufällige Variable ersetzt. Vgl. K. Krickeberg, l. c. E. [6.4], 96. Wir machen aber davon keinen Gebrauch.

Man kann also mit Folgen zufälliger Variabler, welche gegen eine reelle Zahl konvergieren in Wahrscheinlichkeit, in weitem Maße so operieren wie man es beim üblichen Konvergenzbegriff gewohnt ist.

Wir führen nun einen weiteren Konvergenzbegriff ein:

Definition: *Eine Folge zufälliger Variabler* $\xi_1, \xi_2, \ldots$ *über einem Wahrscheinlichkeitsfeld* $(R, \mathbf{S}, W)$ *heißt konvergent gegen eine zufällige Variable* η *mit Wahrscheinlichkeit* 1 *oder konvergent W-fast überall, wenn* $\lim_{n\to\infty} \xi_n(\omega) = \eta(\omega)$ *für alle* $\omega \in R$ *höchstens mit Ausnahme einer W-Nullmenge gilt.*

Man überlegt sich leicht, daß aus der Konvergenz einer Folge $\{\xi_i\}$ gegen η mit Wahrscheinlichkeit 1 die Konvergenz von $\{\xi_i\}$ gegen η in Wahrscheinlichkeit folgt.

Mit diesem Konvergenzbegriff läßt sich nun das sogenannte *starke Gesetz der großen Zahlen* formulieren, das wir jedoch hier ohne Beweis angeben. Es gilt in der Bezeichnung des Satzes 38.2 der

Satz 38.5: *Es seien die Voraussetzungen des Satzes* 38.2 *erfüllt. Dann konvergiert die Folge* $(\xi_1 + \cdots + \xi_n)/n$ *mit Wahrscheinlichkeit 1 gegen* a.

Wieder gilt der

Zusatz zum Satz 38.5: *Wenn* $E(\xi_i) = \pm\infty$, *dann gilt* $(\xi_1 + \cdots + \xi_n)/n \to \pm\infty$ *mit Wahrscheinlichkeit* 1.

Die völlige Analogie zwischen Satz 38.2 und Satz 38.5 macht es möglich, viele Sätze der mathematischen Statistik entweder in einer „schwachen“ oder in einer „starken“ Fassung auszusprechen. (Man vgl. hierzu insbesondere V.).

39. Einige Grenzwertsätze der Wahrscheinlichkeitstheorie[39.1]. Die Erfahrung lehrt, daß viele vom Zufall gesteuerte Vorgänge annähernd normal verteilt sind. Dies ist insbesondere dann der Fall, wenn dieser Zufallsmechanismus durch eine große Anzahl mehr oder weniger unabhängiger Zufallsereignisse, die sich additiv überlagern, zu Stande kommt. Diesem Sachverhalt entsprechen im Kalkül der Wahrscheinlichkeitstheorie die Grenzwertsätze und insbesondere der sogenannte zentrale Grenzwertsatz. Wir beweisen zunächst den

[39.1] Vgl. die Literaturangabe l. c. [33.1] sowie P. Lévy, Theorie de l'addition des variables aléatoires. Gauthier Villars (2. Auflage), Paris 1954.

Satz 39.1[39.2]: *$\{\xi_i\}$ sei eine Folge unabhängiger zufälliger Variabler, welche alle dieselbe Wahrscheinlichkeitsverteilung besitzen. Es existiere $E(\xi_i) = a$ und $E[(\xi_i - a)^2] = \sigma^2$, $\sigma > 0$. Es sei für $n \geq 1$ $\zeta_n = \xi_1 + \cdots + \xi_n$, und es sei $\eta_n = (\zeta_n - na)/\sigma\sqrt{n}$ die sogenannte standardisierte zufällige Variable. F_n sei die Vf. von η_n. Dann gilt für jedes $x \in R_1$*

$$F_n(x) \to \frac{1}{\sqrt{2\pi}} \int_{-\infty}^{x} e^{-\frac{y^2}{2}} dy$$

für $n \to \infty$.

Beweis: Dieser verläuft ganz ähnlich wie der Beweis des Satzes 38.2. Allerdings hat man jetzt das zweite Moment zur Verfügung und kann daher die Taylorformel bis zu Gliedern der zweiten Ordnung benutzen. Es sei φ die charakteristische Funktion von $\xi_i - a$. Wegen $\varphi(0) = 1$, $\varphi'(0) = 0$ und $\varphi''(0) = -\sigma^2$ und wegen der Stetigkeit von φ'' (Satz 23.2) folgt für jedes $t \in R_1$

$$\varphi(t) = 1 - \frac{\sigma^2}{2} t^2 + \varepsilon(t) t^2 \tag{39.1}$$

mit $\varepsilon(t) \to 0$ für $t \to 0$. Nun ist aber für jedes $t \in R_1$ $E(e^{i\eta_n t}) = \left(\varphi\left(t/\sigma\sqrt{n}\right)\right)^n$. Man erhält aus (39.1)

$$\left(\varphi\left(t/\sigma\sqrt{n}\right)\right)^n = \left[1 - \frac{t^2}{2n} + \varepsilon\left(\frac{t}{\sigma\sqrt{n}}\right)\frac{t^2}{\sigma^2 n}\right]^n.$$

Für jedes feste $t \in R_1$ gilt $t/\sigma\sqrt{n} \to 0$, also auch $\varepsilon\left(t/\sigma\sqrt{n}\right) \to 0$ für $n \to \infty$. Somit hat man für jedes $t \in R_1$

$$\lim_{n\to\infty} E(e^{i\eta_n t}) = \lim_{n\to\infty}\left[1 - \frac{t^2}{2n} + \varepsilon\left(\frac{t}{\sigma\sqrt{n}}\right)\frac{t^2}{\sigma^2 n}\right]^n = e^{-\frac{t^2}{2}}$$

und das war zu beweisen.

Wir drücken den Inhalt des Satzes 39.1 auch so aus: Die zufällige Variable ζ_n ist asymptotisch nach $N(na, n\sigma^2)$ verteilt. Diese Sprechweise verwenden wir auch in ähnlichen Fällen.

[39.2] P. Lévy, l. c. [23.1], 233ff. Es ist nicht schwer zu zeigen, daß die behauptete Konvergenz der Folge $\{F_n\}$ sogar gleichmäßig in $-\infty < x < \infty$ erfolgt.

Wir machen noch folgende **Bemerkung**: Nach Satz 39.1 gilt offenbar $\lim_{n\to\infty} W\left(\zeta_n \leq na + x\sigma\sqrt{n}\right) = \frac{1}{\sqrt{2\pi}} \int_{-\infty}^{x} e^{-\frac{y^2}{2}} dy$ für jedes $x \in R_1$. Wie sich aber die Wahrscheinlichkeit „großer" Abweichungen der zufälligen Variablen ζ_n vom Mittelwert na verhält, darüber wird im Satz 39.1 nur Triviales ausgesagt. Wir werden einen einfachen Satz dieser Art in Kürze beweisen. (Vgl. Satz 39.4.)

Dem Satz 39.1 liegt die Voraussetzung zugrunde, daß die zufälligen Variablen ξ_i für jedes $i = 1, 2, \ldots$ dieselbe Verteilung haben. Läßt man diese Voraussetzung fallen, dann gilt der sogenannte *zentrale Grenzwertsatz von Ljapunov*, den wir für spätere Anwendungen ein klein wenig allgemeiner als üblich formulieren:

Satz 39.2:

$$\begin{array}{llll} \xi_{11} & & & \\ \xi_{21} & \xi_{22} & & \\ \cdot & \cdot & \cdot & \cdot \\ \xi_{n1} & \xi_{n2} & \cdots & \xi_{nn} \\ \cdot & \cdot & \cdot & \cdot \end{array}$$

sei eine unendliche Matrix zufälliger Variabler. In jeder Zeile seien die zufälligen Variablen ξ_{ij}, $1 \leq i \leq j$, $j = 1, 2, \ldots$, *unabhängig. Alle zufälligen Variablen mögen endliches erstes, zweites und drittes Moment besitzen. Es sei* $E(\xi_{ij}) = a_{ij}$, $E[(\xi_{ij} - a_{ij})^2] = \sigma_{ij}^2$ *und* $E[|\xi_{ij} - a_{ij}|^3] = \nu_{ij}$. *Weiter bezeichne* $a_j = \sum_{=1}^{j} a_{ij}$, $\sigma_j^2 = \sum_{i=1}^{j} \sigma_{ij}^2$, $\nu_j = \sum_{i=1}^{j} \nu_{ij}$, $1 \leq i \leq j$, $j = 1, 2, \ldots$. *Dann ist unter der Voraussetzung* $\lim_{n\to\infty} \nu_n \sigma_n^{-3} = 0$ *die Summenvariable* $\zeta_n = \xi_{n1} + \cdots + \xi_{nn}$, $n \geq 1$, *asymptotisch nach* $N(a_n, \sigma_n^2)$ *verteilt.*

Den **Beweis** kann man wieder nach dem Muster des *Beweises* von Satz 39.1 führen. Man muß allerdings jetzt Produkte von im allgemeinen verschiedenen charakteristischen Funktionen betrachten, die man am besten durch Übergang zum Logarithmus behandelt. Anderseits hat man jetzt die Taylorentwicklung bis zum Gliede dritter Ordnung zur Verfügung.

Besonders der Satz 39.1 gestattet eine Menge von wichtigen Anwendungen in der mathematischen Statistik. So folgt aus der Definition der Chi-Quadratverteilung sofort: Die gemäß (28.1) definierte zufällige Variable η_n ist asymptotisch nach $N(n, 2n)$ verteilt. Für die Bernoulliverteilung folgt gemäß ihrer in (32.2) gegebenen Definition: Eine nach $B_n(p)$ verteilte zufällige Variable ist asymptotisch nach $N(np, npq)$ verteilt. Diesen Satz, den man den *Satz von Laplace* nennt, werden wir auf anderem Wege noch einmal beweisen. Als weiteres Beispiel wollen wir die Poissonverteilung, die wir in **33.** definiert haben, betrachten. Es sei $b > 0$ und ζ_n eine nach POISSON verteilte zufällige Variable mit Mittelwert nb, $n \geq 1$. Dann kann man nach Satz 33.1 ζ_n als Summe n unabhängiger nach POISSON verteilter zufälliger Variabler mit dem Mittelwert b auffassen. Eine Anwendung des Satzes 39.1 ergibt daher in etwas unscharfer, aber anschaulicher Ausdrucksweise: Für $a \to \infty$ ist eine nach POISSON verteilte zufällige Variable mit Mittelwert a asymptotisch nach $N(a, a)$ verteilt.

Der Satz 39.1 läßt sich fast wortwörtlich auf den Fall mehrdimensionaler zufälliger Variabler übertragen. Es gilt der

Satz 39.3: $\xi_1, \xi_2, \ldots$ *seien k-dimensionale* ($k \geq 2$) *unabhängige zufällige Variable, welche alle dieselbe Verteilung besitzen. Es mögen alle Mittelwerte und Streuungen existieren. Der Vektor der Mittelwerte von* ξ_i *werde mit* a, *die Kovarianzmatrix mit* A^{-1} *bezeichnet, und* A *sei positiv definit. Dann konvergiert die Folge der Vfen. von* $\zeta_n = (\xi_1 + \cdots + \xi_n - na)/\sqrt{n}$ *für* $n \to \infty$ *und jedes* $x \in R_k$ *gegen die Vf. einer Normalverteilung mit Mittelwertsvektor* 0 *und Kovarianzmatrix* A^{-1}.

Der Beweis erfolgt wieder mittels Satz 24.4 und Satz 23.4.

Weiter gilt noch der

Zusatz zum Satz 39.3: *Es seien die Voraussetzungen des Satzes 39.3 erfüllt, doch wollen wir der Einfachheit halber* $a = 0$ *setzen. Es sei nun weiter m eine beliebige natürliche Zahl und* B *eine* $m \times k$*-Matrix mit* $|BA^{-1}B'| \neq 0$. *Dann strebt die Folge der Vfen. von* $B\zeta_n$ *für jedes* $x \in R_k$ *gegen die Vf. einer Normalverteilung mit Mittelwertsvektor* 0 *und Kovarianzmatrix* $BA^{-1}B'$.

Der Beweis ist fast selbstverständlich. Wenn φ_n die charakteristische Funktion von ζ_n ist, dann gilt nach Satz 39.3 für jedes $t \in R_k$ $\varphi_n(t) = e^{-\frac{1}{2}t'A^{-1}t}$. Somit gilt auch $E(e^{it'B\zeta_n}) = \varphi_n(B't) \to$ $\to e^{-\frac{1}{2}t'BA^{-1}B't}$ für $n \to \infty$.

Für die praktische Anwendung dieser Grenzwertsätze sind Fehlerabschätzungen von großer Bedeutung. Solche sind auch für den schwierigeren mehrdimensionalen Fall gegeben worden[39.3]. Eine Vorstellung von einer solchen Fehlerabschätzung wird später für den Spezialfall der $B_n(p)$ gegeben. (Vgl. Satz 39.6.)

Zunächst wenden wir uns jedoch der Behandlung „großer Abweichungen" zu. Es sei $\xi_1, \xi_2, \ldots$ eine Folge unabhängiger zufälliger Variabler mit derselben Verteilung, deren Erwartungswert verschwinde. Überdies existiere die Streuung σ^2. Dann lehren die bisher betrachteten Grenzwertsätze, wie sich für jedes reelle x $W\left(\xi_1 + \cdots + \xi_n \geq x\sigma\sqrt{n}\right)$ verhält. Für Abweichungen der Summe $\xi_1 + \cdots + \xi_n$ vom Erwartungswert von der Größenordnung $O(n)$ wird nichts ausgesagt. Wir begnügen uns mit folgendem Satz, den wir später benötigen werden:

Satz 39.4[39.4]**:** *Es sei ξ eine zufällige Variable mit der Vf. F. F sei nicht die Vf. der in c (s. u.) degenerierten Verteilung. Es existiere ein offenes Intervall I, so daß $I \cap [0, \infty) \neq \Phi$ sei, und für alle $t \in I$ sei die momenterzeugende Funktion*

$$\psi(t) = E(e^{t\xi})$$

definiert. Es sei c eine nichtnegative Zahl und k_n eine Folge positiver Zahlen mit

$$\lim_{n\to\infty} k_n/n = c. \tag{39.2}$$

Es existiere weiter ein $u \in I$, mit $u > 0$, so daß

$$\psi'(u)/\psi(u) = c. \tag{39.3}$$

Es sei $\xi_1, \xi_2, \ldots$ eine Folge unabhängiger zufälliger Variabler, welche alle dieselbe Verteilung wie ξ haben. Es sei $\zeta_n = \xi_1 + \cdots + \xi_n$,

---

39.3 Wir verweisen hier nur auf die grundlegende Arbeit von C. G. Esseen, Acta math. 77, 1—12 (1944) und auf Verallgemeinerungen von E. Hlawka, Monatsh. Math. 55, 105—137 (1951).

39.4 Eine gute Übersicht über diesen Fragenkreis gibt eine Arbeit von Ju. V. Linnik, Proc. Fourth Berkeley Sympos. math. Statist. Probability, 289—306, 1960. Vgl. auch W. Richter, Wiss. Z. Techn. Hochschule Dresden 10, 7—14 (1961). Für den hier gegebenen Beweis vgl. man R. R. Bahadur und R. Ranga Rao, Ann. math. Statistics 31, 1015—1027 (1960).

$n \geq 1$. *Für jedes* $t \in I$ *sei*

$$\chi(t) = e^{-tc}\psi(t). \tag{39.4}$$

Wir schreiben $m = \chi(u)$. *Dann gilt:*

$$m = \min_{t \in I} \chi(t) \tag{39.5}$$

und

$$\lim_{n\to\infty} n^{-1} \log W(\zeta_n \geq k_n) = \log m. \tag{39.6}$$

Wir skizzieren den Beweis: ψ ist in I beliebig oft differenzierbar. Da $\chi''(t) = \int_{-\infty}^{+\infty} (x - c)^2 e^{t(x-c)}\, dF(x)$ für alle $t \in I$, ist $\chi''(t) > 0$. Daher folgt aus (39.3) die Behauptung (39.5). Die Behauptung (39.6) ist sinnvoll, da man leicht sieht, daß $m > 0$ ist. Nun sei für jedes $y \in R_1$

$$G(y) = \frac{1}{m} \int_{-\infty}^{y} e^{ux}\, dF(x + c). \tag{39.7}$$

Dann ist G Vf. einer zufälligen Variablen η. Wegen (39.3) ist

$$E(\eta) = 0 \tag{39.8}$$

und außerdem existiert

$$E(\eta^2) = \sigma^2. \tag{39.9}$$

G ist überdies nicht die Vf. einer degenerierten Verteilung. Es sei nun $\eta_1, \eta_2, \ldots$ eine Folge unabhängiger zufälliger Variabler, welche alle dieselbe Verteilung wie η haben. Es sei für $n = 1, 2, \ldots$ $\chi_n = \sum_{i=1}^{n} \eta_i/\sigma\sqrt{n}$. Mit H_n bezeichnen wir die Vf. von χ_n. Es sei zunächst $k_n = nc$, $n \geq 1$. Dann ist

$$W(\zeta_n \geq nc) = \int_0^\infty \cdots \int_0^\infty dF(x_1 + c) \cdots dF(x_n + c) =$$

$$= m^n \int \cdots \int_{y_1+\cdots+y_n \geq 0} e^{-u(y_1+\cdots+y_n)}\, dG(y_1) \cdots dG(y_n) = m^n \int_0^\infty e^{-u\sqrt{n}\,\sigma x}\, dH_n(x).$$

Es folgt

$$\log W(\zeta_n \geq nc) = n \log m + \log \int_0^\infty e^{-u\sqrt{n}\,\sigma x}\, dH_n(x).$$

Es genügt also

$$\log \int_0^\infty e^{-u\sqrt{n}\,\sigma x}\, dH_n(x) = o(n) \tag{39.10}$$

für $n \to \infty$ zu beweisen.

Trivialerweise gilt $\left|\int_0^\infty e^{-u\sqrt{n}\,\sigma x}\, dH_n(x)\right| \leq 1$. Anderseits folgt durch partielle Integration:

$$\int_0^\infty e^{-u\sqrt{n}\,\sigma x}\, dH_n(x) = u\sqrt{n}\,\sigma \int_0^\infty e^{-u\sqrt{n}\,\sigma x}\left(H_n(x) - H_n(0)\right) dx$$

und das ist für festes $a > 0$, nicht kleiner als $\left(H_n(a) - H_n(0)\right)e^{-u\sqrt{n}\,\sigma a}$. Es folgt aber aus Satz 39.1, daß H_n für jedes $x \in R_1$ gegen die Vf. einer $N(0,1)$ konvergiert. Daher ist $\lim\limits_{n\to\infty} \left(H_n(a) - H_n(0)\right) > 0$, und daraus folgt (39.10). Der Übergang zur allgemeineren Bedingung (39.2) ist einfach und soll hier nicht mehr ausgeführt werden.

Wir haben bisher ausschließlich die Konvergenz einer Folge von Vfen. gegen die Vf. einer Normalverteilung untersucht. Praktisch und theoretisch ist aber auch die Frage von Interesse, ob Ähnliches für Dichten ausgesagt werden kann. Dies führt zur Aufstellung sogenannter lokaler Grenzwertsätze. Wir wollen diese nur an wenigen wichtigen Beispielen erläutern.

Wir beweisen hier zunächst die Stirlingsche Formel:

Satz 39.5: *Für* $n = 1, 2, \ldots$ *gilt mit* $0 \leq \Theta_n \leq 1$

$$n! = n^n e^{-n} \sqrt{2\pi n}\, e^{\frac{\Theta_n}{12n}}. \tag{39.11}$$

Wir zeigen zunächst: Wenn $\lim\limits_{n\to\infty} \dfrac{n!}{n^n e^{-n}\sqrt{n}} = c$ mit endlichem c gilt, dann ist

$$c = \sqrt{2\pi}. \tag{39.12}$$

Es sei nämlich $n! = n^{n+\frac{1}{2}} e^{-n} a_n$ mit

$$\lim_{n\to\infty} a_n = c. \tag{39.13}$$

Da für $n \geq 1$ natürlich $a_n \neq 0$ gilt, folgt

$$\log (2n)! = \left(2n + \frac{1}{2}\right) \log 2n - 2n + \log a_{2n} \tag{39.14}$$

und ebenso

$$\log n! = \left(n + \frac{1}{2}\right) \log n - n + \log a_n. \tag{39.15}$$

Aus (39.15) folgt leicht

$$\log (2 \cdot 4 \ldots 2n) = \left(n + \frac{1}{2}\right) \log n - n + n \log 2 + \log a_n. \tag{39.16}$$

Damit folgt aus (39.14)

$$\log \big(1 \cdot 3 \ldots (2n-1)\big) = n \log n - n + \left(n + \frac{1}{2}\right) \log 2 + \\ + \log a_{2n} - \log a_n. \tag{39.17}$$

Aus (39.16) und (39.17) ergibt sich

$$\log \frac{2 \cdot 4 \ldots 2n}{1 \cdot 3 \ldots (2n-1)\sqrt{2n+1}} + \frac{1}{2} \log \frac{2n+1}{n} + \frac{1}{2} \log 2 = \\ = 2 \log a_n - \log a_{2n}.$$

Aus (25.4) und (39.13) folgt somit

$$\log (\pi/2)^{\frac{1}{2}} + \log 2 = \log c$$

und damit ist (39.12) bewiesen.

Nun führen wir auf elementarem Wege den Nachweis [39.5], daß a_n gegen einen Limes strebt, und werden außerdem auch das Restglied

[39.5] Nach B. L. VAN DER WAERDEN, Nieuw Arch. Wiskunde 18, 40—45 (1936).

$e^{\frac{\Theta_n}{12n}}$ rechtfertigen. Wir zeigen

$$a_{n+1}/a_n < 1\,, \qquad n \geq 1\,. \tag{39.18}$$

Damit ist dann die Konvergenzaussage bewiesen.

Es gilt bekanntlich für $|x| < 1$

$$\log\left[(1 + x)/(1 - x)\right] = 2 \sum_{k=1}^{\infty} x^{2k-1}/(2k - 1)$$

und daraus folgt für $x > 0$

$$2x < \log[(1 + x)/(1 - x)] < 2\left(x + \frac{x^3}{3} \sum_{k=0}^{\infty} x^{2k}\right) = 2\left(x + \frac{x^3}{3}\,\frac{1}{1 - x^2}\right).$$

Für $x = 1/(2n + 1)$ erhält man also

$$2/(2n+1) < \log(1+1/n) < 2\left(\frac{1}{2n+1} + \frac{1}{3(2n+1)}\,\frac{1}{(2n+1)^2-1}\right). \tag{39.19}$$

Nun ist aber

$$\log\frac{a_n}{a_{n+1}} = \left(n + \frac{1}{2}\right)\log\,(1 + 1/n) - 1\,. \tag{39.20}$$

Aus (39.19) und (39.20) folgt somit

$$0 < \log\frac{a_n}{a_{n+1}} < \frac{1}{12}\left(\frac{1}{n} - \frac{1}{n+1}\right). \tag{39.21}$$

Die linke Ungleichung (39.21) ist aber gleichbedeutend mit (39.18)

Aus (39.21) ergibt sich für ein natürliches m und $k = 1, 2, \ldots$

$$0 < \log\frac{a_m}{a_{m+k}} < \frac{1}{12}\left(\frac{1}{m} - \frac{1}{m+k}\right). \tag{39.22}$$

Für $k \to \infty$ folgt aus (39.22) wegen (39.12) und (39.13)

$$0 \leq \log\frac{a_m}{\sqrt{2\pi}} \leq 1/12\,m$$

und daher gilt (39.11).

Wir zeigen nun den

Satz 39.6[39.6]: *Es seien $p, q > 0$ und $p + q = 1$. Es sei weiter x eine beliebige positive reelle Zahl, und es seien n und r nichtnegative ganze Zahlen, welche den Bedingungen $n \geq 1$, $r \leq n$ und*

$$|r - np|/\sqrt{n} \leq x \tag{39.23}$$

genügen. Dann gilt

$$\binom{n}{r} p^r q^{n-r} = (2\pi n p q)^{-\frac{1}{2}} e^{-\frac{(r-np)^2}{2npq}} + O\left(\frac{1}{n}\right). \tag{39.24}$$

Beweis: Mittels (39.11) erhalten wir

$$\frac{n!}{r!\,(n-r)!} = \frac{n^{n+1/2} e^{\Theta_n/12n}}{\sqrt{2\pi}\, r^{r+1/2} e^{\Theta_r/12r} (n-r)^{(n-r+1/2)} e^{\Theta_{(n-r)}/12(n-r)}}. \tag{39.25}$$

Es sei $A_n = (np/r)^r \big(nq/(n-r)\big)^{n-r}$. Nun ist für $|x| < 1$

$$\log(1+x) = x - x^2/2 + \frac{x^3}{3} \frac{1}{(1+\vartheta x)^3} \quad \text{mit} \quad |\vartheta| < 1. \tag{39.26}$$

Schreibt man

$$r - np = s, \tag{39.27}$$

dann folgt aus (39.23)

$$\frac{s}{n} = O\left(\frac{1}{\sqrt{n}}\right). \tag{39.28}$$

Ist also n hinreichend groß und wendet man (39.26) sinngemäß an, dann erhält man

$$\log A_n = -(s + np)\left(\frac{s}{np} - \frac{s^2}{2n^2p^2} + O\left(\frac{s^3}{n^3}\right)\right) -$$

$$- (nq - s)\left(-\frac{s}{nq} - \frac{s^2}{2n^2q^2} + O\left(\frac{s^3}{n^3}\right)\right) = -s^2/2npq + O\left(\frac{s^3}{n^2}\right).$$

[39.6] Auf ganz analoge Weise zeigt man, daß die Multinomialverteilung (vgl. **37.**) durch eine $(k-1)$-dimensionale Normalverteilung approximiert werden kann. Der Vollständigkeit halber sei erwähnt, daß man durch einen anderen Grenzübergang zu einer mehrdimensionalen Poisson-Verteilung kommen kann. (Vgl. S. 108.) Genauere und allgemeinere Resultate dieser Art finden sich bei M. Fisz, Studia math. 14, 272—275 (1954).

Also ergibt sich

$$A_n = e^{-s^2/2npq}\, e^{O(s^3/n^2)}. \tag{39.29}$$

Weiter ist

$$n^{\frac{1}{2}} r^{-\frac{1}{2}} (n-r)^{-\frac{1}{2}} = (npq)^{-\frac{1}{2}} \left(1 + \frac{s}{np}\right)^{-\frac{1}{2}} \left(1 - \frac{s}{nq}\right)^{-\frac{1}{2}}.$$

Daher wird für hinreichend großes n, wenn man unter Beachtung von (39.28) den Taylorschen Satz anwendet:

$$n^{\frac{1}{2}} r^{-\frac{1}{2}} (n-r)^{-\frac{1}{2}} = (nqp)^{-\frac{1}{2}} + O\left(\frac{1}{n}\right). \tag{39.30}$$

Aus (39.23) und (39.28) folgen auch noch leicht

$$1/r = O\left(\frac{1}{n}\right) \tag{39.31}$$

sowie

$$1/(n-r) = O\left(\frac{1}{n}\right). \tag{39.32}$$

Aus (39.31) folgt

$$e^{\Theta_r/12r} = 1 + O\left(\frac{1}{n}\right), \tag{39.33}$$

und aus (39.32) ergibt sich

$$e^{\Theta_{(n-r)}/12(n-r)} = 1 + O\left(\frac{1}{n}\right), \tag{39.34}$$

und natürlich gilt auch

$$e^{\Theta_n/12n} = 1 + O\left(\frac{1}{n}\right). \tag{39.35}$$

Wegen (39.23) gilt $\frac{s^3}{n^2} = O\left(\frac{1}{\sqrt{n}}\right)$ und daher auch

$$e^{O(s^3/n^2)} = 1 + O\left(\frac{1}{\sqrt{n}}\right). \tag{39.36}$$

Man kann also nach (39.29) und (39.36) auch schreiben

$$A_n = e^{-s^2/2npq}\left(1 + O\left(\frac{1}{\sqrt{n}}\right)\right). \tag{39.37}$$

Nun beachten wir (39.25) und vereinen die Formeln (39.30), (39.33), (39.34), (39.35) und (39.37), wodurch wir

$$\binom{n}{r} p^r q^{n-r} = (2\pi pqn)^{-\frac{1}{2}} e^{-(r-np)^2/2pqn}\left(1 + O\left(\frac{1}{\sqrt{n}}\right)\right)$$

erhalten, und dies ist gleichbedeutend mit (39.24).

Jetzt können wir auch den Satz von LAPLACE beweisen, den wir auf S. 129 schon erwähnt haben. Es ist nämlich mit der in (39.27) eingeführten Bezeichnung

$$(2\pi)^{-\frac{1}{2}} \int\limits_{\frac{s-\frac{1}{2}}{\sqrt{npq}}}^{\frac{s+\frac{1}{2}}{\sqrt{npq}}} e^{-x^2/2}\, dx = (2\pi npq)^{-\frac{1}{2}} e^{-s^2/2npq} + O\left(\frac{1}{n}\right). \tag{39.38}$$

Aus dem Mittelwertsatz der Integralrechnung folgt nämlich sofort

$$(2\pi)^{-\frac{1}{2}} \int\limits_{\frac{s-\frac{1}{2}}{\sqrt{npq}}}^{\frac{s+\frac{1}{2}}{\sqrt{npq}}} e^{-x^2/2}\, dx = (2\pi npq)^{-\frac{1}{2}} e^{-(s+\vartheta_1)^2/2npq}, \qquad |\vartheta_1| < 1/2$$

und damit auch (39.38) bei Verwendung von (39.28). Also kann man statt (39.24) auch

$$\binom{n}{r} p^r q^{n-r} = (2\pi)^{-\frac{1}{2}} \int\limits_{\frac{s-\frac{1}{2}}{\sqrt{npq}}}^{\frac{s+\frac{1}{2}}{\sqrt{npq}}} e^{-x^2/2}\, dx + O\left(\frac{1}{n}\right) \tag{39.39}$$

schreiben.

Es seien nun r_1, r_2 ganze Zahlen etwa mit $0 < r_1 \leq r_2 < n$, welche beide die Bedingung (39.23) erfüllen. Dann gilt diese auch für alle ganzen r mit $r_1 \leq r \leq r_2$, und daher erhalten wir aus (39.39)

$$\sum_{k=r_1}^{r_2} \binom{n}{k} p^k q^{n-k} = (2\pi)^{-\frac{1}{2}} \int\limits_{\frac{r_1 - np - \frac{1}{2}}{\sqrt{npq}}}^{\frac{r_2 - np + \frac{1}{2}}{\sqrt{npq}}} e^{-x^2/2}\, dx + (r_2 - r_1) O\left(\frac{1}{n}\right).$$

Da r_1 und r_2 (39.23) erfüllen, gilt auch $r_2 - r_1 = O\left(\sqrt{n}\right)$. Somit ergibt sich insgesamt

$$\sum_{k=r_1}^{r_2} \binom{n}{k} p^k q^{n-k} = (2\pi)^{-\frac{1}{2}} \int\limits_{\frac{r_1 - np - \frac{1}{2}}{\sqrt{npq}}}^{\frac{r_2 - np + \frac{1}{2}}{\sqrt{npq}}} e^{-x^2/2}\, dx + O\left(\frac{1}{\sqrt{n}}\right). \tag{39.40}$$

Eine Anwendung des S. 129 erwähnten Satzes würde als Näherung

für die linke Seite von (39.40) nur $\frac{1}{\sqrt{2\pi}} \int\limits_{\frac{r_1 - np}{\sqrt{npq}}}^{\frac{r_2 - np}{\sqrt{npq}}} e^{-x^2/2}\, dx$ ergeben.

Man überzeugt sich aber leicht, daß die rechte Seite von (39.40) bei Weglassung des Fehlergliedes schon bei recht kleinen Werten von n eine erheblich bessere Approximation liefert[39.7]. (Vgl. noch Abb. 8.)

Schließlich wollen wir noch ein weiteres einfaches Beispiel für einen lokalen Grenzwertsatz besprechen: Man sieht nämlich unschwer mittels der Stirlingschen Formel für die Γ-Funktion[39.8] ein,

---

[39.7] Von den vielen feineren Untersuchungen erwähnen wir nur W. Feller, Ann. math. Statistics 16, 321—329 (1945) und Ann. math. Statistics 21, 301 (1950).

[39.8] Diese gestattet, die Formel (39.11) weitgehend auszudehnen. Vgl. z. B.: Lösch-Schoblik, Die Fakultät und verwandte Funktionen, Teubner, Leipzig 1951, 30.

daß für die in (29.3) definierten Dichten h_n der t-Verteilung für jedes $t \in R_1$

$$\lim_{n\to\infty} h_n(t) = \frac{1}{\sqrt{2\pi}} e^{-\frac{t^2}{2}}$$

gilt. Diese Aussage läßt sich leicht durch eine Aussage über die entsprechenden Vfen. ergänzen. Da nämlich für $n \geq 1$ und

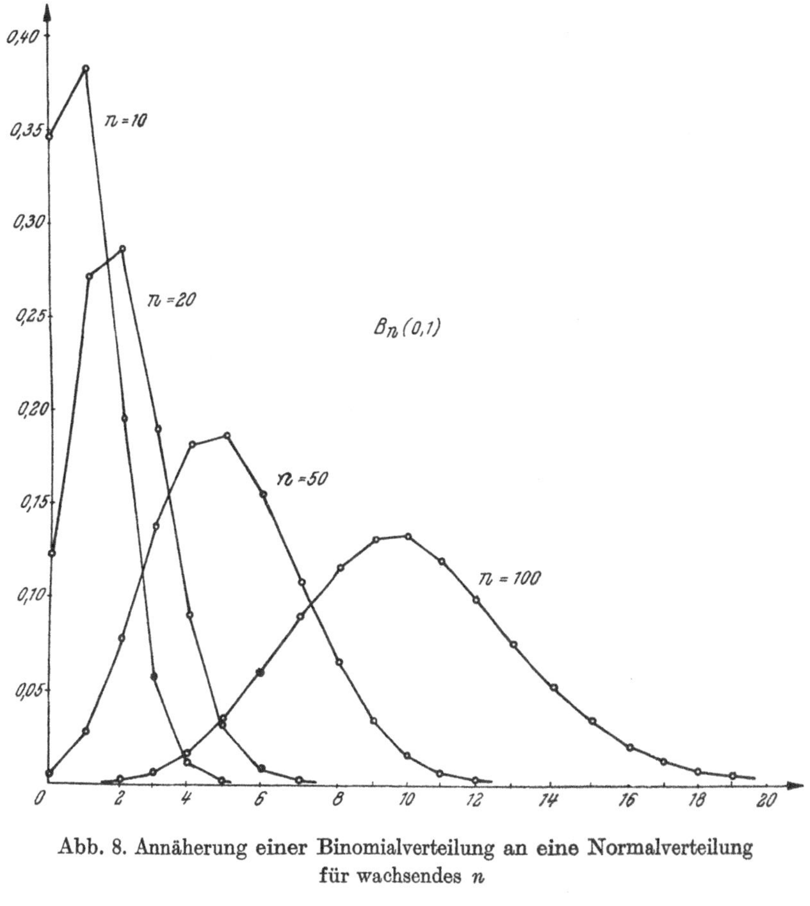

Abb. 8. Annäherung einer Binomialverteilung an eine Normalverteilung für wachsendes n

$-\infty < t < \infty$ die Ungleichung $(1 + t^2/2)^{-1} \geq (1 + t^2/n)^{-(n+1)/2}$ gilt, kann man den Satz von Lebesgue anwenden und erhält, daß die Vf. einer t-Verteilung für $n \to \infty$ gegen die Vf. einer $N(0, 1)$ konvergiert.

40. Einige Sätze von Cramér. Wir wollen nun noch einige wichtige Sätze beweisen, welche für die Bestimmung der asymptotischen Verteilung von Folgen zufälliger Variabler von großem Nutzen sind.

Satz 40.1[40.1]: *Es sei $\xi_1, \xi_2, \ldots$ eine Folge zufälliger Variabler derselben Dimension k, $k \geq 1$, und es sei ξ_n asymptotisch nach einer Verteilung mit der Vf. F verteilt. Es sei $\{\eta_i\}$ ebenfalls eine Folge k-dimensionaler zufälliger Variabler, und es konvergiere $\{\xi_i - \eta_i\}$ stochastisch gegen 0 (d. h. gegen den k-dimensionalen Nullvektor). Dann ist auch η_n asymptotisch nach F verteilt.*

Beweis: Wir wählen der Einfachheit halber $k = 1$ und haben zu zeigen, daß für jedes $x \in R_1$, in dem F stetig ist,

$$\lim_{n\to\infty} W(\eta_n \leq x) = F(x) \tag{40.1}$$

gilt. Es sei $\varepsilon > 0$ und $\delta > 0$. Dann gilt für hinreichend großes n

$$W(|\xi_n - \eta_n| \leq \varepsilon) \geq 1 - \delta. \tag{40.2}$$

Wir legen wieder irgendein Wahrscheinlichkeitsfeld $(R, \mathbf{S}, W)$ zugrunde. Es sei $\{\omega: |\xi_n(\omega) - \eta_n(\omega)| \leq \varepsilon\} = A_n$. Es ist

$$W(\eta_n \leq x) = W\left(\{\omega: \eta_n(\omega) \leq x\} \cap A_n\right) + \\ + W\left(\{\omega: \eta_n(\omega) \leq x\} \cap (R - A_n)\right).$$

Wegen $W\left(\{\omega: \eta_n(\omega) \leq x\} \cap (R - A_n)\right) \leq W(R - A_n)$ ist nach (40.2)

$$W\left(\{\omega: \eta_n(\omega) \leq x\} \cap (R - A_n)\right) < \delta. \tag{40.3}$$

Anderseits ist $W\left(\{\omega: \eta_n(\omega) \leq x\} \cap A_n\right) \leq W(\xi_n \leq x + \varepsilon)$, und damit erhält man zusammen mit (40.3)

$$-\delta + W(\eta_n \leq x) \leq W(\xi_n \leq x + \varepsilon). \tag{40.4}$$

[40.1] Für diese und die folgenden Sätze vgl. man H. Cramér, Mathematical Methods of Statistics, Princeton Univ. Press, Princeton 1946.

Ersetzt man x durch $x - \varepsilon$ und läßt man η_n und ξ_n die Rollen tauschen, dann ergibt sich genau so:

$$-\delta + W(\xi_n \leq x - \varepsilon) \leq W(\eta_n \leq x). \tag{40.5}$$

Aus (40.4) und (40.5) erhält man aber

$$-2\delta + W(\xi_n \leq x - \varepsilon) \leq W(\eta_n \leq x) \leq W(\xi_n \leq x + \varepsilon). \tag{40.6}$$

Wählt man ε beliebig klein, aber so, daß x und auch $x - \varepsilon$ und $x + \varepsilon$ Stetigkeitsstellen von F sind[40.2], dann liefert (40.6)

$$-2\delta + F(x - \varepsilon) \leq \varliminf_{n \to \infty} W(\eta_n \leq x) \leq \varlimsup_{n \to \infty} W(\eta_n \leq x) \leq F(x + \varepsilon).$$

Läßt man ε und δ gegen 0 gehen, folgt die Behauptung.

Wir zeigen weiter den

Satz 40.2: *Es sei $\{\xi_i\}$ eine Folge zufälliger Variabler. Für $n = 1, 2, \ldots$ werde die Vf. von ξ_n mit F_n bezeichnet. F sei eine weitere Vf., und es konvergiere F_n schwach gegen F. Überdies sei $\{\eta_i\}$ eine Folge zufälliger Variabler mit $\eta_n \to 0$ in Wahrscheinlichkeit. Dann konvergiert auch $\{\xi_i \eta_i\}$ stochastisch gegen* 0.

Beweis: Wir haben zu zeigen: Zu jedem $\varepsilon > 0$ und $\delta > 0$ gibt es ein $n(\varepsilon, \delta)$, so daß

$$W(|\xi_n \eta_n| \leq \varepsilon) \geq 1 - \delta \tag{40.7}$$

für $n \geq n(\varepsilon, \delta)$.

Nun gibt es zu $\varepsilon_1 = \delta/12$ ein x_{ε_1}, so daß F stetig in x_{ε_1} und $-x_{\varepsilon_1}$ ist und so daß $0 \leq 1 - F(x_{\varepsilon_1}) + F(-x_{\varepsilon_1}) < \varepsilon_1$. Wegen $F_n(-x_{\varepsilon_1}) \to F(-x_{\varepsilon_1})$ folgt daraus für alle hinreichend großen n

$$0 \leq F_n(-x_{\varepsilon_1}) < 2\varepsilon_1 \tag{40.8}$$

und ebenso

$$0 \leq 1 - F_n(x_{\varepsilon_1}) < 2\varepsilon_1. \tag{40.9}$$

Nun halten wir x_{ε_1} fest und wählen $\varepsilon_2 = \varepsilon/x_{\varepsilon_1}$ sowie $\delta_2 = \delta/3$. Nach Voraussetzung gilt für hinreichend großes n

---

[40.2] F besitzt nur höchstens abzählbar unendlich viele Unstetigkeitsstellen (vgl. S. 38). Daraus folgt die Möglichkeit einer solchen Wahl für unendlich viele $\varepsilon > 0$ mit $\varepsilon \to 0$.

$$W(|\eta_n| \leq \varepsilon_2) \geq 1 - \delta_2. \tag{40.10}$$

Nun ist mit $A_n = \{\omega : |\eta_n(\omega)| \leq \varepsilon_2\}$ und $B_n = \{\omega : |\xi_n(\omega)| > x_{\varepsilon_1}\}$

$$1 = W(A_n \cap (R - B_n)) + W((R - A_n) \cap (R - B_n)) + W(A_n \cap B_n) + \\ + W((R - A_n) \cap B_n).$$

Daraus folgt unter Benützung von (40.8), (40.9) und (40.10)

$$1 \leq W(|\xi_n \eta_n| \leq \varepsilon_2 x_{\varepsilon_1}) + \delta_2 + 4\varepsilon_1 + \delta_2$$

für alle hinreichend großen n, oder

$$W(|\xi_n \eta_n| \leq \varepsilon) \geq 1 - 2\delta_2 - 4\varepsilon_1.$$

Das ist aber im wesentlichen die Behauptung.

Man beweist noch ganz ähnlich den

Satz 40.3: *Die Folge $\{\xi_i\}$ genüge den Voraussetzungen des Satzes* 40.2, *und die Folge $\{\eta_i\}$ konvergiere stochastisch gegen $c > 0$. Dann ist für jede Stetigkeitsstelle x von F*

$$\lim_{n \to \infty} W(\xi_n \eta_n \leq x) = F(x/c).$$

Satz 40.2 und 40.3 besagen also: Es sei ξ eine zufällige Variable mit der Vf. F und im übrigen seien die Voraussetzungen des Satzes 40.3 sogar mit $c \geq 0$ erfüllt. Dann konvergiert die Folge der Vfen. von $\xi_n \eta_n$ schwach gegen die Vf. von ξc [40.3].

41. Das Momentenproblem.

Wir besprechen hier nur einige wenige Tatsachen und beschränken uns vor allem auf solche Ergebnisse, die wir später brauchen werden[41.1]. Kurz gesagt handelt es sich

---

[40.3] Nach Mitteilung von Herrn KRICKEBERG beweist man folgenden Satz, welcher die angeführten Ergebnisse von CRAMÈR enthält: $\xi_1, \xi_2, \ldots$ und ξ seien k-dimensionale zufällige Variable. Die Vf. von ξ_i sei F_i, $i = 1, 2, \ldots$ und die von ξ sei F. Die Folge $\{F_i\}$ konvergiere schwach gegen F. Weiter sei eine Folge l-dimensionaler zufälliger Variabler $\{\eta_i\}$ gegeben, welche stochastisch gegen den konstanten Vektor c konvergieren. Es sei φ eine stetige Abbildung vom R_{k+l} in einen R_m. Dann konvergiert die Folge der Vfen. von $\varphi(\xi_n, \eta_n)$ schwach gegen die Vf. von $\varphi(\xi, c)$. Für den Beweis stützt man sich auf das Lemma 23.1 und dessen Umkehrung, l. c. [23.2].

[41.1] Eine ausführliche Darstellung gibt das Buch von J. A. SHOHAT und J. D. TAMARKIN, The Problem of Moments (Mathematical Surveys, Band I), American Math. Society, New York: 1943 and 1950.

um folgendes Problem. Es seien $c_0 = 1, c_1, c_2, \ldots$ unendliche viele reelle Zahlen. Gibt es eine Vf., so daß c_n für $n = 0, 1, \ldots$ das n-te Moment dieser Vf. ist? Man kann leicht notwendige Bedingungen dafür ableiten, daß eine Folge c_i eine Momentenfolge ist. Es sei nämlich ξ eine zufällige Variable, deren sämtliche Momente m_i, $i = 1, 2, \ldots$ existieren. Es seien k und l nichtnegative ganze Zahlen und $u_0, \ldots, u_k$ beliebige reelle Zahlen. Dann ist stets

$$E[(u_0 \xi^l + u_1 \xi^{l+1} + \cdots + u_k \xi^{l+k})^2] \geq 0. \tag{41.1}$$

Nun ist, wie man leicht findet, die linke Seite von (41.1) auch gleich $\sum_{i,j=0}^{k} u_i u_j m_{i+j+2l}$. Diese quadratische Form in den Variablen $u_0, \ldots, u_k$ ist positiv semidefinit, und daraus folgt, daß alle Hauptminoren der Determinante $|m_{i+j+2l}|_{0\,k}^{0\,k}$ nicht negativ sind. Man erhält also die Ungleichungen

$$\left.\begin{array}{l} \begin{vmatrix} m_{2l} & m_{2l+1} & \cdots & m_{2l+k} \\ m_{2l+1} & m_{2l+2} & \cdots & m_{2l+k+1} \\ \cdots & \cdots & \cdots & \cdots \\ m_{2l+k} & m_{2l+k+1} & \cdots & m_{2l+2k} \end{vmatrix} \geq 0 \\ \cdots\cdots\cdots\cdots \\ \begin{vmatrix} m_{2l} & m_{2l+1} \\ m_{2l+1} & m_{2l+2} \end{vmatrix} \geq 0 \\ |m_{2l}| \geq 0 \end{array}\right\}, \tag{41.2}$$

welche für alle $k, l \geq 0$ gültig sind. Anderseits kann man zeigen, daß es zu jeder Folge $\{c_i\}$, welche den zu (41.2) analogen Ungleichungen genügt, eine Vf. gibt, deren n-tes Moment mit c_n übereinstimmt. Dies ist in etwas ungenauer Formulierung das Hauptergebnis einer Reihe von Untersuchungen von HAMBURGER[41.2].

Besonders wollen wir noch auf das sogenannte *Momentenproblem* von HAUSDORFF hinweisen, welches einen Sonderfall des allgemeinen nach HAMBURGER benannten Momentenproblems dar-

[41.2] H. HAMBURGER, Math. Z. 4, 186—222 (1919), Math. Ann. 81, 31—45, 235—319 (1920); 82, 120—164, 168—187 (1921).

stellt. Es sei $\mathfrak{F}$ die Menge aller Vfen. F, welche den Bedingungen $F(x) = 0,\ x < 0,\ F(x) = 1,\ x > 1$, genügen. Das Hausdorffsche Momentenproblem [41.3] fragt nach Bedingungen, unter denen Vfen. aus $\mathfrak{F}$ zu einer vorgegebenen Momentenfolge $\{c_i\}$ existieren. Man nennt daher dieses Problem auch das *beschränkte Momentenproblem*. Wenn $F \in \mathfrak{F}$ eine Vf. ist mit

$$c_i = \int_0^1 x^i \, dF(x), \qquad i = 0, 1, 2, \ldots,$$

dann erkennt man sofort durch Betrachtung von $\int_0^1 (1-x)^k x^l dF(x)$ für ganze $k, l > 0$, daß notwendig für alle ganzen k, l die folgenden Bedingungen gelten müssen:

$$\sum_{j=0}^{k} \binom{k}{j} c_{k+l-j} (-1)^{k-j} \geq 0. \tag{41.3}$$

Diese Bedingungen sind aber auch hinreichend und bestimmen genau eine Vf.

Man kann dieses Momentenproblem (und natürlich auch das allgemeine Problem von Hamburger) dahingehend modifizieren, daß man nur die ersten n Momente $c_1, \ldots, c_n$, $n \geq 1$, vorgibt. Betrachtet man alle Bedingungen (41.3), in denen nur $c_0 = 1, c_1, \ldots, c_n$ auftreten, dann sind sie wieder notwendig, aber nicht hinreichend für die Existenz einer Vf., deren i-tes Moment für $i = 1, \ldots, n$ mit c_i übereinstimmt. Eine auch hinreichende Bedingung erhält man so: Es müssen alle Determinanten (41.2) mit $m_{2l+i} = c_i$ für $l = 0$, $0 \leq k \leq [n/2]$ nichtnegativ sein, ebenso wie die Determinanten $|a_{rs}|_{1j}^{1j}$ mit $a_{rs} = c_{r+s-1}$ und mit $a_{rs} = c_{r+s-2} - c_{r+s-1}$ für $1 \leq j \leq [(n+1)/2]$ sowie mit $a_{rs} = c_{r+s-1} - c_{r+s}$ mit $1 \leq j \leq [n/2]$. Allerdings ist die Vf. in diesem Fall nicht mehr eindeutig festgelegt.

42. Die Kumulanten oder Semiinvarianten. Es sei ψ die charakteristische Funktion einer zufälligen Variablen ξ, deren erste k Momente existieren sollen. Nach Satz 23.2 ist

$$E(\xi^j) i^j = \left. \frac{d^j \psi}{dt^j} \right|_{t=0}, \qquad j = 1, \ldots, k,$$

[41.3] F. Hausdorff, Math. Z. 9, 74—109, 280—299 (1921). Vgl. auch S. Karlin u. L. S. Shapley, Geometry of moment spaces, Memoirs American Math. Society Nr. 12, Providence 1953.

und somit gilt in Anbetracht der Stetigkeit von $\frac{d^k \psi}{d t^k}$ nach dem Taylorschen Satz für jedes $t \in R_1$

$$\psi(t) = 1 + \sum_{j=1}^{k} (it)^j \frac{E(\xi^j)}{j!} + o(t^k) \tag{42.1}$$

für $t \to 0$.

Wir betrachten nun an Stelle der zufälligen Variablen ξ die zufällige Variable $\eta = \xi + c$, wobei c eine reelle Zahl $\neq 0$ ist. Für die charakteristische Funktion von η gilt $E(e^{it\eta}) = e^{itc}\psi(t)$ für jedes $t \in R_1$. Es folgt unter Beachtung von (42.1)

$$\left(1 + \sum_{j=1}^{k} (it)^j c^j/j! + o(t^k)\right)\left(1 + \sum_{j=1}^{k} (it)^j E(\xi^j)/j! + o(t^k)\right) = e^{ict}\psi(t). \tag{42.2}$$

Die linke Seite von (42.2) läßt sich in der Form schreiben:

$$1 + \sum_{j=1}^{k} (ti)^j \sum_{l=0}^{j} \frac{c^l}{l!} \frac{E(\xi^{j-l})}{(j-l)!} + \varepsilon_3(t) t^k. \tag{42.3}$$

Hierbei ist $\varepsilon_3(t) = o(1)\psi(t) + o(1)e^{ict} + b_1 t + \cdots + b_k t^k$, wobei sich die Koeffizienten b_i leicht durch Vergleich mit (42.2) bestimmen lassen. Auf jeden Fall folgt $\varepsilon_3(t) = o(1)$.

Ein Vergleich von (42.1) mit (42.3) zeigt, daß die Koeffizienten der Entwicklung (42.1) gegenüber Nullpunktsverschiebungen der zufälligen Variablen i. a. nicht invariant bleiben.

Betrachtet man an Stelle dessen jedoch die Entwicklung von $\log\psi$ in einer Umgebung des Nullpunktes, dann wird sich gleich ergeben, daß die Koeffizienten der Potenzen von t, ausgenommen der Koeffizient des linearen Gliedes, gegenüber Nullpunktstransformationen der zufälligen Variablen invariant sind.

Zunächst ist nämlich $\log\psi$ in einer Umgebung des Nullpunktes sicherlich sinnvoll definiert, da wegen $\psi(0) = 1$ und der Stetigkeit von ψ in einer passenden Umgebung von $t = 0$, $\psi(t) \neq 0$ ist. Wir legen den Wert von $\log\psi(0)$ mit 0 fest. Da nach Voraussetzung $\frac{d^j \psi}{d t^j}$ für $j = 1, \ldots, k$ existieren, ist, wie man leicht erkennt, auch die Existenz von $\frac{d^j \log\psi}{d t^j}$, $j = 1, \ldots, k$, in einer Umgebung des Nullpunktes sichergestellt. Insbesondere ist

$$\frac{d \log\psi}{dt} = \frac{\psi'(t)}{\psi(t)}.$$

Bezeichnet man die Entwicklungskoeffizienten von $\log\psi$ an der Stelle $t = 0$ mit K_j, dann wird $K_1 = E(\xi)$. Es ergibt sich für jedes t in einer Umgebung von $t = 0$

$$\log\psi(t) = \sum_{j=1}^{k} K_j (ti)^j + o(t^k) \tag{42.4}$$

für $t \to 0$.

Bezeichnen wir nun die charakteristische Funktion von $\eta = \xi + c$ mit φ. Dann erhält man

$$\log \varphi(t) = cit + \log \psi(t)$$

also unter Beachtung von (42.4)

$$\log \varphi(t) = (c + K_1)it + \sum_{j=2}^{k} K_j(ti)^j + o(t^k),$$

womit die angekündigte Invarianzeigenschaft nachgewiesen ist.

Betrachtet man an Stelle der zufälligen Variablen ξ die zufällige Variable $b\xi$, wobei b eine reelle Zahl $\neq 0$ ist, dann ergibt sich für die charakteristische Funktion für jedes $t \in R_1$

$$E(e^{it\xi b}) = \psi(bt)$$

und daher für den Logarithmus derselben in einer passenden Umgebung des Nullpunktes

$$\log \psi(bt) = \sum_{j=1}^{k} K_j(ibt)^j + o(t^k)$$

für $t \to 0$.

Die Koeffizienten der Entwicklung des Logarithmus der charakteristischen Funktion einer zufälligen Variabeln ξ multiplizieren sich also beim Übergang von ξ zur zufälligen Variablen $b\xi$ $(b \neq 0)$ bzw. mit b^j, $j = 1, \ldots, k$.

Diese Eigenschaft kommt übrigens auch der charakteristischen Funktion selbst zu, wie man aus $E[(b\xi)^j] = b^j E(\xi^j)$ sofort erkennt.

Zusammenfassend kann man also sagen: Die Koeffizienten der Entwicklung (42.4) transformieren sich beim Übergang zur zufälligen Variablen $b\xi + c$ derart, daß, abgesehen vom Koeffizienten des linearen Gliedes, der j-te Koeffizient bis auf die Multiplikation mit b^j $(j = 2, \ldots, k)$ unverändert bleibt. Diese Tatsache hat den K_j die Bezeichnung *Semiinvarianten* eingetragen. Besser bezeichnet man die K_j als *Kumulanten*.

Zweites Kapitel

Elementare Stichprobentheorie[1.1]

1. Einleitung. Anläßlich der Einführung des Wahrscheinlichkeitsbegriffes haben wir folgende Situation beschrieben: Es liege eine Gesamtheit von Beobachtungen vor, die sich auf gewisse Merkmale beziehen. Diese Gesamtheit wird als unendlich angesehen, und zwar in dem Sinne, daß nach einer gleichbleibenden Vorschrift die Beobachtungen stets reproduzierbar sind, also z. B. eine unendlich ausgedehnte Serie von Würfelversuchen. Aus dieser Gesamtheit wählt man „zufällig" eine Reihe von Beobachtungen aus. Ist deren Anzahl hinlänglich groß, dann weichen die relativen Häufigkeiten von Ereignissen, die sich auf die unter Beobachtung stehenden Merkmale beziehen, im allgemeinen nur unbedeutend von einem stets konstanten Wert ab, den wir als empirische Wahrscheinlichkeit bezeichnet haben (vgl. S. 23). Es ist nicht leicht, empirische Kriterien dafür anzugeben, wann eine Auswahl aus einer Gesamt-

---

[1.1] Dem an den Anwendungen interessierten Leser stehen heute eine Reihe deutschsprachiger Werke zur Verfügung. Wir erwähnen: A. Linder, Statistische Methoden für Naturwissenschafter, Mediziner und Ingenieure, 3. Auflage, Birkhäuser, Basel. J. Pfanzagl, Allgemeine Methodenlehre der Statistik, I, 2. Auflage, II, Sammlung Göschen, Walter de Gruyter & Co., Berlin 1964, 1961. D. Morgenstern, Einführung in die Wahrscheinlichkeitsrechnung und Mathematische Statistik, Springer-Verlag, Berlin—Göttingen—Heidelberg 1964. Auch von theoretischem Interesse ist das Werk: B. L. van der Waerden, Mathematische Statistik (Grundlagen der Mathem. Wissensch.), Springer-Verlag, Berlin—Göttingen—Heidelberg 1957.

Hervorragende Werke der fremdsprachigen Literatur: H. Cramér, l. c. I. [40.1]. D. Dugué, Traité de statistique théorique et appliquée, Masson & Cie, Paris 1958. A. M. Mood, Introduction to the theory of statistics, Mc. Graw-Hill, New York 1950. J. Neyman, First Course in Probability and Statistics, Henry Holt and Company, New York 1957. S. S. Wilks, Mathematical Statistics, John Wiley & Sons, New York—London 1962. Ein Sammelwerk mit vielen Literaturangaben bis 1960 stellt M. Kendall and A. Stuart, The Advanced Theory of Statistics I, II, Griffin, London 1961, dar.

heit als zufällig angesehen werden kann. Oft begnügt man sich mit der etwas vagen Formulierung, daß eine Zufallsauswahl realisiert ist, wenn kein Grund vorliegt, der eine bevorzugte Auswahl irgendeiner Beobachtung erkennen ließe. Man zieht in diesem Zusammenhang vielfach das „Urnenschema" heran. Die Urne oder — besser gesagt — deren Inhalt (z. B. gleichgestaltete Kugeln) repräsentiert die Gesamtheit, und nun werden dieser Urne Kugeln entnommen, wobei stets auf „gute Durchmischung" des Inhalts zu achten ist. Die gezogenen Kugeln sieht man als Zufallsauswahl aus der Urne an. Der Leser sei in diesem Zusammenhang auf das über das Urnenschema (vgl. S. 30) Gesagte erinnert, wo die Frage behandelt wird, was diesen Vorstellungen im Wahrscheinlichkeitskalkül entspricht.

Ziel solcher zufälliger Auswahlen aus der Gesamtheit ist es, über die Struktur der Gesamtheit etwas auszusagen, insbesondere über die Größe der mit ihr verknüpften empirischen Wahrscheinlichkeiten. Man läßt sich hierbei etwa von der Vorstellung leiten, daß man die empirische Wahrscheinlichkeit „genau bestimmen könnte", wenn man unendlich viele Versuche macht. Praktisch stellen sich aber einer beliebig ausgedehnten Versuchsreihe oder auch nur der Herstellung einer großen Anzahl von Beobachtungen Schwierigkeiten der verschiedensten Art entgegen. Zum Beispiel können Großzahlbeobachtungen an der technischen Undurchführbarkeit scheitern, oder die wachsende finanzielle Belastung ist untragbar, so daß man sich mit einer kleinen Anzahl von Versuchen begnügen muß. Die annähernd idealen Versuchsbedingungen, wie sie bei den meisten Glücksspielen vorliegen, sind in den meisten praktischen Fällen nicht realisiert.

Es hat sich folgende Terminologie eingebürgert: Die (hypothetische) unendliche Gesamtheit der möglichen Beobachtungen nennt man die *Grundgesamtheit* und die aus dieser Menge (zufällig) herausgegriffenen Beobachtungsergebnisse eine *Stichprobe* aus dieser Grundgesamtheit. Die Anzahl der in der Stichprobe enthaltenen Beobachtungen bezeichnet man als deren *Umfang*. Die Vorstellung einer unendlichen Grundgesamtheit stellt eine Idealisierung der tatsächlichen Verhältnisse dar, auch wenn man nur an eine „potentiell unendliche" Gesamtheit im Sinne der unbegrenzten Reproduzierbarkeit der Zufallsversuche denkt. Der Praktiker sieht jede Gesamtheit, die im Verhältnis zum Umfang der entnommenen Stichprobe „sehr groß" ist, als unendlich an.

2. Einführung in die Terminologie. Wir wollen uns nun bemühen, für den hier skizzierten empirisch erfaßten Sachverhalt eine adäquate Beschreibung im Kalkül der Wahrscheinlichkeitstheorie zu geben und damit im Sinne des zu Beginn der Einleitung (S. 21) Gesagten den Grundstein für die Mathematische Statistik zu legen. Wir betonen dabei schon jetzt, daß wir den technischen Fragen der Stichprobenerhebung keinerlei Aufmerksamkeit schenken. Die praktisch sehr wichtigen Probleme, wie man mit möglichst kleinem finanziellem oder arbeitstechnischem Aufwand möglichst informative Stichproben erhalte oder die Frage der praktischen Realisierung einer „zufälligen Auswahl", werden wir nur insofern berühren, als es sich um mathematisch relevante Fragen handelt.

Wenn $\xi_1, \ldots, \xi_n$ (nicht notwendig eindimensionale) zufällige Variable (über demselben Wahrscheinlichkeitsfeld) sind und die Ereignisse $(\xi_1 = x_1), \ldots, (\xi_n = x_n)$ beobachtet wurden, dann sagen wir, daß $(x_1, \ldots, x_n)$ eine *Realisation* von $(\xi_1, \ldots, \xi_n)$ ist. Es seien $\xi_1, \ldots, \xi_n$ n unabhängige zufällige Variable, die alle dieselbe Wahrscheinlichkeitsverteilung besitzen. $(x_1, \ldots, x_n)$ sei eine Realisation von $(\xi_1, \ldots, \xi_n)$. Die Wahrscheinlichkeitsverteilung der ξ_i sei nicht bekannt. Wir fragen, welche Aussagen über sie aus der Kenntnis von $(x_1, \ldots, x_n)$ erhalten werden können.

Um einzusehen, daß man damit an das in **1.** Gesagte anknüpft, hat man die Wahrscheinlichkeitsverteilung der ξ_i mit den empirischen Wahrscheinlichkeiten zu identifizieren, die sich aus der Betrachtung jener Grundgesamtheit ergeben, aus der $(x_1, \ldots, x_n)$ als Stichprobe entnommen ist.

Wir werden die zufälligen Variablen $\xi_1, \ldots, \xi_n$ oft als *Stichprobenvariable* bezeichnen, die beobachteten Realisationen $x_1, \ldots, x_n$, die davon zu unterscheiden sind, als *Stichprobenwerte*, ihre Gesamtheit ist die Stichprobe. n bezeichnen wir, wie schon gesagt, als Umfang der Stichprobe. Wenn $(x_1, \ldots, x_n)$ eine Realisation unabhängiger zufälliger Variabler $(\xi_1, \ldots, \xi_n)$ ist mit derselben Wahrscheinlichkeitsverteilung W_ξ, dann werden wir im Hinblick auf das eben Gesagte auch die anschaulichere Sprechweise benützen: $x_1, \ldots, x_n$ ist eine Stichprobe aus einer nach W_ξ verteilten Grundgesamtheit.

Wir werden jedoch in den späteren Kapiteln den Begriff der Stichprobe oft in allgemeinerem Sinne verwenden. Diese Verallgemeinerung zusammen mit dem Begriff des Stichprobenraumes soll schon hier Erwähnung finden. Wenn wir zunächst nochmals von einer Stichprobe vom Umfang n ausgehen, dann kann man diese als Punkt in einem R_n deuten, den wir in diesem Zusammenhang als *Stichprobenraum* bezeichnen. Jede über den Borel-Mengen $\mathfrak{B}_n$ definierte Wahrscheinlichkeitsverteilung kann man dann als zum Stichprobenraum gehörige Wahrscheinlichkeitsverteilung auffassen. Aber diese Auffassung ist nicht an die bisher gemachten Voraussetzungen gebunden. Wenn (R, S) ein beliebiger Meßraum ist, kann unter Umständen jedes $x \in R$ das Ergebnis einer Stichprobe repräsentieren. Dann wird man wieder R als Stichprobenraum und ein über (R, S) definiertes Wahrscheinlichkeitsmaß W als die zum Stichprobenraum gehörige Wahrscheinlichkeitsverteilung bezeichnen.

3. Prüfen einer Hypothese über den Mittelwert einer Normalverteilung bei bekannter Streuung. Wir wollen die allgemeine und noch etwas vage Fragestellung von **2.** am konkreten Beispiel der Normalverteilung erläutern. Wenn wir vorerst eine Normalverteilung zugrunde legen, deren Dichte für alle $x \in R_1$ durch I. (25.1) gegeben ist, hat dies einerseits theoretische Gründe, da sich viele Fragen für die Normalverteilung besonders einfach und ausführlich behandeln lassen. Anderseits zeigt es sich, daß in vielen praktischen Situationen annähernd von der Voraussetzung einer normal verteilten Grundgesamtheit ausgegangen werden kann. Man vergleiche hierzu I., S. 126, sowie **11.** Wir geben nun ein Beispiel, das wir schon einmal herangezogen haben (S. 22). Die Verteilung der Körpergröße der Menschen gehorcht erfahrungsgemäß annähernd den Gesetzen der Normalverteilung.

W. Winkler[3.1] beleuchtet dies am Beispiel von 906 Mistelbacher Rekruten aus dem Jahre 1913. Er hat unter diesen die folgende Größenverteilung gefunden (siehe Tabelle Seite 151).

Zu unserer Behauptung über die (annähernde) Normalverteilung der Körpergröße ist zunächst zu sagen, daß diese im Sinne strenger Gültigkeit niemals richtig sein kann. Denn zumindest kommt dem Ereignis, daß die Körpergröße < 0 ist, als unmöglichem Ereignis die Wahrscheinlichkeit 0 zu, während die Dichte I. (25.1) im Intervall $-\infty < x < 0$ stets positiv ist. Die Behauptung ist daher im Sinne der Häufigkeitsinterpretation zu verstehen. Da wir übereingekommen sind (S. 22), Größen z. B. zwischen 170,5 und 171,5 cm

[3.1] W. Winkler, l. c. E. [1], 35.

cm	Häufigkeit	cm	Häufigkeit	cm	Häufigkeit
147	1	159	22	171	48
148	0	160	30	172	36
149	0	161	35	173	31
150	2	162	43	174	33
151	4	163	48	175	21
152	3	164	47	176	24
153	4	165	60	177	13
154	7	166	63	178	9
155	6	167	74	179	9
156	12	168	60	180	3
157	14	169	64	181	3
158	25	170	47	182	4
				183	1

auf 171 cm auf- bzw. abzurunden, so können wir den obigen Angaben entnehmen, daß die relative Häufigkeit für das Ereignis, daß die beobachtete Körpergröße in 906 Versuchen im Intervall (170,5, 171,5) liegt, $\frac{48}{906}$ beträgt.

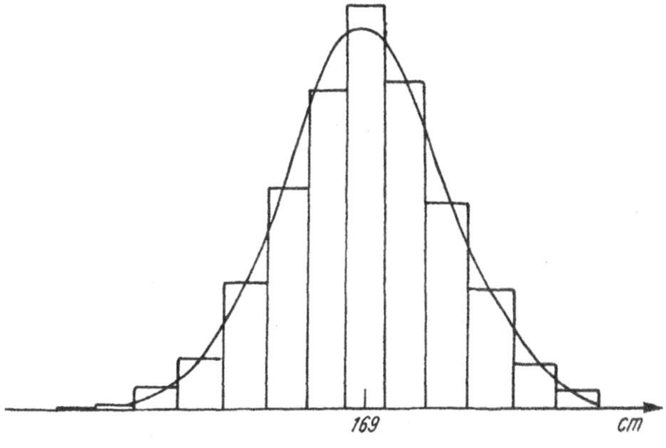

Abb. 9

Faßt man die Beobachtungen etwa in Gruppen der Gruppenbreite 3 cm zusammen und ordnet man jeweils der Gruppenmitte die den Gruppen entsprechenden relativen Häufigkeiten zu, dann erhält man obenstehende Abbildung.

Die eingezeichnete Dichte einer Normalverteilung paßt sich sehr gut der Häufigkeitsverteilung an, und dies kann als empirische

Grundlage für die Hypothese dienen, daß die Körpergröße mit guter Annäherung als normal verteilt angenommen werden kann.

Es sei nun vorausgesetzt, daß die Grundgesamtheit eine Normalverteilung mit der Streuung 36 besitze. Dann soll untersucht werden, ob das Beobachtungsmaterial mit der Annahme verträglich ist, daß die 906 Messungen an Mistelbacher Rekruten eine Stichprobe aus einer solchen Grundgesamtheit mit dem Mittelwert 166 darstellen.

Wir formulieren die Fragestellung jetzt allgemeiner und im Rahmen der mathematischen Statistik:

Es liege eine Stichprobe $x_1, x_2, \ldots, x_n$ vom Umfang n vor. Die Stichprobenvariablen ξ_i seien unabhängig nach derselben $N(a, \sigma^2)$ verteilt. σ^2 sei eine gegebene positive Zahl.

Über den Mittelwert a liege eine Annahme vor: $a = a_0$. Wir fragen, inwiefern man berechtigt ist, auf Grund der vorliegenden Stichprobe $x_1, \ldots, x_n$ die Hypothese $a = a_0$ als falsch oder richtig anzusehen. Kurz gesagt: Wie testet man auf Grund einer Stichprobe die Hypothese $a = a_0$? Wir werden hierzu ein Prüfverfahren entwickeln, das vom mathematischen Standpunkt aus als willkürlich erscheinen muß. Dieser Sachverhalt trifft auf alle in diesem Kapitel behandelten Verfahren zu. Wir treiben eben zunächst elementare oder naive Stichprobentheorie. Erst in den folgenden Kapiteln werden wir zu einer Klassifikation dieser Prüfverfahren von verschiedenen Gesichtspunkten aus kommen. Das Folgende wird aber das Verfahren als praktisch vertretbar erkennen lassen.

Wir merken jedoch hier schon an, daß sich in Anlehnung an die Formulierung von III. die Aufgabenstellung so fassen läßt: $\xi_1, \ldots, \xi_n$ seien n unabhängige zufällige Variable mit derselben Vf. Die Vf. gehöre zur Menge der Normalverteilungen mit vorgegebener Streuung σ^2. Wie kann man auf Grund einer Stichprobe $x_1, \ldots, x_n$ die Annahme $a = a_0$ testen, d. h. die Annahme, daß die Vf. eine Normalverteilung mit Mittelwert a_0 und Streuung σ^2 ist?

Wir beweisen zunächst den

Satz 3.1: *$\xi_1, \ldots, \xi_n$ seien n unabhängige zufällige Variable, die alle dieselbe Wahrscheinlichkeitsverteilung besitzen. Es sei $E(\xi_i) = a$, $E[(\xi_i - a)^2] = \sigma^2$. Dann gilt für die zufällige Variable $\bar{\xi} = \frac{\xi_1 + \cdots + \xi_n}{n}$*

$$E(\bar{\xi}) = a \tag{3.1}$$

$$E[(\bar{\xi} - a)^2] = \frac{\sigma^2}{n}. \tag{3.2}$$

Der **Beweis** folgt sofort aus I., Satz 16.3, und I., Satz 17.4.

Wenden wir dies auf die Normalverteilung an, dann folgt mit Hilfe der Bemerkung auf S. 93 über Linearkombinationen unabhängiger normalverteilter zufälliger Variabler der

Satz 3.2: *$\xi_1, \ldots, \xi_n$ seien unabhängig nach $N(a, \sigma^2)$ verteilt. Dann ist die zufällige Variable $\bar{\xi} = \frac{\xi_1 + \cdots + \xi_n}{n}$ nach $N\left(a, \frac{\sigma^2}{n}\right)$ verteilt.*

Satz 3.2 ist die Grundlage unseres Prüfverfahrens. Ist nämlich die Hypothese $a = a_0$ zutreffend, dann ist die standardisierte zufällige Variable $\eta = \frac{\bar{\xi} - a_0}{\sigma}\sqrt{n}$ nach $N(0, 1)$ verteilt. Nun lehrt z. B. die Čebyševsche Ungleichung I. (22.2) ganz allgemein, daß „allzu große" Abweichungen der zufälligen Variablen η vom Mittelwert 0 nur geringe Wahrscheinlichkeit besitzen. Unter Berücksichtigung dessen, was wir über die Deutung sehr kleiner Wahrscheinlichkeiten gesagt haben (S. 30), kommen wir also zu folgendem Prüfverfahren: Es sei eine reelle Zahl α mit $0 < \alpha < 1$, die sogenannte Irrtumswahrscheinlichkeit, beliebig vorgegeben. Der Zahl α entspricht genau eine Zahl $\varkappa_\alpha$ [3.2], so daß $\alpha = 1 - \frac{1}{\sqrt{2\pi}} \int_{-\varkappa_\alpha}^{\varkappa_\alpha} e^{-\frac{x^2}{2}} dx$ gilt. Es ist also $W(|\eta| \geq \varkappa_\alpha) = \alpha$. Wir bilden nun mittels der gegebenen Stichprobenwerte $x_1, \ldots, x_n$ die Größe $\bar{x} = \frac{x_1 + \cdots + x_n}{n}$. Wir nehmen die Hypothese $a = a_0$ an, wenn $\left|\frac{\bar{x} - a_0}{\sigma}\sqrt{n}\right| < \varkappa_\alpha$. Wir lehnen sie ab, wenn $\left|\frac{\bar{x} - a_0}{\sigma}\sqrt{n}\right| \geq \varkappa_\alpha$. Vergegenwärtigt man sich das oben Gesagte, dann leuchtet ein, daß es praktisch allein

---

[3.2] Die Willkürlichkeit dieses Prüfverfahrens wird klar, wenn man sich überlegt, daß man zu vorgegebenem α beliebig viele Paare reeller Zahlen $(\varkappa'_\alpha, \varkappa''_\alpha)$ finden kann, so daß $1 - \frac{1}{\sqrt{2\pi}} \int_{\varkappa'_\alpha}^{\varkappa''_\alpha} e^{-\frac{x^2}{2}} dx = \alpha$. Wir haben $\varkappa''_\alpha = -\varkappa'_\alpha = \varkappa_\alpha$ gewählt, ohne für die Wahl vorläufig etwas anderes ins Treffen führen zu können, als daß die damit erzielte Symmetrie bequem ist. Vgl. jedoch III., S. 242.

sinnvoll ist, α klein zu wählen. Üblich sind z. B. $\alpha = 0{,}05$, $0{,}01$, $0{,}001$. $\varkappa_\alpha$ wollen wir auch die *Sicherheitsschranke* zur *Irrtumswahrscheinlichkeit* α nennen.

Im Beispiel der Mistelbacher Rekruten gehen wir also so vor: Wir wählen $\alpha = 0{,}01$. Diesem Wert entspricht mit ausreichender Genauigkeit der Wert $\varkappa_\alpha = 2{,}576$. Es ist $n = 906$, $\bar{x} = 166{,}77$ und mit $a_0 = 166$ und $\sigma = 6$, $\left|\frac{\bar{x} - a_0}{\sigma}\sqrt{n}\right| = 3{,}86\ldots$. Verfahren wir wie angegeben, dann müssen wir die Hypothese $a = 166$ ablehnen. Dagegen würden wir z. B. die Hypothese $a = 167$ auf Grund dieses Testes annehmen können.

Wir fassen zusammen: Um eine Hypothese $a = a_0$ über den Mittelwert einer Normalverteilung bei bekannter Streuung σ^2 auf Grund einer Stichprobe vom Umfang n mit vorgegebener Irrtumswahrscheinlichkeit α zu testen, kann man so vorgehen: Man bilde den Ausdruck $\left|\frac{\bar{x} - a_0}{\sigma}\sqrt{n}\right|$ und bestimme $\varkappa_\alpha$ aus der Gleichung

$$1 - \frac{1}{\sqrt{2\pi}} \int_{-\varkappa_\alpha}^{\varkappa_\alpha} e^{-\frac{x^2}{2}}\, dx = \alpha. \tag{3.3}$$

Ist $\left|\frac{\bar{x} - a_0}{\sigma}\sqrt{n}\right| < \varkappa_\alpha$, wird die Hypothese $a = a_0$ angenommen, ist $\left|\frac{\bar{x} - a_0}{\sigma}\sqrt{n}\right| \geq \varkappa_\alpha$, wird die Annahme $a = a_0$ abgelehnt.

Wir bemerken noch, daß die hier gegebene Schlußweise so interpretiert werden kann: Ist a_0 der richtige Wert von a, d. h. entstammt die gegebene Stichprobe tatsächlich einer normal verteilten Grundgesamtheit mit dem Mittelwerte a_0 und ist trotzdem $\left|\frac{\bar{x} - a_0}{\sigma}\sqrt{n}\right| \geq \varkappa_\alpha$, dann beachte man, daß $\left|\frac{\bar{\xi} - a_0}{\sigma}\sqrt{n}\right| \geq \varkappa_\alpha$ auf Grund der Bestimmung von $\varkappa_\alpha$ nach (3.3) die Wahrscheinlichkeit α zukommt; also kann man im Sinne der Häufigkeitsinterpretation sagen: Benützt man das Prüfverfahren hinreichend oft, dann läuft man Gefahr, falls $a = a_0$ der richtige Wert ist, unter 100 derartigen Entscheidungen 100α-mal die Hypothese $a = a_0$ abzulehnen, obwohl sie richtig ist. Eine sinngemäß analoge Interpretation lassen auch alle folgenden Prüfverfahren in diesem Kapitel zu. Allerdings kann auch im Falle $a \neq a_0$ die Annahmewahrscheinlichkeit der Hypothese $a = a_0$ „groß“ sein.

Es sei darauf hingewiesen, daß man den Satz 3.1 dazu benützen kann, um eine Hypothese über den Erwartungswert a bei beliebiger Vf. F der Grundgesamtheit zu testen. Hierzu benützt man die Čebyševsche Ungleichung I. (22.2), wobei angenommen wird, daß man eine Vorstellung von der Größenordnung der als existent vorausgesetzten Streuung σ^2 hat, etwa von der Art $\sigma^2 \leq \sigma_1^2$ mit bekanntem σ_1^2. Dann kann man ein (grobes, aber früher viel gebrauchtes) Prüfverfahren mit einer Irrtumswahrscheinlichkeit $\leq \alpha$ aufbauen. Es ist ja mit $t^{-2} = \alpha$ unter der Annahme $a = a_0$

$$W\left(|\bar{\xi} - a_0| \geq \frac{\sigma_1}{\sqrt{\alpha n}}\right) \leq W\left(|\bar{\xi} - a_0| \geq \frac{\sigma}{\sqrt{\alpha n}}\right) \leq \alpha.$$

4. Prüfen einer Hypothese über den Mittelwert einer Normalverteilung bei unbekannter Streuung. Das in **3.** behandelte Beispiel über die Größenverhältnisse von Rekruten wies eine künstliche Voraussetzung auf, nämlich die numerische Angabe der Streuung σ^2. In sehr wenigen Fällen kennt man den Wert der Streuung σ^2 in der als normal vorausgesetzten Grundgesamtheit. Wir zeigen, daß man ein Prüfverfahren für eine Annahme über den Mittelwert a einer nach $N(a, \sigma^2)$ verteilten Grundgesamtheit angeben kann, welches die Kenntnis der Streuung σ^2 nicht voraussetzt. Es liege also eine Stichprobe $x_1, \ldots, x_n$ einer nach $N(a, \sigma^2)$ verteilten Grundgesamtheit vor. Es wird gefragt, wie man die Hypothese $a = a_0$ testet, wenn die Streuung σ^2 nicht bekannt ist. Die Beantwortung dieser Frage müssen wir zunächst zurückstellen und etwas tiefer in mathematische Fragen eindringen. Wir beweisen hierzu einen allgemeinen Satz von COCHRAN[4.1].

Satz 4.1: *$\xi_1, \ldots, \xi_n$ seien unabhängig nach derselben $N(0, 1)$ verteilt. $q_1, \ldots, q_k$, $k \geq 1$, seien quadratische Formen über dem R_n, $n \geq 1$. q_j habe den Rang n_j, $n_j \geq 1$ $(j = 1, \ldots, k)$, und es sei*

$$\sum_{j=1}^{k} q_j(x_1, \ldots, x_n) = \sum_{i=1}^{n} x_i^2. \tag{4.1}$$

Mit $\boldsymbol{q}_j$ bezeichne man die zufällige Variable $q_j(\xi_1, \ldots, \xi_n)$. Dann gilt:

1. *Aus*

$$\sum_{j=1}^{k} n_j = n \tag{4.2}$$

folgt, daß jedes $\boldsymbol{q}_j$ nach χ^2 mit n_j Freiheitsgraden verteilt ist und die $\boldsymbol{q}_j$ unabhängig sind, $1 \leq j \leq k$.

[4.1] W. G. COCHRAN, Proc. Cambridge philos. Soc. 30, 178–191 (1933–1934).

2. *Wenn jedes* q_j *nach* χ^2 *verteilt ist, dann notwendig mit* n_j *Freiheitsgraden, die* q_j *sind dann auch für* $j = 1, \ldots, k$ *unabhängig, und außerdem gilt* (4.2).

3. *Wenn die* q_j *unabhängig sind, dann ist jedes* q_j *nach* χ^2 *mit* n_j *Freiheitsgraden verteilt,* $1 \leq j \leq k$, *und es gilt* (4.2).

Wir halten uns im wesentlichen an die Beweisführung von James[4.2]:

1. Induktionsbeweis nach der Anzahl der quadratischen Formen. Für $k = 1$ ist die Behauptung für beliebiges n bereits früher bewiesen worden (siehe I. 28.). Es sei nun 1. bereits für $k - 1$ Formen q_j und beliebiges n als richtig erwiesen. Wir zeigen, daß 1. dann auch für k Formen richtig ist.

Es gibt nämlich, weil q_1 den Rang n_1 hat, eine orthogonale Transformation

$$x = Ay \tag{4.3}$$

so daß

$$q_1 = c_1 y_1^2 + \cdots + c_{n_1} y_{n_1}^2 \qquad (c_i \neq 0, \quad i = 1, \ldots, n_1). \tag{4.4}$$

Vermöge (4.3) geht $\sum_{i=1}^{n} x_i^2$ in $\sum_{i=1}^{n} y_i^2$ über. Also erhält man aus (4.1)

$$\sum_{j=2}^{k} q_j(y_1, \ldots, y_n) = (1 - c_1) y_1^2 + \cdots + (1 - c_{n_1}) y_{n_1}^2 + \sum_{j=n_1+1}^{n} y_j^2. \tag{4.5}$$

Da jedes q_j den Rang n_j hat, ist der Rang r von $\sum_{j=2}^{k} q_j$ wegen (4.2) $\leq n - n_1$. Damit steht aber (4.5) genau dann nicht im Widerspruch, wenn $c_i = 1$ für $i = 1, \ldots, n_1$ und

$$r = n - n_1. \tag{4.6}$$

Also hat man

$$q_1(y_1, \ldots, y_n) = \sum_{j=1}^{n_1} y_j^2 \tag{4.7}$$

und

$$\sum_{j=2}^{n} q_j(y_1, \ldots, y_n) = \sum_{j=n_1+1}^{n} y_j^2. \tag{4.8}$$

[4.2] G. S. James, Proc. Cambridge philos. Soc. 48, 443–446 (1952).

Nach I., Satz 27.2, folgt, daß die Komponenten η_i $(i = 1, \ldots, n)$ der n-dimensionalen zufälligen Variablen $\eta = A^{-1}\xi$ voneinander unabhängig nach derselben $N(0, 1)$ verteilt sind. Nach Induktionsvoraussetzung ist wegen (4.6) und (4.8) jedes q_j $(j = 2, \ldots, k)$ nach χ^2 mit n_j Freiheitsgraden verteilt, und die q_j sind unabhängig voneinander verteilt. Wegen (4.7) ist aber q_1 nach χ^2 mit n_1 Freiheitsgraden verteilt, und wegen (4.7) und (4.8) ist q_1 auch von allen q_j, $2 \leq j \leq k$, unabhängig.

2. Unter Beibehaltung der Bezeichnung läßt sich q_1 vermöge (4.3) wieder auf die Gestalt (4.4) bringen. Nun wenden wir wieder Induktion an:

Für $k = 1$ ist alles klar.

Ist die Behauptung von 2. schon für $k - 1$ Formen q_j bewiesen, dann gestaltet sich der Beweis für k Formen so:

Es ist

$$E(e^{itq_1}) = E(e^{it(c_1\eta_1^2 + \cdots + c_{n_1}\eta_{n_1}^2)}) = \prod_{m=1}^{n_1} E(e^{itc_m\eta_m^2})$$

und zwar gilt das letzte Gleichheitszeichen wegen der Unabhängigkeit der η_i. Es ist aber $E(e^{itc_m\eta_m^2}) = (1 - 2c_m it)^{-\frac{1}{2}}$ für alle reellen t. Man hat hierzu nur I. (28.6) für $n = 1$ und $c_m t$ an Stelle von t anzuwenden. Daraus folgt

$$E(e^{itq_1}) = \prod_{m=1}^{n_1} (1 - 2c_m it)^{-\frac{1}{2}}.$$

Andererseits ist vorausgesetzt, daß q_1 nach χ^2 verteilt ist, z. B. mit f_1 Freiheitsgraden, also ist $E(e^{itq_1}) = (1 - 2it)^{-\frac{f_1}{2}}$. Durch Vergleich der beiden Ausdrücke für $E(e^{itq_1})$ folgt

$$\prod_{m=1}^{n_1} (1 - 2c_m it)^{-\frac{1}{2}} = (1 - 2it)^{-\frac{f_1}{2}}$$

für alle reellen t.

Aus der Übereinstimmung der beiden Polynome $\prod_{m=1}^{n_1} (1 - 2c_m it)$ und $(1 - 2it)^{f_1}$ ergibt sich wegen $c_m \neq 0$:

$$f_1 = n_1 \quad \text{und} \quad c_m = 1, \quad m = 1, \ldots, n_1.$$

Wegen (4.4) und (4.5) liefert dies (4.7) und (4.8). Nach Induktionsvoraussetzung ist somit jedes q_j für $2 \leq j \leq k$ nach χ^2 mit n_j Freiheitsgraden verteilt, und es gilt $\sum_{j=2}^{k} n_j = n - n_1$. Also ist (4.2) gültig und nach 1. alles bewiesen.

3. Wie unter 1. kann man annehmen, daß (4.4) und (4.5) gelten. Sei $Q = \sum_{l=2}^{k} q_l$. Man betrachte die zweidimensionale zufällige Variable (q_1, Q): Ihre charakteristische Funktion lautet

$$E(e^{i(q_1 t_1 + Q t_2)}), \quad -\infty < t_i < +\infty, \quad i = 1, 2.$$

Wegen der vorausgesetzten Unabhängigkeit der q_j, $1 \leq j \leq k$, sind q_1 und Q unabhängig. Daher hat man (vgl. I. (16.5))

$$E(e^{i(q_1 t_1 + Q t_2)}) = E(e^{i q_1 t_1}) \cdot E(e^{i Q t_2}) \tag{4.9}$$

für alle $(t_1, t_2) \in R_2$.

Nun ist

$$E\left(\exp\left(it_1 \sum_{l=1}^{n_1} c_l \eta_l^2 + it_2 \left[\sum_{m=1}^{n_1} (1 - c_m) \eta_m^2 + \sum_{m=n_1+1}^{n} \eta_m^2\right]\right)\right) =$$
$$= \left[(1 - 2it_2)^{n-n_1} \prod_{m=1}^{n_1} (1 - 2ic_m t_1 - 2i(1 - c_m)t_2)\right]^{-\frac{1}{2}}.$$

Dies folgt einerseits aus der Unabhängigkeit der η_i und andererseits aus der sinngemäßen Anwendung von I. (28.6). Berechnet man ähnlich die rechte Seite von (4.9), so erhält man statt (4.9) die folgende Gleichung:

$$\left.\begin{aligned} &\prod_{j=1}^{n_1} (1 - 2ic_j t_1 - 2i(1 - c_j)t_2)^{-\frac{1}{2}} [(1 - 2it_2)^{n-n_1}]^{-\frac{1}{2}} = \\ &= \prod_{j=1}^{n_1} (1 - 2ic_j t_1)^{-\frac{1}{2}} \prod_{m=1}^{n_1} (1 - 2i(1 - c_m)t_2)^{-\frac{1}{2}} [(1 - 2it_2)]^{-(n-n_1)/2} \end{aligned}\right\} \tag{4.10}$$

Da $(1 - 2it_2)^{-(n-n_1)/2} \neq 0$ für $t_2 \in R_2$ ist, erhält man

$$\prod_{j=1}^{n_1} (1 - 2ic_j t_1 - 2i(1 - c_j)t_2) = \prod_{j=1}^{n_1} (1 - 2ic_j t_1) \prod_{m=1}^{n_1} (1 - 2i(1 - c_m) t_2)$$

für alle $(t_1, t_2) \in R_2$.

Die beiden Polynome in t_1, t_2 in der darüberstehenden Gleichung sind identisch. Vergleicht man also den Koeffizienten des Gliedes vom höchsten Grad in t_1, dann hat man identisch in t_2

$$\prod_{j=1}^{n_1}(-2ic_j) = \prod_{m=1}^{n_1}(1-2i(1-c_m)t_2)\prod_{j=1}^{n_1}(-2ic_j)$$

Wegen $c_j \neq 0$ folgt daraus aber $c_m = 1$, $m = 1, \ldots, n_1$.

Dies ist gleichbedeutend damit, daß $\boldsymbol{q}_1$ nach χ^2 mit n_1 Freiheitsgraden verteilt ist, und somit ist nach 2. und 1. alles bewiesen.

Die auf S. 155 formulierte Fragestellung verlangt noch weitere Vorbereitungen. Zunächst verabreden wir folgende *Bezeichnungsweise*, die wir teilweise schon früher gebraucht haben: Wenn $x_1, \ldots, x_n$ reelle Zahlen sind, schreiben wir $\bar{x}$ statt $\frac{x_1 + \cdots + x_n}{n}$ oder auch $\bar{x}_n$. Wenn $\xi_1, \ldots, \xi_n$ zufällige Variable sind, schreiben wir in ähnlicher Weise $\bar{\xi}$ statt $\frac{\xi_1 + \cdots + \xi_n}{n}$. Weiter schreiben wir s_x^2 statt $\sum_{i=1}^{n}(x_i - \bar{x})^2/(n-1)$ oder auch nur s^2. Ähnlich schreiben wir auch $\mathbf{s}^2$ statt $\sum_{i=1}^{n}(\xi_i - \bar{\xi})^2/(n-1)$, wobei immer aus dem Zusammenhang ersichtlich sein wird, auf welche zufälligen Variablen Bezug genommen ist.

Nun zeigen wir den

Satz 4.2: $\xi_1, \ldots, \xi_n$, $n \geq 2$, *seien unabhängige zufällige Variable, die alle nach ein und derselben Verteilung verteilt sind. Existenz der ersten vier Momente sei vorausgesetzt, und es sei* $E(\xi_i) = a$, $E[(\xi_i - a)^2] = \sigma^2$, $E[(\xi_i - a)^4] = m_4$.

Dann ist $E(\mathbf{s}^2) = \sigma^2$ *und*

$$E[(\mathbf{s}^2 - \sigma^2)^2] = \frac{m_4}{n} - \frac{n-3}{n(n-1)}\sigma^4. \tag{4.11}$$

Zum Beweis beachte man:

$$(n-1)\mathbf{s}^2 = \sum_{i=1}^{n}\xi_i^2 - 2\bar{\xi}\sum_{i=1}^{n}\xi_i + n\bar{\xi}^2 = \sum_{i=1}^{n}\xi_i^2 - n\,\bar{\xi}^2. \tag{4.12}$$

Unter Berücksichtigung des Verschiebungssatzes (I., Satz 17.2) und wegen (3.1) und (3.2) ergibt sich:

$$(n-1)\,E(\mathbf{s}^2) = n(\sigma^2 + a^2) - n\left(\frac{\sigma^2}{n} + a^2\right),$$

also

$$E(\mathbf{s}^2) = \sigma^2. \tag{4.13}$$

Für das Weitere beachte man, daß sich $\mathbf{s}^2$ nicht ändert, wenn man die Variablen ξ_i durch $\xi_i - a$ ersetzt. Schreiben wir für den Augenblick $\xi_i - a = \eta_i$, dann ist

$$E(\eta_i) = 0, \quad E[\eta_i^2] = \sigma^2, \quad E[\eta_i^4] = m_4$$

und

$$(n-1)^2 \mathbf{s}^4 = \left(\sum_{i=1}^{n} \eta_i^2 - n\bar{\eta}^2\right)^2 = \sum_{i,k=1}^{n} \eta_i^2 \eta_k^2 - 2n \frac{1}{n^2} \sum_{i,j,k=1}^{n} \eta_i \eta_j \eta_k^2 +$$
$$+ n^2 \cdot \frac{1}{n^4} \sum_{i,j,k,l=1}^{n} \eta_i \eta_j \eta_k \eta_l$$

wegen

$$\bar{\eta}^2 = \frac{1}{n^2} \sum_{i,j=1}^{n} \eta_i \eta_j.$$

Zur Berechnung des Erwartungswertes von $\mathbf{s}^4$ beachte man nun, daß der Erwartungswert von Gliedern der Form $\eta_i \eta_j \eta_k^2$ und $\eta_i \eta_j \eta_k \eta_l$, wenn mindestens ein Index eines linearen Gliedes von allen anderen verschieden ist, wegen $E(\eta_i) = 0$ verschwindet, da die η_i unabhängig sind.

Also ist

$$(n-1)^2 E(\mathbf{s}^4) = E\left(\sum_{i,j=1}^{n} \eta_i^2 \eta_j^2\right) - \frac{2}{n} E\left(\sum_{i,j,k=1}^{n} \eta_i \eta_j \eta_k^2\right) +$$
$$+ \frac{1}{n^2} E\left(\sum_{i,j,k,l=1}^{n} \eta_i \eta_j \eta_k \eta_l\right) = \sum_{i \neq j} E(\eta_i^2 \eta_j^2) + \sum_{i=1}^{n} E(\eta_i^4) -$$
$$- \frac{2}{n}\left[\sum_{i \neq j} E(\eta_i^2 \eta_j^2) + \sum_{j=1}^{n} E(\eta_i^4)\right] + \frac{1}{n^2}\left[3 \sum_{i \neq j} E(\eta_i^2 \eta_j^2) + \sum_{i=1}^{n} E(\eta_i^4)\right] =$$
$$= n(n-1)\sigma^4 + n m_4 - \frac{2}{n}[n(n-1)\sigma^4 + n m_4] +$$
$$+ \frac{1}{n^2}[3n(n-1)\sigma^4 + n m_4].$$

Dies gibt

$$E(\mathbf{s}^4) = \frac{m_4}{n} + \frac{n^2 - 2n + 3}{n(n-1)} \sigma^4.$$

Der Verschiebungssatz liefert nun vermöge (4.13) die Behauptung (4.11).

Aus (4.11) folgt unmittelbar, daß $E[(\mathbf{s}^2 - \sigma^2)^2]$ für $n \to \infty$ gegen 0 strebt.

Wir betrachten nun speziell n unabhängige nach $N(0, 1)$ verteilte zufällige Variable $\xi_1, \ldots, \xi_n$, bilden die zufällige Variable $\mathbf{s}^2$ und beweisen den

Satz 4.3: *$\xi_1, \ldots, \xi_n$, $n \geq 2$, seien n unabhängige nach $N(0, 1)$ verteilte zufällige Variable. Dann ist $(n-1)\mathbf{s}^2$ nach χ^2 mit $n-1$ Freiheitsgraden verteilt. Die zufällige Variable $\mathbf{s}^2$ ist unabhängig von $\bar{\xi}$ verteilt.*

Beweis: Aus (4.12) geht hervor, daß $(n-1)s^2 + n\bar{x}^2 = \sum_{i=1}^{n} x_i^2$. Mit $k = 2$, $q_1 = (n-1)s^2$ und $q_2 = n\bar{x}^2$ sind also die Voraussetzungen des Satzes 4.1 erfüllt. Da q_2 den Rang 1 und, wie man leicht sieht, q_1 den Rang $n-1$ hat, ist die Voraussetzung (4.2) erfüllt. Außerdem lehrt der Beweis von 1. (S. 156ff.), daß es eine orthogonale Transformation der Gestalt (4.3) gibt, so daß $(n-1)\mathbf{s}^2 = \sum_{i=1}^{n-1} \eta_i^2$ und $\bar{\xi} = \eta_n$, wobei die zufälligen Variablen η_i, $1 \leq i \leq n$, voneinander unabhängig sind. Damit ist Satz 4.3 bewiesen.

Satz 4.3 läßt sich unmittelbar in geeigneter Form auf eine Stichprobe aus einer nach $N(a, \sigma^2)$ verteilten Grundgesamtheit übertragen: Hierzu seien $\xi_1, \ldots, \xi_n$ unabhängig nach $N(a, \sigma^2)$ verteilt. Wir bilden die zufälligen Variablen $\bar{\xi}$ und $\mathbf{s}^2$. Zwecks Anwendung des Satzes 4.3 betrachten wir an Stelle der ξ_i $(i = 1, \ldots, n)$ die standardisierten Variablen

$$\eta_i = \frac{\xi_i - a}{\sigma}, \qquad i = 1, \ldots, n.$$

Auf die zufälligen Variablen $\bar{\eta} = \dfrac{\bar{\xi} - a}{\sigma}$ und $\mathbf{s}'^2 = \dfrac{\mathbf{s}^2}{\sigma^2}$ ist dann Satz 4.3 unmittelbar anwendbar.

Wir erhalten damit das

Korollar: *$\xi_1, \ldots, \xi_n$, $n \geq 2$, seien unabhängig nach $N(a, \sigma^2)$ verteilt. Dann sind $\mathbf{s}^2$ und $\bar{\xi}$ unabhängig voneinander verteilt, und $(n-1)\mathbf{s}^2/\sigma^2$ besitzt eine χ^2-Verteilung mit $n-1$ Freiheitsgraden.*

Wir bemerken noch, daß man folgende Umkehrung beweisen kann:

Es sei F eine Vf. Die Existenz irgendwelcher Momente ist nicht vorausgesetzt. $\xi_1, \ldots, \xi_n$ seien $n \geq 2$ nach F verteilte unabhängige zufällige Variable. Die zufällige Variable $\bar{\xi}$ und die zufällige Variable $\mathbf{s}^2$ seien unabhängig voneinander. Dann ist F notwendig die Vf. einer Normalverteilung[4.3].

Wir gehen nun von den Voraussetzungen des Korollars aus. Nach Satz 3.2 ist dann $\frac{\bar{\xi} - a}{\sigma} \sqrt{n}$ nach $N(0, 1)$ verteilt und, wie wir eben gesehen haben, $(n-1)\mathbf{s}^2/\sigma^2$ unabhängig davon nach χ^2 mit $n-1$ Freiheitsgraden verteilt. Dieser Sachverhalt ermöglicht den Rückgriff auf die t-Verteilung. Es ist ja dann

$$\frac{\bar{\xi} - a}{\sigma} \sqrt{n} \Bigg/ \sqrt{\frac{(n-1)\,\mathbf{s}^2}{(n-1)\,\sigma^2}} = \frac{\bar{\xi} - a}{\mathbf{s}} \sqrt{n} \tag{4.14}$$

nach I. **29.** nach t mit $n-1$ Freiheitsgraden verteilt. Wir erhalten damit den wichtigen

Satz 4.4: *Es seien $\xi_1, \ldots, \xi_n$ unabhängige zufällige Variable, deren jede nach $N(a, \sigma^2)$ verteilt ist. Dann ist der Quotient $\frac{\bar{\xi} - a}{\mathbf{s}} \sqrt{n}$ nach einer t-Verteilung mit $n-1$ Freiheitsgraden verteilt.*

Man beachte, daß der auf der rechten Seite von (4.14) stehende Ausdruck nicht mehr von σ abhängt, und darin liegt seine Bedeutung.

Satz 4.4 soll nun für die zu Beginn dieses Abschnittes formulierte Fragestellung nutzbar gemacht werden: Es liege eine Stichprobe $x_1, \ldots, x_n$ aus einer nach $N(a, \sigma^2)$ verteilten Grundgesamtheit vor. Wir fragen nach einem Test für die Hypothese $a = a_0$, wenn die Streuung σ^2 nicht bekannt ist. Wir gehen ähnlich vor wie früher (S. 154): Eine Irrtumswahrscheinlichkeit α wird vorgegeben und t_α gemäß

$$1 - \int_{-t_\alpha}^{+t_\alpha} h_{n-1}(t)\,dt = \alpha \tag{4.15}$$

[4.3] In dieser Allgemeinheit stammt der Satz von T. Kawata und H. Sakamoto, J. math. Soc. Japan 1, 111–115 (1949). Für den Fall, daß die Streuung von F existiert, wurde der Satz zuerst von E. Lukacs, Ann. math. Statistics 13, 91–93 (1942) bewiesen.

eindeutig bestimmt, wobei h_n durch I. (29.3) definiert ist. Wir bilden aus den gegebenen Stichprobenwerten die Größen $\bar{x}$ und s^2 und nehmen, gestützt auf Satz 4.4, die Hypothese $a = a_0$ an, wenn

$$\left|\frac{\bar{x} - a_0}{s}\sqrt{n}\right| < t_\alpha$$

und lehnen sie ab, wenn

$$\left|\frac{\bar{x} - a_0}{s}\sqrt{n}\right| \geq t_\alpha . \tag{4.16}$$

Wir ziehen das folgende Beispiel heran: Der Durchmesser einer Welle soll 22 mm betragen. 10 Messungen ergaben folgende Resultate (in mm):

$x_1 = 22{,}04$	$x_6 = 21{,}99$
$x_2 = 22{,}08$	$x_7 = 22{,}02$
$x_3 = 22{,}01$	$x_8 = 22{,}03$
$x_4 = 21{,}97$	$x_9 = 22{,}00$
$x_5 = 22{,}02$	$x_{10} = 22{,}01$

Hieraus erhält man: $\bar{x} = 22{,}017$, $s^2 = 0{,}008010/9 = 0{,}00089$.

Also ist mit $a = 22$, $\dfrac{\bar{x} - a}{s}\sqrt{n} = \dfrac{0{,}017}{0{,}029\,833} \cdot 3{,}1623$ und das ergibt mit hinreichender Genauigkeit 1,802. Wir wählen $\alpha = 5/100$. Für 9 Freiheitsgrade ist $t_{5/100} = 2{,}26\ldots$. Die Hypothese, daß der Sollwert des Durchmessers der produzierten Wellen 22 mm beträgt, kann also angenommen werden.

Wir fassen zusammen: Um eine Hypothese über den Mittelwert einer Normalverteilung $a = a_0$ bei unbekannter Streuung σ^2 auf Grund einer Stichprobe vom Umfang n mit vorgegebener Irrtumswahrscheinlichkeit α zu testen, kann man so vorgehen: Man bilde den Ausdruck $\dfrac{\bar{x} - a_0}{s}\sqrt{n}$ und bestimme t_α gemäß (4.15). Ist $\left|\dfrac{\bar{x} - a_0}{s}\sqrt{n}\right| < t_\alpha$, so wird die Hypothese angenommen; ist $\left|\dfrac{\bar{x} - a_0}{s}\sqrt{n}\right| \geq t_\alpha$, so wird die Annahme $a = a_0$ abgelehnt.

5. Prüfung des Unterschiedes der Mittelwerte zweier unabhängiger Normalverteilungen bei bekannten Streuungen. Unsere bisherigen Hilfsmittel erlauben auch folgende Fragestellung zu behandeln: $x_1, \ldots, x_n$ sei eine aus einer nach $N(a_1, \sigma_1^2)$ verteilten Grundgesamtheit entnommene Stichprobe. $y_1, \ldots, y_m$ sei eine davon unabhängige Stichprobe aus einer nach $N(a_2, \sigma_2^2)$ verteilten Grundgesamtheit. Genauer sind diese Voraussetzungen so zu formulieren: Es mögen n Realisationen n unabhängiger zufälliger Variabler $\xi_1, \ldots, \xi_n$ vorliegen, die alle nach $N(a_1, \sigma_1^2)$ verteilt sind. Weiter seien m Realisationen m unabhängiger zufälliger Variabler $\eta_1, \ldots, \eta_m$ gegeben, die nach $N(a_2, \sigma_2^2)$ verteilt sind und unabhängig von allen ξ_i sind $(i = 1, \ldots, n)$ [5.1].

Wir stellen uns die Frage, wie man die Hypothese $a_1 = a_2$ prüft, d. h. die Hypothese, daß die beiden Stichproben aus Grundgesamtheiten mit denselben Mittelwerten stammen.

Wir behandeln zunächst den Fall, daß sowohl σ_1^2 als auch σ_2^2 bekannt sind: Nach Satz 3.2 ist $\bar{\xi}$ nach $N(a_1, \sigma_1^2/n)$ und $\bar{\eta}$ nach $N(a_2, \sigma_2^2/m)$ verteilt, also $\bar{\xi} - \bar{\eta}$ nach $N\left(a_1 - a_2, \frac{\sigma_1^2}{n} + \frac{\sigma_2^2}{m}\right)$.

Unter Zugrundelegung der Hypothese $a_1 = a_2$ erhält man daraus, daß

$$\xi_1 = \frac{(\bar{\xi} - \bar{\eta})\sqrt{mn}}{\sqrt{m\sigma_1^2 + n\sigma_2^2}}$$

nach $N(0, 1)$ verteilt ist.

Nach dem Vorbild des auf S. 153 beschriebenen Verfahrens liest man hieraus ohne weiteres ein Prüfverfahren für die Hypothese $a_1 = a_2$ zu vorgegebener Irrtumswahrscheinlichkeit α ab. Der Unterschied besteht nur darin, daß an Stelle der S. 153 definierten zufälligen Variablen η die zufällige Variable ξ_1 tritt.

6. Prüfung des Unterschiedes der Mittelwerte zweier unabhängiger Normalverteilungen bei unbekannter, aber gleicher Streuung. Wir lassen nun die Annahme, daß σ_1^2 und σ_2^2 bekannt seien, fallen und ersetzen sie durch die Voraussetzung, daß $\sigma_1^2 = \sigma_2^2 = \sigma^2$, jedoch der gemeinsame Wert σ^2 nicht bekannt sei. $x_1, \ldots, x_n$, $n \geq 2$, soll also eine Stichprobe aus einer nach $N(a_1, \sigma^2)$ und $y_1, \ldots, y_m$, $m \geq 2$, eine Stichprobe aus einer nach $N(a_2, \sigma^2)$ verteilten Grundgesamtheit sein. Um ein Testverfahren für die Hypothese $a_1 = a_2$ zu entwickeln, bedienen wir uns des Korollars zum Satz 4.3. Sei

$$\mathbf{s}_\xi^2 = \frac{\sum_{i=1}^{n} (\xi_i - \bar{\xi})^2}{n-1}, \qquad \mathbf{s}_\eta^2 = \frac{\sum_{i=1}^{m} (\eta_i - \bar{\eta})^2}{m-1}.$$

[5.1] Damit ist die Bedeutung des Titels von **5.** päzisiert und somit ist wohl auch die Bedeutung der Überschriften von **6.**, **9.** und **10.** klar.

Dann besitzt $\frac{\mathbf{s}_\xi^2}{\sigma^2}(n-1)$ bzw. $\frac{\mathbf{s}_\eta^2}{\sigma^2}(m-1)$ eine Helmert-Pearson-Verteilung mit $n-1$ bzw. $m-1$ Freiheitsgraden. Nach Voraussetzung sind die zufälligen Variablen $\frac{\mathbf{s}_\xi^2}{\sigma^2}(n-1)$ und $\frac{\mathbf{s}_\eta^2}{\sigma^2}(m-1)$ voneinander unabhängig.

Anwendung des Reproduktionsgesetzes für die χ^2-Verteilung (I., Satz 28.1) ergibt, daß

$$\mathbf{s}_\zeta^2 = \frac{1}{\sigma^2}\left[\mathbf{s}_\xi^2(n-1) + \mathbf{s}_\eta^2(m-1)\right] \tag{6.1}$$

nach HELMERT-PEARSON mit $m+n-2$ Freiheitsgraden verteilt ist.

Ist nun die Hypothese $a_1 = a_2$ richtig, dann ist, wie wir vorhin gesehen haben, wenn wir $\sigma_1^2 = \sigma_2^2 = \sigma^2$ benutzen,

$$\zeta = \frac{(\bar{\xi} - \bar{\eta})\sqrt{m n}}{\sigma\sqrt{m+n}} \tag{6.2}$$

nach $N(0, 1)$ verteilt. Nach Voraussetzung und wegen des Korollars zum Satz 4.3 sind ζ und $\mathbf{s}_\zeta^2$ unabhängig voneinander verteilt. Daher ist

$$\zeta\left(\sqrt{\mathbf{s}_\zeta^2/(m+n-2)}\right)^{-1}$$

nach t mit $m+n-2$ Freiheitsgraden verteilt, d. h. also:

Unter der Annahme $a_1 = a_2$ ist die zufällige Variable

$$\mathfrak{Q} = \frac{(\bar{\xi} - \bar{\eta})\sqrt{m n}\sqrt{m+n-2}}{\sqrt{\left[\mathbf{s}_\xi^2(n-1) + \mathbf{s}_\eta^2(m-1)\right]}\sqrt{m+n}} \tag{6.3}$$

nach t mit $m+n-2$ Freiheitsgraden verteilt. Dies führt uns zu folgendem Verfahren[6.1]:

$x_1, \ldots, x_n$ sei eine Stichprobe aus einer nach $N(a_1, \sigma^2)$ verteilten Grundgesamtheit, $y_1, \ldots, y_m$ eine davon unabhängige Stichprobe aus einer nach $N(a_2, \sigma^2)$ verteilten Grundgesamtheit. σ^2 sei unbekannt. Es soll die Hypothese $a_1 = a_2$ getestet werden. Wir geben

---

[6.1] Diese und die anderen Anwendungen der t-Verteilung finden sich in klarer Form bei R. A. FISHER, Metron 5, 90–104 (1925).

eine Irrtumswahrscheinlichkeit α vor und bestimmen t_α gemäß

$$1 - \int_{-t_\alpha}^{+t_\alpha} h_{m+n-2}(t)\,dt = \alpha\,. \tag{6.4}$$

Nun berechnen wir für die gegebenen Stichprobenwerte den Wert Q von $\boldsymbol{Q}$ und nehmen die Hypothese an, wenn

$$|Q| < t_\alpha$$

gilt. Wir lehnen sie ab, wenn

$$|Q| \geq t_\alpha$$

ist.

Die hier behandelte Frage ist ein Spezialfall des sogenannten *Problems der zwei Stichproben*, welches man in der Sprechweise des Praktikers so formulieren kann: $x_1, \ldots, x_n$ und $y_1, \ldots, y_m$ seien zwei Stichproben, die möglicherweise verschiedenen Grundgesamtheit entnommen sind. Es soll mittels dieser Stichproben die Annahme geprüft werden, daß die beiden Grundgesamtheiten identisch sind. (Vgl. VII. **4.** sowie III., S. 269.)

7. Prüfung einer Hypothese über die Streuung einer Normalverteilung bei bekanntem Mittelwert. Es seien n unabhängige zufällige Variable $\xi_1, \ldots, \xi_n$ gegeben, die nach $N(a, \sigma^2)$ verteilt sind. Die Variablen $\frac{\xi_i - a}{\sigma}$ sind unabhängig nach $N(0, 1)$ verteilt, und

$$\frac{1}{\sigma^2} \sum_{i=1}^{n} (\xi_i - a)^2$$

ist daher nach χ^2 mit n Freiheitsgraden verteilt, wie man I. **28.** entnimmt. Wir nehmen dies zur Grundlage, um einen Test für folgende Fragestellung zu entwickeln: $x_1, \ldots, x_n$ sei eine Stichprobe aus einer nach $N(a_0, \sigma^2)$ verteilten Grundgesamtheit. a_0 sei ein bekannter Wert. Wir wollen die Hypothese $\sigma^2 = \sigma_0^2$ mit $\sigma_0^2 > 0$ testen.

Hierzu bestimme man zu vorgegebener Irrtumswahrscheinlichkeit α nach I. (28.2) $\lambda_{\alpha/2}$ aus der Gleichung

$$\frac{\alpha}{2} = \frac{1}{2^{n/2}\,\Gamma\left(\frac{n}{2}\right)} \int_{\lambda_{\alpha/2}}^{\infty} e^{-\frac{x}{2}}\, x^{\frac{n}{2}-1}\, dx \tag{7.1}$$

und $\bar{\lambda}_{\alpha/2}$ gemäß

$$\frac{\alpha}{2} = \frac{1}{2^{n/2}\Gamma\left(\frac{n}{2}\right)} \int_0^{\bar{\lambda}_{\alpha/2}} e^{-\frac{x}{2}} x^{\frac{n}{2}-1}\, dx. \tag{7.2}$$

Nun beachte man, daß aus $\sigma^2 \lesseqgtr \sigma_0^2$ für jede Stichprobe $x_1, \ldots, x_n$ stets

$$\frac{1}{\sigma^2} \sum_{i=1}^{n} (x_i - a_0)^2 \gtreqless \frac{1}{\sigma_0^2} \sum_{i=1}^{n} (x_i - a_0)^2$$

folgt und umgekehrt, wenn $\sum_{i=1}^{n} (x_i - a_0)^2 \neq 0$ ist. „Zu kleine Werte" von $\sum_{i=1}^{n} (x_i - a_0)^2/\sigma_0^2$ stützen also die Vermutung, daß die „wahre" Streuung $< \sigma_0^2$ ist, „zu große Werte", daß die „wahre" Streuung $> \sigma_0^2$ ist. Dies legt es nahe, das Prüfverfahren so einzurichten:

Die Hypothese $\sigma^2 = \sigma_0^2$ wird angenommen, wenn für die in (7.1) und (7.2) bestimmten Werte

$$\bar{\lambda}_{\alpha/2} < \frac{1}{\sigma_0^2} \sum_{i=1}^{n} (x_i - a_0)^2 < \lambda_{\alpha/2}$$

gilt und wird andernfalls abgelehnt.

8. Prüfung einer Hypothese über die Streuung einer normal verteilten Grundgesamtheit bei unbekanntem Mittelwert. Das in 7. gegebene Verfahren basierte wesentlich auf der Voraussetzung, daß der Mittelwert a_0 der zugrundeliegenden Normalverteilung bekannt ist. Von dieser Voraussetzung soll nun abgesehen werden. $x_1, \ldots, x_n$ sei eine Stichprobe aus einer nach $N(a, \sigma^2)$ verteilten Grundgesamtheit. a sei unbekannt, und es soll die Hypothese $\sigma^2 = \sigma_0^2$ getestet werden. Grundlage hierfür ist das Korollar zum Satz 4.3 und insbesondere die Tatsache, daß $\frac{\mathbf{s}^2}{\sigma^2}(n-1)$ nach χ^2 mit $n-1$ Freiheitsgraden verteilt ist. Unter Anlehnung an den vorher behandelten Fall gehen wir so vor: $\lambda_{\alpha/2}$ wird gemäß

$$\frac{\alpha}{2} = 2^{-(n-1)/2}\left(\Gamma((n-1)/2)\right)^{-1} \int_{\lambda_{\alpha/2}}^{\infty} e^{-\frac{x}{2}} x^{\frac{n-3}{2}}\, dx \tag{8.1}$$

und $\bar{\lambda}_{\alpha/2}$ gemäß

$$\frac{\alpha}{2} = 2^{-(n-1)/2}\left(\Gamma((n-1)/2)\right)^{-1} \int_0^{\bar{\lambda}_{\alpha/2}} e^{-\frac{x}{2}} x^{\frac{n-3}{2}} \, dx \qquad (8.2)$$

bestimmt. Die Hypothese $\sigma^2 = \sigma_0^2$ wird angenommen, wenn für die Stichprobenwerte

$$\bar{\lambda}_{\alpha/2} < \frac{s^2}{\sigma_0^2}(n-1) < \lambda_{\alpha/2}$$

gilt und abgelehnt, wenn dies nicht der Fall ist.

9. Prüfung des Unterschiedes der Streuungen zweier unabhängiger Normalverteilungen bei bekannten Mittelwerten. Es liege folgender Sachverhalt vor: $x_1, \ldots, x_n$ sei eine Stichprobe aus einer nach $N(a_1, \sigma_1^2)$ verteilten Grundgesamtheit und $y_1, \ldots, y_m$ eine davon unabhängige Stichprobe (vgl. S. 164) aus einer nach $N(a_2, \sigma_2^2)$ verteilten Grundgesamtheit. Es soll die Hypothese $\sigma_1^2 = \sigma_2^2$ getestet werden.

Wir setzen zunächst a_1 und a_2 als bekannt voraus. Auf jeden Fall sind die zufälligen Variablen

$$\frac{\sum_{i=1}^{n} (\xi_i - a_1)^2}{\sigma_1^2} \quad \text{bzw.} \quad \frac{\sum_{i=1}^{m} (\eta_i - a_2)^2}{\sigma_2^2}$$

nach χ^2 mit n bzw. m Freiheitsgraden verteilt. Sie sind (entsprechend der Annahme) voneinander unabhängig. Auf Grund der Definition der F-Verteilung ist die zufällige Variable

$$\frac{\sum_{i=1}^{n} (\xi_i - a_1)^2}{n\sigma_1^2} \, \frac{m\sigma_2^2}{\sum_{i=1}^{m} (\eta_i - a_2)^2} \qquad (9.1)$$

nach F mit (n, m) Freiheitsgraden verteilt, d. h. daß (9.1) die durch I. (30.2) definierte Dichte $k_{n,m}$ besitzt. Ist insbesondere $\sigma_1^2 = \sigma_2^2$, dann geht (9.1) in

$$\frac{\sum_{i=1}^{n} (\xi_i - a_1)^2}{n} \, \frac{m}{\sum_{i=1}^{m} (\eta_i - a_2)^2}$$

über. Gilt $\sigma_1^2 \lesseqgtr \sigma_2^2$, so ergibt sich für festes x_i $(i = 1, \ldots, n)$ und y_k $(k = 1, \ldots, m)$, daß

$$\frac{m}{n} \frac{\sum_{i=1}^{n} (x_i - a_1)^2}{\sum_{i=1}^{m} (y_i - a_2)^2} \frac{\sigma_2^2}{\sigma_1^2} \gtrless \frac{m}{n} \frac{\sum_{i=1}^{n} (x_i - a_1)^2}{\sum_{i=1}^{m} (y_i - a_2)^2} \tag{9.2}$$

gilt. Somit werden wir die Hypothese $\sigma_1^2 = \sigma_2^2$ unter den gemachten Voraussetzungen auf folgende Weise testen: Man bestimme zu vorgegebenem α die positive reelle Zahl $\varkappa_{\alpha/2}(n, m)$ aus

$$\int_{\varkappa_{\alpha/2}(n,m)}^{\infty} k_{n,m}(z)\,dz = \frac{\alpha}{2}$$

und $\bar{\varkappa}_{\alpha/2}(n, m)$ aus

$$\int_{0}^{\bar{\varkappa}_{\alpha/2}(n,m)} k_{n,m}(z)\,dz = \frac{\alpha}{2}.$$

Man nimmt die Hypothese an, wenn für die Stichprobenwerte

$$\bar{\varkappa}_{\alpha/2}(n, m) < \frac{\sum_{i=1}^{n} (x_i - a_1)^2}{n} \frac{m}{\sum_{i=1}^{m} (y_i - a_2)^2} < \varkappa_{\alpha/2}(n, m)$$

gilt und lehnt sie andernfalls ab.

10. Prüfung des Unterschiedes der Streuungen zweier unabhängiger normal verteilter Grundgesamtheiten bei unbekannten Mittelwerten. $\xi_1, \ldots, \xi_n$, $n \geq 2$, seien unabhängige nach $N(a_1, \sigma_1^2)$ verteilte zufällige Variable, $\eta_1, \ldots, \eta_m$, $m \geq 2$, unabhängige nach $N(a_2, \sigma_2^2)$ verteilte zufällige Variable, die von allen ξ_i, $1 \leq i \leq n$ unabhängig sind. Nach dem Korollar zum Satz 4.3 sind die zufälligen Variablen $\frac{\mathbf{s}_\xi^2}{\sigma_1^2}(n-1)$ und $\frac{\mathbf{s}_\eta^2}{\sigma_2^2}(m-1)$ unabhängig voneinander nach χ^2 mit $n-1$ bzw. $m-1$ Freiheitsgraden verteilt. Also ist $\frac{\mathbf{s}_\xi^2}{\sigma_1^2} \cdot \frac{\sigma_2^2}{\mathbf{s}_\eta^2}$ nach F mit $(n-1,\ m-1)$ Freiheitsgraden verteilt. Ist insbesondere $\sigma_1^2 = \sigma_2^2$, dann erhält man, daß $\mathbf{s}_\xi^2/\mathbf{s}_\eta^2$ nach F mit $(n-1,\ m-1)$ Freiheitsgraden verteilt ist.

Hieraus die praktische Durchführung des Tests für die in diesem Punkte besprochene Hypothese herzuleiten, kann nun keine Schwierigkeiten mehr bereiten. Wir bemerken noch, daß man aus der Kenntnis von $\bar{\varkappa}_{\alpha/2}(n, m)$ für $n, m \geq 1$ den Wert für $\varkappa_{\alpha/2}(n, m)$ leicht finden kann. Es gilt nämlich, wie die Definition der F Verteilung lehrt, $\varkappa_{\alpha/2}(n, m) = 1/\bar{\varkappa}_{\alpha/2}(m, n)$.

11. Die Rolle des zentralen Grenzwertsatzes. Für die bisher besprochenen Testverfahren benötigt man Tafeln, welche zu vorgegebener Irrtumswahrscheinlichkeit α die Bestimmung von $\varkappa_\alpha$ (S. 153), die von t_α (S. 162) für die Freiheitsgrade $n \geq 1$, die von $\lambda_{\alpha/2}$, $\bar{\lambda}_{\alpha/2}$ (S. 166ff.) für die Freiheitsgrade $n \geq 1$ und $\varkappa_{\alpha/2}(n, m)$ (S. 169) für die Freiheitsgrade $n, m \geq 1$ gestatten. Solche Tafeln sind z. B. in den meisten, l. c. [1.1], erwähnten Werken enthalten[11.1].

Für „großen Stichprobenumfang" begnügt man sich aber in der Praxis meistens damit, die t-Verteilung oder die χ^2-Verteilung durch die Normalverteilung zu ersetzen. Für die t-Verteilung ist das weitgehend gerechtfertigt durch das auf S. 139 erwähnte Ergebnis. Man sieht daher etwa für $n \geq 30$ die auf S. 162 erwähnte zufällige Variable $\frac{\bar{\xi} - a}{s}\sqrt{n}$ als nach $N(0, 1)$ verteilt an. Für die χ^2-Verteilung bedient man sich des auf S. 129 erwähnten Resultates. Die Benutzung von Tafeln für die t- und χ^2-Verteilung kann man sich also für hinreichend großes n ersparen. Allerdings sollte man sich stets überzeugen, daß der Stichprobenumfang „genügend groß" ist, um solche Approximationen zu gestatten. Bei der fortschreitenden Mechanisierung der Tabellierung von Funktionen kommt aber diesen Fragen nur mehr geringe Bedeutung zu. Viel wichtiger ist es, sich zu überzeugen, ob die Voraussetzung der Normalverteilung, auf der fast alle bisher erwähnten Testverfahren beruhen, erfüllt ist. Ist diese Voraussetzung nicht gegeben, dann lehren die Sätze 39.1 und 39.2 von I., daß man die erwähnten Testverfahren wenigstens bei hinreichend großem Stichprobenumfang anwenden kann. Wir illustrieren dies am praktisch wichtigen Beispiel der Binomialverteilung. Es seien $\xi_1, \ldots, \xi_n$, $n \geq 1$, unabhängige zufällige Variable, deren Verteilung durch I. (32.1) gegeben ist. Dann ist, wie aus dem Hinweis auf S. 129 hervorgeht, die zufällige Variable

---

[11.1] Siehe auch U. Graf und H. J. Henning: Formeln und Tabellen der Mathematischen Statistik, Springer-Verlag, Berlin 1953.

$\frac{(\bar{\xi} - p)}{\sqrt{pq}} \sqrt{n}$ asymptotisch nach $N(0, 1)$ verteilt. Also ergibt sich für „hinreichend großes" n für eine Hypothese $p = p_0$ folgendes Testverfahren: α sei die vorgegebene Irrtumswahrscheinlichkeit. Man bestimme $\varkappa_\alpha$ wie auf S. 153. $x_1, \ldots, x_n$ sei eine Stichprobe aus einer nach I. (32.1) verteilten Grundgesamtheit. Man nehme die Hypothese $p = p_0$ an oder nicht, je nachdem ob

$$\left| \frac{(\bar{x} - p_0)\sqrt{n}}{\sqrt{p_0(1 - p_0)}} \right| < \varkappa_\alpha$$

ist oder nicht.

Ein für jedes $n \geq 1$ verwendbares Testverfahren für die genannte Hypothese kann man aus IV., S. 315 entnehmen.

12. Die Stichprobentheorie endlicher Grundgesamtheiten. Wir gehen von einer zufälligen Variablen ξ aus, welche eine diskrete Gleichverteilung mit den Massenpunkten $x_1, \ldots, x_N$, $N \geq 1$, besitzt. Es ist also

$$W(\xi = x_i) = 1/N, \qquad 1 \leq i \leq N. \tag{12.1}$$

Den Mittelwert $E(\xi)$ bezeichnen wir mit a und die Streuung $E[(\xi - a)^2]$ mit σ^2. Nun betrachten wir die diskrete n-dimensionale $(n \leq N)$ zufällige Variable $(\xi_1, \ldots, \xi_n)$, die wir in I. **19.** erklärt haben. Ihre Verteilung ist durch I. (19.1) gegeben. Für die zufällige Variable $\bar{\xi} = (\xi_1 + \cdots + \xi_n)/n$ berechnet man mit Hilfe von I., Satz 16.3 sofort, daß

$$E(\bar{\xi}) = a \tag{12.2}$$

ist. Für die Streuung von $\bar{\xi}$ ergibt sich

$$E[(\bar{\xi} - a)^2] = \frac{1}{n^2} E\left[\left(\sum_{i=1}^{n} (\xi_i - a)\right)^2\right] = \frac{1}{n^2} E\left[\sum_{i,j=1}^{n} (\xi_i - a)(\xi_j - a)\right] =$$
$$= \frac{1}{n^2} \sum_{i,j=1}^{n} E[(\xi_i - a)(\xi_j - a)].$$

Ist in dieser letzten Summe $i = j$, dann hat man $E[(\xi_i - a)^2]$ zu berechnen. Nach I. (19.2) ist dies $\frac{1}{N} \sum_{k=1}^{N} (x_k - a)^2$, so daß also

$$E[(\xi_i - a)^2] = \sigma^2, \qquad 1 \leq i \leq n \tag{12.3}$$

gilt. Für $i \neq j$ hat man $E[(\xi_i - a)(\xi_j - a)]$ zu berechnen. Dazu benützen wir I. (19.3) und erhalten

$$E[(\xi_i - a)(\xi_j - a)] = \sum_{\substack{k,l=1\\k\neq l}}^{N} \frac{1}{N(N-1)} (x_k - a)(x_l - a) =$$

$$= \frac{1}{N(N-1)} \sum_{k,l=1}^{N} (x_k - a)(x_l - a) - \frac{1}{N(N-1)} \sum_{l=1}^{N} (x_l - a)^2 =$$

$$= 0 - \sigma^2/(N-1).$$

Also ist

$$E[(\xi_i - a)(\xi_j - a)] = -\sigma^2/(N-1), \qquad 1 \leq i < j \leq n. \tag{12.4}$$

Aus (12.3) und (12.4) erhält man

$$E[(\bar{\xi} - a)^2] = \frac{\sigma^2}{n} \frac{N-n}{N-1}. \tag{12.5}$$

Bei festem n strebt die rechte Seite von (12.5) für $N \to \infty$ gegen σ^2/n. Man vergleiche damit das Ergebnis (3.2) des Satzes 3.1.

Man kann das bisher in diesem Punkt Gesagte so interpretieren: Es liege eine endliche Gesamtheit vor, welche die N voneinander verschiedenen Elemente $x_1, \ldots, x_N$ enthalte. Man greift aus dieser eine Stichprobe vom Umfang n heraus, jedoch „ohne Zurücklegen", d. h. jedes einmal gezogene Element x_i kommt in den restlichen Elementen der Gesamtheit nicht mehr vor. Wir sagen dann auch, daß es sich um eine Stichprobe aus einer endlichen Grundgesamtheit handelt. Die Stichprobe ist dann eine Realisation der in I. **19.** erklärten zufälligen Variablen $(\xi_1, \ldots, \xi_n)$. Jede mögliche Auswahl dieser Stichprobe wird als gleich wahrscheinlich angesehen. $\bar{\xi}$ kann man als das Mittel der Stichprobenvariablen ansehen, dessen Erwartungswert mit dem der Gesamtheit übereinstimmt. Die im Anschluß an (12.5) gemachte Bemerkung über die Streuung läßt sich nun so erklären: Für $N \to \infty$ „geht die endliche Gesamtheit in eine unendliche über". Die Streuung des Stichprobenmittels geht dann in die im Satz 3.1 angegebene Streuung des Mittels für eine unendliche Grundgesamtheit über.

Man beachte noch: Für $n = N$ folgt aus (12.5) $E[(\bar{\xi} - a)^2] = 0$ und $\bar{\xi} = a$ (mit Wahrscheinlichkeit 1). Die Stichprobe „schöpft in diesem Falle die endliche Grundgesamtheit aus".

Aus (12.2) und (12.5) folgt nach dem Muster der Bemerkung auf S. 155 ein Prüfverfahren für eine Hypothese über den Mittelwert a.

Wir betrachten noch die zufällige Variable

$$S^2 = \frac{\sum_{i=1}^{n} (\xi_i - \bar{\xi})^2}{n-1}. \tag{12.6}$$

Dabei sind wir ausnahmsweise von unserer Bezeichnungsvereinbarung (S. 159) abgewichen, um nicht in Konflikt mit der im Satz 4.2 betrachteten zufälligen Variablen zu geraten. Wir merken nochmals ausdrücklich an, daß $\xi_1, \ldots, \xi_n$ nicht unabhängig sind. Es ist

$$E(S^2) = \frac{1}{n-1} E\left[\sum_{i=1}^{n} (\xi_i - \bar{\xi})^2\right] = \frac{1}{n-1} E\left[\left(\sum_{i=1}^{n} \xi_i^2 - n\bar{\xi}^2\right)\right] =$$

$$= \frac{1}{n-1}\left[\sum_{i=1}^{n} E(\xi_i^2) - n E(\bar{\xi}^2)\right].$$

Nun ist $E(\xi_i^2) = \sigma^2 + a^2$ und ebenso nach (12.2) und (12.5) $E(\bar{\xi}^2) = \frac{\sigma^2}{n}\frac{N-n}{N-1} + a^2$, also

$$E(S^2) = \frac{1}{n-1}\left[n\sigma^2 - \sigma^2 \frac{N-n}{N-1}\right] = \frac{N\sigma^2}{N-1} \tag{12.7}$$

zum Unterschied von (4.13). Aus (12.7) folgt

$$E\left(\frac{N-1}{N} S^2\right) = \sigma^2.$$

Nach elementarer, aber umständlicher Rechnung erhält man noch mit $m_4 = \frac{1}{N}\sum_{i=1}^{n} (x_i - a)^4$:

$$E\left[\left(\frac{N-1}{N} S^2 - \sigma^2\right)^2\right] = \frac{m_4}{n}\frac{N-n}{N}\left(1 + \frac{3nN - 5(N+n) + 7}{(n-1)(N-2)(N-3)}\right) -$$

$$- \frac{N-n}{N}\frac{\sigma^4}{n}\left(\frac{n-3}{n-1} + \frac{5Nn - 9N - 9n + 15}{(n-1)(N-2)(N-3)}\right).$$

13. Das einfache Stichprobenverfahren. Die in I. 34. abgeleitete hypergeometrische Verteilung und deren Interpretation erweisen sich für die Praxis als bedeutsam z. B. im weiten Gebiet der Qualitätskontrolle[13.1] betrieblicher Erzeugnisse. Nehmen wir einmal an, daß die produzierten Güter (z. B. Glühbirnen) in Partien von je N Stück abgegeben werden (z. B. in Kisten, welche je N Glühbirnen beinhalten). Jede Partie enthält einen gewissen Prozentsatz an Ausschußgütern, der natürlich auch 0 sein kann (z. B. Glühbirnen mit unterdurchschnittlicher Brenndauer). Die Anzahl der Ausschußgüter je Partie werden mit $M = pN$ bezeichnet. p wird i. a. von Partie zu Partie variieren, soll jedoch (laut Lieferbedingung) einen vorgeschriebenen Bruchteil p_0 nicht überschreiten. Um dies festzustellen, muß man entweder sämtliche N Güter untersuchen, was oft sehr kostspielig, aber auch in gewissem Sinne undurchführbar sein kann, wenn die Güter bei der Prüfung zerstört werden (z. B. bei Prüfung der Glühbirnen auf ihre Brenndauer). Oder man begnügt sich mit einer stichprobenartigen Untersuchung. Nun erhebt sich die Frage, wie man aus dem Ausgang der Stichprobenuntersuchung auf das Erfülltsein der vorgeschriebenen Bedingung $p \leq p_0$ schließen kann.

Wir wollen uns jetzt etwas allgemeiner der auf S. 111 eingeführten Sprechweise bedienen und nehmen an, daß eine endliche Grundgesamtheit von N Elementen vorliege. $M = Np$ habe die dort festgelegte Bedeutung. Aus der Grundgesamtheit wird eine Stichprobe vom Umfang n „ohne Zurücklegen" herausgegriffen. Die Verteilung der Stichprobenvariablen ist durch I. (34.2) gegeben. Wir wollen nun bei vorgegebenem p_0, $0 \leq p_0 < 1$, ein Testverfahren für die Hypothese $p \leq p_0$ angeben. Dabei sind nur jene p bzw. p_0 sinnvoll, für die Np bzw. Np_0 ganz ist. Zu vorgegebener Irrtumswahrscheinlichkeit α, $0 < \alpha < 1$, wählen wir die kleinste ganze Zahl $k_\alpha \geq 0$, so daß

$$\sum_{r=k_\alpha+1}^{n} \binom{Np_0}{r}\binom{N-Np_0}{n-r} \Big/ \binom{N}{n} \leq \alpha . \tag{13.1}$$

Man beachte, daß das Gleichheitszeichen in (13.1) nicht stets erreichbar ist, da man nur endlich viele Werte $k_\alpha < n$ zur Verfügung hat und andererseits α auf unendlich viele Arten wählbar ist. Die Hypothese $p \leq p_0$ wird angenommen, wenn die Anzahl r der der ersten Klasse angehörigen Elemente in der Stichprobe k_α nicht überschreitet, und andernfalls abgelehnt.

Im Beispiel der Qualitätskontrolle darf also die Anzahl der Ausschußgüter nicht größer als k_α sein. Dieser Vorgang leuchtet

[13.1] Für eine ausschließlich auf die Praxis ausgerichtete Darstellung vgl. man H. Lustig, J. Pfanzagl, L. Schmetterer, Moderne Kontrolle, Österr. Statistische Gesellschaft, 3. Auflage, Wien 1958, sowie H. Lustig, J. Pfanzagl, Industrielle Qualitätskontrolle, Österr. Statistische Gesellschaft, Wien 1957.

ein, wenn man bedenkt, daß die Wahrscheinlichkeit dafür, daß die Anzahl der zur ersten Klasse gehörigen Elemente $> k_\alpha$ ist, für irgendein p mit ganzem Np, $0 < p < 1$, durch

$$\sum_{r=k_\alpha+1}^{n} \binom{Np}{r} \binom{N-Np}{n-r} \Big/ \binom{N}{n} \tag{13.2}$$

gegeben ist. Nach I., Satz 34.2 nimmt dieser Ausdruck als Funktion von p nicht ab. Je kleiner also p ist, um so kleiner ist die Wahrscheinlichkeit, daß die Hypothese abgelehnt wird.

Diese Überlegungen sind die Grundlage des von DODGE und ROMIG entwickelten einfachen Stichprobenverfahrens zum Zwecke der Qualitätskontrolle. Hierzu wähle man wie oben p_0 und zu vorgegebenem α und n, die Zahl k_α gemäß (13.1). p_0 nennt man die tolerierte Qualität. Wenn nun die Anzahl der Ausschußgüter in der Stichprobe $r \leq k_\alpha$ bleibt, wird die Serie als der Lieferbedingung $p \leq p_0$ entsprechend erklärt, nachdem man die r gefundenen defekten Stücke durch einwandfreie ersetzt hat. Ist jedoch $r > k_\alpha$, so setzt eine Totalkontrolle aller N Stücke der Partie ein, wobei alle gefundenen Ausschußgüter durch einwandfreie ersetzt werden. (Dies setzt allerdings voraus, daß die Kontrolle die Produktionsgüter nicht zerstört, so daß das Verfahren etwa für das erwähnte Beispiel der Glühbirnen nicht brauchbar ist.)

Wir wollen uns überlegen, wieviele unbrauchbare Stücke der Verbraucher im Mittel zu erwarten hat, wenn jede Partie einen Ausschußteil p hat. Genauer: Bezeichnet man die diskret verteilte zufällige Variable, welche nach Durchführung des geschilderten Vorganges die Anzahl der verbliebenen Ausschußgüter angibt, mit η^*, dann hat man

$$W(\eta^* = Np - r) = \binom{Np}{r} \binom{N-Np}{n-r} \Big/ \binom{N}{n} \quad \text{für} \quad r \leq k_\alpha$$

und

$$W(\eta^* = 0) = \sum_{r=k_\alpha+1}^{n} \binom{Np}{r} \binom{N-Np}{n-r} \Big/ \binom{N}{n}.$$

Also erhalten wir für den Mittelwert:

$$E(\eta^*) = \sum_{r \leq k_\alpha} (Np - r) \binom{Np}{r} \binom{N-Np}{n-r} \Big/ \binom{N}{n}.$$

$E(\eta^*)$ ist also von N, n, k_α und p abhängig. Um die besonders lästige Abhängigkeit vom Ausschußanteil p zu beseitigen, betrachtet man $\max\limits_{0 \leq p \leq 1} E(\eta^*)$. p nimmt nur die endlich vielen Werte M/N mit $0 \leq M \leq N$ an, so daß es mindestens einen Wert $\tilde{M} = \tilde{M}(N, n, k_\alpha)$ gibt, welcher $E(\eta^*)$ als Funktion von p mit $p = M/N$ maximisiert. Sei $\max\limits_{0 \leq p \leq 1} E(\eta^*) = E^*$.

E^*/N wird als Schranke der mittleren Auslieferungsqualität bezeichnet, was dadurch gerechtfertigt ist, daß $E(\eta^*)/N$ als Gradmesser für die durchschnittliche Qualität der Partien zu N Stück angesehen werden kann, die der Verbraucher tatsächlich erhält.

Hält man N fest und gibt man α sowie p_0 vor, dann kann man sich noch die Wahl des Stichprobenumfanges n vorbehalten. Es ist selbstverständlich aus ökonomischen Gründen wünschenswert, den oben beschriebenen Kontrollvorgang so einzurichten, daß die Anzahl der untersuchten Stücke je Partie möglichst klein ist.

Genauer: Liegt n fest, dann ist auch k_α gemäß (13.1) festgelegt. Wir untersuchen den Mittelwert I der pro Partie auf Grund des Kontrollvorganges zu untersuchenden Stücke bei festem Ausschußanteil p. Auf jeden Fall werden zunächst die n Stücke der Stichprobe untersucht. Ist dann die Anzahl der Ausschußgüter $\leq k_\alpha$ — diesem Ereignis kommt die Wahrscheinlichkeit $\sum\limits_{r \leq k_\alpha} \binom{Np}{r} \binom{N-Np}{n-r} \Big/ \binom{N}{n}$ zu —, dann werden 0 weitere Stücke untersucht; ist aber $r \geq k_\alpha + 1$, dann erfolgt die Kontrolle der restlichen $N - n$ Stücke. Wir erhalten für den gesuchten Mittelwert:

$$\left.\begin{aligned} I &= n + 0 \cdot \sum_{r \leq k_\alpha} \frac{\binom{Np}{r}\binom{N-Np}{n-r}}{\binom{N}{n}} + (N-n) \sum_{r \geq k_\alpha + 1} \frac{\binom{Np}{r}\binom{N-Np}{n-r}}{\binom{N}{n}} = \\ &= n + (N-n) \sum_{r \geq k_\alpha + 1} \frac{\binom{Np}{r}\binom{N-Np}{n-r}}{\binom{N}{n}}. \end{aligned}\right\} \quad (13.3)$$

Man ist an einer Wahl von n und k_α interessiert, welche einerseits (13.1) befriedigt und anderseits I möglichst klein macht.

Dodge und Romig haben Paare von Werten n, k_α tabelliert, welche für $\alpha = 0{,}10$ zu vorgegebener Qualität p, tolerierter Qualität p_0 und Partiegröße N, I minimisieren.

Für manche Zwecke ist es von Bedeutung, statt α und p_0 den Wert E^* vorzugeben. Für vorgegebene p und N finden sich auch in diesem Falle Wertepaare n, k_α, welche I minimisieren und vorgeschriebenes $E^* = E^*(N, n, k_\alpha)$ besitzen, bei DODGE und ROMIG tabelliert[13.2].

Auf S. 175 wurde bereits erwähnt, daß das Kontrollverfahren voraussetzt, daß die Güter bei der Überprüfung nicht vernichtet werden. Andernfalls muß man sich grundsätzlich mit stichprobenartiger Kontrolle begnügen. Die auf S. 175 gemachten Überlegungen bleiben jedoch aufrecht, nur erhält die zufällige Variable η^* einen etwas anderen Sinn. Sie gibt die Anzahl der angenommenen Ausschußgüter in einer Partie der Größe $N - n$ an. Die durch (13.3) definierte Größe hat jetzt allerdings keinen Sinn. Die Anzahl der pro Partie von N Stücken untersuchten Güter ist stets n. Man vgl. zu den Ausführungen dieser Nummer auch III., S. 213 und V., S. 329ff.

Alle diese Ausführungen lassen sich auch auf die Binomialverteilung übertragen. Nach I., Satz 34.1 wird man in der Praxis die Binomialverteilung verwenden, wenn die Partiegröße „unendlich" groß im Verhältnis zum Stichprobenumfang ist.

14. Geschichtete Stichproben. (ξ, η) sei eine zweidimensionale zufällige Variable. Die Randverteilung von η sei diskret:

$$W(\eta = i) = p_i, \quad p_i \neq 0, \quad 1 \leq i \leq k, \quad \sum_{i=1}^{k} p_i = 1, \quad k \geq 2. \tag{14.1}$$

Für jedes reelle x bezeichnen wir die bedingte Wahrscheinlichkeit von $\{\xi \leq x \mid \eta = i\}$ mit $F_i(x)$, $1 \leq i \leq k$. F_i ist eine Vf., und zwar die bedingte Vf. von ξ unter der Hypothese $\eta = i$. Aus I., S. 33 folgt für die Vf. der Randverteilung von ξ

$$F = \sum_{i=1}^{k} p_i F_i. \tag{14.2}$$

Es existiere $E(\xi)$, und es sei

$$E(\xi) = a \tag{14.3}$$

sowie

$$E(\xi \mid \eta = i) = a_i, \qquad 1 \leq i \leq k. \tag{14.4}$$

[13.2] H. F. DODGE und H. G. ROMIG, Sampling Inspection Tables (Single and Double Sampling), John Wiley & Sons-Chapman & Hall, New York-London 1944.

Wegen (14.2) sowie (14.3) und (14.4) besteht die Beziehung

$$a = \sum_{i=1}^{k} p_i a_i. \tag{14.5}$$

In ähnlicher Weise folgt auch in leicht verständlicher Bezeichnung für die zweiten Momente, falls diese existieren,

$$m_2 = \sum_{i=1}^{k} p_i m_2^{(i)}.$$

Daraus ergibt sich dann nach I., Satz 17.2 für die Streuungen

$$\sigma^2 = \sum_{i=1}^{k} p_i (\sigma_i^2 + a_i^2) - a^2. \tag{14.6}$$

Die bisher entwickelten Beziehungen, insbesondere (14.2), lassen folgende Interpretation zu: Es liege eine Grundgesamtheit mit der Vf. F vor. Diese zerfalle in k Untergesamtheiten, die keine gemeinsamen Elemente haben. Die Wahrscheinlichkeit, „ein Element gerade aus der i-ten Untergesamtheit herauszugreifen", sei p_i. Die Verteilung der Elemente in der i-ten Untergesamtheit sei durch F_i gegeben. Im Rahmen dieser Auffassung gelangt man dann so zu (14.2): Die Wahrscheinlichkeit, „aus der Grundgesamtheit ein Element herauszugreifen", dessen Merkmal $\xi \leq x$ ist, wird durch F gegeben. Andererseits gehört dieses Element notwendig genau einer Untergesamtheit an, und zwar der l-ten mit der Wahrscheinlichkeit p_l ($l = 1, \ldots, k$). Liegt es z. B. in der i-ten Untergesamtheit, dann ist die Wahrscheinlichkeit, daß das Merkmal $\xi \leq x$ ist, durch F_i gegeben. Die Wahrscheinlichkeit für das Zusammentreffen dieser Ereignisse ist durch $p_i F_i$ gegeben. Also ergibt sich die Beziehung (14.2). Die Untergesamtheiten werden als die *Schichten* der Grundgesamtheit bezeichnet.

Wir wollen etwas in die Stichprobentheorie geschichteter Grundgesamtheiten eindringen. Hierbei behalten wir die eben eingeführte Auffassung ihrer Anschaulichkeit wegen bei.

$\xi_1, \ldots, \xi_n$ seien Stichprobenvariable aus einer nach F verteilten geschichteten Grundgesamtheit. Für F gilt demnach eine Darstellung der Foım (14.2), und überdies gelten die Bedingungen (14.5) und (14.6). Nach Satz 3.1 gilt auf jeden Fall

$$E(\bar{\xi}) = a \tag{14.7}$$

und

$$E[(\bar{\xi} - a)^2] = \sigma^2/n. \tag{14.8}$$

Dieses Resultat berücksichtigt allerdings nicht die Kenntnis, daß die Grundgesamtheit geschichtet ist, d. h. also, daß die Beziehung (14.2) gilt. Daher nehmen wir jetzt eine andere Stichprobenauswahl vor, die man auch als geschichtete Auswahl bezeichnet. Aus der i-ten Untergesamtheit U_i sollen genau $n_i \geq 1$ Elemente entnommen werden mit

$$\sum_{i=1}^{k} n_i = n. \tag{14.9}$$

Genauer handelt es sich also um folgendes: $\xi_1^{(i)}, \ldots, \xi_{n_i}^{(i)}$ seien die Stichprobenvariablen der Auswahl aus U_i, d. h. $\xi_1^{(i)}, \ldots, \xi_{n_i}^{(i)}$ seien für $i = 1, \ldots, k$ unabhängig nach F_i verteilte zufällige Variable, so daß also die Gesamtheit der Stichprobenvariablen durch $\xi_1^{(1)}, \ldots, \xi_{n_1}^{(1)}, \ldots, \xi_1^{(k)}, \ldots, \xi_{n_k}^{(k)}$ gegeben ist und alle diese zufälligen Variablen voneinander unabhängig sind. Es sei

$$\bar{\xi}^{(i)} = \sum_{j=1}^{n_i} \xi_j^{(i)}/n_i, \qquad 1 \leq i \leq k. \tag{14.10}$$

Wir betrachten die zufällige Variable $\bar{\xi}_s = \sum_{i=1}^{k} c_i \bar{\xi}^{(i)}$, wobei die c_i zunächst beliebige reelle Zahlen sind. Es ist $E(\bar{\xi}_s) = \sum_{i=1}^{k} c_i E(\bar{\xi}^{(i)})$, also nach (14.4)

$$E(\bar{\xi}_s) = \sum_{i=1}^{k} c_i a_i. \tag{14.11}$$

Wir wollen nun die c_i, $1 \leq i \leq k$, dadurch festlegen, daß $E(\bar{\xi}_s) = a$, und zwar identisch in den a_i gelten soll. Nach (14.5) soll also für $-\infty < a_i < \infty$, $1 \leq i \leq k$, $\sum_{i=1}^{k} c_i a_i = \sum_{i=1}^{k} p_i a_i$ gelten[14.1]. Daraus folgt $c_i = p_i$, $1 \leq i \leq k$. Wir schreiben $\bar{\xi}_r = \sum_{i=1}^{k} p_i \bar{\xi}^{(i)}$ und es ist

$$E(\bar{\xi}_r) = a. \tag{14.12}$$

Für die Streuung ergibt sich nach (14.5)

$$E[(\bar{\xi}_r - a)^2] = E\left[\left(\sum_{i=1}^{k} p_i (\bar{\xi}^{(i)} - a_i)\right)^2\right],$$

[14.1] Vgl. dazu V. 1.

also

$$E[(\bar{\xi}_r - a)^2] = \sum_{i,j=1}^{k} p_i p_j E[(\bar{\xi}^{(i)} - a_i)(\bar{\xi}^{(j)} - a_j)].$$

Wegen der Unabhängigkeit aller $\xi^{(i)}$, $1 \leq i \leq k$, folgt

$$E[(\bar{\xi}_r - a)^2] = \sum_{i=1}^{k} p_i^2 \frac{\sigma_i^2}{n_i}. \tag{14.13}$$

15. Die proportionale Stichprobenauswahl. In vielen praktischen Fällen kann man die $n_i \geq 1$ im Rahmen der durch (14.9) gegebenen Beschränkung beliebig wählen. Es liegt nahe, eine solche Wahl zu versuchen, welche (14.13) möglichst klein macht.

In diesem Sinne besprechen wir zunächst die sogenannte proportionale Stichprobenauswahl: Es sei der Einfachheit halber angenommen, daß die Größen np_i, $i = 1, \ldots, k$ ganze Zahlen sind, und man wähle

$$n_i = np_i, \qquad i = 1, \ldots, k. \tag{15.1}$$

Die Bezeichnung „proportionale Stichprobe" gründet sich auf die Häufigkeitsauffassung, wonach die p_i das reziproke Verhältnis der „Anzahl der Elemente in der Grundgesamtheit" zur „Elementezahl der U_i" darstellen; im selben Verhältnis steht die Anzahl der aus den U_i entnommenen Stichprobenwerte zum Gesamtumfang der Stichprobe. Spezialisiert man die zufällige Variable ξ_r dahingehend, daß man die n_i gemäß (15.1) wählt, dann erhält man eine mit $\bar{\xi}_p$ bezeichnete zufällige Variable. Es ist also

$$\bar{\xi}_p = \sum_{i=1}^{k} p_i \bar{\xi}^{(i)},$$

wobei die $\bar{\xi}^{(i)}$ gemäß (14.10) definiert sind und die n_i die spezielle, durch (15.1) festgelegte Bedeutung haben, $1 \leq i \leq k$. Nach (14.12) gilt

$$E(\bar{\xi}_p) = a$$

und nach (14.13)

$$E[(\bar{\xi}_p - a)^2] = \sum_{i=1}^{k} \frac{p_i \sigma_i^2}{n} \tag{15.2}$$

bei Berücksichtigung von (15.1). Wir vergleichen (15.2) mit der Streuung (14.8) von $\bar{\xi}$ und behaupten

$$E[(\bar{\xi} - a)^2] \geq E[(\bar{\xi}_p - a)^2]. \tag{15.3}$$

Zunächst ist nämlich, wie die Schwarzsche Ungleichung und (14.1) lehren,

$$\left(\sum_{i=1}^{k} a_i p_i\right)^2 \leq \sum_{i=1}^{k} p_i a_i^2 \sum_{i=1}^{k} p_i = \sum_{i=1}^{k} p_i a_i^2. \tag{15.4}$$

In (15.4) gilt das Gleichheitszeichen genau dann, wenn für ein reelles λ

$$a_i p_i^{1/2} = \lambda p_i^{1/2}, \qquad 1 \leq i \leq k$$

gilt. Also ist in diesem Falle $a_1 = a_2 = \cdots = a_k$. Aus (15.4) folgt aber

$$\sum_{i=1}^{k} p_i(\sigma_i^2 + a_i^2) - \left(\sum_{i=1}^{k} a_i p_i\right)^2 \geq \sum_{i=1}^{k} p_i \sigma_i^2$$

und das ist (15.3) wegen (14.6) und (14.5). Das Gleichheitszeichen gilt genau dann, wenn alle a_i denselben Wert haben.

16. Die optimale Stichprobenauswahl[16.1]**.** Die Wahl der n_i gemäß (15.1) setzt die Kenntnis der p_i, aber nicht die der σ_i^2 voraus.

Wir wollen zeigen, daß man die n_i in Abhängigkeit von p_i und σ_i^2 so wählen kann, daß sie bei vorgegebenem n (14.9) erfüllen, und daß die mit dieser Wahl gebildete zufällige Variable $\bar{\xi}_r$, die wir dann speziell mit $\bar{\xi}_0$ bezeichnen, hinsichtlich ihrer Streuung die Ungleichung

$$E[(\bar{\xi}_p - a)^2] \geq E[(\bar{\xi}_0 - a)^2] \tag{16.1}$$

erfüllt. Da $\bar{\xi}_0$ von der Gestalt $\sum_{i=1}^{k} p_i \bar{\xi}^{(i)}$ ist, erweist sich (14.12) als erfüllt, d. h. es ist $E(\bar{\xi}_0) = a$.

Wir schicken folgendes Lemma voraus:

Lemma 16.1: *Es sei*

$$\alpha_i \geq 0, \quad \beta_i > 0, \quad \sum_{i=1}^{k} \alpha_i = \sum_{i=1}^{k} \beta_i = 1. \tag{16.2}$$

[16.1] J. Neyman, J. Roy. statist. Soc. 109, 558—606 (1934).

Dann gilt stets

$$\sum_{i=1}^{k} \frac{\alpha_i^2}{\beta_i} \geq \sum_{i=1}^{k} \alpha_i = 1 \tag{16.3}$$

und das Gleichheitszeichen gilt nur für $\beta_i = \alpha_i$, $i = 1, \ldots, k$.

Der leichte **Beweis** beruht auf der Schwarzschen Ungleichung. Es ist

$$1 = \sum_{i=1}^{k} \alpha_i = \left(\sum_{i=1}^{k} \alpha_i\right)^2 = \left(\sum_{i=1}^{k} \frac{\alpha_i}{\beta_i^{1/2}} \beta_i^{1/2}\right)^2 \leq \sum_{i=1}^{k} \frac{\alpha_i^2}{\beta_i} \sum_{i=1}^{k} \beta_i = \sum_{i=1}^{k} \frac{\alpha_i^2}{\beta_i}.$$

Das Gleichheitszeichen gilt genau dann, wenn für alle i mit $1 \leq i \leq k$ und eine reelle Zahl λ die Gleichungen $\frac{\alpha_i}{\beta_i^{1/2}} = \lambda \beta_i^{1/2}$ bzw. $\alpha_i = \lambda \beta_i$ richtig sind und wegen (16.2) ist $\lambda = 1$.

Wir definieren mit

$$\sum_{i=1}^{k} p_i \sigma_i = P \tag{16.4}$$

die Zahlen

$$n_i' = \frac{n p_i \sigma_i}{P}, \qquad i = 1, \ldots, k \tag{16.5}$$

und erinnern daran, daß (14.9) und

$$0 < n_i < n \tag{16.6}$$

gelten.

Mit $\frac{p_i \sigma_i}{P} = \alpha_i$, $\frac{n_i}{n} = \beta_i$, $1 \leq i \leq k$, ist das Lemma 16.1 anwendbar, da nach (16.4), (14.9) und (16.6) die Voraussetzungen (16.2) des Lemmas erfüllt sind. Somit ist

$$\sum_{i=1}^{k} \left(\frac{p_i \sigma_i}{P}\right)^2 \cdot \frac{n}{n_i} \geq 1$$

oder

$$\sum_{i=1}^{k} \frac{(p_i \sigma_i)^2}{n_i} \geq \frac{P^2}{n} = \frac{\left(\sum_{i=1}^{k} p_i \sigma_i\right)^2}{n}.$$

$\left(\sum_{i=1}^{k} p_i \sigma_i\right)^2 / n$ ist also nach (14.13) der Minimalwert der Streuung von $\bar{\xi}_r$.

Das Lemma 16.1 lehrt, daß die untere Schranke in dieser Ungleichung nur für $n_i = n_i'$ angenommen wird, wenn die n_i' gemäß (16.5) gewählt werden. Nehmen wir wieder an, daß die n_i' ganze Zahlen sind, dann erhält man die oben erwähnte zufällige Variable $\bar{\xi}_0$ aus $\bar{\xi}_r$ durch die Wahl $n_i = n_i'$. Die durchgeführte Überlegung lehrt dann, daß die Streuung von $\bar{\xi}_0$ durch $\left(\sum_{i=1}^{k} p_i \sigma_i\right)^2 / n$ gegeben ist. Die Richtigkeit der Ungleichung (16.1) weist man nun sofort nach.

Vermöge der Schwarzschen Ungleichung ergibt sich unmittelbar:

$$\sum_{i=1}^{k} p_i \sigma_i^2 \geq \left(\sum_{i=1}^{k} p_i \sigma_i\right)^2.$$

Das Gleichheitszeichen gilt nur für $\sigma_1 = \sigma_2 = \cdots = \sigma_k$. Damit ist (16.1) wegen (15.2) gezeigt. Die Gültigkeit von (16.1) hat der mittels der n_i' getroffenen Stichprobenauswahl die Bezeichnung optimale Stichprobe eingetragen.

17. Geschichtete Stichproben im Falle endlicher Grundgesamtheiten. Die in **14.**—**16.** durchgeführten Untersuchungen verlaufen für den Fall endlicher Grundgesamtheiten ganz ähnlich. Wir wollen dies hier andeuten. Wir nehmen an, daß die Grundgesamtheit G N Elemente umfaßt, d. h. wir betrachten eine Gleichverteilung mit den diskreten Massenpunkten $x_1, \ldots, x_N$ (vgl. **12.**). Die Untergesamtheit U_i $(i = 1, \ldots, k)$, $k \geq 2$, bestehe aus $N_i \geq 2$ Elementen und es sei

$$\sum_{i=1}^{k} N_i = N. \tag{17.1}$$

Wegen der Annahme der Gleichverteilung ist

$$p_i = \frac{N_i}{N} \tag{17.2}$$

die Wahrscheinlichkeit, „ein Element aus U_i herauszugreifen". Für den Mittelwert von G gilt $a = \frac{1}{N} \sum_{i=1}^{N} x_i$. Wenn wir mit $x_1^{(i)}, \ldots, x_{N_i}^{(i)}$ die diskreten Massenpunkte von U_i bezeichnen, dann hat man für den Mittelwert a_i in U_i

$$a_i = \frac{x_1^{(i)} + \cdots + x_{N_i}^{(i)}}{N_i}, \qquad i = 1, \ldots, k, \tag{17.3}$$

also hat man wieder die Beziehung (14.5) und, wie man sich leicht überlegt, bei sinngemäßer Übertragung der Bezeichnungen auch die Beziehung (14.6) für die Streuungen.

Wir greifen aus G eine Stichprobe vom Umfang n heraus. Nach (12.2) gilt für den Mittelwert $\bar{\xi}$ der Stichprobenvariablen $\xi_1, \ldots, \xi_n$

$$E(\bar{\xi}) = a \tag{17.4}$$

und nach (12.5)

$$E[(\bar{\xi} - a)^2] = \frac{\sigma^2}{n} \frac{N-n}{N-1}. \tag{17.5}$$

Wir führen nun wieder eine geschichtete Stichprobenauswahl durch. Hierzu entnehmen wir der Untergesamtheit U_i eine Stichprobe vom Umfange n_i $(0 < n_i \leq N_i,\ i = 1, \ldots, k)$.

Aus den zugehörigen Stichprobenvariablen $\xi_1^{(i)}, \ldots, \xi_{n_i}^{(i)}$ bilden wir die Mittelwerte $\bar{\xi}^{(i)}$ nach der Vorschrift (14.10) und hieraus die zufällige Variable

$$\bar{\xi}_r = \sum_{i=1}^{k} p_i \bar{\xi}^{(i)}.$$

Für ihren Erwartungswert gilt (14.12), wobei jetzt a, die a_i und p_i die in dieser Nummer festgelegte Bedeutung haben. Da die $\bar{\xi}^{(i)}$ für $1 \leq i \leq k$ unabhängige zufällige Variable sind, ergibt sich, wenn man (12.5) sinngemäß auf diese zufälligen Variablen anwendet,

$$E[(\bar{\xi}_r - a)^2] = \sum_{i=1}^{k} p_i^2 \frac{\sigma_i^2}{n_i} \frac{N_i - n_i}{N_i - 1}. \tag{17.6}$$

Die rechte Seite von (17.6) schreiben wir in der Gestalt

$$\sum_{i=1}^{k} p_i^2 \frac{\sigma_i^2}{n_i} \frac{N_i}{N_i - 1} - \sum_{i=1}^{k} p_i^2 \frac{\sigma_i^2}{N_i - 1}. \tag{17.7}$$

Wir setzen nun die Kenntnis der nach (17.2) definierten Größen p_i und der Streuungen σ_i^2 der U_i voraus und wollen jetzt die Bedingung (14.9) etwas verallgemeinern. (Natürlich kann man diese Verallgemeinerung in analoger Form auch in **16.** durchführen.) $l_1, \ldots, l_k$ seien ebenso wie L gegebene positive reelle Zahlen. Wir ziehen nun nur solche n_i in Betracht, welche der Bedingung

$$n_1 l_1 + \cdots + n_k l_k = L \tag{17.8}$$

genügen. (17.8) kann man folgende Bedeutung beilegen: Die l_i seien für $i = 1, \ldots, k$ die Kosten für die Auswahl eines Elementes aus der Untergesamtheit U_i. Dann stellt L die Gesamtkosten der Stichprobenerhebung dar. Nun stellen wir uns die Aufgabe, (17.7) als Funktion der n_i zu minimisieren, wenn die Bedingung (17.8) erfüllt ist. Man beachte dabei, daß der zweite Summand in (17.7) von n_i unabhängig ist. Wir bezeichnen zur Abkürzung $\sum_{i=1}^{k} p_i \sigma_i \sqrt{l_i \frac{N_i}{N_i - 1}}$ mit P_1. Wir setzen

$$\frac{p_i \sigma_i \sqrt{\frac{l_i N_i}{N_i - 1}}}{P_1} = \alpha_i, \quad \frac{n_i l_i}{L} = \beta_i,$$

sehen sofort, daß die Bedingungen des Lemmas 16.1 erfüllt sind, und infolgedessen gilt

$$\frac{L}{P_1^2} \sum_{i=1}^{k} \frac{p_i^2 \sigma_i^2}{n_i} \frac{N_i}{N_i - 1} = \sum_{i=1}^{k} \left(\frac{p_i \sigma_i \sqrt{l_i \frac{N_i}{N_i - 1}}}{P_1} \right)^2 \left(\frac{L}{n_i l_i} \right) \geq 1\,.$$

Die untere Schranke kann nur für $n_i' = L \frac{p_i \sigma_i}{P_1} \sqrt{\frac{N_i}{N_i - 1}} \frac{1}{\sqrt{l_i}}$ erreicht werden[17.1]. Nehmen wir an, daß die so definierten n_i' ganze Zahlen und $\leq N_i$ sind, dann können wir nach dem Vorbild von **16.** eine zufällige Variable $\bar{\xi}_0$ definieren, welche (17.6) unter der Bedingung minimisiert, daß die Kosten der Stichprobenerhebung gleich der zur Verfügung stehenden Größe L sind. Betrachtet man z. B. den Spezialfall $l_1 = \cdots = l_k = 1$ und $L = n$, dann kann jedoch die aus (17.6) erhaltene Minimalstreuung größer als (17.5) sein. Die „zufällige" Auswahl kann also in diesem Sinne anders als in **16.** der „optimalen" überlegen sein[17.2].

18. Mehrstufige Stichproben. Wir betrachten eine zweidimensionale zufällige Variable (ξ, η) mit diskreter Verteilung. Die Rand-

---

[17.1] Man kann dieses Ergebnis auch aus dem Minimalwert der Streuung von $\bar{\xi}_r$ entnehmen, indem man dort (S. 182) $\sigma_i \sqrt{\frac{l_i N_i}{N_i - 1}}$ für σ_i und $n_i l_i$ für n_i sowie L für n setzt.

[17.2] Eine genauere Analyse findet sich bei P. Armitage, Biometrika 34, 273–280 (1947).

verteilung von ξ sei eine Gleichverteilung:

$$W(\xi = i) = 1/M \qquad (i = 1, \ldots, M). \tag{18.1}$$

Für die bedingte Verteilung von η unter der Hypothese $\xi = i$ soll gelten

$$W(\eta = x_{ij} \mid \xi = i) = 1/N_i, \quad j = 1, \ldots, N_i, \quad i = 1, \ldots, M. \tag{18.2}$$

Es soll hierbei $x_{ij} = x_{kl}$ genau dann gelten, wenn $i = k$ und $j = l$. Aus (18.1) und (18.2) folgt

$$W(\xi = i, \eta = x_{ij}) = 1/MN_i, \quad i = 1, \ldots, M, \quad j = 1, \ldots, N_i.$$

Also ist die Randverteilung von η ebenfalls durch

$$W(\eta = x_{ij}) = 1/MN_i, \; i = 1, \ldots, M, \; j = 1, \ldots, N_i \tag{18.3}$$

gegeben. Ausgehend von (18.1) betrachten wir eine zufällige Variable

$$(\xi_1, \ldots, \xi_m), \qquad m \leq M \tag{18.4}$$

von der Art, wie sie in **12.** betrachtet wurde. I. (19.1) lautet jetzt

$$W(\xi_1 = i_1, \xi_2 = i_2, \ldots, \xi_m = i_m) = \frac{1}{M(M-1)\cdots(M-m+1)}. \tag{18.5}$$

$i_1, \ldots, i_m$ sind m verschiedene Größen aus der Menge $\{1, \ldots, M\}$.

Wir definieren nun für $l = 1, \ldots, m$ zufällige Variable $(\eta_{1l}, \ldots, \ldots, \eta_{nl})$, die wir in ähnlicher Weise mit der zufälligen Variablen (18.4) verknüpfen, wie η mit der zufälligen Variablen ξ mit der Verteilung (18.1). Es sei $n = \sum_{i=1}^{M} n_i$ mit ganzem n_i und $0 < n_i \leq N_i$, $1 \leq i \leq M$. Außerdem sei $n_0 = 0$. Nun sei

$$W(\eta_{n_1+\cdots+n_{i-1}+1,l} = x_{ij_1}, \ldots, \eta_{n_1+\cdots+n_{i-1}+n_i,l} = x_{ij_{n_i}} \mid \xi_l = i) =$$
$$= 1/[N_i(N_i - 1)\cdots(N_i - n_i + 1)]. \tag{18.6}$$

Hierbei ist $j_k \neq j_r$ für $k \neq r$, und $j_1, \ldots, j_{n_i}$ sind irgendwelche n_i Indizes aus der Menge $\{1, \ldots, N_i\}$.

Ehe wir fortfahren, wollen wir in Analogie zu S. 178 eine Interpretation der bisher in dieser Nummer eingeführten Definitionen geben.

Wir lassen der Verteilung (18.3) von η eine endliche Grundgesamtheit mit den Elementen x_{ij}, $1 \leq j \leq N_i$, $1 \leq i \leq M$, entsprechen. Die Grundgesamtheit ist geschichtet. Wie (18.1) zeigt, gibt es M Untergesamtheiten U_i, und bei Entnahme eines Elementes aus der Grundgesamtheit gehört dieses mit gleicher Wahrscheinlichkeit $1/M$ irgendeinem U_i an. Die Verteilung innerhalb der U_i ist nach (18.2) ebenfalls eine Gleichverteilung. Wir entnehmen der Grundgesamtheit auf folgende Weise eine Stichprobe: Zunächst erfolgt eine Zufallsauswahl von m Untergesamtheiten U_i $(m \leq M)$. Diesem Vorgang entspricht als Stichprobenvariable (18.4). Aus den gewählten Untergesamtheiten U_i werden nun jeweils Stichproben vom Umfange $n_i \leq N_i$ ausgewählt. Bezeichnen wir die ausgewählten Untergesamtheiten mit den Indizes $i_1, \ldots, i_m$, dann wählen wir aus U_{i_1} etwa die Elemente $x_{i_1 1}, \ldots, x_{i_1 n_{i_1}}$, aus U_{i_2} $x_{i_2 1}, \ldots, x_{i_2 n_{i_2}}, \ldots$, aus U_{i_m} $x_{i_m 1}, \ldots, x_{i_m n_{i_m}}$ aus. Jeder Auswahl innerhalb U_{i_j} kommt dieselbe Wahrscheinlichkeit zu. Das ist der Sinn von (18.6). Die gesamte Stichprobe vom Umfang n erhalten wir in der Gestalt $x_{i_1 1}, \ldots, x_{i_1 n_{i_1}}, \ldots, x_{i_m}, \ldots, x_{i_m n_{i_m}}$. Die Berechtigung, dieses Stichprobenverfahren als Zweistufenauswahl zu bezeichnen, versteht sich somit von selbst. Man kann fortfahrend eine Dreistufen-, allgemein eine Mehrstufenauswahl definieren.

Es sei

$$a_i = \frac{1}{N_i} \sum_{j=1}^{N_i} x_{ij} \tag{18.7}$$

der Mittelwert in der Gesamtheit U_i. Mit σ_i^2 bezeichnen wir die Streuung $\frac{1}{N_i} \sum_{j=1}^{N_i} (x_{ij} - a_i)^2$, $1 \leq i \leq M$. Für den Mittelwert a der Grundgesamtheit hat man nach (18.3):

$$a = \frac{1}{M} \sum_{i=1}^{M} \sum_{j=1}^{N_i} x_{ij} \frac{1}{N_i} = \frac{1}{M} \sum_{i=1}^{M} a_i . \tag{18.8}$$

Wir definieren für $l = 1, \ldots, m$ die zufälligen Variablen

$$\bar{\eta}_{\xi_l} = \frac{\eta_{n_1 + \cdots + n_{\xi_{l-1}} + 1} + \cdots + \eta_{n_1 + \cdots + n_{\xi_l}}}{n_{\xi_l}} . \tag{18.9}$$

Ihre Verteilung ist aus der bekannten Verteilung von ξ_l und (18.6) berechenbar. Somit ist auch die zufällige Variable

$$\bar{\eta} = \frac{1}{m} \sum_{l=1}^{m} \bar{\eta}_{\xi_l} \tag{18.10}$$

definiert.

Als Realisationen von (18.9) erhält man die Stichprobenmittel

$$\bar{x}_i = \frac{x_{ij_1} + \cdots x_{ij_{n_i}}}{n_i} \quad \text{in} \quad U_i, \quad i = 1, \ldots, M.$$

Wir zeigen:

$$E(\bar{\eta}) = a. \tag{18.11}$$

Man beachte hierzu:

$$E(\bar{\eta}) = \frac{1}{m} \sum_{l=1}^{m} E(\bar{\eta}_{\xi_l}) = \frac{1}{m} \sum_{l=1}^{m} E\big(E(\bar{\eta}_{\xi_l} | \xi_l)\big)$$

nach I. (20.5).

Sinngemäße Anwendung von (12.2) gibt wegen (18.6) $E(\bar{\eta}_{\xi_l} | \xi_l) = a_{\xi_l}$ [18.1], somit

$$E(\bar{\eta}) = \frac{1}{m} \sum_{l=1}^{m} E(a_{\xi_l}).$$

Sinngemäße Anwendung von I. (19.2) liefert

$$W(\xi_i = j) = 1/M, \quad i = 1, \ldots, m, \quad j = 1, \ldots, M. \tag{18.12}$$

Also wird $E(\bar{\eta}) = \frac{1}{m} \sum_{l=1}^{m} \frac{1}{M} \sum_{i=1}^{M} a_i = a$ nach (18.8), und dies ist (18.11). Für die Streuung $E[(\bar{\eta} - a)^2]$ gilt folgender Ausdruck:

$$E[(\bar{\eta} - a)^2] = \frac{M - m}{mM(M-1)} \sum_{i=1}^{M} (a_i - a)^2 + \frac{1}{mM} \sum_{i=1}^{M} \frac{\sigma_i^2}{n_i} \frac{N_i - n_i}{N_i - 1}. \tag{18.13}$$

Für den Nachweis von (18.13) betrachten wir $E(\bar{\eta}^2)$ und ziehen dann den Verschiebungssatz heran. Zunächst ist für $l \neq k$

$$E(\bar{\eta}_{\xi_l} \bar{\eta}_{\xi_k}) = E[E(\bar{\eta}_{\xi_l} \bar{\eta}_{\xi_k} | \xi_l, \xi_k)] = E(a_{\xi_l} a_{\xi_k}).$$

Die Randverteilung von (ξ_l, ξ_k) haben wir (bei etwas anderer Bezeichnung) schon auf S. 73 studiert. Wir benützen dies und erhalten:

$$E(a_{\xi_l} a_{\xi_k}) = \frac{1}{M(M-1)} \sum_{\substack{i,j=1 \\ i \neq j}}^{M} a_i a_j.$$

[18.1] Das bedeutet genauer: Für $1 \leq i \leq M$ ist $E(\bar{\eta}_{\xi_l} | \xi_l = i) = a_i$.

Weiter ist

$$E(\overline{\eta}_{\xi_i}^2) = E[E(\overline{\eta}_{\xi_i}^2 | \xi_i)] = E\left[\frac{\sigma_{\xi_i}^2}{n_{\xi_i}} \frac{N_{\xi_i} - n_{\xi_i}}{N_{\xi_i} - 1} + a_{\xi_i}^2\right]$$

bei sinngemäßer Anwendung von (12.2) bzw. (12.5) und des Verschiebungssatzes.

Wir erhalten weiter:

$$E(\overline{\eta}_{\xi_i}^2) = \frac{1}{M} \sum_{l=1}^{M} \left[\frac{\sigma_l^2}{n_l} \frac{N_l - n_l}{N_l - 1} + a_l^2\right].$$

Nun ist

$$E(\overline{\eta}^2) = \frac{1}{m^2} \sum_{i,j=1}^{m} E(\overline{\eta}_{\xi_i} \overline{\eta}_{\xi_j}) = \frac{1}{m^2} \sum_{\substack{i,j=1 \\ i \neq j}}^{m} E[E(\overline{\eta}_{\xi_i} \overline{\eta}_{\xi_j} | \xi_i, \xi_j)] + $$

$$+ \frac{1}{m^2} \sum_{i=1}^{m} E[E(\overline{\eta}_{\xi_i}^2 | \xi_i)].$$

Unter Benutzung der eben gewonnenen Ergebnisse erhalten wir:

$$E(\overline{\eta}^2) = \frac{1}{m^2}\left[\frac{m(m-1)}{M(M-1)} \sum_{\substack{k,l=1 \\ k \neq l}}^{M} a_k a_l + m \frac{1}{M} \sum_{l=1}^{M} \left(\left(\frac{\sigma_l^2}{n_l} \frac{N_l - n_l}{N_l - 1}\right) + a_l^2\right)\right].$$

Wir formen um zu

$$\frac{1}{m^2}\left[\frac{m(m-1)}{M(M-1)} \left(\sum_{k=1}^{M} a_k\right)^2 - \frac{m(m-1)}{M(M-1)} \sum_{k=1}^{M} a_k^2 + \right.$$

$$\left. + \frac{m}{M} \sum_{l=1}^{M} \frac{\sigma_l^2}{n_l} \frac{N_l - n_l}{N_l - 1} + \frac{m}{M} \sum_{k=1}^{M} a_k^2\right].$$

Somit wird unter Beachtung von (18.8)

$$E[(\overline{\eta} - a)^2] = \frac{1}{m^2}\left[m \frac{m - M}{M - 1} a^2 + \frac{m}{M} \frac{M - m}{M - 1} \sum_{k=1}^{M} a_k^2 + \right.$$

$$\left. + \frac{m}{M} \sum_{l=1}^{M} \frac{\sigma_l^2}{n_l} \frac{N_l - n_l}{N_l - 1}\right].$$

Eine leichte Umformung führt zu

$$\frac{1}{m^2}\left[\frac{m(M - m)}{(M-1)M} \left(\sum_{k=1}^{M} a_k^2 - M a^2\right) + \frac{m}{M} \sum_{l=1}^{M} \frac{\sigma_l^2}{n_l} \frac{N_l - n_l}{N_l - 1}\right]$$

und somit zu (18.13).

Aus praktischen Gründen werden diese Betrachtungen in der mannigfachsten Art modifiziert. Wir wollen uns mit folgender beispielhaften Andeutung begnügen.

Sei

$$A = \sum_{i=1}^{M} \sum_{j=1}^{N_i} x_{ij}. \tag{18.14}$$

Sei weiter

$$\sum_{j=1}^{N_i} x_{ij} = A_i, \quad \frac{1}{M} \sum_{i=1}^{M} A_i = \overline{A}.$$

Wir definieren mittels (18.9) die zufällige Variable

$$\overline{X} = \frac{M}{m} \sum_{i=1}^{m} N_{\xi_i} \overline{\eta}_{\xi_i}. \tag{18.15}$$

Dann ist

$$E(\overline{X}) = A$$

und

$$E\left[\left(\overline{X} - A\right)^2\right] = \left(\frac{M}{m}\right)^2 \left(\frac{M-m}{M-1} \frac{m}{M} \sum_{i=1}^{M} \left(A_i - \overline{A}\right)^2 + \right.$$
$$\left. + \frac{m}{M} \sum_{i=1}^{M} \left(\frac{N_i}{n_i}\right)^2 \sigma_i^2 n_i \frac{N_i - n_i}{N_i - 1}\right)$$

wie man nach dem gegebenen Muster oder direkt aus (18.13) leicht erkennt.

19. Mehrstufige Stichproben mit proportionaler Auswahl. Von Hurwitz und Hansen[19.1] stammt die Idee, bei der Auswahl der m Untergesamtheiten die Gleichverteilung durch die Annahme zu ersetzen, daß die Untergesamtheit U_i mit der Wahrscheinlichkeit N_i/N $(i = 1, \ldots, M)$, $\sum_{i=1}^{M} N_i = N$, ausgewählt werde (vgl. S. 187). Die Wahrscheinlichkeit der Auswahl ist also der Elementenzahl der Untergesamtheit proportional. Dies kommt auch der praktischen Vorstellung von der „gewichteten" Auswahl der Untergesamtheiten in den meisten Fällen weit näher als die Gleichverteilung. Wir

---

[19.1] M. H. Hansen und W. N. Hurwitz, Ann. math. Statistics 14, 332—362 (1943).

wollen kurz über diese Verfahren der Zweistufenauswahl berichten, jedoch in einer von MIDZUNO[19.2] stammenden Verallgemeinerung.

Wir bedienen uns der Bezeichnung von **18.**, S. 187, und benützen auch die dort gegebenen Interpretationen.

Wir wählen m Untergesamtheiten aus der Menge der M vorhandenen aus. Die Wahrscheinlichkeit für die Auswahl der Untergesamtheiten mit den Indizes $i_1, \ldots, i_m$ sei

$$\sum_{k=1}^{m} N_{i_k} \Big/ \binom{M-1}{m-1} N .$$

Dann ist die Wahrscheinlichkeit der Auswahl von $U_{i_1}, \ldots, U_{i_k}$ proportional zur Summe der Anzahl ihrer Elemente $N_{i_1} + \cdots + N_{i_k}$. Zum Unterschied von **18.** tritt somit an Stelle der Variablen (18.4) mit der Verteilung (18.5) eine m-dimensionale zufällige Variable $(\xi_1, \ldots, \xi_m)$ mit der Verteilung

$$W(\xi_1 = i_1, \xi_2 = i_2, \ldots, \xi_m = i_m) = \frac{1}{m!} \sum_{k=1}^{m} N_{i_k} \Big/ \binom{M-1}{m-1} N. \qquad (19.1)$$

Aus den ausgewählten Untergesamtheiten werden nun wie vorhin auf der Grundlage der Gleichverteilung Stichproben ausgewählt. Somit bleiben alle in **18.** gegebenen Definitionen sinnvoll, wenn man die Modifikationen beachtet, welche sich durch Verwendung von (19.1) statt von (18.5) ergeben.

Wir betrachten etwa die in (18.14) definierte Größe A. Wir definieren die zufällige Variable

$$\overline{X}_p = N \sum_{i=1}^{m} \frac{N_{\xi_i} \bar{\eta}_{\xi_i}}{\sum_{l=1}^{m} N_{\xi_l}}. \qquad (19.2)$$

Es ist

$$E(\overline{X}_p) = N \cdot E\left[E\left(\sum_{i=1}^{m} \frac{N_{\xi_i} \bar{\eta}_{\xi_i}}{\sum_{l=1}^{m} N_{\xi_l}} \,|\, \xi_1, \ldots, \xi_m \right)\right] = N \cdot E\left(\sum_{i=1}^{m} \frac{N_{\xi_i} a_{\xi_i}}{\sum_{l=1}^{m} N_{\xi_l}} \right) =$$

$$= \frac{N}{m! \binom{M-1}{m-1} N} \sum_{i_1, \ldots, i_m} \frac{\sum_{k=1}^{m} N_{i_k} \sum_{k=1}^{m} N_{i_k} a_{i_k}}{\sum_{k=1}^{m} N_{i_k}},$$

[19.2] H. MIDZUNO, Ann. Inst. statist. Math. 3, 99—107 (1951/52)

wobei über alle Variationen $i_1, \ldots, i_m$ von M Elementen zur m-ten Klasse zu summieren ist. Hierbei tritt jeder Summand $N_{i_k} a_{i_k}$ $m! \binom{M-1}{m-1}$ mal auf. Also ist

$$E(\overline{X}_p) = \sum_{i=1}^{M} N_i a_i = A.$$

Für die Berechnung der Streuung $E\left[\left(\overline{X}_p - A\right)^2\right]$ von (19.2) benützen wir wieder den Verschiebungssatz und erhalten zunächst:

$$E\left(\overline{X}_p^2\right) = N^2 \cdot E\left(\frac{\sum\limits_{i,j=1}^{m} N_{\xi_i} N_{\xi_j} \overline{\eta}_{\xi_i} \overline{\eta}_{\xi_j}}{\left(\sum\limits_{i=1}^{m} N_{\xi_i}\right)^2}\right) =$$

$$= N^2 \cdot E\left[\frac{1}{\left(\sum\limits_{k=1}^{m} N_{\xi_k}\right)^2} \left(E\left(\sum_{i,j=1}^{m} N_{\xi_i} N_{\xi_j} \overline{\eta}_{\xi_i} \eta_{\xi_j} \mid \xi_1, \ldots, \xi_m\right)\right)\right] =$$

$$= N^2 \cdot E\left[\frac{1}{\left(\sum\limits_{k=1}^{m} N_{\xi_k}\right)^2} \left(\sum_{\substack{i,j=1\\ i \neq j}}^{m} N_{\xi_i} N_{\xi_j} a_{\xi_i} a_{\xi_j} + \right.\right.$$

$$\left.\left. + \sum_{i=1}^{m} N_{\xi_i}^2 \left(a_{\xi_i}^2 + \frac{\sigma_{\xi_i}^2}{n_{\xi_i}} \frac{N_{\xi_i} - \eta_{\xi_i}}{N_{\xi_i} - 1}\right)\right)\right] =$$

$$= N^2 \sum_{i_1, \ldots, i_m} \frac{\sum\limits_{k=1}^{m} N_{i_k}}{m! \binom{M-1}{m-1} N} \frac{1}{\left(\sum\limits_{k=1}^{m} N_{i_k}\right)^2} \left(\sum_{\substack{k,l=1\\ k \neq l}}^{m} N_{i_k} N_{i_l} a_{i_k} a_{i_l} + \right.$$

$$\left. + \sum_{l=1}^{m} N_{i_l}^2 \left(\frac{\sigma_{i_l}^2}{n_{i_l}} \frac{N_{i_l} - n_{i_l}}{N_{i_l} - 1} + a_{i_l}^2\right)\right).$$

Unter Benützung von (19.1) wird somit

$$E\left[\left(\overline{X}_p - A\right)^2\right] = N \sum_{i_1, \ldots, i_m} \frac{\left(\sum\limits_{k=1}^{m} N_{i_k}\right)^{-1}}{\binom{M-1}{m-1}} \left(\left(\sum_{k=1}^{m} N_{i_k} a_{i_k}\right)^2 + \right.$$

$$\left. + \sum_{k=1}^{m} N_{i_k}^2 \frac{\sigma_{i_k}^2}{n_{i_k}} \frac{N_{i_k} - n_{i_k}}{N_{i_k} - 1}\right) - A^2.$$

Die Summation ist jetzt nur über alle Kombinationen von M Elementen zur m-ten Klasse zu erstrecken.

Es versteht sich von selbst, daß man ein noch allgemeineres Zweistufenverfahren ersinnen kann, indem man an Stelle von (19.1) eine ganz allgemeine diskrete Verteilung wählt, und ebenso braucht man den Stichprobenauswahlen in den Untergesamtheiten keine Gleichverteilung zugrunde zu legen. Das Prinzipielle tritt in **19.** genügend deutlich hervor.

Schließlich können noch Fragen der Art behandelt werden, wie wir sie bei den geschichteten Stichproben in **17.** besprochen haben. Einer Übertragung aller dieser Untersuchungen für Zweistufenauswahlen auf unendliche Grundgesamtheiten steht nichts im Wege. Vgl. auch noch V., S. 341ff.

Drittes Kapitel

Einführung in die Testtheorie

1. Die Grundlagen der Neyman-Pearsonschen Testtheorie. Die im zweiten Kapitel besprochenen Prüfverfahren für das Testen einer Hypothese besitzen — wie wir bereits erwähnten — ohne Zweifel eine gewisse Anschaulichkeit und Überzeugungskraft. Wir haben jedoch schon darauf aufmerksam gemacht, daß es wünschenswert ist, eine allgemeine Theorie der Prüfverfahren zu entwickeln, die auf wenigen Grundannahmen aufbaut. Vor allen Dingen haben wir bisher noch keine klare Definition des Begriffes „Test" gegeben. Weiter wird es sich darum handeln, Kriterien anzugeben, wann der eine von zwei Tests als der „bessere" angesehen werden soll.

Das Verdienst, das Testen von Hypothesen auf eine klare und fruchtbringende Grundlage gestellt zu haben, gebührt NEYMAN und E. S. PEARSON, welche in einer Reihe von grundlegenden Untersuchungen[1.1] die Basis zu vielen Studien auf diesem Gebiet gelegt haben. Als Kern der Neyman-Pearsonschen Überlegungen kann man die Erkenntnis bezeichnen, daß beim Testen einer Hypothese auf Grund einer Stichprobe nicht nur diese Hypothese, sondern auch die möglichen Alternativhypothesen in Betracht zu ziehen sind. Wie dies genauer gemeint ist, wird die Erklärung der Gütefunktion eines Tests erkennen lassen, die wir in Kürze geben werden. Man kann behaupten, daß mit der Theorie der Tests und der dazu dualen Theorie der Konfidenzbereiche, die auf NEYMAN zurückgehen, eine neue Ära des mathematisch-statistischen Denkens ihren Anfang genommen hat[1.2].

[1.1] Biometrika 20A, 175—240 und 263—294 (1928). Philos. Trans. roy. Soc. London, Ser. A, 231, 289—337 (1933).

[1.2] Ein Standardwerk für die Testtheorie und die Theorie der Konfidenzbereiche, das zahlreiche Details behandelt, stellt das Buch von E. L. LEHMANN l. c.[8.5], S. 15 dar: Testing Statistical Hypotheses, John Wiley, New York 1959, auf das wir hier ein für allemal verweisen.

Es sei $(R, \mathbf{S})$ ein Meßraum und Γ eine Menge, die mindestens zwei Elemente enthält. Jedem $\gamma \in \Gamma$ sei ein Wahrscheinlichkeitsmaß W_γ über $(R, \mathbf{S})$ eineindeutig zugeordnet. Wir treffen die *Vereinbarung, daß diese Voraussetzung der Eineindeutigkeit auch in den folgenden Kapiteln stets erfüllt ist, wenn sie nicht ausdrücklich widerrufen wird.* Die Menge aller W_γ mit $\gamma \in \Gamma$ bezeichnen wir auch mit W_Γ, und γ nennen wir den Parameter dieser Menge von Wahrscheinlichkeitsverteilungen. Diese Bezeichnungen behalten wir konsequent bei: Wir treffen also die *Vereinbarung, daß* $(R, \mathbf{S})$ *stets ein Meßraum,* Γ *stets eine Menge von Parametern und* W_Γ *die entsprechende Menge von Wahrscheinlichkeitsmaßen über* $(R, \mathbf{S})$ *ist.* Es sei $\Gamma_0 \subset \Gamma$, und sowohl Γ_0 als auch $\Gamma - \Gamma_0$ seien nicht leer. Es sei weiter α eine reelle Zahl mit $0 \leq \alpha \leq 1$.

Wir geben nun folgende

Definition: *Jede* $\mathbf{S}$*-meßbare Abbildung* φ *von* R *in* $[0, 1]$ *heißt ein Test.* φ *wird als Test für die Hypothese* Γ_0 *gegen die Alternativhypothese* $\Gamma - \Gamma_0$ *mit der Irrtumswahrscheinlichkeit* α *bezeichnet, wenn*

$$E(\varphi; W_\gamma) \leq \alpha \tag{1.1}$$ [1.3]

für alle $\gamma \in \Gamma_0$ *ist.*

Wir sagen dann auch kurz, φ ist ein Test für das Problem $(\alpha, \Gamma_0, \Gamma - \Gamma_0)$ oder auch für das Problem $(\alpha, W_{\Gamma_0}, W_{\Gamma-\Gamma_0})$. Ist die Irrtumswahrscheinlichkeit α ohne Belang, dann sprechen wir kurz vom Problem $(\Gamma_0, \Gamma - \Gamma_0)$ oder $(W_{\Gamma_0}, W_{\Gamma-\Gamma_0})$. Für praktische Zwecke wird man φ bei gegebenem α so zu bestimmen suchen, daß $\sup_{\gamma \in \Gamma} E(\varphi; W_\gamma) = \alpha$ [1.4]. Für unsere Zwecke ist das meist belanglos.

Γ oder auch W_Γ bezeichnet man als die Menge der *zulässigen Hypothesen* und Γ_0 oder W_{Γ_0} *als Nullhypothese.* Wenn Γ_0 bzw. $\Gamma - \Gamma_0$ nur aus einem Element besteht, heißt Γ_0 bzw. $\Gamma - \Gamma_0$ *einfach,* sonst *zusammengesetzt.* Wenn φ insbesondere von der Gestalt c_M ist, $M \in \mathbf{S}$, dann bezeichnet man M als *kritische Region.* Da in diesem Falle $E(\varphi; \gamma) = \int_R c_M \, d W_\gamma = W_\gamma(M)$ [1.5] ist, muß eine kritische

[1.3] Statt $E(\varphi; W_\gamma)$ schreiben wir auch kurz $E(\varphi; \gamma)$.

[1.4] Dies bedeutet, daß man die gegebene Irrtumswahrscheinlichkeit „so gut wie möglich" ausnützt.

[1.5] Statt $W_\gamma(M)$ schreiben wir oft $W(M; \gamma)$.

Region M, die einen Test c_M für das Problem $(\alpha, \Gamma_0, \Gamma - \Gamma_0)$ definiert, die Bedingung

$$W_\gamma(M) \leq \alpha \tag{1.2}$$

für alle $\gamma \in \Gamma_0$ erfüllen.

Wir wollen diese Begriffe gleich an einem Beispiel erläutern, indem wir jetzt nochmals das in II. 3. entwickelte Prüfverfahren für den Mittelwert a einer Normalverteilung bei bekannter Streuung σ^2 betrachten. Die Hypothese $a = a_0$ sollte auf Grund einer Stichprobe $x_1, \ldots, x_n$ abgelehnt werden, wenn $\left|\frac{\bar{x} - a_0}{\sigma}\sqrt{n}\right| \geq \varkappa_\alpha$ ist, wobei $\varkappa_\alpha$ gemäß II. (3.3) gewählt worden ist und σ eine gegebene positive reelle Zahl ist. Der Stichprobenraum R ist also jetzt der R_n, und S ist durch $\mathfrak{B}_n$ zu ersetzen. Welche Menge für Γ zu nehmen ist, haben wir auf S. 152ff. nicht ausdrücklich gesagt. Wir wollen für Γ den R_1 nehmen. W_a ist dann für jedes $a \in R_1$ durch die Dichte

$$(x_1, \ldots, x_n) \to \prod_{i=1}^{n} \frac{1}{\sqrt{2\pi}\,\sigma}\, e^{-\sum_{i=1}^{n}(x_i - a)^2/2\sigma^2} \tag{1.3}$$

gegeben, wie aus den Unabhängigkeitsvoraussetzungen auf S. 152 folgt. Die Nullhypothese Γ_0 ist in diesem Beispiel die Menge $\{a_0\}$.

Schreibt man

$$M = \left\{x \in R_n : \left|\frac{\bar{x} - a_0}{\sigma}\sqrt{n}\right| \geq \varkappa_\alpha\right\}, \tag{1.4}$$

dann ist wegen II. (3.3) für den Test $\varphi = c_M$

$$E(\varphi; a_0) = W_{a_0}(M) = \alpha. \tag{1.5}$$

Es wird also auf diese Weise im Sinne unserer Definition mittels der durch (1.4) gegebenen kritischen Region M ein Test für das Problem $(\alpha, \{a_0\}, R_1 - \{a_0\})$ definiert. Man kann somit die praktische Durchführung des Tests, wie sie auf S. 154 beschrieben wurde, auch so formulieren: Liegt der Stichprobenpunkt $(x_1, \ldots, x_n)$ in der kritischen Region M, dann wird die Hypothese $a = a_0$ abgelehnt, andernfalls angenommen. Gemäß (1.4) wird die „richtige" Nullhypothese [1.6] mit Wahrscheinlichkeit α abgelehnt.

Offenbar läßt sich jeder Test, welcher die Gestalt c_M mit $M \in S$ besitzt, in analoger Weise interpretieren. Im allgemeinen Fall gestattet ein Test φ, der (1.1) erfüllt, folgende Interpretation: Zu

[1.6] Dieser Sprechweise liegt die Vorstellung zugrunde, daß dem Zufallsexperiment, welches die Stichprobe $(x_1, \ldots, x_n)$ liefert, dieselbe Wahrscheinlichkeitsverteilung mit dem Parameter a zugrunde liegt. Dieser richtige Wert a ist unbekannt, und die Nullhypothese, welche geprüft werden soll, setzt voraus, daß $a = a_0$ ist. Vgl. auch II. S. 154.

jeder Stichprobe x aus dem Stichprobenraum R wird durch $\varphi(x)$ die Wahrscheinlichkeit der Ablehnung von Γ_0 festgelegt. Die Wahrscheinlichkeit der Annahme von Γ_0 ist $1 - \varphi(x)$. Die Bedingung (1.1) gewährleistet, daß die richtige Nullhypothese Γ_0 „im Durchschnitt" höchstens mit Wahrscheinlichkeit α abgelehnt wird. Hat man also die Stichprobe $x \in R$ erhalten, dann muß man in der praktischen Anwendung noch ein Alternativexperiment durchführen, dessen mögliche Ergebnisse mit Wahrscheinlichkeit $\varphi(x)$ bzw. $1 - \varphi(x)$ realisiert werden können. Man bezeichnet daher einen solchen Test φ auch als *randomisierten* Test. Den Fall einer kritischen Region M kann man als Sonderfall verstehen: Wenn $x \in M$ ist, ist die Wahrscheinlichkeit der Ablehnung von Γ_0 immer gleich 1, für $x \notin M$ immer gleich 0. Der wesentliche Grund dafür, daß sich die Menge aller Tests φ leichter handhaben läßt als die Teilmenge der kritischen Regionen, liegt in der Tatsache, daß die Menge aller Tests konvex ist. Sind also φ_1, φ_2 zwei Tests und β eine reelle Zahl mit $0 < \beta < 1$, dann ist auch $\beta\varphi_1 + (1 - \beta)\varphi_2$ ein Test. Ist aber $\varphi_1 = c_{M_1}$, $\varphi_2 = c_{M_2}$, dann ist $\beta c_{M_1} + (1 - \beta) c_M$ im allgemeinen keine Indikatorfunktion.

Es sei noch angemerkt, daß in der praktischen Handhabung der statistischen Testverfahren die Betonung auf dem Ablehnen einer Hypothese liegt. Je kleiner man in (1.1) die Irrtumswahrscheinlichkeit wählt — und dies hat man in der Hand —, um so unwahrscheinlicher ist es, daß man auf Grund des beschriebenen Verfahrens einen Fehler begeht, indem man die richtige Nullhypothese ablehnt. Die Annahme der Hypothese bedeutet dagegen nur, daß diese nicht im Widerspruch zum vorliegenden Beobachtungsmaterial steht. Ergänzt man das Material, dann ergibt sich eine neue Überprüfung der Nullhypothese. Das entspricht genau der Arbeitsweise des Naturwissenschaftlers, der eine Hypothese nur so lange stützt, bis sie durch neue Daten unhaltbar geworden ist.

2. Die Gütefunktion. Der entscheidende Gedanke der Neyman-Pearsonschen Theorie besteht darin, wie wir schon angedeutet haben, die Wahrscheinlichkeit, daß die Stichprobe in einer kritischen Region liegt, als Funktion von γ im Raum der zulässigen Hypothesen Γ zu studieren. Wir geben in diesem Sinne die folgende

Definition: *Es sei φ ein Test für das Problem $(\alpha_0, \Gamma_0, \Gamma - \Gamma_0)$. Die für jedes $\gamma \in \Gamma$ definierte Funktion g, welche durch*

$$g_\varphi(\gamma) = E(\varphi; \gamma) \tag{2.1}$$

definiert ist, heißt die Gütefunktion des Tests φ. Wenn es klar ist, welcher Test betrachtet wird, schreiben wir statt g_φ einfach g.

Wir geben nun ein Beispiel für die Berechnung einer Gütefunktion, dem auch weiterhin Bedeutung zukommen wird. $\xi_1, \ldots, \xi_n$ seien $n \geq 1$ unabhängige zufällige Variable. Es sei ξ_i nach $N(a_i, 1)$ verteilt. Die gemeinsame Verteilung von $(\xi_1, \ldots, \xi_n)$ ist für alle $(x_1, \ldots, x_n) \in R_n$ durch die Dichte

$$\left(\frac{1}{\sqrt{2\pi}}\right)^n e^{-\frac{1}{2}\sum_{i=1}^{n}(x_i-a_i)^2} \tag{2.2}$$

definiert. Der Stichprobenraum ist natürlich der R_n. Der Parameter der durch (2.2) definierten Wahrscheinlichkeitsverteilung W_a ist $a = (a_1, \ldots, a_n)$. Die Menge der zulässigen Hypothesen sei der R_n. Die Nullhypothese sei einfach und durch $a_1 = a_2 = \cdots = a_n = c_0$ gegeben, wobei c_0 eine gegebene reelle Zahl ist. Wir schreiben $c = (c_0, \ldots, c_0)$. Wir geben eine Irrtumswahrscheinlichkeit α mit $0 < \alpha \leq 1$ [2.1] vor und betrachten das Testproblem $(\alpha, \{c\}, R_n - \{c\})$. Hierzu erklären wir eine kritische Region M durch

$$M = \left\{x : \sum_{i=1}^{n} (x_i - c_0)^2 \geq d(\alpha)\right\}.$$

$d(\alpha)$ soll dabei so bestimmt werden, daß $W_c(M) = \alpha$. Unter der Annahme der Nullhypothese ist aber $\sum_{i=1}^{n} (\xi_i - c_0)^2$ nach Chiquadrat mit n Freiheitsgraden verteilt. Nach I. (28.2) ist $d(\alpha)$ eindeutig durch

$$2^{-n/2}\left(\Gamma(n/2)\right)^{-1} \int_{d(\alpha)}^{\infty} e^{-y/2}\, y^{(n/2)-1}\, dy = \alpha$$

bestimmt. Die Gütefunktion g dieses Testes ist für jedes $a \in R_n$ durch $W_a(M)$ erklärt. Sie kann explizit angegeben werden, wenn es gelingt, die Verteilung der zufälligen Variablen

$$\zeta_n = \sum_{i=1}^{n} \xi_i^2 \tag{2.3}$$

für jedes $a \in R_n$ anzugeben.

Wir gehen nun so vor, daß wir zunächst die Dichte von $\sqrt{\zeta_n}$ bestimmen. Es sei für $x \in R_n$ und festes $a \in R_n$

$$\frac{a'x}{|a|\,|x|} = \cos\vartheta(x) \tag{2.4}$$

[2.1] Der Fall $\alpha = 0$ ist trivial und kann außer acht bleiben.

mit $0 \leq \vartheta(x) \leq \pi$. Weiter sei $r(x) = |x|$ für $x \in R_n$. Nun transformieren wir die Dichte (2.2) kurz gesagt dadurch, daß wir in folgender Weise Polarkoordinaten[2.2] einführen:

$$\begin{aligned} x_i &= r b_i \sin\vartheta, & & 1 \leq i \leq n-1 \\ x_n &= r\cos\vartheta & & 0 \leq \vartheta \leq \pi, \quad 0 \leq r < \infty, \quad \sum_{i=1}^{n-1} b_i^2 = 1. \end{aligned}$$

Für den Betrag der Funktionaldeterminante erhält man $r^{n-1}\sin^{n-2}\vartheta$. Da wir aber nur an der Randverteilung von $\sqrt{\zeta_n}$ interessiert sind, schreiben wir die transformierte Dichte nicht auf, sondern führen gleich die nötigen Integrationen aus. Wir beachten dabei, daß die b_i die Oberfläche $\mathfrak{O}_{n-1}$ der $(n-1)$-dimensionalen Kugel beschreiben. Das gibt unter Berücksichtigung von (24). für die Dichte $r \to k(r)$ von $\sqrt{\zeta_n}$:

$$k(r) = \int\limits_{\mathfrak{O}_{n-1}} \int\limits_0^{\pi} \frac{1}{(\sqrt{2\pi})^n} e^{-\frac{1}{2}(r^2 + |a|^2 - 2r|a|\cos\vartheta)} r^{n-1} \sin^{n-2}\vartheta \, d\vartheta \, do_{n-1} =$$

$$= O_{n-1} \frac{1}{(\sqrt{2\pi})^n} e^{-\frac{1}{2}(r^2 + |a|^2)} r^{n-1} \int\limits_0^{\pi} e^{r|a|\cos\vartheta} \sin^{n-2}\vartheta \, d\vartheta, \quad \text{für} \quad r \geq 0.$$

Mit do_{n-1} ist dabei das Oberflächenelement und mit O_{n-1} der Inhalt der $(n-1)$-dimensionalen Kugeloberfläche bezeichnet. Für $r \leq 0$ ist die Dichte $k(r)$ natürlich Null.

Machen wir jetzt noch die Transformation $r^2 = z$, dann erhalten wir aus der Dichte $r \to k(r)$ die Dichte von ζ_n

$$\gamma_n(z,a) = \begin{cases} \pi^{-\frac{1}{2}} 2^{-n/2} \left[\Gamma\left(\frac{n-1}{2}\right)\right]^{-1} e^{-\frac{1}{2}(z+|a|^2)} z^{(n-2)/2} \int\limits_0^{\pi} e^{\sqrt{z}|a|\cos\vartheta} \sin^{n-2}\vartheta \, d\vartheta & z > 0 \\ 0 & z \leq 0 \end{cases}$$

Wegen

$$\frac{1}{\Gamma\left(\frac{n-1}{2}\right)} \int\limits_0^{\pi} e^{\sqrt{z}|a|\cos\vartheta} \sin^{n-2}\vartheta \, d\vartheta = \sqrt{\pi} \sum_{j=0}^{\infty} \frac{(|a|^2 z)^j \, \Gamma\left(j + \frac{1}{2}\right)}{(2j)! \, \Gamma\left(j + \left(\frac{n}{2}\right)\right)} \text{ [2.3]}$$

[2.2] Genau genommen sind die Voraussetzungen des Satzes 12.2 von I. nicht überall erfüllt, da die Funktionaldeterminante für $r = 0$ und $\vartheta = 0$ und $\vartheta = \pi$ verschwindet. Man sieht aber leicht, daß die Ausnahmemengen das Maß 0 haben.

[2.3] Für die Auswertung dieser Integrale vgl. man z. B. N. Hofreiter u. W. Gröbner, Integraltafel, Zweiter Teil: Bestimmte Integrale, 2. Aufl., Springer-Verlag, Wien 1961.

hat man schließlich endgültig für $\gamma_n(z, a)$

$$\begin{cases} 2^{-n/2}\, e^{-\frac{1}{2}(z+|a|^2)}\, z^{(n-2)/2} \sum_{j=0}^{\infty} \dfrac{(|a|^2 z)^j\, \Gamma\left(j+\frac{1}{2}\right)}{(2j)!\, \Gamma\left(j+\left(\frac{n}{2}\right)\right)}, & z > 0 \\ 0, & z \leq 0. \end{cases} \tag{2.5}$$[2.4]

Man nennt die durch (2.5) definierte Verteilung die nicht zentrale Chiquadratverteilung mit n Freiheitsgraden. Wir nennen $|a|^2$ den Parameter von (2.5). Man überzeugt sich leicht, daß für $a = 0$ (2.5) in die Dichte I. (28.2) der Chiquadratverteilung mit n Freiheitsgraden übergeht. Die Gütefunktion des auf der kritischen Region M basierenden Tests ergibt sich nun so: Wenn ξ_i nach $N(a_i, 1)$ verteilt ist, dann ist $\xi_i - c_0$ nach $N(a_i - c_0, 1)$ verteilt, also $\sum_{i=1}^{n} (\xi_i - c_0)^2$ nach (2.5), wobei jedoch a durch $a - c$ zu ersetzen ist. Wir erhalten demnach für die Gütefunktion g

$$g(a) = \int_{d(\alpha)}^{\infty} \gamma_n(z, a - c)\, dz, \qquad a \in R_n.$$

g besitzt also die Eigenschaft, auf jeder Kugel mit dem Mittelpunkt c konstant zu sein.

Mittels der Gütefunktion wollen wir nun zu einer Klassifikation der Tests schreiten.

Hierzu überlegen wir so: Die Bedingung (1.1) legt die „durchschnittliche" Wahrscheinlichkeit fest, mit welcher die richtige Nullhypothese abgelehnt wird.

[2.4] Dies läßt sich auch so schreiben:

$$\sum_{j=0}^{\infty} \frac{1}{j!} \left(\frac{|a|^2}{2}\right)^j e^{-|a|^2/2}\, \frac{z^{(2j+n-2)/2}}{2^{(2j+n)/2}\, \Gamma\left(j+\frac{n}{2}\right)}\, e^{-z/2}.$$

Für $z > 0$ ist aber $\dfrac{z^{(2j+n-2)/2}}{2^{(2j+n)/2}\, \Gamma\left(j+\frac{n}{2}\right)}\, e^{-z/2}$ die Dichte einer χ^2-Verteilung mit $2j + n$ Freiheitsgraden. Dies zeigt, daß man die Verteilung der nichtzentralen Chiquadratverteilung recht einfach durch einen Induktionsschluß berechnen kann.

Ist nun die Nullhypothese falsch, dann wird man wünschen, daß sie mit „möglichst großer" Wahrscheinlichkeit abgelehnt wird. Dies führt zu folgender

Definition: *φ_1 und φ_2 seien zwei Tests über dem Stichprobenraum $(R, \mathbf{S})$ für das Problem $(\alpha, \Gamma_0, \Gamma - \Gamma_0)$. φ_1 heißt mindestens so gut wie φ_2 für $\Gamma - \Gamma_0$, wenn die Bedingung*

$$g_{\varphi_1}(\gamma) \geq g_{\varphi_2}(\gamma) \tag{2.6}$$

für alle $\gamma \in \Gamma - \Gamma_0$ erfüllt ist.

Darauf basiert die folgende wichtige

Definition: *Es sei Φ_α die Menge aller Tests für das Problem $(\alpha, \Gamma_0, \Gamma - \Gamma_0)$. Es sei K eine nichtleere Teilmenge von Φ_α. Ein Test $\varphi \in \Phi_\alpha$ heißt trennscharf in $\Gamma - \Gamma_0$ in bezug auf K, wenn φ mindestens so gut für $\Gamma - \Gamma_0$ ist wie jeder Test aus K.*

Ist ein Test $\varphi \in \Phi_\alpha$ trennscharf in $\Gamma - \Gamma_0$ in bezug auf Φ_α, dann werden wir φ kurz als trennscharf schlechthin bezeichnen. Wir führen noch den Begriff eines unverfälschten Tests ein:

Definition: *Ein Test $\varphi \in \Phi_\alpha$ heißt unverfälscht, wenn für seine Gütefunktion g*

$$g(\gamma) \geq \alpha \tag{2.7}$$

für alle $\gamma \in \Gamma - \Gamma_0$ gilt.

Zwischen den Begriffen der Unverfälschtheit und Trennschärfe eines Tests bestehen folgende Beziehungen:

Satz 2.1: *$\varphi \in \Phi_\alpha$ sei ein in $\Gamma - \Gamma_0$ bezüglich $K \subseteq \Phi_\alpha$ trennscharfer Test. Enthält K einen unverfälschten Test, dann ist auch φ unverfälscht. Ist $K = \Phi_\alpha$, dann ist φ stets unverfälscht.*

Beweis: Man sieht zunächst sehr leicht ein, daß zu jedem α mit $0 \leq \alpha \leq 1$ stets ein unverfälschter Test $\psi \in \Phi_\alpha$ existiert. Man wähle nämlich $\psi(x) = \alpha$ für alle $x \in R$. Offenbar ist $\psi \in \Phi_\alpha$, und die Gütefunktion g_ψ erfüllt (2.7), so daß ψ unverfälscht ist.

Wir bezeichnen den Test ψ als einen trivialen Test. Ist nun $K = \Phi_\alpha$, dann ist $g_\varphi(\gamma) \geq g_\psi(\gamma)$ für alle $\gamma \in \Gamma - \Gamma_0$ und daher auch $g_\varphi(\gamma) \geq \alpha$ für alle $\gamma \in \Gamma - \Gamma_0$. Ist aber $K \neq \Phi_\alpha$, dann sichert die Voraussetzung die Existenz eines unverfälschten Tests, und der Beweis verläuft genau so.

3. Einfache Hypothesen. Wenn die Menge Γ der zulässigen Hypothesen nur aus zwei Elementen besteht und daher sowohl die Nullhypothese Γ_0 als auch die Alternativhypothese $\Gamma - \Gamma_0$ einfach sind, läßt sich stets ein trennscharfer Test konstruieren. Dies zu zeigen, ist unser nächstes Ziel. Wir benötigen hierzu das sogenannte *Fundamentallemma* von NEYMAN und PEARSON, das wir im folgenden beweisen wollen.

Satz 3.1[3.1]**:**

I F. *Es sei* μ *ein Maß über* $(R, \mathbf{S})$, *und* f_0, f_1 *seien* μ*-integrierbare Funktionen,* f_0 *sei nicht negativ. Die Abbildung* $A \to \int_A f_0\, d\mu$, $A \in \mathbf{S}$, *bezeichnen wir mit* ν, *und es ist* $\nu(R) \geq 0$. $\varkappa$ *sei eine nichtnegative reelle Zahl mit* $0 \leq \varkappa \leq \nu(R)$. *Es sei für* $k \geq -\infty$

$$M_k = \{x : f_1(x) > k f_0(x)\},$$

wobei etwa $-\infty \cdot 0 = -\infty$ *definiert werden soll, und für* $k > -\infty$

$$M_{k+} = \{x : f_1(x) \geq k f_0(x)\}.$$

Dann läßt sich zu jedem $\varkappa$ *stets ein* $k \geq -\infty$ *finden, so daß*

$$\nu(M_k) \leq \varkappa \leq \nu(M_{k+}). \tag{3.1}$$

II F. *Es seien die Voraussetzungen von* I F. *erfüllt. Mit* Φ *bezeichne man die Gesamtheit der* $\mathbf{S}$*-meßbaren Abbildungen von* R *in* $[0, 1]$ *und mit* $\Phi_\varkappa$ *die Menge* $\{\varphi \in \Phi : \int_R f_0 \varphi\, d\mu \leq \varkappa\}$. *Es sei* $\varphi^* \in \Phi_\varkappa$ *für ein* $\varkappa \geq 0$ *mit folgenden Eigenschaften:*

$$\int_R \varphi^* f_0\, d\mu = \varkappa, \tag{3.2}$$

[3.1] Für die erste Fassung dieses grundlegenden Satzes vgl. J. NEYMAN und E. S. PEARSON, Statist. Res. Mem. Univ. London 1, 1—37 (1936). Weitere Untersuchungen: G. B. DANTZIG und A. WALD, Ann. math. Statistics 22, 87—93 (1951); H. CHERNOFF und H. SCHEFFÉ, Ann. math. Statistics 23, 213—225 (1952); S. KARLIN, Mathematical Methodes and Theory in Games, Programming and Economics, II Pergamon Press-Addison Wesley Publishing Company, Oxford–London–New York–Paris 1959, 207ff.

und für ein $k \geq 0$ *gelte*

$$\varphi^*(x) = \begin{cases} 1 & x \in M_k \\ 0 & x \in R - M_{k^+}. \end{cases} \tag{3.3}$$

Dann ist

$$\int_R \varphi^* f_1 \, d\mu = \sup_{\varphi \in \Phi_\varkappa} \int_R \varphi f_1 \, d\mu . \tag{3.4}$$

Wir merken noch ausdrücklich an, daß die Definition von φ^* *in* $M_{k^+} - M_k$ *ohne Belang für diese Aussage ist.*

III F. *Es sei* $Q = \{x : f_1(x) \geq 0\}$, *und es sei* $\nu(Q) > 0$. $\varkappa$ *sei eine gegebene reelle Zahl mit*

$$0 \leq \varkappa \leq \nu(Q). \tag{3.5}$$

Zu diesem $\varkappa$ *wähle man* $k \geq 0$, *so daß* (3.1) *erfüllt ist. Es sei*

a) $\nu(M_{k^+} - M_k) = 0$

b) $\nu(M_{k^+} - M_k) > 0$.

Es sei im Falle a)

$$\varphi^*(x) = \begin{cases} 1 & x \in M_k \\ \text{beliebiger Wert aus } [0,1] & x \in M_{k^+} - M_k \\ 0 & x \in R - M_{k^+} \end{cases} \tag{3.6}$$

und im Falle b)

$$\varphi^*(x) = \begin{cases} 1 & x \in M_k \\ \dfrac{\varkappa - \nu(M_k)}{\nu(M_{k^+}) - \nu(M_k)} & x \in M_{k^+} - M_k . \\ 0 & x \in R - M_{k+} \end{cases} \tag{3.7}$$

Dann gilt in beiden Fällen

$$\int_R \varphi^* f_0 \, d\mu = \varkappa \tag{3.8}$$

und

$$\int_R \varphi^* f_1 \, d\mu = \sup_{\varphi \in \Phi_\varkappa} \int_R \varphi f_1 \, d\mu . \tag{3.9}$$

Weiter gilt: Es sei $\overline{\varphi} \in \Phi_\varkappa$ *und*

$$\int_R \overline{\varphi} f_1 \, d\mu = \sup_{\varphi \in \Phi_\varkappa} \int_R \varphi f_1 \, d\mu . \tag{3.10}$$

Dann ist (3.8) *mit* $\overline{\varphi}$ *statt* φ^* *erfüllt, falls*

$$k \neq 0 \tag{3.11}$$

ist. Überdies ist $\overline{\varphi}(x) = \varphi^*(x)$ μ*-fast überall für* $x \in M_k \cup (R - M_{k^+})$. *Über das Verhalten von* $\overline{\varphi}$ *auf* $M_{k^+} - M_k$ *kann im allgemeinen keine Aussage gemacht werden.* φ^* *ist also durch* $\varphi^* \in \Phi_\varkappa$ *und* (3.9) *„im wesentlichen" eindeutig festgelegt.*

Zusatz zu III F.: *Ist* $\nu(Q) \geq 0$, *aber* $\nu(R) > 0$, *und wählt man* $\varkappa$ *mit* $0 \leq \varkappa \leq \nu(R)$, *dann sind alle Aussagen von* III F. *sogar ohne die Bedingung* (3.11) *richtig, wenn man* $k \geq -\infty$ *zuläßt und* $\Phi_\varkappa$ *durch* $\Phi'_\varkappa = \left\{\varphi \in \Phi_\varkappa : \int_R \varphi f_0 \, d\mu = \varkappa\right\}$ *ersetzt.*

Beweis von I F.: Wegen $M_{k''} \subseteq M_{k'}$ für $k'' > k'$ folgt $\nu(M_{k''}) \leq \nu(M_{k'})$, d. h. die durch $k \to \nu(M_k)$ definierte Abbildung ψ ist nicht zunehmend. Es sei ε_n eine positive monotone Nullfolge. Dann ist für $k > -\infty$, $M_k = \bigcup_n M_{k+\varepsilon_n}$. Also folgt aus der Stetigkeitseigenschaft des Maßes ν (vgl. S. 6) $\nu(M_k) = \lim_{n\to\infty} \nu(M_{k+\varepsilon_n})$, d. h. ψ ist rechtsseitig stetig. Ähnlich erschließt man $\psi(-\infty) = \lim_{k\to-\infty} \psi(k)$ und $\psi(k-0) = \nu(M_{k^+})$, $k > -\infty$. (Vgl. S. 36—37.) Es ist $\psi(-\infty) = \nu(R)$, und aus der μ-Integrierbarkeit von f_1 folgt noch $\lim_{k\to\infty} \psi(k) = 0$. Zu jedem $\varkappa$ mit $0 \leq \varkappa \leq \nu(R)$ existiert also ein k mit $\psi(k) \leq \varkappa \leq \psi(k-0)$. Dabei muß man in den Fällen $\varkappa = 0$ bzw. $\varkappa = \nu(R)$ unter Umständen auch $k = \infty$ bzw. $k = -\infty$ zulassen und dann $\psi(\infty) = \psi(\infty - 0)$ bzw. $\psi(-\infty) = \psi(-\infty - 0)$ definieren. Damit ist aber die Behauptung (3.1) bewiesen.

Beweis von II F.[3.2]: Es sei $\varphi \in \Phi_\varkappa$. Dann ist $\int_R \varphi^* f_1 d\mu - \int_R \varphi f_1 d\mu = \int_R \varphi^*(1-\varphi) f_1 \, d\mu - \int_R \varphi(1-\varphi^*) f_1 \, d\mu$. Wegen (3.3) und wegen

---

[3.2] $k = \infty$ erfordert (auch für die Behauptung III. F.) eine triviale Sonderüberlegung.

$M_{k^+} - M_k = \{x: f_1(x) = k f_0(x)\}$ ist weiter $\int\limits_R \varphi^*(1-\varphi) f_1\, d\mu \geq$ $\geq k \int\limits_R \varphi^*(1-\varphi) f_0\, d\mu$ und $\int\limits_R \varphi(1-\varphi^*) f_1\, d\mu \leq k \int\limits_R \varphi(1-\varphi^*) f_0\, d\mu$. Somit hat man

$$\int\limits_R \varphi^* f_1\, d\mu - \int\limits_R \varphi f_1\, d\mu \geq k\left(\int\limits_R \varphi^*(1-\varphi) f_0\, d\mu - \int\limits_R \varphi(1-\varphi^*) f_0\, d\mu\right) =$$
$$= k\left(\int\limits_R \varphi^* f_0\, d\mu - \int\limits_R \varphi f_0\, d\mu\right) \geq 0$$

wobei diese letzte Ungleichung aus (3.2) und $\varphi \in \Phi_\varkappa$ folgt.

Beweis von III F.: Da $Q = M_{0+}$ (bis auf ν-Nullmengen) gilt, kann nach (3.5) und I F. immer ein nichtnegatives k gefunden werden, welches (3.1) erfüllt. In beiden Fällen a) und b) erfüllt φ^* die Bedingung (3.8). Also folgt nach II F. auch (3.9). Wir schreiben die diesbezügliche Ungleichungskette nochmals auf:

$$\int\limits_R \varphi^* f_1\, d\mu - \int\limits_R \varphi f_1\, d\mu = \int\limits_R \varphi^*(1-\varphi) f_1\, d\mu - \int\limits_R \varphi(1-\varphi^*) f_1\, d\mu \geq$$
$$\geq k \int\limits_R \varphi^*(1-\varphi) f_0\, d\mu - k \int\limits_R \varphi(1-\varphi^*) f_0\, d\mu \geq$$
$$\geq k\left(\int\limits_R \varphi^* f_0\, d\mu - \int\limits_R \varphi f_0\, d\mu\right) \geq 0.$$

Es sei nun $\bar{\varphi} \in \Phi_\varkappa$, $\bar{\varphi}$ erfülle (3.10), und es gelte (3.11). Wäre nun $\bar{\varphi} \notin \Phi'_\varkappa$ ($\Phi'_\varkappa$ ist auf S. 204 definiert), dann folgte, wie die darüberstehende Kette von Ungleichungen lehrt:

$$0 = \int\limits_R \varphi^* f_1\, d\mu - \int\limits_R \bar{\varphi} f_1\, d\mu \geq k\left(\varkappa - \int\limits_R \bar{\varphi} f_0\, d\mu\right) > 0,$$

also ein Widerspruch. Es muß also

$$0 = \int\limits_R (\varphi^* - \bar{\varphi}) f_1\, d\mu = k \int\limits_R (\varphi^* - \bar{\varphi}) f_0\, d\mu$$

oder

$$\int\limits_R (\varphi^* - \bar{\varphi})(f_1 - k f_0)\, d\mu = 0 \tag{3.12}$$

sein, und das gilt trivialerweise auch für $k = 0$. Wäre nun

$$\mu(\{x: \varphi^*(x) > \bar{\varphi}(x)\} \cap M_k) > 0$$

oder

$$\mu\left(\{x : \varphi^*(x) < \bar{\varphi}(x)\} \cap (R - M_{k^+})\right) > 0$$

oder beides, dann folgte aus der Definition von M_k und M_{k^+} $\int\limits_R (\varphi^* - \bar{\varphi})(f_1 - k f_0)\, d\mu > 0$ im Widerspruch zu (3.12). Ist $k = 0$, dann kann man im allgemeinen nicht mehr schließen, daß $\bar{\varphi} \in \Phi'_\varkappa$ ist (vgl. S. 210). Es gilt allerdings dann $\int\limits_R \varphi^* f_1\, d\mu = \int\limits_Q f_1\, d\mu$, und dieser Fall ist nicht sehr interessant.

B e w e i s des Zusatzes: Wenn $\varphi \in \Phi'_\varkappa$ ist, dann folgt genau so wie im Beweis von III F.:

$$\int\limits_R \varphi^* f_1\, d\mu - \int\limits_R \varphi f_1\, d\mu \geq k\left(\int\limits_R \varphi^* f_0\, d\mu - \int\limits_R \varphi f_0\, d\mu\right). \tag{3.13}$$

Jetzt folgt aber aus (3.8) und $\varphi \in \Phi'_\varkappa$, daß die rechte Seite von (3.13) verschwindet, wobei man hier zweckmäßigerweise $-\infty \cdot 0 = 0$ definiert. Da (3.12) für alle $k > -\infty$ unverändert gilt, wenn nur $\bar{\varphi} \in \Phi'_\varkappa$ ist, ergeben sich auch alle anderen Aussagen von III F. Für $k = -\infty$ sind sie trivial.

B e m e r k u n g: Satz 3.1 bezieht sich auf eine Maximierungsaufgabe, welche etwa durch (3.8) und (3.9) charakterisiert ist. Durch sinngemäße Abänderungen im Satz 3.1 erhält man die Lösung eines entsprechenden Minimierungsproblems.

Satz 3.1 läßt sich auf endlich viele μ-integrierbare Funktionen verallgemeinern. Wir verzichten auf volle Allgemeinheit[3.3] und wählen folgende Formulierung:

Satz 3.2: *Es sei (R, S) ein Meßraum und μ ein beliebiges Maß über* **S**. *Es seien $f_0, \ldots, f_k$, $k \geq 1$, μ-integrierbare Funktionen über R und $b_0, \ldots, b_{k-1}$ gegebene reelle Zahlen. Die Gesamtheit der* **S**-*meßbaren Abbildungen φ von R in* [0, 1], *welche die Bedingungen*

$$\int\limits_R \varphi f_i\, d\mu = b_i, \qquad i = 0, \ldots, k-1 \tag{3.14}$$

erfüllen, werde mit $\Phi_{b_0, \ldots, b_{k-1}}$ bezeichnet. Wenn es möglich ist, reelle Zahlen $l_0, \ldots, l_{k-1}$ so zu bestimmen, daß $\int\limits_R c_M f_i\, d\mu = b_i$, $i = 0, \ldots, k-1$,

---

[3.3] Man vgl. die l. c. [3.1] angegebene Arbeit von G. B. Dantzig und A. Wald.

für $M = \left\{x : f_k(x) \geq \sum_{i=0}^{k-1} f_i(x) l_i\right\}$ *gilt, dann ist*

$$\int_R c_M f_k \, d\mu \geq \int_R \varphi f_k \, d\mu \tag{3.15}$$

für alle $\varphi \in \Phi_{b_0, \ldots, b_{k-1}}$.

Ist $\bar{\varphi} \in \Phi_{b_0, \ldots, b_{k-1}}$ und gilt $\int_R \bar{\varphi} f_k \, d\mu \geq \int_R \varphi f_k \, d\mu$ für alle $\varphi \in \Phi_{b_0, \ldots, b_{k-1}}$, dann ist $\bar{\varphi}(x) = c_M(x)$ μ-f. ü. für

$$x \in \left\{x : f_k(x) \neq \sum_{i=0}^{k-1} l_i f_i(x)\right\}.$$

Den Beweis von (3.15) kann man wortwörtlich so führen wie den der Behauptung II F. von Satz 3.1. Die anschließende Behauptung zeigt man genau so wie die entsprechende Behauptung III F. von Satz 3.1. Wieder gilt ein analoger Satz für die entsprechende Minimierungsaufgabe.

Gestützt auf den Satz 3.1 wenden wir uns jetzt der Konstruktion eines trennscharfen Testes für eine einfache Nullhypothese gegen eine einfache Alternativhypothese zu. Wir zeigen den

Satz 3.3: *Es seien* W_0, W_1 *zwei Wahrscheinlichkeitsmaße über* $(R, \mathbf{S})$ *mit* $W_0 \neq W_1$. *Es sei* α, $0 \leq \alpha \leq 1$, *eine vorgegebene Irrtumswahrscheinlichkeit. Dann existiert stets ein trennscharfer Test für das Problem* (α, W_0, W_1).

Beweis: Es seien f_0 bzw. f_1 die Dichten von W_0 bzw. W_1 bezüglich eines geeigneten Maßes μ. Ein solches Maß μ existiert stets. (Vgl. Satz XII.) Nun wende man sinngemäß Satz 3.1 III F. für $\varkappa = \alpha$ an. Ein trennscharfer Test ist also stets in der Gestalt (3.6) oder (3.7) darstellbar. Überdies erkennt man, daß ein trennscharfer Test φ^* stets

$$\int_R \varphi^* f_0 \, d\mu = \alpha \tag{3.16}$$

erfüllt, wenn $E(\varphi^*; W_1) < 1$ ist und „im wesentlichen" eindeutig festgelegt ist. Aus $E(\varphi^*; W_1) < 1$ folgt nämlich, daß (3.6) oder (3.7) mit $k > 0$ gilt.

Die Verwendung randomisierter Tests hat also den Vorteil, daß man die gegebene Irrtumswahrscheinlichkeit stets „voll ausnutzen“ kann. Für die kritischen Regionen ist das natürlich nicht der Fall. Wenn etwa die Nullhypothese durch eine $B_1(p)$ gegeben ist und das zugehörige Wahrscheinlichkeitsmaß mit W_p bezeichnet wird, dann hat man — wie man auch eine kritische Region M wählt — als mögliche Werte von $W_p(M)$ nur $0, p, 1-p, 1$ zur Hand. Für alle davon verschiedenen Irrtumswahrscheinlichkeiten muß man sich also mit $W_p(M) < \alpha$ begnügen.

Wir wollen nun einige Eigenschaften der Gütefunktion eines trennscharfen Testes für eine einfache Nullhypothese W_0 gegen eine einfache Alternativhypothese W_1 zeigen. Es sei $0 \leq \alpha \leq 1$ und Φ_α die Menge aller Tests φ für das Problem (α, W_0, W_1). Mit φ_α^* werde ein trennscharfer Test für dieses Problem bezeichnet. Weiter sei für jedes α in $0 \leq \alpha \leq 1$

$$g(\alpha) = E(\varphi_\alpha^*; W_1). \tag{3.17}$$

Dann gilt der

Satz 3.4[3.4]: *g ist nicht abnehmend und konkav*[3.5] *in $0 \leq \alpha \leq 1$ mit $0 \leq g \leq 1$. Folglich ist g stetig in $0 < \alpha < 1$ und $\alpha \to g(\alpha)/\alpha$ nicht zunehmend. Weiter ist*

$$\lim_{\alpha \to 1-0} g(\alpha)/\alpha = 1 \tag{3.18}$$

und

$$1 \leq g(\alpha)/\alpha \leq 1/\alpha, \qquad 0 < \alpha \leq 1. \tag{3.19}$$

Beweis: Aus der Definition von g folgt sofort, daß g nicht abnehmend ist. Weiter seien α_1, α_2 reelle Zahlen mit $0 < \alpha_i < 1$, $i = 1, 2$, und t_1, t_2 positive Zahlen mit $t_1 + t_2 = 1$. Es gilt natürlich $0 < t_1\alpha_1 + t_2\alpha_2 < 1$. Es seien $\varphi_{\alpha_1}^* \in \Phi_{\alpha_1}$ und $\varphi_{\alpha_2}^* \in \Phi_{\alpha_2}$ trennscharfe Tests. Es folgt $0 \leq t_1\varphi_{\alpha_1}^* + t_2\varphi_{\alpha_2}^* \leq 1$ und weiter $E(t_1\varphi_{\alpha_1}^* + t_2\varphi_{\alpha_2}^*; W_0) = t_1 E(\varphi_{\alpha_1}^*; W_0) + t_2 E(\varphi_{\alpha_2}^*; W_0) \leq t_1\alpha_1 + t_2\alpha_2$ so daß also $t_1\varphi_{\alpha_1}^* + t_2\varphi_{\alpha_2}^* \in \Phi_{t_1\alpha_1 + t_2\alpha_2}$. Aus der Definition eines trennscharfen Tests folgt somit $E(t_1\varphi_{\alpha_1}^* + t_2\varphi_{\alpha_2}^*; W_1) \leq E(\varphi_{t_1\alpha_1+t_2\alpha_2}^*; W_1)$

[3.4] Vgl. L. Schmetterer, Sankhya 25, 207—210 (1963).

[3.5] Dies bedeutet, daß $-g$ konvex ist.

oder nach (3.17)

$$t_1 g(\alpha_1) + t_2 g(\alpha_2) \leq g(t_1\alpha_1 + t_2\alpha_2). \tag{3.20}$$

Die Stetigkeit von g in $0 < \alpha < 1$ folgt nun leicht aus der Monotonie und (3.20). Wenn die positiven Zahlen t_2 und ε klein genug sind, so daß $\alpha + t_2\varepsilon < 1$ und $\alpha - \varepsilon t_1 > 0$, dann wird

$$(t_1 - 1)g(\alpha) + t_2 g(\varepsilon) \leq g(\alpha + t_2\varepsilon) - g(\alpha). \tag{3.21}$$

Anderseits ist nach (3.20) auch $t_1 g(\alpha + \varepsilon t_2) + t_2 g(\alpha - \varepsilon t_1) \leq g(\alpha)$, also

$$g(\alpha + \varepsilon t_2) - g(\alpha) \leq -t_2 g(\alpha - \varepsilon t_1) + (1 - t_1)g(\alpha + \varepsilon t_2) \tag{3.22}$$

und wegen $0 \leq g \leq 1$ folgt für $t_2 \to 0$ aus (3.21) und (3.22) die rechtsseitige Stetigkeit von g. Ähnlich ergibt sich auch die linksseitige Stetigkeit. Aus der Monotonie und Stetigkeit von g in $0 < \alpha < 1$ folgt die Existenz von $g(0 + 0)$, und natürlich ist $g(0 + 0) \geq 0$. Damit ergibt sich aber zusammen mit (3.18) die Monotonie von $\alpha \to g(\alpha)/\alpha$: Man wähle reelle Zahlen γ, δ mit $0 < \delta < \gamma < 1$ und setze in (3.20) $\alpha_2 = \gamma, t_2 = \delta/\gamma$. Läßt man dann $\alpha_1 \to 0 + 0$ gehen, dann ergibt sich leicht, daß $\alpha \to g(\alpha)/\alpha$ nicht zunehmend ist.

Da man im Falle $\alpha = 1$ sicherlich dann einen trennscharfen Test erhält, wenn man $\varphi^*(x) = 1$ für alle $x \in R$ wählt, folgt nun (3.18) trivialerweise. (3.19) ist ebenfalls trivial.

Wir stellen nun die Frage, ob in (3.19) die obere Schranke stets erreicht werden kann, wenn man W_0 und W_1 geeignet wählt. Wir geben hierzu zunächst folgende

Definition: *Zwei beliebige über $(R, \boldsymbol{S})$ definierte Wahrscheinlichkeitsmaße W_0 und W_1 heißen orthogonal, wenn es mindestens ein $M \in \boldsymbol{S}$ gibt mit $W_0(M) = 1$ und $W_1(M) = 0$.*

Natürlich gibt es dann stets auch ein $N \in \boldsymbol{S}$ mit $W_0(N) = 0$ und $W_1(N) = 1$. Es genügt, $N = R - M$ zu wählen.

Nun ist leicht das folgende Resultat zu beweisen:

Satz 3.5: *Wenn W_0 und W_1 orthogonale Maße sind, dann ist $g(\alpha) = 1$, $0 \leq \alpha \leq 1$.*

Beweis: Es sei f_i die R.N.-Dichte von W_i, $i = 0, 1$, bezüglich des Maßes $\frac{W_0 + W_1}{2}$. Ist $\beta \leq \alpha$, dann definiert

$$\varphi^*(x) = \begin{cases} 1 & \text{für} \quad f_1(x) > 0 \\ \beta & \text{für} \quad f_1(x) = 0 \end{cases}$$

einen trennscharfen Test für das Problem (α, W_0, W_1). Überdies ist ja $E(\varphi^*; W_1) = 1$.

Gleichzeitig haben wir ein Beispiel erhalten, welches zeigt, daß ein trennscharfer Test nicht notwendig (3.16) erfüllen muß, wenn die Gütefunktion für die Alternative den Wert 1 annimmt.

Für die Anwendung sind vor allem kleine Werte von α von Interesse. Die Betrachtung von $\lim\limits_{\alpha \to 0+0} g(\alpha)/\alpha$, der nach Satz 3.4 stets existieren muß, gibt uns eine Vorstellung, „um wieviel ein trennscharfer Test besser ist als der triviale Test" (vgl. S. 201). Der folgende Satz zeigt, daß bei geeigneter Wahl von W_0 und W_1 ein trennscharfer Test „fast so schlecht" wie der triviale Test sein kann.

Satz 3.6: *Es sei f eine Dichte über dem R_1 mit folgenden Eigenschaften: f ist symmetrisch um den Nullpunkt; f ist stetig und streng monoton abnehmend für $x \geq 0$. Es sei σ eine reelle Zahl > 1, und die Funktion $x \to f(x/\sigma)/f(x)$ sei streng monoton wachsend für $x \geq 0$. Wenn W_0 durch die Dichte f und W_1 durch die Dichte $x \to \frac{1}{\sigma} f(x/\sigma)$ gegeben ist, dann ist $\lim\limits_{\alpha \to 0+0} g(\alpha)/\alpha$ endlich oder unendlich, je nachdem ob $x \to f(x/\sigma)/f(x)$ beschränkt ist oder nicht.*

Beweis: Aus den Voraussetzungen folgt die Existenz von $\lim\limits_{x \to \infty} f(x/\sigma)/f(x)$ als endlicher oder unendlicher Grenzwert. Es sei für jedes α, $0 < \alpha < 1$, $\eta(\alpha)$ die einzige Lösung der Gleichung $\int\limits_{\eta(\alpha)}^{\infty} f(x)\, dx = \alpha/2$. Dann ist ein trennscharfer Test für (α, W_0, W_1) durch die kritische Region

$$M = \{x : \eta(\alpha) \leq x < \infty\} \cup \{x : -\infty < x \leq -\eta(\alpha)\}$$

gegeben. Es folgt

$$\eta(\alpha)/\alpha = \frac{1}{\sigma} \int\limits_{\eta(\alpha)}^{\infty} f(x/\sigma)\, dx \left[\int\limits_{\eta(\alpha)}^{\infty} f(x)\, dx \right]^{-1}$$

und daraus

$$\lim_{\alpha\to 0+0} \eta(\alpha)/\alpha = \lim_{\alpha\to 0+0} \frac{1}{\sigma} f(\eta(\alpha)/\sigma)/f(\eta(\alpha))$$

und daraus folgt die Behauptung.

Die Cauchy-Verteilung (vgl. S. 99), deren Dichte f durch $\frac{1}{\pi}\frac{1}{1+x^2}$ für jedes $x \in R_1$ gegeben ist, liefert ein Beispiel für eine Dichte, welche alle Bedingungen des Satzes 3.6 erfüllt. Man sieht leicht, daß in diesem Falle $\lim\limits_{\alpha\to 0+0} g(\alpha)/\alpha = \sigma$, und σ kann beliebig nahe bei 1 gewählt werden.

Man überlegt sich noch leicht, daß für $W_0 \neq W_1$ stets $\lim\limits_{\alpha\to 0+0} g(\alpha)/\alpha > 1$ sein muß. Es seien W_0 und W_1 über $(R, \mathbf{S})$ definiert, und es sei μ ein für W_0 und W_1 dominantes Maß. Mit f_i, $i = 1, 2$, seien die entsprechenden R.N.-Dichten bezeichnet. Es ist wegen $W_0 \neq W_1$ mit $E = \{x: f_1(x) > f_0(x)\}$ sicher $\mu(E) > 0$.

Da

$$E = \bigcup_n \left\{x: f_1(x) - f_0(x) \geq \frac{1}{n}\right\}$$

gibt es ein $\varepsilon > 0$ und ein $E_1 \subseteq E$, so daß $f_1(x) \geq f_0(x) + \varepsilon$ für $x \in E_1$ und $\mu(E_1) = \delta > 0$.

Wenn $f_0(x) = 0$ für $x \in E_1$ μ-f.ü., dann betrachte man den Test

$$\varphi_\alpha(x) = \begin{cases} 1 & x \in E_1 \\ \alpha & x \in R - E_1 \end{cases} \quad \text{mit} \quad 0 < \alpha < 1.$$

Dann ist

$$E(\varphi_\alpha; W_1) = \alpha W_1(R - E_1) + W_1(E_1) = \alpha + (1-\alpha) W_1(E_1) > \alpha.$$

Ist aber $\int\limits_{E_1} f_0\, d\mu = \alpha_1 > 0$, dann sei

$$\varphi_{\alpha_1}(x) = \begin{cases} 1, & x \in E_1 \\ 0, & x \in R - E_1 \end{cases}$$

und es folgt

$$E(\varphi_{\alpha_1}; W_1) = \int\limits_{E_1} f_1(x)\, d\mu \geq \alpha_1 + \varepsilon\delta > \alpha_1.$$

Auf jeden Fall gilt also, weil $\alpha \to g(\alpha)/\alpha$ nicht wächst, $\lim_{\alpha \to 0+0} g(\alpha)/\alpha > 1$ [3.6].

Wir wollen noch eine einfache Eigenschaft eines trennscharfen Tests für ein Problem der Form (α, W_0, W_1) zeigen:

Satz 3.7: *Es sei α eine reelle Zahl mit $0 \leq \alpha \leq 1$, und es seien W_i, $i = 0, 1$, Wahrscheinlichkeitsmaße über $(R, \mathbf{S})$. Es sei φ^* ein trennscharfer Test für das Problem (α, W_0, W_1), und es sei weiter $E(\varphi^*; W_1) = \beta < 1$. Dann ist $1 - \varphi^*$ ein trennscharfer Test für das Problem $(1 - \beta, W_1, W_0)$.*

Beweis: $1 - \varphi^*$ ist natürlich ein Test und $E(1-\varphi^*; W_1) = 1 - \beta$. Angenommen, es gäbe einen trennscharfen Test ψ für das Problem $(1 - \beta, W_1, W_0)$ mit $E(\psi; W_0) > E(1 - \varphi^*; W_0) = 1 - \alpha$. Dann wäre auch $1 - \psi$ ein Test. Wegen

$$E(1 - \psi; W_0) < \alpha \tag{3.23}$$

wäre $1 - \psi$ ein Test für das Problem (α, W_0, W_1) und wegen $E(1 - \psi; W_1) \geq \beta$ sogar ein trennscharfer Test. Wegen $\beta < 1$ ist aber (3.23) ein Widerspruch zu Satz 3.1 III F..

Wir wollen noch einige Bemerkungen machen, welche die Anwendung betreffen. Wenn wir der Einfachheit halber eine kritische Region M für ein Testproblem der Form (α, W_0, W_1) betrachten, dann gibt also die Irrtumswahrscheinlichkeit α die Wahrscheinlichkeit einer Fehlentscheidung an. Mit einer Wahrscheinlichkeit $\leq \alpha$ wird die Nullhypothese W_0 abgelehnt, obwohl sie richtig ist. Man bezeichnet diesen Fehlschluß als den *Fehler erster Art*. Der sogenannte *Fehler zweiter Art* besteht darin, die Nullhypothese nicht abzulehnen, obwohl sie falsch ist. Voraussetzungsgemäß ist dann die Alternativhypothese W_1 richtig. Wenn man die Wahrscheinlichkeit, einen Fehler zweiter Art zu begehen, mit β bezeichnet, dann ist $\beta = 1 - W_1(M)$. Wir wollen hierzu noch ein Beispiel betrachten. Es liege eine alternativ verteilte Grundgesamtheit vor, deren Parameter p unbekannt sei. Es handelt sich also um eine $B_1(p)$. Dieser Grundgesamtheit wird eine Stichprobe vom Umfang n entnommen und auf Grund dieser Stichprobe soll entschieden werden, ob $p = p_0$ oder $p = p_1$ [3.7] mit $p_0 < p_1$ ist. Der Stichprobenraum ist also der R_n und das Testproblem ist von der Gestalt (α, W_0, W_1), wobei W_i mit einer $B_n(p_i)$, $i = 0, 1$,

---

[3.6] Man kann, ohne explizit nichttriviale Tests anzugeben, auch so schließen: Aus $\lim_{\alpha \to 0+0} g(\alpha)/\alpha = 1$ folgt nach Satz 3.4 $g(\alpha) = \alpha$, $0 \leq \alpha \leq 1$. Also ist nach Definition von g auch $\int_R \varphi f_1 d\mu \leq \int_R \varphi f_0 d\mu$ für jeden Test $\varphi \in \Phi_\alpha$ und $0 \leq \alpha \leq 1$. Für den Test $\varphi = c_E$ folgt also $\mu(E) = 0$ im Widerspruch zur Annahme.

[3.7] Praktisch sinnvoller ist $p \leq p_0$ bzw. $p \geq p_1$ zu fordern, doch wollen wir nur einfache Hypothesen betrachten.

identifiziert werden kann. (Vgl. I. 32.) Die Grundgesamtheit interpretieren wir als die Gesamtheit der Erzeugnisse einer gleichbleibenden Massenproduktion und den Parameter p als den unbekannten Anteil an Ausschuß in der Fertigung. Dabei wird angenommen, daß die produzierten Einheiten nur als „gut" oder „schlecht" klassifiziert werden. Der Nullhypothese $p = p_0$ entspricht der in der Fertigung noch zugelassene Ausschußanteil. Der Alternativhypothese $p = p_1$ entspricht der Ausschußprozentsatz, den der Konsument nicht mehr hinzunehmen gedenkt. Die Einhaltung dieser Bedingungen soll nun durch eine Stichprobenuntersuchung überprüft werden. Dies schließt das Risiko in sich, daß eine den Bedingungen entsprechende Partie der Fertigung irrtümlich als nicht entsprechend zurückbehalten wird. Es wird also die Hypothese $p = p_0$ abgelehnt, obwohl sie richtig ist. Dieses Risiko fällt zu Lasten des Produzenten. Die Wahrscheinlichkeit α für diese Fehlentscheidung wird daher auch als *Produzentenrisiko* bezeichnet. Für den Konsumenten besteht das Risiko darin, daß er eine Lieferung als in Ordnung angeboten bekommt, obwohl sie den Bedingungen nicht entspricht. Es wird also die Hypothese $p = p_0$ angenommen, obwohl $p = p_1$ ist. Die Wahrscheinlichkeit β für diesen Irrtum wird daher auch als *Konsumentenrisiko* bezeichnet.

4. Zusammengesetzte Hypothesen. Wir betrachten zunächst den Fall, daß die Nullhypothese zusammengesetzt, die Alternativhypothese aber einfach ist. In diesem Fall existiert unter gewissen Voraussetzungen für den Stichprobenraum stets ein trennscharfer Test. Wir begnügen uns mit folgender Formulierung:

Satz 4.1: *Es sei W_Γ eine Menge von Wahrscheinlichkeitsmaßen über $(R_n, \mathfrak{B}_n)$, $n \geq 1$, die durch ein σ-endliches Maß μ dominiert werden, wobei die Menge der zulässigen Hypothesen Γ völlig beliebig sein kann. Es sei $0 \leq \alpha \leq 1$, $\gamma_1 \in \Gamma$, und wir betrachten das Testproblem $(\alpha, \Gamma - \{\gamma_1\}, \{\gamma_1\})$. Für dieses Testproblem existiert stets ein trennscharfer Test φ^*.*

Beweis: Wenn wir mit Φ_α die Menge der Tests φ mit

$$\{\varphi : E(\varphi; \gamma) \leq \alpha, \gamma \in \Gamma - \{\gamma_1\}\}$$

bezeichnen, dann haben wir also die Existenz eines $\varphi^* \in \Phi_\alpha$ zu zeigen mit $E(\varphi^*; \gamma_1) = \sup_{\varphi \in \Phi_\alpha} E(\varphi; \gamma_1)$. Nach Voraussetzung existiert zu jedem γ die R.N.-Dichte f_γ von W_γ bez. μ. Nach Definition des Supremums existiert eine Folge $\{\varphi_i\}$ mit $\varphi_i \in \Phi_\alpha$, so daß $\lim_{i\to\infty} \int_R \varphi_i f_{\gamma_1} d\mu = \sup_{\varphi \in \Phi_\alpha} \int_R \varphi f_{\gamma_1} d\mu$. Nach Satz X läßt sich daher aus der Folge $\{\varphi_i\}$ eine Teilfolge $\{\varphi_{i_k}\}$ auswählen, so daß

$$\int_R \varphi_{i_k} f_\gamma \, d\mu \to \int_R \varphi^* f_\gamma \, d\mu \tag{4.1}$$

für alle $\gamma \in \Gamma$ gilt, wobei $0 \leq \varphi^* \leq 1$ (μ-f. ü.) gilt. φ^* ist daher ein Test. Wegen $\varphi_{i_k} \in \Phi_\alpha$ gilt nach (4.1) auch $\int\limits_R \varphi^* f_\gamma \, d\mu \leq \alpha$ für $\gamma \in \Gamma - \{\gamma_1\}$, d. h. $\varphi^* \in \Phi_\alpha$, und natürlich ist $\int\limits_R \varphi^* f_{\gamma_1} \, d\mu = \\ = \sup\limits_{\varphi \in \Phi_\alpha} \int\limits_R \varphi f_{\gamma_1} \, d\mu$. Es ist also φ^* ein trennscharfer Test für das Problem $(\alpha, \Gamma - \{\gamma_1\}, \{\gamma_1\})$.

Damit ist aber für die tatsächliche Bestimmung eines trennscharfen Tests für eine zusammengesetzte Nullhypothese gegen eine einfache Alternative wenig gewonnen, da Satz 4.1 lediglich die Existenz eines solchen Tests beweist, ohne seine Bestimmung zu ermöglichen.

Wir wollen nun an einem Beispiel sehen, auf welche Aufgaben man bei der Bestimmung eines solchen trennscharfen Tests geführt wird.[4.1] Die Nullhypothese sei durch $m \geq 1$ diskrete Wahrscheinlichkeitsverteilungen W_i gegeben, die etwa über $(R_n, \mathfrak{B}_n)$ definiert seien. Sie sollen alle genau dieselben $k \geq 1$ Massenpunkte besitzen. Für $i = 1, \ldots, m$ sei W_i durch die Wahrscheinlichkeiten $p_{i1}, \ldots, p_{ik}$ gegeben. Die Alternativhypothese W_{m+1} sei von derselben Gestalt mit Wahrscheinlichkeiten $p_{m+1\,1}, \ldots, p_{m+1\,k}$. Wenn man mit φ_j den Wert eines Testes φ im j-ten Massenpunkt bezeichnet, dann führt die Bestimmung eines trennscharfen Testes für das Problem $(\alpha, W_i, 1 \leq i \leq m; W_{m+1})$ auf die Aufgabe, k reelle Zahlen φ_j zu bestimmen, welche den Bedingungen

$$0 \leq \varphi_j \leq 1, \quad 1 \leq j \leq k$$

$$\sum_{j=1}^{k} p_{ij} \varphi_j \leq \alpha, \quad 1 \leq i \leq m$$

$$\sum_{j=1}^{k} p_{m+1\,j} \varphi_j = \text{Maximum}$$

genügen. Man muß also ein sogenanntes lineares Programm lösen, wofür eine Reihe praktisch wirksamer Methoden entwickelt worden

---

[4.1] Eine systematische Untersuchung der Zusammenhänge zwischen linearen Programmen und der Testtheorie findet sich bei E. W. BARANKIN, Univ. California Publ. in Statist. 1, 161–214 (1949–1953).

ist[4.2]. Diese Überlegungen stehen offenbar in engem Zusammenhang mit Satz 3.2.

Unter Umständen kann man auch die Auffindung eines trennscharfen Tests für ein Problem der Gestalt $(\alpha, \Gamma - \{\gamma_1\}, \{\gamma_1\})$ auf den Satz 3.3 zurückführen. Genauer gilt der

Satz 4.2: *Sei Γ eine Menge zulässiger Hypothesen, $\gamma_1 \in \Gamma$, $\Gamma_0 = \Gamma - \{\gamma_1\}$, $0 \leq \alpha \leq 1$ und $(\alpha, \Gamma_0, \{\gamma_1\})$ ein Testproblem. Sei $\mathfrak{S}$ eine σ-Algebra von Teilmengen von Γ_0 und ν ein Wahrscheinlichkeitsmaß über $(\Gamma_0, \mathfrak{S})$[4.3]. Es sei W_Γ eine Menge von Wahrscheinlichkeitsmaßen über $(R, \mathbf{S})$, welche durch ein σ-endliches Maß μ dominiert werden. Für jedes $\gamma \in \Gamma$ werde die R.N.-Dichte von W_γ bez. μ mit $x \to f(x, \gamma)$ bezeichnet. Die Abbildung $(x, \gamma) \to f(x, \gamma)$ sei $\mathbf{S} \otimes \mathfrak{S}$-meßbar. Dann wird durch die Abbildung*

$$N \to \int_N \int_{\Gamma_0} f(x, \gamma)\, d\nu(\gamma)\, d\mu(x) = \int_{\Gamma_0} W_\gamma(N)\, d\nu(\gamma), \qquad N \in \mathbf{S}$$

ein Wahrscheinlichkeitsmaß W über $(R, \mathbf{S})$ definiert. Es sei $W \neq W_{\gamma_1}$. Wenn φ^* ein trennscharfer Test für das Problem $(\alpha, W, W_{\gamma_1})$ ist, dann ist φ^* auch ein trennscharfer Test für das Problem $(\alpha, \Gamma_0, \{\gamma_1\})$, sobald nur $E(\varphi^*; \gamma) \leq \alpha$ für alle $\gamma \in \Gamma_0$ erfüllt ist.

Beweis: Wegen $\int_{\Gamma_0} \int_R f(x, \gamma)\, d\mu(x)\, d\nu(\gamma) = \int_{\Gamma_0} 1 \cdot d\nu(\gamma) = 1$ und der vorausgesetzten $\mathbf{S} \otimes \mathfrak{S}$-Meßbarkeit von f folgt aus dem Satz von Fubini, daß die Abbildung $N \to \int_N \int_{\Gamma_0} f(x, \gamma)\, d\nu(\gamma)\, d\mu(x)$ ein Wahrscheinlichkeitsmaß W über $(R, \mathbf{S})$ definiert, dessen R.N.-Dichte bez. μ durch $x \to \int_{\Gamma_0} f(x, \gamma)\, d\nu(\gamma)$ gegeben ist. Nach Satz 3.3 existiert stets ein trennscharfer Test φ^* für das Problem $(\alpha, W, W_{\gamma_1})$. Wir nehmen nun an, daß

$$\int_R \varphi^*(x) f(x, \gamma)\, d\mu(x) \leq \alpha \tag{4.2}$$

[4.2] Vgl. etwa S. Vajda, Theory of Games and Linear Programming, John Wiley, New York 1956.

[4.3] Die Nullhypothese ist also nicht mehr eine Menge „unbekannter Parameter", sondern trägt selbst zufälligen Charakter. Wir werden dadurch zur sogenannten Bayesschen Auffassung in der Statistik geführt, die wir im folgenden gelegentlich illustrieren. (Vgl. insbesondere IV. 4. und V., S. 403.)

für alle $\gamma \in \Gamma_0$ gelte und trotzdem ein Test ψ für das Problem $(\alpha, \Gamma_0, \{\gamma_1\})$ existiere, für den

$$\int_R \psi(x) f(x, \gamma_1)\, d\mu(x) > \int_R \varphi^*(x) f(x, \gamma_1)\, d\mu(x) \tag{4.3}$$

sei. Wendet man wieder den Satz von FUBINI an, dann folgt, daß die über Γ_0 definierte Abbildung $\gamma \to \int_R \psi(x) f(x, \gamma)\, d\mu(x)$ $\mathfrak{S}$-meßbar und ν-integrierbar ist, und somit ist

$$\int_R \int_{\Gamma_0} \psi(x) f(x, \gamma)\, d\nu(\gamma)\, d\mu(x) = \int_{\Gamma_0} \int_R \psi(x) f(x, \gamma)\, d\mu(x)\, d\nu(\gamma) \leq \alpha$$

d. h. ψ ist ein Test für das Problem $(\alpha, W, W_{\gamma_1})$. Für dieses Problem ist aber φ^* trennscharf, und dies widerspricht (4.3).

Wenn für die Gütefunktion $g_\varphi^*(\gamma_1) < 1$ erfüllt ist, dann gilt nach Satz 3.1 III F., daß $\int_R \varphi^*\, dW = \alpha$ ist. In diesem Fall folgt aber leicht aus (4.2) mittels des Satzes von FUBINI, daß sogar $\int_R \varphi^*(x) f(x, \gamma)\, d\mu(x) = \alpha$ ν-f. ü. sein muß.

Der Satz 4.2 steht mit einem allgemeinen Prinzip in Zusammenhang, das wir jetzt formulieren wollen. Zunächst geben wir folgende

Definition: *W_Γ sei eine Menge von Wahrscheinlichkeitsmaßen über $(R, \mathbf{S})$. Dann bezeichnet man als konvexe Hülle von W_Γ die Menge*

$$K(W_\Gamma) = \left\{W : W = \sum_{i=1}^{n} \beta_i W_{\gamma_i},\ n \geq 1, 0 \leq \beta_i \leq 1,\ \sum_{i=1}^{n} \beta_i = 1,\ \gamma_i \in \Gamma\right\}.$$

Mit dieser Terminologie gilt das folgende *Konvexitätsprinzip:*

Satz 4.3: *Es sei das Testproblem $(\alpha, \Gamma_0, \Gamma - \Gamma_0)$ vorgelegt, $0 \leq \alpha \leq 1$, Γ eine beliebige Menge. Es existiere ein in $\Gamma - \Gamma_0$ trennscharfer Test φ^*. Es seien $K(W_{\Gamma_0})$ und $K(W_{\Gamma-\Gamma_0})$ fremd zueinander. Dann ist φ^* auch ein Test für das Problem $(\alpha, K(W_{\Gamma_0}), K(W_{\Gamma-\Gamma_0}))$ und trennscharf in $K(W_{\Gamma-\Gamma_0})$.*

Beweis: Es sei

$$W = \beta_1 W_{\gamma_1} + \cdots + \beta_n W_{\gamma_n} \tag{4.4}$$

mit

$$\gamma_i \in \Gamma_0, \quad 0 \leq \beta_i \leq 1, \quad \sum_{i=1}^{n} \beta_i = 1.$$

Dann folgt:

$$E(\varphi^*; W) = \sum_{i=1}^{n} \beta_i E(\varphi^*; W_{\gamma_i}) \leq \alpha$$

d. h. φ^* ist ein Test für das Problem $(\alpha, K(W_{\Gamma_0}), K(W_{\Gamma-\Gamma_0}))$. Angenommen es gäbe einen Test ψ für dieses Problem und ein W der Gestalt (4.4) mit $\gamma_i \in \Gamma - \Gamma_0$, so daß $E(\psi; W) > E(\varphi^*; W)$. Dann müßte für mindestens ein i auch $\beta_i E(\psi; W_{\gamma_i}) > \beta_i E(\varphi^*; W_{\gamma_i})$ gelten und daher auch $\beta_i > 0$. Also wäre auch $E(\psi; W_{\gamma_i}) > > E(\varphi^*; W_{\gamma_i})$ im Widerspruch dazu, daß φ^* trennscharf in $\Gamma - \Gamma_0$ ist.

Dieser Satz läßt sich leicht in naheliegender Weise verallgemeinern: Es sei W_Γ durch ein σ-endliches Maß μ dominiert. $\mathfrak{S}_0$ sei eine σ-Algebra von Teilmengen von Γ_0 und $\mathfrak{S}_1$ eine σ-Algebra von Teilmengen aus $\Gamma - \Gamma_0$. Mit $x \to f(x, \gamma)$ wird wieder die R.N.-Dichte von W_γ bez. μ bezeichnet. Die über $R \times \Gamma_0$ definierte Abbildung $(x, \gamma) \to f(x, \gamma)$ sei $\boldsymbol{S} \otimes \mathfrak{S}_0$-meßbar, die über $R \times (\Gamma - \Gamma_0)$ definierte Abbildung $(x, \gamma) \to f(x, \gamma)$ sei $\boldsymbol{S} \otimes \mathfrak{S}_1$ meßbar. V_0 sei die Menge aller Wahrscheinlichkeitsmaße über $(\Gamma_0, \mathfrak{S}_0)$, V_1 die Menge aller Wahrscheinlichkeitsmaße über $(\Gamma - \Gamma_0, \mathfrak{S}_1)$. Mit $\mathfrak{W}_0$ sei die Menge aller Wahrscheinlichkeitsmaße über $(R, \boldsymbol{S})$ bezeichnet, deren Dichten bez. μ durch $x \to \int_{\Gamma_0} f(x, \gamma)\, d\nu_0$, $\nu_0 \in V_0$, gegeben sind, und $\mathfrak{W}_1$ habe eine analoge Bedeutung. Wenn φ^* ein in $\Gamma - \Gamma_0$ trennscharfer Test für das Problem $(\alpha, \Gamma_0, \Gamma - \Gamma_0)$ ist, dann ist φ^* auch trennscharf in $\mathfrak{W}_1$ für das Problem $(\alpha, \mathfrak{W}_0, \mathfrak{W}_1)$.[4.4]

Wir wollen nun ein Beispiel zum Satz 4.2 betrachten. Darüber hinaus wird sich gleich seine Bedeutung für die Theorie der trennscharfen Tests für zusammengesetzte Hypothesen herausstellen. Es liege eine nach $N(a, 1)$ verteilte Grundgesamtheit vor. Es soll auf Grund einer Stichprobe vom Umfang n ein trennscharfer Test für die zusammengesetzte Nullhypothese $A_0 = \{a_{-1}, a_0\}$ gegen die Alternative $a = a_1$ konstruiert werden, $a_{-1} < a_0 < a_1$. Es handelt sich also um ein Problem der Form $(\alpha, W_{A_0}, W_{a_1})$, wobei die W_{a_i} für $i = -1, 0, 1$ Wahrscheinlichkeitsmaße über dem Stichprobenraum $(R_n, \mathfrak{B}_n)$ sind, welche durch die Dichten

$$(x_1, \ldots, x_n) \to \left(\frac{1}{\sqrt{2\pi}}\right)^n e^{-\left[\sum_{j=1}^{n} (x_j - a_i)^2\right]/2}$$

[4.4] Dabei wird wieder vorausgesetzt, daß $\mathfrak{W}_0 \cap \mathfrak{W}_1 = \Phi$ gilt.

definiert sind. Wir wählen nun in A_0 das Wahrscheinlichkeitsmaß ν, welches durch $\nu(a_0) = 1$, $\nu(a_{-1}) = 0$ gegeben ist. Wir ersetzen also das Problem $(\alpha, W_{A_0}, W_{a_1})$ durch $(\alpha, W_{a_0}, W_{a_1})$. Nach Satz 3.3 ist ein trennscharfer Test φ^* für das Problem $(\alpha, W_{a_0}, W_{a_1})$ durch

$$\varphi^*(x) = \begin{cases} 1 & \text{für} \quad e^{-\left[\sum\limits_{j=1}^{n}(x_j-a_1)^2\right]/2} \geq k\, e^{-\left[\sum\limits_{j=1}^{n}(x_j-a_0)^2\right]/2} \\ 0 & \text{für} \quad e^{-\left[\sum\limits_{j=1}^{n}(x_j-a_1)^2\right]/2} < k\, e^{-\left[\sum\limits_{j=1}^{n}(x_j-a_0)^2\right]/2} \end{cases}$$

mit passendem $k \geq 0$ gegeben. Man beachte zu dieser Definition von φ^*, daß die Menge $\left\{x : e^{-\left[\sum\limits_{j=1}^{n}(x_j-a_1)^2\right]/2} = k\, e^{-\left[\sum\limits_{j=1}^{n}(x_j-a_0)^2\right]/2}\right\}$ eine Nullmenge ist. Der Test φ^* ist also durch eine kritische Region M gegeben, die auch in der Form

$$M = \left\{x : \sum_{j=1}^{n}(x_j - a_0)^2 - \sum_{j=1}^{n}(x_j - a_1)^2 \geq 2 \log k\right\} \tag{4.5}$$

gegeben werden kann. Nach Voraussetzung ist

$$a_1 > a_0\,. \tag{4.6}$$

In diesem Fall erhält man für M auch

$$M = \left\{x : (\bar{x} - a_0)\sqrt{n} \geq \frac{\log k}{\sqrt{n}(a_1 - a_0)} + (a_1 - a_0)\sqrt{n}/2\right\}. \tag{4.7}$$

Die Bestimmung von k zu einer vorgegebenen Irrtumswahrscheinlichkeit α, $0 \leq \alpha \leq 1$, ist sehr einfach. Wenn $\xi_1, \ldots, \xi_n$ unabhängig nach $N(a_0, 1)$ verteilt sind, dann ist nach II., Satz 3.2 $\left(\bar{\xi} - a_0\right)\sqrt{n}$ nach $N(0, 1)$ verteilt. Bestimmt man also $\varkappa'_\alpha$ eindeutig aus der Gleichung

$$\frac{1}{\sqrt{2\pi}} \int_{\varkappa'_\alpha}^{\infty} e^{-t^2/2}\, dt = \alpha \tag{4.8}$$

dann hat man nach (4.7) $W_{a_0}(M) = \alpha$, wenn man k aus der Gleichung

$$\frac{\log k}{\sqrt{n}(a_1 - a_0)} + (a_1 - a_0)\sqrt{n}/2 = \varkappa'_\alpha$$

errechnet. M kann man also statt durch (4.7) auch durch

$$\left\{x : (\bar{x} - a_0)\sqrt{n} \geq \varkappa'_\alpha\right\} \tag{4.9}$$

definieren.

Wir zeigen nun

$$W_{a_{-1}}(M) \leq \alpha. \tag{4.10}$$

M ist offenbar auch durch $\left\{x : (\bar{x} - a_{-1})\sqrt{n} \geq \varkappa'_\alpha + (a_0 - a_{-1})\sqrt{n}\right\}$ definiert, und wegen $a_0 - a_{-1} > 0$ ist damit (4.10) bewiesen. Nach Satz 4.2 definiert also M einen trennscharfen Test für das Problem $(\alpha, W_{A_0}, W_{a_1})$. Für unsere weitere Diskussion ist aber entscheidend, daß das in (4.9) definierte M nicht mehr von a_1 abhängt. Damit haben wir das folgende Resultat gewonnen: Es sei W_a, $a \in R_1$, das Wahrscheinlichkeitsmaß über $(R_n, \mathfrak{B}_n)$, dessen Dichte durch

$$x \to \frac{1}{\left(\sqrt{2\pi}\right)^n} e^{-\frac{1}{2}\left[\sum_{i=1}^{n}(x_i - a)^2\right]} \tag{4.11}$$

gegeben ist. Es sei $A = \{a : a \geq a_0\}$. Dann definiert die durch (4.9) gegebene kritische Region M einen in $A - \{a_0\}$ trennscharfen Test für das Problem $(\alpha, \{a_0\}, A - \{a_0\})$. Aus (4.10) folgt noch, daß M sogar einen in $A - \{a_0\}$ trennscharfen Test für das Problem

$$(\alpha, (R_1 - A) \cup \{a_0\}, A - \{a_0\})$$ [4.5]

definiert.

Setzen wir jetzt

$$a_1 < a_0 \tag{4.12}$$

voraus, dann folgt aus (4.5), daß für das Problem $(\alpha, W_{a_0}, W_{a_1})$ mit (4.12) eine trennscharfe kritische Region durch

$$M_1 = \left\{x : (\bar{x} - a_0)\sqrt{n} \leq \frac{\log k}{\sqrt{n}(a_1 - a_0)} - (a_0 - a_1)\sqrt{n}/2\right\}$$

definiert ist. Aus (4.8) folgt $\frac{1}{\sqrt{2\pi}} \int_{-\infty}^{-\varkappa'_\alpha} e^{-t^2/2}\,dt = \alpha$, und daher muß man jetzt k aus $\frac{\log k}{\sqrt{n}(a_1 - a_0)} - (a_0 - a_1)\sqrt{n}/2 = -\varkappa'_\alpha$ errechnen. Die kritische Region M_1 ist also durch

$$\left\{x : (\bar{x} - a_0)\sqrt{n} \leq -\varkappa'_\alpha\right\} \tag{4.13}$$

gegeben und hängt wieder von a_1 nicht ab. Durch (4.13) wird somit ein trennscharfer Test in $R_1 - A$ für das Problem $(\alpha, \{a_0\}, R_1 - A)$ definiert. Auch dieses Resultat kann man natürlich durch Anwendung von Satz 4.2 erweitern. Ist $0 < \alpha < 1$, dann sind die durch (4.9) bzw. (4.13) definierten kritischen Regionen M bzw. M_1 nicht identisch.

Wir wollen nun als Menge der zulässigen Hypothesen a den ganzen R_1 betrachten und als Nullhypothese $\{a_0\}$. Wir werden sehen, daß für das Problem

---

[4.5] Vgl. hierzu S. 220ff.

$(\alpha, \{a_0\}, R_1 - \{a_0\})$, $0 \leq \alpha \leq 1$, M und M_1 in $R_1 - \{a_0\}$ nicht mehr trennscharf sind[4.6]. Die über dem R_1 definierte Gütefunktion g für c_M erhält man genau auf demselben Wege wie die Ungleichung (4.10). Für jedes $a \in R_1$ ist M statt durch (4.9) auch durch

$$M = \left\{x : (\bar{x} - a)\sqrt{n} \geq \varkappa'_\alpha + (a_0 - a)\sqrt{n}\right\}$$

definiert. Also erhält man mit $k(a) = \varkappa'_\alpha + (a_0 - a)\sqrt{n}$

$$g(a) = \frac{1}{\sqrt{2\pi}} \int_{k(a)}^{\infty} e^{-t^2/2}\, dt, \quad a \in R_1.$$

Für die Gütefunktion g_1 von M_1 erhält man mit $-\varkappa'_\alpha + (a_0 - a)\sqrt{n} = k_1(a)$ ganz analog für $a \in R_1$

$$g_1(a) = \frac{1}{\sqrt{2\pi}} \int_{-\infty}^{k_1(a)} e^{-t^2/2}\, dt \quad \text{also} \quad g_1(a) = \frac{1}{\sqrt{2\pi}} \int_{-k_1(a)}^{\infty} e^{-t^2/2}\, dt.$$

Nun ist $k(a) > -k_1(a)$ für $a < a_0$ und somit auch $g(a) < g_1(a)$. c_M kann also in $a < a_0$ nicht trennscharf sein. Genau so sieht man, daß c_{M_1} für $a > a_0$ nicht trennscharf sein kann. Es kann also für das Problem $(\alpha, \{a_0\}, R_1 - \{a_0\})$ keinen trennscharfen Test geben, da der in $A - \{a_0\}$ trennscharfe Test durch c_M und der in $R_1 - A$ trennscharfe Test durch c_{M_1} gegeben ist.

Es existieren also zwar trennscharfe Tests für die „einseitigen" Alternativen $a < a_0$ oder $a > a_0$, aber nicht für die „zweiseitige" Alternative $a \neq a_0$. Der durch (1.4) definierte Test ist also sicherlich nicht trennscharf für diese zweiseitige Alternative. Seine Verwendung muß also auf andere Weise „gerechtfertigt werden". Wir kommen darauf in **6.** zurück.

5. Hypothesen mit monotonen Dichte-Quotienten. Eine genauere Analyse des am Ende von **4.** betrachteten Beispiels zeigt, daß die Existenz eines trennscharfen Testes für eine „einseitige" Hypothese wesentlich mit der Tatsache zusammenhängt, daß der Quotient

$$\frac{e^{-\frac{1}{2}\sum_{j=1}^{n}(x_j - a_1)^2}}{e^{-\frac{1}{2}\sum_{j=1}^{n}(x_j - a_0)^2}} = e^{-n\bar{x}(a_0 - a_1) - \frac{1}{2}(a_1^2 - a_0^2)}$$

für $a_1 \neq a_0$ von $(x_1, \ldots, x_n)$ nur über $\bar{x}$, und zwar monoton, abhängt.

Diese Bemerkung kann man verallgemeinern.

[4.6] Im Wesentlichen stellen die nachfolgenden Überlegungen nur eine Illustration zur Eindeutigkeitsaussage von Satz 3.1 dar.

Zunächst geben wir folgende

Definition: *Es sei* $\Gamma \subseteq R_1$ *und* W_Γ *eine Menge von Wahrscheinlichkeitsverteilungen über* $(R, \mathbf{S})$, *die durch ein* σ*-endliches Maß* μ *dominiert werden. Für jedes* $\gamma \in \Gamma$ *bezeichnen wir die R.N.-Dichte mit* f_γ. *Wir sagen, daß* W_Γ *monotone Dichte-Quotienten besitzt, wenn eine* $\mathbf{S}$*-meßbare Abbildung* T *von* R *in den* R_1 *existiert und zu jedem Paar* γ_0, γ_1 *aus* Γ *mit* $\gamma_0 < \gamma_1$ *eine monoton nicht fallende Funktion* H_{γ_0, γ_1}, *die auch den Wert* ∞ *annehmen kann, so daß*

$$f_{\gamma_1}/f_{\gamma_0} = H_{\gamma_0, \gamma_1} \circ T, \qquad \frac{1}{2}(W_{\gamma_0} + W_{\gamma_1})\text{-}f.ü.. \tag{5.1}$$

Wir beschränken uns nun der Einfachheit halber auf den Fall, daß $\Gamma = R_1$ und zeigen den

Satz 5.1: *Es sei* W_{R_1} *eine Menge von Wahrscheinlichkeitsmaßen mit monotonen Dichtequotienten. Es sei* γ_0 *eine beliebige reelle Zahl und* $I_{\gamma_0} = (-\infty, \gamma_0]$. *Zu jedem* α *mit* $0 \leq \alpha \leq 1$ *existiert ein in* $R_1 - I_{\gamma_0}$ *trennscharfer Test* φ^* *für das Problem* $(\alpha, I_{\gamma_0}, R_1 - I_{\gamma_0})$. *Überdies gilt für die Gütefunktion* g *von* φ^*

$$g(\gamma') \leq g(\gamma'') \tag{5.2}$$

für $\gamma' < \gamma''$, *und das Gleichheitszeichen gilt in* (5.2) *genau dann, wenn* $g(\gamma') = 1$ oder $g(\gamma'') = 0$.

Wir schicken dem Beweis dieses Satzes ein Lemma voraus, das hier zwar nicht wesentlich gebraucht wird, das wir aber weiterhin oft verwenden werden:

Satz 5.2[5.1]**:** *Es sei* W_Γ *über* $(R, \mathbf{S})$ *gegeben und durch ein* σ*-endliches Maß dominiert. Dann existiert auch ein für* W_Γ *dominantes Maß* λ, *so daß* $W_\gamma(N) = 0$ *für alle* $\gamma \in \Gamma$ *die Aussage* $\lambda(N) = 0$ *impliziert. Die Menge* W_Γ *und* λ *werden auch als äquivalent bezeichnet.*

Beweis: Falls Γ eine abzählbare Menge ist, haben wir die Existenz eines solchen Maßes schon im Satz XII bewiesen. Satz 5.2 lehrt also nur dann etwas Neues, wenn Γ nicht abzählbar ist. Es sei nun f_γ für jedes $\gamma \in \Gamma$ die R.N.-Dichte von W_γ bez. μ und

$$S_\gamma = \{x : f_\gamma(x) > 0\}. \tag{5.3}$$

[5.1] P. R. Halmos und L. J. Savage, Ann. math. Statistics 20, 225–241 (1949).

Es sei weiter

$$\mathfrak{M} = \left\{ M : M \in \boldsymbol{S},\ M \subseteq \bigcup_{i=1}^{\infty} S_{\gamma_i},\ \gamma_i \in \Gamma, \quad \text{sonst beliebig} \right\}. \tag{5.4}$$

Ferner sei $s = \sup_{M \in \mathfrak{M}} \mu(M)$. Nach Definition des Supremums existiert eine Folge $\{M_i\}$ mit $M_i \in \mathfrak{M}$, so daß $s = \lim_{i \to \infty} \mu(M_i)$. Es gibt aber nach Definition zu jedem M_i abzählbar unendlich viele $S^{(i)}_{\gamma_j}$, $j = 1, 2, \ldots$, so daß $M_i \subseteq \bigcup_{j=1}^{\infty} S^{(i)}_{\gamma_j}$. Wir ordnen die abzählbare Menge aller $S^{(i)}_{\gamma_j}$, $i, j = 1, 2, \ldots$ irgendwie in eine Folge $S_1, S_2, \ldots$ an. Dann ist auch $U = \bigcup_{i=1}^{\infty} S_i \in \mathfrak{M}$ und wegen $U \supseteq M_i$, $1 \leq i < \infty$, auch

$$s = \mu(U). \tag{5.5}$$

Jedem S_i entspricht gemäß der Definition (5.3) ein Maß $W_i \in W_\Gamma$, doch sind die W_i nicht notwendig alle voneinander verschieden. Es sei

$$\sum_{i=1}^{\infty} g_i W_i = \lambda,\ g_i > 0,\ \sum_{i=1}^{\infty} g_i = 1. \tag{5.6}$$

Wir behaupten nun, daß λ die Behauptungen des Satzes erfüllt. Es ist natürlich trivial, daß aus $W_\gamma(N) = 0$ für alle $\gamma \in \Gamma$ auch $\lambda(N) = 0$ folgt. Es sei nun umgekehrt $\lambda(N) = 0$, also auch

$$W_i(N) = 0, \qquad i = 1, 2, \ldots. \tag{5.7}$$

Es sei W_{γ_0} ein beliebiges Maß $\in W_\Gamma$. Wegen $W_{\gamma_0}(N - S_{\gamma_0}) = 0$ kann man $N \subseteq S_{\gamma_0}$ voraussetzen. Wäre nun $W_{\gamma_0}(N - U) > 0$, dann wäre auch $\mu(N - U) > 0$. Das hätte zur Folge $\mu\big(U \cup (N - U)\big) = \mu(U) + \mu(N - U) > \mu(U)$ mit $U \cup (N - U) \subseteq \bigcup_{i=1}^{\infty} S_i \cup S_{\gamma_0}$, und dies wäre ein Widerspruch zu (5.5). Also muß $W_{\gamma_0}(N - U) = 0$ sein, und es bleibt noch $W_{\gamma_0}(N \cap U)$ zu untersuchen. Es genügt $\mu(N \cap U) = 0$ zu zeigen, denn dies hat $W_{\gamma_0}(N \cap U) = 0$ zur Folge. Nun ist

$$\mu(N \cap U) = \mu\left(N \cap \bigcup_{i=1}^{\infty} S_i\right) \leq \sum_{i=1}^{\infty} \mu(N \cap S_i). \tag{5.8}$$

Es ist aber für jedes $i = 1, 2, \ldots$ $\mu(N \cap S_i) = 0$. Andernfalls folgte $W_i(N \cap S_i) > 0$ aus der Definition von S_i im Widerspruch zu (5.7). Somit folgt aus (5.8) $\mu(N \cap U) = 0$ und damit auch $W_{\gamma_0}(N \cap U) = 0$. Aus $\lambda(N) = 0$ folgt also für beliebiges $\gamma_0 \in \Gamma$ $W_{\gamma_0}(N) = 0$, und das war zu beweisen. Wir bemerken noch, daß λ ein Wahrscheinlichkeitsmaß ist.

Nun gehen wir zum Beweis des Satzes 5.1 über. Aus den Voraussetzungen und Satz 5.2 folgt die Existenz eines Wahrscheinlichkeitsmaßes λ, welches äquivalent zu W_Γ ist. Es sei $M_k = \{x : T(x) > k\}$ für $-\infty \leq k \leq \infty$. Genauso wie beim Beweis von Satz 3.1 I F. sieht man, daß die Abbildung ψ welche durch $k \to \lambda(M_k)$ gegeben ist, nicht wachsend und rechtsseitig stetig ist. Zu jedem α mit $0 \leq \alpha \leq 1$ lassen sich also ein $k(\alpha)$ und ein $c(\alpha)$ mit $0 \leq c(\alpha) \leq 1$ finden, so daß für den durch

$$\varphi_\alpha(x) = \begin{cases} 1 & \{x : T(x) > k(\alpha)\} \\ c(\alpha) & \{x : T(x) = k(\alpha)\} \\ 0 & \{x : T(x) < k(\alpha)\} \end{cases}$$

definierten Test φ_α, $\int\limits_R \varphi_\alpha \, d\lambda = \alpha$ ist.

Die Abbildung $\alpha \to \varphi_\alpha(x)$ ist an jeder Stelle α in $0 < \alpha < 1$ stetig für jedes $x \in R$ bis auf eine λ-Nullmenge.

Es sei nämlich $\{x : T(x) \geq k\} = M_{k+}$. Ist für ein α in $0 < \alpha < 1$ $k = k(\alpha)$ so bestimmt, daß $\psi(k-0) \geq \alpha \geq \psi(k)$, dann ist für $x \in M_k$ oder $x \in R - M_{k+}$ auch $\varphi_\alpha(x) = \varphi_{\alpha'}(x)$ für alle $\alpha' \in \big(\psi(k), \psi(k-0)\big)$. Ist aber $x \in M_{k+} - M_k$, dann ist $|\varphi_\alpha(x) - \varphi_{\alpha'}(x)|$ beliebig klein, wenn $|\alpha - \alpha'|$ hinreichend klein ist. Ist $\alpha = \psi(k-0)$, dann muß $c(\alpha) = 1$ sein. Eine leichte Modifikation der nachstehenden Schlußweise ergibt dann $\varphi_{\alpha'}(x) = \varphi_\alpha(x)$, wenn $\alpha' > \alpha$ ist und α' hinreichend nahe bei α liegt.

Ist aber $\alpha = \psi(k)$ und k Stetigkeitsstelle von ψ, dann kann man ohne Beschränkung der Allgemeinheit annehmen, daß ψ fallend durch k geht. Dann entsprechen aber hinreichend kleinen Änderungen von α beliebig kleine Änderungen von k. Für $x \in M_k$ bzw. $x \in R - M_{k+}$ gilt also $\varphi_\alpha(x) = \varphi_{\alpha'}(x)$, wenn α' hinreichend nahe bei α liegt. Da k Stetigkeitsstelle von ψ ist, hat die Menge $M_{k+} - M_k$ das λ-Maß 0. Da aber ψ rechtsseitig stetig ist, ist die Stetigkeit von $\alpha \to \varphi_\alpha(x)$ im behaupteten Umfang gezeigt. Aus $\lambda(N) = 0$ folgt nun $W_\gamma(N) = 0$ für jedes $\gamma \in R_1$, und da $|\varphi_\alpha(x)| \leq 1$ für alle $x \in R$ und alle α, $0 \leq \alpha \leq 1$, gilt, ist die Abbildung $\alpha \to E(\varphi_\alpha; \gamma)$

stetig für jedes $\gamma \in R_1$. Nun ist aber für jedes γ, $E(\varphi_\alpha;\gamma) \to 0$ für $\alpha \to 0$ und $E(\varphi_\alpha;\gamma) \to 1$ für $\alpha \to 1$ sowie $E(\varphi_0;\gamma) = 0$ und $E(\varphi_1;\gamma) = 1$. Auf Grund des Zwischenwertsatzes für stetige Funktionen kann man daher zu gegebenem $\gamma_0 \in R_1$ und jedem α' mit $0 \leq \alpha' \leq 1$ ein α so auswählen, daß der oben definierte Test φ_α, $E(\varphi_\alpha;\gamma_0) = \alpha'$ erfüllt. Es gibt also zu jedem α mit $0 \leq \alpha \leq 1$ ein passendes $k \geq -\infty$ und ein passendes c mit $0 \leq c \leq 1$, so daß der durch

$$\varphi^*(x) = \begin{cases} 1 & \{x: T(x) > k\} \\ c & \{x: T(x) = k\} \\ 0 & \{x: T(x) < k\} \end{cases} \tag{5.9}$$

definierte Test φ^* der Bedingung

$$E(\varphi^*;\gamma_0) = \alpha \tag{5.10}$$

genügt. Falls $\alpha = 0$ ist, wählen wir in (5.9) $c = 1$, wenn $H_{\gamma_0,\gamma_1}(k) = \infty$ ist, sonst $c = 0$.

Voraussetzungsgemäß ist H_{γ_0,γ_1}, $\gamma_0 < \gamma_1$, nicht fallend. Also ist

$$\{x: H_{\gamma_0,\gamma_1}(T(x)) > H_{\gamma_0,\gamma_1}(k)\} \subseteq \{x: T(x) > k\}$$

und ebenso gilt

$$\{x: H_{\gamma_0,\gamma_1}(T(x)) < H_{\gamma_0,\gamma_1}(k)\} \subseteq \{x: T(x) < k\}.$$

Somit erfüllt φ^* also insbesondere die Bedingung

$$\varphi^*(x) = \begin{cases} 1 & \{x: H_{\gamma_0,\gamma_1}(T(x)) > H_{\gamma_0,\gamma_1}(k)\} \\ 0 & \{x: H_{\gamma_0,\gamma_1}(T(x)) < H_{\gamma_0,\gamma_1}(k)\} \end{cases}. \tag{5.11}$$

Außerdem erfüllt φ^* (5.10). Berücksichtigt man (5.1), (5.10) und (5.11) und wendet Satz 3.1 II F. sinngemäß an, dann sieht man, daß φ^* ein trennscharfer Test für das Problem $(\alpha, \{\gamma_0\}, \{\gamma_1\})$ ist[5.2]. φ^* ist aber auch durch (5.9) definiert und somit unabhängig von γ_1 erklärt. Damit ist gezeigt, daß φ^* trennscharf in $R_1 - I_{\gamma_0}$ für das Problem $(\alpha, \{\gamma_0\}, R_1 - I_{\gamma_0})$ ist. Wir haben nun (5.2) zu beweisen. Es

---

[5.2] Um diesen Schluß auch im Falle $\alpha = 0$ und $c = 1$ zu rechtfertigen, hat man $0 \cdot \infty = 0$ zu definieren.

seien γ' und γ'' beliebig gewählt und $\gamma' < \gamma''$. Es sei

$$E(\varphi^*;\gamma') = \beta. \tag{5.12}$$

Falls $\beta = 0$ gilt, ist nichts zu beweisen. Ist aber $\beta > 0$, dann ist φ^* trennscharf für das Problem $(\beta, \{\gamma'\}, \{\gamma''\})$. Wir haben uns nämlich gerade (mit anderer Bezeichnung) überlegt, daß ein trennscharfer Test für $(\beta, \{\gamma'\}, \{\gamma''\})$ durch einen Test der Gestalt (5.9) gegeben ist. Da aber φ^* nach (5.12) gerade die vorgeschriebene Irrtumswahrscheinlichkeit β für die Nullhypothese γ' besitzt, ist φ^* trennscharf für $(\beta, \{\gamma'\}, \{\gamma''\})$, und für die Gütefunktion gilt daher $g(\gamma') \leq g(\gamma'')$. Falls $\beta < 1$ ist, gilt, wie wir uns auf S. 211 überlegt haben, das Kleinerzeichen. Damit ist aber (5.2) bewiesen. Insbesondere folgt $E(\varphi^*;\gamma) \leq \alpha$ für alle $\gamma \in I_{\gamma_0}$. Somit ist aber φ^* trennscharf für das Problem $(\alpha, I_{\gamma_0}, R_1 - I_{\gamma_0})$, und Satz 5.1 ist vollständig bewiesen.

Wir haben im Satz 5.1 angenommen, daß die Menge der zulässigen Parameter der R_1 ist. Die Überlegungen ändern sich nicht, wenn die Menge der zulässigen Parameter eine Teilmenge des R_1 ist. Wir nehmen (5.9) zum Anlaß für folgende

Definition: *Es sei T eine **S**-meßbare Funktion. Sind k und c reelle Zahlen mit $0 \leq c \leq 1$ und ist der Test φ gemäß*

$$\varphi(x) = \begin{cases} 1 & \{x: T(x) > k\} \\ c & \{x: T(x) = k\} \\ 0 & \{x: T(x) < k\} \end{cases}$$

erklärt, dann heiße T Teststatistik für φ.

Das wichtigste Beispiel für eine Menge von Wahrscheinlichkeitsverteilungen mit monotonen Dichtequotienten sind *spezielle Exponentialverteilungen*. Wir definieren sie durch ihre R.N.-Dichten bez. eines σ-endlichen Maßes μ über $(R, \mathbf{S})$: *Es seien T und $h \geq 0$ über R definiert und **S**-meßbar. Es sei Q eine über einer Menge $\Gamma \subseteq R_1$ definierte nicht wachsende oder nicht fallende Funktion. Dann sei für jedes $\gamma \in \Gamma$*

$$f_\gamma(x) = C(\gamma) e^{Q(\gamma)T(x)} h(x), \qquad x \in R, \tag{5.13}$$

wobei $C(\gamma)$ positiv für jedes $\gamma \in \Gamma$ ist und natürlich so bestimmt werden muß, daß

$$C(\gamma) \int_R e^{Q(\gamma)T(x)} h(x)\, d\mu(x) = 1.$$

Die Darstellung der Dichten in der Gestalt (5.13) entspricht aber möglicherweise nicht unserer grundlegenden Voraussetzung (vgl. S. 195), daß die Beziehung zwischen dem Parameterraum und den zugehörigen Wahrscheinlichkeitsmaßen eineindeutig ist. Gilt nämlich für $\gamma_1 \neq \gamma_2$ einmal $Q(\gamma_1) = Q(\gamma_2)$, dann wird offenbar für γ_1 und γ_2 durch (5.13) dieselbe Dichte definiert. Es ist daher zweckmäßig, den Parameter zu transformieren und Γ durch $Q(\Gamma) = \Gamma'$ zu ersetzen. Wir nehmen an, daß Γ' mindestens zwei verschiedene Elemente enthält, um Trivialitäten zu vermeiden. Die Dichten (5.13) schreiben sich nun für jedes $\gamma' \in \Gamma'$ in der Form

$$f_{\gamma'}(x) = C'(\gamma') e^{\gamma' T(x)} h(x), \quad x \in R, \tag{5.14}$$

wobei sich die Bedeutung von $C'(\gamma')$ von selbst versteht. Jetzt gilt aber $f_{\gamma_1'} \neq f_{\gamma_2'}$ für $\gamma_1' \neq \gamma_2'$, $\gamma_1', \gamma_2' \in \Gamma'$. Man sieht leicht, daß man Γ' als konvex voraussetzen kann[5.3]. Andernfalls sei nämlich $\gamma_1', \gamma_2' \in \Gamma'$, $\gamma' \notin \Gamma'$ und $\gamma_1' < \gamma' < \gamma_2'$. Es existiert stets ein β mit $0 < \beta < 1$, so daß $\gamma' = \gamma_1'(1-\beta) + \beta\gamma_2'$. Die Funktion $x \to e^{\gamma' T(x)} h(x)$ ist nicht negativ und μ-integrierbar. Dieses folgt sofort durch Anwendung der Hölderschen Ungleichung (vgl. S. 11):

$$\int_R e^{\gamma' T(x)} h(x)\, d\mu(x) = \int_R \left(e^{\gamma_1' T(x)} h(x)\right)^{1-\beta} \left(e^{\gamma_2' T(x)} h(x)\right)^{\beta} d\mu(x) \leq$$

$$\leq \left(\int_R e^{\gamma_1' T(x)} h(x)\, d\mu(x)\right)^{1-\beta} \cdot \left(\int_R e^{\gamma_2' T(x)} h(x)\, d\mu(x)\right)^{\beta}.$$

Durch (5.14) wird nun eine Klasse mit monotonen Dichtequotienten definiert. Es ist ja für alle x mit $h(x) \neq 0$

$$f_{\gamma_1'}(x)/f_{\gamma_2'}(x) = \frac{C'(\gamma_1')}{C'(\gamma_2')}\, e^{(\gamma_1' - \gamma_2') T(x)}$$

so daß also mit $H_{\gamma_2', \gamma_1'}(y) = e^{(\gamma_1' - \gamma_2') y}$, $y \in R_1$, die Bedingung (5.1) erfüllt ist.

Die Menge der Dichten (4.11) mit $a \in R_1$ ist für $n \geq 1$, wie man ohne weiteres sieht von der Gestalt (5.14).

Die Menge der $B_n(p)$, $0 < p < 1$, (siehe I., S. 104), deren R.N.-Dichten bez. der Gleichverteilung mit den Massenpunkten $0, 1, \ldots, n$ für $r = 0, 1, \ldots, n$ durch $(n+1)\binom{n}{r}(1-p)^n e^{r \log[p/(1-p)]}$ gegeben sind, stellen ein anderes solches Beispiel dar.

Eine weitere Klasse diskreter Verteilungen der Form (5.14) werden durch die Poisson-Verteilungen (vgl. S. 108) mit $a > 0$ geliefert. Schließlich seien als Beispiele noch die Gammaverteilung (vgl. S. 97) und die Betaverteilung (S. 101) genannt. Damit hat man eine große Fülle von Beispielen trennscharfer Tests für „einseitige" Alternativen gefunden. Zum Beispiel ist der „einseitige" Test, der dem in II. 7. beschriebenen „zweiseitigen" Test entspricht, trennscharf für alle Alternativen der Gestalt $\sigma_0^2 < \sigma^2$ oder $\sigma^2 < \sigma_0^2$.

[5.3] Daraus folgt natürlich nicht notwendig, daß die Menge der zugehörigen Wahrscheinlichkeitsmaße W_Γ konvex ist.

Die Überlegungen, welche zum Beweis von (5.2) geführt haben, liefern offenbar auch die Bemerkung: Es seien $\gamma' < \gamma''$ zwei beliebige Hypothesen und φ^* ein beliebiger Test der Gestalt (5.9). Dann ist φ^* trennscharf für $(\{\gamma'\}, \{\gamma''\})$, soferne die Irrtumswahrscheinlichkeit > 0 ist.

In dieser Form läßt sich Satz 5.1 umkehren. Wenn der zulässige Parameterbereich der R_1 (oder eine Teilmenge) ist und die Menge W_{R_1} der zulässigen Hypothesen durch ein σ-endliches Maß dominiert wird, dann existiert nur dann ein trennscharfer Test für eine zusammengesetzte Alternative, wenn W_{R_1} monotone Dichtequotienten besitzt. Wir beschränken uns der Einfachheit halber darauf, daß der ganze R_1 die Menge der zulässigen Hypothesen ist und zeigen den

Satz 5.3[5.4]**:** *Es sei der R_1 der Raum der zulässigen Hypothesen und die Menge W_{R_1} der Wahrscheinlichkeitsmaße durch ein σ-endliches Maß dominiert. Es sei λ ein zu W_{R_1} äquivalentes Wahrscheinlichkeitsmaß. Die R.N-Dichten bez. λ bezeichnen wir mit p_γ für $\gamma \in R_1$. Es existiere eine Menge $\mathfrak{K}$ von Tests φ mit folgenden Eigenschaften: Jeder Test $\varphi \in \mathfrak{K}$ ist für jede Nullhypothese γ_0 gegen eine beliebige Alternative γ_1 mit $\gamma_0 < \gamma_1$ trennscharf, soferne $E(\varphi; \gamma_0) > 0$. Ist einmal $E(\varphi; \gamma_0) = 0$, dann existiert auch ein $\varphi_0 \in \mathfrak{K}$ mit $E(\varphi_0; \gamma_0) = 0$, so daß φ_0 für jedes Problem $(\{\gamma_0\}, \{\gamma_1\})$ mit $\gamma_0 < \gamma_1$ trennscharf ist. Falls es zu einem $\gamma_0 \in R_1$ ein $\varphi \in \mathfrak{K}$ mit $E(\varphi; \gamma_0) = 1$ gibt, existiert auch ein φ_1 mit $E(\varphi_1; \gamma_0) = 1$, so daß $1 - \varphi_1$ trennscharf für $(\{\gamma_0\}, \{\gamma_1\})$ für jedes γ_1 mit $\gamma_1 < \gamma_0$ ist. Zu jedem $\gamma_0 \in R_1$ und jedem α mit $0 \leq \alpha \leq 1$ gibt es stets einen Test $\varphi \in \mathfrak{K}$, so daß*

$$E(\varphi; \gamma_0) = \alpha. \tag{5.15}$$

*Dann existiert eine **S**-meßbare Funktion T und für jedes $(\gamma_0, \gamma_1) \in R_2$, $\gamma_0 < \gamma_1$, eine nicht fallende Funktion H_{γ_0, γ_1}, so daß*

$$p_{\gamma_1}/p_{\gamma_0} = H_{\gamma_0, \gamma_1} \circ T \tag{5.16}$$

$\frac{1}{2}(W_{\gamma_0} + W_{\gamma_1})$-f. ü. gilt, sogar λ-f. ü., wenn wir den linksstehenden Quotienten für $\{x : p_{\gamma_0}(x) = 0\}$ geeignet definieren.

[5.4] J. Pfanzagl, Z. Wahrscheinlichkeitstheorie verw. Gebiete 1, 109—115 (1963).

Dem Beweis dieses Satzes schicken wir den folgenden Hilfssatz voraus:

Lemma 5.1: *Es sei* $(R, \mathbf{S}, \nu)$ *ein Wahrscheinlichkeitsfeld und* $\mathfrak{C}$ *eine Teilmenge von* $\mathbf{S}$ *mit folgenden Eigenschaften: Wenn* $A, B \in \mathfrak{C}$, *dann ist* $A \subseteq B$ *oder* $B \supseteq A$ ν-*f. ü.* [5.5]. *Dann existiert eine überall auf* R *definierte reellwertige* $\mathbf{S}$-*meßbare Funktion* T *mit*

$$A = \{x : T(x) \leq \nu(A)\} \tag{5.17}$$

ν-*f. ü. für jedes* $A \in \mathfrak{C}$.

Beweis: Man kann stets annehmen, daß $R \in \mathfrak{C}$ gilt, da man andernfalls R zu $\mathfrak{C}$ hinzufügen kann, ohne die in $\mathfrak{C}$ gegebene Ordnungsrelation zu zerstören. Es ist $\mathfrak{M} = \{\nu(A) : A \in \mathfrak{C}\} \subseteq [0, 1]$, also eine Teilmenge des R_1. Somit existiert eine abzählbare Menge $\mathfrak{G} = \{A_i : A_i \in \mathfrak{C}\}$, so daß die Menge $\mathfrak{D} = \{\nu(A_i) : A_i \in \mathfrak{G}\}$ in $\mathfrak{M}$ dicht liegt, d. h. zu jedem $\varepsilon > 0$ und jedem $A \in \mathfrak{C}$ gibt es ein $A_i \in \mathfrak{G}$, so daß $|\nu(A) - \nu(A_i)| < \varepsilon$. Wir definieren nun

$$T(x) = \inf \{\nu(A_i) : x \in A_i,\ A_i \in \mathfrak{G}\}. \tag{5.18}$$

Dann ist T überall auf R definiert. Es wird gezeigt, daß T die im Satz behauptete Eigenschaft hat.

Zunächst ist leicht zu zeigen, daß T $\mathbf{S}$-meßbar ist. Es ist nämlich für ein beliebiges reelles c

$$\{x : T(x) < c\} = \bigcup_i \{A_i : A_i \in \mathfrak{G},\ \nu(A_i) < c\}. \tag{5.19}$$

Ist nämlich $x_0 \in \{x : T(x) < c\}$, dann existiert gemäß (5.18) ein $A_i \in \mathfrak{G}$ mit $x_0 \in A_i$ und $\nu(A_i) < c$. Somit gehört x_0 zu der auf der rechten Seite von (5.19) stehenden Menge. Ist aber umgekehrt x_0 ein Element dieser Menge, dann gibt es ein $A_i \in \mathfrak{G}$ mit $x_0 \in A_i$ und $\nu(A_i) < c$. Somit ist aber $T(x_0) \leq \nu(A_i) < c$ und daher $x_0 \in \{x : T(x) < c\}$. Aus der Abzählbarkeit von $\mathfrak{G}$ und aus $\mathfrak{G} \subseteq \mathbf{S}$ folgt die $\mathbf{S}$-Meßbarkeit von T. Wählt man in (5.19) insbesondere $c = \nu(A)$ mit $A \in \mathfrak{C}$, dann ergibt sich $\{x : T(x) < \nu(A)\} = \bigcup_i \{A_i : A_i \in \mathfrak{G},\ \nu(A_i) < \nu(A)\}$. Aus $\nu(A_i) < \nu(A)$ folgt aber

---

[5.5] $A \subset B$ ν-f. ü. bedeutet, daß die Menge der Elemente von A, die nicht zu B gehören, eine ν-Nullmenge ist. $A = B$ ν-f. ü. bedeutet $\nu(A - B) + \nu(B - A) = 0$.

voraussetzungsgemäß $A_i \subseteq A$ ν-f. ü. und somit

$$\{x : T(x) < \nu(A)\} \subseteq A \quad \nu\text{-f. ü.} \tag{5.20}$$

Ist insbesondere $A = A_j \in \mathfrak{G}$, dann folgt sogar

$$\{x : T(x) \leq \nu(A_j)\} \subseteq A_j . \tag{5.21}$$

Es ist nämlich bekanntlich $\{x : T(x) \leq \nu(A_j)\} = \bigcap_n \{x : T(x) < < \nu(A_j) + 1/n\}$ und daher auch $\{x : T(x) \leq \nu(A_j)\} =$

$$= \bigcap_n \bigcup_i \left\{A_i : A_i \in \mathfrak{G},\ \nu(A_i) < \nu\,(A_j) + \frac{1}{n}\right\}.$$

Jede Menge $\{A_i : A_i \in \mathfrak{G},\ \nu(A_i) < \nu(A_j) + 1/n\}$ enthält aber wegen $A_j \in \mathfrak{G}$ auch A_j, und das gibt (5.21). Anderseits folgt aus $A_j \in \mathfrak{G}$ auch

$$A_j \subseteq \{x : T(x) \leq \nu(A_j)\} . \tag{5.22}$$

Ist nämlich $x_0 \in A_j$, dann ergibt sich aus der Definition (5.18) $T(x_0) \leq \nu(A_j)$. (5.21) und (5.22) zeigen, daß (5.17) für $A_j \in \mathfrak{G}$ erfüllt ist.

Es sei nun $A \in \mathfrak{C}$, und es soll eine Menge I von Indizes i geben, so daß

$$\nu(A) = \inf_{i \in I} \{\nu(A_i) : A_i \in \mathfrak{G}\} . \tag{5.23}$$

Dann gilt ν-f. ü. $A_i \supseteq A$ für jedes $i \in I$, und außerdem gilt für je zwei Indizes $i, j \in I$ entweder $A_i \supseteq A_j$ oder $A_j \supseteq A_i$ ν-f. ü. Somit gilt $\bigcap_{i \in I} A_i = A$ ν-f. ü., und es existiert eine Teilfolge i_j von Elementen aus I, so daß $\nu(A_{i_j})$ monoton abnehmend gegen $\nu(A)$ konvergiert. (Vgl. S. 6.)

Daraus folgt

$$\bigcap_{i \in I} (-\infty, \nu(A_i)] = (-\infty, \nu(A)] .$$

Somit ist

$$\{x : T(x) \leq \nu(A)\} = T^{-1}(-\infty, \nu(A)] = T^{-1}\left(\bigcap_{i \in I} (-\infty, \nu(A_i)\right) =$$

$$= \bigcap_{i \in I} \{x : T(x) \leq \nu(A_i)\} .$$

Da aber (5.17) bereits für alle $A_j \in \mathfrak{G}$ bewiesen ist, erhalten wir $\{x: T(x) \leq \nu(A)\} = \bigcap_{i \in I} A_i = A$ ν-f. ü., d. h. (5.17) gilt für alle $A \in \mathfrak{C}$, welche (5.23) erfüllen.

Wenn $\nu(A)$ für ein $A \in \mathfrak{C}$ nicht in der Gestalt (5.23) dargestellt werden kann, dann muß es, weil $\mathfrak{D}$ in $\mathfrak{M}$ dicht ist, eine Menge von Indizes J geben, so daß

$$\nu(A) = \sup_{i \in J} \{\nu(A_i) : A_i \in \mathfrak{G}\}. \tag{5.24}$$

Weiter kann man annehmen, daß es kein $A_j \in \mathfrak{G}$ gibt, so daß $A = A_j$ ν-f. ü., weil sonst (5.17) schon bewiesen ist. Nun schließt man analog wie oben, daß $A_i \subset A$ ν-f. ü., $i \in J$. Überdies ist für jedes $i \in J$

$$\nu(A_i) < \nu(A) \tag{5.25}$$

und $\bigcup_{i \in J} A_i = A$ ν-f. ü. Aus (5.25) folgt

$$\{x: T(x) \leq \nu(A_i)\} \subseteq \{x: T(x) < \nu(A)\},$$

also auch $\bigcup_{i \in J} \{x: T(x) \leq \nu(A_i)\} \subseteq \{x: T(x) < \nu(A)\}$. Dies führt zu $\bigcup_{i \in J} A_i \subseteq \{x: T(x) < \nu(A)\}$ und schließlich zu $A \subseteq \{x: T(x) < \nu(A)\}$ ν-f. ü.. Somit wird aber, wenn man noch (5.20) berücksichtigt, (5.17) auch in diesem Fall bewiesen sein, wenn man zeigen kann, daß $\{x: T(x) = \nu(A)\} = \emptyset$. Wäre aber $T(x_0) = \nu(A)$, dann folgte aus der Definition (5.18)

$$\nu(A) = \inf \{\nu(A_i) : x_0 \in A_i, \ A_i \in \mathfrak{G}\}$$

im Widerspruch zur Annahme, daß $\nu(A)$ nicht als Infimum dieser Art darstellbar ist.

Wir benötigen noch einen weiteren Hilfssatz, den wir auch später verwenden werden.

Lemma 5.2: *Es sei G eine auf $[a, b]$ definierte nicht abnehmende und rechtsseitig stetige Funktion, welche $[a, b]$ in $[c, d]$ abbildet, so daß $G(a) = c$ und $G(b) = d$. Dabei ist auch $a = -\infty$ und $b = \infty$ zugelassen. Es existiert dann stets eine Funktion u_G, welche $[c, d]$*

in $[a, b]$ *abbildet mit folgenden Eigenschaften:* u_G *ist nicht abnehmend, für jedes* $x \in [a, b]$ *ist*

$$u_G(G(x)) \leq x \tag{5.26}$$

und für jedes $y \in [c, d]$

$$G(u_G(y)) \geq y. \tag{5.27}$$

Beweis: Sei

$$u_G(y) = \inf \{x : G(x - 0) \leq y \leq G(x)\} \tag{5.28}$$

für $c < y < d$ und

$$u_G(c) = a, \quad u_G(d) = b. \tag{5.29}$$

Die durch (5.28) und (5.29) definierte Funktion ist nicht fallend. Es sei

$$c < y_1 < y_2 < d. \tag{5.30}$$

Dann folgt aus $G(x_i - 0) \leq y_i \leq G(x_i)$, $i = 1, 2$, stets $x_1 \leq x_2$. Aus $x_1 > x_2$ folgte nämlich $G(x_1 - 0) \geq G(x_2)$ im Widerspruch zu (5.30).

Für $G(x) = d$ ist (5.26) und für $y = c$ ist (5.27) trivial. Es sei für ein gegebenes x nun $y = G(x)$ mit

$$c < y < d. \tag{5.31}$$

Also ist nach (5.28) $u_G(y) \leq x$, und das ist (5.26). Umgekehrt sei für ein y in (5.31) $u_G(y) = x$. Dann ist $G(x) \geq y$, denn $G(x) < y$ hätte $x < u_G(y)$ zur Folge. Damit ist (5.27) bewiesen.

Daraus leitet man noch eine weitere Eigenschaft von u_G ab: $u_G(y) \leq x$ impliziert $y \leq G(x)$ und umgekehrt. Die erste Behauptung folgt aus $G(u_G(y)) \leq G(x)$ und aus (5.27). Da u_G nicht abnehmend ist, folgt die Umkehrung genau so aus (5.26).

Wir gehen nun zum Beweis des Satzes 5.3 über. Nach Satz 5.2 ist die Existenz eines zu W_{R_1} äquivalenten Maßes λ sichergestellt, das von der Gestalt

$$\lambda = \sum_{i=1}^{\infty} \beta_i W_{\gamma_i}, \quad \beta_i > 0, \quad \sum_{i=1}^{\infty} \beta_i = 1, \quad \gamma_i \in R_1 \tag{5.32}$$

sein möge. Für jedes $\gamma \in R_1$ definieren wir

$$P_\gamma = \{x : p_\gamma(x) > 0\}, \quad P_{\gamma,l} = \bigcup_{\gamma_i < \gamma} P_{\gamma_i} - P_\gamma \quad \text{und} \quad P_{\gamma,r} = \bigcup_{\gamma_i > \gamma} P_{\gamma_i} - P_\gamma$$

Weiter sei $A_\varphi = \{x : \varphi(x) = 0\}$ und $Z_\varphi = \{x : \varphi(x) = 1\}$ für jedes $\varphi \in \mathfrak{K}$. Wir machen zunächst folgende allgemeine Bemerkung: Gilt $x \notin P_{\gamma,l} \cup P_{\gamma,r}$, dann ist entweder $x \in P_\gamma$ oder x gehört zu einer Menge vom λ-Maße 0. Ist nämlich $x \notin P_\gamma$, dann gehört x zu $\bigcap_{i=1}^{\infty} (R - P_{\gamma_i})$, und diese Menge ist eine W_{γ_i}-Nullmenge für $i = 1, 2, \ldots$ und daher auch eine λ-Nullmenge.

Es sei γ^* eine beliebige reelle Zahl, und es sei

$$E(\varphi; \gamma^*) = 1 \tag{5.33}$$

für ein $\varphi \in \mathfrak{K}$, also insbesondere

$$W_{\gamma^*}(A_\varphi) = 0\,. \tag{5.34}$$

Wegen (5.33) ist aber für jedes γ_i mit $\gamma_i > \gamma^*$ auch $E(\varphi; \gamma_i) = 1$. Somit ist A_φ (λ-f. ü.) nicht in $P_{\gamma^*,r}$ enthalten und es gilt nach obenstehender Bemerkung

$$A_\varphi \subseteq \mathrm{P}_{\gamma^*,l} \quad \lambda\text{-f- ü.}. \tag{5.35}$$

Ist aber

$$E(\varphi; \gamma^*) = 0\,, \tag{5.36}$$

dann ist auch $E(\varphi; \gamma_i) = 0$ für jedes γ_i mit $\gamma_i < \gamma^*$. Somit gilt $A_\varphi \supseteq \{x : p_{\gamma^*}(x) > 0\}$ und $A_\varphi \supseteq \{x : p_{\gamma_i}(x) > 0\}$ für jedes $\gamma_i < \gamma^*$ (λ-f. ü.) und daher

$$A_\varphi \supseteq P_{\gamma^*,l} \cup P_{\gamma^*} \quad \lambda\text{-f. ü.}. \tag{5.37}$$

Nun zeigen wir: Ist $\varphi \in \mathfrak{K}$, dann ist für beliebiges reelles γ^* mit $0 < E(\varphi; \gamma^*) < 1$

$$P_{\gamma^*,r} \subseteq Z_\varphi \quad \lambda\text{-f. ü.} \tag{5.38}$$

$$P_{\gamma^*,l} \subseteq A_\varphi \quad \lambda\text{-f. ü.} \tag{5.39}$$

und

$$A_\varphi = P_{\gamma^*,l} \cup (A_\varphi \cap P_{\gamma^*}) \quad \lambda\text{-f. ü.}. \tag{5.40}$$

Es ist ja nach Satz 3.1 III F. $\{x : p_{\gamma_i}(x) > k_i p_{\gamma^*}(x)\} \subseteq Z_\varphi$ (λ-f. ü.) für beliebiges γ_i mit $\gamma_i > \gamma^*$ und passendes reelles k_i, und somit folgt (5.38). Anderseits gilt $A_\varphi \supseteq \{x : p_{\gamma^*}(x) < k_i p_{\gamma_i}(x)\}$ (λ-f.ü.) für jedes γ_i mit $\gamma_i < \gamma^*$ sowie mit $E(\varphi; \gamma_i) > 0$, und passendes reelles k_i. Wegen $E(\varphi; \gamma^*) < 1$ ist aber stets $k_i \neq 0$ und daher $P_{\gamma_i} - P_{\gamma^*} \subseteq A_\varphi$ (λ-f. ü.). Dies gilt aber trivialerweise auch für $E(\varphi; \gamma_i) = 0$. Damit folgt (5.39). Aus (5.38) ergibt sich $A \cap P_{\gamma^*, r} = \Phi$ λ-f.-ü. Wie wir oben bemerkt haben, ist damit (5.40) bewiesen.

Ist $E(\varphi; \gamma^*) = 0$ und φ trennscharf für $(\{\gamma^*\}, \{\gamma\})$ für jedes γ mit $\gamma^* < \gamma$, dann gilt ebenfalls $\{x : p_{\gamma_i}(x) > k_i p_{\gamma^*}(x)\} \subseteq Z_\varphi$[5.6] für jedes γ_i mit $\gamma_i > \gamma^*$ und passendes reelles k_i. Zusammen mit (5.37) folgt wieder (5.40). Ist aber $E(\varphi; \gamma^*) = 1$ und $1 - \varphi$ trennscharf für $(\{\gamma^*\}, \{\gamma\})$ für jedes γ mit $\gamma < \gamma^*$, dann folgt leicht $A_\varphi \supseteq P_{\gamma^*, l}$ und $A_\varphi \cap P_{\gamma^*} = \Phi$, also ergibt sich wegen (5.35) wieder (5.40).

Es sei nun

$$\mathfrak{C} = \{A : A = P_{\gamma^*, l} \cup (\{x : p_\gamma(x) \leq k p_{\gamma^*}(x)\} \cap P_{\gamma^*}), \quad 0 \leq k \leq \infty,$$
$$\gamma, \gamma^* \in R_1, \ \gamma^* < \gamma\}.$$

Nach Voraussetzung gibt es für ein beliebiges $A \in \mathfrak{C}$, das von der Gestalt

$$P_{\gamma^*, l} \cup (\{x : p_\gamma(x) \leq k_0 p_{\gamma^*}(x)\} \cap P_{\gamma^*}) \tag{5.41}$$

sei, ein $\varphi \in \mathfrak{R}$ mit

$$E(\varphi; \gamma^*) = 1 - W_{\gamma^*}(A), \tag{5.42}$$

so daß φ trennscharf für das Problem $(1 - W_{\gamma^*}(A), \{\gamma^*\}, \{\gamma\})$ ist. Falls $W_{\gamma^*}(A) = 0$ gilt, kann man noch annehmen, daß $1 - \varphi$ trennscharf für jedes γ mit $\gamma < \gamma^*$ ist. Aus (5.41) folgt $W_{\gamma^*}(A) = W_{\gamma^*}(\{x : p_\gamma(x) \leq k_0 p_{\gamma^*}(x)\})$, und daher folgt aus Satz 3.1 III F.

$$\varphi(x) = \begin{cases} 1 & \{x : p_\gamma(x) > k_0 p_{\gamma^*}(x)\} \\ 0 & \{x : p_\gamma(x) < k_0 p_{\gamma^*}(x)\} \end{cases}.$$

Nun ist $\{x : p_\gamma(x) < k_0 p_{\gamma^*}(x)\} \cap P_{\gamma^*} = \{x : p_\gamma(x) < k_0 p_{\gamma^*}(x)\}$. Entweder hat $\{x : p_\gamma(x) = k_0 p_{\gamma^*}(x)\}$ das W_{γ^*}-Maß 0, oder φ verschwindet

---

[5.6] Hier und gelegentlich auch später merken wir nicht mehr an, wenn eine Beziehung nur λ-f. ü. gilt.

auf dieser Menge. Andernfalls wäre (5.42) nicht erfüllt. Somit ist

$$A_\varphi = A \qquad W_{\gamma*}\text{-f. ü.}. \tag{5.43}$$

Wegen (5.40) und (5.41) ist aber $A_\varphi \cap P_{\gamma^*,l} = A \cap P_{\gamma^*,l}$. Somit folgt aus (5.43) auch

$$A_\varphi = A \qquad \lambda\text{-f. ü.}. \tag{5.44}$$

Nun zeigen wir noch, daß für je zwei Elemente $A_1, A_2 \in \mathfrak{C}$

$$A_1 \subseteq A_2 \quad \text{oder} \quad A_2 \subseteq A_1 \quad \lambda\text{-f. ü.} \tag{5.45}$$

gilt. Wir nehmen dazu an, daß A_1 in der Form (5.41) gegeben ist, wobei k_0 durch k_1 zu ersetzen ist. Wie wir gezeigt haben, gibt es ein φ, so daß

$$A_2 = A_\varphi \qquad \lambda\text{-f. ü.}. \tag{5.46}$$

Wenn φ trennscharf für $(\{\gamma^*\}, \{\gamma\})$ ist, existiert ein k_2, so daß

$$\{x : p_\gamma(x) < k_2 p_{\gamma*}(x)\} \subseteq A_2 \subseteq \{x : p_\gamma(x) \leq k_2 p_{\gamma*}(x)\} \qquad \lambda\text{-f. ü.}$$

also auch $W_{\gamma*}$-f. ü. gilt. Nach Definition von A_1 ist

$$A_1 = \{x : p_\gamma(x) \leq k_1 p_{\gamma*}(x)\} \qquad W_{\gamma*}\text{-f. ü.}.$$

Somit ist (5.45) $W_{\gamma*}$-f. ü. bewiesen.

Wegen (5.46) und (5.40) gilt aber $A_2 = P_{\gamma^*,l} \cup (A_2 \cap P_{\gamma*})$ λ-f. ü., und da A_1 von der Form (5.41) mit $k_0 = k_1$ ist, folgt schließlich, daß (5.45) auch λ-f. ü. gilt. Ist aber $E(\varphi; \gamma^*) = 0$ bzw. $E(\varphi; \gamma^*) = 1$, dann ist wegen (5.37) bzw. (5.35) die Aussage (5.45) trivialerweise erfüllt.

Nach Lemma 5.1 existiert eine λ-f. ü. definierte **S**-meßbare Funktion T, welche

$$A = \{x : T(x) \leq \lambda(A)\} \qquad \lambda\text{-f. ü.} \tag{5.47}$$

für alle $A \in \mathfrak{C}$ erfüllt.

Es sei nun für beliebige, aber feste $\gamma^*, \bar{\gamma}$ mit $\gamma^* < \bar{\gamma}$ und für $0 \leq k \leq \infty$

$$A_k = P_{\gamma^*,l} \cup (\{x : p_{\bar{\gamma}}(x) \leq k p_{\gamma*}(x)\} \cap P_{\gamma*}). \tag{5.48}$$

Nach Definition von $P_{\gamma*}$ gilt auch

$$A_k = P_{\gamma*,l} \cup (\{x: p_{\bar{\gamma}}(x)/p_{\gamma*}(x) \leq k\} \cap P_{\gamma*}). \tag{5.49}$$

Es folgt sofort, daß die Abbildung $k \to \lambda(A_k)$ nicht fallend ist. Auf Grund der Bemerkung nach dem Lemma 5.2 folgt die Existenz einer nicht abnehmenden Funktion u von $[\lambda(A_0), \lambda(A_\infty)]$ in $[0, \infty]$, so daß $y \leq \lambda(A_k)$ genau dann gilt, wenn $u(y) \leq k$. Dieser Sachverhalt bleibt für $k < \infty$ erhalten, wenn wir die Definition von u auf das Intervall $[0, 1]$ erweitern, indem wir $u(y) = 0$ für $0 \leq y < \lambda(A_0)$ und $u(y) = \infty$ für $\lambda(A_\infty) < y \leq 1$ setzen. Wegen $A_k \in \mathfrak{C}$ folgt aus (5.47)

$$A_k = \{x: u(T(x)) \leq k\} \quad \lambda\text{-f. ü.}. \tag{5.50}$$

Aus (5.49) und (5.50) folgt $P_{\gamma*,l} \subseteq \{x: u(T(x)) = 0\}$. Definiert man also $p_{\bar{\gamma}}(x)/p_{\gamma*}(x) = 0$ für $x \in P_{\gamma*,l}$, dann gilt für alle $x \in P_{\gamma*,l} \cup P_{\gamma*}$ sogar

$$\{x: p_{\bar{\gamma}}(x)/p_{\gamma*}(x) \leq k\} = \{x: u(T(x)) \leq k\} \quad \lambda\text{-f. ü.}. \tag{5.51}$$

Für $x \in P_{\gamma*,r}$ wird $p_{\bar{\gamma}}(x)/p_{\gamma*}(x) = \infty$ definiert. Dann ist auch für diese x $p_{\bar{\gamma}}(x)/p_{\gamma*}(x) = u(T(x))$. Wäre nämlich für $x \in P_{\gamma*,r}$ $T(x) < \lambda(A_\infty)$, dann folgte aus (5.50) für ein passendes $k < \infty$, $x \in A_k$, d. h. $x \notin P_{\gamma*,r}$ λ-f. ü. Damit erhalten wir schließlich zusammen mit (5.51)

$$p_{\bar{\gamma}}(x)/p_{\gamma*}(x) = u(T(x)) \quad \lambda\text{-f. ü.}. \tag{5.52}$$

Mit $u = H_{\gamma*,\bar{\gamma}}$ ist also der Satz bewiesen.

6. Lokal trennscharfe Tests. Unsere Überlegungen in 5. haben gezeigt, daß für Alternativen, welche mehr als ein Element umfassen, im allgemeinen keine trennscharfen Tests existieren. Falls die Menge W_Γ durch ein σ-endliches Maß dominiert ist, ist die Existenz trennscharfer Tests im wesentlichen identisch damit, daß die R.N.-Dichten von W_Γ monotone Dichtequotienten besitzen. Sowohl vom praktischen als auch vom theoretischen Standpunkt aus ist es von Interesse, die Gütefunktion eines Tests „in der Nähe“ der Nullhypothese zu untersuchen. Man betrachtet ja praktisch kaum Alternativen, welche von der Nullhypothese „zu weit“ entfernt sind[6.1]. Dazu ist es natürlich nötig, den Begriff des Abstandes in der Menge der zulässigen Hypothesen Γ einzuführen. Bisher haben wir allerdings im allgemeinen keinerlei Voraussetzungen über die Struktur dieser Menge gemacht.

Betrachten wir aber das Beispiel einer Menge von Normalverteilungen, deren Dichten für ein n mit $n \geq 1$ und für $-\infty < a < \infty$ auf S. 219 definiert sind, dann ist in natürlicher Weise der Abstand zweier Hypothseen a_1, a_2 durch $|a_1 - a_2|$ definiert. Da jedem a genau eine Normalverteilung W_a entspricht, kann man dies auch benutzen, um für die Verteilungen selbst einen Abstand δ zu erklären, indem man einfach $\delta(W_{a_1}, W_{a_2}) = |a_1 - a_2|$ definiert.

Man kann sogar in der Menge aller Wahrscheinlichkeitsmaße über einem beliebigen Meßraum $(R, \mathbf{S})$ stets einen Abstand einführen. Man braucht nur für je zwei Maße W_1 und W_2

$$d(W_1, W_2) = \sup_{A \in \mathbf{S}} |W_1(A) - W_2(A)|$$

zu erklären. Man sieht leicht ein, daß d alle Eigenschaften eines Abstandes besitzt: Es ist $d(W_1, W_2)$ genau dann 0, wenn $W_1 = W_2$ ist. Es ist $d(W_1, W_2) = d(W_2, W_1)$. Überdies gilt die Dreiecksungleichung: $d(W_1, W_3) \leq d(W_1, W_2) + d(W_2, W_3)$. Dies folgt leicht aus der Dreiecksungleichung für reelle Zahlen und aus der Definition des Supremums.

Nebenbei sei bemerkt, daß aus $\delta(W_a, W_{a_0}) \to 0$ für $a \to a_0$ auch $d(W_a, W_{a_0}) \to \to 0$ folgt und umgekehrt. Dies erhält man sofort aus folgender Tatsache: Es sei f_i die R.N.-Dichte von W_i, $i = 1, 2$, bez. eines geeigneten Maßes μ, z. B. $W_1 + W_2$. Dann ist

$$d(W_1, W_2) = \frac{1}{2} \int_R |f_1 - f_2| d\mu . \tag{6.1}$$

Dies ergibt sich aus $\int_R (f_1 - f_2)\, d\mu = 0$ und aus $d(W_1, W_2) = \int_B |f_1 - f_2|\, d\mu$, wobei $B = \{x: f_1(x) - f_2(x) \geq 0\}$.

Dem soeben erwähnten Beispiel der Normalverteilungen, für die man einen Abstand δ einführen kann, der einfach der übliche Abstand im R_1 ist, lassen sich zahlreiche ähnliche Beispiele zur Seite stellen. Betrachtet man etwa die durch (1.3) gegebenen Normalverteilungen mit $-\infty < a < \infty$, $0 < \sigma < \infty$, dann kann man $\delta(W_{a_1, \sigma_1}, W_{a_2, \sigma_2}) = \sqrt{(a_1 - a_2)^2 + (\sigma_1 - \sigma_2)^2}$ erklären. Wieder folgt aus $\delta(W_{a, \sigma}, W_{a_0, \sigma_0}) \to 0$ für $(a, \sigma) \to (a_0, \sigma_0)$ auch $d(W_{a, \sigma}, W_{a_0, \sigma_0}) \to 0$ und umgekehrt.

Man kann solche Beispiele zum Ausgangspunkt für folgende Definition nehmen:

Es sei $\mathfrak{W}$ eine Menge zulässiger Hypothesen für einen Test. Es soll in $\mathfrak{W}$ ein Abstand derart eingeführt werden können, daß $\mathfrak{W}$ eineindeutig und in beiden Richtungen stetig auf eine Teilmenge Γ eines R_n, $n \geq 1$, abgebildet werden kann.

[6.1] Vom Standpunkt der Praxis aus sind aber anderseits Alternativen, welche „zu nahe“ an der Nullhypothese liegen, ebenfalls uninteressant.

Das Testproblem $(\Gamma_0, \Gamma - \Gamma_0)$ heißt parametrisch[6.2], wenn sowohl die Nullhypothes Γ_0 als auch $\Gamma - \Gamma_0$ eine offene oder abgeschlossene Teilmenge des R_n ist.

Die Definition des lokal trennscharfen Tests, die wir jetzt geben wollen, gehört zur Ideenwelt der parametrischen Theorien.

Definition: *Die Menge Γ der zulässigen Hypothesen eines Testproblems sei eine Teilmenge des R_k, $k \geq 1$. Es sei $\gamma_0 \in \Gamma$ und $\Gamma - \{\gamma_0\}$ offen, $0 \leq \alpha \leq 1$, und Φ_α die Menge aller Tests für das Problem $(\alpha, \{\gamma_0\}, \Gamma - \{\gamma_0\})$. φ^* heißt lokal trennscharf für dieses Problem, wenn es zu jedem $\varphi \in \Phi_\alpha$ eine offene Kugel $K_\varphi \subset R_k$ mit γ_0 als Mittelpunkt gibt, so daß $K_\varphi \cap (\Gamma - \{\gamma_0\})$ nicht leer ist und für die Gütefunktionen*

$$g_{\varphi^*}(\gamma) \geq g_\varphi(\gamma) \tag{6.2}$$

für alle $\gamma \in K_\varphi \cap (\Gamma - \{\gamma_0\})$ gilt.

Es ist selbstverständlich, wie man die lokale Trennschärfe in bezug auf eine Teilmenge von Φ_α definiert.

Alles, was man für diese Definition benötigt, ist offenbar der Begriff „offen“ oder „abgeschlossen“ für den R_k. Daher kann man diese Definition weitgehend verallgemeinern, doch hat dies nur geringe Bedeutung.

Die Existenz lokal trennscharfer Tests kann man unter recht weitgehenden Voraussetzungen beweisen. Es gilt der

Satz 6.1: *Es sei $\Gamma = [\gamma_0, \infty)$[6.3]. W_Γ sei über $(R, \mathbf{S})$ definiert und durch ein σ-endliches Maß dominiert. Die R.N.-Dichten von W_γ bez. μ seien mit f_γ bezeichnet. Für alle γ in (γ_0, γ_1) und jedes $x \in R$, höchstens mit Ausnahme einer μ-Nullmenge[6.4], sei die Abbildung $\gamma \to f_\gamma(x)$ (in γ_0 von rechts) differenzierbar. Überdies existiere eine μ-integrierbare Funktion ψ, so daß für $\gamma_0 \leq \gamma < \gamma_1$*

$$\left| \frac{\partial}{\partial \gamma} f_\gamma \right| \leq \psi \tag{6.3}$$

μ-f. ü. gilt. Es sei für jedes k mit $-\infty \leq k \leq \infty$

$$\mu \left\{ x : \frac{\partial}{\partial \gamma} f_{\gamma_0}(x) = k f_{\gamma_0}(x) \right\} = 0. \tag{6.4}$$

[6.2] Diese Terminologie beschränkt sich nicht nur auf Testprobleme. Sie ist sinngemäß auch auf Konfidenzbereiche (vgl. IV.) und die Theorie der Schätzungen (V.) anzuwenden.

[6.3] Es ist ohne Belang, welchen Endpunkt man für dieses Intervall wählt. Man kann ∞ durch eine beliebige reelle Zahl $> \gamma_0$ ersetzen.

[6.4] Diese soll nicht von γ abhängen.

Jeder Test φ^* *der Gestalt*

$$\varphi^*(x) = \begin{cases} 1 & \frac{\partial}{\partial\gamma} f_{\gamma_0}(x) > k f_{\gamma_0}(x) \\ \textit{beliebig in } [0,1] & \frac{\partial}{\partial\gamma} f_{\gamma_0}(x) = k f_{\gamma_0}(x) \\ 0 & \frac{\partial}{\partial\gamma} f_{\gamma_0}(x) < k f_{\gamma_0}(x) \end{cases} \tag{6.5}$$

mit $-\infty \leq k \leq \infty$ *ist lokal trennscharf für das Problem* $(\{\gamma_0\}, \Gamma - \{\gamma_0\})$[6.5]. *Ist umgekehrt* $\overline{\varphi}$ *lokal trennscharf für das Problem* $(\{\gamma_0\}, \Gamma - \{\gamma_0\})$, *dann ist für ein passendes* k $\overline{\varphi} = \varphi^*$ μ*-f. ü.*.

Beweis: Es sei Φ_α die Menge aller Tests für das Problem $(\alpha, \{\gamma_0\}, \Gamma - \{\gamma_0\})$, und es sei $\Phi'_\alpha = \{\varphi : \varphi \in \Phi_\alpha,\ E(\varphi; \gamma_0) = \alpha\}$. Es sei $0 < \alpha \leq 1$ und $\varphi_1 \in \Phi_\alpha$ mit

$$E(\varphi_1; \gamma_0) = \alpha_1 < \alpha. \tag{6.6}$$

Dann existiert stets ein $\varphi \in \Phi'_\alpha$, das die Bedingung $\varphi_1 \leq \varphi$ erfüllt, so daß für die Gütefunktionen

$$g_\varphi(\gamma) \geq g_{\varphi_1}(\gamma) \tag{6.7}$$

für alle $\gamma \in \Gamma - \{\gamma_0\}$ gilt. Diese fast selbstverständliche Bemerkung folgt so: Es sei $\beta = (1 - \alpha)/(1 - \alpha_1)$. Wegen (6.6) ist $\beta < 1$. Nun definiere man für $x \in R$

$$\varphi(x) = (1 - \beta) + \beta\varphi_1(x).$$

Dann zeigt eine leichte Rechnung, daß φ die behaupteten Eigenschaften hat. Es genügt also zu zeigen, daß der durch (6.5) definierte Test bei geeigneter Wahl von k zu Φ'_α gehört und lokal trennscharf für Φ'_α ist. Die Existenz eines geeigneten k, so daß $\varphi^* \in \Phi'_\alpha$ ist, folgt aus Satz 3.1 III F. und Zusatz. Weiter entnehmen

---

[6.5] Es ist hier bequem $0 \cdot \infty = 0$ und $-\infty \cdot 0 = -\infty$ zu definieren.

wir dem Zusatz zu Satz 3.1 III F., daß folgendes gilt:

Für jedes $\varphi \in \Phi'_\alpha$ ist $\int\limits_R \varphi^* \frac{\partial}{\partial\gamma} f_{\gamma_0}\, d\mu \geq \int\limits_R \varphi \frac{\partial}{\partial\gamma} f_{\gamma_0}\, d\mu$.

Wegen (6.3) (vgl. Satz VII) gilt dann auch

$$\frac{\partial}{\partial\gamma} E(\varphi^*; \gamma_0) \geq \frac{\partial}{\partial\gamma} E(\varphi; \gamma_0). \tag{6.8}$$

Gilt nun in (6.8) das Kleinerzeichen, dann ist die Differenz der Gütefunktionen $g_{\varphi^*} - g_\varphi$ in γ_0 lokal streng monoton wachsend. Wegen $g_{\varphi^*}(\gamma_0) - g_\varphi(\gamma_0) = 0$ folgt $g_{\varphi^*}(\gamma) > g_\varphi(\gamma)$ in einem passenden Intervall (γ_0, γ^*), das im allgemeinen von φ abhängt.

Gilt aber in (6.8) das Gleichheitszeichen, dann muß wieder nach Satz 3.1 III F. Zusatz φ von der Gestalt

$$\varphi(x) = \begin{cases} 1 & \frac{\partial}{\partial\gamma} f_{\gamma_0}(x) > k f_{\gamma_0}(x) \\ 0 & \frac{\partial}{\partial\gamma} f_{\gamma_0}(x) < k f_{\gamma_0}(x) \end{cases}$$

μ-f. ü. sein. Also folgt aus (6.4) $\varphi = \varphi^*$, μ-f. ü. Somit ist aber $g_{\varphi^*}(\gamma) = g_\varphi(\gamma)$ für $\gamma \in \Gamma - \{\gamma_0\}$. Es sei nun umgekehrt $\bar{\varphi}$ ein lokal trennscharfer Test für das Problem $(\alpha, \{\gamma_0\}, \Gamma - \{\gamma_0\})$. Es gibt dann zu jedem $\varphi \in \Phi'_\alpha$ ein Intervall $(\gamma_0, \gamma_\varphi)$, so daß dort für die Gütefunktionen

$$g_{\bar{\varphi}}(\gamma) \geq g_\varphi(\gamma) \tag{6.9}$$

gilt. Aus (6.3) folgt aber leicht $\lim\limits_{\gamma\to\gamma_0} g_\varphi(\gamma) = g_\varphi(\gamma_0) = \alpha$ und daher wegen (6.9) auch $\lim\limits_{\gamma\to\gamma_0} g_{\bar{\varphi}}(\gamma) = g_{\bar{\varphi}}(\gamma_0) = \alpha$. Zusammen mit (6.9) ergibt sich für die rechtsseitige Ableitung in γ_0

$$\frac{\partial}{\partial\gamma} g_{\bar{\varphi}}(\gamma_0) \geq \frac{\partial}{\partial\gamma} g_\varphi(\gamma_0) \tag{6.10}$$

für jedes $\varphi \in \Phi'_\alpha$. Benützt man (6.3), dann folgt nach Satz 3.1 III F. Zusatz wegen (6.4), daß $\bar{\varphi}$ μ-f. ü. von der Gestalt (6.5) ist, und das war zu beweisen.

Bemerkung: Man kann die unhandliche Bedingung (6.4) dadurch ersetzen, daß man nur solche Irrtumswahrscheinlichkeiten zuläßt, welche durch das W_{γ_0}-Maß von kritischen Regionen geliefert werden, die durch die Teststatistik $x \to \frac{\partial}{\partial \gamma} f_{\gamma_0}(x)/f_{\gamma_0}(x)$ definiert werden können. Überdies muß man die Existenz einer Menge $N \in \boldsymbol{S}$ voraussetzen, so daß $\mu(N) = 0$ ist und $\{x : f(x, \gamma) = 0\} \subseteq N$ für alle $\gamma \in [\gamma_0, \gamma_1)$ gilt.

Durch diesen Satz ist also die Existenz lokal trennscharfer Tests für „einseitige" Alternativen sichergestellt. Wie jedoch die beispielhaften Überlegungen auf S. 219ff. lehren, existiert im allgemeinen — auch unter sehr weitgehenden Voraussetzungen — kein lokal trennscharfer Test für „zweiseitige" Alternativen. Nun bemerken wir, daß der triviale Test, welcher konstant $= \alpha$ ist, zu Φ'_α gehört. Nach Satz 2.1 ist also jeder lokal trennscharfe Test φ^* unverfälscht in einem passenden Intervall der Form $[\gamma_0, \gamma_1)$. Solche Tests nennt man auch *lokal unverfälscht*. Daraus folgt noch für die Gütefunktion g_{φ^*} unter den Voraussetzungen des Satzes 6.1 $\frac{\partial}{\partial \gamma} g_{\varphi^*}(\gamma_0) \geq 0$. Diese Bemerkungen legen die Idee nahe, daß man für einfache Nullhypothesen und zweiseitige Alternativen Tests konstruieren kann, welche wenigstens für die Klasse aller lokal unverfälschten Tests lokal trennscharf sind. Wir können nun tatsächlich den folgenden Satz beweisen:

Satz 6.2: *Es sei Γ etwa der ganze R_1. W_Γ, μ und f_γ mögen eine analoge Bedeutung haben wie im Satz 6.1. Für alle γ in $(\gamma_0 - \delta, \gamma_0 + \delta)$, $\delta > 0$, und jedes $x \in R$, eventuell mit Ausnahme einer μ-Nullmenge, sei die Abbildung $\gamma \to f_\gamma(x)$ zweimal differenzierbar. $\frac{\partial}{\partial \gamma} f_{\gamma_0}$ sei μ-integrierbar. Überdies existiere eine über R definierte μ-integrierbare Funktion ψ, so daß in $(\gamma_0 - \delta, \gamma_0 + \delta)$*

$$\left| \frac{\partial^2}{\partial \gamma^2} f_\gamma(x) \right| \leq \psi(x) \tag{6.11}$$

μ-f. ü. gilt.

Es sei weiter für alle reellen l_1, l_2

$$\mu \left\{ x : \frac{\partial^2}{\partial \gamma^2} f_{\gamma_0}(x) = l_1 \frac{\partial}{\partial \gamma} f_{\gamma_0}(x) + l_2 f_{\gamma_0}(x) \right\} = 0. \tag{6.12}$$

Es sei Ψ_α die Menge aller unverfälschten Tests für das Problem $(\alpha, \{\gamma_0\}, \Gamma - \{\gamma_0\})$. Dann ist jeder Test der Gestalt

$$\varphi^*(x) = \begin{cases} 1 & \frac{\partial^2}{\partial\gamma^2} f_{\gamma_0}(x) > l_1 \frac{\partial}{\partial\gamma} f_{\gamma_0}(x) + l_2 f_{\gamma_0}(x) \\ \text{beliebig in } [0,1] & \frac{\partial^2}{\partial\gamma^2} f_{\gamma_0}(x) = l_1 \frac{\partial}{\partial\gamma} f_{\gamma_0}(x) + l_2 f_{\gamma_0}(x) \\ 0 & \frac{\partial^2}{\partial\gamma^2} f_{\gamma_0}(x) < l_1 \frac{\partial}{\partial\gamma} f_{\gamma_0}(x) + l_2 f_{\gamma_0}(x) \end{cases} \tag{6.13}$$

mit $-\infty < l_1,\ l_2 < \infty$[6.6] *lokal trennscharf bez.* Ψ_α, *wenn* α *durch*

$$\alpha = E(\varphi^*; \gamma_0) \tag{6.14}$$

gegeben ist und l_1, l_2 *außerdem so bestimmbar sind, daß*

$$\int_R \frac{\partial}{\partial\gamma} f_{\gamma_0} \varphi^* \, d\mu = 0 \tag{6.15}$$

gilt. Überdies gilt für jeden bez. Ψ_α *lokal trennscharfen Test* $\bar{\varphi}$*,* $\bar{\varphi} = \varphi^*$ μ*-f.ü.*.

Der **Beweis** verläuft im wesentlichen genau so wie der von Satz 6.1, doch muß man sich auf Satz 3.2 stützen. Zunächst kann man sich wieder auf die Teilmenge Ψ'_α von Ψ_α beschränken, für deren Elemente φ $E(\varphi; \gamma_0) = \alpha$ gilt. Da alle φ lokal unverfälscht sind, besitzt die Gütefunktion g_φ in γ_0 ein lokales Minimum. Wegen (6.11) genügen also alle $\varphi \in \Psi'_\alpha$ den Bedingungen

$$\int_R f_{\gamma_0} \varphi \, d\mu = \alpha, \qquad \int_R \frac{\partial}{\partial\gamma} f_{\gamma_0} \varphi \, d\mu = 0.$$

φ^* erfüllt somit wegen (6.14) und (6.15) die Bedingung

$$\int_R \frac{\partial^2}{\partial\gamma^2} f_{\gamma_0} \varphi^* \, d\mu = \max_{\varphi \in \Psi'_\alpha} \int_R \frac{\partial^2}{\partial\gamma^2} f_{\gamma_0} \varphi \, d\mu.$$

[6.6] Man kann natürlich auch $l_1 = \pm\infty$, $l_2 = \pm\infty$ zulassen.

Gilt

$$\int\limits_R \frac{\partial^2}{\partial \gamma^2} f_{\gamma_0} \varphi^* \, d\mu > \int\limits_R \frac{\partial^2}{\partial \gamma^2} f_{\gamma_0} \varphi \, d\mu ,$$

dann folgt wegen (6.11) für die Gütefunktionen

$$\frac{\partial^2}{\partial \gamma^2} \big(g_{\varphi^*}(\gamma_0) - g_\varphi(\gamma_0)\big) > 0 .$$

Wegen

$$\frac{\partial}{\partial \gamma} \big(g_{\varphi^*}(\gamma_0) - g_\varphi(\gamma_0)\big) = 0$$

besitzt $g_{\varphi^*} - g_\varphi$ in γ_0 ein lokales Minimum, und damit ist alles gezeigt. Die weiteren Beweisschritte sind genau analog zu denen des Satzes 6.1 und sollen hier nicht mehr ausgeführt werden.

Wir betrachten ein Beispiel. Es sei W_{R_1} die Menge aller n-dimensionalen Normalverteilungen, deren Dichten auf S. 219 angegeben sind mit $-\infty < a < \infty$. Wir interessieren uns für das Testproblem $(\alpha, \{a_0\}, R_1 - \{a_0\})$. Die Dichten erfüllen die in Satz 6.2 verlangten Voraussetzungen. Dies sieht man unmittelbar ein, wenn man die Beziehung

$$e^{-\frac{1}{2}\sum\limits_{i=1}^{n}(x_i-a)^2} = e^{-\frac{1}{2}\sum\limits_{i=1}^{n}(x_i-\bar{x})^2} e^{-\frac{n}{2}(\bar{x}-a)^2} \tag{6.16}$$

benutzt. Wie man leicht nachrechnet, entspricht der Definition (6.13) in unserem Beispiel der Test

$$\varphi^*(x) = \begin{cases} 1 & n^2(\bar{x}-a_0)^2 - n > l_2 + l_1 n(\bar{x}-a_0) \\ 0 & n^2(\bar{x}-a_0)^2 - n < l_2 + l_1 n(\bar{x}-a_0) \end{cases}.$$

Eine leichte Rechnung ergibt: Wählt man l_1, l_2 so, daß

$$l_1 = 0 \quad \text{und} \quad \sqrt{1 + l_2/n} = \varkappa_\alpha ,$$

wobei $\varkappa_\alpha$ wie in II. (3.3) definiert ist, dann wird

$$\varphi^*(x) = \begin{cases} 1 & \sqrt{n}\,|\bar{x}-a_0| > \varkappa_\alpha \\ 0 & \sqrt{n}\,|\bar{x}-a_0| < \varkappa_\alpha \end{cases}$$

und φ^* erfüllt die Bedingungen (6.14) und (6.15). Damit sind wir also zu einer gewissen Rechtfertigung des in II. 3. entwickelten Testverfahrens gekommen.

Es sei Δ_α die Menge aller Tests φ für das Problem $(\alpha, \{\gamma_0\}, R_1 - \{\gamma_0\})$, deren Gütefunktion g_φ in γ_0 zweimal differenzierbar ist und welche die Bedingungen

$$g_\varphi(\gamma_0) = \alpha, \quad \frac{d}{d\gamma} g_\varphi(\gamma_0) = 0 \tag{6.17}$$

erfüllen. Ein Test $\varphi^* \in \Delta_\alpha$, welcher der Bedingung $\frac{d^2}{d\gamma^2} g_{\varphi^*}(\gamma_0) \geq \geq \frac{d^2}{d\gamma^2} g_\varphi(\gamma_0)$ für alle $\varphi \in \Delta_\alpha$ genügt, wird nach NEYMAN als *Test vom Typ A* bezeichnet. Satz 6.2 sagt aus, daß unter den dort angegebenen Bedingungen stets ein Test vom Typ A existiert. Die Gütefunktion eines Testes vom Typ A besitzt in γ_0 ein Krümmungsmaximum.

Wir wollen noch ein paar Worte über den Fall sagen, daß der Parameter γ mehrdimensional ist. Es sei der Einfachheit halber der R_2 die Menge der zulässigen Hypothesen und $\gamma_0 \in R_2$. Es sei $\Delta_\alpha^{(1)}$ die Menge aller Tests φ für das Problem $(\alpha, \{\gamma_0\}, R_2 - \{\gamma_0\})$, deren Gütefunktionen g_φ folgende Eigenschaften haben: g_φ besitzt in γ_0 sämtliche ersten und zweiten Ableitungen. Es ist

$$g_\varphi(\gamma_0) = \alpha \tag{6.18}$$

und mit $\gamma = (\gamma_1, \gamma_2)$ gilt

$$\frac{\partial g_\varphi(\gamma_0)}{\partial \gamma_i} = 0, \qquad i = 1, 2. \tag{6.19}$$

Weiter ist

$$\frac{\partial^2 g_\varphi(\gamma_0)}{\partial \gamma_1 \partial \gamma_2} = 0 \tag{6.20}$$

und

$$\frac{\partial^2 g_\varphi(\gamma_0)}{\partial \gamma_1^2} = \frac{\partial^2 g_\varphi(\gamma_0)}{\partial \gamma_2^2}. \tag{6.21}$$

Mit $\Delta_\alpha^{(2)}$ sei die Menge aller Tests φ für dasselbe Problem bezeichnet, deren Gütefunktionen außer (6.18) und (6.19) noch folgende Bedingung erfüllen:

$$\begin{vmatrix} \dfrac{\partial^2 g_\varphi(\gamma_0)}{\partial \gamma_1^2} & \dfrac{\partial^2 g_\varphi(\gamma_0)}{\partial \gamma_1 \partial \gamma_2} \\ \dfrac{\partial^2 g_\varphi(\gamma_0)}{\partial \gamma_1 \partial \gamma_2} & \dfrac{\partial^2 g_\varphi(\gamma_0)}{\partial \gamma_2^2} \end{vmatrix} > 0. \tag{6.22}$$

Ein Test φ^* heißt vom *Typ C*[6.7] für das Problem $(\alpha, \{\gamma_0\}, R_2 - \{\gamma_0\})$, wenn er entweder $\in \Delta_\alpha^{(1)}$ ist und seine Gütefunktion g_{φ^*} die Bedingung

$$\frac{\partial^2 g_{\varphi^*}(\gamma_0)}{\partial \gamma_1^2} \geq \frac{\partial^2 g_\varphi(\gamma_0)}{\partial \gamma_1^2} \tag{6.23}$$

für alle $\varphi \in \Delta_\alpha^{(1)}$ erfüllt oder wenn er $\in \Delta_\alpha^{(2)}$ ist und für alle $\varphi \in \Delta_\alpha^{(2)}$ die Bedingung

$$\frac{\partial^2 g_{\varphi^*}(\gamma_0)}{\partial \gamma_1^2} : \frac{\partial^2 g_\varphi(\gamma_0)}{\partial \gamma_1^2} = \frac{\partial^2 g_{\varphi^*}(\gamma_0)}{\partial \gamma_1 \partial \gamma_2} : \frac{\partial^2 g_\varphi(\gamma_0)}{\partial \gamma_1 \partial \gamma_2} =$$

$$= \frac{\partial^2 g_{\varphi^*}(\gamma_0)}{\partial \gamma_2^2} : \frac{\partial^2 g_\varphi(\gamma_0)}{\partial \gamma_2^2} = \lambda_\varphi \tag{6.24}$$

für $\lambda_\varphi \geq 1$ erfüllt.

Es ist von Interesse, die geometrische Interpretation dieser Definition zu verfolgen, wodurch die Analogie zu den Tests vom Typ A besser hervortritt. Durch die Menge aller reellen u, v mit

$$\frac{\partial^2}{\partial \gamma_1^2} g_\varphi(\gamma_0) u^2 + 2 \frac{\partial^2}{\partial \gamma_1 \partial \gamma_2} g_\varphi(\gamma_0) u v + \frac{\partial^2}{\partial \gamma_2^2} g_\varphi(\gamma_0) v^2 = 1$$

ist ein Kegelschnitt gegeben, der wegen (6.19) die *Dupinsche Indikatrix* der durch g_φ definierten Fläche in γ_0 darstellt. Wegen (6.20) und (6.21) ist für $\varphi \in \Delta_\alpha^{(1)}$ die Indikatrix ein Kreis, und wegen (6.19) folgt noch, daß γ_0 ein *Nabelpunkt* der Fläche ist. Die Gütefunktion g_{φ^*} ist nach (6.23) dadurch ausgezeichnet, daß ihre Indikatrix in der entsprechenden Indikatrix jeder anderen Gütefunktion g_φ, $\varphi \in \Delta_\alpha^{(1)}$, enthalten ist. Ist aber $\varphi \in \Delta_\alpha^{(2)}$, dann werden wegen (6.22) nur solche Gütefunktionen g_φ in Betracht gezogen, welche in γ_0 einen *elliptischen Punkt* besitzen. Aus (6.24) folgt, daß nur solche Gütefunktionen in Betracht gezogen werden, deren Indikatrizen in γ_0 ähnliche Ellipsen sind. Die Indikatrix von g_{φ^*} in γ_0 ist wieder dadurch ausgezeichnet, daß sie in allen anderen Indikatrizen in γ_0 enthalten ist. Die Gütefunktionen g_φ mit $\varphi \in \Delta_\alpha^{(1)}$ stellen also einen Grenzfall der Gütefunktionen g_φ mit $\varphi \in \Delta_\alpha^{(2)}$ dar. Nun stimmen die Hauptachsen der Dupinschen Indikatrix mit den Hauptkrümmungsradien überein. Diese sind in γ_0 für g_{φ^*} bez. $\Delta_\alpha^{(2)}$ minimal oder, anders ausgedrückt, die *Gaußsche Totalkrümmung* ist für g_{φ^*} ein Maximum in $\Delta_\alpha^{(2)}$.

Dies kann man zum Ausgangspunkt einer etwas anderen Definition nehmen: Δ_α sei jetzt die Menge aller Tests, deren Gütefunktionen alle ersten und zweiten Ableitungen in γ_0 besitzen und welche die Bedingungen (6.18) und (6.19) erfüllen. Ein Test $\varphi^* \in \Delta_\alpha$ heißt vom *Typ D*, wenn seine Gütefunktion g_{φ^*} von maximaler

---

6.7 J. Neyman und E. S. Pearson, Statist. Res. Mem. Univ. London 2, 25–27 (1938).

Gaußscher Totalkrümmung in γ_0 in bezug auf alle anderen Gütefunktionen $\varphi \in \Delta_\alpha$ ist. Auf Fragen der Konstruktion solcher Tests gehen wir hier nicht mehr ein[6.8].

Wir machen jedoch noch eine Bemerkung für den Fall eindimensionaler Parameter. Der Schritt, welcher vom Satz 6.1 zum Satz 6.2 geführt hat, bestand wesentlich in einer Verkleinerung der betrachteten Menge von Tests. Zieht man höhere Ableitungen der Gütefunktionen in Betracht, dann kann man natürlich weitere Schritte dieser Art ausführen.

Betrachtet man die Menge aller „einseitigen" Tests φ, deren Gütefunktionen die Bedingungen

$$g_\varphi(\gamma_0) = \alpha, \quad \frac{\partial}{\partial\gamma} g_\varphi(\gamma_0) = 0, \quad \frac{\partial^2}{\partial\gamma^2} g_\varphi(\gamma_0) = 0$$

erfüllen und setzt man noch die Existenz von $\frac{\partial^3 g_\varphi}{\partial\gamma^3}$ in einem Intervall der Form $[\gamma_0, \gamma_1)$ voraus, dann kann man unter naheliegenden Voraussetzungen die Existenz lokal trennscharfer „einseitiger" Tests in bezug auf diese Menge zeigen. Fügt man noch die Bedingung $\frac{\partial^3 g_\varphi(\gamma_0)}{\partial\gamma^3} = 0$ hinzu und setzt man die Existenz von $\frac{\partial^4 g_\varphi}{\partial\gamma^4}$ in einem Intervall der Form $(\gamma_0 - \delta, \gamma_0 + \delta)$, $\delta > 0$, voraus, dann kann man die Existenz lokal trennscharfer „zweiseitiger" Tests in bezug auf diese Menge von Tests zeigen usw.

Die Überlegungen von **5.** führen auf die naheliegende Frage, ob man unter gewissen Bedingungen Tests für das Problem $(\alpha, \{\gamma_0\}, R_1 - \{\gamma_0\})$ konstruieren kann, welche in bezug auf die Menge aller unverfälschten Tests für dieses Problem sogar in $R_1 - \{\gamma_0\}$ trennscharf sind. Das ist tatsächlich der Fall, doch wollen wir darauf nicht mehr eingehen, obwohl diese Dinge besonders für die im II. Kapitel behandelten „zweiseitigen" Tests für die Parameter der Normalverteilung wichtig sind: Alle dort behandelten Tests sind trennscharf in der Menge aller unverfälschten Tests. (Vgl. hierzu LEHMANN, l. c. [1.2].)

7. Erschöpfende Transformationen. Wir werden nun eine Begriffsbildung besprechen, welche nicht nur für die Testtheorie, sondern

[6.8] Vgl. ST. L. ISAACSON, Ann. math. Statistics 22, 217—234 (1951). Für weitere Verallgemeinerungen sei auf J. NEYMAN, Bull. Soc. math. France 63, 246—266 (1935) und H. K. NANDI, Sankhya 11, 13—22 (1951) hingewiesen.

für alle Teile der Mathematischen Statistik von großer Bedeutung ist. Wir haben in I. 18. die bedingte Wahrscheinlichkeit definiert und wir wollen insbesondere an die Ausführungen von S. 70ff. anknüpfen. Es lagen dort ein Wahrscheinlichkeitsfeld $(R, \mathbf{S}, W)$ und ein Meßraum $(Q, \mathfrak{Q})$ zugrunde, sowie eine $(\mathbf{S}, \mathfrak{Q})$-meßbare Abbildung T von R in Q. Wir haben dann für jedes $A \in \mathbf{S}$ die bedingte Wahrscheinlichkeit $W(A \mid T)$ von A „unter der Hypothese T" erklärt. Diese Wahrscheinlichkeit hängt aber im allgemeinen von dem zugrunde gelegten Maß W ab. Wenn man über $(R, \mathbf{S})$ ein anderes Wahrscheinlichkeitsmaß betrachtet, dann erhält man eine andere bedingte Wahrscheinlichkeit. Es kommt aber vor, daß es zu einer Menge von Wahrscheinlichkeitsmaßen W_Γ eine Abbildung T gibt, so daß die bedingte Wahrscheinlichkeit „unter der Hypothese T" vom Wahrscheinlichkeitsmaß W_γ, $\gamma \in \Gamma$, nicht abhängt. Diesen Sachverhalt wollen wir jetzt präzisieren. Vorher führen wir noch folgende Schreibweise ein: Sei $A \in \mathbf{S}$. Statt $W_\gamma(A \mid T)$ schreiben wir auch $W(A \mid T; \gamma)$. Analog verfahren wir auch mit dem bedingten Erwartungswert.

Wir geben nun die Erklärung einer erschöpfenden Transformation:

Definition: *Es sei W_Γ eine Menge von Wahrscheinlichkeitsmaßen über $(R, \mathbf{S})$, $(Q, \mathfrak{Q})$ ein Meßraum und T eine $(\mathbf{S}, \mathfrak{Q})$-meßbare Abbildung von R in Q. Die σ-Algebra $T^{-1}(\mathfrak{Q})$ bezeichnen wir mit $\mathbf{S}_0$*[7.1].

Wenn es zu jedem $A \in \mathbf{S}$ eine über R definierte $\mathbf{S}_0$-meßbare Funktion f_A gibt, so daß

$$f_A = W_\gamma(A \mid T) \qquad W_\gamma\text{-f.ü.} \tag{7.1}$$

für alle $\gamma \in \Gamma$ gilt, dann heißt T erschöpfende Transformation für die Menge Γ oder für W_Γ.

Man beachte zu dieser Definition, daß nach S. 71 $W_\gamma(A \mid T)$ nur bis auf W_γ-Nullmengen festgelegt ist. f_A ist also für jedes $\gamma \in \Gamma$ eine Version der bedingten Wahrscheinlichkeit $W_\gamma(A \mid T)$.

Aus der Definition folgt unmittelbar: Wenn T für Γ erschöpfend ist, dann auch für jede Teilmenge von Γ. Ob T erschöpfend ist oder nicht, hängt offenbar von der durch T induzierten σ-Algebra $\mathbf{S}_0 = T^{-1}(\mathfrak{Q})$ ab. Jede andere Abbildung T_1,

[7.1] Vgl. S. 71.

die keineswegs in dieselbe Menge Q abbilden muß, jedoch dieselbe σ-Algebra $\mathbf{S}_0 \subseteq \mathbf{S}$ induziert, ist zugleich mit T erschöpfend oder nicht und daher von diesem Gesichtspunkt aus zu T gleichwertig. Die Definition (7.1) macht es klar, daß T und T_1 auch als gleichwertig betrachtet werden können, wenn für die von T_1 induzierte σ-Algebra $\mathbf{S}_0^{(1)}$ gilt: $\mathbf{S}_0 = \mathbf{S}_0^{(1)}$, W_Γ-f. ü.[7.2]. Im Grunde genommen ist also die Bezugnahme auf eine Transformation T unnötig, und man kann gleich mit den Teil-σ-Algebren von $\mathbf{S}$ arbeiten. Darauf gehen wir später kurz ein. Wenn T eine erschöpfende Transformation ist, dann gilt eine zu (7.1) analoge Aussage auch für den bedingten Erwartungswert. Statt (7.1) kann man ja auch schreiben $f_A = E_\gamma(c_A \mid T)$. Das Weitere folgt ohne Schwierigkeiten[7.3] aus I., Satz 20.1. Zu jeder zufälligen Variablen ξ, deren Erwartungswert existiert, gibt es also eine über R definierte $\mathbf{S}_0$-meßbare Funktion f_ξ, so daß für alle $\gamma \in \Gamma$

$$f_\xi = E(\xi \mid T; \gamma), \qquad W_\gamma\text{-f. ü.} \tag{7.2}$$

gilt. Wir drücken diesen Sachverhalt oft kurz so aus: $E(\xi \mid T)$ hängt von $\gamma \in \Gamma$ nicht ab.

Es ist selbstverständlich, daß man bei der Definition einer erschöpfenden Transformation auch von $W_T(A \mid T; \gamma)$ ausgehen kann. (Vgl. S. 71.) Wenn T erschöpfend für Γ ist, dann existiert auch eine über Q definierte $\mathfrak{Q}$-meßbare Funktion $f_{A,T}$, so daß für alle $\gamma \in \Gamma$

$$f_{A,T} = W_T(A \mid T; \gamma) \qquad W_\gamma\text{-f. ü.}$$

gilt und umgekehrt. Weiter ist nach I. (18.11) $f_{A,T} \circ T = f_A$. (Siehe auch I., Satz 18.3.)

Natürlich kann man die Definition der bedingten Wahrscheinlichkeit „gegeben eine σ-Algebra“ (S. 70) dazu benutzen, um statt des Begriffes der erschöpfenden Transformation allgemeiner eine *erschöpfende σ-Algebra* einzuführen. Wir werden aber von dieser allgemeinen Begriffsbildung nur wenig Gebrauch machen,

---

[7.2] Das bedeutet genauer: Zu jedem $A \in \mathbf{S}_0$ gibt es ein $B \in \mathbf{S}_0^{(1)}$, so daß $W_\gamma\big((A - B) \cup (B - A)\big) = 0$ für alle $\gamma \in \Gamma$ und ebenso, wenn $\mathbf{S}_0$ und $\mathbf{S}_0^{(1)}$ die Rollen tauschen.

[7.3] Ist $\{\xi_i\}$ eine Folge zufälliger Variabler über $(R, \mathbf{S})$ und $\xi_1 \le \xi_2 \le \cdots \to \xi$, so daß $E(\xi)$ existiert, dann gilt auch $E(\xi_i \mid T) \to E(\xi \mid T)$ mit Wahrscheinlichkeit 1.

doch ist es manchesmal bequem, Sätze gleich für erschöpfende σ-Algebren zu beweisen.

Wir machen folgende selbstverständliche Bemerkung, welche ganz allgemein die Rolle erschöpfender Transformationen für die Testtheorie beleuchtet. Es sei φ ein Test für das Problem $(\alpha, \Gamma_0, \Gamma - \Gamma_0)$. Es sei T erschöpfend für Γ und $\psi = E(\varphi | T)$. Da aber $E(\psi; \gamma) = E(\varphi; \gamma)$ für alle $\gamma \in \Gamma$ ist, kann man sich stets auf Tests beschränken, die Funktionen von T sind, wenn man die Gütefunktion als Kriterium für das Verhalten der Tests heranzieht.

Wir wollen nun zwei wichtige, wenn auch triviale Beispiele betrachten: T sei so beschaffen, daß $\mathbf{S}_0$ mit $\mathbf{S}$ übereinstimmt. Dann ist $f_A = c_A$ W_Γ-f. ü. Es ist ja c_A $\mathbf{S}$-meßbar und $\int\limits_B c_A \, d W_\gamma = W_\gamma(A \cap B)$ für jedes $\gamma \in \Gamma$ und alle $B \in \mathbf{S}$. T ist also erschöpfend. Man beachte, daß in diesem Beispiel W_Γ eine beliebige Menge von Wahrscheinlichkeitsmaßen ist. Wir wollen daher solche erschöpfende Transformationen als *trivial* bezeichnen. Die Trivialität dieser erschöpfenden Transformationen kommt besonders klar zur Geltung, wenn man den Meßraum $(R_n, \mathfrak{B}_n)$ betrachtet und darüber eine beliebige Menge W_Γ von Wahrscheinlichkeitsmaßen. Für die identische Abbildung T, welche jedem $x \in R_n$ als Bild wieder x zuordnet, stimmt die Menge aller meßbaren Urbilder mit $\mathfrak{B}_n$ überein, und T ist daher eine erschöpfende Transformation für W_Γ. Es existiert also für die Stichprobenräume $(R_n, \mathfrak{B}_n)$ bei beliebigem W_Γ stets eine erschöpfende Transformation[7.4]. Allgemeiner ist natürlich die identische Abbildung T von R in R, wenn man sie als $(\mathbf{S}, \mathbf{S})$-meßbare Transformation auffaßt, eine triviale erschöpfende Transformation.

Ein anderes Beispiel erhält man, wenn $\mathbf{S}_0$ nur aus $\emptyset$ und R besteht. Das ist genau dann der Fall, wenn T konstant ist, d. h., wenn für ein $t \in Q$ und alle $x \in R$ $T(x) = t$ gilt. Wenn T erschöpfend ist, muß f_A $\mathbf{S}_0$-meßbar, also ebenfalls konstant sein. Gemäß (7.1) ist dann auch $W_\gamma(A)$ konstant für jedes $A \in \mathbf{S}$ und alle $\gamma \in \Gamma$. W_Γ besteht also nur aus einem Element, und damit wird die Definition der erschöpfenden Transformation uninteressant.

[7.4] In der statistischen Literatur wird oft für eine Menge von Wahrscheinlichkeitsmaßen über $(R_n, \mathfrak{B}_n)$ die Existenz einer erschöpfenden Transformation bewiesen. Gemeint ist dann genauer die Existenz einer nichttrivialen erschöpfenden Transformation.

Die Konstruktion nichttrivialer erschöpfender Transformationen ist vor allen Dingen für den Fall durchführbar, daß W_Γ durch ein σ-endliches Maß dominiert wird. Wir beweisen zunächst den

Satz 7.1: *Es sei* $(R, \mathbf{S})$ *ein Meßraum und* W_Γ *eine darüber definierte Menge von Wahrscheinlichkeitsmaßen. Diese seien durch ein* σ*-endliches Maß dominiert, und* λ *sei ein zu* W_Γ *äquivalentes Wahrscheinlichkeitsmaß. Für jedes* $\gamma \in \Gamma$ *seien mit* f_γ *die R.-N.-Dichten von* W_γ *bez.* λ *bezeichnet.* $\mathbf{S}_0$ *sei eine Unter-*σ*-Algebra von* $\mathbf{S}$. $\mathbf{S}_0$ *ist genau dann erschöpfend für* Γ, *wenn jedes* f_γ, $\gamma \in \Gamma$, $\mathbf{S}_0$*-meßbar* $(\lambda$*-f. ü.) ist*[7.5].

Beweis: Ein Maß λ mit den angegebenen Eigenschaften existiert nach Satz 5.2. Wir zeigen nun zunächst die Notwendigkeit dieser Bedingung. Es gibt eine abzählbare Menge $\{\gamma_1, \gamma_2, \ldots\} \subseteq \Gamma$, so daß

$$\lambda = \sum_{i=1}^{\infty} p_i W_{\gamma_i}, \quad p_i > 0, \quad \sum_{i=1}^{\infty} p_i = 1. \tag{7.3}$$

Es ist für jedes $A \in \mathbf{S}$ und $B \in \mathbf{S}_0$

$$\lambda(A \cap B) = \sum_{i=1}^{\infty} p_i W_{\gamma_i}(A \cap B)$$

und, da $\mathbf{S}_0$ erschöpfend ist, folgt

$$\lambda(A \cap B) = \sum_{i=1}^{\infty} p_i \int_B f_A \, d W_{\gamma_i},$$

wobei f_A eine Version der bedingten Wahrscheinlichkeit $W_\gamma(A \mid \mathbf{S}_0)$ für jedes $\gamma \in \Gamma$ ist. Es ist weiter

$$\sum_{i=1}^{\infty} p_i \int_B f_A f_{\gamma_i} \, d\lambda = \int_B f_A \sum_{i=1}^{\infty} f_{\gamma_i} p_i \, d\lambda,$$

wobei die Vertauschung von Integral und Summenzeichen gemäß Satz V gerechtfertigt ist. (7.3) liefert schließlich

$$\lambda(A \cap B) = \int_B f_A \, d\lambda$$

[7.5] Es gehört also für alle reellen α das Urbild von $(-\infty, \alpha)$ unter f_γ zu $\mathbf{S}_0$ bis auf eine λ-Nullmenge.

d. h.

$$f_A = \lambda(A \mid \mathbf{S}_0) \qquad \lambda\text{-f. ü.}. \tag{7.4}$$

Weiter ist für jedes $B \in \mathbf{S}_0$ und $\gamma \in \Gamma$

$$W_\gamma(B) = \int_B E_\lambda(f_\gamma \mid \mathbf{S}_0)\, d\lambda^{7.6}. \tag{7.5}$$

Da definitionsgemäß f_A $\mathbf{S}_0$-meßbar ist, folgt bei sinngemäßer Anwendung von I., Satz 6.2 aus (7.5)

$$\int_R f_A\, dW_\gamma = \int_R f_A\, E_\lambda(f_\gamma \mid \mathbf{S}_0)\, d\lambda. \tag{7.6}$$

Wir können auch schreiben $f_A = E_\lambda(c_A \mid \mathbf{S}_0)$, also wird aus (7.6)

$$\int_R f_A\, dW_\gamma = \int_R E_\lambda(c_A \mid \mathbf{S}_0) E_\lambda(f_\gamma \mid \mathbf{S}_0)\, d\lambda,$$

und weil $E_\lambda(f_\gamma \mid \mathbf{S}_0)$ eine $\mathbf{S}_0$-meßbare Funktion ist, folgt aus I., Satz 20.2

$$\int_R f_A\, dW_\gamma = \int_R E_\lambda\big(c_A E_\lambda(f_\gamma \mid \mathbf{S}_0) \mid \mathbf{S}_0\big)\, d\lambda$$

und daher auch

$$\int_R f_A\, dW_\gamma = \int_R c_A E_\lambda(f_\gamma \mid \mathbf{S}_0)\, d\lambda \tag{7.7}$$

wie einfach aus der Definition des bedingten Erwartungswertes folgt.

Außerdem ist für jedes $\gamma \in \Gamma$

$$\int_A f_\gamma\, d\lambda = \int_R f_A\, dW_\gamma, \tag{7.8}$$

denn beide Integrale sind gleich $W_\gamma(A)$.

[7.6] Mit $E_\lambda(f_\gamma \mid \mathbf{S}_0)$ bezeichnen wir den bedingten Erwartungswert bez. des Maßes λ.

(7.8) und (7.7) ergeben: Für jedes $A \in \mathbf{S}$ ist

$$\int_A f_\gamma \, d\lambda = \int_A E_\lambda(f_\gamma | \mathbf{S}_0) \, d\lambda$$

also ist

$$f_\lambda = E_\lambda(f_\gamma | \mathbf{S}_0) \qquad \lambda\text{-f. ü.}$$

d. h. f_γ ist $\mathbf{S}_0$-meßbar (λ-f. ü.).

Es sei nun umgekehrt f_γ $\mathbf{S}_0$-meßbar für jedes $\gamma \in \Gamma$. Wir zeigen dann, daß $\lambda(A | \mathbf{S}_0)$ für jedes $A \in \mathbf{S}$ eine Version der bedingten Wahrscheinlichkeit $W_\gamma(A | \mathbf{S}_0)$ für jedes $\gamma \in \Gamma$ ist. Wir schreiben $\lambda(A | \mathbf{S}_0) = f_A$. Es ist für jedes $B \in \mathbf{S}_0$ und $\gamma \in \Gamma$

$$W_\gamma(A \cap B) = \int_B c_A f_\gamma \, d\lambda = \int_B E_\lambda(c_A f_\gamma | \mathbf{S}_0) \, d\lambda .$$

Aus der vorausgesetzten $\mathbf{S}_0$-Meßbarkeit von f_γ folgt

$$W_\gamma(A \cap B) = \int_B f_\gamma E_\lambda(c_A | \mathbf{S}_0) \, d\lambda = \int_B f_\gamma f_A \, d\lambda = \int_B f_A \, d W_\gamma$$

und das erste und letzte Glied dieser Gleichungskette ergeben die Behauptung.

Wir werden dies auf den wichtigen Fall anwenden, daß T eine $(\mathbf{S}, \mathfrak{Q})$-meßbare Abbildung von R in Q ist und $\mathbf{S}_0$ mit $T^{-1}(\mathfrak{Q})$ identifiziert wird. Ist T erschöpfend für Γ, dann gibt es nach I., Satz 18.3, für jedes $\gamma \in \Gamma$ eine $\mathfrak{Q}$-meßbare Abbildung g_γ von Q in R_1, so daß

$$f_\gamma = g_\gamma \circ T .\text{[7.7]}$$

f_γ ist also eine Funktion von T für jedes $\gamma \in \Gamma$, wenn T erschöpfend ist und umgekehrt. Diese Bemerkung läßt sich zum wichtigen Kriterium von FISHER-NEYMAN-HALMOS-SAVAGE ausbauen.

Satz 7.2[7.8]: *W_Γ sei durch ein σ-endliches Maß μ dominiert. T sei eine $(\mathbf{S}, \mathfrak{Q})$-meßbare Abbildung von R in Q. T ist genau dann*

[7.7] Wir haben das allerdings nur für den Fall $T(R) = Q$ gezeigt. Vgl. jedoch I.[18.6]

[7.8] Vgl. J. NEYMAN, Giorn. Ist. Ital. Attuarie 6, 320—334 (1935) sowie P. R. HALMOS und L. J. SAVAGE, l. c.[5.1]. Verallgemeinerungen finden sich bei R. R. BAHADUR, Ann. math. Statistics 25, 423—463 (1954).

erschöpfend, wenn es eine über R definierte nicht negative $\mathbf{S}$-meßbare Abbildung h und zu jedem $\gamma \in \Gamma$ ein $\mathfrak{Q}$-meßbares g_γ von Q in den R_1 gibt, so daß die R.N.-Dichte k_γ von W_γ bez. μ durch $h(g_\gamma \circ T)$ gegeben ist.

Man beachte, daß die μ-Integrierbarkeit von h nicht verlangt wird.

Beweis: Es sei T erschöpfend und λ habe dieselbe Bedeutung wie im Satz 7.1. Wie wir oben gezeigt haben, gilt dann für die R.N.-Dichte f_γ von W_γ bez. λ

$$f_\gamma = g_\gamma \circ T \tag{7.9}$$

für jedes $\gamma \in \Gamma$, wobei g_γ eine $\mathfrak{Q}$-meßbare Funktion ist. Da aus $\mu(N) = 0$ auch $W_\gamma(N) = 0$ für alle $\gamma \in \Gamma$ und daher auch $\lambda(N) = 0$ folgt, ist λ bez. μ absolut stetig. Es existiert daher eine $\mathbf{S}$-meßbare R.N.-Dichte h von λ bez. μ, und somit ist bei Anwendung von I., Satz 6.2, nach (7.9)

$$k_\gamma = h(g_\gamma \circ T)\,. \tag{7.10}$$

Es möge nun umgekehrt für k_γ eine Darstellung der Gestalt (7.10), $\gamma \in \Gamma$, gelten. Somit ist für jedes $A \in \mathbf{S}$

$$\lambda(A) = \int_A h \sum_{i=1}^{\infty} p_i (g_{\gamma_i} \circ T)\, d\mu\,,$$

wobei p_i und γ_i dieselbe Bedeutung wie im Satz 7.1 haben. Es sei wieder $\mathbf{S}_0 = T^{-1}(\mathfrak{Q})$. Dann ist $k = \sum_{i=1}^{\infty} p_i(g_{\gamma_i} \circ T)$ eine nicht-negative $\mathbf{S}_0$-meßbare Funktion, und hk ist die R.N.-Dichte von λ bez. μ.

Es sei nun

$$g_\gamma^*(x) = \begin{cases} \big(g_\gamma \circ T(x)\big)/k(x) & k(x) > 0\} \\ 0 & \text{sonst} \end{cases}.$$

Dann ist g_γ^* als Quotient zweier $\mathbf{S}_0$-meßbarer Funktionen bzw. als konstante Funktion auf der $\mathbf{S}_0$-meßbaren Menge $\{x : k(x) = 0\}$ ebenfalls $\mathbf{S}_0$-meßbar.

Wir zeigen, daß g_γ^* eine Version der R.N.-Dichte von W_γ bez. λ für jedes $\gamma \in \Gamma$ ist.

Nach I., Satz 6.2, gilt nämlich für die R.N.-Dichten

$$\frac{dW_\gamma}{d\mu} = \frac{dW_\gamma}{d\lambda}\frac{d\lambda}{d\mu} \qquad \mu\text{-f.ü.}, \ \gamma \in \Gamma$$

oder

$$h(g_\gamma \circ T) = \frac{dW_\gamma}{d\lambda} hk.$$

Ist $h(x) > 0$ und $k(x) > 0$, dann folgt $\frac{dW_\gamma(x)}{d\lambda} = g_\gamma^*(x)$. Die Mengen $\{x: h(x) = 0\}$ und $\{x: k(x) = 0\}$ sind aber λ-Nullmengen, da $hk = \frac{d\lambda}{d\mu}$ gilt. Überdies ist jede μ-Nullmenge eine λ-Nullmenge. Es gilt also tatsächlich $\frac{dW_\gamma}{d\lambda} = g_\gamma^*$ λ-f.ü. Somit ist $\frac{dW_\gamma}{d\lambda}$ für jedes $\gamma \in \Gamma$ $\mathbf{S}_0$-meßbar (λ-f. ü.), und damit folgt die Behauptung nach Satz 7.1.

Satz 7.2 liefert sofort eine Fülle von Beispielen nichttrivialer erschöpfender Transformationen.

Wir erkennen unmittelbar: Die Menge aller Wahrscheinlichkeitsmaße, deren Dichten durch (5.14) gegeben sind, besitzen die dort erklärte Funktion T als erschöpfende Transformation.

Die Beispiele auf S. 226 liefern somit auch konkrete Beispiele für erschöpfende Transformationen.

Die Menge der Normalverteilungen im R_n, deren Dichten für $-\infty < a < \infty$ und $0 < \sigma^2 < \infty$ durch (1.3) gegeben sind, besitzen die Abbildung $(x_1, \ldots, x_n) \to (\bar{x}, s^2)$ als erschöpfende Transformation für die Parametermenge $\{(a, \sigma^2), -\infty < a < \infty, 0 < \sigma^2 < \infty\}$. Es ist ja

$$e^{-\sum_{i=1}^{\infty}(x_i - a)^2/2\sigma^2} = e^{-(n(\bar{x}-a)^2 + (n-1)s^2)/2\sigma^2}.$$

Ein weiteres wichtiges Beispiel, welches für das sogenannte *Behrens-Fisher Problem* (vgl. S. 269) von Interesse ist, ergibt sich so: Es seien $\xi_1, \ldots, \xi_n$, $n \geq 1$, unabhängige zufällige Variable, welche alle dieselbe Verteilung $N(a_1, \sigma_1^2)$, $-\infty < a_1 < \infty$, $0 < \sigma_1^2 < \infty$ besitzen. Weiter seien $\eta_1, \ldots, \eta_m$, $m \geq 1$, unabhängige normalverteilte zufällige Variable, die außerdem noch von allen ξ_i, $1 \leq i \leq n$, unabhängig sind. Die Verteilung von η_i, $1 \leq i \leq m$, bezeichnen wir mit $N(a_2, \sigma_2^2)$, $-\infty < a_2 < \infty$, $0 < \sigma_2^2 < \infty$. Die Dichte der gemeinsamen Verteilung von $(\xi_1, \ldots,$

$\xi_n, \eta_1, \ldots, \eta_m)$ ist offenbar für jedes $(x_1, \ldots, x_n, y_1, \ldots, y_m) \in R_{n+m}$ durch

$$(2\pi)^{-\frac{1}{2}(n+m)} \sigma_1^{-n} \sigma_2^{-m} e^{-\frac{1}{2}\sum_{i=1}^{n}(x_i-a_1)^2/\sigma_1^2} \quad e^{-\frac{1}{2}\sum_{j=1}^{m}(y_j-a_2)^2/\sigma_2^2}$$

gegeben. Man erkennt sofort, daß die Abbildung $(x_1, \ldots, x_n, y_1, \ldots, y_m) \to (\bar{x}, \bar{y}, s_x^2, s_y^2)$ erschöpfend für

$$\Gamma = \{(a_1, a_2, \sigma_1^2, \sigma_2^2), \ -\infty < a_1 < \infty, \ -\infty < a_2 < \infty, \ 0 < \sigma_1^2 < \infty, \ 0 < \sigma_2^2 < \infty\}$$

ist.

Allgemeiner kann man zeigen, daß für eine Menge von Wahrscheinlichkeitsmaßen mit monotonen Dichtequotienten die gemäß (5.1) existierende Funktion T eine erschöpfende Transformation ist. Es sei nämlich $\Gamma \subseteq R_1$ und W_Γ durch ein σ-endliches Maß μ dominiert, von dem wir gleich voraussetzen, daß es ein zu W_Γ äquivalentes Wahrscheinlichkeitsmaß ist. Es gilt dann in einer schon mehrfach verwendeten Symbolik $\mu = \sum_{i=1}^{\infty} p_i W_{\gamma_i}$.

Es folgt $1 = \sum_{i=1}^{\infty} p_i \frac{d W_{\gamma_i}}{d\mu}$, μ-f. ü.. Somit ergibt sich mit $\frac{d W_\gamma}{d\mu} = f_\gamma$

$$f_\gamma = f_\gamma \Big/ \sum_{i=1}^{\infty} p_i f_{\gamma_i} \qquad \mu\text{-f. ü.}$$

für ein beliebiges $\gamma \in \Gamma$. Wegen (5.1) ist dann

$$f_\gamma = 1 \Big/ \Big(\sum_{\gamma_i \leq \gamma} p_i H_{\gamma_i,\gamma} \circ T + \sum_{\gamma_i > \gamma} p_i (H_{\gamma_i,\gamma} \circ T)^{-1} \Big) \ \mu\text{-f. ü.}, \tag{7.11}$$

wobei $H_{\gamma_i,\gamma}(y) = 1$ für $\gamma_i = \gamma$ und für alle $y \in R_1$ gelten soll. Es ist nämlich die Menge $\left\{x : \sum_{i=1}^{\infty} p_i f_{\gamma_i}(x) = 0\right\}$ eine μ-Nullmenge und kann daher außer acht bleiben. Gehört aber x nicht zu dieser Menge, dann ist die Richtigkeit von (7.11) leicht nachzuprüfen.

Weitere Beispiele für erschöpfende Transformationen findet man in VI. Man vgl. etwa VI., Satz 3.1, 3.3 u. a.

Die erschöpfenden Transformationen spielen in der Mathematischen Statistik eine wichtige Rolle, welche wir noch mehrmals illustrieren werden. Ein Gutteil dieser Bedeutung beruht auf dem Satz 7.2. Ist $\gamma_0 \in \Gamma$ ein beliebiges, aber festes Element, dann folgt für jedes $\gamma \in \Gamma$

$$f_\gamma / f_{\gamma_0} = g_\gamma \circ T / (g_{\gamma_0} \circ T) \tag{7.12}$$

$\frac{1}{2}(W_\gamma + W_{\gamma_0})$-f.ü.. Dieser Dichtequotient hängt also bei festem γ_0 nur von γ und T ab. Man kann also etwas anschaulicher sagen: Je zwei Stichproben x' und x'' aus dem Stichprobenraum R, für welche $T(x') = T(x'')$ ist, liefern dieselbe Kenntnis über f_γ / f_{γ_0}. Genauer handelt es sich einfach darum: T bilde R in Q ab. Sei $M_t = \{x : T(x) = t\}$, $t \in Q$. Dann ist $M_t \cap M_{t'} = \Phi$ für $t \neq t'$ und $\bigcup_{t \in Q} M_t = R$. Gemäß (7.12) genügt es also, um für jede Stichprobe x die Abbildung $\gamma \to \frac{f_\gamma(x)}{f_{\gamma_0}(x)}$ zu „kennen", die Menge $\mathfrak{M} = \{M_t : t \in Q\}$ zu betrachten. Die Menge $\mathfrak{M}$ enthält aber im allgemeinen „weniger" Elemente als R. Es wird also von Vorteil sein, solche erschöpfende Transformationen auszuwählen, welche „möglichst umfangreiche" Mengen M_t definieren. Diesem Umstand trägt folgende Erklärung Rechnung:

Definition: *Es sei χ eine Abbildung von R in irgendeine Menge M. χ heißt minimale Transformation für Γ, wenn es zu jeder für Γ erschöpfenden Transformation T (welche R in Q abbildet) eine Abbildung m_T von Q in M gibt, so daß*

$$\chi = m_T \circ T \qquad W_\Gamma\text{-f.ü.}. \tag{7.13}$$

Jede über R definierte Abbildung χ_0, die eine Funktion von χ ist, d. h. die sich mittels einer gegebenen Abbildung q in der Form $\chi_0 = q \circ \chi$ darstellen läßt, ist ebenfalls minimal, denn mit $q \circ m_T = n_T$ folgt aus (7.13) sofort $\chi_0 = n_T \circ T$ W_Γ-f.ü. Legt man das Konzept der erschöpfenden σ-Algebra zugrunde, dann lautet offenbar die entsprechende Definition folgendermaßen:

Eine Unter-σ-Algebra $\mathfrak{S}_0$ von $\boldsymbol{S}$ heißt *minimal*, wenn $\mathfrak{S}_0 \subseteq \boldsymbol{S}_0$ W_Γ-f.ü. für jede erschöpfende Algebra $\boldsymbol{S}_0$ gilt, d. h. jede Menge von $\mathfrak{S}_0$ ist gleich einer Menge von $\boldsymbol{S}_0$, höchstens mit Ausnahme einer W_Γ-Nullmenge.

Jede in $\mathfrak{S}_0$ enthaltene σ-Algebra ist natürlich wieder minimal. Offenbar existiert stets eine minimale Transformation. Eine solche erhält man, wenn man ein beliebiges Element $\mu \in M$ auswählt und $\chi(x) = \mu$ für alle $x \in R$ definiert. m_T ist dann einfach die Abbildung $t \to m_T(t) = \mu$ von Q in M, und (7.13) ist erfüllt.

Ebenso existiert stets eine minimale σ-Algebra, welche nur die Mengen $\emptyset$ und R enthält. Ein Vergleich zwischen den Definitionen der minimalen Transformation und der minimalen σ-Algebra bietet keine Schwierigkeiten, wenn man etwa nur solche minimale Transformationen χ betrachtet, welche R in den R_n mit $n \geq 1$ abbilden und für welche die zugehörige Abbildung m_T $\mathfrak{Q}$-meßbar ist. Dann folgt nämlich aus I., Satz 18.3[7.9], daß χ notwendig S_0-meßbar oder genauer $(\mathfrak{B}_n, S_0)$-meßbar ist, wobei $S_0 = T^{-1}(\mathfrak{Q})$ die durch T induzierte σ-Algebra ist. Betrachtet man nun die Gesamtheit aller für Γ erschöpfenden Transformationen und die entsprechende Gesamtheit aller induzierten erschöpfenden σ-Algebren S_0, dann ist auch deren Durchschnitt $\mathfrak{S}_0$ eine σ-Algebra, und χ muß $\mathfrak{S}_0$-meßbar sein. $\mathfrak{S}_0$ ist aber auch in allen S_0 enthalten und daher minimal.

Aus den gegebenen Definitionen folgt nicht, daß eine minimale Transformation oder σ-Algebra auch erschöpfend sein muß.

Von besonderem Interesse sind daher solche minimale Transformationen, welche auch erschöpfend sind. Wenn die Menge W_Γ durch ein σ-endliches Maß dominiert ist, läßt sich aus Satz 7.1 leicht ein diesbezügliches Resultat gewinnen, welches wir der Bequemlichkeit halber für σ-Algebren aussprechen:

Satz 7.3: *Es sei W_Γ eine Menge von Wahrscheinlichkeitsmaßen über (R, S), welche durch ein σ-endliches Maß μ dominiert sind. Es kann ohne weiteres vorausgesetzt werden, daß μ ein zu W_Γ äquivalentes Wahrscheinlichkeitsmaß ist. Für jedes $\gamma \in \Gamma$ werde die R.N.-Dichte von W_γ bez. μ mit f_γ bezeichnet. α sei eine reelle Zahl, und es sei $\mathfrak{S}_0$ die von allen Mengen der Gestalt $\{x: f_\gamma(x) < \alpha\}$, $\gamma \in \Gamma$, $\alpha \in R_1$, erzeugte σ-Algebra. Dann ist $\mathfrak{S}_0$ erschöpfend und minimal für Γ.*

Der Beweis ist einfach: Nach Satz 7.1 ist $\mathfrak{S}_0$ erschöpfend. Es sei nun S_0 eine beliebige (für Γ) erschöpfende σ-Algebra. Dann folgt wieder nach Satz 7.1, daß f_γ für jedes γ auch S_0 meßbar (μ-f. ü.) ist.

[7.9] Genau genommen liefert dies I., Satz 18.3 nur für $n = 1$, aber I., Satz 18.3 überträgt sich leicht auf den Fall, daß die dort genannte Funktion f in einen R_n mit $n > 1$ abbildet.

Es gilt somit $\mathfrak{S}_0 \subseteq \boldsymbol{S}_0$ μ-f. ü., wie man leicht zeigt. Da aber μ und W_Γ äquivalent sind, folgt $\mathfrak{S}_0 \subseteq \boldsymbol{S}_0$ W_Γ-f. ü., wie zu beweisen war.

Satz 7.3 führt nun unschwer in konkreten Fällen zur Konstruktion erschöpfender und minimaler Transformationen. Wir wollen uns zur Illustration auf den R_n als Stichprobenraum beschränken und annehmen, daß wir von n unabhängigen, mit derselben Verteilung verteilten zufälligen Variablen ausgehen.

Zunächst geben wir folgende Definition, welche wir noch ganz allgemein halten: *Es sei $\mathfrak{F}$ eine (nichtleere) Menge über R definierter Funktionen. Die kleinste natürliche Zahl r, für die es r Elemente $\psi_1, \ldots, \psi_r \in \mathfrak{F}$ gibt, so daß jedes $\psi \in \mathfrak{F}$ mit reellen $c_1, \ldots, c_r$ in der Form*

$$\psi = \sum_{i=1}^{r} c_i \psi_i \tag{7.14}$$

dargestellt werden kann, heißt die Dimension von $\mathfrak{F}$. Gibt es kein solches natürliches r, wird $r = \infty$ definiert. Die Menge $\{\psi_1, \ldots, \psi_r\}$ heißt eine Basis von $\mathfrak{F}$.

Weiter geben wir folgende

Definition: *Es sei W_Γ eine Menge von Wahrscheinlichkeitsmaßen über $(R_n, \mathfrak{B}_n)$, $n \geq 1$, und T eine Abbildung vom R_n in einen R_r, $r \geq 1$. T heißt lokal trivial, wenn es ein $x_0 \in R_n$, eine Umgebung $U(x_0)$ von x_0 und eine Abbildung g vom R_r in den R_n gibt, so daß für alle $x \in U(x_0)$*

$$I(x) = g \circ T(x) \tag{7.15}$$

gilt, wobei I die identische Abbildung ist, welche jedem $x \in R_n$ sich selbst als Bild zuordnet.

Ist nun T insbesondere eine $(\mathfrak{B}_n, \mathfrak{B}_r)$-meßbare Transformation und gilt (7.15) für alle $x \in R_n$, dann folgt aus $I^{-1}(\mathfrak{B}_n) = \mathfrak{B}_n$, daß auch $T^{-1}(\mathfrak{B}_r) = \mathfrak{B}_n$ ist. Dann ist aber T trivial (vgl. S. 248). Dies rechtfertigt die gegebene Definition. Nun wollen wir die bereits angekündigte Spezialisierung des Satzes 7.3 angeben und sie in etwas erweiterter Form als Satz formulieren.

Satz 7.4: *Es sei $W_\Gamma^{(1)}$ eine Menge von Wahrscheinlichkeitsmaßen über $(R_1, \mathfrak{B}_1)$, welche durch ein σ-endliches Maß μ dominiert wird.*

Die R.N.-Dichte von $W_\gamma^{(1)}$ *sei für jedes* $\gamma \in \Gamma$ *mit* $f_\gamma^{(1)}$ *bezeichnet, und es sei* $f_\gamma^{(1)} > 0$ [7.10]. *Es sei* $\mathfrak{F}$ *die Menge aller* $\log f_\gamma^{(1)}$, $\gamma \in \Gamma$, *und aller über dem* R_1 *konstanten Funktionen.* W_Γ *sei die Menge aller Produktmaße über* $(R_n, \mathfrak{B}_n)$, $n \geq 2$, *deren Dichten* f_γ *bez.* $\underbrace{\mu \times \cdots \times \mu}_{n}$ *für jedes* $\gamma \in \Gamma$ *durch* $(x_1, \ldots, x_n) \to \prod_{i=1}^{n} f_\gamma^{(1)}(x_i)$ *gegeben sind. Ist* $\mathfrak{F}$ *von endlicher Dimension r und ist* $1, \psi_1, \ldots, \psi_{r-1}$ *eine Basis von* $\mathfrak{F}$, *dann ist die für jedes* $(x_1, \ldots, x_n) \in R_n$ *durch*

$$T(x_1, \ldots, x_n) = \left(\sum_{i=1}^{n} \psi_1(x_i), \ \ldots, \ \sum_{i=1}^{n} \psi_{r-1}(x_i)\right) \tag{7.16}$$

definierte Abbildung vom R_n *in den* R_{r-1} *eine für* W_Γ *minimale erschöpfende Transformation. Ist darüber hinaus die Funktion* $x \to f_\gamma(x)$ *für jedes* $\gamma \in \Gamma$ *einmal stetig differenzierbar im* R_1 *und* $n < r$, *wobei nun auch* $r = \infty$ *sein kann, dann ist jede gemäß* (7.16) *definierte Transformation lokal trivial*[7.11].

Beweis: Der erste Teil folgt fast unmittelbar aus Satz 7.3. Es sei nämlich $\mathfrak{S}_0^{(1)}$ die durch alle Mengen der Gestalt $\{x : \psi_j(x) < \alpha\}$, $j = 1, \ldots, r-1$, α beliebig reell, erzeugte σ-Algebra. Zu jedem $\gamma \in \Gamma$ gibt es reelle Zahlen $c_0(\gamma), \ldots, c_{r-1}(\gamma)$ mit

$$\log f_\gamma^{(1)} = c_0(\gamma) + \sum_{j=1}^{r-1} c_j(\gamma)\psi_j. \tag{7.17}$$

Daher stimmt die von allen Mengen der Gestalt $\{x : f_\gamma^{(1)}(x) < \alpha\}$, $\gamma \in \Gamma$, α beliebig reell, erzeugte σ-Algebra mit $\mathfrak{S}_0^{(1)}$ überein. Bezeichnet man mit $\mathfrak{S}_0$ das n-fache $\otimes$-Produkt von $\mathfrak{S}_0^{(1)}$, dann stimmt die von allen Mengen der Gestalt $\{(x_1, \ldots, x_n) : f_\gamma(x_1, \ldots, x_n) < \alpha\}$, $\gamma \in \Gamma$, α beliebig reell, erzeugte σ-Algebra gerade mit $\mathfrak{S}_0$ überein.

[7.10] Die Voraussetzung, daß die Dichten im ganzen R_1 größer als 0 sind, wird nur aus Bequemlichkeitsgründen gemacht. Es genügt z. B. vorauszusetzen, daß die f_γ für alle $\gamma \in \Gamma$ außerhalb eines festen offenen Intervalles verschwinden.

[7.11] Im wesentlichen stammt dieser Satz von E. B. Dynkin, Uspechi mat. Nauk 6, 68—90 (1951). Vgl. auch B. O. Koopman, Trans. Amer. math. Soc. 39, 399—409 (1936).

Aus (7.17) folgt nämlich nach Definition von f_γ

$$\log f_\gamma(x_1, \ldots, x_n) = n c_0(\gamma) + \sum_{i=1}^{n} \sum_{j=1}^{r-1} c_j(\gamma)\psi_j(x_i).$$

$\mathfrak{S}_0$ ist also minimale erschöpfende σ-Algebra für Γ. Schreibt man $(c_1(\gamma), \ldots, c_{r-1}(\gamma)) = c(\gamma)$ und $(y_1, \ldots, y_{r-1}) = y \in R_{r-1}$ und bezeichnet man die Funktion $y \to e^{nc_0(\gamma)} e^{(c(\gamma))' y}$, mit g_γ, dann folgt

$$f_\gamma = g_\gamma \circ T.$$

Somit ist T eine minimale erschöpfende $(\mathfrak{S}_0, \mathfrak{B}_{r-1})$-meßbare Transformation.

Was nun den zweiten Teil des Satzes anbelangt, bemerken wir, daß es wegen $n < r$ mindestens $n + 1$ linear unabhängige Funktionen $\psi_0, \psi_1, \ldots, \psi_n \in \mathfrak{F}$ gibt mit $\psi_0(x) = 1$ für alle $x \in R_1$. Daraus folgt nun, daß die Funktionaldeterminante der n Abbildungen τ_j: $(x_1, \ldots, x_n) \to \sum_{i=1}^{n} \psi_j(x_i)$, $1 \leq j \leq n$, nicht identisch verschwindet. Es ist nämlich für jedes $x = (x_1, \ldots, x_n) \in R_n$

$$\begin{vmatrix} \frac{\partial \tau_1(x)}{\partial x_1} & \cdots & \frac{\partial \tau_1(x)}{\partial x_n} \\ \cdots & \cdots & \cdots \\ \frac{\partial \tau_n(x)}{\partial x_1} & \cdots & \frac{\partial \tau_n(x)}{\partial x_n} \end{vmatrix} = \begin{vmatrix} \frac{\partial \psi_1(x_1)}{\partial x_1} & \cdots & \frac{\partial \psi_1(x_n)}{\partial x_n} \\ \cdots & \cdots & \cdots \\ \frac{\partial \psi_n(x_1)}{\partial x_1} & \cdots & \frac{\partial \psi_n(x_n)}{\partial x_n} \end{vmatrix}.$$

Angenommen, diese Determinante verschwindet identisch. Wir nehmen an, daß es eine Determinante $(n - 1)$-ter Ordnung gibt, die nicht identisch verschwindet. Es soll also ein $x = (x_1, \ldots, x_{n-1}) \in R_{n-1}$ geben, so daß (etwa nach Änderung der Bezeichnung)

$$\begin{vmatrix} \frac{\partial \psi_1(x_1)}{\partial x_1} & \cdots & \frac{\partial \psi_1(x_{n-1})}{\partial x_{n-1}} \\ \cdots & \cdots & \cdots \\ \frac{\partial \psi_{n-1}(x_1)}{\partial x_1} & \cdots & \frac{\partial \psi_{n-1}(x_{n-1})}{\partial x_{n-1}} \end{vmatrix} \neq 0$$

gilt. Dann folgt aber für beliebiges $x_n \in R_1$

$$0 = \begin{vmatrix} \frac{\partial \psi_1(x_1)}{\partial x_1} & \dots & \frac{\partial \psi_1(x_{n-1})}{\partial x_{n-1}} & \frac{\partial \psi_1(x_n)}{\partial x_n} \\ \dots & \dots & \dots & \dots \\ \frac{\partial \psi_{n-1}(x_1)}{\partial x_1} & \dots & \frac{\partial \psi_{n-1}(x_{n-1})}{\partial x_{n-1}} & \frac{\partial \psi_{n-1}(x_n)}{\partial x_n} \\ \frac{\partial \psi_n(x_1)}{\partial x_1} & \dots & \frac{\partial \psi_n(x_{n-1})}{\partial x_{n-1}} & \frac{\partial \psi_n(x_n)}{\partial x_n} \end{vmatrix} =$$

$$= (-1)^n \frac{\partial \psi_1(x_n)}{\partial x_n} \begin{vmatrix} \frac{\partial \psi_2(x_1)}{\partial x_1} & \dots & \frac{\partial \psi_2(x_{n-1})}{\partial x_{n-1}} \\ \dots & \dots & \dots \\ \frac{\partial \psi_n(x_1)}{\partial x_1} & \dots & \frac{\partial \psi_n(x_{n-1})}{\partial x_{n-1}} \end{vmatrix} + \dots +$$

$$+ \frac{\partial \psi_n(x_n)}{\partial x_n} \begin{vmatrix} \frac{\partial \psi_1(x_1)}{\partial x_1} & \dots & \frac{\partial \psi_1(x_{n-1})}{\partial x_{n-1}} \\ \dots & \dots & \dots \\ \frac{\partial \psi_{n-1}(x_1)}{\partial x_1} & \dots & \frac{\partial \psi_{n-1}(x_{n-1})}{\partial x_{n-1}} \end{vmatrix}.$$

Es existieren also n reelle Zahlen $\beta_1, \dots, \beta_n$ mit $\beta_n \neq 0$, so daß

$$\sum_{i=1}^{n} \beta_i \frac{\partial \psi_i(x_n)}{\partial x_n} = 0 \qquad \text{für alle} \qquad x_n \in R_1 .$$

Somit müssen die ψ_i einer Beziehung der Form $\sum_{i=1}^{n} \beta_i \psi_i = C$ genügen, wobei C eine reelle Zahl ist. Wegen $\beta_n \neq 0$ ist dies aber ein Widerspruch zur linearen Unabhängigkeit von $1, \psi_1, \dots, \psi_n$.

Verschwindet aber erst eine Determinante der Ordnung $m - 1$, $2 \leq m \leq n$, nicht identisch, dann wiederhole man die Überlegungen mit $m - 1$ und m statt mit $n - 1$ und n. Es existiert somit ein $x_0 \in R_n$ mit $\frac{\partial(\tau_1, \dots, \tau_n)}{\partial(x_1, \dots, x_n)}(x_0) \neq 0$, und damit ist die Abbildung $T_1 = (\tau_1, \dots, \tau_n)$ in einer Umgebung $U(x_0)$ von x_0 umkehrbar, d. h. es existiert eine Abbildung g von R_n in den R_n, so daß in $U(x_0)$ $I = g \circ T_1$ gilt. Falls r endlich ist, ist dann wegen $n \leq r - 1$

auch für jede gemäß (7.16) definierte Transformation T $I = \bar{g} \circ T$ in $U(x_0)$, wobei $\bar{g}$ eine passende Abbildung vom R_{r-1} in den R_n ist. Das gilt aber auch noch, wenn $r = \infty$ ist. Damit ist also Satz 7.4 bewiesen. Für die wichtige Frage, inwieweit man von lokalen Eigenschaften erschöpfender Transformationen auf globale Eigenschaften schließen kann, vergleiche man etwa eine Arbeit von BARANKIN und KATZ[7.12].

Das wichtigste Beispiel für eine Anwendung des Satzes 7.4 stellen Verteilungen vom exponentiellen Typ dar: Es sei μ ein über $(R_1, \mathfrak{B}_1)$ definiertes σ-additives Maß. Es seien $T_1, \ldots, T_k$, $k \geq 1$, über dem R_1 definierte linear unabhängige Funktionen, welche nicht μ-f. ü. konstant sind. Für alle $\gamma = (\gamma_1, \ldots, \gamma_k) \in R_k$ seien die Funktionen $C(\gamma)e^{\gamma_1 T_1 + \cdots + \gamma_k T_k}$ μ-integrierbar, wobei $C(\gamma) > 0$ so gewählt ist, daß $\int\limits_{R_k} e^{\gamma_1 T_1 + \cdots + \gamma_k T_k} d\mu = 1/C(\gamma)$. Dann ist die Transformation $(T_1, \ldots, T_k)$ erschöpfend für $\Gamma = R_k$.

8. Der Begriff der Vollständigkeit.

Wir beginnen mit folgender Erklärung, welche sich weiterhin als sehr wichtig erweisen wird:

Definition[8.1]: *Eine Menge von Maßen W_Γ über einem Meßraum $(R, \mathbf{S})$ heißt vollständig, wenn für jede $\mathbf{S}$-meßbare Funktion f, für welche $E(f; \gamma)$ für jedes $\gamma \in \Gamma$ existiert und welche*

$$E(f; \gamma) = 0 \tag{8.1}$$

für jedes $\gamma \in \Gamma$ erfüllt, stets $f(x) = 0$ W_Γ-f. ü.. W_Γ heißt beschränkt vollständig, wenn (8.1) *und* $|f| \leq M$ *für ein* $M \geq 0$, $f(x) = 0$ *W_Γ-f. ü. implizieren.*

Ist $\Gamma^* \subseteq \Gamma$, dann folgt aus der Vollständigkeit von W_{Γ^*} die von W_Γ, wenn W_{Γ^*} und W_Γ ein und demselben Maß äquivalent sind. Ist aber $\Gamma^* \supset \Gamma$, dann ist dies im allgemeinen nicht mehr richtig. Eine ähnliche Bemerkung gilt natürlich auch für die beschränkte Vollständigkeit.

[7.12] E. W. BARANKIN und M. KATZ, Sankhya 21, 217—246 (1959) sowie E. W. BARANKIN und A. P. MAITRA, Sankhya 25, 217—244 (1963). Von den allgemeinen Untersuchungen für den Fall einer nichtdominierten Menge W_Γ erwähnen wir nur D. L. BURKHOLDER, Ann. math. Statistics 32, 1191—1200 (1961) und Ann. math. Statistics 33, 596—599 (1962).

[8.1] Die Bedeutung dieser Definition für die Mathematische Statistik wurde zuerst in einer Arbeit von E. L. LEHMANN und H. SCHEFFÉ, Sankhya 10, 305—339 (1950) klar herausgestellt.

Wir betrachten zu dieser Definition einige Beispiele:

1. Aus einem bekannten Satz von MÜNTZ[8.2] ergibt sich, daß für jede in $[0, 1]$ integrierbare Funktion f aus $\int_0^1 f(x) x^p \, dx = 0$ für alle Primzahlen p $f = 0$ f. ü. folgt. Somit gilt aber: Besteht Γ aus der 0 und allen Primzahlen und ist W_Γ die Menge aller Wahrscheinlichkeitsmaße über $(R_1, \mathfrak{B}_1)$, deren Dichten für $\gamma \in \Gamma$ durch

$$\begin{matrix} x^\gamma/(\gamma+1) & 0 \leq x \leq 1 \\ 0 & \text{sonst} \end{matrix}$$

gegeben sind, dann ist W_Γ vollständig.

2. Ist $\Gamma = R_1$ und W_Γ gleich der Menge aller $N(\gamma, 1)$ mit $\gamma \in \Gamma$, dann ist W_Γ vollständig. Es sei nämlich

$$\int_{-\infty}^{+\infty} f(x) e^{-\frac{(x-\gamma)^2}{2}} dx = 0 \tag{8.2}$$

für $\gamma \in \Gamma$.

f selbst ist nicht notwendig integrierbar, doch ist voraussetzungsgemäß die für jedes $x \in R_1$ durch $f(x) e^{-\frac{x^2}{2}}$ gegebene Funktion g integrierbar. Nun folgt aus (8.2) $\int_{-\infty}^{+\infty} f(x) e^{-x^2/2} e^{x\gamma} dx = 0$ für $-\infty < \gamma < \infty$, und nach einem bekannten Satz über die Laplacetransformationen integrierbarer Funktionen folgt, daß g f. ü. verschwindet, und wegen $e^{-x^2/2} > 0$ für $-\infty < x < \infty$, gilt auch $f = 0$ f. ü.

3. Es sei $\Gamma = \{1, 2, \ldots, l\}$ mit $l \geq 1$, und es seien $x_1, \ldots, x_k$, $k \leq l$, die Massenpunkte einer Menge W_Γ diskreter Wahrscheinlichkeitsverteilungen über dem R_1:

$$W_\gamma(\xi = x_i) = p_{i\gamma}, \quad 1 \leq i \leq k, \quad \sum_{i=1}^k p_{i\gamma} = 1, \ \gamma \in \Gamma.$$

Es sei $|p_{i\gamma}|_{1k}^{1k} \neq 0$. Dann ist W_Γ vollständig. Ist nämlich g eine beliebige Funktion über dem R_1, dann folgt aus

$$\sum_{i=1}^k g(x_i) p_{i\gamma} = 0, \ \gamma = 1, \ldots, l$$

$$g(x_i) = 0, \ 1 \leq i \leq k, \qquad \text{d. h.} \qquad g = 0 \qquad W_\Gamma\text{-f. ü.}$$

Es ist leicht zu zeigen, daß eine Menge W_Γ von Maßen beschränkt vollständig sein kann, ohne vollständig zu sein. Es sei etwa $\Gamma = (0, \infty)$ und W_γ für jedes

---

[8.2] Vgl. H. STEINHAUS–L. KACZMARZ: Theorie der Orthogonalreihen, Monografje Matematyczne VI, Warschau 1935.

$\gamma \in \Gamma$ über $(R_2, \mathfrak{B}_2)$ durch die Dichte

$$\begin{cases} e^{-\frac{x_1}{\gamma} - \gamma x_2} & x_1 \geq 0,\ x_2 \geq 0 \\ 0 & \text{sonst} \end{cases}$$

gegeben. Dann sieht man leicht, daß $\int\limits_0^\infty \int\limits_0^\infty x_1 x_2 e^{-\frac{x_1}{\gamma} - \gamma x_2} dx_1\, dx_2 = 1$, so daß $\int\limits_0^\infty \int\limits_0^\infty (x_1 x_2 - 1) \cdot e^{-\frac{x_1}{\gamma} - \gamma x_2} dx_1\, dx_2 = 0$ für alle $\gamma \in \Gamma$ ist, d. h. W_Γ ist nicht vollständig.

Anderseits folgt aus

$$\int\limits_0^\infty \int\limits_0^\infty f(x_1, x_2) e^{-\frac{x_1}{\gamma} - \gamma x_2} dx_1\, dx_2 = 0 \tag{8.3}$$

für $\gamma \in \Gamma$ und $|f| \leq M$ stets $f = 0$ f. ü.[8.3].

Man kann in naheliegender Weise die Definition der Vollständigkeit noch verfeinern: *Sei W_Γ eine Menge von Wahrscheinlichkeitsmaßen über $(R, \mathbf{S})$ und f eine $\mathbf{S}$-meßbare Funktion. Es sei $p \geq 1$ eine reelle Zahl, und es existiere für jedes $\gamma \in \Gamma$*

$$E(|f|^p; \gamma).$$

Es sei $E(f; \gamma) = 0$[8.4] für jedes $\gamma \in \Gamma$. Folgt dann immer $f = 0$ W_Γ-f. ü., heiße W_Γ p-vollständig.

Die Vollständigkeit kann dann auch als *1-Vollständigkeit*, die beschränkte Vollständigkeit als *∞-Vollständigkeit* bezeichnet werden.

[8.3] Das läßt sich am schnellsten mittels des Stone-Weierstraß-Theorems beweisen, wie wir hier nur nebenbei erwähnen wollen: Die Gesamtheit aller Funktionen der Gestalt $\left\{(x_1, x_2) \to \sum\limits_{i=1}^{n} \lambda_i e^{-\frac{x_1}{\gamma_i} - x_2 \gamma_i},\ \lambda_1, \ldots, \lambda_n \text{ reell},\ \gamma_1, \ldots, \gamma_n > 0,\ n \geq 1\right\}$ ist eine punktetrennende Algebra stetiger Funktionen. Es folgt also aus (8.3), daß für alle über $[0, \infty) \times [0, \infty)$ definierten und stetigen sowie integrierbaren Funktionen g, $\int\limits_0^\infty \int\limits_0^\infty f(x_1, x_2) g(x_1, x_2) dx_1\, dx_2$ verschwindet, und daher ist $f = 0$ f.ü.

[8.4] Eine Anwendung der Hölderschen Ungleichung zeigt, daß diese Erwartungswerte stets einen Sinn haben.

W_Γ habe dieselbe Bedeutung wie vorhin, und T sei eine $(\boldsymbol{S}, \mathfrak{Q})$-meßbare Transformation von R in Q. Es kann nun sein, daß zwar nicht W_Γ, wohl aber die Gesamtheit der durch T in $(Q, \mathfrak{Q})$ induzierten Maße $W_{T,\Gamma}$ vollständig ist. In diesem Falle wollen wir T selbst *vollständig* für Γ oder eventuell genauer *p-vollständig* nennen.

Diese Begriffsbildung kann man auch leicht auf σ-Algebren übertragen. Es sei $\boldsymbol{S}_0$ eine Unter-σ-Algebra von $\boldsymbol{S}$. $\boldsymbol{S}_0$ heißt *p-vollständig* für Γ, wenn für jede $\boldsymbol{S}_0$-meßbare Funktion f, für welche $E(|f|^p;\gamma)$ existiert, $E(f;\gamma) = 0$ für jedes $\gamma \in \Gamma$ $f = 0$ W_Γ-f. ü. zur Folge hat. Der Zusammenhang zwischen der Definition einer vollständigen Transformation und der einer vollständigen σ-Algebra ist völlig klar.

Wir wollen noch eine Bemerkung über den Zusammenhang der Begriffe „minimal und erschöpfend“ und „beschränkt vollständig“ machen. Der Einfachheit halber beschränken wir uns auf σ-Algebren und beweisen den

Satz 8.1: *Es sei $\boldsymbol{S}_0$ eine erschöpfende und beschränkt vollständige und $\boldsymbol{S}_{00}$ eine minimale, erschöpfende σ-Algebra. Dann ist $\boldsymbol{S}_0 = \boldsymbol{S}_{00}$ W_Γ-f. ü..*

Es gilt nämlich $\boldsymbol{S}_{00} \subseteq \boldsymbol{S}_0$ W_Γ-f. ü.. Sei $A \in \boldsymbol{S}_0$. Dann existiert $E(c_A | \boldsymbol{S}_{00})$ „unabhängig“ von $\gamma \in \Gamma$ und ist $\boldsymbol{S}_{00}$-meßbar, also auch $\boldsymbol{S}_0$-meßbar. Es folgt

$$\int_R (c_A - E(c_A | \boldsymbol{S}_{00}))\, d W_\gamma = 0 \qquad \text{für jedes} \qquad \gamma \in \Gamma$$

und

$$|c_A - E(c_A | \boldsymbol{S}_{00})| \leq 2, \quad W_\Gamma\text{-f. ü.}.$$

Somit ist

$$c_A = E(c_A | \boldsymbol{S}_{00}) \quad W_\Gamma\text{-f. ü.}, \qquad \text{d. h.} \qquad \boldsymbol{S}_0 \subseteq \boldsymbol{S}_{00} \quad W_\Gamma\text{-f. ü.}$$

und das war zu zeigen.

9. Ähnliche Tests[9.1]. Es sei $\alpha \geq 0$ eine Irrtumswahrscheinlichkeit, und es liege eine einfache Nullhypothese vor. Wie aus den Bemerkungen auf S. 208 hervorgeht, kann man bei der Konstruk-

[9.1] Diese Begriffsbildung wurde von J. NEYMAN und E. S. PEARSON, Phil. Trans. roy. Soc., l. c. [1.1] eingeführt.

tion eines Tests für eine solche Nullhypothese die gegebene Irrtumswahrscheinlichkeit stets „voll ausnützen" kann, d. h. man kann immer mindestens einen nichttrivialen Test konstruieren, dessen Irrtumswahrscheinlichkeit genau gleich α ist. Ist die Nullhypothese zusammengesetzt, dann ist dies nicht mehr so ohne weiteres möglich und, wie wir zeigen werden, im allgemeinen auch nicht richtig. Es liegt daher nahe, solche Tests auszuzeichnen, welche auch für eine zusammengesetzte Nullhypothese die gesamte Irrtumswahrscheinlichkeit ausnützen. Dies geschieht in der folgenden

Definition: *Es sei Γ_0 eine (zusammengesetzte) Nullhypothese, α eine Irrtumswahrscheinlichkeit mit $0 \leq \alpha \leq 1$ und φ ein Test über einem Stichprobenraum $(R, \mathbf{S})$ für das Problem (α, Γ_0). φ heißt ähnlich, wenn*

$$E(\varphi; \gamma) = \alpha \tag{9.1}$$

für alle $\gamma \in \Gamma_0$ gilt.

Es gilt der triviale

Satz 9.1: *Zu jedem Γ_0 und zu jedem α, $0 \leq \alpha \leq 1$, gibt es mindestens einen ähnlichen Test.*

Zum Beweis wähle man den durch $\varphi(x) = \alpha$ für alle $x \in R$ definierten Test.

Nennt man eine kritische Region $M \in \mathbf{S}$ ähnlich, wenn die Indikatorfunktion c_M ein ähnlicher Test ist, dann folgt aus Satz 9.1, daß für die trivialen Fälle $\alpha = 0$ und $\alpha = 1$ stets ähnliche kritische Regionen existieren. Weniger trivial ist der

Satz 9.2: *Es sei Γ_0 eine endliche Menge und W_γ atomfrei für jedes $\gamma \in \Gamma_0$. Dann existiert zu jedem α mit $0 \leq \alpha \leq 1$ eine ähnliche kritische Region.*

Beweis: Es sei $\Gamma_0 = \{\gamma_1, \ldots, \gamma_m\}$, $m \geq 1$. Nach Satz II besitzt die Abbildung

$$A \to (W_{\gamma_1}(A), \ldots, W_{\gamma_m}(A)), \quad A \in \mathbf{S}$$

ein konvexes Bild im R_m. Wegen $W_\gamma(\emptyset) = 0$ und $W_\gamma(R) = 1$ für jedes $\gamma \in \Gamma_0$ gehören diesem Bild die Elemente $(0, \ldots, 0)$ und $(1, \ldots, 1)$ an. Also gehört auch für jedes α mit $0 \leq \alpha \leq 1$

$$(1 - \alpha)(0, \ldots, 0) + \alpha(1, \ldots, 1) = (\alpha, \ldots, \alpha)$$

zu diesem Bild, d. h. es existiert ein $A \in S$ mit $W_\gamma(A) = \alpha$ für jedes $\gamma \in \Gamma_0$.

Im allgemeinen ist jedoch der triviale Test der einzige ähnliche Test. Es gilt nämlich der

Satz 9.3: *Wenn die Menge $\{W_\gamma, \gamma \in \Gamma_0\}$ beschränkt vollständig ist, dann existiert (bis auf W_{Γ_0}-Nullmengen) zur Irrtumswahrscheinlichkeit α mit $0 \leq \alpha \leq 1$ genau ein ähnlicher Test φ.*

Beweis: Sei φ ein ähnlicher Test. Dann gilt $E(\varphi - \alpha; \gamma) = 0$ für $\gamma \in \Gamma_0$, also wegen $|\varphi - \alpha| \leq 1$, $\varphi(x) = \alpha$ W_Γ-f. ü..

Korollar: *Unter den Voraussetzungen des Satzes 9.3 existiert für $0 < \alpha < 1$ keine ähnliche kritische Region*[9.2].

Die Theorie der ähnlichen Tests gewinnt nun etwas mehr an Interesse, wenn man sie mit der Theorie der erschöpfenden Transformationen kombiniert.

Wir geben folgende

Definition: *Es sei φ ein Test für das Problem (α, Γ_0). Es sei T eine für Γ_0 erschöpfende Transformation von R in Q und $\psi = E(\varphi \mid T; \gamma)$, $\gamma \in \Gamma_0$, wobei ψ von γ „nicht abhängt" und als Funktion über Q aufgefaßt werde. Wenn T so gewählt werden kann, daß $\psi = \alpha$ W_{T,Γ_0}-f. ü. gilt, wollen wir sagen, daß φ Neyman-Struktur besitzt.*

Wegen $E(\varphi; \gamma) = E(\psi; \gamma)$ für alle $\gamma \in \Gamma_0$ folgt, daß ein Test, der Neyman-Struktur besitzt, ähnlich ist.

Nun gilt der

Satz 9.4[9.3]**:** *Es sei T erschöpfend für Γ_0 und $(\mathfrak{S}, \mathfrak{Q})$-meßbar. Ein ähnlicher Test φ für das Problem (α, Γ_0) hat Neyman-Struktur, wenn W_{T,Γ_0} beschränkt vollständig ist. Ist diese Bedingung nicht erfüllt, dann gibt es stets einen ähnlichen Test, der nicht Neyman-Struktur besitzt.*

Beweis: ψ habe dieselbe Bedeutung wie oben. Wenn φ ähnlich ist, dann gilt

$$E(\psi; W_{T,\gamma}) - \alpha = E(\psi - \alpha; W_{T,\gamma}) = 0 \qquad \text{für alle} \qquad \gamma \in \Gamma_0 .$$

[9.2] Das erste diesbezügliche Beispiel stammt wohl von W. Feller, Statistical Res. Memoirs 2, 117—125 (1938). Vgl. auch H. Kellerer, Z. Wahrscheinlichkeitstheorie verwandt. Gebiete 1, 240—246 (1963).

[9.3] Vgl. E. L. Lehmann und H. Scheffé, l. c. [8.1].

Da $0 \leq \varphi \leq 1$ gilt, folgt $0 \leq \psi \leq 1$ W_{T,Γ_0}-f. ü., also auch $|\psi - \alpha| \leq 1$ W_{T,Γ_0}-f.-ü. und somit $\psi = \alpha$ W_{T,Γ_0}-f. ü..

Ist nun umgekehrt W_{T,Γ_0} nicht beschränkt vollständig, dann existiert eine $\mathfrak{Q}$-meßbare Funktion χ von Q in den R_1, so daß

$$E(\chi; W_{T,\gamma}) = 0 \tag{9.2}$$

für alle $\gamma \in \Gamma_0$, $|\chi| \leq M$, $M > 0$, und für mindestens ein $\gamma_0 \in \Gamma_0$ gilt $\chi(t) \neq 0$ in einer Teilmenge von Q, welche positives W_{T,γ_0} Maß besitzt.

Wählt man nun $c \leq \min\left(\frac{\alpha}{M}, \frac{1-\alpha}{M}\right)$ und $\varphi = c\chi \circ T + \alpha$, dann ist $0 \leq \varphi \leq 1$, wie man sofort sieht. Weiter ist

$$E(\varphi; \gamma) = cE(\chi \circ T; \gamma) + \alpha$$

für jedes $\gamma \in \Gamma_0$, und somit gilt (9.1) wegen (9.2) für alle $\gamma \in \Gamma_0$. Anderseits ist aber $E(\varphi | T; \gamma_0) = \alpha + c\chi$ W_{T,γ_0}-f. ü. und ist daher in einer Menge positiven W_{T,γ_0}-Maßes $\neq \alpha$. φ ist also ähnlich, hat aber nicht Neyman-Struktur.

Diese Zusammenhänge können zur Konstruktion von Tests benützt werden, welche in der Menge aller ähnlichen Tests trennscharf sind. Wir wollen dies nur beispielhaft erläutern. Formal ist die allgemeine Konstruktion einfach, doch können Meßbarkeitsschwierigkeiten auftreten[9.4].

Es seien $\xi_1, \ldots, \xi_n$, $n \geq 2$, unabhängige Stichprobenvariable, von denen jede dieselbe Verteilung $N(a, \sigma^2)$ besitze. Es sei $\sigma_0 > 0$, und die Menge der zulässigen Parameter sei etwa durch

$$\Gamma = \{(a, \sigma^2) : -\infty < a < \infty,\ \sigma_0^2 \leq \sigma^2\}$$

definiert.

Weiter sei

$$\Gamma_0 = \{(a, \sigma^2) : -\infty < a < \infty,\ \sigma^2 = \sigma_0^2\}.$$

Wir wissen nun, daß die Abbildung $(\bar{\xi}, s_\xi^2)$ erschöpfend für Γ ist. Wir können uns daher auf Tests der Gestalt $\varphi(\bar{\xi}, s_\xi^2)$ beschränken. $\bar{\xi}$ ist vollständig für Γ_0, wie aus II., Satz 3.2 und dem Beispiel 2., S. 262 folgt. Daraus ergibt sich, daß alle ähnlichen Tests für das Problem (α, Γ_0) der Bedingung

$$E(\varphi(\bar{\xi}, s_\xi^2) \mid \bar{\xi}; \sigma_0^2) = \alpha \tag{9.3}$$

[9.4] Für eine genaue Analyse vgl. man LEHMANN, l. c. [1.2], 134ff..

genügen müssen. In der Menge dieser Tests kann man nun einen in Γ trennscharfen Test dadurch konstruieren, daß man $E(\varphi(\bar{\xi}, s_\xi^2) \mid \bar{\xi} = x; \sigma^2)$ für jedes $x \in R_1$ und jedes $\sigma^2 > \sigma_0^2$ zum Maximum macht. Das leistet in diesem Fall ein und derselbe Test, da die (von $\bar{\xi}$ unabhängige) Verteilung von s_ξ^2 monotone Dichtequotienten besitzt (vgl. II., Satz 4.3). Den Test konstruiert man für jedes $x \in R_1$ gemäß Satz 5.1. Wir gelangen so zu jenem „einseitigen" Test, welcher dem in II. 8. betrachteten zweiseitigen Test entspricht. Auch diesen kann man in ähnlicher Weise gewinnen.

Ganz analog gelangt man auch zu dem in II. 4. betrachteten Test, dessen kritische Region etwa im Falle des „zweiseitigen" Tests durch die Menge aller $x \in R_n$ gegeben ist, die II. (4.16) genügen.

Wir wollen noch ein wenig abschweifen und die Gütefunktion $(a, \sigma^2) \to g(a, \sigma^2)$ dieses Tests berechnen. Hierzu leiten wir die Dichte der nicht zentralen t-Verteilung her.

Es sei ξ nach $N(0, 1)$ und η davon unabhängig nach Chiquadrat mit n Freiheitsgraden verteilt, $n \geq 1$. Es sei c irgendeine von 0 verschiedene reelle Zahl. Wir interessieren uns für die Verteilung der zufälligen Variablen

$$\boldsymbol{u} = (\xi + c)/\sqrt{\eta/n} \tag{9.4}$$

die für $c = 0$ in die t-Verteilung mit n Freiheitsgraden übergeht. Die Dichte von (ξ, η) ist durch

$$\frac{1}{\sqrt{2\pi}} \frac{1}{2^{n/2}\Gamma\left(\frac{n}{2}\right)} e^{-\frac{y}{2}} y^{\frac{n}{2}-1} e^{-\frac{x^2}{2}}$$

für $-\infty < x < \infty$, $y > 0$ gegeben. Wir gehen durch die Transformation

$$\begin{aligned} &(x+c)\Big/\sqrt{\frac{y}{n}} = u \\ & \qquad\qquad\qquad\qquad -\infty < u < \infty,\ v > 0 \\ &\sqrt{y/n} = v \end{aligned} \tag{9.5}$$

zur Dichte von $(\boldsymbol{u}, \boldsymbol{v})$ über. Die Funktionaldeterminante der Transformation (9.5) ist $2nv^2$, für die gesuchte Dichte erhält man

$$\frac{1}{\sqrt{\pi}} \frac{1}{2^{(n-1)/2}\Gamma\left(\frac{n}{2}\right)} n^{n/2} e^{-nv^2/2} e^{-(uv-c)^2/2} v^n \qquad -\infty < u < \infty, \quad v > 0. \tag{9.6}$$

Wir gehen zur Randverteilung von $\boldsymbol{u}$ über, integrieren also (9.6) über v und machen hierzu bei festem u die Variablentransformation $w = v\sqrt{u^2 + n}$. Wir erhalten dann für $-\infty < u < \infty$

$$\frac{1}{\sqrt{\pi}\sqrt{n}\,\Gamma\left(\frac{n}{2}\right) 2^{\frac{n-1}{2}}} \left(\frac{u^2}{n} + 1\right)^{-\frac{n+1}{2}} e^{-\frac{1}{2}\frac{nc^2}{u^2+n}} \int_0^\infty e^{-\frac{1}{2}\left(w - \frac{uc}{\sqrt{u^2+n}}\right)^2} w^n\, dw. \tag{9.7}$$

Die durch diese Dichte gegebene Verteilung der zufälligen Variablen (9.4) heißt die nicht zentrale t-Verteilung mit n Freiheitsgraden. Wir schreiben für (9.7) kurz $\tau(u, c)$.

Nun kehren wir zu unserem Beispiel zurück. Es ist

$$\frac{\bar{\xi} - a_0}{s_\xi}\sqrt{n} = \frac{(\bar{\xi} - a) + (a - a_0)}{s_\xi}\sqrt{n}$$

für jedes reelle a. Daher ist $(\bar{\xi} - a_0)\sqrt{n/s_\xi}$ nach einer nicht zentralen t-Verteilung mit $n - 1$ Freiheitsgraden und $c = \frac{(a - a_0)}{\sigma}\sqrt{n}$ verteilt, wenn a und σ^2 die richtigen Parameterwerte sind. Somit wird für jedes reelle a und $0 < \sigma^2 < \infty$

$$g(a, \sigma) = 1 - \int_{-t_\alpha}^{t_\alpha} \tau\left(u, \frac{a - a_0}{\sigma}\sqrt{n}\right) du,$$

wobei man die Definition von t_α aus II. (4.15) abliest.

Die Gütefunktion des Testes hängt also von σ ab[9.5].

Eine gewisse Berühmtheit hat das sogenannte Behrens-Fisher-Problem erlangt[9.6].

Es geht hier um das *Problem der zwei Stichproben* und um die Frage der Existenz ähnlicher kritischer Regionen. Wir gehen von dem auf S. 253ff. behandelten Beispiel aus. Die dort betrachtete Menge Γ stellt die zulässigen Hypothesen dar. Die Nullhypothese Γ_0 ist von der Form

$$\{(a_1, a_2, \sigma_1^2, \sigma_2^2) : a_1 = a_2, \ -\infty < a_1 < \infty, \ 0 < \sigma_1^2 < \infty, \ 0 < \sigma_2^2 < \infty\}.$$

Vergleichen wir diese Aufgabe mit II. 6., dann müßte sie als Prüfung des Unterschiedes der Mittelwerte zweier Normalverteilungen bei unbekannter und beliebiger Streuung bezeichnet werden. Es fragt sich, ob für jedes α ähnliche kritische Regionen für das Problem $(\alpha, \Gamma_0, \Gamma - \Gamma_0)$ existieren. Entscheidende Fortschritte in dieser Richtung sind erst neuerdings durch Linnik[9.7] erzielt worden.

9.5 G. B. Dantzig, Ann. math. Statistics 11, 186—192 (1940) bewies, daß es keinen Test für den Mittelwert einer Normalverteilung mit vorgegebenem Stichprobenumfang gibt, dessen Gütefunktion von σ unabhängig ist.

Weitere Beispiele für ähnliche Tests finden sich auch in VI.

9.6 W. V. Behrens, Landwirtschaftliche Jahrbücher 48, 807—837 (1929).

9.7 Ju. V. Linnik, Teor. Verojatn. Primen 9, 16—30 (1964), Izvestija Akad. Nauk SSSR, Ser. mat. 28, 1—12 (1964).

10. Der Maximum Likelihood-Quotiententest[10.1]. Während für den Fall einer einfachen Hypothese und einer einfachen Alternative, in dem die Menge der zulässigen Parameterwerte nur aus zwei Punkten besteht, die Konstruktion eines Testes durch Satz 3.3 in recht befriedigender Weise gelöst wird und dies im Falle monotoner Dichtequotienten auch für gewisse zusammengesetzte Hypothesen gesagt werden kann[10.2], haben wir für den allgemeinen Fall einer zusammengesetzten Hypothese bis jetzt kein Konstruktionsprinzip für einen Test angegeben. Ein solches wird im folgenden beschrieben werden. Inwiefern dieses Prinzip gerechtfertigt werden kann, soll hier nicht erörtert werden. Einige Hinweise dieser Art werden wir später geben.

Wir geben zunächst die Definition des Begriffes der Likelihood-Funktion: *Es sei W_Γ durch ein σ-endliches Maß μ dominiert. Für jedes $\gamma \in \Gamma$ bezeichnen wir die R.N.-Dichte von W_γ mit $x \to f(x, \gamma)$. Für jedes $x \in R$ ist dann auch über Γ die Abbildung $\gamma \to f(x, \gamma)$ erklärt. Diese heißt die Likelihood-Funktion.*

Man betrachtet also anschaulich gesprochen für eine Stichprobe x den Wert der Dichte für alle möglichen Parameterwerte.

Es sei das Testproblem $(\Gamma_0, \Gamma - \Gamma_0)$ vorgelegt. Sowohl Γ_0 als auch $\Gamma - \Gamma_0$ seien zusammengesetzte Hypothesen. Die über $(R, \mathbf{S})$ definierte Menge von Wahrscheinlichkeitsmaßen W_Γ sei durch ein σ-additives Maß μ dominiert. Die R.N.-Dichten werden mit f_γ, $\gamma \in \Gamma$, bezeichnet. Für jedes $x \in R$ betrachte man den Quotienten $\sup\limits_{\gamma \in \Gamma_0} f_\gamma(x) / \sup\limits_{\gamma \in \Gamma} f_\gamma(x)$, soweit er definiert ist. Bezeichnet man ihn mit $l(x)$, dann folgt $0 \leq l(x) \leq 1$ W_Γ-f.ü., falls l $\mathbf{S}$-meßbar ist[10.3]. Dann wird für jedes λ mit $0 \leq \lambda \leq 1$ durch $\{x : l(x) \leq \lambda\}$ eine kritische Region definiert, die allerdings nur W_Γ-f.ü. festgelegt ist. Man nennt einen Test, der auf einer solchen kritischen Region beruht, einen Maximum-Likelihood-Quotienten-Test (MLQT).

Wir lassen einige Beispiele folgen.

Es seien $\xi_1, \ldots, \xi_n$, $\eta_1, \ldots, \eta_m$ für $n \geq 1$ und $m \geq 1$ unabhängige Stichprobenvariable. Die ersten n zufälligen Variablen seien nach POISSON mit Mittelwert a_1, die folgenden m nach POISSON mit Mittelwert a_2 verteilt, $0 < a_1 < \infty$,

---

[10.1] Diese Methode stammt von J. NEYMAN und E. S. PEARSON, Biometrika, l. c. [1.1].

[10.2] Vgl. **5**.

[10.3] Vgl. dazu V., Lemma 3.2.

$0 < a_2 < \infty$. Der gesamte Stichprobenraum ist also der R_{n+m}. Γ wird durch $\{(a_1, a_2),\ 0 < a_i < \infty,\ i = 1, 2\}$ gegeben. Die Menge W_Γ besteht aus $(n+m)$-fachen Produktmaßen (n Poissonverteilungen mit Mittelwert a_1, m mit Mittelwert a_2). Für μ kann man irgendein Maß im R_{n+m} nehmen, welches alle Gitterpunkte mit nichtnegativen Koordinaten als Massenpunkte besitzt. Die Nullhypothese Γ_0 laute $\{(a_1, a_2) : a_2 = q a_1\}$, $q > 0$. Wir wünschen also in der Terminologie von II. den Unterschied zweier Mittelwerte Poissonscher Verteilungen zu testen. Wir benützen die Tatsache, daß $\sum_{i=1}^{n} \xi_i$ bzw. $\sum_{i=1}^{m} \eta_i$ nach I., Satz 33.1 wieder nach POISSON mit Mittelwert $n a_1$ bzw. $m a_2$ verteilt ist.

Es ist nun für positive ganze x und y sowie $0 < a_1 < \infty$, $0 < a_2 < \infty$

$$\max_{(a_1, a_2)} \frac{e^{-n a_1}}{x!} (n a_1)^x \frac{e^{-m a_2}}{y!} (m a_2)^y = \frac{1}{x!\,y!} x^x y^y e^{-(x+y)}$$

sowie

$$\max_{a_2 = q a_1} \frac{e^{-n a_1}}{x!} (n a_1)^x \frac{e^{-m a_2}}{y!} (m a_2)^y = \frac{e^{-(x+y)}}{x!y!} \frac{(x+y)^{x+y}}{(1+p)^{x+y}} p^y$$

mit $p = \frac{mq}{n}$, wie man in üblicher Weise findet. Wir bemerken, daß für $x \neq 0$, $y \neq 0$ wegen $a_1^x = a_2^y = 0$ für $a_1 = a_2 = 0$ und $e^{-n a_1}, e^{-m a_2} \to 0$ für $a_1, a_2 \to \infty$ die Untersuchung der Randmaxima unterbleiben kann. Für $x = 0$, $y = 0$ stimmen die für $0 < a_i < \infty$ $(i = 1,2)$ angegebenen Ausdrücke, wenn man z. B. $x^x = 1$ für $x = 0$ usw. definiert, mit den Randmaximas bei $a_1 = a_2 = 0$ überein. Es wird also

$$l(x, y) = \left(\frac{x+y}{1+p}\right)^{x+y} \left(\frac{p}{y}\right)^y x^{-x}.$$

Durch $0 \leq l(x, y) \leq \lambda$ wird eine kritische Region im $(n+m)$-dimensionalen Stichprobenraum definiert. Praktische Schwierigkeiten bereitet die Bestimmung von λ, um eine vorgegebene Irrtumswahrscheinlichkeit zu garantieren. Wir verzichten auf eine ausführliche Diskussion[10.4].

Als weiteres Beispiel betrachten wir einen einfachen Fall der sogenannten Varianzanalyse[10.5].

Für $i = 1, \ldots, k$ und $j = 1, \ldots, l$ seien die ξ_{ij} unabhängige zufällige Variable, die nach $N(a + a_i + b_j, \sigma^2)$ verteilt sind. Die Menge der zulässigen Hypothesen ist $k + l$-dimensional und durch $-\infty < a_i < \infty$ mit $\sum_{i=1}^{k} a_i = 0$, $-\infty < b_j < \infty$ mit $\sum_{j=1}^{l} b_j = 0$, $-\infty < a < +\infty$ und $0 < \sigma^2 < \infty$ gegeben. Wir betrachten

---

[10.4] Eine solche findet man z. B. bei P. HOEL, Ann. math. Statistics 16, 362—368 (1945).

[10.5] Ausführliche Belehrung bietet: H. SCHEFFÉ, The Analysis of Variance, John Wiley & Sons — Chapman & Hall, New York–London 1959.

einmal eine Nullhypothese H_0, welche durch $a_1 = \cdots = a_k = 0, -\infty < b_j < +\infty$ mit $\sum_{j=1}^{\infty} b_j = 0$, $-\infty < a < \infty$ und $0 < \sigma^2 < \infty$ gegeben ist, sowie eine Nullhypothese H_0', welche durch $b_1 = \cdots = b_l = 0$, $-\infty < a_i < \infty$ mit $\sum_{i=1}^{k} a_i = 0$, $-\infty < a < \infty$ und $0 < \sigma^2 < \infty$ gegeben ist. In der Menge der zulässigen Hypothesen ist die Likelihoodfunktion für jedes $(x_{11}, \ldots, x_{kl}) \in R_{kl}$ durch

$$(a, a_1, \ldots, a_k, b_1, \ldots, b_l, \sigma^2) \to \frac{1}{(2\pi\sigma^2)^{kl/2}} e^{-\frac{1}{2\sigma^2}\sum_{i,j=1}^{k,l}(x_{ij}-a-a_i-b_j)^2}$$

gegeben. Hierbei ist wegen

$$\sum_{i=1}^{k} a_i = 0 \tag{10.1}$$

und

$$\sum_{j=1}^{l} b_j = 0 \tag{10.2}$$

z. B. a_k durch $-\sum_{i=1}^{k-1} a_i$ und b_l durch $-\sum_{j=1}^{l-1} b_j$ zu ersetzen.

Wir setzen die Ableitungen des Logarithmus der Likelihoodfunktion nach σ^2, a, a_i, b_j gleich 0 und erhalten

$$-\frac{kl}{2}\frac{1}{\sigma^2} + \frac{1}{2\sigma^4}\sum_{i,j=1}^{k,l}(x_{ij} - a - a_i - b_j)^2 = 0 \tag{10.3}$$

$$\frac{1}{\sigma^2}\sum_{i,j=1}^{k,l}(x_{ij} - a - a_i - b_j) = 0 \tag{10.4}$$

$$\frac{1}{\sigma^2}\left(\sum_{j=1}^{l}(x_{ij} - a - a_i - b_j) - \sum_{j=1}^{l}(x_{kj} - a - a_k - b_j)\right) = 0,\ i = 1, \ldots, k-1 \tag{10.5}$$

$$\frac{1}{\sigma^2}\left(\sum_{i=1}^{k}(x_{ij} - a - a_i - b_j) - \sum_{i=1}^{k}(x_{il} - a - a_i - b_l)\right) = 0,\ j = 1, \ldots, l-1. \tag{10.6}$$

Wir führen folgende Bezeichnung ein, die wir sinngemäß auch auf andere Fälle übertragen:

$$\bar{x}_{i.} = \frac{1}{l}\sum_{j=1}^{l} x_{ij}, \quad \bar{x}_{.j} = \frac{1}{k}\sum_{i=1}^{k} x_{ij}, \quad \bar{x} = \frac{1}{kl}\sum_{i,j=1}^{k,l} x_{ij}.$$

Die Gleichungen (10.1) bis (10.6) lassen sich eindeutig lösen. Die Lösungen seien mit $\hat{a}, \hat{a}_1, \ldots, \hat{a}_{k-1}, \hat{a}_k, \hat{b}_1, \ldots, \hat{b}_{l-1}, \hat{b}_l, \hat{\sigma}^2$ bezeichnet.

Aus (10.4) folgt wegen (10.1) und (10.2) $\hat{a} = \bar{x}$.

Aus (10.5) folgt

$$\hat{a}_i - \hat{a}_k = \bar{x}_{i.} - \bar{x}_{k.}, \qquad i = 1, \ldots, k-1.$$

Aus (10.6) ergibt sich

$$\hat{b}_j - \hat{b}_l = \bar{x}_{.j} - \bar{x}_{.l}, \qquad j = 1, \ldots, l-1.$$

Man erschließt hieraus

$$\hat{a}_i = \bar{x}_{i.} - \bar{x}, \; b_j = \bar{x}_{.j} - \bar{x}, \; i = 1, \ldots, k-1, \; j = 1, \ldots, l-1 \quad (10.7)$$

und wegen (10.1) und (10.2) erhält man hieraus auch $\hat{a}_k = \bar{x}_{k.} - \bar{x}$, $\hat{b}_l = \bar{x}_{.l} - \bar{x}$. Aus (10.3) folgt jetzt

$$\hat{\sigma}^2 = \frac{1}{kl} \sum_{i,j=1}^{k,l} (x_{ij} - \bar{x}_{i.} - \bar{x}_{.j} + \bar{x})^2 .$$

Bei Zugrundelegung von H_0 erhält man für die Likelihood-Funktion

$$(a, \sigma^2, b_1, \ldots, b_l) \to \frac{1}{(2\pi\sigma^2)^{kl/2}} e^{-\frac{1}{2\sigma^2} \sum_{i,j=1}^{k,l} (x_{ij}-a-b_j)^2},$$

wobei man wieder b_l durch $-\sum_{j=1}^{l-1} b_j$ zu ersetzen hat.

Leitet man den Logarithmus der Likelihood-Funktion nach σ^2, a und b_j für $j = 1, \ldots, l-1$ ab, dann erhält man wie früher für die Lösungen der entsprechenden Gleichungen $\hat{a}_0 = \bar{x}$, $\hat{b}_{j,0} = \bar{x}_{.j} - \bar{x}$, und das gilt dann wegen (10.2) für $j = 1, \ldots, l$, sowie

$$\hat{\sigma}_0^2 = \frac{1}{kl} \sum_{i,j=1}^{k,l} (x_{ij} - \bar{x}_{.j})^2 .$$

Wir erhalten

$$l(x_{11}, \ldots, x_{kl}) = \frac{e^{-\frac{kl}{2}} \left(\sum_{i,j=1}^{k,l} (x_{ij} - \bar{x}_{.j})^2 \right)^{-kl/2}}{e^{-\frac{kl}{2}} \left(\sum_{i,j=1}^{k,l} (x_{ij} - \bar{x}_{i.} - \bar{x}_{.j} + \bar{x})^2 \right)^{-kl/2}}$$

und eine kritische Region in der Gestalt

$$\left\{ (x_{11}, \ldots, x_{kl}) : 0 \leq \left(\sum_{i,j=1}^{k,l} (x_{ij} - \bar{x}_{i.} + \bar{x}_{.j} + \bar{x})^2 \right)^{kl/2} \Big/ \left(\sum_{i,j=1}^{k,l} x_{ij} - \bar{x}_{i.})^2 \right)^{kl/2} \leq \lambda \right\}.$$

Dieselbe kritische Region wird aber durch

$$\left\{(x_{11}, \ldots, x_{kl}) : \sum_{i,j=1}^{k,l} (x_{ij} - \bar{x}_{.j})^2 \Big/ \sum_{i,j=1}^{k,l} (x_{ij} - \bar{x}_{i.} - \bar{x}_{.j} + \bar{x})^2 \geq \lambda'\right\} \tag{10.8}$$

mit einer passenden Konstanten λ' beschrieben. Man überprüft sofort die Richtigkeit der Identität

$$\sum_{i,j=1}^{k,l} (x_{ij} - \bar{x}_{.j})^2 = \sum_{i,j=1}^{k,l} (x_{ij} - \bar{x}_{i.} - \bar{x}_{.j} + \bar{x})^2 + \sum_{i,j=1}^{k,l} (\bar{x}_{i.} - \bar{x})^2 .$$

(10.8) kann daher auch mit $\lambda' - 1 = \lambda''$ in der Form

$$\left\{(x_{11}, \ldots, x_{kl}) : \sum_{i,j=1}^{k,l} (\bar{x}_{i.} - \bar{x})^2 \left(\sum_{i,j=1}^{k,l} (x_{ij} - \bar{x}_{i.} - \bar{x}_{.j} + \bar{x})^2\right)^{-1} \geq \lambda''\right\} \tag{10.9}$$

geschrieben werden.

Nun prüft man leicht die Richtigkeit der folgenden Identität[10.6] nach:

$$\sum_{i,j=1}^{k,l} x_{ij}^2 = kl\bar{x}^2 + \sum_{i,j=1}^{k,l} (\bar{x}_{i.} - \bar{x})^2 + \sum_{i,j=1}^{k,l} (\bar{x}_{.j} - \bar{x})^2 + \sum_{i,j=1}^{k,l} (x_{ij} - \bar{x}_{i.} - \bar{x}_{.j} + \bar{x})^2 .$$

Die linke Seite ist eine quadratische Form vom Rang kl. Der erste Summand rechts hat den Rang 1, der zweite höchstens den Rang $k - 1$, der dritte höchstens den Rang $l - 1$, der vierte höchstens den Rang $kl - k - l + 1$.

Da die Rangzahlen links und rechts übereinstimmen müssen, hat jede Form genau den angeführten Rang. Ist sowohl H_0 als auch H_0' zutreffend und $a = 0$, dann sind nach II., Satz 4.1 die rechtsstehenden Formen, wenn man sie durch σ^2 dividiert und x_{ij} durch die zufällige Variable ξ_{ij} ersetzt, unabhängig voneinander der Reihe nach mit $1, k - 1, l - 1$ und $(k - 1)(l - 1)$ Freiheitsgraden nach χ^2 verteilt.

Wir definieren nun zufällige Variable ζ_{ij} durch $\zeta_{ij} = \xi_{ij} - a - a_i - b_j$, $i = 1, \ldots, k$, $j = 1, \ldots, l$. Die ζ_{ij} sind unabhängig voneinander nach $N(0, \sigma^2)$ verteilt. Man rechnet sofort nach, daß für beliebige a, a_i, b_j

$$\sum_{i,j=1}^{k,l} (\xi_{ij} - \bar{\xi}_{i.} - \bar{\xi}_{.j} + \bar{\xi})^2 = \sum_{i,j=1}^{k,l} (\zeta_{ij} - \bar{\zeta}_{i.} - \bar{\zeta}_{.j} + \bar{\zeta})^2$$

gilt. Die Verteilung von $\sum_{i,j=1}^{k,l} (\xi_{ij} - \bar{\xi}_{i.} - \bar{\xi}_{.j} + \bar{\xi})^2/\sigma^2$ ist also von den Parametern a, a_i, b_j unabhängig. Ebenso erkennt man, daß im Falle der Gültigkeit von H_0

$$\sum_{i,j=1}^{k,l} (\bar{\xi}_{i.} - \bar{\xi})^2 = \sum_{i,j=1}^{k,l} (\bar{\zeta}_{i.} - \bar{\zeta})^2$$

[10.6] Von solchen Zerlegungen wird in der Varianzanalyse häufig Gebrauch gemacht. Für die dahinter steckenden algebraischen Beziehungen vergleiche man H. B. MANN, Ann. math. Statistics 31,1—15 (1960).

ist. Somit ist

$$\frac{(l-1)\sum\limits_{i,j=1}^{k,l}(\bar{\xi}_{i.}-\bar{\xi})^2}{\sum\limits_{i,j=1}^{k,l}(\xi_{ij}-\bar{\xi}_{i.}-\bar{\xi}_{.j}+\bar{\xi})^2}$$

nach F mit $\big((k-1), (k-1)(l-1)\big)$ Freiheitsgraden verteilt, wenn H_0 richtig ist. Durch

$$\left\{(x_{11},\ldots,x_{kl}): \frac{(l-1)\sum\limits_{i,j=1}^{k,l}(\bar{x}_{i.}-\bar{x})^2}{\sum\limits_{i,j=1}^{k,l}(x_{ij}-\bar{x}_{i.}-\bar{x}_{.j}+\bar{x})^2} \geq F_\alpha\right\}$$

ist somit eine kritische Region für H_0 zu einer vorgegebenen Irrtumswahrscheinlichkeit α gegeben. F_α bestimmt man in der Bezeichnung von I. (30.2) durch

$$\int\limits_{F_\alpha}^{\infty} k_{k-1,(k-1).(l-1)}(F)\,dF = \alpha\,.$$

Die Nullhypothese H_0' behandelt man völlig analog. Es zeigt sich, daß im Falle der Richtigkeit von H_0' durch

$$\left\{(x_{11},\ldots,x_{kl}): \frac{(k-1)\sum\limits_{i,j=1}^{k,l}(\bar{x}_{.j}-\bar{x})^2}{\sum\limits_{i,j=1}^{k,l}(x_{ij}-\bar{x}_{i.}-\bar{x}_{.j}+\bar{x})^2} \geq F_\alpha'\right\}$$

eine kritische Region gegeben ist. Ersetzt man in dem obenstehenden Quotienten x_{ij} durch die zufällige Variable ξ_{ij}, dann ist dieser, wenn H_0' gilt, nach F mit $\big((l-1), (k-1)(l-1)\big)$ Freiheitsgraden verteilt. Damit ist auch die Bestimmung von F_α' für eine vorgegebene Irrtumswahrscheinlichkeit α praktisch gesichert.

Diese Schlußweise wird in den Anwendungen sehr häufig benützt, wenn die Beobachtungsergebnisse eines Versuches konstanten „Zeilen-" und „Spalteneffekten" unterworfen sind und die Frage auftaucht, ob diese Effekte die Ergebnisse tatsächlich beeinflussen. Nehmen wir z. B. an, daß mehrere Weizensorten mit mehreren Bodendüngungen kombiniert werden, so daß jede Sorte mit jeder Düngung zusammentrifft. Aus den Ernteergebnissen, die im allgemeinen mit guter Approximation als normal verteilt angesehen werden können, soll nun darauf geschlossen werden, ob es einen Sorten- oder Düngungseinfluß gibt. Dies kann mittels einer Varianzanalyse entschieden werden.[10.7]

[10.7] Für eine grundsätzliche Analyse dieses Modelles vgl. man A. N. Kolmogorov, Proc. Second All-Union Congress Math. Statistics, Sept. 27—Oct. 2, 1948. Acad. Sci. Uzbekistan Soviet. Socialist. Republic, Taschkent 1949, 240—268.

Wir wollen noch ein weiteres Beispiel zum MLQT betrachten.

$\xi_1, \ldots, \xi_n$ seien n diskret verteilte unabhängige Stichprobenvariable mit derselben Verteilung, gegeben durch $W(\xi_i = j) = p_j$, $i = 1, \ldots, n$, $j = 1, \ldots, k$, $\sum_{j=1}^{k} p_j = 1$. Die gemeinsame Verteilung von $\sum_{i=1}^{n} c_{\{\xi_i = j\}}$, $j = 1, \ldots, k$, ist nach I. 37. durch $\frac{n!}{x_1!\, x_2! \ldots x_k!}$ $p_1^{x_1} \ldots p_k^{x_k}$ mit $0 \leq x_i \leq n$, x_i ganz, $1 \leq i \leq k$, $\sum_{i=1}^{k} x_i = n$, gegeben. Die Menge der zulässigen Hypothesen sei durch $0 < p_i < 1$, $i = 1, \ldots, k$, $\sum_{i=1}^{k} p_j = 1$ gegeben, die Nullhypothese durch $p_i = p_i^0$, $i = 1, \ldots, k$, $\sum_{i=1}^{k} p_i^0 = 1$. Betrachtet man an Stelle der Likelihood-Funktion deren Logarithmus, dann ergibt sich, daß man eine kritische Region vermittels der Funktion

$$l(x_1, \ldots, x_k) = \sum_{i=1}^{k} x_i \log \left(1 + \frac{x_i - p_i^0 n}{p_i^0 n}\right) \tag{10.10}$$

definieren kann. Entwickelt man den Logarithmus formal in eine Potenzreihe, dann erhält man, wenn man $x_i = p_i^0 n + (x_i - p_i^0 n)$ schreibt:

$$\sum_{i=1}^{k} x_i \log \left(1 + \frac{x_i - p_i^0 n}{p_i^0 n}\right) = \sum_{i=1}^{k} [p_i^0 n + (x_i - p_i^0 n)] \left[\left(\frac{x_i - p_i^0 n}{p_i^0 n}\right) - \right.$$

$$\left. - \frac{1}{2}\left(\frac{x_i - p_i^0 n}{p_i^0 n}\right)^2 + \frac{1}{3}\left(\frac{x_i - p_i^0 n}{p_i^0 n}\right)^3 - + \cdots \right] =$$

$$= \sum_{i=1}^{k} (x_i - p_i^0 n) + \frac{1}{2} \frac{(x_i - p_i^0 n)^2}{p_i^0 n} +$$

$$+ \text{ Glieder höherer Ordnung.}$$

Da aber $\sum_{i=1}^{k} x_i = n$ ist, verschwindet das erste Glied. Beschränkt man sich nun auf das zweite Glied, dann erhält man bei passender Wahl von $d(\alpha)$ eine kritische Region zur Irrtumswahrscheinlichkeit α, die durch

$$\left\{x : \sum_{i=1}^{k} \frac{(x_i - p_i^0 n)^2}{p_i^0 n} \geq d(\alpha)\right\} \tag{10.11}$$

definiert ist. Diesem Vorgang entspricht das sogenannte Chiquadrat-Verfahren von PEARSON[10.8], das praktisch von großer Bedeutung ist. Man kann dieses Verfahren auch benützen, wenn man von stetigen Stichprobenvariablen ausgeht. In diesem Fall muß man zur Gruppenbildung schreiten. Wenn wir annehmen, daß die

[10.8] K. PEARSON, Philos. Mag. V. Ser., 50, 157—175 (1900).

Stichprobenvariablen mit einer Dichte f verteilt sind, dann wähle man (im Prinzip völlig beliebige)[10.9] reelle Zahlen $-\infty < x_1 < x_2 < \cdots < x_k < \infty$ und setze

$$\int_{-\infty}^{x_1} f(x)\,dx = p_1, \quad \int_{x_{i-1}}^{x_i} f(x)\,dx = p_i, \quad 2 \leq i \leq k-1, \quad \int_{x_k}^{\infty} f(x)\,dx = p_k.$$

Die Stichprobenwerte teilt man in Gruppen, je nachdem sie einem der Intervalle $(-\infty, x_1]$, $(x_{i-1}, x_i]$, (x_k, ∞) angehören. Damit ist man auf den vorhin betrachteten Fall zurückgekommen.

Man zeigt unschwer, daß die zufällige Variable $\sum_{i=1}^{k} \frac{(\xi_i - p_i^0 n)^2}{p_i^0 n}$ für $n \to \infty$ nach χ^2 mit $k-1$ Freiheitsgraden verteilt ist.[10.10]

11. Strenge Tests und invariante Tests. WALD[11.1] hat eine Klassifikation der Tests eingeführt, welche sich als bedeutsam erwiesen hat und den Begriff des trennscharfen Tests verallgemeinert. Es sei $(\alpha, \Gamma_0, \Gamma - \Gamma_0)$ ein Testproblem. Es sei Φ_α die Menge aller Tests für dieses Problem, und es sei für jedes $\gamma \in \Gamma - \Gamma_0$

$$G(\gamma) = \sup_{\varphi \in \Phi_\alpha} g_\varphi(\gamma).$$

G ist also das Supremum aller Gütefunktionen. Ein Test $\varphi_0 \in \Phi_\alpha$ heißt *streng*, wenn er die Bedingung

$$\sup_{\gamma \in \Gamma - \Gamma_0} [G(\gamma) - g_{\varphi_0}(\gamma)] \leq \sup_{\gamma \in \Gamma - \Gamma_0} [G(\gamma) - g_\varphi(\gamma)] \tag{11.1}$$

für jedes $\varphi \in \Phi_\alpha$ erfüllt.

Gibt es einen Test $\varphi_0 \in \Phi_\alpha$, für den $G(\gamma) = g_{\varphi_0}(\gamma)$ für jedes $\gamma \in \Gamma - \Gamma_0$ gilt, dann ist φ_0 natürlich streng. Es gilt also der triviale

Satz 11.1: *Existiert für das Problem* $(\alpha, \Gamma_0, \Gamma - \Gamma_0)$ *ein in* $\Gamma - \Gamma_0$ *trennscharfer Test, dann ist er streng.*

[10.9] Zum Problem der Gruppeneinteilung vgl. man H. B. MANN u. A. WALD, Ann. math. Statistics 13, 306—317 (1942) und H. WITTING, Arch. der Math. 10, 468—479 (1959).

[10.10] Für dieses Resultat und weitere wichtige Ergebnisse vgl. man H. CRAMÈR, l. c. I.[40.1]. Die erste Formulierung solcher Resultate findet sich bei R. A. FISHER, J. Roy. statist. Soc. 85, 87—94 (1922). Vgl. noch den Bericht von W. G. COCHRAN, Ann. math. Statistics 23, 315—345 (1952).

[11.1] A. WALD, Trans. Amer. math. Soc. 54, 462—482 (1943).

Ein fast triviales, aber für die Anwendung nützliches Kriterium wird durch folgenden Satz geliefert.

Satz 11.2: *Es sei Φ_α die Menge aller Tests für das Testproblem $(\alpha, \Gamma_0, \Gamma - \Gamma_0)$. Es sei H eine beliebige Menge von Indizes, und es seien Γ_η, $\eta \in H$, paarweise fremde Teilmengen von $\Gamma - \Gamma_0$ mit $\bigcup_{\eta \in H} \Gamma_\eta = \Gamma - \Gamma_0$. Es sei $G(\gamma) = \sup_{\varphi \in \Phi_\alpha} g_\varphi(\gamma)$ für jedes $\gamma \in \Gamma - \Gamma_0$, und es sei G konstant auf Γ_η für jedes $\eta \in H$. Es existiere weiter ein $\varphi_0 \in \Phi_\alpha$, so daß für die Gütefunktionen*

$$\inf_{\gamma \in \Gamma_\eta} g_{\varphi_0}(\gamma) = \sup_{\varphi \in \Phi_\alpha} \inf_{\gamma \in \Gamma_\eta} g_\varphi(\gamma) \tag{11.2}$$

für jedes $\eta \in H$ gilt. Dann ist φ_0 streng für das vorgelegte Testproblem.

Beweis: Es ist $\sup_{\gamma \in \Gamma - \Gamma_0} \big(G(\gamma) - g_{\varphi_0}(\gamma)\big) = \sup_{\eta \in H} \sup_{\gamma \in \Gamma_\eta} \big(G(\gamma) - g_{\varphi_0}(\gamma)\big)$. Da G konstant auf Γ_η ist, gilt für jedes beliebige γ_η aus Γ_η, auch $\sup_{\gamma \in \Gamma - \Gamma_0} \big(G(\gamma) - g_{\varphi_0}(\gamma)\big) = \sup_{\eta \in H} \big(G(\gamma_\eta) - \inf_{\gamma \in \Gamma_\eta} g_{\varphi_0}(\gamma)\big)$. Weiter ist

$$\sup_{\eta \in H} \big(G(\gamma_\eta) - \inf_{\gamma \in \Gamma_\eta} g_{\varphi_0}(\gamma)\big) \leq \sup_{\eta \in H} \big(G(\gamma_\eta) - \inf_{\gamma \in \Gamma_\eta} g_\varphi(\gamma)\big) \tag{11.3}$$

für jedes $\varphi \in \Phi_\alpha$ wegen (11.2). Die rechte Seite von (11.3) ist aber gleich

$$\sup_{\eta \in H} \sup_{\gamma \in \Gamma_\eta} \big(G(\gamma) - g_\varphi(\gamma)\big) = \sup_{\gamma \in \Gamma - \Gamma_0} \big(G(\gamma) - g_\varphi(\gamma)\big)$$

womit alles gezeigt ist.

Wir behandeln ein Beispiel zu diesem Satz. Es liege eine Menge k-dimensionaler Normalverteilungen, $k \geq 1$, mit Mittelwertsvektor $a \in R_k$ und gegebener positiv definiter Kovarianzmatrix B^{-1} vor. Es sei $a_0 \in R_k$ und $a = a_0$ eine einfache Nullhypothese über den Mittelwert. Γ_0 ist also mit $\{a_0\}$, $\Gamma - \Gamma_0$ mit $R_k - \{a_0\}$ zu identifizieren. Wir bezeichnen mit Φ'_α die Menge der Tests φ für das Problem $\{\alpha, \Gamma_0, \Gamma - \Gamma_0\}$, welche die Bedingung

$$E(\varphi; a_0) = \alpha \tag{11.4}$$

erfüllen. Die Beschränkung auf solche Tests ist keine Einschränkung der Allgemeinheit. Ebenso können wir $\alpha > 0$ voraussetzen.

Wir behaupten nun, daß bei passender Wahl von $d(\alpha)$ durch

$$K = \{x : (x - a_0)' B (x - a_0) \geq d(\alpha)\} \tag{11.5}$$

im R_k eine kritische Region definiert wird, welche einen für das Problem $\{\alpha, \Gamma_0, \Gamma - \Gamma_0\}$ strengen Test c_K liefert. Dabei muß $d(\alpha)$ so bestimmt werden, daß $E(c_K; a_0) = \alpha$, was immer und zwar eindeutig, möglich ist. (Vgl. VI., S. 445.)

Da mit B^{-1} auch B positiv definit ist, kann man das Problem ein wenig vereinfachen und annehmen, daß B die $k \times k$-Einheitsmatrix ist. Es gibt nämlich eine orthogonale Matrix C, so daß $C'BC = \Lambda$, wobei Λ eine Diagonalmatrix der Gestalt

$$\begin{pmatrix} \lambda_1 & 0 & \dots & 0 \\ 0 & \lambda_2 & \dots & 0 \\ \dots & \dots & \dots & \dots \\ 0 & 0 & \dots & \lambda_k \end{pmatrix} \quad \text{mit} \quad \lambda_i > 0, \; 1 \leq i \leq k$$

ist. Schreibt man also

$$y = Cx \tag{11.6}$$

und

$$b = Ca \tag{11.7}$$

und insbesondere $b_0 = Ca_0$, dann geht (11.5) in $\{y : (y - b_0)' \Lambda (y - b_0) \geq d(\alpha)\}$ über. Wenn man mit $\Lambda^{1/2}$ die Diagonalmatrix

$$\begin{pmatrix} \lambda_1^{1/2} & 0 & \dots & 0 \\ 0 & \lambda_2^{1/2} & \dots & 0 \\ \dots & \dots & \dots & \dots \\ 0 & 0 & \dots & \lambda_k^{1/2} \end{pmatrix}$$

bezeichnet und

$$z = \Lambda^{1/2} y \tag{11.8}$$

und

$$c = \Lambda^{1/2} b \tag{11.9}$$

sowie insbesondere $c_0 = \Lambda^{1/2} b_0$ schreibt, dann geht (11.5) schließlich in

$$\{z : |z - c_0|^2 \geq d(\alpha)\}$$

über. Wendet man die Transformationen (11.6) und (11.8) der Reihe nach auf die für alle $x \in R_k$ durch $|B|^{1/2} (2\pi)^{-k/2} e^{-\frac{1}{2}(x-a)' B (x-a)}$ gegebene Dichte an und berücksichtigt man (11.7) und (11.9), dann erhält man eine neue Dichte, welche für alle $z \in R_k$ durch

$$(2\pi)^{-k/2} \, e^{-\frac{1}{2}|z-c|^2} \tag{11.10}$$

gegeben ist. Überdies existiert die zu $\Lambda^{1/2} C$ inverse Matrix. Es wird also im wesentlichen durch eine Bezeichnungsänderung erreicht, daß man statt der gegebenen Menge von Normalverteilungen von der Menge aller Normalverteilungen mit der $k \times k$-Einheitsmatrix als Kovarianzmatrix ausgehen kann, deren Dichten für $z \in R_k$ durch (11.10) gegeben sind. Schreibt man wieder x statt z und a statt c, dann tritt an Stelle von (11.5)

$$K = \{x : |x - a_0|^2 \geq d(\alpha)\}. \tag{11.11}$$

Es sei nun für jedes reelle $l > 0$

$$E_l = \{a : |a - a_0|^2 = l\}. \tag{11.12}$$

Es ist offenbar $\bigcup\limits_{l>0} E_l = R_k - \{a_0\} = \Gamma - \Gamma_0$. Es sei für jedes $a \in \Gamma - \Gamma_0$ $G(a) = \sup\limits_{\varphi \in \Phi'_\alpha} g_\varphi(a)$, und wir zeigen, daß G auf jedem E_l konstant ist.

Es seien a und $a^* \in E_l$, so daß also

$$|a - a_0| = |a^* - a_0| \tag{11.13}$$

gilt. Weiter sei $\varphi_a^{(i)} \in \Phi'_\alpha$, $i = 1, 2, \ldots$ eine Folge von Tests, so daß

$$G(a) = \lim_{i \to \infty} E(\varphi_a^{(i)}; a). \tag{11.14}$$

Ebenso sei $\varphi_{a^*}^{(i)} \in \Phi'_\alpha$, $i = 1, 2, \ldots$ eine Folge von Tests mit

$$G(a^*) = \lim_{i \to \infty} E(\varphi_{a^*}^{(i)}; a^*). \quad (11.15$$

Wir wählen nun eine orthogonale Transformation $\mathfrak{D}$ so, daß neben

$$y - a_0 = \mathfrak{D}(x - a_0) \tag{11.16}$$

auch

$$(a^* - a_0)'(x - a_0) = (a - a_0)'(y - a_0) \tag{11.17}$$

gilt. Wir definieren für jedes $y \in R_k$ einen Test ψ_i durch

$$\psi_i(y) = \varphi_{a^*}^{(i)}(\mathfrak{D}^{-1}(y - a_0) + a_0), \qquad 1 \leq i. \tag{11.18}$$

Die Dichte der Normalverteilung, welche der Nullhypothese mit dem Mittelwertsvektor a_0 entspricht, ändert sich nicht, wenn man die Transformation (11.16) anwendet. Es folgt aus (11.18)

$$E(\psi_i; a_0) = (2\pi)^{-k/2} \int\limits_{R_k} \psi_i(y)\, e^{-\frac{1}{2}|y - a_0|^2}\, dy = (2\pi)^{-k/2} \int\limits_{R_k} \varphi_{a^*}(x) e^{-\frac{1}{2}|x - a_0|^2}\, dx = \alpha,$$

d. h.

$$\psi_i \in \Phi'_\alpha. \tag{11.19}$$

Weiter ist

$$E(\psi_i; a) = (2\pi)^{-k/2} \int\limits_{R_k} \psi_i(y) e^{-\frac{1}{2}|y - a|^2}\, dy =$$

$$= (2\pi)^{-k/2} \int\limits_{R_k} \psi_i(y)\, e^{-\frac{1}{2}(|y - a_0|^2 + 2(y - a_0)'(a_0 - a) + |a_0 - a|^2)}\, dy.$$

Die Transformation (11.16) führt unter Berücksichtigung von (11.17) und (11.18) das Integral in

$$\int\limits_{R_k} \varphi_{a^*}^{(i)}(x) e^{-\frac{1}{2}(|x - a_0|^2 + 2(a^* - a_0)'(x - a_0) + |a_0 - a^*|^2)}\, dx$$

über. Dabei wurde auch (11.13) benützt.

Es ist also $E(\psi_i; a) = E(\varphi_{a^*}^{(i)}; a^*)$. (11.14) und (11.15) sowie (11.19) führen somit zur Ungleichung

$$G(a^*) \leq G(a).$$

Läßt man a^* und a die Rollen tauschen, erhält man genauso

$$G(a) \leq G(a^*).$$

Somit ist $G(a) = G(a^*)$, und das war zu zeigen.

Nun müssen wir noch beweisen, daß der zur kritischen Region (11.11) gehörige Test c_K für jedes $l > 0$ die Bedingung

$$\inf_{a \in E_l} g_{c_K}(a) = \sup_{\varphi \in \Phi'_\alpha} \inf_{a \in E_l} g_\varphi(a) \tag{11.20}$$

erfüllt. Hierzu genügt es zu beweisen: g_{c_K} ist konstant auf jedem E_l und

$$\int_{E_l} g_{c_K} do_l \geq \int_{E_l} g_\varphi do_l \tag{11.21}$$

für jedes $\varphi \in \Phi'_\alpha$ und alle $l > 0$, wobei do_l das Integrationselement auf E_l ist.

Die erste Behauptung folgt im wesentlichen so wie die analoge Behauptung für G. (11.21) läßt sich mittels des Neyman-Pearsonschen Fundamental-Lemmas zeigen. Hierzu gehen wir so vor: Für jedes $\varphi \in \Phi'_\alpha$ ist

$$\int_{E_l} g_\varphi do_l = \frac{1}{(\sqrt{2\pi})^k} \int_{E_l} \varphi(x) \int_{R_k} e^{-\frac{1}{2}|x-a|^2}\, dx\, do_l = \frac{1}{(\sqrt{2\pi})^k} \int_{R_k} \varphi(x) \int_{E_l} e^{-\frac{1}{2}|x-a|^2}\, do_l\, dx,$$

wobei die Vertauschung der Integrationen erlaubt ist (Satz IX.).

(11.21) wird also durch sinngemäße Anwendung von Satz 3.1 auf

$$f_1(x) = (2\pi)^{-k/2} e^{-\frac{1}{2}|x-a_0|^2}, \qquad x \in R_k$$

und

$$f_2(x) = (2\pi)^{-k/2} \int_{E_l} e^{-\frac{1}{2}|x-a|^2} do_l, \quad x \in R_k,$$

zu beweisen sein, wenn wir zeigen können, daß (11.11) auch durch

$$\left\{x : \left(\int_{E_l} e^{-\frac{1}{2}|x-a|^2} do_l \Big/ e^{-\frac{1}{2}|x-a_0|^2}\right) \geq \gamma(\alpha)\right\} \tag{11.22}$$

definiert werden kann, sofern man $\gamma(\alpha)$ passend wählt. Nun ist der in (11.22) auftretende Quotient wegen (11.12) auch gleich

$$e^{-l/2} \int_{E_l} e^{-(x-a_0)'(a-a_0)} do_l.$$

Wir gehen nun in völliger Analogie zu den Ausführungen auf S. 198 vor: Es sei für $y \neq a_0$

$$\cos\vartheta(a) = \frac{(y-a_0)'(a-a_0)}{|y-a_0|\,|a-a_0|} \tag{11.23}$$

mit $0 \leq \vartheta(a) \leq \pi$. Wir führen mit $a_0 = (a_1^{(0)}, \ldots, a_k^{(0)})$ Polarkoordinaten ein:

$$a_i - a_i^{(0)} = l\alpha_i \sin\vartheta, \quad 1 \leq i \leq k-1, \quad \sum_{i=1}^{k-1} \alpha_i^2 = 1,$$

$$a_k - a_k^{(0)} = l\cos\vartheta, \quad 0 \leq \vartheta \leq \pi.$$

Wir erhalten dann wegen (11.23)

$$\int_{E_l} e^{(x-a_0)'(a-a_0)}\, do_l = l^{k-1}\, |O_{k-1} \int_0^\pi e^{|y-a_0|\sqrt{l}\cos\vartheta} \sin^{k-2}\vartheta\, d\vartheta$$

wobei $|O_{k-1}$ die Oberfläche der $(k-1)$-dimensionalen Einheitskugel ist. Es genügt jetzt zu zeigen, daß die Abbildung $I(z): z \to \int_0^\pi e^{z\sqrt{l}\cos\vartheta} \sin^{k-2}\vartheta\, d\vartheta$ in $0 < z < \infty$ streng monoton wachsend ist. Unter Verwendung von Satz VII sieht man aber leicht, daß

$$I'(z) = \sqrt{l}\int_0^\pi e^{z\sqrt{l}\cos\vartheta} \cos\vartheta \sin^{k-2}\vartheta\, d\vartheta$$

ist. Spaltet man die Integration in die Teilintegrationen von 0 bis $\frac{\pi}{2}$ und $\frac{\pi}{2}$ bis π auf und ersetzt man im zweiten Integral ϑ durch $\pi - \vartheta$, dann ergibt sich

$$I'(z) = \sqrt{l}\int_0^{\pi/2} \cos\vartheta \sin^{k-2}\vartheta \left[e^{z\sqrt{l}\cos\vartheta} - e^{-z\sqrt{l}\cos\vartheta}\right] d\vartheta > 0 \quad \text{für} \quad z > 0$$

und damit ist alles gezeigt.

Die durch (11.11) erklärte kritische Region K definiert also tatsächlich einen strengen Test.

Es hat sich herausgestellt, daß die Definition des strengen Tests mit einem anderen Prinzip in engem Zusammenhang steht, das man als *Invarianzprinzip* bezeichnet. Wir wollen es hier nur für die Testtheorie formulieren.

Es sei $\mathfrak{G}$ eine beliebige, multiplikativ geschriebene Gruppe und $(R, \mathbf{S})$ ein Meßraum. Wir nehmen an, daß man die Elemente von $\mathfrak{G}$ auf $(R, \mathbf{S})$ „anwenden" kann, d. h. es soll Folgendes gelten: Über $\mathfrak{G} \times R$ ist eine Abbildung in R definiert: Wenn $\mathfrak{g} \in \mathfrak{G}$, $x \in R$ ist und y das Bild von $(\mathfrak{g}, x)$ ist, dann schreibt man kurz $\mathfrak{g}x = y$. Es sei für $\mathfrak{g}_1, \mathfrak{g}_2 \in \mathfrak{G}$ und $x \in R$ stets

$$(\mathfrak{g}_1\mathfrak{g}_2)x = \mathfrak{g}_1(\mathfrak{g}_2x). \tag{11.24}$$

Wenn $\mathfrak{e}$ das Einheitselement von $\mathfrak{G}$ ist, sei

$$\mathfrak{e}x = x \tag{11.25}$$

für jedes $x \in R$.

Wir verlangen weiter, daß die Abbildung $x \to \mathfrak{g}x$ für jedes $\mathfrak{g} \in \mathfrak{G}$ eine $(\boldsymbol{S}, \boldsymbol{S})$-meßbare Transformation von R in sich ist, d. h. das Urbild von jedem $M \in \boldsymbol{S}$ ist unter dieser Abbildung wieder in $\boldsymbol{S}$.

Aus (11.24) und (11.25) folgt, daß dieses Urbild durch $\mathfrak{g}^{-1}M$ gegeben ist. Daraus ergibt sich auch, daß für jedes $\mathfrak{g} \in \mathfrak{G}$ und alle $M \in \boldsymbol{S}$ auch $\mathfrak{g}M \in \boldsymbol{S}$ ist. Weiter folgt, daß die Abbildung $x \to \mathfrak{g}x$ für jedes $\mathfrak{g} \in \mathfrak{G}$ eineindeutig ist. Es sei weiter W_Γ eine Menge von Wahrscheinlichkeitsmaßen, welche über $(R, \boldsymbol{S})$ definiert sind. Für jedes $\gamma \in \Gamma$ und jedes $\mathfrak{g} \in \mathfrak{G}$ definieren wir ein Wahrscheinlichkeitsmaß $W_{\bar{\mathfrak{g}}\gamma}$ gemäß

$$W_{\bar{\mathfrak{g}}\gamma}(A) = W_\gamma(\mathfrak{g}^{-1}A) \tag{11.26}$$

für jedes $A \in \boldsymbol{S}$.

Ersetzt man A durch $\mathfrak{g}A$, dann erkennt man, daß (11.26) gleichbedeutend mit

$$W_{\bar{\mathfrak{g}}\gamma}(\mathfrak{g}A) = W_\gamma(A) \tag{11.27}$$

ist.

Es folgt leicht, daß $W_{\bar{\mathfrak{g}}\gamma}$ tatsächlich ein Wahrscheinlichkeitsmaß ist. Die hier gewählte Bezeichnung für das durch (11.26) definierte Wahrscheinlichkeitsmaß $W_{\bar{\mathfrak{g}}\gamma}$ wird erst dadurch wirklich sinnvoll, daß wir $\bar{\mathfrak{g}}\Gamma \subseteq \Gamma$ fordern[11.2].

Wir sagen dann, W_Γ ist *invariant* gegenüber $\mathfrak{G}$. Es ist dann

$$W_{\overline{(\mathfrak{g}_1\mathfrak{g}_2)}\gamma}(A) = W_\gamma\left((\mathfrak{g}_1\mathfrak{g}_2)^{-1}A\right) = W_\gamma(\mathfrak{g}_2^{-1}\mathfrak{g}_1^{-1}A) = W_{\bar{\mathfrak{g}}_2\gamma}(\mathfrak{g}_1^{-1}A) =$$

$$= W_{\bar{\mathfrak{g}}_1\bar{\mathfrak{g}}_2\gamma}(A) \text{ für jedes } \gamma \in \Gamma, \text{ jedes } A \in \boldsymbol{S} \text{ und } \mathfrak{g}_1, \mathfrak{g}_2 \in \mathfrak{G}.$$

Es ist also $\overline{\mathfrak{g}_1\mathfrak{g}_2} = \bar{\mathfrak{g}}_1\bar{\mathfrak{g}}_2$.

[11.2] Genau genommen ist ja zunächst $\bar{\mathfrak{g}}\gamma$ für $\gamma \in \Gamma$ gar nicht definiert, sondern nur $W_{\bar{\mathfrak{g}}\gamma}$.

Weiter ist $W_{\overline{\mathfrak{g}^{-1}}\gamma}(A) = W_\gamma(\mathfrak{g}A)$. Definiert man nun $(\bar{\mathfrak{g}})^{-1}$ durch $(\bar{\mathfrak{g}})^{-1}\bar{\mathfrak{g}} = \bar{\mathfrak{e}}$, dann erkennt man, daß stets $(\bar{\mathfrak{g}})^{-1}$ existiert und mit $\overline{\mathfrak{g}^{-1}}$ übereinstimmt. Es ist ja

$$W_{\bar{\mathfrak{e}}\gamma}(A) = W_\gamma(A) = W_\gamma(\mathfrak{g}^{-1}\mathfrak{g}A) = W_{\bar{\mathfrak{g}}\gamma}(\mathfrak{g}A) = W_{\overline{\mathfrak{g}^{-1}}\bar{\mathfrak{g}}\gamma}(A).$$

Die Menge $\overline{\mathfrak{G}}$ aller $\bar{\mathfrak{g}}$ ist also ebenfalls eine Gruppe[11.3]. Wir nennen dann $\mathfrak{G}$ zulässig für das Testproblem.

Wir geben nun unter Beibehaltung der eingeführten Bezeichnungen folgende

Definition: *Ein Testproblem* (Γ_0, Γ) *heißt invariant bez. einer zulässigen Gruppe* $\mathfrak{G}$, *wenn sogar*

$$\bar{\mathfrak{g}}\Gamma_0 = \Gamma_0 \tag{11.28}$$

und

$$\bar{\mathfrak{g}}(\Gamma - \Gamma_0) = \Gamma - \Gamma_0 \tag{11.29}$$

für jedes $\mathfrak{g} \in \mathfrak{G}$ *gelten.*

Ein Test φ heißt *invariant* bezüglich $\mathfrak{G}$, wenn $\varphi(\mathfrak{g}x) = \varphi(x)$ für alle $\mathfrak{g} \in \mathfrak{G}$ und jedes $x \in R$. Diese Definition der Invarianz ist natürlich nicht auf Tests beschränkt und läßt sich in analoger Weise auf beliebige Abbildungen von R in irgendeine Menge anwenden. Liegt ein invariantes Testproblem vor, dann ist es naheliegend, sich invarianter Tests zu bedienen.

Ein einfaches Beispiel für ein invariantes Testproblem erhält man auf folgende Weise: Es sei $\mathfrak{G}$ die additive Gruppe der reellen Zahlen, welche wir folgendermaßen auf den R_n, $n \geq 1$, anwenden. Es sei $\mathfrak{g}x = (x_1 + \mathfrak{g}, \ldots, x_n + \mathfrak{g})$ für $x \in R_n$ und jedes reelle $\mathfrak{g} \in \mathfrak{G}$. Es seien f_i, $i = 1, 2$, Dichten im R_n. Wir betrachten die Menge aller Wahrscheinlichkeitsmaße über $(R_n, \mathfrak{B}_n)$, deren Dichten für jedes $x \in R_n$ durch $f_i(x_1 + \gamma, \ldots, x_n + \gamma)$, $i = 1, 2$, $-\infty < \gamma < \infty$, gegeben sind. Man definiere Γ_0 als die Menge aller Paare der Gestalt $(\gamma, 1)$ und $\Gamma - \Gamma_0$ als die Menge aller Paare der Form $(\gamma, 2)$, $\gamma \in R_1$, wobei (γ, i) das Maß $W_{(\gamma, i)}$ mit der Dichte $x \to f_i(x_1 + \gamma, \ldots, x_n + \gamma)$ zugeordnet ist $(i = 1,2)$. Wir fordern natürlich, daß $W_{\Gamma_0} \cap W_{\Gamma - \Gamma_0} = \emptyset$. Nun ist für alle $A \in \mathfrak{B}_n$

$$W_{\bar{\mathfrak{g}}(\gamma,1)}(A) = W_{(\gamma,1)}(\mathfrak{g}^{-1}A) = \int_{\mathfrak{g}^{-1}A} f_1(x_1 + \gamma, \ldots, x_n + \gamma)\, dx_1 \ldots dx_n =$$

$$= \int_A f_1(x_1 + \gamma - \mathfrak{g}, \ldots, x_n + \gamma - \mathfrak{g})\, dx_1 \ldots dx_n = W_{(\gamma - \mathfrak{g}, 1)}(A).$$

[11.3] $\overline{\mathfrak{G}}$ ist also homomorphes Bild von $\mathfrak{G}$.

Es ist also $\bar{\mathfrak{g}}\Gamma_0 = \Gamma_0$. Ganz analog erhält man $\bar{\mathfrak{g}}(\Gamma - \Gamma_0) = \Gamma - \Gamma_0$, so daß also $\mathfrak{G}$ das Testproblem invariant läßt. Jede über dem R_n definierte Funktion der Gestalt $x \to \varphi(x_1 - x_n, \ldots, x_{n-1} - x_n)$, $0 \leq \varphi \leq 1$, ist ein invarianter Test, wie man ja sofort sieht.

Nun wollen wir etwas auf den Zusammenhang zwischen strengen Tests und Invarianzprinzip eingehen. Wir machen zunächst folgende Bemerkung: (11.27) kann auch in der Gestalt geschrieben werden:

$$\int_R c_{\mathfrak{g}A}\, d W_{\bar{\mathfrak{g}}\gamma} = \int_R c_A\, d W_\gamma$$

oder wegen $c_{\mathfrak{g}A}(x) = c_A(\mathfrak{g}^{-1}x)$ für $x \in R$ auch in der Form

$$\int_R c_A(\mathfrak{g}^{-1}x)\, d W_{\bar{\mathfrak{g}}\gamma}(x) = \int_R c_A\, d W_\gamma\,. \tag{11.30}$$

In der üblichen Weise (vgl. S. 9) folgt daher auch aus (11.26) oder (11.30) für jede W_γ-integrierbare Funktion f

$$\int_R f(\mathfrak{g}^{-1}x)\, d W_{\bar{\mathfrak{g}}\gamma}(x) = \int_R f(x)\, d W_\gamma(x). \tag{11.31}$$

Nun können wir den folgenden Hilfssatz beweisen:

Lemma 11.1: *Es sei $(\alpha, \Gamma_0, \Gamma - \Gamma_0)$ ein bezüglich einer Gruppe $\mathfrak{G}$ invariantes Testproblem. Es sei Φ_α die Menge aller Tests für dieses Problem.*

Es sei wieder $G(\gamma) = \sup\limits_{\varphi \in \Phi_\alpha} g_\varphi(\gamma)$. Dann ist G invariant gegenüber der von $\mathfrak{G}$ erzeugten Gruppe $\bar{\mathfrak{G}}$.

Beweis: Ist $\varphi \in \Phi_\alpha$, dann gehört auch für jedes $\mathfrak{g} \in \mathfrak{G}$ die Abbildung $x \to \varphi(\mathfrak{g}^{-1}x)$ zu Φ_α. Dies folgt durch sinngemäße Anwendung von (11.31) auf φ und der vorausgesetzten Gültigkeit von (11.28). Anderseits ist für jedes $\bar{\mathfrak{g}} \in \bar{\mathfrak{G}}$ und etwa für $\gamma \in \Gamma - \Gamma_0$ $\bar{\mathfrak{g}}\gamma \in \Gamma - \Gamma_0$, da nach Voraussetzung (11.29) gilt. Weiter ist

$$G(\gamma) = \sup_{\varphi \in \Phi_\alpha} \int_R \varphi(x)\, d W_\gamma(x) = \sup_{\varphi \in \Phi_\alpha} \int_R \varphi(\mathfrak{g}x)\, d W_\gamma(x) =$$

$$= \sup_{\varphi \in \Phi_\alpha} \int_R \varphi(x)\, d W_{\bar{\mathfrak{g}}\gamma}(x) = G(\bar{\mathfrak{g}}\gamma)$$

und das war zu zeigen.

Fast genauso ist auch der folgende Hilfssatz einzusehen:

Lemma 11.2: *Es liege ein bezüglich einer Gruppe $\mathfrak{G}$ invariantes Testproblem* $(\alpha, \Gamma_0, \Gamma - \Gamma_0)$ *vor. Es sei φ ein Test für dieses Problem, welcher folgende Bedingung erfülle: Für jedes $\mathfrak{g} \in \mathfrak{G}$ sei $\varphi(\mathfrak{g}x) = \varphi(x)$ $W_{\Gamma-\Gamma_0}$-f.ü., wobei die Ausnahmenullmenge von $\mathfrak{g}$ abhängen kann. Dann ist g_φ invariant gegenüber $\overline{\mathfrak{G}}$ auf $\Gamma - \Gamma_0$.*

Wir notieren noch, daß dieselbe Beweismethode Folgendes liefert:

Korollar: *Es seien die Voraussetzungen des Lemmas* 11.2 *für Γ_0 statt $\Gamma - \Gamma_0$ erfüllt. Wenn es ein $\gamma \in \Gamma_0$ gibt, so daß $\{\bar{\mathfrak{g}}\gamma : \bar{\mathfrak{g}} \in \overline{\mathfrak{G}}\} = \Gamma_0$ gilt*[11.4]*, dann ist φ ähnlich bez. Γ_0.*

Es sei $\mathfrak{G}$ eine Gruppe und $\mathfrak{S}$ eine σ-Algebra von Teilmengen von $\mathfrak{G}$. Es sei für jedes $B \in \mathfrak{S}$ und $\mathfrak{g} \in \mathfrak{G}$ auch $\mathfrak{g}B$ und $B\mathfrak{g} \in \mathfrak{S}$. Ein Maß ν auf $\mathfrak{S}$ heißt invariant, wenn

$$\nu(\mathfrak{g}B) = \nu(B) = \nu(B\mathfrak{g}) \tag{11.32}$$

für alle $B \in \mathfrak{S}$ und jedes $\mathfrak{g} \in \mathfrak{G}$ gilt. Für alle $\mathfrak{S}$-meßbaren und ν-integrierbaren Abbildungen f von $\mathfrak{G}$ in den R_1 gilt dann

$$\int_{\mathfrak{G}} f(\mathfrak{g}^{-1}\mathfrak{g}_1)\, d\nu(\mathfrak{g}_1) = \int_{\mathfrak{G}} f(\mathfrak{g}_1\mathfrak{g}^{-1})\, d\nu(\mathfrak{g}_1) = \int_{\mathfrak{G}} f(\mathfrak{g}_1)\, d\nu(\mathfrak{g}_1) \tag{11.33}$$

für alle $\mathfrak{g} \in \mathfrak{G}$.

Mit dieser Terminologie können wir nun den folgenden Satz beweisen:

Satz 11.3: *Es sei $(\alpha, \Gamma_0, \Gamma - \Gamma_0)$ ein bezüglich einer Gruppe $\mathfrak{G}$ invariantes Testproblem. W_Γ sei durch ein Wahrscheinlichkeitsmaß μ dominiert. Wenn $N \in \mathbf{S}$ und $\mu(N) = 0$ ist, dann gelte auch $\mu(\mathfrak{g}N) = 0$ für jedes $\mathfrak{g} \in \mathfrak{G}$. Auf $(\mathfrak{G}, \mathfrak{S})$ existiere ein invariantes Wahrscheinlichkeitsmaß ν. Die über $\mathfrak{G} \times R$ definierte Abbildung $(\mathfrak{g}, x) \to \mathfrak{g}x$ sei $(\mathbf{S}, \mathfrak{S} \otimes \mathbf{S})$-meßbar. Es existiere ein invarianter Test φ_0, welcher bezüglich der Teilmenge aller invarianten Tests in Φ_α auf $\Gamma - \Gamma_0$ trennscharf ist. Dann ist φ_0 streng für das vorgelegte Testproblem*[11.5].

[11.4] Die Gruppe heißt dann transitiv.

[11.5] In diesem Satz wird der Begriff eines invarianten Tests etwas allgemeiner gefaßt: φ heißt invariant, wenn es eine μ-Nullmenge M gibt, so daß $\varphi(\mathfrak{g}\, x) = \varphi(x)$ für alle $\mathfrak{g} \in \mathfrak{G}$ und jedes $x \in R - M$ gilt.

Beweis: Wir benützen den Satz 11.2. Es sei

$$\Gamma_\eta = \{\gamma_\eta : \gamma_\eta = \bar{\mathfrak{g}}\gamma,\ \bar{\mathfrak{g}} \in \mathfrak{G}\}$$

für jedes $\gamma \in \Gamma - \Gamma_0$. Für $\eta \neq \eta_1$ gilt entweder $\Gamma_\eta = \Gamma_{\eta_1}$ oder $\Gamma_\eta \cap \Gamma_{\eta_1} = \Phi$. Es gilt daher $\Gamma - \Gamma_0 = \bigcup_{\eta \in H} \Gamma_\eta$ mit $\Gamma_\eta \cap \Gamma_{\eta'} = \Phi$ für $\eta, \eta' \in H$, $\eta \neq \eta'$, wenn man die Indexmenge H passend wählt. Nach Lemma 11.1 ist G auf jedem Γ_η konstant. Es genügt also, für jedes $\eta \in H$, zu zeigen:

$$\inf_{\gamma \in \Gamma_\eta} g_{\varphi_0}(\gamma) = \sup_{\varphi \in \Phi_\alpha} \inf_{\gamma \in \Gamma_\eta} g_\varphi(\gamma).$$

Es gibt nun zu jedem $\varepsilon > 0$ einen Test $\varphi_\varepsilon \in \Phi_\alpha$, so daß

$$\inf_{\gamma \in \Gamma_\eta} g_{\varphi_\varepsilon}(\gamma) + \varepsilon \geq \sup_{\varphi \in \Phi_\alpha} \inf_{\gamma \in \Gamma_\eta} g_\varphi(\gamma). \tag{11.34}$$

Nun ist $(\mathfrak{g}, x) \to \varphi_\varepsilon(\mathfrak{g}x)$ $\mathfrak{S} \otimes \mathbf{S}$-meßbar, und $\int\limits_R \int\limits_{\mathfrak{G}} \varphi_\varepsilon(\mathfrak{g}x)\, d\nu(\mathfrak{g})\, d\mu(x)$

ist also sinnvoll. Daher existiert μ-f.-ü. die $\mathbf{S}$-meßbare Abbildung

$$\psi : x \to \int\limits_{\mathfrak{G}} \varphi_\varepsilon(\mathfrak{g}x)\, d\nu(\mathfrak{g})$$

(vgl. Satz IX). Die Ausnahme-Nullmenge werde mit N bezeichnet. ψ ist ein Test für das Problem $(\alpha, \Gamma_0, \Gamma - \Gamma_0)$. Es gilt ja $0 \leq \psi \leq 1$ μ-f. ü.. Außerdem ist für $\gamma \in \Gamma_0$

$$E(\psi; W_\gamma) = \int\limits_R \int\limits_{\mathfrak{G}} \varphi_\varepsilon(\mathfrak{g}x)\, d\nu(\mathfrak{g})\, dW_\gamma(x) = \int\limits_{\mathfrak{G}} \int\limits_R \varphi_\varepsilon(\mathfrak{g}x)\, dW_\gamma(x)\, d\nu(\mathfrak{g}) =$$
$$= \int\limits_{\mathfrak{G}} \int\limits_R \varphi_\varepsilon(x)\, dW_{\bar{\mathfrak{g}}\gamma}(x)\, d\nu(\mathfrak{g}) \leq \alpha.$$

weil ja das Testproblem invariant gegenüber $\mathfrak{G}$ ist und $\varphi_\varepsilon \in \Phi_\alpha$ ist.

Überdies ist für jedes $\mathfrak{g}_1 \in \mathfrak{G}$ und alle $x \notin \mathfrak{g}_1^{-1} N$

$$\psi(\mathfrak{g}_1 x) = \int\limits_{\mathfrak{G}} \varphi_\varepsilon(\mathfrak{g}(\mathfrak{g}_1 x))\, d\nu(\mathfrak{g}) = \int\limits_{\mathfrak{G}} \varphi_\varepsilon(\mathfrak{g}x)\, d\nu(\mathfrak{g})$$

wenn wir (11.33) sinngemäß anwenden. Daraus folgt aber für alle $x \notin N \cup \mathfrak{g}_1^{-1} N$

$$\psi(\mathfrak{g}_1 x) = \psi(x), \tag{11.35}$$

und voraussetzungsgemäß gilt $\mu(N \cup \mathfrak{g}_1^{-1} N) = 0$ und daher auch $W_{\Gamma - \Gamma_0}(N \cup \mathfrak{g}_1^{-1} N) = 0$. Wir können somit Lemma 11.2 anwenden und erhalten für jedes $\gamma \in \Gamma_\eta$

$$\begin{aligned} \inf_{\gamma \in \Gamma_\eta} g_\psi(\gamma) &= \int_R \psi(x)\, d W_\gamma(x) = \int_{\mathfrak{G}} \int_R \varphi_\varepsilon(\mathfrak{g} x)\, d W_\gamma(x)\, d\nu(\mathfrak{g}) = \\ &= \int_{\mathfrak{G}} \int_R \varphi_\varepsilon(x)\, d W_{\bar{\mathfrak{g}}^{-1}\gamma}(x)\, d\nu(\mathfrak{g}) \geq \int_{\mathfrak{G}} \inf_{\gamma \in \Gamma_\eta} E(\varphi_\varepsilon; \gamma)\, d\nu(\mathfrak{g}) = \\ &= \inf_{\gamma \in \Gamma_\eta} g_{\varphi_\varepsilon}(\gamma). \end{aligned} \tag{11.36}$$

Wir definieren nun etwa $\psi(x) = 0$ für $x \in N$ und beachten, daß $(\mathfrak{g}, x) \to \psi(\mathfrak{g} x)$ $\mathfrak{S} \otimes \mathbf{S}$-meßbar ist. Da die Abbildung $(\mathfrak{g}, x) \to \psi(x)$ ebenfalls $\mathfrak{S} \otimes \mathbf{S}$-meßbar ist, folgt die Existenz von

$$\int_{\mathfrak{G}} \int_R |\psi(\mathfrak{g} x) - \psi(x)|\, d\mu(x)\, d\nu(\mathfrak{g})$$

und nach (11.35) verschwindet dieses Integral. (Vgl. Satz IX.) Es folgt also auch

$$\int_R \int_{\mathfrak{G}} |\psi(\mathfrak{g} x) - \psi(x)|\, d\nu(\mathfrak{g})\, d\mu(x) = 0$$

also muß μ-f. ü.

$$\int_{\mathfrak{G}} |\psi(\mathfrak{g} x) - \psi(x)|\, d\nu(\mathfrak{g}) = 0$$

gelten. Es folgt:

Für alle x bis auf eine μ-Nullmenge M ist

$$\psi(\mathfrak{g} x) = \psi(x) \tag{11.37}$$

ν-f. ü.. Somit ist

$$\psi_1(x) = \int_{\mathfrak{G}} \psi(\mathfrak{g} x)\, d\nu(\mathfrak{g}) \tag{11.38}$$

μ-f.-ü. definiert. ψ_1 ist invariant, denn es ist μ-f.-ü.

$$\int_{\mathfrak{G}} \psi(\mathfrak{g}\,\mathfrak{g}_1 x)\,d\nu(\mathfrak{g}) = \int_{\mathfrak{G}} \psi(x)\,d\nu(\mathfrak{g}) = \int_{\mathfrak{G}} \psi(\mathfrak{g}\,x)\,d\nu(\mathfrak{g}) = \psi_1(x).$$

Es ist also $\psi_1(\mathfrak{g}_1 x)$ für alle $\mathfrak{g}_1 \in \mathfrak{G}$ und alle $x \in R - M$ definiert und dort $\psi_1(x) = \psi_1(\mathfrak{g}_1 x)$. Wegen (11.38) ist trivialerweise

$$g_{\psi_1}(\gamma) = g_\psi(\gamma) \tag{11.39}$$

für $\gamma \in \Gamma - \Gamma_0$.

(11.39) und (11.36) ermöglichen nun zusammen mit (11.34) mittels der Voraussetzungen über φ_0 den Schluß:

$$\inf_{\gamma\in\Gamma_\eta} g_{\varphi_0}(\gamma) + \varepsilon \geq \inf_{\gamma\in\Gamma_\eta} g_{\psi_1}(\gamma) + \varepsilon \geq \inf_{\gamma\in\Gamma_\eta} g_{\varphi_\varepsilon}(\gamma) + \varepsilon \geq \sup_{\varphi\in\Phi_\alpha} \inf_{\gamma\in\Gamma_\eta} g_\varphi(\gamma)$$

und da ε beliebig klein war, ist damit der Satz bewiesen. Man sieht also, daß schon im Satz 11.2 im Grunde genommen ein gruppentheoretischer Kern steckt. Das zeigt auch das dort betrachtete Beispiel.

Für die Anwendungen des Satzes 11.3 ist die Existenz eines invarianten Wahrscheinlichkeitsmaßes auf der Gruppe $\mathfrak{G}$ von entscheidender Bedeutung.

Es ist bekannt, daß solche Maße genau auf kompakten Gruppen [11.6] existieren. Ohne uns näher auf diese Fragen einzulassen, sei darauf hingewiesen, daß diese Voraussetzung recht eng ist. Tatsächlich läßt sich der Satz 11.3 noch etwas verallgemeinern, und man erhält dann das sogenannte Theorem von Hunt-Stein [11.7].

12. Einführung in die asymptotische Testtheorie. Bisher haben wir stets einen festen Stichprobenraum zugrunde gelegt. Wir haben also praktisch immer vorausgesetzt, daß ein beliebiger, aber fester Stichprobenumfang vorliegt. Nun herrscht aber in den Anwendungen die Idee vor, daß man mit wachsendem Stichprobenumfang

---

[11.6] Vgl. z. B. A. Weil, L'intégration dans les groupes topologiques et ses applications, Actualités scientifiques et industrielles 869—1145, Hermann & Cie, 2. Auflage, Paris 1953.

[11.7] Vgl. z. B. E. L. Lehmann, l. c. [1.2], 335. Siehe auch O. Wesler, Ann. math. Statistics 30, 1—20 (1959).

die Richtigkeit einer Nullhypothese über den Parameter einer Menge von Wahrscheinlichkeitsmaßen „mit wachsender Zuverlässigkeit" beurteilen kann. Dieser Vorstellung entspricht etwa folgender Vorgang: Es sei $(R^{(n)}, \mathbf{S}^{(n)})$ für $n = 1, 2, \ldots$ ein Meßraum und $W_\Gamma^{(n)}$ eine Menge von Wahrscheinlichkeitsmaßen auf $(R^{(n)}, \mathbf{S}^{(n)})$, wobei Γ die Menge der zulässigen Hypothesen ist und von n nicht abhängt. Natürlich kann man diese letzte Voraussetzung fallen lassen und z. B. die Voraussetzung machen, daß jedem n eine Menge zulässiger Hypothesen Γ_n zugeordnet ist und $\Gamma_1 \subseteq \Gamma_2 \subseteq \cdots$ gilt[12.1]. Wir werden jedoch solche Verallgemeinerungen nicht betrachten. Das Testproblem sei von der Gestalt $(\Gamma_0, \Gamma - \Gamma_0)$, und nun hat man Folgen von Tests $\{\varphi_n\}$ zu vergleichen. Dabei ist φ_n für jedes $n \geq 1$ eine über $R^{(n)}$ definierte und $\mathbf{S}^{(n)}$-meßbare Funktion. Das Hauptinteresse konzentriert sich natürlich auf das Verhalten von φ_n bei großem n. Insbesondere geht es darum, sinnvolle Kriterien dafür aufzustellen, wann eine Testfolge $\{\varphi_n{}^*\}$ „asymptotisch besser" als eine Testfolge $\{\varphi_n\}$ sein soll. Diese Probleme sind eng mit Problemen der asymptotischen Schätztheorie verwandt, welche wir in V. **4.** und **5.** behandeln. Wir werden hier nur einiges Weniges berichten. Wir geben zunächst eine Definition, welche von der Idee getragen ist, daß man bei „unendlich großem" Stichprobenumfang die „richtige" Nullhypothese niemals ablehnt und die „falsche" Nullhypothese niemals annimmt. Wir benützen die eben eingeführten Bezeichnungen.

Definition: *Eine Folge von Tests* $\{\varphi_n\}$ *heißt konsistent für das Testproblem* $(\Gamma_0, \Gamma - \Gamma_0)$, *wenn* $\lim_{n\to\infty} E^{(n)}(\varphi_n; \gamma) = 0$[12.2] *für* $\gamma \in \Gamma_0$ *und* $\lim_{n\to\infty} E^{(n)}(\varphi_n; \gamma) = 1$ *für* $\gamma \in \Gamma - \Gamma_0$ *gilt.*

In den meisten praktisch wichtigen Fällen liegt nicht eine völlig beliebige Folge von Stichprobenräumen $\{(R^{(n)}, \mathbf{S}^{(n)})\}$ vor, sondern $R^{(n)}$ ist der R_n und $\mathbf{S}^{(n)}$ die σ-Algebra $\mathfrak{B}_n$. Als Stichprobenvariable $\xi_1, \xi_2, \ldots$ betrachtet man unabhängige zufällige Variable, welche alle dieselbe von i unabhängige Wahrscheinlichkeitsverteilung W_γ, $\gamma \in \Gamma$, besitzen. Für jedes $\gamma \in \Gamma$ ist dann $W_\gamma^{(n)}$ über $(R_n, \mathfrak{B}_n)$

[12.1] Vgl. z. B. J. Neyman u. E. Scott, Econometrica 16, 1—32 (1948).

[12.2] $E^{(n)}(\varphi_n; \gamma)$ bedeutet natürlich $\int_{R^{(n)}} \varphi_n \, d\, W_\gamma^{(n)}$.

durch $\prod_{i=1}^{n} W_{\gamma,i}$ mit $W_{\gamma,i} = W_\gamma$, $1 \leq i \leq n$, $n \geq 1$, gegeben. Es sei daran erinnert, daß man stets ein Wahrscheinlichkeitsfeld angeben kann, über dem die zufälligen Variablen $\xi_1, \xi_2, \ldots$ definiert sind und über dem sie im Sinne der Definition I., S. 55, unabhängig sind, so daß die Randverteilung von ξ_i für $i = 1, 2, \ldots$ gerade W_γ ist. Es genügt nämlich, das Wahrscheinlichkeitsfeld $\left(R_\infty, \mathfrak{B}_\infty, \prod_{i=1}^{\infty} W_{\gamma,i}\right)$ zugrunde zu legen.

Unter dieser spezielleren Annahme kann man zumindest dann, wenn Γ_0 und $\Gamma - \Gamma_0$ abzählbar sind, stets eine konsistente Folge von Tests[12.3] konstruieren. Wir begnügen uns mit dem Fall, daß Γ_0 und $\Gamma - \Gamma_0$ einfach sind, welcher bereits den wesentlichen Gedanken hervortreten läßt, der auf KAKUTANI[12.4] zurückgeht. Dazu beweisen wir zunächst das Folgende.

Lemma 12.1: *Es seien W_1 und W_2 zwei beliebige Wahrscheinlichkeitsmaße über $(R, \mathbf{S})$. Mit μ bezeichnen wir ein Wahrscheinlichkeitsmaß, welches W_1 und W_2 dominiert. f_1 und f_2 seien die zugehörigen R.N.-Dichten. Es sei $\varrho(W_1, W_2) = \int_R \sqrt{f_1 f_2}\, d\mu$. Dann gilt*

$$0 \leq \varrho(W_1, W_2) \leq 1 . \tag{12.1}$$

Es ist genau dann $\varrho(W_1, W_2) = 1$, wenn $W_1 = W_2$ und genau dann $\varrho(W_1, W_2) = 0$, wenn W_1 und W_2 orthogonale Maße sind.

Beweis: Die Ungleichung (12.1) folgt sofort aus der Schwarzschen Ungleichung. $\varrho(W_1, W_2) = 1$ gilt genau dann, wenn in dieser Ungleichung das Gleichheitszeichen steht. Das ist genau dann der Fall, wenn $f_1 = f_2$ μ-f. ü. ist. Nun seien W_1 und W_2 orthogonal. Dann gibt es ein $M \in \mathbf{S}$ mit

$$\left.\begin{array}{lll} f_1(x) = 0 & f_2(x) = 1 & x \in M \\ f_1(x) = 1 & f_2(x) = 0 & x \in R - M \end{array}\right\} \mu\text{-f.-ü.}.$$

[12.3] Man vergleiche dazu A. BERGER, Ann. math. Statistics 22, 289—293 (1951) und CH. KRAFFT, Univ. California Publ. Statist. II, 125—141 (1953—1958).

[12.4] S. KAKUTANI. Ann. of Math., II. Ser. 49, 214—224 (1948).

Daraus folgt $\varrho(W_1, W_2) = 0$. Ist umgekehrt $\int_R \sqrt{f_1 f_2}\, d\mu = 0$, dann folgt etwa

$$\{x : f_1(x) > 0\} \subseteq \{x : f_2(x) = 0\} \quad \mu\text{-f.-ü.},$$

also gelten mit $M = \{x : f_1(x) > 0\}$ die Gleichungen

$$W_1(M) = 1, \qquad W_2(M) = 0.$$

Nun beweisen wir den

Satz 12.1: *Es seien W_{γ_0} und W_{γ_1} zwei Wahrscheinlichkeitsmaße über $(R_1, \mathfrak{B}_1)$. Man betrachte nun die Folge der Stichprobenräume $\{(R_n, \mathfrak{B}_n)\}$ und darüber die Produktmaße $W_{\gamma_i}^{(n)} = \prod_{j=1}^{n} W_{\gamma_i, j}$ mit $W_{\gamma_i, j} = W_{\gamma_i}$, $1 \leq j \leq n$, $i = 0,1$. Dann existiert stets eine konsistente Testfolge für das Problem $(\{\gamma_0\}, \{\gamma_1\})$.*

Beweis: Es sei μ ein für W_{γ_0} und W_{γ_1} dominantes Wahrscheinlichkeitsmaß. Die R.N.-Dichte von W_{γ_i} bezüglich μ bezeichnen wir mit f_{γ_i}, $i = 0, 1$. Dann ist die R.N.-Dichte von $W_{\gamma_i}^{(n)}$ bezüglich $\prod_{j=1}^{n} \mu_j$ mit $\mu_j = \mu$, $1 \leq j \leq n$, durch $(x_1, \ldots, x_n) \to \prod_{j=1}^{n} f_{\gamma_i}(x_j)$ gegeben. Daher ist

$$\varrho(W_{\gamma_0}^{(n)}, W_{\gamma_1}^{(n)}) = \int_{R_n} \left(\prod_{j=1}^{n} f_{\gamma_0}(x_j) f_{\gamma_1}(x_j)\right)^{1/2} d\mu(x_1) \cdots d\mu(x_n) =$$

$$= \prod_{j=1}^{n} \int_{R_1} \sqrt{f_{\gamma_0}(x_j) f_{\gamma_1}(x_j)}\, d\mu(x_j),$$

also

$$\varrho(W_{\gamma_0}^{(n)}, W_{\gamma_1}^{(n)}) = (\varrho(W_{\gamma_0}, W_{\gamma_1}))^n. \tag{12.2}$$

Wegen $W_{\gamma_0} \neq W_{\gamma_1}$ folgt aus (12.2) nach Lemma 12.1

$$\varrho(W_{\gamma_0}^{(n)}, W_{\gamma_1}^{(n)}) \to 0 \quad \text{für} \quad n \to \infty.$$

Nun wähle man eine beliebige Folge reeller Zahlen $\{k_n\}$ und reelle Zahlen c_1, c_2 mit $0 < c_1 \leq c_2$, so daß für $n = 1, 2, \ldots$

$$0 < c_1 \leq k_n \leq c_2 \tag{12.3}$$

erfüllt ist. Es sei für $n \geq 1$

$$\varphi_n(x_1, \ldots, x_n) = \begin{cases} 1 & \prod_{j=1}^{n} \left(f_{\gamma_1}(x_j)\right)^{1/2} > k_n \prod_{j=1}^{n} \left(f_{\gamma_0}(x_j)\right)^{1/2} \\ 0 & \prod_{j=1}^{n} \left(f_{\gamma_1}(x_j)\right)^{1/2} \leq k_n \prod_{j=1}^{n} \left(f_{\gamma_0}(x_j)\right)^{1/2}. \end{cases}$$

Dann ist

$$E(\varphi_n; \gamma_0) = \int_{R_n} \varphi_n(x_1, \ldots, x_n) \prod_{j=1}^{n} f_{\gamma_0}(x_j)\, d\mu(x_1) \cdots d\mu(x_n) \leq$$

$$\leq \frac{1}{k_n} \int_{R_n} \left(\prod_{j=1}^{n} f_{\gamma_0}(x_j) \prod_{j=1}^{n} f_{\gamma_1}(x_j) \right)^{1/2} d\mu(x_1) \cdots d\mu(x_n) = \frac{1}{k_n} \varrho(W_{\gamma_0}^{(n)}, W_{\gamma_1}^{(n)})$$

und wegen (12.3) gilt also $E(\varphi_n; \gamma_0) \leq \frac{1}{c_1} \varrho(W_{\gamma_0}^{(n)}, W_{\gamma_1}^{(n)}) \to 0$ für $n \to \infty$.

Ähnlich ist

$$E(1 - \varphi_n; \gamma_1) \leq k_n \int_{R_n} \left(\prod_{j=1}^{n} f_{\gamma_0}(x_j) \prod_{j=1}^{n} f_{\gamma_1}(x_j) \right)^{1/2} d\mu(x_1) \cdots d\mu(x_n) \leq$$

$$\leq c_2 \varrho(W_{\gamma_0}^{(n)}, W_{\gamma_1}^{(n)}) \to 0 \quad \text{für} \quad n \to \infty.$$

Damit ist alles gezeigt.

Wenn $\xi_1, \xi_2, \ldots$ eine Folge zufälliger Variabler ist, deren Verteilung etwa die Voraussetzungen von V., Satz 3.2, erfüllt, dann kann man über den MLQT folgendes Ergebnis beweisen: Es sei für ein $k \geq 2$ ein k-dimensionales Intervall Q_k die Menge der zulässigen Hypothesen und ein Intervall Q_l, $1 \leq l < k$, die Nullhypothese. Dann ist in der Bezeichnung von S. 270 die Testfolge, welche durch die Teststatistik $x^{(n)} \to l(x^{(n)})$, $x^{(n)} \in R_n$, $n = 1, 2, \ldots$, definiert wird, konsistent für $(\alpha, Q_l, Q_k - Q_l)$[12.5].

Hat man nun zwei Folgen von Tests $\{\varphi_n^{(j)}\}$, $j = 1, 2$, für ein Testproblem $(\Gamma_0, \Gamma - \Gamma_0)$ und wünscht man einen Vergleich der Gütefunktionen für großes n, dann läge es nahe, etwa

$$\lim_{n \to \infty} g_{\varphi_n^{(1)}}(\gamma) / g_{\varphi_n^{(2)}}(\gamma) \tag{12.4}$$

[12.5] Für Genaueres vergleiche man A. WALD, l. c. [11.1].

für $\gamma \in \Gamma - \Gamma_0$ zu betrachten, falls der Limes vorhanden ist. Sind aber, wie in den meisten Anwendungen, die beiden Testfolgen für das angegebene Problem konsistent, dann hat der Limes (12.4) stets den Wert 1. Ein solches Vergleichskriterium ist also kaum brauchbar. Als bedeutsam hat sich ein zuerst von PITMAN angegebenes Konzept erwiesen. Es liege ein Testproblem der Gestalt $(\alpha, \{\gamma_0\}, \Gamma - \{\gamma_0\})$ vor. Es sei $\gamma_i \in \Gamma - \{\gamma_0\}$, $i = 1, 2, \ldots$, und $\lim_{i\to\infty} \gamma_i = \gamma_0$. Es seien $\{\varphi_n^{(j)}\}$, $j = 1, 2$, zwei Testfolgen, welche der Bedingung

$$\lim_{n\to\infty} E(\varphi_n^{(1)}; \gamma_0) = \lim_{n\to\infty} E(\varphi_n^{(2)}; \gamma_0) = \alpha \tag{12.5}$$

genügen. Es mögen zwei wachsende Folgen von natürlichen Zahlen $\{n_i^{(j)}\}$, $j = 1, 2$, existieren, für welche die Grenzwerte $\lim_{n_i^{(j)}\to\infty} g_{\varphi_{n_i^{(j)}}^{(j)}}(\gamma_i)$, $j = 1, 2$, existieren und gleich sind. Überdies mögen sie verschieden von 0 und 1 sein. Es kann sein, daß

$$\lim_{i\to\infty} n_i^{(2)}/n_i^{(1)} \tag{12.6}$$

für jede mögliche Wahl der Folgen $\{n_i^{(j)}\}$, $j = 1, 2$, existiert und denselben Wert besitzt. Diesen Grenzwert bezeichnet man als *asymptotische relative Wirksamkeit* oder auch als *Pitman-Wirksamkeit* von $\{\varphi_n^{(1)}\}$ bez. $\{\varphi_n^{(2)}\}$ zur Folge $\{\gamma_i\}$. Wir schreiben dafür

$$re(\{\varphi_n^{(1)}\}, \{\varphi_n^{(2)}\}, \alpha, \{\gamma_i\}).$$

Die Ausführungen in **3.** legen es nahe, vor allen Dingen Folgen von Tests φ_n über Meßräumen $(R^{(n)}, \mathbf{S}^{(n)})$ zu betrachten, welche wie folgt definiert sind: Es sei α eine reelle Zahl mit $0 \leq \alpha \leq 1$. Für $n = 1, 2, \ldots$ sei T_n eine über $R^{(n)}$ definierte $\mathbf{S}^{(n)}$-meßbare Funktion. Es liege das Testproblem $(\alpha, \{\gamma_0\}, \Gamma - \{\gamma_0\})$ vor, und es sei

$$\varphi_n(x^{(n)}) = \begin{cases} 1 & T_n(x^{(n)}) > k_{n,\alpha} \\ c_n & T_n(x^{(n)}) = k_{n,\alpha}. \\ 0 & T_n(x^{(n)}) < k_{n,\alpha} \end{cases}$$

Die Gütefunktion von ω_n *werde mit* g_n, $n \geq 1$, *bezeichnet. Es gilt genau dann für ein reelles* c

$$g_n(\gamma_n) \to \beta \tag{12.12}$$

mit

$$\beta = 1 - F(k - c) \tag{12.13}$$

wenn

$$\frac{\eta_n(\gamma_n) - \eta_n(0)}{a_n} \to c \tag{12.14}$$

ist.

Für den einfachen Beweis beachte man, daß

$$g_n(\gamma_n) = 1 - W_{\gamma_n}\left(\frac{T_n - \eta_n(0)}{a_n} \leq k_n\right) =$$

$$= 1 - W_{\gamma_n}\left(\frac{T_n - \eta_n(\gamma_n)}{a_n} \leq k_n - \frac{\eta_n(\gamma_n) - \eta_n(0)}{a_n}\right).$$

Da F stetig und streng monoton ist, folgt aus den Voraussetzungen die Behauptung.

Weiter zeigen wir ein ganz ähnliches einfaches Lemma.

Lemma 12.3: *Die Folgen* $\{T_n^{(i)}\}$, $\{a_n^{(i)}\}$ *und* $\{\eta_n^{(i)}\}$ *mögen für* $i = 1, 2$ *die im Lemma* 12.2 *formulierten Voraussetzungen für dasselbe* α *erfüllen. Es sei* $\gamma_n \to 0$, *und es sei für ein reelles* β *mit* $0 \leq \beta \leq 1$ *in leicht verständlicher Bezeichnung*

$$\lim_{n\to\infty} g_n^{(2)}(\gamma_n) = \beta. \tag{12.15}$$

β *genüge* (12.13) *mit* $c > 0$. *Jedem* n *sei eine natürliche Zahl* $r_n \geq n$ *zugeordnet, so daß für die Gütefunktion* $g_n^{(1)}$ [12.7] *der durch*

$$\left\{x^{(r_n)} : \frac{T_{r_n}^{(1)}(x^{(r_n)}) - \eta_{r_n}^{(1)}(\gamma_n)}{a_{r_n}^{(1)}} > k_{r_n}^{(1)}\right\}$$

definierten kritischen Region

$$\lim_{n\to\infty} g_n^{(1)}(\gamma_n) = \beta \tag{12.16}$$

[12.7] Man beachte, daß $g_n^{(1)}$ etwas anders definiert ist als $g_n^{(2)}$.

gilt. Dann ist

$$\frac{\eta_n^{(2)}(\gamma_n) - \eta_n^{(2)}(0)}{\eta_{r_n}^{(1)}(\gamma_n) - \eta_{r_n}^{(1)}(0)} \frac{a_{r_n}^{(1)}}{a_n^{(2)}} \to 1 \tag{12.17}$$

für $n \to \infty$.

Beweis: Schreibt man für den Augenblick $\gamma_n = \delta_{r_n}$ für $n \geq 1$, dann folgt aus $\lim\limits_{n\to\infty} \delta_{r_n} = 0$ nach (12.16) mittels Lemma 12.2

$$\frac{\eta_{r_n}^{(1)}(\delta_{r_n}) - \eta_{r_n}^{(1)}(0)}{a_{r_n}^{(1)}} \to c$$

und ebenso folgt aus (12.15)

$$\frac{\eta_n^{(2)}(\gamma_n) - \eta_n^{(2)}(0)}{a_n^{(2)}} \to c.$$

Daraus folgt (12.17).

Insbesondere gelten diese Resultate, wenn man

$F(x) = \left(\sqrt{2\pi}\right)^{-1} \int\limits_{-\infty}^{x} e^{-\frac{t^2}{2}}\, dt$ für jedes $x \in R_1$ definiert.

Die bisher erzielten Resultate erlauben es nun, für eine ausgedehnte Klasse von Testfolgen die Pitman-Wirksamkeit zu definieren. Es wird sich herausstellen, daß sie beim Vergleich zweier Testfolgen aus dieser Klasse für jede Folge $\{\gamma_n\}$ denselben Wert hat, so daß die Bezugnahme auf die betrachtete Folge $\{\gamma_n\}$ unterbleiben kann. Wir beweisen nämlich den

Satz 12.2: *Es seien die Voraussetzungen des Lemmas 12.3 erfüllt. Darüber hinaus sei Γ ein offenes Intervall (welches die Null enthalte), und die Funktionen $\eta_n^{(i)}$ seien für $n = 1, 2, \ldots$ und $i = 1, 2$ dort m-mal stetig differenzierbar, $m \geq 1$. Mit $\eta_{n,s}^{(i)}(\gamma)$ bezeichnen wir für $n \geq 1$ und $i = 1, 2$ die s-te Ableitung an der Stelle γ. Für jedes natürliche s mit $0 < s < m$ sei*

$$\eta_{n,s}^{(i)}(0) = 0, \quad n \geq 1 \text{ [12.8]}. \tag{12.18}$$

Weiter sei

$$\eta_{n,m}^{(i)}(0) > 0, \quad n \geq 1. \tag{12.19}$$

[12.8] Falls $m = 1$ ist, fällt diese Bedingung aus.

Es existiere ein $\delta > 0$, *so daß*

$$0 < \lim_{n\to\infty} \eta_{n,m}^{(i)}(0)\, n^{-\delta} (a_n^{(i)})^{-1} < \infty \tag{12.20}$$

gelte. Überdies sei für jede Nullfolge $\{\gamma_n\}$ *mit* $\gamma_n \in \Gamma$

$$\lim_{n\to\infty} \eta_{n,m}^{(i)}(\gamma_n)/\eta_{n,m}^{(i)}(0) = 1. \tag{12.21}$$

Die Bedingungen (12.18)—(12.21) *sollen stets für* $i = 1, 2$ *gelten. Dann ist*

$$\lim_{n\to\infty} \frac{n}{r_n} = \lim_{n\to\infty} \left(\frac{\eta_{n,m}^{(1)}(0)}{\eta_{n,m}^{(2)}(0)} \frac{a_n^{(2)}}{a_n^{(1)}}\right)^{1/\delta}. \tag{12.22}$$

Dieser Grenzwert ist also unabhängig von der betrachteten Nullfolge $\{\gamma_n\}$ und kann daher mit $re(\{\varphi_n^{(1)}\}, \{\varphi_n^{(2)}\}, \alpha)$ bezeichnet werden.

Beweis: Es sei $\gamma_n \to 0$. Dann folgt aus (12.18) und dem erweiterten Mittelwertsatz die Existenz von Folgen $\{\gamma_n^{(j)}\}$ mit $0 < \gamma_n^{(j)} < \gamma_n$, $n \geq 1$, $1 \leq j \leq m$, so daß

$$\frac{\eta_n^{(2)}(\gamma_n) - \eta_n^{(2)}(0)}{\eta_{r_n}^{(1)}(\gamma_n) - \eta_{r_n}^{(1)}(0)} = \frac{\eta_{n,1}^{(2)}(\gamma_n^{(1)})}{\eta_{r_n,1}^{(1)}(\gamma_n^{(1)})} = \frac{\eta_{n,1}^{(2)}(\gamma_n^{(1)}) - \eta_{n,1}^{(2)}(0)}{\eta_{r_n,1}^{(1)}(\gamma_n^{(1)}) - \eta_{r_n,1}^{(1)}(0)} =$$

$$= \frac{\eta_{n,2}^{(2)}(\gamma_n^{(2)})}{\eta_{r_n,2}^{(1)}(\gamma_n^{(2)})} = \frac{\eta_{n,2}^{(2)}(\gamma_n^{(2)}) - \eta_{n,2}^{(2)}(0)}{\eta_{r_n,2}^{(1)}(\gamma_n^{(2)}) - \eta_{r_n,2}^{(1)}(0)} = \cdots = \frac{\eta_{n,m}^{(2)}(\gamma_n^{(m)})}{\eta_{r_n,m}^{(1)}(\gamma_n^{(m)})}.$$

Wegen (12.19) sind alle angeschriebenen Quotienten sinnvoll. Somit folgt aus Lemma 12.3

$$1 = \lim_{n\to\infty} \frac{\eta_{n,m}^{(2)}(\gamma_n^{(m)})}{\eta_{r_n,m}^{(1)}(\gamma_n^{(m)})} \frac{a_{r_n}^{(1)}}{a_n^{(2)}}.$$

Daraus folgt nach einfacher Rechnung unter Berücksichtigung von (12.20) und (12.21)

$$1 = \lim_{n\to\infty} \left(\frac{n}{r_n}\right)^{\delta} \lim_{n\to\infty} \frac{\eta_{n,m}^{(2)}(0)}{n^{\delta} a_n^{(2)}} \Big/ \lim_{n\to\infty} \frac{\eta_{r_n,m}^{(1)}(0)}{r_n^{\delta} a_{r_n}^{(1)}} =$$

$$= \lim_{n\to\infty} \left(\frac{n}{r_n}\right)^{\delta} \lim_{n\to\infty} \frac{\eta_{n,m}^{(2)}(0)}{n^{\delta} a_n^{(2)}} \Big/ \lim_{n\to\infty} \frac{\eta_{n,m}^{(1)}(0)}{n^{\delta} a_n^{(1)}}$$

und daraus folgt leicht (12.22).

Das Konzept von PITMAN[12.9] hat sich vielfach bewährt. Beispiele dazu werden in VII., S. 569, gebracht. Im Grunde genommen ist jedoch diese Definition durchaus willkürlich. Bei PITMAN werden die asymptotische Irrtumswahrscheinlichkeit α und die asymptotische Güte β fest vorgegeben, während die betrachteten Alternativen γ_n für $n \to \infty$ gegen die Nullhypothese konvergieren. Mit derselben Berechtigung kann man Testfolgenvergleiche, kurz gesagt, auch darauf gründen, daß man α und eine Alternative γ festhält und die Folgen der Gütefunktionen an der Stelle γ vergleicht[12.10] oder auch, daß man γ und β festhält und die Folgen der Irrtumswahrscheinlichkeiten vergleicht. Diese Möglichkeit hat vor allen Dingen BAHADUR analysiert, und wir wollen auf diese Untersuchungen etwas genauer eingehen.

Es sei $\{\varphi_n\}$ eine Testfolge für ein Testproblem der Form $(\{\gamma_0\}, \Gamma - \{\gamma_0\})$, und es sei γ ein beliebiges, aber festes Element aus $\Gamma - \{\gamma_0\}$. Wir betrachten nur solche Testfolgen, welche folgende Bedingungen erfüllen: Es sei

$$\lim_{n\to\infty} g_{\varphi_n}(\gamma) > 0 \tag{12.23}$$

und es existiere

$$b(\{\varphi_n\}, \gamma_0) = \lim_{n\to\infty} 2n^{-1} \log\left(1/E(\varphi_n; \gamma_0)\right) \tag{12.24}$$

als endlicher oder unendlicher Grenzwert, welcher notwendig ≥ 0 ist. Da wir im folgenden stets auf γ_0 Bezug nehmen, schreiben wir auch kurz $b(\{\varphi_n\})$ statt $b(\{\varphi_n\}, \gamma_0)$. Es seien nun $\{\varphi_n^{(i)}\}$, $i = 1, 2$, Testfolgen, welche (12.23) genügen und für welche $b(\{\varphi_n^{(i)}\})$ existiert. Es sei weiter

$$0 < b(\{\varphi_n^{(i)}\}) < \infty, \quad i = 1, 2. \tag{12.25}$$

Dann bezeichnen wir als *Bahadur-Wirksamkeit*[12.11] von $\{\varphi_n^{(1)}\}$ bez. $\{\varphi_n^{(2)}\}$ den Quotienten

$$b(\{\varphi_n^{(1)}\})/b(\{\varphi_n^{(2)}\}). \tag{12.26}$$

[12.9] E. J. G. PITMAN, Lecture notes on nonparametric inference. Columbia University, New York 1949. Vgl. auch G. E. NOETHER, Ann. math. Statistics 26, 64—68 (1955).

[12.10] Vgl. jedoch die Ausführungen auf S. 294. Im übrigen sei auf J. L. HODGES jr. u. E. L. LEHMANN, Ann. math. Statistics 27, 324—335 (1956) verwiesen.

[12.11] R. R. BAHADUR, Ann. math. Statistics 31, 276—295 (1960).

Dabei ist $\{c_n\}$ eine Folge reeller Zahlen mit $0 \leq c_n \leq 1$, $n \geq 1$, und $\{k_{n,\alpha}\}$ eine Folge reeller Zahlen, welche so gewählt sind, daß

$$E(\varphi_n; \gamma_0) = \alpha$$

für $n = 1, 2, \ldots$ ist oder auch

$$\lim_{n\to\infty} E(\varphi_n; \gamma_0) = \alpha. \tag{12.7}$$

Die Teststatistiken T_n können für $n = 1, 2, \ldots$ als zufällige Variable über dem Wahrscheinlichkeitsfeld $(R^{(n)}, \mathbf{S}^{(n)}, W_\gamma^{(n)})$, $\gamma \in \Gamma$, aufgefaßt werden.

Die folgenden Überlegungen werden verständlicher, wenn man sie im Zusammenhang mit der Theorie der kan-Schätzungen sieht, welche wir in V., S. 410ff., betrachten.

Wir zeigen zunächst das

Lemma 12.2[12.6]: *Es sei $\Gamma \subseteq R_1$ und der Einfachheit halber $\gamma_0 = 0$. Die T_n mögen die angegebene Bedeutung haben. Es sei F eine stetige, streng monotone Vf., $\{a_n\}$ eine Folge positiver Zahlen und $\{\eta_n\}$ eine Folge von Funktionen über Γ mit folgender Eigenschaft: Für jede Folge $\{\gamma_n\}$ mit $\gamma_n \in \Gamma$, $n \geq 1$, und $\lim_{n\to\infty} \gamma_n = 0$ gelte*

$$\lim_{n\to\infty} W_{\gamma_n}\left(\frac{T_n - \eta_n(\gamma_n)}{a_n} \leq x\right) \to F(x) \tag{12.8}$$

für $-\infty < x < \infty$. Durch

$$\omega_n = \left\{x^{(n)} : \frac{T_n(x^{(n)}) - \eta_n(0)}{a_n} > k_n\right\} \tag{12.9}$$

sei für $n = 1, 2, \ldots$ eine Folge von kritischen Regionen definiert mit asymptotischer Irrtumswahrscheinlichkeit α, $0 < \alpha < 1$, d. h. es sei

$$\lim_{n\to\infty} k_n = k \tag{12.10}$$

mit

$$k = F^{-1}(1 - \alpha). \tag{12.11}$$

[12.6] Vgl. hierzu J. L. Hodges jr. und E. L. Lehmann, Proc. Fourth Berkeley Sympos. math. Statist. Probability 1, 307—317 (1960).

Die Bedingung (12.25) hat zur Folge, daß $E(\varphi_n^{(i)}; \gamma_0) \neq 0$ mindestens für alle hinreichend großen n ist. Anderseits muß jedoch $\lim_{n\to\infty} E(\varphi_n^{(i)}; \gamma_0) = 0$ gelten. Offenbar folgt nämlich aus der Definition (12.24) und aus (12.25) für zwei geeignete reelle Zahlen c_1, c_2 mit $0 < c_1 < c_2 < \infty$ und alle hinreichend großen n

$$e^{-c_2 n} < E(\varphi_n^{(i)}; \gamma_0) < e^{-c_1 n}. \tag{12.27}$$

Die Folge der Irrtumswahrscheinlichkeiten konvergiert also exponentiell gegen 0. Der Quotient (12.26) läßt sich in Analogie zur Pitman-Wirksamkeit ebenfalls als Limes eines Quotienten von Stichprobenumfängen darstellen. Dieser drückt anschaulich gesprochen aus, für welche Testfolge die zugehörige Folge der Irrtumswahrscheinlichkeiten schneller gegen 0 geht. Es sei nämlich $\varepsilon > 0$ gegeben, und man definiere für $i = 1, 2$ die kleinste natürliche Zahl $N^{(i)}(\varepsilon)$ mit $E\left(\varphi_{N^{(i)}(\varepsilon)}^{(i)}; \gamma_0\right) \leq \varepsilon$. Aus (12.27) folgt, daß $\lim_{\varepsilon\to 0} N^{(i)}(\varepsilon) = \infty$ gilt. Zu jedem $\varepsilon > 0$ gibt es daher nach (12.24) ein $\delta^{(i)}(\varepsilon) > 0$ mit $\lim_{\varepsilon\to 0} \delta^{(i)}(\varepsilon) = 0$, so daß

$$\frac{b(\{\varphi_n^{(i)}\}) + \delta^{(i)}(\varepsilon)}{2} N^{(i)}(\varepsilon) \geq \log\left(1/E(\varphi_{N^{(i)}(\varepsilon)}^{(i)}; \gamma_0\right) \geq$$

$$\geq \frac{1}{\varepsilon} > \log\left(1/E(\varphi_{N^{(i)}(\varepsilon)-1}^{(i)}; \gamma_0\right) \geq \frac{b(\{\varphi_n^{(i)}\}) - \delta^{(i)}(\varepsilon)}{2} \left(N^{(i)}(\varepsilon) - 1\right)$$

für $i = 1, 2$.

Daraus folgt aber leicht

$$\frac{b(\{\varphi_n^{(1)}\})}{b(\{\varphi_n^{(2)}\})} \varliminf_{\varepsilon\to 0} \frac{N^{(1)}(\varepsilon)}{N^{(2)}(\varepsilon)} \geq 1 \geq \frac{b(\{\varphi_n^{(1)}\})}{b(\{\varphi_n^{(2)}\})} \varlimsup_{\varepsilon\to 0} \frac{N^{(1)}(\varepsilon)}{N^{(2)}(\varepsilon)}$$

und somit

$$\lim_{\varepsilon\to 0} \frac{N^{(2)}(\varepsilon)}{N^{(1)}(\varepsilon)} = \frac{b(\{\varphi_n^{(1)}\})}{b(\{\varphi_n^{(2)}\})}.$$

Die Rolle, welche die Bedingung (12.23) spielt, blieb bisher ungeklärt. Ebenso fehlt für die Definition von $b(\{\varphi_n\})$ gemäß (12.24) eine Motivierung. Wir werden nun die Zusammenhänge etwas klarer machen. Dabei wollen wir wieder auf unabhängige eindimensionale Stichprobenvariable $\xi_1, \xi_2, \ldots$ mit derselben Verteilung spezialisieren. Wir betrachten also die Folge der Stichprobenräume $\{(R_n, \mathfrak{B}_n)\}$ und jedes ξ_i, $i = 1, 2, \ldots$ sei nach $W_\gamma^{(1)}$, $\gamma \in \Gamma$, verteilt. Die über $(R_1, \mathfrak{B}_1)$ definierte Menge $W_\Gamma^{(1)}$ von Wahrscheinlichkeitsmaßen sei durch ein σ-endliches Maß μ dominiert. Für jedes $\gamma \in \Gamma$ bezeichnen wir die R.N.-Dichte von $W_\gamma^{(1)}$ bezüglich μ mit $x \to f(x, \gamma)$.

Die Menge $W_\Gamma^{(n)}$ ist für $n \geq 2$ die Menge aller Produktmaße der Form $\prod_{i=1}^{n} W_{\gamma,i}^{(1)}$, $\gamma \in \Gamma$, $W_{\gamma,i}^{(1)} = W_\gamma^{(1)}$, $1 \leq i \leq n$. Es seien γ_0 und γ_1 zwei Elemente aus Γ. Für $x \in R_1$ sei

$$q(x; \gamma_1, \gamma_0) = \log [f(x, \gamma_1)/f(x, \gamma_0)] \tag{12.28}$$

sofern dieser Ausdruck definiert ist. Es existiere für alle γ_0, $\gamma_1 \in \Gamma$,

$$E(q^2(\xi; \gamma_1, \gamma_0); \gamma_1), \tag{12.29}$$

wobei ξ eine zufällige Variable mit der Verteilung $W_{\gamma_1}^{(1)}$ sei. Die Existenz von (12.29) impliziert, daß für jedes Paar (γ_0, γ_1)

$$\{x: f(x, \gamma_1) = 0\} = \{x: f(x, \gamma_0) = 0\} \quad \mu\text{-f. ü.}.$$

Weiter schreiben wir

$$H(\gamma_1, \gamma_0) = E\big(q(\xi; \gamma_1, \gamma_0); \gamma_1\big). \tag{12.30}$$

Wir wählen nun zwei beliebige, aber feste Elemente γ_0, γ_1 aus Γ mit

$$\gamma_0 \neq \gamma_1 \tag{12.31}$$

auf die wir uns bis auf weiteres beziehen. Wir schreiben daher in diesem Zusammenhang H statt $H(\gamma_1, \gamma_0)$, $q(\xi)$ statt $q(\xi; \gamma_1, \gamma_0)$ usw.

Mit dieser Terminologie beweisen wir nun den

Satz 12.3: *Es seien sämtliche oben angegebenen Voraussetzungen erfüllt. Darüber hinaus existiere für alle reellen t, welche einem Intervall I angehören, das $t = 1$ als inneren Punkt enthält,*

$$E(e^{tq(\xi)}; \gamma_0). \tag{12.32}$$

Es sei a eine reelle Zahl, $-\infty < a < \infty$, und für $n = 1, 2, \ldots$

$$r_n = \exp\big(nH + \sqrt{n}\, a \sigma\big), \tag{12.33}$$

wobei σ^2 *die Streuung von* $q(\xi)$ *bez.* $W_{\gamma_1}^{(1)}$ *bedeutet. Weiter bezeichne* A_n *die durch*

$$\left\{x: \prod_{i=1}^{n} f(x_i, \gamma_1) \geq r_n \prod_{i=1}^{n} f(x_i, \gamma_0)\right\} \tag{12.34}$$

definierte Teilmenge des R_n. *Es sei für* $n = 1, 2, \ldots$ *mit* $\xi^{(n)} = (\xi_1, \ldots, \xi_n)$

$$E(c_{A_n} \circ \xi^{(n)}; \gamma_0) = \alpha_n. \tag{12.35}$$

Dann ist

$$\lim_{n\to\infty} n^{-1} \log 1/\alpha_n = H \tag{12.36}$$

wie auch a in (12.33) *gewählt wird.*

Überdies gilt ebenfalls für alle reellen a

$$\varliminf_{n\to\infty} E(c_{A_n} \circ \xi^{(n)}; \gamma_1) > 0. \tag{12.37}$$

Ist weiter $\{\varphi_n\}$ *eine Folge von Tests für das Problem* $(\{\gamma_0\}, \{\gamma_1\})$, *so daß* φ_n *für* $n \geq 1$ *über dem* R_n *definiert ist, und gilt für die zugehörige Folge von Gütefunktionen*

$$\varliminf_{n\to\infty} g_{\varphi_n}(\gamma_1) > 0, \tag{12.38}$$

dann ist

$$\varlimsup_{n\to\infty} n^{-1} \log 1/E(\varphi_n \circ \xi^{(n)}; \gamma_0) \leq H. \tag{12.39}$$

Beweis: Da $W_{\gamma_1}^{(1)} \neq W_{\gamma_0}^{(1)}$ ist, folgt $0 < \sigma^2$ und aus der Existenz von (12.29) $\sigma^2 < \infty$. Überdies gilt, wie wir beim Beweis von V., Satz 3.6 zeigen werden, $0 < H < \infty$. Also ist $0 < r_n < \infty$ für alle $n \geq 1$. A_n kann auch durch

$$\left\{x: \sum_{i=1}^{n} q(x_i) \geq nH + \sqrt{n}\, a\sigma\right\} \tag{12.40}$$

definiert werden. Daher wird

$$E(1 - c_{A_n} \circ \xi^{(n)}; \gamma_1) = W_{\gamma_1}\left(\left(\sum_{i=1}^{n} q(\xi_i) - nH\right)\Big/\left(\sigma \sqrt{n}\right) < a\right).$$

Da H durch (12.30) gegeben ist, folgt aus I., Satz 39.1,

$$\lim_{n\to\infty} E(c_{A_n} \circ \xi^{(n)}; \gamma_1) = \frac{1}{\sqrt{2\pi}} \int_a^\infty e^{-\frac{t^2}{2}} dt > 0. \qquad (12.41)$$

Damit ist (12.37) bewiesen. Wegen (12.35) und da A_n auch durch (12.40) definiert ist, gilt offenbar

$$\alpha_n = W_{\gamma_0}\left(\sum_{i=1}^n q(\xi_i) \geq nH + \sqrt{n}\, a\, \sigma\right). \qquad (12.42)$$

Nun wollen wir I., Satz 39.4, anwenden. Wir verwenden sinngemäß die auf S. 130 eingeführte Terminologie.

Sei $\psi(t) = E(e^{tq(\xi)}; \gamma_0)$ für $t \varepsilon I$. Benützt man (12.28) und (12.30), dann folgt $\psi'(1)/\psi(1) = H$. Weiter ist $\chi(1) = e^{-H}$. Es ergibt sich:

$$\lim_{n\to\infty} n^{-1} \log W_{\gamma_0}\left(\sum_{i=1}^n q(\xi_i) \geq nH + \sqrt{n}\, a\, \sigma\right) = -H.$$

Wegen (12.42) folgt (12.36). Nun sei $\{\varphi_n\}$ eine beliebige Testfolge, so daß (12.38) erfüllt ist. Es kann also stets ein $\varepsilon > 0$ und ein $b > 0$ gewählt werden, so daß

$$g_{\varphi_n}(\gamma_1) > \frac{1}{\sqrt{2\pi}} \int_b^\infty e^{-\frac{t^2}{2}} dt + \varepsilon \qquad (12.43)$$

für alle hinreichend großen n. Wir wählen nun in (12.33) $a = b$ und benützen mit dieser Wahl auch (12.40)—(12.42). Da die Folge der kritischen Regionen $\{A_n\}$ durch (12.34) gegeben ist, kann man Satz 3.3 anwenden. Ein Vergleich von (12.41) mit (12.43) führt zu $E(\varphi_n \circ \xi^{(n)}; \gamma_0) > \alpha_n$ für hinreichend großes n. Also folgt aus (12.36) die Ungleichung (12.39).

Existiert also $\lim\limits_{n\to\infty} b(\{\varphi_n \circ \xi^{(n)}\}; \gamma_0)$, dann ist der Grenzwert unter der Annahme (12.38) höchstens gleich $2H$, und die Schranke wird für die Folge der für das Problem $(\{\gamma_0\}, \{\gamma_1\})$ trennscharfen Tests angenommen. Dieses Resultat motiviert die Definition der Bahadur-Wirksamkeit.

Wir wollen nun eine Klasse von Testfolgen angeben, für welche der Grenzwert (12.24) existiert. Darüber hinaus vermitteln die folgenden Überlegungen weitere Einsichten. Wir gehen wieder von allgemeinen Meßräumen $(R^{(n)}, \mathbf{S}^{(n)})$, $n = 1, 2, \ldots$, aus, betrachten eine Menge von Wahrscheinlichkeitsmaßen $W_\Gamma^{(n)}$ über $(R^{(n)}, \mathbf{S}^{(n)})$ und zeigen den

Satz 12.4: *Es seien für* $n \geq 1$ $\mathbf{S}^{(n)}$*-meßbare Funktionen* h_n*, also zufällige Variable über* $(R^{(n)}, \mathbf{S}^{(n)}, W_\Gamma^{(n)})$ *definiert. Es sei* $\gamma_0 \in \Gamma$*. Für jedes reelle* y *sei*

$$W_{\gamma_0}^{(n)}(h_n \leq y) = F_n(y).$$

Es existiere ein positives c*, so daß für jede Folge positiver Zahlen* b_n *mit* $b_n/\sqrt{n} \to y$, $0 < y < \infty$,

$$\lim_{n\to\infty} 2n^{-1} \log\left(1 - F_n(b_n)\right) = -cy^2 \tag{12.44}$$

gelte. Es sei eine Funktion d *über* Γ *definiert, und für ein* $\gamma_1 \in \Gamma$ *mit* $\gamma_1 \neq \gamma_0$ *soll*

$$d(\gamma_1) > 0 \tag{12.45}$$

gelten. $h_n/\sqrt{n}$ *konvergiere in* $W_{\gamma_1}^{(n)}$*-Wahrscheinlichkeit gegen* $d(\gamma_1)$ *für* $n \to \infty$*. Es sei* $\{k_n\}$ *eine Folge positiver Zahlen, und es sei* $\alpha_n = 1 - F_n(k_n)$ *für* $n \geq 1$.

Die Mengen $M_n = \{x^{(n)} : h_n(x^{(n)}) \geq k_n\}$ *mögen als kritische Regionen für das Testproblem* $(\alpha_n, \{\gamma_0\}, \{\gamma_1\})$ *betrachtet werden. Für die Gütefunktionen* $g_{c_{M_n}}$ *soll*

$$0 < \varliminf_{n\to\infty} g_{c_{M_n}}(\gamma_1) \leq \overline{\lim}\, g_{c_{M_n}}(\gamma_1) < 1 \tag{12.46}$$

gelten. Dann ist

$$\lim_{n\to\infty} 2n^{-1} \log 1/\alpha_n = cd^2(\gamma_1). \tag{12.47}$$

Überdies gilt $cd^2(\gamma_1) \leq 2H$.

Beweis: Es gilt für $n \to \infty$

$$k_n/\sqrt{n} \to d(\gamma_1). \tag{12.48}$$

Es folgt nämlich aus der stochastischen Konvergenz von $h_n/\sqrt{n}$ gegen $d(\gamma_1)$ für jedes $\varepsilon > 0$

$$\lim_{n\to\infty} W_{\gamma_1}^{(n)}\left(\sqrt{n}\left(d(\gamma_1) - \varepsilon\right) < h_n < \sqrt{n}\left(d(\gamma_1) + \varepsilon\right)\right) = 1. \quad (12.49)$$

Gäbe es eine Folge natürlicher Zahlen n_i mit $k_{n_i}/\sqrt{n_i} \to d_1$ und wäre $d_1 < d(\gamma_1)$, dann wäre für hinreichend kleines $\varepsilon > 0$ und alle genügend großen n_i

$$W_{\gamma_1}^{(n_i)}(h_{n_i} < k_{n_i}) \leq W_{\gamma_1}^{(n_i)}\left(h_{n_i} < \sqrt{n_i}\left(d(\gamma_1) - \varepsilon\right)\right)$$

also

$$\lim_{i\to\infty} W_{\gamma_1}^{(n_i)}(h_{n_i} < k_{n_i}) = 0$$

im Widerspruch zur letzten Ungleichung in (12.46). In analoger Weise erledigt man den Fall $d_1 > d(\gamma_1)$. Somit ist (12.48) nachgewiesen. Nun folgt ohne Schwierigkeiten aus (12.44) die Behauptung (12.47). Die letzte Ungleichung des Satzes folgt dann aus dem Satz 12.3.

In engstem Zusammenhang hiermit steht das folgende Resultat, dessen Beweis wir nicht mehr ausführen:

Soweit nichts anderes gesagt wird, behalten wir die eingeführte Bezeichnung bei. Es sei F eine stetige Vf., und es konvergiere $F_n \to F$ schwach für $n \to \infty$. Überdies gelte für ein $c > 0$

$$\log\left(1 - F(x)\right) = -\frac{c x^2}{2}\left(1 + o(1)\right) \quad \text{für} \quad x \to \infty. \quad (12.50)$$

Diese Annahmen treten an Stelle von (12.44). Im übrigen erfülle aber h_n die Bedingungen des Satzes 12.4. Es sei $\{\alpha_n\}$ eine beliebige Folge reeller Zahlen im Intervall (0, 1). Es werde jetzt M_n durch

$$\{x^{(n)}: 1 - F(h_n(x^{(n)})) \leq \alpha_n\}$$

definiert. Gilt dann für diese kritischen Regionen (12.46), dann folgert man (12.47). Man beachte, daß i. a. $W_{\gamma_0}^{(n)}(M_n) \neq \alpha_n$ ist, doch konvergiert die Folge der Verteilungen von $F \circ h_n$ gegen die Gleichverteilung, wie man leicht sieht.

Wir gehen nun daran, den Zusammenhang zwischen der Wirksamkeit von Pitman und der von Bahadur kurz darzustellen. Wir greifen auf die im Lemma 12.3 eingeführte Bezeichnung zurück:

Es seien die Voraussetzungen des Satzes 12.2 mit $\delta = 1/2$ erfüllt. F sei jetzt die Vf. der $N(0, 1)$. Es existiere für alle $\gamma \in \Gamma$ mit $\gamma \neq 0$ und $i = 1, 2$

$$\lim_{n\to\infty} \frac{\eta_n^{(i)}(\gamma) - \eta_n^{(i)}(0)}{a_n^{(i)}} \frac{1}{\sqrt{n}} = d^{(i)}(\gamma). \tag{12.51}$$

Weiter setzen wir voraus, daß

$$\lim_{n\to\infty} \lim_{\gamma\to 0} \frac{\eta_n^{(1)}(\gamma) - \eta_n^{(1)}(0)}{\eta_n^{(2)}(\gamma) - \eta_n^{(2)}(0)} \frac{a_n^{(2)}}{a_n^{(1)}} = \lim_{\gamma\to 0} \lim_{n\to\infty} \frac{\eta_n^{(1)}(\gamma) - \eta_n^{(1)}(0)}{\eta_n^{(2)}(\gamma) - \eta_n^{(2)}(0)} \frac{a_n^{(2)}}{a_n^{(1)}}. \tag{12.52}$$

Die Pitman-Wirksamkeit ist dann wegen (12.21) und (12.22) durch

$$\lim_{n\to\infty} \lim_{\gamma\to 0} \left(\frac{\eta_n^{(1)}(\gamma) - \eta_n^{(1)}(0)}{\eta_n^{(2)}(\gamma) - \eta_n^{(2)}(0)} \frac{a_n^{(2)}}{a_n^{(1)}}\right)^2$$

gegeben. Also folgt aus (12.52) und (12.51)

$$re(T_n^{(1)}, T_n^{(2)}) = \lim_{\gamma\to 0} \frac{d^{(1)}(\gamma)}{d^{(2)}(\gamma)}.$$

Bezeichnet man für $n \geq 1$, $i = 1, 2$, $\dfrac{T_n^{(i)} - \eta_n^{(i)}(0)}{a_n^{(i)}}$ mit $h_n^{(i)}$ und setzt man voraus, daß $h_n/\sqrt{n}$ stochastisch gegen $d^{(i)}(\gamma)$ strebt (wenn der Parameter γ zugrunde liegt), dann ist die Pitman-Wirksamkeit als Grenzwert der Bahadur-Wirksamkeiten dargestellt.

Diese letzte Voraussetzung ist zum Beispiel unter folgenden zusätzlichen, praktisch oft erfüllten, Voraussetzungen realisiert: Es seien $\gamma \to a_n^{(i)}(\gamma)$ für $n \geq 1$, $i = 1, 2$, Abbildungen in die positiven Zahlen, wobei $a_n^{(i)}(0) = a_n^{(i)}$ gelten soll. Es sei

$$\lim_{n\to\infty} W_\gamma\left(\frac{T_n^{(i)} - \eta_n^{(i)}(\gamma)}{a_n^{(i)}(\gamma)} \leq x\right) = \frac{1}{\sqrt{2\pi}} \int_{-\infty}^{x} e^{-\frac{t^2}{2}}\, dt$$

für jedes reelle x und

$$\lim_{n\to\infty} \frac{a_n^{(i)}(\gamma)}{a_n^{(i)}(0)} \Big/ \sqrt{n} = 0$$

für jedes $\gamma \in \Gamma$. Nun ist für $\gamma \neq 0$

$$h_n^{(i)} / \sqrt{n} - \frac{\eta_n^{(i)}(\gamma) - \eta_n(0)}{a_n^{(i)}(0)\sqrt{n}} = \frac{1}{\sqrt{n}} \frac{a_n^{(i)}(\gamma)}{a_n^{(i)}(0)} \frac{T_n^{(i)} - \eta_n^{(i)}(\gamma)}{a_n^{(i)}(\gamma)}.$$

Wegen (12.51) folgt aber dann nach I., Satz 40.2, die Behauptung.

13. Sequentialtests. Anhangsweise wollen wir flüchtig auf eine wichtige Verallgemeinerung der ursprünglichen Konzeption von NEYMAN-PEARSON eingehen. Sie steht insofern mit den Ausführungen von **12.** in Berührung, als sie ebenfalls auf der Betrachtung einer Folge von Tests beruht. Wir streifen nur die Grundlagen und gehen von den am Anfang von **12.** formulierten Voraussetzungen aus. Wir betrachten also die Folge der Stichprobenräume $\{(R^{(n)}, \mathbf{S}^{(n)})\}$, die entsprechende Folge $\{W_\Gamma^{(n)}\}$ und das Testproblem $(\Gamma_0, \Gamma - \Gamma_0)$. Für jedes $n = 1, 2, \ldots$ definieren wir drei paarweise fremde Mengen $M_i^{(n)} \in \mathbf{S}^{(n)}$, $1 \leq i \leq 3$, die auch leer sein können und welche die Bedingung

$$\bigcup_{i=1}^{3} M_i^{(n)} = R^{(n)} \tag{13.1}$$

erfüllen. Die $M_i^{(n)}$ definieren nun einen Sequentialtest, dessen praktische Durchführung sich wie folgt gestaltet: Es sei $x_1 \in R^{(1)}$ ein Stichprobenwert. Man stellt fest, ob x_1 zu $M_1^{(1)}$, zu $M_2^{(1)}$ oder zu $M_3^{(1)}$ gehört. Im ersten Fall nimmt man die Nullhypothese Γ_0 an, im zweiten Fall entscheidet man frühestens auf Grund des nächsten Stichprobenwertes, und im dritten Fall lehnt man die Nullhypothese ab. Liegt x_1 in $M_2^{(1)}$, dann zieht man den Stichprobenwert x_2 hinzu und untersucht, ob x_2 in $M_1^{(2)}$ oder in $M_2^{(2)}$ oder in $M_2^{(3)}$ liegt. Im ersten Falle nimmt man wieder Γ_0 an, im dritten lehnt man ab, im zweiten Fall setzt man das Verfahren fort usw.

Somit liegt also der Stichprobenumfang nicht mehr fest, sondern hängt von den Stichprobenwerten ab. Der Stichprobenumfang ist daher ebenfalls eine zufällige Variable.

Im Prinzip unterliegen die $M_i^{(n)}$ außer (13.1) nur noch folgenden Bedingungen: Es seien α und β, $0 \leq \alpha$, $\beta \leq 1$, zwei Irrtumswahrscheinlichkeiten. Dann soll für $n = 1, 2, \ldots$

$$\sup_{\gamma \in \Gamma_0} W_\gamma^{(n)}(M_3^{(n)}) \leq \alpha \quad \text{und} \quad \sup_{\gamma \in \Gamma - \Gamma_0} W_\gamma^{(n)}(M_1^{(n)}) \leq \beta$$

gelten. Die wesentliche Aufgabe besteht aber natürlich darin, die $M_i^{(n)}$ so zu wählen, daß sie unter den angegebenen Bedingungen zu Tests mit „optimalen“ Eigenschaften führen. Die Testverfahren, welche auf festem Stichprobenumfang m basieren, können ebenfalls als Sequentialtests aufgefaßt werden. Ist etwa $M \in \boldsymbol{S}^{(m)}$ die kritische Region eines Testes für Stichproben vom Umfang m, dann definiere man hierzu einen Sequentialtest gemäß

$$M_2^{(j)} = R^{(j)}, \; 1 \leq j \leq m-1, \quad M_2^{(m)} = \Phi, \quad M_3^{(m)} = M.$$

Im wesentlichen geht die Entwicklung dieser Ideen auf WALD zurück[13.1]. Die wichtige Frage nach einem Konstruktionsprinzip für einen Sequentialtest zu vorgegebenen Irrtumswahrscheinlichkeiten kann durch eine zum Satz 3.3 analoge Konstruktion mindestens im Falle einer einfachen Nullhypothese und einer einfachen Alternative als gelöst angesehen werden. Man erhält nämlich auf diese Weise einen in bestimmtem Sinne optimalen Test[13.2].

Selbstverständlich ist der Grundgedanke eines Sequentialtestes nicht auf die Testtheorie beschränkt. Vgl. dazu VII. **9.**

[13.1] Die grundlegende Arbeit stammt von A. WALD, Ann. math. Statistics 16, 117—186 (1945). Man vergl. auch A. WALD, Sequential Analysis, John Wiley & Sons—Chapman & Hall, New York-London 1947.

[13.2] Der Test besitzt bei vorgegebenen Irrtumswahrscheinlichkeiten im Mittel den kleinsten Stichprobenumfang. Genaueres bei A. WALD und J. WOLFOWITZ, Ann. math. Statistics 19, 326—339 (1948).

Viertes Kapitel

Theorie der Konfidenzbereiche

1. Konstruktion von Konfidenzintervallen. Wir wollen den Begriff des Konfidenzintervalles zunächst an einem Beispiel erläutern. $\xi_1, \ldots, \xi_n$ seien Stichprobenvariable aus einer nach $N(a, \sigma_0^2)$ verteilten Grundgesamtheit, wobei σ_0 eine gegebene positive Zahl ist und $-\infty < a < \infty$ gelten soll. In II., Satz 3.2, wurde gezeigt, daß $\frac{\bar{\xi} - a}{\sigma_0} \sqrt{n}$ nach $N(0, 1)$ verteilt ist, wenn a der richtige Parameterwert[1.1] ist. Definiert man $\varkappa_\alpha$ zu vorgegebenem α mit $0 < \alpha < 1$ gemäß II. (3.3), dann besteht also die folgende Beziehung:

$$W\left(-\varkappa_\alpha \leq \frac{\bar{\xi} - a}{\sigma_0} \sqrt{n} \leq \varkappa_\alpha; a\right) = 1 - \alpha\,^{1.2}. \tag{1.1}$$

An Stelle von (1.1) kann man auch schreiben:

$$W(\bar{\xi} - \sigma_0 \varkappa_\alpha / \sqrt{n} \leq a \leq \bar{\xi} + \sigma_0 \varkappa_\alpha / \sqrt{n}; a) = 1 - \alpha. \tag{1.2}$$

Es wäre nun verfehlt, (1.2) so auszusprechen: Der richtige Mittelwert a liegt stets mit Wahrscheinlichkeit $1 - \alpha$ im Intervall $[\bar{\xi} - \sigma_0 \varkappa_\alpha / \sqrt{n}, \bar{\xi} + \sigma_0 \varkappa_\alpha / \sqrt{n}]$. a ist ja keine zufällige Variable, sondern eine (unbekannte) reelle Zahl. (1.2) bedeutet vielmehr, daß die Gesamtheit der Intervalle, deren Grenzen die beiden zufälligen Variablen $\bar{\xi} - \sigma_0 \varkappa_\alpha / \sqrt{n}$ und $\bar{\xi} + \sigma_0 \varkappa_\alpha / \sqrt{n}$ sind, den richtigen Parameterwert a mit Wahrscheinlichkeit $\beta = 1 - \alpha$ überdecken.

Man nennt jedes Intervall der Form $[\bar{x} - \sigma_0 \varkappa_\alpha / \sqrt{n}, \bar{x} + \sigma_0 \varkappa_\alpha / \sqrt{n}]$ ein durch die Realisation $\bar{x}$ von $\bar{\xi}$ bestimmtes *Konfidenz*- oder *Ver-*

[1.1] Vgl. für diese Sprechweise III. [1.6].

[1.2] Da die Normalverteilung vom stetigen Typ ist, ist es ganz belanglos, ob man in der geschlungenen Klammer die Gleichheitszeichen wegläßt oder nicht.

trauensintervall für den Parameter a zum *Konfidenzkoeffizienten* β[1.3].

In der praktischen Anwendung verfährt man natürlich so, daß man mittels einer Stichprobe $x_1, \ldots, x_n$ das Intervall $\left[\bar{x} - \sigma_0 \varkappa_\alpha/\sqrt{n}, \bar{x} + \sigma_0 \varkappa_\alpha/\sqrt{n}\right]$ konstruiert, von dem man „im allgemeinen" annehmen kann, daß es den richtigen Parameterwert a enthält. Mittels der Häufigkeitsinterpretation läßt sich das noch etwas präzisieren: Gemäß (1.2) kann man erwarten, daß der richtige Parameterwert a für je 100 Stichproben vom Umfang n je 100β-mal von den angegebenen Konfidenzintervallen überdeckt wird. Praktisch von Interesse sind also Konfidenzkoeffizienten, welche nahe bei 1 liegen.

Wir formulieren jetzt die Aufgabe der Konstruktion von Konfidenzintervallen etwas allgemeiner. Es sei ein Stichprobenraum $(R, \mathbf{S})$ gegeben und eine Menge W_Γ von Wahrscheinlichkeitsmaßen. Γ sei ein Intervall des R_1. Es sei β eine reelle Zahl mit $0 \leq \beta \leq 1$. Wir suchen über R definierte Funktionen h_1, h_2 mit $h_1 \leq h_2$, so daß $\{x : \gamma \in [h_1(x), h_2(x)]\} \in \mathbf{S}$ für jedes $\gamma \in \Gamma$ ist und so daß für jedes γ

$$W_\gamma(\{x : \gamma \in [h_1(x), h_2(x)]\}) \geq \beta \tag{1.3}$$

gilt.

In dem oben behandelten Beispiel ist $(R_n, \mathfrak{B}_n)$ der Stichprobenraum, $\Gamma = R_1$ und W_{R_1} die Menge aller Wahrscheinlichkeitsmaße, deren Dichten durch III. (1.3) mit $\sigma = \sigma_0$ gegeben sind. h_1 ist mit $\bar{\xi} - \sigma_0 \varkappa_\alpha\big/\sqrt{n}$ und h_2 mit $\bar{\xi} + \sigma_0 \varkappa_\alpha\big/\sqrt{n}$ zu identifizieren.

Wir beweisen nun einen Satz, der in speziellen Fällen die Konstruktion von Konfidenzintervallen ermöglicht.

Satz: 1.1: *W_Γ sei eine Menge von Wahrscheinlichkeitsverteilungen über $(R, \mathbf{S})$, wobei Γ ein Intervall des R_1 sei. Es existiere eine über $R \times \Gamma$ definierte Funktion T, so daß die Abbildung $x \to T(x, \gamma)$ für jedes γ $\mathbf{S}$-meßbar und die Abbildungen $\gamma \to T(x, \gamma)$ für jedes $x \in R$ gleichsinnig streng monoton seien. Es sei $T(R \times \Gamma) = A \subseteq R_1$, und für jedes $a \in A$ und jedes $x \in R$ sei die Gleichung $a = T(x, \gamma)$ lösbar. Durch $x \to T(x, \gamma)$ ist für jedes γ eine zufällige Variable T_γ*

[1.3] Die Idee der Konfidenzbereiche stammt von J. Neyman. Vgl. etwa J. Neyman, Ann. math. Statistics 6, 111—116 (1935); Actualités scientifiques et industrielles 739, 26—57, Hermann & Cie, Paris 1938. Siehe auch J. Neyman, Biometrika 32, 128—150 (1941) sowie J. Neyman, Phil. Trans. Roy. Soc. London, Ser. A 236, 333—380 (1937).

definiert, von der wir voraussetzen, daß sie bez. W_γ eine und dieselbe von γ unabhängige Vf. besitzt. Dann ist stets ein Konfidenzintervall für γ konstruierbar.

Beweis: Zu vorgegebenem β, $0 \leq \beta \leq 1$, lassen sich zwei reelle Zahlen $\varepsilon_1(\beta)$, $\varepsilon_2(\beta)$ bestimmen, die voraussetzungsgemäß nicht von γ abhängen, so daß für alle γ

$$W_\gamma\big(\varepsilon_1(\beta) \leq T_\gamma \leq \varepsilon_2(\beta)\big) \geq \beta \tag{1.4}$$

gilt. Natürlich sind $\varepsilon_1(\beta)$ und $\varepsilon_2(\beta)$ im allgemeinen durch (1.4) nicht eindeutig bestimmt. Gleichbedeutend mit (1.4) ist die Ungleichung

$$W_\gamma\big(\{x : \varepsilon_1(\beta) \leq T(x, \gamma) \leq \varepsilon_2(\beta)\}\big) \geq \beta. \tag{1.5}$$

Wegen der vorausgesetzten Monotonie von T in γ lassen sich für jedes x die Gleichungen

$$\varepsilon_1(\beta) = T(x, \gamma) \tag{1.6}$$

und

$$\varepsilon_2(\beta) = T(x, \gamma) \tag{1.7}$$

eindeutig nach γ auflösen, wenn man $\varepsilon_1(\beta) \in A$, $\varepsilon_2(\beta) \in A$ wählt[1.4]. Setzen wir nun etwa voraus, daß $\gamma \to T(x, \gamma)$ für jedes x monoton fällt und bezeichnen wir die Lösung von (1.6) mit $T_2(x, \beta)$ sowie die von (1.7) mit $T_1(x, \beta)$, dann hat man $T_2(x, \beta) \geq T_1(x, \beta)$.

Gilt für ein γ bei festem x die Ungleichung

$$\varepsilon_1(\beta) \leq T(x, \gamma) \leq \varepsilon_2(\beta) \tag{1.8}$$

dann folgt daraus

$$T_1(x, \beta) \leq \gamma \leq T_2(x, \beta). \tag{1.9}$$

Umgekehrt genügt jedes γ, welches die Ungleichung (1.9) befriedigt, auch der Ungleichung (1.8). Wie der Zusammenhang zwischen (1.8) und (1.9) lehrt, gilt also

$$\{x : \varepsilon_1(\beta) \leq T(x, \gamma) \leq \varepsilon_2(\beta)\} = \{x : \gamma \in [T_1(x, \beta), T_2(x, \beta)]\}$$

[1.4] Falls $\inf A \notin A$ oder $\sup A \notin A$ gelten, können dabei die Fälle $\beta = 0$ oder $\beta = 1$ (triviale) Schwierigkeiten verursachen.

und wegen (1.5) stellt $[T_1(x, \beta), T_2(x, \beta)]$ ein Konfidenzintervall zum Konfidenzkoeffizienten β dar.

Satz 1.1 wird durch das vorhin betrachtete Beispiel illustriert. Ein anderes Beispiel, dem aber noch eine darüber hinausgehende Bedeutung zukommt, wie wir bald sehen werden, kann unter Bezugnahme auf II., Satz 4.4 konstruiert werden. Wir suchen wieder ein Konfidenzintervall für den unbekannten Mittelwert a einer Normalverteilung auf Grund einer Stichprobe vom Umfang n. Hierzu beachten wir, daß die Funktion $T(x, a) = \frac{\bar{x} - a}{s} \sqrt{n}$ für alle $x \in R_n$ und alle $a \in R_1$ definiert ist und alle Voraussetzungen des Satzes 1.1 erfüllt. Die zufällige Variable $\frac{\bar{\xi} - a}{s} \sqrt{n}$ ist nach t mit $n - 1$ Freiheitsgraden verteilt, wenn a der richtige Parameterwert ist. Diese Verteilung ist natürlich von a unabhängig. Man hat nun $\varepsilon_1(\beta)$ und $\varepsilon_2(\beta)$ aus der Gleichung

$$\int_{\varepsilon_1(\beta)}^{\varepsilon_2(\beta)} h_{n-1}(t)\, dt = \beta \tag{1.10}$$

zu bestimmen (vgl. I. (29.3)). Man erkennt sofort, daß es unendlich viele Paare $\varepsilon_1(\beta)$, $\varepsilon_2(\beta)$ gibt, welche (1.10) genügen. Es gilt dann

$$W\left(\varepsilon_1(\beta) \leq \frac{\bar{\xi} - a}{s} \sqrt{n} \leq \varepsilon_2(\beta); a\right) = \beta. \tag{1.11}$$

Löst man die Gleichungen $\varepsilon_1(\beta) = \frac{\bar{x} - a}{s} \sqrt{n}$ und $\varepsilon_2(\beta) = \frac{\bar{x} - a}{s} \sqrt{n}$ auf, dann erhält man durch $\left[\bar{x} - s\varepsilon_2(\beta)/\sqrt{n}, \bar{x} + s\varepsilon_1(\beta)/\sqrt{n}\right]$ ein Konfidenzintervall für a, welches gemäß (1.11) die Bedingung

$$W\left(a \in \left[\bar{\xi} - s\varepsilon_2(\beta)/\sqrt{n}, \bar{\xi} + s\varepsilon_1(\beta)/\sqrt{n}\right]; a\right) = \beta$$

für jedes $a \in R_1$ erfüllt. Man beachte, daß die Streuung σ^2 der Normalverteilung ohne Belang für dieses Beispiel ist. Wir kommen darauf noch zurück.

2. Konfidenzbereiche. Wenn man auch in vielen praktischen Beispielen für einen eindimensionalen Parameter Konfidenzintervalle konstruieren kann, so hängt diese Konstruktion doch immer von gewissen Monotonievoraussetzungen ab. (Vgl. Satz 1.1 und den folgenden Satz 2.1.) Diese sind im allgemeinen nicht erfüllt. Wenn der Parameter einer beliebigen Menge angehört, verliert überdies die Definition eines Konfidenzintervalles jeglichen Sinn. Wir führen daher den allgemeineren Begriff der Konfidenzbereiche ein und zeigen zugleich, wie man Konfidenzbereiche wenigstens im

Prinzip unter völlig allgemeinen Voraussetzungen konstruieren kann. Wir gehen wieder von einem Meßraum $(R, \boldsymbol{S})$ und einer Menge von Wahrscheinlichkeitsmaßen W_Γ aus, wobei jetzt Γ eine beliebige Menge ist. Es sei $K \subseteq R \times \Gamma$, $K_\gamma = \{x : (x, \gamma) \in K\}$ und $K(x) = \{\gamma : (x, \gamma) \in K\}$. Wir setzen voraus, daß $K_\gamma \in \boldsymbol{S}$ für jedes γ gilt. Weiter sei für jedes $x \in R$

$$K(x) \neq \Phi \tag{2.1}$$

oder etwas allgemeiner $\{x : K(x) = \Phi\} \subseteq N \in \boldsymbol{S}$ mit

$$W_\gamma(N) = 0 \tag{2.2}$$

für alle $\gamma \in \Gamma$.

Es sei β eine reelle Zahl mit $0 < \beta < 1$ und

$$\beta \leq \inf_{\gamma \in \Gamma} W_\gamma(K_\gamma). \tag{2.3}$$

Die Tatsache, daß

$$K_\gamma = \{x : \gamma \in K(x)\} \tag{2.4}$$

motiviert nun die

Definition: *Unter den angegebenen Bedingungen heißt $K(x)$ Konfidenzbereich für γ zum Konfidenzkoeffizienten β.*

Es ist ja wegen (2.3) und (2.4)

$$W_\gamma\{x : \gamma \in K(x)\} \geq \beta. \tag{2.5}$$

Die Bedingungen (2.1) oder (2.2) bedeuten kurz gesagt, daß jeder oder fast jeder Stichprobe x ein Konfidenzbereich entspricht. Somit ist zunächst die einzige wesentliche Aufgabe bei der Konstruktion von Konfidenzbereichen darin zu sehen, bei gegebenem β die Bedingung (2.3) zu erfüllen. Vom praktischen Standpunkt aus wird man natürlich β so wählen, daß in (2.3) nach Möglichkeit mindestens für ein $\gamma \in \Gamma$ das Gleichheitszeichen gilt.

Wenn Γ ein Intervall des R_1 ist und alle $K(x)$ Intervalle sind, dann kommen wir auf die in **1.** betrachteten Konfidenzintervalle zurück. Die Konstruktion des Satzes 1.1 ordnet sich dieser Definition unter. Man hat nur K_γ mit $\{x : \varepsilon_1(\beta) \leq T(x, \gamma) \leq \varepsilon_2(\beta)\}$ und $K(x)$ mit $\{\gamma : T_1(x, \beta) \leq \gamma \leq T_2(x, \beta)\}$ zu identifizieren. Allgemeiner beruht die Konstruktion von Konfidenzintervallen meist auf folgendem

Satz 2.1: *W_Γ habe dieselbe Bedeutung wie im Satz 1.1. T sei eine für alle $x \in R$ definierte* **S**-*meßbare Funktion, also eine zufällige Variable. Wir wählen zu vorgegebenem β mit $0 \leq \beta \leq 1$, $\varepsilon_1(\beta, \gamma)$ und $\varepsilon_2(\beta, \gamma)$, $\gamma \in \Gamma$, so, daß für alle γ*

$$W(\varepsilon_1(\beta, \gamma) \leq T \leq \varepsilon_2(\beta, \gamma); \gamma) \geq \beta \tag{2.6}$$

gilt. Weiter wird vorausgesetzt, daß $\gamma \to \varepsilon_i(\beta, \gamma)$, $i = 1, 2$, gleichsinnig streng monotone Funktionen sind. Es sei $T(R) = A$ und die Gleichungen $\varepsilon_i(\beta, \gamma) = a$, $a \in A$, stets nach γ lösbar. Dann ist es möglich, für γ zum Konfidenzkoeffizienten β ein Konfidenzintervall zu konstruieren.

Beweis: Wir nehmen an, daß $\gamma \to \varepsilon_i(\beta, \gamma)$ z. B. streng wachsende Funktionen seien. Für jedes $a \in A$ sind die Gleichungen

$$\varepsilon_1(\beta, \gamma) = a \tag{2.7}$$

und

$$\varepsilon_2(\beta, \gamma) = a \tag{2.8}$$

eindeutig nach γ auflösbar. Die Lösung von (2.7) bezeichnen wir mit $T_2(a, \beta)$, die von (2.8) mit $T_1(a, \beta)$. Wegen $\varepsilon_1(\beta, \gamma) \leq \leq \varepsilon_2(\beta, \gamma)$ gilt $T_1(a, \beta) \leq T_2(a, \beta)$. Gilt für ein γ die Ungleichung

$$\varepsilon_1(\beta, \gamma) \leq a \leq \varepsilon_2(\beta, \gamma) \tag{2.9}$$

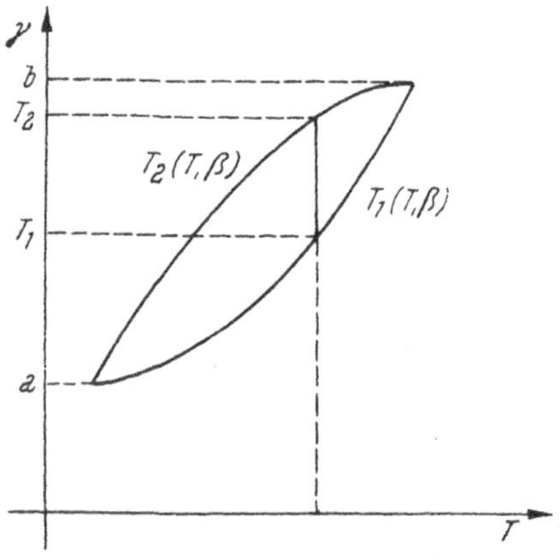

Abb. 10

dann gilt auch

$$T_1(a, \beta) \leq \gamma \leq T_2(a, \beta) \tag{2.10}$$

und umgekehrt. Somit ist

$$\begin{aligned} W(\varepsilon_1(\beta, \gamma) \leq T \leq \varepsilon_2(\beta, \gamma); \gamma) \\ = W(T_1(T, \beta) \\ \leq \gamma \leq T_2(T, \beta); \gamma) \end{aligned}$$

Wegen (2.6) ist also $[T_1(T, \beta), T_2(T, \beta)]$ ein Konfidenzintervall für γ zum Konfidenzkoeffizienten β.

Die Abbildung 10 zeigt, wie man unter den Voraussetzungen des Satzes 2.1 mit $\Gamma = [a, b]$ und $R = R_n$ für eine Stichprobe x das entsprechende Konfidenzintervall $[T_1, T_2]$ graphisch finden kann.

Wir betrachten zwei praktisch wichtige Beispiele: Das erste betrifft die Binomialverteilung. Der Stichprobenraum ist also $(R_n, \mathfrak{B}_n)$, und die Stichprobenvariablen besitzen die durch I. (32.1) gegebene Verteilung mit $0 < p < 1$, so daß die Menge Γ das Intervall (0, 1) ist. Den Platz der zufälligen Variablen T soll jetzt die zufällige Variable ζ_n einnehmen, welche nach einer $B_n(p)$ verteilt ist. Wir bestimmen nun zu vorgegebenem β mit $0 \le \beta \le 1$ die $\varepsilon_i(\beta, p)$, $i = 1, 2$, als Funktionen von p in $0 < p < 1$ derart, daß $\varepsilon_1(\beta, p)$ die größte bzw. $\varepsilon_2(\beta, p)$ die kleinste ganze Zahl bedeutet, welche die Ungleichungen

$$\sum_{r=0}^{\varepsilon_1(\beta,p)} \binom{n}{r} p^r (1-p)^{n-r} \le \frac{1-\beta}{2} \tag{2.11}$$

bzw.

$$\sum_{r=\varepsilon_2(\beta,p)}^{n} \binom{n}{r} p^r (1-p)^{n-r} \le \frac{1-\beta}{2} \tag{2.12}$$

erfüllen. Aus (2.11) und (2.12) folgt

$$W(\varepsilon_1(\beta, p) + 1 \le \zeta_n \le \varepsilon_2(\beta, p) - 1; p) \ge \beta.$$

Wir weisen nach, daß die Funktionen $p \to \varepsilon_i(\beta,p)$, $i = 1, 2$, niemals abnehmen. Nach I., Satz 32.3 ist mit Benutzung der dort eingeführten Bezeichnung $p \to S_k(p)$ eine monoton abnehmende Funktion. Also kann $p \to \varepsilon_1(\beta,p)$ niemals abnehmen, denn $\varepsilon_1(\beta,p)$ ist für jedes p die größte ganze Zahl, welche (2.11) erfüllt. Anderseits nimmt $p \to 1 - S_k(p)$ zu. Da $\varepsilon_2(\beta, p)$ für jedes p die kleinste ganze Zahl ist, welche (2.12) erfüllt, kann auch $p \to \varepsilon_2(\beta, p)$ niemals abnehmen[2.1]. Damit sind aber die entscheidenden Voraussetzungen für die Konstruktion von Konfidenzintervallen gegeben[2.2]. Für den Fall $n = 50$, $\beta = 0{,}99$ und einen Stichprobenwert 11 für ζ_n ist die Prozedur in der nachfolgenden Figur graphisch dargestellt.

Als weiteres Beispiel betrachten wir die Konstruktion eines Konfidenzintervalles für den Parameter a einer Poissonverteilung (vgl. I.**33**). Man geht genau so vor wie bei der Binomialverteilung. Wenn $\xi_1, \ldots, \xi_n$ n unabhängige nach einer Poissonverteilung mit Mittelwert a, $-\infty < a < \infty$, verteilte zufällige Variable sind, dann ist nach I., Satz 33.1 auch $\zeta_n = \sum_{i=1}^{n} \xi_i$ nach Poisson mit Mittelwert na verteilt. Man bestimmt daher zu vorgegebenem β die Funktionen $a \to \varepsilon_i(\beta, a)$, $i = 1, 2$, in

---

[2.1] Allerdings wird im Satz 2.1 die strenge Monotonie verlangt. Ist diese nicht erfüllt, dann geht die Eindeutigkeit des Konstruktionsprinzips verloren.

[2.2] Konfidenzintervalle für den Parameter einer Binomialverteilung wurden zuerst angegeben von J. Clopper und E. S. Pearson, Biometrika 26, 404—413 (1934). Vgl. noch O. Bunke, Wiss. Z. Humboldt-Univ. Berlin, Math.-Naturw. 9, 335—363 (1959/60).

folgender Weise: $\varepsilon_1(\beta, a)$ sei die größte bzw. $\varepsilon_2(\beta, a)$ die kleinste ganze Zahl, welche die Ungleichungen

$$\sum_{k=0}^{\varepsilon_1(\beta,a)} \frac{(na)^k}{k!} e^{-na} \leq \frac{1-\beta}{2} \quad \text{bzw.} \quad \sum_{k=\varepsilon_2(\beta,a)}^{\infty} \frac{(na)^k}{k!} e^{-na} \leq \frac{1-\beta}{2}$$

erfüllen. Es ist dann

$$W(\varepsilon_1(\beta, a) + 1 \leq \zeta_n \leq \varepsilon_2(\beta, a) - 1; a) \geq \beta$$

und nun stützt man sich auf I., Satz 33.2, und geht im übrigen genau so wie vorhin vor.[2.3]

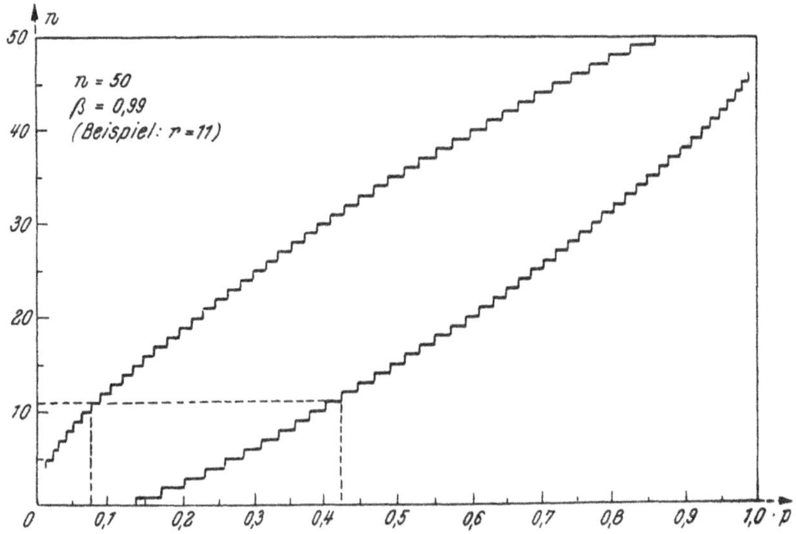

Abb. 11

Die bisher durchgeführten Überlegungen und betrachteten Beispiele lassen erkennen, daß zwischen der Testtheorie und der Theorie der Konfidenzbereiche ein enger Zusammenhang besteht. Diesen präzisieren wir in einem

Dualitätsprinzip: *Es sei W_Γ eine Menge von Wahrscheinlichkeitsmaßen über* $(R, \mathbf{S})$, *und es sei zu einem gegebenen Konfidenzkoeffizienten β mit* $0 < \beta < 1$ *ein Konfidenzbereich* $K(x)$ *für* $\gamma \in \Gamma$ *gegeben. Dann ist mit der Bezeichnung von* S. 313 $R - K_\gamma$ *für jedes* γ *eine kritische Region für das Testproblem* $(\alpha, \{\gamma\}, \Gamma - \{\gamma\})$ *mit*

[2.3] Siehe auch E. Ricker, J. Amer. Statist. Assoc. 32, 349—356 (1937).

$\alpha = 1 - \beta$. *Es sei umgekehrt* $M(\gamma)$ *für jedes* $\gamma \in \Gamma$ *eine kritische Region für das Testproblem* $(\alpha, \{\gamma\}, \Gamma - \{\gamma\})$. *Definiert man* $K = \bigcup\limits_{\gamma \in \Gamma} \big(R - M(\gamma)\big) \times \{\gamma\}$, *dann ist* $K(x) = \{\gamma : (x, \gamma) \in K\}$ *ein Konfidenzbereich für* γ *zum Konfidenzkoeffizienten* $1 - \alpha$, *wenn* (2.1) *oder* (2.2) *erfüllt sind.*

Der Beweis dieses Prinzips ist selbstverständlich.

Dieses Prinzip ermöglicht es im wesentlichen, jedem Begriff und jedem Theorem der Testtheorie einen dualen Begriff und ein duales Theorem in der Theorie der Konfidenzbereiche zur Seite zu stellen. Wir werden dies an einigen Beispielen erläutern, welche in ausreichendem Maße zeigen, wie man systematisch den Inhalt des III. Kapitels auf die Theorie der Konfidenzbereiche übertragen kann.

Es muß jedoch darauf hingewiesen werden, daß bei der Anwendung des Dualitätsprinzips auf einen Test die Bedingungen (2.1) und (2.2) nicht notwendig erfüllt sein müssen. Wir geben ein einfaches Beispiel, wo diese Bedingungen nicht erfüllt sind. Es sei $\Gamma = \{0, 1\}$, und die Maße W_Γ seien über $(R_1, \mathfrak{B}_1)$ durch ihre Dichten f_0, f_1 definiert. f_0 sei die Dichte einer Gleichverteilung über $\left(-\frac{1}{2}, \frac{1}{2}\right)$. Es sei ε reell mit

$$0 < \varepsilon < \frac{1}{2} \tag{2.13}$$

und

$$u = \frac{1-\varepsilon}{\varepsilon} + \varepsilon\,. \tag{2.14}$$

Es sei

$$f_1(x) = \begin{cases} 0 & |x| \geq \dfrac{1}{2} \\[2ex] \varepsilon & -\dfrac{1}{2} < x \leq -\varepsilon, \quad \varepsilon \leq x < \dfrac{1}{2} \\[2ex] u + \dfrac{u-\varepsilon}{\varepsilon}\, x & -\varepsilon \leq x \leq 0 \\[2ex] u - \dfrac{u-\varepsilon}{\varepsilon}\, x & 0 \leq x \leq \varepsilon\,. \end{cases}$$

Sei

$$\frac{\alpha}{2} = \frac{u - 2\varepsilon}{u - \varepsilon}\,\varepsilon. \tag{2.15}$$

Wegen (2.13) und (2.14) ist $0 < \alpha < 1$.

Für das Testproblem $(\alpha, \{0\}, \{1\})$ definieren wir mit $c = 2\varepsilon$ eine kritische Region

$$M(0) = \{x : f_1(x) \geq c f_0(x)\}.$$

Es ist leicht nachzurechnen, daß $W_0(M(0)) = \alpha$.

Für das Problem $(\alpha, \{1\}, \{0\})$ definieren wir mit

$$\frac{1}{c_1^2} = (1 + \varepsilon - 4\varepsilon^2 + \varepsilon^3)/\varepsilon \tag{2.16}$$

eine kritische Region

$$M(1) = \{x : f_0(x) \geq c_1 f_1(x)\}.$$

Wegen (2.13) ist die rechte Seite von (2.16) in der Tat positiv. Man rechnet wieder leicht nach, daß $W_1(M(1)) = \alpha$ ist. Weiter gilt $\frac{1}{c_1} > c$. Daher ist die Menge $\left\{x : c f_0(x) \leq f_1(x) \leq \frac{1}{c_1} f_0(x)\right\}$ für kein $\gamma \in \Gamma$ eine W_γ-Nullmenge, und sie gehört zu keinem $R - M(\gamma)$.

Bei den Anwendungen des Dualitätsprinzips setzen wir jedoch stets stillschweigend voraus, daß (2.1) oder (2.2) erfüllt sind.

Es sei noch darauf hingewiesen, daß man in Analogie zum Begriff des randomisierten Tests auch den Begriff des randomisierten Konfidenzbereiches einführen kann. Wir gehen aber darauf nicht ein.

Das auf S. 312 betrachtete Beispiel illustriert die folgende allgemeinere Fragestellung: Es sei $\Gamma = \Gamma_1 \times \Gamma_2$. Es soll zu gegebenem Konfidenzkoeffizienten β, $0 < \beta < 1$, ein Konfidenzbereich $K(x)$ für $\gamma_1 \in \Gamma_1$ konstruiert werden, so daß

$$W_{(\gamma_1, \gamma_2)}(\{x : \gamma_1 \in K(x)\}) \geq \beta \tag{2.17}$$

für jedes $\gamma_1 \in \Gamma_1$ und alle $\gamma_2 \in \Gamma_2$ gilt. Wenn in (2.17) für alle $\gamma_2 \in \Gamma_2$ das Gleichheitszeichen gilt, dann ist $R - K(\gamma_1)$ eine ähnliche kritische Region für das Testproblem

$$\left(1 - \beta, \{\gamma_1\} \times \Gamma_2, (\Gamma_1 - \{\gamma_1\}) \times \Gamma_2\right).$$

Hat man umgekehrt für jedes $\gamma_1 \in \Gamma_1$ eine ähnliche kritische Region $M(\gamma_1)$ für dieses Problem konstruiert, dann liefert

$$K = \bigcup_{\gamma_1 \in \Gamma_1} \left(R - M(\gamma_1)\right) \times (\{\gamma_1\} \times \Gamma_2)$$

einen Konfidenzbereich $K(x)$, welcher (2.17), sogar mit dem Gleichheitszeichen, erfüllt und welchen man ebenfalls als ähnlich bezeichnen kann. Damit ist also dieses Problem zumindest teilweise auf die Theorie der ähnlichen Tests zurückgeführt.

Wir wollen nun ein fast triviales Konstruktionsprinzip für Konfidenzbereiche angeben, das wir zunächst beispielhaft erläutern.

Wir haben auf S. 312 gesehen, wie man auf Grund einer Stichprobe vom Umfang n aus einer nach $N(a, \sigma^2)$, $-\infty < a < \infty$, $0 < \sigma^2 < \infty$, verteilten Grundgesamtheit ein Konfidenzintervall für a gewinnen kann, das, kurz gesagt, vom Parameter σ^2 unabhängig ist. Unter Zuhilfenahme von II., Korollar zu Satz 4.3 und Satz 1.1 sieht man leicht, wie man unter denselben Voraussetzungen ein Konfidenzintervall für σ^2 konstruieren kann, das vom Parameter a unabhängig ist. Nun erhebt sich die Frage, wie man dies für die Konstruktion eines zweidimensionalen Konfidenzbereiches für (a, σ^2) zu einem vorgegebenen Konfidenzkoeffizienten ausnützen kann. Eine fast selbstverständliche Antwort geben wir im

Satz.2.2: *Es sei W_Γ eine Menge von Wahrscheinlichkeitsmaßen über $(R, \mathbf{S})$, und Γ sei mit $k \geq 2$ von der Gestalt $\Gamma = \prod_{i=1}^{k} \Gamma_i$. Wenn man zu jedem Konfidenzkoeffizienten β', $0 < \beta' < 1$, für jedes $\gamma_i \in \Gamma_i$, $i = 1, \ldots, k$, Konfidenzbereiche $K_i(x)$ konstruieren kann, so daß*

$$W_{(\gamma_1, \ldots, \gamma_i, \ldots \gamma_k)}(\{x : \gamma_i \in K_i(x)\}) \geq \beta' \tag{2.18}$$

für alle $\gamma_j \in \Gamma_j$ mit $i \neq j$ gilt, dann kann man auch zu jedem Konfidenzkoeffizienten β für $(\gamma_1, \ldots, \gamma_k) \in \Gamma$ einen Konfidenzbereich konstruieren.

Beweis: Es sei β in $0 < \beta < 1$ gegeben. Man wähle für $i = 1, \ldots, k$ in (2.18)

$$\beta' = 1 - (1 - \beta)/k \tag{2.19}$$

Dann ist $K(x) = \prod_{i=1}^{k} K_i(x)$ für jedes $x \in R$ ein Konfidenzbereich zum Vertrauenskoeffizienten β. Es ist ja

$$W_{(\gamma_1, \ldots, \gamma_k)}\left(\left\{x : (\gamma_1, \ldots, \gamma_k) \in \prod_{i=1}^{k} K_i(x)\right\}\right) = \\ = W_{(\gamma_1, \ldots, \gamma_k)}\left(\bigcap_{i=1}^{k} \{x : \gamma_i \in K_i(x)\}\right)$$

also

$$W_{(\gamma_1, \ldots, \gamma_k)}\left(\{x : (\gamma_1, \ldots, \gamma_k) \in K(x)\}\right) = W_{(\gamma_1, \ldots, \gamma_k)}\left(\bigcap_{i=1}^{k} K_{\gamma_i}\right).$$

Aus (2.18) und (2.19) folgt somit

$$W_{(\gamma_1, \ldots, \gamma_k)}\left(\{x : (\gamma_1, \ldots, \gamma_k) \in K(x)\}\right) \geq 1 - k \frac{1 - \beta}{k} = \beta.$$

Eine Illustration zu diesem Satz findet sich in VI., S. 433ff.

Da $1 - \frac{1 - \beta}{k} > \beta$ für $0 \leq \beta < 1$ ist, ist diese Konstruktion im allgemeinen mit einem „Informationsverlust" verbunden, d. h. Optimaleigenschaften, welche die Konfidenzbereiche $K_i(x)$ besitzen, werden im allgemeinen auf $K(x)$ nicht zutreffen. Optimalprinzipien für Konfidenzbereiche lassen sich mittels des Dualitätsprinzipes parallel zu solchen Prinzipien für Tests definieren. Es ist also sinnvoll, von unverfälschten, trennscharfen, invarianten usw. Konfidenzbereichen zu sprechen. Wir wollen dies kurz im nächsten Punkt erläutern.

3. Unverfälschte und trennscharfe Konfidenzbereiche. (2.3) besagt, daß ein Konfidenzbereich $K(x)$ den richtigen Parameter γ mindestens mit Wahrscheinlichkeit β überdeckt. Darin ist jedoch keine Aussage enthalten, mit welcher Wahrscheinlichkeit ein „falscher" Parameterwert γ überdeckt wird, oder mit anderen Worten, wie sich $W_\gamma(\{x : \gamma' \in K(x)\})$ für $\gamma \neq \gamma'$ verhält. Wünschenswert ist z. B., daß der falsche Parameter mit „möglichst kleiner" Wahrscheinlichkeit überdeckt wird: Für genauere Begriffsbestimmungen geben wir folgende

Definition: *$K(x)$ sei ein Konfidenzbereich für $\gamma \in \Gamma$ zum Konfidenzkoeffizienten β, $0 \leq \beta \leq 1$. Dann nennen wir die über $\Gamma \times \Gamma$ erklärte Funktion*

$$k(\gamma, \gamma') = W_\gamma(\{x : \gamma' \in K(x)\})$$

die Kennfunktion von $K(x)$.

Die Kennfunktion ist offenbar das duale Gegenstück zur Gütefunktion eines Tests.

Wir geben nun die Definition des unverfälschten Konfidenzbereiches.

Definition: *Ein Konfidenzbereich $K(x)$ zum Vertrauenskoeffizienten β für $\gamma \in \Gamma$ heißt unverfälscht, wenn seine Kennfunktion k die Eigenschaften besitzt:*

$$k(\gamma, \gamma) \geq \beta, \quad \text{für} \quad \gamma \in \Gamma$$

$$k(\gamma, \gamma) \geq k(\gamma, \gamma') \qquad \text{für} \qquad \gamma, \gamma' \in \Gamma \qquad \text{mit} \qquad \gamma \neq \gamma'.$$

Diese Definition entspricht genau der Definition des unverfälschten Tests. Es ist fast selbstverständlich, wie man die Definition des trennscharfen Testes auf Konfidenzbereiche überträgt.

Definition: *$K(x)$ sei ein Konfidenzbereich für $\gamma \in \Gamma$ zum Vertrauenskoeffizienten β. Er heißt trennscharf in bezug auf eine Menge $\mathfrak{K}_\beta$ von Konfidenzbereichen $K^*(x)$ zum selben Konfidenzkoeffizienten, wenn für die Kennfunktion k von $K(x)$ und die Kennfunktion k^* von $K^*(x)$*

$$k(\gamma, \gamma') \leq k^*(\gamma, \gamma') \tag{3.1}$$

für alle $\gamma, \gamma' \in \Gamma$, $\gamma \neq \gamma'$, und jedes $K^*(x) \in \mathfrak{K}_\beta$ gilt. Ist $\mathfrak{K}_\beta$ die Menge aller Konfidenzbereiche zum Vertrauenskoeffizienten β, dann nennen wir $K(x)$ trennscharf schlechthin.

Die Sätze aus III. über unverfälschte und trennscharfe Tests lassen sich hier sofort formal übertragen. Gewisse Schwierigkeiten kann das Nachprüfen von (2.1) oder (2.2) bereiten. So gilt etwa der

Satz 3.2: *Sei* $\Gamma = \{\gamma_0, \gamma_1\}$. *Es seien* f_0, f_1 *die R.N.-Dichten von* W_{γ_0}, W_{γ_1} *bez. eines dominierenden Maßes. Es sei ein* $c \geq 0$ *mit* $W_{\gamma_0}(\{x : f_1(x) \leq c f_0(x)\}) = W_{\gamma_1}(\{x : f_1(x) \geq c f_0(x)\})$ *gegeben. Dann existiert zu jedem Vertrauenskoeffizienten* β *mit* $W_{\gamma_0}(\{x : f_1(x) \leq c f_0(x)\}) \leq \beta \leq 1$ *ein trennscharfer Konfidenzbereich* $K(x)$ *für* $\gamma \in \Gamma$.

Beweis: Man konstruiere nach III., Satz 3.3, trennscharfe kritische Regionen $M(\gamma_0)$ bzw. $M(\gamma_1)$ für das Testproblem $(1 - \beta, \{\gamma_0\}, \{\gamma_1\})$ bzw. $(1 - \beta, \{\gamma_1\}, \{\gamma_0\})$.[3.1] Definiert man nun $K = \big((R - M(\gamma_0)) \times \{\gamma_0\} \cup ((R - M(\gamma_1)) \times \{\gamma_1\}\big)$, dann liefern die zugehörigen Mengen $K(x)$ einen trennscharfen Konfidenzbereich für $\gamma \in \Gamma$, wie man sofort sieht.

4. Die Bayessche Theorie der Konfidenzbereiche. Wenn Γ aus mehr als zwei Elementen besteht, existieren im allgemeinen keine trennscharfen Konfidenzbereiche. Natürlich lassen sich die Sätze 5.1, 6.1 usw. aus III. auch für Konfidenzbereiche formulieren. Nun haben wir aber schon bei der Testtheorie gelegentlich angenommen[4.1], daß über einer geeigneten σ-Algebra von Teilmengen von Γ Maße definiert sind. Wir werden dadurch zur *Bayesschen Auffassung* geführt. Wenn — kurz gesagt — der Parameter γ eine Wahrscheinlichkeitsverteilung besitzt, bezeichnet man diese auch als *a-priori-Verteilung.*

In den Anwendungen wird man die a-priori-Verteilung des Parameters so wählen, daß sie „vor dem Experiment gewonnene Kenntnisse über den Parameter" möglichst gut wiedergibt. Die Bayessche Auffassung erlaubt die Aufstellung neuer Optimalitätsprinzipien, welche jedoch viele Beziehungen zu den bereits erwähnten Begriffen haben[4.2]. Wir geben zunächst folgende

Definition: *Es sei* $\mathfrak{S}$ *eine* σ*-Algebra von Teilmengen von* Γ*, welche für jedes* $\gamma \in \Gamma$ *die Menge* $A(\gamma) = \Gamma - \{\gamma\}$ *enthalte. Es sei* ν *ein beliebiges Maß über* $\mathfrak{S}$. *Es sei* $\mathfrak{K}$ *eine Menge irgendwelcher Konfidenzbereiche* $K^*(x)$ *für* $\gamma \in \Gamma$, *nicht notwendigerweise zum selben Kon-*

[3.1] Der Einfachheit halber haben wir angenommen, daß solche für jedes $1 - \beta$ mit $0 \leq \beta \leq 1$ existieren.

[4.1] Vgl. III., Satz 4.2 und III. [4.3] sowie A., S. 586ff.

[4.2] Vgl. auch V., S. 403.

fidenzkoeffizienten. $K(x)$ heißt Bayes-Lösung zu ν bez. $\mathfrak{K}$ oder auch ν-trennscharf bez. $\mathfrak{K}$, wenn für alle $\gamma \in \Gamma$ gilt:

$$\int_{A(\gamma)} k(\gamma, \gamma')\, d\nu(\gamma') = \inf_{\mathfrak{K}} \int_{A(\gamma)} k^*(\gamma, \gamma')\, d\nu(\gamma'). \tag{4.1}$$

Dabei sind k bzw. k^* die Kennfunktionen von $K(x)$ bzw. $K^*(x) \in \mathfrak{K}$. Wegen (3.1) ist jeder in bezug auf eine Menge $\mathfrak{K}_\beta$ trennscharfe Konfidenzbereich in bezug auf diese Menge auch ν-trennscharf.

Von der Konstruktion ν-trennscharfer Konfidenzbereiche handelt der folgende Satz, welcher offenbar eng mit III., Satz 4.2, zusammenhängt. Die Voraussetzungen unserer Formulierung lassen sich verallgemeinern[4.3], wie wir schon hier erwähnen.

Satz 4.1: *Es sei Γ ein offener Quader (oder eine beschränkte offene Menge) eines R_k, $k \geq 1$. $\mathfrak{S}$ sei die Menge der Borelschen Mengen von Γ und ν das Maß über $(\Gamma, \mathfrak{S})$ mit der konstanten Dichte $1/L(\Gamma)$, wobei L das Lebesguesche Maß ist. Die über $(R, \mathbf{S})$ definierte Menge W_Γ sei dominiert durch ein σ-endliches Maß μ. Für jedes $\gamma \in \Gamma$ werde die R.N.-Dichte von W_γ mit $x \to f(x, \gamma)$ bezeichnet. Die Abbildung $(x, \gamma) \to f(x, \gamma)$ sei $\mathbf{S} \otimes \mathfrak{S}$-meßbar. Dann existiert μ-f. ü. $g(x) = \int_\Gamma f(x, \gamma)\, d\nu(\gamma)$, und es sei $g(x) > 0$ μ-f. ü.. Es sei für alle $\gamma \in \Gamma$ und alle $x \in R$, bis auf eine Menge vom μ-Maß 0, $h(x, \gamma) = f(x, \gamma)/g(x)$. Es sei β reell mit*

$$0 < \beta < 1 \tag{4.2}$$

und für jedes $\gamma \in \Gamma$ eine reelle Zahl $c(\gamma)$ so gewählt, daß

$$W_\gamma(\{x : h(x, \gamma) > c(\gamma)\}) \leq \beta \leq W_\gamma(\{x : h(x, \gamma) \geq c(\gamma)\})$$

gilt. Es lasse sich für jedes $\gamma \in \Gamma$ die Menge $K_\gamma \in \mathbf{S}$ so bestimmen, daß

$$\{x : h(x, \gamma) > c(\gamma)\} \subseteq K_\gamma \subseteq \{x : h(x, \gamma) \geq c(\gamma)\} \tag{4.3}$$

und

$$W_\gamma(K_\gamma) = \beta \tag{4.4}$$

gelten und daß $K(x)$ mit $K = \bigcup_{\gamma \in \Gamma} K_\gamma \times \{\gamma\}$ (2.1) oder (2.2) erfüllt.

[4.3] Vgl. R. Borges, Z. Wahrscheinlichkeitstheorie verw. Gebiete 1, 47—69 (1962).

Dann ist $K(x)$ ν-trennscharf bez. der Menge $\mathfrak{K}_\beta$ aller Konfidenzbereiche zum Konfidenzkoeffizienten β, und jeder ν-trennscharfe Konfidenzbereich $\in \mathfrak{K}_\beta$ ist (bis auf μ-Nullmengen) auf diese Weise gegeben.

Beweis: Die Existenz von $c(\gamma)$ für jedes $\gamma \in \Gamma$ folgt aus III., Satz 3.1 IF.. Wegen (4.2) kann man stets

$$c(\gamma) > 0 \tag{4.5}$$

wählen. Nun beachte man, daß

$$\int_{A(\gamma)} \int_{K_\gamma} f(x, \gamma')\, d\mu(x)\, d\nu(\gamma') = \int_{K_\gamma} \int_{A(\gamma)} f(x, \gamma')\, d\nu(\gamma')\, d\mu(x) =$$
$$= \int_{K_\gamma} \int_{\Gamma} f(x, \gamma')\, d\nu(\gamma')\, d\mu(x).$$

Also

$$\int_{A(\gamma)} \int_{K_\gamma} f(x, \gamma')\, d\mu(x)\, d\nu(\gamma') = \int_{K_\gamma} g(x)\, d\mu(x). \tag{4.6}$$

Nun wenden wir III., Satz 3.1. IIF. an. (Vgl. die Bemerkung auf S. 206.) Da die Bedingung (4.3) auch in der Form

$$\{x : f(x, \gamma) > c(\gamma) g(x)\} \subseteq K_\gamma \subseteq \{x : f(x, \gamma) \geq c(\gamma) g(x)\}$$

geschrieben werden kann, folgt aus (4.4) und (4.6), daß $K(x)$ ν-trennscharf ist.

Ist aber $K^*(x) \in \mathfrak{K}_\beta$ und ν-trennscharf, dann folgt wegen (4.5), wenn man III., Satz 3.1 IIIF., sinngemäß anwendet, daß K^*_γ für jedes $\gamma \in \Gamma$ (4.4) erfüllt und überdies einer Beziehung der Form (4.3) genügt.

Fünftes Kapitel

Theorie der Schätzungen

1. Erwartungstreue Schätzungen[1.1]. Wir wollen zunächst oberflächlich die Problemstellung skizzieren, der wir uns in diesem Kapitel zuwenden. Im vorhergehenden Kapitel haben wir uns mit der Frage beschäftigt, wie man auf Grund einer Stichprobe die Lage eines unbekannten Parameters durch die Angabe von Konfidenzbereichen präzisieren kann. Wenn man auch danach strebt, „möglichst kleine" Konfidenzbereiche zu konstruieren, so läßt man sich doch bei der Konstruktion von Konfidenzbereichen nicht von der Idee leiten, daß man mit ihrer Hilfe einen unbekannten Parameter „genau" bestimmen kann. Diese Idee wird in der Theorie der Schätzung verfolgt. Wenn $(R, \mathbf{S})$ ein Stichprobenraum ist und Γ eine Menge von Parametern einer Klasse von Wahrscheinlichkeitsmaßen W_Γ über $(R, \mathbf{S})$, dann sucht man Abbildungen h von R in Γ zu konstruieren, so daß $h(x)$ für eine Stichprobe $x \in R$ „annähernd" gleich dem „richtigen" Parameterwert ist. Wir beschäftigen uns meist mit dem Fall, daß Γ eine Teilmenge des R_1 ist oder daß wir eine Abbildung d von Γ in den R_1 zu schätzen haben. Wir treffen zur Vereinfachung der Formulierung in diesem Kapitel die folgende Vereinbarung: *Γ ist stets eine nicht leere Menge von Parametern einer Klasse von Wahrscheinlichkeitsmaßen und d eine Abbildung von Γ in den R_1, wenn nicht ausdrücklich etwas anderes gesagt wird. Sowohl Γ als auch d können weitere Bedingungen auferlegt werden.*

Es gibt eine Reihe von Möglichkeiten, die erwähnte Aufgabenstellung zu präzisieren, und damit wollen wir uns nun beschäftigen. Eine erste solche Möglichkeit besteht in der Forderung, daß h „im Mittel" gleich dem richtigen Parameterwert sein soll. In diesem Sinne versteht sich die folgende

---

[1.1] Dieser Begriff wurde wohl zuerst in der Arbeit: F. N. DAVID und J. NEYMAN, Statistical Research Mem. 2, 105—116 (1938) klar herausgearbeitet.

Definition: *Es sei W_Γ eine nicht leere Menge von Wahrscheinlichkeitsmaßen über $(R, \mathbf{S})$. Eine $\mathbf{S}$-meßbare Abbildung h von R in den R_1 heißt erwartungstreue Schätzung für d, wenn*

$$E(h; \gamma) = d(\gamma) \tag{1.1}$$

für jedes $\gamma \in \Gamma$ gilt.

Diese Definition verlangt also insbesondere, daß h für jedes γ W_γ-integrierbar ist. Diese Definition kann unmittelbar auf den Fall ausgedehnt werden, daß d eine Abbildung von Γ in den R_n, $n \geq 2$, ist. Ist $d = (d_1, \ldots, d_n)$, wobei d_i, $1 \leq i \leq n$, eine Abbildung von Γ in den R_1 ist, dann heißt eine $\mathbf{S}$-meßbare Abbildung $h = (h_1, \ldots, h_n)$ von R in den R_n erwartungstreue Schätzung für d, wenn

$$E(h_i; \gamma) = d_i(\gamma), \quad 1 \leq i \leq n \tag{1.2}$$

für jedes $\gamma \in \Gamma$. Wir treffen nun folgende

Vereinbarung: *Unter dem Erwartungswert $E(M)$ einer Matrix M von zufälligen Variablen verstehen wir die Matrix der Erwartungswerte, deren Existenz vorausgesetzt wird.*

Mit dieser Vereinbarung läßt sich (1.2) in der Form (1.1) schreiben. Aus (1.2) folgt für jedes n-Tupel reeller Zahlen $\alpha_1, \ldots, \alpha_n$

$$E(\alpha_1 h_1 + \cdots + \alpha_n h_n; \gamma) = \sum_{i=1}^{n} \alpha_i d_i(\gamma). \tag{1.3}$$

Gilt umgekehrt (1.3) für jedes n-Tupel reeller Zahlen, dann ist $h = (h_1, \ldots, h_n)$ erwartungstreue Schätzung für $d = (d_1, \ldots, d_n)$. Jedem n-Tupel $(\alpha_1, \ldots, \alpha_n)$ ist eine lineare Abbildung des R_n in den R_1 zugeordnet, und zwar die durch $(x_1, \ldots, x_n) \to \sum_{i=1}^{n} \alpha_i x_i$ definierte Abbildung. Umgekehrt läßt sich jede solche lineare Abbildung L, welche für jedes $x, y \in R_n$ der Bedingung $L(x) + L(y) = L(x + y)$ genügt und darüber hinaus $\alpha L(x) = L(\alpha x)$ für jedes $\alpha \in R_1$ erfüllt, in dieser Gestalt darstellen. (1.3) besagt also dann, daß die Aufgabe der erwartungstreuen Schätzung darin besteht, eine n-dimensionale zufällige Variable h zu finden, welche für jedes γ und alle linearen Abbildungen L der Bedingung

$$E(L \circ h; \gamma) = L \circ d$$

genügt. In dieser Form läßt sich diese Aufgabe aber weitgehend verallgemeinern.

Wir betrachten zunächst einige Beispiele für erwartungstreue Schätzungen. Es sei $(\xi_1, \ldots, \xi_n)$ eine n-dimensionale zufällige Variable. Der Stichprobenraum ist also durch $(R_n, \mathfrak{B}_n)$ gegeben. Über diesem Stichprobenraum betrachten wir die Menge $\mathfrak{W}$ aller Wahrscheinlichkeitsmaße W, so daß

$$E(\xi_1; W) = \cdots = E(\xi_n; W) = a(W),\ W \in \mathfrak{W}. \tag{1.4}$$

Es sollen also alle ξ_i, $1 \leq i \leq n$ denselben Erwartungswert besitzen, den wir mit $a(W)$ in Abhängigkeit von $W \in \mathfrak{W}$ bezeichnen. Eine triviale Anwendung von I., Satz 16.3 ergibt dann: $\bar{\xi} = \dfrac{\xi_1 + \cdots + \xi_n}{n}$ ist erwartungstreue Schätzung für den Mittelwert a.

Ein weiteres Beispiel ergibt sich durch eine etwas schärfere Formulierung des Satzes 4.2 von II: Es seien $\xi_1, \ldots, \xi_n$, $n \geq 2$, unabhängige zufällige Variable mit derselben Verteilung W. W bezeichnet jetzt also eine eindimensionale Wahrscheinlichkeitsverteilung. Die gemeinsame Verteilung von $(\xi_1, \ldots, \xi_n)$ ist durch das Produktmaß $\underbrace{W \times \cdots \times W}_{n}$ gegeben. Wir betrachten alle W, für die $E(\xi_i) = a(W)$ und $E\big(\xi_i - a(W)\big)^2 = \sigma^2(W)$ existieren. Dann ist

$$\mathbf{s}^2 = \sum_{i=1}^{n} (\xi_i - \bar{\xi})^2/(n-1)$$

erwartungstreue Schätzung für σ^2.

Man sieht leicht, daß $\mathbf{s}$ im allgemeinen nicht erwartungstreue Schätzung für σ ist. Wenn nämlich $\xi_1, \ldots, \xi_n$ unabhängig nach $N(a, \sigma^2)$ verteilt sind, $-\infty < a < \infty$, $0 < \sigma < \infty$, dann ist nach II., Korollar zu Satz 4.3 $\dfrac{\mathbf{s}^2}{\sigma^2}(n-1)$ nach Helmert-Pearson mit $(n-1)$ Freiheitsgraden verteilt und besitzt die in I. (28.2) angegebene Dichte g_{n-1}. Daher ist

$$E\left(\frac{\mathbf{s}}{\sigma}\sqrt{n-1}\right) = \int_0^\infty \sqrt{y}\, g_{n-1}(y)\, dy = 2^{-(n-1)/2}[\Gamma((n-1)/2)]^{-1} \int_0^\infty y^{\frac{n}{2}-1} e^{-y/2} dy =$$

$$= \sqrt{2}\,\Gamma(n/2)\,[\Gamma((n-1)/2)]^{-1}$$

oder $E(\mathbf{s}; \sigma) = \sigma \sqrt{\dfrac{2}{n-1}}\, \Gamma(n/2)[\Gamma((n-1)/2)]^{-1}$, d. h. $\mathbf{s}$ ist nicht erwartungstreu für σ.

Wir betrachten noch zwei weitere Beispiele: Es sei W_Γ eine Menge von Wahrscheinlichkeitsmaßen über $(\boldsymbol{R}, \mathbf{S})$, welche von einem σ-additiven Maß μ dominiert wird. Für jedes γ seien die R.N.-Dichten durch $x \to f(x, \gamma)$ gegeben. Diese seien von der Gestalt

$$f(x, \gamma) = \sum_{i=1}^{l} h_i(x) d_i(\gamma), \quad x \in R, \quad \gamma \in \Gamma \tag{1.5}$$

mit $\boldsymbol{S}$-meßbaren h_i, doch müssen die h_i keine Dichten sein. Es existiere jedoch $\int_R h_i^2 \, d\mu$, $1 \leq i \leq l$. Sowohl die h_i als auch die d_i seien linear unabhängig, d. h. genauer aus $\sum_{i=1}^{l} \lambda_i h_i = 0$ (λ_i reell) μ – f. ü. soll $\lambda_1 = \cdots = \lambda_n = 0$ folgen. Ebenso soll aus $\sum_{i=1}^{l} \lambda_i d_i = 0$ für alle $\gamma \in \Gamma$ $\lambda_1 = \cdots = \lambda_n = 0$ folgen. Für d existiert genau dann eine erwartungstreue Schätzfunktion k, wenn d von der Form

$$\sum_{i=1}^{l} \alpha_i d_i$$

ist, wobei die α_i beliebige reelle Zahlen sind. Es sei nämlich k eine für d erwartungstreue Schätzfunktion. Daher existiert $E(k; \gamma) = \int_R k \sum_{i=1}^{l} h_i d_i(\gamma) \, d\mu$ für alle $\gamma \in \Gamma$. Da die d_i linear unabhängig sind, folgt, daß

$$E(k; \gamma) = \sum_{i=1}^{l} d_i(\gamma) \int_R k h_i \, d\mu = \sum_{i=1}^{l} \alpha_i d_i(\gamma)$$

mit $\alpha_i = \int_R k h_i \, d\mu$, womit die Notwendigkeit der geforderten Bedingung erwiesen ist.

Sei nun anderseits $d = \sum_{i=1}^{l} \alpha_i d_i$. Wir behaupten, daß sich bei beliebiger Wahl von α_i Konstante c_i so bestimmen lassen, daß $\sum_{i=1}^{l} c_i h_i$ erwartungstreue Schätzfunktion für d ist. Hierzu ist für alle $\gamma \in \Gamma$ die Erfüllbarkeit der Gleichung

$$\sum_{i=1}^{l} d_i(\gamma) \int_R \sum_{j=1}^{l} c_j h_j h_i \, d\mu = \sum_{i=1}^{l} \alpha_i d_i(\gamma) \tag{1.6}$$

durch geeignete Wahl der c_i, die natürlich nicht von γ abhängen dürfen, nachzuweisen. Wegen der linearen Unabhängigkeit der d_i folgt, daß (1.6) genau dann erfüllt ist, wenn das Gleichungssystem

$$\sum_{j=1}^{l} c_j \int_R h_j h_i \, d\mu = \alpha_i, \qquad i = 1, \ldots, l \tag{1.7}$$

lösbar ist. Wir bemerken hierzu, daß auf Grund der Schwarzschen Ungleichung unter Bedachtnahme auf die Voraussetzung der Existenz von $\int_R h_i^2 \, d\mu$ alle in (1.7) auftretenden Integrale sinnvoll sind. (1.7) ist bei beliebiger Wahl der α_i stets lösbar, wenn die Determinante

$$\begin{vmatrix} \int\limits_R h_1 h_1 \, d\mu \dots \int\limits_R h_1 h_l \, d\mu \\ \dots\dots\dots\dots\dots\dots \\ \int\limits_R h_l h_1 \, d\mu \dots \int\limits_R h_l h_l \, d\mu \end{vmatrix} \tag{1.8}$$

von Null verschieden ist. Das ist aber wegen der linearen Unabhängigkeit der h_i der Fall. Die in den reellen Variablen u_j, $j = 1, \dots, l$, quadratische Form

$$\int\limits_R (u_1 h_1 + \cdots + u_l h_l)^2 d\mu = \sum_{i,j=1}^{l} u_i u_j \int\limits_R h_i h_j \, d\mu$$

mit der Determinante (1.8) ist offenbar positiv semidefinit. Gäbe es aber reelle Zahlen $u_1^{(0)}, \dots, u_l^{(0)}$, die nicht alle verschwinden, so daß

$$\int\limits_R (u_1^{(0)} h_1 + \cdots + u_l^{(0)} h_l)^2 d\mu = 0$$

gälte, dann wäre dies nach I., Satz 17.6 ein Widerspruch zur linearen Unabhängigkeit. Die Determinante (1.8) ist also $\neq 0$.

Der gegebene Beweis ist aus der Theorie der Integralgleichungen mit ausgeartetem Kern bekannt. (1.8) ist die sogenannte Gramsche Determinante der h_i[1.2].

Nun behandeln wir im Anschluß an II. **13.** noch ein weiteres Beispiel[1.3]. Wir wollen uns der dort eingeführten Terminologie aus der Qualitätskontrolle bedienen. N sei die Größe der zu prüfenden Partien. Die unbekannte Anzahl der in einer solchen Partie enthaltenen unbrauchbaren Stücke bezeichnen wir mit M.

Wir wollen zunächst den Fall ins Auge fassen, daß durch die Prüfung die produzierte Ware zerstört wird. k_α, α und n haben die in II. **13.** eingeführte Bedeutung. Sei $p = M/N$. Wir betrachten eine zufällige Variable η^* mit diskreter Verteilung (vgl. S. 175):

$$W(\eta^* = pN - r) = \binom{Np}{r}\binom{N-Np}{n-r}\Big/\binom{N}{n} \qquad r \leq k_\alpha$$

$$W(\eta^* = 0) = \sum_{r=k_\alpha+1}^{n} \binom{Np}{r}\binom{N-Np}{n-r}\Big/\binom{N}{n}.$$

[1.2] Vgl. auch Theorem 1 der Arbeit: H. Teicher, Ann. math. Statistics 34, 1265 bis 1269 (1963).

[1.3] Nach A. N. Kolmogorov, Izvestija Akad. Nauk SSSR Ser. mat., 14, 303 bis 326 (1950).

Dabei sei $n < N$. η^* kann man als Anzahl der angenommenen schlechten Stücke deuten. Es ist mit

$$P(p, r, n) = \binom{Np}{r}\binom{N-Np}{n-r}\Big/\binom{N}{n} \qquad \text{für} \quad 0 \leq p \leq 1$$

$$d(p) = E\left(\frac{\eta^*}{N}; p\right) = \sum_{r \leq k_\alpha}\left(p - \frac{r}{N}\right)P(p, r, n). \tag{1.9}$$

Nun ist

$$P(p, r, n) = \binom{n}{r}\frac{(N-n)!}{N!}N^n p\left(p - \frac{1}{N}\right)\cdots\left(p - \frac{r-1}{N}\right)(1-p)\cdots$$
$$\cdots\left(1 - p - \frac{n-r-1}{N}\right). \tag{1.10}$$

Führt man dies in (1.9) ein, dann sieht man, daß $E\left(\frac{\eta^*}{N}\right)$ ein Polynom genau $n+1$-ten Grades in p darstellt. Wir betrachten nun die zufällige Variable η (siehe I. **34.**), welche die Stichprobenvariable darstellt und nach der hypergeometrischen Verteilung verteilt ist. h sei eine beliebige Funktion über dem R_1. Es ist dann

$$E(h \circ \eta) = \sum_{r=0}^{n} h(r)\binom{n}{r}\frac{(N-n)!}{N!}N^n p\left(p - \frac{1}{N}\right)\cdots\left(p - \frac{r-1}{N}\right)(1-p)\cdots$$
$$\cdots\left(1 - p - \frac{n-r-1}{N}\right). \tag{1.11}$$

(1.11) stellt ein Polynom n-ten Grades in p dar. Somit sind das durch (1.9) definierte Polynom und das Polynom (1.11), wie man auch h wählt, stets voneinander verschieden. Es existiert also für $n < N$ keine erwartungstreue Schätzfunktion für d, die eine Funktion von η ist.

Wir wenden uns dem Falle zu, daß durch die Prüfung die Ware nicht zerstört wird. Wir definieren eine zufällige Variable ξ durch

$$W(\xi = r) = \binom{Np}{r}\binom{N-Np}{n-r}\Big/\binom{N}{n} \qquad r \leq k_\alpha$$

$$W(\xi = pN) = \sum_{r=k_\alpha+1}^{n}\binom{Np}{r}\binom{N-Np}{n-r}\Big/\binom{N}{n}.$$

ξ kann man als Anzahl der aufgefundenen unbrauchbaren Stücke deuten. Erinnern wir uns daran, daß der Stichprobenplan für den Fall, daß die Stichprobe mehr als k_α unbrauchbare Stücke enthält, Totalkontrolle vorschreibt. Dann werden alle pN defekten Stücke aufgefunden. Man beachte, daß im vorhin betrachteten Fall der Zerstörung bei Prüfung der zufälligen Variablen ξ im Rahmen des Stichprobenplanes keine praktisch realisierbare Deutung zukommt, da die Realisation von ξ unter Umständen zur völligen Zerstörung der Produktion führt.

Es sei nun b irgendeine Funktion des Parameters p. p nimmt nur die Werte $0, \frac{1}{N}, \ldots, \frac{N}{N} = 1$ an. k sei eine Funktion über dem R_1. Wir behaupten, daß man k stets so wählen kann, daß $k \circ \xi$ erwartungstreue Schätzfunktion für b ist. Es ist nämlich

$$E(k \circ \xi) = \sum_{r \leq k_\alpha} k(r) P(p, r, n) + k(pN) \left(1 - \sum_{r \leq k_\alpha} P(p, r, n)\right).$$

Für $p = 0, \frac{1}{N}, \ldots, 1$ ist die Erfüllbarkeit der Gleichung

$$E[k \circ \xi; p] = b(p) \tag{1.12}$$

nachzuweisen. Unter Benützung von (1.10) sieht man leicht ein, daß $1 - \sum_{r \leq k_\alpha} P(p, r, n)$ für $p \leq \frac{k_\alpha}{N}$ verschwindet. (1.12) ist also für $p = 0, \ldots, \frac{k_\alpha}{N}$ mit dem Gleichungssystem

$$\sum_{r \leq k_\alpha} k(r) P\left(\frac{l}{N}, r, n\right) = b\left(\frac{l}{N}\right), \qquad l = 0, 1, \ldots, k_\alpha$$

identisch. Die Determinante dieses Gleichungssystems ist von Null verschieden, weil $P(p, r, n)$ für $p < \frac{r}{N}$ verschwindet und die Glieder der Hauptdiagonale der Gleichungsdeterminante $\neq 0$ sind. Für $m > k_\alpha$ bestimmt man $k(m)$ nach (1.12) durch

$$k(m) = \frac{b\left(\frac{m}{N}\right) - \sum_{r \leq k_\alpha} k(r) P\left(\frac{m}{N}, r, n\right)}{1 - \sum_{r \leq k_\alpha} P\left(\frac{m}{N}, r, n\right)}.$$

Diese Bestimmung ist sinnvoll, da $1 - \sum_{r \leq k_\alpha} P\left(\frac{m}{N}, r, n\right) \neq 0$ für $m > k_\alpha$ ist.

Eine große Anzahl von weiteren Beispielen erwartungstreuer Schätzungen liefern auch die Betrachtungen in II. **14.**, wenn man sie in der Terminologie dieses Kapitels formuliert.

Wir kehren zu den allgemeinen Überlegungen zurück. Es sei h erwartungstreue Schätzung für d, erfülle also (1.1) für alle $\gamma \in \Gamma$. h_1 sei eine von h verschiedene erwartungstreue Schätzung. Es gibt also mindestens ein γ, so daß $W_\gamma(\{x: h_1(x) \neq h(x)\}) > 0$. In diesem Falle gibt es aber unendlich viele voneinander verschiedene erwartungstreue Schätzungen für d: Es sei nämlich $0 < \alpha < 1$, dann ist auch $\alpha h + (1 - \alpha) h_1$ erwartungstreue Schätzung für d.

Wenn es aber unendlich viele Schätzungen für d gibt, erhebt sich das Problem, welche Schätzung man auswählen soll, um d „möglichst gut" zu schätzen. Die Güte der Approximation ist „im Durchschnitt" zu beurteilen. Sie muß sich auf das Verhalten der Schätzung beziehen, die eine zufällige Variable ist und nicht auf jede ihrer Realisationen. Diesem Zwecke dienen die beiden folgenden Definitionen.

Definition: *Es sei H_{γ_0} die Klasse aller erwartungstreuen Schätzungen für d gemäß (1.1), so daß $E(h^2; \gamma_0)$ für alle $h \in H_{\gamma_0}$ und ein $\gamma_0 \in \Gamma$ existiere. $h_0 \in H_{\gamma_0}$ heißt lokal minimal in γ_0, wenn*

$$E[(h_0 - d(\gamma_0))^2; \gamma_0] \leq E[(h - d(\gamma_0))^2; \gamma_0] \tag{1.13}$$

für alle $h \in H_{\gamma_0}$ gilt.

Es kann natürlich vorkommen, daß es erwartungstreue Schätzungen h gibt, für welche $E(h^2; \gamma_0)$ nicht existiert. Solche Schätzungen sind dann bei dieser Definition außer acht zu lassen. Eine analoge Bemerkung gilt für die folgende

Definition: *H sei die Menge aller erwartungstreuen Schätzungen für d mit folgender Eigenschaft: Für alle $h \in H$ und alle $W_\gamma \in W_\Gamma$ existiere $E(h^2; \gamma)$. $h_0 \in H$ heißt gleichmäßig minimal, wenn*

$$E[(h_0 - d(\gamma))^2; \gamma] \leq E[(h - d(\gamma))^2; \gamma] \tag{1.14}$$

für alle $\gamma \in \Gamma$ und jedes $h \in H$ gilt.

Wir zeigen nun den folgenden

Satz 1.1[1.4]**:** *Es sei W_Γ eine Menge von Wahrscheinlichkeitsmaßen über (R, S). Die oben definierte Klasse H erwartungstreuer Schätzungen für d sei nicht leer. Es sei V_2 die Menge aller erwartungstreuen Schätzungen v für die Null, d. h. für die Abbildung, welche jedem $\gamma \in \Gamma$ die Null als Bild zuordnet, so daß $E(v^2; \gamma)$ für jedes $\gamma \in \Gamma$ existiert. $h_0 \in H$ ist genau dann gleichmäßig minimal, wenn*

$$E(v h_0; \gamma) = 0 \tag{1.15}$$

für jedes $\gamma \in \Gamma$ und alle $v \in V_2$ gilt.

[1.4] Dies ist im wesentlichen ein Ergebnis von C. R. Rao, Sankhya 12, 27–42 (1952).

Beweis: Aus den Voraussetzungen folgt nach Anwendung der Schwarzschen Ungleichung, daß die linke Seite von (1.15) stets einen Sinn hat.

Es sei zunächst $h_0 \in H$ gleichmäßig minimal, und es möge $E(v_0 h_0; \gamma_0) \neq 0$ für ein $\gamma_0 \in \Gamma$ und für ein $v_0 \in V_2$ gelten. Es ist dann $h_0 + \lambda v_0 \in H$ für jedes reelle λ. Wäre $E(v_0^2; \gamma_0) = 0$, dann müßte $E(v_0 h_0; \gamma_0) = 0$ gelten. Somit ist $E(v_0^2; \gamma_0) \neq 0$. Wählt man nun $\lambda_0 = -E(v_0 h_0; \gamma_0)/E(v_0^2; \gamma_0)$, dann wird

$$E[(h_0 + \lambda_0 v_0)^2; \gamma_0] = E(h_0^2; \gamma_0) - [E(v_0 h_0; \gamma_0)]^2/E(v_0^2; \gamma_0)$$

und das ergibt unter Berücksichtigung von I., Satz 17.2. einen Widerspruch zur Annahme, daß h_0 gleichmäßig minimal ist.

Gilt umgekehrt für ein $h_0 \in H$ (1.15) für jedes $\gamma \in \Gamma$ und alle $v \in V_2$ und ist h ein beliebiges Element aus H, dann ist $h_0 - h \in V_2$. Somit gilt für jedes γ

$$E\big(h_0(h_0 - h); \gamma\big) = 0 \qquad \text{oder} \qquad E(h_0^2; \gamma) = E(h_0 h; \gamma).$$

Wendet man die Schwarzsche Ungleichung an, dann erhält man

$$E(h_0^2; \gamma) \leq \big(E(h_0^2; \gamma)\big)^{\frac{1}{2}} \big(E(h^2; \gamma)\big)^{\frac{1}{2}}. \tag{1.16}$$

Entweder ist $E(h_0^2; \gamma) = 0$, dann ist nichts mehr zu beweisen. Oder es folgt aus (1.16) $E(h_0^2; \gamma) \leq E(h^2; \gamma)$, und das war zu beweisen.

Wir machen noch folgende Bemerkung: Wie man leicht sieht, ist $2E(v h_0) = \frac{d}{d\lambda} E[(h_0 + \lambda v)^2]|_{\lambda=0}$. (1.15) kann also auch als Verschwinden eines Differentials gedeutet werden. Diese Bemerkung ermöglicht es, den Satz 1.1 weitgehend zu verallgemeinern, in dem man z. B. an Stelle der Streuungen in der Definition der gleichmäßig minimalen Schätzungen p-te absolute Momente ($p \geq 1$) verwendet[1.5].

[1.5] Vgl. hierzu L. Schmetterer, Ann. math. Statistics 31, 1154—1163 (1960) und Publ. Math. Inst. Hungar. Acad. Sci., Ser. A, 6, 295—300 (1961).

Weiter beweisen wir den

Satz 1.2: *W_Γ und H mögen dieselbe Bedeutung wie im Satz* 1.1 *haben. Es existiert höchstens eine gleichmäßig minimale Schätzung für d.*

Beweis: Für irgendeine zufällige Variable k über $(R, \mathbf{S})$, deren zweites Moment für ein W_γ existiert, schreiben wir zur Abkürzung $\left(\int_R k^2 \, d W_\gamma\right)^{\frac{1}{2}} = \|k\|_\gamma$. Wie man sofort sieht, ist für jedes reelle λ $\|\lambda k\|_\gamma = |\lambda| \, \|k\|_\gamma$. Da nach der Schwarzschen Ungleichung für irgendwelche zufälligen Variablen k_1, k_2 mit endlichem zweiten Moment bez. W_γ stets

$$\left|\int_R k_1 k_2 \, d W_\gamma\right| \leq \left(\int_R k_1^2 \, d W_\gamma\right)^{\frac{1}{2}} \left(\int_R k_2^2 d W_\gamma\right)^{\frac{1}{2}}$$

ist, gilt auch

$$\int_R k_1^2 d W_\gamma + 2 \int_R k_1 k_2 d W_\gamma + \int_R k_2^2 d W_\gamma \leq \int_R k_1^2 d W_\gamma +$$

$$+ 2 \left(\int_R k_1^2 d W_\gamma\right)^{\frac{1}{2}} \left(\int_R k_2^2 d W_\gamma\right)^{\frac{1}{2}} + \int_R k_2^2 d W_\gamma,$$

d. h.

$$\|k_1 + k_2\|_\gamma \leq \|k_1\|_\gamma + \|k_2\|_\gamma. \tag{1.17}$$

Wir nehmen nun an, daß h_1 und h_2 zwei voneinander verschiedene[1.6] gleichmäßig minimale Schätzungen $\in H$ seien. Dann ist $\|h_1\|_\gamma = \|h_2\|_\gamma$ für jedes $\gamma \in \Gamma$. Überdies ist $(h_1 + h_2)/2 \in H$, also

$$\frac{1}{2} (\|h_1\|_\gamma + \|h_2\|_\gamma) \leq \|(h_1 + h_2)/2\|_\gamma. \tag{1.18}$$

Weiter erhält man durch sinngemäße Anwendung von (1.17)

$$\|(h_1 + h_2)/2\|_\gamma \leq \frac{1}{2} \|h_1\|_\gamma + \frac{1}{2} \|h_2\|_\gamma. \tag{1.19}$$

[1.6] Vgl. S. 331.

Es gilt also nach (1.18) und (1.19) für alle $\gamma \in \Gamma$

$$\|h_1 + h_2\|_\gamma = \|h_1\|_\gamma + \|h_2\|_\gamma. \qquad (1.20)$$

Aus (1.20) folgt

$$\int\limits_R h_1 h_2 \, d W_\gamma = \left(\int\limits_R h_1^2 \, d W_\gamma\right)^{\frac{1}{2}} \left(\int\limits_R h_2^2 \, d W_\gamma\right)^{\frac{1}{2}}. \qquad (1.21)$$

Das Gleichheitszeichen gilt aber in der Schwarzschen Ungleichung genau dann, wenn W_γ-f. ü. $h_1 = \lambda h_2$ für eine reelle Zahl λ. Ist aber $\|h_1\|_\gamma = \|h_2\|_\gamma \neq 0$, dann folgt zusammen mit (1.21) $\lambda = 1$. Ist aber $\|h_1\|_\gamma = \|h_2\|_\gamma = 0$, dann ist $h_1 = h_2 = 0$ W_γ-f. ü.

Wir machen wieder eine Bemerkung: Ordnet man zwei zufälligen Variablen k_1, k_2 mit endlichem zweiten Moment bez. W_γ die reelle Zahl $\|k_1 - k_2\|_\gamma$ als Entfernung zu, dann erfüllt diese bekanntlich die Dreiecksungleichung, wie eine leichte Anwendung von (1.17) ergibt. Außerdem folgt aus $\|k_1 + k_2\|_\gamma = \|k_1\|_\gamma + \|k_2\|_\gamma$, $k_1 = \lambda k_2$, für reelles λ. Solche Entfernungen nennt man strikt konvex, und für alle solchen Entfernungen (also z. B. für die p-ten absoluten Momente mit $p > 1$) läßt sich ein Analogon zum Satz 1.2 beweisen[1.7].

Offenbar erhält man ganz analoge Ergebnisse für den Fall lokalminimaler Schätzungen. Zum Beispiel lautet das Analogon zum Satz 1.1 folgendermaßen:

W_Γ und d mögen dieselbe Bedeutung haben wie im Satz 1.1. H_{γ_0} sei nicht leer für ein $\gamma_0 \in \Gamma$. Es sei V_{2,γ_0} die Menge aller erwartungstreuen Schätzungen v für die Null, für welche $E(v^2; \gamma_0)$ existiere. h_0 ist genau dann lokal minimal in γ_0, wenn (1.15) für γ_0 und alle $v \in V_{2,\gamma_0}$ gilt.

Hinsichtlich der lokal minimalen Schätzungen kann man den folgenden Existenzsatz beweisen[1.8]:

Es sei W_Γ dominiert durch ein Maß W_{γ_0} mit $\gamma_0 \in \Gamma$. H_{γ_0} sei nicht leer. Mit f_γ werde die R. N.-Dichte von W_γ bez. W_{γ_0} bezeichnet, und es wird vorausgesetzt, daß f_γ^2 für jedes $\gamma \in \Gamma$ W_{γ_0}-integrierbar ist. Dann gibt es stets eine in γ_0 lokal minimale Schätzung.

[1.7] Vgl. z. B. L. Schmetterer, Mitteil.-Bl. math. Statistik 9, 147—152 (1957).

[1.8] Vgl. E. W. Barankin, Ann. math. Statistics 20, 477—501 (1949) und L. Schmetterer, l. c. [1.5].

Dieses Resultat läßt sich besonders bequem anwenden, wenn jedes W_γ aus W_Γ alle anderen Maße aus W_Γ dominiert. In diesem Fall kann jedes W_γ die Rolle von W_{γ_0} übernehmen.

Wir wollen nun noch die Struktur der Menge aller gleichmäßig minimalen Schätzungen untersuchen. Dabei beantworten wir z. B. Fragen der folgenden Art: W_Γ sei wie immer eine Menge von Wahrscheinlichkeitsmaßen über $(R, \mathbf{S})$. d_i, $1 \leq i \leq 2$, seien Abbildungen von Γ in den R_1. Es mögen gleichmäßig minimale Schätzungen h_i für d_i existieren. Nach Satz 1.2 sind die h_i (im wesentlichen) eindeutig bestimmt. Ist nun λh_i für beliebiges reelles λ gleichmäßig minimale Schätzung für λd_i und $h_1 + h_2$ gleichmäßig minimale Schätzung für $d_1 + d_2$? Bejahendenfalls bilden also die gleichmäßig minimalen Schätzungen einen linearen Raum. Wir zeigen nun tatsächlich den

Satz 1.3: *Es sei W_Γ eine Menge von Wahrscheinlichkeitsmaßen über $(R, \mathbf{S})$, und es seien d_i, $1 \leq i \leq 2$, Abbildungen von Γ in den R_1. Wenn für d_i gleichmäßig minimale Schätzungen h_i existieren, dann existieren sowohl für λd_i, λ beliebig reell, als auch für $d_1 + d_2$ gleichmäßig minimale Schätzungen, welche durch λh_i bzw. $h_1 + h_2$ gegeben sind.*

Beweis: Satz 1.3 folgt fast unmittelbar aus Satz 1.1. Wir zeigen z. B. die zweite Behauptung. Da h_i gleichmäßig minimale Schätzung ist, gilt für alle $v \in V_2$ und alle $\gamma \in \Gamma$

$$E(v h_i; \gamma) = 0. \qquad (1.22)$$

Aus (1.22) folgt aber $E(v(h_1 + h_2); \gamma) = 0$ für alle $v \in V_2$ und alle $\gamma \in \Gamma$, und damit ist die Behauptung bewiesen.

Darüber hinaus gilt der

Satz 1.4[1.9]**:** *$h_1, \ldots, h_k$, $k \geq 1$ sei eine Menge gleichmäßig minimaler und beschränkter Schätzungen. Dann ist jedes Polynom der Gestalt $\sum_{i_1, \ldots, i_k} \alpha_{i_1 \cdots i_k} h_1^{i_1} \cdots h_k^{i_k}$, $\alpha_{i_1 \cdots i_k}$ reell, gleichmäßig minimale Schätzung.*

Beweis: Zunächst ist es klar, daß die durch $h(x) = c$, $x \in R$, c beliebig reell, definierte Abbildung gleichmäßig minimale Schätzung ist, und es genügt also, wegen Satz 1.3 zu zeigen, daß das Produkt zweier gleichmäßig minimaler und beschränkter Schät-

---

[1.9] R. R. Bahadur, Sankhya 18, 211—224 (1957).

zungen wieder gleichmäßig minimal ist. Es seien h_1, h_2 solche Schätzungen. Dann gilt nach Satz 1.1 für alle $v \in V_2$ und alle $\gamma \in \Gamma$

$$E(vh_1; \gamma) = 0. \tag{1.23}$$

Da aber h_1 beschränkt ist, folgt aus (1.23) $vh_1 \in V_2$. Also muß notwendig für alle $v \in V_2$ und alle γ auch

$$E(vh_1h_2; \gamma) = 0 \tag{1.24}$$

gelten. (1.24) ist aber auch hinreichend dafür, daß h_1h_2 gleichmäßig minimale Schätzung ist.

Schließlich gilt noch folgender

Satz 1.5[1.10]: *Es sei h_i eine Folge gleichmäßig minimaler Schätzungen und h eine $\mathbf{S}$-meßbare Abbildung von R in den R_1, so daß $E(h^2; \gamma)$ für alle $\gamma \in \Gamma$ existiert. Es sei $\int\limits_R |h - h_i|^2 \, dW_\gamma \to 0$ für $i \to \infty$ und jedes $\gamma \in \Gamma$. Dann ist auch h gleichmäßig minimale Schätzung.*

Beweis: Für alle $v \in V_2$, alle $\gamma \in \Gamma$ und jedes $i = 1, 2, \ldots$ gilt $E(vh_i; \gamma) = 0$. Also ist $E(vh; \gamma) = E\big(v(h - h_i); \gamma\big)$. Es ist aber

$$|E\big(v(h - h_i)\big); \gamma)| \leq \big(E(v^2; \gamma)\big)^{\frac{1}{2}} \big(E\big((h - h_i)^2; \gamma\big)\big)^{\frac{1}{2}} \to 0 \text{ für } i \to \infty$$

für alle $v \in V_2$ und alle $\gamma \in \Gamma$. Damit folgt aber $E(vh; \gamma) = 0$ für alle $v \in V_2$ und alle $\gamma \in \Gamma$.

Das wichtigste Hilfsmittel zur effektiven Konstruktion gleichmäßig minimaler Schätzungen sind zwei Sätze, deren einer auf Blackwell und deren anderer auf Lehmann und Scheffé zurückgehen.

Satz 1.6[1.11]: *Es sei W_Γ eine Menge von Wahrscheinlichkeitsmaßen über $(R, \mathbf{S})$. Die Klasse H erwartungstreuer Schätzungen für d sei nicht leer. Wir erinnern daran, daß $E(h^2; \gamma)$ für alle $h \in H$ und alle $\gamma \in \Gamma$ existiert. Es sei T eine für W_Γ erschöpfende Transformation. Sei h ein beliebiges Element aus H. Der bedingte Erwartungs-*

[1.10] R. R. Bahadur, l. c. [1.9] und L. Schmetterer, l. c. [1.5].

[1.11] D. Blackwell, Ann. math. Statistics 18, 105–110 (1947). Siehe auch A. N. Kolmogorov, l. c. [1.3].

wert $E(h \mid T)$ *hängt nicht von* γ[1.12] *ab und ist erwartungstreue Schätzung für d. Überdies gilt*

$$E\left[\left(E(h \mid T) - d(\gamma)\right)^2; \gamma\right] \leq E[(h - d(\gamma))^2; \gamma] \tag{1.25}$$

für alle $\gamma \in \Gamma$. *Das Gleichheitszeichen in* (1.25) *gilt genau dann für alle* $\gamma \in \Gamma$, *wenn* $h = E(h \mid T)$ W_Γ*-fast überall.*

Beweis: Nach I. (20.5) ist stets $E(E(h \mid T)) = E(h)$, also $E(h \mid T)$ erwartungstreu für d. Nach I., Satz 17.2 genügt es, an Stelle von (1.25)

$$E\left[(E(h \mid T))^2; \gamma\right] \leq E[h^2; \gamma] \tag{1.26}$$

für jedes $\gamma \in \Gamma$ zu beweisen. Nun ist aber $E(h^2;\gamma) = E\left(E(h^2 \mid T);\gamma\right)$, und wenn man daher

$$\left(E(h \mid T)\right)^2 \leq E(h^2 \mid T)^{1.13} \tag{1.27}$$

W_γ-fast überall beweisen kann, ist auch (1.25) bewiesen. Wir wissen aber, daß man W_γ-f. ü. die Schwarzsche Ungleichung auf $E(h \mid T)$ anwenden kann. (Vgl. I., S. 76). Also folgt $\left(E(h \mid T)\right)^2 \leq$ $\leq E(h^2 \mid T) E(1 \mid T)$ W_γ-f. ü. und daher auch (1.27). Wenn in (1.25) für ein γ das Gleichheitszeichen steht, muß also gelten:

$$E\left((E(h \mid T))^2; \gamma\right) = E(h^2; \gamma). \tag{1.28}$$

Nun ist aber nach I., Satz 20.2:

$$E\left(hE(h \mid T)\right) = E\left(E(hE(h \mid T) \mid T)\right) = E\left(E(h \mid T) E(h \mid T)\right).$$

Also wird zusammen mit (1.28)

$$E\left(h - E(h \mid T)\right)^2 = 0.$$

Es folgt $h = E(h \mid T)$ W_γ-f. ü., und damit ist auch die letzte Behauptung bewiesen.

Satz 1.6 besagt also, daß man zur Gewinnung gleichmäßig minimaler Schätzungen nur Funktionen von T betrachten muß. Falls T

[1.12] Vgl. für diese Sprechweise III., S. 247.

[1.13] Wir haben hier und in den nächsten Zeilen gelegentlich die Bezugnahme auf γ unterdrückt.

die triviale erschöpfende Transformation ist, ist damit natürlich nichts gewonnen.

Es gilt aber der folgende

Satz 1.7[1.14]: *Es seien die Voraussetzungen des vorhergehenden Satzes erfüllt, darüber hinaus gelte jedoch, daß die Menge der durch T induzierten Maße $W_{\gamma,T}$, $\gamma \in \Gamma$, vollständig sei. Dann ist $E(h|T)$ für jedes $h \in H$ gleichmäßig minimale Schätzung.*

Beweis: Wir zeigen zunächst, daß für $h_1, h_2 \in H$ stets

$$E(h_1|T) = E(h_2|T) \tag{1.29}$$

W_Γ-f. ü. gilt. Es gilt nämlich, da sowohl $E(h_1|T)$ als auch $E(h_2|T)$ erwartungstreue Schätzungen sind:

$$\int_Q \bigl(E(h_1|T) - E(h_2|T)\bigr)\, d\, W_{\gamma,T} = 0$$

für alle $\gamma \in \Gamma$ mit $Q = T(R)$.

Aus der Vollständigkeit der $W_{\gamma,T}$ folgt daraus (1.29) $W_{\Gamma,T}$-f. ü.. Es stimmen also alle $E(h|T)$ für $h \in H$ W_Γ-f. ü. überein, und nach Satz 1.6 ist dann $E(h|T)$ gleichmäßig minimale Schätzung.

An Hand der Beispiele von III., S. 253—254, ist es ganz einfach, Beispiele für die Anwendung von Satz 1.6 und Satz 1.7 anzugeben. Vgl. auch VII., Satz 1.8 und Satz 1.9.

Dem Inhalt des Satzes 1.6 kann man noch eine andere Wendung geben: Dazu geben wir zunächst folgende

Definition: *$(R, \mathbf{S})$, W_Γ und d mögen dieselbe Bedeutung wie im Satz 1.6 haben. Es sei K die Menge aller $\mathbf{S}$-meßbaren Funktionen h über R, so daß $E(h^2;\gamma)$ für alle $\gamma \in \Gamma$ existiert. Eine Teilmenge C von K heißt vollständig (bez. K), wenn es zu jedem $h \in K - C$ ein $h_1 \in C$ gibt, so daß*

$$E\bigl((h_1 - d(\gamma))^2;\gamma\bigr) \le E\bigl((h - d(\gamma))^2;\gamma\bigr) \tag{1.30}$$

für alle $\gamma \in \Gamma$ und für mindestens ein γ das Kleinerzeichnen gilt.

Es sei besonders darauf hingewiesen, daß nicht verlangt wird, daß h oder h_1 erwartungstreu für d ist.

[1.14] E. L. Lehmann und H. Scheffé, Sankhya 10, 305—339 (1950).

Diese Definition ist unmittelbar der Verallgemeinerung z. B. auf p-te Momente ($p \geq 1$) fähig[1.15].

Eine weitere Verallgemeinerung dieser Definition besteht darin, daß man eine über $R_1 \times \Gamma$ definierte Funktion G wählt, für sie entsprechende Meßbarkeits- und Integrationseigenschaften voraussetzt und (1.30) durch $E(G(h_1, \gamma); \gamma) \leq E(G(h, \gamma); \gamma)$ ersetzt. (Vgl. S. 403 und S. 582.)

Es gilt nun der

Satz 1.8: *Es sei T eine für W_Γ erschöpfende Transformation. Dann ist die Menge $C = \{E(h|T): h \in K\}$ vollständig.*

Der Beweis folgt sofort aus (1.26) und der letzten Behauptung des Satzes 1.6.

Wir geben noch eine weitere

Definition: *$(R, \mathbf{S})$, W_Γ mögen dieselbe Bedeutung wie bisher haben. Es sei K eine Menge von über R definierten $\mathbf{S}$-meßbaren Funktionen h, so daß $E(h^2; \gamma)$ für alle $\gamma \in \Gamma$ existiert. $h_0 \in K$ heißt zulässig in bezug auf K, wenn es kein $h \in K$ gibt mit*

$$E[(h - d(\gamma))^2; \gamma] \leq E[(h_0 - d(\gamma))^2; \gamma] \tag{1.31}$$

für alle $\gamma \in \Gamma$ und

$$E[(h - d(\gamma_0))^2; \gamma_0] < E[(h_0 - d(\gamma_0))^2; \gamma_0] \tag{1.32}$$

für mindestens ein $\gamma_0 \in \Gamma$.

Es gilt der triviale

Satz 1.9: *Jede in bezug auf K vollständige Klasse C muß alle zulässigen Schätzungen (bez. K) enthalten. Ist K speziell die Menge aller erwartungstreuen Schätzungen für d und existiert eine gleichmäßig minimale Schätzung h in K, dann ist h zulässig*[1.16].

Wir wollen diese Begriffe noch an einem Beispiel allgemeineren Charakters erläutern, welches viele bekannte Tatsachen über die Stichprobentheorie endlicher Grundgesamtheiten zusammenfaßt[1.17].

[1.15] Genauer handelt es sich um absolute Momente. Man betrachtet also $E(|h - d(\gamma)|^p; \gamma)$.

[1.16] Vgl. auch S. 583.

[1.17] Vgl. L. Schmetterer, Abh. Deutsch. Akad. Wiss. Berlin, Kl. Math. Physik, Technik 1964, Nr. 4, 117–120 sowie J. Roy und I. M. Chakravarti, Ann. math. Statistics 31, 392–398 (1960).

Es sei $Z = \{1, 2, \ldots, N\}$, $N \geq 2$, und Γ die Menge aller N-Tupel von Paaren der Form $\{(1, y_1), \ldots, (N, y_N)\}$ mit $y_j \in R_1$ für $j \in Z$. Es sei $Q_1 = Z \times R_1$ und für $n \geq 1$ $Q_{n+1} = Q_n \times Q_1$. Wir definieren einen Stichprobenraum $R = \bigcup_{n=1}^{\infty} Q_n$, und S sei die Menge aller Teilmengen von R. Jedes Element x von R ist also von der Form

$$x = \{(i_1, x_{i_1}), \ldots, (i_n, x_{i_n})\} \quad \text{mit} \quad i_j \in Z, x_{i_j} \in R_1 \quad \text{für} \quad j \leq n, n \geq 1.$$

Jedes (i_j, x_{i_j}), $1 \leq j \leq n$, bezeichnen wir als Komponente von x.

Es sei $Z_1 = Z$ und $Z_{n+1} = Z_n \times Z_1$ für $n \geq 1$. Wir wählen endlich oder abzählbar unendlich viele Elemente aus $\bigcup_{n=1}^{\infty} Z_n$, deren Anzahl wir mit m bezeichnen. Es kann also auch $m = \infty$ sein. Das i-te ausgewählte Element bezeichnen wir (nicht ganz konsequent) mit $(k_1, k_2, \ldots, k_{j_i})$, $1 \leq j_i$. Jedem $\gamma \in \Gamma$ ordnen wir nun ein Wahrscheinlichkeitsmaß W_γ über (R, S) zu: W_γ sei eine diskrete Verteilung mit den Massenpunkten $x_\gamma^{(i)} \in R$, $i = 1, \ldots, m$, so daß

$$W_\gamma(\{x_\gamma^{(i)}\}) = p_i \tag{1.33}$$

unabhängig von γ mit $p_i > 0$ und $\sum_{i=1}^{m} p_i = 1$ ist. Die $x_\gamma^{(i)}$ sind dabei folgendermaßen definiert:

Wenn

$$\gamma = \{(1, y_1^{(\gamma)}), \ldots, (N, y_N^{(\gamma)})\},$$

dann ist

$$x_\gamma^{(i)} = \{(k_1, y_{k_1}^{(\gamma)}), (k_2, y_{k_2}^{(\gamma)}), \ldots, (k_{j_i}, y_{k_{j_i}}^{(\gamma)})\}.$$

Es ist also jede Komponente von $x_\gamma^{(i)}$ eine Komponente von γ, aber es brauchen nicht alle Komponenten von γ als Komponenten von $x_\gamma^{(i)}$ aufzutreten. Welche Komponenten von γ als Komponenten in $x_\gamma^{(j)}$ vorkommen, ist von γ unabhängig und hängt nur von der Auswahl der m Elemente aus $\bigcup_{n=1}^{\infty} Z_n$ ab[1.18]. Wenn $(j, y_j^{(\gamma)})$ Komponente von $x_\gamma^{(i)}$ ist, schreiben wir $y_j^{(\gamma)} \varkappa x_\gamma^{(i)}$, andernfalls $y_j^{(\gamma)} \not\varkappa x_\gamma^{(i)}$.

Wir stellen uns nun die Aufgabe, die für jedes γ durch $d(\gamma) = (y_1^{(\gamma)} + \cdots + y_N^{(\gamma)})/N$ definierte Funktion d erwartungstreu zu schätzen.

Wir erklären hierzu Funktionen $Y_1, \ldots, Y_N$ von R in den R_1 auf folgende Weise: Für alle $x_\gamma^{(i)}$, $i = 1, \ldots, m$, $\gamma \in \Gamma$ sei

$$Y_j(x_\gamma^{(i)}) = \begin{cases} y_j^{(\gamma)} & y_j^{(\gamma)} \varkappa x_\gamma^{(i)} \\ 0 & y_j^{(\gamma)} \not\varkappa x_\gamma^{(i)} \end{cases}, \quad Y_j(x) = \text{beliebig für } x \neq x_\gamma^{(i)}$$

[1.18] Vom Standpunkt der Stichprobentheorie aus ist der Fall trivial, daß alle Komponenten von γ in $x_\gamma^{(i)}$ auftreten.

$j = 1, \ldots, N$. Weiter definieren wir Funktionen[1.19] $c_1, \ldots, c_N$ von R in den R_1, welche für $j = 1, \ldots, N$ den Bedingungen genügen sollen;

$$c_j(x_\gamma^{(i)}) = 0 \quad \text{für} \quad y_j^{(\gamma)} \neq x_\gamma^{(i)},\ 1 \leq i \leq m \tag{1.34}$$

und für jedes i ist

$$c_j(x_{\gamma_1}^{(i)}) = c_j(x_{\gamma_2}^{(i)}) \quad \text{für alle} \quad \gamma_1, \gamma_2 \in \Gamma. \tag{1.35}$$

Die c_j hängen also in den Massenpunkten $x_\gamma^{(i)}$ ebenfalls nur von der Auswahl der m Elemente aus $\bigcup_{n=1}^{\infty} Z_n$ ab und nicht von γ. Wir betrachten nun Schätzungen der Gestalt $h = \sum_{j=1}^{N} Y_j c_j$ für d. Da h linear von den Y_j abhängt, bezeichnet man solche Schätzungen als linear.

Es ist nun, falls $E(h;\gamma)$ existiert,

$$E(h;\gamma) = \sum_{i=1}^{m} \sum_{j=1}^{N} Y_j(x_\gamma^{(i)})\, c_j(x_\gamma^{(i)}) p_i = \sum_{j=1}^{N} y_j^{(\gamma)} \sum_{i=1}^{m} c_j(x_\gamma^{(i)}) p_i$$

denn, falls $Y_j(x_\gamma^{(j)}) \neq y_j^{(\gamma)}$ ist, ist $c_j(x_\gamma^{(i)}) = 0$ nach Definition der Y_j und nach (1.34). Somit ist

$$E(h;\gamma) = \sum_{j=1}^{N} y_j E(c_j;\gamma). \tag{1.36}$$

Wegen (1.33) und (1.35) hängt aber $E(c_j;\gamma)$ von γ nicht ab und wir schreiben daher einfach $E(c_j)$ anstatt $E(c_j;\gamma)$. Da die meisten der hier gegebenen Definitionen von γ nicht abhängen, werden wir den Index γ auch bei anderen Gelegenheiten im allgemeinen weglassen. Aus (1.36) folgt aber: Eine lineare Schätzung für d ist genau dann erwartungstreu, wenn

$$E(c_j) = 1/N, \qquad j = 1, \ldots, N. \tag{1.37}$$

Wir bezeichnen nun mit $\mathfrak{C}$ die Menge aller Abbildungen $(c_1, \ldots, c_N)$ von R in den R_N mit folgenden Eigenschaften[1.20]: Es gelten (1.34), (1.35), (1.37), und für $j = 1, \ldots, N$ besitzt c_j endliches zweites Moment. H sei die Menge aller für d erwartungstreuen linearen Schätzungen h, welche man mittels der Elemente aus $\mathfrak{C}$ erhält.

Wir überlegen uns zunächst, daß im allgemeinen in H keine gleichmäßig minimale Schätzung für d existiert. Es sei nämlich $h^* = \sum_{j=1}^{N} Y_j c_j^*$ eine solche. Dann muß für alle reellen $y_1, \ldots, y_N$ und alle $(c_1, \ldots, c_N) \in \mathfrak{C}$

$$\sum_{j,k=1}^{N} y_j y_k E(c_j^* c_k^*) \leq \sum_{j,k=1}^{N} y_j y_k E(c_j c_k) \tag{1.38}$$

sein.

[1.19] Die Definition der c_j, $1 \leq j \leq N$, in den von $x_\gamma^{(i)}$ verschiedenen Elementen von R ist ohne Belang.

[1.20] Natürlich setzen wir diese Menge als nicht leer voraus.

Wählt man $y_k = 0$ für $k \neq j$, $y_j = 1$, dann folgt insbesondere, daß c_j^* für jedes $j = 1, \ldots, N$ Minimalstreuung besitzen muß. Es sei nun

$$M(j) = \{i : y_j \varkappa x^{(i)}\} \tag{1.39}$$

und

$$W_\gamma(M(j)) = w_j \tag{1.40}$$

für $j = 1, \ldots, N$. Man sieht ja sofort, daß die Definition von $M(j)$ von γ nicht abhängt. Wegen (1.37) ist stets $M(j) \neq \emptyset$. Wegen (1.37) muß unter Zuhilfenahme der Schwarzschen Ungleichung gelten

$$1/N^2 = \Big|\sum_{i \in M(j)} c_j(x^{(i)}) p_i\Big|^2 \leq \sum_{i \in M(j)} c_j^2(x^{(i)}) p_i \sum_{i \in M(j)} p_i$$

und das Gleichheitszeichen gilt genau dann, wenn $c_j(x^{(i)}) \sqrt{p_i} = \lambda \sqrt{p_i}$ für reelles λ und $i \in M(j)$ ist.

Wegen $p_i \neq 0$ folgt, daß alle $c_j(x^{(i)})$ für $i \in M(j)$ konstant sind. Also muß für $i \in M(j)$ und $j = 1, \ldots, N$

$$c_j(x^{(i)}) = 1/N w_j \tag{1.41}$$

sein. Dieses Resultat läßt sich besonders bequem formulieren, wenn man „Indikatorfunktionen" für die $x^{(i)}$ einführt: Es sei für $j = 1, \ldots, N$

$$v_j(x^{(i)}) = \begin{cases} 1 & i \in M(j) \\ 0 & i \notin M(j) \end{cases}.$$

Die Bedingung (1.41) besagt also: Für $i = 1, \ldots, m$ ist notwendig

$$c_j^*(x^{(i)}) = v_j(x^{(i)})/N w_j. \tag{1.42}$$

Es ist leicht zu sehen, daß $\sum_{j=1}^{N} Y_j v_j / N w_j \in H$ ist. Es sei nun $v = \sum_{j=1}^{N} Y_j e_j$ eine nicht identisch verschwindende erwartungstreue Schätzung für die Null, wobei $(e_1, \ldots, e_N)$ abgesehen von (1.37) alle Eigenschaften der Elemente von $\mathfrak{C}$ besitzt. Statt (1.37) muß für $j = 1, \ldots, N$

$$E(e_j) = 0 \tag{1.43}$$

gelten. Existiert ein solches v nicht, dann ist alles trivial. Wäre nun $h^* = \sum_{j=1}^{N} Y_j v_j / N w_j$ gleichmäßig minimale Schätzung für d, dann müßte nach Satz 1.1[1.21] für alle reellen $y_1, \ldots, y_N$

$$\sum_{j,k=1}^{N} y_j y_k E\left(e_j \frac{v_k}{N w_k}\right) = 0$$

[1.21] Satz 1.1 bezog sich allerdings auf die Gesamtheit aller erwartungstreuen Schätzungen und nicht nur auf die linearen Schätzungen. Trivialerweise gilt der Satz aber genauso für lineare Schätzungen h, wenn man auch die Klasse der Schätzungen für die Null auf lineare Schätzungen beschränkt.

gelten oder

$$E(e_j v_k) = 0, \qquad j, k = 1, \ldots, N. \tag{1.44}$$

Wir definieren nun in Analogie zu (1.39) für alle $j \neq k$, $j, k = 1, \ldots, N$

$$M(j, k) = \{i : y_j \varkappa x^{(i)},\ y_k \varkappa x^{(i)}\}. \tag{1.45}$$

(1.43) ist gleichbedeutend mit

$$\sum_{i \in M(j)} e_j(x^{(i)}) p_i = 0.$$

Wir nehmen der Einfachheit halber an, daß $M(j)$ eine endliche Menge ist. Nun sieht man aber ohne Schwierigkeit ein, daß man stets $\varepsilon_i = e_j(x^{(i)})$ für $i \in M(j)$ so wählen kann, daß alle Teilsummen $\sum \varepsilon_i p_i \neq 0$ sind, wenn nicht i die ganze Menge $M(j)$ durchläuft. Es sei nun $M(j, k) \neq \Phi$ und $M(j, k) \neq M(j)$. Dann ist die Bedingung (1.44) identisch mit

$$\sum_{i \in M(j,k)} e_j(x^{(i)}) p_i = \sum_{i \in M(j,k)} \varepsilon_i p_i = 0$$

und das ist ein Widerspruch zur Konstruktion der ε_i.

Aber die Überlegungen, welche zu (1.42) geführt haben, liefern fast unmittelbar das Ergebnis, daß h^* zulässig in H ist. Andernfalls müßte es ein $\sum_{j=1}^{N} Y_j c_j \in H$ geben, so daß für alle reellen $y_1, \ldots, y_N$

$$\sum_{j,k=1}^{N} y_j y_k \left(E(c_j c_k) - E\left(\frac{v_j v_k}{N^2 w_j w_k}\right)\right) \leq 0$$

ist.

Es müßte also insbesondere $E(c_j^2) \leq E\left(\frac{v_j^2}{N^2 w_j^2}\right)$ für $j = 1, \ldots, N$ sein, was aber $c_j = v_j / N w_j$ zur Folge hätte, wie wir vorhin bewiesen haben.

Wir wollen noch zeigen, wie man eine in bezug auf H vollständige Klasse $\mathfrak{H}$ konstruieren kann. Es sei $\{j_1, \ldots, j_u\}$ eine nichtleere Teilmenge von Z. Es sei $N(j_1, \ldots, j_u) = \{i : y_{l_1} \varkappa x^{(i)}, l_1 \in \{j_1, \ldots, j_u\};\ y_{l_2} \not\varkappa x^{(i)}, l_2 \in Z - \{j_1, \ldots, j_u\}\}$. Es sei $\mathfrak{D}$ eine Teilmenge von $\mathfrak{C}$, welche durch folgende Bedingungen charakterisiert ist: Für $j = 1, \ldots, N$ und $i \in N(j_1, \ldots, j_u)$ ist

$$c_j(x^{(i)}) = c_j^{(j_1, \ldots, j_u)}$$

wobei die $c_j^{(j_1, \ldots, j_u)}$ reelle Zahlen sind, und $\{j_1, \ldots, j_u\}$ stets alle nichtleeren Teilmengen $\neq Z$ von Z durchläuft.

Ist $j \notin \{j_1, \ldots, j_u\}$, dann muß wegen (1.34) $c_j^{(j_1, \ldots, j_u)} = 0$ sein.

Die Teilmenge von H, welche $\mathfrak{D}$ entspricht, bezeichnen wir mit $\mathfrak{H}$ und zeigen, daß $\mathfrak{H}$ vollständig ist. Es sei

$$w_{(j_1, \ldots, j_u)} = \sum_{i \in N(j_1, \ldots, j_u)} p_i \tag{1.46}$$

und es sei $h = \sum_{j=1}^{N} Y_j c_j$ ein Element aus $H - \mathfrak{H}$. Wir halten dieses h fest und definieren

$$b_j^{(j_1,\ldots,j_u)} = \begin{cases} 0 & w_{(j_1,\ldots,j_u)} = 0 \\ \sum\limits_{k \in N(j_1,\ldots,j_u)} c_j(x^{(k)}) p_k / w_{(j_1,\ldots,j_u)}, & w_{(j_1,\ldots,j_u)} > 0. \end{cases}$$

Es sei für $j = 1, \ldots, N$

$$a_j(x^{(i)}) = b_j^{(j_1,\ldots,j_u)} \qquad i \in N(j_1, \ldots, j_u). \tag{1.47}$$

Dann ist $\sum_{j=1}^{N} Y_j a_j \in \mathfrak{H}$, denn es ist $E(a_j) = \sum_{i=1}^{m} a_j(x^{(i)}) p_i = \sum_{\{j_1,\ldots,j_u\}} \sum_{i \in N(j_1,\ldots,j_u)} p_i a_j(x^{(i)})$, und somit folgt $E(a_j) = 1/N$ wegen (1.46) und (1.47) sowie $h \in H$.

Weiter gilt für $j, k = 1, \ldots, N$

$$E(a_j c_k) = E(a_j a_k). \tag{1.48}$$

Es ist ja

$$E(a_j a_k) = \sum_{\{j_1,\ldots,j_u\}} \sum_{i \in N(j_1,\ldots,j_u)} a_j(x^{(i)}) p_i \sum_{l \in N(j_1,\ldots,j_u)} c_k(x^{(l)}) p_l / w_{j_1 \ldots j_u}$$

und das ist wegen (1.46) $= E(a_j c_k)$. Es ist nun für alle reellen $y_1, \ldots, y_N$

$$\sum_{j,k=1}^{N} y_j y_k \big(E(c_j c_k) - E(a_j a_k)\big) \geq 0. \tag{1.49}$$

Wegen (1.48) gilt nämlich

$$E(c_j c_k) - E(a_j a_k) = E[(c_j - a_j)(c_k - a_k)]$$

und daher ist $(E(c_j c_k) - E(a_j a_k))_{1\,1}^{N\,N}$ eine Kovarianzmatrix. Diese ist aber nach I., Satz 17.5 stets positiv semidefinit, also gilt (1.49). Es kann jedoch nicht für alle reellen $y_1, \ldots, y_N$ das Gleichheitszeichen in (1.49) gelten, weil sonst $a_j = c_j$ für $j = 1, \ldots, N$ gelten müßte.

Spezialisieren wir nun in folgender Weise: Es sei $n \leq N$. Wir wählen genau die Elemente $\{k_1, \ldots, k_n\} \in Z_n$ aus, für die stets gilt

$$k_i \neq k_j \qquad \text{für } i \neq j. \tag{1.50}$$

Es gibt $N!/(N-n)!$ solche Auswahlen. Dann sei $x_\gamma^{(i)} = \{(k_1, y_{k_1}^{(\gamma)}), \ldots, (k_n, y_{k_n}^{(\gamma)})\}$ und $W_\gamma(x_\gamma^{(i)}) = 1/[N(N-1)\cdots(N-n+1)]$ für $i = 1, \ldots, N!/(N-n)!$. Damit sind wir aber genau auf den in II. **12.** betrachteten Fall zurückgekommen. W_γ ist die gemeinsame Verteilung der dort betrachteten zufälligen Variablen $(\xi_1, \ldots, \xi_n)$.

Modifiziert man dieses Beispiel in der Weise, daß man die Bedingung (1.50) fallen läßt, dann erhält man N^n Massenpunkte $x_\gamma^{(i)}$ für jedes γ. Erklärt man nun $W_\gamma(x_\gamma^{(i)}) = 1/N^n$ für $i = 1, \ldots, N^n$, dann handelt es sich um ein Stichprobenverfahren „mit Zurücklegen", d.h. die entsprechenden zufälligen Variablen $\xi_1, \ldots, \xi_n$ sind unabhängig. (Vgl. auch II. **12.**)

Lokal bzw. gleichmäßig minimale Schätzungen liefern den kleinsten Wert der Streuung um die geschätzte Funktion d an einer Stelle bzw. überall in Γ. Unter gewissen Voraussetzungen kann man eine untere Schranke für diese Minimalstreuung herleiten. Diese ist überdies unabhängig von der Voraussetzung der Existenz lokal oder gleichmäßig minimaler Schätzungen. Der diesbezügliche Satz wird als Satz von CRAMÉR-FRÉCHET-RAO bezeichnet[1.22]. Wir zeigen zunächst

Satz 1.10: *Es sei Γ eine offene Menge des R_1 und W_Γ eine Menge von Wahrscheinlichkeitsmaßen über $(R, \mathbf{S})$, welche durch ein σ-endliches Maß μ dominiert wird. Für jedes $\gamma \in \Gamma$ seien die R.N.-Dichten mit $x \to f(x, \gamma)$ bezeichnet, und für jedes γ sei $f(x, \gamma) \neq 0$ μ-f. ü.[1.23]. Für jedes $\gamma \in \Gamma$ sei μ-f. ü. die Abbildung $x \to \frac{\partial f(x,\gamma)}{\partial \gamma}$ definiert, und es sei*

$$\frac{d}{d\gamma}\int_R f(x, \gamma)\, d\mu(x) = \int_R \frac{\partial}{\partial \gamma} f(x, \gamma)\, d\mu(x). \tag{1.51}$$

Weiter existiere $\int_R \left(\frac{\partial \log f(x,\gamma)}{\partial \gamma}\right)^2 f(x, \gamma)\, d\mu(x)$ für jedes $\gamma \in \Gamma$. Es sei ψ eine über Γ definierte und dort überall differenzierbare Funktion. h sei erwartungstreue Schätzung für ψ, so daß $E(h^2; \gamma)$ für alle $\gamma \in \Gamma$ existiere. Es existiert dann auch $\int_R h \frac{\partial f}{\partial \gamma}\, d\mu$ für alle $\gamma \in \Gamma$, und es wird vorausgesetzt, daß

$$\frac{d}{d\gamma}\int_R h(x)\, f(x, \gamma)\, d\mu(x) = \int_R h \frac{\partial f}{\partial \gamma}\, d\mu \tag{1.52}$$

[1.22] Vgl. C. R. RAO, Bull. Calcutta math. Soc. 37, 81—91 (1945) und H. CRAMÉR, Skand. Aktuarietidskr. 29, 85—94 (1946). Von den vielen Verallgemeinerungen erwähnen wir: E. W. BARANKIN, l. c. [1.8], C. R. SETH, Ann. math. Statistics 20, 1—27 (1949), D. C. CHAPMAN und H. ROBBINS, Ann. math. Statistics 22, 581—586 (1951), J. KIEFER, Ann. math. Statistics 23, 627—629 (1952), D. A. S. FRASER und I. GUTTMAN, Ann. math. Statistics 23, 629—632 (1952). Vgl. auch die Arbeit von L. N. BOL'ŠEV, Teor. Verojatn. Primen 6, 319—326 (1961).

[1.23] Man kann diese Voraussetzung dadurch ersetzen, daß $f(x, \gamma) = 0$ für jedes γ in einer von γ unabhängigen Menge ist.

für alle $\gamma \in \Gamma$ *ist. Es sei* φ *eine beliebige Abbildung von* Γ *in den* R_1. *Dann gilt für jedes* $\gamma \in \Gamma$ *die Ungleichung*

$$(\psi'(\gamma))^2 \leq E\left[(h-\varphi(\gamma))^2;\gamma\right] E\left[\left(\frac{\partial \log f}{\partial \gamma}\right)^2;\gamma\right]. \tag{1.53}$$

Beweis: Nach Voraussetzung existiert für jedes $\gamma \in \Gamma$ $\frac{\partial \log f(x,\gamma)}{\partial \gamma}$ μ-f. ü. Es ist also $\int_R h \frac{\partial f}{\partial \gamma} d\mu = \int_R h \sqrt{f} \frac{\partial \log f}{\partial \gamma} \sqrt{f} d\mu$, somit nach der Schwarzschen Ungleichung

$$\int_R \left| h \frac{\partial f}{\partial \gamma}\right| d\mu \leq [E(h^2;\gamma)]^{1/2} \left[E\left(\left(\frac{\partial \log f}{\partial \gamma}\right)^2;\gamma\right)\right]^{1/2}$$

und daraus folgt die Existenz von $\int_R h \frac{\partial f}{\partial \gamma} d\mu$ für jedes $\gamma \in \Gamma$.

Wegen $\int_R f(x,\gamma)\, d\mu(x) = 1$ für $\gamma \in \Gamma$ und (1.51) folgt

$$\int_R \frac{\partial}{\partial \gamma} f(x,\gamma)\, d\mu(x) = 0.$$

Also ergibt sich aus $\int_R h(x) f(x,\gamma)\, d\mu(x) = \psi(\gamma)$ und (1.52)

$$\psi'(\gamma) = \int_R (h - \varphi(\gamma)) \frac{\partial f}{\partial \gamma} d\mu.$$

Wegen $\frac{\partial f}{\partial \gamma} = \frac{\partial \log f}{\partial \gamma} \cdot f$ liefert eine Anwendung der Schwarzschen Ungleichung das Resultat.

Korollar (Ungleichung von Cramér-Fréchet-Rao): *Es seien die Voraussetzungen des Satzes* 1.10 *erfüllt. Dann ist für beliebiges* $\gamma_0 \in \Gamma$ *entweder* a) $\psi'(\gamma_0) = 0$, *und in* (1.53) *steht für* $\gamma = \gamma_0$ *das Gleichheitszeichen, oder* b) *es gilt:*

$$E\left[(h-\varphi(\gamma_0))^2;\gamma_0\right] \geq (\psi'(\gamma_0))^2 \Big/ \left[E\left(\left(\frac{\partial \log f}{\partial \gamma}\right)^2;\gamma_0\right)\right], \tag{1.54}$$

wobei

$$E\left(\left(\frac{\partial \log f}{\partial \gamma}\right)^2;\gamma_0\right) = \int_R \left(\frac{\partial \log f(x,\gamma_0)}{\partial \gamma}\right)^2 f(x,\gamma_0)\, d\mu(x)$$

sein soll. Steht im Falle b) *in* (1.54) *das Gleichheitszeichen, dann gibt es eine reelle Zahl* $\lambda(\gamma_0) \neq 0$ *mit*

$$h(x) - \varphi(\gamma_0) = \lambda(\gamma_0) \frac{\partial \log f(x, \gamma_0)}{\partial \gamma} \tag{1.55}$$

μ-f. ü., falls nicht h konstant μ-f. ü. ist.

Zum Beweis genügt es, den Fall zu betrachten, daß entweder $\psi'(\gamma_0) \neq 0$ ist oder in (1.53) für $\gamma = \gamma_0$ nicht das Gleichheitszeichen steht. In beiden Fällen folgt aus (1.53) für $\gamma = \gamma_0$, daß $E\left(\left(\frac{\partial \log f}{\partial \gamma}\right)^2; \gamma_0\right) > 0$ ist. Damit ist (1.54) bewiesen. Gilt im Falle b) in (1.54) das Gleichheitszeichen, dann ist notwendig $\psi'(\gamma_0) \neq 0$. Somit existiert eine reelle Zahl $\lambda(\gamma_0)$, derart daß

$$\big(h(x) - \varphi(\gamma_0)\big)\sqrt{f(\mathrm{x})} = \lambda(\gamma_0) \frac{\partial \log f(x, \gamma_0)}{\partial \gamma} \sqrt{f(\mathrm{x})} \quad \mu\text{-f. ü.}$$

gilt. Also ist auch (1.55) erfüllt, und da h nicht f. ü. konstant ist, folgt $\lambda(\gamma_0) \neq 0$.

Wenn die Voraussetzungen des Satzes 1.10 nicht erfüllt sind, braucht (1.54) nicht zu gelten. (Vgl. VII., S. 511.)

Die Ungleichung (1.54) gibt Anlaß zu folgender

Definition: *Wenn h erwartungstreue Schätzung für ψ ist und wenn für ein $\gamma_0 \in \Gamma$ in* (1.54) *das Gleichheitszeichen gilt, dann heißt h in γ_0 lokal-wirksam. Gilt in* (1.54) *das Gleichheitszeichen für alle $\gamma \in \Gamma$, dann heißt h wirksam in Γ.*

In diese Definition geht die willkürliche Funktion φ ein. Tatsächlich ist aber diese Abhängigkeit von φ nur scheinbar, zumindest unter den Voraussetzungen des Satzes 1.10 und der Annahme

$$\psi'(\gamma) \neq 0, \quad \gamma \in \Gamma. \tag{1.56}$$

Gilt nämlich für ein γ das Gleichheitszeichen in (1.54) und damit auch (für $\gamma_0 = \gamma$) in (1.55), dann folgt daraus $E(h - \varphi(\gamma); \gamma) = 0$, d. h. $\varphi(\gamma) = \psi(\gamma)$. Wir haben also statt (1.55)

$$h - \psi(\gamma) = \lambda(\gamma) \frac{\partial \log f}{\partial \gamma} \quad \mu\text{-f. ü.} \tag{1.57}$$

mit $\lambda(\gamma) \neq 0$.

Aus (1.57) folgt

$$E\big((h-\psi(\gamma))^2;\gamma\big)=(\lambda(\gamma))^2 E\left(\left(\frac{\partial \log f}{\partial\gamma}\right)^2;\gamma\right). \tag{1.58}$$

Anderseits ist aber auch

$$E\big((h-\psi(\gamma))^2;\gamma\big)=(\psi'(\gamma))^2/E\left(\left(\frac{\partial \log f}{\partial\gamma}\right)^2;\gamma\right)$$

und das gibt mit (1.58)

$$(\lambda(\gamma))^2=(\psi'(\gamma))^2\Big/\left[E\left(\left(\frac{\partial \log f}{\partial\gamma}\right)^2;\gamma\right)\right]^2. \tag{1.59}$$

Ist also h wirksam in Γ, dann folgt unter der Voraussetzung (1.56)

$$\frac{1}{\lambda(\gamma)}\big(h(x)-\psi(\gamma)\big)=\frac{\partial \log f(x,\gamma)}{\partial\gamma} \tag{1.60}$$

μ-f. ü. für alle $\gamma\in\Gamma$. Dabei ist $\lambda(\gamma)$ durch (1.59) gegeben und verschwindet niemals.

Setzen wir nun der Einfachheit halber voraus, daß Γ der ganze R_1 ist, daß (1.60) sogar für alle $x\in R$ und alle $\gamma\in R_1$ gilt, und setzen wir weiter voraus, daß für alle $\gamma\in R_1$

$$\Lambda(\gamma)=\int_{-\infty}^{\gamma}\frac{d\gamma}{\lambda(\gamma)} \quad\text{und}\quad \Phi(\gamma)=\int_{-\infty}^{\gamma}\frac{\psi(\gamma)}{\lambda(\gamma)}\,d\gamma$$

definiert sind und mit irgendeiner über R definierten Funktion k $\lim\limits_{\gamma\to-\infty}\log f(x,\gamma)=k(x)$ für alle $x\in R$ gilt, dann wird

$$f(x,\gamma)=e^{h(x)\Lambda(\gamma)-\Phi(\gamma)}\,e^{k(x)}$$

für alle $x\in R$ und alle $\gamma\in R_1$. Es liegt also eine Verteilung vom Exponentialtyp vor. Nach III., Satz 7.2 ergibt sich, daß h erschöpfende Transformation für die Menge W_Γ ist. Dies kann man als eine Art Umkehrung der Sätze 1.6 und 1.7 betrachten. Offenbar besteht ja zwischen dem Begriff der in Γ wirksamen Schätzung und der gleichmäßig minimalen Schätzung ein enger Zusammenhang. Wenn H eine Klasse erwartungstreuer Schätzungen für ψ ist und wenn für alle $h\in H$ die Voraussetzungen des Satzes 1.10

erfüllt sind und auch die übrigen Voraussetzungen des Satzes 1.10 gelten, dann ist eine in Γ wirksame Schätzung auch gleichmäßig minimal.

Ein Zusammenhang zwischen erschöpfenden Transformationen und gleichmäßig minimalen Schätzungen, welcher eine Umkehrung der Sätze 1.6 und 1.7 darstellt, besteht jedoch unter viel allgemeineren Voraussetzungen. Wir wollen hier nur einen Teil dieses Zusammenhanges beleuchten.

Hierzu beweisen wir den

Satz 1.11[1.24]: *W_Γ habe die übliche Bedeutung. C sei die Menge aller Indikatorfunktionen c_A mit $A \in \mathbf{S}$, welche gleichmäßig minimale Schätzungen sind. Die Menge $\mathbf{S}_0$ aller A mit $c_A \in C$ ist eine σ-Algebra. Überdies sind alle über R definierten $\mathbf{S}_0$-meßbaren Funktionen h, für die $E(h^2;\gamma)$ für alle $\gamma \in \Gamma$ existiert, gleichmäßig minimal.*

Beweis: Die Menge C ist nicht leer. Sie enthält mindestens c_R und c_Φ. Es seien $c_A, c_B \in C$. Dann ist nach Satz 1.4 auch $c_A \cdot c_B = c_{A\cap B} \in C$, also mit A, B auch $A \cap B \in \mathbf{S}_0$. Weiter folgt aus Satz 1.3, daß mit $c_A \in C$ auch $c_R - c_A = c_{R-A} \in C$ ist, d. h. mit A ist auch $R - A \in \mathbf{S}_0$. Jetzt braucht nur mehr gezeigt zu werden: Aus

$$A_i \in \mathbf{S}_0,\ A_i \cap A_j = \Phi,\ i \neq j,\ i, j = 1, 2, \ldots \tag{1.61}$$

folgt $\bigcup\limits_{i=1}^{\infty} A_i \in \mathbf{S}_0$. Dies ergibt sich aber aus Satz 1.3 und Satz 1.5. Es ist nämlich mit $c_{A_i} \in C$ auch $\sum\limits_{i=1}^{n} c_{A_i} \in C$ für $n = 1, 2, \ldots$. Überdies ist für jedes $x \in R$ $\sum\limits_{i=1}^{n} c_{A_i}(x) \to \sum\limits_{i=1}^{\infty} c_{A_i}(x) = c_{\bigcup\limits_{i=1}^{\infty} A_i}(x)$ wegen (1.61). Also ergibt sich auch wegen $\left|\sum\limits_{i=1}^{n} c_{A_i}\right| \leq 1$, $n = 1, 2, \ldots$, $\int\limits_R \left|\sum\limits_{i=1}^{n} c_{A_i} - c_{\bigcup\limits_{i=1}^{\infty} A_i}\right|^2 dW_\gamma \to 0$ für jedes $\gamma \in \Gamma$. (Vgl. Satz V) Somit ist $c_{\bigcup\limits_{i=1}^{\infty} A_i} \in C$, und das war zu zeigen.

[1.24] R. R. Bahadur, l. c. [1.9].

Es sei nun h eine beliebige $\mathbf{S}_0$-meßbare Funktion über R, für die $E(h^2;\gamma)$ für alle $\gamma \in \Gamma$ existiert. Dann existiert eine Folge $\sum_{i=1}^{k_n} \alpha_i c_{A_i}$ mit $A_i \in \mathbf{S}_0$, α_i reell, $k_n \to \infty$, so daß

$$\sum_{i=1}^{k_n} \alpha_i c_{A_i}(x) \to h(x) \tag{1.62}$$

für alle $x \in R$ und so daß

$$\left| h - \sum_{i=1}^{k_n} c_{A_i} \right|^2 \leq 4h^2. \tag{1.63}$$

Eine solche Folge kann man z. B. so konstruieren: Es sei für $n = 1, 2, \ldots$

$$A_{-n2^n-1} = \{x : h(x) < -n\}, \quad A_{n2^n} = \{x : h(x) \geq n\}$$

und

$$A_k = \{x : k/2^n \leq h(x) < (k+1)/2^n\}, \qquad k = -n2^n, \ldots, n2^n - 1$$

Nach Definition der $\mathbf{S}_0$-Meßbarkeit sind alle $A_i \in \mathbf{S}_0$, und überdies ist stets $A_i \cap A_j = \Phi$, $i \neq j$, $i, j = -n2^n - 1, \ldots, n2^n$. Nun betrachten wir die Folge $d_n = \sum_{k=0}^{n2^n} \frac{k}{2^n} c_{A_k} + \sum_{k=-n2^n-1}^{-1} \frac{k+1}{2^n} c_{A_k}$. Dann ist $\lim_{n\to\infty} d_n(x) = h(x)$ für jedes $x \in R$, denn wenn n hinreichend groß ist, gehört x genau zu einem A_k mit $-n2^n \leq k \leq n2^n - 1$, und dort ist dann $|h(x) - d_n(x)| < 1/2^n$. Überdies folgt $|h| \geq |d_n|$ aus der Konstruktion von d_n, also $|h - d_n| \leq 2|h|$ oder $|h - d_n|^2 \leq 4h^2$. Also erfüllt d_n (1.62) und (1.63). Aus der Existenz von $E(h^2;\gamma)$ für alle $\gamma \in \Gamma$ folgt somit

$$\int_R |h - d_n|^2 \, dW_\gamma \to 0 \tag{1.64}$$

für jedes $\gamma \in \Gamma$. (Vgl. Satz V., S. 13.) Nun ist aber $d_n \in C$. Jetzt wenden wir Satz 1.5 an und finden, daß wegen (1.64) h gleichmäßig minimal ist.

Wir machen noch folgende

Bemerkung: Es sei v eine $\mathbf{S}_0$-meßbare erwartungstreue Schätzung für die Null, so daß $E(v^2;\gamma)$ für jedes $\gamma \in \Gamma$ existiert. Dann ist v nach Satz 1.11 gleichmäßig minimal und daher 0 W_Γ-fast-überall. $\mathbf{S}_0$ ist also 2-vollständig. Überdies ist leicht zu zeigen, daß $\mathbf{S}_0$ auch minimal ist. Schwieriger ist es zu beweisen, daß $\mathbf{S}_0$ auch erschöpfend ist[1.25].

Wir betrachten noch einige Beispiele zum Satz 1.10: Es seien $\xi_1, \ldots, \xi_n$ $n \geq 1$ unabhängige zufällige Variable, welche dieselbe Verteilung besitzen, die durch die Dichte $x \to f(x, \gamma)$ gegeben sei. Dabei variiere x im R_1, und der Parameter γ gehöre einem offenen Intervall an, das wir wieder mit Γ bezeichnen. Es sei $f(x, \gamma) \neq 0$ für fast alle $x \in R_1$ und jedes $\gamma \in \Gamma$. Es sei weiter $\frac{\partial}{\partial \gamma} f(x, \gamma)$ für fast alle x und jedes γ vorhanden, und überdies gelte $\frac{d}{d\gamma} \int\limits_{R_1} f(x, \gamma)\, dx = \int\limits_{R_1} \frac{\partial}{\partial \gamma} f(x, \gamma)\, dx$. Außerdem existiere $E\left(\left(\frac{\partial \log f}{\partial \gamma}\right)^2; \gamma\right)$ und sei $\neq 0$ für jedes $\gamma \in \Gamma$. Die gemeinsame Dichte von $\xi_1, \ldots, \xi_n$ ist dann durch $(x_1, \ldots, x_n) \to \prod\limits_{i=1}^{n} f(x_i, \gamma)$ gegeben. Es sei ψ eine über Γ definierte und dort differenzierbare Funktion. h sei eine über dem R_n definierte erwartungstreue Schätzung für ψ, und überdies existiere $\int\limits_{R_n} h^2(x_1, \ldots, x_n) \prod\limits_{i=1}^{n} f(x_i, \gamma)\, dx = E(h^2; \gamma)$ für jedes $\gamma \in \Gamma$. Weiter sei für jedes γ

$$\frac{d}{d\gamma} \int\limits_{R_n} h(x_1, \ldots, x_n) \prod_{i=1}^{n} f(x_i, \gamma)\, dx = \int\limits_{R_n} h(x_1, \ldots, x_n) \frac{\partial}{\partial \gamma} \prod_{i=1}^{n} f(x_i, \gamma)\, dx.$$

Unter diesen Voraussetzungen gilt die Ungleichung

$$E[(h - \psi(\gamma))^2; \gamma] \geq (\psi'(\gamma))^2 \Big/ \left(n E\left[\left(\frac{\partial \log f}{\partial \gamma}\right)^2; \gamma\right]\right). \tag{1.65}$$

Das Einzige, was hier noch einer Überlegung bedarf, ist, daß

$$E\left[\left(\frac{\partial \log \prod\limits_{i=1}^{n} f(\xi_i, \gamma)}{\partial \gamma}\right)^2; \gamma\right] = n E\left[\left(\frac{\partial \log f}{\partial \gamma}\right)^2; \gamma\right].$$

[1.25] Vgl. hierzu R. R. BAHADUR, l. c. [1.9] sowie L. SCHMETTERER, l. c. [1.5].

Das folgt so: Es ist

$$\int_{R_n} \left(\frac{\partial \log \prod_{i=1}^{n} f(x_i, \gamma)}{\partial \gamma} \right)^2 \prod_{k=1}^{n} f(x_k, \gamma)\, dx =$$
$$= \sum_{i,j=1}^{n} \int_{R_n} \frac{\partial \log f(x_i, \gamma)}{\partial \gamma} \frac{\partial \log f(x_j, \gamma)}{\partial \gamma} \prod_{k=1}^{n} f(x_k, \gamma)\, dx.$$

Nun ist aber für $i \neq j$

$$\int_{R_n} \frac{\partial \log f(x_i, \gamma)}{\partial \gamma} \frac{\partial \log f(x_j, \gamma)}{\partial \gamma} \prod_{k=1}^{n} f(x_k, \gamma)\, dx =$$
$$= E\left(\frac{\partial \log f(\xi_i, \gamma)}{\partial \gamma} \frac{\partial \log f(\xi_j, \gamma)}{\partial \gamma} ; \gamma \right),$$

und dies ist

$$E\left[\frac{\partial \log f(\xi_i, \gamma)}{\partial \gamma} ; \gamma \right] E\left[\frac{\partial \log f(\xi_j, \gamma)}{\partial \gamma} ; \gamma \right]$$

für jedes $\gamma \in \Gamma$ wegen der Unabhängigkeit von ξ_i und ξ_j. Dieses Produkt verschwindet aber, und damit ist alles gezeigt.

Wir spezialisieren nun weiter:

Es seien $\xi_1, \ldots, \xi_n, n \geq 2$ unabhängige nach $N(0, \sigma^2)$ verteilte zufällige Variable, $0 < \sigma^2 < \infty$. Mittels der Rechnungen von S. 327 erkennt man leicht, daß die zufällige Variable

$$\mathbf{s}' = \varphi(n) \left(\sum_{i=1}^{n} \xi_i^2 \right)^{1/2} \quad \text{mit} \quad \varphi(n) = 2^{-1/2}\, \Gamma(n/2)\, [\Gamma(n+1)/2]^{-1}$$

erwartungstreu für σ ist. Außerdem gilt für die gemeinsame Dichte von $\xi_1, \ldots, \xi_n$

$$\left(\frac{1}{\sqrt{2\pi}\sigma} \right)^n e^{-\sum_{i=1}^{n} x_i^2/(2\sigma^2)} = \left(\frac{1}{\sqrt{2\pi}\sigma} \right)^n e^{-\varphi^2(n) \sum_{i=1}^{n} x_i^2/(2\sigma^2 \varphi^2(n))} \tag{1.66}$$

für alle $(x_1, \ldots, x_n) \in R_n$. Somit ist die Transformation $(x_1, \ldots, x_n) \to \varphi(n) \left(\sum_{i=1}^{n} x_i^2 \right)^{1/2}$ erschöpfend für die Menge der Normalverteilungen mit den in (1.66) angegebenen Dichten mit $0 < \sigma < \infty$. Man rechnet aber leicht aus, daß einerseits $E[(\mathbf{s}' - \sigma)^2; \sigma] = \sigma^2[\varphi^2(n)n - 1]$ gilt und andererseits ist mit $f(x, \sigma) = \left(\sqrt{2\pi}\sigma\right)^{-1} e^{-x^2/2\sigma^2)}$, $x \in R_1$,

$$\int_{-\infty}^{+\infty} \left(\frac{\partial \log f(x, \sigma)}{\partial \sigma} \right)^2 f(x, \sigma)\, dx = 2/\sigma^2.$$

Eine für σ in $0 < \sigma < \infty$ wirksame Schätzfunktion müßte aber nach (1.65) Minimalstreuung $\sigma^2/2n$ besitzen. Es ist aber $\varphi^2(n)n - 1 > 1/2n$ für $n \geq 2$.

Schließlich erwähnen wir noch als weiteres Beispiel:

Wenn $\xi_1, \ldots, \xi_n$ unabhängige, nach $N(a, 1)$, $-\infty < a < \infty$, verteilte zufällige Variable sind, dann rechnet man leicht nach, daß $(\xi_1 + \cdots + \xi_n)/n$ wirksam für a in $-\infty < a < \infty$ ist.

Wir wenden uns nun noch dem Fall der erwartungstreuen Schätzung n-dimensionaler Parameter zu. Es sei W_Γ wieder eine Menge von Wahrscheinlichkeitsmaßen über $(R, \mathbf{S})$ und $d = (d_1, \ldots, d_n)$ eine Abbildung von Γ in den R_n, $n \geq 2$. Wir haben schon auf S. 326 darauf hingewiesen, daß man die erwartungstreue Schätzung mehrdimensionaler Abbildungen auf den eindimensionalen Fall zurückführen kann. Dies benützt man auch, um die Begriffe lokal minimale und gleichmäßig minimale Schätzung zu definieren. Wir geben z. B. die Definition der *gleichmäßig minimalen Schätzungen*: *Es sei H die Klasse jener erwartungstreuen Schätzungen $h = (h_1, \ldots, h_n)$ für d, für welche $E(h_i^2; \gamma)$ für $i = 1, \ldots, n$ und für jedes $\gamma \in \Gamma$ existiert. h heißt gleichmäßig minimale Schätzung für d, wenn $\sum_{i=1}^{n} u_i h_i$ für alle reellen n-Tupel $u = (u_1, \ldots, u_n)$ gleichmäßig minimale Schätzung für $\sum_{i=1}^{n} u_i d_i$ ist.*

Bezeichnet man die Kovarianzmatrix von $h \in H$ bez. des Wahrscheinlichkeitsmaßes W_γ mit $\left(\sigma_{ij}^{(h)}(\gamma)\right)_{1\,n}^{1\,n}$, dann ist h_0 genau dann gleichmäßig minimal, wenn für alle n-Tupel reeller Zahlen $(u_1, \ldots, u_n)$, jedes $\gamma \in \Gamma$ und alle $h \in H$

$$\sum_{i,j=1}^{n} u_i u_j \sigma_{ij}^{(h_0)}(\gamma) \leq \sum_{i,j=1}^{n} u_i u_j \sigma_{ij}^{(h)}(\gamma) \tag{1.67}$$

gilt. Unter Benützung der eben eingeführten Bezeichnungen zeigen wir den

Satz 1.12: *Es sei h_0 eine gleichmäßig minimale Schätzung für d und h eine beliebige erwartungstreue Schätzung $\in H$ für d. Es sei $\left|\sigma_{ij}^{(h_0)}(\gamma)\right|_{1\,n}^{1\,n} \neq 0$ für jedes $\gamma \in \Gamma$. Dann liegt für jedes γ das zu h_0 gehörige Konzentrationsellipsoid zur Gänze in dem zu h gehörigen Konzentrationsellipsoid.*

Beweis: Nach Definition gilt (1.67) für alle $\gamma \in \Gamma$. Da aber $|\sigma_{ij}^{(h_0)}|_{1n}^{1n} \neq 0$ ist, ist die auf der linken Seite von (1.67) definierte quadratische Form der u_i positiv definit und daher auch die auf der rechten Seite von (1.67) definierte quadratische Form. Die zu $\left(\sigma_{ij}^{(h_0)}(\gamma)\right)_{1n}^{1n}$ inverse Matrix werde mit $\left(\sigma_{(h_0)}^{ij}(\gamma)\right)_{1n}^{1n}$ bezeichnet. Eine analoge Bedeutung hat $\left(\sigma_{(h)}^{ij}(\gamma)\right)_{1n}^{1n}$. Es genügt zu zeigen, daß aus (1.67) für jedes n-Tupel $(u_1, \ldots, u_n)$

$$\sum_{i,j=1}^{n} u_i u_j \sigma_{(h_0)}^{ij}(\gamma) \geq \sum_{i,j=1}^{n} u_i u_j \sigma_{(h)}^{ij}(\gamma) \tag{1.68}$$

folgt. Es seien u und v n-Tupel reeller Zahlen und λ, μ reelle Zahlen. Es sei weiter $(\sigma_{ij}^{(h_0)})_{1n}^{1n} = S_{h_0}$ und $(\sigma_{ij}^{(h)})_{1n}^{1n} = S_h$, wobei wir in dieser Bezeichnung die Abhängigkeit von γ unterdrücken. Da S_{h_0} positiv definit und symmetrisch ist, ist stets

$$(\mu S_{h_0}^{-1} u + \lambda v)' S_{h_0} (\mu S_{h_0}^{-1} u + \lambda v) \geq 0 .$$

Die in μ, λ quadratische Form $\mu^2 u' S_{h_0}^{-1} u + 2\mu\lambda u' v + \lambda^2 v' S_{h_0} v$ ist also stets nicht negativ. Daraus folgt für alle n-Tupel u, v

$$(u'v)^2 \leq (u' S_{h_0}^{-1} u)\,(v' S_{h_0} v). \tag{1.69}$$

Daher ist

$$\sup_{v \in R_n} \frac{(u'v)^2}{v' S_{h_0} v} \leq u' S_{h_0}^{-1} u . \tag{1.70}$$

Für $v = S_{h_0}^{-1} u$ gilt aber $\dfrac{(u'v)^2}{v' S_{h_0} v} = u' S_{h_0}^{-1} u$, daher gilt in (1.70) das Gleichheitszeichen. Diese Überlegungen gelten natürlich für jede positiv definite symmetrische Matrix und daher auch für S_h. Nun folgt aber aus (1.67)

$$\frac{(u'v)^2}{v' S_h v} \leq \frac{(u'v)^2}{v' S_{h_0} v} \text{ und daher auch } \sup_{v \in R_n} \frac{(u'v)^2}{v' S_h v} \leq \sup_{v \in R_n} \frac{(u'v)^2}{v' S_{h_0} v}.$$

Dies ist aber gleichbedeutend mit (1.68).

In ähnlicher Weise gestaltet sich auch die Verallgemeinerung der Ungleichung von CRAMÉR-FRÉCHET-RAO. Wählen wir der Einfachheit halber im Satz 1.10 $\varphi(\gamma) = \psi(\gamma) = \gamma$ für alle $\gamma \in \Gamma$, dann kann man die Ungleichung (1.54) auch so deuten: Es sei C eine beliebige positive Zahl. Das durch $\{u : u^2[E((h-\gamma)^2;\gamma)]^{-1} \leq C\}$ definierte abgeschlossene Intervall enthält das abgeschlossene Intervall

$$\left\{u : u^2 E\left[\left(\frac{\partial \log f(x,\gamma)}{\partial \gamma}\right)^2;\gamma\right] \leq C\right\}$$

In dieser Form läßt sich nun Satz 1.10 bzw. das Korollar zum Satz 1.10 auf n-dimensionale Parameter übertragen.

Satz 1.13: *W_Γ habe die übliche Bedeutung, doch sei Γ eine offene Menge des R_n, $n \geq 2$. μ sei ein σ-endliches Maß, welches W_Γ dominiert. Mit $x \to f(x,\gamma)$ bezeichnen wir wieder für jedes $\gamma = (\gamma_1, \ldots, \gamma_n) \in \Gamma$ die R.N.-Dichten. Es sei $f(x,\gamma) \neq 0$ für jedes γ μ-f. ü. Für jedes γ mögen die Abbildungen $x \to \frac{\partial f(x,\gamma)}{\partial \gamma_i}$ μ-f. ü. für $i = 1, \ldots, n$ existieren. Für jedes γ und i sei*

$$\frac{\partial}{\partial \gamma_i}\int_R f(x,\gamma)\,d\mu(x) = \int_R \frac{\partial}{\partial \gamma_i} f(x,\gamma)\,d\mu(x). \tag{1.71}$$

Überdies existiere $v_{ij}(\gamma) = E\left[\left(\frac{\partial \log f}{\partial \gamma_i}\frac{\partial \log f}{\partial \gamma_j}\right);\gamma\right]$ für jedes γ und $i, j = 1, \ldots, n$. $h = (h_1, \ldots, h_n)$ sei erwartungstreue Schätzung für γ. Für jedes γ und $i, j = 1, \ldots, n$ sei

$$\frac{\partial}{\partial \gamma_i}\int_R h_j(x) f(x,\gamma)\,d\mu(x) = \int_R h_j(x)\frac{\partial}{\partial \gamma_i} f(x,\gamma)\,d\mu(x). \tag{1.72}$$

Weiter existiere $\sigma_{ij}(\gamma) = E[(h_i - \gamma_i)(h_j - \gamma_j);\gamma]$ für jedes γ. Wir bezeichnen die Matrix $(\sigma_{ij}(\gamma))_{1\,n}^{1\,n}$ mit $K(\gamma)$ und setzen $K(\gamma)$ für jedes $\gamma \in \Gamma$ als positiv definit voraus. Wenn wir die Matrix $(v_{ij}(\gamma))_{1\,n}^{1\,n}$ mit $V(\gamma)$ bezeichnen, dann gilt: Für jede positive Zahl C enthält das Ellipsoid $u'K^{-1}(\gamma)u \leq C$ zur Gänze das Ellipsoid $u'V(\gamma)u \leq C$, wobei u ein n-dimensionaler Spaltenvektor ist.

Beweis: Wir betrachten für festes γ die $2n$ zufälligen Variablen $h_1, \ldots, h_n, \frac{\partial \log f}{\partial \gamma_1}, \ldots, \frac{\partial \log f}{\partial \gamma_n}$. Aus den Voraussetzungen folgt wieder leicht, daß die Kovarianzmatrix $L(\gamma)$ dieser $2n$ zufälligen Variablen existiert. Es ist

$$E(h_j; \gamma) = \gamma_j, \quad j = 1, \ldots, n. \tag{1.73}$$

Differenziert man die Beziehung (1.73) nach γ_i für $i = 1, \ldots, n$, dann folgt mittels (1.71) und (1.72)

$$E\left[(h_j - \gamma_j) \frac{\partial \log f}{\partial \gamma_i}; \gamma\right] = \begin{cases} 0 & j \neq i \\ 1 & j = i \end{cases}. \tag{1.74}$$

Wir unterdrücken nun die Abhängigkeit unserer Ausdrücke von γ. Da L positiv semidefinit ist, folgt $z' L z \geq 0$ für jedes $2n$-Tupel reeller Zahlen z. Mit I_n bezeichnen wir die n-dimensionale Einheitsmatrix $\begin{pmatrix} 1 & & 0 \\ & \ddots & \\ 0 & & 1 \end{pmatrix}$ und mit 0 eine $n \times n$-Matrix, deren Elemente nur Nullen sind. Es sei $M = \begin{pmatrix} K^{-1} & 0 \\ 0 & I_n \end{pmatrix}$. Wenn wir die Transformation $z = Mw$ machen, dann durchläuft wegen $|M| \neq 0$ mit z auch w alle reellen $2n$-Tupel und umgekehrt. Es gilt also auch $w' M' L M w \geq 0$ für alle $w \in R_{2n}$. Es ist $M' = M$ und, wie man leicht nachrechnet, $M' L M = \begin{pmatrix} K^{-1} & K^{-1} \\ K^{-1} & V \end{pmatrix}$, und diese Matrix ist positiv semidefinit. Wählt man nun $w_i = u_i$, $1 \leq i \leq n$, $w_{i+n} = -u_i$, $1 \leq i \leq n$, dann muß auch für diese Wahl von w

$$w' \begin{pmatrix} K^{-1} & K^{-1} \\ K^{-1} & V \end{pmatrix} w = u'(V - K^{-1}) u \geq 0$$

sein. Somit ist aber $u' V u \geq u' K^{-1} u$ für jedes $u \in R_n$, und das war zu beweisen.

Es sei noch bemerkt, daß aus Satz 1.13 insbesondere folgt, daß das Konzentrationsellipsoid von h für jedes γ in $u' V u \leq n + 2$ enthalten ist.

2. Konsistente Folgen von Schätzungen. Wir haben bisher die Aufgabe der Schätzung unbekannter Parameter für den Fall eines festen Stichprobenraumes R untersucht. In der Praxis spielt aber die Vorstellung eine wichtige Rolle, daß man den Parameter „immer besser" schätzen kann, je größer der Stichprobenumfang ist. Diese Aufgabe führt, wie in der Testtheorie, dazu, Folgen von Stichprobenräumen und Folgen von Schätzungen zu untersuchen. Wir geben zunächst folgende wichtige

Definition: *Es sei* $(R^{(n)}, \mathbf{S}^{(n)})$ *für* $n = 1, 2, \ldots,$ *ein Meßraum. Über jedem* $(R^{(n)}, \mathbf{S}^{(n)})$ *sei eine Menge von Wahrscheinlichkeitsmaßen* $W_\Gamma^{(n)}$ *definiert, wobei* Γ *unabhängig von* n *sei. Es sei* h_n *für* $n = 1, 2, \ldots$ *eine zufällige Variable über* $(R^{(n)}, \mathbf{S}^{(n)})$, *d. h. eine* $\mathbf{S}^{(n)}$*-meßbare Funktion.* $\{h_n\}$ *heißt konsistente Folge von Schätzungen für* d[2.1] *oder kurz konsistent für* d, *wenn für jedes* $\gamma \in \Gamma$, *jedes* $\varepsilon > 0$ *und jedes* $\delta > 0$

$$W_\gamma^{(n)}\left(|h_n - d(\gamma)| < \varepsilon\right) > 1 - \delta \tag{2.1}$$

für $n \geq N(\varepsilon, \delta, \gamma)$ *ist.*

Diese Definition kann man auch in der Weise ausdrücken: Für jedes γ konvergiert die Folge der zufälligen Variablen $\{h_n\}$ stochastisch gegen $d(\gamma)$.

$\{h_n\}$ heißt *gleichmäßig konsistent für* d, *wenn* $N(\varepsilon, \delta, \gamma)$ nur von ε und δ, aber nicht von $\gamma \in \Gamma$ abhängt.

Im allgemeinen werden wir uns aber nur mit dem wichtigsten Spezialfall dieser Definition beschäftigen, indem wir als Folge von Stichprobenräumen für $n = 1, 2, \ldots$ den euklidischen R_n und als Stichprobenvariable unabhängige zufällige Variable betrachten, etwas genauer:

Es sei $\xi_1, \xi_2, \ldots$ eine Folge unabhängiger zufälliger Variabler derselben Dimension (die wir der Einfachheit halber als Eins annehmen wollen), welche alle dieselbe Verteilung $W_{\gamma, \xi_i} = W_\gamma$, $\gamma \in \Gamma$, besitzen[2.2]. Es sei h_n für $n = 1, 2, \ldots$ eine Funktion über dem R_n. Dann heißt h_n eine Folge konsistenter Schätzungen für d, wenn für jedes $\gamma \in \Gamma$, $\varepsilon > 0$ und $\delta > 0$

$$W[|h_n(\xi_1, \ldots, \xi_n) - d(\gamma)| < \varepsilon; \gamma] > 1 - \delta \tag{2.2}$$

für $n \geq N(\varepsilon, \delta, \gamma)$ gilt.

[2.1] Wenn $\Gamma \subseteq R_1$ und $d(\gamma) = \gamma$ für alle $\gamma \in \Gamma$, dann sagen wir auch h_n ist konsistent für $\gamma \in \Gamma$.

[2.2] Vgl. auch dazu III., S. 290ff.

Es wird sich übrigens im folgenden zeigen, daß wir nur selten von der Unabhängigkeit der ξ_i Gebrauch machen.

Wir betrachten einige Beispiele zu diesen Definitionen. Aus I., Satz 38.2 folgt sofort: Es sei $\xi_1, \xi_2, \ldots$ eine Folge unabhängiger zufälliger Variabler mit derselben Verteilung, so daß $E(\xi_1) = a, -\infty < a < \infty$ existiert. Dann ist $\bar{\xi}_n = \frac{\xi_1 + \cdots + \xi_n}{n}$ $n \geq 1$ eine konsistente Folge von Schätzungen für a.

Wenn auch noch $\sigma^2 = E[(\xi_1 - a)^2; a]$ existiert und $0 < \sigma^2 < c_0$ gilt, dann kann man solche Konsistenzaussagen mittels der Čebyševschen Ungleichung sofort in Aussagen über gleichmäßige Konsistenz verwandeln. Es gilt ja dann $W(|\bar{\xi}_n - a| > \varepsilon; a) \leq \delta$ für $n \geq \frac{c_0}{\varepsilon^2 \delta}$ und dies hängt nicht mehr von a ab.

Offensichtlich kann man nach diesem Vorbild stets eine Folge konsistenter Schätzungen gewinnen, wenn man das Problem der erwartungstreuen Schätzungen gelöst hat. Wenn man eine Folge $\{h_n\}$ konsistenter Schätzungen für d zur Verfügung hat, dann kann man sofort unendlich viele weitere konsistente Folgen von Schätzungen für d angeben. Man braucht nur eine beliebige Nullfolge reeller Zahlen a_n auszuwählen. Dann folgt sofort aus (2.1), daß auch die Folge $\{h_n + a_n\}$ konsistent für d ist.

Die Definition einer konsistenten Folge von Schätzungen läßt sich ohne weiteres auf Abbildungen d von Γ in einen R_k, $k \geq 2$, ausdehnen. Man hat dann nur in (2.2) unter dem Betragzeichen den Betrag im R_k zu verstehen, wobei die Folge der $\{h_n\}$ natürlich eine Folge k-dimensionaler zufälliger Variabler ist.

Der Begriff einer konsistenten Testfolge ist nur ein Spezialfall einer konsistenten Folge von Schätzfunktionen. Dies zeigen wir im

Satz 2.1: $\varphi_1, \varphi_2, \ldots$ *ist genau dann eine konsistente Testfolge für das Problem* $(\Gamma_0, \Gamma - \Gamma_0)$, *wenn* $\varphi_1, \varphi_2, \ldots$ *konsistente Folge von Schätzfunktionen für d mit* $d(\gamma) = 0$ *für* $\gamma \in \Gamma_0$ *und* $d(\gamma) = 1$ *für* $\gamma \in \Gamma - \Gamma_0$ *ist.*

Beweis: Die Verteilung von $(\xi_1, \ldots, \xi_n)$ bezeichnen wir für jedes $\gamma \in \Gamma$ und $n = 1, 2, \ldots$ mit $W_\gamma^{(n)}$. Wenn φ_n konsistente Testfolge ist, dann gilt

$$E[\varphi_n(\xi_1, \ldots, \xi_n); \gamma] \to 0, \quad n \to \infty \tag{2.3}$$

für $\gamma \in \Gamma_0$ und

$$E[\varphi_n(\xi_1, \ldots, \xi_n); \gamma] \to 1, \quad n \to \infty \tag{2.4}$$

für $\gamma \in \Gamma - \Gamma_0$.

Es sei nun $M_n = \{(x_1, \ldots, x_n) \in R_n : \varphi_n(x_1, \ldots, x_n) \geq \varepsilon\}$ für gegebenes $\varepsilon > 0$. Zu vorgegebenem ε kann man wegen (2.3) $N(\varepsilon)$ [2.3] so wählen, daß $\int\limits_{R_n} \varphi_n \, d\, W_\gamma^{(n)} < \varepsilon^2$, $n \geq N(\varepsilon)$. Es folgt $\int\limits_{M_n} \varphi_n \, d\, W_\gamma^{(n)} < \varepsilon^2$ und daher auch $\varepsilon\, W_\gamma^{(n)}(M_n) < \varepsilon^2$, d. h. $W_\gamma^{(n)}(\varphi_n(\xi_1, \ldots, \xi_n) < \varepsilon) > 1 - \varepsilon$, also ist φ_n konsistent für d über Γ_0. Um zu zeigen, daß φ_n auch konsistent für d über $\Gamma - \Gamma_0$ ist, hat man nur zu beachten, daß (2.4) gleichbedeutend mit $E(1 - \varphi_n(\xi_1, \ldots, \xi_n); \gamma) = 0$ ist. Dann gehe man wie oben vor.

Ist umgekehrt φ_n konsistent für d, dann gilt für jedes $\gamma \in \Gamma_0$, $\varepsilon > 0$ und $\delta > 0$

$$W_\gamma^{(n)}\big(\varphi_n(\xi_1, \ldots, \xi_n) < \varepsilon\big) > 1 - \delta \tag{2.5}$$

für $n \geq N(\varepsilon, \delta, \gamma)$. Wegen $0 \leq \varphi_n \leq 1$ folgt somit zusammen mit (2.5)

$$\int\limits_{R_n} \varphi_n \, d\, W_\gamma^{(n)} = \int\limits_{M_n} \varphi_n \, d\, W_\gamma^{(n)} + \int\limits_{R_n - M_n} \varphi_n \, d\, W_\gamma^{(n)} \leq \delta \cdot 1 + \varepsilon \cdot 1$$

für $n \geq (\varepsilon, \delta, \gamma)$. Es folgt (2.3). Genau so beweist man (2.4) für $\gamma \in \Gamma - \Gamma_0$.

3. Das Maximum Likelihood-Prinzip. Die Frage, für welche Abbildungen d konsistente Folgen von Schätzfunktionen existieren, läßt sich unter sehr allgemeinen Voraussetzungen beantworten [3.1]. Für praktische Anwendungen ist aber das Problem der Konstruktion von konsistenten Folgen von Schätzfunktionen noch wichtiger als ein Existenzsatz. Wir wollen nur ein solches Konstruktionsprinzip angeben, welches noch immer von großer Bedeutung ist, obwohl in letzter Zeit die Grenzen dieses Prinzips erkannt und andere wichtige Konstruktionsprinzipien entdeckt wurden. Es handelt sich um das sogenannte Maximum-Likelihood-Prinzip (MLP), welches in seinen Anfängen auf Gauss zurückgeht. Die moderne Form dieses Prinzipes verdankt man jedoch Fisher [3.2].

[2.3] Wir schließen nicht aus, daß $N(\varepsilon)$ von γ abhängt.

[3.1] L. Le Cam und L. Schwartz, Ann. math. Statistics 31, 140–150 (1960). Vgl. auch J. L. Doob, Colloques internat. Centre nat. Rech. Sci., Lyon 1948, 23–27.

[3.2] R. A. Fisher, Messenger of Math. 41, 155–160 (1912).

Der Begriff der konsistenten Folge von Schätzfunktionen geht übrigens im wesentlichen ebenfalls auf FISHER zurück. Grob gesagt handelt es sich beim MLP um Folgendes: Es sei Γ eine Teilmenge des R_k, und es seien $\xi_1, \ldots, \xi_n$ zufällige Variable mit der gemeinsamen Dichte $(x_1, \ldots, x_n) \to f(x_1, \ldots, x_n, \gamma)$, $\gamma \in \Gamma$. Es existiere eine Abbildung $(x_1, \ldots, x_n) \to \gamma^*(x_1, \ldots, x_n)$ vom R_n in den R_k, welche die Bedingung

$$\max_{\gamma \in \Gamma} f(x_1, \ldots, x_n, \gamma) = f\big(x_1, \ldots, x_n, \gamma^*(x_1, \ldots, x_n)\big)$$

erfüllt. Kurz gesagt, wir maximisieren die Likelihood-Funktion. Die zufällige Variable $\gamma^*(\xi_1, \ldots, \xi_n)$ heißt ML-Schätzung. Ihre große Bedeutung wird bald klar werden.

Nun beweisen wir den

Satz 3.1: *Es sei ξ eine zufällige Variable beliebiger Dimension ≥ 1, die wir jedoch aus Bequemlichkeitsgründen gleich 1 wählen wollen. Es sei Γ ein k-dimensionaler offener Quader, $k \geq 1$. Die Verteilung W_γ von ξ sei durch die Dichte $x \to f(x, \gamma)$, $\gamma \in \Gamma$, bez. eines σ-endlichen Maßes μ gegeben. Für jedes γ und alle $x \in R_1$ sei $f(x,\gamma) \neq 0$*[3.3]. *Überdies mögen für jedes x*[3.4] *und alle γ sämtliche ersten und zweiten Ableitungen der Likelihood-Funktion $\gamma \to f(x, \gamma)$ nach den γ_j existieren und stetig sein, $1 \leq j \leq k$. Weiter sei*

$$\frac{\partial}{\partial \gamma_i} \int_{R_1} f(x, \gamma)\, d\mu(x) = \int_{R_1} \frac{\partial}{\partial \gamma_i} f(x, \gamma)\, d\mu(x) \tag{3.1}$$

und

$$\frac{\partial^2}{\partial \gamma_i \partial \gamma_j} \int_{R_1} f(x, \gamma)\, d\mu(x) = \int_{R_1} \frac{\partial^2}{\partial \gamma_i \partial \gamma_j} f(x, \gamma)\, d\mu(x) \tag{3.2}$$

[3.3] Man kann ohne Schwierigkeit die Voraussetzung $f(x,\gamma) \neq 0$ für alle $x = R_1$ durch die Voraussetzung $f(x,\gamma) \neq 0$ für alle $x \in R_1$ bis auf eine μ-Nullmenge ersetzen. Außerdem kann man auch den R_1 durch eine beliebige, von γ unabhängige Borelmenge M ersetzen, d. h. es genügt zu fordern $f(x,\gamma) \neq 0$ für jedes $\gamma \in \Gamma$ und alle $x \in M$ und $f(x,\gamma) = 0$ für jedes $\gamma \in \Gamma$ und alle $x \in R_1 - M$.

[3.4] Auch hier kann man wieder Ausnahmemengen vom μ-Maß 0 zulassen.

für alle γ *und* $i,\ j = 1, \ldots, k$. *Überdies fordern wir die Existenz von* $E\left[\frac{\partial^2 \log f(\xi, \gamma)}{\partial \gamma_i\, \partial \gamma_j}; \gamma\right]$ *für* $\gamma \in \Gamma$, $i, j = 1, \ldots, k$. *Für alle* x *und* $\gamma \in \Gamma$ *bezeichnen wir die* $k \times k$*-Matrix mit den Elementen* $\frac{\partial \log f(x, \gamma)}{\partial \gamma_i} \frac{\partial \log f(x, \gamma)}{\partial \gamma_j}$ *mit* $A(x, \gamma)$. *Es ist dann für jedes* γ *die Matrix* $E(A(\xi, \gamma); \gamma)$ *definiert. Es wird außerdem für* $\gamma \in \Gamma$

$$|E(A(\xi, \gamma); \gamma)| \neq 0 \tag{3.3}$$

vorausgesetzt.

Es sei $\xi_1, \xi_2, \ldots$ *eine Folge unabhängiger zufälliger Variabler, welche alle dieselbe Verteilung wie* ξ *haben. Die Dichte von* $\xi^{(n)} = (\xi_1, \ldots, \xi_n)$, $n \geq 1$, *bezüglich* $\mu \times \cdots \times \mu$, *welche für jedes* $x^{(n)} = (x_1, \ldots, x_n)$ *und* $\gamma \in \Gamma$ *durch* $\prod_{=1}^{n} f(x_i, \gamma)$ *gegeben ist, werde mit* $f^{(n)}(x^{(n)}, \gamma)$ *bezeichnet. Die* $k \times k$*-Matrix, deren Elemente durch* $\frac{\partial^2}{\partial \gamma_i\, \partial \gamma_j} \log f^{(n)}(x^{(n)}, \gamma)$, $i, j = 1, \ldots, k$, *gegeben sind, bezeichnen wir mit* $B(x^{(n)}, \gamma)$. *Überdies führen wir die Bezeichnung*

$$\begin{pmatrix} \dfrac{\partial \log f^{(n)}(x^{(n)}, \gamma)}{\partial \gamma_1} \\ \vdots \\ \dfrac{\partial \log f^{(n)}(x^{(n)}, \gamma)}{\partial \gamma_k} \end{pmatrix} = \frac{\partial \log f^{(n)}(x^{(n)}, \gamma)}{\partial \gamma}$$

ein und setzen weiter voraus: Zu jedem $\eta > 0$ *und zu jedem* $\gamma \in \Gamma$ *gibt es eine natürliche Zahl* $n(\eta, \gamma) = n(\eta)$, *so daß ein* $q(\gamma)$ *mit* $0 < q(\gamma) < 1$ *und eine abgeschlossene Kugel* $K(\gamma)$ *mit Mittelpunkt* γ *und Radius* $\varrho(\gamma) > 0$ *existieren, derart, daß für jedes* $\tilde{\gamma}$ *und* $\tilde{\tilde{\gamma}} \in K(\gamma)$ *und* $n \geq n(\eta)$

$$W_\gamma\left(\left|\frac{\partial \log f^{(n)}(\xi^{(n)}, \tilde{\gamma})}{\partial \gamma} - \frac{\partial \log f^{(n)}(\xi^{(n)}, \tilde{\tilde{\gamma}})}{\partial \gamma} - B(\xi^{(n)}, \gamma)(\tilde{\gamma} - \tilde{\tilde{\gamma}})\right| \leq \right.$$

$$\left. \leq q(\gamma)\,|B(\xi^{(n)} \gamma) \cdot (\tilde{\gamma} - \tilde{\tilde{\gamma}})|\right) \geq 1 - \eta\,. \tag{3.4}$$

Dann existiert für jedes $\gamma \in \Gamma$, *jedes* $\varepsilon > 0$ *und jedes* $\delta > 0$ *eine natürliche Zahl* $N(\delta, \varepsilon)$ *mit folgender Eigenschaft. Für jedes* $n \geq$

$\geq N(\delta, \varepsilon)$[3.5] *läßt sich eine* $\mathfrak{B}_n$*-meßbare Abbildung* $\hat{\gamma}_n$ *vom* R_n *in* Γ *angeben und eine Menge* $F_n \in \mathfrak{B}_n$, *so daß für alle* $x^{(n)} \in F_n$

$$\frac{\partial \log f^{(n)}\left(x^{(n)}, \hat{\gamma}_n(x^{(n)})\right)}{\partial \gamma} = 0 \text{ [3.6]} \tag{3.5}$$

und

$$W(\xi^{(n)} \in F_n; \gamma) \geq 1 - \delta$$

ist und überdies

$$W\left(|\hat{\gamma}_n(\xi^{(n)}) - \gamma| < \varepsilon; \gamma\right) \geq 1 - \delta \tag{3.6}$$

gilt.

Dem Beweise schicken wir folgenden Hilfssatz voraus:

Lemma 3.1: *Aus der Existenz von* $E\left(\frac{\partial^2 \log f(\xi, \gamma)}{\partial \gamma_i\, \partial \gamma_j}; \gamma\right)$ *und der Gültigkeit von* (3.2) *folgt die Existenz von* $E\left(\frac{\partial \log f(\xi, \gamma)}{\partial \gamma_i} \frac{\partial \log f(\xi, \gamma)}{\partial \gamma_j}; \gamma\right)$. *Überdies gilt*

$$E\left(\frac{\partial^2 \log f(\xi, \gamma)}{\partial \gamma_i\, \partial \gamma_j}; \gamma\right) = -E\left(\frac{\partial \log f(\xi, \gamma)}{\partial \gamma_i} \frac{\partial \log f(\xi, \gamma)}{\partial \gamma_j}; \gamma\right). \tag{3.7}$$

Beweis: Es gilt für alle $x \in R_1$

$$f(x, \gamma) \cdot \frac{\partial^2}{\partial \gamma_i\, \partial \gamma_j} \log f(x, \gamma) - \frac{\partial^2}{\partial \gamma_i\, \partial \gamma_j} f(x, \gamma) =$$
$$= -\frac{1}{f^2(x, \gamma)} \frac{\partial f(x, \gamma)}{\partial \gamma_i} \frac{\partial f(x, \gamma)}{\partial \gamma_j} f(x, \gamma).$$

Die durch die linke Seite definierte Funktion ist μ-integrierbar, also auch die durch die rechte Seite erklärte Funktion. Es ist aber

$$\int\limits_{R_1} \frac{1}{f^2(x, \gamma)} \frac{f(x, \gamma)}{\partial \gamma_i} \frac{f(x, \gamma)}{\partial \gamma_j} f(x, \gamma)\, d\mu(x) = E\left[\frac{\partial \log f(\xi, \gamma)}{\partial \gamma_i} \frac{\partial \log f(\xi, \gamma)}{\partial \gamma_j}; \gamma\right]$$

und da aus (3.2) $\int\limits_{R_1} \frac{\partial^2}{\partial \gamma_i\, \partial \gamma_j} f(x, \gamma)\, d\mu(x) = 0$ folgt, ergibt sich auch (3.7).

[3.5] $N(\delta, \varepsilon)$ hängt auch von γ ab, doch bringen wir dies in der Bezeichnung nicht zum Ausdruck. Diese Bemerkung erstreckt sich auch auf analoge Fälle im folgenden Beweis.

[3.6] „0" bedeutet hier den k-dimensionalen Nullvektor.

Beweis des Satzes 3.1[3.7]: Wir wählen ein $\gamma \in \Gamma$ und halten es fest. Alle Wahrscheinlichkeiten und Erwartungswerte beziehen sich auf dieses γ, und daher lassen wir es von nun an weg. Aus der Definition von $f^{(n)}$ folgt für jedes $(x_1, \ldots, x_n) \in R_n$

$$\frac{\partial^2 \log f^{(n)}(x^{(n)}, \gamma)}{\partial \gamma_i \, \partial \gamma_j} = \sum_{l=1}^{n} \frac{\partial^2 \log f(x_l, \gamma)}{\partial \gamma_i \, \partial \gamma_j}.$$

Es folgt daher aus I., Satz 38.2: Seien ε_1 und $\delta_1 > 0$ gegeben. Dann gibt es ein $n(\varepsilon_1, \delta_1)$, so daß

$$W\left(\left|\frac{1}{n} \frac{\partial^2 \log f^{(n)}(\xi^{(n)}, \gamma)}{\partial \gamma_i \, \partial \gamma_j} - E\left(\frac{\partial^2 \log f(\xi, \gamma)}{\partial \gamma_i \, \partial \gamma_j}\right)\right| < \varepsilon_1\right) > 1 - \delta_1 \quad (3.8)$$

für $n \geq n(\varepsilon_1, \delta_1)$ und $i, j = 1, \ldots, k$. Es sei

$$E_{ij}^{(n)} = \left\{x^{(n)} : \left|\frac{1}{n} \frac{\partial^2 \log f^{(n)}(x^{(n)}, \gamma)}{\partial \gamma_i \, \partial \gamma_j} - E\left(\frac{\partial^2 \log f(\xi, \gamma)}{\partial \gamma_i \, \partial \gamma_j}\right)\right| \geq \varepsilon_1\right\}$$

$i, j = 1, \ldots, k$. Dann folgt aus (3.8) $W_{\xi^{(n)}}\left(\bigcup_{i,j=1}^{k} E_{ij}^{(n)}\right) \leq \delta_1 k^2$. Nun ist $R_n - \bigcup_{i,j=1}^{k} E_{ij}^{(n)} = \bigcap_{i,j=1}^{k} (R_n - E_{ij}^{(n)})$. Auf dieser Menge sind aber alle Ungleichungen

$$\left|\frac{1}{n} \frac{\partial^2 \log f^{(n)}(x^{(n)}, \gamma)}{\partial \gamma_i \, \partial \gamma_j} - E\left(\frac{\partial^2 \log f(\xi, \gamma)}{\partial \gamma_i \, \partial \gamma_j}\right)\right| < \varepsilon_1$$

erfüllt. Somit ist

$$W\left(\left|\frac{1}{n} \frac{\partial^2 \log f^{(n)}(\xi^{(n)}, \gamma)}{\partial \gamma_i \, \partial \gamma_j} - E\left(\frac{\partial^2 \log f(\xi, \gamma)}{\partial \gamma_i \, \partial \gamma_j}\right)\right| < \right.$$
$$\left. < \varepsilon_1, \ i, j = 1, \ldots, k\right) > 1 - k^2 \delta_1 \quad (3.9)$$

für $n \geq n(\varepsilon_1, \delta_1)$.

Es ist für jedes $x^{(n)} \in R_n$

$$\frac{\partial \log f^{(n)}(x^{(n)}, \gamma)}{\partial \gamma_i} = \sum_{l=1}^{k} \frac{\partial \log f(x_l, \gamma)}{\partial \gamma_i}.$$

[3.7] Der hier gegebene Beweis ist zum Teil dem von H. Cramér, l. c., I. [40.1], 500 verwandt. Für den hier betrachteten Fall eines mehrdimensionalen Parameters hat K. C. Chanda, Biometrika 41, 56–62 (1954) den Beweis von Cramér im Detail ausgeführt.

Überdies ist wegen (3.1)

$$E\left(\frac{\partial \log f(\xi,\gamma)}{\partial \gamma_i}\right) = 0, \qquad i = 1, \ldots, k. \tag{3.10}$$

Wendet man also wieder I., Satz 38.2 an, dann ergibt sich

$$W\left(\frac{1}{n}\left|\frac{\partial \log f^{(n)}(\xi^{(n)},\gamma)}{\partial \gamma_i}\right| < \varepsilon_1\right) > 1 - \delta_1 \tag{3.11}$$

für $i = 1, \ldots, k$ und $n \geq n_2(\varepsilon_1, \delta_1)$. Verfährt man nun genauso wie vorhin, dann folgt aus (3.11)

$$W\left(\frac{1}{n}\left|\frac{\partial \log f^{(n)}(\xi^{(n)},\gamma)}{\partial \gamma_i}\right| < \varepsilon_1, \quad i = 1, \ldots, k\right) > 1 - k\delta_1 \tag{3.12}$$

für $n \geq n_2(\varepsilon_1, \delta_1)$.

Ziehen wir nun noch (3.4) hinzu, dann kommen wir also zu folgendem Ergebnis: Es sei F_n die Menge aller $x^{(n)} \in R_n$, so daß die Ungleichung

$$\left|\frac{\partial \log f^{(n)}(x^{(n)},\tilde{\gamma})}{\partial \gamma} - \frac{\partial \log f^{(n)}(x^{(n)},\tilde{\tilde{\gamma}})}{\partial \gamma} - B(x^{(n)},\gamma)(\tilde{\gamma} - \tilde{\tilde{\gamma}})\right| \leq$$
$$\leq q(\gamma)\,|B(x^{(n)},\gamma)(\tilde{\gamma} - \tilde{\tilde{\gamma}})| \tag{3.13}$$

für alle $\tilde{\gamma}, \tilde{\tilde{\gamma}} \in K(\gamma)$, weiter die Ungleichungen

$$\left|\frac{1}{n}\frac{\partial^2 \log f^{(n)}(x^{(n)},\gamma)}{\partial \gamma_i\,\partial \gamma_j} - E\left(\frac{\partial^2 \log f(\xi,\gamma)}{\partial \gamma_i\,\partial \gamma_j}\right)\right| < \varepsilon_1 \tag{3.14}$$

für $i, j = 1, \ldots, k$ und schließlich die Ungleichungen

$$\left|\frac{1}{n}\frac{\partial \log f^{(n)}(x^{(n)},\gamma)}{\partial \gamma_i}\right| < \varepsilon_1 \tag{3.15}$$

für $i = 1, \ldots, k$ erfüllt sind.

Ist $n(\delta_1, \varepsilon_1, \eta) = \max\big(n_1(\varepsilon_1, \delta_1), n_2(\varepsilon_1, \delta_1), n(\eta)\big)$, dann folgt wegen (3.4), (3.9) und (3.12) wieder nach dem Muster des Beweises von (3.9), daß

$$W(\xi^{(n)} \in F_n) > 1 - \eta - \delta_1 k - \delta_1 k^2 \tag{3.16}$$

für $n \geq n(\delta_1, \varepsilon_1, \eta)$.

Wir betrachten nun ein festes $x^{(n)} \in F_n$, so daß stets (3.13), (3.14) und (3.15) erfüllt sind. Wir lassen daher jetzt in der Bezeichnung vielfach die Bezugnahme auf $x^{(n)}$, aber auch auf die zufällige Variable $\xi^{(n)}$ weg und schreiben $\frac{\partial \log f^{(n)}(\gamma)}{\partial \gamma}$ statt $\frac{\partial \log f^{(n)}(x^{(n)}, \gamma)}{\partial \gamma}$ oder $E(B(\gamma))$ statt $E(B(\xi^{(n)}, \gamma))$ usw.

Aus

$$E\left[\frac{1}{n}\frac{\partial^2 \log f^{(n)}(\gamma)}{\partial \gamma_i \, \partial \gamma_j}\right] = E\left(\frac{\partial^2 \log f(\gamma)}{\partial \gamma_i \, \partial \gamma_j}\right), \qquad i, j = 1, \ldots, k \tag{3.17}$$

und Lemma 3.1 folgt

$$\frac{1}{n} E(B(\gamma)) = -E(A(\gamma)). \tag{3.18}$$

$E(A(\gamma))$ kann wegen (3.10) als Kovarianzmatrix der k-dimensionalen zufälligen Variablen $\left(\frac{\partial \log f(\xi, \gamma)}{\partial \gamma_1}, \ldots, \frac{\partial \log f(\xi, \gamma)}{\partial \gamma_k}\right)$ aufgefaßt werden. Nach I., Satz 17.5, ist daher $E(A(\gamma))$ stets positiv semidefinit und wegen (3.3) positiv definit. Da aber eine Determinante eine stetige Funktion ihrer Elemente ist, kann man wegen (3.18) durch geeignete Wahl von ε_1 nach (3.14) erreichen, daß $B(\gamma)/n$ negativ definit ist. Da weiter wegen (3.14), (3.17) und (3.18) die Elemente von $B(\gamma)/n$ sich für alle $n \geq n(\delta_1, \varepsilon_1, \eta)$ höchstens um den festen Betrag ε_1 von den Elementen von $-E(A(\gamma))$ unterscheiden, folgt für passendes $\lambda > 0$, das nur von γ, aber nicht von $\tilde{\gamma}, \tilde{\tilde{\gamma}} \in R_k$ und auch nicht von n abhängt.

$$\left|\frac{B(\gamma)}{n}(\tilde{\gamma} - \tilde{\tilde{\gamma}})\right| \geq \lambda |\tilde{\gamma} - \tilde{\tilde{\gamma}}|. \tag{3.19}$$

Wir zeigen nun, daß es für $x^{(n)} \in F_n$ eine Lösung $\gamma^*(x^{(n)})$ von

$$\frac{\partial \log f^{(n)}(x^{(n)}, \gamma)}{\partial \gamma} = 0 \tag{3.20}$$

gibt, welche in $K(\gamma)$ liegt und dort eindeutig bestimmt ist. Wäre (3.20) für $\gamma^*(x^{(n)})$ und $\gamma^{**}(x^{(n)})$ mit $\gamma^*, \gamma^{**} \in K(\gamma)$ und $\gamma^* \neq \gamma^{**}$ erfüllt, dann folgte aus (3.13)

$$|B(\gamma)(\gamma^* - \gamma^{**})| \leq q(\gamma) |B(\gamma)(\gamma^* - \gamma^{**})|$$

und somit wegen $q(\gamma) < 1$ auch $B(\gamma)(\gamma^* - \gamma^{**}) = 0$. Aus (3.19) folgte dann $\gamma^* = \gamma^{**}$ im Widerspruch zur Annahme[3.8].

Nun zeigen wir die Existenz einer Lösung $\gamma^*(x^{(n)})$ von (3.20). Da $B(\gamma)$ negativ definit ist, existiert die inverse Matrix $B^{-1}(\gamma)$. Wir definieren nun eine Folge $c_0, c_1, c_2, \ldots$ mit $c_i \in R_k$, wobei $c_0 = \gamma$ ist und für $l \geq 0$

$$c_{l+1} = c_l - B^{-1}(\gamma) \frac{\partial \log f^{(n)}(c_l)}{\partial \gamma} \tag{3.21}$$

gilt. Wir zeigen, daß c_l für $l \geq 1$ zu $K(\gamma)$ gehört. Betrachtet man (3.21) für l und $l-1$, $l \geq 1$, dann erhält man durch Subtraktion und Multiplikation mit $B(\gamma)$

$$B(\gamma)(c_{l+1} - c_l) = B(\gamma)(c_l - c_{l-1}) - \frac{\partial \log f^{(n)}(c_l)}{\partial \gamma} + \frac{\partial \log f^{(n)}(c_{l-1})}{\partial \gamma}. \tag{3.22}$$

Wir führen nun einen Induktionsbeweis und zeigen außerdem, daß

$$|B(\gamma)(c_{l+1} - c_l)| \leq q(\gamma)\,|B(\gamma)(c_l - c_{l-1})|, \qquad l \geq 1 \tag{3.23}$$

gilt. Nach (3.15) ist

$$\left|\frac{1}{n} \frac{\partial \log f^{(n)}(\gamma)}{\partial \gamma}\right| < k\varepsilon_1 \tag{3.24}$$

Wählt man ε_1 hinreichend klein, dann gilt mit $q = q(\gamma)$, $\varrho = \varrho(\gamma)$ und der in (3.19) auftretenden positiven Zahl λ

$$k\varepsilon_1 \leq \varrho\lambda(1 - q). \tag{3.25}$$

Aus (3.21) folgt $B(\gamma)(c_1 - c_0) = -\dfrac{\partial \log f^{(n)}(c_0)}{\partial \gamma}$, wenn man $l = 0$ setzt, und daher schließlich aus (3.24) und (3.25)

$$\left|\frac{1}{n} B(\gamma)(c_1 - c_0)\right| \leq \varrho\lambda(1 - q). \tag{3.26}$$

Damit folgt aus (3.19) $|c_1 - c_0| < \varrho$, d. h. $c_1 \in K(\gamma)$. Wenden wir nun (3.13) mit $\tilde{\gamma} = c_0$ und $\tilde{\tilde{\gamma}} = c_1$ auf (3.22) für $l = 1$ an,

[3.8] Wir haben hier und im folgenden einen Vorgang von H. Hornich, Monatsh. Math. 54, 130–134 (1950) für unsere Zwecke modifiziert.

dann erhalten wir (3.23) für $l = 1$. Es sei nun schon bewiesen, daß für $1 \leq l \leq m$ sowohl

$$c_l \in K(\gamma) \tag{3.27}$$

als auch (3.23) gelten. Wir zeigen, daß sowohl (3.27) als auch (3.23) für $l = m + 1$ richtig sind. Zunächst gilt für jedes $l \geq 0$

$$|B(\gamma)(c_{l+1} - c_0)| \leq |B(\gamma)(c_{l+1} - c_l)| + |B(\gamma)(c_l - c_{l-1})| \cdots$$
$$\cdots + |B(\gamma)(c_1 - c_0)|$$

und daher folgt aus (3.23) für $l \leq m$

$$|B(\gamma)(c_{l+1} - c_0)| \leq |B(\gamma)(c_1 - c_0)|\,(1 - q^{l+1})/(1 - q)$$

und somit nach (3.26)

$$\left|\frac{1}{n} B(\gamma)(c_{l+1} - c_0)\right| \leq \varrho\lambda(1 - q^{l+1}). \tag{3.28}$$

Benützt man (3.28) für $l = m$ und wendet man sinngemäß (3.19) an, dann folgt $c_{m+1} \in K(\gamma)$. Damit folgt aber jetzt aus (3.22) für $l = m + 1$ und sinngemäßer Anwendung von (3.13) auch (3.23) für $l = m + 1$.

Wie wir eben gezeigt haben, gilt für alle $s > r \geq 0$

$$\left|\frac{1}{n} B(\gamma)(c_s - c_r)\right| \leq (q^{s-1} + \cdots + q^r)\left|\frac{B(\gamma)}{n}(c_1 - c_0)\right|.$$

Wegen (3.26), $q < 1$ und (3.19) ergibt sich, daß $|c_s - c_r|$ für hinreichend großes r beliebig klein wird. Somit existiert ein k-dimensionaler Vektor γ^* mit $c_r \to \gamma^*$ für $r \to \infty$ und

$$|\gamma^* - \gamma| \leq \varrho \tag{3.29}$$

da $K(\gamma)$ kompakt ist.

Da die Likelihood-Funktion $\gamma \to f^{(n)}(x^{(n)}, \gamma)$ stetig differenzierbar in γ ist, folgt

$$\frac{\partial \log f^{(n)}(c_l)}{\partial \gamma} \to \frac{\partial \log f^{(n)}(\gamma^*)}{\partial \gamma} \quad \text{für} \quad l \to \infty$$

und wegen $B(\gamma)\,(c_{l+1} - c_l) = - \frac{\partial \log f^{(n)}(c_l)}{\partial \gamma}$ ergibt sich für $l \to \infty$

$$\frac{\partial \log f^{(n)}(\gamma^*)}{\partial \gamma} = 0. \tag{3.30}$$

Um die Abhängigkeit dieser Konstruktion von n zum Ausdruck zu bringen, schreiben wir besser γ_n^* statt γ^*.

Die über F_n definierte Abbildung $x^{(n)} \to \gamma_n^*(x^{(n)})$ ist meßbar, wie aus (3.21) durch Induktion folgt.

Nun definiere man etwa

$$\hat{\gamma}_n(x^{(n)}) = \begin{cases} \gamma_n^*(x^{(n)}) & x^{(n)} \in F_n \\ 0 & x^{(n)} \in R_n - F_n\,. \end{cases} \tag{3.31}$$

Sind $\varepsilon > 0$ und $\delta > 0$ gegeben und wählt man $\varrho < \varepsilon$ und dann ε_1 und δ_1 hinreichend klein, so daß insbesondere (3.25) und $\eta + \delta_1(k + k^2) < \delta$ gelten, dann kann man $N(\delta, \varepsilon)$ so wählen, daß $\hat{\gamma}_n$ für $n \geq N(\delta, \varepsilon)$ (3.30) auf F_n erfüllt und überdies wegen (3.29) und (3.16)

$$W_\gamma\big(|\hat{\gamma}_n(\xi^{(n)}) - \gamma| < \varepsilon\big) > 1 - \delta \tag{3.32}$$

gilt.

Nun führt man den Beweis in der üblichen Weise zu Ende: Man wählt eine streng abnehmende Nullfolge $\{\varepsilon_i\}$ und eine ebensolche $\{\delta_i\}$. Dann existiert eine streng wachsende Folge positiver ganzer Zahlen n_i, so daß für $n_i \leq n \leq n_{i+1} - 1$, $i \geq 1$, $\hat{\gamma}_n$ gemäß (3.31) definiert ist, (3.30) erfüllt und (3.32) für $\varepsilon = \varepsilon_i$ und $\delta = \delta_i$ gilt.

Wir bemerken noch, daß die Konstruktion von γ_n^* vom gewählten $\gamma \in \Gamma$ abhängt. Man kann daher ohne weitere Einschränkungen nicht behaupten, daß γ_n^* eine konsistente Schätzfunktionenfolge für $\gamma \in \Gamma$ ist. Doch ist dieser Satz eine der Grundlagen für die Konstruktion solcher konsistenter Schätzfunktionenfolgen, wie sich im folgenden ergeben wird. Wesentlich für den Beweis des Satzes 3.1 war die Bedingung (3.4). Wir wollen für diese eine bequeme hinreichende Bedingung angeben. Wir behalten alle bisher eingeführten Bezeichnungen bei und zeigen den

Satz 3.2: *Es seien mit Ausnahme von* (3.4) *alle Voraussetzungen des Satzes* 3.1 *erfüllt. Darüber hinaus möge für alle* $x \in R_1$ *die Ab-*

bildung $\gamma \to f(x, \gamma)$ *in* Γ *dreimal differenzierbar sein. Weiter existiere eine über dem* R_1 *definierte Funktion* φ, *so daß für jedes* $x \in R_1$ *alle* $\gamma \in \Gamma$ *und alle* $h, i, j = 1, \ldots, k$

$$\left| \frac{\partial^3 \log f(x, \gamma)}{\partial \gamma_h \, \partial \gamma_i \, \partial \gamma_j} \right| \leq \varphi(x) \tag{3.33}$$

gilt. Für alle $\gamma \in \Gamma$ *existiere* $E(\varphi; \gamma)$. *Dann gilt die Bedingung* (3.4).

Beweis: Aus (3.33) folgt für jedes $x^{(n)} \in R_n$ und alle $\gamma \in \Gamma$

$$\frac{1}{n} \left| \frac{\partial^3 \log f^{(n)}(x^{(n)}, \gamma)}{\partial \gamma_h \, \partial \gamma_i \, \partial \gamma_j} \right| \leq \big(\varphi(x_1) + \cdots + \varphi(x_n)\big)/n. \tag{3.34}$$

Bezeichnen wir $E(\varphi; \gamma)$ mit $M(\gamma)$, dann folgt aus I., Satz 38.2, für jedes $\gamma_0 \in \Gamma$ und gegebene $\varepsilon_1, \delta_1 > 0$

$$W_{\gamma_0}\left(\left| \frac{\varphi(\xi_1) + \cdots + \varphi(\xi_n)}{n} - M(\gamma_0) \right| < \varepsilon_1 \right) > 1 - \delta_1 \tag{3.35}$$

für alle hinreichend großen n. Ist nun etwa $M(\gamma_0) + \varepsilon_1 = m(\gamma_0)$, dann folgt aus (3.34) und (3.35) für alle hinreichend großen n die Existenz einer Menge $E_n \in \mathfrak{B}_n$, so daß für alle $\gamma \in \Gamma$ und $x^{(n)} \in E_n$

$$\left| \frac{1}{n} \frac{\partial^3 \log f^{(n)}(x^{(n)}, \gamma)}{\partial \gamma_h \, \partial \gamma_i \, \partial \gamma_j} \right| \leq m(\gamma_0), \qquad h, i, j = 1, \ldots, k \tag{3.36}$$

mit

$$W(\xi^{(n)} \in E_n; \gamma_0) > 1 - \delta_1 \tag{3.37}$$

für jedes $\gamma_0 \in \Gamma$ gilt.

Es sei für alle $x^{(n)} \in R_n$ und $\gamma \in \Gamma$ und alle $i = 1, \ldots, k$

$$\frac{\partial^2 \log f^{(n)}(x^{(n)}, \gamma)}{\partial \gamma_i \, \partial \gamma} = \begin{pmatrix} \dfrac{\partial^2 \log f^{(n)}(x^{(n)}, \gamma)}{\partial \gamma_i \, \partial \gamma_1} \\ \cdots\cdots\cdots \\ \dfrac{\partial^2 \log f^{(n)}(x^{(n)}, \gamma)}{\partial \gamma_i \, \partial \gamma_k} \end{pmatrix}.$$

Es ist dann für alle γ_0, $\tilde{\gamma}$, $\tilde{\tilde{\gamma}}$ aus Γ, alle $x^{(n)} \in R_n$ und $1 \leq i \leq k$

$$\frac{1}{n}\frac{\partial \log f^{(n)}(x^{(n)}, \tilde{\tilde{\gamma}})}{\partial \gamma_i} - \frac{1}{n}\frac{\partial \log f^{(n)}(x^{(n)}, \tilde{\gamma})}{\partial \gamma_i} - \frac{1}{n}\left(\frac{\partial^2 \log f^{(n)}(x^{(n)}, \gamma_0)}{\partial \gamma_i\, \partial \gamma}\right)'(\tilde{\tilde{\gamma}} - \tilde{\gamma}) =$$

$$= \frac{1}{n}\left(\frac{\partial^2 \log f^{(n)}\left(x^{(n)}, \tilde{\gamma} + \vartheta_i(x^{(n)})\,(\tilde{\tilde{\gamma}} - \tilde{\gamma})\right)}{\partial \gamma_i\, \partial \gamma}\right)'(\tilde{\tilde{\gamma}} - \tilde{\gamma}) -$$

$$- \frac{1}{n}\left(\frac{\partial^2 \log f^{(n)}(x^{(n)}, \gamma_0)}{\partial \gamma_i\, \partial \gamma}\right)'(\tilde{\tilde{\gamma}} - \tilde{\gamma}), \quad 0 < \vartheta_i(x^{(n)}) < 1 .$$

Eine neuerliche Anwendung des Mittelwertsatzes der Differentialrechnung gibt

$$\frac{1}{n}\frac{\partial \log f^{(n)}(x^{(n)}, \tilde{\tilde{\gamma}})}{\partial \gamma_i} - \frac{1}{n}\frac{\partial \log f^{(n)}(x^{(n)}, \tilde{\gamma})}{\partial \gamma_i} -$$

$$- \frac{1}{n}\left(\frac{\partial^2 \log f^{(n)}(x^{(n)}, \gamma_0)}{\partial \gamma_i\, \partial \gamma}\right)'(\tilde{\tilde{\gamma}} - \tilde{\gamma}) =$$

$$= \frac{1}{n}(\bar{\gamma} - \gamma_0)'\left(\frac{\partial^3 \log f^{(n)}\left(x^{(n)}, \gamma_0 + \vartheta_{ij}(x^{(n)})\,(\bar{\gamma} - \gamma_0)\right)}{\partial \gamma_i\, \partial \gamma_j\, \partial \gamma_h}\right)_{1k}^{1k}(\tilde{\tilde{\gamma}} - \tilde{\gamma})$$

mit $\bar{\gamma} = \tilde{\gamma} + \vartheta_i(x^{(n)})\,(\tilde{\tilde{\gamma}} - \tilde{\gamma})$ und $0 < \vartheta_{ij}(x^{(n)}) < 1$. Wir wählen nun für ein $\gamma_0 \in \Gamma$ eine abgeschlossene Kugel $K(\gamma_0)$ mit γ_0 als Mittelpunkt und Radius $\varrho > 0$, dessen Wahl wir uns noch vorbehalten. Es seien $\tilde{\gamma}, \tilde{\tilde{\gamma}} \in K(\gamma_0)$, so daß also

$$|\tilde{\gamma} - \tilde{\tilde{\gamma}}| \leq \varrho \tag{3.38}$$

gilt. Es folgt somit aus (3.36) und (3.38)

$$\left|\frac{1}{n}\frac{\partial \log f^{(n)}(x^{(n)}, \tilde{\tilde{\gamma}})}{\partial \gamma} - \frac{1}{n}\frac{\partial \log f^{(n)}(x^{(n)}, \tilde{\gamma})}{\partial \gamma} - \frac{1}{n}B(x^{(n)}, \gamma_0)\,(\tilde{\tilde{\gamma}} - \tilde{\gamma})\right| \leq$$

$$\leq m(\gamma_0)\,k^2\,|\tilde{\tilde{\gamma}} - \tilde{\gamma}|\,\varrho \tag{3.39}$$

und zwar gilt dies wegen (3.37) und einer schon früher angewendeten Schlußweise für alle $x^{(n)}$, welche einer Menge aus $\mathfrak{B}_n$ angehören, deren $W_{\gamma_0, \xi(n)}$-Maß beliebig nahe an 1 liegt, wenn n hinreichend groß ist. Weiter kann man in Analogie zu (3.19) auch annehmen, daß für alle diese $x^{(n)}$

$$\left|\frac{B(x^{(n)}, \gamma_0)}{n}(\tilde{\tilde{\gamma}} - \tilde{\gamma})\right| \geq \lambda\,|\tilde{\tilde{\gamma}} - \tilde{\gamma}|$$

mit $\lambda > 0$ gilt. Wählt man nun q beliebig in $0 < q < 1$ und dann ϱ gemäß $0 < \varrho \leq q\lambda/(m(\gamma_0)k^2)$, dann folgt die Behauptung aus (3.39).

Wir ergänzen nun den Satz 3.2 noch durch eine weitere Aussage, wobei wieder die Bezeichnung beibehalten wird.

Satz 3.3[3.9]: *Es seien die Voraussetzungen des Satzes 3.2 erfüllt. Dann besitzt für jedes $\gamma_0 \in \Gamma$ und jedes $\delta > 0$ die Menge aller $x^{(n)}$, für welche*

$$\left(\frac{\partial^2 \log f^{(n)}\left(x^{(n)}, \hat{\gamma}_n(x^{(n)})\right)}{\partial \gamma_i \, \partial \gamma_j}\right)_{1k}^{1k}$$

negativ definit ist, ein $W_{\gamma_0, \xi^{(n)}}$-Maß, das $> 1 - \delta$ ist für alle hinreichend großen n.

Beweis: Aus den Voraussetzungen des Satzes 3.2 folgen die des Satzes 3.1. Daher gilt für gegebenes $\varepsilon > 0$ und $\delta_1 > 0$

$$W_{\gamma_0}\left(|\hat{\gamma}_n(\xi^{(n)}) - \gamma_0| < \varepsilon\right) > 1 - \delta_1 \tag{3.40}$$

für $n \geq N(\delta_1, \varepsilon)$. Wie daraus und aus den Überlegungen auf S. 364 folgt, kann man für alle hinreichend großen n die Existenz einer Menge $E_n \in \mathfrak{B}_n$ beweisen, so daß für $x^{(n)} \in E_n$ alle Ungleichungen (3.36), alle Ungleichungen (3.14) mit genügend kleinem ε_1 für $\gamma = \gamma_0$ und

$$|\hat{\gamma}_n(x^{(n)}) - \gamma_0| < \varepsilon \tag{3.41}$$

gelten und so daß für $\delta > 0$

$$W(\xi^{(n)} \in E_n; \gamma_0) > 1 - \delta \tag{3.42}$$

ist. Wendet man wieder den Mittelwertsatz der Differentialrechnung an, dann folgt für $i, j = 1, \ldots, k$ aus (3.36)

$$\frac{1}{n}\left|\frac{\partial^2 \log f^{(n)}\left(x^{(n)}, \hat{\gamma}_n(x^{(n)})\right)}{\partial \gamma_i \, \partial \gamma_j} - \frac{\partial^2 \log f^{(n)}(x^{(n)}, \gamma_0)}{\partial \gamma_i \, \partial \gamma_j}\right| \leq$$

$$\leq \sqrt{k}\, m(\gamma_0)\, |\hat{\gamma}_n(x^{(n)}) - \gamma_0| . \tag{3.43}$$

[3.9] Vgl. V. S. Huzurbazar, Ann. Eugenics **14**, 185—200 (1948).

Die rechte Seite von (3.43) läßt sich für $x^{(n)} \in E_n$ wegen (3.41) gleichmäßig beliebig klein machen, z. B. kleiner als ε_1. Aus (3.14) folgt daher für $i, j = 1, \ldots, k$

$$\left| \frac{1}{n} \frac{\partial^2 \log f^{(n)}\left(x^{(n)}, \hat{\gamma}_n(x^{(n)})\right)}{\partial \gamma_i \, \partial \gamma_j} - E\left(\frac{\partial^2 \log f(\xi, \gamma_0)}{\partial \gamma_i \, \partial \gamma_j}; \gamma_0\right) \right| < 2\varepsilon_1 \quad (3.44)$$

für alle $x^{(n)} \in E_n$. Da aber auf der rechten Seite der abgeschätzten Differenz nach (3.7) die Elemente der negativ definiten Matrix $-E\left(A(\gamma_0)\right)$ stehen, folgt wegen der Stetigkeit aller Unterdeterminanten der Matrix $E\left(A(\gamma_0)\right)$ die Behauptung des Satzes.

Mindestens für $x^{(n)} \in E_n$ ist also $\hat{\gamma}_n(x^{(n)})$ eine Stelle relativen Maximums für die Abbildung $\gamma \to f^{(n)}(x^{(n)}, \gamma)$, d. h. $\hat{\gamma}_n$ ist in der Tat eine Maximum-Likelihood-Schätzung.

Aus Satz 3.1 folgt der praktisch wichtige

Satz 3.4: *Es seien die Voraussetzungen des Satzes* 3.2 *erfüllt, und es sei bekannt, daß die Gleichung* (3.20) *für jedes* $x^{(n)}$, $n \geq 1$ (*oder auch nur* $\mu \times \cdots \times \mu$-*f. ü.*) *genau eine Lösung* $\gamma_n^+(x^{(n)})$ *in* Γ *besitze. Dann ist* $\{\gamma_n^+\}$ *eine konsistente Folge von Schätzfunktionen für* $\gamma \in \Gamma$.

Beweis: Die in Satz 3.1 definierten Abbildungen $x^{(n)} \to \hat{\gamma}_n(x^{(n)})$ müssen wegen (3.30) und (3.31) mindestens auf F_n mit γ_n^+ übereinstimmen. Somit erfüllt γ_n^+ wegen (3.6) für jedes $\gamma \in \Gamma$ die Bedingung

$$W(|\gamma_n^+(\xi^{(n)}) - \gamma| < \varepsilon) > 1 - \delta$$

für $n \geq N(\varepsilon, \delta)$, wobei nicht ausgeschlossen wird, daß $N(\varepsilon, \delta)$ auch von γ abhängt.

Aus Satz 3.3 folgt der ganz ähnliche

Satz 3.5: *Es seien die Voraussetzungen des Satzes* 3.3 *erfüllt, und die Abbildung* $\gamma \to f^{(n)}(x^{(n)}, \gamma)$ *besitze für jedes* $x^{(n)} \in R_n$, $n = 1, 2, \ldots$, *genau ein Maximum* $\gamma_n^+(x^{(n)})$ *in* Γ. *Dann ist* γ_n^+ *eine Folge konsistenter Schätzungen für* $\gamma \in \Gamma$, *wenn* γ_n^+ *meßbar ist.*

Der Beweis ist analog zu dem des Satzes 3.4.

Wir betrachten als einfache Anwendung des Satzes 3.4 eine Poissonverteilung mit dem Parameter a, $a > 0$. Wählt man irgendein Maß μ über $(R_1, \mathfrak{B}_1)$ mit $\mu(\{i\}) = p_i > 0$, $i = 0, 1, \ldots$ und $\sum_{i=0}^{\infty} p_i = 1$, dann sind alle Poissonverteilungen bezüglich μ absolut stetig. Man sieht dann leicht ein, daß alle Voraussetzungen des

Satzes 3.4 erfüllt sind. Für nichtnegative ganzzahlige $x_1, \ldots, x_n$ wird dann $f^{(n)}(x_1, \ldots, x_n, a) = (x_1! \ldots x_n!)^{-1} e^{-na} a^{n\bar{x}} (p_{x_1} \cdots p_{x_n})^{-1}$. Die Likelihoodgleichung lautet daher: $\bar{x}n/a - n = 0$ und besitzt nur die Lösung $\hat{a}(x_1, \ldots, x_n) = \bar{x}$. Diese hängt trivialerweise von $(x_1, \ldots, x_n)$ nur über $\bar{x}$ ab. Das ist natürlich nicht verwunderlich.

Es sei nämlich allgemeiner T eine erschöpfende Transformation für eine Menge von Wahrscheinlichkeitsmaßen W_Γ über $(R, \mathbf{S})$, wobei Γ ein offener Quader $\subseteq R_k$, $k \geq 1$ sei. W_Γ sei dominiert durch ein σ-endliches Maß, und die R.N.-Dichten mögen für jedes $\gamma \in \Gamma$ mit $x \to f(x, \gamma)$ bezeichnet werden. Nach III., Satz 7.2, gilt über $R \times \Gamma$ mit passendem g

$$f(x, \gamma) = h(x)\, g\big(T(x), \gamma\big).$$

Unter geeigneten Voraussetzungen ist dann die Likelihood-Gleichung für jedes $x \in R$ durch

$$\frac{\partial \log g\big(T(x), \gamma\big)}{\partial \gamma} = 0$$

gegeben, und jede Lösung derselben ist eine Funktion, die nur von T abhängt.

Wir machen noch folgende Bemerkung: Wenn man beim Beweis des Satzes 3.1 statt des schwachen Gesetzes der großen Zahlen das starke Gesetz der großen Zahlen benutzt, dann kann man sogar $\hat{\gamma}_n \to \gamma$ mit Wahrscheinlichkeit 1 zeigen[3.10]. Allerdings ist dazu auch notwendig, die Voraussetzung (3.4) sinngemäß abzuändern, und zwar muß man die „schwache" Formulierung durch die „starke" Formulierung ersetzen. Praktisch ist diese Verallgemeinerung nicht sehr wichtig. Für die Anwendung sind die in den Sätzen 3.1—3.5 enthaltenen Aussagen ausreichend. Eine gewisse Unzulänglichkeit der Sätze 3.1 und 3.3 liegt jedoch darin, daß sie nur „lokale" Aussagen liefern. Erst die „globalen" Voraussetzungen der Sätze 3.4 und 3.5 erlauben globale Aussagen. Wenn solche globale Voraussetzungen nicht erfüllt sind, ist eine Folge von Maximum-Likelihood-Schätzungen nicht notwendig konsistent[3.11].

[3.10] Eine genauere Formulierung kann man leicht an Hand des Wortlautes des Satzes 3.8 geben.

[3.11] Vgl. L. Le Cam und Kraft, Ann. math. Statistics 27, 1174—1177 (1956) und auch R. R. Bahadur, Sankhya 20, 207—210 (1958).

Das liegt natürlich am lokalen Charakter des Begriffes „relatives Maximum“. Das Supremum einer Funktion über einer Menge ist jedoch ein globaler Begriff. Es ist daher zu vermuten, daß (bei Beibehaltung der bisher eingeführten Bezeichnung) die Betrachtung von $\sup_{\gamma \in \Gamma} f^{(n)}(x^{(n)}, \gamma)$ weitergehende Resultate liefert. Zunächst schicken wir einige Hilfssätze voraus.

Lemma 3.2: *Es sei* $(R, \mathbf{S})$ *ein Meßraum und* C *eine kompakte Menge aus dem* R_k, $k \geq 1$. *Es sei* u *eine auf* $R \times C$ *definierte Funktion, so daß die Abbildung* $x \to u(x, t)$ *für jedes* $t \in C$ $\mathbf{S}$*-meßbar und die Abbildung* $t \to u(x, t)$ *für jedes* $x \in R$ *stetig ist. Es sei* $u^*(x) = \sup_{t \in C} u(x, t)$ *für* $x \in R$. *Dann ist* u^* $\mathbf{S}$*-meßbar.*

Beweis: Wir wählen eine abzählbare Teilmenge D von C, die in C dicht liegt[3.12]. Da $t \to u(x, t)$ für jedes x stetig ist, folgt $\sup_{t \in C} u(x, t) = \sup_{t \in D} u(x, t)$, also

$$u^*(x) = \sup_{t \in D} u(x, t) \,. \tag{3.45}$$

Daher ist u^* $\mathbf{S}$-meßbar. (Vgl. S. 9.)

Nun zeigen wir einen weiteren wichtigen Hilfssatz.

Lemma 3.3: *Es seien die Voraussetzungen des Lemmas* 3.2 *erfüllt Dann kann man stets eine* $\mathbf{S}$*-meßbare Abbildung* $x \to t(x)$ *von* R *in* C *definieren, so daß* $\sup_{t \in C} u(x, t) = u(x, t(x))$ *für alle* $x \in R$.

Beweis[3.13]: Wir machen öfters Gebrauch von der folgenden bekannten Eigenschaft kompakter Mengen C: Aus jeder Folge von Elementen aus C läßt sich eine konvergente Teilfolge auswählen (deren Grenzwert natürlich zu C gehört). Wir ordnen die Elemente des R_k in folgender Weise: Es sei $x, y \in R_k$ und $x \neq y$. Dann sei $x < y$ genau dann, wenn es ein i mit $1 \leq i \leq k$ gibt, so daß $x_1 = y_1$, $x_2 = y_2$, $\ldots$, $x_{i-1} = y_{i-1}$, $x_i < y_i$, gilt. Es sei $M_x = \{t : t \in C, u(x, t) = u^*(x)\}$. Wegen der Kompaktheit von C und der Stetigkeitsvoraussetzung ist M_x stets $\neq \emptyset$ und selbst kompakt. Wir ordnen nun die Elemente von M_x wie angegeben.

[3.12] Vgl. S. 228. Man kann z. B. die Menge aller k-Tupel in C mit rationalen Komponenten wählen.

[3.13] Diesen Beweis verdanke ich Herrn K. Krickeberg, Heidelberg.

Es gibt dann stets ein Element $t(x) \in M_x$ mit $t(x) > t$ für alle $t \in M_x$ mit $t(x) \neq t$. Es sei nämlich i mit $1 \leq i \leq k$ der kleinste Index, so daß es mindestens zwei Elemente $\tilde{t}, \tilde{\tilde{t}} \in M_x$ gibt, mit $\tilde{t}_j = \tilde{\tilde{t}}_j$, $1 \leq j \leq i-1$, $\tilde{t}_i < \tilde{\tilde{t}}_i$. Nun sei

$$t_i^* = \sup_{t \in M_x} t_i . \tag{3.46}$$

Für $n \geq 1$ sei weiter $t^{(n)} \in M_x$ und $\lim_{n\to\infty} t_i^{(n)} = t_i^*$. Es kann eine Teilfolge $\{t^{(n_k)}\}$ so gewählt werden, daß $\lim_{k\to\infty} t^{(n_k)} = \bar{t}$ existiert. Dann ist

$$\bar{t}_i = t_i^* \tag{3.47}$$

und für alle $t \in M_x$ gilt $t_j = \bar{t}_j$, $1 \leq j \leq i-1$, schließlich wegen (3.46) und (3.47)

$$t_i \leq \bar{t}_i .$$

Gilt hier für alle $t \neq \bar{t}$ das Kleinerzeichen, dann können wir $t(x)$ mit $\bar{t}$ identifizieren. Andernfalls betrachten wir die (kompakte) Teilmenge von M_x mit $t_i = t_i^*$ und wiederholen für diese die Konstruktion usw..

Man kann nun die Aufgabe etwas vereinfachen, indem man über $R \times C$ eine Funktion v durch $v(x, t) = u^*(x) - u(x, t)$ definiert. Da u^* nach Lemma 3.2 **S**-meßbar ist, erfüllt v dieselben Voraussetzungen wie u und genügt noch der Bedingung

$$\inf_{t \in C} v(x, t) = 0, \qquad x \in R. \tag{3.48}$$

Weiter ist $M_x = \{t : t \in C, v(x, t) = 0\}$.

Wir zeigen nun, daß die Abbildung $x \to t(x) = (t_1(x), \ldots, t_k(x))$ **S**-meßbar ist.

Es sei α_1 eine beliebige reelle Zahl. Es ist, wie man sich leicht überlegt:

$$\{x : t_1(x) \geq \alpha_1\} = \bigcup_{\substack{t \in C \\ t_1 \geq \alpha_1}} \{x : v(x, t) = 0\}.$$

Nun wird gezeigt, daß

$$\bigcup_{\substack{t \in C \\ t_1 \geq \alpha_1}} \{x : v(x, t) = 0\} = \bigcap_{n=1}^{\infty} \bigcup_{\substack{t \in C \\ t_1 > \alpha_1 - \frac{1}{n}}} \{x : v(x, t) < 1/n\}. \tag{3.49}$$

Natürlich ist die links stehende Menge in der rechtsstehenden enthalten. Ist umgekehrt $x \in \bigcap_{n=1}^{\infty} \bigcup_{\substack{t \in C \\ t_1 > \alpha_1 - \frac{1}{n}}} \{x : v(x, t) < 1/n\}$, dann gibt es zu jedem $n \geq 1$ ein $t^{(n)} \in C$ mit $t_1^{(n)} > \alpha_1 - \frac{1}{n}$ und $v(x, t^{(n)}) < 1/n$. Also gibt es eine konvergente Teilfolge $\{t^{(n_i)}\}$, die gegen einen Grenzwert $t \in C$ konvergiert, so daß $t_1 \geq \alpha_1$ gilt.

Aus Stetigkeitsgründen ist wegen (3.48) $\lim_{i \to \infty} v(x, t^{(n_i)}) = v(x, t) = 0$. Es sei nun D eine in C dichte abzählbare Teilmenge von C. Für jedes $n \geq 1$ gilt

$$\bigcup_{\substack{t \in C \\ t_1 > \alpha_1 - \frac{1}{n}}} \{x : v(x, t) < 1/n\} = \bigcup_{\substack{t \in D \\ t_1 > \alpha_1 - \frac{1}{n}}} \{x : v(x, t) < 1/n\}. \tag{3.50}$$

Man hat dazu nur zu zeigen, daß die in (3.50) linksstehende Menge in der rechtsstehenden enthalten ist. Gilt aber für ein $x \in R$ und für ein $t \in C$ mit $t_1 > \alpha_1 - \frac{1}{n}$ die Ungleichung $v(x, t) < 1/n$, dann existiert ein $t^{(0)} \in D$, so daß $|t - t^{(0)}|$ beliebig klein ist, also insbesondere $t^{(0)} > \alpha_1 - \frac{1}{n}$ gilt. Aus Stetigkeitsgründen gilt dann auch $v(x, t^{(0)}) < 1/n$. Nach Voraussetzung ist die rechts in (3.50) stehende Menge $\mathbf{S}$-meßbar. Also gehört wegen (3.49) auch $\{x : t_1(x) \geq \alpha_1\}$ zu $\mathbf{S}$, also $x \to t_1(x)$ ist $\mathbf{S}$-meßbar. Es sei nun α_2 wieder eine beliebige reelle Zahl. Es ist, wie aus der Definition der Abbildung $x \to t(x)$ folgt,

$$\{x : t_2(x) \geq \alpha_2\} = \bigcup_{\substack{t \in C \\ t_2 \geq \alpha_2}} \{x : v(x, t) = 0,\ t_1(x) = t_1\}. \tag{3.51}$$

Die rechtsstehende Menge ist auch gleich der Menge

$$\bigcup_{\substack{t \in C \\ t_2 \geq \alpha_2}} \{x : v(x, t) = 0, t_1(x) \leq t_1\}.$$

Nun verfährt man ähnlich wie vorhin: Es ist

$$\bigcup_{\substack{t \in C \\ t_2 \geq \alpha_2}} \{x : v(x,t) = 0, t_1(x) \leq t_1\} = \bigcap_{n=1}^{\infty} \bigcup_{\substack{t \in C \\ t_2 > \alpha_2 - \frac{1}{n}}} \left\{x : v(x,\, t) < \frac{1}{n},\, t_1(x) < t_1 + \frac{1}{n}\right\}. \tag{3.52}$$

Weiter ist

$$\bigcup_{\substack{t \in C \\ t_2 > \alpha_2 - \frac{1}{n}}} \left\{x : v(x,\, t) < \frac{1}{n},\, t_1(x) < t_1 + \frac{1}{n}\right\} =$$

$$= \bigcup_{\substack{t \in D \\ t_2 > \alpha_2 - \frac{1}{n}}} \left\{x : v(x,\, t) < \frac{1}{n},\, t_1(x) < t_1 + \frac{1}{n}\right\}. \tag{3.53}$$

Da $x \to t_1(x)$ **S**-meßbar ist, ist auch die in (3.53) rechtsstehende Menge **S**-meßbar, und daher ist wegen (3.52) und (3.51) auch die Meßbarkeit von $x \to t_2(x)$ nachgewiesen. Ist nun die Meßbarkeit von $x \to t_i(x)$ für $1 \leq i \leq k - 1$ nachgewiesen, dann folgt nach dem Muster des eben gegebenen Beweises auch die Meßbarkeit von $x \to t_k(x)$. Damit ist der Hilfssatz bewiesen.

Es ist leicht zu sehen, daß im allgemeinen nicht jede Abbildung $x \to t(x)$, welche für alle $x \in R$ der Bedingung $u^*(x) = u(x, t(x))$ genügt, **S**-meßbar ist. Es sei etwa $u(x, t)$ konstant auf $R \times C$. Es existiere eine Menge $M \subset R$, welche nicht zu **S** gehöre. Definiert man nun

$$t(x) = \begin{cases} t^{(0)}, & x \in M \\ t^{(1)}, & x \in R - M \end{cases} \qquad \text{mit} \quad t^{(0)} \neq t^{(1)} \quad \text{und} \quad t^{(0)},\, t^{(1)} \in C,$$

dann ist $x \to t(x)$ nicht **S**-meßbar und $u^*(x) = u(x, t(x))$.

Schließlich beweisen wir noch das

Lemma 3.4: *Es sei $(R, \mathbf{S}, W)$ ein Wahrscheinlichkeitsfeld und h eine W-integrierbare Funktion. Dann ist*

$$\int_R h\, dW \leq \log \int_R e^h\, dW\,, \tag{3.54}$$

wobei $\int\limits_R e^h\, dW = \infty$ *sei, wenn das Integral nicht existiert. Das Gleichheitszeichen gilt genau dann, wenn h konstant W-f. ü. ist.*

Wir führen den Beweis an: Wenn $\int\limits_R e^h\, dW = \infty$, ist nichts zu beweisen. Diesen Fall lassen wir von nun an beiseite.

Es ist $e^x \geq 1 + x$ für alle $x \in R_1$, wobei das Gleichheitszeichen genau für $x = 0$ gilt. Daraus folgt zunächst

$$e^{\left(h - \int\limits_R h\, dW\right)} \geq 1 + h - \int\limits_R h\, dW$$

und wenn man diese Ungleichung integriert, ergibt sich

$$\int\limits_R e^{\left(h - \int\limits_R h\, dW\right)} dW \geq \int\limits_R \left(1 + h - \int\limits_R h\, dW\right) dW = 1 .$$

Logarithmieren liefert (3.54). Ferner steht das Gleichheitszeichen genau dann, wenn $h - \int\limits_R h\, dW = 0$ W-f. ü., also h konstant W-f. ü. ist.

Nun kommen wir zum vorläufigen Ziel unserer Betrachtungen. Alle nicht erklärten Symbole haben dieselbe Bedeutung wie im Satz 3.1.

Satz 3.6[3.14]**:** *Es sei Γ ein offener Quader*[3.15] *des R_k, $k \geq 1$. Es sei für jedes $x \in R_1$ die Abbildung $\gamma \to f(x, \gamma)$*[3.16] *stetig. Es sei $K_\varrho(\gamma)$ die abgeschlossene Kugel mit dem Radius $\varrho > 0$ und γ als Mittelpunkt, und es sei für $x \in R_1$*

$$f^*(x, \gamma, \varrho) = \sup_{\tilde{\gamma} \in K_\varrho(\gamma)} f(x, \tilde{\gamma})\text{[3.17]}.$$

Es sei

$$\log^+ x = \begin{cases} \log x & x \geq 1 \\ 0 & x < 1 \end{cases}.$$

[3.14] A. Wald, Ann. math. Statistics 20, 595—601 (1949), J. Wolfowitz, Ann. math. Statistics 20, 601—602 (1949). Vgl. auch J. L. Doob, Trans. Amer. math. Soc. 36, 759—775 (1934).

[3.15] Γ kann im Grunde genommen eine beliebige offene Menge sein.

[3.16] Es genügt zu fordern, daß die Abbildung für alle x bis auf eine μ-Nullmenge stetig ist.

[3.17] Zu jedem $\gamma \in \Gamma$ gibt es ein hinreichend kleines ϱ, so daß $K_\varrho(\gamma) \subset \Gamma$.

Es existiere

$$E[\log^+ f^*(\xi, \gamma, \varrho); \gamma_0] \tag{3.55}$$

für alle $\gamma, \gamma_0 \in \Gamma$ *und alle hinreichend kleinen* $\varrho > 0$, *und außerdem existiere*

$$E[\log f(\xi, \gamma_0); \gamma_0] \tag{3.56}$$

für jedes $\gamma_0 \in \Gamma$.

Es sei Γ_0 *eine beliebige kompakte Teilmenge von* Γ *und* $\gamma_0 \notin \Gamma_0$. *Dann gilt:*

Für jedes $\varepsilon > 0$ *und* $\delta > 0$ *ist*

$$W\left(\left|\frac{\sup\limits_{\gamma\in\Gamma_0} f^{(n)}(\xi^{(n)}, \gamma)}{f^{(n)}(\xi^{(n)}, (\gamma_0)}\right| < \varepsilon; \gamma_0\right) > 1 - \delta \tag{3.57}$$

für $n \geq N(\varepsilon, \delta)$.

Beweis: Zunächst folgt aus dem Lemma 3.2, daß $x \to f^*(x, \gamma, \varrho)$ meßbar, also $f^*(\xi, \gamma, \varrho)$ eine zufällige Variable ist. Wir wählen nun ein $\gamma_0 \in \Gamma$ und halten es fest. Sofern Wahrscheinlichkeiten oder Erwartungswerte bezüglich γ_0 genommen werden, bringen wir das in der Bezeichnung nicht mehr zum Ausdruck. Wir zeigen nun, daß für jedes $\gamma \neq \gamma_0$

$$E[\log f(\xi, \gamma)] < E[\log f(\xi, \gamma_0)] \tag{3.58}$$

gilt. $E[\log f(\xi, \gamma)]$ existiert stets in dem Sinne, daß es endlich oder $-\infty$ ist. Es ist nämlich $\log^+ f(x, \gamma) \leq \log^+ f^*(x, \gamma, \varrho)$ für alle $x \in R_1$, $\gamma \in \Gamma$ und $\varrho > 0$. Daher ist $E[\log^+ f(\xi, \gamma)]$ endlich, da (3.55) endlich ist. Anderseits ist $\log f(x, \gamma) - \log^+ f(x, \gamma) \leq 0$ für alle $x \in R_1$ und $\gamma \in \Gamma$, womit die Existenz von $E[\log f(\xi, \gamma)]$ im angegebenen Sinne gezeigt ist. Ist aber $E[\log f(\xi, \gamma)] = -\infty$, dann gilt (3.58) trivialerweise, da (3.56) endlich ist. Es sei jetzt $E[\log f(\xi, \gamma)]$ endlich. In diesem Falle gilt

$$W\{x: f(x, \gamma) = 0\} = 0, \tag{3.59}$$

weil andernfalls $\log f(x, \gamma) = -\infty$ in einer Menge positiven W-Maßes wäre, also $E[\log f(\xi, \gamma)]$ nicht endlich sein könnte. Da ferner $W\{x: f(x, \gamma) \neq f(x, \gamma_0)\} > 0$ ist (vgl. die Vereinbarung auf S. 195), ist auch $\log f(x, \gamma) - \log f(x, \gamma_0)$ nicht konstant W-f. ü.. Somit ist nach Lemma 3.4

$$\int\limits_{R_1} (\log f(x, \gamma) - \log f(x, \gamma_0))\, dW < \log \int\limits_{R_1} f(x, \gamma)\, f(x, \gamma_0)^{-1}\, dW. \tag{3.60}$$

Wegen (3.59) folgt

$$\int_{R_1} f(x,\gamma)\bigl(f(x,\gamma_0)\bigr)^{-1} dW = \int_{\{x: f(x,\gamma)>0\}} f(x,\gamma)\bigl(f(x,\gamma_0)\bigr)^{-1} dW, \tag{3.61}$$

also auch

$$\int_{R_1} f(x,\gamma)\bigl(f(x,\gamma_0)\bigr)^{-1} dW = \int_{M} f(x,\gamma)\, d\mu \tag{3.62}$$

mit $M = \{x: f(x,\gamma) > 0, f(x,\gamma_0) > 0\}$.
Also ist schließlich

$$\int_{R_1} f(x,\gamma)\bigl(f(x,\gamma_0)\bigr)^{-1} dW \leq 1\,. \tag{3.63}$$

Setzen wir dies in (3.60) ein, dann ist die linke Seite von (3.60) < 0. Damit ist (3.58) gezeigt.

Nun beweisen wir, daß für jedes $\gamma \in \Gamma$

$$\lim_{\varrho\to 0} E[\log f^*(\xi,\gamma,\varrho)] = E[\log f(\xi,\gamma)]\,. \tag{3.64}$$

Da die Abbildung $y \to \log^+ y$ stetig ist, folgt aus der Stetigkeit von $\gamma \to f(x,\gamma)$ für jedes $x \in R_1$

$$\lim_{\varrho\to 0} \log^+ f^*(x,\gamma,\varrho) = \log^+ f(x,\gamma)\,. \tag{3.65}$$

Nun ist aber die Abbildung $\varrho \to f^*(x,\gamma,\varrho)$ nach Definition des Supremums monoton nicht zunehmend. Daher folgt aus der Existenz von (3.55) und aus (3.65) für jedes $\gamma \in \Gamma$

$$\lim_{\varrho\to 0} E[\log^+ f^*(\xi,\gamma,\varrho)] = E[\log^+ f(\xi,\gamma)]\,. \tag{3.66}$$

Weiter ist, wie man durch Fallunterscheidung leicht findet, für jedes $x \in R_1$, jedes $\gamma \in \Gamma$ und jedes $\varrho > 0$

$$\log f(x,\gamma) - \log^+ f(x,\gamma) \leq \log f^*(x,\gamma,\varrho) - \log^+ f^*(x,\gamma,\varrho) \leq 0\,. \tag{3.67}$$

Anderseits ist wieder aus Stetigkeitsgründen für alle $x \in R_1$ und alle $\gamma \in \Gamma$

$$\lim_{\varrho\to 0} \log f^*(x,\gamma,\varrho) = \log f(x,\gamma) \tag{3.68}$$

auch dann, wenn dieser Limes $-\infty$ ist.

Hat also $\lim_{\varrho \to 0} \left(E[\log f^*(\xi, \gamma, \varrho)] - E[\log^+ f^*(\xi, \gamma, \varrho)]\right)$ einen endlichen Wert, dann ist dieser Limes wegen (3.68) und (3.65) gleich $E[\log f(\xi, \gamma)] - E[\log^+ f(\xi, \gamma)]$. Ist aber dieser Limes $-\infty$, dann ist wegen (3.67) auch $E[\log f(\xi, \gamma)] - E[\log^+ f(\xi, \gamma)] = -\infty$. Zusammen mit (3.66) ergibt dies die Behauptung (3.64).

Aus (3.64) und (3.58) folgt: Zu jedem $\gamma \in \Gamma_0$ gibt es ein $\varrho_\gamma > 0$ mit

$$E[\log f^*(\xi, \gamma, \varrho_\gamma)] < E[\log f(\xi, \gamma_0)]. \tag{3.69}$$

Wegen des Borelschen Überdeckungssatzes (vgl. S. 3) gibt es endlich viele $\gamma_1, \ldots, \gamma_l$ aus Γ_0, so daß $\Gamma_0 \subseteq \bigcup_{i=1}^{l} K_{\varrho_{\gamma_i}}(\gamma_i)$. Natürlich ist für jedes $x^{(n)} = (x_1, \ldots, x_n) \in R_n$ mit $\varrho_{\gamma_i} = \varrho_i$

$$0 \leq \sup_{\gamma \in \Gamma_0} f^{(n)}(x^{(n)}, \gamma) \leq \sum_{j=1}^{l} \prod_{i=1}^{n} f^*(x_i, \gamma_j, \varrho_j). \tag{3.70}$$

Es genügt also zu zeigen: Zu jedem $\varepsilon_1 > 0$, $\delta_1 > 0$ und γ_j gibt es ein $n(\varepsilon_1, \delta_1, \gamma_j)$, so daß

$$W\left(\prod_{i=1}^{n} f^*(\xi_i, \gamma_j, \varrho_j)/f^{(n)}(\xi^{(n)}, \gamma_0) < \varepsilon_1\right) > 1 - \delta_1 \tag{3.71}$$

für $n \geq n(\varepsilon_1, \delta_1, \gamma_j)$, $j = 1, \ldots, l$.

Da nämlich l von n unabhängig ist, folgt aus (3.71) nach einem schon mehrfach benutzten Schluß, daß es ein $E_n \in \mathfrak{B}_n$ gibt, so daß für alle $x^{(n)} \in E_n$ alle Ungleichungen

$$\prod_{i=1}^{n} f^*(x_i, \gamma_j, \varrho_j)/f^{(n)}(x^{(n)}, \gamma_0) < \varepsilon_1, \quad j = 1, \ldots, l \tag{3.72}$$

erfüllt sind und das $W_{\xi^{(n)}}$-Maß von E_n größer als $1 - \delta$ ist, wenn $n \geq N(\varepsilon, \delta)$ ist. Aus (3.70) folgt dann mit $\varepsilon = \varepsilon_1 l$ die Behauptung.

Nun ist aber (3.71) gleichbedeutend mit

$$W\left(\left(\sum_{i=1}^{n} \log f^*(\xi_i, \gamma_j, \varrho_j) - \sum_{i=1}^{n} \log f(\xi_i, \gamma_0)\right) < \log \varepsilon_1\right) > 1 - \delta_1. \tag{3.73}$$

Eine Anwendung des Satzes 38.2 von I. und des Zusatzes zu diesem Satz ergibt aber die stochastische Konvergenz von

$$\frac{1}{n}\sum_{i=1}^{n}\log f^*(\xi_i, \gamma_j, \varrho_j) - \frac{1}{n}\sum_{i=1}^{n}\log f(\xi_i, \gamma_0)$$

gegen

$$E[\log f^*(\xi, \gamma_j, \varrho_j)] - E[\log f(\xi, \gamma_0)]$$

und wegen (3.69) ist das gleichbedeutend mit (3.73).

Aus dem Resultat des Satzes 3.6 folgt nun leicht der

Satz 3.7: *Man behalte die Bezeichnungen des Satzes* 3.6 *bei, und es seien alle Voraussetzungen dieses Satzes erfüllt. Man wähle für jedes* $n \geq 1$ *eine meßbare Funktion* $\hat{\Theta}_n$ *über dem* R_n *so, daß für jedes* $x^{(n)} \in R_n$

$$\sup_{\gamma \in \Gamma_0} f^{(n)}(x^{(n)}, \gamma) = f^{(n)}\big(x^{(n)}, \hat{\Theta}_n(x^{(n)})\big)$$

gilt. Eine solche Wahl ist nach Lemma 3.3 *stets möglich. Dann ist* $\{\hat{\Theta}_n\}$ *konsistente Schätzfunktionenfolge für* $\gamma \in \Gamma_0$.

Beweis: Es ist zu zeigen, daß für alle $\gamma \in \Gamma_0$, jedes $\varepsilon > 0$ und jedes $\delta > 0$

$$W\big(|\hat{\Theta}_n(\xi^{(n)}) - \gamma| < \varepsilon; \gamma\big) > 1 - \delta \tag{3.74}$$

für alle $n \geq n(\varepsilon, \delta)$[3.18] gilt. Es sei $\gamma_0 \in \Gamma_0$. Dann ist nach Definition von $\hat{\Theta}_n$

$$f^{(n)}\big(x^{(n)}, \hat{\Theta}_n(x^{(n)})\big)/f^{(n)}(x^{(n)}, \gamma_0) \geq 1 \tag{3.75}$$

$W_{\gamma_0, \xi^{(n)}}$-f. ü.

Wäre (3.74) nicht richtig, dann könnte man eine Folge natürlicher Zahlen $n_1 < n_2 < \cdots$ wählen und zwei positive Zahlen ε_0 und δ_0 angeben, so daß

$$W(|\hat{\Theta}_{n_i}(\xi^{(n_i)}) - \gamma_0| < \varepsilon_0; \gamma_0) \leq 1 - \delta_0, \quad i = 1, 2, \ldots. \tag{3.76}$$

Dies kann man auch so formulieren: Es gibt für $i = 1, 2, \ldots$ Mengen $E_{n_i} \in \mathfrak{B}_{n_i}$, so daß für alle $x^{(n_i)} \in E_{n_i}$

$$|\hat{\Theta}_{n_i}(x^{(n_i)}) - \gamma_0| \geq \varepsilon_0 \tag{3.77}$$

[3.18] Wir schließen nicht aus, daß $n(\varepsilon, \delta)$ von γ abhängt.

und
$$W(E_{n_i};\gamma_0) > \delta_0 \tag{3.78}$$
gelten. Nun ist für alle $x^{(n_i)} \in E_{n_i}$ wegen (3.77)
$$\sup_{\substack{|\gamma-\gamma_0|\geq\varepsilon_0\\ \gamma\in\Gamma_0}} f^{(n_i)}(x^{(n_i)},\gamma) \geq f^{(n_i)}(x^{(n_i)},\hat{\Theta}_{n_i}(x^{(n_i)}))$$
und damit wäre auch nach (3.75) für alle $x^{(n_i)} \in E_{n_i}$ eventuell mit Ausnahme einer $W_{\gamma_0,\xi^{(n_i)}}$-Nullmenge
$$\sup_{\substack{|\gamma-\gamma_0|\geq\varepsilon_0\\ \gamma\in\Gamma_0}} f^{(n_i)}(x^{(n_i)},\gamma)/f^{(n_i)}(x^{(n_i)},\gamma_0) \geq 1\,.$$
$\Gamma_0 \cap \{\gamma : |\gamma-\gamma_0| \geq \varepsilon_0\}$ ist kompakt. Ist also n_i groß genug, dann müßte die Menge E_{n_i} wegen (3.57) beliebig kleines $W_{\gamma_0,\xi^{(n_i)}}$-Maß haben im Widerspruch zu (3.78). Damit ist (3.74), d. h. die Konsistenz der Folge $\{\hat{\Theta}_n\}$ für Γ_0, bewiesen.

Wortwörtlich ebenso beweist man eine „starke" Form des Satzes 3.7, indem man beim Beweis von Satz 3.6 statt I., Satz 38.2, den Satz 38.5 von I. anwendet. Wir wollen dieses Resultat noch als Theorem formulieren:

Satz 3.8: *Es seien alle Voraussetzungen des Satzes* 3.7 *erfüllt. Es sei* $W_{\gamma,\infty} = \prod_{i=1}^{\infty} W_\gamma^{(i)}$ *mit* $W_\gamma^{(i)} = W_\gamma$, $i = 1, 2, \ldots$.

Der Folge der zufälligen Variablen $\xi_1, \xi_2, \ldots$ *legen wir das Wahrscheinlichkeitsfeld* $(R_\infty, \mathfrak{B}_\infty, W_{\gamma,\infty})$, $\gamma \in \Gamma$, *zugrunde. Dann gilt für jedes* $\gamma \in \Gamma_0$
$$\lim_{n\to\infty} \hat{\Theta}_n(\xi^{(n)}) = \gamma\,, \quad W_{\gamma,\infty}\text{-f.ü.}. \tag{3.79}$$

Wir machen noch eine Bemerkung, welche den Zusammenhang zwischen den Sätzen 3.1 und 3.7 herstellen soll. Der Bequemlichkeit halber benützen wir die „starke" Form dieser Sätze. Es sei Γ ein beliebiger offener Quader des R_k, $k \geq 1$. $\Gamma_0 \subset \Gamma$ ein abgeschlossener und beschränkter, also kompakter Quader und $\Gamma^* \subset \Gamma_0$ der entsprechende offene Quader[3.19]. Wenn alle Voraus-

[3.19] Man sieht sofort, daß man diese Voraussetzungen verallgemeinern kann. Γ kann eine beliebige offene Menge sein und Γ^* eine offene beschränkte Teilmenge von Γ, deren abgeschlossene Hülle Γ_0 zu Γ gehört. Die abgeschlossene Hülle ist die kleinste abgeschlossene Menge, welche Γ^* enthält, d. i. der Durchschnitt aller Γ^* enthaltenden abgeschlossenen Teilmengen des R_k.

setzungen des Satzes 3.1 erfüllt sind — die Bedingung (3.4) sogar in der „starken" Fassung — und $\hat{\Theta}_n$ dieselbe Bedeutung hat wie im Satz 3.7, dann ist $\hat{\Theta}_n$ auch Maximum-Likelihood-Schätzung im Sinne des Satzes 3.1 für Γ^*. Genauer gilt Folgendes: Es sei $\gamma_0 \in \Gamma^*$. Dann hat nach Satz 3.8 die Menge aller Folgen $x_1, x_2, \ldots$ aus R_∞, so daß für jedes $\varepsilon > 0$ und hinreichend großes n

$$|\hat{\Theta}_n(x_1, \ldots, x_n) - \gamma_0| < \varepsilon \tag{3.80}$$

gilt, das $W_{\gamma_0, \infty}$-Maß 1. Ist aber ε klein genug, dann ist

$$\{\gamma : |\gamma - \gamma_0| < \varepsilon\} \subseteq \Gamma^*. \tag{3.81}$$

Somit gilt aber notwendig für alle diese Folgen

$$\frac{\partial f^{(n)}(x^{(n)}, \hat{\Theta}_n(x^{(n)}))}{\partial \gamma} = 0$$

oder auch

$$\frac{\partial \log f^{(n)}(x^{(n)}, \hat{\Theta}_n(x^{(n)}))}{\partial \gamma} = 0.$$

Wir wissen aber, daß die Gleichung (3.20) in einer hinreichend kleinen Kugel um γ_0 genau eine Lösung besitzt, und diese muß daher mit $\hat{\Theta}_n(x^{(n)})$ $W_{\gamma_0, \infty}$-f.ü. übereinstimmen. Man kann leicht hinreichende Bedingungen angeben, welche sowohl die Voraussetzungen des Satzes 3.2 als auch die des Satzes 3.6 garantieren. Abgesehen von den notwendigen Differenzierbarkeitsvoraussetzungen kann man z.B. folgende Bedingungen wählen: Es seien $\varphi_1, \varphi_2, \varphi_3, \varphi_4, \varphi_5$ über dem R_1 definierte nicht negative, μ-integrierbare Funktionen. Es sei für alle $\gamma \in \Gamma$ und alle $x \in R_1$

$$|f(x,\gamma) \log \sup_{\gamma \in \Gamma} f(x,\gamma)| \leq \varphi_1(x), \left|\frac{\partial f(x,\gamma)}{\partial \gamma}\right| \leq \varphi_2(x), \left|\frac{\partial^2 f(x,\gamma)}{\partial \gamma_i \, \partial \gamma_j}\right| \leq \varphi_3(x),$$

$$\left|\frac{\partial^2 \log f(x,\gamma)}{\partial \gamma_i \, \partial \gamma_j}\right| \leq \varphi_4(x) \text{ und } \left|\frac{\partial^3 \log f(x,\gamma)}{\partial \gamma_i \, \partial \gamma_j \, \partial \gamma_h}\right| \leq \varphi_5(x) \text{ für } i, h, j = 1, \ldots, k$$

(vgl. Satz VII).

Es sei weiter für alle $\gamma \in \Gamma$ und reelle Zahlen M_1, M_2

$$|E(\varphi_4; \gamma)| \leq M_1 \quad \text{und} \quad |E(\varphi_5; \gamma)| \leq M_2.$$

Dazu gesellt sich noch die Bedingung (3.3).

Man beachte, daß $f(x, \gamma) \neq 0$ μ-f.ü. aus der μ-Integrierbarkeit von φ_1 folgt.

Nur selten ist man in der glücklichen Lage, eine einfach gebaute Folge von Maximum-Likelihood-Schätzungen für einen Parameter zu erhalten wie im Beispiel auf S. 374. Es ist aber für viele praktische Bedürfnisse wünschenswert, die Wahrscheinlichkeitsverteilung der Maximum-Likelihood-Schätzungen wenigstens annähernd für großes n angeben zu können. Wir werden nun, kurz gesagt, beweisen, daß die Folge der Maximum-Likelihood-Schätzungen zumindest unter den Voraussetzungen des Satzes 3.2 asymptotisch nach einer k-dimensionalen Normalverteilung mit Mittelwertsvektor γ und Kovarianzmatrix $\left(E(A(\xi, \gamma); \gamma)\right)^{-1}$ verteilt ist. Genauer beweisen wir unter Beibehaltung der Bezeichnung von Satz 3.1 den

Satz 3.9: *Es seien alle Voraussetzungen des Satzes* 3.2 *erfüllt, und es sei* $E(\varphi; \gamma) \leq M$ *für alle* $\gamma \in \Gamma$, *wobei* M *eine reelle positive Zahl ist.* $\hat{\gamma}_n$ *habe dieselbe Bedeutung wie in* (3.31). *Dann gilt für alle* $y \in R_k$ *und jedes* $\gamma \in \Gamma$

$$W\left(\sqrt{n}\left(\hat{\gamma}_n(\xi^{(n)}) - \gamma\right) \leq y; \gamma\right) \to \frac{|E(A(\xi, \gamma); \gamma)|^{1/2}}{\left(\sqrt{2\pi}\right)^k} \int\limits_{-\infty}^{y} e^{-\frac{1}{2} x' E(A(\xi, \gamma); \gamma) x} \, dx \tag{3.82}$$

für $n \to \infty$.

Beweis: Wir wählen ein festes $\gamma \in \Gamma$. Wenn eine Wahrscheinlichkeit oder ein Erwartungswert bezüglich dieses γ genommen ist, bringen wir dies in der Bezeichnung nicht zum Ausdruck.

Es folgt für alle $x^{(n)} \in F_n$ (vgl. S. 371) aus (3.30) durch Anwendung des Mittelwertsatzes der Differentialrechnung

$$-\frac{1}{n} \frac{\partial \log f^{(n)}(x^{(n)}, \gamma)}{\partial \gamma} = \frac{1}{n} B(x^{(n)}, \gamma)\left(\hat{\gamma}_n(x^{(n)}) - \gamma\right) + r_n, \tag{3.83}$$

wobei r_n ein k-dimensionaler Vektor ist, der von der dritten Ableitung nach γ abhängt. Nun erinnern wir uns, daß für alle $x^{(n)} \in F_n$ und beliebig kleines $\varrho > 0$

$$|\hat{\gamma}_n(x^{(n)}) - \gamma| \leq \varrho, \tag{3.84}$$

gilt, wenn nur n groß genug ist. Wir finden daher in völliger Analogie zu (3.39) für r_n

$$|r_n| \leq 2^{-1} k^2 M \, |\hat{\gamma}_n(x^{(n)}) - \gamma| \varrho. \tag{3.85}$$

Wegen (3.3) folgt aus (3.83) und (3.18) nach leichter Umformung

$$\left.\begin{aligned} &\big(E\big(A(\xi,\gamma)\big)\big)^{-1} \frac{1}{\sqrt{n}} \frac{\partial \log f^{(n)}(x^{(n)},\gamma)}{\partial \gamma} = \\ &= \sqrt{n}\big(\hat{\gamma}_n(x^{(n)}) - \gamma\big) + \sqrt{n}\big[E\big(A(\xi,\gamma)\big)^{-1}\big] \times \\ &\times \left\{\frac{1}{n}\big[E\big(B(\xi^{(n)},\gamma)\big) - B(x^{(n)},\gamma)\big]\big(\hat{\gamma}_n(x^{(n)}) - \gamma\big) - r_n\right\} \end{aligned}\right\}. \tag{3.86}$$

Nun genügt es, wiederholt die Sätze 38.3, 40.1 und 40.2 von I. anzuwenden. Wir deuten dies nurmehr an. Mit $\eta_1^{(n)}$ bezeichnen wir die k-dimensionale zufällige Variable

$$\big(E\big(A(\xi,\gamma)\big)\big)^{-1} \frac{1}{\sqrt{n}} \frac{\partial \log f(\xi^{(n)},\gamma)}{\partial \gamma}$$

und mit $\eta_2^{(n)}$ die zufällige Variable, welche die rechte Seite von (3.86, liefert. Da (3.86) nur für $x^{(n)} \in F_n$ gilt, besagen (3.86) und (3.16) daß $\eta_1^{(n)} = \eta_2^{(n)} + \eta_3^{(n)}$ gilt, wobei $\eta_3^{(n)}$ stochastisch gegen 0 konvergiert.[3.20]

Aus (3.85) und (3.14) folgt: Es ist

$$\eta_2^{(n)} = [I + C_n(\xi^{(n)})] \sqrt{n}\,\big(\hat{\gamma}_n(\xi^{(n)}) - \gamma\big),$$

wobei I die $k \times k$-Einheitsmatrix und $C_n(\xi^{(n)})$ eine $k \times k$-Matrix zufälliger Variabler ist, deren sämtliche Elemente für $n \to \infty$ stochastisch gegen 0 konvergieren.

Weiter folgt aus (3.10) und (3.3) durch Anwendung von I., Satz 39.3, daß die Folge $\frac{1}{\sqrt{n}} \sum_{i=1}^{n} \frac{\partial \log f(\xi_i,\gamma)}{\partial \gamma}$, $n = 1, 2, \ldots$, asymptotisch nach einer Normalverteilung mit Mittelwertsvektor 0[3.21] und Kovarianzmatrix $E\big(A(\xi,\gamma)\big)$ verteilt ist. Daher besitzen $\eta_1^{(n)}$ und ebenso $\eta_1^{(n)} - \eta_3^{(n)}$ nach dem Zusatz zu I., Satz 39.3, eine asympto-

[3.20] Alle diese Aussagen beziehen sich auf Wahrscheinlichkeiten bez. γ.

[3.21] 0 vertritt hier den k-dimensionalen Nullvektor.

tische Normalverteilung mit Mittelwertsvektor 0 und Kovarianzmatrix $\left(E\left(A(\xi,\gamma)\right)\right)^{-1}$. Da aber

$$\sqrt{n}\left(\hat{\gamma}_n(\xi^{(n)}) - \gamma\right) = \left(I + C_n(\xi^{(n)})^{-1}(\eta_1^{(n)} - \eta_3^{(n)})\right)$$ [3.22]

ist alles gezeigt.

Wenn wir auf den wichtigen Fall spezialisieren, daß Γ eine eindimensionale Menge ist, dann erhalten wir als Spezialfall des Satzes 3.9:

$\hat{\gamma}_n(\xi^{(n)}) - \gamma$ ist asymptotisch nach $N\left(0, \frac{1}{n}\left[E\left(\frac{\partial \log f(\xi,\gamma)}{\partial\gamma}\right)^2;\gamma\right]^{-1}\right)$ verteilt.

Knüpfen wir also an das auf S. 373 betrachtete Beispiel der Poisson-Verteilung an, dann erhalten wir, daß $(\bar{\xi}_n - a)\sqrt{n}/\sqrt{a}$ asymptotisch nach $N(0, 1)$ verteilt ist, ein Resultat, das wir schon kennen. (Vgl. S. 129.)

Wir kombinieren nun alle Ergebnisse der Sätze 3.1—3.9 und erhalten damit ein wichtiges Resultat, für welches wir die „starke" Formulierung wählen. Wir behalten die bisher verwendete Bezeichnung bei und bekommen den

Satz 3.10: *Es sei Γ ein offener Quader des R_k, $k \geq 1$, und Γ^* eine beliebige offene Menge, deren abgeschlossene Hülle Γ_0*[3.23] *kompakt und in Γ enthalten ist. In Γ seien alle Voraussetzungen der Sätze 3.6 und 3.9 (in der starken Formulierung) erfüllt, und es sei darüber hinaus die Abbildung $\gamma \to E\left(A(\xi,\gamma);\gamma\right)$ stetig in Γ. Dann gibt es eine konsistente Folge $\{\hat{\gamma}_n\}$ von Schätzfunktionen für $\gamma \in \Gamma$, welche die folgenden Eigenschaften besitzt: Für jedes $\gamma \in \Gamma^*$ löst $\hat{\gamma}_n$ die Gleichung (3.20) mit $W_{\gamma,\infty}$-Wahrscheinlichkeit 1, und außerdem ist $\hat{\gamma}_n$ auch mit $W_{\gamma,\infty}$-Wahrscheinlichkeit 1 die einzige Lösung von (3.20) in einer abgeschlossenen Kugel mit γ als Mittelpunkt und Radius > 0, den man unabhängig von $\gamma \in \Gamma^*$ wählen kann, wenn n hinreichend groß ist*[3.24]. *Überdies ist $\sqrt{n}\left(\hat{\gamma}_n(\xi^{(n)}) - \gamma\right)$ (bez. $W_{\gamma,\infty}$) asymptotisch*

[3.22] Im Grunde genommen haben wir hier einen Schritt unterdrückt, da $\left(I + C_n(\xi^{(n)})\right)^{-1}$ nur mit einer Wahrscheinlichkeit definiert ist, welche für hinreichend großes n beliebig nahe an 1 liegt.

[3.23] Vgl. zu dieser Formulierung [3.19].

[3.24] Dies folgt aus der zusätzlichen Stetigkeitsvoraussetzung und (3.3). $\gamma \to |E(A(\xi,\gamma);\gamma)|$ besitzt also in Γ_0 eine positive untere Schranke.

nach einer Normalverteilung mit Mittelwertsvektor 0 *und Kovarianzmatrix* $\left(E\left(A(\xi,\gamma)\right)\right)^{-1}$ *verteilt.*

Dieser Satz läßt sich unter schwächeren Bedingungen beweisen und läßt sich durch einige Aussagen über gleichmäßige Konvergenz ergänzen [3.25]. Wir gehen jedoch nicht mehr darauf ein.

Die Beweismethode von WALD hat sich als bedeutsames Instrument erwiesen. Eine ganze Anzahl von neueren Resultaten beruhen auf einer Erweiterung und Verfeinerung dieser Methode. Wir wollen einige dieser Resultate hier darstellen. Diese sind auch insofern von Interesse, als sie das Maximum-Likelihood-Prinzip mit der *Bayesschen Auffassung* verknüpfen, die wir schon einmal erwähnt haben. Da wir die Waldsche Methode und verwandte Überlegungen in den vorhergehenden Seiten genau dargestellt haben, werden wir uns jetzt oft kürzer fassen. Wir bevorzugen von nun an die starke Fassung der Resultate, welche oft die Formulierungen erleichtert. Wir beginnen mit dem

Lemma 3.5: *Es sei* ξ *eine zufällige Variable mit der Wahrscheinlichkeitsverteilung* W_ξ *und* $\xi_1, \xi_2, \ldots$ *eine Folge unabhängiger zufälliger Variabler, welche alle dieselbe Verteilung* W_ξ *besitzen. Es sei* $W_\infty = \prod_{i=1}^{\infty} W_{\xi_i}$ *mit* $W_{\xi_i} = W_\xi$. *Es sei* Γ *eine beliebige offene Menge des* R_k, $k \geq 1$, *und* $\Gamma_0 \subset \Gamma$ *ein kompakter Quader. Es sei* u *eine über* $R_1 \times \Gamma$ *definierte Funktion, so daß* $x \to u(x,\gamma)$ *für jedes* $\gamma \in \Gamma$ *meßbar und* $\gamma \to u(x,\gamma)$ *für jedes* $x \in R_1$ *stetig ist. Es existiere* $E\left(u(\xi,\gamma)\right)$ *für jedes* $\gamma \in \Gamma$, *und die Funktion* $\gamma \to E\left(u(\xi,\gamma)\right)$ *sei stetig in* Γ. *Schließlich existiere* $E\left(\sup_{\gamma \in K_\varrho(\gamma_0)} u(\xi,\gamma)\right)$ [3.26] *bzw.* $E\left(\inf_{\gamma \in K_\varrho(\gamma_0)} u(\xi,\gamma)\right)$ *für jedes* $\gamma_0 \in \Gamma$ *und für hinreichend kleines* ϱ. *Dann gelten die Aussagen:*

$$\overline{\lim_{n\to\infty}} \sup_{\gamma \in \Gamma_0} \left(\frac{1}{n} \sum_{i=1}^{n} u(\xi_i,\gamma) - E\left(u(\xi,\gamma)\right)\right) \leq 0 \tag{3.87}$$

bzw.

$$\underline{\lim_{n\to\infty}} \inf_{\gamma \in \Gamma_0} \left(\frac{1}{n} \sum_{i=1}^{n} u(\xi_i,\gamma) - E\left(u(\xi,\gamma)\right)\right) \geq 0 \tag{3.88}$$

W_∞-f. ü..

3.25 Vgl. L. LE CAM, Univ. California Publ. Statist. 1, 277—330 (1953).

3.26 Für die Bezeichnung vgl. Satz 3.6.

Beweis: Es sei für jedes $x \in R_1$ und $\gamma_0 \in \Gamma$

$$u^*(x, \gamma_0, \varrho) = \sup_{\gamma \in K_\varrho(\gamma_0)} u(x, \gamma).$$

Wir schreiben $E(u(\xi, \gamma)) = a(\gamma)$. Für jedes $x \in R_1$ und $\gamma_0 \in \Gamma$ konvergiert $u^*(x, \gamma_0, \varrho)$ monoton abnehmend gegen $u(x, \gamma_0)$ für $\varrho \to 0$, und daher gilt auch

$$\lim_{\varrho \to 0} E(u^*(\xi, \gamma_0, \varrho)) = a(\gamma_0). \tag{3.89}$$

Daher kann man zu jedem $\varepsilon > 0$ und jedem $\gamma \in \Gamma$ ein $\varrho_{\varepsilon,\gamma} > 0$ so wählen, daß

$$a(\gamma) \leq E(u^*(\xi, \gamma, \varrho_{\varepsilon,\gamma})) \leq a(\gamma) + \varepsilon/2 \tag{3.90}$$

gilt. Überdies kann man wegen der Stetigkeit von $\gamma \to a(\gamma)$ auch noch annehmen, daß man für jedes $\gamma \in \Gamma$

$$|a(\tilde{\gamma}) - a(\gamma)| < \varepsilon/2 \tag{3.91}$$

für alle $\tilde{\gamma}$ mit $|\tilde{\gamma} - \gamma| < \varrho_{\varepsilon,\gamma}$ hat.

Da Γ_0 kompakt ist, kann man endlich viele $\gamma_i \in \Gamma_0$, etwa mit $1 \leq i \leq m$, so auswählen, daß

$$\Gamma_0 \subseteq \bigcup_{i=1}^{m} K_{\varrho_{\varepsilon,\gamma_i}}(\gamma_i) \tag{3.92}$$

gilt. Aus (3.90) und (3.91) folgt für $1 \leq i \leq m$ und $\gamma \in K_{\varrho_{\varepsilon,\gamma_i}}(\gamma_i)$

$$a(\gamma) - \varepsilon \leq E(u^*(\xi, \gamma_i, \varrho_{\varepsilon,\gamma_i})) \leq a(\gamma) + \varepsilon. \tag{3.93}$$

Es sei $(x_1, x_2, \ldots, x_n, \ldots) \in R_\infty$ und $\gamma \in K_{\varrho_{\varepsilon,\gamma_j}}(\gamma_j)$ für ein j mit $1 \leq j \leq m$. Dann ist nach (3.93) für $n \geq 1$

$$\frac{1}{n}\sum_{i=1}^{n} u(x_i, \gamma) - a(\gamma) \leq \frac{1}{n}\sum_{i=1}^{n} u^*(x_i, \gamma_j, \varrho_{\varepsilon,\gamma_j}) - E(u^*(\xi, \gamma_j, \varrho_{\varepsilon,\gamma_j})) + \varepsilon$$

und daher für jedes $\gamma \in \Gamma_0$

$$\frac{1}{n}\sum_{i=1}^{n} u(x_i, \gamma) - a(\gamma) \leq$$

$$\leq \sup_{j=1,\ldots,m} \left(\frac{1}{n}\sum_{i=1}^{n} u^*(x_i, \gamma_j, \varrho_{\varepsilon,\gamma_j}) - E(u^*(\xi, \gamma_j, \varrho_{\varepsilon,\gamma_j}))\right) + \varepsilon.$$

Somit ist auch

$$\sup_{\gamma \in \Gamma_0} \left(\frac{1}{n} \sum_{i=1}^{n} u(x_i, \gamma) - a(\gamma) \right) \leq$$

$$\leq \sup_{j=1,\ldots,m} \left(\frac{1}{n} \sum_{i=1}^{n} u^*(x_i, \gamma_j, \varrho_{\varepsilon,\gamma_j}) - E\big(u^*(\xi, \gamma_j, \varrho_{\varepsilon,\gamma_j})\big) \right) + \varepsilon.$$

Nun gilt aber nach I., Satz 38.5, für alle Elemente aus R_∞ höchstens mit Ausnahme einer W_∞-Nullmenge

$$\lim_{n\to\infty} \left(\frac{1}{n} \sum_{i=1}^{n} u^*(x_i, \gamma_j, \varrho_{\varepsilon,\gamma_j}) - E\big(u^*(\xi, \gamma_j, \varrho_{\varepsilon,\gamma_j})\big) \right) = 0$$

Daraus folgt (3.87). Die Behauptung (3.88) beweist man anolog.

Bemerkung: Ist u nur über $R \times \Gamma_0$ definiert und sind alle anderen Voraussetzungen über u dort erfüllt, dann gilt Lemma 3.5 genauso. Der Beweis ist mit selbstverständlichen Modifikationen derselbe.

Nun beweisen wir den

Satz 3.11 [3.27]: *Es sei Γ ein offener Quader des R_k, $k \geq 1$ und γ eine k-dimensionale zufällige Variable mit der Dichte p, welche in $R_k - \Gamma$ verschwindet. Es sei $\Gamma_0 \subset \Gamma$ ein kompakter Quader und $\Gamma^* \subset \Gamma_0$ der entsprechende offene Quader. Es sei $\gamma_0 \in \Gamma^*$ und p in γ_0 stetig und positiv. Es sei ξ eine zufällige Variable, so daß die gemeinsame Verteilung von ξ, γ eine Dichte besitze, und es sei $f(x \mid \gamma)$ für alle $x \in R_1$ die bedingte Dichte von ξ unter der Hypothese $\gamma = \gamma$, sofern sie definiert ist*[3.28]. *Für alle $\gamma^{(1)}, \gamma^{(2)} \in \Gamma_0$, $\gamma^{(1)} \neq \gamma^{(2)}$, sei*

$$W_\xi\big(\{x : f(x \mid \gamma^{(1)}) - f(x \mid \gamma^{(2)}) \neq 0\}\big) > 0 .$$

Für jedes $x \in R_1$ [3.29] *und $\gamma \in \Gamma_0$ mögen sämtliche ersten und zweiten Ableitungen von $\gamma \to f(x \mid \gamma)$ existieren und seien dort stetig. Überdies sei*

$$\frac{\partial}{\partial \gamma_i} \int_{R_1} f(x \mid \gamma_0)\, dx = \int_{R_1} \frac{\partial}{\partial \gamma_i} f(x \mid \gamma_0)\, dx \tag{3.94}$$

[3.27] L. Le Cam, l. c. [3.25].

[3.28] Vgl. I., S. 70. Die Abbildung $\gamma \to f(x \mid \gamma)$ ist also nur bis auf eine (von x unabhängige) Nullmenge definiert. Zur Vereinfachung der Schreibweise wollen wir in unseren Formulierungen die Bezugnahme auf diese Nullmenge unterdrücken.

[3.29] Eventuell mit Ausnahme von L-Nullmengen.

und

$$\frac{\partial^2}{\partial\gamma_i\,\partial\gamma_j}\int\limits_{R_1} f(x\,|\,\gamma_0)\,dx = \int\limits_{R_1}\frac{\partial^2}{\partial\gamma_i\,\partial\gamma_j} f(x\,|\,\gamma_0)\,dx\,,\quad i,j = 1,\ldots,k. \quad (3.95)$$

Weiter existiere für alle $\gamma \in \Gamma_0$, *hinreichend kleines* ϱ *und* $i, j = 1, \ldots, k$

$$E\left(\sup_{\tilde\gamma\in K_\varrho(\gamma)}\left|\frac{\partial^2 \log f(\xi\,|\,\tilde\gamma)}{\partial\gamma_i\,\partial\gamma_j}\right|\,|\gamma_0\right)$$

und die Abbildung $\gamma \to E\left(\frac{\partial^2 \log f(\xi\,|\,\gamma)}{\partial\gamma_i\,\partial\gamma_j}\,\middle|\,\gamma_0\right)$ *sei stetig. Außerdem sei* $E(A(\xi|\gamma_0)|\gamma_0)$ [3.30] *positiv definit. Es sei für jedes* $\gamma \in \Gamma$, $\varrho > 0$ *und* $x \in R_1$

$$f^*(x,\gamma,\varrho) = \sup_{\tilde\gamma\in K_\varrho(\gamma)} f(x\,|\,\tilde\gamma)\ ^{3.31}$$

und

$$f_*(x,\gamma,\varrho) = \inf_{\tilde\gamma\in K_\varrho(\gamma)} f(x\,|\,\tilde\gamma).$$

Es sei $\log^- x = \log x - \log^+ x$ *für alle* $x \in R_1$. *Für alle* $\gamma \in \Gamma_0$ *und alle hinreichend kleinen* ϱ *existiere* $E(\log^- f_*(\xi,\gamma,\varrho)\,|\,\gamma_0)$ *und* $E(\log^+ f^*(\xi,\gamma,\varrho)|\gamma_0)$. *Weiter sei die Abbildung* $\gamma \to E(\log f(\xi|\gamma)|\gamma_0)$ *stetig in* Γ_0. *Für ein* $\eta > 0$ *und alle* $\gamma \in \Gamma - \Gamma_0$ *sei*

$$E\left(\log\frac{f(\xi\,|\,\gamma_0)}{f(\xi\,|\,\gamma)}\,\middle|\,\gamma_0\right) \geq \eta.\ ^{3.32} \quad (3.96)$$

Es sei $\xi_1, \xi_2, \ldots$ *eine Folge zufälliger Variabler. Für jedes* $n \geq 1$ *und* $x^{(n)} = (x_1, \ldots, x_n) \in R_n$ *sei die bedingte Dichte von* $\xi^{(n)} = (\xi_1, \ldots, \xi_n)$ *unter der Hypothese* $\gamma = \gamma$ *durch*

$$f^{(n)}(x^{(n)}|\gamma) = \prod_{i=1}^{n} f(x_i|\gamma)$$

gegeben.

Weiter existiere für $n = 1, 2, \ldots$ *eine Borel-meßbare Abbildung* $\hat\Theta_n$ *von* R_n *in* Γ_0, *welche die Bedingung erfüllt: Für*

[3.30] Wir verwenden sinngemäß die im Satz 3.1 eingeführte Bezeichnung.

[3.31] $K_\varrho(\gamma)$ hat dieselbe Bedeutung wie im Satz 3.6.

[3.32] Hier ist zugelassen, daß der linksstehende Erwartungswert $+\infty$ ist.

alle Folgen $(x_1, x_2, \ldots) \in R_\infty$ *und hinreichend großes* n *gelten mit Ausnahme einer Menge vom* $W_{\gamma_0,\infty}$*-Maß Null:*

$$\sup_{\gamma \in \Gamma_0} f^{(n)}(x^{(n)} \mid \gamma) = f^{(n)}\bigl(x^{(n)} \mid \hat{\Theta}_n(x)\bigr), \tag{3.97}$$

$$\frac{\partial \log f^{(n)}(x^{(n)} \mid \hat{\Theta}_n(x^{(n)}))}{\partial \gamma} = 0 \tag{3.98}$$

und

$$\lim_{n \to \infty} \hat{\Theta}_n(x^{(n)}) = \gamma_0 . \tag{3.99}$$

Es sei für jedes $\gamma \in \Gamma$ *und* $x^{(n)} \in R_n$

$$p^{(n)}(\gamma \mid x^{(n)}) = \frac{f^{(n)}(x^{(n)} \mid \gamma)\, p(\gamma)}{\int\limits_{\Gamma} f^{(n)}(x^{(n)} \mid \gamma)\, p(\gamma)\, d\gamma}. \tag{3.100}$$

Dann gilt: Die Menge der Elemente aus R_∞ *mit*

$$\lim_{n\to\infty} \int\limits_{\Gamma} \Bigl| p^{(n)}(\gamma \mid x^{(n)}) - \bigl|E\bigl(A(\xi \mid \gamma_0) \mid \gamma_0\bigr)\bigr|^{1/2} (n/2\pi)^{k/2} \times \\ \times e^{-\frac{1}{2} n (\gamma - \hat{\Theta}_n(x^{(n)}))' E(A(\xi \mid \gamma_0) \mid \gamma_0)(\gamma - \hat{\Theta}_n(x^{(n)}))} \Bigr| d\gamma = 0 \tag{3.101}$$

besitzt $W_{\gamma_0,\infty}$*-Maß* 1[3.33].

Dieser Satz besagt also kurz Folgendes: Es sei „der Parameter" einer Menge von Wahrscheinlichkeitsmaßen eine k-dimensionale zufällige Variable γ mit der Dichte p, welche in diesem Zusammenhang die „a-priori"-Verteilung von γ genannt wird. Die sogenannte „a-posteriori"-Verteilung[3.34] von γ, deren Dichte für $n \geq 1$ und jedes $x^{(n)} \in R_n$ durch (3.100) gegeben ist, ist dann für hinreichend großes n unabhängig von der a-priori-Verteilung angenähert durch eine Normalverteilung mit Mittelwert $\hat{\Theta}_n(x^{(n)})$ und Kovarianzmatrix $\frac{1}{n}\bigl[E\bigl(A(\xi \mid \gamma_0) \mid \gamma_0\bigr)\bigr]^{-1}$ gegeben.

[3.33] Für die Bedeutung von $W_{\gamma_0,\infty}$ vgl. man die Definition von $W_{\gamma_0,\infty}$ auf S. 384. Bezeichnet man die durch die bedingte Dichte $x \to f(x \mid \gamma_0)$ definierte Wahrscheinlichkeit mit W_{γ_0}, dann ist $W_{\gamma_0,\infty} = \prod_{i=1}^{\infty} W_{\gamma_0,i}$ mit $W_{\gamma_0,i} = W_{\gamma_0}$ für $i = 1, 2, \ldots$.

[3.34] Vgl. IV., S. 322.

In der Praxis wird dieses Resultat oft in einer beiläufigen Form angewendet: Die a posteriori Verteilung von $(\gamma - \hat{\Theta}_n(x^{(n)}))\sqrt{n}$ ist für hinreichend großes n durch eine Normalverteilung mit Mittelwert 0 und Kovarianzmatrix $[E(A(\xi\,|\gamma_0)|\,\gamma_0)]^{-1}$ gegeben.

Wir gehen nun zum Beweis[3.35] des Satzes 3.11 über. Wir zeigen zunächst, daß man die durch (3.100) definierte bedingte Dichte $p^{(n)}$ durch eine andere bedingte Dichte ersetzen kann, welche außerhalb einer offenen Teilmenge von Γ^* verschwindet und für welche eine zu (3.101) analoge Aussage gilt.

Wir betrachten hierzu die Menge X aller $(x_1, x_2, \ldots) \in R_\infty$, für welche $f^{(n)}(x^{(n)}|\gamma_0) \neq 0$ für $n = 1, 2, \ldots$ ist. Das Komplement von X hat $W_{\gamma_0,\infty}$-Maß 0. Im weiteren legen wir die Menge X zugrunde. Es sei für $\gamma \in \Gamma$

$$b(\gamma) = E\left(\log f(\xi\,|\,\gamma)\,|\,\gamma_0\right).$$

Es sei $\varepsilon > 0$ und

$$2\varepsilon < \eta. \tag{3.102}$$

Es sei weiter

$$\Gamma_1 = \{\gamma : -b(\gamma_0) + b(\gamma) > -\varepsilon\} \tag{3.103}$$

und

$$\Gamma_2 = \{\gamma : -b(\gamma_0) + b(\gamma) \leq -2\varepsilon\}. \tag{3.104}$$

Natürlich ist $\gamma_0 \in \Gamma_1$. Da b stetig in Γ_0 ist, ist $\Gamma_0 \cap \Gamma_2$ kompakt. Wegen (3.96) ist $\Gamma_1 \subset \Gamma_0$.

Wir zeigen etwa, daß die Voraussetzungen die Existenz von $E\left(\sup\limits_{\tilde{\gamma} \in K_\varrho(\gamma)} \log f(\xi\,|\,\tilde{\gamma})\,|\,\gamma_0\right)$ für alle $\gamma \in \Gamma_0$ und alle hinreichend kleinen ϱ implizieren. Wegen der Monotonie des Logarithmus genügt es dazu, die Existenz von $E(\log f^*(\xi, \gamma, \varrho)|\gamma_0)$ für diese γ und ϱ zu zeigen. Da aber nach Voraussetzung $E\left(\log^+ f^*(\xi, \gamma, \varrho)\,|\,\gamma_0\right)$ existiert, ist $E\left(\log f^*(\xi, \gamma, \varrho)\,|\,\gamma_0\right)$ entweder endlich oder $-\infty$. Für $\gamma \in \Gamma_0$ widerspricht aber diese zweite Annahme der Beschränktheit von $E\left(\log f(\xi\,|\,\gamma)\,|\,\gamma_0\right)$. Nun wenden wir das Lemma 3.5 sinngemäß an, benützen (3.103) und (3.104) und ersetzen nach I., Satz 38.5 $E\left(\log f(\xi\,|\,\gamma_0)\,|\,\gamma_0\right)$ durch $\frac{1}{n}\sum\limits_{i=1}^{n} \log f(x_i\,|\,\gamma_0)$: Zu jedem $\delta > 0$ und

---

[3.35] L. LE CAM, l. c. [3.25].

$x \in X$ gibt es höchstens mit Ausnahme einer Menge vom $W_{\gamma_0,\infty}$-Maß 0 ein $N(\delta, x)$, so daß für $n \geq N(\delta, x)$

$$\inf_{\gamma \in \Gamma_1} \frac{1}{n} \sum_{i=1}^{n} \left(\log f(x_i|\gamma) - \log f(x_i|\gamma_0)\right) \geq -\varepsilon - \delta \quad (3.105)$$

und

$$\sup_{\gamma \in \Gamma_0 \cap \Gamma_2} \frac{1}{n} \sum_{i=1}^{n} \left(\log f(x_i|\gamma) - \log f(x_i|\gamma_0)\right) \leq -2\varepsilon + \delta. \quad (3.106)$$

Wir wählen $$\delta < \varepsilon/3. \quad (3.107)$$

Es ist dann wegen (3.105) für jedes $\gamma \in \Gamma_1$

$$\prod_{i=1}^{n} f(x_i|\gamma) \Big/ \prod_{i=1}^{n} f(x_i|\gamma_0) \geq e^{-n(\varepsilon+\delta)} \quad (3.108)$$

und wegen (3.106) für $\gamma \in \Gamma_0 \cap \Gamma_2$

$$\prod_{i=1}^{n} f(x_i|\gamma) \Big/ \prod_{i=1}^{n} f(x_i|\gamma_0) \leq e^{-n(2\varepsilon-\delta)} \quad (3.109)$$

für alle $n \geq N(\delta, x)$.

Nun sei Γ_ε eine beliebige offene Teilmenge von

$$\{\gamma : b(\gamma) - b(\gamma_0) > -2\varepsilon\} = \Gamma - \Gamma_2.$$

Für $n \geq 1$ und $x^{(n)} \in R_n$ definieren wir

$$q^{(n)}(\gamma|x^{(n)}) = \begin{cases} 0 & \gamma \in \Gamma - \Gamma_\varepsilon \\ p^{(n)}(\gamma|x^{(n)}) \Big/ \int\limits_{\Gamma_\varepsilon} p^{(n)}(\gamma|x^{(n)})\, d\gamma, & \gamma \in \Gamma_\varepsilon \end{cases}$$

wobei diese Definition nur bis auf Nullmengen sinnvoll ist.

Wir wollen zeigen, daß

$$\lim_{n\to\infty} \int\limits_{\Gamma} |p^{(n)}(\gamma|x^{(n)}) - q^{(n)}(\gamma|x^{(n)})|\, d\gamma = 0 \quad (3.110)$$

gilt. Nun ist gemäß (3.100) und unter Beachtung der Definition von X, wenn wir noch die Abkürzungen

$$f^{(n)}(x^{(n)}|\gamma) = f_n \quad \text{und} \quad f^{(n)}(x^{(n)}|\gamma_0) = f_n^{(0)}$$

für die Integranden einführen:

$$\int_{\Gamma} |p^{(n)}(\gamma|x^{(n)}) - q^{(n)}(\gamma|x^{(n)})|\,d\gamma = 2\int_{\Gamma-\Gamma_\varepsilon} p^{(n)}(\gamma|x^{(n)})\,d\gamma =$$

$$= 2\int_{\Gamma-\Gamma_\varepsilon} f_n (f_n^{(0)})^{-1} p(\gamma)\,d\gamma \cdot \left[\int_{\Gamma} f_n (f_n^{(0)})^{-1} p(\gamma)\,d\gamma\right]^{-1}, \qquad (3.111)$$

wenn man beachtet, daß für zwei beliebige Wahrscheinlichkeitsdichten f und g stets $\int_{R_1} |f(x) - g(x)|\,dx = 2\int_{\{x: f(x) \geq g(x)\}} (f(x) - g(x))\,dx$ gilt.

Weiter ist wegen (3.108)

$$\int_{\Gamma} f_n (f_n^{(0)})^{-1} p(\gamma)\,d\gamma \geq \int_{\Gamma_1} f_n (f_n^{(0)})^{-1} p(\gamma)\,d\gamma \geq e^{-n(\varepsilon+\delta)} \int_{\Gamma_1} p(\gamma)\,d\gamma. \quad (3.112)$$

Wegen $\gamma_0 \in \Gamma_1$, $p(\gamma_0) > 0$ und der Stetigkeit von p in γ_0 ist

$$\int_{\Gamma_1} p(\gamma)\,d\gamma > 0.$$

Wir machen nun die Annahme, daß (3.110) falsch ist. Damit folgt aus (3.111), daß auf einer Menge E positiver $W_{\gamma_0,\infty}$-Wahrscheinlichkeit

$$\overline{\lim_{n\to\infty}} \int_{\Gamma-\Gamma_\varepsilon} f_n (f_n^{(0)})^{-1} p(\gamma)\,d\gamma \cdot \left[\int_{\Gamma} f_n (f_n^{(0)})^{-1} p(\gamma)\,d\gamma\right]^{-1} > 0$$

gilt. (3.112) liefert somit

$$\overline{\lim_{n\to\infty}}\, e^{n(\varepsilon+\delta)} \int_{\Gamma-\Gamma_\varepsilon} f_n f_n^{(0)-1}\, p(\gamma)\,d\gamma > 0$$

und daher gilt auch[3.36]

$$\int_{\Gamma-\Gamma_\varepsilon} \overline{\lim_{n\to\infty}} \left(e^{n(\varepsilon+\delta)} f_n (f_n^{(0)})^{-1}\right) p(\gamma)\,d\gamma > 0.$$

[3.36] Es gilt nämlich der folgende Satz von Fatou, der in engstem Zusammenhang mit Satz V steht: Es sei μ ein Maß über $(R, \mathbf{S})$. Weiter sei $\{f_n\}$ eine Folge nichtnegativer $\mathbf{S}$-meßbarer Funktionen über R. Dann ist

$$\int_R \underline{\lim_{n\to\infty}}\, f_n\,d\mu \leq \underline{\lim_{n\to\infty}} \int_R f_n\,d\mu \leq \overline{\lim_{n\to\infty}} \int_R f_n\,d\mu \leq \int_R \overline{\lim_{n\to\infty}}\, f_n\,d\mu.$$

Dabei ist auch zugelassen, daß die Integrale den Wert $+\infty$ annehmen.

Daher gibt es zu jedem $x \in E$ ein $\gamma \in \Gamma - \Gamma_\varepsilon$ und ein $\alpha > 0$, so daß für unendliche viele n, die von x abhängig sein können,

$$e^{n(\varepsilon+\delta)} f_n (f_n^{(0)})^{-1} > \alpha$$

und weiter $n(\varepsilon + \delta) + \log (f_n/f_n^{(0)}) > \log \alpha$ und

$$\frac{1}{n} \sum_{i=1}^{n} \log \frac{f(x_i \mid \gamma)}{f(x_i \mid \gamma_0)} > -(\varepsilon + \delta) + \frac{1}{n} \log \alpha$$

gelten. Nach (3.106) ist also $\gamma \notin \Gamma_0 \cap \Gamma_2$. Da weiter die Menge E positive $W_{\gamma_0, \infty}$-Wahrscheinlichkeit besitzt, folgt aus dieser letzten Ungleichung nach I., Satz 38.5:

$$E\left(\log \frac{f(\xi \mid \gamma)}{f(\xi \mid \gamma_0)} \mid \gamma_0\right) \geq -(\varepsilon + \delta).$$

Aus (3.102), (3.107) und (3.96) folgt $\gamma \in \Gamma_0$ und daraus weiter $\gamma \in \Gamma_0 - \Gamma_2$ im Widerspruch zu $\gamma \in \Gamma - \Gamma_\varepsilon \subset \Gamma_2$. Damit ist (3.110) bewiesen. Man kann also in (3.101) $p^{(n)}(\gamma \mid x^{(n)})$ durch $q^{(n)}(\gamma \mid x^{(n)})$ ersetzen, wobei man durch Wahl von ε erreichen kann, daß $\gamma \to q^{(n)}(\gamma \mid x^{(n)})$ außerhalb einer beliebigen offenen Menge, die γ_0 enthält, verschwindet. Wir zeigen nun, daß man die Aufgabe noch weiter reduzieren kann, indem wir beweisen: Für jedes $\varepsilon > 0$ mit $p(\gamma_0) - \varepsilon > 0$, alle $x \in R_\infty$ mit Ausnahme einer $W_{\gamma_0, \infty}$-Nullmenge und hinreichend großes n ist

$$\int_{\Gamma_\varepsilon} \left| q^{(n)}(\gamma \mid x^{(n)}) - \frac{f^{(n)}(x^{(n)} \mid \gamma)}{\int_{\Gamma_\varepsilon} f^{(n)}(x^{(n)} \mid \gamma)\, d\gamma} \right| d\gamma \leq \frac{2\varepsilon}{p(\gamma_0) - \varepsilon}. \tag{3.113}$$

Wir nehmen gleich an, daß $x \in X$ ist und daß Γ_ε so gewählt ist, daß

$$|p(\gamma) - p(\gamma_0)| < \varepsilon \tag{3.114}$$

für $\gamma \in \Gamma_\varepsilon$ und $p(\gamma_0) > \varepsilon$ ist.

Aus (3.108) und (3.114) folgt, daß mindestens für hinreichend großes n die Ungleichung $\int_{\Gamma_\varepsilon} f_n \, d\gamma > 0$ gilt oder auch

$$\int_{\Gamma_\varepsilon} f_n (f_n^{(0)})^{-1} \, d\gamma > 0 \tag{3.115}$$

ist. Wir erhalten dann

$$\int\limits_{\Gamma_\varepsilon} \left| q^{(n)}(\gamma\,|\,x^{(n)}) - \frac{f^{(n)}(x^{(n)}\,|\,\gamma)}{\int\limits_{\Gamma_\varepsilon} f^{(n)}(x^{(n)}\,|\,\gamma)\,d\gamma} \right| d\gamma \leq$$

$$\leq \int\limits_{\Gamma_\varepsilon} \left| f_n (f_n^{(0)})^{-1} (p(\gamma) - p(\gamma_0)) \right| d\gamma \Big/ \left| \int\limits_{\Gamma_\varepsilon} f_n (f_n^{(0)})^{-1} p(\gamma)\, d\gamma \right| +$$

$$+ \int\limits_{\Gamma_\varepsilon} | f_n (f_n^{(0)})^{-1} p(\gamma_0) |\, d\gamma \left| \int\limits_{\Gamma_\varepsilon} f_n (f_n^{(0)})^{-1} (p(\gamma) - p(\gamma_0))\, d\gamma \right| \times$$

$$\times \left[\left| \int\limits_{\Gamma_\varepsilon} f_n (f_n^{(0)})^{-1} p(\gamma_0)\, d\gamma \right| \left| \int\limits_{\Gamma_\varepsilon} f_n (f_n^{(0)})^{-1} p(\gamma)\, d\gamma \right| \right]^{-1}.$$

Somit ist

$$\int\limits_{\Gamma_\varepsilon} \left| q^{(n)}(\gamma\,|\,x^{(n)}) - \frac{f^{(n)}(x^{(n)}\,|\,\gamma)}{\int\limits_{\Gamma_\varepsilon} f^{(n)}(x^{(n)}\,|\,\gamma)\,d\gamma} \right| d\gamma \leq$$

$$\leq 2 \int\limits_{\Gamma_\varepsilon} | f_n (f_n^{(0)})^{-1} (p(\gamma) - p(\gamma_0)) |\, d\gamma \cdot \left[\int\limits_{\Gamma_\varepsilon} f_n (f_n^{(0)})^{-1} p(\gamma)\, d\gamma \right]^{-1}. \qquad (3.116)$$

Ersetzt man $\int\limits_{\Gamma_\varepsilon} f_n (f_n^{(0)})^{-1} p(\gamma)\, d\gamma$ durch

$$\int\limits_{\Gamma_\varepsilon} f_n (f_n^{(0)})^{-1} p(\gamma_0)\, d\gamma + \int\limits_{\Gamma_\varepsilon} f_n (f_n^{(0)})^{-1} (p(\gamma) - p(\gamma_0))\, d\gamma$$

und beachtet man, daß aus (3.114)

$$\int\limits_{\Gamma_\varepsilon} f_n (f_n^{(0)})^{-1} (p(\gamma) - p(\gamma_0))\, d\gamma \geq - \frac{\varepsilon}{p(\gamma_0)} \int\limits_{\Gamma_\varepsilon} f_n (f_n^{(0)})^{-1} p(\gamma_0)\, d\gamma$$

folgt, dann ergibt sich für die rechte Seite von (3.116) die Abschätzung $\leq 2 \frac{\varepsilon / p(\gamma_0)}{1 - \varepsilon / p(\gamma_0)} = \frac{2\varepsilon}{p(\gamma_0) - \varepsilon}$ und damit folgt die Behauptung (3.113). Mit der Bezeichnung

$$r^{(n)}(\gamma\,|\,x^{(n)}) = f^{(n)}(x^{(n)}\,|\,\gamma) \Big/ \int_{\Gamma_\varepsilon} f^{(n)}(x^{(n)}\,|\,\gamma)\,d\gamma \qquad \text{für} \qquad \gamma \in \Gamma_\varepsilon$$

ist also schließlich

$$\lim_{n\to\infty} \int_{\Gamma_\varepsilon} |\, r^{(n)}(\gamma\,|\,x^{(n)}) - |E(A(\xi\,|\,\gamma_0)\,|\,\gamma_0)|^{1/2} (n/2\pi)^{k/2} \times$$

$$\times \exp\left[-\frac{1}{2}\,n\big(\gamma - \hat{\Theta}_n(x^{(n)})\big)' E\big(A(\xi\,|\,\gamma_0)\,|\,\gamma_0\big)\big(\gamma - \hat{\Theta}_n(x^{(n)})\big)\right] d\gamma = 0$$

mit $W_{\gamma_0,\infty}$-Maß 1 zu zeigen.

Wir führen nun noch eine Bezeichnung ein: Es sei A eine beliebige $k \times k$-Matrix. Wir ordnen ihre Elemente irgendwie zu einem Vektor mit k^2 Elementen an, und den Betrag dieses Vektors, der offenbar von der gewählten Anordnung unabhängig ist, bezeichnen wir mit $\|A\|$.

Da $E(A(\xi\,|\,\gamma_0)\,|\,\gamma_0)$ positiv definit und symmetrisch ist, existiert ein $\lambda > 0$, so daß

$$u' E\big(A(\xi\,|\,\gamma_0)\,|\,\gamma_0\big) u \geq \lambda\, |u|^2 \tag{3.117}$$

für alle $u \in R_k$.

Aus Stetigkeitsgründen gibt es zu jedem $\varepsilon_1 > 0$ eine offene Kugel K_{ε_1} mit γ_0 als Mittelpunkt, so daß

$$\|E\big(B(\xi\,|\,\gamma)\,|\,\gamma_0\big) + E\big(A(\xi\,|\,\gamma_0)\,|\,\gamma_0\big)\| < \varepsilon_1 \,[3.37]. \tag{3.118}$$

Somit ist

$$\|E\big(A(\xi\,|\,\gamma_0)\,|\,\gamma_0\big)\| - \varepsilon_1 \leq \inf_{\gamma \in K_{\varepsilon_1}} \|E\big(B(\xi\,|\,\gamma)\,|\,\gamma_0\big)\| \leq$$

$$\leq \sup_{\gamma \in K_{\varepsilon_1}} \|E\big(B(\xi\,|\,\gamma)\,|\,\gamma_0\big)\| \leq \|E\big(A(\xi\,|\,\gamma_0)\,|\,\gamma_0\big)\| + \varepsilon_1. \tag{3.119}$$

Aus (3.119) folgt bei k^2-maliger Anwendung von Lemma 3.5 für alle $x \in R_\infty$ bis auf eine $W_{\gamma_0,\infty}$-Nullmenge

$$\sup_{\gamma \in K_{\varepsilon_1}} \left\| \frac{1}{n} B(x^{(n)}\,|\,\gamma) + E\big(A(\xi\,|\,\gamma_0)\,|\,\gamma_0\big) \right\| < 2\varepsilon_1, \tag{3.120}$$

[3.37] Für die Bezeichnung vgl. man die auf S. 362ff. eingeführte Symbolik.

wenn man nur n groß genug wählt. Insbesondere gilt auch, wenn man nur ε_1 hinreichend klein wählt,

$$\inf_{\gamma \in K_{\varepsilon_1}} \frac{1}{n} u' B(x^{(n)} | \gamma) u \leq -\frac{\lambda}{2} |u|^2 \tag{3.121}$$

für alle $u \in R_k$.

Wir wählen nun $\varepsilon_1 > 0$ so klein, daß wir unter Berücksichtigung von (3.114) $\Gamma_\varepsilon = K_{\varepsilon_1}$ setzen dürfen. Weiter wählen wir ein festes $x \in X$ und können annehmen, daß (3.108), (3.109), (3.120) und (3.121) für hinreichend großes n erfüllt sind. Weiter kann man wegen (3.108) auch noch annehmen, daß $f^{(n)}(x^{(n)} | \gamma) \neq 0$ für $\gamma \in \Gamma_\varepsilon$ ist. Überdies dürfen wir annehmen, daß für hinreichend großes n (3.98) erfüllt ist und daß wegen (3.99) $\hat{\Theta}_n(x^{(n)}) \in \Gamma_\varepsilon$ gilt.

Schreibt man nun für ein beliebiges $\gamma \in \Gamma$

$$v = \left(\gamma - \hat{\Theta}_n(x^{(n)})\right) \sqrt{n},$$

dann wird

$$\log f^{(n)}(x^{(n)} | \gamma) - \log f^{(n)}(x^{(n)} | \hat{\Theta}_n(x^{(n)})) =$$

$$= \frac{1}{2} \frac{v'}{\sqrt{n}} B\left(x^{(n)} \,\Big|\, \hat{\Theta}_n(x^{(n)}) + \vartheta(\gamma) \frac{v}{\sqrt{n}}\right) \frac{v}{\sqrt{n}}$$

mit $0 < \vartheta(\gamma) < 1$. Also wird für $\gamma \in \Gamma_\varepsilon$

$$\left.\begin{aligned} r^{(n)}(\gamma | x^{(n)}) = \exp\left[\frac{1}{2} \frac{v' B\left((x^{(n)} \,|\, \hat{\Theta}_n(x^{(n)}) + \vartheta(\gamma) \frac{v}{\sqrt{n}}\right) v}{n}\right] \Bigg/ \\ \Bigg/ \int\limits_{\Gamma_\varepsilon} \exp\left[\frac{1}{2} \frac{v' B\left((x^{(n)} \,|\, \hat{\Theta}_n(x^{(n)}) + \vartheta(\gamma) \frac{v}{\sqrt{n}}\right) v}{n}\right] d\gamma \end{aligned}\right\}. \tag{3.122}$$

Nun definiere man für $n \geq 1$:

$$V_n = \left\{v : \hat{\Theta}_n(x^{(n)}) + v / \sqrt{n} \in \Gamma_\varepsilon\right\} \quad \text{und} \quad U_n^* = \left\{v : |v| < \sqrt[4]{n}\right\}.$$

Es sei

$$\delta_n = \sup_{v \in U_n^*} \left\| B\left(x^{(n)} | \hat{\Theta}_n(x^{(n)}) + \vartheta(\gamma) v / \sqrt{n}\right) \frac{1}{n} + E(A(\xi | \gamma_0) | \gamma_0) \right\|.$$

Für hinreichend großes n gilt für alle $v \in U_n^*$ auch

$$\hat{\Theta}_n(x^{(n)}) + \vartheta(\gamma) v / \sqrt{n} \in \Gamma_\varepsilon, \tag{3.123}$$

und außerdem ist wegen (3.120)

$$\delta_n \to 0. \tag{3.124}$$

Es sei

$$\alpha_n = \min(n^{1/4}, \delta_n^{-1/4}), \tag{3.125}$$

wobei im Falle $\delta_n = 0$ natürlich $\alpha_n = n^{1/4}$ gelten soll. Weiter sei

$$U_n = \{x : |v| < \alpha_n\}. \tag{3.126}$$

Führen wir v als Integrationsvariable ein, dann haben wir zu beweisen:

$$\int_{V_n} \left\{ \left| \exp\left[\frac{1}{2} \frac{v' B\left(x^{(n)} \mid \hat{\Theta}_n(x^{(n)}) + \vartheta(\gamma) \frac{v}{\sqrt{n}}\right) v}{n} \right] \times \right.\right.$$

$$\times \left(\int_{V_n} \exp\left[\frac{1}{2} \frac{v' B\left(x^{(n)} \mid \hat{\Theta}_n(x^{(n)}) + \vartheta(\gamma) \frac{v}{\sqrt{n}}\right) v}{n} \right] dv \right)^{-1} -$$

$$- \left(\exp\left[-\frac{1}{2} v' E\left(A(\xi \mid \gamma_0) \mid \gamma_0\right) v \right] \right) \times$$

$$\left.\left. \times \left(\int_{R_k} \exp\left[-\frac{1}{2} v' E\left(A(\xi \mid \gamma_0) \mid \gamma_0\right) v \right] dv \right)^{-1} \right| \right\} dv \to 0 \quad \text{für} \quad n \to \infty .$$

Wir schreiben für dieses Integral in leicht verständlicher Abkürzung

$$\int_{U_n} \left| e^{-B(v)} \left(\int_{V_n} e^{-B(v)} dv \right)^{-1} - e^{-A(v)} \left(\int_{R_k} e^{-A(v)} dv \right)^{-1} \right| dv +$$

$$+ \int_{V_n - U_n} \left| e^{-B(v)} \left(\int_{V_n} e^{-B(v)} dv \right)^{-1} - e^{-A(v)} \left(\int_{R_k} e^{-A(v)} \right)^{-1} dv \right| dv .$$

Es genügt nun zu beweisen:

$$\int_{U_n} e^{-A(v)}\,dv \to \int_{R_k} e^{-A(v)}\,dv\,, \tag{3.127}$$

$$\int_{U_n} e^{-B(v)}\,dv - \int_{U_n} e^{-A(v)}\,dv \to 0\,, \tag{3.128}$$

$$\int_{V_n - U_n} e^{-B(v)}\,dv \to 0 \tag{3.129}$$

für $n \to \infty$. (3.127) ist trivial wegen (3.126). Für (3.128) beachte man, daß aus (3.123), (3.124), (3.125) und (3.126) für $v \in U_n$ folgt:

$$|e^{-B(v)} - e^{-A(v)}| = e^{-A(v)}\,|e^{-B(v)+A(v)} - 1| \leq$$

$$\leq e^{-\frac{1}{2} v' E(A(\xi|\gamma_0)|\gamma_0) v} \left| e^{\frac{k}{2}\delta_n \delta_n^{-\frac{1}{2}}} - 1 \right| = o\left(e^{-v' E(A(\xi|\gamma_0)|\gamma_0) v}\right).$$

Daraus folgt aber alles.

Für die dritte Behauptung beachte man, daß aus (3.121)

$$e^{-B(v)} \leq e^{-\frac{\lambda}{2}|v|^2}$$

folgt, und da $\int_{R_k - U_n} e^{-\frac{\lambda}{4}|v|^2}\,dv \to 0$ gilt, ist auch diese Behauptung gezeigt.

Damit ist der Beweis des Satzes beendet.

Als Beispiel betrachten wir den folgenden Fall: Es sei $\boldsymbol{\gamma}$ eine eindimensionale zufällige Variable, welche über (0, 1) gleichverteilt sei. Weiter sei eine Folge $\xi_1, \xi_2, \ldots$ zufälliger Variabler gegeben, welche unter der Hypothese $\boldsymbol{\gamma} = \gamma$ unabhängig und mit derselben Alternativverteilung W_γ verteilt sind.

$$\left.\begin{aligned} W_\gamma(\xi_i = 1 \mid \boldsymbol{\gamma} = \gamma) &= \gamma \\ W_\gamma(\xi_i = 0 \mid \boldsymbol{\gamma} = \gamma) &= 1 - \gamma \end{aligned}\right. \qquad i = 1, 2, \ldots, \quad 0 < \gamma < 1$$

Mit der Bezeichnung $\zeta_n = \xi_1 + \cdots + \xi_n$, $n \geq 1$, erhalten wir für jedes ganze z_n mit $0 \leq z_n \leq n$ für die bedingte Dichte von $\boldsymbol{\gamma}$ unter der Hypothese $\zeta_n = z_n$ die Dichte der Beta-Verteilung $B(1 + z_n, n - z_n + 1)$:

$$p^{(n)}(\gamma \mid z_n) = \begin{cases} 0 & \gamma \leq 0 \\ \gamma^{z_n}(1-\gamma)^{n-z_n} \Big/ \int_0^1 x^{z_n}(1-x)^{n-z_n}\,dx, & 0 < \gamma < 1. \\ 0 & \gamma \geq 1 \end{cases}$$

Also ist für $0 < \gamma < 1$

$$p^{(n)}(\gamma \mid z_n) = \frac{\Gamma(n+2)}{\Gamma(z_n+1)\,\Gamma(n-z_n+1)}\,\gamma^{z_n}\,(1-\gamma)^{n-z_n}.$$

Wir erhalten somit:

$$\lim_{n\to\infty}\int_0^1 \left| \frac{\Gamma(n+2)}{\Gamma(z_n+1)\,\Gamma(n-z_n+1)}\,\gamma^{z_n}(1-\gamma)^{n-z_n} - \big(\gamma_0(1-\gamma_0)\big)^{-1/2} \times \right.$$
$$\left. \times\ (n/2\pi)^{1/2} \exp\left\{-\frac{1}{2}\,n\left(\gamma-\frac{z_n}{n}\right)^2 \big(\gamma_0(1-\gamma_0)\big)^{-1}\right\}\right| d\gamma = 0$$

mit $W_{\gamma_0,\infty}$-Maß 1. Für die praktische Anwendung ist eine Fehlerabschätzung von Bedeutung: In etwas anderer Form wurde eine solche z. B. von VAN DER WAERDEN gegeben[3.38].

Den Satz 3.11 wollen wir später benützen, um ein Resultat vom Bayesschen Typ zu geben. Die hierzu nötigen Definitionen stehen in engem Zusammenhang mit IV. 4. Wir knüpfen dabei an die schon früher gegebenen Erklärungen an. Es sei $(R, \boldsymbol{S})$ ein Meßraum, Γ eine beliebige Menge $\neq \emptyset$ und $\mathfrak{S}$ eine σ-Algebra von Teilmengen von Γ. Es sei ν ein Maß über $(\Gamma, \mathfrak{S})$. Es sei W_Γ eine Menge von Maßen über $(R, \boldsymbol{S})$, welche durch ein σ-endliches Maß μ dominiert wird. Die R.N.-Dichten bez. μ seien durch $x \to f(x, \gamma)$, $\gamma \in \Gamma$, gegeben. Die Abbildung $(x, \gamma) \to f(x, \gamma)$ sei $(\boldsymbol{S} \otimes \mathfrak{S})$-meßbar. Es sei weiter $(y, \gamma) \to w(y, \gamma)$ eine $(\mathfrak{B}_1 \otimes \mathfrak{S})$-meßbare Abbildung von $R_1 \times \Gamma$ in den R_1. Es sei H die Menge aller $\boldsymbol{S}$-meßbaren Funktionen h über R, so daß

$$L(h, \gamma) = \int_R w\big(h(x), \gamma\big)\, f(x, \gamma)\, d\mu(x)$$

für alle $\gamma \in \Gamma$ existiert und ν-integrierbar ist. $h^* \in H$ heißt eine *Bayes-Schätzung*[3.39] *(für w) bez. ν*, wenn

$$\int_\Gamma L(h^*, \gamma)\, d\nu(\gamma) = \inf_{h\in H} \int_\Gamma L(h, \gamma)\, d\nu(\gamma).$$

Bisher haben wir unseren Untersuchungen fast stets die Annahme zugrunde gelegt, daß für eine Funktion d

$$w(y, \gamma) = |y - d(\gamma)|^2 \tag{3.130}$$

für alle $y \in R_1$ und $\gamma \in \Gamma$ ist.

[3.38] B. VAN DER WAERDEN, Ber. Akad. Leipzig, math.-phys. Kl. 87, 353–364 (1935).

[3.39] Vgl. A., S. 586ff.

Wir wollen nun einen Spezialfall der angegebenen Definition betrachten. Es sei $n \geq 1$, $R = R_n$, $\mathfrak{S} = \mathbf{S} = \mathfrak{B}_n$, $\Gamma = R_k$, $k \geq 1$. Das Maß ν sei durch eine Dichte p über dem R_k gegeben und sei die Wahrscheinlichkeitsverteilung einer k-dimensionalen zufälligen Variablen γ. Für jedes $x \in R_n$ sei $f(x \mid \gamma)$ die bedingte Dichte einer n-dimensionalen zufälligen Variablen unter der Hypothese $\gamma = \gamma$, soweit sie überhaupt sinnvoll definiert werden kann. Es sei weiter w für jedes $y \in R_1$ und $\gamma \in R_k$ durch (3.130) gegeben. H ist dann die Menge aller Funktionen h, für welche

$$\int_{R_k}\int_{R_n} \big(h(x) - d(\gamma)\big)^2 f(x \mid \gamma)\, dx\, p(\gamma)\, d\gamma \tag{3.131}$$

existiert. Es gilt dann der

Satz 3.12: *Es sei bei Benützung der eben angegebenen Bezeichnung*

$$q(\gamma \mid x) = f(x \mid \gamma)\, p(\gamma) \Big/ \int_{R_k} f(x \mid \gamma)\, p(\gamma)\, d\gamma .$$

Dann ist die für fast alle $x \in R_n$ *definierte Funktion*

$$h^*(x) = \int_{R_k} d(\gamma)\, q(\gamma \mid x)\, d\gamma \tag{3.132}$$

Bayes-Schätzung für d (oder w) bezüglich ν. Somit minimisiert h den Ausdruck* (3.131).

Beweis: Es sei $f(x) = \int_{R_k} f(x \mid \gamma)\, p(\gamma)\, d\gamma$ für $x \in R_n$. Schreibt man für $h \in H$ und $\gamma \in \Gamma$

$$\int_{R_n} \big(h(x) - d(\gamma)\big)^2 f(x \mid \gamma)\, dx = L(h, \gamma),$$

dann ist nach Fubinis Satz

$$\int_{R_k} L(h, \gamma)\, p(\gamma)\, d\gamma = \int_{R_n} f(x) \int_{R_k} \big(h(x) - d(\gamma)\big)^2 q(\gamma \mid x)\, d\gamma\, dx .$$

Daraus folgt aber die Existenz von (3.132) für fast alle $x \in R_n$. Nach I., Satz 21.1, ergibt sich dann die Behauptung.

Für diesen Spezialfall ist somit die Existenz einer Bayes-Schätzung sichergestellt. Die spezielle Gestalt von w ist dabei ganz wesentlich. Im allgemeinen existieren Bayes-Schätzungen nicht. Betrachtet man aber an Stelle eines festen Stichprobenraumes eine unendliche Folge von Stichprobenräumen $\{(R^{(n)}, \mathbf{S}^{(n)})\}$, dann ist die Vorstellung recht natürlich, daß man für $n \to \infty$ unter gewissen Voraussetzungen eine Bayes-Schätzung erhalten kann. Dieser Vorstellung trägt die folgende Definition Rechnung:

Es seien $(R^{(n)}, \mathbf{S}^{(n)})$ *für* $n = 1, 2, \ldots,$ *Stichprobenräume und* $W_\Gamma^{(n)}$ *Wahrscheinlichkeitsmaße über* $(R^{(n)}, \mathbf{S}^{(n)})$, *welche durch ein* σ*-endliches Maß* $\mu^{(n)}$ *dominiert werden.* $\mathfrak{S}$ *sei eine* σ*-Algebra über* Γ *und* $\{\nu^{(n)}\}$ *eine Folge von Maßen über* $\mathfrak{S}$. *Die R.N.-Dichten von* $W_\gamma^{(n)}$ *bez.* $\mu^{(n)}$ *mögen mit* $x^{(n)} \to f^{(n)}(x^{(n)}, \gamma)$, $\gamma \in \Gamma$, *bezeichnet werden. Die Abbildung* $(x^{(n)}, \gamma) \to f^{(n)}(x^{(n)}, \gamma)$ *sei* $\mathbf{S}^{(n)} \otimes \mathfrak{S}$*-meßbar und* $(y, \gamma) \to w^{(n)}(y, \gamma)$ *sei für* $n = 1, 2, \ldots$ *eine* $\mathfrak{B}_1 \otimes \mathfrak{S}$ *meßbare Abbildung von* $R_1 \times \Gamma$ *in den* R_1. *Es sei* $H^{(n)}$ *die Menge aller* $\mathbf{S}^{(n)}$*-meßbaren Funktionen* $h^{(n)}$, *so daß* $L^{(n)}(h^{(n)}, \gamma) = \int\limits_{R^{(n)}} w^{(n)}\left(h^{(n)}(x^{(n)}), \gamma\right) f^{(n)}(x^{(n)}, \gamma)\, d\mu^{(n)}(x^{(n)})$ *für alle* $\gamma \in \Gamma$ *existiere und so daß auch* $\int\limits_\Gamma L^{(n)}(h, \gamma)\, d\nu^{(n)}(\gamma)$ *existiert.* $h^{(n)*} \in H^{(n)}$, $n = 1, 2, \ldots,$ *heißt asymptotische Bayes-Schätzung für* $w^{(n)}$ *bez.* $\nu^{(n)}$, *wenn es eine Nullfolge* $\{\varepsilon_n\}$ *positiver Zahlen gibt, so daß für alle* n

$$\int\limits_\Gamma L^{(n)}(h^{(n)*}, \gamma)\, d\nu^{(n)}(\gamma) \leq \inf_{h^{(n)} \in H^{(n)}} \int\limits_\Gamma L(h^{(n)}, \gamma)\, d\nu^{(n)}(\gamma) + \varepsilon_n$$

ist.

Über die Folge der $w^{(n)}$ haben wir in dieser Definition im wesentlichen keine Einschränkungen gemacht. Es ist naheliegend, daß man nur unter weniger allgemeinen Bedingungen die Existenz asymptotischer Bayes-Schätzungen wird beweisen können. Wir werden einen diesbezüglichen Satz zeigen und dabei erneut auf eine Eigenschaft der Maximum-Likelihood-Schätzungen stoßen.

Wir beweisen zunächst das

Lemma 3.6: *Es sei* w *eine beschränkte, konvexe und (bez. der Null) symmetrische Abbildung vom* R_k, $k \geq 1$, *in den* R_1. *Es sei* A *eine beliebige positiv definite* $k \times k$*-Matrix und* $a \in R_k$. *Dann ist*

$$\int\limits_{R_k} w(v - a)\, e^{-\frac{1}{2} v' A v}\, dv \geq \int\limits_{R_k} w(v)\, e^{-\frac{1}{2} v' A v}\, dv .$$

Beweis: $\int\limits_{R_k} \left(w(v-a) - w(v)\right) e^{-\frac{1}{2}v'Av}\, dv =$

$$= \frac{1}{2} \int\limits_{R_k} \left(w(v+a) + w(v-a) - 2w(v)\right) e^{-\frac{1}{2}v'Av}\, dv$$

wie sofort aus der Symmetrie von w folgt. Aus der Konvexität folgt aber $w(v+a) + w(v-a) \geq 2w(v)$ und damit die Behauptung des Lemmas 3.6.

Nun kommen wir zu dem angekündigten Satz. Wir behalten alle im Satz 3.11 eingeführten Bezeichnungen bei und beweisen den

Satz 3.13[3.40]**:** *Es seien alle Bedingungen des Satzes* 3.11 *erfüllt und zwar soweit sie im Satz* 3.11 *nur für* $\gamma = \gamma_0$ *gefordert sind, sogar für alle* $\gamma \in \Gamma_0$. *Es sei jedoch jetzt* $p(\gamma) = 0$ *für* $R_k - \Gamma_0$. *Für jedes* $B \in \mathfrak{B}_k$ *sei* $\nu(B) = \int\limits_B p(\gamma)\, d\gamma$. *Es sei* w *eine beschränkte, konvexe und symmetrische Abbildung vom* R_k *in den* R_1. *Für* $n = 1, 2, \ldots$ *sei* $h^{(n)}$ *eine (meßbare) Abbildung vom* R_n *in den* R_k. *Weiter sei* $\nu = \nu^{(n)}$ *für* $n \geq 1$. *Dann ist* $H^{(n)}$ *die Menge aller dieser Abbildungen* $h^{(n)}$. *In der Menge aller Folgen* $\{h^{(n)}\}$ *mit* $h^{(n)} \in H^{(n)}$ *ist* $\{\hat{\Theta}_n\}$ *asymptotische Bayes-Schätzung für* $\gamma \in \Gamma_0$ *bez. des Maßes* ν.

Beweis: Es ist jetzt

$$L^{(n)}(h^{(n)}, \gamma) = \int\limits_{R_n} w\left(\left(h^{(n)}(x^{(n)}) - \gamma\right)\sqrt{n}\right) f^{(n)}(x^{(n)} \mid \gamma)\, dx^{(n)}$$

für jedes $\gamma \in \Gamma_0$. Es ist zu zeigen, daß es eine Folge positiver Zahlen $\{\varepsilon_n\}$ mit $\varepsilon_n \to 0$ gibt, so daß

$$\int\limits_{\Gamma_0} L^{(n)}(\hat{\Theta}_n, \gamma)\, p(\gamma)\, d\gamma \leq \inf_{h^{(n)} \in H^{(n)}} \int\limits_{\Gamma_0} L^{(n)}(h^{(n)}, \gamma)\, p(\gamma)\, d\gamma + \varepsilon_n. \quad (3.133)$$

Schreibt man für $\gamma \in \Gamma$ und (fast alle) $x^{(n)} \in R_n$

$$q^{(n)}(\gamma \mid x^{(n)}) = \frac{f^{(n)}(x^{(n)} \mid \gamma)\, p(\gamma)}{\int\limits_{\Gamma_0} f^{(n)}(x^{(n)} \mid \gamma)\, p(\gamma)\, d\gamma}$$

und

$$f^{(n)}(x^{(n)}) = \int\limits_{\Gamma_0} f^{(n)}(x^{(n)} \mid \gamma)\, p(\gamma)\, d\gamma, \quad (3.134)$$

[3.40] L. Le Cam, l. c. [3.25].

dann erhält man nach Anwendung des Satzes von FUBINI

$$\int_{\Gamma_0} L^{(n)}(h^{(n)},\gamma)\,p(\gamma)\,d\gamma =$$

$$= \int_{R_n} f^{(n)}(x^{(n)}) \int_{\Gamma_0} w\Big(\big(h^{(n)}(x^{(n)}) - \gamma\big)\sqrt{n}\Big)\,q^{(n)}(\gamma\,|\,x^{(n)})\,d\gamma\,dx^{(n)}.$$

Nun sei

$$W_n = \left\{v : \hat{\Theta}_n(x^{(n)}) + v/\sqrt{n} \in \Gamma_0\right\}$$

Man erhält ohne Schwierigkeit

$$\left.\begin{aligned} &\int_{\Gamma_0} w\Big(\big(h^{(n)}(x^{(n)}) - \gamma\big)\sqrt{n}\Big)\,q^{(n)}(\gamma\,|\,x^{(n)})\,d\gamma = \\ &= \int_{W_n} w\Big([h^{(n)}(x^{(n)}) - \hat{\Theta}_n(x^{(n)})]\sqrt{n} - v\Big) \times \\ &\times q^{(n)}\Big(\big(\hat{\Theta}_n(x^{(n)}) + v/\sqrt{n}\big)\,\Big|\,x^{(n)}\Big)\,n^{-\frac{k}{2}}\,dv. \end{aligned}\right\} \tag{3.135}$$

Nun folgt aber aus Satz 3.11 und aus der Beschränktheit von w, daß für jedes $\gamma \in \Gamma_0$

$$\left.\begin{aligned} &\Bigg|\int_{W_n} w\Big([h^{(n)}(x^{(n)}) - \hat{\Theta}_n(x^{(n)})]\sqrt{n} - v\Big) \times \\ &\times q^{(n)}\Big(\hat{\Theta}_n(x^{(n)}) + v/\sqrt{n}\,\Big|\,x^{(n)}\Big)\,n^{-\frac{k}{2}}\,dv - \\ &- \int_{R_k} w\Big([h^{(n)}(x^{(n)}) - \hat{\Theta}_n(x^{(n)})]\sqrt{n} - v\Big) \times \\ &\times \frac{|E(A(\xi\,|\,\gamma)\,|\,\gamma)|^{\frac{1}{2}}}{(2\pi)^{\frac{k}{2}}}\,e^{-\frac{1}{2}v' E(A(\xi|\gamma)|\gamma) v}\,dv\Bigg| \end{aligned}\right\} \tag{3.136}$$

gegen 0 strebt für $n \to \infty$, und zwar für alle $x \in R_\infty$ bis auf eine $W_{\gamma,\infty}$-Nullmenge. Man beachte hierzu, daß im zweiten Integral von (3.136) über v integriert wird, während γ in $E\big(A(\xi\,|\,\gamma)\,|\,\gamma\big)$ ein beliebiges, aber festes Element aus R_k ist.

Außerdem folgt noch aus der Beschränktheit von w, daß der in (3.136) stehende Ausdruck in n, γ und $x^{(n)} \in R_n$ beschränkt ist. Bezeichnen wir diesen Betrag mit $\varepsilon_n(x^{(n)},\gamma)$, dann strebt also

$\varepsilon_n(x^{(n)}, \gamma)$ für jedes $\gamma \in \Gamma_0$ und für $W_{\gamma,\infty}$-fast alle $x \in R_\infty$ gegen 0 für $n \to \infty$. Außerdem ist ε_n im gesamten Definitionsbereich für alle $n \geq 1$ gleichmäßig beschränkt.

Eine einfache Anwendung des Lemmas 3.6 ergibt nun die Ungleichung

$$\left.\begin{aligned}&\int_{\Gamma_0} w\left(\left(h^{(n)}(x^{(n)}) - y\right)\sqrt{n}\right) q^{(n)}(y \mid x^{(n)})\, dy \geq \\ &\geq \int_{R_k} w(v) \left|E\left(A(\xi \mid \gamma) \mid \gamma\right)\right|^{\frac{1}{2}} (2\pi)^{-\frac{k}{2}} e^{-\frac{1}{2} v' E(A(\xi|\gamma)|\gamma) v}\, dv - \varepsilon_n(x^{(n)}, \gamma).\end{aligned}\right\} \quad (3.137)$$

Ersetzt man nun in (3.135) $h^{(n)}$ durch $\hat{\Theta}_n$, dann erhält man jetzt direkt

$$\left.\begin{aligned}&\int_{R_k} w(v) \left|E\left(A(\xi \mid \gamma) \mid \gamma\right)\right|^{\frac{1}{2}} (2\pi)^{-\frac{k}{2}} e^{-\frac{1}{2} v' E(A(\xi|\gamma)|\gamma) v}\, dv \geq \\ &\geq \int_{\Gamma_0} w\left(\left(\hat{\Theta}_n(x^{(n)}) - y\right)\sqrt{n}\right) q^{(n)}(y \mid x^{(n)})\, dy - \eta_n(x^{(n)}, \gamma).\end{aligned}\right\} \quad (3.138)$$

wobei η_n eine ganz analoge Bedeutung hat wie ε_n und die analogen Eigenschaften besitzt.

Mit der Bezeichnung $\varepsilon_n + \eta_n = \delta_n$ erhält man aus (3.137) und (3.138) $W_{\gamma,\infty}$-fast überall die Ungleichung

$$\begin{aligned}&\int_{\Gamma_0} w\left(\left(h^{(n)}(x^{(n)}) - y\right)\sqrt{n}\right) q^{(n)}(y \mid x^{(n)})\, dy \geq \\ &\geq \int_{\Gamma_0} w\left(\left(\hat{\Theta}_n(x^{(n)}) - y\right)\sqrt{n}\right) q^{(n)}(y \mid x^{(n)})\, dy - \delta_n(x^{(n)}, \gamma).\end{aligned}$$

Es folgt

$$\begin{aligned}&\int_{R_n}\int_{\Gamma_0} w\left(\left(h^{(n)}(x^{(n)}) - y\right)\sqrt{n}\right) q^{(n)}(y \mid x^{(n)})\, dy\, f^{(n)}(x^{(n)} \mid \gamma)\, dx^{(n)} \geq \\ &\geq \int_{R_n}\int_{\Gamma_0} w\left(\left(\hat{\Theta}_n(x^{(n)}) - y\right)\sqrt{n}\right) q^{(n)}(y \mid x^{(n)})\, dy\, f^{(n)}(x^{(n)} \mid \gamma)\, dx^{(n)} - \\ &- \int_{R_n} \delta_n(x^{(n)}, \gamma)\, f(x^{(n)} \mid \gamma)\, dx^{(n)}\end{aligned}$$

$W_{\gamma,\infty}$-fast überall.

Dies führt zu

$$\int_{\Gamma_0}\int_{R_n} f^{(n)}(x^{(n)}|\gamma)\int_{\Gamma_0} w\left(\left(h^{(n)}(x^{(n)}) - y\right)\sqrt{n}\right) q^{(n)}(y|x^{(n)})\,dy\,dx^{(n)} p(\gamma)\,d\gamma \geq$$

$$\geq \int_{\Gamma_0}\int_{R_n} f^{(n)}(x^{(n)}|\gamma)\int_{\Gamma_0} w\left(\left(\hat{\Theta}_n(x^{(n)}) - y\right)\sqrt{n}\right) q^{(n)}(y|x^{(n)})\,dy\,dx^{(n)} p(\gamma)\,d\gamma -$$

$$-\int_{\Gamma_0}\int_{R_n} \delta_n(x^{(n)}, \gamma) f^{(n)}(x^{(n)}|\gamma)\,dx^{(n)} p(\gamma)\,d\gamma$$

Faßt man nun die Abbildung $x^{(n)} \to \delta_n(x^{(n)}, \gamma)$ für jedes n als Funktion über R_∞ auf, dann erhält man durch eine Anwendung von Satz V

$$\int_{R_n} \delta_n(x^{(n)}, \gamma) f^{(n)}(x^{(n)}|\gamma)\,dx \to 0$$

für jedes $\gamma \in \Gamma_0$, und eine neuerliche Anwendung dieses Satzes gibt dann

$$\lim_{n\to\infty} \int_{\Gamma_0}\int_{R_n} \delta_n(x^{(n)}, \gamma) f^{(n)}(x^{(n)}|\gamma)\,dx^{(n)} p(\gamma)\,d\gamma = 0.$$

Somit gilt aber nach einer Anwendung des Satzes von Fubini und unter Berücksichtigung von (3.134) die Behauptung.

4. Der Begriff der asymptotischen Wirksamkeit. Wir haben schon im Satz 2.1 klargemacht, wie eng die Begriffe der Konsistenz in der Schätztheorie und Testtheorie miteinander verknüpft sind. Diesen Zusammenhang wollen wir hier noch vertiefen. Vielfach werden wir die hier gewonnenen Ergebnisse als Fortsetzung der in III. **12.** angegebenen Resultate ansehen dürfen. Anderseits knüpfen wir auch an Satz 1.10 und die Ergebnisse von **3.** an.

Die Matrix $E(A(\xi, \gamma); \gamma)$, welche in **3.** eine so große Rolle gespielt hat, ist uns schon einmal begegnet, und zwar im Zusammenhang mit der Ungleichung von Cramèr-Rao. Wir haben dort darauf hingewiesen, daß es wirksame Schätzfunktionen nur in Ausnahmefällen gibt. Es wird sich aber zeigen, daß es „asymptotisch wirksame“ Folgen von Schätzfunktionen unter allgemeinen Voraussetzungen gibt. Wir haben allerdings bisher den Begriff der asymptotischen Wirksamkeit nicht definiert. Wir wollen uns nun aus Bequemlichkeitsgründen auf den Fall eines eindimensionalen Parameters oder etwas allgemeiner auf Abbildungen der Menge der Parameter in den R_1 beschränken. Es bietet keine Schwierigkeiten, die Definitionen und Ergebnisse auf den mehrdimensionalen Fall zu übertragen.

Wir geben zunächst folgende

Definition: *Es sei Γ eine Menge von Parametern und d eine Abbildung von Γ in den R_1. Für $n = 1, 2, \ldots$ sei $(R^{(n)}, \mathbf{S}^{(n)})$ ein Meßraum und $W_\Gamma^{(n)}$ eine Menge von Wahrscheinlichkeitsmaßen über $(R^{(n)}, \mathbf{S}^{(n)})$. Es sei h_n für $n \geq 1$ eine $\mathbf{S}^{(n)}$-meßbare Abbildung von $R^{(n)}$ in den R_1. Man nennt $\{h_n\}$ eine Folge von kan*[4.1]*-Schätzungen für d, wenn $\{h_n\}$ konsistent für d ist und wenn für jedes $\gamma \in \Gamma$ eine Folge positiver Zahlen $\{\sigma_n(\gamma)\}$ existiert mit $\sigma_n(\gamma) \to 0$, so daß für jedes $y \in R_1$*

$$W_\gamma^{(n)}(\{x^{(n)} : (h_n(x^{(n)}) - d(\gamma))/\sigma_n(\gamma)) \leq y\}) \to \frac{1}{\sqrt{2\pi}} \int_{-\infty}^{y} e^{-\frac{x^2}{2}} dx \quad (4.1)$$

für $n \to \infty$ gilt.

Beispiele für kan-Schätzungen liefern die Maximum-Likelihood-Schätzungen (vgl. Satz 3.9).

$\sigma_n^2(\gamma)$ nennt man eine asymptotische Streuung von h_n für das Element γ. Natürlich ist die Folge der asymptotischen Streuungen $\{\sigma_n^2(\gamma)\}$ nicht eindeutig bestimmt. Wenn $\{c_n\}$ eine beliebige Folge positiver Zahlen ist mit $\lim_{n\to\infty} c_n = 1$, dann ist auch $c_n \sigma_n^2(\gamma)$ asymptotische Streuung für h_n, wie aus I., Satz 40.3, folgt. Es gilt aber auch die Umkehrung. Angenommen es wäre nämlich $\sigma_n^{*2}(\gamma)$ asymptotische Streuung von h_n und die Beziehung $\lim_{n\to\infty} \sigma_n^*(\gamma)/\sigma_n(\gamma) = 1$ wäre nicht gültig. Dann ist z. B. $\overline{\lim_{n\to\infty}}\, \sigma_n^*(\gamma)/\sigma_n(\gamma) = a > 1$. Also gibt es eine Folge $\{n_k\}$ natürlicher Zahlen und ein $\varepsilon > 0$ mit folgenden Eigenschaften: Es ist $\sigma_{n_k}^*(\gamma)/\sigma_{n_k}(\gamma) \geq a - \varepsilon > 1$ für alle hinreichend großen k; es ist

$$W_\gamma^{(n_k)}(\{x^{(n_k)} : (h_{n_k}(x^{(n_k)}) - d(\gamma))/\sigma_{n_k}^*(\gamma) \leq y\}) =$$
$$= W_\gamma^{(n_k)}\left(\left\{x^{(n_k)} : (h_{n_k}(x^{(n_k)}) - d(\gamma))/\sigma_{n_k}(\gamma) \leq \frac{y\sigma_{n_k}^*(\gamma)}{\sigma_{n_k}(\gamma)}\right\}\right) \to$$
$$\to \frac{1}{\sqrt{2\pi}} \int_{-\infty}^{y} e^{-\frac{x^2}{2}} dx$$

[4.1] **konsistent, asymptotisch normal.**

für $k \to \infty$; es ist weiter für alle hinreichend großen k

$$W_\gamma^{(n_k)}\left(\left\{x^{(n_k)} : \left(h_{n_k}\left(x^{(n_k)}\right) - d(\gamma)\right)/\sigma_{n_k}(\gamma) \leq \frac{y\sigma_{n_k}^*(\gamma)}{\sigma_{n_k}(\gamma)}\right\}\right) \geq$$

$$\geq W_\gamma^{(n_k)}\left(\left\{x^{(n_k)} : \left(h_{n_k}\left(x^{(n_k)}\right) - d(\gamma)\right)/\sigma_{n_k}(\gamma) \leq y(a-\varepsilon)\right\}\right)$$

und wegen (4.1) auch

$$W_\gamma^{(n_k)}\left(\left\{x^{(n_k)} : \left(h_{n_k}\left(x^{(n_k)}\right) - d(\gamma)\right)/\sigma_{n_k}(\gamma) \leq y(a-\varepsilon)\right\}\right) \to$$

$$\to \frac{1}{\sqrt{2\pi}} \int_{-\infty}^{y(a-\varepsilon)} e^{-\frac{x^2}{2}}\, dx.$$

Dies führt auf einen Widerspruch. Ähnlich erledigt man alle anderen denkbaren Fälle.

Nebenbei sei bemerkt, daß aus (4.1) in einfacher Weise die Konsistenz von $\{h_n\}$ für d folgt. Man braucht ja nur zu gegebenen $\varepsilon, \delta > 0$ $y > 0$ so groß zu wählen, daß $\frac{1}{\sqrt{2\pi}} \int_{-y}^{y} e^{-\frac{x^2}{2}}\, dx \geq 1 - \delta/2$, und dann N so groß zu wählen, daß sowohl $\sup_{n \geq N} \sigma_n(\gamma) y < \varepsilon$ ist als auch für $n \geq N$

$$\left| W_\gamma^{(n)}\left(\left\{x^{(n)} : \left|h_n\left(x^{(n)}\right) - d(\gamma)\right| \leq \sigma_n(\gamma) y\right\}\right) - (2\pi)^{-\frac{1}{2}} \int_{-y}^{y} e^{-\frac{x^2}{2}}\, dx \right| \leq \delta/2.$$

Für den Fall, daß man für die Folge der Stichprobenräume $\{R^{(n)}\}$ die Folge der euklidischen Räume $\{R_n\}$ wählt, Γ eine Teilmenge des R_1 ist und $d(\gamma) = \gamma$ für alle $\gamma \in \Gamma$ gilt, legen Satz 1.10 und Satz 3.9 folgende Erklärung nahe:

Definition: *Es sei Γ eine offene Menge des R_1 und ξ eine zufällige Variable, welche die Verteilung W_γ, $\gamma \in \Gamma$, besitze. W_Γ sei durch ein σ-endliches Maß μ dominiert. Die zugehörigen R.N.-Dichten bezeichnen wir mit $x \to f(x, \gamma)$. Es sei $\gamma \to f(x, \gamma)$ für alle $x \in R_1$ mit Ausnahme einer μ-Nullmenge differenzierbar, und es existiere für jedes $\gamma \in \Gamma$*

$$E\left[\left(\frac{\partial \log f(\xi, \gamma)}{\partial \gamma}\right)^2; \gamma\right].$$

Es sei $\xi_1, \xi_2, \ldots$ eine Folge unabhängiger zufälliger Variabler, welche alle dieselbe Verteilung wie ξ besitzen, und es sei $\{h_n(\xi_1, \ldots, \xi_n)\}$

eine Folge von kan-Schätzungen für $\gamma \in \Gamma$. *Für jedes* $\gamma \in \Gamma$ *werde mit* $\{\sigma_n^2(\gamma)\}$ *eine Folge asymptotischer Streuungen von* $\{h_n\}$ *bezeichnet. Die Folge der* $h_n(\xi_1, \ldots, \xi_n)$ *heißt in* γ_0 *lokal asymptotisch wirksam, wenn*

$$\overline{\lim_{n\to\infty}}\, \sigma_n^2(\gamma_0) \Bigg/ \frac{1}{nE\left[\left(\dfrac{\partial \log f(\xi, \gamma_0)}{\partial \gamma}\right)^2; \gamma_0\right]} \leq 1 \tag{4.2}$$

gilt. Die Folge heißt asymptotisch wirksam in Γ, *wenn* (4.2) *für alle* $\gamma_0 \in \Gamma$ *gilt.*

Ein Beispiel zu dieser Definition liefert der Satz 3.9. Zumindest unter den dort genannten Voraussetzungen erweist sich die Folge der Maximum-Likelihood-Schätzungen als asymptotisch wirksam in Γ.

Dieser Definition stellt sich in natürlicher Weise die folgende Definition zur Seite, welche wir wieder unter allgemeinen Voraussetzungen formulieren:

Es seien $\{h_n\}$ *und* $\{h_n'\}$ *zwei kan-Folgen von Schätzfunktionen über irgendeiner Folge von Stichprobenräumen für eine Abbildung d von* Γ *in den* R_1. *Für jedes* $\gamma \in \Gamma$ *seien* $\{\sigma_n^2(\gamma)\}$ *und* $\{\sigma_n'^2(\gamma)\}$ *die entsprechenden Folgen asymptotischer Streuungen.* $\{h_n\}$ *heißt wirksamer als* $\{h_n'\}$ *in* Γ, *wenn* $\overline{\lim_{n\to\infty}}\, \sigma_n^2(\gamma)/\sigma_n'^2(\gamma) \leq 1$ *für alle* $\gamma \in \Gamma$ *gilt und für mindestens ein* γ *das Kleinerzeichen gilt.*

Lange Zeit herrschte die Idee vor, daß es — auch ohne einschränkende Voraussetzungen — keine Folge von kan-Schätzungen gibt, welche wirksamer als die Folge der Maximum-Likelihood-Schätzungen ist[4.2]. Es wurde angenommen, daß sogar stets

$$\underline{\lim_{n\to\infty}}\, \sigma_n^2(\gamma) \Bigg/ \frac{1}{nE\left[\left(\dfrac{\partial \log f(\xi, \gamma)}{\partial \gamma}\right)^2; \gamma\right]} \geq 1$$

gilt und somit die Maximum-Likelihood-Schätzungen eine weitere wichtige Optimumseigenschaft besitzen. Erst in letzter Zeit wurden diese Fragen einer eingehenden Analyse unterzogen und einer weitgehenden Klärung zugeführt. Unter Benutzung einer Idee von

---

[4.2] Vgl. z. B. B. R. A. Fisher, Philos. Trans. roy. Soc. London, Ser. A 222, 309—365 (1922) und R. A. Fisher, Proc. Cambridge philos. Soc. 22, 700—725 (1925).

HODGES jr. zeigte LE CAM[4.3], daß in (4.2) sogar für unendlich viele γ das Kleinerzeichen stehen kann. Solche Folgen von kan-Schätzungen, welche das leisten, heißen *überwirksam*. Wir wollen nun nach dem Vorbild von LE CAM solche überwirksame Folgen von kan-Schätzungen konstruieren. Es genügt offenbar, den folgenden Satz zu beweisen:

Satz 4.1: *Es sei Γ eine Teilmenge des R_1 und Γ_0 eine kompakte abzählbare Teilmenge von Γ. Es seien $(R^{(n)}, S^{(n)})$ für $n = 1, 2, \ldots$ Meßräume und $W_\Gamma^{(n)}$ eine Menge von Wahrscheinlichkeitsmaßen über $(R^{(n)} S^{(n)})$. Es sei $\{h_n\}$ eine Folge von kan-Schätzungen für $\gamma \in \Gamma$, und für jedes γ sei $\{\sigma_n^2(\gamma)\}$ eine Folge asymptotischer Streuungen. Es sei $\sup\limits_{\gamma \in \Gamma_0} \sigma_n^2(\gamma) = c_n$ und $\lim\limits_{n\to\infty} c_n = 0$. Dann existiert eine Folge $\{h_n^*\}$ von kan-Schätzungen für $\gamma \in \Gamma$, deren asymptotische Streuungen für jedes $\gamma \in \Gamma - \Gamma_0$ und $n \geq n(\gamma)$ durch*

$$\sigma_n^{*2}(\gamma) = \sigma_n^2(\gamma)$$

und für $\gamma \in \Gamma_0$ und $n \geq n(\gamma)$ durch

$$\sigma_n^{*2}(\gamma) = \beta\sigma_n^2(\gamma)$$

gegeben sind.

Dabei ist β eine beliebige positive Zahl < 1.

Beweis: Es sei für $n = 1, 2, \ldots,$ $b_n > 0$, und überdies konvergiere $\{b_n\}$ nicht wachsend gegen 0, so daß für jedes $\gamma \in \Gamma_0$

$$\lim_{n\to\infty} b_n/\sigma_n(\gamma) = \infty \tag{4.3}$$

gilt. Wegen $c_n \to 0$ ist die Existenz einer solchen Folge $\{b_n\}$ selbstverständlich. (Sei etwa $d_n = \sup\limits_{r\geq n} c_r$ und $b_n = d_n^{1/4}$). Es sei $\Gamma_0 = \{\gamma_1, \gamma_2, \ldots\}$ und $4\delta_n = \min\limits_{1\leq i<j\leq n} |\gamma_i - \gamma_j|$, $n = 2, 3, \ldots$. Offenbar ist die Folge $\{\delta_n\}$ monoton nicht wachsend und $\delta_n \to 0$, da Γ_0 mindestens einen Häufungspunkt enthält. Es sei k_r die kleinste natürliche Zahl, so daß

$$b_{k_r} < \delta_r. \tag{4.4}$$

Nun sei für $\gamma \in \Gamma$

$$I_{r,\gamma} = [\gamma - b_{k_r}, \gamma + b_{k_r}].$$

[4.3] L. LE CAM, l. c. [3.25].

Somit gilt wegen (4.4)

$$I_{r,\gamma} \subset [\gamma - \delta_r, \gamma + \delta_r]. \tag{4.5}$$

Außerdem ist für alle $i, j \leq r$ mit $i \neq j$

$$I_{r,\gamma_i} \cap I_{r,\gamma_j} = \Phi. \tag{4.6}$$

Es ist ja für alle solchen i, j

$$|\gamma_i - \gamma_j| \geq 4\delta_r.$$

Und damit folgt (4.6) aus (4.5).

Nun sei $k_r < k_{r+1}$. Dann werde h_n^* für $k_r \leq n < k_{r+1}$ folgendermaßen definiert:

$$h_n^*(x^{(n)}) = h_n(x^{(n)}) \quad \text{für} \quad x^{(n)}: h_n(x^{(n)}) \notin \bigcup_{i \leq r} I_{r,\gamma_i} \tag{4.7}$$

$$h_n^*(x^{(n)}) = \gamma_j + \beta\left(h_n^*(x^{(n)}) - \gamma_j\right) \text{ für } x^{(n)}: h_n(x^{(n)}) \in I_{r,\gamma_j} \quad 1 \leq j \leq r. \tag{4.8}$$

Falls für ein $m \geq 1$, $k_r = \cdots = k_{r+m}$, aber $k_r < k_{r+m+1}$, übertragen wir die Definitionen (4.7) und (4.8) sinngemäß auf die h_n^* mit $k_r \leq n < k_{r+m+1}$: Es sei nun $\gamma \notin \Gamma_0$. Da Γ_0 kompakt ist, gibt es ein $\eta(\gamma) > 0$, so daß

$$\inf_{\gamma_i \in \Gamma_0} |\gamma - \gamma_i| = \eta(\gamma) > 0. \tag{4.9}$$

Es sei r_0 die kleinste ganze Zahl mit

$$4\delta_{r_0} \leq \eta(\gamma). \tag{4.10}$$

Nach (4.4) ist $b_k < \delta_{r_0}$ für alle $k \geq k_{r_0}$. Es folgt aus (4.9) und (4.10)

$$[\gamma - \delta_{r_0}, \gamma + \delta_{r_0}] \cap \bigcup_{i \leq r} I_{r,\gamma_i} = \Phi \tag{4.11}$$

für alle $r \geq r_0$. Nun ergibt sich aus der Konsistenz von $\{h_n\}$ für $\gamma \in \Gamma$, daß für jedes $\delta > 0$ und $\varepsilon > 0$

$$W_\gamma\{x^{(n)}: |h_n(x^{(n)}) - \gamma| < \varepsilon\} \geq 1 - \delta \tag{4.12}$$

wenn $n \geq n(\delta, \varepsilon)$.

Es sei $E_n = \{x^{(n)} : h_n^*(x^{(n)}) = h_n(x^{(n)})\}$.

Wählt man in (4.12) $\gamma \notin \Gamma_0$ und $\varepsilon < \delta_{r_0}$, dann folgt aus (4.11), (4.12) und (4.7)

$$W_\gamma^{(n)}(E_n) \geq 1 - \delta \tag{4.13}$$

für

$$n \geq \max\left(k_{r_0}, n(\delta, \varepsilon)\right). \tag{4.14}$$

Es folgt für jedes reelle y und alle n, welche (4.14) erfüllen:

$$\left| W_\gamma^{(n)}\left\{x^{(n)} : \frac{h_n^*(x^{(n)}) - \gamma}{\sigma_n(\gamma)} \leq y\right\} - W_\gamma^{(n)}\left\{x^{(n)} : \frac{h_n(x^{(n)}) - \gamma}{\sigma_n(\gamma)} \leq y\right\}\right| < 2\delta$$

und da h_n eine kan-Schätzung mit asymptotischer Streuung $\sigma_n^2(\gamma)$ in γ ist, ist die Behauptung über h_n^* für $\gamma \in \Gamma - \Gamma_0$ bewiesen.

Ist aber $\gamma \in \Gamma_0$, also etwa $\gamma = \gamma_{j_0}$, dann ist $\gamma_{j_0} \in \bigcup_{i \leq r} I_{r,\gamma_i}$ für alle hinreichend großen r.

Nun ist aber

$$W_{\gamma_{j_0}}^{(n)}\{x^{(n)} : |h_n(x^{(n)}) - \gamma_{j_0}| < b_n\} \to 1 \tag{4.15}$$

für $n \to \infty$. Da h_n eine kan-Schätzung mit asymptotischer Streuung $\sigma_n^2(\gamma_{j_0})$ ist, folgt dies unschwer aus (4.3). Damit folgt aber aus (4.8), daß für alle hinreichend großen n bis auf eine Menge von beliebig kleinem $W_{\gamma_{j_0}}^{(n)}$-Maß

$$h_n^*(x^{(n)}) = \gamma_{j_0} + \beta(h_n(x^{(n)}) - \gamma_{j_0})$$

gilt. Daraus schließt man aber genauso wie oben, daß

$$(h_n^* - \gamma_{j_0})/\beta\sigma_n(\gamma_{j_0}) \quad \text{für} \quad n \to \infty$$

asymptotisch nach $N(0, 1)$ verteilt ist.

Damit ist Satz 4.1 bewiesen.

Insbesondere zeigt Satz 4.1 Folgendes: Es sei h_n, $n \geq 1$, eine beliebige kan-Schätzung für $\gamma \in \Gamma$ mit asymptotischer Streuung $\sigma_n^2(\gamma)$ in γ. Dann gibt es stets eine Folge $\{h_n^*\}$ von kan-Schätzungen, welche in einem gegebenen $\gamma \in \Gamma$ wirksamer als $\{h_n\}$ ist.

Wendet man den Satz 4.1 auf die Maximum-Likelihood-Schätzungen an, dann erhält man im eindimensionalen Spezialfall des Satzes 3.9 (vgl. S. 388): Es sei

$$\inf_{\gamma \in \Gamma} E\left[\left(\frac{\partial \log f(\xi, \gamma)}{\partial \gamma}\right)^2 ; \gamma\right] > 0.$$

Dann kann man stets eine Folge von kan-Schätzungen finden, welche mindestens in abzählbar unendlich vielen Punkten $\gamma_i \in \Gamma$ wirksamer als die Maximum-Likelihood-Schätzungen ist. Folgen von kan-Schätzungen, welche in einer Menge Γ von Parametern asymptotisch wirksamer als die Maximum-Likelihood-Schätzungen sind, heißen dort, wie erwähnt, überwirksam. Wir haben also gezeigt, daß im allgemeinen in abzählbaren Mengen Γ stets überwirksame Folgen von kan-Schätzungen existieren.

Diese Tatsache hat mehrere Untersuchungen hervorgerufen, welche genauer die Eigenschaften der Maximum-Likelihood-Schätzungen studieren. Vor allem müssen hier Arbeiten von Rao erwähnt werden, deren Ziel wir nur streifen können. Wenn wir die Bezeichnungen und Voraussetzungen des Satzes 3.1 beibehalten, dann ergeben die im Anschluß an (3.86) durchgeführten Überlegungen:

$$\frac{1}{\sqrt{n}} \frac{\partial \log f^{(n)}(\xi^{(n)}, \gamma)}{\partial \gamma} - \sqrt{n}\left(\hat{\gamma}_n(\xi^{(n)}) - \gamma\right)$$

konvergiert für alle $\gamma \in \Gamma$ in Wahrscheinlichkeit gegen 0 (d. h. den k-dimensionalen Nullvektor). Umgekehrt folgt daraus wegen der stochastischen Konvergenz von $\frac{1}{n} \frac{\partial \log f^{(n)}(\xi^{(n)}, \gamma)}{\partial \gamma}$ für jedes $\gamma \in \Gamma$ gegen 0 die Konsistenz dieser Maximum-Likelihood-Schätzung für $\gamma \in \Gamma$. Dies nimmt Rao zum Anlaß, um folgende Definition zu geben, wobei die Bezeichnungsweise des Satzes 3.1 zugrunde gelegt wird und wir der Einfachheit halber Γ als eindimensional voraussetzen: Für $n = 1, 2, \ldots$ seien $h^{(n)}$ Funktionen über dem R_n. Sie heißen asymptotisch wirksam für $\gamma \in \Gamma$ im Sinne von Rao, wenn Abbildungen a und b von Γ in den R_1 existieren, so daß

$$\frac{1}{\sqrt{n}} \frac{\partial \log f^{(n)}(\xi^{(n)}, \gamma)}{\partial \gamma} - a(\gamma) - b(\gamma)\sqrt{n}\left(h^{(n)} \circ \xi^{(n)} - \gamma\right)$$

für jedes $\gamma \in \Gamma$ in Wahrscheinlichkeit gegen 0 strebt. Unter den angegebenen Voraussetzungen sind also (konsistente Folgen von) Maximum-Likelihood-Schätzungen asymptotisch wirksam im Sinne von Rao. In der Menge $\mathfrak{F}$ aller im Sinne von Rao asymptotisch wirksamen Folgen von Schätzungen wird nun ein Maß für die

„Wirksamkeit zweiter Ordnung" eingeführt (sofern es existiert): Man betrachte für jedes reelle λ die Folge zufälliger Variabler:

$$\left\{\frac{\partial \log f^{(n)}(\xi^{(n)}, \gamma)}{\partial \gamma} - a(\gamma)\sqrt{n} - b(\gamma)\, n\,(h^{(n)} \circ \xi^{(n)} - \gamma) - \lambda n\,(h^{(n)} \circ \xi^{(n)} - \gamma)^2\right\}$$

Sie besitze eine Grenzverteilung. Deren Streuung werde mit $\sigma^2(\lambda, \{h^{(n)}\}; \gamma)$ bezeichnet. $\min\limits_{\lambda} \sigma^2(\lambda, \{h^{(n)}\}; \gamma)$ ist dann das gewünschte Maß. RAO[4.4] zeigt, daß in manchen Fällen $\min\limits_{\{h^{(n)}\} \in \mathfrak{F}} \min\limits_{\lambda} \sigma^2(\lambda, \{h^{(n)}\}; \gamma)$ angenommen wird, und zwar von einer (konsistenten) Folge von Maximum-Likelihood-Schätzungen.

Die Frage nach anderen Konstruktionsprinzipien für Folgen von kan-Schätzungen, welche die wesentlichen Eigenschaften der Maximum-Likelihood-Schätzungen besitzen, wie sie etwa durch den Satz 3.9 ausgedrückt werden, ist naheliegend. Sie wurde zuerst von NEYMAN[4.5] gestellt, der auch eine erste Antwort gegeben hat. Inzwischen wurde die Theorie der sogenannten *besten asymptotisch normalen* Folgen von Schätzungen weitgehend entwickelt.

5. Das Konzept von Bahadur[5.1]. In etwas anderer Weise hat sich in neuerer Zeit BAHADUR mit den Problemen der asymptotischen Wirksamkeit von Schätzungen auseinandergesetzt. Wir haben schon in III. **12.** darauf hingewiesen, daß die Probleme eng mit den entsprechenden Problemen der Wirksamkeit von Tests zusammenhängen. Der Satz 2.1 hat diesen Zusammenhang ja völlig klargemacht. Wir beginnen zunächst, die Fragwürdigkeit der bisher gegebenen Definition der asymptotischen Wirksamkeit aufzuzeigen. Es ist nämlich nicht schwierig, Beispiele folgender Art anzugeben:

[4.4] Vgl. zum gesamten Fragenkomplex C. R. RAO, J. Statist. Soc. Ser. B, 24, 46—72 (1962). Proc. Fourth Berkeley Sympos. math. Statist. Probability 1, 531—545 (1960) und SANKHYA 24, ser. A. 73—101 (1961), sowie SANKHYA 25, ser. A, 189—206 (1963).

[4.5] J. NEYMAN, Proc. Berkeley Sympos. math. Statist. Probability 239—273, (1949), Trabajos Estadist. 5, 161—168 (1954). Weitere sehr unvollständige Literaturauswahl: E. W. BARANKIN und J. GURLAND, Univ. of Calif. Publ. 1, 89—130 (1951), T. S. FERGUSON, Ann. math. Statistics 29, 1046—1062 (1958), L. LE CAM, Proc. Third Berkeley Sympos. math. Statist. Probability 1, 129—156 (1956), Univ. California Publ. Statist. 3, 37—98 (1960), J. HÁJEK, Ann. math. Statistics 33, 1124—1147 (1962).

[5.1] R. R. BAHADUR, Sankhya 22, 229—253 (1960).

Es sei d eine Abbildung von Γ in den R_1. Es seien $\{h_n\}$ bzw. $\{h_n^*\}$ Folgen von kan-Schätzungen für d, welche über einer Folge von Maßräumen $(R^{(n)}, \mathbf{S}^{(n)})$ definiert sind. Es seien $\{\sigma_n^2\}$ bzw. $\{\sigma_n^{*2}\}$ entsprechende Folgen asymptotischer Streuungen. Es ist

$$\lim_{n\to\infty} \sigma_n^2(\gamma)/\sigma_n^{*2}(\gamma) = 0 \tag{5.1}$$

für jedes $\gamma \in \Gamma$, jedoch gilt für jedes $\varepsilon > 0$

$$\lim_{n\to\infty} \frac{W_\gamma^{(n)}\big(\{x^{(n)} : |h_n(x^{(n)}) - \gamma| \geq \varepsilon\}\big)}{W_\gamma^{(n)}\big(\{x^{(n)} : |h_n^*(x^{(n)}) - \gamma| \geq \varepsilon\}\big)} = \infty . \tag{5.2}$$

Ein besonders einfaches Beispiel dieser Art geht auf Basu[5.2] zurück, welches offenbar vom selben Charakter ist wie die auf S. 413ff. durchgeführte Konstruktion überwirksamer Folgen von Schätzungen.

Es seien $\xi_1, \xi_2, \ldots$ unabhängige zufällige Variable, die alle nach $N(a, 1)$ verteilt sind, wobei etwa $|a| \leq m$ mit $m > 0$ gelte. Es sei $\varepsilon > 0$, aber sonst beliebig. Dann ist nach II., Satz 3.2, für $n \geq 1$

$$W_a(|\bar{\xi}_n - a| > \varepsilon) = \sqrt{2/\pi} \int_{\varepsilon\sqrt{n}}^{\infty} e^{-y^2/2}\, dy$$

also

$$W_a(|\bar{\xi}_n - a| > \varepsilon) = o(1/n) \tag{5.3}$$

für $n \to \infty$.

Es sei $\{b_n\}$ eine Folge reeller Zahlen mit

$$W_a\big(\mathbf{s}_n^2(n-1) > b_n\big) = 1/n, \qquad n \geq 1. \tag{5.4}$$

Die Folge der b_n kann unabhängig von a gewählt werden. (Vgl. II., Korollar zum Satz 4.3.) Es sei weiter für $n = 1, 2, \ldots$

$$c_n(x_1, \ldots, x_n) = \begin{cases} 0 & \sum_{i=1}^{n} (x_i - x)^2 \leq b_n \\ 1 & \sum_{i=1}^{n} (x_i - x)^2 > b_n . \end{cases}$$

[5.2] Vgl. D. Basu, Sankhya 17, 193—196 (1956) sowie E. L. Lehmann, Proc. Berkeley Sympos. math. Statist. Probability 451—457 (1949), wo in etwas anderem Zusammenhang ein ganz ähnliches Beispiel betrachtet wird.

Nun sei für $n \geq 1$ und alle $x^{(n)} \in R_n$

$$h_n(x^{(n)}) = \left(1 - c_n(x^{(n)})\right)\bar{x}_n + n\,c_n(x^{(n)})$$

und

$$h_n^*(x^{(n)}) = \bar{x}_{[\sqrt{n}]}.$$

Es ist für jedes $x^{(n)} \in R_n$

$$\sqrt{n}\left(h_n(x^{(n)}) - a\right) = \sqrt{n}(\bar{x}_n - a) + \sqrt{n}\,c_n(x^{(n)})\,(n - \bar{x}_n).$$

Nun ist nach I., Satz 39.1, $\bar{\xi}_n$ kan-Schätzung für a mit der asymptotischen Streuung $1/n$, welche nicht von a abhängt. Da aber mit $\xi^{(n)} = (\xi_1, \ldots, \xi_n)$

$$W_a\left(c_n(\xi^{(n)}) = 0\right) = 1 - \frac{1}{n} \to 1$$

für $n \to \infty$ gilt, folgt aus I., Satz 40.1, daß auch $h_n \circ \xi^{(n)}$ kan-Schätzung für a mit derselben asymptotischen Streuung ist. Die asymptotische Streuung von $h_n^* \circ \xi^{(n)}$ ist $1/\sqrt{n}$. Somit ist bei sinngemäßer Interpretation (5.1) erfüllt. Anderseits ist für jedes $\varepsilon > 0$

$$\begin{aligned} &W_a(|h_n \circ \xi^{(n)} - a| > \varepsilon) = \\ &= W_a\left(\{x^{(n)} : |(\bar{x}_n - a) + c_n(x^{(n)})(n - \bar{x}_n)| > \varepsilon\} \cap \{x^{(n)} : c_n(x^{(n)}) = 0\}\right) + \\ &+ W_a\left(\{x^{(n)} : |(\bar{x}_n - a) + c_n(x^{(n)})(n - \bar{x}_n)| > \varepsilon\} \cap \{x^{(n)} : c_n(x^{(n)}) = 1\}\right). \end{aligned}$$

Da $c_n \circ \xi^{(n)}$ und $\bar{\xi}_n$ nach II., Satz 4.3, und I., Satz 13.1, unabhängig sind, folgt für $n > m + \varepsilon$

$$\begin{aligned} W_a(|h_n \circ \xi^{(n)} - a| > \varepsilon) = W_a\left(c_n(\xi^{(n)}) = 0\right) W_a(|\bar{\xi}_n - a| > \varepsilon) + \\ + W_a\left(c_n(\xi^{(n)}) = 1\right), \end{aligned}$$

da für $n > m + \varepsilon$ die Ungleichung

$$|(\bar{x}_n - a) + c_n(x^{(n)})\,(n - \bar{x}_n)| > \varepsilon \text{ für alle } x^{(n)} \text{ mit } c_n(x^{(n)}) = 1$$

trivialerweise erfüllt ist.

Es folgt nach (5.3) und (5.4)

$$W_a(|h_n \circ \xi^{(n)} - a| > \varepsilon) = o(1/n) + 1/n. \tag{5.5}$$

Anderseits gilt auch

$$W_a(|h_n^* \circ \xi^{(n)} - a| > \varepsilon) = o(1/n).$$

Zusammen mit (5.5 liefert dies (5.2).

Im Grunde genommen weist dieses Beispiel nur besonders deutlich auf die nicht überraschende Tatsache hin, daß das Verhalten der asymptotischen Streuung einer Folge von kan-Schätzungen nichts aussagt über das asymptotische Verhalten der Wahrscheinlichkeitsverteilung der Schätzungen außerhalb einer Umgebung des Parameters. Dieser Sachverhalt hat sich ja auch schon im verschiedenen Charakter der Sätze I., 39.1 und I., 39.4 ausgedrückt.

Wie wir schon am Ende von **4.** erwähnt haben, wird es durch solche Beispiele nahegelegt, die Konvergenzgeschwindigkeit von konsistenten Folgen von Schätzungen zu untersuchen. Wir wollen dies nun im Anschluß an Bahadur tun. Dabei wird man in natürlicher Weise auf ein anderes Konzept einer „asymptotischen Wirksamkeit" geführt, welches jedoch in engem Zusammenhang mit den Ideen von **4.** steht.

Zunächst geben wir folgende

Definition: *$\{h_n\}$ sei eine Folge von konsistenten Schätzungen für d. Dabei sei für $n \geq 1$ h_n über $(R^{(n)}, \mathbf{S}^{(n)})$ definiert, und $W_\gamma^{(n)}$ sei für $\gamma \in \Gamma$ ein Wahrscheinlichkeitsmaß über $(R^{(n)}, \mathbf{S}^{(n)})$. Es sei $\varepsilon > 0$. Für jedes $\gamma \in \Gamma$ heißt $\tau^2(h_n, \varepsilon, \gamma)$ korrigierte Streuung von h_n, wenn*

$$\sqrt{\frac{2}{\pi}} \int\limits_{\varepsilon/\tau(h_n, \varepsilon, \gamma)}^{\infty} e^{-x^2/2}\, dx = W_\gamma^{(n)}(\{x^{(n)} : |h^{(n)}(x^{(n)}) - d(\gamma)| \geq \varepsilon\}) \tag{5.6}$$

gilt.

Da die Funktion $y \to \int\limits_y^\infty e^{-x^2/2}\, dx$ streng monoton fallend und stetig für $y \in [0, \infty)$ ist, existiert stets genau ein $\tau(h_n, \varepsilon, \gamma)$, welches (5.6) erfüllt. Offenbar gilt stets $0 \leq \tau(h_n, \varepsilon, \gamma) \leq \infty$.

Nun folgt aber leicht, etwa durch zweimalige partielle Integration,

$$\log \int\limits_x^\infty e^{-t^2/2}\, dt = -\frac{x^2}{2}\left(1 + o(1)\right) \tag{5.7}$$

für $x \to \infty$. Aus der Konsistenz von $\{h_n\}$ ergibt sich nach (5.6)

$$\lim_{n\to\infty} 1/\tau(h_n, \varepsilon, \gamma) \to \infty \quad \text{für jedes} \quad \varepsilon > 0 \quad \text{und} \quad \gamma \in \Gamma.$$

Also folgt aus (5.7)

$$\frac{2}{\varepsilon^2} \log W_\gamma^{(n)}\big(\{x^{(n)} : |h_n(x^{(n)}) - d(\gamma)| > \varepsilon\}\big) = -\frac{1}{\tau^2(h_n, \varepsilon, \gamma)}\big(1 + o(1)\big) \quad (5.8)$$

für $n \to \infty$.

Es sei nun h_n^* für $n = 1, 2, \ldots$ über $(R^{(n)}, \mathfrak{S}^{(n)})$ definiert. $\{h_n^*\}$ sei weiter eine Folge von Schätzungen, welche für d konsistent ist. Für jedes $\varepsilon > 0$ und hinreichend großes n sei der Quotient $\tau^2(h_n^*, \varepsilon, \gamma)/\tau^2(h_n, \varepsilon, \gamma)$ sinnvoll definiert. Dann sei

$$e(\{h_n\}, \{h_n^*\}, \gamma) = \overline{\lim_{\varepsilon\to 0}}\ \overline{\lim_{n\to\infty}}\ \tau^2(h_n^*, \varepsilon, \gamma)/\tau^2(h_n, \varepsilon, \gamma).$$

Ist

$$e(\{h_n\}, \{h_n^*\}, \gamma) < 1, \quad (5.9)$$

dann ist offenbar für hinreichend kleines $\varepsilon > 0$ und hinreichend großes n

$$\tau^2(h_n^*, \varepsilon, \gamma)/\tau^2(h_n, \varepsilon, \gamma) < 1$$

und damit wegen (5.8)

$$W_\gamma^{(n)}\big(\{x^{(n)} : |h_n(x^{(n)}) - d(\gamma)| < \varepsilon\}\big) <$$

$$< W_\gamma^{(n)}\big(\{x^{(n)} : |h_n^*(x^{(n)}) - d(\gamma)| < \varepsilon\}\big).$$

Die Annahme (5.9) hat also zur Folge, daß für das betrachtete γ und hinreichend kleines $\varepsilon > 0$ und für $n \to \infty$ h_n^* mit größerer Wahrscheinlichkeit um $d(\gamma)$ konzentriert ist als h_n und in diesem Sinne „asymptotisch wirksamer" ist als h_n. Wir bezeichnen daher $e(\{h_n\}, \{h_n^*\}, \gamma)$ als *relative asymptotische Wirksamkeit* in γ von h_n bez. h_n^* *im Sinne von* BAHADUR oder kurz als r. a. W.

Man wird bei diesem Begriff sofort an den entsprechenden Begriff für Tests erinnert. (Vgl. III. 12.) Wir wollen etwas auf diese Fragen eingehen. Wir benützen die im Zusammenhang mit III., Satz 12.3, eingeführte Bezeichnung und beweisen den

Satz 5.1: *Es seien die in* III., *Satz* 12.3 *angegebenen Voraussetzungen erfüllt, soweit sie die zufällige Variable* $q(\xi)$ *betreffen. Es sei d eine über* Γ *definierte Funktion. Für ein* $\gamma_0 \in \Gamma$ *sei d differenzierbar und es sei*

$$d'(\gamma_0) \neq 0. \tag{5.10}$$

Weiter sei

$$\lim_{\gamma \to \gamma_0} H(\gamma, \gamma_0) \Big/ \frac{(\gamma - \gamma_0)^2}{2} = I(\gamma_0) \tag{5.11}$$

mit $0 < I(\gamma_0) < \infty$.

Wenn $\{h_n \circ \xi^{(n)}\}$ *mit* $\xi^{(n)} = (\xi_1, \ldots, \xi_n)$ *eine für d konsistente Folge von Schätzungen ist, dann gilt*

$$\left.\begin{aligned} &\underline{\lim}_{\varepsilon \to 0}\, \underline{\lim}_{n \to \infty}\, (n\varepsilon^2)^{-1} \log\left(W_{\gamma_0}(|h_n \circ \xi^{(n)} - d(\gamma_0)| \geq \varepsilon)\right) \geq \\ &\geq -\frac{1}{2} I(\gamma_0)/\left(d'(\gamma_0)\right)^2 \end{aligned}\right\} \tag{5.12}$$

oder auch

$$\underline{\lim}_{\varepsilon \to 0}\, \underline{\lim}_{n \to \infty}\, n\,\tau^2(h_n, \varepsilon, \gamma_0) \geq \frac{\left(d'(\gamma_0)\right)^2}{I(\gamma_0)}. \tag{5.13}$$

Beweis: Wegen (5.10) ist für jedes hinreichend kleine $\varepsilon > 0$

$$D(\gamma, \varepsilon) = \{\gamma : |d(\gamma) - d(\gamma_0)| = \varepsilon\} \neq \Phi.$$

Ein solches $\varepsilon > 0$ wird nun gewählt und festgehalten. Mit

$$\delta = q\varepsilon, \quad 0 < q < 1 \tag{5.14}$$

definiere man für $n \geq 1$ die Mengen $M_n \subseteq R_n$ gemäß

$$M_n = \{x : |h_n(x) - d(\gamma_0)| \geq \delta\}.$$

Es sei

$$\gamma_1 \in D(\gamma, \varepsilon). \tag{5.15}$$

Wir betrachten $\{M_n\}$ als Folge kritischer Regionen für das Problem $(\{\gamma_0\}, \{\gamma_1\})$. Unser nächstes Ziel ist es, die Anwendbarkeit von III., Satz 12.3, und insbesondere der Ungleichung III. (12.39), zu zeigen. Dazu genügt es, $\varliminf_{n\to\infty} g_{c_{M_n}}(\gamma_1) > 0$ zu beweisen. Nun ist wegen (5.15) und der Definition von $D(\gamma, \varepsilon)$ für jedes $x \in R_n$

$$|h_n(x) - d(\gamma_0)| \geq \big|\varepsilon - |h_n(x) - d(\gamma_1)|\big|.$$

Also folgt

$$\{x : \big|\varepsilon - |h_n(x) - d(\gamma_1)|\big| \geq \delta\} \subseteq M_n$$

oder unter Berücksichtigung von (5.14)

$$\{x : |h_n(x) - d(\gamma_1)| \leq \varepsilon(1 - q)\} \subseteq M_n.$$

Da aber $\{h_n \circ \xi^{(n)}\}$ konsistent ist, folgt sogar $\lim_{n\to\infty} g_{c_{M_n}}(\gamma_1) = 1$. Also erhalten wir

$$\varliminf_{n\to\infty} n^{-1} \log W_{\gamma_0}(|h_n \circ \xi^{(n)} - d(\gamma_0)| \geq \delta) \geq -H(\gamma_1, \gamma_0). \quad (5.16)$$

Man beachte, daß die linke Seite von (5.16) von γ_1 unabhängig ist. Wir können also in (5.16) $\gamma_1 = \gamma_\varepsilon$ so wählen, daß $\lim_{\varepsilon\to 0} \gamma_\varepsilon = \gamma_0$. Es ist also auch

$$\varliminf_{n\to\infty} (n\delta^2)^{-1} \log W_{\gamma_0}(|h_n \circ \xi^{(n)} - d(\gamma_0)| \geq \delta) \geq$$
$$\geq -\frac{1}{q^2} \frac{H(\gamma_\varepsilon, \gamma_0)(\gamma_\varepsilon - \gamma_0)^2/2}{(d(\gamma_\varepsilon) - d(\gamma_0))^2 (\gamma_\varepsilon - \gamma_0)^2/2}.$$

Nun benützen wir (5.11) und erhalten

$$\varliminf_{\delta\to 0} \varliminf_{n\to\infty} (n\delta^2)^{-1} \log W_{\gamma_0}\big(|h_n \circ \xi^{(n)} - d(\gamma_0)| \geq \delta\big) \geq -\frac{1}{q^2} \frac{I(\gamma_0)}{2(d'(\gamma_0))^2}.$$

Da die Ungleichung für jedes q mit $0 < q < 1$ richtig ist, folgern wir (5.12). Die Ungleichung (5.13) folgt aus der Definition von $\tau^2(h_n, \varepsilon, \gamma_0)$.

In der Form (5.13) erinnert die Ungleichung an die Ungleichung von Cramér-Fréchet-Rao. Dieser Zusammenhang tritt klar hervor, wenn man Regularitätsvoraussetzungen macht, wie sie etwa im Satz 3.2 gemacht wurden. Dann ergibt sich nämlich

$$I(\gamma_0) = E\left[\left(\frac{\partial \log f(\xi, \gamma_0)}{\partial \gamma}\right)^2; \gamma_0\right].$$

Dieses Resultat läßt zusammen mit den Überlegungen auf S. 386ff. auch vermuten, daß die Maximum-Likelihood-Schätzungen auch hier eine ausgezeichnete Rolle spielen.

Tatsächlich gilt unter gewissen Voraussetzungen, auf deren genaue Formulierung wir verzichten, das folgende Resultat, welches man durch eine Verfeinerung der bisher gegebenen Beweisansätze erhält, die in Richtung der Waldschen Methode liegt:

Es sei der Einfachheit halber $d(\gamma) = \gamma$ für jedes $\gamma \in \Gamma$ und $\{\hat{\Theta}_n\}$ eine Folge konsistenter Maximum-Likelihood-Schätzungen für γ. Dann ist

$$\overline{\lim_{\varepsilon \to 0}}\ \overline{\lim_{n \to \infty}}\ n\,\tau^2(\hat{\Theta}_n, \varepsilon, \gamma_0) \leq \frac{1}{I(\gamma_0)}.$$

Einen Beweis findet man bei BAHADUR, l. c.[5.1].

Sechstes Kapitel

Regressionstheorie und Stichprobentheorie mehrdimensionaler Normalverteilungen

1. Die Regressionstheorie. Es seien $\xi_{p+11}, \ldots, \xi_{p+1n}$, $p \geq 1$, $n \geq p+2$, zufällige Variable, welche folgende Eigenschaften haben: Es sei $E(\xi_{p+1i})$ für $1 \leq i \leq n$ vorhanden, und es sei

$$E(\xi_{p+1i}) = \beta_0 + \beta_1 x_{1i} + \cdots + \beta_p x_{pi}. \tag{1.1}$$

Weiter existiere die Kovarianzmatrix von $(\xi_{p+11}, \ldots, \xi_{p+1n})$ und werde mit $U = (u_{ij})_{1n}^{1n}$ bezeichnet. Dabei sind die x_{ji}, $1 \leq j \leq p$, $1 \leq i \leq n$, gegebene reelle Zahlen und die β_i, $0 \leq i \leq p$, sowie die u_{ij}, $1 \leq i, j \leq n$, reelle Parameter. Die β_i sollen der Bedingung $-\infty < \beta_i < \infty$ genügen, und die u_{ij} sollen nur der trivialen Beschränkung unterworfen sein, daß U positiv semidefinit ist. Genauer sollten wir also die linke Seite von (1.1) mit $E(\xi_{p+1i}; \beta_0, \ldots, \beta_p)$ oder sogar mit $E(\xi_{p+1i}; \beta_0, \ldots, \beta_p, u_{ij}, 1 \leq i, j \leq n)$ bezeichnen, doch führt die abgekürzte Schreibweise kaum zu Mißverständnissen. Wir stellen uns die Aufgabe für jedes β_i, $0 \leq i \leq p$, erwartungstreue Schätzungsfunktionen zu konstruieren. Um dieses Problem in den allgemeinen Rahmen von V. **1.** einzuordnen, stellen wir fest, daß der Stichprobenraum durch $(R_n, \mathfrak{B}_n)$ gegeben ist, und die Menge der gemeinsamen Verteilungen von $(\xi_{p+11}, \ldots, \xi_{p+1n})$ durch die Parameter $\beta_0, \ldots, \beta_p$; u_{ij}, $1 \leq i, j \leq n$, in der Weise eingeschränkt ist, daß (1.1) gilt und $(u_{ij})_{1n}^{1n}$ positiv semidefinit ist. Zur Gewinnung der Schätzfunktionen bedienen wir uns der Gaußschen *Methode der kleinsten Quadrate*. Sie steht in engem Zusammenhang mit dem Maximum-Likelihood-Prinzip.

Ehe wir diese Methode genauer erläutern, wollen wir noch folgende nützliche *Bezeichnungsvereinbarung* einführen, welche wir in ausreichender Weise beispielhaft erklären: Es sei $(x_1, \ldots, x_n) \to$ $\to f(x_1, \ldots, x_n)$ eine über dem R_n erklärte Funktion. $\zeta_1, \ldots, \zeta_n$ seien irgendwelche zufällige Variable. Dann bezeichnen wir die zufällige Variable $f(\zeta_1, \ldots, \zeta_n)$ einfach mit $\boldsymbol{f}$. Aus dem Zusammenhang wird immer klar sein, auf welche zufälligen Variablen Bezug genommen ist. Manchmal verwenden wir diese Bezeichnungskonvention auch in der entgegengesetzten Richtung. Wir führen überdies für $j = 1, \ldots, p+1$ die Bezeichnung ein: $x_j = (x_{j1}, \ldots, x_{jn})$.

Die Methode der kleinsten Quadrate besteht nun darin, daß man für $0 \leq i \leq p$ Funktionen $x_{p+1} \to \hat{b}_i(x_{p+1})$[1.1] so zu bestimmen sucht, daß für jede Menge reeller Zahlen $\beta_0, \ldots, \beta_p$ die Ungleichung

$$\sum_{i=1}^{n} (x_{p+1i} - \beta_0 - \beta_1 x_{1i} - \cdots - \beta_p x_{pi})^2 \geq \sum_{i=1}^{n} (x_{p+1i} - \hat{b}_0(x_{p+1}) - \\ - \hat{b}_1(x_{p+1}) x_{1i} - \cdots - \hat{b}_p(x_{p+1}) x_{pi})^2$$

besteht. Wir wollen also $\hat{b}_0(x_{p+1}), \ldots, \hat{b}_p(x_{p+1})$ so wählen, daß die Funktion $(\beta_0, \ldots, \beta_p) \to (x_{p+1i} - \beta_0 - \beta_1 x_{1i} - \cdots - \beta_p x_{pi})^2$ zum Minimum wird. Dies erklärt den Namen der Methode.

Es wird sich zeigen, daß $\hat{\boldsymbol{b}}_j$ erwartungstreue Schätzungsfunktion für β_j ist, $0 \leq j \leq p$. Wir werden gleich mehr und Genaueres beweisen.

Die Methode der kleinsten Quadrate funktioniert praktisch so, daß man mittels einer Stichprobe $(x_{p+11}, \ldots, x_{p+1n})$ die Größe $\hat{b}_j(x_{p+1})$ bestimmt und als Schätzung für $\beta_j, 0 \leq j \leq p$, verwendet.

Durch die nachfolgenden Betrachtungen wird dieses Verfahren gerechtfertigt.

Die oben gestellte Aufgabe tritt in den Anwendungen der Statistik sehr häufig auf. Ein sehr gutes Beispiel (entnommen aus A. Linder, l. c. II. [1.1]) (für $p = 1$) ergibt sich beim Studium des Zusammenhanges zwischen Geschwindigkeit und Bremsweg von Fahrzeugen. Die Regulierung der Geschwindigkeit hat man in der Hand. Bei vorgegebenem Geschwindigkeitsquadrat x_{1i} kann man den Bremsweg als zufällige Variable ξ_{2i} auffassen.

Offensichtlich besteht zwischen Geschwindigkeit und Bremsweg ein gewisser Zusammenhang, der nicht streng funktioneller Art ist und zunächst durch die Regressionskurve des Bremsweges in bezug auf das Geschwindigkeitsquadrat dargestellt wird. Wir nehmen insbesondere an, daß die Regressionskurve eine Gerade

---

[1.1] Die $\hat{b}_j$ werden, falls sie überhaupt existieren, im allgemeinen auch von $x_1, \ldots, x_p$ abhängen. Da wir aber hier diese n-Tupel als gegeben ansehen, bringen wir diese Abhängigkeit nicht zum Ausdruck.

ist. (Vgl. hierzu die auf den Satz 1.2 folgende Bemerkung). Dann ergibt sich die natürliche Frage nach den Koefizienten dieser Geraden, wenn zu den vorgegebenen Geschwindigkeitsquadraten x_{1i} die Bremswege x_{2i} gemessen werden.

Mit X bezeichnen wir die Matrix

$$\begin{pmatrix} 1 \ x_{11} \ldots x_{p1} \\ \cdots\cdots\cdots \\ 1 \ x_{1n} \ldots x_{pn} \end{pmatrix}$$

und mit A die Matrix $X'X$. Es gilt der

Satz 1.1: *ξ_{p+1i}, $1 \leq i \leq n$, seien n zufällige Variable der vorhin erklärten Art, so daß insbesondere* (1.1) *erfüllt ist. Existiert die zu A inverse Matrix A^{-1}, dann kann man sich zur Konstruktion von erwartungstreuen Schätzfunktionen für β_j, $0 \leq j \leq p$, der oben beschriebenen Methode der kleinsten Quadrate bedienen. Die Kovarianzmatrix von $(\hat{\boldsymbol{b}}_0, \ldots, \hat{\boldsymbol{b}}_p)$ ist durch $A^{-1}X'UXA^{-1}$ gegeben.*

Beweis: Wir führen noch die Bezeichnung $B = \begin{pmatrix} \beta_0 \\ \vdots \\ \beta_p \end{pmatrix}$ ein. Dann erhält der Ausdruck

$$\sum_{i=1}^{n} (x_{p+1i} - \beta_0 - \sum_{j=1}^{p} \beta_j x_{ji})^2$$

die Gestalt

$$(x_{p+1} - XB)'(x_{p+1} - XB). \tag{1.2}$$

Damit (1.2) als Funktion von β_i ein Minimum wird, ist notwendig, daß sämtliche partielle Ableitungen nach den β_i, $0 \leq i \leq p$, verschwinden. Man erhält so ein System von linearen Gleichungen für die $\hat{b}_i(x_{p+1})$. Bezeichnet man irgendeine Lösung, falls eine solche vorhanden ist, mit $\hat{b}_0, \ldots, \hat{b}_p$ (wobei jetzt etwas inkonsequent auch die Abhängigkeit von x_{p+1} unterdrückt wird), und faßt man sie zu einem Spaltenvektor $\hat{B}$ zusammen, dann muß dieser der Gleichung

$$X'x_{p+1} = X'X\hat{B}$$

oder — in anderer Schreibweise —

$$X'x_{p+1} = A\hat{B} \tag{1.3}$$

genügen. Wir zeigen, daß jeder Vektor $\hat{B}$, welcher (1.3) genügt, (1.2) zum Minimum macht. Ist nämlich B_0 irgendein Vektor mit $p+1$ Komponenten, dann gilt

$$(x_{p+1} - XB_0)'(x_{p+1} - XB_0) = (x_{p+1} - X\hat{B})'(x_{p+1} - X\hat{B}) -$$
$$- \big(X(B_0 - \hat{B})\big)'(x_{p+1} - X\hat{B}) - (x_{p+1} - X\hat{B})'X(B_0 - \hat{B}) +$$
$$+ \big(X(B_0 - \hat{B})\big)'X(B_0 - \hat{B}). \tag{1.4}$$

Nach (1.3) ist aber

$$\big(X(B_0 - \hat{B})\big)'(x_{p+1} - X\hat{B}) = (B_0 - \hat{B})'(X'x_{p+1} - X'X\hat{B}) = 0$$

und Analoges gilt natürlich auch für die transponierte Matrix, so daß die beiden mittleren Glieder auf der rechten Seite von (1.4) verschwinden. Es bleibt

$$(x_{p+1} - XB_0)'(x_{p+1} - XB_0) = (x_{p+1} - X\hat{B})'(x_{p+1} - X\hat{B}) +$$
$$+ (B_0 - \hat{B})'X'X(B_0 - \hat{B}). \tag{1.5}$$

Da aber $(Xu)'(Xu) = u'X'Xu$ für jedes $(p+1)$-Tupel reeller Zahlen u nicht negativ ist, ist alles gezeigt.

Nach Voraussetzung existiert A^{-1}. Dann ist (1.3) eindeutig lösbar, und wir erhalten

$$\hat{B} = A^{-1}X'x_{p+1}. \tag{1.6}$$

Aus (1.6) folgt mit der Bezeichnung $\xi_{p+1} = (\xi_{p+11}, \ldots, \xi_{p+1n})$

$$E(\hat{\boldsymbol{B}}) = E(A^{-1}X'\xi_{p+1}) = A^{-1}X'E(\xi_{p+1}).$$

Gemäß (1.1) gilt

$$E(\xi_{p+1}) = XB. \tag{1.7}$$

Somit erhalten wir weiter $E(\hat{\boldsymbol{B}}) = A^{-1}X'XB = A^{-1}AB = B$, d. h. $\hat{\boldsymbol{B}}$ ist erwartungstreu für B.

Für die Kovarianzmatrix von $\hat{\boldsymbol{B}}$ ergibt sich wegen (1.6) und (1.7): $E[(\hat{\boldsymbol{B}} - B)(\hat{\boldsymbol{B}} - B)'] = A^{-1}X'\,E\left[\big(\xi_{p+1} - E(\xi_{p+1})\big)\big(\xi_{p+1} - E(\xi_{p+1})\big)'\right] \cdot$ $\cdot\, X(A^{-1})' = A^{-1}X'UXA^{-1}$, da A und daher auch A^{-1} symmetrisch sind.

Damit ist der Satz bewiesen. Wir heben noch hervor, daß wir diese Resultate ohne jede spezielle Annahme über die zugrundeliegenden Wahrscheinlichkeitsverteilungen gewonnen haben, sofern sie nicht durch die Annahme (1.1) und die Forderung nach der Existenz von U in der Natur der Sache liegen[1.2].

Wir ziehen noch eine leichte, praktisch wichtige Folgerung: Wenn die zufälligen Variablen ξ_{p+1i}, $1 \leq i \leq n$, unabhängig sind, der Bedingung (1.1) genügen und alle dieselbe Streuung σ^2, $0 < \sigma^2 < \infty$, haben, dann ist die Kovarianzmatrix von $\hat{\boldsymbol{B}}$ einfach durch $\sigma^2 A^{-1}$ gegeben.

Wir bemerken, daß man die im Satz 1.1 geforderte Existenz von A^{-1} durch die Voraussetzung ersetzen kann, daß X den Rang $p+1$ hat. Es gilt nämlich das wohlbekannte

Lemma 1.1[1.3]: *Die Matrix $X'X$ hat denselben Rang wie X.*

Beweis: Es sei u ein Spaltenvektor mit $p+1$ reellen Komponenten. Aus $X'Xu = 0$ folgt der Reihe nach $u'X'Xu = 0$, $(Xu)'(Xu) = 0$, $Xu = 0$ und wieder $X'Xu = 0$. Daraus erhalten wir, daß die Spalten von $X'X$ in derselben Weise linear unabhängig wie die von X sind und umgekehrt, d. h. die Ränge von $X'X$ bzw. X sind gleich.

Ehe wir weitergehende Spezialisierungen untersuchen, wollen wir noch darauf aufmerksam machen, daß wir die entscheidende Gleichung (1.3) auch unmittelbar auf geometrischem Wege gewinnen können[1.4]. Man betrachte die durch die Vektoren $e = (1, \ldots, 1)$, $x_1, \ldots, x_p$ aufgespannte Hyperebene

$$\beta_0 e + \beta_1 x_1 + \cdots + \beta_p x_p, \quad -\infty < \beta_i < \infty, \quad 0 \leq i \leq p.$$

(1.2) ist offenbar gleich dem Abstandsquadrat des Punktes x_{p+1} vom Punkt $\beta_0 e + \beta_1 x_1 + \cdots + \beta_p x_p$ der Hyperebene. Dieser Abstand ist minimal, wenn $(\beta_0, \ldots, \beta_p)$ so gewählt wird, daß

$$x_{p+1} - \beta_0 e - \beta_1 x_1 - \cdots - \beta_p x_p$$

[1.2] Zur ausgedehnten Literatur über die Methode der kleinsten Quadrate geben wir nur wenige Hinweise. Man vgl. etwa A. C. AITKEN, Proc. Roy. Soc. Edinburgh Sect. A 55, 42–48 (1935), J. VAN IJZEREN, Statistica 8, 21–45 (1954), O. KEMPTHORNE, The Design and Analysis of Experiments, John Wiley & Sons-Chapman & Hall, New York-London 1952, J. V. LINNIK, Die Methode der kleinsten Quadrate in moderner Darstellung, VEB Deutscher Verlag der Wissenschaften, Berlin 1961.

[1.3] Vgl. z. B. J. VAN IJZEREN, l. c. [1.2].

[1.4] Vgl. A. N. KOLMOGOROV: Uspech. mat. Nauk 1, 57–70 (1946).

zur Hyperebene und daher zu e und allen x_i, $1 \leq i \leq p$, orthogonal ist. Dies führt zur Bedingung $X'(x_{p+1} - XB) = 0$.

Wir nehmen nun speziell an, daß n unabhängige zufällige Variable ξ_{p+1i} vorliegen, welche nach $N(\beta_0 + \beta_1 x_{1i} + \cdots + \beta_p x_{pi}, \sigma^2)$ verteilt sind. Wir wiederholen, daß

$$-\infty < \beta_j < \infty, \qquad 0 \leq j \leq p \tag{1.8}$$

und

$$0 < \sigma^2 < \infty \tag{1.9}$$

gelten sollen und daß die x_{ji}, $1 \leq j \leq p$, $1 \leq i \leq n$, gegebene reelle Zahlen sind. Wir interessieren uns für die Verteilung von

$$(\xi_{p+1} - X\hat{\boldsymbol{B}})'(\xi_{p+1} - X\hat{\boldsymbol{B}}). \tag{1.10}$$

Für jede Realisation x_{p+1} der zufälligen Variablen ξ_{p+1} stellt

$$(x_{p+1} - X\hat{B})'(x_{p+1} - X\hat{B}) \tag{1.11}$$

den Minimalwert von (1.2) dar. (1.11) oder auch die zufällige Variable (1.10) bezeichnen wir als *Residualglied.*

Wir ersetzen in (1.5) B_0 durch B und schreiben die so erhaltene Beziehung nochmals an:

$$(x_{p+1} - XB)'(x_{p+1} - XB) = (x_{p+1} - X\hat{B})'(x_{p+1} - X\hat{B}) + \\ + (\hat{B} - B)'X'X(\hat{B} - B). \tag{1.12}$$

Zieht man (1.6) heran und ersetzt x_{p+1} durch die zufällige Variable ξ_{p+1}, dann erhält man unter Beachtung von (1.7) aus (1.12)

$$\frac{1}{\sigma^2}\big(\xi_{p+1} - E(\xi_{p+1})\big)'\big(\xi_{p+1} - E(\xi_{p+1})\big) = \frac{1}{\sigma^2}(\xi_{p+1} - X\hat{\boldsymbol{B}})'(\xi_{p+1} - X\hat{\boldsymbol{B}}) + \\ + \frac{1}{\sigma^2}\big(\xi_{p+1} - E(\xi_{p+1})\big)' X A^{-1} X'\big(\xi_{p+1} - E(\xi_{p+1})\big).$$

Der zweite Summand auf der rechten Seite der Gleichung ist auch gleich $\frac{1}{\sigma^2}(\hat{\boldsymbol{B}} - B)'A(\hat{\boldsymbol{B}} - B)$.

Die linke Seite dieser Gleichung ist nach Voraussetzung eine Summe von n Quadraten unabhängiger, nach $N(0, 1)$ verteilter zufälliger Variabler. Sie ist also nach Chi-Quadrat mit n Freiheitsgraden verteilt. Da die Komponenten von $\hat{\boldsymbol{B}}$ linear von den zufälligen Variablen $\xi_{p+1i} - E(\xi_{p+1i})$, $1 \leq i \leq n$, abhängen, stellen auch die beiden rechts stehenden Summanden quadratische Formen in diesen zufälligen Variablen dar. Der erste Summand auf der rechten Seite von (1.12) ist wegen (1.6) auch gleich

$$\left(x_{p+1} - XB - XA^{-1}X'(x_{p+1} - XB)\right)'\left(x_{p+1} - XB - XA^{-1}X'(x_{p+1} - XB)\right).$$

Er ist daher eine quadratische Form in den n Variablen $x_{p+1i} - \beta_0 - \beta_1 x_{1i} - \cdots - \beta_p x_{pi}$. Diese ist höchstens vom Rang $n - p - 1$. Aus (1.3) folgt nämlich $X'(x_{p+1} - X\hat{B}) = 0$, und das sind $p+1$ unabhängige lineare Relationen für die angegebenen Variablen. Die Matrix $X'X$ ist aber eine $(p+1) \times (p+1)$-Matrix, und daher hat die quadratische Form $(B - \hat{B})'X'X(B - \hat{B})$ höchstens den Rang $p + 1$.

Eine Anwendung von II., Satz 4.1, ergibt daher den

Satz 1.2: ξ_{p+1i}, $1 \leq i \leq n$, *seien* $n \geq p + 2$ *unabhängige zufällige Variable, welche nach* $N(\beta_0 + \beta_1 x_{1i} + \cdots + \beta_p x_{pi}, \sigma^2)$ *verteilt sind, wobei die Parameter die Bedingungen* (1.8) *und* (1.9) *erfüllen. Es existiere* A^{-1}, *dann sind*

$$\frac{1}{\sigma^2}(\xi_{p+1} - X\hat{\boldsymbol{B}})'(\xi_{p+1} - X\hat{\boldsymbol{B}}) \quad bzw. \quad \frac{1}{\sigma^2}(\hat{\boldsymbol{B}} - B)'A(\hat{\boldsymbol{B}} - B)$$

unabhängig voneinander nach Chi-Quadrat mit $n - p - 1$ *bzw.* $p + 1$ *Freiheitsgraden verteilt.*

I. (35.12) gibt ein wichtiges Beispiel, in welchem die Voraussetzungen des Satzes 1.2 realisiert sind. Ein einfacher Vergleich lehrt, daß dabei die Beziehungen

$$\sigma^2 = (d_{p+1\,p+1})^{-1}, \quad \beta_0 = a_{p+1} + \sum_{i=1}^{p} \frac{d_{ip+1}}{d_{p+1\,p+1}} a_i,$$

$$\beta_j = -\frac{d_{jp+1}}{d_{p+1\,p+1}}, \qquad 1 \leq j \leq p \tag{1.13}$$

bestehen.

Unter den Voraussetzungen des Satzes 1.2 haben die Schätzungen $\hat{B}$ eine wichtige Minimaleigenschaft, welche in einfachster Form von A. MARKOV[1.5] entdeckt wurde. Es gilt nämlich das sogenannte Theorem von GAUSS und MARKOV:

Satz 1.3: *Es seien die Voraussetzungen des Satzes 1.2 erfüllt und der Einfachheit halber $\sigma^2 = 1$. Es seien $p + 1$ reelle Zahlen $c_0, \ldots, c_p$ gegeben. Bezeichnet c den Vektor dieser $p + 1$ Zahlen, dann ist $c'\hat{B}$ gleichmäßig minimale erwartungstreue Schätzung für die über dem R_{p+1} definierte Abbildung $B \to c'B$.*

Beweis: Wir benützen die Sätze 1.1 und 1.2 von V. Es sei V die Menge aller erwartungstreuen Schätzungen für die 0, deren zweites Moment bezüglich aller n-dimensionalen Normalverteilungen mit der Dichte

$$x \to (2\pi)^{-n/2}\, e^{-\frac{1}{2}(x-XB)'(x-XB)}$$

existiert.

Für jedes $v \in V$ gilt also

$$\int\limits_{R_n} v(x)\, e^{-\frac{1}{2}(x-XB)'(x-XB)}\, dx = 0. \tag{1.14}$$

Für jedes $B \in R_{p+1}$ kann man die linke Seite von (1.14) hinter dem Integralzeichen nach den β_j, $0 \leq j \leq p$ differenzieren und erhält

$$\int\limits_{R_n} v(x)\, X'x e^{-\frac{1}{2}(x-XB)'(x-XB)}\, dx = 0$$

und daraus

$$\int\limits_{R_n} v(x)\, A^{-1} X'x e^{-\frac{1}{2}(x-XB)'(x-XB)}\, dx = 0$$ [1.6].

[1.5] A. MARKOV, Wahrscheinlichkeitsrechnung, 2. Auflage, Leipzig-Berlin 1912. Siehe auch F. N. DAVID und J. NEYMAN, l. c. V. [1.1] und L. SCHMETTERER, l. c. V. [1.5], zweitgenannte Arbeit. Für eine etwas allgemeinere Formulierung sei auf H. SCHEFFÉ, l. c. III. [10.5], 14 verwiesen.

[1.6] Es kann wohl keine Schwierigkeiten bereiten, daß wir mit dem Symbol 0 einmal einen $(p + 1)$-dimensionalen Vektor von Nullen und dann wieder die Null selbst bezeichnen.

Diese Vektorgleichung liefert aber

$$\int\limits_{R_n} v(x)\, c' A^{-1} X' x e^{-\frac{1}{2}(x-XB)'(x-XB)}\, dx = 0 .$$

Schreibt man jetzt wieder x_{p+1} statt x, dann erkennt man nach (1.6) unter Heranziehung der erwähnten Sätze aus V. die Richtigkeit der Behauptung.

Wir wollen noch auf ein Problem der Konstruktion von Konfidenzbereichen eingehen und gehen dazu von den Voraussetzungen des Satzes 1.2 aus. Es seien c_{kj}, $0 \leq j \leq p$, $1 \leq k \leq l$, reelle Zahlen. Wir betrachten über dem R_{p+1} für $1 \leq k \leq l$ die durch $\gamma_k(B) = \sum_{j=0}^{p} c_{kj}\beta_j$ definierten linearen Funktionen des Parameters B. Für die Menge aller $(\gamma_1, \ldots, \gamma_l)$ sollen Konfidenzbereiche konstruiert werden. Dazu nehmen wir an, daß die l Vektoren $(c_{k0}, \ldots, c_{kp})$ einen Raum der Dimension m aufspannen. Es ist natürlich $m \leq p + 1$, doch nehmen wir zur Vermeidung trivialer Komplikationen an, daß $m = p + 1$. Satz 1.3 legt es nahe, $\begin{pmatrix} \gamma_0 \\ \vdots \\ \gamma_l \end{pmatrix}$ durch $C\hat{\boldsymbol{B}}$ erwartungstreu zu schätzen, wobei $C = (c_{kj})_{1l}^{op}$ ist. C hat voraussetzungsgemäß den Rang $p + 1$.

Wir benützen nun die Technik der sogenannten *kanonischen Form der Methode der kleinsten Quadrate*[1.7], welche im Grunde genommen schon dem Beweis des Satzes 1.2 zugrunde lag. Da nämlich X vom Rang $p + 1$ ist, spannen die Spaltenvektoren von X einen $(p+1)$-dimensionalen linearen Raum auf. Führt man in diesem Raum $p+1$ Vektoren $(g_{i1}, \ldots, g_{in})$ der Länge 1 ein, welche zueinander orthogonal sind, und schreibt man $G = (g_{ij})_{1p+1}^{1n}$, dann existiert eine $(p+1) \times (p+1)$-Matrix D mit

$$|D| \neq 0$$

so daß

$$X' = DG . \tag{1.15}$$

[1.7] Vgl. H. Scheffé, l. c. III. [10.5].

G kann zu einer orthogonalen $n \times n$-Matrix ergänzt werden, welche wir mit $\binom{G}{E}$ bezeichnen. Wir führen nun gemäß

$$\eta = \binom{G}{E} \xi_{p+1} \tag{1.16}$$

eine neue zufällige Variable mit den Komponenten η_i ein. Nach I., Satz 27.2, sind die η_i für $1 \leq i \leq n$ unabhängig und normal mit Streuung σ^2 verteilt. Aus (1.16), (1.15) und (1.7) folgt leicht, daß

$$E(\eta_i) = 0, \quad p + 2 \leq i \leq n. \tag{1.17}$$

Mit der Bezeichnung $\eta^{(0)} = \begin{pmatrix} \eta_1 \\ \vdots \\ \eta_{p+1} \end{pmatrix}$ ergibt sich ebenso

$$E(\eta^{(0)}) = D'B. \tag{1.18}$$

Aus (1.6), (1.16) und (1.15) ergibt sich $\hat{\boldsymbol{B}} = D'^{-1}\eta^{(0)}$. Weiter ist

$$(\xi_{p+1} - X\hat{\boldsymbol{B}})'(\xi_{p+1} - X\hat{\boldsymbol{B}}) = \xi'_{p+1}\,\xi_{p+1} - \hat{\boldsymbol{B}}'X'\,\xi_{p+1} =$$
$$= \eta'\eta - \eta^{(0)\prime} D^{-1} D G (G'\,E')\,\eta = \sum_{i=p+2}^{n} \eta_i^2 .$$

Zusammen mit (1.17) erkennt man, daß

$$\boldsymbol{S}^2/\sigma^2 = \frac{1}{\sigma^2}(\xi_{p+1} - X\hat{\boldsymbol{B}})'(\xi_{p+1} - X\hat{\boldsymbol{B}})$$

unabhängig von $\hat{\boldsymbol{B}}$ nach Chi-Quadrat mit $n-p-1$ Freiheitsgraden verteilt ist (falls σ^2 der richtige Parameter ist). Das ist im wesentlichen wieder Satz 1.2.

Mit $(f_{ij})_{1l}^{op} = F = CD'^{-1}$ erhält man also $C\hat{\boldsymbol{B}} = F\eta^{(0)}$ oder auch wegen (1.18) für $1 \leq k \leq l$

$$\left(\sum_{j=0}^{p} c_{kj}\hat{\boldsymbol{b}}_j - \gamma_k(B)\right) \Big/ (\boldsymbol{S}\,|f^{(k)}|) = \frac{(f^{(k)})'(\eta^{(0)} - D'B)}{\boldsymbol{S}\,|f^{(k)}|} \tag{1.19}$$

mit $f^{(k)} = (f_{k0}, \ldots, f_{kp})$. Ist also B der richtige Parameter, dann ist die linke und somit auch die rechte Seite von (1.19) nach Multiplikation mit $\sqrt{n-p-1}$ nach t mit $n-p-1$ Freiheitsgraden verteilt. Ist weiter $\varkappa$ eine positive Zahl, dann wird für jedes k und alle $x_{p+1} \in R_n$ durch[1.8]

$$\left(-\varkappa S(x_{p+1})\,|f^{(k)}| + \sum_{j=0}^{p} c_{kj}\hat{b}_j(x_{p+1}),\ \varkappa S(x_{p+1})\,|f^{(k)}| + \sum_{j=0}^{p} c_{kj}\hat{b}_j(x_{p+1})\right)$$

ein Konfidenzintervall $K_k(x_{p+1})$ für γ_k definiert, das sogar ähnlich ist und dessen Konfidenzkoeffizient sich in Abhängigkeit von $\varkappa$ leicht angeben läßt. Um unsere ursprüngliche Aufgabe zu lösen, haben wir also nach IV., Satz 2.2,

$$W_B\left(\bigcap_{i=1}^{l} \{x_{p+1} : \gamma_i(B) \in K_i(x_{p+1})\}\right)$$

zu berechnen. Gilt aber für ein B und alle k mit $1 \leq k \leq l$,

$$-\varkappa \leq \left(\sum_{j=0}^{p} c_{kj}\hat{b}_j(x_{p+1}) - \gamma_k(B)\right)\Big/\left(S(x_{p+1})\,|f^{(k)}|\right) \leq \varkappa, \qquad (1.20)$$

dann ist auch

$$-\varkappa \leq \min_k \left(\sum_{j=0}^{p} c_{kj}\hat{b}_j(x_{p+1}) - \gamma_k(B)\right)\Big/\left(S(x_{p+1})\,|f^{(k)}|\right) \leq$$
$$\leq \max_k \left(\sum_{j=0}^{p} c_{kj}\hat{b}_j(x_{p+1}) - \gamma_k(B)\right)\Big/\left(S(x_{p+1})\,|f^{(k)}|\right) \leq \varkappa. \qquad (1.21)$$

Umgekehrt folgen aus (1.21) auch die Ungleichungen (1.20). Ist aber $\mathfrak{f} = \{f \in R_{p+1} : |f| > 0\}$, dann lehrt (1.19), daß mit

$$a_k = \left(\sum_{j=0}^{p} c_{kj}\hat{b}_j - \gamma_k(B)\right)\Big/\left(S\,|f^{(k)}|\right)$$

$$W_B(-\varkappa \leq \min_k \boldsymbol{a}_k \leq \max_k \boldsymbol{a}_k \leq \varkappa) \geq$$
$$\geq W_B\left(-\varkappa \leq -\sup_{f\in\mathfrak{f}} \frac{f'(\eta^{(0)} - D'B)}{\mathbf{S}\,|f|} \leq \sup_{f\in\mathfrak{f}} \frac{f'(\eta^{(0)} - D'B)}{\mathbf{S}\,|f|} \leq \varkappa\right).$$

[1.8] Wir schreiben jetzt an Stelle von S besser $S(x_{p+1})$.

Aus der Schwarzschen Ungleichung folgt, daß diese letzte Wahrscheinlichkeit auch gleich

$$W_B\left(\frac{(\eta^{(0)} - D'B)^2}{S^2} \leq \varkappa^2\right)$$

ist.

$\frac{n-p-1}{p+1}\left(\frac{(\eta^{(0)} - D'B)^2}{S^2}\right)$ ist nach F mit $(p+1), ((n-p-1))$ Freiheitsgraden verteilt. Wählt man also $\varkappa$ zu gegebenem β, $0 < \beta < 1$, so daß mit $\lambda = \varkappa^2 \frac{n-p-1}{p+1}$

$$\int_0^\lambda k_{p+1, n-p-1}(F)\, dF = \beta,$$

dann wird durch die Gesamtheit der Ungleichungen (1.20) ein Konfidenzbereich für $(\gamma_1, \ldots, \gamma_l)$ zum Koeffizienten β geliefert.

Führt man durch (1.16) wieder die n-dimensionale zufällige Variable ξ_{p+1} ein, dann erhält man daraus den dualen Test:

Für die Nullhypothese $B = B_0$, $0 < \sigma^2 < \infty$, wird durch

$$\left\{x_{p+1} : \frac{n-p-1}{p+1} \frac{(B_0 - \hat{B})' A (B_0 - \hat{B})}{(x_{p+1} - X\hat{B})'(x_{p+1} - X\hat{B})} \geq \lambda\right\}$$

eine ähnliche kritische Region zur Irrtumswahrscheinlichkeit $1 - \beta$ definiert. Die Menge der zulässigen Hypothesen ist etwa durch $-\infty < B < \infty$, $0 < \sigma^2 < \infty$, gegeben. Übrigens erhält man unter diesen Voraussetzungen diese kritische Region auch mittels des MLQT.

2. Lineare Bedingungen. Wir wollen nun zunächst wieder unter allgemeinen Voraussetzungen den Fall betrachten, daß die Parameter β_i nicht mehr unabhängig voneinander sind, sondern, kurz gesagt, linearen Bedingungen genügen. Wir knüpfen damit offensichtlich an den letzten Abschnitt von **1.** an. Mit C bezeichnen wir eine Matrix der Gestalt

$$C = (c_{ij})_{1\,r}^{1\,p+1}, \quad 1 \leq r < p+1.$$

Sie sei vom Rang r. Für $0 \leq i \leq r-1$ seien die l_i reelle Zahlen, welche wir zu einem Spaltenvektor l zusammenfassen. Der Parameter B variiere jetzt in der Menge

$$\{B : CB = l, -\infty < B < \infty\}. \tag{2.1}$$

Wir stellen uns wieder die Aufgabe, erwartungstreue Schätzungen für B zu konstruieren. Wir vereinfachen das Problem. Nach Voraussetzung kann angenommen werden, daß $|c_{ij}|_{1r}^{1r} \neq 0$ ist. Wir führen eine umkehrbar eindeutige Parametertransformation in der Menge (2.1) ein:

$$\begin{aligned} \delta_0 &= c_{11}\beta_0 + \cdots + c_{1p+1}\beta_p \\ &\cdots\cdots\cdots\cdots\cdots\cdots \\ \delta_{r-1} &= c_{r1}\beta_0 + \cdots + c_{rp+1}\beta_p \\ \delta_r &= \qquad \beta_r \\ &\cdots\cdots\cdots\cdots\cdots\cdots \\ \delta_p &= \qquad\qquad\qquad \beta_p . \end{aligned} \tag{2.2}$$

Die δ_i, $0 \leq i \leq p$, fassen wir in einem Spaltenvektor Δ zusammen; die Matrix der Transformation (2.2) bezeichnen wir mit C_1. Statt (2.2) haben wir also

$$\Delta = C_1 B. \tag{2.3}$$

Die Menge (2.1) geht mit der Bezeichnung

$$\Delta_1 = \begin{pmatrix} \delta_0 \\ \vdots \\ \delta_{r-1} \end{pmatrix}, \Delta_2 = \begin{pmatrix} \delta_r \\ \vdots \\ \delta_p \end{pmatrix}$$

durch (2.3) in

$$\{\Delta : \Delta_1 = l, \quad -\infty < \Delta_2 < \infty\} \tag{2.4}$$

über. An Stelle von (1.7) erhalten wir

$$E(\xi_{p+1}) = X C_1^{-1} \Delta .$$

$X C_1^{-1}$ ist zugleich mit X eine $n \times (p+1)$-Matrix. Mit $X'X = A$ besitzt auch $(C_1^{-1})' A C_1^{-1}$ eine inverse Matrix und umgekehrt. Es bedeutet also keine Einschränkung, wenn wir zur Vereinfachung der Schreibweise gleich

$$E(\xi_{p+1}) = X\Delta \tag{2.5}$$

voraussetzen, wobei (2.4) gilt. Im übrigen sollen sinngemäß die Voraussetzungen des Satzes 1.1 gelten. Die Aufgabe besteht darin, erwartungstreue Schätzungen für Δ_2 zu konstruieren. Hierzu bedienen wir uns wieder der Methode der kleinsten Quadrate und wollen

$$(\delta_r, \ldots, \delta_p) \to \sum_{i=1}^{n} (x_{p+1i} - l_0 - \cdots - x_{r-1\,i}\, l_{r-1} - x_{ri}\delta_r - \cdots - x_{pi}\delta_p)^2$$

zum Minimum machen. Wir führen die Bezeichnung ein

$$\begin{pmatrix} 1 \; x_{11} \ldots x_{r-11} \\ \cdots\cdots\cdots \\ 1 \; x_{1n} \ldots x_{r-1n} \end{pmatrix} = X_0, \qquad \begin{pmatrix} x_{r1} \ldots x_{p1} \\ \cdots\cdots \\ x_{rn} \ldots x_{pn} \end{pmatrix} = X^0.$$

Weiter sei $\bar{A} = (X_0'X_0 \; X_0'X^0)$, $A_0 = X^{0\prime} X_0$, $A^0 = X^{0\prime} X^0$. Dann ist also $X = (X_0 \; X^0)$ und $A = \begin{pmatrix} \bar{A} \\ A_0 A^0 \end{pmatrix}$.

Wie im Beweis von Satz 1.1 erhält man, wenn man B durch $\begin{pmatrix} l \\ \Delta_2 \end{pmatrix}$ und $\hat{B}$ durch $\begin{pmatrix} l \\ \hat{D}_2 \end{pmatrix}$ ersetzt, daß jede Lösung $\hat{d}_r, \ldots, \hat{d}_p$ der gestellten Minimumaufgabe der Gleichung

$$X^{0\prime} x_{p+1} - A_0 l = A^0 \hat{D}_2 \tag{2.6}$$

genügen muß. Dabei ist $\hat{D}_2 = \begin{pmatrix} \hat{d}_r \\ \vdots \\ \hat{d}_p \end{pmatrix}$. In dieser Schreibweise haben wir wieder die Abhängigkeit von x_{p+1} unterdrückt. Wir setzen die eindeutige Auflösbarkeit von (2.6) voraus und erhalten dann

$$(A^0)^{-1} X^{0\prime} x_{p+1} - (A^0)^{-1} A_0 l = \hat{D}_2 \tag{2.7}$$

und $\hat{D}_2$ löst in der Tat die Minimumaufgabe. Wir behaupten nun den zum Satz 1.1 analogen

Satz 2.1: *$\xi_{p+11}, \ldots, \xi_{p+1n}$ seien $n \geq 2$ zufällige Variable. Für $r \leq p \leq n-2$ gelte (2.5), und Δ genüge den Bedingungen (2.4). Überdies existiere die Kovarianzmatrix U der $\xi_{p+1\,i}$, $1 \leq i \leq n$, die jedoch völlig beliebig sein kann. Ersetzt man x_{p+1i} für $i = 1, \ldots, n$ durch $\xi_{p+1\,i}$, dann ist die $(p+1-r)$-dimensionale zufällige Variable $\hat{\boldsymbol{D}}_2$ erwartungstreu für Δ_2. Für die Kovarianzmatrix von $\hat{\boldsymbol{D}}_2$ erhält man $(A^0)^{-1} X^{0\prime}\, U X^0 (A^0)^{-1}$. Unter der zusätzlichen Voraussetzung, daß die ξ_{p+1i} unabhängig und normal verteilt sind und für $i = 1, \ldots, n$ dieselbe positive Streuung σ^2 besitzen, ist das standardisierte Residualglied*

$$\frac{1}{\sigma^2}\left(\xi_{p+1} - X\begin{pmatrix} l \\ \hat{\boldsymbol{D}}_2 \end{pmatrix}\right)' \left(\xi_{p+1} - X\begin{pmatrix} l \\ \hat{\boldsymbol{D}}_2 \end{pmatrix}\right)$$

nach Chi-Quadrat mit $(n+r-p-1)$ Freiheitsgraden verteilt. Darüber hinaus sind

$$\frac{1}{\sigma^2}\,(\xi_{p+1} - X A^{-1} X' \xi_{p+1})' (\xi_{p+1} - X A^{-1} X' \xi_{p+1}),$$

$$\frac{1}{\sigma^2}\left(\begin{pmatrix} l \\ \hat{\boldsymbol{D}}_2 \end{pmatrix} - A^{-1} X' \xi_{p+1}\right)' A \left(\begin{pmatrix} l \\ \hat{\boldsymbol{D}}_2 \end{pmatrix} - A^{-1} X' \xi_{p+1}\right)$$

und

$$\frac{1}{\sigma^2}\,(\hat{\boldsymbol{D}}_2 - \Delta_2)' X^{0\prime} X^0 (\hat{\boldsymbol{D}}_2 - \Delta_2)$$

unabhängig voneinander nach Chi-Quadrat mit $n-p-1$, r und $p-r+1$ Freiheitsgraden verteilt.

Beweis: Zunächst ergibt eine leichte Rechnung wegen (2.7) und (2.5):

$$\begin{aligned} E(\hat{\boldsymbol{D}}_2) &= (A^0)^{-1} (X^0)' E(\xi_{p+1}) - (A^0)^{-1} A_0 l = \\ &= (A^0)^{-1} (X^0)' X \begin{pmatrix} l \\ \Delta_2 \end{pmatrix} - (A^0)^{-1} A_0 l = \\ &= (A^0)^{-1} X^{0\prime} (X_0 l + X^0 \Delta_2) - (A^0)^{-1} A_0 l \end{aligned}$$

also
$$E(\hat{\boldsymbol{D}}_2) = \Delta_2 .$$

Für die Kovarianz von $\hat{\boldsymbol{D}}_2$ erhält man wieder nach (2.7):

$$E[(\hat{\boldsymbol{D}}_2 - \Delta_2)(\hat{\boldsymbol{D}}_2 - \Delta_2)'] = E\big[\big((A^0)^{-1}X^{0\prime}\xi_{p+1} - (A^0)^{-1}A_0 l -$$
$$- (A^0)^{-1}X^{0\prime}X^0\Delta_2\big)\big((A^0)^{-1}X^{0\prime}\xi_{p+1} - (A^0)^{-1}A_0 l -$$
$$- (A^0)^{-1}X^{0\prime}X^0\Delta_2)'\big] =$$
$$= (A^0)^{-1}X^{0\prime}E\left[\left(\xi_{p+1} - X\begin{pmatrix} l \\ \Delta_2\end{pmatrix}\right)\left(\xi_{p+1} - X\begin{pmatrix} l \\ \Delta_2\end{pmatrix}\right)'\right]X^0(A^0)^{-1},$$

woraus schon die Behauptung für die Kovarianz folgt.

Um nun die weiteren Behauptungen zu beweisen, gehen wir so vor. Wir schreiben zur Abkürzung $x_{p+1} - X_0 l - X^0\Delta_2 = y_{p+1}$. Aus (2.6) erhält man, in derselben Weise wie wir (1.12) aus (1.3) bekommen haben, die zu (1.12) analoge Gleichung:

$$y'_{p+1}y_{p+1} = (x_{p+1} - X_0 l - X^0\hat{D}_2)'(x_{p+1} - X_0 l - X^0\hat{D}_2) +$$
$$+ (\hat{D}_2 - \Delta_2)' X^{0\prime}X^0(\hat{D}_2 - \Delta_2). \tag{2.8}$$

Ersetzt man aber in (1.12) B durch $\begin{pmatrix} l \\ \hat{D}_2\end{pmatrix}$ und drückt $\hat{B}$ durch $A^{-1}X'x_{p+1}$ aus, dann erhält man

$$\left(x_{p+1} - X\begin{pmatrix} l \\ \hat{D}_2\end{pmatrix}\right)'\left(x_{p+1} - X\begin{pmatrix} l \\ \hat{D}_2\end{pmatrix}\right) =$$
$$= (x_{p+1} - XA^{-1}X'x_{p+1})'(x_{p+1} - XA^{-1}X'x_{p+1}) +$$
$$+ \left(\begin{pmatrix} l \\ \hat{D}_2\end{pmatrix} - A^{-1}X'x_{p+1}\right)' A\left(\begin{pmatrix} l \\ \hat{D}_2\end{pmatrix} - A^{-1}X'x_{p+1}\right). \tag{2.9}$$

Aus (2.8) und (2.9) folgt

$$y'_{p+1}y_{p+1} = (x_{p+1} - XA^{-1}X'x_{p+1})'(x_{p+1} - XA^{-1}X'x_{p+1}) +$$
$$+ \left(\begin{pmatrix} l \\ \hat{D}_2\end{pmatrix} - A^{-1}X'x_{p+1}\right)' A\left(\begin{pmatrix} l \\ \hat{D}_2\end{pmatrix} - A^{-1}X'x_{p+1}\right) +$$
$$+ (\hat{D}_2 - \Delta_2)'X^{0\prime}X^0(\hat{D}_2 - \Delta_2). \tag{2.10}$$

Weiter ergibt sich

$$\begin{pmatrix} l \\ \hat{D}_2 \end{pmatrix} - A^{-1}X' x_{p+1} = \begin{pmatrix} 0 \\ \hat{D}_2 - \Delta_2 \end{pmatrix} + \begin{pmatrix} l \\ \Delta_2 \end{pmatrix} - A^{-1}X' x_{p+1}$$

$$= \begin{pmatrix} 0 \\ (A^0)^{-1} X^{0\prime} y_{p+1} \end{pmatrix} - A^{-1}X' (x_{p+1} - X_0 l - X^0 \Delta_2)\,.$$

0 vertritt dabei den r-dimensionalen Nullvektor. Dies führt weiter zu

$$\begin{pmatrix} l \\ \hat{D}_2 \end{pmatrix} - A^{-1}X' x_{p+1} = A^{-1}\left[A \begin{pmatrix} 0 \\ (A^0)^{-1} X^{0\prime} y_{p+1} \end{pmatrix} - X' y_{p+1}\right] =$$

$$= A^{-1}\left[\begin{pmatrix} X_0' X^0 (A^0)^{-1} X^{0\prime} \\ X^{0\prime} \end{pmatrix} y_{p+1} - \begin{pmatrix} X_0' \\ X^{0\prime} \end{pmatrix} y_{p+1}\right] =$$

$$= A^{-1}\left[\begin{pmatrix} X_0' X^0 (A^0)^{-1} X^{0\prime} - X_0' \\ 0 \end{pmatrix} y_{p+1}\right].$$

Die letzte Null vertritt jetzt einen $(p-r+1)$-zeiligen Nullvektor. Für den zweiten Summanden auf der rechten Seite von (2.10) erhält man somit

$$y_{p+1}' \begin{pmatrix} X_0' X^0 (A^0)^{-1} X^{0\prime} - X_0' \\ 0 \end{pmatrix}' A^{-1} \begin{pmatrix} X_0' X^0 (A^0)^{-1} X^{0\prime} - X_0' \\ 0 \end{pmatrix} y_{p+1}\,. \quad (2.11)$$

Nun wurde bereits auf S. 431 gezeigt, daß der erste Summand auf der rechten Seite von (2.10) eine quadratische Form der y_{p+1} ist. Der Ausdruck (2.11) ist als quadratische Form der y_{p+1} höchstens vom Rang r. Da $X^{0\prime} X^0$ eine $(p-r+1) \times (p-r+1)$-Matrix ist, ist der dritte Summand auf der rechten Seite von (2.10) höchstens vom Rang $p-r+1$. Da alle genannten quadratischen Formen positiv semidefinit sind und die auf der linken Seite von (2.10) stehende quadratische Form genau vom Rang n ist, haben die rechts stehenden quadratischen Formen der Reihe nach den Rang $n-p-1$, r, $p-r+1$. Damit folgt nun aus II., Satz 4.1, auch die letzte Behauptung. Die vorhergehende Behauptung ergibt sich sofort aus (2.9) und I., Satz 28.1.

Wir bemerken noch ausdrücklich, daß

$$(\xi_{p+1} - XA^{-1}X'\xi_{p+1})'(\xi_{p+1} - XA^{-1}X'\xi_{p+1})$$

das Residualglied ist, welches sich ergibt, wenn dem Parameter B keinerlei Bindungen auferlegt sind, also $-\infty < B < \infty$ gilt.

Machen wir also die Transformation (2.2) rückgängig, dann kann man den auf die Residualglieder bezüglichen Teil des Satzes 2.1 kurz so formulieren: *Betrachtet man unter den Bedingungen des Satzes* 1.2 *das standardisierte Residualglied, wobei den Parametern B keine (linearen) Bedingungen auferlegt sind, und dann das standardisierte Residualglied, wenn man die Parameter β_i, $0 \leq i \leq p$, einer Anzahl unabhängiger linearer Bedingungen der Art* (2.1) *unterwirft, dann sind beide nach Chi-Quadrat verteilt. Die Verteilung des zweitgenannten Residualgliedes besitzt um so viel mehr Freiheitsgrade als die des ersten, wie die Zahl der unabhängigen linearen Bedingungen beträgt.*

Wir wollen nun das Residualglied (1.11) als Determinantenquotient schreiben. Wir führen dazu die Bezeichnung ein:

$$\frac{1}{n}\sum_{l=1}^{n} x_{il} = \bar{x}_i \qquad i = 1, \ldots, p+1 \tag{2.12}$$

$$\sum_{l=1}^{n} (x_{il} - \bar{x}_i)(x_{jl} - \bar{x}_j) = w_{ij} \qquad i, j = 1, \ldots, p+1 \tag{2.13}$$

$$a_{0i} = a_{i0} = n\bar{x}_i \tag{2.14}$$

$$a_{00} = n \tag{2.15}$$

$$a_{ij} = \sum_{l=1}^{n} x_{il}x_{jl} \qquad i, j = 1, \ldots, p+1. \tag{2.16}$$

An Stelle von (1.3) erhält man in dieser Bezeichnung

$$\begin{gathered} a_{00}\hat{b}_0 + a_{01}\hat{b}_1 + \cdots + a_{0p}\hat{b}_p = a_{0p+1} \\ \cdots\cdots\cdots\cdots\cdots\cdots\cdots\cdots\cdots \\ a_{p0}\hat{b}_0 + a_{p1}\hat{b}_1 + \cdots + a_{pp}\hat{b}_p = a_{pp+1}. \end{gathered}$$

Aus der ersten Gleichung folgt $\hat{b}_0 = (a_{0p+1} - a_{01}\hat{b}_1 - \cdots - a_{0p}\hat{b}_p)/n$. Setzt man dies in alle übrigen Gleichungen ein, dann ergibt sich unter Benützung von (2.13) und (2.16)

$$\sum_{j=1}^{p} w_{ij}\hat{b}_j = w_{ip+1}, \quad i = 1, \ldots, p. \tag{2.17}$$

Eliminieren wir nun in derselben Weise $\hat{b}_0$ auch in (1.11), dann erhalten wir

$$(x_{p+1} - X\hat{B})'(x_{p+1} - X\hat{B}) = w_{p+1p+1} - 2\sum_{k=1}^{p} w_{p+1k}\hat{b}_k + \sum_{i,k=1}^{p} w_{ik}\hat{b}_i\hat{b}_k$$

und wegen (2.17) wird dies weiter

$$(x_{p+1} - X\hat{B})'(x_{p+1} - X\hat{B}) = w_{p+1p+1} - \sum_{k=1}^{p} w_{p+1k}\hat{b}_k. \tag{2.18}$$

Wenn wir wieder die Existenz von A^{-1} voraussetzen, dann erhalten wir aus (2.17)

$$\hat{b}_i = \begin{vmatrix} w_{11} \cdots w_{1i-1}\, w_{1p+1}\, w_{1i+1} \cdots w_{1p} \\ \cdots\cdots\cdots\cdots\cdots\cdots \\ w_{p1} \cdots w_{pi-1}\, w_{pp+1}\, w_{pi+1} \cdots w_{pp} \end{vmatrix} \left(\begin{vmatrix} w_{11} \cdots w_{1p} \\ \cdots\cdots\cdots \\ w_{p1} \cdots w_{pp} \end{vmatrix} \right)^{-1} \tag{2.19}$$

$(i = 1, \ldots, p)$.

(2.19) und (2.18) ergeben

$$(x_{p+1} - X\hat{B})'(x_{p+1} - X\hat{B}) = |w_{ij}|_{1\,p+1}^{1\,p+1} \left(|w_{ij}|_{1p}^{1p} \right)^{-1}. \tag{2.20}$$

Den auf der rechten Seite von (2.20) stehenden Ausdruck bezeichnen wir auch mit $M^{(p+1)}$.

Bestimmt man nun das Residualglied unter den Bedingungen $\beta_0 = 0$, $-\infty < \beta_i < \infty$, $i = 1, \ldots, p$, dann erhält man nach leichter Rechnung, daß dieses ebenfalls als Quotient zweier Determinanten darstellbar ist:

$$|a_{ij}|_{1\,p+1}^{1\,p+1} \Big/ |a_{ij}|_{1p}^{1p}. \tag{2.21}$$

Den Determinantenquotienten (2.21) bezeichnen wir mit $M_1^{(p+1)}$.

Diese Ergebnisse führen zu folgender Behauptung:

Satz 2.2: $\xi_{p+11}, \ldots, \xi_{p+1n}$ *seien* $n \geq p + 2 \geq 3$ *unabhängige normalverteilte zufällige Variable, welche im übrigen den Bedingungen des Satzes* 1.2 *genügen, jedoch mit* $\beta_0 = 0$, $-\infty < \beta_i < \infty$, $i = 1, \ldots, p$. *Dann ist*

$$M^{(p+1)}/M_1^{(p+1)} \tag{2.22}$$

nach $B\big((n - p - 1)/2, {}^1/_2\big)$ *verteilt.* [2.1]

Beweis: Zieht man den Satz 2.1 heran, dann erkennt man, daß $M^{(p+1)}/\sigma^2$ nach Chiquadrat mit $n-p-1$ Freiheitsgraden verteilt ist und $M_1^{(p+1)}/\sigma^2$ ebenso mit $n-p$ Freiheitsgraden. Außerdem ist $(M_1^{(p+1)} - M^{(p+1)})/\sigma^2$ unabhängig von $M^{(p+1)}/\sigma^2$ nach χ^2 mit einem Freiheitsgrad verteilt. Schreibt man nun

$$M^{(p+1)}/M_1^{(p+1)} = \frac{M^{(p+1)}/(M_1^{(p+1)} - M^{(p+1)})}{1 + M^{(p+1)}/(M_1^{(p+1)} - M^{(p+1)})}$$

und wendet die Überlegungen, welche zu I. (30.3) führten, sinngemäß an, dann folgt die Behauptung.

Das Ergebnis des Satzes 2.2 läßt sich in naheliegender Weise dazu verwenden, um unter den Voraussetzungen dieses Satzes das Problem $(\Gamma_0, \Gamma - \Gamma_0)$ mit $\Gamma_0 = \{\beta_0 = 0,\ -\infty < \beta_i < \infty,\ 1 \leq i \leq p,$ $0 < \sigma^2 < \infty\}$ und $\Gamma = \{-\infty < B < \infty,\ 0 < \sigma^2 < \infty\}$ zu testen, und zwar mittels ähnlicher kritischer Regionen.

3. Stichprobentheorie für Grundgesamtheiten mit mehrdimensionaler Normalverteilung. Zunächst beweisen wir einen Satz, der zu II., Satz 3.2, völlig analog ist und auch dieselben Dienste für das Prüfen einer Hypothese über den Mittelwert einer mehrdimensionalen Normalverteilung leistet.

Satz 3.1: $\xi_1, \ldots, \xi_n$, $n \geq 1$, *seien unabhängige* k*-dimensionale zufällige Variable,* $k \geq 1$, *welche mit positiv definiter Kovarianzmatrix* D^{-1} *und Mittelwertvektor* a *normal verteilt sind. Dann ist die* k-

---

[2.1] Sowohl die zufällige Variable $M^{(p+1)}$ als auch $M_1^{(p+1)}$ als auch $M^{(p+1)}/M_1^{(p+1)}$ sind in einer Menge vom Wahrscheinlichkeitsmaß 0 nicht definiert, nämlich immer dann, wenn die Nenner in der Definition verschwinden. Das ist aber natürlich ohne Belang für die Aussage von Satz 2.2.

dimensionale zufällige Variable $\bar{\xi} = (\xi_1 + \cdots + \xi_n)/n$ *ebenfalls normal verteilt, und zwar mit der Dichte*

$$n^{k/2} D^{1/2} (2\pi)^{-k/2} e^{-\frac{1}{2}(x-a)' Dn (x-a)}$$

für alle $x \in R_k$.

Der Beweis folgt durch Anwendung von I., Satz 36.2.

Es ist unmittelbar klar, wie man dieses Ergebnis bei einem Test für eine einfache Nullhypothese $\{a_0\}$ bei gegebener Kovarianzmatrix D^{-1} verwenden kann. Ist insbesondere

$$M = \{x : (x - a_0)' Dn (x - a_0) \geq d(\alpha)\},$$

wobei α die Irrtumswahrscheinlichkeit ist und $d(\alpha)$ gemäß

$$n^{k/2} |D|^{1/2} (2\pi)^{-k/2} \int\limits_M e^{-\frac{1}{2}(x-a_0)' Dn (x-a_0)} dx = \alpha$$

bestimmt ist, dann lehrt III., S. 278ff., daß durch M für das Problem $(\alpha, \{a_0\}, R_k - \{a_0\})$ ein strenger Test definiert wird. Will man die Voraussetzung fallen lassen, daß die Kovarianzmatrix gegeben ist, dann wird man versuchen, eine mehrdimensionale Verallgemeinerung der t-Verteilung zu bekommen, wobei man sich etwa von den Ergebnissen in II. **4.** leiten lassen wird. Dazu wird es zweckmäßig sein, zunächst nach einer Verallgemeinerung der Chi-Quadrat-Verteilung Ausschau zu halten.

Wir betrachten dazu n unabhängige, nach einer k-dimensionalen Normalverteilung verteilte zufällige Variable $\xi_l = (\xi_{1l}, \ldots, \xi_{kl})$, $1 \leq l \leq n$, deren Dichte für jedes $x \in R_k$ durch

$$|D|^{1/2} (2\pi)^{-k/2} e^{-\frac{1}{2}x' Dx}, \quad n \geq k \geq 1 \tag{3.1}$$

gegeben ist. Die Matrix $D = (d_{ij})_{1k}^{1k}$ nehmen wir wieder als positiv definit an. Wir schreiben für $i, j = 1, \ldots, k$

$$a_{ij} = \sum_{l=1}^{n} \xi_{il} \xi_{jl}$$

und behaupten den

Satz 3.2: *Unter den oben angegebenen Voraussetzungen besitzt die Verteilung der* $k(k+1)/2$*-dimensionalen zufälligen Variablen*

$(\boldsymbol{a}_{11}, \boldsymbol{a}_{21}, \boldsymbol{a}_{22}, \ldots, \boldsymbol{a}_{k1}, \ldots, \boldsymbol{a}_{kk})$ *folgende Dichte:*

$$|D|^{n/2}|A|^{1/2(n-k-1)}\, 2^{-1/2 kn}\, \pi^{-\frac{1}{4}k(k-1)} \left(\prod_{i=1}^{k} \Gamma\left(1/2(n-i+1)\right)\right)^{-1} e^{-\frac{1}{2}\sum_{i,j=1}^{k} d_{ij} a_{ij}}$$

$$\textit{für alle } a_{ij}, \textit{ für welche } A = (a_{ij})_{1k}^{1k} \qquad (3.2)$$

positiv definit ist

0 *sonst*.

Dabei ist $a_{ij} = a_{ji}$, $i, j = 1, \ldots, k$.

Beweis durch vollständige Induktion[3.1]. Für $k = 1$ ist die zufällige Variable $\boldsymbol{a}_{11}$ von der Gestalt $\sum_{l=1}^{n} \xi_{1l}^2$. (3.2) geht mit $|D| = d_{11}$ in die Dichte einer Chiquadratverteilung mit n Freiheitsgraden über, womit für $k = 1$ alles gezeigt ist. Wir nehmen nun an, daß die Richtigkeit des Satzes 3.2 bereits bewiesen ist, wenn wir von einer $(k-1)$-dimensionalen Normalverteilung ausgehen. Die Dichte der Verteilung von $(\xi_1, \ldots, \xi_n)$ ist im R_{kn} nach (3.1) durch

$$h(x_{11}, \ldots, x_{k-11}, x_{k1}, \ldots, x_{1n}, \ldots, x_{k-1n}, x_{kn}) =$$
$$= |D|^{n/2} (2\pi)^{-nk/2} \exp\left(-\frac{1}{2} \sum_{i=1}^{n} x_i' D x_i\right) \qquad (3.3)$$

gegeben.[3.2] Bezeichnen wir die Randverteilungsdichte von $(\xi_{k1}, \ldots, \xi_{kn})$ mit h_k, dann erhalten wir im R_{kn}

$$h(x_{11}, \ldots, x_{k-11}, x_{k1}, \ldots, x_{1n}, \ldots, x_{k-1n}, x_{kn}) = \qquad (3.4)$$
$$= h(x_{11}, \ldots, x_{k-11}, \ldots, x_{1n}, \ldots, x_{k-1n} | x_{k1}, \ldots, x_{kn})\, h_k(x_{k1}, \ldots, x_{kn}).$$

[3.1] Diese Verteilung wurde zuerst von J. Wishart, Biometrika 20 A, 32—52 (1928) gefunden. Der hier gegebene Induktionsbeweis geht im wesentlichen auf P. L. Hsu, Proc. Cambridge philos. Soc. 35, 336—338 (1939) zurück. Für ein intensives Studium der mit der mehrdimensionalen Normalverteilung zusammenhängenden Verteilungen sei ein für alle Mal auf die Monographie von T. W. Anderson, Introduction to multivariate statistical analysis, John Wiley & Sons-Chapman & Hall, New York–London 1958, verwiesen.

[3.2] Man beachte, daß hier — anders als in **1.** und **2.** — die Symbole x_i bzw. ξ_i k-dimensionale Vektoren bedeuten.

Wir betrachten nun die bedingte Dichte

$$(x_{11}, \ldots, x_{k-11}, \ldots, x_{1n}, \ldots, x_{k-1n}) \to h(x_{11}, \ldots, x_{k-11}, \ldots, x_{1n}, \ldots, x_{k-1n} \,|x_{k1}, \ldots, x_{kn})$$

sofern $|z_k| = \left(\sum_{l=1}^{n} x_{kl}^2\right)^{1/2} > 0$. Wir gehen durch die folgende Transformation zu neuen Variablen über; und zwar sei für $j = 1, \ldots, k-1$

$$\left.\begin{aligned} y_{ji} &= \sum_{l=1}^{n} c_{li} x_{jl}, \quad 1 \leq i \leq n-1 \\ y_{jn} &= |z_k|^{-1/2} \sum_{l=1}^{n} x_{kl} x_{jl} \end{aligned}\right\}. \tag{3.5}$$

Die c_{li} sollen so gewählt sein, daß die Transformation (3.5) orthogonal ist.

Aus dieser Orthogonalitätsforderung folgt unschwer, daß die Transformation (3.5) $\sum_{l=1}^{n} x_{il} x_{jl}$, für $1 \leq i, j \leq k-1$ in $\sum_{l=1}^{n} y_{il} y_{jl}$ überführt. Da $W(\xi_{k1}^2 + \cdots + \xi_{kn}^2 = 0) = 0$ ist, erhalten wir aus (3.3) und (3.4) in leicht verständlicher Bezeichnung für die Dichte der gemeinsamen Verteilung von $(\eta_{11}, \ldots, \eta_{k-11}, \ldots, \eta_{1n}, \ldots, \eta_{k-1n}, \xi_{k1}, \ldots, \xi_{kn})$ im R_{kn}

$$|D|^{n/2} (2\pi)^{-nk/2} \exp\left[-\frac{1}{2}\left(\sum_{i,j=1}^{k-1} d_{ij} \sum_{l=1}^{n-1} y_{il} y_{jl} + d_{kk} |z_k|^2 + \right.\right.$$
$$\left.\left. + 2 |z_k| \sum_{i=1}^{k-1} d_{ik} y_{in} + \sum_{i,j=1}^{k-1} d_{ij} y_{in} y_{jn}\right)\right]. \tag{3.6}$$

Daraus erkennt man aber leicht, daß die $(k-1)$-dimensionalen zufälligen Variablen $(\eta_{1l}, \ldots, \eta_{k-1l})$ für $l = 1, \ldots, n-1$ unabhängig und nach derselben $(k-1)$-dimensionalen Normalverteilung verteilt sind. Überdies sind sie auch von $(\eta_{1n}, \ldots, \eta_{k-1n}, \xi_{k1}, \ldots, \xi_{kn})$ unabhängig. Erklärt man daher für $i, j = 1, \ldots, k-1$ die zufälligen Variablen $\boldsymbol{a}_{ij}^* = \sum_{i=1}^{n-1} \eta_{il} \eta_{jl}$, dann kann man auf die Induktionsvoraussetzung zurückgreifen. Macht man also die Transformation

$$a_{ij}^* = \sum_{l=1}^{n-1} y_{il} y_{jl}, \qquad i, j = 1, \ldots, k-1,$$

dann muß man aus (3.6) für die Dichte der gemeinsamen Verteilung von $(\boldsymbol{a}_{11}^*, \boldsymbol{a}_{21}^*, \boldsymbol{a}_{23}^*, \ldots, \boldsymbol{a}_{k-11}^*, \ldots, \boldsymbol{a}_{k-1\,k-1}^*, \eta_{1n}, \ldots, \eta_{k-1n}, \xi_{k1}, \ldots, \xi_{kn})$ erhalten:

$$|D|^{n/2} (|a_{ij}^*|_{1\,k-1}^{1\,k-1})^{1/2(n-k-1)} (2\pi)^{-\frac{n+k-1}{2}} 2^{-\frac{(k-1)(n-1)}{2}} \pi^{-\frac{1}{4}(k-1)(k-2)} \cdot$$

$$\cdot \left(\prod_{i=1}^{k-1} \Gamma(1/2(n-i))\right)^{-1} \exp\left[-\frac{1}{2}\left(\sum_{i,j=1}^{k-1} d_{ij}(a_{ij}^* + y_{in} y_{jn}) + \right.\right.$$

$$\left.\left. + 2\,|z_k| \sum_{i=1}^{k-1} d_{ik} y_{in} + d_{kk} |z_k|^2\right)\right] \qquad (3.7)$$

falls

$$|a_{ij}^*|_{1k-1}^{1k-1} \text{ positiv definit ist, } 0 < |z_k| < \infty, \ -\infty < y_{in} < \infty,$$
$$1 \le i \le k-1$$

$$0 \qquad\qquad \text{sonst.}$$

Wir führen nun in (3.7) an Stelle der x_{kl}, $1 \le l \le n$, Polarkoordinaten ein, welche wir bei Benützung der Bezeichnung (2.16) zweckmäßig so schreiben:

$$x_{kl} = a_{kk}^{1/2} \alpha_l, \quad l = 1, \ldots, n, \quad \sum_{i=1}^{n} \alpha_i^2 = 1.$$

Da uns schließlich die gemeinsame Verteilung der zufälligen Variablen $\boldsymbol{a}_{ij}$ interessiert, integrieren wir nach Einführung dieser Polarkoordinaten in (3.7) gleich über die α_i und erhalten für die Dichte der gemeinsamen Verteilung von $\boldsymbol{a}_{ij}^*$, η_{in}, $i, j = 1, \ldots, k-1$, und $\boldsymbol{a}_{kk}$

$$|D|^{n/2}\, 2^{-nk/2}\, \pi^{-\frac{1}{4}k(k-1)} \left(\prod_{i=1}^{k} \Gamma(1/2(n-i+1))\right)^{-1} \times$$

$$\times \left(|a_{ij}^*|_{1\,k-1}^{1\,k-1}\right)^{1/2(n-k-1)} a_{kk}^{1/2(n-2)} \exp\left[-\frac{1}{2}\left(\sum_{i,j=1}^{k-1} d_{ij}(a_{ij}^* + y_{in} y_{jn}) + \right.\right.$$

$$\left.\left. + 2 a_{kk}^{1/2} \sum_{i=1}^{k-1} d_{ik} y_{in} + d_{kk} a_{kk}\right)\right], \qquad (3.8)$$

sofern sie nicht verschwindet. Nun folgt unschwer, daß zwischen den zufälligen Variablen $\boldsymbol{a}^*_{ij}$ und $\boldsymbol{a}_{ij}$ folgender Zusammenhang besteht: $\boldsymbol{a}^*_{ij} = \boldsymbol{a}_{ij} - \boldsymbol{a}_{ik}\boldsymbol{a}_{jk}/\boldsymbol{a}_{kk}$, $i, j = 1, \ldots, k-1$. Das legt es nahe, von (3.8) mittels der folgenden Transformation zu einer neuen Dichte überzugehen:

$$\begin{aligned} a^*_{ij} &= a_{ij} - a_{ik}a_{jk}/a_{kk} & i, j &= 1, \ldots, k-1 \\ y_{in} &= a_{ik}/a_{kk}^{1/2} & i &= 1, \ldots, k-1. \\ a_{kk} &= a_{kk} \end{aligned}$$

Die Funktionaldeterminante dieser Transformation ist $a_{kk}^{-1/2(k-1)}$. Bezeichnet man die Determinante

$$\begin{vmatrix} a_{11} - a_{1k}^2/a_{kk} \cdots a_{1k-1} - a_{1k}a_{k-1k}/a_{kk} \\ a_{21} - a_{2k}a_{1k}/a_{kk} \cdots a_{2k-1} - a_{2k}a_{k-1k}/a_{kk} \\ \cdots\cdots\cdots\cdots\cdots\cdots\cdots\cdots \\ a_{k-11} - a_{k-1k}a_{1k}/a_{kk} \cdots a_{k-1\,k-1} - a_{k-1\,k}^2/a_{kk} \end{vmatrix}$$

mit $|A(a_{ij})|$, dann erhält man aus (3.8) für die neue Dichte, soweit sie nicht verschwindet:

$$|D|^{n/2}\, 2^{-kn/2}\, \pi^{-1/4 k(k-1)} \left(\prod_{i=1}^{k} \Gamma(1/2(n-i+1))\right)^{-1} +$$
$$+\, |A(a_{ij})|^{\frac{1}{2}(n-k-1)}\, a_{kk}^{1/2(n-k-1)}\, e^{-\frac{1}{2}\sum_{i,j=1}^{k} d_{ij}a_{ij}}$$

wenn $A(a_{ij})$ positiv definit ist.

Wegen

$$|A| = |a_{ij}|_{1k}^{1k} = a_{kk} \begin{vmatrix} a_{11} & a_{12} & \cdots & a_{1k} \\ \cdots & \cdots & \cdots & \cdots \\ a_{k-11} & a_{k-12} & \cdots & a_{k-1k} \\ a_{k1}/a_{kk} & a_{k2}/a_{kk} & \cdots & 1 \end{vmatrix}$$

ist aber $|A(a_{ij})| = a_{kk}^{-1}|A|$. Somit ist $|a^*_{ij}|_{1\,k-1}^{1\,k-1}$ für $a_{kk} > 0$ genau dann positiv definit, wenn es A ist, und damit ist der Satz vollständig bewiesen.

Die eben abgeleitete Verteilung, deren Dichte durch (3.2) gegeben ist, bezeichnet man als *Wishart-Verteilung* mit n Freiheitsgraden und Parameter k.

Eine wichtige Anwendung dieser Verteilung besteht im

Satz 3.3: *Es seien für* $n \geq k+1$ *die Voraussetzungen des Satzes* 3.2 *erfüllt. Dann ist die* $\frac{1}{2}\,k(k+1)$*-dimensionale zufällige Variable* $(\boldsymbol{w}_{11}, \boldsymbol{w}_{21}, \boldsymbol{w}_{22}, \ldots, \boldsymbol{w}_{k1}, \ldots, \boldsymbol{w}_{kk})$ *nach einer Wishart-Verteilung mit* $n-1$ *Freiheitsgraden und Parameter* k *verteilt, und zwar unabhängig von der* k*-dimensionalen Variablen* $\bar{\xi} = (\bar{\xi}_1, \ldots, \bar{\xi}_k)$.

Die Definition der $\boldsymbol{w}_{ij}$ und der $\bar{\xi}_i$, $i, j = 1, \ldots, k$, entnimmt man mühelos den gemäß (2.12) und (2.13) eingeführten Bezeichnungen.

Beweis: Wir gehen von der durch (3.1) gegebenen Dichte vermöge der Transformation

$$\begin{aligned} y_{i1} &= c_{11} x_{i1} \cdots c_{1n} x_{in} \\ &\cdots\cdots\cdots\cdots\cdots\cdots , \quad 1 \leq i \leq k \\ y_{in} &= c_{n1} x_{i1} \cdots c_{nn} x_{in} \end{aligned} \tag{3.9}$$

zu einer neuen Dichte für die zufälligen Variablen η_{ij}, $1 \leq i \leq k$, $1 \leq j \leq n$, über. Dabei soll die Matrix $(c_{ij})_{1n}^{1n}$ orthogonal sein und so bestimmt werden, daß

$$y_{i1} = \sqrt{n}\,\bar{x}_i, \qquad 1 \leq i \leq k. \tag{3.10}$$

Die Transformation (3.9) führt dann $w_{ij} = \sum_{l=1}^{n} x_{il} x_{jl} - n \bar{x}_i \bar{x}_j$ in $\sum_{l=2}^{n} y_{il} y_{jl}$, $i, j = 1, \ldots, k$, über. Da die gemeinsame Verteilung der η_{ij} eine Normalverteilung ist, welche übrigens mit der gemeinsamen Verteilung aller ξ_{ij} übereinstimmt, ergibt sich unmittelbar die Behauptung über die gemeinsame Verteilung der $\boldsymbol{w}_{ij}$.

Die Unabhängigkeitsaussage des Satzes läßt sich so einsehen. Die Dichte der gemeinsamen Verteilung der ξ_{ij}, $i = 1, \ldots, k$, $j = 1, \ldots, n$, ist im R_{nk} durch

$$|D|^{n/2} (2\pi)^{-nk/2} e^{-\frac{1}{2} \sum_{i,j=1}^{k} \bar{x}_i \bar{x}_j d_{ij} n} \, e^{-\frac{1}{2} \sum_{l=1}^{n} \sum_{i,j=1}^{k} d_{ij} (x_{il} - \bar{x}_i)(x_{jl} - \bar{x}_j)} \tag{3.11}$$

gegeben, wie man leicht einsieht. Übt man auf (3.11) die durch (3.9) und (3.10) erklärte Transformation aus, dann erhält man im R_{nk} die Dichte

$$|D|^{n/2}(2\pi)^{-nk/2}\, e^{-\frac{1}{2}\sum\limits_{i,j=1}^{k} y_{i1}y_{j1}d_{ij}}\, e^{-\frac{1}{2}\sum\limits_{l=2}^{n}\sum\limits_{i,j=1}^{k} d_{ij}y_{il}y_{jl}}. \tag{3.12}$$

Die Funktion $(y_{11}, \ldots, y_{k1}) \to e^{-\frac{1}{2}\sum\limits_{i,j=1}^{k} y_{i1}y_{j1}d_{ij}}$ stellt von einem konstanten Faktor abgesehen die Dichte der Verteilung von $\sqrt{n}\,\bar{\xi}$ dar. Führt man nun in (3.12) neue Variable durch die Transformation $w_{ij} = \sum\limits_{l=2}^{n} y_{il}y_{jl}$, $1 \leq i, j \leq k$, ein, dann geht (3.12) in eine neue Dichte über, und zwar in das Produkt der Dichten von $\bar{\xi}$ und von $(\boldsymbol{w}_{11}, \boldsymbol{w}_{21}, \boldsymbol{w}_{22}, \ldots, \boldsymbol{w}_{k1}, \ldots, \boldsymbol{w}_{kk})$. Damit ist alles gezeigt.

Es bedarf kaum der Erwähnung, daß sich das Resultat des Satzes 3.3 nicht ändert, wenn man in der Voraussetzung statt des Mittelwertvektors 0 einen beliebigen k-dimensionalen Mittelwertvektor a betrachtet.

Wir beweisen noch die *Reproduktionseigenschaft der Wishart-Verteilung,* womit wir das Analogon zum Satz 28.1 von I. erhalten. Für unseren Beweis benützen wir die charakteristische Funktion der Wishart-Verteilung. Wir wollen also zeigen:

Satz 3.4: *Die gemeinsame Verteilung der $\boldsymbol{a}_{ij}^{(n)}$, $1 \leq i \leq j \leq k$, sei eine Wishart-Verteilung mit n Freiheitsgraden und Parameter k. Die gemeinsame Verteilung der $\boldsymbol{a}_{ij}^{(m)}$, $1 \leq i \leq j \leq k$, sei eine ebensolche Verteilung, jedoch mit m Freiheitsgraden. Die beiden Verteilungen seien unabhängig voneinander. Dann ist die gemeinsame Verteilung der zufälligen Variablen $\boldsymbol{a}_{ij}^{(n)} + \boldsymbol{a}_{ij}^{(m)}$, $1 \leq i \leq j \leq k$, eine Wishart-Verteilung mit $m+n$ Freiheitsgraden und Parameter k.*

Beweis: Wir gehen von einer Verteilung mit der Dichte (3.1) aus und bestimmen für $l = 1, \ldots, n$ die charakteristische Funktion der gemeinsamen Verteilung von $\xi_{il}\xi_{jl}$, $i, j = 1, \ldots, k$. Diese hängt von l nicht ab, und wir bezeichnen sie mit $T \to \varphi(T)$, wobei

$$T = (t_{ij})_{1k}^{1k} \quad \text{mit} \quad t_{ij} = t_{ji}, \ -\infty < t_{ij} < \infty, \ i, j = 1, \ldots, k.$$

Mit $x_l = (x_{1l}, \ldots, x_{kl})$ erhalten wir somit für jedes T

$$\varphi(T) = |D|^{1/2}(2\pi)^{-k/2}\int\limits_{R_k} e^{ix_l' T x_l}\, e^{-1/2\, x_l' D x_l}\, dx_l = |D|^{1/2}|D - 2iT|^{-1/2}$$

wie man formal aus I. (35.3) sofort erkennt. Da es sich hier um Matrizen mit komplexen Elementen handelt, bedarf diese formale Rechnung noch einer Begründung, welche man in Analogie zur Rechtfertigung von I. (28.6) geben kann. Nach Voraussetzung ist ξ_l von ξ_m für $1 \leq l < m \leq k$ unabhängig. Also erhält man für die charakteristische Funktion einer Wishart-Verteilung mit n Freiheitsgraden und dem Parameter k, $|D|^{n/2}\,|D - 2iT|^{-n/2}$ für jedes $T \in R_{k(k+1)/2}$, wie sich aus I., Satz 24.4 ergibt. Eine nochmalige Anwendung dieses Satzes führt zur Behauptung des Satzes 3.4.

Wir machen nun einige Hilfsüberlegungen, denen teilweise auch selbständiges Interesse zukommt.

Zunächst zeigen wir das

Lemma 3.1: *f sei die Dichte einer n-dimensionalen zufälligen Variablen $(\xi_1, \ldots, \xi_n)$, $n \geq 2$. Es möge eine über dem R_{n-k} definierte Dichte f^* geben, so daß für die Dichte der bedingten Verteilung von $(\xi_{k+1}, \ldots, \xi_n)$, unter der Hypothese $x_1, \ldots, x_k$, $1 \leq k \leq n$, gilt: $f(x_{k+1}, \ldots, x_n \mid x_1, \ldots, x_k) = f^*(x_{k+1}, \ldots, x_n)$ für alle $(x_{k+1}, \ldots, x_n) \in R_{n-k}$ und alle $(x_1, \ldots, x_k) \in R_k$, sofern überhaupt die bedingte Dichte definiert ist.*

Dann stimmt f^* f. ü. mit der Dichte der Randverteilung von $(\xi_{k+1}, \ldots, \xi_n)$ überein.

Dies folgt sofort aus I. (14.4) und dem mehrdimensionalen Analogon von I. (18.9).

Weiter zeigen wir das

Lemma 3.2[3.3]**:** *ξ sei eine zufällige Variable, welche nach $B(a, b)$ verteilt ist. η sei unabhängig von ξ nach $B(c, d)$ verteilt, $a, b, c, d > 0$. Überdies soll*

$$a = c + d \tag{3.13}$$

gelten. Dann ist die zufällige Variable $\zeta = \xi\eta$ nach $B(c, b + d)$ verteilt.

Beweis: Nach I. (30.4) erhält man unter Berücksichtigung von (3.13) für die Dichte der gemeinsamen Verteilung von (ξ, η) in $0 < x < 1$, $0 < y < 1$

$$\Gamma(a + b)\left(\Gamma(b)\,\Gamma(c)\,\Gamma(d)\right)^{-1} x^{a-1}(1 - x)^{b-1}\, y^{c-1}(1 - y)^{d-1}.$$

[3.3] C. R. Rao, Sankhya 9, 343–366, (1949).

Wir machen die Transformation

$$u = x, \quad z = xy,$$

welche

$$0 < x < 1, \; 0 < y < 1 \quad \text{in} \quad 0 < z < 1, \; z < u < 1$$

überführt. Dadurch erhalten wir, wieder mittels (3.13), für die Dichte der Randverteilung von ζ

$$\Gamma(a+b)\left(\Gamma(b)\,\Gamma(c)\,\Gamma(d)\right)^{-1}\int_z^1 (1-u)^{b-1} z^{c-1} (u-z)^{d-1}\, du$$

$(0 < z < 1)$. Machen wir schließlich in diesem Integral die Transformation $u = v(1-z) + z$ für jedes feste z mit $0 < z < 1$, dann erhält man für die Dichte von ζ

$$\Gamma(b+c+d)\left(\Gamma(c)\,\Gamma(b+d)\right)^{-1} z^{c-1}(1-z)^{b+d-1}, \qquad 0 < z < 1.$$

Nun beweisen wir den

Satz 3.5: *$\xi_1, \ldots, \xi_n$ seien unabhängige k-dimensionale zufällige Variable, $n > k$, von denen jede dieselbe Normalverteilung besitzt, deren Dichte für alle $x \in R_k$ durch* (3.1) *mit positiv definitem D gegeben ist. Mit $\xi_l = (\xi_{1l}, \ldots, \xi_{kl})$, $1 \leq l \leq n$, betrachten wir die im Satz* 3.2 *bzw.* 3.3 *definierten zufälligen Variablen $\boldsymbol{a}_{ij}$ bzw. $\boldsymbol{w}_{ij}$, $i, j = 1, \ldots, k$. Dann ist die zufällige Variable*

$$\boldsymbol{V} = |\boldsymbol{w}_{ij}|_{1k}^{1k} \,/\, |\boldsymbol{a}_{ij}|_{1k}^{1k} \tag{3.14}$$

nach $B((n-k)/2, k/2)$ verteilt.

Beweis: Wir haben schon mehrfach benutzt (vgl. z. B. I., S. 114), daß durch eine orthogonale Transformation der Gestalt

$$y_l = \mathfrak{O} x_l \tag{3.15}$$

die quadratische Form $x_l' D x_l$ in $y_l' \Lambda y_l$ überführen kann, wobei

$$\Lambda = \begin{pmatrix} \lambda_1 & 0 & \cdots & 0 \\ 0 & \lambda_2 & \cdots & 0 \\ \cdots & \cdots & \cdots & \cdots \\ 0 & 0 & \cdots & \lambda_k \end{pmatrix} \quad \text{mit } \lambda_j > 0, \; 1 \leq j \leq k.$$

Wendet man (3.15) für $1 \leq l \leq n$ auf $V = |w_{ij}|_{1k}^{1k} / |a_{ik}|_{1k}^{1k}$ an, dann zeigt man unschwer, daß V gegenüber dieser Transformation invariant bleibt. Man kann also bei der Bestimmung der Verteilung von (3.14) voraussetzen, daß auch $\xi_{1l}, \ldots, \xi_{kl}$ unabhängig verteilt sind und daß die Dichte der Verteilung von $\xi_l = (\xi_{1l}, \ldots, \xi_{kl})$, $1 \leq l \leq n$, im R_k durch

$$(2\pi)^{-k/2} \prod_{j=1}^{k} \lambda_j^{1/2} e^{-1/2 \lambda_j y_{jl}^2} \tag{3.16}$$

gegeben ist.

Wir definieren nun für $1 \leq m \leq k$ die zufällige Variable

$$\boldsymbol{N}^{(m)} = |\boldsymbol{w}_{ij}|_{1m}^{1m} / |\boldsymbol{w}_{ij}|_{1m-1}^{1m-1}$$

wobei $|\boldsymbol{w}_{ij}|_{10}^{10} = 1$ sein soll. In ähnlicher Weise wird $\boldsymbol{N}_1^{(m)}$ definiert, jedoch wird hier $\boldsymbol{a}_{ij}$ an Stelle von $\boldsymbol{w}_{ij}$ benützt. Offenbar gilt

$$\boldsymbol{V} = \prod_{m=1}^{k} \boldsymbol{N}^{(m)} / \boldsymbol{N}_1^{(m)}. \tag{3.17}$$

Dies legt es nahe, die Ergebnisse des Satzes 2.2 nutzbar zu machen. Dabei ersetzen wir den dort gewählten Index $p+1$ durch m. Nun ist aber zu beachten, daß in dieser Bezeichnung im Satz 2.2 nur die zufälligen Variablen ξ_{mi}, $1 \leq i \leq n$, auftreten. Wir haben aber schon auf S. 431 darauf aufmerksam gemacht, daß man die Verteilung von ξ_{mi} unter den Voraussetzungen des Satzes 2.2 als bedingte Verteilung ansehen kann. Diese erhält man, wenn man für $i = 1, \ldots, n$ von m-dimensionalen normal verteilten zufälligen Variablen $(\xi_{1i}, \ldots, \xi_{m-1i}, \xi_{mi})$ ausgeht und dann die bedingte Verteilung von ξ_{mi} unter der Hypothese $\xi_{1i} = x_{1i}, \ldots, \xi_{m-1i} = x_{m-1i}$, $1 \leq i \leq n$, betrachtet. I. (35.12) und (1.13) lehren auch noch, daß für alle m mit $2 \leq m \leq k$ die Voraussetzung $\beta_0 = 0$ des Satzes 2.2 jeweils sinngemäß erfüllt ist, da der Mittelwertsvektor der gegebenen k-dimensionalen Normalverteilung verschwindet. Damit kann man aber behaupten, daß $\boldsymbol{N}^{(m)}/\boldsymbol{N}_1^{(m)}$ für $2 \leq m \leq k$ nach einer $B\big((n-m)/2, {}^1/_2\big)$ verteilt ist. Man hat nur zu beachten, daß man die

Verteilung von $\boldsymbol{M}^{(m)}/\boldsymbol{M}_1^{(m)}$ als bedingte Verteilung von $\boldsymbol{N}^{(m)}/\boldsymbol{N}_1^{(m)}$ unter der Hypothese

$$\xi_{11} = x_{11}, \ldots, \xi_{m-11} = x_{m-11}, \ldots, \xi_{1n} = x_{1n}, \ldots, \xi_{m-1n} = x_{m-1n}$$

auffassen kann, und diese Verteilung hängt, kurz gesagt, von der Hypothese nicht ab. Eine Anwendung des Lemmas 3.1 gibt dann die Behauptung. Weiter ist aber leicht einzusehen, daß auch für $m = 1$ die zufällige Variable

$$\boldsymbol{N}^{(1)}/\boldsymbol{N}_1^{(1)} = \sum_{i=1}^{n} (\xi_{1i} - \bar{\xi}_1)^2 \Big/ \sum_{i=1}^{n} \xi_{1i}^2$$

nach $B\big((n-1)/2, {}^1/_2\big)$ verteilt ist. Eine wiederholte Anwendung des Lemma 3.2 führt nun wegen (3.17) rasch zum Ziel, wenn man noch zeigen kann, daß $\boldsymbol{N}^{(j)}/\boldsymbol{N}_1^{(j)}$ für $j = 2, \ldots, k$ unabhängig von $\boldsymbol{N}^{(m)}/\boldsymbol{N}_1^{(m)}$ für $1 \leq m \leq j-1$ verteilt ist. Wir haben aber sogar nachgewiesen, daß wir von der Annahme ausgehen können, daß die k zufälligen Variablen $\xi_{1l}, \ldots, \xi_{kl}$ unabhängig verteilt sind und für $1 \leq l \leq n$ im R_k die durch (3.16) gegebene Dichte besitzen. Daraus folgt jetzt leicht mittels Lemma 3.1 die Aussage über die Unabhängigkeit.

Nun kommen wir zum Ziel unserer Überlegungen. Wir beweisen nämlich den

Satz 3.6: $\xi_1, \ldots, \xi_n$, $n \geq 2$, *seien unabhängige k-dimensionale zufällige Variable, welche die Voraussetzungen des Satzes* 3.1 *mit* $n > k$ *erfüllen. Wir bezeichnen die zu* $(w_{ij})_{1k}^{1k}$ *inverse Matrix mit* $(W_{ij})_{1k}^{1k}$ *und behaupten, daß die zufällige Variable*[3.4]

$$\boldsymbol{T}^2 = (n-1)n \sum_{i,j=1}^{k} \boldsymbol{W}_{ij} (\bar{\xi}_i - a_i)(\bar{\xi}_j - a_j)$$

[3.4] Die Matrix $(W_{ij})_{1k}^{1k}$ existiert genau dann, wenn $|w_{ij}|_{1k}^{1k} \neq 0$ ist. Die Matrix $(w_{ij})_{1k}^{1k}$ ist positiv semidefinit. Unter den Voraussetzungen des Satzes 3.6 gilt aber $W(|\boldsymbol{w}_{ij}|_{1k}^{1k} = 0) = 0$. Wir können also von der Annahme der Existenz der inversen Matrix ausgehen. Wir werden von nun an in analogen Fällen auf diesen Sachverhalt nicht mehr hinweisen.

mit $(\bar{\xi}, \ldots, \bar{\xi}_k) = \bar{\xi}$ *eine Verteilung mit der Dichte*

$$\begin{array}{ll} \frac{1}{n-1}\,\Gamma(n/2)\left(\Gamma((n-k)/2)\Gamma(k/2)\right)^{-1} \times & \\ \qquad \times\left(1 + y/(n-1)\right)^{-n/2}\left(y/(n-1)\right)^{-1+k/2}, & y > 0 \\ \qquad 0 & , y < 0 \end{array} \tag{3.18}$$

besitzt.

Beweis: Da wir ξ_l für $l = 1, \ldots, n$ durch $\xi_l - a$ ersetzen können, kann man ohne weiteres von der Annahme ausgehen, daß der Mittelwertsvektor verschwindet. Nun weisen wir nach, daß

$$V = \left(1 + T^2/(n-1)\right)^{-1} \tag{3.19}$$

gilt. Das Ergebnis des Satzes 3.5 liefert dann mittels einer einfachen Transformation die Behauptung des Satzes 3.6. Nun folgt aber aus

$$a_{ij} = \sum_{l=1}^{n} (x_{il} - \bar{x}_i)(x_{jl} - \bar{x}_j) + n\bar{x}_i\bar{x}_j = w_{ij} + n\bar{x}_i\bar{x}_j, \quad 1 \leq i, j \leq k$$

$$|a_{ij}|_{1k}^{1k} = \begin{vmatrix} w_{11} + n\bar{x}_1^2 & \cdots & w_{1k} + n\bar{x}_1\bar{x}_k \\ \cdots & \cdots & \cdots \\ w_{k1} + n\bar{x}_k\bar{x}_1 & \cdots & w_{kk} + n\bar{x}_k^2 \end{vmatrix} =$$

$$= \begin{vmatrix} 1 & \sqrt{n}\bar{x}_1 & \cdots & \sqrt{n}\bar{x}_k \\ 0 & w_{11} + n\bar{x}_1^2 & \cdots & w_{1k} + n\bar{x}_1\bar{x}_k \\ \cdots & \cdots & \cdots & \cdots \\ 0 & w_{k1} + n\bar{x}_k\bar{x}_1 & \cdots & w_{kk} + n\bar{x}_k^2 \end{vmatrix}.$$

Multiplizieren wir für $i = 1, \ldots, k$ die erste Zeile dieser letzten Determinante mit $-\sqrt{n}\bar{x}_i$ und addieren sie zur $(i+1)$-sten Zeile, dann wird daraus

$$\begin{vmatrix} 1 & \sqrt{n}\bar{x}_1 & \cdots & \sqrt{n}\bar{x}_k \\ -\sqrt{n}\bar{x}_1 & w_{11} & \cdots & w_{1k} \\ \cdots & \cdots & \cdots & \cdots \\ -\sqrt{n}\bar{x}_k & w_{k1} & \cdots & w_{kk} \end{vmatrix} = |w_{ij}|_{1k}^{1k}\left(1 + n\sum_{i,j=1}^{k} W_{ij}\bar{x}_i\bar{x}_j\right).$$

Daraus folgt aber sofort (3.19).

Die Verteilung mit der Dichte (3.18) wird die *Hotelling-Verteilung* [3.5] mit $n-1$ Freiheitsgraden und Parameter k genannt.

Man bemerkt auch leicht: Setzt man in (3.18) $k = 1$, dann erhält man die Verteilung des Quadrates einer nach STUDENT mit $n-1$ Freiheitsgraden verteilten zufälligen Variablen. Die Hotelling-Verteilung ist also eine sinnvolle Verallgemeinerung der t-Verteilung [3.6].

Kombiniert man den Satz 3.3 mit dem Satz 3.6, dann erhält man noch folgendes Resultat, welches in genauer Parallele zur Herleitung der t-Verteilung in I.29. steht:

Satz 3.7: *Es sei* $\xi = (\xi_1, \ldots, \xi_k)$ *eine k-dimensionale normal verteilte zufällige Variable mit Mittelwertsvektor a und Kovarianzmatrix* D^{-1}. *Die* $k(k+1)/2$*-dimensionale zufällige Variable* $(\eta_{11}, \eta_{12}, \eta_{22}, \ldots, \eta_{1k}, \ldots, \eta_{kk})$ *sei nach Wishart mit n Freiheitsgraden und Parameter k verteilt,* $n \geq k$, *und zwar unabhängig von* ξ. *Dann ist die zufällige Variable*

$$T^2 = n \sum_{i,j=1}^{k} \Xi_{ij}(\xi_i - a_i)(\xi_j - a_j)$$

nach Hotelling mit n Freiheitsgraden und Parameter k verteilt. Dabei ist $|\Xi_{ij}|_{1k}^{1k}$ *die zu* $|\eta_{ij}|_{1k}^{1k}$ *inverse Matrix, wobei* $\eta_{ij} = \eta_{ji}$ *für* $1 \leq i, j \leq k$ *definiert wird.*

Der Satz 3.6 ist die Grundlage für einen Test über den Mittelwert einer k-dimensionalen Normalverteilung mit unbekannter Korrelationsmatrix mittels einer Stichprobe vom Umfang n. Genauer ist also die Menge der zulässigen Hypothesen durch $\{-\infty < a_i < \infty,\ -\infty < d_{ij} = d_{ji} < \infty,\ i, j = 1, \ldots, k, (d_{ij})_{1k}^{1k}$ ist positiv definit$\}$ [3.7] gegeben. Die Nullhypothese ist von der Gestalt $a = a^{(0)}$, wobei $a^{(0)}$ ein Element aus dem R_k ist. Die Bedingungen für die d_{ij}, $1 \leq i, j \leq k$, sind dieselben.

[3.5] Die Verteilung wurde zuerst von H. HOTELLING, Ann. math. Statistics 2, 360—378 (1931) gefunden. Es sei noch auf H. HOTELLING, Proc. 2nd Berkeley Sympos. math. Statist. Probability, 23—43 (1951) verwiesen.

[3.6] Ein Vergleich mit der F-Verteilung lehrt, daß $\frac{n-k}{(n-1)k} T^2$ eine F-Verteilung mit $(k, n-k)$ Freiheitsgraden besitzt.

[3.7] $(d_{ij})_{1k}^{1k}$ bezeichnet die zur Kovarianzmatrix inverse Matrix.

4. Die diskriminatorische Funktion von Fisher und die Distanz von Mahalanobis[4.1]. Es handelt sich hier um mathematisch-statistische Überlegungen, welche zunächst an einem Beispiel erläutert werden sollen: $x_1, \ldots, x_n$ sei eine Stichprobe k-dimensionaler Elemente aus einer k-dimensional normal verteilten Grundgesamtheit. Diese besitze den Mittelwertsvektor a, und die Kovarianzmatrix G. $y_1, \ldots, y_m$ sei ebenfalls eine Stichprobe aus einer k-dimensional normal verteilten Grundgesamtheit mit Mittelwertsvektor b und derselben Kovarianzmatrix G. a und b seien unbekannt, G bekannt. Es ist nun die Aufgabe gestellt, einen Unterschied zwischen a und b und damit zwischen den beiden Grundgesamtheiten mittels der vorgelegten Stichproben so gut wie möglich zu kennzeichnen und auf Grund dessen weitere Stichprobenwerte der einen oder anderen Grundgesamtheit zuzuweisen. Eine Reihe von wichtigen Beiträgen zu diesen Problemen wurden von indischen Statistikern[4.2] beigesteuert. Wir können hier nur auf einiges Wenige eingehen.

Es sei $\xi = (\xi_1, \ldots, \xi_k)$ eine k-dimensionale normal verteilte zufällige Variable mit Mittelwert $a = (a_1, \ldots, a_k)$, und positiv definiter Kovarianzmatrix $G = (g_{ij})_{1k}^{1k}$. $\eta = (\eta_1, \ldots, \eta_k)$ sei eine von ξ unabhängige normal verteilte zufällige Variable mit derselben Kovarianzmatrix und Mittelwert $b = (b_1, \ldots, b_k)$. Es sei $a_i - b_i = d_i$, $1 \leq i \leq k$. Wir stellen uns die Aufgabe, den Quotienten

$$\left(\sum_{i=1}^{k} \lambda_i d_i\right)^2 \Big/ \sum_{i,j=1}^{k} \lambda_i \lambda_j g_{ij} \tag{4.1}$$

als Funktion von $(\lambda_1, \ldots, \lambda_k) \in R_k$ zu maximieren. Diese Aufgabe gewinnt an Anschaulichkeit, wenn man beachtet, daß der Zähler von (4.1) $\left[E\left(\sum_{i=1}^{k} \lambda_i(\xi_i - \eta_i)\right)\right]^2$ ist und der Nenner die Streuung von $\sum_{i=1}^{k} \lambda_i \xi_i$ oder gleichbedeutend die von $\sum_{i=1}^{k} \lambda_i \eta_i$ ist. Nun bleibt (4.1) invariant, wenn man λ_i für $c \neq 0$ durch $c\lambda_i$, $1 \leq i \leq k$, ersetzt. Wir normieren daher unsere Maximierungsaufgabe in der

---

4.1 R. A. Fisher, Ann. Eugenics 7, 179—188 (1936); P. C. Mahalanobis, Proc. nat. Inst. Sci. India 2, 49—55 (1936).

4.2 Wir verweisen nur auf P. C. Mahalanobis, Sankhya 9, 237—239 (1949) und mehrere Arbeiten von C. R. Rao, wie Biometrika 35, 58—79 (1948); Sankhya, l. c. [3.3]; Sankhya 10, 257—268 (1950).

Weise, daß wir nur die Menge aller $(\lambda_1, \ldots, \lambda_k)$ betrachten, welche der Bedingung

$$\sum_{i=1}^{k} \lambda_i d_i \Big/ \left(\sum_{i=1}^{k} \lambda_i \lambda_j g_{ij} \right) = 1 \tag{4.2}$$

genügen. Man zeigt leicht, daß unter dieser Einschränkung (4.1) den Maximalwert $\sum_{i,j=1}^{k} G_{ij} d_i d_j$ annimmt, wobei $(G_{ij})_{1k}^{1k} = G^{-1}$. Die Maximierungsaufgabe hat eine eindeutig bestimmte Lösung $l = (l_1, \ldots, l_k)$, welche durch $l = G^{-1}d$ gegeben ist. d bedeutet dabei den (Spalten-)Vektor der d_i, $1 \leq i \leq k$. Damit folgt aber

$$d' G^{-1} d = l' d. \tag{4.3}$$

Die zufälligen Variablen $\sum_{i=1}^{k} l_i \xi_i$ bzw. $\sum_{i=1}^{k} l_i \eta_i$ bezeichnet man als *diskriminatorische Funktionen.*

Man kann noch auf eine etwas andere Weise zu den diskriminatorischen Funktionen kommen[4.3], wodurch deren „Trennungscharakter" deutlich gemacht wird. Wir stellen uns die Aufgabe, eine Menge $M \in \mathfrak{B}_k$ zu finden, so daß

$$W(\xi \in M) = W(\eta \in R_k - M) \tag{4.4}$$

und diese Wahrscheinlichkeiten maximal bezüglich aller M sind, welche (4.4) erfüllen. Wir betrachten dazu die Menge

$$M = \left\{x : \exp\left(-\frac{1}{2}(x-a)' G^{-1}(x-a)\right) > \right.$$
$$\left. > \exp\left(-\frac{1}{2}(x-b)' G^{-1}(x-b)\right)\right\}.$$

Zunächst zeigen wir, daß M (4.4) erfüllt. Es ist nämlich, wie man leicht findet:

$$M = \{x : x' G^{-1} x - 2a' G^{-1} x + a' G^{-1} a < x' G^{-1} x -$$
$$- 2b' G^{-1} x + b' G^{-1} b\} =$$
$$= \{x : (a-b)' G^{-1}\big(x - (a+b)/2\big) > 0\} =$$
$$= \{x : l'\big(x - (a+b)/2\big) > 0\}.$$

[4.3] Nach einer Mitteilung von Herrn R. Borges, Köln.

Wendet man nun den Satz 36.2 von I. sinngemäß an, dann erhält man, daß für $a \neq b$ die zufällige Variable $(a-b)'G^{-1}\left(\xi - \frac{a+b}{2}\right)$ nach $N\left(\frac{1}{2}(a-b)'G^{-1}(a-b), (a-b)'G^{-1}(a-b)\right)$ und $(a-b)' \cdot$ $\cdot\, G^{-1}\left(\eta - \frac{a+b}{2}\right)$ nach $N\left(-\frac{1}{2}(a-b)'G^{-1}(a-b), (a-b)'G^{-1}(a-b)\right)$ verteilt ist. Daraus folgt aber, daß M (4.4) erfüllt.

Zieht man die ursprüngliche Definition von M heran, dann folgt aus dem Lemma von NEYMAN-PEARSON

$$W(\xi \in M) = \max_{K \in \mathfrak{B}_k} \{W(\xi \in K) : W(\eta \in K) \leq W(\eta \in M)\}$$

$$W(\eta \in M) = \min_{K \in \mathfrak{B}_k} \{W(\eta \in K) : W(\xi \in K) \geq W(\xi \in M)\}$$

und daraus weiter

$$W(\xi \in M) = \max_{K \in \mathfrak{B}_k} \{W(\xi \in K) : W(\eta \in R_k - K) \geq W(\eta \in R_k - M)\}$$

$$W(\eta \in R_k - M) = \max_{K \in \mathfrak{B}_k} \{W(\eta \in R_k - K) : W(\xi \in K) \geq W(\xi \in M)\}.$$

Daher hat M auch die geforderte Maximaleigenschaft. Die zufälligen Variablen $l'\xi$ und $l'\eta$ definieren also die Menge $M \in \mathfrak{B}_k$ mit den „besten" Trennungseigenschaften. Allerdings ist diese Bestimmung von l im allgemeinen ohne praktischen Wert, da man ja a und b nicht kennt. Meist handelt es sich darum, l aus Stichprobenwerten zu schätzen. Praktisch verfährt man dazu wie folgt: $x_1, \ldots, x_{n_1}$, $n_1 \geq 2$, sei eine Stichprobe aus einer k-dimensional normal verteilten Grundgesamtheit mit Mittelwertsvektor a und Kovarianzmatrix G. $y_1, \ldots, y_{n_2}$, $n_2 \geq 2$, sei eine analoge Stichprobe, doch der Mittelwertsvektor der Grundgesamtheit sei b. Es sei $x_l = (x_{1l}, \ldots, x_{kl})$, $1 \leq l \leq n_1$ und $\sum_{i=1}^{n} x_i/n_1 = (\bar{x}_1, \ldots, \bar{x}_k)$; $y_m = (y_{1m}, \ldots, y_{km})$, $1 \leq m \leq n_2$, $\sum_{j=1}^{n_2} y_j/n_2 = (\bar{y}_1, \ldots, \bar{y}_k)$ [4.4]. Weiter schreiben wir $\delta_i = \bar{x}_i - \bar{y}_i$, $s_{ij} = (n_1+n_2-2)^{-1}\left[\sum_{l=1}^{n_1}(x_{il}-\bar{x}_i)(x_{jl}-\bar{x}_j) + \sum_{m=1}^{n_2}(y_{im}-\bar{y}_i)(y_{jm}-\bar{y}_j)\right]$, $i, j = 1, \ldots, k$. Wiederholen

---

[4.4] Die Bezeichnung ist hier so gewählt, daß x_j ein k-dimensionaler Vektor, jedoch $\bar{x}_j$ die reelle Zahl $\frac{1}{n_1}\sum_{i=1}^{n_1} x_{ji}$ ist und analog für die y_{ji}.

wir nun die oben durchgeführte Betrachtung mit δ_i statt d_i und s_{ij} statt g_{ij}, wobei wir natürlich annehmen, daß $(s_{ij})_{1k}^{1k}$ eine inverse Matrix $(S_{ij})_{1k}^{1k}$ besitzt, dann erhalten wir für den Maximalwert von

$$\left(\sum_{i=1}^{k} \lambda_i \delta_i\right)^2 \Bigg/ \sum_{i,j=1}^{k} \lambda_i \lambda_j s_{ij}$$

unter einer zu (4.2) analogen Bedingung

$$D^2 = \sum_{i,j=1}^{k} S_{ij} \delta_i \delta_j . \tag{4.5}$$

Bezeichnen wir die eindeutig bestimmten Lösungen der Maximierungsaufgabe nun mit $l_i(x, y)$, $1 \leq i \leq k$, dann erhält man an Stelle von (4.5) $D^2 = \sum_{i=1}^{k} l_i(x, y)\delta_i$. Den gewählten Stichprobenwerten entsprechen also die beiden diskriminatorischen Funktionen $e_1 = \sum_{i=1}^{k} l_i(x, y)\bar{x}_i$ und $e_2 = \sum_{i=1}^{k} l_i(x, y)\bar{y}_i$. Nun funktioniert praktisch das Verfahren der Zuweisung einer neuen Stichprobe $(z_1, \ldots, z_k)$ zu einer der beiden Grundgesamtheiten so, daß man feststellt, ob

$$\sum_{i=1}^{k} l_i(x, y) z_i > (e_1 + e_2)/2 \qquad \text{oder} \qquad < (e_1 + e_2)/2$$

ist. Um die Berechtigung eines solchen Verfahrens einzusehen, bedarf es einer genauen Analyse der Verteilung von $\boldsymbol{D}^2$, aufgefaßt als Funktion k-dimensionaler zufälliger Variabler ξ_l, $1 \leq l \leq n_1$, und η_m, $1 \leq m \leq n_2$. Wir beweisen in dieser Richtung den

Satz 4.1: *$\xi_1, \ldots, \xi_{n_1}, \eta_1, \ldots, \eta_{n_2}$ seien unabhängige k-dimensionale zufällige Variable. ξ_l sei für $1 \leq l \leq n_1$ nach einer Normalverteilung mit Mittelwertsvektor a und positiv definiter Kovarianzmatrix G verteilt. η_m, $1 \leq m \leq n_2$, sei ebenso verteilt, jedoch mit Mittelwertsvektor b. Es sei $n_1 + n_2 - 2 \geq k \geq 1$. Falls $a = b$ ist, ist die Dichte von $\boldsymbol{D}^2$ durch*

$$\begin{cases} C(n_1, n_2, k)\left(1 + \dfrac{n_1 n_2}{n_1 + n_2}\,\dfrac{z}{n_1 + n_2 - 2}\right)^{-(n_1+n_2-1)/2} z^{k/2-1} & z > 0 \\ 0 & z < 0 \end{cases}$$

gegeben. Dabei ist

$$C(n_1, n_2, k) = \Gamma\big((n_1 + n_2 - 1)/2\big)\,[(n_1 n_2/(n_1 + n_2)]^{k/2}\,(n_1 + n_2 - 2)^{k/2}$$
$$\big[\Gamma\big((n_1 + n_2 - k - 1)/2\big)\Gamma(k/2)\big]^{-1}.$$

Weiter ist für $n_1 + n_2 \geq k + 4$

$$E(\boldsymbol{D}^2) = k(n_1 + n_2 - 2)\,(n_1 + n_2)\,\big((n_1 + n_2 - k - 3)\,n_1 n_2\big)^{-1}. \quad (4.6)$$

Der **Beweis** ist bei Heranziehung von Satz 3.7 recht einfach. Zunächst ist mit $\bar{\xi} = n_1^{-1} \sum_{l=1}^{n_1} \xi_l$, $\bar{\eta} = n_2^{-1} \sum_{m=1}^{n_2} \eta_m$ nach I., Satz 36.2, $\bar{\xi} - \bar{\eta}$ k-dimensional normal verteilt mit verschwindendem Mittelwertvektor und Kovarianzmatrix $(n_1 + n_2)\,(n_1 n_2)^{-1} G$ verteilt. Aus Satz 3.3 folgt in Verbindung mit der Reproduktionseigenschaft der Wishart-Verteilung, daß die gemeinsame Verteilung der zufälligen Variablen

$$(n_1 + n_2 - 2)\boldsymbol{s}_{ij} = \sum_{l=1}^{n_1} (\xi_{il} - \bar{\xi}_i)\,(\xi_{jl} - \bar{\xi}_j) + \sum_{m=1}^{n_2} (\eta_{im} - \bar{\eta}_i)\,(\eta_{jm} - \bar{\eta}_j)$$

$1 \leq i \leq j \leq k$ eine Wishart-Verteilung mit $n_1 + n_2 - 2$ Freiheitsgraden und Parameter k ist. Überdies ist diese $k(k + 1)/2$-dimensionale zufällige Variable unabhängig von $\bar{\xi} - \bar{\eta}$ verteilt. Somit ist nach Satz 3.7 die zufällige Variable

$$\boldsymbol{T}^2 = \frac{n_1 n_2}{n_1 + n_2} \sum_{i,j=1}^{k} \boldsymbol{S}_{ij}(\bar{\xi}_i - \bar{\eta}_i)\,(\bar{\xi}_j - \bar{\eta}_j)$$

nach HOTELLING mit $n_1 + n_2 - 2$ Freiheitsgraden verteilt. Nun haben wir aber den Zusammenhang

$$\boldsymbol{T}^2 = \frac{n_1 n_2}{n_1 + n_2}\,\boldsymbol{D}^2. \quad (4.7)$$

Daraus folgt sofort die Behauptung über die Verteilung von $\boldsymbol{D}^2$. Für das Weitere rechnet man unter Benützung der Transformation

$u = 1/(1+z)$ leicht aus, daß

$$\Gamma\big((n+1)/2\big)\big[\Gamma(n+1-k)/2)\ \Gamma(k/2)\big]^{-1}\int\limits_0^\infty (1+z)^{-(n+1)/2} z^{k/2}\,dz = \\ = k/(n-k-1)\,.$$

Das ist aber bis auf den Faktor n das erste Moment einer Hotelling-Verteilung mit n Freiheitsgraden und Parameter k, $n \geq k+2$. Für $n = n_1 + n_2 - 2$ erhält man daraus mittels (4.7) die Behauptung (4.6). Es ist nicht schwierig, diesen Satz zu verallgemeinern, wenn $a \neq b$ ist, doch gehen wir darauf nicht mehr ein[4.5].

Wir notieren noch, daß die rechte und daher auch die linke Seite von (4.3) für $a = b$ verschwinden. Unter dieser Bedingung ist also $\boldsymbol{D}^2$ keine erwartungstreue Schätzung für $l'd$, wohl aber ist $\boldsymbol{D}^2 - k(n_1+n_2-2)\,(n_1+n_2)\big((n_1+n_2-k-3)\,n_1 n_2\big)^{-1}$ eine solche.

Man kann auch auf andere Weise zu einer Begründung der durch (4.3) gegebenen diskriminatorischen Funktionen gelangen. Die grundlegende Idee für das Folgende stammt wohl von MAHALANOBIS.

Es sei ξ eine n-dimensionale ($n \geq 1$) zufällige Variable mit der Wahrscheinlichkeitsverteilung W_γ, $\gamma \in \Gamma$. Dabei sei Γ eine offene Teilmenge eines R_k, $k \geq 2$. Die Menge W_Γ sei durch ein σ-endliches Maß μ dominiert. Die R.N.-Dichten seien für jedes $\gamma \in \Gamma$ durch $x \to f(x,\gamma)$ gegeben. Für jedes $\gamma = (\gamma_1, \ldots, \gamma_k) \in \Gamma$ existiere für alle $x \in R_n$ — eventuell mit Ausnahme einer μ-Nullmenge — die Ableitung $\frac{\partial \log f(x,\gamma)}{\partial \gamma_i}$, $1 \leq i \leq k$. Für $i, j = 1, \ldots, k$ sei

$$\int\limits_{R_n} \frac{\partial \log f(x,\gamma)}{\partial \gamma_i}\,\frac{\partial \log f(x,\gamma)}{\partial \gamma_j}\, f(x,\gamma)\,d\mu(x)$$

sinnvoll. Wir bezeichnen dieses Integral für jedes $\gamma \in \Gamma$ mit $G_{ij}(\gamma)$. Weiterhin setzen wir voraus, daß $E\left[\frac{\partial \log f(\xi,\gamma)}{\partial \gamma_i};\gamma\right] = 0$ für $1 \leq i \leq k$ und $\gamma \in \Gamma$ ist. Dann ist $\big(G_{ij}(\gamma)\big)_{1k}^{1k}$ die Kovarianzmatrix der k-dimensionalen zufälligen Variablen $\left(\frac{\partial \log f(\xi,\gamma)}{\partial \gamma_1}, \ldots, \frac{\partial \log f(\xi,\gamma)}{\partial \gamma_k}\right)$. Wir nehmen an, daß diese für jedes $\gamma \in \Gamma$ positiv definit sei. Jedem Parameterwert γ ist genau eine Verteilung zu-

---

4.5 Vgl. C. R. RAO, l. c. 3.3.

geordnet. Wir stellen uns nun nach MAHALANOBIS die Aufgabe, in W_Γ einen Abstand zwischen den Verteilungen zu definieren. Nun ist aber durch

$$ds^2 = \sum_{i,j=1}^{k} G_{ij}(\gamma)\, d\gamma_i\, d\gamma_j \tag{4.8}$$

eine Metrik in der Menge W_Γ definiert. Um den Abstand zwischen zwei Verteilungen zu erhalten, die den Parametern $\gamma^{(1)}$ bzw. $\gamma^{(2)}$ entsprechen, müssen wir längs einer *geodätischen Linie* von $\gamma^{(1)}$ nach $\gamma^{(2)}$ integrieren. Die geodätischen Linien sind gegenüber allen anderen $\gamma^{(1)}$ und $\gamma^{(2)}$ verbindenden Kurven dadurch ausgezeichnet, daß dieses Integral unter Zugrundelegung der durch (4.8) gegebenen Metrik einen Extremwert hat.

Wir lassen uns hier auf eine genaue Diskussion nicht ein und betrachten das Beispiel einer Menge k-dimensionaler Normalverteilungen, welche dieselbe positiv definite Kovarianzmatrix $G = (g_{ij})_{1k}^{1k}$ besitzen und nur durch ihren Mittelwertsvektor a, $-\infty < a < \infty$ unterschieden werden. Für jedes $x \in R_k$ ist die Dichte $f(x, a)$ durch $|G^{-1}|^{1/2}\,(2\pi)^{-k/2} e^{-\frac{1}{2}(x-a)' G^{-1}(x-a)}$ gegeben. Man erhält dann für jedes $x \in R_k$ und alle a

$$\frac{\partial}{\partial a_i} \log f(x, a) = \sum_{l=1}^{k} (x_l - a_l) G_{il}, \qquad 1 \le i \le k$$

mit $(G_{ij})_{1k}^{1k} = G^{-1}$. Da nun (in leicht verständlicher Bezeichnung)

$$E[(\xi_i - a_i)(\xi_j - a_j); a] = g_{ij}$$

gilt, folgt auch leicht

$$E\left[\frac{\partial \log f(\xi, a)}{\partial a_i}\,\frac{\partial \log f(\xi, a)}{\partial a_j}; a\right] = G_{ij}, \qquad 1 \le i, j \le k.$$

Wir erhalten also an Stelle von (4.8)

$$ds^2 = \sum_{i,j=1}^{k} G_{ij}\, da_i\, da_j. \tag{4.9}$$

Die Differentialgleichung der geodätischen Linien ist $\dfrac{d^2 a_i}{ds^2} = 0, \quad 1 \le i \le k,$ weil die G_{ij} konstant sind und daher nicht von a abhängen. Die Metrik ist also euklidisch.

Jede Lösung der Differentialgleichung ist für alle reellen s durch $a_i(s) = \alpha_i + \beta_i s$ gegeben, $1 \leq i \leq k$, wobei α_i, β_i beliebig reelle Zahlen sind. Ist also $a^{(i)} \in R_k$, $i = 1, 2$, $a^{(1)} \neq a^{(2)}$ und etwa $a_j^{(1)} - a_j^{(2)} = \beta_j^{(0)}(s_1 - s_2)$, $1 \leq j \leq k$, dann erhalten wir für das Integral von $a^{(1)}$ nach $a^{(2)}$ längs einer geodätischen Linie

$$\int_{s_1}^{s_2} \left(\sum_{i,j=1}^{k} \frac{d a_i}{d s} \frac{d a_j}{d s} G_{ij}\right)^{1/2} d s = (s_2 - s_1) \left(\sum_{i,j=1}^{k} \beta_i^{(0)} \beta_j^{(0)} G_{ij}\right)^{1/2}.$$

Man erhält also für das Quadrat des mittels der Metrik (4.9) definierten Abstandes der beiden durch $a^{(1)}$ und $a^{(2)}$ gekennzeichneten k-dimensionalen Normalverteilungen den Ausdruck $\sum_{i,j=1}^{k} G_{ij}(a_i^{(2)} - a_i^{(1)})(a_j^{(2)} - a_j^{(1)})$, und das ist in etwas anderer Bezeichnung die linke Seite von (4.3).

5. Nochmals die Regressionstheorie. Wir knüpfen an **I.21.** an und verwenden auch sinngemäß die dort eingeführte Bezeichnung. Es sei $\xi = (\xi_1, \ldots, \xi_{p+1})$ eine $(p+1)$-dimensionale zufällige Variable, $p \geq 1$, deren sämtliche ersten und zweiten Momente existieren sollen. Die Regressionsfunktion ϱ von ξ_{p+1} bez. $(\xi_1, \ldots, \xi_p)$ löst, wie wir nach I., Satz 21.1 wissen, eine Minimal-Aufgabe, welche wir hier von einem etwas anderem Gesichtspunkt aus wieder betrachten wollen. ϱ ist nämlich im allgemeinen von außerordentlich komplizierter Gestalt. Wir wollen ϱ daher annäherungsweise durch eine lineare Funktion ersetzen. Wir stellen uns nämlich die Aufgabe, $E[(\xi_{p+1} - \beta_0 - \beta_1\xi_1 - \cdots - \beta_p\xi_p)^2]$ zu einem Minimum zu machen, wenn $(\beta_0, \ldots, \beta_p)$ im R_{p+1} variiert. Es ist natürlich naheliegend, diese Fragestellung auf Polynome beliebigen Grades zu übertragen. Dieses Problem wird jedoch durch die erwähnte Minimierungsaufgabe ebenfalls gelöst. Betrachtet man z. B. die dreidimensionale zufällige Variable (η_1, η_2, η_3) und trachtet man, $E[(\eta_3 - \beta_0 - \beta_1\eta_1 - \beta_2\eta_2 - \beta_3\eta_1^2 - \beta_4\eta_1\eta_2 - \beta_5\eta_2^2)]$ als Funktion von $\beta_0, \beta_1, \beta_2, \beta_3, \beta_4, \beta_5$ zu einem Minimum zu machen, dann kommt man mit $p = 5$, $\eta_3 = \xi_6$, $\eta_1 = \xi_1$, $\eta_2 = \xi_2$, $\eta_1^2 = \xi_3$, $\eta_1\eta_2 = \xi_4$, $\eta_2^2 = \xi_5$, auf das lineare Problem zurück. Es ist trivial, wie dies auf beliebige Polynome zu verallgemeinern ist.

Die formale Analogie zu dem in **1.** behandelten Problem liegt auf der Hand. Bezeichnen wir die Komponenten des Mittelwertsvektors von ξ mit a_i, $1 \leq i \leq p+1$ und die Elemente der Kovarianzmatrix mit σ_{ij}, $1 \leq i, j \leq p+1$, dann erhalten wir leicht als notwendige und hinreichende Bedingung für Lösungen der Minimierungsaufgabe das Gleichungssystem

$$\beta_0 + \sum_{i=1}^{p} a_i \beta_i = a_{p+1} \tag{5.1}$$

$$\sum_{j=1}^{p} \beta_j \sigma_{ij} = \sigma_{ip+1}, \qquad 1 \leq i \leq p. \tag{5.2}$$

Wir setzen $|\sigma_{ij}|_{1p}^{1p} \neq 0$ voraus. Dann lauten die eindeutig bestimmten Lösungen

$$\beta_i^{(0)} = \frac{\begin{vmatrix} \sigma_{11} \ldots \sigma_{1i-1} \, \sigma_{1p+1} \, \sigma_{1i+1} \ldots \sigma_{1p} \\ \ldots\ldots\ldots\ldots\ldots\ldots\ldots\ldots \\ \sigma_{p1} \ldots \sigma_{pi-1} \, \sigma_{pp+1} \, \sigma_{pi+1} \ldots \sigma_{pp} \end{vmatrix}}{|\sigma_{ij}|_{1p}^{1p}}, \qquad i = 1, \ldots, p \tag{5.3}$$

und

$$\beta_0^{(0)} = \frac{\begin{vmatrix} a_{p+1} & a_1 & \ldots & a_p \\ \sigma_{1p+1} & \sigma_{11} & \ldots & \sigma_{1p} \\ \ldots & \ldots & \ldots & \ldots \\ \sigma_{pp+1} & \sigma_{p1} & \ldots & \sigma_{pp} \end{vmatrix}}{|\sigma_{ij}|_{1p}^{1p}}. \tag{5.4}$$

Wir schreiben künftighin β_i statt $\beta_i^{(0)}$, $0 \leq i \leq p$, und β_i soll von nun an nur diese Bedeutung haben. Die β_i heißen die *Regressionskoeffizienten.* Es gilt der fast selbstverständliche

Satz 5.1: *Wenn die Regressionsfunktion einer $(p+1)$-dimensionalen Verteilung linear ist, also von der Gestalt*

$$(x_1, \ldots, x_p) \to \delta_0 + \delta_1 x_1 + \cdots + \delta_p x_p, \ \delta_i \text{ reell und } |\sigma_{ij}|_{1p}^{1p} \neq 0,$$

dann gilt notwendig $\beta_i = \delta_i$, $0 \leq i \leq p$ [5.1].

[5.1] Natürlich ist stillschweigend vorausgesetzt, daß die Momente erster und zweiter Ordnung existieren.

Beweis: Nach I., Satz 21.1, muß

$$E\left[\left(\xi_{p+1} - \delta_0 - \sum_{i=1}^{p} \delta_i \xi_i\right)^2\right] \leq E\left[\left(\xi_{p+1} - \beta_0 - \sum_{i=1}^{p} \beta_i \xi_i\right)^2\right]$$

gelten. Anderseits muß nach Definition der β_i, $0 \leq i \leq p$, auch die entgegengesetzte Ungleichung gelten. Gemäß (5.3) und (5.4) sind aber die β_i, $0 \leq i \leq p$, eindeutig bestimmt, und damit ist alles bewiesen.

Die Regressionsfunktion einer $(p+1)$-dimensionalen Normalverteilung ist linear. Dies folgt unmittelbar aus der Gleichung I. (35.12).

Wir betrachten nun die zufällige Variable

$$\eta_{p+1} = \xi_{p+1} - \beta_0 - \sum_{i=1}^{p} \beta_i \xi_i . \tag{5.5}$$

Aus (5.3) und (5.4) folgt, daß auch

$$\eta_{p+1} = \begin{vmatrix} \xi_{p+1} - a_{p+1} & \xi_1 - a_1 \ldots & \xi_p - a_p \\ \sigma_{1p+1} & \sigma_{11} \quad \ldots & \sigma_{1p} \\ \cdots & \cdots & \cdots \\ \sigma_{pp+1} & \sigma_{p1} \quad \ldots & \sigma_{pp} \end{vmatrix} \left(|\sigma_{ij}|_{1p}^{1p}\right)^{-1} \tag{5.6}$$

gilt. Da $E(\xi_i - a_i) = 0$, $1 \leq i \leq p+1$, gilt, folgt aus (5.6) unmittelbar $E(\eta_{p+1}) = 0$ und deshalb aus (5.2)

$$E[(\xi_i - a_i)\eta_{p+1}] = E[(\xi_i - a_i)(\eta_{p+1} - E(\eta_{p+1}))] = 0$$

für $1 \leq i \leq p$, d. h. η_{p+1} und ξ_i sind unkorreliert.

Daher ergibt sich mittels (5.5) und (5.1) für die Streuung von η_{p+1}

$$E(\eta_{p+1}^2) = E[(\xi_{p+1} - a_{p+1})\eta_{p+1}] \tag{5.7}$$

oder

$$E(\eta_{p+1}^2) = \frac{|\sigma_{ij}|_{1p+1}^{1p+1}}{|\sigma_{ij}|_{1p}^{1p}} . \tag{5.8}$$

Die zufällige Variable $\eta_{p+1}^2 = (\xi_{p+1} - \beta_0 - \sum_{i=1}^{p} \beta_i \xi_i)^2$ wollen wir wieder als Residualglied bezeichnen. Der Erwartungswert des Residualgliedes ist nichts anderes als das Minimum von

$$E\left[\left(\xi_{p+1} - \delta_0 - \sum_{i=1}^{p} \delta_i \xi_i\right)^2\right] \quad \text{für} \quad -\infty < \delta_i < \infty, \quad 0 \leq i \leq p.$$

Wir erklären nun den *multiplen Korrelationskoeffizienten* (von ξ_{p+1} bez. $(\xi_1, \ldots, \xi_p)$) durch

$$K_{p+1} = \frac{E\left[\left((\xi_{p+1} - a_{p+1}) - \eta_{p+1}\right)(\xi_{p+1} - a_{p+1})\right]}{\left(E\left[(\xi_{p+1} - a_{p+1} - \eta_{p+1})^2\right] E\left[(\xi_{p+1} - a_{p+1})^2\right]\right)^{1/2}}. \tag{5.9}$$

Natürlich ist diese Definition nur sinnvoll für $\sigma_{p+1\,p+1} \neq 0$. Für $p = 1$ stimmt K_2 mit dem in I., S. 61, definierten Korrelationskoeffizienten von ξ_1 und ξ_2 überein.

Aus (5.7) und (5.8) folgt

$$E\left[(\xi_{p+1} - a_{p+1} - \eta_{p+1})(\xi_{p+1} - a_{p+1})\right] = \sigma_{p+1\,p+1} - \frac{|\sigma_{ij}|_{1\,p+1}^{1\,p+1}}{|\sigma_{ij}|_{1\,p}^{1\,p}}$$

und ebenso ergibt sich auch, daß $E\left[(\xi_{p+1} - a_{p+1} - \eta_{p+1})^2\right]$ diesen selben Wert besitzt.
Also folgt aus (5.9)

$$K_{p+1} = \left(1 - |\sigma_{ij}|_{1\,p+1}^{1\,p+1} \left(\sigma_{p+1\,p+1} \, |\sigma_{ij}|_{1\,p}^{1\,p}\right)^{-1}\right)^{1/2}. \tag{5.10}$$

Nun lehrt die Bedeutung von η_{p+1}^2 die Ungleichung

$$E(\eta_{p+1}^2) \leq E\left[(\xi_{p+1} - a_{p+1})^2\right]$$

oder wegen (5.8)

$$|\sigma_{ij}|_{1\,p+1}^{1\,p+1} \leq \sigma_{p+1\,p+1} \, |\sigma_{ij}|_{1\,p}^{1\,p}.$$

Somit folgt aus (5.10) die Ungleichung $0 \leq K_{p+1} \leq 1$. Die Gleichung $K_{p+1} = 1$ gilt genau dann, wenn $|\sigma_{ij}|_{1\,p+1}^{1\,p+1} = 0$ ist.

Nach I., Satz 17.6, folgt dann also, daß es reelle Zahlen u_i, $1 \leq i \leq p+1$, gibt mit $\sum_{i=1}^{p+1} u_i^2 > 0$, so daß

$$W\left(\sum_{i=1}^{p+1} u_i(\xi_i - a_i) = 0\right) = 1.$$

Aus (5.8) und (5.10) folgt, daß man auch

$$K_{p+1} = \left(1 - E(\eta_{p+1}^2)/E[(\xi_{p+1} - a_{p+1})^2]\right)^{1/2}$$

schreiben kann. $K_{p+1} = 0$ hat also $E(\eta_{p+1}^2) = E[(\xi_{p+1} - a_{p+1})^2]$ zur Folge. Gleichbedeutend damit ist

$$\sum_{i,j=1}^{p} \beta_i\beta_j\sigma_{ij} - 2\sum_{i=1}^{p} \beta_i\sigma_{ip+1} + \left(\beta_0 - a_{p+1} + \sum_{i=1}^{p} \beta_i a_i\right)^2 = 0.$$

Also erhält man mittels (5.1) und (5.2) die Beziehung $\sum_{i,j=1}^{p} \beta_i\beta_j\sigma_{ij} = 0$. Da aber $(\sigma_{ij})_{1p}^{1p}$ nach Voraussetzung positiv definit ist, folgt $\beta_i = 0$, $1 \leq i \leq p$.

Zieht man jetzt nochmals (5.2) heran, dann ergibt sich $\sigma_{ip+1} = 0$, $1 \leq i \leq p$, d. h. ξ_{p+1} und ξ_i sind für $i = 1, \ldots, p$ unkorreliert. Wir haben also insgesamt bewiesen:

Satz 5.2: $\xi_1, \ldots, \xi_{p+1}$, $p \geq 1$, *seien irgendwelche zufällige Variable, deren erste und zweite Momente sämtlich existieren. Es sei* $E(\xi_i) = a_i$ *und* $E[(\xi_i - a_i)\,(\xi_j - a_j)] = \sigma_{ij}$, $i, j = 1, \ldots, p+1$. *Es sei* $|\sigma_{ij}|_{1p}^{1p} \neq 0$, *und* $\sigma_{p+1p+1} \neq 0$. *Die zufällige Variable* η_{p+1} *sei gemäß* (5.5) *definiert. Dann besitzt der durch* (5.9) *definierte multiple Korrelationskoeffizient* K_{p+1} *die folgenden Eigenschaften: Es ist* $0 \leq K_{p+1} \leq 1$. *Es gilt genau dann* $K_{p+1} = 1$, *wenn es reelle Zahlen* u_i, $1 \leq i \leq p+1$, *mit* $\sum_{i=1}^{p+1} u_i^2 \neq 0$ *gibt, so daß* $W\left(\sum_{i=1}^{p+1} u_i(\xi_i - a_i) = 0\right) = 1$. *Weiter gilt* $K_{p+1} = 0$ *genau dann, wenn* ξ_{p+1} *und* ξ_i, $i = 1, \ldots, p$ *unkorreliert sind.*

Wir betrachten jetzt eine $(p+2)$-dimensionale zufällige Variable $(\xi_1, \ldots, \xi_p, \xi_{p+1}, \xi_{p+2})$, deren sämtliche erste und zweite Momente existieren. Die Mittelwerte bezeichnen wir wieder mit a_i, die Kovarianzen mit σ_{ij}, $i, j = 1, \ldots, p+2$. $(\sigma_{ij})_{1p}^{1p}$ wird als positiv definit vorausgesetzt. Die reellen Zahlen $\beta_i^{(j)}$, $0 \leq i \leq p$, $j = 1, 2$, seien die eindeutig bestimmten Lösungen der Aufgabe,

$$E\left[\left(\xi_{p+j} - \delta_0 - \sum_{i=1}^{p} \delta_i \xi_i\right)^2\right], \quad -\infty < \delta_i < \infty, \quad 0 \leq i \leq p,$$

zum Minimum zu machen. Wir erhalten dann zwei zufällige Variable

$$\eta_{p+j} = \xi_{p+j} - \beta_0^{(j)} - \sum_{i=1}^{p} \beta_i^{(j)} \xi_i, \qquad j = 1, 2.$$

Als *partiellen Korrelationskoeffizienten* von ξ_{p+1} und ξ_{p+2} (bez. $\xi_1, \ldots, \xi_p$) bezeichnet man den Ausdruck

$$E(\eta_{p+1}\eta_{p+2})\left(E(\eta_{p+1}^2)\, E(\eta_{p+2}^2)\right)^{-1/2}.$$

Da η_{p+2} unkorreliert zu ξ_i, $i = 1, \ldots, p$, ist, erhalten wir durch Anwendung von (5.6)

$$E(\eta_{p+1}\eta_{p+2}) = \begin{vmatrix} \sigma_{p+1\,p+2} & \sigma_{p+1\,1} & \cdots & \sigma_{p+1\,p} \\ \sigma_{1\,p+2} & \sigma_{11} & & \sigma_{1p} \\ \cdots & \cdots & \cdots & \cdots \\ \sigma_{p\,p+2} & \sigma_{p1} & & \sigma_{pp} \end{vmatrix} \left(|\sigma_{ij}|_{1p}^{1p}\right)^{-1}. \qquad (5.11)$$

Aus (5.8) und der entsprechenden Beziehung für η_{p+2} folgt daher für den partiellen Korrelationskoeffizienten der Ausdruck

$$\frac{\begin{vmatrix} \sigma_{p+1\,p+2} & \sigma_{p+1\,1} & \cdots & \sigma_{p+1\,p} \\ \sigma_{1\,p+2} & \sigma_{11} & & \sigma_{1p} \\ \cdots & \cdots & \cdots & \cdots \\ \sigma_{p\,p+2} & \sigma_{p1} & & \sigma_{pp} \end{vmatrix}}{\left(\begin{vmatrix} \sigma_{p+1\,p+1} & \sigma_{p+1\,1} & \cdots & \sigma_{p+1\,p} \\ \sigma_{1\,p+1} & \sigma_{11} & \cdots & \sigma_{1p} \\ \cdots & \cdots & \cdots & \cdots \\ \sigma_{p\,p+1} & \sigma_{p1} & \cdots & \sigma_{pp} \end{vmatrix} \begin{vmatrix} \sigma_{p+2\,p+2} & \sigma_{p+2\,1} & \cdots & \sigma_{p+2\,p} \\ \sigma_{1\,p+2} & \sigma_{11} & \cdots & \sigma_{1p} \\ \cdots & \cdots & \cdots & \cdots \\ \sigma_{p\,p+2} & \sigma_{p1} & \cdots & \sigma_{pp} \end{vmatrix}\right)^{1/2}}. \qquad (5.12)$$

Wenn ϱ_{ik} der (gewöhnliche) Korrelationskoeffizient von ξ_i und ξ_k ist, $i \neq k$, dann gilt $\sigma_{ik} = (\sigma_{ii}\sigma_{kk})^{1/2}\varrho_{ik}$. Benützt man dies, läßt sich (5.12) leicht durch die ϱ_{ik} ausdrücken.

Es empfiehlt sich nun, für die bisher definierten Regressionskoeffizienten und die verschiedenen Korrelationskoeffizienten eine von YULE[5.2] *eingeführte Schreibweise zu benützen*, die uns auch später gute Dienste leisten wird. Es seien $\xi_\mu, \xi_{\nu_1}, \xi_{\nu_2}, \ldots, \xi_{\nu_k}$, $k \geq 1$, irgendwelche zufällige Variable. Die Regressionskoeffizienten, die auf Grund der Bedingung $\min\limits_{\substack{-\infty<\delta_i<\infty\\ 0\leq i\leq k}} E\left[\left(\xi_\mu - \delta_0 - \sum\limits_{i=1}^{k} \delta_i \xi_{\nu_i}\right)^2\right]$ bestimmt werden, bezeichnen wir der Reihe nach mit $\beta_{\mu 0\,.\,\nu_1\ldots\nu_k}$, $\beta_{\mu\nu_1\,.\,\nu_2\ldots\nu_k}, \ldots, \beta_{\mu\nu_k\,.\,\nu_1\ldots\nu_{k-1}}$. Die gemäß (5.3) definierten Regressionskoeffizienten sind somit mit

$$\beta_{p+1\,i\,.\,1\ldots(i-1)(i+1)\ldots p}, \qquad 1 \leq i \leq p$$

zu bezeichnen. Die zufällige Variable

$$\xi_\mu - \beta_{\mu 0\,.\,\nu_1\ldots\nu_k} - \sum_{i=1}^{k} \beta_{\mu\,\nu_i\,.\,\nu_1\ldots\nu_{i-1}\,\nu_{i+1}\ldots\nu_k}\,\xi_{\nu_i}$$

bezeichnen wir mit $\eta_{\mu\,.\,\nu_1\ldots\nu_k}$. Die durch (5.5) definierte zufällige Variable heißt jetzt z. B. $\eta_{p+1\,.\,1\ldots p}$.

Der Erwartungswert $E(\eta^2_{\mu\,.\,\nu_1\ldots\nu_k})$ des Residualgliedes werde mit $\sigma^2_{\mu\,.\,\nu_1\ldots\nu_k}$ bezeichnet. Für die linke Seite von (5.8) schreiben wir also $\sigma^2_{p+1\,.\,1\ldots p}$. Den partiellen Korrelationskoeffizienten (5.11) bezeichnen wir mit $\varrho_{p+1\,p+2\,.\,1\ldots p}$. Damit dürfte die neue Schreibweise hinreichend klar sein. Mit ihrer Benützung erhalten wir für $p \geq 2$ noch folgende Beziehung, welche später Verwendung finden wird:

$$\beta_{p+1\,p\,.\,1\ldots p-1} = \varrho_{p+1\,p\,.\,1\ldots p-1}\,\frac{\sigma_{p+1\,.\,1\ldots p-1}}{\sigma_{p\,.\,1\ldots p-1}}. \tag{5.12}$$

Das folgt leicht, wenn man (5.11) für $p-1$ statt p anschreibt, (5.8) heranzieht und dann mit (5.3) für $i = p$ vergleicht.

6. Statistische Theorie der Regression. Die praktische Berechnung der in **5.** definierten Regressions- und Korrelationskoeffizienten

---

[5.2] G. U. YULE, Proc. Roy. Soc. London, Ser. A, 79, 182–193 (1907).

ist nur möglich, wenn die auftretenden Parameter – Mittelwerte und Kovarianzen — der zugrunde liegenden Verteilung bekannt sind. Andernfalls erwächst die Aufgabe, Schätzungen für die Regressions- und Korrelationskoeffizienten herzuleiten. Die Betrachtungen von **5.** waren in weitem Maße von der zugrunde liegenden Verteilung unabhängig. Von jetzt ab setzen wir stets voraus, daß eine Normalverteilung vorliegt.

Wir bedienen uns jetzt wieder einer ähnlichen Schreibweise, wie wir sie in **3.** verwendet haben. $\xi_1, \ldots, \xi_n$ seien jetzt n unabhängige $(p+1)$-dimensionale zufällige Variable mit $n \geq p+2$, von denen jede nach derselben $(p+1)$-dimensionalen Normalverteilung verteilt ist. Wir nehmen an, daß deren Dichte für jedes $x \in R_{p+1}$ durch

$$|D|^{1/2}(2\pi)^{-(p+1)/2}e^{-1/2\, x'Dx} \tag{6.1}$$

gegeben ist, wobei $D = (d_{ij})_{1\,p+1}^{1\,p+1}$ als positiv definit vorausgesetzt wird. Die Kovarianzmatrix D^{-1} bezeichnen wir auch mit $(\sigma_{ij})_{1\,p+1}^{1\,p+1}$. Dabei ist es im Sinne der auf S. 471 eingeführten Definition von $\sigma^2_{p+1.1\ldots p}$ zweckmäßig, gelegentlich σ_i^2 statt σ_{ii} zu schreiben.

Es sei $\xi_l = (\xi_{1l}, \ldots, \xi_{p+1l})$, $1 \leq l \leq n$. Es ist naheliegend, Schätzungen für die Regressions- und Korrelationskoeffizienten in der Weise zu gewinnen, daß man σ_{ij} durch die Schätzungen $\boldsymbol{w}_{ij}(n-1)^{-1}$, $1 \leq i, j \leq p+1$, ersetzt. Wir erinnern dazu an die durch (2.12) und (2.13) eingeführten Bezeichnungen. $\boldsymbol{w}_{ij}$ ist dann die zufällige Variable, welche man aus w_{ij} erhält, wenn man x_{il} bzw. x_{jl} durch ξ_{il} bzw. ξ_{jl} und $\bar{x}_i$ bzw. $\bar{x}_j$ durch $\bar{\xi}_i$ bzw. $\bar{\xi}_j$, $1 \leq i$, $j \leq p+1$, $1 \leq l \leq n$, ersetzt. Tut man dies, dann erhalten wir Ausdrücke, denen wir in formaler Hinsicht schon begegnet sind. Führt man z. B. diese Ersetzung in der rechten Seite von (5.3) durch, dann ist die Analogie zu (2.19) oder, besser gesagt, zur entsprechenden zufälligen Variablen $\hat{\boldsymbol{b}}_i$ unmittelbar ersichtlich. Ganz Ähnliches gilt für den Vergleich von (5.8) und (2.20) usw. Allerdings ist zu beachten, daß wir in **2.** nur einen Teil der in den Schätzungen auftretenden Argumente als zufällige Variable angesehen haben (nämlich $\xi_{p+11}, \ldots, \xi_{p+1n}$). Man vergleiche auch noch den Beweis des Satzes 3.5.

Wir werden auch hier sinngemäß die am Ende von **5.** eingeführte Bezeichnung verwenden. So bezeichnet z. B. $b_{p+11.2\ldots p}$

den Quotienten

$$\begin{vmatrix} w_{1p+1} & w_{12} & \dots & w_{1p} \\ \dots & \dots & \dots & \dots \\ w_{pp+1} & w_{p2} & \dots & w_{pp} \end{vmatrix} \left(|w_{ij}|_{1p}^{1p}\right)^{-1}$$

in Analogie zur Definition von $\beta_{p+1\,1.2\dots p}$.[6.1]

Ebenso schreiben wir $r_{p+1\,p.1\dots p-1}$ für den Quotienten

$$\frac{\begin{vmatrix} w_{11} & \dots & w_{1p-1} & w_{1p+1} \\ \dots & \dots & \dots & \dots \\ w_{p1} & \dots & w_{pp-1} & w_{pp+1} \end{vmatrix}}{\left(\begin{vmatrix} w_{11} & \dots & w_{1p-1} & w_{1p} \\ \dots & \dots & \dots & \dots \\ w_{p-11} & \dots & w_{p-1p-1} & w_{p-1p} \\ w_{p1} & \dots & w_{pp-1} & w_{pp} \end{vmatrix} \begin{vmatrix} w_{11} & \dots & w_{1p-1} & w_{1p+1} \\ \dots & \dots & \dots & \dots \\ w_{p-11} & \dots & w_{p-1p-1} & w_{p-1p+1} \\ w_{p+11} & \dots & w_{p+1p-1} & w_{p+1p+1} \end{vmatrix}\right)^{1/2}}$$

in Analogie zur Definition von $\varrho_{p+1\,p.1\dots p-1}$. Es ist bequem, $b_{p+1\,i.1\dots(i-1)(i+1)\dots p}$ als den *Stichprobenregressionskoeffizienten* $(1 \leq i \leq p)$, $r_{p+1\,p.1\dots p-1}$ als *partiellen Stichprobenkorrelationskoeffizienten*[6.2] usw. zu bezeichnen. Wir benützen diese Terminologie auch für die entsprechenden zufälligen Variablen $\boldsymbol{b}_{p+1\,i.1\dots(i-1)(i+1)\dots p}$, $\boldsymbol{r}_{p+1\,p.1\dots p-1}$ usw.

In ähnlicher Weise verstehen sich eine Reihe weiterer Definitionen: Es seien $\mu, \nu_1, \nu_2, \dots, \nu_k$, $k \geq 1$, verschiedene Elemente aus der Menge $\{1, \dots, p+1\}$. Wir schreiben $x_i^{(l)}$ statt x_{il}, $1 \leq i \leq p+1$, $1 \leq l \leq n$, und definieren

$$x_{\mu.\nu_1\dots\nu_k}^{(l)} = x_\mu^{(l)} - b_{\mu\nu_1.\nu_2\dots\nu_k} x_{\nu_1}^{(l)} - b_{\mu\nu_2.\nu_1\nu_3\dots\nu_k} x_{\nu_2}^{(l)} - \dots - \\ - b_{\mu\nu_k.\nu_1\dots\nu_{k-1}} x_{\nu_k}^{(l)}.$$

[6.1] Es wäre vielleicht im Sinne der in **1.** und **2.** verwendeten Bezeichnungsweise konsequenter $\hat{b}_{p+1\,1.2\dots p}$ statt $b_{p+1\,1.2\dots p}$ zu schreiben.

[6.2] Diese Terminologie weist unmißverständlich darauf hin, daß man diese Größen aus einer Stichprobe tatsächlich berechnen kann.

Wenn $i, j, \nu_1, \ldots, \nu_k$ eine ähnliche Bedeutung wie oben haben, definieren wir

$$w_{ij.\nu_1\ldots\nu_k} = \sum_{l=1}^{n} (x^{(l)}_{i.\nu_1\ldots\nu_k} - \bar{x}_{i.\nu_1\ldots\nu_k})(x^{(l)}_{j.\nu_1\ldots\nu_k} - \bar{x}_{j.\nu_1\ldots\nu_k}), \quad (6.2)$$

wobei natürlich

$$\bar{x}_{\mu.\nu_1\ldots\nu_k} = \frac{1}{n}\sum_{l=1}^{n} x^{(l)}_{\mu.\nu_1\ldots\nu_k}$$

gilt. Nach diesen Beispielen verstehen sich ähnliche Definitionen von selbst.

Um die Verteilung von $\boldsymbol{b}_{ij.\nu_1\ldots\nu_k}$, $\boldsymbol{r}_{ij.\nu_1\ldots\nu_k}$, $\boldsymbol{w}_{ij.\nu_1\ldots\nu_k}$ und von ähnlichen Schätzungen herzuleiten, kann man sich der Methoden bedienen, die wir beim Beweis des Satzes 3.5 verwendet haben. Wir wollen jedoch eine etwas andere Methode skizzieren, die eine vertiefte Einsicht in die Struktur der Wishart-Verteilung gestattet und im wesentlichen dem Beweis des Satzes 3.2 zugrunde liegt[6.3].

Zunächst lehrt Satz 3.3, daß unter den auf S. 472 formulierten Voraussetzungen die gemeinsame Verteilung der zufälligen Variablen $\boldsymbol{w}_{ij}$, $1 \leq i \leq j \leq p+1$, eine Wishart-Verteilung mit $n-1$ Freiheitsgraden und Parameter $p+1$ ist, deren Dichte im $R_{(p+1)(p+2)/2}$ durch

$$W_{p+1}(w_{ij}; n-1) = C_1 \mid W \mid^{1/2(n-p-3)} e^{-1/2 \sum_{i,j=1}^{p+1} d_{ij} w_{ij}} \quad (6.3)$$

gegeben ist, sofern sie nicht verschwindet. Dabei ist $w_{ij} = w_{ji}$ für $1 \leq i, j \leq p+1$ und $W = (w_{ij})^{1p+1}_{1p+1}$. Das Symbol C_1 bezeichnet eine positive reelle Zahl, deren Wert durch Vergleich mit (3.2) ersichtlich wird. Wir führen nun in (6.3) neue Variable ein, welche mit den w_{ij} folgendermaßen verknüpft sind:

$$\begin{aligned} w_{ij.1} &= w_{ij} - w_{i1}w_{j1}/w_{11} \\ u_{i1} &= w_{11}^{1/2}(b_{i1} - \beta_{i1}), \qquad i, j = 2, \ldots, p+1 \\ w_{11} &= w_{11}. \end{aligned} \quad (6.4)$$

[6.3] Vgl. S. Bartlett, Proc. Roy. Soc. Edinburgh, Sect. A, 53, 260—283 (1932—1933). Für einen Ausbau dieser Methode vergleiche man R. A. Wijsman, Ann. math. Statistics 28, 415—422 (1957) und A. M. Kshirsagar, Ann. math. Statistics 30, 239—241 (1959).

Von nun an lassen wir die Angabe, welche Elemente die Indizes i, j durchlaufen, weg und setzen fest, daß stets alle jene Zahlen aus der Menge $\{1, \ldots, p+1\}$ durchlaufen werden, die nicht rechts vom „Punkt" stehen. Analoge Festsetzungen verstehen sich dann von selbst.

Wir erinnern noch daran, daß gemäß unserer Verabredung die Beziehungen

$$b_{i1} = w_{i1}/w_{11} \tag{6.5}$$

und

$$\beta_{i1} = \sigma_{i1}/\sigma_{11} \tag{6.6}$$

gelten. Da kein „Punkt" auftritt, läuft in (6.5) und (6.6) i von 1 bis $p+1$.

Wir benützen also auch für diese und die folgenden Variablentransformationen die früher erwähnten Bezeichnungskonventionen. Dies kann kaum zu Mißverständnissen führen, sondern erweist sich als praktisch sehr brauchbar. Man beachte dazu, daß die auf $w_{ij.1}$ bezüglichen Transformationsgleichungen in folgendem Sinne eine Identität darstellen: Wendet man (6.2) sinngemäß an, dann erhält man

$$w_{ij.1} = \sum_{l=1}^{n} (x_{i.1}^{(l)} - \bar{x}_{i.1})(x_{j.1}^{(l)} - \bar{x}_{j.1}) \quad \text{mit} \quad x_{i.1}^{(l)} = x_i^{(l)} - b_{i1}\, x_1^{(l)}$$

$(1 \leq l \leq n)$. Da aber auch (6.5) in diesem Sinne eine Identität ist, folgt daraus die behauptete Identität für die $w_{ij.1}$.

Die Transformation (6.4) führt den in (6.3) auftretenden Exponenten $\sum_{i,j=1}^{p+1} d_{ij} w_{ij}$ in

$$\frac{w_{11}}{\sigma_{11}} + \sum_{i,j=2}^{p+1} d_{ij}(w_{ij.1} + u_{i.1} u_{j.1}) \tag{6.7}$$

über. Aus (6.5) und (6.6) ergibt sich ja, daß

$$\sum_{i,j=2}^{p+1} d_{ij} w_{ij} - \sum_{i,j=2}^{p+1} \frac{\sigma_{1i}}{\sigma_{11}} d_{ij} w_{1j} + \sum_{i,j=2}^{p+1} \frac{\sigma_{1j}}{\sigma_{11}} d_{ij} w_{i1} + \frac{w_{11}}{\sigma_{11}^2} \sum_{i,j=1}^{p+1} \sigma_{1i} \sigma_{1j} d_{ij} \tag{6.8}$$

durch (6.4) in $\sum_{i,j=2}^{p+1} d_{ij}(w_{ij.1} + u_{i.1} u_{j.1})$ übergeführt wird. Da aber

$$\sum_{m=1}^{p+1} \sigma_{im}\, d_{im} = \begin{cases} 0 & 1 \neq i \\ 1 & 1 = i \end{cases} \tag{6.9}$$

gilt, ist (6.8) mit

$$\sum_{\substack{i,j=1\\i+j\geqq 3}}^{p+1} w_{ij}\,d_{ij} + \frac{w_{11}}{\sigma_{11}^2}\sum_{i,j=2}^{p+1}\sigma_{1i}\sigma_{1j}d_{ij} \tag{6.10}$$

identisch. Aus (6.8) für $i \neq 1$ folgt aber leicht

$$\sum_{i,m=2}^{p+1}\sigma_{1i}\sigma_{1m}d_{im} + \sigma_{11}\sum_{i=2}^{p+1}\sigma_{1i}d_{1i} = 0\,. \tag{6.11}$$

Benützt man jetzt (6.9) für $i = 1$, dann findet man die Identität $\sum_{m=2}^{p+1}\sigma_{1m}d_{1m} = 1 - \sigma_{11}d_{11}$. Zusammen mit (6.11) besagt dies also, daß

$$\sum_{i,m=2}^{p+1}\sigma_{1i}\sigma_{1m}d_{1m}/\sigma_{11}^2 = d_{11} - 1/\sigma_{11}\,.$$

Statt (6.10) kann man somit $\sum_{i,j=1}^{p+1} d_{ij}w_{ij} - w_{11}/\sigma_{11}$ schreiben, so daß also, wie behauptet, $\sum_{i,j=1}^{p+1} d_{ij}w_{ij}$ in (6.7) übergeht. Genau so wie beim Ende des Beweises von Satz 3.2 erhält man

$$|W| = w_{11}\,|w_{ij\cdot 1}|_{2\;p+1}^{2\;p+1}\,.$$

Die Funktionaldeterminante der zu (6.4) inversen Transformation ist durch $\Delta_1 = w_{11}^{p/2}$ gegeben. Wir erhalten also aus (6.3) für die Dichte der gemeinsamen Verteilung der zufälligen Variablen $\boldsymbol{w}_{ij\cdot 1}, \boldsymbol{b}_{i\cdot 1}, \boldsymbol{w}_{11}$ im $R_{(p+1)(p+2)/2}$, sofern sie nicht verschwindet

$$W_{p+1}(w_{ij};\, n-1)\,\Delta_1 =$$

$$= C_2 w_{11}^{\frac{n-1}{2}-1}\, e^{-\frac{1}{2}\frac{w_{11}}{\sigma_{11}}}\,(|w_{ij\cdot 1}|_{2\;p+1}^{2\;p+1})^{\frac{1}{2}(n-p-3)}\exp\left(-\tfrac{1}{2}\sum_{i,j=2}^{p+1} d_{ij}w_{ij\cdot 1}\right)\times$$

$$\times\exp\left(-\tfrac{1}{2}\sum_{i,j=2}^{p+1} d_{ij}u_{i\cdot 1}u_{j\cdot 1}\right). \tag{6.12}$$

C_2 ist ein positiver Normierungsfaktor, der sich leicht bestimmen läßt. Im Symbol $W_{p+1}(w_{ij};\, n-1)$ sind die w_{ij} gemäß (6.4) durch die neuen Variablen auszudrücken. (6.12) lehrt: Die Verteilung von $\boldsymbol{w}_{11}$ ist unabhängig von der gemeinsamen Verteilung der $\boldsymbol{w}_{ij\cdot 1}$, und diese beiden Verteilungen sind unabhängig von der gemeinsamen Verteilung der $u_{i.1}$. Die zufällige Variable w_{11}/σ_{11} (oder in anderer Schreibweise w_{11}/σ_1^2) ist nach χ^2 mit $n-1$ Freiheitsgraden verteilt. Die gemeinsame Verteilung der $w_{ij.1}$ ist eine Wishart-Verteilung mit $n-2$ Freiheitsgraden und Parameter p. Die gemeinsame Verteilung der $u_{i.1}$ ist eine p-dimensionale Normalverteilung, die wir mit $N_p(u_{i.1})$ bezeichnen. Wir können also in einer leicht verständlichen Symbolik schreiben:

$$W_{p+1}(w_{ij};n-1)\Delta_1 = W_1(w_{11};n-1)\,W_p(w_{ij.1};n-2)\,N_p(u_{i.1}). \tag{6.13}$$

Dieses Verfahren kann man nun fortsetzen: Man betrachtet die Verteilung, deren Dichte durch $W_p(w_{ij.1};\, n-2)$ gegeben ist, und führt vermöge der Transformation

$$\left.\begin{aligned} w_{ij.12} &= w_{ij.1} - w_{i2.1}w_{j2.1}/w_{22.1} \\ u_{i.21} &= w_{22.1}^{1/2}(b_{i2.1} - \beta_{i2.1}) \\ w_{22.1} &= w_{22.1} \end{aligned}\right\} \tag{6.14}$$

neue Variable ein. Bezeichnet man die Funktionaldeterminante der zu (6.14) inversen Transformation mit Δ_2, dann erhält man statt (6.13)

$$\begin{aligned} &W_p(w_{ij.1};\, n-2)\Delta_2 = \\ &= W_1(w_{22.1};\, n-2)\,W_{p-1}(w_{ij.12};\, n-3)\,N_{p-1}(u_{i.21}). \end{aligned}$$

Also erhält man in symbolischer Schreibweise

$$\begin{aligned} W_{p+1}(w_{ij};n-1)\Delta_1\Delta_2 &= W_1(w_{11};n-1)\,W_1(w_{22.1};n-2)\,\times \\ &\times W_{p-1}(w_{ij.12};\,n-3)\,N_{p-1}(u_{i.21})\,N_p(u_{i.1}). \end{aligned} \tag{6.15}$$

Durch Induktion gelangen wir zu der Beziehung

$$\begin{aligned} &W_{p+1}(w_{ij};\, n-1)\prod_{i=1}^{p}\Delta_i = \\ &= \prod_{k=1}^{p+1} W_1(w_{kk.1\ldots k-1};\, n-k)\prod_{k=0}^{p-1} N_{p-k}(u_{i.k+1\ldots 1}). \end{aligned} \tag{6.16}$$

(6.16) besagt also insbesondere, daß $w_{11}, w_{22.1}, \ldots, w_{p+1\,p+1.1\ldots p}$ unabhängig voneinander verteilt sind. Von allen diesen $p+1$ zufälligen Variablen sind für $1 \leq k \leq p$ die $p-k+1$ zufälligen Variablen $(\boldsymbol{u}_{i.k\ldots 1})$[6.4] unabhängig, die überdies auch untereinander unabhängig sind. Für $1 \leq j \leq p+1$ ist $\boldsymbol{w}_{jj.1\ldots j-1}/\sigma^2_{j.1\ldots j-1}$ nach χ^2 mit $n-j$ Freiheitsgraden verteilt, und die $(\boldsymbol{u}_{i.p-k\ldots 1})$ sind für $0 \leq k \leq p-1$, $(k+1)$-dimensional normal verteilt.

Daraus leiten wir nun mühelos die Verteilung von $\boldsymbol{b}_{p+1\,p.1\ldots p-1}$ her. Wie wir eben gezeigt haben, ist die Dichte der gemeinsamen Verteilung von $\boldsymbol{w}_{pp.1\ldots p-1}$ und $\boldsymbol{u}_{p+1.p\ldots 1}$ für $-\infty < x < \infty$, $0 < y < \infty$, durch

$$C(n,p)\exp\left(-y/(2\sigma^2_{p.1\ldots p-1})\right)\left[(y/\sigma^2_{p.1\ldots p-1})^{\frac{n-p}{2}-1}\right]\times$$
$$\times\exp\left(-\frac{1}{2}\,x^2/\sigma^2_{p+1.1\ldots p}\right) \qquad (6.17)$$

gegeben. Dabei ist

$$C(n,p) = \left[\sigma^2_{p.1\ldots p-1} 2^{(n-p)/2}\,\Gamma\left((n-p)/2\right)(2\pi)^{1/2}\sigma_{p+1.1\ldots p}\right]^{-1}.$$

Wenn man die Folge der Transformationsgleichungen (6.4) und (6.14) induktiv fortsetzt (wodurch man schließlich zu (6.16) gelangt), dann erkennt man auch, daß die folgende Beziehung zwischen den zufälligen Variablen $\boldsymbol{u}_{p+1.1\ldots p}$, $\boldsymbol{b}_{p+1\,p.1\ldots p-1}$ und $\boldsymbol{w}_{pp.1\ldots p-1}$ besteht:

$$\boldsymbol{u}_{p+1.1\ldots p} = \boldsymbol{w}^{1/2}_{pp.1\ldots p-1}(\boldsymbol{b}_{p+1p.1\ldots p-1} - \beta_{p+1p.1\ldots p-1}). \quad (6.18)$$

Um daher aus (6.17) die Verteilung von $\boldsymbol{b}_{p+1p.1\ldots p-1} - \beta_{p+1p.1\ldots p-1}$ zu gewinnen, machen wir die Transformation

$$x = u^{1/2}(z - \beta_{p+1p.1\ldots p-1})$$
$$y = u$$

welche $-\infty < x < \infty$, $y > 0$ in $u > 0$, $-\infty < z < \infty$ überführt und die Funktionaldeterminante $\sqrt{u}$ besitzt. Mit den Ab-

6.4 Das Symbol $(\boldsymbol{u}_{i.k\ldots 1})$ steht für die $(p-k+1)$-dimensionale zufällige Variable $(\boldsymbol{u}_{p+1.k\ldots 1}, \ldots, \boldsymbol{u}_{k+1.k\ldots 1})$.

kürzungen

$$\beta_{p+1p.1\ldots p-1} = \varepsilon_p, \quad \sigma^2_{p.1\ldots p-1} = \tau^2_p, \quad \sigma^2_{p+1.1\ldots p} = \tau^2_{p+1}$$

erhält man durch Integration über u für die Dichte von $\boldsymbol{b}_{p+1p.1\ldots p-1} - \varepsilon_p$ nach leichter Rechnung

$$\tau_p \tau_{p+1}^{-1} \Gamma\big((n-p+1)/2\big)\big[\Gamma\big((n-p)/2\big)\,\Gamma(^1/_2)\big]^{-1} \times$$
$$\times\left(1 + \frac{\tau_p^2 (z-\varepsilon_p)^2}{\tau_{p+1}^2}\right)^{-\frac{n-p+1}{2}}, \quad -\infty < z < \infty. \tag{6.19}$$

Die Dichten von $\boldsymbol{b}_{p+1i.1\ldots(i-1)(i+1)\ldots p}$, $1 \leq i \leq p-1$, erhält man in ganz analoger Weise. Es ergibt sich dann leicht

$$E(\boldsymbol{b}_{p+1i.1\ldots(i-1)(i+1)\ldots p} - \beta_{p+1i.1\ldots(i-1)(i+1)\ldots p}) = 0$$

$1 \leq i \leq p$, d. h. $\boldsymbol{b}_{p+1i.1\ldots(i-1)(i+1)\ldots p}$ ist erwartungstreue Schätzung für $\beta_{p+1i.1\ldots(i-1)(i+1)\ldots p}$ in Analogie zum Ergebnis von Satz 1.1. Um eine einfache Hypothese über $\beta_{p+1p.1\ldots p-1}$ zu testen, wird man allerdings nur dann von der durch (6.19) gegebenen Verteilung Gebrauch machen können, wenn τ_p und τ_{p+1} gegebene positive Zahlen sind. Es ist daher auch praktisch von Bedeutung, daß man eine andere Verteilung herleiten kann, welche eine Hypothese über einen Regressionskoeffizienten zu testen gestattet, wenn — kurz gesagt — die Matrix D (oder gleichbedeutend die Kovarianzmatrix) in (6.1) unbekannt ist. Es wird sich eine neue Anwendung der t-Verteilung ergeben. Man erhält, wenn wir uns der Einfachheit halber wieder auf den Regressionskoeffizienten $\beta_{p+1p.1\ldots p-1}$ beschränken, einen für die Nullhypothese

$$\{\beta_{p+1p.1\ldots p-1} = \gamma_0, \ \gamma_0 \text{ reell, } D \text{ positiv definit, sonst beliebig}\}$$

ähnlichen Test.

Gemäß (6.16) und (6.18) sind $\boldsymbol{w}^{1/2}_{pp.1\ldots p-1}(\boldsymbol{b}_{p+1p.1\ldots p-1} - - \beta_{p+1p.1\ldots p-1})$ nach $N(0, \sigma^2_{p+1.1\ldots p})$ und $\boldsymbol{w}_{p+1p+1.1\ldots p}/\sigma^2_{p+1.1\ldots p}$ davon unabhängig nach Chiquadrat mit $n-p-1$ Freiheitsgraden verteilt. Somit ist, wenn die Nullhypothese zugrunde liegt,

$$\frac{\boldsymbol{w}^{1/2}_{pp.1\ldots p-1}(\boldsymbol{b}_{p+1p.1\ldots p-1} - \gamma_0)\,(n-p-1)^{1/2}}{\boldsymbol{w}^{1/2}_{p+1p+1.1\ldots p}}$$

nach t mit $n-p-1$ Freiheitsgraden verteilt.

Dies ermöglicht es, auch ohne Kenntnis der Kovarianzmatrix der durch (6.1) definierten Verteilung, die Hypothese

$$\varrho_{p+1p.1\ldots p-1} = 0 \tag{6.20}$$

mittels der Teststatistik $r_{p+1p.1\ldots p-1}$ zu testen. (6.20) hat nämlich nach (5.12) $\beta_{p+1p.1\ldots p-1} = 0$ zur Folge. Unter dieser Hypothese ist aber

$$\frac{w_{pp.1\ldots p-1}^{1/2}\, b_{p+1p.1\ldots p-1}(n-p-1)^{1/2}}{w_{p+1p+1.1\ldots p}^{1/2}}$$

nach t mit $n - p - 1$ Freiheitsgraden verteilt.

Andererseits lehrt eine leichte Rechnung, daß die Gleichung

$$\frac{w_{pp.1\ldots p-1}^{1/2}\, b_{p+1p.1\ldots p-1}}{w_{p+1p+1.1\ldots p}^{1/2}} = \frac{r_{p+1p.1\ldots p-1}}{\sqrt{1 - r_{p+1p.1\ldots p-1}^2}}$$

gilt.

Die verwendete Methode gestattet es auch, die Verteilung des multiplen Stichprobenkorrelationskoeffizienten herzuleiten, wenn für $1 \leq i \leq p$

$$\beta_{p+1i.1\ldots(i-1)(i+1)\ldots p} = 0 \tag{6.21}$$

gilt. Dabei ist dieser in Analogie zur Beziehung (5.10) durch

$$\hat{K}_{p+1} = \left(1 - |w_{ij}|_{1p+1}^{1p+1} \left(w_{p+1p+1} |w_{ij}|_{1p}^{1p}\right)^{-1}\right)^{1/2} \tag{6.22}$$

gegeben. (6.21) für $1 \leq i \leq p$ hat übrigens, wie sich aus (5.3) und (5.10) ergibt, $K_{p+1} = 0$ zur Folge. Wir werden jedoch später die Verteilung von $\hat{K}_{p+1}$ ohne die Voraussetzung (6.21) herleiten. Wir wollen jedoch die gewonnenen Ergebnisse noch an dem praktisch wichtigen Fall $p = 1$ illustrieren.

Ausgangspunkt ist also eine zweidimensionale Normalverteilung, deren Dichte für $(y_1, y_2) \in R_2$ durch

$$(|d_{ij}|_{12}^{12})^{1/2} (2\pi)^{-1} e^{-1/2 \sum\limits_{i,j=1}^{2} y_i y_j d_{ij}} \tag{6.23}$$

gegeben ist, wobei $(d_{ij})_{12}^{12}$ als positiv definit vorausgesetzt wird. Die Kovarianzmatrix $(\sigma_{ij})_{12}^{12}$ werde auch mit $\begin{pmatrix}\sigma_1^2 & \sigma_{12}\\ \sigma_{21} & \sigma_2^2\end{pmatrix}$ bezeichnet. Es gilt dann

$$d_{11} = \left(\sigma_1^2(1 - \varrho_{12}^2)\right)^{-1} \tag{6.24}$$

$$d_{21} = d_{12} = -\varrho_{12}/\left(\sigma_1 \sigma_2 (1 - \varrho_{12}^2)\right) \tag{6.25}$$

$$d_{22} = \left(\sigma_2^2(1 - \varrho_{12}^2)\right)^{-1}, \tag{6.26}$$

wobei ϱ_{12} der gewöhnliche Korrelationskoeffizient ist. Somit kann man statt (6.23) auch schreiben:

$$\left(2\pi\sigma_1\sigma_2(1-\varrho_{12}^2)^{1/2}\right)^{-1} \exp\left(-\frac{1}{2}\left(\frac{y_1^2}{\sigma_1^2} - \frac{2\varrho_{12}y_1y_2}{\sigma_1\sigma_2} + \frac{y_2^2}{\sigma_2^2}\right)(1-\varrho_{12}^2)^{-1}\right). \tag{6.27}$$

Aus (6.27) folgt der

Satz 6.1: *Wenn die gemeinsame Verteilung der zufälligen Variablen η_1 und η_2 zweidimensional normal ist, dann hat das Verschwinden des Korrelationskoeffizienten ϱ_{12} sogar die Unabhängigkeit von η_1 und η_2 zur Folge.*

$\xi_1, \ldots, \xi_n$, $n \geq 3$, seien nun zweidimensionale unabhängige zufällige Variable, welche alle dieselbe Verteilung besitzen, deren Dichte im R_2 durch (6.27) gegeben sei. Wir schreiben wieder $\xi_l = (\xi_{1l}, \xi_{2l})$. Die Dichte von $(\boldsymbol{w}_{11}, \boldsymbol{w}_{12}, \boldsymbol{w}_{22})$ ist dann, sofern sie nicht verschwindet, im R_3 durch

$$W_2(w_{ij}; n-1) = \left(|d_{ij}|_{12}^{12}\right)^{(n-1)/2} \left(2^{n-1}\pi^{1/2}\Gamma\left((n-1)/2\right)\Gamma\left((n-2)/2\right)\right)^{-1} \times$$
$$\times \left(|w_{ij}|_{12}^{12}\right)^{(n-4)/2} e^{-1/2 \sum_{i,j=1}^{2} d_{ij} w_{ij}}$$

mit $w_{ij} = w_{ji}$ gegeben.

Die Transformationsgleichungen (6.4) lauten nun

$$\left.\begin{aligned} w_{22.1} &= w_{22} - w_{12} w_{21}/w_{11} \\ u_{2.1} &= w_{11}^{1/2}(b_{21} - \beta_{21}) \\ w_{11} &= w_{11} \end{aligned}\right\}. \tag{6.28}$$

b_{21} ist der Stichprobenregressionskoeffizient, der durch $b_{21} = w_{21}/w_{11}$ definiert ist. $\beta_{21} = \sigma_{12}/\sigma_1^2$ löst die Aufgabe, $E[(\xi_{2l} - \delta\xi_{1l})^2]$ für $-\infty < \delta < \infty$ zum Minimum zu machen (die natürlich von l mit $1 \leq l \leq n$ nicht abhängt).

Durch Spezialisierung von (5.8) auf den Fall $p = 1$ erhält man leicht

$$\sigma_{2.1}^2 = \sigma_1^2 \sigma_2^2 (1 - \varrho_{12}^2) / \sigma_1^2 = \sigma_2^2 (1 - \varrho_{12}^2)$$

und damit

$$|d_{ij}|_{12}^{12} = \left(\sigma_1^2 \sigma_2^2 (1 - \varrho_{12}^2)\right)^{-1} = (\sigma_1^2 \sigma_{2.1}^2)^{-1}.$$

Die symbolische Beziehung

$$W_2(w_{ij}; n-1)\, w_{11}^{1/2} = W_1(w_{11}; n-1)\, W_1(w_{22.1}; n-2)\, N_1(u_{2.1}), \quad (6.29)$$

auf welche uns (6.28) führt, lautet also ausführlich:

$$W_2(w_{ij}; n-1)\, w_{11}^{1/2} = \left(\left(2^{(n-1)/2} \Gamma\left((n-1)/2\right) \sigma_1^2\right)^{-1} e^{-\frac{1}{2} w_{11}/\sigma_1^2} (w_{11}/\sigma_1^2)^{\frac{n-1}{2}-1}\right) \times$$
$$\times \left(\left(2^{(n-2)/2} \Gamma\left((n-2)/2\right) \sigma_{2.1}^2\right)^{-1} e^{-\frac{1}{2} w_{22.1}/\sigma_{2.1}^2} (w_{22.1}/\sigma_{2.1}^2)^{\frac{n-2}{2}-1}\right) \times$$
$$\times \left(\left((2\pi)^{\frac{1}{2}} \sigma_{2.1}\right)^{-1} e^{-\frac{1}{2} u_{2.1}/\sigma_{2.1}^2}\right)$$

Die auf S. 378 und 479 gewonnenen Ergebnisse über die Verteilung des Stichprobenregressionskoeffizienten kleiden wir für den Spezialfall $p = 1$ in einen Satz.

Satz 6.2[6.5]**:** $\xi_1, \ldots, \xi_n$, *seien* $n \geq 3$ *unabhängige zweidimensionale zufällige Variable, welche jede dieselbe Verteilung besitzen, deren Dichte im* R_2 *durch* (6.27) *gegeben sei. Dann besitzt* $\boldsymbol{b}_{21} - \beta_{21}$ *eine Verteilung mit der Dichte*

$$\sigma_1 (\sigma_{2.1})^{-1} \Gamma(n/2) \left(\Gamma\left((n-1)/2\right) \Gamma(^1/_2)\right)^{-1} \left(1 + \sigma_1^2 (z - \beta_{21})^2 / \sigma_{2.1}^2\right)^{-\frac{n}{2}}$$
$$-\infty < z < \infty.$$

Überdies ist die zufällige Variable

$$\frac{\boldsymbol{w}_{11}^{1/2} (\boldsymbol{b}_{21} - \beta_{21})}{\boldsymbol{w}_{22.1}^{1/2}} (n-2)^{1/2}$$

nach t mit $n - 2$ *Freiheitsgraden verteilt.*

[6.5] Zuerst gefunden von V. Romanovsky, Bull. Acad. Sci. USSR, Sér. Math. 20, 643–646 (1926) und K. Pearson, Proc. Roy. Soc. London, Ser. A, 112, 1–14 (1926).

Diese Sätze gelten natürlich ebenso, wenn man annimmt, daß die Verteilung von ξ_l, $1 \leq l \leq n$, einen beliebigen Mittelwertsvektor a besitzt. Somit erhält man also zur Irrtumswahrscheinlichkeit α für die Nullhypothese

$$\{-\infty < a < \infty, \quad 0 < \sigma_1^2 < \infty, \quad 0 < \sigma_2^2 < \infty, \quad -\infty < \sigma_{12} < \infty,$$

$$\sigma_1^2\sigma_2^2 - \sigma_{12} > 0, \quad \beta_{21} = \frac{\sigma_{12}}{\sigma_1^2} = \gamma_0, \ \gamma_0 \text{ beliebig reell}\}$$

eine ähnliche kritische Region im R_{2n} der Gestalt

$$\left\{(x_{1l}, x_{2l}), 1 \leq l \leq n : \left| w_{11}^{1/2}(b_{21} - \gamma_0)\,(n-2)^{1/2}/w_{22.1}^{1/2}\right| \geq \tau_\alpha\right\},$$

wobei τ_α in der Bezeichnung von I. (29.3) durch

$$1 - \int_{-\tau_\alpha}^{\tau_\alpha} h_{n-2}(t)\,dt = \alpha \tag{6.30}$$

definiert wird.

Der *Stichprobenkorrelationskoeffizient* ist nun durch

$$r_{21} = w_{21}/(w_{11}w_{22})^{1/2}$$

definiert. Es gilt dann der

Satz 6.3: *Unter den Voraussetzungen des Satzes* 6.2 *ist die zufällige Variable* $\boldsymbol{r}_{12}(n-2)^{1/2}(1-\boldsymbol{r}_{12}^2)^{-1/2}$ *nach t mit* $n-2$ *Freiheitsgraden verteilt, wenn* $\varrho_{12} = 0$ *ist.*

Kombiniert man Satz 6.1 mit Satz 6.3, dann erhält man einen Test zur Prüfung der Unabhängigkeit zweier normal verteilter (eindimensionaler) Grundgesamtheiten. Genauer liefert also $\left\{(x_{1l}, x_{2l}),\ 1 \leq l \leq n : \left|r_{12}(n-2)^{1/2}(1-r_{12}^2)^{-1/2}\right| \geq \tau_\alpha\right\}$ eine ähnliche kritische Region zur Irrtumswahrscheinlichkeit α für die Nullhypothese

$$-\infty < a < \infty, \quad 0 < \sigma_i^2 < \infty, \quad i = 1,2, \quad \sigma_{12}/\sigma_1\sigma_2 = \varrho_{12} = 0.$$

Dabei ist τ_α gemäß (6.30) bestimmt.

Nun beschäftigen wir uns, wie angekündigt, mit der Verteilung des multiplen Stichprobenkorrelationskoeffizienten. Wir schicken einen Satz voraus, dem auch selbständiges Interesse zukommt:

Satz 6.4: *ξ sei eine k-dimensionale normal verteilte zufällige Variable, deren Dichte im R_k durch*

$$|D|^{1/2}(2\pi)^{-k/2}e^{-1/2(x-a)'D(x-a)} \tag{6.31}$$

gegeben ist, wobei $a \neq 0$ und D positiv definit ist. Dann ist die zufällige Variable $\xi' D \xi$ nach einer nicht zentralen χ^2-Verteilung mit k Freiheitsgraden und Parameter $a' Da$ verteilt.

Beweis: Setzt man die Transformationen III. (11.6) und III. (11.8) zusammen, dann sieht man, daß man eine Transformation $x = Bz$ so wählen kann, daß $x'Dx$ in $z'z$ übergeführt wird. Überdies existiert B^{-1}. Es ist dann

$$B'DB = \begin{pmatrix} 1 & 0 & \dots & 0 \\ 0 & 1 & \dots & 0 \\ \dots & \dots & \dots & \dots \\ 0 & 0 & \dots & 1 \end{pmatrix}.$$

Wir definieren nun eine k-dimensionale zufällige Variable ζ durch $\zeta = B^{-1}\xi$. Dann ist

$$E(\zeta) = B^{-1}a. \tag{6.32}$$

Für die Verteilungsdichte von ζ erhält man aus (6.31) für jedes $z \in R_k$

$$(2\pi)^{-k/2}\exp\left(-\frac{1}{2}(z - E(\zeta))'(z - E(\zeta))\right).$$

Schreibt man also $\zeta = (\zeta_1, \dots, \zeta_k)$, dann erkennt man daraus, daß die zufälligen Variablen ζ_i, $1 \le i \le k$, unabhängig sind. $\zeta'\zeta$ und $\xi' D\xi$ haben aber dieselbe Verteilung. Diese ist nach III., S. 198ff. und (6.32) eine nicht zentrale Chiquadrat-Verteilung mit k Freiheitsgraden und dem Parameter $(B^{-1}a)'(B^{-1}a) = a'Da$, wie zu beweisen war.

Nun kommen wir zum eigentlichen Ziel unserer Überlegungen. Wir greifen wieder auf die Bezeichnungen zurück, welche wir auf S. 471 und 480 eingeführt haben, und zeigen den

Satz 6.5: *$\xi_1, \dots, \xi_n$ seien $n \ge p + 2 \ge 3$, $(p+1)$-dimensionale unabhängige zufällige Variable, welche jede dieselbe Normalverteilung*

besitzen, deren Dichte für $x \in R_{p+1}$ *durch*

$$|D|^{1/2}(2\pi)^{-(p+1)/2} e^{-1/2(x-a)'D(x-a)}$$

gegeben ist, wobei $D = (d_{ij})_{1p+1}^{1p+1}$ *positiv definit ist. Dann ist die Dichte der Verteilung von* $\hat{\boldsymbol{K}}^2_{p+1}$ *durch*

$$C(n,p)\,u^{\frac{p}{2}-1}(1-u)^{(n-p-3)/2}\sum_{l=0}^{\infty}(u\,c(p))^l \frac{\left[\left((l-1)+\frac{n-1}{2}\right)\cdot\ldots\cdot\left(\frac{n-1}{2}\right)\right]^2}{l!\left[\left(\frac{p}{2}+(l-1)\right)\cdot\ldots\cdot\frac{p}{2}\right]} \tag{6.33}$$

$$0 < u < 1$$

$$0 \qquad \textit{sonst}$$

gegeben. Dabei ist

$$C(n,p) = \Gamma((n-1)/2)\left(\Gamma(p/2)\Gamma((n-p-1)/2)\right)^{-1}\left(\frac{\sigma^2_{p+1.1\ldots p}}{\sigma_{p+1p+1}}\right)^{\frac{n-1}{2}}$$

und

$$c(p) = (\sigma_{p+1p+1} - \sigma_{p+1.1\ldots p})/\sigma_{p+1p+1}.$$

Mit $(\sigma_{ij})_{1p+1}^{1p+1}$ *bezeichnen wir die Kovarianzmatrix* D^{-1}.

Beweis: Wir wenden die Methode an, mit der wir den Satz 3.5 bewiesen haben. Wir fassen also zunächst $\hat{\boldsymbol{K}}^2_{p+1}$ nur als Funktion der zufälligen Variablen $\xi_{p+11}, \ldots, \xi_{p+1n}$ auf, wobei

$$\xi_l = (\xi_{1l}, \ldots, \xi_{p+1l}), \quad 1 \leq l \leq n.$$

Die übrigen zufälligen Variablen ersetzen wir durch reelle Zahlen x_{ij}, $1 \leq i \leq p$, $1 \leq j \leq n$. Die so erhaltene Verteilung von $\hat{\boldsymbol{K}}^2_{p+1}$ [6.6] fassen wir dann als bedingte Verteilung unter der Hypothese $\xi_{ij} = x_{ij}$, $1 \leq i \leq p$, $1 \leq j \leq n$ auf. Damit gelangen wir dann zur Behauptung des Satzes.

Wir bedienen uns der in 1. eingeführten Bezeichnungen. Zunächst soll der Ausdruck

$$\left(1 - |w_{ij}|_{1p+1}^{1p+1}/(w_{p+1p+1}\,|w_{ij}|_{1p}^{1p})\right)$$

umgeformt werden. Aus (2.17) und (2.18) folgt in etwas ausführ-

---

[6.6] Es ist natürlich nicht ganz korrekt, hier das Symbol $\hat{\boldsymbol{K}}^2_{p+1}$ zu benutzen, doch sind Irrtümer wohl ausgeschlossen.

licherer Schreibweise

$$w_{p+1\,p+1} = \sum_{l=1}^{n} \left(x_{p+1\,l} - \hat{b}_0 - \sum_{j=1}^{p} \hat{b}_j x_{jl} \right)^2 + \sum_{i,j=1}^{p} w_{ij} \hat{b}_i \hat{b}_j .$$

(2.20) lautet in derselben Schreibweise:

$$\sum_{l=1}^{n} (x_{p+1\,l} - \hat{b}_0 - \sum_{j=1}^{p} \hat{b}_j x_{jl})^2 = |w_{ij}|_{1\,p+1}^{1\,p+1} \left(|w_{ij}|_{1p}^{1p} \right)^{-1} .$$

Dann erhalten wir nach leichter Rechnung

$$\hat{K}_{p+1}^2 = \sum_{i,j=1}^{p} w_{ij} \hat{b}_i \hat{b}_j \left(\sum_{l=1}^{n} \left(x_{p+1\,l} - \hat{b}_0 - \sum_{j=1}^{p} \hat{b}_j x_{jl} \right)^2 + \sum_{i,j=1}^{p} w_{ij} \hat{b}_i \hat{b}_j \right)^{-1} . \tag{6.34}$$

Nun bestimmen wir die gemeinsame Verteilung von $\hat{\boldsymbol{b}}_1, \ldots, \hat{\boldsymbol{b}}_p$. Wir wiederholen, daß die $\hat{\boldsymbol{b}}_i$ wie in **1.** definiert sind und kurz gesagt nur Funktionen der zufälligen Variablen $\xi_{p+1\,l}$, $1 \leq l \leq n$, sind. Sofern $|w_{ij}|_{1p}^{1p} > 0$ ist, ist die Dichte der Verteilung der p-dimensionalen zufälligen Variablen $(\hat{\boldsymbol{b}}_1, \ldots, \hat{\boldsymbol{b}}_p)$ für alle $(z_1, \ldots, z_p) \in \boldsymbol{R}_p$ durch

$$(2\pi)^{-p/2} \frac{\left(|w_{ij}|_{1p}^{1p} \right)^{1/2}}{\sigma} e^{-\frac{1}{2\sigma^2} \sum_{i,j=1}^{p} (z_i - \beta_i)(z_j - \beta_j) w_{ij}} \tag{6.35}$$

gegeben. Dabei sind σ^2 und β_j, $1 \leq j \leq p$, gemäß (1.13) definiert. Dies lehren der auf die Kovarianz bezügliche Teil des Satzes 1.1 in der auf S. 429 gegebenen speziellen Form zusammen mit einer sinngemäßen Anwendung von I., Satz 36.2, sowie die (1.13) vorangehende Bemerkung.

Aus Satz 5.1 und der anschließenden Bemerkung über die Regressionsfunktion einer Normalverteilung ergibt sich nun, daß die β_j Regressionskoeffizienten sind und auch durch die rechte Seite von (5.3) gegeben werden. Es gilt also auch

$$\sigma^2 = |\sigma_{ij}|_{1\,p+1}^{1\,p+1} / |\sigma_{ij}|_{1p}^{1p} . \tag{6.36}$$

Auf S. 434 wurde gezeigt, daß $\frac{1}{\sigma^2} \sum_{l=1}^{n} \left(\xi_{p+1\,l} - \hat{\boldsymbol{b}}_0 - \sum_{j=1}^{p} \hat{\boldsymbol{b}}_j x_{jl} \right)^2$ nach Chiquadrat mit $n-p-1$ Freiheitsgraden und unabhängig von $(\hat{\boldsymbol{b}}_1, \ldots, \hat{\boldsymbol{b}}_p)$ verteilt ist. Da die Dichte von $(\hat{\boldsymbol{b}}_1, \ldots, \hat{\boldsymbol{b}}_p)$ im $\boldsymbol{R}_p$

durch (6.35) gegeben ist, lehrt also eine sinngemäße Anwendung des Satzes 6.4, daß $\sum_{i,j=1}^{p} w_{ij} \hat{\boldsymbol{b}}_i \hat{\boldsymbol{b}}_j$ nach einer nichtzentralen χ^2-Verteilung mit p Freiheitsgraden und Parameter $\frac{1}{\sigma^2} \sum_{i,j=1}^{p} w_{ij}\beta_i\beta_j$ verteilt ist, und zwar unabhängig von $\sum_{l=1}^{n}\left(\xi_{p+1l} - \hat{\boldsymbol{b}}_0 - \sum_{j=1}^{p} \hat{\boldsymbol{b}}_j x_{jl}\right)^2$. Für die Dichte der gemeinsamen Verteilung dieser beiden zufälligen Variablen hat man also

$$K(n,p) e^{-\lambda/2} e^{-\frac{1}{2} y/\sigma^2} (y/\sigma^2)^{\frac{n-p-1}{2}-1} e^{-x/2\sigma^2} (x/\sigma^2)^{(p-2)/2} \int_0^{\pi} e^{\frac{1}{\sigma}\sqrt{x\lambda}\cos\vartheta} \sin^{p-2}\vartheta\, d\vartheta$$
$$x > 0, \; y > 0 \qquad (6.37)$$
$$0 \qquad \text{sonst}$$

mit

$$K(n,p) = \sigma^{-4}\, 2^{-(n-1)/2} \left(\Gamma((n-p-1)/2)\right)^{-1} \pi^{-1/2} \left(\Gamma((p-1)/2)\right)^{-1}$$

und

$$\lambda = \sum_{i,j=1}^{p} \beta_i \beta_j w_{ij} / \sigma^2 . \qquad (6.38)$$

Wir formen (6.37) noch etwas um. Es ist nämlich

$$\int_0^{\pi} e^{\frac{1}{\sigma}\sqrt{x\lambda}\cos\vartheta} \sin^{p-2} d\vartheta = \int_0^{\pi} \sum_{k=0}^{\infty} \frac{1}{k!} \left(\sqrt{x}\, \frac{\sqrt{\lambda}}{\sigma} \cos\vartheta\right)^k \sin^{p-2}\vartheta\, d\vartheta,$$

also

$$\int_0^{\pi} e^{\frac{1}{\sigma}\sqrt{x\lambda}\cos\vartheta} \sin^{p-2}\vartheta\, d\vartheta = \sum_{l=0}^{\infty} \left(\frac{x\lambda}{\sigma^2}\right)^l \frac{\Gamma((p-1)/2)\, \Gamma((2l+1)/2)}{(2l)!\, \Gamma((p+2l)/2)}. \qquad (6.39)$$

Die gliedweise Integration läßt sich leicht durch die gleichmäßige Konvergenz der Reihenentwicklung (bei festen x, σ^2 und λ) rechtfertigen. Unter Bedachtnahme auf (6.34) gewinnen wir nun die bedingte Verteilung von $\hat{\boldsymbol{K}}^2_{p+1}$ aus (6.37) mittels der Transformation $u = x/(x+y)$, $v = y/\sigma^2$, welche $x > 0$, $y > 0$ in $0 < u < 1$, $0 < v < \infty$ überführt. Für die Funktionaldeterminante ergibt sich $v\sigma^4(1-u)^{-2}$. Berücksichtigen wir (6.39) und integrieren wir über v, dann erhalten wir nach leichter Rechnung für die Dichte der gesuchten Verteilung, sofern sie nicht verschwindet,

$$e^{-\lambda/2}\left(\Gamma(^1/_2)\Gamma\left((n-p-1)/2\right)\right)^{-1} u^{\frac{p}{2}-1}(1-u)^{(n-p-3)/2}\sum_{l=0}^{\infty}(2u\lambda)^l \times$$
$$\times\frac{\Gamma(l+{}^1/_2)\Gamma\left((n+2l-1)/2\right)}{\Gamma(2l+1)\Gamma(l+p/2)}, \qquad 0<u<1.$$

Nun ist

$$\Gamma\left(l+\frac{n-1}{2}\right)\Gamma(l+{}^1/_2)\left(\Gamma(2l+1)\Gamma(l+p/2)\right)^{-1}=$$
$$=\frac{\left(l-1+\frac{n-1}{2}\right)\cdot\ldots\cdot\left((n-1)/2\right)\Gamma\left((n-1)/2\right)(l-{}^1/_2)\cdot\ldots\cdot{}^1/_2\,\Gamma(^1/_2)}{l!\,2^{2l}(l-{}^1/_2)\cdot\ldots\cdot{}^1/_2\left(\frac{p}{2}+l-1\right)\cdot\ldots\cdot\frac{p}{2}\Gamma\left(\frac{p}{2}\right)}$$

und somit erhalten wir also für die Dichte

$$\frac{\Gamma\left((n-1)/2\right)}{\Gamma(p/2)\,\Gamma\left((n-p-1)/2\right)}e^{-\lambda/2}u^{\frac{p}{2}-1}(1-u)^{(n-p-3)/2}\times$$
$$\times\sum_{l=0}^{\infty}\left(\frac{\lambda u}{2}\right)^l\frac{\left(l-1+\frac{n-1}{2}\right)\cdot\ldots\cdot\left(\frac{n-1}{2}\right)}{\left(\frac{p}{2}+l-1\right)\cdot\ldots\cdot\frac{p}{2}\,l!}, \qquad 0<u<1$$
$$0 \qquad\qquad \text{sonst}. \tag{6.40}$$

Wie unser Beweisprogramm vorschreibt, fassen wir jetzt (6.40) als Dichte der bedingten Verteilung von $\hat{\boldsymbol{K}}^2_{p+1}$ unter der Hypothese $\xi_{il}=x_{il}$, $1\le i\le p$, $1\le l\le n$ auf. Dazu beachten wir, daß wir an Stelle von (6.38) genauer hätten schreiben sollen:

$$\lambda(x_{11},\ldots,x_{p1},\ldots,x_{1n},\ldots,x_{pn})=$$
$$=\sum_{i,j=1}^{p}\beta_i\beta_j w_{ij}(x_{11},\ldots,x_{p1},\ldots,x_{1n},\ldots,x_{pn})/\sigma^2.$$

In (6.40) treten die x_{il}, $1\le i\le p$, $1\le l\le n$ nur in λ auf. Es genügt also, die gemeinsame Verteilung von $\hat{\boldsymbol{K}}^2_{p+1}$ und $\sum_{i,j=1}^{p}\beta_i\beta_j\boldsymbol{w}_{ij}$ zu betrachten, wobei jetzt $\hat{\boldsymbol{K}}^2_{p+1}$ eine Funktion aller zufälligen Variablen ξ_{kl}, $1 \leq k \leq p+1$, $1 \leq l \leq n$ ist und die w_{ij} für $1 \leq i, j \leq p$ Funktionen der zufälligen Variablen ξ_{kl}, $1 \leq k \leq p$, $1 \leq l \leq n$ sind. Die Dichte der gesuchten gemeinsamen Verteilung ergibt sich, wenn man (6.40) mit der Dichte der Verteilung von $\sum_{i,j=1}^{p} \beta_i \beta_j w_{ij}$ multipliziert. Diese Dichte kann man so erhalten: Für $1 \leq l \leq n$ sind die zufälligen Variablen $\sum_{i=1}^{p} \beta_i (\xi_{il} - a_i)$ unabhängig voneinander und normal verteilt. Überdies ist

$$E\left[\left(\sum_{i=1}^{p} \beta_i (\xi_{il} - a_i)\right)^2\right] = \sum_{i,j=1}^{p} \beta_i \beta_j \sigma_{ij}.$$

Da wir uns überlegt haben, daß die β_j, $1 \leq j \leq p$, die Gleichungen (5.2) erfüllen, ist $\sum_{i,j=1}^{p} \beta_i \beta_j \sigma_{ij} = \sum_{i=1}^{p} \beta_i \sigma_{ip+1}$, also gilt nach (5.3) und (5.8) schließlich

$$\sigma_{p+1p+1} - \sigma_{p+1.1\ldots p}^2 = \sum_{i,j=1}^{p} \beta_i \beta_j \sigma_{ij}. \tag{6.41}$$

Wenn wir also $\eta_l = \sum_{i=1}^{p} \beta_i (\xi_{il} - a_i)$, $1 \leq l \leq n$ schreiben, dann ist $\sum_{i,j=1}^{p} \beta_i \beta_j w_{ij} = \sum_{l=1}^{n} (\eta_l - \bar{\eta})^2$. Somit ist nach II., Korollar zu Satz 4.3:

$$\sum_{l=1}^{n} (\eta_l - \bar{\eta})^2 / (\sigma_{p+1p+1} - \sigma_{p+1.1\ldots p}^2)$$

nach χ^2 mit $n-1$ Freiheitsgraden verteilt. Die Dichte von $\frac{1}{\sigma^2} \sum_{i,j=1}^{p} \beta_i \beta_j w_{ij}$ ist also durch

$$\begin{cases} \sigma^2 (\sigma_{p+1p+1} - \sigma_{p+1.1\ldots p}^2)^{(n-1)/2} \left(\Gamma((n-1)/2)\right)^{-1} \times \\ \times \left(\dfrac{\lambda \sigma^2}{\sigma_{p+1p+1} - \sigma_{p+1.1\ldots p}}\right)^{\frac{n-1}{2}-1} \times \\ \times \exp\left(-\dfrac{1}{2} \lambda \sigma^2 / (\sigma_{p+1p+1} - \sigma_{p+1.1\ldots p}^2)\right), & \lambda > 0 \\ 0 & \lambda < 0 \end{cases}$$

gegeben. Wir multiplizieren dies mit (6.40) und integrieren über λ von 0 bis ∞. Wieder ist gliedweise Integration wegen der absoluten Konvergenz der integrierten Reihe gestattet, und wir erhalten nach leichter Rechnung (6.33), wenn wir noch (6.36) heranziehen[6.7].

Wir schließen noch einige Bemerkungen an. Aus (5.10) folgt leicht $\frac{\sigma_{p+1\,p+1} - \sigma^2_{p+1.1\ldots p}}{\sigma_{p+1\,p+1}} = K^2_{p+1}$. Die Regressionskoeffizienten β_i haben wir früher mit $\beta_{p+1\,i.1\ldots(i-1)(i+1)\ldots p}$, $1 \le i \le p$, bezeichnet. Wegen (6.41) verschwindet K^2_{p+1} genau dann, wenn alle $\beta_{p+1\,i.1\ldots(i-1)(i+1)\ldots p}$ verschwinden. In diesem Falle ist aber die Verteilung von $\hat{\boldsymbol{K}}^2_{p+1}$, wenn die Voraussetzungen des Satzes 6.4 sonst unverändert zutreffen, durch eine $B\big(p/2, (n-p-1)/2\big)$ gegeben, wie man aus (6.33) leicht folgert. Dies gestattet einen Test für die Hypothese $\beta_{p+1\,i.1\ldots(i-1)(i+1)\ldots p} = 0$, $1 \le i \le p$, zu definieren, welcher nicht die Kenntnis irgendwelcher anderer Parameter der durch (6.31) gegebenen Verteilung voraussetzt. Es handelt sich also um einen ähnlichen Test.

Man findet leicht, daß die bedingte Verteilung von $\hat{\boldsymbol{K}}^2_{p+1}$ unter der Hypothese $\xi_{il} = x_{il}$, $1 \le i \le p$, $1 \le l \le n$, unter der Annahme $K_{p+1} = 0$ ebenfalls eine $B\big(p/2, (n-p-1)/2\big)$ ist, wie man auch die reellen Zahlen x_{il} wählt. Ein ähnlicher Sachverhalt ist uns schon begegnet (vgl. S. 453 ff.)[6.8].

Wir spezialisieren (6.33) noch für den Fall $p = 1$. Der Stichprobenkorrelationskoeffizient und der multiple Stichprobenkorrelationskoeffizient stimmen in diesem Fall überein. Wir erhalten[6.9] dann für die Dichte von $\boldsymbol{r}^2_{21} = \boldsymbol{w}^2_{12}(\boldsymbol{w}_{11}\boldsymbol{w}_{22})^{-1}$, sofern sie nicht verschwindet:

$$\frac{\Gamma((n-1)/2)}{\pi^{1/2}\Gamma((n-2)/2)}(1-\varrho^2_{12})^{(n-1)/2}u^{-1/2}(1-u)^{(n-4)/2}\sum_{l=0}^{\infty}(u\varrho^2_{12})^l \times$$

$$\times\frac{\left[\left(l-1+\frac{n-1}{2}\right)\cdot\ldots\cdot\left(\frac{n-1}{2}\right)\right]^2}{l!\,(l-1/2)\cdot\ldots\cdot 1/2}, \qquad 0 < u < 1.$$

6.7 Diese Verteilung wurde zuerst von R. A. FISHER, Proc. Roy. Soc. London, Ser. A, 121, 654—673 (1928) gefunden.

6.8 Darauf hat, auch in anderen Fällen, R. A. FISHER aufmerksam gemacht. Vgl. R. A. FISHER, Metron 3, 90—104 (1925).

6.9 R. A. FISHER, Biometrika 10, 507—521 (1915).

Wir schließen mit einer allgemeinen Bemerkung: Für die Herleitung der meisten Verteilungen, welche mit der mehrdimensionalen Normalverteilung zusammenhängen, ist es wesentlich, daß die Dichte der Normalverteilung $n \geq 1$ unabhängiger zufälliger Variabler mit derselben Verteilung gegenüber orthogonaler Transformationen invariant ist. (Vgl. I., Satz 27.2.) Man kann daher erwarten, daß die Eigenschaften der orthogonalen Transformationsgruppen bei der Herleitung der genannten Verteilungen eine wichtige Rolle spielen. Dieser Gedanke ist in mehreren Arbeiten systematisch ausgenützt worden, worauf wir jedoch nicht mehr eingehen[6.10].

[6.10] A. T. JAMES, Ann. math. Statistics 25, 40—76 (1954); A. G. CONSTANTINE u. A. T. JAMES, Ann. math. Statistics 29, 1146—1166 (1958); A. T. JAMES, Ann. math. Statistics 31, 151—158 (1960); A. T. JAMES, Ann. math. Statistics 32, 874 bis 882 (1961) u. a.

Siebentes Kapitel

Einführung in die nichtparametrischen Theorien

1. Ordnungsschätzungen. In den vorhergehenden Kapiteln haben wir vielfach von der Voraussetzung Gebrauch gemacht, daß die Menge Γ aller Parameter eine (offene oder abgeschlossene) Teilmenge eines R_n, $n \geq 1$, ist. Außerdem haben wir bei wesentlichen Ergebnissen der bisher dargestellten Theorien der Likelihood-Funktion Stetigkeits- und Differenzierbarkeitsforderungen auferlegt. Seit einiger Zeit beschäftigt man sich intensiv mit den sogenannten nichtparametrischen Methoden. Einzelne Ansätze in dieser Richtung reichen allerdings schon sehr weit zurück. Bedeutende Fortschritte in neuester Zeit verdankt man angloamerikanischen, holländischen und sowjetrussischen Statistikern[1.1]. Die Bezeichnung „nichtparametrisch" ist nicht sehr glücklich gewählt. Auch ist es nicht leicht, eine befriedigende Definition dieses Begriffes zu geben. Man kann sich etwa damit begnügen, einen Test oder eine Schätzmethode nichtparametrisch zu nennen, wenn es sich um Probleme handelt, bei denen keine solche Voraussetzung über Γ gemacht wird wie die oben angegebenen[1.2].

Wir führen nun den Begriff der Ordnungsschätzungen oder Ordnungsgrößen ein, welcher für die nichtparametrischen Methoden und darüber hinaus für die gesamte mathematische Statistik von erheblicher Bedeutung ist. Es sei $(x_1, \ldots, x_n)$ ein beliebiges (gemäß den Indizes geordnetes) n-Tupel reeller Zahlen, $n \geq 1$. Für

---

[1.1] Vgl. den Bericht von D. van Dantzig und J. Hemelrijk, Bull. Intern. Stat. 34, 239—267 (1954). Ein Bericht über nichtparametrische Test- und Schätzverfahren findet sich auch bei L. Schmetterer, J.-Ber. Deutsch. Math.-Verein 61, 104—126 (1959). Einen breiteren Ausschnitt aus den nichtparametrischen Theorien bietet das Buch von D. A. S. Fraser, Nonparametric Methods in Statistics, John Wiley & Sons—Chapman & Hall, New York-London 1957.

[1.2] Vgl. E. Ruist, Ark. Mat. 3, 133—163 (1955). Eine eingehende Analyse des Begriffes „nichtparametrisch" ist bei M. G. Kendall und R. M. Sundrum, Revue Inst. internat. Statist. 21, 124—134 (1953) gegeben. Vgl. auch III., S. 236—237.

$j = 1, \ldots, n$ bezeichnen wir mit Z_j irgendeine Auswahl $(x_{i_1}, \ldots, x_{i_j})$ aus diesem n-Tupel von j Elementen, die etwa nach ihren Indizes geordnet sein mögen. Es mag sein, daß x_{i_l} für gewisse l mit $1 \leq l \leq j$ dieselbe reelle Zahl ist. Unterschieden werden die x_{i_j} jedoch durch ihre Indizes. In diesem Sinne gibt es $\binom{n}{j}$ verschiedene Z_j, die wir zur Unterscheidung mit $Z_j^{(i)}$, $1 \leq i \leq \binom{n}{j}$, bezeichnen. Nun definieren wir folgende Funktionen:

Für jedes $x = (x_1, \ldots, x_n) \in R_n$ sei

$$z_1(x) = \min Z_n^{(1)}$$

$$\cdots\cdots\cdots\cdots$$

$$z_j(x) = \max\left(\min Z_{n-j+1}^{(1)}, \ldots, \min Z_{n-j+1}^{\binom{n}{j-1}}\right)$$

$$\cdots\cdots\cdots\cdots\cdots\cdots\cdots\cdots$$

$$z_n(x) = \max\left(\min Z_1^{(1)}, \ldots, \min Z_1^{(n)}\right).$$

Es sei $Z_j^{(i)}$ für $2 \leq j \leq n$ beliebig gewählt. Mit $Z_{j-1}^{(i)}$ bezeichne man eine beliebige Teilfolge von $Z_j^{(i)}$ mit $j-1$ Elementen. Dann ist $\min Z_j^{(i)} \leq \min Z_{j-1}^{(i)}$, und daraus folgt für jedes $x \in R_n$

$$z_1(x) \leq z_2(x) \leq \cdots \leq z_n(x). \tag{1.1}$$

Weiter kann man jedem $x \in R_n$ eine Permutation $(r_1(x), \ldots, r_n(x))$ von $(1, \ldots, n)$ zuordnen, welche folgende Eigenschaft hat:

$$z_{r_j}(x) = x_j, \quad 1 \leq j \leq n. \tag{1.2}$$

Falls in (1.1) nur Kleinerzeichen stehen, ist die Permutation $(r_1(x), \ldots, r_n(x))$ eindeutig bestimmt. Man bezeichnet die $r_i(x)$, $1 \leq i \leq n$, als *Ranggrößen* von x. Die Abbildung $x \to (r_1(x), \ldots, r_n(x))$ ist also nicht für alle $x \in R_n$ eindeutig definiert. Man kann aber nach Bedarf die Definition auch für jene x ergänzen, für welche in (1.1) mindestens ein Gleichheitszeichen steht. Dazu wählt man für solche x irgendeine der gemäß (1.2) definierten Permutationen von x aus. Es sei nun ξ eine n-dimensionale zufällige Variable. Dann bezeichnet man die zufälligen Variablen $z_i \circ \xi$, $1 \leq i \leq n$, als *Ordnungsgrößen*. Diese Bezeichnung erscheint durch (1.1) gerechtfertigt. Ist also x eine Realisation der zufälligen Variablen ξ

und ordnet man die Stichprobenwerte steigend der Größe nach, dann erhält man eine Realisation von $z_1 \circ \xi, \ldots, z_n \circ \xi$. Mit S_n bezeichnen wir die Gruppe der Permutationen von n Elementen und mit Π_n ein Element von S_n, welches $(1, \ldots, n)$ etwa in $(i_1, \ldots, i_n)$ überführe. Wir verstehen dann für jedes $x \in R_n$ unter $\Pi_n x$ das Element $(x_{i_1}, \ldots, x_{i_n})$. Es gilt das folgende sehr einfache

Lemma 1.1: *Es sei F eine über dem R_n definierte Vf., welche gegenüber der Gruppe S_n invariant ist. Es sei $M \in \mathfrak{B}_n$ und $\Pi_n M = \{\Pi_n x : x \in M\}$. Dann folgt auch $\Pi_n M \in \mathfrak{B}_n$ für jedes $\Pi_n \in S_n$. Überdies ist das zu F gehörige Wahrscheinlichkeitsmaß W_F invariant*[1.3] *gegenüber der Gruppe S_n, d. h. es ist stets $W_F(M) = W_F(\Pi_n M)$.*

Beweis: Voraussetzungsgemäß gilt für jedes $x \in R_n$ und jedes $\Pi_n \in S_n$

$$F(x) = F(\Pi_n x). \tag{1.3}$$

Es sei zunächst

$$M = (a_1, b_1] \times \cdots \times (a_n, b_n]. \tag{1.4}$$

Bezeichnet man die Komponenten von $\Pi_n x$ mit $(\Pi_n x)_i$, $1 \leq i \leq n$, dann folgt leicht

$$\Pi_n M = \big((\Pi_n a)_1, (\Pi_n b)_1\big] \times \cdots \times \big((\Pi_n a)_n, (\Pi_n b)_n\big].$$

Nun ist aber

$$W_F(M) = \Delta_1 \cdots \Delta_n F(a) \tag{1.5}$$

und

$$W_F(\Pi_n M) = \Delta_1 \cdots \Delta_n F(\Pi_n a). \tag{1.6}$$

Dabei hat man in (1.5) in der Bezeichnung von I. (9.2) $h_i = b_i - a_i$ und in (1.6) $h_i = (\Pi_n b)_i - (\Pi_n a)_i$, $1 \leq i \leq n$, zu wählen. Wegen (1.3) folgt also für alle Mengen der Gestalt (1.4) die behauptete Invarianz. Es sei nun

$$\mathfrak{M} = \{M : M \in \mathfrak{B}_n, \Pi_n M \in \mathfrak{B}_n \text{ für alle } \Pi_n \in S_n\}.$$

$\mathfrak{M}$ enthält alle n-dimensionalen Intervalle der Gestalt (1.4) und den R_n. Es sei $M_i \in \mathfrak{M}$, $i = 1, 2, \ldots$, und $M_i \cap M_j = \emptyset$, $i \neq j$. Dann

[1.3] Vgl. III., S. 283. Lemma 1.1 kann als Illustration zu den dort durchgeführten Überlegungen angesehen werden.

gilt auch $\bigcup_{i=1}^{\infty} M_i \in \mathfrak{M}$. Aus $M_i \cap M_j = \Phi$ folgt nämlich auch $\Pi_n M_i \cap \Pi_n M_j = \Phi$, $i \neq j$. Weiter ist $\bigcup_{i=1}^{\infty} \Pi_n M_i = \Pi_n \bigcup_{i=1}^{\infty} M_i$. Daher ist $\Pi_n \bigcup_{i=1}^{\infty} M_i \in \mathfrak{B}_n$.

Ist weiter $M, N \in \mathfrak{M}$, dann folgt auch $M - N \in \mathfrak{M}$, wie man ebenso leicht sieht. Damit ist gezeigt, daß $\mathfrak{M}$ eine σ-Algebra ist, welche alle Intervalle enthält. Somit ist $\mathfrak{M} = \mathfrak{B}_n$. Weiter ist die Abbildung $M \to W_F(\Pi_n M)$ für jedes $\Pi_n \in S_n$ ein Wahrscheinlichkeitsmaß über $(R_n, \mathfrak{B}_n)$, welches auf allen Intervallen der Gestalt (1.4) mit W_F übereinstimmt. Satz III liefert somit die behauptete Invarianz.

Für das Weitere führen wir eine Reihe von nützlichen *Bezeichnungen* ein. Es sei $\mathfrak{F}$ die Menge aller, C die Menge aller stetigen, C_m die Menge aller streng monoton wachsenden stetigen Vfen. Weiter sei $\mathfrak{F}_{(1/2)}$ die Menge aller Vfen. mit dem Median 0 und $\mathfrak{F}_s$ die Menge aller bzgl. 0 symmetrischen Vfen. Wir bezeichnen mit $_*\mathfrak{F}$ die Menge aller Wahrscheinlichkeitsverteilungen über $(R_1, \mathfrak{B}_1)$ und mit $_*C$ die Teilmenge aller Wahrscheinlichkeitsverteilungen mit stetiger Vf. usw. Weiter sei $\mathfrak{F}^{(nn)}$ die Menge aller n-dimensionalen Vfen. der Gestalt $(x_1, x_2, \ldots, x_n) \to F(x_1) F(x_2) \cdots F(x_n)$ mit $F \in \mathfrak{F}$. Mit $_*\mathfrak{F}^{(nn)}$ bezeichnen wir die Menge aller n-fachen Produkte ein und desselben Wahrscheinlichkeitsmaßes aus $\mathfrak{F}$ mit sich selbst, $n \geq 2$. Eine sinngemäß analoge Bedeutung haben auch $C^{(nn)}$ usw. Hingegen bedeutet $\prod_{i=1}^{n} {_*\mathfrak{F}^{(i)}}$ die Menge aller n-dimensionalen Produkte von Wahrscheinlichkeitsmaßen über $(R_1, \mathfrak{B}_1)$ und $\prod_{i=1}^{n} \mathfrak{F}^{(i)}$ bezeichnet die Menge der entsprechenden Vfen. Die Bedeutung von $\prod_{i=1}^{n} C^{(i)}$ und ähnlichen Symbolen versteht sich nun von selbst.

Wir beweisen jetzt den

Satz 1.1: *Es seien $\xi_1, \ldots, \xi_n$, $n \geq 1$, unabhängige zufällige Variable, welche alle dieselbe Vf. $F \in C$ besitzen. Dann ist die Vf. der gemeinsamen Verteilung von $\xi^{(n)} = (\xi_1, \ldots, \xi_n)$ invariant gegenüber der Gruppe S_n. Überdies besitzt die n-dimensionale zufällige Variable $r \circ \xi^{(n)} = (r_1 \circ \xi^{(n)}, \ldots, r_n \circ \xi^{(n)})$ eine diskrete Gleichverteilung. Dabei ist es ohne Belang, wie man die Ranggrößen für jene Elemente des R_n erklärt, wo sie nicht eindeutig festliegen.*

Beweis: Für jedes $x \in R_n$ ist die Vf. von $\xi^{(n)}$ durch $F^{(n)}(x) = \prod_{i=1}^{n} F(x_i)$ gegeben. Für jede Permutation $(i_1, \ldots, i_n)$ von $(1, \ldots, n)$ gilt $\prod_{i=1}^{n} F(x_i) = \prod_{j=1}^{n} F(x_{i_j})$, also auch $F^{(n)}(x) = F^{(n)}(\Pi_n x)$. Für den Beweis der zweiten Behauptung führen wir die Schreibweise $r \circ \xi^{(n)} = \boldsymbol{r}^{(n)}$ und $r_i \circ \xi^{(n)} = \boldsymbol{r}_i$ ein, die wir auch späterhin benützen werden. Wir haben zu zeigen, daß $W(\boldsymbol{r}_1 = i_1, \ldots, \boldsymbol{r}_n = i_n) = 1/n!$ für alle Permutationen $(i_1, \ldots, i_n)$ gilt. Die Ranggrößen sind genau für jene $x \in R_n$ nicht eindeutig erklärt, für welche eine Teilmenge $\{j_1, \ldots, j_r\}$ von $\{1, \ldots, n\}$ mit $2 \leq r \leq n$ existiert, so daß $x_{j_1} = x_{j_2} = \cdots = x_{j_r}$ gilt. Nun ist aber

$$W(\xi_{j_1} = \xi_{j_2} = \cdots = \xi_{j_r}) \leq W(\xi_{j_1} = \xi_{j_2}). \tag{1.7}$$

Es ist aber $W(\xi_{j_1} - \xi_{j_2} = 0) = 0$ für beliebige $j_1 \neq j_2$, da die Vf. von $\xi_{j_1} - \xi_{j_2}$ stetig ist, wie leicht aus I., Satz 24.2, folgt. Also ist wegen (1.7) die Vereinigung N_n aller Mengen des R_n, für welche die Ranggrößen nicht eindeutig erklärt sind, eine $W_{\xi^{(n)}}$-Nullmenge. Bezeichnet man mit $(j_1, \ldots, j_n)$ die zu $(i_1, \ldots, i_n)$ inverse Permutation, dann ist also

$$W(\boldsymbol{r}_1 = i_1, \ldots, \boldsymbol{r}_n = i_n) = \underset{-\infty < x_{j_1} < x_{j_2} < \cdots < x_{j_n} < \infty}{\int \cdots\cdots \int} d\,F^{(n)}(x)\,.$$

Benützt man aber mit $M = \{x : -\infty < x_{j_1} < \cdots < x_{j_n} < \infty\}$ das Lemma 1.1, dann folgt

$$1 = \sum_{\Pi_n \in S_n} \int_{\Pi_n M} d\,F^{(n)}(x) = n!\, W_{\xi^{(n)}}(M).$$

Damit ist der Satz vollständig bewiesen.

Es ist bequem, neben den Ranggrößen auch die entsprechenden Funktionen zu betrachten, welche man durch Übergang zur inversen Permutation erhält. Wir erklären nämlich für jedes $x \in R_n$ die *konjugierten Ranggrößen* $s_j(x)$, $1 \leq j \leq n$, welche durch $z_j(x) = x_{s_j(x)}$ erklärt sind. Hinsichtlich der Definition der Abbildung $x \to s_j(x)$ für alle $x \in R_n$ gilt eine ähnliche Bemerkung wie für die Ranggrößen. Wenn $\xi^{(n)}$ eine n-dimensionale zufällige Variable ist, schreiben wir wieder $\boldsymbol{s}_j$ statt $s_j \circ \xi^{(n)}$, $1 \leq j \leq n$. Offenbar haben bei beliebiger Verteilung von $\xi^{(n)}$ die n-dimensionalen zufälligen Variablen $(\boldsymbol{r}_1, \ldots, \boldsymbol{r}_n)$ und $(\boldsymbol{s}_1, \ldots, \boldsymbol{s}_n)$ dieselbe Verteilung, wenn man in N_n die Definition der Ranggrößen und der konjugierten Ranggrößen zweckmäßig festsetzt. Es seien n_i, $i = 1, 2$, natürliche Zahlen mit

$$n_1 + n_2 = n. \tag{1.8}$$

Wir definieren für jedes $x \in R_n$ und $1 \leq i \leq n$

$$\varepsilon\big(s_i(x)\big) = \begin{cases} 0 & s_i(x) = 1, \ldots, n_1 \\ 1 & s_i(x) = n_1 + 1, \ldots, n \end{cases}. \tag{1.9}$$

Wir beweisen den

Satz 1.2: *Es sei* $\mathfrak{e} = (\varepsilon_1, \ldots, \varepsilon_n)$ *ein n-Tupel reeller Zahlen, so daß genau n_1-mal $\varepsilon_i = 0$ und genau n_2-mal $\varepsilon_j = 1$ gilt. Dann gilt unter den Voraussetzungen des Satzes* 1.1

$$W\big((\varepsilon(\boldsymbol{s}_1), \ldots, \varepsilon(\boldsymbol{s}_n)) = \mathfrak{e}\big) = 1\Big/\binom{n}{n_1}. \tag{1.10}$$

Beweis: Es sei $\varepsilon_{j_1} = \cdots = \varepsilon_{j_{n_1}} = 0$. Wir müssen die Menge aller $x \in R_n - N_n$ betrachten, so daß für irgendeine Permutation $(i_1, \ldots, i_{n_1})$ von $(1, \ldots, n_1)$ und irgendeine Permutation $(k_1, \ldots, k_{n_2})$ von $(n_1 + 1, \ldots, n)$ jedes $z_{j_m}(x)$ mit x_{i_m}, $1 \leq m \leq n_1$, und jede der übrigen Ordnungsgrößen mit genau einem x_{k_l}, $1 \leq l \leq n_2$, übereinstimmt. Unter Benützung des Resultates von Satz 1.1 ergibt sich daher

$$W\big((\varepsilon(\boldsymbol{s}_1), \ldots, \varepsilon(\boldsymbol{s}_n)) = \mathfrak{e}\big) = n_1!\, n_2!/(n_1 + n_2)!$$

und das ist gleichbedeutend mit (1.10).

Offenbar spielen beim Beweis des Satzes 1.2 die speziellen, in (1.9) getroffenen Festsetzungen keine Rolle. Ersetzt man 0 durch ein Element a einer Menge und 1 durch ein von a verschiedenes Element b dieser Menge, dann erhält man wieder (1.10), wenn man die Definition von $\mathfrak{e}$ sinngemäß abändert.

Später werden wir Satz 1.2 verallgemeinern. (Vgl. S. 554.)

Im Satz 1.1 haben wir angenommen, daß alle zufälligen Variablen ξ_i, $1 \leq i \leq n$, dieselbe Verteilung besitzen. Für viele Probleme, wie etwa die Berechnung der Gütefunktion im Problem der zwei Stichproben (Vgl. S. 166), ist es wichtig, diese Voraussetzung fallen zu lassen. Dazu wollen wir aber zunächst einige Resultate über die Verteilung der Ordnungsschätzungen herleiten.

Wir zeigen den

Satz 1.3: *$\xi_1, \ldots, \xi_n$ seien $n \geq 2$ unabhängige zufällige Variable mit derselben Vf. $F \in \mathfrak{F}$. Dann ist die Vf. G_i der i-ten Ordnungsschätzung* $z_i \circ \xi^{(n)}$, $1 \leq i \leq n$, durch

$$G_i(x) = \frac{n!}{(i-1)!\,(n-i)!} \int\limits_0^{F(x)} t^{i-1}(1-t)^{n-i}\,dt, \quad x \in R_1 \qquad (1.11)$$

gegeben.

Beweis: Für jedes $x \in R_1$ definieren wir eine zufällige Variable η_x mit diskreter Verteilung. Sie besitze genau die Massenpunkte l/n, $l = 1, \ldots, n$. $W(\eta_x = l/n)$ soll gleich der Wahrscheinlichkeit sein, daß $\xi_j \leq x$ für genau l zufällige Variable ξ_j gilt. Nach S. 105 gilt also

$$W(\eta_x = l/n) = \binom{n}{l} (F(x))^l (1 - F(x))^{n-l}, \qquad 1 \leq l \leq n.$$

Nun ist $G_i(x) = W(z_i \circ \xi^{(n)} \leq x)$ für jedes $x \in R_1$. Diese Wahrscheinlichkeit stimmt aber mit $W(\eta_x \geq i/n)$ überein. Beide Ausdrücke stellen nämlich die Wahrscheinlichkeit dar, daß $\xi_j \leq x$ für mindestens i zufällige Variable ξ_j gilt.

Es ist also $G_i(x) = \sum\limits_{l=i}^{n} \binom{n}{l} (F(x))^l ((1 - F(x))^{n-l}$, und damit liefert eine Anwendung von I. (32.9) die Behauptung.

Wir zeigen nun einen Satz, der eine wesentliche Grundlage für die wichtige Stellung der Ordnungsschätzungen im Rahmen der nichtparametrischen Theorien darstellt. Dazu beweisen wir zunächst einen Hilfssatz.

Lemma 1.2: *Es sei h eine über dem R_1 definierte nicht abnehmende Funktion. Es seien $\xi_1, \ldots, \xi_n$, $n \geq 2$ beliebige zufällige*

Variable. Es sei $\eta_i = h \circ \xi_i$, $1 \leq i \leq n$. *Dann ist für* $i = 1, \ldots, n$

$$h \circ (z_i \circ \xi^{(n)}) = z_i(\eta_1, \ldots, \eta_n)$$

Der Beweis folgt unmittelbar daraus, daß $h(x_i) < h(x_j)$, $x_i < x_j$ impliziert. Jetzt zeigen wir den

Satz 1.4: *Es sei* $F \in C$ *und* $F(x) = 0$ *für* $x \leq a$, $F(x) = 1$ *für* $x \geq b$. *Überdies sei* F *in* $[a, b]$ *streng monoton.* $a = -\infty$ *und* $b = \infty$ *sind zugelassen*[1.4]. $\xi_1, \ldots, \xi_n$, $n \geq 2$, *seien unabhängige zufällige Variable, welche dieselbe Vf.* F *besitzen. Dann ist die zufällige Variable* $F(z_i \circ \xi^{(n)})$ *nach einer* $B(i, n-i+1)$, $1 \leq i \leq n$, *verteilt. Das Resultat ist auch richtig, wenn nur* $F \in C$ *vorausgesetzt wird.*

Beweis: Zur Rechtfertigung der ersten Behauptung ziehe man I., Satz 11.1, heran. Danach ist $\eta_i = F \circ \xi_i$ gleichverteilt, für $1 \leq i \leq n$. Nach Lemma 1.2 ist $z_i(\eta_1, \ldots, \eta_n) = F(z_i(\xi_1, \ldots, \xi_n))$. Damit gibt eine Anwendung des Satzes 1.3 in diesem Fall die Behauptung. Zum Beweis der zweiten Behauptung genügt es, wieder nach Lemma 1.2, zu zeigen, daß $\eta_i = F \circ \xi_i$ für $1 \leq i \leq n$ gleichverteilt ist. Konstruiert man aber gemäß III., Lemma 5.2, zu F die Funktion u_F, dann erfüllt diese wegen der Stetigkeit von F die Bedingung $F(u_F(y)) = y$, für alle $y \in (0, 1)$, wie man sich leicht überlegt. Daraus folgt ohne Schwierigkeit:

$$W(F \circ \xi_i < y) = W(\xi_i < u_F(y)) = y \qquad \text{für} \qquad y \in (0, 1)$$

wie zu beweisen war.

Wir zeigen nun den

Satz 1.5: $\eta_1, \ldots, \eta_n$ *seien* $n \geq 2$ *unabhängige zufällige Variable, welche gleichverteilt sind. Dann ist mit* $\eta^{(n)} = (\eta_1, \ldots, \eta_n)$ *die Dichte der n-dimensionalen zufälligen Variablen* $(z_1 \circ \eta^{(n)}, \ldots, z_n \circ \eta^{(n)})$ *durch*

$$h(y_1, \ldots, y_n) = \begin{cases} n! & 0 < y_1 \leq y_2 \leq \cdots \leq y_n < 1 \\ 0 & \text{sonst} \end{cases} \tag{1.12}$$

gegeben. Für die Randverteilung von $(z_{l_1} \circ \eta^{(n)}, z_{l_2} \circ \eta^{(n)}, \ldots, z_{l_i} \circ \eta^{(n)})$

[1.4] Für $a = -\infty$ oder $b = \infty$ ist die Definition von F in trivialer Weise zu modifizieren.

mit $1 \leq l_1 < l_2 < \cdots < l_i \leq n$ *erhält man die Dichte*

$$h^{(i)}(y_{l_1}, y_{l_2}, \ldots, y_{l_i}) =$$

$$= \begin{cases} \dfrac{n!}{(l_1-1)!\,(l_2-l_1-1)! \cdots (l_i-l_{i-1}-1)!\,(n-l_i)!} \left(y_{l_1}^{l_1-1} (y_{l_2}-y_{l_1})^{l_2-l_1-1}\right) \ldots \\ \qquad \ldots (y_{l_i}-y_{l_{i-1}})^{l_i-l_{i-1}-1} (1-y_{l_i})^{n-l_i} \\ \quad \text{für} \qquad 0 < y_{l_1} \leq y_{l_2} \cdots \leq y_{l_i} < 1 \\ 0 \qquad \text{sonst}. \end{cases} \tag{1.13}$$

Beweis: Die Behauptung über das Verschwinden von h ist trivial. Im übrigen gilt genau dann

$$z_1 \circ \eta^{(n)} \leq y_1,\ z_2 \circ \eta^{(n)} \leq y_2,\ \ldots,\ z_n \circ \eta^{(n)} \leq y_n,$$

wenn für irgendeine Permutation $(i_1, \ldots, i_n)$ von $(1, \ldots, n)$

$$\eta_{i_1} \leq y_1,\ \eta_{i_2} \leq y_2,\ \ldots,\ \eta_{i_n} \leq y_n$$

gilt. Also folgt in Analogie zum zweiten Teil des Beweises von Satz 1.1

$$W(z_1 \circ \eta^{(n)} \leq y_1,\ z_2 \circ \eta^{(n)} \leq y_2,\ \ldots,\ z_n \circ \eta^{(n)} \leq y_n) = n!\ y_1 y_2 \cdots y_n$$

für $0 < y_1 \leq y_2 \leq \cdots \leq y_n < 1$, und dies impliziert (1.12). Für die Berechnung der Randverteilungsdichte $h^{(i)}$ erhalten wir aus (1.12) für $0 < y_{l_1} \leq y_{l_2} \leq \cdots \leq y_{l_i} < 1$

$$h^{(i)}(y_{l_1}, y_{l_2}, \ldots, y_{l_i}) = n! \int_0^{y_{l_1}} dy_{l_1-1} \int_0^{y_{l_1-1}} dy_{l_1-2} \cdots$$

$$\cdots \int_0^{y_2} dy_1 \int_{y_{l_1}}^{y_{l_2}} dy_{l_2-1} \int_{y_{l_1}}^{y_{l_2-1}} dy_{l_2-2} \cdots \int_{y_{l_1}}^{y_{l_1+2}} dy_{l_1+1} \cdots \int_{y_{l_{i-1}}}^{y_{l_i}} dy_{l_i-1} \times$$

$$\times \int_{y_{l_{i-1}}}^{y_{l_i-1}} dy_{l_i-2} \cdots \int_{y_{l_{i-1}}}^{y_{l_{i-1}+2}} dy_{l_{i-1}+1} \int_{y_{l_i}}^{1} dy_n \int_{y_{l_i}}^{y_n} dy_{n-1} \cdots \int_{y_{l_i}}^{y_{l_i+2}} dy_{l_i+1}$$

und daraus folgt nach leichter Rechnung auch der nichttriviale Teil von (1.13).

Wir gehen jetzt von n unabhängigen zufälligen Variablen $\xi_1, \ldots, \xi_n$ aus, deren jede dieselbe Verteilung mit der Dichte f besitze. Es sei $f > 0$ im Intervall (a, b) und $f = 0$ sonst. Die zugehörige Vf. werde mit F bezeichnet. Dann folgt aus (1.13), daß die Dichte der i-dimensionalen zufälligen Variablen

$$(z_{l_1} \circ \xi^{(n)}, z_{l_2} \circ \xi^{(n)}, \ldots, z_{l_i} \circ \xi^{(n)}),$$

sofern sie nicht verschwindet, durch

$$\frac{n!}{(l_1-1)!\,(l_2-l_1-1)!\cdots(l_i-l_{i-1})!\,(n-l_i)!}\big(F(x_{l_1})\big)^{l_1-1} f(x_{l_1}) \times$$
$$\times \big(F(x_{l_2}) - F(x_{l_1})\big)^{l_2-l_1-1} f(x_{l_2}) \cdots \big(F(x_{l_i}) - F(x_{l_{i-1}})\big)^{l_i-l_{i-1}} \times$$
$$\times f(x_{l_i})\big(1 - F(x_{l_i})\big)^{n-l_i} \tag{1.14}$$

gegeben ist[1.5].

Wählen wir in (1.14) $i = 2$, $l_1 = 1$, $l_2 = n$, dann erhalten wir die Verteilung der zweidimensionalen zufälligen Variablen $(z_1 \circ \xi^{(n)}, z_n \circ \xi^{(n)})$, d. h. also die gemeinsame Verteilung des kleinsten und größten Wertes von $\xi_1, \ldots, \xi_n$. Sofern die Dichte dieser Verteilung nicht verschwindet, ist sie durch

$$n(n-1) f(x_1) f(x_n) \big(F(x_n) - F(x_1)\big)^{n-2}, \quad a < x_1 \leq x_n < b \tag{1.15}$$

gegeben.

Die zufällige Variable $\boldsymbol{R}^{(n)} = z_n \circ \xi^{(n)} - z_1 \circ \xi^{(n)}$ bezeichnet man als n-te *Spannweite*. Die Dichte von $\boldsymbol{R}^{(n)}$ erhält man aus (1.15) durch die Transformation

$$u = x_1$$
$$R = x_n - x_1.$$

Wenn man der Einfachheit halber $a = -\infty$ und $b = \infty$ wählt, dann wird durch diese Transformation

$$-\infty < x_1 \leq x_n < \infty \quad \text{in} \quad -\infty < u < \infty, \quad 0 \leq R < \infty$$

[1.5] Genauer gilt (1.14) ohne Stetigkeitsvoraussetzungen über f nur bis auf einer Nullmenge.

übergeführt. Wir integrieren gleich über u und erhalten für die Dichte von $\boldsymbol{R}^{(n)}$

$$n(n-1)\int_{-\infty}^{+\infty} f(u)f(R+u)\big(F(R+u)-F(u)\big)^{n-2}\,du, \quad 0 \leq R < \infty.$$

Wählt man in (1.14) $i = 1$ und $l_1 = j$, dann erhält man für die Dichte von $z_j \circ \xi^{(n)}$

$$\frac{n!}{(j-1)!\,(n-j)!}\,\big(F(x)\big)^{j-1}\big(1-F(x)\big)^{n-j} f(x), \quad -\infty < x < \infty. \tag{1.16}$$

Dies folgt natürlich auch aus (1.11) und sogar ohne jede spezielle Voraussetzung über f.

Praktisch besonders wichtig ist das Beispiel der Normalverteilung. Wir bezeichnen für jedes $z \in R_1$ das Integral $\int_z^{\infty} e^{-y^2/2}\,dy$ mit $\Phi(z)$. Wir nehmen an, daß die zufälligen Variablen $\xi_1, \ldots, \xi_n$ unabhängig nach $N(a, \sigma^2)$ verteilt sind. Benützt man unter dieser Annahme (1.16) für $j = 1$ und $j = n$, dann erhält man nach leichter Rechnung

$$E\big(\boldsymbol{R}^{(n)}; (a, \sigma^2)\big) = \sigma n (2\pi)^{-n/2} \int_{-\infty}^{+\infty} z\big((\Phi(z))^{n-1} - (\Phi(-z))^{n-1}\big)\, e^{-z^2/2}\, dz$$

Wenn man also $\boldsymbol{R}^{(n)}$ durch einen geeigneten Faktor dividiert, erhält man eine erwartungstreue Schätzung für σ, $0 < \sigma < \infty$.

Da eine Realisation von $\boldsymbol{R}^{(n)}$ aus einer Stichprobe außerordentlich einfach zu berechnen ist, kommt dieser Feststellung praktisch gewisse Bedeutung zu.

Wir kehren nun wieder zur Theorie der Ranggrößen zurück. Insbesondere wollen wir den zweiten Teil des Satzes 1.1 verallgemeinern. Es gilt nämlich der

Satz 1.6[1.6]**:** *Es seien $\xi_1, \ldots, \xi_n$, $n \geq 2$, unabhängige zufällige Variable. Für $i = 1, \ldots, n$ besitze ξ_i eine Verteilung mit der Dichte f_i. $\eta_1, \ldots, \eta_n$ seien unabhängige zufällige Variable, deren jede dieselbe Verteilung mit der Dichte f besitzt. Überdies sei die Verteilung von ξ_i total stetig bez. der Verteilung von η_i. Dann gilt mit $\xi^{(n)} = (\xi_1, \ldots, \xi_n)$*

[1.6] Wir verweisen in diesem Zusammenhang vor allem auf W. Hoeffding, Proc. Second Berkeley Symp. math. Statist. Probability 83–92 (1951).

und $\eta^{(n)} = (\eta_1, \ldots, \eta_n)$

$$W(\boldsymbol{r}_1 \circ \xi^{(n)} = i_1, \ldots, \boldsymbol{r}_n \circ \xi^{(n)} = i_n) = \frac{1}{n!} E\left[\frac{f_1(z_{i_1} \circ \eta^{(n)}) \cdots f_n(z_{i_n} \circ \eta^{(n)})}{f(z_{i_1} \circ \eta^{(n)}) \cdots f(z_{i_n} \circ \eta^{(n)})}\right] \quad (1.17)$$

Dabei ist $(i_1, \ldots, i_n)$ *eine Permutation von* $(1, \ldots, n)$.

Beweis: Wenn $(j_1, \ldots, j_n)$ die zu $(i_1, \ldots, i_n)$ inverse Permutation bezeichnet, dann gilt

$$W(\boldsymbol{r}_1 = i_1, \ldots, \boldsymbol{r}_n = i_n) = \int_{-\infty < x_{j_1} < \cdots < x_{j_n} < \infty} \cdots \int f_1(x_1) \cdots f_n(x_n)\, dx$$

Also kann man nach Voraussetzung auch schreiben:

$$W(\boldsymbol{r}_1 = i_1, \ldots, \boldsymbol{r}_n = i_n) = \frac{1}{n!} \int_{-\infty < x_{j_1} < \cdots < x_{j_n} < \infty} \cdots \int \frac{\prod_{i=1}^{n} f_i(x_i)}{\prod_{i=1}^{n} f(x_i)}\, n! \prod_{i=1}^{n} f(x_i)\, dx =$$

$$= \frac{1}{n!} \int_{-\infty < x_1 < \cdots < x_n < \infty} \cdots \int \frac{\prod_{h=1}^{n} f_h(x_{i_h})}{\prod_{h=1}^{n} f(x_{i_h})}\, n! \prod_{i=1}^{n} f(x_i)\, dx.$$

Wendet man (1.14) für $i = n$, $l_j = j$, $1 \leq j \leq n$, auf die zufälligen Variablen $\eta_1, \ldots, \eta_n$ an, dann folgt die behauptete Gleichung (1.17).

Daraus zieht man nun leicht die Folgerung:

Kollorar: *Es sei* ψ *eine nicht abnehmende differenzierbare Funktion von* $[0, 1]$ *in* $[0, 1]$ *mit* $\psi(0) = 0$, $\psi(1) = 1$. *Es seien* n_1, n_2 *natürliche Zahlen mit* $n_1 + n_2 = n$. *Es sei* f *eine Dichte und* F *die dazugehörige Vf.:* $\xi_1, \ldots, \xi_n$ *seien unabhängige zufällige Variable, und zwar seien* ξ_i, $1 \leq i \leq n_1$, *nach* F *und* ξ_j, $n_1 + 1 \leq j \leq n$, *nach* $\psi \circ F$ *verteilt. Weiter sei* $\zeta^{(n)}$ *ein* n*-Tupel unabhängiger zufälliger Variabler, deren jede in* $[0, 1]$ *gleich verteilt ist. Dann ist*

$$W(r_1 \circ \xi^{(n)} = i_1, \ldots, r_n \circ \xi^{(n)} = i_n) = \frac{1}{n!} E\left[\prod_{j=n_1+1}^{n} \psi'(z_{i_j} \circ \zeta^{(n)})\right]. \quad (1.18)$$

Der Beweis folgt durch sinngemäße Anwendung von (1.17). Die Dichte von $\psi \circ F$ ist $(\psi' \circ F) \cdot f$; damit erhält man für die linke Seite von (1.18) den Ausdruck

$$\frac{1}{n!} \int_{-\infty < x_1 < \cdots < x_n < \infty} \cdots \int \prod_{j=n_1+1}^{n} \psi'(F(x_{i_j}))\, n! \prod_{i=1}^{n} f(x_i)\, dx.$$

Führt man in diesem Integral vermöge der Transformation $y_i = F(x_i)$, $1 \leq i \leq n$, neue Variable ein, erhält man das Resultat (1.18).

Der Beweis des Satzes 1.6 lehrt unmittelbar, daß die in (1.17) enthaltene Aussage weitgehender Verallgemeinerung fähig ist. Insbesondere kann man anstatt von Dichten von R.N.-Dichten zu σ-endlichen Maßen ausgehen. Wir führen dies nicht mehr im einzelnen aus.

Die Ordnungsschätzungen geben Anlaß zur Definition einer wichtigen erschöpfenden Transformation. Es sei $\mathfrak{W}_s^{(n)}$ die Menge aller Wahrscheinlichkeitsmaße über $(R_n, \mathfrak{B}_n)$ mit der Eigenschaft:

$$W^{(n)}(\Pi_n A) = W^{(n)}(A), \quad A \in \mathfrak{B}_n, \quad \Pi_n \in S_n. \tag{1.19}$$

Dann gilt der

Satz 1.7: *Die Abbildung $T: x \to (z_1(x), \ldots, z_n(x))$ des R_n in den R_n ist für $\mathfrak{W}_s^{(n)}$ und daher auch für jede Teilmenge von $\mathfrak{W}_s^{(n)}$ erschöpfend.*

Beweis: Es sei $B \in \mathfrak{B}_n$. Dann ist $T^{-1}B = \bigcup_{\Pi_n \in S_n} \Pi_n B = B_1$. Die Menge B_1 ist natürlich symmetrisch, d. h. sie erfüllt die Bedingung $\Pi_n B_1 = B_1$ für jedes $\Pi_n \in S_n$.

Umgekehrt besteht für jedes symmetrische $B \in \mathfrak{B}_n$ die Relation $T^{-1}B = B$. Die σ-Algebra $T^{-1}(\mathfrak{B}_n)$ besteht also genau aus den symmetrischen Borel-Mengen. Es sei f eine über dem R_n integrierbare Funktion, welche für jedes $W^{(n)} \in \mathfrak{W}_s^{(n)}$ $W^{(n)}$-integrierbar sei. Wir definieren für jedes $x \in R_n$ die Funktion $h(x) = \frac{1}{n!} \sum_{\Pi_n \in S_n} f(\Pi_n x)$. h ist $T^{-1}(\mathfrak{B}_n)$-meßbar, wie man sofort sieht. Überdies gilt offenbar für jedes $A \in T^{-1}(\mathfrak{B}_n)$ und jedes $W^{(n)} \in \mathfrak{W}_s^{(n)}$

$$\int_A f\, dW^{(n)} = \int_A h\, dW^{(u)}. \tag{1.20}$$

Es ist also $h = E(f|T)$, und zwar unabhängig von $W^{(n)} \in \mathfrak{W}_s^{(n)}$. Die Konstruktion dieser einfachen erschöpfenden Transformation ist nicht auf den R_n beschränkt. Es sei nämlich $(R^{(n)}, \mathbf{S}^{(n)})$ ein Produktmeßraum von je $n \geq 1$ Exemplaren desselben Meßraumes $(R, \mathbf{S})$ mit sich. Die Abbildung, welche jedem n-Tupel $(x_1, \ldots, x_n) \in R^{(n)}$ die Menge $\{x_1, \ldots, x_n\}$ zuordnet, ist erschöpfend für jede Menge von Wahrscheinlichkeitsmaßen über $(R^{(n)}, \mathbf{S}^{(n)})$, welche für alle $A \in \mathbf{S}^{(n)}$ die (1.19) entsprechende Bedingung erfüllen.

Der Satz 1.7 hat viele Anwendungen in der Testtheorie und in der Schätztheorie, welche etwa auf V., Satz 1.6, beruhen. Eine wichtige Frage ist natürlich die nach der Vollständigkeit der erschöpfenden Transformation T. Wir beweisen in dieser Richtung das folgende Resultat:

Satz 1.8[1.7]: *Es sei $(R, \mathbf{S})$ ein Meßraum und $\mathfrak{H} \subset \mathbf{S}$ eine Halbalgebra, welche $\mathbf{S}$ erzeugt. Es sei $\mathfrak{R}$ der Ring aller Vereinigungen endlich vieler paarweise fremder Mengen aus $\mathfrak{H}$. Es sei μ ein atomfreies beschränktes Maß über $(R, \mathbf{S})$ und $\mathfrak{W}_m$ die Menge aller Wahrscheinlichkeitsmaße über $(R, \mathbf{S})$, welche durch μ dominiert werden und deren R.N.-Dichte bez. μ durch $c_B/\mu(B)$ gegeben ist. Dabei durchlaufe B alle Mengen aus $\mathfrak{R}$ mit $\mu(B) \neq 0$. Es sei $\mathfrak{W}_m^{(n)}$ für $n \geq 1$ die Menge aller Produktmaße über $(R^{(n)}, \mathbf{S}^{(n)})$ von je n Exemplaren desselben Maßes $W \in \mathfrak{W}_m$. Dann ist die oben definierte Abbildung*

$$T : (x_1, \ldots, x_n) \to \{x_1, \ldots, x_n\}$$

vollständig (bez. $\mathfrak{W}_m^{(n)}$).

Beweis: Es sei $\mu^{(n)}$ das n-fache Produkt von μ mit sich selbst. h sei eine über $R^{(n)}$ definierte, bez. der Gruppe S_n invariante und $\mu^{(n)}$-integrierbare Funktion. Insbesondere ist also h $T^{-1}(\mathbf{S}^{(n)})$-meßbar. Wir haben zu zeigen, daß

$$E(h; W^{(n)}) = 0 \tag{1.21}$$

für alle $W^{(n)} \in \mathfrak{W}_m^{(n)}$ die Relation $h(x) = 0$ $\mu^{(n)}$-f. ü. impliziert. Es sei $h^+ = \max(h, 0)$ und $h^- = -\min(h, 0)$, also $h = h^+ - h^-$. Wir wollen zeigen, daß (1.21) zur Folge hat:

[1.7] D. A. S. Fraser, Canad. J. Math. 6, 42—45 (1953). Vgl. auch P. R. Halmos, Ann. math. Statistics 17, 34—43 (1946). Ein interessantes allgemeines Resultat über erschöpfende Transformationen im Zusammenhang mit der Invarianztheorie findet sich bei T. S. Pitcher, Trans. Amer. math. Soc. 85, 166—173 (1957).

Für beliebige $A_i \in \mathfrak{H}$, $1 \leq i \leq n$, ist

$$\int_{A_1} \cdots \int_{A_n} h^+(x_1, \ldots, x_n)\, d\mu(x_1) \cdots d\mu(x_n) =$$
$$= \int_{A_1} \cdots \int_{A_n} h^-(x_1, \ldots, x_n)\, d\mu(x_1) \cdots d\mu(x_n). \tag{1.22}$$

Nehmen wir nämlich einmal an, daß (1.22) im angegebenen Umfang richtig ist und bezeichnen wir für $A^{(n)} \in \mathbf{S}^{(n)}$

$$\int_{A^{(n)}} h^+ d\mu^{(n)} \quad \text{mit} \quad \mu^+(A^{(n)}) \quad \text{und} \quad \int_{A^{(n)}} h^- d\mu^{(n)} \quad \text{mit} \quad \mu^-(A^{(n)}),$$

dann lehrt (1.22), daß die Maße μ^+ und μ^- auf $\underbrace{\mathfrak{H} \times \cdots \times \mathfrak{H}}_{n}$ übereinstimmen. Somit stimmen sie auf $\mathbf{S}^{(n)}$ überein. (Vgl. Satz III und die Bemerkung auf S. 8.) Also ist

$$\int_{A^{(n)}} (h^+ - h^-)\, d\mu^{(n)} = \int_{A^{(n)}} h\, d\mu^{(n)} = 0 \qquad \text{für alle} \quad A^{(n)} \in \mathbf{S}^{(n)}$$

und daraus folgt die Aussage des Satzes.

Nun gehen wir zum Beweis von (1.22) über. Es sei $A_i \in \mathfrak{H}$, $\mu(A_i) \neq 0$, $1 \leq i \leq n$, $n \geq 1$, und zunächst $A_i \cap A_j = \emptyset$, $i \neq j$. Weiter sei

$$A_{i_1 \ldots i_r} = \bigcup_{j=1}^{r} A_{i_j}, \tag{1.23}$$

wobei $\{i_1, \ldots, i_r\}$ eine Teilmenge von $\{1, \ldots, n\}$ ist. Wegen (1.21) gilt für $1 \leq r \leq n$ und jede Menge $A_{i_1 \ldots i_r}$

$$\int_{A_{i_1 \ldots i_r}} \cdots \int_{A_{i_1 \ldots i_r}} h(x_1, \ldots, x_n)\, d\mu(x_1) \cdots d\mu(x_n) = 0$$

oder auch

$$\sum_{j_1=1}^{r} \cdots \sum_{j_n=1}^{r} \int_{A_{i_{j_1}}} \cdots \int_{A_{i_{j_n}}} h(x_1, \ldots, x_n)\, d\mu(x_1) \cdots d\mu(x_n) = 0. \tag{1.24}$$

Nun soll aus (1.24)

$$\int_{A_1}\int_{A_2}\cdots\int_{A_n} h(x_1, x_2, \ldots, x_n)\, d\mu(x_1)\, d\mu(x_2) \cdots d\mu(x_n) = 0 \qquad (1.25)$$

erschlossen werden. Wir beweisen dies durch Induktion nach r. Für $r = 1$ folgt aus (1.24) für $1 \leq i \leq n$

$$\int_{A_i}\int_{A_i}\cdots\int_{A_i} h\, d\mu^{(n)} = 0 .$$

Wir nehmen nun an, daß alle Integrale der Form $\int_{A_{i_1}}\int_{A_{i_2}}\cdots\int_{A_{i_n}} h\, d\mu^{(n)}$ verschwinden, wenn höchstens $n-1$ der Indizes $i_1, \ldots, i_n$ voneinander verschieden sind. Wir beachten, daß sich die einzelnen Integrale in (1.24) nicht ändern, wenn man die $A_{i_{j_l}}$, $1 \leq l \leq n$, irgendwie permutiert. Zusammen mit der Induktionsvoraussetzung folgt daher aus (1.24) für $r = n$

$$n! \int_{A_1}\int_{A_2}\cdots\int_{A_n} h(x_1, x_2, \ldots, x_n)\, d\mu(x_1)\, d\mu(x_2) \cdots d\mu(x_n) = 0 ,$$

also auch (1.25).

Nun behandeln wir den allgemeinen Fall: $A_1, \ldots, A_n$, $n \geq 2$, seien beliebige Mengen aus $\mathfrak{H}$ mit $\mu(A_i) \neq 0$.

Es sei $\varepsilon > 0$ beliebig, aber so gewählt, daß $\mu(R) > \varepsilon$ ist. Die beim Beweis von III., Satz 9.2, durchgeführte Überlegung lehrt die Existenz eines $M_1 \in \boldsymbol{S}$ mit $\mu(M_1) = \varepsilon$. Falls $\mu(R - M_1) > \varepsilon$ ist, kann man in derselben Weise ein $M_2 \in \boldsymbol{S}$ mit $M_2 \subseteq R - M_1$ wählen, so daß $\mu(M_2) = \varepsilon$. Fährt man in dieser Weise fort, erhält man eine endliche Folge von Mengen $M_1^{(\varepsilon)}, M_2^{(\varepsilon)}, \ldots, M_{n_\varepsilon}^{(\varepsilon)}$ mit

$$\bigcup_{i=1}^{n_\varepsilon} M_i^{(\varepsilon)} = R , \qquad (1.26)$$

$$M_i^{(\varepsilon)} \cap M_j^{(\varepsilon)} = \emptyset, \quad 1 \leq i < j \leq n_\varepsilon, \qquad (1.27)$$

$$\mu(M_i^{(\varepsilon)}) \leq \varepsilon, \quad 1 \leq i \leq n_\varepsilon . \qquad (1.28)$$

Dabei gilt in (1.28) mindestens für $1 \leq i \leq n_\varepsilon - 1$ das Gleichheitszeichen.

Zunächst nehmen wir an, daß $M_i^{(\varepsilon)} \in \mathfrak{R}$, $1 \leq i \leq n_\varepsilon$, gilt. Es ist dann wegen (1.26)

$$A_1 \times A_2 \times \cdots \times A_n = \bigcup_{i_1=1}^{n_\varepsilon} \bigcup_{i_2=1}^{n_\varepsilon} \cdots \bigcup_{i_n=1}^{n_\varepsilon} (A_1 \cap M_{i_1}^{(\varepsilon)}) \times (A_2 \cap M_{i_2}^{(\varepsilon)}) \times \cdots \times$$
$$\times (A_n \times M_{i_n}^{(\varepsilon)}).$$

Es folgt

$$\left| \int_{A_1} \int_{A_2} \cdots \int_{A_n} h(x_1, x_2, \ldots, x_n)\, d\mu(x_1)\, d\mu(x_2) \cdots d\mu(x_n) \right| =$$
$$= \left| \sum_{i_1=1}^{n_\varepsilon} \sum_{i_2=1}^{n_\varepsilon} \cdots \sum_{i_n=1}^{n_\varepsilon} \int_{A_1 \cap M_{i_1}^{(\varepsilon)}} \int_{A_2 \cap M_{i_2}^{(\varepsilon)}} \cdots \int_{A_n \cap M_{i_n}^{(\varepsilon)}} h(x_1, x_2, \ldots, x_n)\, d\mu(x_1) \times \right.$$
$$\left. \times\, d\mu(x_2) \cdots d\mu(x_n) \right|.$$

Aus (1.27) folgt durch Benützung von (1.25), daß alle Integrale in dieser Summe verschwinden, welche zu paarweise verschiedenen Indizes $(i_1, \ldots, i_n)$ gehören. Somit läßt sich diese Summe nach oben abschätzen durch

$$\sum_{\substack{1 \leq i < j \leq n \\ 1 \leq k \leq n_\varepsilon}} \int_R \cdots \int_{A_i \cap M_k^{(\varepsilon)}} \cdots \int_{A_j \cap M_k^{(\varepsilon)}} \cdots \int_R |h|\, d\mu^{(n)}. \tag{1.29}$$

Nun ist die für alle $A^{(n)} \in \mathbf{S}^{(n)}$ durch $\nu(A^{(n)}) = \int_{A^{(n)}} |h|\, d\mu^{(n)}$ definierte Mengenfunktion ν totalstetig bez. $\mu^{(n)}$. Also kann man zu vorgegebenem $\delta > 0$ ein $\eta > 0$ so wählen, daß aus $\mu(A^{(n)}) < \eta$ stets $\nu(A^{(n)}) < \delta$ folgt. Es ist aber wegen (1.28) für $1 \leq i < j \leq n$ und $1 \leq k \leq n_\varepsilon$

$$\mu^{(n)}\left((R \times \cdots \times A_i \cap M_k^{(\varepsilon)} \times \cdots \times A_j \cap M_k^{(\varepsilon)} \times \cdots \times R)\right) \leq$$
$$\leq \left(\mu(R)^{n-2}\right) \varepsilon^2.$$

Wegen (1.26), (1.28) und der auf (1.28) folgenden Bemerkung ist aber

$$\sum_{\substack{1 \leq i < j \leq n \\ 1 \leq k \leq n_\varepsilon}} \left(\mu\,(R)^{n-2}\right) \varepsilon^2 \leq \binom{n}{2} (\mu(R))^{n-2}\, 2\mu(R)\varepsilon.$$

Wählt man also ε hinreichend klein, dann ist die Summe (1.29) beliebig klein.

Sind aber die $M_i^{(\varepsilon)}$ beliebige Mengen aus $\boldsymbol{S}$, dann kann man, da $\mathfrak{H}$ die σ-Algebra $\boldsymbol{S}$ erzeugt, zu jedem i mit $1 \leq i \leq n$ endlich viele paarweise fremde Mengen $N_{ij}^{(\varepsilon)} \in \mathfrak{H}$, $1 \leq j \leq n_i^{(\varepsilon)}$, so wählen, daß $M_i^{(\varepsilon)} \subseteq \bigcup_{j=1}^{n_i^{(\varepsilon)}} N_{ij}$ gilt und $\mu\left(M_i^{(\varepsilon)} - \bigcup_{j=1}^{n_i^{(\varepsilon)}} N_{ij}^{(\varepsilon)}\right)$ beliebig klein wird. Nun verfahre man wie eben mit den Integralen der Form

$$\int\limits_{A_1 \cap N_{i_1 j_1}^{(\varepsilon)}} \cdots \int\limits_{A_n \cap N_{i_n j_n}^{(\varepsilon)}} h\, d\mu^{(n)}, \quad 1 \leq j_1 \leq n_{i_1}^{(\varepsilon)}, \ldots, 1 \leq j_n \leq n_{i_n}^{(\varepsilon)}$$

und berücksichtige im übrigen die Totalstetigkeit von ν bez. $\mu^{(n)}$. Damit ist aber (1.25) vollständig bewiesen.

Wenn man unwesentliche Komplikationen in Kauf nehmen will, kann man statt der Beschränktheit von μ auch die σ-Endlichkeit voraussetzen.

Als Beispiel erwähnen wir den wichtigen Spezialfall des R_n. An die Stelle der Halbalgebra $\mathfrak{H}$ tritt dann die Halbalgebra $\mathfrak{H}_1$. (Vgl. S. 4.) Die Menge $\mathfrak{W}_m$ kann man z. B. durch die Menge aller Wahrscheinlichkeitsverteilungen über $(R_1, \mathfrak{B}_1)$ ersetzen, deren Dichten auf endlichen Vereinigungen paarweise fremder links offener, rechts abgeschlossener Intervalle konstant, aber $\neq 0$ sind, auf dem Komplement dieser Vereinigungen jedoch verschwinden. Geht man zur umfassenden Menge $\mathfrak{W}$ aller Wahrscheinlichkeitsverteilungen über, für welche Dichten existieren, dann folgt:

Ist $\mathfrak{W}^{(n)}$ die Menge aller Produktmaße von je n Exemplaren derselben bez. des Lebesgueschen Maßes totalstetigen Wahrscheinlichkeitsverteilung, dann ist die Abbildung

$$T : (x_1, \ldots, x_n) \to \big(z_1(x), \ldots, z_n(x)\big)$$

eine (bez. $\mathfrak{W}^{(n)}$) erschöpfende und vollständige Transformation von $(R_n, \mathfrak{B}_n)$ in $\big(R_n, T^{-1}(\mathfrak{B}_n)\big)$.

Ohne Schwierigkeiten kann man ein analoges Ergebnis erhalten, wenn man $\mathfrak{W}_m$ durch die Menge aller diskreten Wahrscheinlichkeitsverteilungen über $(R_1, \mathfrak{B}_1)$ ersetzt.

Wir notieren noch als Anwendung des Satzes 1.7 in V. das folgende Resultat:

Satz 1.9: *Es sei $\mathfrak{W}$ eine beliebige Menge von Wahrscheinlichkeitsmaßen (mit Dichten) über $(R_1, \mathfrak{B}_1)$, welche die oben erwähnte Menge $\mathfrak{W}_m$ enthalte. Es mögen für jedes $W \in \mathfrak{W}$ der Mittelwert $a(W) = \int\limits_{R_1} x\,d\,W(x)$ und die Streuung $\int\limits_{R_1} (x - a(W))^2 d\,W(x)$ existieren*[1.8]. *$\mathfrak{W}^{(n)}$ sei wieder das Produkt von je n Exemplaren derselben Verteilung aus $\mathfrak{W}$. Es sei $a(W^{(n)}) = a(W)$ für $W^{(n)} \in \mathfrak{W}^{(n)}$. Dann ist die Funktion $x \to \bar{x}_n$ für jedes $n \geq 2$ erwartungstreue und gleichmäßig minimale Schätzung für die Abbildung $W^{(n)} \to a(W^{(n)})$.*

Ist also kurz gesagt die Menge $\mathfrak{W}$ umfangreich genug, dann ist das Stichprobenmittel die im angegebenen Sinne beste erwartungstreue Schätzung für das Mittel in der Grundgesamtheit. Das gilt nicht mehr, wenn man eine „zu kleine" Menge von Wahrscheinlichkeitsverteilungen betrachtet.

Wir geben hierzu ein Beispiel, welches auch zeigt, daß man im Satz 1.8 im allgemeinen $\mathfrak{R}$ nicht durch $\mathfrak{H}$ ersetzen kann.

Es sei $\mathfrak{W}_G$ die Gesamtheit aller eindimensionalen Gleichverteilungen über allen beschränkten Intervallen. Ist $-\infty < a < b < \infty$ und ξ eine zufällige Variable, welche über $(a, b]$ gleichverteilt ist, dann folgt

$$E(\xi; (a, b)) = (a + b)/2. \tag{1.30}$$

Sind nun $\xi_1, \ldots, \xi_n$, $n \geq 2$, unabhängige zufällige Variable mit derselben Verteilung wie ξ, dann durchlaufe die gemeinsame Verteilung von $\xi^{(n)} = (\xi_1, \ldots, \xi_n)$ die Menge $\mathfrak{W}_G^{(n)}$, wenn die Verteilung von ξ die Menge $\mathfrak{W}_G$ durchläuft. Die Dichte der Verteilung von $z_1 \circ \xi^{(n)}$ ist durch $\frac{n}{(b-a)^n} (b - z_1)^{n-1}$, $a \leq z_1 \leq b$, die Dichte von $z_n \circ \xi^{(n)}$ durch $\frac{n}{(b-a)^n} (z_n - a)^{n-1}$, $a \leq z_n \leq b$, gegeben, sofern diese Dichten nicht verschwinden. Eine leichte Rechnung ergibt dann

$$E\big((z_1 \circ \xi^{(n)} + z_n \circ \xi^{(n)})/2;\ (a, b)\big) = (a + b)/2. \tag{1.31}$$

Aus (1.30) und (1.31) folgt für alle $W^{(n)} \in \mathfrak{W}_G^{(n)}$

$$E\big((z_1 \circ \xi^{(n)} + z_n \circ \xi^{(n)})/2 - (\xi_1 + \cdots + \xi_n)/n;\ W^{(n)}\big) = 0.$$

[1.8] Für $W \in \mathfrak{W}_m$ ist dies offenbar der Fall.

Für $n > 2$ gilt aber natürlich nicht

$$\big((z_1(x_1, \ldots, x_n) + z_n(x_1, \ldots, x_n))/2\big) - (x_1 + \cdots + x_n)/n = 0 \text{ f. ü.}.$$

Wir wollen noch die Streuung von $(z_1 \circ \xi^{(n)} + z_n \circ \xi^{(n)})/2$ berechnen und notieren dazu, daß die gemeinsame Verteilung von $z_1 \circ \xi^{(n)}$ und $z_n \circ \xi^{(n)}$ für $a < z_1 \leq z_n < b$ durch $n(n-1)(b-a)^{-n} \cdot \cdot (z_n - z_1)^{n-2}$ gegeben ist, wie sofort aus (1.15) folgt.

Eine einfache Rechnung führt zu

$$E\left[\left(\frac{z_1 \circ \xi^{(n)} + z_n \circ \xi^{(n)}}{2} - \frac{a+b}{2}\right)^2; (a, b)\right] = \frac{1}{2(n+1)(n+2)}(b-a)^2. \tag{1.32}$$

Da anderseits

$$E[(\bar{\xi}_n - (a+b)/2)^2; (a, b)] = (a-b)^2/12n, \tag{1.33}$$

ist die Streuung von $(z_1 \circ \xi^{(n)} + z_n \circ \xi^{(n)})/2$ für $n \geq 2$ stets kleiner als die von $\bar{\xi}_n$ und sogar von der Größenordnung $O\left(\frac{1}{n^2}\right)$. Betrachtet man die Teilmenge jener Verteilungen aus $\mathfrak{W}_G$, welche mit $b = 1$ durch den Parameter a, $-\infty < a < 1$, charakterisiert sind, dann scheint dieses Resultat im Widerspruch zum Satz 1.10 von V. zu stehen. Es ist aber leicht einzusehen, daß die entscheidende Voraussetzung V. (1.51) nicht erfüllt ist.

2. Toleranzbereiche. Es sei $x_1, \ldots, x_n$ eine Stichprobe vom Umfang n aus einer mit der Vf. F verteilten Grundgesamtheit. Naheliegend und von praktischem Interesse ist die Frage, welchen Bruchteil des Gesamtflächeninhaltes 1, der von der durch F definierten Kurve und von der Abszissenachse eingeschlossen ist, man zwischen $z_1(x_1, \ldots, x_n)$ und $z_n(x_1, \ldots, x_n)$ erwarten darf. Dabei wird eine solche Aussage von besonderem praktischem Interesse sein, welche weitgehend von der gewählten Vf. F unabhängig ist. Dies führt zu folgender

Definition: *Es sei über* $(R, \mathbf{S})$ *eine Menge* W_Γ *von Wahrscheinlichkeitsmaßen gegeben.* Q *sei eine Abbildung von* R *in* $\mathbf{S}$. *Die Abbildung* $\psi_\gamma : x \to W_\gamma(Q(x))$ *sei für jedes* $\gamma \in \Gamma$ $\mathbf{S}$*-meßbar.* W_{ψ_γ} *sei die Wahrscheinlichkeitsverteilung der zufälligen Variablen* ψ_γ, *welche* *für jedes* $B \in \mathbf{S}$ *durch* $W_{\psi_\gamma}(B) = W_\gamma(\psi_\gamma^{-1}(B))$ *definiert ist. Wenn* $W_{\psi_{\gamma_1}} = W_{\psi_{\gamma_2}}$ *für alle* $\gamma_1, \gamma_2 \in \Gamma$ *gilt, heißt* Q *Toleranzbereich bez.* Γ.

Die Verbindung dieser Definition mit der am Anfang gegebenen intuitiven Beschreibung wird durch folgenden Sachverhalt hergestellt. Es sei Q ein Toleranzbereich bezüglich Γ, und es sei β mit $0 < \beta < 1$ gegeben. Es existiert dann ein δ mit $0 \leq \delta \leq 1$, welches nach Definition unabhängig von $\gamma \in \Gamma$ gewählt werden kann, so daß $W_{\psi_\gamma}(\psi_\gamma \geq \delta) \geq \beta$ gilt. Gleichbedeutend damit ist

$$W_\gamma(\{x : W_\gamma(Q(x)) \geq \delta\}) \geq \beta. \tag{2.1}$$

β nennen wir auch den *Sicherheitskoeffizienten*.

(2.1) gestattet die folgende Interpretation: Für alle $x \in R$ bis auf eine Menge vom W_γ-Maß $\leq 1 - \beta$ ist jedes $Q(x)$ mindestens mit $100\delta\%$ der Gesamtmasse 1 belegt, unabhängig von den zugelassenen Massenverteilungen W_γ.

Entscheidend ist offenbar, wie man in konkreten Fällen die Abbildung Q konstruieren kann. Am einfachsten ist dies für den Fall n unabhängiger zufälliger Stichprobenvariabler mit derselben Verteilung zu bewerkstelligen. Bezeichnen wir diese mit $W_\gamma^{(1)}$, $\gamma \in \Gamma$, dann trachtet man in diesem Spezialfall, eine Abbildung Q vom Stichprobenraum R_n in $\mathfrak{B}_1$ anzugeben, so daß statt (2.1) für jedes $\gamma \in \Gamma$

$$W_\gamma^{(n)}(\{x : W_\gamma^{(1)}(Q(x)) \geq \delta\}) \geq \beta \tag{2.2}$$

gilt, wobei $W_\gamma^{(n)}$ das n-fache Produktmaß von je n Exemplaren des Maßes $W_\gamma^{(1)}$ ist. Die in (2.2) gegebene Formulierung entspricht nicht genau einer Spezialisierung von (2.1). Abgesehen davon, daß jedoch diese modifizierte Formulierung praktisch bedeutsam ist, kann man auch aus der Gültigkeit von (2.2) für jedes δ mit $0 < \delta < 1$ und jedes β mit $0 < \beta < 1$ auch auf die Gültigkeit von (2.1) (in sinngemäßer Spezialisierung) schließen.

Wir zeigen nun den

Satz 2.1: $\xi_1, \ldots, \xi_n$ *seien* $n \geq 2$ *unabhängige zufällige Variable, welche dieselbe Dichte* f *besitzen.* f *sei in* (a, b), $-\infty \leq a < b \leq \infty$, *positiv und verschwinde außerhalb dieses Intervalles. Dann ist die Abbildung* $x \to z_n(x) - z_1(x)$ *vom* R_n *in die Menge der eindimensionalen Intervalle ein Toleranzbereich für alle eindimensionalen*

Wahrscheinlichkeitsverteilungen, deren Dichten die angegebene Bedingung erfüllen. Weiter kann man zu jedem δ mit $0 < \delta < 1$ und jedem Sicherheitskoeffizienten β mit $0 < \beta < 1$, ein $n = n(\delta, \beta)$ so wählen, daß (2.2) *gilt.*

Beweis: Wir gehen von (1.15) zu einer neuen Dichte über, indem wir die Transformation

$$\left\{\begin{aligned} u &= \int_{-\infty}^{z_1} f(x)\,dx \\ v &= \int_{z_1}^{z_n} f(x)\,dx \end{aligned}\right. \tag{2.3}$$

machen. Dadurch wird $a < z_1 \leq z_n < b$ in $0 < u < 1$, $0 < u + v < 1$ abgebildet. Wir gehen dann durch Integration über u gleich zur Randverteilung von $\boldsymbol{v} = \int\limits_{z_1 \circ \xi^{(n)}}^{z_n \circ \xi^{(n)}} f(x)\,dx$ über, wobei, wie stets, $\xi^{(n)} = (\xi_1, \ldots, \xi_n)$ ist. Für die Dichte von $\boldsymbol{v}$ erhalten wir

$$\begin{array}{ll} n(n-1)v^{n-2}(1-v) & 0 < v < 1 \\ 0 & \text{sonst}, \end{array}$$

so daß also die Verteilung von $\boldsymbol{v}$ nicht von der jeweils zugrunde liegenden Wahrscheinlichkeitsverteilung der ξ_i abhängt. Um nun zur letzten Behauptung des Satzes zu gelangen, hat man für gegebene δ und β die Gleichung $n(n-1)\int\limits_{\delta}^{1} v^{n-2}(1-v)dv = \beta$ zu lösen. Wir betrachten daher im Intervall $x > 1$ die Gleichung

$$\delta^x(x-1) - x\delta^{x-1} + 1 - \beta = 0. \tag{2.4}$$

Nun ist die erste Ableitung der für jedes $x > 1$ durch $\delta^x(x-1) - x\delta^{x-1}$ definierten Funktion durch

$$\delta^{x-1}\log\delta\,[\delta(x-1) - x] - (1-\delta)\delta^{x-1}$$

gegeben. Wegen $x(1-\delta)+\delta > 1$ für $0<\delta<1$ und $x>1$, ist unter denselben Bedingungen

$$\log\delta[\delta(x-1)-x] \geq -\log\delta > 1-\delta$$

Somit ist die Funktion $x \to \delta^x(x-1) - x\delta^{x-1}$ streng monoton wachsend für $x>1$, besitzt für $x=1$ den Wert -1 und für $x\to\infty$ den Grenzwert 0. Zu jedem β mit $0<\beta<1$ existiert also genau ein $x(\beta)>1$, welches die Gleichung (2.4) löst. Wählt man nun für $n(\beta,\delta)$ die nächst größere ganze Zahl an $x(\beta)$[2.1], dann hat man den gewünschten Toleranzbereich.

Diese Konstruktion kann man auf mehrdimensionale zufällige Variable $\xi_1,\ldots,\xi_n$ übertragen, doch gehen wir darauf nicht mehr ein[2.2].

3. Asymptotische Verteilung der Ordnungsschätzungen und einige Sätze vom Kolmogorov-Smirnov-Typ. Wir wollen zunächst etwas genauer die Struktur der Ordnungsschätzungen kennenlernen und daraus einiges über die asymptotische Verteilung der Ordnungsschätzungen herleiten[3.1]. Wir zeigen das folgende Ergebnis:

Satz 3.1: $\eta_1,\ldots,\eta_n$ *seien unabhängige, in* $(0,1)$ *gleichverteilte zufällige Variable,* $n\geq 2$. *Dann sind auch die zufälligen Variablen*

$$u_1 = z_1\circ\eta^{(n)}/z_2\circ\eta^{(n)},\ldots,u_{n-1} = z_{n-1}\circ\eta^{(n)}/z_n\circ\eta^{(n)},\ u_n = z_n\circ\eta^{(n)}$$

unabhängig voneinander verteilt. Überdies ist u_i^i *für* $i=1,\ldots,n$ *gleichverteilt in* $(0,1)$.

[2.1] Man schreibt hierfür auch $n(\beta,\delta)=\{x(\beta)\}$. Allgemein ist

$$\{x\} = \begin{cases}[x] & x \text{ ganz}\\ 1+[x] & x \text{ nicht ganz.}\end{cases}$$

[2.2] Für die Literatur sei zunächst auf den grundlegenden Bericht von S. S. Wilks, Bull. Amer. math. Soc. 54, 6–50 (1948) hingewiesen. Überdies erwähnen wir: J. W. Tukey, Ann. math. Statistics 18, 529–539 (1947) und Ann. math. Statistics 19, 30–39 (1948); D. A. S. Fraser, Ann. math. Statistics 24, 44–55 (1953) und D. A. S. Frazer und I. Guttmann, Ann. math. Statistics 27, 162–179 (1956).

[3.1] Vgl. A. Rényi, Acta math. Acad. Sci. Hungar. 4, 191–227 (1953) und G. Hajos und A. Rényi, Acta math. Acad. Sci. Hungar. 5, 1–6 (1954).

Beweis: Die Dichte von $(z_1 \circ \eta^{(n)}, \ldots, z_n \circ \eta^{(n)})$ ist durch (1.12) gegeben. Die Transformation $u_i = y_i/y_{i+1}$, $1 \leq i \leq n-1$, $u_n = y_n$, mit der Funktionaldeterminante

$$\frac{\partial(y_1, \ldots, y_n)}{\partial(u_1, \ldots, u_n)} = u_n^{n-1} u_{n-1}^{n-2} \cdots u_2$$

führt (1.12) in die Dichte[3.2]

$$n!\, u_n^{n-1} u_{n-1}^{n-2} \cdots u_2, \quad 0 < u_i \leq 1, \quad 1 \leq i \leq n \tag{3.1}$$

von $(\boldsymbol{u}_1, \ldots, \boldsymbol{u}_n)$ über. Damit ist die behauptete Unabhängigkeit der zufälligen Variablen $\boldsymbol{u}_i$, $1 \leq i \leq n$, gezeigt. Die Verteilung von $\boldsymbol{u}_i$ besitzt für $0 < u_i \leq 1$ die Dichte $i u_i^{i-1}$ und ist sonst 0. Definiert man die zufällige Variable $\boldsymbol{v}_i = \boldsymbol{u}_i^i$, dann erkennt man jetzt leicht, daß diese in (0, 1) gleichverteilt ist.

Das Ergebnis des Satzes 3.1 ermöglicht es, die zufällige Variable $\log(z_i \circ \eta^{(n)})$, $1 \leq i \leq n$, als Summe unabhängiger zufälliger Variabler darzustellen. Wir definieren hierzu die zufälligen Variablen $\boldsymbol{w}_i = -\log \boldsymbol{v}_i$, $1 \leq i \leq n$, welche nach Satz 3.1 und I., Satz 13.1, ebenfalls unabhängig sind. Die Dichte von $\boldsymbol{w}_i$ ist für $1 \leq i \leq n$ durch

$$\begin{cases} e^{-x} & 0 < x < \infty \\ 0 & -\infty < x < 0 \end{cases} \tag{3.2}$$

gegeben. Aus der Definition der zufälligen Variablen $\boldsymbol{u}_i, \boldsymbol{v}_i$ und $\boldsymbol{w}_i$ erkennt man sofort, daß

$$\log(z_{n-i+1} \circ \eta^{(n)}) = -\sum_{j=n-i+1}^{n} \boldsymbol{w}_j / j \tag{3.3}$$

ist, $1 \leq i \leq n$. Darauf gründet sich der Beweis der folgenden Behauptung:

Satz 3.2: *Unter den Voraussetzungen des Satzes* 3.1 *ist* $n(z_i \circ \eta^{(n)})$ *für* $n \to \infty$ *bei beliebigem, aber festem natürlichem* i *nach einer Gammaverteilung verteilt, deren Dichte für* $z > 0$ *durch* $e^{-z} z^{i-1}/(i-1)!$ *gegeben ist.*

[3.2] Im übrigen verschwindet die Dichte natürlich.

Beweis: Wir bezeichnen (für $n > i$) die zufällige Variable $\sum_{j=n-i+1}^{n} w_j/j$ mit $\zeta_i^{(n)}$. Benützt man I., Satz 24.3, dann erhält man unschwer aus (3.2), daß die Dichte von $\zeta_i^{(n)}$ durch

$$\begin{cases} n \binom{n-1}{i-1} e^{-nz}(e^z - 1)^{i-1} & z > 0 \\ 0 & z < 0 \end{cases} \tag{3.4}$$

gegeben ist. Daraus ergibt sich leicht die Dichte von $n\zeta_i^{(n)}$, welche wir für $z > 0$ in der Form

$$\big((i-1)!\big)^{-1} e^{-z} [n(e^{z/n} - 1)]^{i-1} \prod_{j=1}^{i-1} (1 - j/n) \tag{3.5}$$

schreiben. Für festes $z > 0$ und festes i strebt (3.5) gegen $e^{-z} z^{i-1}/(i-1)!$. Wegen $|n(e^{z/n} - 1) - z| \leq e^{z/n} z^2/2n$, $0 < z$, ist die Konvergenz in $0 < z < \infty$ sogar gleichmäßig und daher

$$\lim_{n\to\infty} W(n\zeta_i^{(n)} \leq z) = \big((i-1)!\big)^{-1} \int_0^z e^{-y} y^{i-1}\, dy \tag{3.6}$$

für jedes nichtnegative reelle z.

Unter Benützung von (3.3) ergibt sich aber für $z > 0$

$$W\big(n(1 - z_{n-i+1} \circ \eta^{(n)}) \leq z\big) = W\big(\zeta_i^{(n)} \leq -\log(1 - z/n)\big) =$$

$$= W\left(\zeta_i^{(n)} \leq \frac{z}{n} + \frac{z^2}{n^2}\,\delta(n, z)\right)$$

mit $\lim_{n\to\infty} \delta(n, z) = 1/2$ für jedes feste $z > 0$. Für jedes $\varepsilon > 0$ und jedes feste $z > 0$ gilt also bei hinreichend großer Wahl von n

$$W(n\zeta_i^{(n)} \leq z - \varepsilon) \leq W\big(n(1 - z_{n-i+1} \circ \eta^{(n)}) \leq z\big) \leq W(n\zeta_i^n \leq z + \varepsilon).$$

Wegen (3.6) gilt demnach für jedes nicht negative reelle z

$$\lim_{n\to\infty} W\big(n(1 - z_{n-i+1} \circ \eta^{(n)}) \leq z\big) = \int_0^z e^{-y} y^{i-1}/\big((i-1)!\big)\, dy. \tag{3.7}$$

Wie man durch eine sinngemäße Anwendung von (1.13) erkennt, haben $z_i \circ \eta^{(n)}$ und $1 - z_{n-i+1} \circ \eta^{(n)}$ dieselbe Verteilung. Damit liefert aber (3.7) die Behauptung des Satzes.

Wir notieren noch eine Folgerung des Satzes 3.2:

Satz 3.3: *Es sei $F \in C_m$. Weiter sei $\xi_1, \xi_2, \ldots$, eine Folge unabhängiger, nach F verteilter zufälliger Variabler. Dann ist für jedes positive reelle x und festes natürliches i*

$$\lim_{n\to\infty} W\left(z_i \circ \xi^{(n)} \leq F^{-1}(x/n)\right) = \int_0^x \frac{y^{i-1}}{(i-1)!} e^{-y} \, dy. \qquad (3.8)$$

Der Beweis ergibt sich auf Grund der Gleichverteilung von $F \circ \xi_i$, $1 \leq i \leq n$. (Vgl. Satz 1.4.)

Satz 3.3 sagt etwas aus über die asymptotische Verteilung von Ordnungsschätzungen, deren Index nicht von n abhängt. Jetzt wollen wir einen Satz beweisen über eine Ordnungsschätzung, deren Index mit n selbst gegen ∞ strebt[3.3]. Wir beweisen genauer

Satz 3.4: *F sei eine Vf., welche die im ersten Teil des Satzes 1.4 genannten Voraussetzungen erfülle. Überdies existiere die zugehörige Dichte f. Mit μ werde der Median von F bezeichnet. f sei stetig in μ. $\xi_1, \ldots, \xi_{2n+1}$ seien unabhängige nach F verteilte zufällige Variable. Dann ist $z_{n+1} \circ \xi^{(2n+1)}$ für $n \to \infty$ asymptotisch nach $N\left(\mu, \left(f(\mu) \cdot 2\sqrt{2n+1}\right)^{-2}\right)$ verteilt.*

Beweis: Wir gehen zunächst von $2n+1$ unabhängigen zufälligen Variablen η_i aus, welche in $(0, 1)$ gleichverteilt sind. Wir

---

[3.3] Die Literatur zu den Grenzwertsätzen für Ordnungsschätzungen ist sehr umfangreich. Wir erwähnen: N. V. Smirnov, Trudy mat. Inst. Steklov 1949. Von den zahlreichen Untersuchungen von Gumbel sei nur auf E. J. Gumbel, Statistics of extremes, Columbia University Press, New York 1958, hingewiesen. Auch für den Fall, daß die im Satz 3.3 erwähnten zufälligen Variablen $\xi_1, \xi_2, \ldots$ nicht mehr dieselbe Verteilung besitzen, sind Untersuchungen durchgeführt: D. G. Mejzler, Ukrain. mat. Žurn. 1, 67—84 (1949); M. Loève, Proc. 3rd Berkeley Sympos. math. Statist. Probability 2, 177—194 (1955). Verallgemeinerungen auf den zweidimensionalen Fall finden sich bei B. V. Finkelstein, Doklady Akad. Nauk SSSR, n. Ser. 91, 209—211 (1953). Mehrere Einzelbeiträge, die vor allem für den Praktiker gedacht sind und sich nicht nur auf Grenzwertsätze beziehen, vereint das Werk: Sarhan u. Greenberg, Contributions to order statistics, John Wiley & Sons, New York 1962.

benützen die auf S. 515 und S. 516 eingeführte Bezeichnung. Mittels der Dichte (3.2) von $\boldsymbol{w}_j$ erhält man

$$E(\boldsymbol{w}_j) = 1, \quad E\left[(\boldsymbol{w}_j - E(\boldsymbol{w}_j))^2\right] = 1, \quad 1 \leq j \leq 2n + 1. \tag{3.9}$$

Überdies ist mit einer passenden reellen Zahl $K > 0$

$$E[|\boldsymbol{w}_j - E(\boldsymbol{w}_j)|^3] \leq K, \qquad 1 \leq j \leq 2n + 1. \tag{3.10}$$

Wie leicht zu sehen ist, gilt

$$\zeta_{n+1}^{(2n+1)} = \sum_{j=1}^{n+1} \boldsymbol{w}_j/(2n + 2 - j), \qquad n = 1, 2, \ldots. \tag{3.11}$$

Die Bedingungen (3.9)—(3.10) legen es daher nahe, den Satz 39.2 von I. anzuwenden. Nun ist bekanntlich $\sum_{k=1}^{\infty} (-1)^{k-1}/k = \log\ 2$, und da dies eine alternierende Reihe mit monoton abnehmenden Gliedern ist, gilt noch

$$\left| \sum_{k=1}^{2n} \frac{(-1)^{k-1}}{k} - \log 2 \right| \leq 1/2n, \qquad n \geq 1.$$

Aus (3.9) und (3.11) folgt somit wegen

$$\frac{1}{m+1} + \cdots + \frac{1}{2\,m} = 1 - \frac{1}{2} + \frac{1}{3} - + \cdots + \frac{1}{2\,m - 1} - \frac{1}{2\,m} \quad \text{für } m \geq 1$$

$$E(\zeta_{n+1}^{(2n+1)}) = \log 2 + O(n^{-1}). \tag{3.12}$$

Aus (3.9) und (3.11) folgt aber auch

$$\sigma^2(\zeta_{n+1}^{(2n+1)}) = E\left[(\zeta_{n+1}^{(2n+1)} - E(\zeta_{n+1}^{(2n+1)}))^2\right] = \sum_{j=1}^{n+1} \frac{1}{[2(n+1) - j]^2}, \quad n \geq 1.$$

Nun gilt

$$\int_{n}^{2n+1} x^{-2}\, dx > \sum_{k=1}^{n+1} \frac{1}{(n+k)^2} > \int_{n+1}^{2n+1} x^{-2}\, dx$$

d. h.

$$\frac{1}{n} - \frac{1}{2n+1} > \frac{1}{(n+1)^2} + \cdots + \frac{1}{(2n+1)^2} > \frac{1}{2(n+1)}.$$

Daraus ergibt sich leicht

$$\sigma^2(\zeta_{n+1}^{(2n+1)}) = \frac{1}{2n+1} + O(n^{-2}).$$

Mittels des Taylorschen Satzes schließt man hieraus

$$\sigma(\zeta_{n+1}^{(2n+1)}) = (2n+1)^{-1/2} + O(n^{-1}). \qquad (3.13)$$

Aus (3.10) ergibt sich schließlich

$$\sum_{j=1}^{n+1} E[|\boldsymbol{w}_j - E(\boldsymbol{w}_j)|^3/(2n+2-j)] \leq K/n^2.$$

Vereint man dies mit (3.13), dann hat man

$$\left(\sum_{j=1}^{n+1} E[|\boldsymbol{w}_j - E(\boldsymbol{w}_j)|^3]/(2n+2-j)\right)^{1/3} \Big/ \sigma(\zeta_{n+1}^{(2n+1)}) \to 0 \quad \text{für} \quad n \to \infty.$$

Wendet man jetzt I., Satz 39.2, an, dann folgt für jedes $x \in R_1$

$$\lim_{n\to\infty} W\Big(\big[(\zeta_{n+1}^{(2n+1)} - E(\zeta_{n+1}^{(2n+1)}))/\sigma(\zeta_{n+1}^{(2n+1)})\big] \leq x\Big) =$$

$$= (2\pi)^{-1/2} \int_{-\infty}^{x} e^{-y^2/2}\, dy. \qquad (3.14)$$

Nun ist

$$(\zeta_{n+1}^{(2n+1)} - \log 2)\,[1/(2n+1)]^{-1/2} =$$

$$= \frac{\zeta_{n+1}^{(2n+1)} - E(\zeta_{n+1}^{(2n+1)}) - \log 2 + E(\zeta_{n+1}^{(2n+1)})}{\sigma(\zeta_{n+1}^{(2n+1)})} \; \frac{\sigma(\zeta_{n+1}^{(2n+1)})}{(1/(2n+1))^{1/2}}$$

und wegen (3.12) und (3.13) gilt weiter

$$(\zeta_{n+1}^{(2n+1)} - \log 2)\,[1/(2n+1)]^{-1/2} =$$

$$= \frac{\zeta_{n+1}^{(2n+1)} - E(\zeta_{n+1}^{(2n+1)})}{\sigma(\zeta_{n+1}^{(2n+1)})} \big(1 + O(n^{-1/2})\big) + O(n^{-1/2}).$$

Also ist für jedes $x \in R_1$

$$W\left(\frac{\zeta_{n+1}^{(2n+1)} - \log 2}{\left(1/(2n+1)\right)^{1/2}} \leq x\right) =$$

$$= W\left(\left[\zeta_{n+1}^{(2n+1)} - E\left(\zeta_{n+1}^{(2n+1)}\right)\right]\left(\sigma\left(\zeta_{n+1}^{(2n+1)}\right)\right)^{-1} \leq \left(x - \varepsilon_1(n)\right)/\left(1 + \varepsilon_2(n)\right)\right)$$

mit $\varepsilon_i(n) = O(n^{-1/2})$, $i = 1, 2$. (3.14) hat also auch die Limesaussage

$$\lim_{n\to\infty} W\left(\frac{\zeta_{n+1}^{(2n+1)} - \log 2}{\left(1/(2n+1)\right)^{1/2}} \leq x\right) = (2\pi)^{-1/2}\int_{-\infty}^{x} e^{-y^2/2}\,dy \qquad (3.15)$$

zur Folge.

Nun kommen wir zum allgemeinen Fall. Nach Satz 1.4 können die bisher erhaltenen Resultate auf die zufälligen Variablen η_i $F \circ \xi_i$, $1 \leq i \leq 2n+1$, angewendet werden.

Aus (3.3) und (3.11) folgt $\zeta_{n+1}^{(2n+1)} = -\log\left(z_{n+1} \circ \eta^{(2n+1)}\right)$. Betrachtet man daher die Umkehrfunktion F^{-1} von F, welche $(0, 1)$ in (a, b) abbildet, dann erhalten wir für $x \in R_1$

$$W\left(\zeta_{n+1}^{(2n+1)} \leq \log 2 + x(2n+1)^{-1/2}\right) =$$

$$= W\left(z_{n+1} \circ \xi^{(2n+1)} \geq F^{-1}\left(\tfrac{1}{2}e^{-x\sqrt{1/(2n+1)}}\right)\right). \qquad (3.16)$$

Nach Voraussetzung existiert die Ableitung von F^{-1} und ist durch $1/(f \circ F^{-1})$ gegeben. Der Mittelwertsatz der Differentialrechnung liefert

$$F^{-1}\left(\tfrac{1}{2}e^{-x\sqrt{1/(2n+1)}}\right) - F^{-1}(1/2) = \frac{1}{2}\left(e^{-x\sqrt{1/(2n+1)}} - 1\right)\left(f(\mu_n)\right)^{-1} \qquad (3.17)$$

mit

$$\mu_n = F^{-1}(1/2) + \vartheta\left(F^{-1}\left(\frac{1}{2}\, e^{-x\sqrt{1/(2n+1)}}\right) - F^{-1}(1/2)\right), \qquad |\vartheta| < 1.$$

Nun ist aber für jedes $x \in R_1$

$$\lim_{n\to\infty}\left(e^{-x\sqrt{1/(2n+1)}} - 1\right)/\left(-x(2n+1)^{-1/2}\right) = 1. \qquad (3.18)$$

Außerdem ist f voraussetzungsgemäß in $\mu = F^{-1}(1/2)$ stetig. Also folgt

$$\lim_{n\to\infty} f(\mu_n) = f(\mu). \tag{3.19}$$

Vereinigt man (3.15) mit (3.16)—(3.19), dann folgt aus der Stetigkeit der Vf. der Normalverteilung die Behauptung des Satzes.

Wir nehmen nun insbesondere an, daß $\xi_1, \ldots, \xi_{2n+1}$ unabhängig nach $N(a, \sigma^2)$ verteilt sind. Dann ist $\mu = a$. Satz 3.4 besagt dann, daß $z_{n+1} \circ \xi^{(2n+1)}$ asymptotisch nach $N\big(a, \pi\sigma^2/(2(2n+1))\big)$ verteilt ist. Nach II., Satz 3.2, und I., Satz 39.1, ist

$$\bar{\xi}_{2n+1} = (\xi_1 + \cdots + \xi_{2n+1})/(2n+1)$$

asymptotisch nach $N\big(a, \sigma^2/(2n+1)\big)$ verteilt. Wählt man der Einfachheit halber $\sigma^2 = 1$ und gilt $-\infty < a < \infty$, dann ist nach V., S. 354 $\bar{\xi}_{2n+1}$ für a wirksam. Überdies ist im Sinne der in V., S. 412 gegebenen Definition $\bar{\xi}_{2n+1}$ asymptotisch wirksamer $-\infty < a < \infty$ als $z_{n+1} \circ \xi^{(2n+1)}$. Es ist ja $\lim\limits_{n\to\infty} \frac{1}{2n+1}\left(\frac{\pi}{2(2n+1)}\right)^{-1} = 2/\pi < 1$. Trotzdem wird in praktischen Anwendungen die $(n+1)$-te Ordnungsschätzung häufig für die Schätzung des Mittelwertes einer Normalverteilung benützt, da man aus einer Stichprobe vom Umfang $2n+1$ eine Realisation dieser Ordnungsschätzung ohne jede Rechnung bestimmen kann.

Wir wenden uns jetzt den Sätzen vom Kolmogorov-Smirnov-Typ zu. Hierzu haben wir den wichtigen Begriff der *empirischen Verteilungsfunktion* einzuführen, welcher in engem Zusammenhang mit den Ordnungsschätzungen steht. Es seien für $n \geq 1$ $x = (x_1, \ldots, x_n)$ reelle Zahlen, die man als Stichprobe aus einer Grundgesamtheit deuten kann. Für jedes reelle y werde mit $A_n(x, y)$ die Anzahl der x_i, $1 \leq i \leq n$ bezeichnet, welche $\leq y$ sind. Dann wird die für jedes $y \in R_1$ definierte Funktion

$$F_n(x, y) = A_n(x, y)/n \tag{3.20}$$

als empirische Vf. von $(x_1, \ldots, x_n)$ bezeichnet. Gleichbedeutend damit ist folgende Definition, welche wir der Einfachheit halber nur für paarweise verschiedene x_i, $1 \leq i \leq n$, notieren:

$$F_n(x; y) = 0 \qquad -\infty < y < z_1(x)$$

$$F_n(x; y) = l/n \qquad z_l(x) \leq y < z_{l+1}(x) \qquad 1 \leq l \leq n-1$$

$$F_n(x; y) = 1 \qquad y \geq z_n(x).$$

Ist $\xi^{(n)}$ eine n-dimensionale zufällige Variable, dann wird für jedes $y \in R_1$ durch $\boldsymbol{F}_n(\xi^{(n)}; y)$ eine zufällige Variable definiert. Wir bezeichnen sie meist mit $\boldsymbol{F}_n(y)$.
Aus jeder der angegebenen Definitionen liest man leicht ab: Wenn $\xi_1, \ldots, \xi_n$ unabhängig nach F verteilt sind, dann stimmt (mit $\xi^{(n)} = (\xi_1, \ldots, \xi_n)$) für jedes $y \in R_1$ die zufällige Variable $\boldsymbol{F}_n(y)$ mit der zufälligen Variablen η_y (vgl. S. 498) überein. Damit erhalten wir sofort den

Satz 3.5: *Es sei $\xi_1, \xi_2, \ldots$ eine Folge unabhängiger zufälliger Variabler, deren jede dieselbe Vf. F besitzt. Dann konvergiert die Folge $\boldsymbol{F}_n(y)$ für jedes reelle y stochastisch gegen $F(y)$.*

Das folgt durch Anwendung von I., Satz 32.2. Wendet man den Satz 38.5 von I. sinngemäß an, dann erhält man eine starke Fassung des Satzes 3.5.

Dieses Resultat stützt in besonderem Ausmaße die Vorstellung, daß F die Vf. einer unendlichen Grundgesamtheit ist. Ist die Stichprobe hinreichend groß, dann approximiert die empirische Vf. an jeder Stelle die Vf. der Grundgesamtheit beliebig genau. Wie schnell diese Approximation erfolgt, wird durch den Satz von Kolmogorov klargestellt, den wir gleich angeben werden. Wir wollen zuvor noch eine allgemeine Bemerkung an die Aussage des Satzes 3.5 knüpfen: Es sei Γ eine beliebige Menge von Indizes γ. Jedem γ sei eindeutig eine Vf. F_γ zugeordnet. Es sei $y \in R_1$ beliebig gewählt und d die folgende über Γ definierte Abbildung: $\gamma \to F_\gamma(y)$. Dann ist die Folge $\boldsymbol{F}_n(y)$ konsistente Schätzfunktionenfolge für d. Diese einfache Bemerkung ist die Grundlage für die Konstruktion konsistenter Schätzfunktionenfolgen unter ganz allgemeinen Bedingungen[3.4].

[3.4] Vgl. L. Le Cam, Proc. 3rd Berkeley Sympos. math. Statist. Probability 1, 129–156 (1956).

Nun geben wir den erwähnten Satz von KOLMOGOROV[3.5] ohne Beweis an und wollen nur auf folgenden Sachverhalt hinweisen: Das Supremum einer abzählbaren Menge von zufälligen Variablen ist wieder eine zufällige Variable. Nun ist $\sup \boldsymbol{F}_n(r) = \sup\limits_{y \in R_1} \boldsymbol{F}_n(y)$, wenn r alle rationalen Zahlen durchläuft. Also ist auch $\sup\limits_{y \in R_1} \boldsymbol{F}_n(y)$ eine zufällige Variable. Der angekündigte Satz lautet nun:

Satz 3.6: *Es seien die Voraussetzungen des Satzes* 3.5 *erfüllt. Insbesondere sei* $F \in C$. *Dann ist*

$$\lim_{n\to\infty} W\left(\sqrt{n} \sup_{-\infty<y<\infty} |\boldsymbol{F}_n(y) - F(y)| \leq x; F\right) =$$

$$= \begin{cases} \sum\limits_{k=-\infty}^{\infty} (-1)^k e^{-2k^2x^2} & x > 0 \\ 0 & x \leq 0. \end{cases}$$

Wir wollen für eine schwächere Aussage, nämlich für ein „einseitiges“ Gegenstück zum Satz von KOLMOGOROV einen Beweis geben. Wir zeigen den

Satz 3.7[3.6]**:** *Es seien* $\xi_1, \ldots, \xi_n$, $n \geq 1$, *unabhängige zufällige Variable mit derselben Vf.* $F \in C_m$. *Dann ist für jedes* $u > 0$

$$W\left(\sup_{y \in R_1} (F(y) - \boldsymbol{F}_n(y)) \geq u; F\right) =$$

$$= \sum_{j=0}^{[n(1-u)]} u \binom{n}{j} (u + j/n)^{j-1} (1 - u - j/n)^{n-j}. \qquad (3.21)$$

Für $u = 0$ *ist die linke Seite von* (3.21) *gleich* 1.

Beweis: Die letzte Behauptung erhält man sofort direkt oder durch eine Limesbetrachtung. Eine Vereinfachung im weiteren Be-

---

[3.5] Der erste Beweis stammt von A. N. KOLMOGOROV, Giorn. Ist. Ital. Attuari 4, 1–11 (1933). Weitere Beweise finden sich bei W. FELLER, Ann. math. Statistics 19, 177–189 (1948) und bei J. L. DOOB, Ann. math. Statistics 20, 393–403 (1949), ergänzt durch M. D. DONSKER, Ann. math. Statistics 23, 277–281 (1952).

[3.6] Z. W. BIRNBAUM und F. H. TINGEY, Ann. math. Statistics 22, 592–596 (1951). Dieses Ergebnis hat E. HLAWKA in einer ganz anders gelagerten Untersuchung über Ordnungsschätzungen angewendet: Vgl. E. HLAWKA, Math. Ann. 150, 259–267 (1963).

weis ergibt sich daraus, daß die linke Seite von (3.21) (im Einklang mit der Behauptung) von der betrachteten Vf. F nicht abhängt. Es sei nämlich ψ eine streng monoton wachsende stetige Abbildung des R_1 in den R_1. Dann hat die zufällige Variable $\eta_i = \psi^{-1} \circ \xi_i$, $1 \leq i \leq n$, die Vf. $G = F \circ \psi$. Dann folgt aber aus Lemma 1.2, daß die linke Seite von (3.21) auch durch

$$W\left(\sup_{y \in R_1} \left(G(y) - \boldsymbol{G}_n(y)\right) \geq u;\, G\right)$$

gegeben ist. Nach I., Satz 11.1, kann man also annehmen, daß F die Vf. einer Gleichverteilung über (0, 1) ist. Die empirische Vf. einer Gleichverteilung werde mit $\boldsymbol{H}_n$ bezeichnet. Wir haben für jedes $u > 0$

$$W\left(\sup_{0<y<1} \left(y - \boldsymbol{H}_n(y)\right) \geq u\right) \tag{3.22}$$

zu berechnen. Betrachten wir ein $x = (x_1, \ldots, x_n) \in \boldsymbol{R}_n$, und schreiben wir jetzt ausführlich für die empirische Vf. $y \to \to H_n(x_1, \ldots, x_n; y)$, dann ist genau dann

$$\sup_{0<y<1} \left(y - H_n(x_1, \ldots, x_n;\, y)\right) > 0\,,$$

wenn $0 < x_i < 1$, $1 \leq i \leq n$, gilt. Da H_n, abgesehen von endlich vielen Sprungstellen, konstant ist und diese sich nur unter den $z_j(x_1, \ldots, x_n)$, $1 \leq j \leq n$, finden können, gilt für mindestens ein i mit $0 \leq i \leq n-1$ die Gleichung

$$\sup_{0<y<1} \left(y - H_n(x_1, \ldots, x_n;\, y)\right) = z_{i+1}(x_1, \ldots, x_n) - i/n\,.$$

Sind also $\eta_1, \ldots, \eta_n$ unabhängige, nach einer Gleichverteilung über (0, 1) verteilte zufällige Variable, dann ist

$$W\left(\sup_{0<y<1} \left(y - \boldsymbol{H}_n(y)\right) \geq u\right) = W\left(\max_{0 \leq i \leq n-1} \left(\left(z_{i+1}(\eta_1, \ldots, \eta_n) - i/n\right) \geq u\right)\right).$$

Es ist aber

$$\left.\begin{aligned} &\left\{x : \max_{0 \leq i \leq n-1} \left(\left(z_{i+1}(x_1, \ldots, x_n) - i/n\right) \geq u\right)\right\} = \\ &= \bigcup_{j=0}^{n-1} \{x : z_1(x_1, \ldots, x_n) < u, \ldots, z_j(x_1, \ldots, x_n) - \\ &- (j-1)/n < u, z_{j+1}(x_1, \ldots, x_n) - j/n \geq u\} \end{aligned}\right\}. \tag{3.23}$$

Da die auf der rechten Seite auftretenden Mengen zueinander fremd sind, ist die gesuchte Wahrscheinlichkeit durch

$$\left.\begin{array}{l}\sum_{j=0}^{n-1} W\big(z_1(\eta_1, \ldots, \eta_n) \leq u, \ldots, z_j(\eta_1, \ldots, \eta_n) - \\ \quad - (j-1)/n < u, z_{j+1}(\eta_1, \ldots, \eta_n) - j/n \geq u\big)\end{array}\right\} \tag{3.24}$$

gegeben.

Es genügt also zu zeigen, daß der j-te Summand in (3.24) durch $u\binom{n}{j}(u+j/n)^{j-1}(1-u-j/n)^{n-j}$ gegeben ist, sofern $j \leq [(1-u)n]$ gilt. Die Dichte der gemeinsamen Verteilung der $z_i(\eta_1, \ldots, \eta_n)$, $1 \leq i \leq j+1$, erhält man durch Anwendung von (1.13). Somit ist mit $\eta^{(n)} = (\eta_1, \ldots, \eta_n)$

$$W\big(z_1 \circ \eta^{(n)} < u, \ldots, z_j \circ \eta^{(n)} - (j-1)/n < u, z_{j+1} \circ \eta^{(n)} - j/n \geq u\big) =$$

$$= n!\,[(n-j-1)!]^{-1} \int_0^u dz_1 \int_{z_1}^{u+1/n} dz_2 \cdots \int_{z_{j-1}}^{u+(j-1)/n} dz_j \int_{u+j/n}^{1} dz_{j+1} (1-z_{j+1})^{n-j-1}. \tag{3.25}$$

Nun ist, sogar für jedes reelle u:

$$\int_0^u dz_1 \int_{z_1}^{u+1/n} dz_2 = \frac{u}{2!}\left(u + \frac{2}{n}\right).$$

Unter der Annahme, daß für jedes reelle u

$$\int_0^u dz_1 \int_{z_1}^{u+1/n} dz_2 \cdots \int_{z_{j-2}}^{u+(j-2)/n} dz_{j-1} = \frac{u}{(j-1)!}\left(u + \frac{j-1}{n}\right)^{j-2} \tag{3.26}$$

gilt, genügt es zu zeigen:

$$\int_0^u dz_1 \int_{z_1}^{u+1/n} dz_2 \cdots \int_{z_{j-1}}^{u+(j-1)/n} dz_j = \frac{u}{j!}\,(u + j/n)^{j-1}. \tag{3.27}$$

Hierzu mache man der Reihe nach für $i = j, \ldots, 2$ die Transformationen $z_i = z_1 + v_{i-1}$. Dann erhält man für das auf der linken Seite von (3.27) stehende Integral

$$\int_0^u dz_1 \int_0^{-z_1+1/n} dv_1 \cdots \int_{v_{j-2}}^{u-z_1+(j-1)/n} dv_{j-1}$$

und das ist wegen (3.26) auch gleich

$$\int_0^u (u - z_1 + 1/n)\,(u - z_1 + j/n)^{j-2}\, dz_1 .$$

Daraus erhält man leicht das Resultat (3.27). Es ergibt sich damit für das auf der rechten Seite von (3.25) stehende Integral der Ausdruck $\binom{n}{j} u(u + j/n)^{j-1}(1 - u - j/n)^{n-j}$, sofern $u + j/n < 1$ ist. Für $u + j/n \geq 1$ verschwindet das Integral. Damit ist der Satz 3.7 bewiesen.

Wir machen noch eine Bemerkung: Ist η eine zufällige Variable, welche über (0, 1) gleichverteilt ist und $F \in C$, aber nicht notwendig $\in C_m$, dann zeigt das Lemma 5.2 von III., daß $\xi = u_F(\eta)$ eine Verteilung mit der Vf. F besitzt. Es ist ja (vgl. den Beweis des Satzes 1.4)

$$W(\xi \leq x) = W\big(u_F(\eta) \leq x\big) = W\big(\eta \leq F(x)\big) = F(x)$$

für jedes reelle x. Dies ermöglicht es, den Satz 3.7 auch auf Vfen. $F \in C$ auszudehnen[3.7].

Auf das Ergebnis des Satzes 3.7 gründet sich in naheliegender Weise ein einseitiger Test für die Nullhypothese, daß eine Stichprobe vom Umfang n einer Grundgesamtheit mit vorgegebener Vf. $F \in C_m$ (oder sogar $\in C$) entnommen ist.

Nun beweist man genau so, daß auch

$$W\Big(\inf_{0<y<1} (F(y) - \boldsymbol{F}_n(y) \leq -u; F\Big)$$

für $u > 0$ gleich der rechten Seite von (3.21) ist. Da aber

$$W\Big(\sup_{0<y<1} |F(y) - \boldsymbol{F}_n(y)| \geq u\Big) \leq W\Big(\sup_{0<y<1} \big(F(y) - \boldsymbol{F}_n(y)\big) \geq u\Big) + \\ + W\Big(\inf_{0<y<1} \big(F(y) - \boldsymbol{F}_n(y)\big) \leq -u\Big)$$

[3.7] Auch für den Fall, daß F unstetig ist, sind Resultate erzielt worden: P. SCHMID, Ann. math. Statistics 29, 1011—1027 (1958).

gilt, kann man auch leicht einen zweiseitigen Test für das angegebene Problem definieren.

Hingegen ist es nicht ganz einfach,

$$W\left(\sup_{0<y<1} |F(y) - F_n(y)| \geq u; F\right) \quad \text{für} \quad n \geq 2$$

und jedes reelle u mit $0 < u < 1$ zu berechnen. Wie sich diese Wahrscheinlichkeit für $n \to \infty$ verhält, wird ja durch den Satz 3.6 geklärt. Ein analoges asymptotisches Resultat läßt sich aus (3.21) herleiten. Es ist nicht schwer zu zeigen, daß unter den Voraussetzungen des Satzes 3.7 für jedes $u > 0$

$$\lim_{n\to\infty} W\left(\sqrt{n} \sup_{y\in R_1} \left(F(y) - F_n(y)\right) \geq u;\ F\right) = e^{-2u^2}$$

gilt.

Für das Problem der zwei Stichproben ist der Vergleich zweier empirischer Vfen. von Bedeutung. Wir begnügen uns in dieser Richtung mit dem einfachsten einseitigen Resultat:

Satz 3.8: *Es seien* $\xi_1, \ldots, \xi_n; \xi_{n+1}, \ldots, \xi_{2n}$, $n \geq 1$, *unabhängige zufällige Variable, deren jede dieselbe Vf.* $F \in C$ *besitzt. Es sei* F_n *die zu* $\xi_1, \ldots, \xi_n$ *und* G_n *die zu* $\xi_{n+1}, \ldots, \xi_{2n}$ *gehörige empirische Vf.. Dann ist*[3.8]

$$W\left(\sup_{-\infty<y<\infty} \left(F_n(y) - G_n(y)\right) \geq u\right) = \begin{cases} 1 & u \leq 0 \\ \binom{2n}{n - \{un\}} \Big/ \binom{2n}{n} & 0 < u \leq 1\,. \\ 0 & u > 1 \end{cases}$$

Beweis[3.9]: Für $u \leq 0$ und $u > 1$ ist die Behauptung trivial. Weiter überlegt man sich leicht, daß mit $\xi^{(2n)} = (\xi_1, \ldots, \xi_{2n})$ die Gleichung

$$\sup_{-\infty<y<\infty} \left(F_n(y) - G_n(y)\right) = \max_{1\leq k\leq 2n} \left(F_n(z_k \circ \xi^{(2n)}) - G_n(z_k \circ \xi^{(2n)})\right) \tag{3.28}$$

3.8 Für die Bedeutung von $\{un\}$ vergleiche man 2.1.

3.9 Dieser Beweis stammt von Gnedenko und Koroljuk: B. V. Gnedenko u. V. S. Koroljuk, Doklady Akad. Nauk SSSR, n. Ser. **80**, 525–528 (1951). Vgl. auch V. S. Koroljuk, Izvestija Akad. Nauk, Ser. mat. **19**, 81–96 (1955).

gilt. Wir knüpfen nun an den Satz 1.2 an und definieren für jedes $x \in R_{2n}$ und $1 \leq i \leq 2n$

$$\delta\big(s_i(x)\big) = \begin{cases} 1 & s_i(x) = 1, \dots, n \\ -1 & s_i(x) = n+1, \dots, 2n. \end{cases}$$

Offenbar ist für $1 \leq i \leq 2n$ mit $\mathbf{s}_i = s_i \circ \xi^{(2n)}$

$$F_n(z_i \circ \xi^{(2n)}) - G_n(z_i \circ \xi^{(2n)}) = \frac{1}{n} \sum_{1 \leq j \leq i} \delta(\mathbf{s}_j). \tag{3.29}$$

Die gemeinsame Verteilung der $\mathbf{s}_i$, $1 \leq i \leq 2n$, ist eine diskrete Gleichverteilung mit den Wahrscheinlichkeiten $1\Big/\binom{2n}{n}$ in den Massenpunkten. Wegen (3.28) und (3.29) haben wir unter allen Massenpunkten $\mathrm{e} = (e_1, \dots, e_{2n})$ dieser Verteilung mit

$$e_i = \pm 1, \quad 1 \leq i \leq 2n \tag{3.30}$$

und

$$\sum_{1 \leq j \leq 2n} e_i = 0 \tag{3.31}$$

jene zu bestimmen, welche der Bedingung

$$\max_{1 \leq j \leq 2n} \sum_{i=1}^{j} e_i \geq un \tag{3.32}$$

genügen. Ist aber für ein j die Ungleichung $\sum_{i=1}^{j} e_i \geq un$ erfüllt, dann gilt wegen (3.30) auch

$$\sum_{i=1}^{j} e_i \geq \{un\} \tag{3.33}$$

und natürlich umgekehrt. Wenn (3.33) erfüllt ist, dann gibt es auch einen kleinsten Index j_0, $1 \leq j_0 \leq j \leq 2n$, so daß

$$\sum_{i=1}^{j_0} e_i = \{un\} \tag{3.34}$$

gilt. Wegen (3.31) gilt dann

$$-\sum_{i=j_0+1}^{2n} e_i = \{un\}. \tag{3.35}$$

(3.34) und (3.35) implizieren umgekehrt die Existenz mindestens eines j, so daß (3.33) gilt. Mit

$$e_i^* = e_i, \quad 1 \leq i \leq j_0, \quad e_i^* = -e_i, \quad j_0 + 1 \leq i \leq 2n \tag{3.36}$$

folgt aus (3.34) und (3.35)

$$\sum_{i=1}^{2n} e_i^* = 2\{un\}. \tag{3.37}$$

Wegen $u > 0$ ist auch $\{un\} > 0$. Ist also $e_i^* = \pm 1$, $1 \leq i \leq 2n$ und gilt (3.37), dann folgt auch stets die Existenz eines kleinsten j_0 mit $1 \leq j_0 < 2n$, so daß mit den Festsetzungen (3.36) auch (3.34) und (3.35) gelten. Offenbar gilt aber (3.37) genau dann, wenn $(n + \{un\})$-mal $e_i^* = 1$ und $(n - \{un\})$-mal $e_i^* = -1$ ist. Das trifft $\binom{2n}{n - \{un\}}$ mal zu. Damit ist der Satz bewiesen.

Als Folgerung erhält man ganz leicht das

Korollar: *Unter den Voraussetzungen des Satzes* 3.8 *ist*

$$\lim_{n\to\infty} W\left(\sqrt{\frac{n}{2}} \sup_{-\infty<y<\infty} (\boldsymbol{F}_n(y) - \boldsymbol{G}_n(y)) \geq u\right) = \begin{cases} e^{-2u^2} & u > 0 \\ 1 & u \leq 0 \end{cases}.$$

Das ist nur ein kleiner Ausschnitt aus den vielen bisher erzielten Resultaten[3.10]. Wir geben nurmehr zwei weitere Ergebnisse ohne Beweis an.

[3.10] Wir erwähnen noch B. V. GNEDENKO, Math. Nachr. 12, 29—63 (1954) und den instruktiven Bericht von DARLING: D. A. DARLING, Ann. math. Statistics 28, 823—839 (1957). Für etwas andersartige Sätze vergleiche man A. RÉNYI, l. c. [3.1], sowie I. VINCZE, Publ. math. Inst. Hungar. Acad. Sci. 2, 183—209 (1957) und Publ. math. Inst. Hungar. Acad. Sci. 4, 29—41 (1959).

Das eine läßt sich ganz ähnlich beweisen wie der Satz 3.8. Es gilt nämlich unter den Voraussetzungen dieses Satzes:

$$W\left(\sup_{-\infty<y<\infty} |F_n(y) - G_n(y)| \geq u\right) = \\ = \begin{cases} 0 & u \leq 1/n \\ \sum\limits_{k=-c(n)}^{c(n)} (-1)^k \binom{2n}{n - k\left[u\sqrt{\frac{n}{2}}\right]} \Big/ \binom{2n}{n}, & u > \frac{1}{n} \end{cases}$$

wobei $c(n) = \left[u\sqrt{\frac{n}{2}}\right] + 1$.

Weiter gilt[3.11]: Es seien $\{\xi_i\}$ und $\{\eta_j\}$ Folgen unabhängiger zufälliger Variabler, so daß auch ξ_i und η_j für $i, j = 1, 2, \ldots$ unabhängig sind. Jede dieser zufälligen Variablen besitze dieselbe Vf. $F \in C$. F_n sei die zu den n ersten ξ_i, G_m die zu den m ersten η_j gehörige empirische Vf.. Dann ist

$$\lim_{m,n\to\infty} W\left(\sqrt{\frac{nm}{n+m}} \sup_{-\infty<y<\infty} |F_n(y) - G_m(y)| < u\right) = \\ = \begin{cases} \sum\limits_{j=-\infty}^{+\infty} (-1)^j e^{-2j^2u^2} & u > 0 \\ 0 & u \leq 0 \end{cases}.$$

Im Zusammenhang mit der Definition der empirischen Vf. wollen wir noch das Problem der *empirischen Bayes-Schätzungen* streifen. In V., Satz 3.12, haben wir (in der dort eingeführten Bezeichnung) gezeigt, daß die für fast alle $x \in R_n$ durch V. (3.132) definierte Funktion h^* Bayes-Schätzung für d ist. Eine effektive Berechnung von h^* ist jedoch nur möglich, wenn man die Dichte p der apriori-Verteilung von γ kennt. Ist das aber nicht der Fall, dann steht man vor folgendem Problem, welches wir unter den einfachsten Voraussetzungen formulieren: Es sei in der Bezeichnung

---

[3.11] Ursprünglich stammt dieser Satz von SMIRNOV: N. V. SMIRNOV, Mat. Sbornik, n. Ser. 6, 3—26 (1939). Allerdings ist dort die zusätzliche Bedingung $\lim\limits_{m,n\to\infty} m/n = c \neq 0$ vorgeschrieben. Die hier gegebene Fassung wurde von I. I. GICHMAN, Doklady Akad. Nauk SSSR, n. Ser. 82, 837—840 (1952) bewiesen.

von S. 404 $n = k = 1$. Es sei $\mathfrak{Q}$ eine beliebige Menge von a priori-Verteilungen Q von γ. Dann ist für jedes $Q \in \mathfrak{Q}$ die Bayes-Schätzung von d durch

$$h_Q^*(x) = \int_{R_1} d(\gamma) f(x|\gamma)\, dQ(\gamma) \Big/ \int_{R_1} f(x|\gamma)\, dQ(\gamma) \qquad (3.38)$$

gegeben, wobei wir zur Vermeidung unwesentlicher Komplikationen annehmen, daß (3.38) für alle $x \in R_1$ sinnvoll ist. Es sei nun $\xi_1, \xi_2, \ldots$ eine Folge unabhängiger zufälliger Variabler, die jede dieselbe Verteilung haben, deren Dichte für alle $x \in R_1$ durch $\int_{R_1} f(x|\gamma)\, dQ(\gamma)$ gegeben ist. Die ξ_n, $n \geq 1$, sollen die Rolle von Stichprobenvariablen spielen, und es erhebt sich die Frage, ob man mit ihrer Hilfe für jedes $x \in R_1$ Schätzfunktionenfolgen $\{h_n(\xi_1, \ldots, \xi_n; x)\}$ konstruieren kann, welche für $h_Q^*(x)$, $Q \in \mathfrak{Q}$, konsistent sind. Man wird zunächst daran denken, hierzu die empirischen Vfen. $F_n(\xi_1, \ldots, \xi_n;\ x)$, $n \geq 1$, zu benützen und zu versuchen, für jedes $x \in R_1$ eine Funktion ψ_x zu konstruieren, so daß

$$h_n(\xi_1, \ldots, \xi_n; x) = \psi_x\big(F_n(\xi_1, \ldots, \xi_n; x)\big) \quad \text{für} \quad n \geq 1 \quad \text{und} \quad x \in R_1$$

gewählt werden kann. In einfachen Spezialfällen kann man tatsächlich solche oder ähnliche Konstruktionen durchführen[3.12].

4. Anwendung der Invarianztheorie. Das Problem der zwei Stichproben. Wir haben schon in **1.** Zusammenhänge mit der in III. **11.** entwickelten Theorie gestreift. Nun soll genauer darauf eingegangen werden. Insbesondere — aber nicht ausschließlich — wird das Problem der zwei Stichproben zur Sprache kommen.

Als Stichprobenraum betrachten wir jetzt fast immer $(R_n, \mathfrak{B}_n)$ für ein $n \geq 1$.

Es sei $\mathfrak{W}^{(n)} \subseteq \prod_{i=1}^{n} {}_*\mathfrak{F}^{(i)}$. Jedem $W^{(n)} \in \mathfrak{W}^{(n)}$ ist eineindeutig eine n-dimensionale Vf. $F^{(n)} \in \prod_{i=1}^{n} \mathfrak{F}^{(i)}$ zugeordnet. $W^{(n)}$ ist daher durch ein n-Tupel $(F_1, \ldots, F_n)$ von Vfen. festgelegt, welches $F^{(n)}$ definiert.

3.12 H. Robbins, Proc. 3rd Berkeley Sympos. Statist. Probability I, 157—163 (1955). Siehe auch M. V. Johns jr., Ann. math. Statistics 28, 649—669 (1957).

Es ist daher oft zweckmäßig, als *Parametermenge für* $\mathfrak{W}^{(n)}$ *einfach die Menge aller zugehörigen n-Tupel* $(F_1, \ldots, F_n)$ *zu benützen.* Dies empfiehlt sich ganz besonders dann, wenn $\mathfrak{W}^{(n)} \subseteq {}_*\mathfrak{F}^{(nn)}$ ist und $\mathfrak{W}^{(n)}$ daher eineindeutig abbildbar auf eine Teilmenge von ${}_*\mathfrak{F}$ ist. Ist nun $\mathfrak{G}$ eine Gruppe, welche man im Sinne von III., S. 282 auf $(R_n, \mathfrak{B}_n)$ anwenden kann, dann erhält man mit $F^{(n)} = (F_1, \ldots, F_n)$ aus $W^{(n)}_{F^{(n)}} \in \mathfrak{W}^{(n)}$ für jedes $\mathfrak{g} \in \mathfrak{G}$ durch sinngemäße Anwendung von III. (11.26) ein Wahrscheinlichkeitsmaß $W^{(n)}_{\bar{\mathfrak{g}}F^{(n)}}$.

Wir wollen nun eine spezielle Gruppe betrachten. Es sei $\mathfrak{G}^*$ die Gruppe aller stetigen und streng monoton wachsenden Transformationen des R_1 auf sich. Jedem $\mathfrak{g}^* \in \mathfrak{G}^*$ ordnen wir für $n \geq 2$ eine Transformation $\mathfrak{g}$ des R_n in sich zu: $\mathfrak{g}x = (\mathfrak{g}^*x_1, \ldots, \mathfrak{g}^*x_n)$ für alle $x \in R_n$. Die Menge aller dieser $\mathfrak{g}$ ist eine Gruppe $\mathfrak{G}_n$, wobei die Gruppenoperation $\mathfrak{g}_1\mathfrak{g}$ natürlich gemäß

$$\mathfrak{g}_1\mathfrak{g}x = (\mathfrak{g}_1^*\mathfrak{g}^*x_1, \ldots, \mathfrak{g}_1^*\mathfrak{g}^*x_n), \qquad x \in R_n$$

definiert ist. Für diese Gruppe läßt sich die (zum Maße $W^{(n)}_{\bar{\mathfrak{g}}F^{(n)}}$ gehörige) Vf. $\bar{\mathfrak{g}}F^{(n)}$ leicht bestimmen. Wählt man nämlich in III. (11.26) ein Intervall I des R_n der Gestalt $\prod_{i=1}^{n} (-\infty, y_i]$, dann erhält man

$$W^{(n)}_{\bar{\mathfrak{g}}F^{(n)}}(I) = W^{(n)}_{F^{(n)}}(\mathfrak{g}^{-1}I) = \prod_{i=1}^{n} F_i\big((\mathfrak{g}^*)^{-1}y_i\big) = \prod_{i=1}^{n} \overline{\mathfrak{g}^*F}(y_i).$$

Es ist also für jedes $y \in R_n$

$$\bar{\mathfrak{g}}F^{(n)}(y) = \prod_{i=1}^{n} F_i\big((\mathfrak{g}^*)^{-1}\, y_i\big). \tag{4.1}$$

Wenn wir die Gruppe $\mathfrak{G}_n$ im Rahmen der Invarianztheorie verwenden wollen, müssen wir zunächst Mengen von Wahrscheinlichkeitsmaßen aufsuchen, welche invariant gegenüber $\mathfrak{G}_n$ sind.

Dazu beweisen wir den

Satz 4.1: *Es seien* ψ_i, $1 \leq i \leq n$, *stetige nicht abnehmende Funktionen über dem* R_1, *welche der Bedingung* $\psi_i(0) = 0$, $\psi_i(1) = 1$ *genügen: Dann ist die Menge* $\mathfrak{W}^{(n)}_\psi$ *aller Wahrscheinlichkeitsmaße* *über* $(R_n, \mathfrak{B}_n)$, *deren Vfen.*[4.1] *für jedes* $(x_1, \ldots, x_n) \, \varepsilon R_n$ *durch* $\prod_{i=1}^{n} \psi_i\big(F(x_i)\big)$, $F \in C$, *gegeben sind, invariant gegenüber* $\mathfrak{G}_n$. *Weiter gilt genau dann für ein* $\overline{\mathfrak{g}^*} \in \overline{\mathfrak{G}^*}$

$$\tilde{F}_i = \overline{\mathfrak{g}^*} F_i, \quad \tilde{F}_i, F_i \in C, \quad 1 \leq i \leq n, \tag{4.2}$$

wenn es Funktionen ψ_i *mit den angegebenen Eigenschaften und* $\tilde{F}, F \in C_m$ *gibt, so daß für* $1 \leq i \leq n$

$$\tilde{F}_i = \psi_i \circ \tilde{F} \tag{4.3}$$

und

$$F_i = \psi_i \circ F \tag{4.4}$$

gelten.

Beweis: Die erste Behauptung ist wegen (4.1) fast trivial. Mit F gehört nämlich auch $y \to F\big((\mathfrak{g}^*)^{-1}y\big)$ für jedes $(\mathfrak{g}^*)^{-1} \in \mathfrak{G}^*$ zu C. Die für jedes $x \in R_n$ durch $\prod_{i=1}^{n} \psi_i\big(F\big((\mathfrak{g}^*)^{-1}x_i\big)\big)$ erklärte n-dimensionale Vf. definiert daher ein Maß aus $W_{\psi}^{(n)}$.

Um die weiteren Behauptungen zu zeigen, nehmen wir an, daß (4.2) erfüllt ist. Wenn F beliebig aus C_m gewählt wird, dann gilt mit $\psi_i = F_i \circ F^{-1}$, $\psi_i(0) = 0$, $\psi_i(1) = 1$, die Beziehung (4.4). Definiert man nun $\tilde{F}$ gemäß $\tilde{F}(y) = F\big((\mathfrak{g}^*)^{-1}y\big)$ für jedes $y \in R_1$, dann ist $\tilde{F} \in C_m$, und dann folgt aus (4.2) und (4.4) die Beziehung (4.3). Die Umkehrung ist ebenfalls sehr einfach. Wenn (4.3) und (4.4) für $1 \leq i \leq n$ gelten, dann ist $\tilde{F}^{-1} \circ F$ eine stetige, streng monoton wachsende Abbildung des R_1 auf den R_1, also ein Element aus $\mathfrak{G}^*$, das wir mit $(\mathfrak{g}^*)^{-1}$ bezeichnen. Für dieses ist (4.2) erfüllt.

[4.1] Diese Vfen. bezeichnen wir auch kurz mit

$$\prod_{i=1}^{n} \psi_i \circ F.$$

Es ergibt sich das

Korollar: *Es sei φ ein bez. $\mathfrak{G}_n$ invarianter Test. ψ_i sowie $\tilde{\psi}_i$, $1 \leq i \leq n$, mögen die im Satz 4.1 angegebenen Bedingungen erfüllen. Dann ist φ für das Problem*[4.2]

$$\left(\left\{\prod_{i=1}^{n} \psi_i \circ F : F \in C_m\right\}, \left\{\prod_{i=1}^{n} \tilde{\psi}_i \circ F : F \in C_m\right\}\right)$$

ähnlich und besitzt konstante Gütefunktion.

Dies folgt sofort aus dem Korollar zum Lemma 11.2 von III. Sind nämlich F und G beliebig aus C_m gewählt, dann gibt es stets ein $\mathfrak{g}^* \in \mathfrak{G}^*$, so daß G mit der Abbildung $y \to F(\mathfrak{g}^* y)$, $y \in R_1$, übereinstimmt.

Zur Konstruktion invarianter Tests dient folgende Überlegung: Für jedes $x \in R_n$ sei $M_x = \{\mathfrak{g}x : \mathfrak{g} \in \mathfrak{G}_n\}$. Je zwei Mengen M_x und M_y, $x, y \in R_n$, sind entweder identisch oder fremd. Es ist $R_n = \bigcup_{x \in R_n} M_x$, und für jedes $\mathfrak{g} \in \mathfrak{G}_n$ sowie $x \in R_n$ gilt $\mathfrak{g} M_x = M_x$.

Es sei nun Θ eine Abbildung des R_n in irgendeine Menge Q, welche jedem $y \in M_x$ dasselbe Element $\Theta(y)$ aus Q zuordnet, jedoch so, daß auf verschiedenen Mengen M_x verschiedene Elemente aus Q angenommen werden. Dann ist Θ invariant, und solche Abbildungen nennen wir *fundamental invariant*. Ist nämlich Θ_1 eine beliebige invariante Abbildung in eine Menge Q_1, so daß also $\Theta_1(\mathfrak{g}x) = \Theta_1(x)$ für jedes $x \in R_n$ und alle $\mathfrak{g} \in \mathfrak{G}_n$ gilt, dann gibt es stets eine Abbildung χ von Q in Q_1 mit $\Theta_1 = \chi \circ \Theta$. Ist nämlich $\Theta(x) = q$ und $\Theta_1(x) = q_1$ für $x \in R_n$, dann genügt es, $\chi(q) = q_1$ zu definieren. χ ist sinnvoll definiert, da Θ fundamental invariant ist und daher aus $\Theta_1(x) \neq \Theta_1(y)$ stets $\Theta(x) \neq \Theta(y)$ folgt. Die Kenntnis einer fundamental invarianten Abbildung verschafft daher im Prinzip einen vollständigen Überblick über alle bez. $\mathfrak{G}_n$ invarianten Abbildungen.

Man sieht natürlich sofort, daß die spezielle Natur der Gruppe $\mathfrak{G}_n$ und des Raumes R_n, auf den sie wirkt, ohne jeden Belang für diese Überlegungen sind.

Wir wollen nun diese Überlegungen anwenden. N_n habe dieselbe Bedeutung wie auf S. 496 und S_n dieselbe wie auf S. 494. Ist

[4.2] Natürlich setzen wir voraus, daß die Menge der Nullhypothesen und die Menge der Alternativen zueinander fremd sind.

$(j_1, \ldots, j_n)$ eine Permutation von $(1, \ldots, n)$ und

$$M_{(j_1,\ldots,j_n)} = \{x; x \in R_n, x_{j_1} < x_{j_2} < \cdots < x_{j_n}\}$$

dann ist $\bigcup\limits_{(j_1\ldots,j_n)\in S_n} M_{(j_1,\ldots,j_n)} = R_n - N_n$, und die $M_{(j_1,\ldots,j_n)}$ sind paarweise fremd. Es sei $x, y \in M_{(j_1,\ldots,j_n)}$ und $x \neq y$. Dann existiert stets ein $\mathfrak{g} \in \mathfrak{G}_n$ mit $\mathfrak{g}x = y$. Es genügt das zugehörige $\mathfrak{g}^*$ wie folgt zu definieren:

$$\mathfrak{g}^* z = \begin{cases} y_{j_1} + \dfrac{y_{j_2} - y_{j_1}}{x_{j_2} - x_{j_1}}(z - x_{j_1}) & z \leq x_{j_2} \\[2ex] y_{j_k} + \dfrac{y_{j_{k+1}} - y_{j_k}}{x_{j_{k+1}} - x_{j_k}}(z - x_{j_k}) & x_{j_k} \leq z \leq x_{j_{k+1}},\ 2 \leq k \leq n-2. \\[2ex] y_{j_{n-1}} + \dfrac{y_{j_n} - y_{j_{n-1}}}{x_{j_n} - x_{j_{n-1}}}(z - x_{j_{n-1}}) & z \geq x_{j_{n-1}} \end{cases}$$

Da es offenbar für $x, y \in R_n$, die verschiedenen $M_{(j_1,\ldots,j_n)}$ angehören, kein $\mathfrak{g} \in \mathfrak{G}_n$ mit $\mathfrak{g}x = y$ gibt, ist $M_{(j_1,\ldots,j_n)} = M_x$ für jedes $x \in M_{(j_1,\ldots,j_n)}$.

Die Abbildung $x \to (r_1(x), \ldots, r_n(x))$ (vgl. S. 493) ist daher auf $R_n - N_n$ fundamental invariant. Es ist aber — etwa unter den Voraussetzungen des Satzes 1.1 — $W_{\xi^{(n)}}(N_n) = 0$, so daß also in diesem Falle bis auf eine Menge vom $W_{\xi^{(n)}}$-Maß 0 jeder invariante Test eine Funktion der Ranggrößen ist. Man bezeichnet daher die gegenüber $\mathfrak{G}_n$ invarianten Tests als *ranginvariant.*

Es ist selbstverständlich, daß auch die Abbildung $x \to$ $\to (s_1(x), \ldots, s_n(x))$ fundamental invariant auf $R_n - N_n$ ist.

Das Korollar zum Satz 4.1 lehrt nun: Zu jedem der in diesem Korollar genannten Testprobleme kann mittels des Lemmas von Neyman-Pearson ein ranginvarianter Test konstruiert werden, der trennscharf in der Alternativhypothese bez. der Menge aller ranginvarianten Tests zur selben Irrtumswahrscheinlichkeit ist.

Wir wollen uns nun insbesondere mit ranginvarianten Tests für das *Problem der zwei Stichproben* beschäftigen, welches wir nochmals ganz allgemein formulieren (vgl. II., S. 166): Es sei $(R_n, \mathfrak{B}_n)$ der Stichprobenraum mit $n_1 + n_2 = n$, wobei $n_i \geq 1$, für

$i = 1, 2,$ gelte. Die Menge der zulässigen Hypothesen sei von der Form $\mathfrak{F}^{(n_1 n_1)} \times \mathfrak{F}^{(n_2 n_2)}$, die Nullhypothese sei durch $\mathfrak{F}^{(nn)}$ gegeben.

Die Stichprobenvariablen werden wir mit $\xi_1, \ldots, \xi_{n_1}; \xi_{n_1+1}, \ldots, \xi_{n_1+n_2}$ bezeichnen. Es wird jetzt meist zweckmäßig sein, im Sinne der Bemerkung auf S. 532 die Menge $\mathfrak{F}^{(n_1 n_1)} \times \mathfrak{F}^{(n_2 n_2)}$ (oder $C^{(n_1 n_1)} \times C^{(n_2 n_2)}$) mit (F, G) und $\mathfrak{F}^{(nn)}$ (oder $C^{(nn)}$) mit (F, F) zu bezeichnen, wobei $F, G \in \mathfrak{F}$ (oder $F, G \in C$) gelten soll.

Die obige Formulierung des Zweistichprobenproblems entspricht weitgehend den praktischen Bedürfnissen: Man will die Hypothese testen, daß die Stichprobe vom Umfang n_1 und die vom Umfang n_2 aus derselben Grundgesamtheit stammen. Über die Alternativhypothese herrscht „völlige Unsicherheit". Die Theorie zeigt jedoch, daß die Handhabung zu „umfangreicher Alternativhypothesen" außerordentlich verwickelt ist. Hingegen ist für Alternativen der Gestalt $\{(F, \psi(F)\colon F \in C_m)\}$, wobei ψ eine stetige nicht abnehmende Abbildung von $[0, 1]$ in $[0, 1]$ ist, die natürlich von der identischen Abbildung verschieden sein soll, das Problem außerordentlich einfach, wie wir eben erwähnt haben. In diesem Fall ist — wie das Korollar zum Satz 1.6 lehrt — mindestens unter den dort angegebenen Bedingungen die explizite Berechnung der Gütefunktion ohne weiteres möglich. Für praktische Zwecke ist aber eine solche Alternative meist unrealistisch.

Ehe wir einige Beispiele ranginvarianter Tests für das Zweistichprobenproblem geben, wollen wir mittels einer erschöpfenden Transformation durch Anwendung der Bemerkung von III., S. 248 das Testproblem noch weiter reduzieren.

Wir zeigen nämlich den

Satz 4.2: *$\xi_1, \ldots, \xi_{n_1}$ seien nach F und $\xi_{n_1+1}, \ldots, \xi_{n_1+n_2}$ nach G verteilte zufällige Variable, die alle voneinander unabhängig sind. F und G mögen unabhängig voneinander C durchlaufen. Die Menge der durch die $(n_1 + n_2)$-dimensionale zufällige Variable $(s_1 \circ \xi^{(n)}, \ldots, s_{n_1+n_2} \circ \xi^{(n)})$, $n_1 + n_2 = n$, induzierten Verteilungen möge mit $\mathfrak{M}$ bezeichnet werden. Dann ist die durch $x \to \big(\varepsilon(s_1(x)), \ldots, \varepsilon(s_{n_1+n_2}(x))\big)$ gegebene Transformation T erschöpfend für $\mathfrak{M}$.*

Beweis: Es seien F, G beliebige Vfen. $\in C$, und es sei $(i_1, \ldots, i_n)$ irgendeine Permutation von $(1, \ldots, n)$. Nun ist

$$W(\mathbf{s}_1 = i_1, \ldots, \mathbf{s}_n = i_n \,|\, T; (F, G)),$$

sofern dieser Ausdruck nicht trivialerweise verschwindet, durch

$$\frac{\underset{x_{i_1} < \cdots < x_{i_n}}{\int \cdots \int} dF(x_1) \cdots dF(x_{n_1})\, dG(x_{n_1+1}) \cdots dG(x_n)}{n_1!\, n_2! \underset{x_{i_1} < \cdots < x_{i_n}}{\int \cdots \int} dF(x_1) \cdots dF(x_{n_1})\, dG(x_{n_1+1}) \cdots dG(x_n)} = 1/(n_1!\, n_2!)$$

gegeben, da für alle $x^{(1)} = (x_1, \ldots, x_{n_1}) \in R_{n_1}$, $x^{(2)} = (x_{n_1+1}, \ldots, x_n) \in R_{n_2}$ und jedes $\Pi_{n_1} \in S_{n_1}$ und $\Pi_{n_2} \in S_{n_2}$ (vgl. S. 494)

$$T(x^{(1)}, x^{(2)}) = T(\Pi_{n_1} x^{(1)}, \Pi_{n_2} x^{(2)})$$

gilt. Damit ist alles gezeigt.

Es genügt somit für die Konstruktion ranginvarianter Tests, Teststatistiken der Gestalt $x \to h\big(\varepsilon(s_1(x)), \ldots, \varepsilon(s_n(x))\big)$ zu betrachten, wobei h eine Abbildung der Menge aller Vektoren $\mathfrak{e}$ (vgl. S. 497) in den R_1 ist.

Wichtige Beispiele solcher Teststatistiken sind:

1. $\sum_{i=1}^{n} i\, \varepsilon(s_i)$. Der entsprechende Test wird der *Test von Wilcoxon*[4.3] *oder von Mann-Whitney* genannt.

2. $\sum_{i=1}^{n} \Phi^{-1}\big(i/(n+1)\big)\varepsilon(s_i)$, wobei Φ die Vf. einer $N(0, 1)$ ist. Dies ist der *Test von van der Waerden*[4.4].

3. $\sum_{i=1}^{n} E(z_i \circ \eta^{(n)})\, \varepsilon(s_i)$, wobei $\eta^{(n)}$ eine n-dimensionale zufällige Variable mit n unabhängigen, nach Φ verteilten zufälligen Komponenten ist. Dadurch wird der *Test von Terry-Fisher-Yates*[4.5] definiert.

Wir wollen uns etwas näher mit dem Wilcoxon-Test beschäftigen. Es ist meist üblich, ihn mittels der Teststatistik

$$\sum_{i=1}^{n} i\, \varepsilon(s_i) - \frac{1}{2} n_2(n_2 + 1) \tag{4.5}$$

[4.3] F. Wilcoxon, Biometrics 1, 80—83 (1945). H. B. Mann und D. R. Whitney, Ann. math. Statistics 18, 50—60 (1947). Eine ausführliche Darstellung findet sich bei J. Hemelrijk und Ph. van Elteren, Cursus Toegepaste Statistiek, Hoofdstuk 8. De toets van Wilcoxon. Mathematisch Centrum: Amsterdam 1954. Vgl. auch A. Rényi, Magyar tud. Akad. Alkalm mat. int. közl. 2, 243—265 (1954). Interessante historische Bemerkungen liest man bei W. H. Kruskal nach: J. Amer. statist. Assoc. 52, 356—360 (1957).

[4.4] B. L. van der Waerden, Math. Ann. 126, 93—107 (1953).

[4.5] M. E. Terry, Ann. math. Statistics 23, 346—366 (1952).

zu beschreiben. Die Benützung dieser Teststatistik hat gewisse praktische Vorteile: Es sei nämlich $x_1, \ldots, x_{n_1}; x_{n_1+1}, \ldots, x_{n_1+n_2}$ eine Stichprobe. Es werde angenommen, daß die x_i, $1 \leq i \leq n$, paarweise verschieden seien, und man ordne sie der Größe nach. Dabei möge $x_{n_1+1}, \ldots, x_{n_1+n_2}$ irgendwie auf die Plätze mit den Nummern $i_1, \ldots, i_{n_2}$ verteilt sein, wobei die Ungleichungen $i_j < i_{j+1}$, $1 \leq j \leq n_2 - 1$, und $1 \leq i_k \leq n$, $1 \leq k \leq n_2$ gelten mögen. Dann sind $i_1 - 1$ der restlichen x_l kleiner als x_{i_1}, $i_2 - 2$ der x_l kleiner als $x_{i_2}, \ldots$ schließlich $i_{n_2} - n_2$ der x_l kleiner als $x_{i_{n_2}}$ mit $1 \leq l \leq n_1$. Die Anzahl der Paare (x_l, x_k), $1 \leq l \leq n_1$, $n_1 + 1 \leq k \leq n_1 + n_2$ mit $x_l < x_k$ ist also durch $\sum_{j=1}^{n_2} i_j - \frac{1}{2} n_2(n_2 + 1)$ gegeben, und das ist gerade der Wert, den die Teststatistik (4.5) für diese Stichprobe annimmt. In einem konkreten Beispiel läßt sich aber die Anzahl der genannten Paare sehr rasch bestimmen, wenn n nicht zu groß ist. Dieser Umstand hat dem Wilcoxon-Test in der Praxis eine gewisse Beliebtheit verliehen.

Die Teststatistik (4.5) läßt sich aber auch noch in anderer Weise darstellen. Es sei $I = [0, \infty)$ und $U(x_1, \ldots, x_n) = \sum_{l=1}^{n_1} \sum_{k=n_1+1}^{n_1+n_2} c_I(x_k - x_l)$ für $x \in R_n$. Dann stimmen (4.5) — als Abbildung über dem R_n aufgefaßt — und U auf $R_n - N_n$ überein.

Nun läßt sich leicht das folgende Ergebnis zeigen:

Satz 4.3: *Es seien die Voraussetzungen des Satzes* 4.2 *erfüllt. Es sei* $\boldsymbol{U} = U(\xi_1, \ldots, \xi_n)$. *Dann ist*

$$E(\boldsymbol{U}; (F, G)) = n_1 n_2 \int_{-\infty}^{+\infty} F \, dG \tag{4.6}$$

und

$$E[(\boldsymbol{U} - E(\boldsymbol{U}))^2; (F, G)] =$$

$$= n_1 n_2 \int_{-\infty}^{+\infty} F \, dG + n_1 n_2 (1 - n_1 - n_2) \left(\int_{-\infty}^{+\infty} F dG \right)^2 +$$

$$+ n_1(n_1 - 1) n_2 \int_{-\infty}^{+\infty} F^2 \, dG + n_2(n_2 - 1) n_1 \int_{-\infty}^{+\infty} (1 - G)^2 \, dF. \tag{4.7}$$

Insbesondere folgt für $F = G$

$$E[\boldsymbol{U}; (F, F)] = n_1 n_2/2 \tag{4.8}$$

und

$$E[(\boldsymbol{U} - E(\boldsymbol{U}))^2; (F, F)] = \frac{1}{12} n_1 n_2 (n_1 + n_2 + 1). \tag{4.9}$$

Beweis: Für $1 \leq l \leq n_1$, $n_1 + 1 \leq k \leq n$, ist[4.6]

$$E(c_I(\xi_k - \xi_l)) = W(\xi_k - \xi_l \geq 0) = \int_{-\infty}^{+\infty} F\, dG. \tag{4.10}$$

Daraus folgt (4.6). Weiter ist

$$E(c_I^2(\xi_k - \xi_l)) = E(c_I(\xi_k - \xi_l))$$

also

$$E(c_I^2(\xi_k - \xi_l)) = \int_{-\infty}^{+\infty} F\, dG. \tag{4.11}$$

Wegen der Unabhängigkeit der zufälligen Variablen ξ_i ist

$$\left\{\begin{aligned} &E(c_I(\xi_k - \xi_l)\, c_I(\xi_{k'} - \xi_{l'})) = \left(\int_{-\infty}^{+\infty} F\, dG\right)^2 \\ &1 \leq l, l' \leq n_1, n_1 + 1 \leq k, k' \leq n, l \neq l', k \neq k'. \end{aligned}\right. \tag{4.12}$$

Ist $l \neq l'$, dann wird mit $M = \{x_1, x_2, x_3 : x_1 - x_2 \geq 0,\ x_1 - x_3 \geq 0\}$

$$E(c_I(\xi_k - \xi_l)\, c_I(\xi_k - \xi_{l'})) = \iiint\limits_M dG(x_1)\, dF(x_2)\, dF(x_3) =$$

$$= \int_{-\infty}^{+\infty} dG(x_1) \int_{-\infty}^{x_1} dF(x_2) \int_{-\infty}^{x_1} dF(x_3),$$

also

$$E(c_I(\xi_k - \xi_l) c_I(\xi_k - \xi_{l'})) = \int_{-\infty}^{+\infty} F^2\, dG. \tag{4.13}$$

[4.6] Es versteht sich von selbst, daß dieser und die folgenden Erwartungswerte bez. (F, G) genommen sind.

Analog erhält man für $k \neq k'$

$$E\big(c_I(\xi_k - \xi_l)c_I(\xi_{k'} - \xi_l)\big) = \int_{-\infty}^{+\infty} (1 - G)^2 \, dF\,. \tag{4.14}$$

Eine elementare Rechnung führt dann mittels (4.6), (4.11)—(4.14) auf (4.7). Die Gleichungen (4.8) und (4.9) gewinnt man durch Spezialisierung von (4.6) und (4.7) aus

$$\int_{-\infty}^{+\infty} F\,dF = 1/2\,, \int_{-\infty}^{+\infty} F^2\,dF = 1/3\,, \int_{-\infty}^{+\infty} (1 - F)^2\,dF = 1/3\,.$$

Wir beweisen jetzt einen allgemeinen Satz [4.7] über die Unverfälschtheit von Tests, der dann insbesondere auf den Wilcoxon-Test angewendet werden soll.

Satz 4.4: *Es seien $\xi_1, \ldots, \xi_{n_1}; \xi_{n_1+1}, \ldots, \xi_{n_1+n_2}$ unabhängige zufällige Variable, welche unter der Nullhypothese nach $\{(F, F)\colon F \in C\}$ und unter der Alternative nach $\{(F, G)\colon F, G \in C, G \leq F, F \neq G\}$ verteilt sind. Dann ist jeder über dem R_n, $n_1 + n_2 = n$, $n_1, n_2 \geq 1$, definierte und für die Nullhypothese (bei beliebiger Irrtumswahrscheinlichkeit) ähnliche Test φ, welcher die Bedingung*

$$\varphi(x_1, \ldots, x_{n_1}, x_{n_1+1}, \ldots, x_n) \geq \varphi(x_1, \ldots, x_{n_1}, y_{n_1+1}, \ldots, y_n) \tag{4.15}$$

für alle $(x_1, \ldots, x_{n_1}) \in R_{n_1}$ und alle $(x_{n_1+1}, \ldots, x_n) \in R_{n_2}$, $(y_{n_1+1}, \ldots, y_n) \in R_{n_2}$ mit $x_i \geq y_i$, $n_1 + 1 \leq i \leq n$, erfüllt, unverfälscht für die angegebene Alternative.

Beweis: Es sei φ einer der in der Voraussetzung genannten Tests zur Irrtumswahrscheinlichkeit α. Es seien $F, G \in C$ gewählt mit

$$G \leq F\,. \tag{4.16}$$

Gemäß III., Lemma 5.2 konstruieren wir die Funktionen u_G und u_F. Nach Konstruktion folgt aus (4.16)

$$u_F \leq u_G\,. \tag{4.17}$$

Es sei η eine in (0,1) gleichverteilte zufällige Variable. Auf S. 526 wurde gezeigt, daß $u_F \circ \eta$ die Vf. F und $u_G \circ \eta$ die Vf. G besitzt. Sind

[4.7] E. L. Lehmann, Ann. math. Statistics 22, 165—179 (1951).

also $\eta_1, \ldots, \eta_n$ unabhängige zufällige Variable, deren jede dieselbe Verteilung wie η besitzt, dann folgt nach Voraussetzung

$$E\left(\varphi(u_F \circ \eta_1, \ldots, u_F \circ \eta_n)\right) = \alpha .$$

Wegen (4.17) und (4.15) ist dann

$$E\left(\varphi(u_F \circ \eta_1, \ldots, u_F \circ \eta_{n_1}, u_G \circ \eta_{n_1+1}, \ldots, u_G \circ \eta_{n_1+n_2})\right) \geq \alpha$$

und das war zu zeigen.

Als Anwendung erhalten wir fast unmittelbar: Der Wilcoxon-Test ist für das Problem

$$\left(\{(F,F); F \in C\}, \{(F,G); G \leq F, G \neq F, F, G \in C\}\right)$$

unverfälscht. Der Test φ ist ja dadurch gegeben, daß man zu gegebener Irrtumswahrscheinlichkeit α reelle Zahlen k und c mit $0 \leq c \leq 1$ passend wählt und dann für $x \in R_n$ definiert:

$$\varphi(x) = \begin{cases} 1 & U(x) > k \\ c & U(x) = k \\ 0 & U(x) < k \end{cases} .$$

Wenn man für $n_i + 1 \leq i \leq n$ jedes x_i durch x_i^* mit $x_i^* \geq x_i$ ersetzt, kann U nach Definition (vgl. S. 538) nur wachsen. Also erfüllt φ die Bedingung (4.15).

5. Die Theorie der Iterationen und der Test von Wald und Wolfowitz. Wir wollen noch einen weiteren Test[5.1] zum Zweistichprobenproblem besprechen und dazu zunächst den Begriff der *Iteration* einführen. Es seien n_1 gleiche Dinge gegeben, die wir mit a und n_2 gleiche Dinge, die wir mit b bezeichnen. Sei $n_1 + n_2 = n$, $1 \leq n_1 \leq n - 1$, $1 \leq n_2 \leq n - 1$. Wir ordnen die Dinge in einer Folge an, z. B. *aaa b a bbb aa bb a* ... Jede größte Teilfolge gleicher Elemente wird als Iteration bezeichnet, die Anzahl der Elemente als Länge derselben. Im angegebenen Beispiel haben wir 6 Iterationen: *aaa*; *b*; *a*; *bbb*; *aa*; *bb*. Wir machen den Begriff der Iteration in folgender Weise für wahrscheinlichkeitstheoretische Überlegungen nutzbar: Wir betrachten alle n-Tupel, deren Kompo-

[5.1] Nach A. Wald und J. Wolfowitz, Ann. math. Statistics 11, 147—162 (1940).

nenten n_1-mal aus a und n_2-mal aus b bestehen. Diese Menge heiße R. Es sei $\mathbf{S}$ die Menge aller Teilmengen von R. Eine Gleichverteilung über $(R, \mathbf{S})$ ordnet jedem dieser n-Tupel die Wahrscheinlichkeit $n_1!\, n_2!/n!$ zu. Wir definieren nun über $(R, \mathbf{S})$ eine zufällige Variable $\boldsymbol{i}$, welche jedem n-Tupel aus R die Anzahl der in diesem n-Tupel enthaltenen Iterationen zuordnet. Wir beweisen jetzt den

Satz 5.1: *Es sei über* $(R, \mathbf{S})$ *die oben erwähnte Gleichverteilung gegeben mit* $1 \leq n_1 < n,\ 1 \leq n_2 < n,\ n_1 + n_2 = n$. *Dann gilt*[5.2]

$$\left\{\begin{aligned} &W(\boldsymbol{i}=2k)=2\binom{n_1-1}{k-1}\binom{n_2-1}{k-1}\Big/\binom{n_1+n_2}{n_1},\ W(\boldsymbol{i}=2k+1)= \\ &\quad=\left(\binom{n_1-1}{k-1}\binom{n_2-1}{k}+\binom{n_1-1}{k}\binom{n_2-1}{k-1}\right)\Big/\binom{n_1+n_2}{n_1} \\ &\quad k=1,\ldots,\left[\frac{n}{2}\right]. \end{aligned}\right. \tag{5.1}$$

Beweis: Es genügt zu zeigen, daß es genau $2\binom{n_1-1}{k-1}\binom{n_2-1}{k-1}$ Elemente von R gibt, welche genau $2k$ Iterationen enthalten. Die erste Behauptung (5.1) folgt dann aus I., Satz 1.1. Wir teilen die Iterationen in leicht verständlicher Bezeichnung in a-Iterationen und b-Iterationen. Da die a- und b-Iterationen in einem festen n-Tupel aus R stets miteinander abwechseln müssen, enthält dieses genau k a- und k b-Iterationen. Wir müssen nun die kombinatorische Frage beantworten: Auf wie viele Arten kann man k Iterationen aus n_1 Elementen a und k Iterationen aus n_2 Elementen b bilden? Denkt man sich die n_1 Dinge a nebeneinander geschrieben, dann kann man irgend k Iterationen so erhalten, daß man in die $n_1 - 1$ „Zwischenräume" der a irgendwie $k-1$ Trennungsstriche[5.3] verteilt. Die erste a-Iteration geht dann bis zum ersten Trennungsstrich, die nächsten $k-2$ liegen zwischen je 2 Trennungsstrichen und die k-te Iteration beginnt hinter dem letzten Strich (z. B. für $n_1 = 7$, $k = 4$: $a \mid aaa \mid aa \mid a$ usw.). Wir haben also die Frage zu beantworten, auf wie viele Arten man $k-1$ Dinge auf $(n_1 - 1)$ Plätze verteilen kann, so daß auf jeden Platz höchstens ein Ding kommt. Somit

[5.2] Vgl. W. Feller, 60, l. c. I. [1.1]

[5.3] In jeden Zwischenraum darf höchstens ein Trennungsstrich plaziert werden.

erhält man $\binom{n_1-1}{k-1}$ a-Iterationen und ebenso $\binom{n_2-1}{k-1}$ b-Iterationen, die auf insgesamt $\binom{n_1-1}{k-1}\binom{n_2-1}{k-1}$ Arten kombiniert werden können. Da aber zwei n-Tupel mit denselben a- und b-Iterationen verschieden sind, wenn einmal eine a-Iteration und das zweite Mal eine b-Iteration am Anfang steht, erhalten wir genau $2\binom{n_1-1}{k-1}\binom{n_2-1}{k-1}$ n-Tupel, welche $2k$ Iterationen enthalten. Damit ist der erste Teil von (5.1) bewiesen.

Für den zweiten Teil von (5.1) hat man nur zu überlegen, daß ein n-Tupel, welches genau $2k+1$ Iterationen enthält, entweder k a-Iterationen und $k+1$ b-Iterationen oder umgekehrt enthalten muß. Nun wiederhole man die angegebenen Schlüsse.

Wir berechnen noch den Erwartungswert der zufälligen Variablen $\boldsymbol{i}$. Es ist

$$\binom{n_1+n_2}{n_1} E(\boldsymbol{i}) = \sum_{k=1}^{\left[\frac{n}{2}\right]} \left(2\binom{n_1-1}{k-1}\binom{n_2-1}{k-1} 2k + \left[\binom{n_1-1}{k}\binom{n_2-1}{k-1} + \right.\right.$$

$$\left.\left. + \binom{n_1-1}{k-1}\binom{n_2-1}{k}\right](2k+1)\right) =$$

$$= \sum_{k=1}^{\left[\frac{n}{2}\right]} \binom{n_1-1}{k-1}\binom{n_2-1}{k-1}\left(4k + \left(\frac{n_1+n_2-2k}{k}\right)(2k+1)\right] =$$

$$= 2(n_1+n_2-1)\sum_{k=1}^{\left[\frac{n}{2}\right]} \binom{n_1-1}{k-1}\binom{n_2-1}{k-1} + \frac{(n_1+n_2)}{n_2}\sum_{k=1}^{\left[\frac{n}{2}\right]} \binom{n_1-1}{k-1}\binom{n_2}{k} =$$

$$= \left(2n_1 + \frac{n_1+n_2}{n_2}\right)\binom{n_1+n_2-1}{n_2-1},$$

also

$$E(\boldsymbol{i}) = 1 + \frac{2n_1 n_2}{n_1+n_2}.$$

Es gilt also z. B. für $n_1 \leq n_2$

$$1 + n_1 \leq E(\boldsymbol{i}) \leq 1 + n_2 .$$

Nun kehren wir zu dem anfangs erwähnten *Test von Wald und Wolfowitz* für das Zweistichprobenproblem zurück. Dazu gehen wir von $n_1 + n_2 = n$ unabhängigen zufälligen Variablen $\xi_1, \ldots, \xi_{n_1}$; $\xi_{n_1+1}, \ldots, \xi_n$ aus. Unter der Nullhypothese gehöre die gemeinsame Verteilung von $\xi_1, \ldots, \xi_n$ zu $C^{(nn)}$. Nun ziehen wir den Satz 1.2 heran. Wenn die Nullhypothese zutrifft, gilt (1.10). Für jede Verteilung aus $C^{(nn)}$ ist also die induzierte Verteilung von $(\varepsilon(\mathbf{s}_1), \ldots, \varepsilon(\mathbf{s}_n))$ ein und dieselbe Gleichverteilung über der Menge R aller n-Tupel $\mathfrak{e}$ (vgl. S. 497). Als Teststatistik wird nun die zufällige Variable $\boldsymbol{i}$ definiert, welche die Anzahl der Iterationen der n-Tupel $(\varepsilon(\mathbf{s}_1), \ldots, \varepsilon(\mathbf{s}_n))$ angibt. Zu gegebener Irrtumswahrscheinlichkeit α bestimmt man für einen einseitigen Test etwa die größte ganze Zahl i_α, so daß

$$W(\boldsymbol{i} \leq i_\alpha) \leq \alpha$$

unter der Nullhypothese gilt.

Es versteht sich von selbst, daß dieser von WALD und WOLFOWITZ ersonnene Test ranginvariant ist.

6. Weitere Beispiele zur Invarianztheorie. Wir wollen jetzt einige andere spezielle Gruppen heranziehen. Zunächst sollen die sogenannten ***Mediantests*** behandelt werden, welche man wohl auch als *Vorzeichentests* bezeichnet. Es sei $\mathfrak{G}^{*(m)}$ die Gruppe aller eineindeutigen meßbaren Transformationen $\mathfrak{g}^*$ des R_1 in den R_1, welche die Bedingung erfüllen:

$$\begin{cases} \mathfrak{g}^* x > 0 & x > 0 \\ \mathfrak{g}^* x = 0 & x = 0. \\ \mathfrak{g}^* x < 0 & x < 0 \end{cases} \tag{6.1}$$

Für $n \geq 2$ definieren wir die Gruppe $\mathfrak{G}_n^{(m)}$, welche das direkte Produkt von n Exemplaren der Gruppe $\mathfrak{G}^{*(m)}$ ist, d. h. jedes $\mathfrak{g} \in \mathfrak{G}_n^{(m)}$ ist von der Gestalt $\mathfrak{g} = (\mathfrak{g}_1^*, \ldots, \mathfrak{g}_n^*)$ mit $\mathfrak{g}_i^* \in \mathfrak{G}^{*(m)}$, $1 \leq i \leq n$, und für jedes $x \in R_n$ ist $\mathfrak{g}x = (\mathfrak{g}_1^* x_1, \ldots, \mathfrak{g}_n^* x_n)$.

Es sei wie üblich für $x \in R_1$

$$\operatorname{sign} x = \begin{cases} 1 & x > 0 \\ 0 & x = 0 \\ -1 & x < 0. \end{cases}$$

Man sieht dann leicht, daß die Abbildung v des R_n in den R_n, welche durch $(x_1, \ldots, x_n) \to (\operatorname{sign} x_1, \ldots, \operatorname{sign} x_n)$ gegeben ist, fundamental invariant gegenüber $\mathfrak{G}_n^{(m)}$ ist. Jeder Test, dessen Teststatistik nur von v abhängt, wird daher Vorzeichentest genannt. Um die Bezeichnung „Mediantest" zu rechtfertigen, betrachten wir die Menge aller Wahrscheinlichkeitsmaße $\prod_{i=1}^{n} {}_*\mathfrak{F}_{(1/2)}^{(i)}$ über $(R_n, \mathfrak{B}_n)$ und zeigen, daß sie invariant gegenüber $\mathfrak{G}_n^{(m)}$ ist. Dazu hat man nur nachzuweisen: Ist ξ eine zufällige Variable und $W_\xi \in {}_*\mathfrak{F}_{(1/2)}$, dann gehört auch die Wahrscheinlichkeitsverteilung W_η von $\eta = (\mathfrak{g}^*)^{-1}\xi$ für jedes $\mathfrak{g}^* \in \mathfrak{G}^{*(m)}$ zu ${}_*\mathfrak{F}_{(1/2)}$. Nun ist aber

$$W(\eta \leq 0) = W((\mathfrak{g}^*)^{-1}\xi \leq 0) = W(\xi \leq \mathfrak{g}^* 0) = W(\xi \leq 0) = 1/2$$

und damit ist alles gezeigt.

Es ist leicht zu sehen, daß $\mathfrak{G}^{*(d)} = \mathfrak{G}^* \cap \mathfrak{G}^{*(m)}$ wieder eine Gruppe ist. $\mathfrak{G}^{*(d)}$ ist nämlich die Menge aller stetigen, streng monoton wachsenden Transformationen des R_1 auf sich, welche (6.1) erfüllen. Die Gruppe $\mathfrak{G}_n^{(d)}$, welche das direkte Produkt von n Exemplaren der Gruppe $\mathfrak{G}^{*(d)}$ ist, wirkt dann in der oben angegebenen Weise auf den R_n, $n \geq 2$. Es ist sehr leicht zu sehen, daß v auch gegenüber $\mathfrak{G}^{*(d)}$ fundamental invariant ist.

Weiter ergibt sich leicht folgende Tatsache:

Es sei $F_1 \in C$, $\tilde{F}_1 \in C$, und es möge ein $\mathfrak{g} \in G^{*(d)}$ mit $\tilde{F}_1 = \bar{\mathfrak{g}} F_1$ geben; dann existieren $F, \tilde{F} \in C_m \cap C_{(1/2)}$ und ein ψ, welches außer den oben (S. 532 für ψ_i) angegebenen Bedingungen auch noch $\psi(1/2) = \vartheta$ für ein reelles ϑ mit

$$0 < \vartheta < 1 \tag{6.2}$$

erfüllt, so daß $F_1 = \psi \circ F$ und $\tilde{F}_1 = \psi \circ \tilde{F}$ gelten und umgekehrt. Dies beweist man genauso wie die entsprechende Behauptung des Satzes 4.1.

Dies legt es nahe, die Menge $C_{(\vartheta)}$ aller Vfen. $\in C$ zu betrachten, welche $F(0) = \vartheta$ erfüllen, wobei ϑ (6.2) genügt. Es gilt nun der

Satz 6.1: *$\xi_1, \ldots, \xi_n$ seien unabhängige zufällige Variable. ξ_i besitze eine Vf. $F_i \in C_{(\vartheta)}$, $1 \leq i \leq n$. Dann ist*

$$W(\operatorname{sign} \xi_1 = j_1, \operatorname{sign} \xi_2 = j_2, \ldots, \operatorname{sign} \xi_n = j_n) = \prod_{i=1}^{n} \vartheta^{\frac{1-j_i}{2}} (1-\vartheta)^{\frac{1-j_i}{2}}, \tag{6.3}$$

wobei $j_i = \pm 1$, $1 \leq i \leq n$, unabhängig von der Wahl der F_i aus $C_{(\vartheta)}$.

Der **Beweis** ist fast trivial. Es ist $W(\operatorname{sign} \xi_i = 0) = 0$, weil F_i stetig ist. Also ist

$$W(\operatorname{sign} \xi_i = j_i) = \begin{cases} W(\xi_i > 0) = 1 - \vartheta & j_i = 1 \\ W(\xi_i < 0) = \vartheta & j_i = -1 \end{cases},$$

womit alles gezeigt ist.

Es folgt unmittelbar, daß jeder Mediantest ähnlich ist für die Nullhypothese $\prod_{i=1}^{n} C_{(\vartheta)}^{(i)}$, wobei ϑ eine reelle Zahl ist, welche (6.2) genügt.

Ein spezieller, häufig gebrauchter Test wird durch die Teststatistik $(x_1, \ldots, x_n) \to \sum_{i=1}^{n} \operatorname{sign} x_i$ definiert. Man nennt ihn den *Zeichentest*. Der Satz 5.1 von III. macht es fast unmittelbar klar, daß der Zeichentest bez. aller Mediantests trennscharf für das Problem

$$\left(\left\{\prod_{i=1}^{n} C_{(\vartheta)}^{(i)} : \vartheta \geq 1/2\right\}, \left\{\prod_{i=1}^{n} C_{(\vartheta)}^{(i)} : \vartheta < 1/2\right\}\right)$$

ist. Da nämlich v fundamental invariant gegenüber $\mathfrak{G}_n^{(d)}$ ist, genügt es, den Stichprobenraum R zu betrachten, dessen Elemente alle 2^n n-Tupel sind, deren Komponenten ± 1 sind. Da aber die Binomialverteilung monotone Dichtequotienten besitzt, folgt unsere Behauptung aus (6.3)[6.1].

In der Praxis wird der Zeichentest oft für folgendes Problem benützt. Es seien $\xi_1, \ldots, \xi_n; \eta_1, \ldots, \eta_n$, $n \geq 1$, unabhängige zufällige Variable, deren jede eine Verteilung mit stetiger Vf. besitzt. Die Nullhypothese besteht in der Annahme, daß für $1 \leq i \leq n$, ξ_i und η_i dieselbe Vf. $F_i \in C$ besitzen, doch kann $F_i \neq F_j$ für $i \neq j$ sein. Unter der Annahme der Nullhypothese besitzt dann $\zeta_i = \xi_i - \eta_i$ eine Vf. aus $C_{(1/2)}$, wie man leicht findet. Für die Hypothese $\prod_{i=1}^{n} C_{(1/2)}^{(i)}$ ist der Zeichentest ähnlich, der allerdings für das angegebene Problem als zweiseitiger Test verwendet wird. Man wählt also etwa als Irrtumswahrscheinlichkeit $\alpha = \frac{k}{2^n}$, $0 \leq k \leq 2^n$, und als kritische Region im R_n die Menge

$$\left\{x : \sum_{i=1}^{n} \operatorname{sign} x_i \geq \varepsilon_\alpha, \sum_{i=1}^{n} \operatorname{sign} x_i \leq -\varepsilon_\alpha\right\},$$

[6.1] Für den Zeichentest verweisen wir noch auf W. J. Dixon u. A. M. Mood, J. Amer. statist. Assoc. 41, 557—566 (1946) sowie auf E. Ruist, l. c. [1.2].

wobei ε_α so bestimmt wird, daß diese kritische Region unter der Nullhypothese genau die vorgegebene Irrtumswahrscheinlichkeit besitzt.

Dazu bemerken wir: Wenn ξ und η unabhängige zufällige Variable mit derselben Vf. $\in C$ sind, dann ist die Vf. von $\xi - \eta$ nicht nur $\in C_{(^1/_2)}$, sondern sogar $\in C_s = C \cap \mathfrak{F}_s$, und natürlich gilt $C_s \subset C_{(^1/_2)}$. Das eben behandelte Problem führt also naturgemäß auf die Idee eines „*Symmetrietests*". Bei der Konstruktion solcher Tests wird man sich also auf eine Untergruppe $\mathfrak{G}^{*(s)}$ von $\mathfrak{G}^{*(m)}$ beschränken können. Die Elemente $\mathfrak{g}^*$ von $\mathfrak{G}^{*(s)}$ sollen außer (6.1) noch die Bedingung

$$\mathfrak{g}^* x = -\mathfrak{g}^* (- x)$$

für alle $x \in R_1$ erfüllen. Die Gruppe $\mathfrak{G}^{*(s)}$ besteht also aus allen ungeraden stetigen streng monotonen Transformationen des R_1 auf sich. Es wäre nun naheliegend in Analogie zu $\mathfrak{G}_n^{(m)}$, die Gruppe $\mathfrak{G}_n^{(s)}$ zu betrachten. Wir wollen jedoch gleich die speziellere Gruppe $\mathfrak{G}_n^{(ss)}$ betrachten, deren Elemente $\mathfrak{g}$ wie folgt charakterisiert sind: Für alle $(x_1, \ldots, x_n) \in R_n$ sei $\mathfrak{g} x = (\mathfrak{g}^* x_1, \ldots, \mathfrak{g}^* x_n)$, wobei $\mathfrak{g}^*$ alle Elemente von $\mathfrak{G}^{*(s)}$ durchläuft. (Vgl. die Definition von $\mathfrak{G}_n$, S. 532.) Dementsprechend legen wir als Nullhypothese für den Symmetrietest nicht $\prod_{i=1}^{n} C_s^{(i)}$, sondern $C_s^{(nn)}$ zugrunde. Es ist ganz leicht zu sehen, daß $C_s^{(nn)}$ invariant gegenüber $\mathfrak{G}_n^{(ss)}$ ist. Zur Konstruktion fundamental invarianter Abbildungen definieren wir für jedes $x \in R_n$ die Funktion $p(x) = \sum_{i=1}^{n} c_I(x_i)$, wobei $I = (0, \infty)$. p ist also die Anzahl der positiven Komponenten von x. Man erkennt ohne Schwierigkeit, daß die Abbildung

$$x \to \big(r_1(|x_1|, \ldots, |x_n|), \ldots, r_n(|x_1|, \ldots, |x_n|), p(x)\big)$$

fundamental invariant bezüglich $\mathfrak{G}_n^{(ss)}$ ist. Nun kann man in völliger Analogie zu Satz 4.2 erkennen, daß es für die Aufstellung von Symmetrietests — kurz gesagt — genügt, für jedes $x \in R_n$ nur jene Ranggrößen zu benützen, welche die Ränge der positiven Komponenten von x angeben. Es genügt also, für die Nullhypothese $C_s^{(nn)}$ Teststatistiken zu betrachten, welche nur über die Abbildung

$$x \to \big(r_{j_1(x)}(|x_1|, \ldots, |x_n|), \ldots, r_{j_{p(x)}(x)}(|x_1|, \ldots, |x_n|)\big)$$

funktionell von x abhängen, wobei $x_{j_i(x)}$, $1 \leq i \leq p(x)$ alle positiven Komponenten von x sind. Es sei noch angemerkt: Wenn $\xi_1, \ldots, \xi_n$ unabhängige zufällige Variable sind, deren jede eine Verteilung aus C besitzt, dann gilt mit $\xi^{(n)} = (\xi_1, \ldots, \xi_n)$ die Beziehung $W\left(p \circ \xi^{(n)} = \sum_{i=1}^{n} \frac{\operatorname{sign} \xi_i + 1}{2}\right) = 1$.

Wir wollen nun noch kurz auf einen Symmetrietest eingehen, der von HEMELRIJK[6.2] stammt und dem die allgemeine Nullhypothese $\prod_{i=1}^{n} \mathfrak{F}_s^{(i)}$ zugrunde liegt. Wir benötigen hierzu einige Definitionen:

Wir erklären einige Funktionen, welche über dem R_n $(n \geq 1)$ definiert sind. Für jedes $x \in R_n$ sei $0(x)$ die Anzahl der verschwindenden, $p(x)$ wieder die Anzahl der positiven und $n(x)$ die Anzahl der negativen Komponenten x_i von x. Natürlich gilt für jedes $x \in R_n$: $0 \leq 0(x) \leq n$, $0 \leq p(x)$, $n(x) \leq n - 0(x)$. Es sei $K(x)$ für jedes $x \in R_n$ die Menge aller x_i mit $|x_i| > 0$. Sie enthält genau $p(x) + n(x)$ Elemente. Wir definieren zwei zueinander fremde Mengen $K_1(x)$, $K_2(x)$, welche auch leer sein können, mit folgenden Eigenschaften: $K(x) = K_1(x) \cup K_2(x)$. Wenn $k_i(x) \geq 0$ für $i = 1, 2$ die Anzahl der Elemente von $K_i(x)$ ist, dann sei stets $k_2(x) - k_1(x) \geq 0$. Außerdem folge aus $|x_i| \in K_1(x)$ und $|x_j| \in K_2(x)$ stets $|x_i| < |x_j|$. $K_1(x)$ und $K_2(x)$ sind nun unter allen Zerlegungen von $K(x)$, welche die bisher angegebenen Eigenschaften besitzen, dadurch ausgezeichnet, daß $k_2(x) - k_1(x)$ ein Minimum annimmt. Es ist leicht zu sehen, daß die $K_i(x)$ dadurch eindeutig festgelegt sind. Wenn alle Elemente von $K(x)$ paarweise verschieden sind, dann gilt

$$k_2(x) = \left[\frac{p(x) + n(x) + 1}{2}\right]. \tag{6.5}$$

Es lassen sich dann nämlich die Elemente von $K(x)$ eindeutig der Größe nach anordnen. Wenn $p(x) + n(x)$ gerade ist, enthalten dann $K_1(x)$ und $K_2(x)$ je $\big(p(x) + n(x)\big)/2$ Elemente, und wegen $\big(p(x) + n(x)\big)/2 = \left[\frac{p(x) + n(x) + 1}{2}\right]$ gilt (6.5). Ist aber $p(x) + n(x)$

[6.2] J. HEMELRIJK, Indagationes math. 12, 340–350, 419–431 (1950). Vgl. auch E. RUIST, l. c. [2.1]. Für einen weiteren allgemeinen Symmetrietest verweisen wir noch auf C. VAN EEDEN u. A. BENARD, Indagationes math. 19, 381–407 (1957).

ungerade, dann enthält $K_2(x)$ um ein Element mehr als $K_1(x)$, und somit gilt wieder (6.5). Weiter bezeichnen wir mit $u(x)$ die Anzahl der positiven x_i in $K_2(x)$. Offenbar gelten die Ungleichungen

$$0 \leq u(x) \leq \min\bigl(k_2(x), p(x)\bigr);\ p(x) - u(x) \leq n - 0(x) - k_2(x).$$

Der angekündigte Symmetrietest beruht nun auf dem

Satz 6.3: *Es sei* $\xi^{(n)} = (\xi_1, \ldots, \xi_n)$ *eine zufällige Variable, deren Wahrscheinlichkeitsverteilung zu* $\prod_{i=1}^{n} {}_*\mathfrak{F}_s^{(i)}$ *gehört.* k, g, n_1, m *seien ganze nichtnegative Zahlen mit* $\left[\frac{n-m+1}{2}\right] \leq k \leq n-m$, $0 \leq g \leq \min(k, n_1)$, $n_1 - g \leq n - m - k$, $n_1 + m \leq n$.
Dann ist

$$W(p \circ \xi^{(n)} = n_1, u \circ \xi^{(n)} = g \mid 0 \circ \xi^{(n)} = m, k_2 \circ \xi^{(n)} = k) =$$
$$= 2^{-(n-m)} \binom{k}{g} \binom{n-m-k}{n_1 - g}, \tag{6.6}$$

sofern die bedingte Wahrscheinlichkeit definiert ist.

Beweis: Zunächst zeigen wir die Beziehung

$$\sum_{i_1, \ldots, i_{n-m}} W(\operatorname{sign} \xi_{i_1} = j_1, \ldots, \operatorname{sign} \xi_{i_{n-m}} = j_{n-m}, \xi_i = 0,$$
$$i \neq i_1, \ldots, i_{n-m} \mid 0 \circ \xi^{(n)} = m) = 2^{-(n-m)}. \tag{6.7}$$

Die Summation erstreckt sich dabei über alle $\binom{n}{m}$ Kombinationen von $(1, \ldots, n)$. Weiter ist $j_i = \pm 1$, $1 \leq i \leq n - m$. Ist nämlich B_m $\bigl(\text{mit } W_{\xi^{(n)}}(B_m) \neq 0\bigr)$ die Urbildmenge $0^{-1}(\{m\})$, dann besteht diese, wie leicht ersichtlich ist, aus $\binom{n}{m}$ zueinander fremden Mengen C_l. Jede der Mengen

$$\bigcup_{j_1, \ldots, j_{n-m}} \{x : \operatorname{sign} x_{i_1} = j_1, \operatorname{sign} x_{i_{n-m}} = j_{n-m}, \operatorname{sign} x_i = 0, i \neq i_1, \ldots, i_{n-m}\},$$

wobei sich die Vereinigung über alle 2^{n-m} Vorzeichenkombinationen erstreckt, stimmt genau mit einem C_l überein. Nach Voraussetzung hat aber

$$W_{\xi^{(n)}}(\{x : \operatorname{sign} x_{i_1} = j_1, \ldots, \operatorname{sign} x_{i_{n-m}} = j_{n-m}, \operatorname{sign} x_i = 0, i \neq i_1, \ldots, i_{n-m}\})$$

für alle 2^{n-m} Vorzeichenkombinationen $j_1, \ldots, j_{n-m}$ denselben Wert. Damit ist (6.7) gezeigt. Um nun (6.6) zu beweisen, stützt man sich auf (6.7) und hat noch eine ganz ähnliche Überlegung durchzuführen, welche kombinatorischer Natur ist: Die Menge $\{0^{-1}(\{m\}) \cap k_2^{-1}(\{k\})\}$ besteht aus endlich vielen fremden Mengen, die alle von folgendem Typ sind:

$$\{x : |x_i| < |x_j|,\ m+1 \leq i \leq n-k,\ n-k+1 \leq j \leq n,\ x_l = 0,\ 1 \leq l \leq m\}.$$

Man muß alle jene Mengen dieser Art herausgreifen, welche auch die Bedingung $p(x) = n_1$ erfüllen. Unter diesen gibt es $\binom{k}{g}\binom{n-m-k}{n_1-g}$, welche auch die Bedingung $u(x) = g$ erfüllen.

Eine kritische Region für einen bez. $\prod_{i=1}^{n} \mathfrak{F}_s^{(i)}$ ähnlichen Test unter der Bedingung $0 \circ \xi^{(n)} = m,\ k_2 \circ \xi^{(n)} = k$ gewinnt man etwa dadurch, daß man die auf der rechten Seite von (6.6) stehenden Wahrscheinlichkeiten der Größe nach ordnet. Man erhält dann etwa $w_1 \leq w_2 \leq \cdots$. Zu vorgegebener Irrtumswahrscheinlichkeit α bestimmt man dann die kritische Region mittels jener $w_l,\ 1 \leq l \leq j_\alpha$, welche $\sum_{l=1}^{j_\alpha} w_l \leq \alpha < \sum_{l=1}^{j_\alpha+1} w_l$ erfüllen.

Für die Verteilungen aus $\mathfrak{F}_s^{(nn)}$, deren erste Momente existieren, hat HORNICH[6.3] eine interessante Ungleichung hergeleitet, welche wir anhangsweise angeben wollen.

Satz 6.4: *Es seien $\xi_1, \ldots, \xi_n$, $n \geq 2$, unabhängige zufällige Variable, welche jede dieselbe Vf. $F \in \mathfrak{F}_s$ besitzen. Der Einfachheit halber sei vorausgesetzt, daß F stetig im Nullpunkt ist. Es existiere das erste Moment, und es sei*

$$E(\xi_i) = 0, \qquad 1 \leq i \leq n. \tag{6.8}$$

Es sei $E(|\xi_i|) = m$ für alle i und $\zeta_n = \sum_{i=1}^{n} \xi_i$. Dann gilt

$$E(|\zeta_n|) \geq n m 2^{-(n-1)} \binom{n-1}{[(n-1)/2]}. \tag{6.9}$$

Beweis: Mit $Z_1, \ldots, Z_{2^n}$ bezeichnen wir in irgendeiner Reihenfolge die Mengen $\{x \in R_n : \operatorname{sign} x_1 = \pm 1, \ldots, \operatorname{sign} x_n = \pm 1\}$, wobei alle Vorzeichen-

[6.3] H. HORNICH, Mh. Math. Phys. 50, 142—150 (1941). Seine Formulierung, die sich der Terminologie der Risikotheorie bedient, haben Z. W. BIRNBAUM und H. S. ZUCKERMAN, Ann. math. Statistics 15, 328—329 (1944) in die Sprache der Wahrscheinlichkeitsrechnung übertragen.

kombinationen durchlaufen werden. Z_1 sei etwa die Menge, bei deren Definition nur Pluszeichen auftreten. Dann ist wegen $F \in \mathfrak{F}_s$

$$E(|\zeta_n|) \geq \sum_{i=1}^{2^n} \int_{Z_i} |x_1 + \cdots + x_n| \, dF(x_1) \ldots dF(x_n) =$$

$$= \sum_{l=0}^{n} \binom{n}{l} \int_{Z_1} |x_1 + \cdots + x_l - x_{l+1} - \cdots - x_n| \, dF(x_1) \ldots dF(x_n) \geq$$

$$\geq 2 \sum_{l=0}^{\left[\frac{n-1}{2}\right]} \int_{Z_1} \binom{n}{l} |x_{l+1} + \cdots + x_n - x_1 - \cdots - x_l| \, dF(x_1) \ldots dF(x_n) \geq$$

$$\geq 2 \sum_{l=0}^{\left[\frac{n-1}{2}\right]} \int_{Z_1} \binom{n}{l} \left(\sum_{j=l+1}^{n} x_j - \sum_{i=1}^{l} x_i \right) dF(x_1) \ldots dF(x_n).$$

Aus (6.8) und der Stetigkeitsvoraussetzung über F folgt $m = 2 \int_{\{x: x > 0\}} x \, dF(x)$.

Somit erhalten wir weiter:

$$E(|\zeta_n|) \geq \sum_{l=0}^{\left[\frac{n-1}{2}\right]} \binom{n}{l} (n - 2l) \, m 2^{-(n-1)}$$

Wegen $l \binom{n}{l} = n \binom{n-1}{l-1}$ folgt mittels einer leichten Umformung die Behauptung (6.9).

Es ist unmittelbar zu sehen, welche Modifikation der Satz erfährt, wenn die Stetigkeitsvoraussetzung über F nicht gemacht wird.

Schließlich streifen wir noch das *Problem der Unabhängigkeit*: Man geht dabei von $n \geq 1$ zweidimensionalen unabhängigen zufälligen Variablen (ξ_i, η_i) für $1 \leq i \leq n$ aus. Die Nullhypothese setzt voraus, daß alle (ξ_i, η_i) für $1 \leq i \leq n$ dieselbe Verteilung besitzen und die Verteilungsfunktion von (ξ_i, η_i) zu $\prod_{i=1}^{2} C^{(i)}$ gehört. Anschaulicher ist es zu sagen, daß unter der Nullhypothese die n Stichprobenvariablen ξ_i und die n Stichprobenvariablen η_i aus zwei unabhängigen Grundgesamtheiten stammen. $\mathfrak{G}^*$ habe dieselbe Bedeutung wie auf S. 532. Wir definieren eine Gruppe $\mathfrak{G}_{2n}^{(n)}$, welche auf den R_{2n} wirkt und welche gemäß

$$\mathfrak{g}(x_1, y_1, x_2, y_2, \ldots, x_n, y_n) = (\mathfrak{g}^* x_1, \mathfrak{g}_1^* y_1, \mathfrak{g}^* x_2, \mathfrak{g}_1^* y_2, \ldots, \mathfrak{g}^* x_n, \mathfrak{g}_1^* y_n),$$

$\mathfrak{g}^*, \mathfrak{g}_1^* \in \mathfrak{G}^*$, definiert ist. $\mathfrak{G}_{2n}^{(n)}$ läßt die Nullhypothese invariant.

Man kann, wie man leicht sieht, invariante Tests auf der Teststatistik

$$(x_1, y_1, \ldots, x_n, y_n) \to \big(\varepsilon(s_1(x)), \varepsilon(s_1(y)), \ldots, \varepsilon(s_n(x)), \varepsilon(s_n(y))\big)$$

aufbauen.

7. Lokal trennscharfe ranginvariante Tests. Wir nehmen nochmals das Zweistichprobenproblem auf und bedienen uns der auf S. 536 eingeführten Schreibweise. Wir gehen von einer Nullhypothese der Form $\{(F, F) : F \in C_m\}$ aus. Wie wir aus dem Korollar zum Satz 4.1 wissen, ist jeder ranginvariante Test ähnlich für diese Nullhypothese. Wir betten nun diese Nullhypothese in eine einparametrige Schar von Alternativen ein: Es sei $\eta > 0$ und $\Gamma = \{\gamma : 0 \leq \gamma \leq \eta\}$. Jedem $\gamma \in \Gamma$ sei ein Paar (F_γ, G_γ) von Vfen. zugeordnet. Es sei $F_\gamma \in C$ und $G_\gamma \in \mathfrak{F}$. Für $\gamma = 0$ sei insbesondere $F_0 \in C_m$ und

$$F_0 = G_0. \tag{7.1}$$

Es wird zweckmäßig sein, die Funktion F_γ auch mit $x \to F(x, \gamma)$ zu bezeichnen und analog auch für G_γ.

Das Testproblem, welches uns hier interessiert, ist von der Gestalt

$$\big(\{(F_0, G_0) : F_0 \in C_m\}, \{(F_\gamma, G_\gamma) : F_\gamma \in C, G_\gamma \in \mathfrak{F}, \gamma \in \Gamma, \gamma \neq 0\}\big). \tag{7.2}$$

Dabei soll (7.1) gelten. Wir stellen uns die Aufgabe, lokal trennscharfe ranginvariante Tests für dieses Problem zu konstruieren[7.1].

Wir wollen zunächst das Testproblem etwas umformen. Wie wir beim Beweis des Satzes 1.4 erwähnt haben, gibt es zu jedem F_γ eine Funktion u_{F_γ}, welche wir auch mit F_γ^{-1} bezeichnen[7.2], so daß für $0 < y < 1$

$$F(u_{F_\gamma}(y), \gamma) = y \tag{7.3}$$

gilt. Statt F_γ^{-1} schreiben wir auch $y \to F^{-1}(y, \gamma)$.

Da nur ranginvariante Tests betrachtet werden sollen, kann man sich auf die auf S. 537 angegebenen Teststatistiken beschränken.

[7.1] Vgl. H. Uzawa, Ann. math. Statistics **31**, 685—702 (1960). Die dort erzielten Resultate umfassen insbesondere die Resultate von E. L. Lehmann, Ann. math. Statistics **24**, 23—43 (1953).

[7.2] Für $F_\gamma \in C_m$ ist F_γ^{-1} einfach die inverse Abbildung.

Man geht daher zweckmäßigerweise statt vom Stichprobenraum $(R_{n_1+n_2}, \mathfrak{B}_{n_1+n_2})$ vom Stichprobenraum (R, S) aus, wobei R die Menge aller $\binom{n}{n_1}$ Vektoren $\mathfrak{e}$ (vgl. S. 497) und S die Menge aller Teilmengen von R ist. Es gibt natürlich stets Maße über (R, S), welche die Menge aller Wahrscheinlichkeitsmaße über (R, S) dominieren, z. B. die Gleichverteilung über R.

Wir werden uns nun auf III., Satz 6.1, stützen und Folgendes beweisen:

Satz 7.1: *Es sei* $\eta > 0$ *und* $\Gamma = \{\gamma : 0 \leq \gamma < \eta\}$. *Es liege ein Testproblem der Gestalt* (7.2) *vor, wobei* (7.1) *erfüllt sei. Die Irrtumswahrscheinlichkeit* α *sei* $l \big/ \binom{n}{n_1}$, $0 \leq l \leq \binom{n}{n_1}$. *Für alle* $y \in [0, 1]$ *und jedes* $\gamma \in \Gamma$ *sei*

$$H(y, \gamma) = G\big(F^{-1}(y, \gamma), \gamma\big). \tag{7.4}$$

Insbesondere ist also für $y \in [0, 1]$

$$H(y, 0) = y. \tag{7.5}$$

Die Abbildung $\gamma \to H(y, \gamma)$ *sei für jedes* y *in* $\gamma = 0$ *von rechts differenzierbar.*

Für jedes $y \in [0, 1]$ *bezeichnen wir die rechtsseitige Ableitung* $\frac{\partial H(y, 0)}{\partial \gamma}$ *mit* $Q(y)$ *und setzen voraus, daß* Q *in* $[0, 1]$ *von beschränkter Variation ist. Außerdem soll ein* $M > 0$ *existieren, so daß für* $y \in [0, 1]$ *und* $\gamma \in \Gamma - \{0\}$

$$\left| \frac{H(y, \gamma) - H(y, 0)}{\gamma} \right| \leq M \tag{7.6}$$

gilt. Dann wird der lokal trennscharfe ranginvariante Test für das angegebene Testproblem durch die über R *definierte Teststatistik* $(\varepsilon_1, \ldots, \varepsilon_n) \to \sum_{i=1}^{n} a_i \varepsilon_i$ *gegeben. Die reellen Zahlen* a_j *sind für* $1 \leq j \leq n$ *durch*

$$a_j = \binom{n-1}{j-1} \int_0^1 t^{j-1} (1 - t)^{n-j} dQ(t) \tag{7.7}$$

definiert.

Beweis: Es sei $\varepsilon_i = \varepsilon(\mathbf{s}_i)$, $1 \leq i \leq n$, und für jedes $\mathfrak{e} = (\varepsilon_1, \ldots, \varepsilon_n) \in R$ und $\gamma \in \Gamma$ $L(\mathfrak{e}, \gamma) = W\big((\varepsilon_1, \ldots, \varepsilon_n) = (\varepsilon_1, \ldots, \varepsilon_n); (F_\gamma, G_\gamma)\big)$.
Dann ist, wie man leicht durch Verallgemeinerung des Beweises von Satz 1.2 erkennt:

$$L(\mathfrak{e}, \gamma) = n_1!\, n_2! \underset{-\infty < x_1 \leq \cdots \leq x_n < \infty}{\int \cdots \int} \prod_{j=1}^{n} d[F(x_j, \gamma)^{1-\varepsilon_j} G(x_j, \gamma)^{\varepsilon_j}]. \tag{7.8}$$

Wegen (7.3) und (7.4) ergibt sich aus (7.8)

$$L(\mathfrak{e}, \gamma) = n_1!\, n_2! \underset{0 \leq u_1 \leq \cdots \leq u_n \leq 1}{\int \cdots \int} \prod_{j=1}^{n} d[u_j^{1-\varepsilon_j} H(u_j, \gamma)^{\varepsilon_j}]. \tag{7.9}$$

Es folgt aus (7.6), daß $\frac{\partial}{\partial \gamma} \int_a^b f(y)\, dH(y, 0) = \int_a^b f(y)\, dQ(y)$, für beliebige reelle Zahlen a, b mit $0 \leq a < b \leq 1$ und jedes über $(0, 1]$ stetig differenzierbare f gilt. Man kann das etwa so einsehen: $y \to \frac{H(y, \gamma) - H(y, 0)}{\gamma}$ ist für jedes $\gamma > 0$ von beschränkter Variation. Es folgt durch partielle Integration

$$\int_a^b f(y) d\left(\frac{H(y, \gamma) - H(y, 0)}{\gamma}\right) =$$

$$= \frac{f(b)\big(H(b, \gamma) - H(b, 0)\big) - f(a)\big(H(a, \gamma) - H(a, 0)\big)}{\gamma} -$$

$$- \int_a^b \frac{H(y, \gamma) - H(y, 0)}{\gamma} f'(y)\, dy.$$

Wendet man jetzt Satz V an und dann nochmals partielle Integration, folgt die Behauptung.

Somit ist

$$\frac{\partial L(\mathfrak{e}, 0)}{\partial \gamma} = n_1!\, n_2! \underset{0 \leq u_1 \leq \cdots \leq u_n \leq 1}{\int \cdots \int} \sum_{j=1}^{n} \varepsilon_j\, du_1 \cdots du_{j-1}\, dQ(u_j)\, du_{j+1} \cdots du_n. \tag{7.10}$$

Da für jedes t in $0 \leq t \leq 1$

$$\underset{0 \leq u_1 \leq \cdots \leq u_{j-1} \leq t}{\int \cdots \int} du_1 \cdots du_{j-1} = t^{j-1}/(j-1)!$$

und

$$\int_{t \le u_{j+1} \le \cdots \le u_n \le 1} \cdots \int du_{j+1} \cdots du_n = (1-t)^{n-j}/(n-j)!$$

gelten, erhält man aus (7.10)

$$\frac{\partial L(\mathfrak{e}, 0)}{\partial \gamma} = n_1!\, n_2! \sum_{j=1}^{n} \varepsilon_j \frac{1}{(j-1)!\,(n-j)!} \int_0^1 t^{j-1} (1-t)^{n-j}\, dQ(t). \tag{7.11}$$

Da $L(\mathfrak{e}, 0)$ für jedes $\mathfrak{e} \in R$ nach Satz 1.2 denselben von 0 verschiedenen Wert besitzt, kann man also auch annehmen, daß $L(\mathfrak{e}, \gamma) \neq 0$ für alle $\mathfrak{e} \in R$ und alle $\gamma \in \Gamma$ gilt.

Nun können wir den Satz 6.1 von III. unter Bedachtnahme auf die Bemerkung von S. 240 anwenden: Für die angegebenen Irrtumswahrscheinlichkeiten α ist der lokal trennscharfe invariante Test φ^* durch

$$\varphi^*(\mathfrak{e}) = \begin{cases} 1 & \dfrac{\partial L(\mathfrak{e}, 0)}{\partial \gamma} > k \\ 0 & \dfrac{\partial L(\mathfrak{e}, 0)}{\partial \gamma} < k \end{cases} \tag{7.12}$$

gegeben. Dabei ist die reelle Zahl k in Abhängigkeit von α passend zu wählen. Wegen (7.11) folgt aus (7.12) die Behauptung.

Ist c eine beliebige positive Zahl und β beliebig reell, dann definiert die für jedes $(\varepsilon_1, \ldots, \varepsilon_n) \in R$ erklärte Teststatistik $c \sum_{i=1}^{n} a_i \varepsilon_i + \beta$, wobei die a_i, $1 \le i \le n$, durch (7.7) gegeben sind, denselben lokal trennscharfen Test.

Das Resultat des Satzes 7.1 kann nun für eine Reihe speziellerer Testprobleme nutzbar gemacht werden. Wir wollen dies nur an einem Fall illustrieren und betrachten ein Zweistichprobenproblem mit einer speziellen Alternative:

$$\big(\{(F, F) : F \in C_m\},\ \{(F, G) : F \in C_m,\ G \in \mathfrak{F},\ F \neq G,\ F \ge G\}\big)$$

Dieses Problem kann man als allgemeines einseitiges Zweistichprobenproblem bezeichnen.

Die Bedingung

$$F \ge G, F \neq G \tag{7.13}$$

kann mittels $H = G \circ F^{-1}$ auch so ausgedrückt werden, daß für $y \in [0, 1]$

$$H(y) \leq y \tag{7.14}$$

gelten soll, wobei mindestens für ein y das Kleinerzeichen gilt. H kann übrigens in trivialer Weise zu einer Vf. über dem R_1 ausgedehnt werden, indem man

$$H(y) = 0, \; y \leq 0; \qquad H(y) = 1, \; y \geq 1 \tag{7.15}$$

wählt. Ist umgekehrt eine Vf. H gegeben, welche (7.15) genügt und (7.14) erfüllt, so daß mindestens einmal das Kleinerzeichen gilt, dann gibt es stets ein $G \in \mathfrak{F}$ und ein $F \in C_m$, so daß (7.13) gilt und $H = G \circ F^{-1}$. Es genügt nämlich ein beliebiges $F \in C_m$, zu wählen und $G = H \circ F$ zu definieren. Somit wird also durch die Menge $\mathfrak{H}$ aller Vfen. H, welche (7.14) und (7.15) erfüllen[7.3], das Testproblem beschrieben. Nun wollen wir einparametrige Scharen von Vfen. in $\mathfrak{H}$ betrachten. Es sei wie im Satz 7.1 $\Gamma = \{\gamma : 0 \leq \leq \gamma < \eta\}$ für irgendein reelles η mit $0 < \eta < 1$. Wenn $H \in \mathfrak{H}$ ist, dann ist für jedes $\gamma \in \Gamma$ durch

$$H_s(y, \gamma) = \begin{cases} 0 & y \leq 0 \\ (1-\gamma)y + \gamma H(y) & 0 \leq y \leq 1 \\ 1 & y \geq 1 \end{cases} \tag{7.16}$$

eine Vf. definiert. Für $\gamma = 0$ erhält man also gemäß (7.16) die Gleichverteilung über (0, 1). Für $\gamma \neq 0$ und $0 \leq y \leq 1$ ist wegen (7.14) $H_s(y, \gamma) \leq y$, wobei für mindestens ein y das Kleinerzeichen gilt, wenn H nicht die Gleichverteilung über (0, 1) ist. Bezeichnet man also für jedes $\gamma \in \Gamma$ die Funktion $y \to H_s(y, \gamma)$ mit $H_{s\gamma}$, so daß H_{s0} die Gleichverteilung ist, dann wird durch $((H_{s0}, H_{s0}),$ $\{(H_{s0}, H_{s\gamma}) : \gamma > 0\})$ ein einparametriges Testproblem definiert, dessen zulässige Hypothesen ein Teil der zulässigen Hypothesen des allgemeinen einseitigen Zweistichprobenproblems sind. Einparametrige Probleme dieser Gestalt haben wir aber im Satz 7.1 untersucht. Da $\frac{\partial H_s(y, 0)}{\partial \gamma} = -y + H(y)$ für $0 \leq y \leq 1$ ist, folgt mittels der Bemerkung am Ende des Beweises von Satz 7.1, daß der lokal trenn-

---

[7.3] Die Gleichverteilung über (0, 1) gehört also ebenfalls zu $\mathfrak{H}$.

scharfe ranginvariante Test für jedes $(\varepsilon_1, \ldots, \varepsilon_n) \in R$ durch $\sum_{i=1}^{n} b_i \varepsilon_i$ gegeben ist, mit

$$b_i = b_i(H) = \binom{n-1}{i-1} \int_0^1 t^{i-1} (1-t)^{n-i} \, dH(t), \quad 1 \leq i \leq n. \tag{7.17}$$

Es ist leicht zu zeigen, daß die Teilmenge $\{b_1(H), \ldots, b_n(H) : H \in \mathfrak{H}\}$ des R_n kompakt ist.

Sie ist nämlich beschränkt, wie man sofort sieht. Es sei $\{b_i(H_k)\}$ für $1 \leq i \leq n$ eine Folge mit $H_k \in \mathfrak{H}$, so daß $\lim_{k\to\infty} b_i(H_k) = b_i^*$ existiert. Nach I., Lemma 23.2 existiert eine Teilfolge $\{H_{k_j}\}$, welche gegen eine nichtabnehmende (rechtsseitig stetige) Funktion H in allen Stetigkeitspunkten derselben konvergiert. Die Funktion H genügt natürlich (7.14), und da alle H_{k_j}, $j \geq 1$, (7.15) sinngemäß erfüllen, ist $H(1) = 1$ und H ist sogar eine Vf. Damit folgt aber aus I., Lemma 23.1

$$\lim_{j\to\infty} b_i(H_{k_j}) = b_i(H) = \binom{n-1}{i-1} \int_0^1 t^{i-1}(1 - t^{n-i}) \, dH(t)$$

und somit $b_i^* = b_i(H)$ für $1 \leq i \leq n$. Damit ist die Kompaktheit gezeigt. Es erheben sich nun zwei Fragen:

1. Es sei $\left(\{(F_0, G_0) : F_0 = G_0\},\ \{(F_\gamma, G_\gamma) : F_\gamma \neq G_\gamma, \gamma > 0\}\right)$ ein einparametriges Testproblem, dessen zulässige Hypothesen ein Teil der zulässigen Hypothesen des auf S. 555 erwähnten allgemeinen einseitigen Zweistichprobenproblems sind. Es gilt also

$$F_\gamma \geq G_\gamma \tag{7.18}$$

für alle $\gamma \in \Gamma - \{0\}$. Es sei $H_\gamma = G_\gamma \circ F_\gamma^{-1}$, und es seien alle im Satz 7.1 genannten Voraussetzungen erfüllt. Dann gibt es zu jeder der im Satz 7.1 angegebenen Irrtumswahrscheinlichkeiten ein n-Tupel $(a_1, \ldots, a_n)$ reeller Zahlen, welches einen lokal trennscharfen ranginvarianten Test für das genannte Problem definiert. Gibt es stets ein $c > 0$, ein reelles β und ein $H \in \mathfrak{H}$, so daß $c a_i + \beta = b_i(H)$, $1 \leq i \leq n$ gilt?

2. Wenn die Antwort auf 1. positiv ausfällt, wie kann man die Menge $\{b_1(H), \ldots, b_n(H) : H \in \mathfrak{H}\}$ kennzeichnen?

Wir wenden uns zunächst 1. zu. Es liege das dort genannte einparametrige Testproblem vor, so daß (7.18) erfüllt ist. Es folgt aus (7.18) in der durch (7.4) eingeführten Bezeichnung für jedes y und $\gamma \in \Gamma$

$$H(y, \gamma) \leq H(y, 0) \tag{7.19}$$

und

$$H(0, \gamma) = 0, \qquad H(1, \gamma) = 1 \tag{7.20}$$

sowie

$$H(y, 0) = y, \quad 0 \leq y \leq 1. \tag{7.21}$$

Aus (7.19) folgt nach Definition von Q auf S. 553

$$Q(y) \leq 0, \quad 0 \leq y \leq 1, \tag{7.22}$$

Aus (7.20) ergibt sich

$$Q(0) = Q(1) = 0. \tag{7.23}$$

Nimmt man zunächst an, daß Q differenzierbar und Q' beschränkt in $(0, 1)$ ist, dann folgt die Existenz eines positiven c, so daß $H^{(1)}(y) = y + c\,Q(y)$ für $0 \leq y \leq 1$ eine Vf. ist. Wegen (7.23) ist nur zu zeigen, daß man $c > 0$ so wählen kann, daß $H^{(1)}$ nicht abnimmt. Nach Voraussetzung gibt es aber ein $K > 0$, so daß $|Q'| < K$ gilt. Nun wähle man $0 < c < 1/K$. Dann gilt für beliebige $y_1, y_2 \in [0, 1]$ mit $y_1 < y_2$ die Beziehung $H^{(1)}(y_2) - H^{(1)}(y_1) = y_2 - y_1 + c\big(Q(y_2) - Q(y_1)\big) = y_2 - y_1 + c(y_2 - y_1)\,Q'\big(y_1 + \vartheta(y_2 - y_1)\big)$, wobei $0 < \vartheta < 1$ ist. Also ergibt sich

$$H^{(1)}(y_2) - H^{(1)}(y_1) \geq (y_2 - y_1)(1 - cK) > 0.$$

Aus (7.22) folgt weiter

$$H^{(1)}(y) \leq y, \quad 0 \leq y \leq 1$$

und somit ist $H^{(1)} \in \mathfrak{H}$.

Definiert man für $\gamma \in \Gamma$ und $y \in [0, 1]$

$$H_s^{(1)}(y, \gamma) = (1 - \gamma)\,y + \gamma H^{(1)}(y),$$

dann ist $\dfrac{\partial H_s^{(1)}(y, 0)}{\partial \gamma} = c\,Q(y)$ für $y \in [0, 1]$.

Die Antwort auf die erste Frage fällt also stets positiv aus, mindestens unter den für Q gemachten Voraussetzungen.

Wir schließen noch die Bemerkung an, daß wir (7.21) nicht verwendet haben.

Nun lassen wir die Voraussetzung der Differenzierbarkeit von Q fallen, nehmen jedoch an, daß Q von beschränkter Variation ist. Dann lassen sich für jedes $\gamma \in \Gamma$ und $k = 1, 2, \ldots$ Vfen. $y \to H_k(y, \gamma)$ definieren, welche in $(-\infty, 0)$ und $(1, \infty)$ konstant sind und die Bedingungen (7.6) und (7.19)—(7.21) sinngemäß erfüllen. Überdies gilt mit

$$Q_k(y) = \frac{\partial H_k(y, 0)}{\partial \gamma}, \quad 0 \leq y \leq 1$$

die Beziehung

$$\lim_{k \to \infty} Q_k(y) = Q(y) \tag{7.24}$$

für alle Stetigkeitspunkte y von Q aus $[0, 1]$. Die Q_k sind dabei für $k \geq 1$ in $[0, 1]$ stetig differenzierbar, gleichmäßig beschränkt und erfüllen die zu (7.22) und (7.23) analogen Bedingungen. Wir skizzieren die Konstruktion einer solchen Folge $\{H_k\}$ von Vfen. Zunächst bemerken wir, daß aus der Voraussetzung der beschränkten Schwankung von Q die Beschränktheit von Q folgt. Wegen (7.22) gilt also für ein $M > 0$

$$-M \leq Q(y) \leq 0, \quad 0 \leq y \leq 1. \tag{7.25}$$

Wir machen nun die zusätzliche Annahme, daß Q an der Stelle $y = 0$ (von rechts) und an der Stelle $y = 1$ (von links) stetig ist. Bekanntlich kann man dann für $Q_k (k \geq 1)$ ein trigonometrisches Polynom mit reellen Koeffizienten wählen, so daß also $Q_k(y) = \sum_{j=0}^{k} (\alpha_j \sin 2\pi j y + \beta_j \cos 2\pi j y)$ mit reellen α_j, β_j, $1 \leq j \leq k$ für $0 \leq y \leq 1$ gilt. Die Bedingung, daß die Q_k gleichmäßig beschränkt sind, ist dann wegen (7.25) sogar in der Form

$$-M \leq Q_k(y) \leq 0, \quad 0 \leq y \leq 1, \quad k \geq 1$$

erfüllt[7.4].

[7.4] Diese Aussagen folgen unmittelbar aus dem Fejérschen Satz über das Verhalten der arithmetischen Mittel einer Fourier-Reihe. Vgl. A. Zygmund, Trigonometric series. 2. Auflage, Band I, At the University Press; Cambridge 1959, 89.

Treffen aber die zusätzlichen Stetigkeitsvoraussetzungen über Q nicht zu, dann kann man wieder für $k \geq 1$ trigonometrische Polynome Q_k^* definieren, welche (7.22) sinngemäß erfüllen, der Bedingung (7.24) in jedem Stetigkeitspunkt von Q genügen und gleichmäßig beschränkt sind. Die Konstruktion von Funktionen Q_k, $k \geq 1$, welche alle verlangten Bedingungen, also auch (7.23) erfüllen, illustrieren wir z. B. für den Fall, daß $Q_k^{*\prime}(1/k) > 0$ und $Q_k^{*\prime}\left(1 - \frac{1}{k}\right) < 0$ gelten. In den anderen denkbaren Fällen ist die folgende Konstruktion in leicht ersichtlicher Weise zu modifizieren. Man definiere

$$Q_k(y) = \begin{cases} (-k^2 q_k + k q_k') y^2 + (2k q_k - q_k') y, & 0 \leq y \leq 1/k \\ Q_k^*(y) & 1/k \leq y \leq 1 - \frac{1}{k} \\ (-k^2 \bar{q}_k - k \bar{q}_k') y^2 + (2k(k-1)\bar{q}_k + (2k-1)\bar{q}_k') y + \\ \qquad + k(2-k)\bar{q}_k + (1-k)\bar{q}_k', & 1 - \frac{1}{k} \leq y \leq 1. \end{cases}$$

Dabei ist $q_k = Q_k^*(1/k)$, $q_k = Q_k^{*\prime}(1/k)$, $\bar{q}_k = Q_k^*\left(1 - \frac{1}{k}\right)$ und $\bar{q}_k' = Q_k^{*\prime}\left(1 - \frac{1}{k}\right)$. Die gleichmäßige Beschränktheit der so definierten Q_k, $k \geq 1$, folgt aus der bekannten Ungleichung[7.5]. $\max\limits_{0 \leq y \leq 1} |Q^{*\prime}(y)| \leq k \max\limits_{0 \leq y \leq 1} |Q_k^*(y)|$, $k \geq 1$. Es ist klar, daß die Q_k, $k \geq 1$ auch alle anderen verlangten Bedingungen erfüllen.

Jetzt definiere man einfach

$$H_k(y, \gamma) = y + \gamma Q_k(y), \quad 0 \leq y \leq 1.$$

Da es zu jedem $k \geq 1$ ein $M_k > 0$ mit $|Q_k'| < M_k$ gibt, ist $y \to H_k(y, \gamma)$ für hinreichend kleines positives γ, also etwa $\gamma \leq \eta_k$, eine Vf., wie wir auf S. 558 gesehen haben. Dies gilt trivialerweise auch für $\gamma = 0$. Falls $\eta > \gamma_k$ ist, definiere man $y \to H_k(y, \gamma)$ für $\eta > \gamma > \eta_k$ beliebig, jedoch so, daß (7.19) bis (7.20) und (7.6)

[7.5] Diese für beliebige trigonometrische Polynome gültige Ungleichung stammt von S. N. Bernstein. Vgl. N. K. Bary, A treatise on trigonometric series. Band I, Pergamon Press, Oxford–London–Edinburgh–New York–Paris–Frankfurt 1964, 35.

erfüllt sind. Damit wird für jedes $k \geq 1$ durch die Menge aller Vfen. $y \to H_k(y, \gamma)$, $\gamma \in \Gamma - \{0\}$, eine einparametrige Schar von Hypothesen des allgemeinen einseitigen Zweistichprobenproblems definiert, wobei die zugehörige Funktion Q_k stetig differenzierbar ist. Also läßt sich, wie wir auf S. 558 gezeigt haben, der entsprechende lokal trennscharfe ranginvariante Test für $k \geq 1$ durch ein n-Tupel der Form

$$\left(b_1^{(k)}(H^{(k)}), \ldots, b_n^{(k)}(H^{(k)})\right) \quad \text{mit} \quad H^{(k)} \in \mathfrak{H}$$

beschreiben, wobei $H^{(k)}(y) = y + c_k Q_k(y)$, $0 \leq y \leq 1$, für passendes $c_k > 0$ gilt. Derselbe Test wird auch durch das n-Tupel $(a_1^{(k)}, \ldots, a_n^{(k)})$ definiert, wobei

$$a_j^{(k)} = \binom{n-1}{j-1} \int_0^1 t^{j-1}(1-t)^{n-j}\, dQ_k(t), \qquad 1 \leq j \leq n.$$

Da aber (7.24) in allen Stetigkeitspunkten von Q gilt und die Q_k für $k \geq 1$ gleichmäßig beschränkt sind folgt (z. B. durch partielle Integration), daß

$$a_j = \lim_{k \to \infty} a_j^{(k)} = \binom{n-1}{j-1} \int_0^1 t^{j-1}(1-t)^{n-j}\, dQ(t)$$

für $1 \leq j \leq n$ existiert. Aus der S. 557 bewiesenen Kompaktheit ergibt sich daher die Existenz eines $H \in \mathfrak{H}$, so daß $(a_1, \ldots, a_n)$ und $\left(b_1(H), \ldots, b_n(H)\right)$ denselben Test definieren. Damit ist also die erste Fragestellung positiv beantwortet. Für die zweite Fragestellung geben wir unter Heranziehung der Ausführungen von I. **41.**, nur mehr einige Hinweise.

Es seien zunächst b_i reelle Zahlen, so daß ein $H \in \mathfrak{H}$ existiert mit $b_i = b_i(H)$, $1 \leq i \leq n$. Wegen

$$t^i = \sum_{j=i+1}^{n} \binom{n-i-1}{n-j} t^{j-1}(1-t)^{n-j}, \quad 0 \leq i \leq n-1, \quad 0 \leq t \leq 1$$

folgt für die Momente c_i von H

$$c_i = \sum_{j=i+1}^{n} \binom{n-i-1}{n-j} b_j \Big/ \binom{n-1}{j-1}, \; 0 \leq i \leq n-1. \qquad (7.26)$$

Die Identität (7.26) läßt sich wegen

$$t^{j-1}(1-t)^{n-j} = \sum_{i=j-1}^{n-1} (-1)^{i-j+1} \binom{n-j}{n-i-1} t^i, \quad 1 \leq j \leq n, \quad 0 \leq t \leq 1$$

leicht umkehren.

Es erscheint nun naheliegend, die einfache Bedingung I. (41.3) heranzuziehen. Man erkennt dann mittels (7.26), daß für k, $l \geq 0$, $k + l \leq n - 1$ notwendig die Bedingung bestehen muß:

$$\sum_{j=0}^{l} (-1)^j \binom{l}{j} \sum_{s=k+j+1}^{n} \binom{n-k-j-1}{n-s} b_s \left[\binom{n-1}{s-1}\right]^{-1} \geq 0. \tag{7.27}$$

Vertauscht man hier die Summationen, dann erhält man für die linke Seite von (7.27)

$$\sum_{s=k+1}^{k+l+1} b_s \left[\binom{n-1}{s-1}\right]^{-1} \sum_{j=0}^{s-k-1} (-1)^j \binom{l}{j} \binom{n-k-j-1}{n-s} +$$
$$+ \sum_{s=k+l+2}^{n} b_s \left[\binom{n-1}{s-1}\right]^{-1} \sum_{j=0}^{l} (-1)^j \binom{l}{j} \binom{n-k-j-1}{n-s}.$$

Eine einfache Überlegung lehrt[7.6], daß für ganzes $u, v, w \geq 0$ die Formel

$$\sum_{j=0}^{\infty} (-1)^j \binom{u}{j} \binom{v-j}{w} = \binom{v-u}{v-w} \tag{7.28}$$

gilt. Auf der linken Seite von (7.27) stehen natürlich nur endlich viele Summanden.

Eine sinngemäße Anwendung von (7.28) führt schließlich zur Bedingung

$$\sum_{s=k+1}^{n} b_s \binom{n-k-l-1}{s-k-1} \left[\binom{n-1}{s-1}\right]^{-1} \geq 0, l \geq 0, k \geq 0,\ k+l \leq n-1. \tag{7.29}$$

Die Bedingung (7.29) ist aber nicht hinreichend. Um sowohl notwendige als auch hinreichende Bedingungen dafür zu erhalten, daß für ein n-Tupel reeller Zahlen $(b_1, \ldots, b_n)$ die Gleichungen $b_i = b_i(H)$ für $1 \leq i \leq n$ mit $H \in \mathfrak{H}$ gelten, kann man sich auf

---

[7.6] Vgl. z. B. E. Netto, Lehrbuch der Combinatorik, Teubner, Leipzig 1901, 252.

die Ausführungen am Ende von I. **41** stützen. Wir führen dies nicht mehr im Detail aus.

8. Einige asymptotische Resultate. Wir geben hier einiges über das asymptotische Verhalten des Wilcoxon-Testes an. Man sieht aber mühelos, daß die erhaltenen Resultate sich leicht auf umfassendere Klassen von Rang-Tests ausdehnen lassen. Diesbezügliche Literaturhinweise werden später folgen. Zunächst beweisen wir den

Satz 8.1[8.1]: *Es sei* $\xi_1, \xi_2, \ldots$ *eine Folge unabhängiger l-dimensionaler,* $l \geq 1$, *zufälliger Variabler, deren jede dieselbe Verteilung besitzt. Es sei* h *eine über dem* R_{kl}, $k \geq 1$, *definierte symmetrische Funktion.* $\eta_1, \ldots, \eta_k$ *seien unabhängige l-dimensionale zufällige Variable, deren jede dieselbe Verteilung besitzt wie* ξ_i *und welche auch von allen* ξ_i, $i \geq 1$, *unabhängig sind. Es existiere* $E\big(h^2(\eta_1, \ldots, \eta_k)\big)$, *und es sei*

$$E\big(h(\eta_1, \ldots, \eta_k)\big) = a. \tag{8.1}$$

Überdies bezeichnen wir mit σ_r^2 *für* $1 \leq r \leq k$ *die Streuung von* $\varphi_r(\eta_1, \ldots, \eta_r) = E\big(h(\eta_1, \ldots, \eta_r, \eta_{r+1}, \ldots, \eta_k \mid \eta_1, \ldots, \eta_r)\big)$. *Es sei* $V(\xi_1, \ldots, \xi_n) = \binom{n}{k}^{-1} \sum_{i_1, \ldots, i_k} h(\xi_{i_1}, \ldots, \xi_{i_k})$ *für* $n \geq k$, *wobei* $i_1, \ldots, i_k$ *alle Kombinationen von je k Elementen der Menge* $\{1, \ldots, n\}$ *durchläuft. Dann ist* $n^{1/2} k^{-1}\big(V(\xi_1, \ldots, \xi_n) - a\big)$ *asymptotisch nach* $N(0, \sigma_1^2)$ *verteilt, falls* $\sigma_1^2 > 0$ *ist.*

Beweis: Es ist $\big(E\big(h(\eta_1, \ldots, \eta_r, \eta_{r+1}, \ldots, \eta_k) \mid \eta_1, \ldots, \eta_r\big)\big)^2 \leq$ $\leq E\big(h^2(\eta_1, \ldots, \eta_r, \eta_{r+1}, \ldots, \eta_k) \mid \eta_1, \ldots, \eta_r\big)$ mit Wahrscheinlichkeit 1. (Vgl. I.[21.1]) Also ist

$$E\Big(\big(E\big(h(\eta_1, \ldots, \eta_r, \eta_{r+1}, \ldots, \eta_k) \mid \eta_1, \ldots, \eta_r\big)\big)^2\Big) \leq E\big(h^2(\eta_1, \ldots, \eta_k)\big),$$

so daß die Existenz von σ_r^2 für $r \leq k$ gesichert ist. Gehen wir von $h(\xi_i, \eta_2, \ldots, \eta_k)$, $i \geq 1$, aus, dann bezeichnen wir $E\big(h(\xi_i, \eta_2, \ldots, \ldots, \eta_k) \mid \xi_i\big)$ natürlich mit $\varphi_1(\xi_i)$. Es sei $\zeta_n = n^{-1/2} \sum_{i=1}^{n} \big(\varphi_1(\xi_i) - a\big)$ für $n \geq 1$. Aus den Voraussetzungen folgt durch Anwendung von

[8.1] W. Hoeffding, Ann. math. Statistics 19, 293—325 (1948).

I., Satz 39.1, daß ζ_n asymptotisch nach $N(0, \sigma_1^2)$ verteilt ist. Es sei $\boldsymbol{v}_n = n^{1/2}k^{-1}\big(V(\xi_1, \ldots, \xi_n) - a\big)$. Wenn wir

$$E[(\zeta_n - \boldsymbol{v}_n)^2] \to 0, \quad n \to \infty \tag{8.2}$$

beweisen können, ist alles gezeigt. Es ist nämlich nach der Čebyševschen Ungleichung für jedes $\varepsilon > 0$

$$W(|\zeta_n - \boldsymbol{v}_n| \geq \varepsilon) \leq \frac{E[(\zeta_n - \boldsymbol{v}_n)^2]}{\varepsilon^2} \to 0$$

für $n \to \infty$, so daß $\zeta_n - \boldsymbol{v}_n$ stochastisch gegen 0 konvergiert. Wendet man I., Satz 40.1 sinngemäß an, dann folgt die Behauptung des Satzes.

Wir schreiten jetzt zum **Beweis** von (8.2). Wir berechnen der Reihe nach $E(\zeta_n^2)$, $E(\boldsymbol{v}_n^2)$ und $E(\zeta_n \boldsymbol{v}_n)$. Zunächst erhält man

$$E(\zeta_n^2) = \sigma_1^2. \tag{8.3}$$

Zur Berechnung von $E(\boldsymbol{v}_n^2)$ untersuchen wir

$$E\big[\big(h(\xi_{i_1}, \ldots, \xi_{i_k}) - a\big)\big(h(\xi_{j_1}, \ldots, \xi_{j_k}) - a\big)\big], \tag{8.4}$$

wobei $I_1 = \{i_1, \ldots, i_k\}$ und $I_2 = \{j_1, \ldots, j_k\}$ Teilmengen von $\{1, \ldots, n\}$ sind. Wenn $I_1 \cap I_2 = \emptyset$ ist, verschwindet (8.4) wegen (8.1), da die ξ_i, $i \geq 1$ unabhängig sind. Wenn aber $I_1 \cap I_2$ genau $r > 0$ Elemente enthält, kann man wegen der Symmetrie von h annehmen, daß $i_l = j_l$, $1 \leq l \leq r$, gilt. Somit erhält man für (8.4)

$$E\Big[E\Big(\big(h(\xi_{i_1}, \ldots, \xi_{i_r}, \xi_{i_{r+1}}, \ldots, \xi_{i_k}) - a\big) \times \\ \times \big(h(\xi_{i_1}, \ldots, \xi_{i_r}, \xi_{j_{r+1}}, \ldots, \xi_{j_k}) - a\big) \mid \xi_{i_1}, \ldots, \xi_{i_r}\Big)\Big].$$

Daraus folgt weiter, daß (8.4) auch gleich $E\big[\big(\varphi_r(\xi_{i_1}, \ldots, \xi_{i_r}) - a\big)^2\big]$ ist. Falls also $I_1 \cap I_2$ genau $r > 0$ Elemente enthält ist

$$E\Big(\big(h(\xi_{i_1}, \ldots, \xi_{i_k}) - a\big)\big(h(\xi_{j_1}, \ldots, \xi_{j_k}) - a\big)\Big) = \sigma_r^2. \tag{8.5}$$

Wir haben

$$E(\boldsymbol{v}_n^2) = \frac{n}{k^2}\binom{n}{k}^{-2} \sum_{\substack{i_1, \ldots, i_k \\ j_1, \ldots, j_k}} E\Big(\big(h(\xi_{i_1}, \ldots, \xi_{i_k}) - a\big)\big(h(\xi_{j_1}, \ldots, \xi_{j_k}) - a\big)\Big), \tag{8.6}$$

wobei sowohl $i_1, \ldots, i_k$ als auch $j_1, \ldots, j_k$ unabhängig voneinander alle Kombinationen von k Elementen aus der Menge $\{1, \ldots, n\}$ durchlaufen. Nun müssen wir uns nur überlegen, wie oft es vorkommt, daß $\{i_1, \ldots, i_k\}$ und $\{j_1, \ldots, j_k\}$ genau r Elemente mit $0 \leq r \leq k$ gemeinsam haben. Wählt man irgendwelche r Elemente aus $\{1, \ldots, n\}$ aus und hält sie fest, dann gibt es $\binom{n-r}{k-r}$ Kombinationen $\{i_1, \ldots, i_k\}$, welche diese ausgewählten Elemente enthalten. Die Auswahl dieser r Elemente kann auf $\binom{n}{r}$ Arten geschehen. Insgesamt erhalten wir also $\binom{n}{r}\binom{n-r}{k-r}$ Kombinationen mit je r „ausgezeichneten" Elementen. Zu jeder solchen Kombination $\{i_1, \ldots, i_k\}$ gibt es $\binom{n-k}{k-r}$ Kombinationen $\{j_1, \ldots, j_k\}$, welche genau dieselben ausgezeichneten r Elemente mit $\{i_1, \ldots, i_k\}$ gemeinsam haben, wie man sich leicht überlegt. Definiert man noch $\sigma_0^2 = 0$, dann erhält man aus (8.5) und (8.6)

$$E(\boldsymbol{v}_n^2) = \frac{n}{k^2}\binom{n}{k}^{-2}\sum_{r=0}^{k}\binom{n}{r}\binom{n-r}{k-r}\binom{n-k}{k-r}\sigma_r^2 .$$

Eine leichte Rechnung ergibt

$$E(\boldsymbol{v}_n^2) = n\,k^{-2}\binom{n}{k}^{-1}\sum_{r=0}^{k}\binom{k}{r}\binom{n-k}{k-r}\sigma_r^2 .$$

Nun ist für $1 \leq r \leq k$

$$\binom{n-k}{k-r}\bigg/\binom{n}{k} = O\,(n^{-r}). \tag{8.7}$$

Für $r = 1$ erhält man noch genauer

$$\binom{n-k}{k-1}\bigg/\binom{n}{k} = \frac{k}{n} + O\left(\frac{1}{n^2}\right). \tag{8.8}$$

Also wird wegen $\sigma_0^2 = 0$

$$E(\boldsymbol{v}_n^2) = \sigma_1^2 + O\left(\frac{1}{n}\right). \tag{8.9}$$

Jetzt fehlt noch die Berechnung von

$$E(\zeta_n v_n) = k^{-1} \binom{n}{k}^{-1} \sum_{j=1}^{n} (\varphi_1(\xi_j) - a) \sum_{i_1,\ldots,i_k} E\left((h(\xi_{i_1},\ldots,\xi_{i_k}) - a\right).$$

Dazu stellt man ganz ähnliche Überlegungen an wie vorhin.

Für $j \neq i_l$, $1 \leq l \leq k$, ist

$$E\left((h(\xi_{i_1},\ldots,\xi_{i_k}) - a)(\varphi_1(\xi_j) - a)\right) = 0.$$

Gilt aber

$$j = i_l \tag{8.10}$$

für ein l und ein j, dann erhält man

$$E\left((h(\xi_{i_1},\ldots,\xi_{i_k}) - a)(\varphi_1(\xi_j) - a)\right) = \sigma_1^2.$$

Die Gleichung (8.10) besteht genau $n\binom{n-1}{k-1}$-mal. Es folgt $E(\zeta_n v_n) = k^{-1}\binom{n}{k}^{-1} n \binom{n-1}{k-1}\sigma_1^2$, also

$$E(\zeta_n v_n) = \sigma_1^2. \tag{8.11}$$

Aus (8.3), (8.9) und (8.11) folgt $E[(\zeta_n - v_n)^2] = O\left(\frac{1}{n}\right)$ und damit ist der Satz 8.1 bewiesen.

Nun wollen wir den Satz 8.1 auf den Wilcoxon-Test anwenden[8.2]. Wir greifen dabei im Wesentlichen auf die schon früher, insbesonders bei der Formulierung des Satzes 4.3 eingeführte Bezeichnung zurück. Wir beschränken uns jedoch auf den Fall $n_1 = n_2 = m$, $n = 2m$, $m \geq 1$. Es erweist sich als zweckmäßig $\xi_{m+i} = \eta_i$ für $1 \leq i \leq m$ zu schreiben. Die zufällige Variable U bezeichnen wir jetzt genauer mit U_m. Nun zeigen wir den

Satz 8.2: *Es sei $F \in C$. Für reelles γ bezeichnen wir die Vf. $x \to F(x-\gamma)$ mit F_γ. Es sei $\{\gamma_m\}$ eine Nullfolge. Es seien ferner für $m = 1, 2, \ldots$ die zufälligen Variablen $\xi_1, \ldots, \xi_m$ unabhängig nach F und $\eta_1, \ldots, \eta_m$ unabhängig nach F_{γ_m} verteilt. Überdies seien alle ξ_i von allen η_j unabhängig. Dann ist*

$$\frac{m^{1/2}\left(m^{-2} U_m - \int_{R_1} F dF_{\gamma_m}\right)}{(1/6)^{1/2}} \tag{8.12}$$

nach $N(0, 1)$ verteilt.

[8.2] Die hier skizzierte Methode läßt sich verallgemeinern. Vgl. E. L. Lehmann, l. c.[4.7].

Beweis: Die Behauptung folgt im Wesentlichen genau so, wie die Behauptung des Satzes 8.1. Wir schreiben

$$U_m = \sum_{\substack{i,j=1\\ i\neq j}}^{m} c_I(\eta_i - \xi_j) + \sum_{i=1}^{m} c_I(\eta_i - \xi_i). \tag{8.13}$$

Für $1 \leq i \leq m$ führen wir die Bezeichnung $(\xi_i, \eta_i) = \xi_i^{(1)}$ ein und definieren für $i \neq j$

$$h(\xi_i^{(1)}, \xi_j^{(1)}) = c_I(\eta_i - \xi_j) + c_I(\eta_j - \xi_i). \tag{8.14}$$

h ist natürlich symmetrisch und daher die zufällige Variable $V(\xi_1^{(1)}, \ldots, \xi_m^{(1)}) = \binom{m}{2}^{-1} \sum_{i_1, i_2} h(\xi_{i_1}^{(1)}, \xi_{i_2}^{(2)})$ von der Art, wie wir sie im Satz 8.1 betrachtet haben. $\{i_1, i_2\}$ durchläuft dabei alle Kombinationen von je 2 Elementen aus $\{1, \ldots, m\}$. Durch Anwendung von (4.10) folgt aus (8.14)

$$E\left[h\left(\xi_i^{(1)}, \xi_j^{(1)}\right); (F, F_{\gamma_m})\right] = 2\int_{-\infty}^{+\infty} F\, dF_{\gamma_m}. \tag{8.15}$$

Nun geht man mit trivialen Modifikationen so wie im Beweis von Satz 8.1 vor. Es ist $\varphi_1(\xi_j^{(1)}) = F(\eta_j) + 1 - F(\xi_j - \gamma_m)$, $1 \leq j \leq m$, mit Wahrscheinlichkeit 1, wie man leicht findet. Daraus folgert man unter Beachtung von (8.15) ohne Schwierigkeit

$$E\left[\left(\varphi_1(\xi_j^{(1)}) - E\left(\varphi_1(\xi_j^{(1)})\right)\right)^2\right] = \int_{-\infty}^{+\infty} F^2_{\gamma_m}\, dF - 2\int_{-\infty}^{+\infty} F F_{\gamma_m}\, dF + $$

$$+ 2\int_{-\infty}^{+\infty} F_{\gamma_m}\, dF - 2\left(\int_{-\infty}^{+\infty} F_{\gamma_m}\, dF\right)^2, \tag{8.16}$$

wobei sich die Erwartungswerte auf der linken Seite auf das Paar (F, F_{γ_m}) beziehen. Dies gilt auch von den folgenden Erwartungswerten. Wegen $\lim_{m\to\infty} \gamma_m = 0$, der Stetigkeit von F und der für alle $x \in R_1$ und alle γ_m, $m \geq 1$, gültigen Ungleichung $|F(x - \gamma_m) - F(x)| \leq 2$ findet man leicht, daß die rechte Seite von (8.16) gegen 1/6 konvergiert und daher für hinreichend großes m positiv ist. Da $|\varphi_1(\xi_j^{(1)})| \leq 2, 1 \leq j \leq m$ mit Wahrscheinlichkeit 1 gilt, gibt es eine von m unabhängige positive Zahl C, so daß

$$E\left[\left|\varphi_1(\xi_j^{(1)}) - E(\varphi_1(\xi_j^{(1)}))\right|^3\right] \leq C, \quad 1 \leq j \leq m$$

ist. Wendet man I., Satz 39.2, sinngemäß an, dann folgt, daß

$$m^{-1/2} \sum_{j=1}^{m} \left(\varphi_1(\xi_j^{(1)}) - E\left(\varphi_1(\xi_j^{(1)})\right)\right) \Big/ E\left[\left(\varphi_1(\xi_j^{(1)}) - E(\varphi_1(\xi_j^{(1)}))\right)^2\right]$$

asymptotisch nach $N(0, 1)$ verteilt ist. Also ist auch für jedes $y \in R_1$

$$\lim_{m\to\infty} W\left(\frac{m^{-1/2} \sum\limits_{j=1}^{m} \left(\varphi_1(\xi_j^{(1)}) - E\left(\varphi_1(\xi_j^{(1)})\right)\right)}{(1/6)^{1/2}} \leq y\right) = (2\pi)^{-1/2} \int_{-\infty}^{y} e^{-x^2/2} dx. \tag{8.17}$$

Da man aber genau so wie früher

$$\lim_{m\to\infty} E\Big[\Big(2^{-1/2} m^{1/2}\Big(V(\xi_1^{(1)}, \ldots, \xi_m^{(1)}) - 2\int_{-\infty}^{+\infty} F\, dF_{\gamma_m}\Big) - m^{-1/2} \sum_{j=1}^{m} \Big(\varphi_1(\xi_j^{(1)}) - E\left(\varphi_1(\xi_j^{(1)})\right)\Big)\Big)^2\Big] = 0$$

zeigt, ist auch bewiesen, daß

$$\frac{2^{-1/2} m^{1/2} \left(V(\xi_1^{(1)}, \ldots, \xi_m^{(1)}) - 2\int_{-\infty}^{+\infty} F dF_{\gamma_m}\right)}{(1/6)^{1/2}}$$

asymptotisch nach $N(0, 1)$ verteilt ist.

Aus (8.13) folgt aber

$$m^{-2} U_m = \frac{m-1}{2m} V(\xi_1^{(1)}, \ldots \xi_m^{(1)}) + \frac{1}{m^2} \sum_{i=1}^{m} c_I(\eta_i - \xi_i).$$

Zum Beweis des Satzes genügt es jetzt, für jedes $\varepsilon > 0$ $\lim\limits_{m\to\infty} W\left(m^{-2} \sum\limits_{i=1}^{m} c_I(\eta_i - \xi_i) \geq \varepsilon\right) = 0$ zu beweisen.

Da aber $E\left[\left(\sum\limits_{i=1}^{m} c_I(\eta_i - \xi_i)\right)^2\right] \leq m^2$ gilt, ist das selbstverständlich.

Damit ist die Behauptung des Satzes 8.2 bewiesen.

Bemerkung: Die Bedingung $n_1 = n_2 = m$ im Satz 8.2 läßt sich durch die Bedingung

$$0 < \varliminf_{n\to\infty} \frac{n_1}{n} \leq \varlimsup_{n\to\infty} \frac{n_1}{n} < 1 \tag{8.18}$$

(mit $n_1 + n_2 = n$) ersetzen. Dies erfordert nur geringfügige Modifikationen der Beweismethode. Mit derselben Beweismethode kann man zeigen, daß $\sum_{i=1}^{n_1} \sum_{j=1}^{n_2} c_I(\eta_j - \xi_i)$ unter der Bedingung (8.18) asymptotisch normal verteilt ist, wenn die Hypothese (F, G) mit $F, G \in C$ zugrunde liegt. Insbesondere gilt also diese Aussage für die Nullhypothese (F, F) mit $F \in C$.

Jetzt wollen wir eine Aussage über die PITMAN-Wirksamkeit des Wilcoxon-Testes relativ zum t-Test machen und bedienen uns dazu des Lemmas 12.3 von III. Wir zeigen genauer den

Satz 8.3:[8.3] *Es sei* $F(x) = (2\pi)^{-1/2} \int_{-\infty}^{x} e^{-y^2/2}\, dy$ *für alle* $x \in R_1$. *Es sei weiter* $\eta > 0$ *und* $\Gamma = [0, \eta)$. *Es sei* $\gamma_m \in \Gamma$ *und* $\lim_{m\to\infty} \gamma_m = 0$. *Es sei* $\{\varphi_m^{(1)}\}$ *die Folge der Wilcoxon-Tests für das Zweistichprobenproblem mit* $n_1 = n_2 = m$ *für die Hypothesenfolge* $\{(F, F_{\gamma_m})\}$ *und* $\{\varphi_m^{(2)}\}$ *die analoge Folge der (einseitigen) t-Tests. Beide Testfolgen mögen dieselbe asymptotische Irrtumswahrscheinlichkeit besitzen, d. h.* III. (12.5) *sei sinngemäß erfüllt. Dann ist*

$$re\left(\{\varphi_m^{(1)}\}, \{\varphi_m^{(2)}\}\right) = \pi/3 .$$

Beweis: Definiert man $T_m^{(2)}$ für $m \geq 1$ im R_{2m} (in leicht verständlicher Bezeichnungsweise) durch

$$(\bar{y}_m - \bar{x}_m) \Big/ \left(\frac{s_x^2 + s_y^2}{2}\right)^{1/2}$$

dann ist nach II. (6.3) $\{T_m^{(2)}\}$ eine Folge von Teststatistiken für den t-Test.

[8.3] Dieser Satz wurde wohl zuerst von H. R. VAN DER VAART, Nederl. Akad. Wet., Proc., Ser. A, 53, 494—520 (1956) bewiesen.

Überdies besitzt (mit $\bar{\eta}_m = (\eta_1 + \cdots + \eta_m)/m$ und $\bar{\xi}_m = (\xi_1 + \cdots + \xi_m)/m$)

$$(\bar{\eta}_m - \bar{\xi}_m - \gamma_m)\left((s_\xi^2 + s_\eta^2)/2\right)^{-1/2}$$

unter der Hypothese (F, F_{γ_m}) eine t-Verteilung mit $2(m-1)$ Freiheitsgraden. Da $\sqrt{(s_\xi^2 + s_\eta^2)/2}$ mit $m \to \infty$ stochastisch gegen 1 konvergiert (vgl. II., Satz 4.2), folgt für jedes $x \in R_1$

$$\lim_{m\to\infty} W\left(\frac{[(\bar{\eta}_m - \bar{\xi}_m)\left((s_\xi^2 + s_\eta^2)/2\right)^{-1/2}] - \gamma_m}{(2/m)^{1/2}} \leq x\right) = F(x). \tag{8.19}$$

Ist $c > 0$ und $\gamma_m = c m^{-1/2}$, $m \geq 1$, dann ist trivialerweise

$$\lim_{m\to\infty} \gamma_m m^{1/2} = c. \tag{8.20}$$

Die Bedingungen III. (12.8) und III. (12.14) sind also in diesem Spezialfall erfüllt. Jetzt haben wir nurmehr das asymptotische Verhalten von

$$\int_{-\infty}^{+\infty} (F_{-\gamma_m} - F)\, dF \tag{8.21}$$

für $m \to \infty$ zu untersuchen. Es ist also

$$\int_{-\infty}^{+\infty} e^{-x^2/2} \int_{-\infty}^{x} (e^{-(y+\gamma_m)^2/2} - e^{-y^2/2})\, dy\, dx$$

zu betrachten. Es gilt mit $0 < \vartheta_{y,m} < 1$

$$\int_{-\infty}^{x} e^{-y^2/2} (e^{-y\gamma_m - \gamma_m^2/4} - 1)\, dy =$$

$$= \int_{-\infty}^{x} e^{-y^2/2} \left[(-y\gamma_m - \gamma_m^2/4) + \frac{1}{2}(-y\gamma_m - \gamma_m^2/4)^2 e^{\vartheta_{y,m}(-y\gamma_m - \gamma_m^2/4)}\right] dy.$$

Somit ist

$$\int_{-\infty}^{x} (e^{-(y+\gamma_m)^2/2} - e^{-y^2/2})\, dy = -\gamma_m \int_{-\infty}^{x} e^{-y^2/2}\, y\, dy + O(\gamma_m^2)$$

wobei „O" nicht von x abhängt. Eine leichte Rechnung ergibt $-\gamma_m \int\limits_{-\infty}^{x} e^{-y^2/2} y\,dy = \gamma_m e^{-x^2/2}$, $x \in R_1$. Man erhält somit für (8.21) den Wert $\gamma_m / \left(2\sqrt{\pi}\right) + O(\gamma_m^2)$ für jede Nullfolge $\{\gamma_m\}$.

Wählt man speziell $\gamma_m = c m^{-1/2}$, dann erhält man daraus, sowie aus (8.20), (8.19) und dem Resultat von Satz 8.2 durch Anwendung von III. (12.17)

$$\frac{c m^{-1/2} (1/6 r_m)^{1/2}}{c m^{-1/2} (2\sqrt{\pi})^{-1} (2/m)^{1/2}} \to 1 \qquad \text{für} \qquad m \to \infty .$$

Daraus folgt $\lim\limits_{m\to\infty} m/r_m = 3/\pi$ wie behauptet wurde.

Nach dem Muster des Satzes 8.3 kann man für eine ganze Reihe von Rangtests die PITMAN-Wirksamkeit bei Translationen des Mittelwertes einer Normalverteilung bestimmen. Wir verweisen dazu auf die Literatur[8.4].

Wir werden jetzt noch zeigen, daß der Test von WILCOXON (oder besser eine passende Folge von solchen Tests) für eine umfassende Menge von Hypothesen konsistent ist. Dazu führen wir folgende Bezeichnung ein: Es sei $\mathfrak{E}_p$ die Menge aller Paare (F, G), $F, G \in C$, so daß

$$\int\limits_{-\infty}^{+\infty} F\,dG = p . \tag{8.22}$$

Es ist $0 < p < 1$. Wenn wir beim Zweistichprobenproblem davon sprechen, daß die Hypothese $(F, G) \in \mathfrak{E}_p$ vorliegt, dann meinen wir natürlich im Sinne der Vereinbarung auf S. 536, daß $\xi_1, \ldots, \xi_{n_1}$ unabhängig nach F und $\eta_1, \ldots, \eta_{n_2}$ unabhängig nach G verteilt sind und (8.22) erfüllt ist. Wir zeigen nun folgenden

Satz 8.4: *Es sei* (8.18) *erfüllt. Dann ist die Folge der Wilcoxon-Tests konsistent für die Menge der Hypothesen* $\left(\{(F, F) : F \in C\},\ \bigcup\limits_{p > 1/2} \mathfrak{E}_p\right)$.

8.4 Wir erwähnen J. L. HODGES jr. und E. L. LEHMANN, l. c. III. [12.6], H. CHERNOFF und I. R. SAVAGE, Ann. math. Statistics 29, 972—994 (1958), M. DWASS, Ann. math. Statistics 27, 352—374 (1956). Außerdem verweisen wir auch auf F. C. ANDREWS, Ann. math. Statistics 25, 724—736 (1954).

Sie ist hingegen nicht konsistent, wenn die Alternativhypothese durch $\bigcup_{p<1/2} \mathfrak{E}_p$ *ersetzt wird.*

Beweis[8.5]: Wir schreiben $U_{n_1,n_2} = \sum_{i=1}^{n_1}\sum_{j=1}^{n_2} c_I(\eta_i - \xi_j)$ und $n = n_1 + n_2$. Es sei $\{c_{n_1,n_2}\}$ eine mit n nicht fallende Folge reeller Zahlen mit $\lim_{n\to\infty} c_{n_1,n_2} = \infty$, deren Wahl wir uns noch vorbehalten. Wir schreiben abkürzend

$$\sigma^2_{0,n_1,n_2} = E\left[\left(U_{n_1,n_2} - E(U_{n_1,n_2};\,(F,F))\right)^2;\,(F,F)\right].$$

σ^2_{0,n_1n_2} ist auch durch die rechte Seite von (4.9) gegeben. Aus der Bemerkung nach Satz 8.2 folgt unter Beachtung von (4.8)

$$\lim_{n\to\infty} W\left(\left(U_{n_1,n_2} - \frac{n_1n_2}{2}\right)\sigma^{-1}_{0,n_1n_2} > c_{n_1,n_2};\ (F,F)\right) = 0. \qquad (8.23)$$

Nun bemerken wir, daß aus $F^2 \leq F$ für jedes $(F,G) \in \mathfrak{E}_p$

$$\int_{-\infty}^{+\infty} F^2 dG \leq p \qquad (8.24)$$

folgt.

Wegen $(1-G)^2 \leq 1-G$ ist ebenso

$$\int_{-\infty}^{+\infty} (1-G)^2\,dF \leq 1 - \int_{-\infty}^{+\infty} G\,dF = \int_{-\infty}^{+\infty} F\,dG$$

also

$$\int_{-\infty}^{+\infty} (1-G)^2\,dF \leq p. \qquad (8.25)$$

Somit ergibt sich aus (4.7) für $(F,G) \in \mathfrak{E}_p$

$$E\left[\left(U_{n_1,n_2} - E(U_{n_1,n_2};\,(F,G))\right)^2;\,(F,G)\right] \leq$$
$$\leq p(1-p)\,n_1n_2(n_1+n_2-1).$$

Wegen $0 < p(1-p) < 1/4$ folgt daraus auch

$$E\left[\left(U_{n_1,n_2} - E(U_{n_1,n_2};\,(F,G))\right)^2:\,(F,G)\right] < 3\sigma^2_{0,n_1,n_2}. \qquad (8.26)$$

8.5 D. van Dantzig, Indagationes math. 13, 1–8 (1951).

Nun ist

$$\left.\begin{aligned} &W\left(U_{n_1,n_2} \leq \frac{n_1 n_2}{2} + \sigma_{0,n_1,n_2}\, c_{n_1,n_2}\right) = \\ &= W\left(\left(U_{n_1,n_2} - p n_1 n_2 \leq n_1 n_2\left(\frac{1}{2} - p\right) + \sigma_{0,n_1,n_2}\, c_{n_1,n_2}\right)\right) \end{aligned}\right\}. \quad (8.27)$$

Es gilt aber

$$n_1 n_2 \left(\frac{1}{2} - p\right) + \sigma_{0,n_1,n_2}\, c_{n_1,n_2} = \\ = \left(\frac{1}{2} - p\right) n_1 n_2 \left(1 + \frac{c_{n_1,n_2}}{2\sqrt{3}\,(^1/_2 - p)} \left(\frac{n_1 + n_2 + 1}{n_1 n_2}\right)^{1/2}\right). \quad (8.28)$$

Wählt man jetzt

$$c_{n_1,n_2} = o\left(n^{1/2}\right), \quad (8.29)$$

dann folgt wegen (8.18)

$$c_{n_1,n_2}\left((n_1 + n_2 + 1)/(n_1 n_2)\right)^{1/2} = o(n^{1/2})\, O(n^{-1/2}) = o(1)\,.$$

Es ist also $1 + \frac{c_{n_1,n_2}}{2\sqrt{3}\,(^1/_2 - p)}\left((n_1 + n_2 + 1)/(n_1 n_2)\right)^{1/2} > 0$ für hinreichend großes n, wenn (8.29) gilt. Nach (8.28) ist also für $p > 1/2$ schließlich

$$n_1 n_2 \left(\frac{1}{2} - p\right) + \sigma_{0,n_1,n_2} c_{n_1,n_2} < 0.$$

Eine Anwendung der Čebyševschen Ungleichung bei hinreichend großem n ergibt nun

$$W\left(U_{n_1,n_2} - p n_1 n_2 \leq n_1 n_2 \left(\frac{1}{2} - p\right) + \sigma_{0,n_1,n_2} c_{n_1,n_2}\right) \leq \\ \leq E\left[(U_{n_1,n_2} - p n_1 n_2)^2\right] \sigma_{0,n_1,n_2}^{-2} \left[\left(\frac{1}{2} - p\right)\left(12 n_2 n_2/(n_1 + n_2 + 1)\right)^{1/2} + \\ + c_{n_1,n^2}\right]^{-2},$$

wobei sich die Wahrscheinlichkeit (auch im Folgenden) und der Erwartungswert auf das Paar (F, G) beziehen.

Somit gilt nach (8.26) auch

$$W\left(U_{n_1,n_2} - pn_1n_2 \le n_1n_2\left(\frac{1}{2} - p\right) + \sigma_{0,n_1,n_2}c_{n_1,n_2}\right) \le$$
$$\le 3\left[\left(\frac{1}{2} - p\right)\left((12n_1n_2/(n_1 + n_2 + 1)\right)^{1/2} + c_{n_1,n_2}\right]^{-2}.$$

Wegen (8.29) folgt also aus (8.27) für $(F, G) \in \bigcup_{p>1/2} \mathfrak{C}_p$

$$W\left(\left(U_{n_1,n_2} - \frac{n_1n_2}{2}\right)\sigma^{-1}_{0,n_1,n_2} \le c_{n_1,n_2}\right) \to 0 \qquad \text{für} \qquad n \to \infty$$

oder

$$W\left(\left(U_{n_1,n_2} - \frac{n_1n_2}{2}\right)\sigma^{-1}_{0,n_1,n_2} > c_{n_1,n_2}\right) \to 1 \qquad \text{für} \qquad n \to \infty.$$

Ist aber $(F, G) \in \bigcup_{p<1/2} \mathfrak{C}_p$, dann erhält man ganz genau so

$$W\left(\left(U_{n_1,n_2} - \frac{n_1n_2}{2}\right)\sigma^{-1}_{0,n_1,n_2} > c_{n_1,n_2}\right) =$$
$$= W\left(U_{n_1,n_2} - pn_1n_2 > n_1n_2\left(\frac{1}{2} - p\right) + \sigma_{0,n_1,n_2}c_{n_1,n_2}\right).$$

Wegen $\frac{1}{2} - p > 0$ ist aber jetzt

$$\left(\frac{1}{2} - p\right)n_1n_2 + \sigma_{0,n_1,n_2}c_{n_1,n_2} > 0$$

und eine Anwendung der Čebyševschen Ungleichung ergibt jetzt zusammen mit (8.26)

$$W\left(U_{n_1,n_2} - pn_1n_2 > \left(\frac{1}{2} - p\right)n_1n_2 + \sigma_{0,n_1,n_2}c_{n_1,n_2}\right) \le$$
$$\le 3\left[\left(\frac{1}{2} - p\right)\left(12n_1n_2/(n_1 + n_2 + 1)\right)^{1/2} + c_{n_1,n_2}\right]^{-2}.$$

Für $n \to \infty$ strebt aber die rechte Seite dieser Ungleichung gegen 0, wie man auch die Folge $\{c_{n_1,n_2}\}$ mit $c_{n_1,n_2} \to \infty$ wählt.

Damit sind die Aussagen des Satzes 8.4 bewiesen.

9. Stochastische Approximation. Wir wenden uns abschließend einem ganz anderen Gebiet der nichtparametrischen Methoden zu[9.1], und zwar der Konstruktion konsistenter Schätzfunktionenfolgen für einen ganz bestimmten Zweck. Dabei werden wir gleichzeitig eine Illustration zu den im Umkreis der Ausführungen von III. **13.** gelegenen Gedanken geben. Wir beschäftigen uns hier nur mit dem allereinfachsten Fall. Es sei ξ_x für jedes $x \in R_1$ eine zufällige Variable über einem Wahrscheinlichkeitsfeld $(R, \mathbf{S}, W_\gamma)$, $\gamma \in \Gamma$. Für jedes reelle x und alle $\gamma \in \Gamma$ existiere $E(\xi_x;\gamma)$ und werde mit $M_\gamma(x)$ bezeichnet. Für ein gegebenes reelles α möge die Gleichung

$$M_\gamma(x) = \alpha$$

für alle $\gamma \in \Gamma$ genau eine reelle Wurzel $\vartheta(\gamma)$ haben. Wir stellen uns die Aufgabe eine für $\vartheta(\gamma)$ konsistente Schätzfunktionenfolge zu konstruieren. Wir beziehen uns im Folgenden auf ein festes $\gamma \in \Gamma$ und unterdrücken weiterhin die Bezugnahme auf dieses γ. Es sei $\{a_n\}$ eine Folge positiver reeller Zahlen, die unabhängig von $\gamma \in \Gamma$ gewählt wird. Es sei η_1 eine beliebige zufällige Variable. Für $n \geq 2$ werden zufällige Variable η_n definiert durch

$$\eta_{n+1} = \eta_n + a_n(\alpha - \zeta_n)\,. \tag{9.1}$$

Dabei sei ζ_n für $n \geq 1$ eine zufällige Variable, deren bedingte Verteilung unter der Hypothese $\eta_1 = y_1, \ldots, \eta_n = y_n$, $(y_1, \ldots, y_n) \in R_n$ mit der Verteilung von ξ_{y_n} übereinstimmt. Es folgt dann auch

$$E(\zeta_n \mid \eta_1 = y_1, \ldots, \eta_n = y_n) = E(\zeta_n \mid \eta_n = y_n) = M(y_n) \tag{9.2}$$

mit Wahrscheinlichkeit 1. Es gilt nun der

Satz 9.1[9.2]: *Es sei für ein* $C > 0$

$$|M(x)| \leq C, \ -\infty < x < \infty\,. \tag{9.3}$$

[9.1] Die grundlegende Arbeit steht bei H. Robbins u. S. Monro, Ann. math. Statistics 22, 400–407 (1951).

[9.2] In dieser Form stammen Satz und Beweis von J. Wolfowitz, Ann. math. Statistics 23, 457–461 (1952).

Weiter sei für ein reelles ϑ

$$\begin{cases} M(x) < \alpha & x < \vartheta \\ M(x) = \alpha & x = \vartheta . \\ M(x) > \vartheta & x > \vartheta \end{cases} \tag{9.4}$$

Überdies sei M Borel-meßbar und zu jedem $\varepsilon > 0$ existiere ein $\delta(\varepsilon) > 0$, so daß

$$\inf_{|x-\vartheta|>\varepsilon} |M(x) - \alpha| \geq \delta(\varepsilon) \tag{9.5}$$

gilt.
Weiter existiere ein $C_1 > 0$, so daß

$$E\left[(\xi_x - M(x))^2\right] \leq C_1, \quad -\infty < x < \infty . \tag{9.6}$$

Die Folge positiver Zahlen $\{a_n\}$ genüge den Bedingungen

$$\sum_{n=1}^{\infty} a_n = \infty \tag{9.7}$$

$$\sum_{n=1}^{\infty} a_n^2 < \infty \text{ [9.3]}. \tag{9.8}$$

Wenn $E(\eta_1^2)$ endlich ist, dann konvergiert $\{\eta_n\}$ stochastisch gegen ϑ.

Beweis: Zunächst behaupten wir, daß $E[(\eta_n - \vartheta)^2] = b_n$ für $n \geq 1$ endlich ist. Für $n = 1$ folgt dies aus der Voraussetzung. Wir nehmen die Richtigkeit dieser Behauptung für $1 \leq i \leq n$ an und zeigen diese für $n + 1$.

Es ist nämlich

$$b_{n+1} = E[(\eta_{n+1} - \vartheta)^2] = E\left[\left((\eta_n - \vartheta) + a_n(\alpha - \zeta_n)\right)^2\right]$$

wegen (9.1). Daraus ergibt sich bei Benützung von I. (20.5) sowie I., Satz 20.1 und 20.2[9.4]

$$b_{n+1} = b_n + a_n^2 E\left[E\left((\alpha - \zeta_n)^2 | \eta_n\right)\right] - \\ - 2a_n E\left[(\eta_n - \vartheta)\left(E\left((\zeta_n - \alpha) | \eta_n\right)\right)\right]. \tag{9.9}$$

[9.3] Dies soll natürlich besagen, daß $\sum_{n=1}^{\infty} a_n^2$ konvergiert.

[9.4] Mit einer geringfügigen Modifikation.

Aus (9.2) folgt aber

$$E\left[(\eta_n - \vartheta)\left(E\left((\zeta_n - \alpha)\,|\,\eta_n\right)\right)\right] = E\left[(\eta_n - \vartheta)\left(M(\eta_n) - \alpha\right)\right].$$

Nun ist

$$E\left[(\alpha - \zeta_n)^2\,|\,\eta_n = y_n\right] = E\left[\left(\zeta_n - M(y_n) + M(y_n) - \alpha\right)^2\,|\,\eta_n = y_n\right] =$$
$$= E\left[\left(\zeta_n - M(\eta_n)\right)^2\,|\,\eta_n = y_n\right] + \left(M(y_n) - \alpha\right)^2$$

wegen (9.2). Mittels (9.3) und (9.6) folgt daraus

$$d_n = E\left[E\left((\alpha - \zeta_n)^2\,|\,\eta_n\right)\right] \leq C_1 + (C + |\alpha|)^2,$$

also etwa mit $C_2 > 0$ für $n \geq 1$

$$0 \leq d_n \leq C_2. \tag{9.10}$$

Wegen (9.4) ist

$$E\left[(\eta_n - \vartheta)\left(M(\eta_n) - \alpha\right)\right] = E\left[|\eta_n - \vartheta|\;|M(\eta_n) - \alpha|\right] \geq 0.$$

Damit folgt schließlich aus (9.9)

$$b_{n+1} \leq b_n + a_n^2 C_2 \tag{9.11}$$

und damit die Endlichkeit von b_{n+1}.

Schreiben wir noch

$$e_n = E\left[(\eta_n - \vartheta)\left(M(\eta_n) - \alpha\right)\right]$$

für $n \geq 1$, dann folgt leicht aus (9.9) für $n \geq 1$

$$b_{n+1} = b_1 + \sum_{i=1}^{n} a_i^2 d_i - 2 \sum_{i=1}^{n} a_i e_i. \tag{9.12}$$

Wegen $b_{n+1} \geq 0$ erhält man hieraus

$$2 \sum_{i=1}^{n} a_i e_i \leq b_1 + \sum_{i=1}^{n} a_i^2 d_i \leq b_1 + C_2 \sum_{i=1}^{n} a_i^2.$$

Da $a_i e_i \geq 0$ für $i \geq 1$ ist, folgt die Konvergenz von $\sum_{i=1}^{\infty} a_i e_i$.

Damit erhält man aus (9.12) zusammen mit (9.8) und (9.10) auch die Konvergenz der Folge $\{b_n\}$. Nun greift die Voraussetzung (9.7) ein. Aus ihr folgt $\lim\limits_{i\to\infty} e_i = 0$. Sonst wäre etwa für $i \geq i_0$ und ein reelles $a > 0$ die Ungleichung $e_i \geq a$ richtig im Widerspruch zur Konvergenz von $\sum\limits_{i=1}^{\infty} a_i e_i$. Es existiert also eine Folge ganzer Zahlen $0 < n_1 < n_2 < \ldots$, so daß $\lim\limits_{j\to\infty} e_{n_j} = 0$ gilt. Wir zeigen, daß $\{\eta_{n_j}\}$ stochastisch gegen ϑ konvergiert. Andernfalls müßte es ein $\varepsilon_0 > 0$ und ein $\nu_0 > 0$ sowie eine Teilfolge $\{n_j'\}$ der Folge $\{n_j\}$ geben, so daß

$$W(|\eta_{n_j'} - \vartheta| > \varepsilon_0) > \nu_0$$

gilt. Es folgte

$$e_{n_j'} = E[\,|\eta_{n'_j} - \vartheta|\,|M(\eta_{n_j'}) - \alpha|\,] \geq$$

$$\geq \varepsilon_0 \inf_{|x-\vartheta|>\varepsilon_0} |M(x) - \alpha|\, W(|\eta_{n_j'} - \vartheta| > \varepsilon_0),$$

also erhielte man nach (9.5)

$$e_{n_j'} \geq \varepsilon_0 \delta(\varepsilon_0) \nu_0$$

im Widerspruch zu $\lim\limits_{j\to\infty} e_{n_j'} = 0$.

Wir müssen jetzt nur noch zeigen, daß sogar die ganze Folge $\{\eta_n\}$ stochastisch gegen ϑ konvergiert.

Aus (9.1) folgt für jedes n_j und $n > n_j$

$$\eta_n - \eta_{n_j} = \sum_{i=n_j}^{n-1} a_i(\alpha - \zeta_i).$$

Daraus gewinnt man in völliger Analogie zu (9.12) die Beziehung

$$E[(\eta_n - \vartheta)^2 | \eta_{n_j} = y_{n_j}] = (y_{n_j} - \vartheta)^2 + \sum_{i=n_j}^{n-1} a_i^2 d_i - 2 \sum_{i=n_j}^{n-1} a_i e_i$$

mit Wahrscheinlichkeit 1. Daraus folgt auch

$$E[(\eta_n - \vartheta)^2 | \eta_{n_j} = y_{n_j}] \leq (y_{n_j} - \vartheta)^2 + \sum_{i=n_j}^{n-1} a_i^2 d_i.$$

Wählt man nun n_j groß genug, beachtet man (9.8) und zieht man noch (9.10) heran, dann ergibt sich

$$E[(\eta_n - \vartheta)^2 | \eta_{n_j} = y_{n_j}] \leq (y_{n_j} - \vartheta)^2 + \delta \tag{9.13}$$

mit Wahrscheinlichkeit 1 für jedes $\delta > 0$.

Benützt man (9.13), dann hat man für jedes $\varepsilon > 0$ bei Anwendung der Čebyševschen Ungleichung

$$W(|\eta_n - \vartheta| > \varepsilon \mid |\eta_{n_j} - \vartheta| < \delta^{1/2}) \leq$$
$$\leq E[(\eta_n - \vartheta)^2 \mid |\eta_{n_j} - \vartheta| < \delta^{1/2}]\, \varepsilon^{-2} < \frac{\nu}{2}$$

mit Wahrscheinlichkeit 1. Dabei ist $\nu = 4\delta\varepsilon^{-2}$ und dies wird bei festem $\varepsilon > 0$ beliebig klein, wenn man δ hinreichend klein wählt. Daraus folgt

$$W(|\eta_n - \vartheta| > \varepsilon,\, |\eta_{n_j} - \vartheta| < \delta) =$$
$$= W(|\eta_n - \vartheta| > \varepsilon \mid |\eta_{n_j} - \vartheta| < \delta)\, W(|\eta_{n_j} - \vartheta| < \delta) < \frac{\nu}{2} \cdot 1,$$

also

$$W(|\eta_n - \vartheta| > \varepsilon,\, |\eta_{n_j} - \vartheta| < \delta) < \nu/2. \tag{9.14}$$

Außerdem ist

$$W(|\eta_n - \vartheta| > \varepsilon,\, |\eta_{n_j} - \vartheta| \geq \delta) \leq W(|\eta_{n_j} - \vartheta| \geq \delta).$$

Da wir gezeigt haben, daß η_{n_j} stochastisch gegen ϑ konvergiert, gilt somit auch

$$W(|\eta_n - \vartheta| > \varepsilon,\, |\eta_{n_j} - \vartheta| \geq \delta) < \nu/2 \tag{9.15}$$

für hinreichend großes n_j.

Aus (9.14) und (9.15) folgt

$$W(|\eta_n - \vartheta| > \varepsilon) < \nu.$$

für hinreichend großes n, und das war zu beweisen.

Unter wesentlich schwächeren Bedingungen als sie im Satz 9.1 angegeben wurden, kann man sogar zeigen, daß η_n mit Wahrscheinlichkeit 1 gegen ϑ konvergiert. Auf zahlreiche andere wichtige Resultate, wie die asymptotische Größenordnung von $E(|\eta_n - \vartheta|^p)$ für $p > 1$ und die Bestimmung der asymptotischen Verteilung von η_n, wenn sie existiert, kann hier nur hingewiesen werden[9.5].

Hingegen wollen wir noch kurz auf eine wichtige Anwendung des Verfahrens der stochastischen Approximation eingehen. Wir werden nämlich die Bestimmung der sogenannten LD 50 in der Biologie andeuten: Es sei x die Dosis einer Substanz, deren Wirksamkeit (z. B. auf den Mäuseorganismus) überprüft werden soll. Mit $M(x)$ bezeichnen wir dann jenen Teil einer Grundgesamtheit (etwa von Mäusen), welcher auf die Dosis x reagiert. Man wird annehmen können, daß M nicht abnehmend ist, daß $M(x) = 0$ für $x \leq 0$ und $M(x) \to 1$ für $x \to \infty$ gilt. M ist also eine Vf.. Die LD 50 ist dann der (als eindeutig vorausgesetzte) Median ϑ, d. h. eine Lösung der Gleichung $M(x) = 1/2$. M ist im allgemeinen unbekannt, aber es wird angenommen, daß für jede Dosis x ein Experiment durchgeführt werden kann, dessen Ergebnis eine Zufallsvariable ξ_x ist, welche mit nicht verschwindender Wahrscheinlichkeit nur die Werte 1 oder 0 annimmt und welche folgende Bedeutung hat: $\xi_x = 1$, wenn nach Verabreichung der Dosis x eine Reaktion beobachtet werden kann, $\xi_x = 0$, wenn das nicht der Fall ist. Es gilt nun $W(\xi_x = 1) = M(x)$, $W(\xi_x = 0) = 1 - M(x)$, und daher ist $E(\xi_x) = M(x)$. Somit kann man, beginnend mit einer völlig beliebigen Dosis, mittels des Verfahrens der stochastischen Approximation die LD 50 bestimmen. Es zeigt sich übrigens, daß dieses Verfahren in der Praxis schon nach wenigen Schritten eine außerordentlich gute Annäherung an die LD 50 liefert.

[9.5] Vgl. etwa L. Schmetterer, Österreich. Ingenieur-Arch. 7, 111—117 (1953); K. L. Chung, Ann. math. Statistics 25, 463—483 (1954); A. Dvoretzky. Proc. 3rd Berkeley Sympos. math. Statist. Probability 1, 39—55 (1956). Eine ziemlich vollständige Übersicht bietet L. Schmetterer, Proc. 4th Berkeley Sympos. math. Statist. Probability 1, 587—609 (1960). Für verwandte Probleme sei noch auf A. Špaček, Czechosl. math. J. 5, 462—466 (1955) hingewiesen.

Anhang

Wenn man die in den Kapiteln III., IV. und V. entwickelten Theorien aufmerksam vergleicht, dann fallen viele gemeinsame Züge ins Auge. Diese formalen Ähnlichkeiten sind nicht zufällig. Die Testtheorie (und die dazu duale Theorie der Konfidenzbereiche) sowie die Schätztheorie lassen sich von einem einheitlichen Gesichtspunkt aus verstehen. Dies erkannt zu haben ist das Verdienst von A. WALD[1], der in grundlegenden Arbeiten die Theorie der Entscheidungen entwickelt hat.

In den Anwendungen der Statistik handelt es sich darum, Entscheidungen über die Aussagekraft von Stichproben zu treffen. Diese Entscheidungen können vielfältiger Natur sein. So handelt es sich in der Testtheorie darum zu entscheiden, aus welcher Grundgesamtheit eine Stichprobe entnommen wurde. In der Schätztheorie ist eine Entscheidung darüber zu treffen, wie man den richtigen Wert eines Parameters mittels einer Stichprobe am besten bestimmen kann. Soweit es sich um Testprobleme mit festem Stichprobenumfang handelt, besteht die Menge der Entscheidungen nur aus zwei Elementen, die man als „Ablehnen" bzw. „Annehmen" einer Nullhypothese interpretieren kann. In der Schätztheorie, in der man einen Parameter γ aus einer Menge Γ schätzen will, besteht die Menge aller Entscheidungen aus der Menge Γ.

Mit jeder Entscheidung ist ein gewisses Risiko verbunden, und es wird die Hauptaufgabe einer Entscheidungstheorie sein, dieses Risiko in irgendeinem Sinne zu minimisieren.

Wir gehen nun zu einer präzisen Fassung der andeutungsweise entwickelten Begriffe über. Es seien (R, S) ein Stichprobenraum und W_Γ eine darüber definierte Menge von Wahrscheinlichkeitsmaßen. Weiter sei K eine nichtleere Menge, welche wir als Raum der Entscheidungen k bezeichnen. Jede Abbildung $\varkappa$ von R in K

[1] A. WALD, Statistical Decision Functions, John Wiley, New York 1950.

wird *Entscheidungsfunktion* genannt. Die Wahl einer solchen Entscheidungsfunktion legt die Strategie des Statistikers fest, indem sie mit jeder Stichprobe eine bestimmte Entscheidung verknüpft.

Es sei w eine über $K \times \Gamma$ erklärte Funktion, die sogenannte *Verlustfunktion*[2]. Für jedes $x \in R$, jedes $\varkappa$ und jedes $\gamma \in \Gamma$ soll sie den Verlust $w(\varkappa(x), \gamma)$ angeben, den man erleidet, wenn man den Stichprobenwert x beobachtet, die Entscheidungsfunktion $\varkappa$ wählt und γ der richtige Parameterwert ist. Unter der Annahme, daß die Funktion $x \to w(\varkappa(x), \gamma)$ für jedes $\gamma \in \Gamma$ integrierbar bezüglich W_γ ist, kann man durch

$$L(\varkappa, \gamma) = \int_R w(\varkappa(x), \gamma)\, d\, W_\gamma(x), \tag{1}$$

die sogenannte *Risikofunktion* definieren.

Die linke Seite von (1) ist ein Erwartungswert und kann demnach als der mittlere Verlust angesehen werden, den man erleidet, wenn man die Entscheidungsfunktion $\varkappa$ wählt und γ der richtige Parameter ist.

Wir betrachten im folgenden ausschließlich den Fall, daß $w \geq 0$ ist. Weiter lassen wir nur solche Entscheidungsfunktion $\varkappa$ zu, für welche die rechte Seite von (1) für alle $\gamma \in \Gamma$ existiert. Die Gesamtheit dieser Entscheidungsfunktionen bezeichnen wir mit $\mathfrak{K}$. Die Risikofunktion ist also über $\mathfrak{K} \times \Gamma$ definiert, und es wird darauf ankommen, sie durch Wahl von $\varkappa \in \mathfrak{K}$ in irgendeinem Sinne zu minimisieren.

Wir geben nun eine Reihe von Definitionen:

Ein $\varkappa \in \mathfrak{K}$ heißt mindestens so gut in Γ wie $\varkappa_1 \in \mathfrak{K}$, wenn

$$L(\varkappa, \gamma) \leq L(\varkappa_1, \gamma) \tag{2}$$

für alle $\gamma \in \Gamma$ gilt. Wir schreiben dann $\varkappa_1 \preceq \varkappa$. $\varkappa$ heißt besser als $\varkappa_1$, wenn in (2) *mindestens einmal das Kleinerzeichen steht. In diesem Fall schreiben wir $\varkappa_1 \prec \varkappa$. Offenbar folgt aus $\varkappa_1 \prec \varkappa_2$ und $\varkappa_2 \prec \varkappa_3$ stets $\varkappa_1 \prec \varkappa_3$.*

$\varkappa \in \mathfrak{K}$ heißt optimal in Γ, wenn $\varkappa_1 \preceq \varkappa$ für alle $\varkappa_1 \in \mathfrak{K}$ gilt.

---

[2] Vgl. V., S. 403.

Die Entscheidungsfunktion $\varkappa \in \mathfrak{K}$ *wird zulässig in* Γ *genannt, wenn es kein* $\varkappa_1 \in \mathfrak{K}$ *mit* $\varkappa < \varkappa_1$ *gibt.*

Eine Teilmenge $\mathfrak{K}_1$ *von* $\mathfrak{K}$ *heißt vollständig, wenn es zu jedem* $\varkappa \in \mathfrak{K} - \mathfrak{K}_1$ *ein* $\varkappa_1 \in \mathfrak{K}_1$ *mit* $\varkappa < \varkappa_1$ *gibt.*

Unter Umständen existiert eine *minimale vollständige* Menge $\mathfrak{E}$, welche keine vollständige Teilmenge $\mathfrak{K}_1$ mit $\mathfrak{E} \neq \mathfrak{K}_1$ enthält. Es gilt der

Satz 1: *Falls eine minimale vollständige Menge* $\mathfrak{E}$ *von Entscheidungsfunktionen existiert, besteht sie genau aus der Menge aller zulässigen Entscheidungsfunktionen.*

Für den einfachen Beweis beachte man, daß natürlich jede zulässige Entscheidungsfunktion zu $\mathfrak{E}$ gehören muß. Wenn es aber umgekehrt ein $\varkappa \in \mathfrak{E}$ gäbe, welches nicht zulässig ist, dann existierte ein $\varkappa_1 \in \mathfrak{K}$ mit $\varkappa < \varkappa_1$. Entweder ist $\varkappa_1 \in \mathfrak{E}$ oder es gibt ein $\varkappa_2 \in \mathfrak{E}$ mit $\varkappa_1 < \varkappa_2$. In beiden Fällen ist $\mathfrak{E} - \{\varkappa\}$ ebenfalls eine vollständige Menge im Widerspruch zur Definition von $\mathfrak{E}$.

Schließlich geben wir noch eine

Definition: *Eine Entscheidungsfunktion* $\varkappa \in \mathfrak{K}$ *heißt minimax, wenn*

$$\sup_{\gamma \in \Gamma} L(\varkappa, \gamma) \leq \sup_{\gamma \in \Gamma} L(\varkappa_1, \gamma)$$

für alle $\varkappa_1 \in \mathfrak{K}$ *gilt.*

Ehe wir diese Begriffsbildungen spezialisieren, wodurch wir eine ganze Reihe von Optimalitätsprinzipien der Test- und Schätztheorie erhalten, wollen wir das bisher entwickelte Konzept noch etwas erweitern. Das ist insbesonders für die Anwendung in der Testtheorie von Bedeutung.

Wir wollen nämlich — kurz gesagt — jeder Stichprobe $x \in R$ nicht mehr eine bestimmte Entscheidung zuordnen, sondern einen Zufallsmechanismus, mit dessen Hilfe erst die zugeordnete Entscheidung bestimmt wird.

Es sei $(K, \mathfrak{S})$ ein Meßraum. Über diesem sei eine Menge $\mathfrak{P}$ von Wahrscheinlichkeitsmaßen P definiert. Als verallgemeinerte Entscheidungsfunktion η definieren wir jede Abbildung von R in $\mathfrak{P}$. Bezeichnet man mit η_x jenes Wahrscheinlichkeitsmaß aus $\mathfrak{P}$, welches vermöge η dem Element $x \in R$ zugeordnet ist, dann wird durch

$$R(\eta, \gamma) = \int_R \int_K w(k, \gamma)\, d\eta_x(k)\; d\, W_\gamma(x) \tag{3}$$

eine (verallgemeinerte) Risikofunktion definiert, falls das rechtsstehende Integral für alle $\gamma \in \Gamma$ existiert. Wieder betrachten wir nur die Menge E aller η, für welche das der Fall ist.

Wenn man die Annahme (A) macht, daß für jedes $k \in K$ die Menge $\{k\}$ zu $\mathfrak{S}$ gehört und überdies $\mathfrak{P}$ für jedes $k \in K$ das in k degenerierte Wahrscheinlichkeitsmaß P_k enthält, für welches $P_k(\{k\}) = 1$ gilt, dann gehört jede Entscheidungsfunktion $\varkappa \in \mathfrak{K}$ zu E.

Oder etwas genauer: Wenn $\varkappa \in \mathfrak{K}$ die Abbildung $x \rightarrow k_x$ bezeichnet, dann gehört die Abbildung $x \rightarrow P_{k_x}$ zu E, und diese kann mit $\varkappa$ identifiziert werden. Beide Abbildungen besitzen dieselbe Risikofunktion.

Es versteht sich von selbst, wie man die auf S. 582 und S. 583 gegebenen Definitionen auf verallgemeinerte Entscheidungsfunktionen überträgt.

Wir betrachten ein Beispiel. Es sei $K = \{k_1, k_2\}$ und $\mathfrak{S}$ die Menge aller Teilmengen von K. Jede Wahrscheinlichkeitsverteilung P über $(K, \mathfrak{S})$ ist eindeutig festgelegt durch die Angabe von $P(\{k_2\})$. Jede Abbildung φ von R in das Intervall $[0, 1]$ kann somit als verallgemeinerte Entscheidungsfunktion angesehen werden. Wir betrachten eine nichtleere Teilmenge Γ_0 von Γ und definieren eine Verlustfunktion w über $K \times \Gamma$ in folgender Weise:

$$w(k_1, \gamma) = \begin{cases} 0 & \gamma \in \Gamma_0 \\ d_1 & \gamma \in \Gamma - \Gamma_0 \end{cases}; \qquad w(k_2, \gamma) = \begin{cases} d_2 & \gamma \in \Gamma_0 \\ 0 & \gamma \in \Gamma - \Gamma_0 \end{cases}$$

Dabei sind d_1, d_2 positive reelle Zahlen. Die Risikofunktion ist in diesem Spezialfall durch

$$R(\varphi, \gamma) = \int_R w(k_1, \gamma)\big(1 - \varphi(x)\big)\, d\,W_\gamma(x) + \int_R w(k_2, \gamma)\,\varphi(x)\, d\,W_\gamma(x)$$

definiert. Für $\gamma \in \Gamma_0$ erhält man also $R(\varphi, \gamma) = d_2 E(\varphi; \gamma)$ und für $\gamma \in \Gamma - \Gamma_0$ ergibt sich $R(\varphi, \gamma) = d_1 E(1 - \varphi; \gamma)$. Selbstverständlich muß φ als **S**-meßbar vorausgesetzt werden. Es sei α eine reelle Zahl mit $0 \leq \alpha \leq 1$. Wählt man $d_2 = 1$ und läßt man nur solche Entscheidungsfunktionen φ zu, welche die Bedingung $R(\varphi, \gamma) \leq \alpha$ für alle $\gamma \in \Gamma_0$ erfüllen, dann lehrt III. (1.1): Jede solche Entscheidungsfunktion φ ist ein Test für das Problem

$(\alpha, \Gamma_0, \Gamma - \Gamma_0)$. Die Menge aller dieser Tests werde mit $\mathfrak{K}_\alpha$ bezeichnet. Die Funktion $\gamma \to 1 - R(\varphi, \gamma)/d_1$ stimmt auf $\Gamma - \Gamma_0$ mit der Gütefunktion von φ überein.

Ist φ_1 ein für das Problem $(\alpha, \Gamma_0, \Gamma - \Gamma_0)$ trennscharfer Test und läßt man nur die $\varphi \in \mathfrak{K}_\alpha$ zu, dann ist φ_1 optimal in $\Gamma - \Gamma_0$ bezüglich $\mathfrak{K}_\alpha$. Die Optimalitätsprinzipien der Testtheorie ordnen sich also denen der Entscheidungstheorie unter.

Es sei noch kurz angedeutet, wie sich die in V. entwickelte Schätztheorie in die Entscheidungstheorie einbauen läßt. Der Einfachheit halber nehmen wir an, daß Abbildungen von Γ in den R_1 geschätzt werden sollen. Es ist bequem, gleich $\Gamma \subseteq R_1$ vorauszusehen und sich auf die Schätzung von $\gamma \in \Gamma$ zu beschränken. Als Menge der Entscheidungen K wählen wir Γ selbst. Definiert man die Verlustfunktion w über $K \times \Gamma$ durch $(k - \gamma)^2$, dann erhält man für die Risikofunktion $L(\varkappa, \gamma) = \int\limits_R (\varkappa(x) - \gamma)^2 \, d W_\gamma(x)$.

Diese Risikofunktion lag fast allen Untersuchungen in V. zugrunde. Die Entscheidungsfunktionen $\varkappa$ haben wir dort als Schätzfunktionen bezeichnet. Eine etwas allgemeinere Risikofunktion erhält man, wenn man die Verlustfunktion w über $K \times \Gamma$ durch $\psi(k - \gamma)$ definiert. Dabei ist ψ eine über dem R_1 definierte konvexe Funktion. Eine solche Verlustfunktion haben wir in V., Satz 3.13 eingeführt.

Es versteht sich von selbst, daß sich die in V. definierten Begriffe wie gleichmäßig minimal, zulässig und vollständig als Spezialisierung der entsprechenden Begriffe der allgemeinen Entscheidungstheorie ergeben.

In III.11. haben wir für die Testtheorie das Invarianzprinzip eingeführt. Dieses läßt sich zu einem Invarianzprinzip für die allgemeine Entscheidungstheorie verallgemeinern[3]. Es sei $\mathfrak{G}$ eine beliebige Gruppe, welche man im Sinne von III., S. 282 auf den Meßraum $(R, \mathbf{S})$ anwenden kann. $\overline{\mathfrak{G}}$ sei ein homomorphes Bild[4] von $\mathfrak{G}$, so daß $\overline{\mathfrak{g}}\Gamma = \Gamma$ für jedes $\overline{\mathfrak{g}} \in \overline{\mathfrak{G}}$ gilt. Überdies sei $\mathfrak{G}_1$ ebenfalls ein homomorphes Bild von $\mathfrak{G}$, und $\mathfrak{G}_1$ sei auf den Meßraum $(K, \mathfrak{S})$ anwendbar. Das Bild von $\mathfrak{g} \in \mathfrak{G}$ in $\overline{\mathfrak{G}}$ bzw. in $\mathfrak{G}_1$ bezeichnen

[3] Vgl. hierzu J. KIEFER, Ann. math. Statistics 28, 573—601 (1957) und die dort angegebene Literatur.

[4] Vgl. III. 11.3.

wir mit $\bar{\mathfrak{g}}$ bzw. $\mathfrak{g}_1$. $\mathfrak{G}$ heißt *zulässig für ein Entscheidungsproblem* mit der Verlustfunktion w, wenn folgendes gilt:

$$W_{\bar{\mathfrak{g}}\gamma}(\mathfrak{g}A) = W_\gamma(A) \tag{4}$$

für alle $A \in \boldsymbol{S}$, alle $\gamma \in \Gamma$ und alle $\mathfrak{g} \in \mathfrak{G}$ sowie

$$w(\mathfrak{g}_1 k, \bar{\mathfrak{g}}\gamma) = w(k, \gamma) \tag{5}$$

für alle $k \in K$, alle $\gamma \in \Gamma$ und alle $\mathfrak{g} \in \mathfrak{G}$.

Jedes $\mathfrak{g} \in \mathfrak{G}$ definiert eine Abbildung $\mathfrak{g}_{\mathfrak{P}}$ von $\mathfrak{P}$ in sich gemäß folgender Festsetzung: Wenn η eine Abbildung $x \to \eta_x$ von R in $\mathfrak{P}$ ist, dann sei für $x \in R$ und $C \in \mathfrak{S}$

$$\mathfrak{g}_{\mathfrak{P}}\eta_x(C) = \eta_{\mathfrak{g}x}(\mathfrak{g}_1 C). \tag{6}$$

Aus (3), (4) und (5) folgt dann (unter entsprechenden Meßbarkeitsvoraussetzungen)

$$\begin{aligned} R(\mathfrak{g}_{\mathfrak{P}}\eta, \gamma) &= \int_K \int_R w(k, \gamma)\, d\,\mathfrak{g}_{\mathfrak{P}}\eta_x(k)\, d\, W_\gamma(x) = \\ &= \int_R \int_K w(\mathfrak{g}_1^{-1} k, \gamma)\, d\eta_{\mathfrak{g}x}(k)\, d\, W_\gamma(x) = \\ &= \int_R \int_K w(\mathfrak{g}_1^{-1} k, \gamma)\, d\eta_x(k)\, d\, W_\gamma(\mathfrak{g}^{-1}x) = \\ &= \int_R \int_K w(k, \bar{\mathfrak{g}}\gamma)\, d\eta_x(k)\, d\, W_{\bar{\mathfrak{g}}\gamma}(x) = R(\eta, \bar{\mathfrak{g}}\gamma). \end{aligned}$$

Eine Entscheidungsfunktion η heißt invariant, wenn $\mathfrak{g}_{\mathfrak{P}}\eta_x = \eta_x$ für alle $x \in \boldsymbol{R}$ ist.

Durch Spezialisierung erhält man daraus das Invarianzprinzip für die Testtheorie. Liegt das Testproblem $(\Gamma_0, \Gamma - \Gamma_0)$ vor, dann muß man zusätzlich noch fordern, daß die Elemente von $\mathfrak{G}$ die Bedingungen III.(11.28) und (11.29) erfüllen. $\mathfrak{G}_1$ besteht nur aus dem Einheitselement. Dann kann man an Stelle von (6) schreiben: $\mathfrak{g}_{\mathfrak{P}}\varphi(x) = \varphi(\mathfrak{g}x)$. Die Invarianz der Entscheidungsfunktion φ wird dann durch $\varphi(\mathfrak{g}x) = \varphi(x)$ für $\mathfrak{g} \in \mathfrak{G}$ und $x \in R$ausgedrückt. (Vgl. S. 284.)

In IV., S. 322, und V., S. 393ff., haben wir das BAYESsche Konzept behandelt. Dieses läßt sich ebenfalls in die allgemeine

Theorie der Entscheidungsfunktionen einbauen. Dazu muß man natürlich von der Annahme ausgehen, daß außer Γ auch eine σ-Algebra $\mathfrak{C}$ von Teilmengen von Γ gegeben ist und über $(\Gamma, \mathfrak{C})$ ein Maß ν, welches nicht notwendig ein Wahrscheinlichkeitsmaß sein muß. Ausgehend von der über $\mathfrak{K} \times \Gamma$ definierten Risikofunktion L gelangt man dann zu einer modifizierten Risikofunktion der Gestalt

$$l(\varkappa, \nu) = \int_\Gamma L(\varkappa, \gamma)\, d\nu(\gamma)$$

falls sie wenigstens für gewisse $\varkappa \in \mathfrak{K}$ sinnvoll definiert ist. Wir nehmen der Einfachheit halber an, daß dies für alle $\varkappa \in \mathfrak{K}$ der Fall sei. Jedes $\varkappa_0 \in \mathfrak{K}$, welches die Bedingung

$$\inf_{\varkappa \in \mathfrak{K}} l(\varkappa, \nu) = l(\varkappa_0, \nu) \tag{7}$$

erfüllt, bezeichnet man als Bayes-Lösung bezüglich ν.

Unter speziellen Voraussetzungen haben wir in V., Satz 3.12, gezeigt, wie man eine Bayes-Lösung bestimmen kann. Bayes-Lösungen existieren allerdings unter recht allgemeinen Voraussetzungen.[5]

Es ist klar, daß man diese Definition auch auf verallgemeinerte Entscheidungsfunktionen übertragen kann. Man erhält dann gemäß

$$r(\eta, \nu) = \int_\Gamma R(\eta, \gamma)\, d\nu(\gamma)$$

eine weitere Risikofunktion. Eine Bayes-Lösung η_0 erfüllt dann eine zu (7) analoge Bedingung.

Der praktische Wert der Bayes-Lösungen zu einem gegebenen Maß ν ist im allgemeinen gering, da in konkreten Problemen meist nur bekannt sein wird, daß ν Element einer Menge V von Maßen über $(\Gamma, \mathfrak{C})$ ist.

Zwischen einer Reihe von bisher definierten Begriffen und den Bayes-Lösungen bestehen aber interessante Zusammenhänge, welche die Bedeutung des BAYESschen Konzeptes in einem neuen Licht erscheinen läßt. Zur Illustration beweisen wir unter Beibehaltung der bisher eingeführten Bezeichnung den

---

[5] Vgl. A. WALD, l.c. [1], 89.

Satz 2: *Es sei V die Menge aller Wahrscheinlichkeitsmaße über* $(\Gamma, \mathfrak{C})$. $\mathfrak{C}$ *erfülle die Annahme* (A) (S. 584). *Es existiere ein* $v_0 \in V$ *(eine sogenannte besonders ungünstige a-priori-Verteilung), welches der Bedingung*

$$\inf_{\eta \in E} r(\eta, v_0) = \sup_{v \in V} \inf_{\eta \in E} r(\eta, v) \tag{8}$$

genüge. Überdies sei η_0 *minimax, d. h. es gilt*

$$\sup_{\gamma \in \Gamma} R(\eta_0, \gamma) = \inf_{\eta \in E} \sup_{\gamma \in \Gamma} R(\eta, \gamma). \tag{9}$$

Falls

$$\sup_{v \in V} \inf_{\eta \in E} r(\eta, v) = \inf_{\eta \in E} \sup_{v \in V} r(\eta, v) \tag{10}$$

gilt, ist η_0 *Bayes-Lösung bezüglich* v_0.

Beweis: Für jedes $\eta \in E$ und $v \in V$ gilt

$$r(\eta, v) = \int_\Gamma R(\eta, \gamma)\, dv(\gamma) \leq \sup_{\gamma \in \Gamma} R(\eta, \gamma)$$

und daraus folgt

$$\sup_{v \in V} r(\eta, v) \leq \sup_{\gamma \in \Gamma} R(\eta, \gamma). \tag{11}$$

Weiter gibt es zu jedem $\eta \in E$ und jedem reellen $\varepsilon > 0$ ein $\gamma_{\eta, \varepsilon} \in \Gamma$ mit

$$\sup_{\gamma \in \Gamma} R(\eta, \gamma) - \varepsilon \leq R(\eta, \gamma_{\eta, \varepsilon}). \tag{12}$$

Betrachtet man das in $\gamma_{\eta, \varepsilon}$ degenerierte Wahrscheinlichkeitsmaß über $(\Gamma, \mathfrak{C})$, dann folgt aus (12) und der Annahme (A) leicht $\sup_{\gamma \in \Gamma} R(\eta, \gamma) - \varepsilon \leq \sup_{v \in V} r(\eta, v)$ und somit auch $\sup_{\gamma \in \Gamma} R(\eta, \gamma) \leq$ $\leq \sup_{v \in V} r(\eta, v)$ für jedes $\eta \in E$. Zusammen mit (11) folgt

$$\sup_{v \in V} r(\eta, v) = \sup_{\gamma \in \Gamma} R(\eta, \gamma). \tag{13}$$

Benützt man jetzt (9), erhält man

$$\inf_{\eta \in E} \sup_{\gamma \in \Gamma} R(\eta, \gamma) = \sup_{v \in V} r(\eta_0, v)$$

und wieder wegen (13) auch

$$\inf_{\eta\in E} \sup_{v\in V} r(\eta, v) = \sup_{v\in V} r(\eta_0, v).$$

Zusammen mit (10) ergibt sich

$$r(\eta_0, v_0) \leq \sup_{v\in V} r(\eta_0, v) = \sup_{v\in V} \inf_{\eta\in E} r(\eta, v)$$

also wegen (8) $r(\eta_0, v_0) \leq \inf_{\eta\in E} r(\eta, v_0)$, d. h. η_0 ist Bayes-Lösung bezüglich v_0.

Entscheidend für diesen Beweis ist die Beziehung (10). Die Voraussetzungen ihrer Gültigkeit werden in der Spieltheorie studiert.[6] Wir gehen jedoch auf diese Frage nicht ein.

Wir haben bisher stets vorausgesetzt, daß ein fester Stichprobenraum $(R, \boldsymbol{S})$ zugrunde liegt. WALD[7] hat jedoch die Theorie gleich so allgemein entwickelt, daß sie auch den Fall umfaßt, daß eine Folge von Stichprobenräumen auftritt. Damit gelangt man zu den interessanten asymptotischen Fragen der Entscheidungstheorie. Eine Illustration dazu bieten die Ausführungen in V., Satz 3.13.

---

[6] Grundlegend für die Spieltheorie ist J. v. NEUMANN und O. MORGENSTERN, Theory of Games and Economic Behavior 3. Auflage. Princeton University Press, Princeton 1953. Weiter erwähnen wir S. KARLIN l. c. III. [3.1], Band I und II und das deutschsprachige Werk: E. BURGER, Einführung in die Theorie der Spiele, Walter de Gruyter, Berlin 1959. Für ein tieferes Eindringen in die Mathematik der Spieltheorie verweisen wir auf H. W. KUHN und A. W. TUCKER, Contributions to the Theory of Games I (Ann. Math. Studies 24), Princeton University Press, Princeton 1950; II (Ann. Math. Studies 28), Princeton University Press, Princeton 1953; M. DRESHER, A. W. TUCKER und P. WOLFE, III (Ann. Math. Studies 39), Princeton University Press, Princeton 1957; A. W. TUCKER und R. D. LUCE, IV (Ann. Math. Studies 40), Princeton University Press, Princeton 1959. Die Anwendungen der Spieltheorie auf die Statistik sind dargestellt in D. BLACKWELL und M. A. GIRSHICK, Theory of Games and Statistical Decisions, John Wiley, New York 1954, sowie in A. WALD, l. c. [1].

[7] A. WALD, l. c. [1]. Von den vielen Originalarbeiten von WALD erwähnen wir nur: Ann. math. Statistics, 20, 165—205 (1949).

Namenverzeichnis

Sachverzeichnis

5000/121/65

The manufacturer's authorised representative in the EU is Springer Nature Customer Service Centre GmbH, Europaplatz 3, 69115 Heidelberg, Germany. If you have any concerns regarding our products, please contact ProductSafety@springernature.com

Printed and bound by CPI Group (UK) Ltd, Croydon, CR0 4YY

28/04/2026

02098504-0003